2020 注册结构工程师考试用书

一级注册结构工程师
专业考试考前实战训练
（含 2003—2019 年真题）

（第十一版）

兰定筠　主编

中国建筑工业出版社

图书在版编目（CIP）数据

一级注册结构工程师专业考试考前实战训练：含 2003～2019 年真题/兰定筠主编. —11 版 .—北京：中国建筑工业出版社，2019.12
2020 注册结构工程师考试用书
ISBN 978-7-112-24593-2

Ⅰ.①一⋯ Ⅱ.①兰⋯ Ⅲ.①建筑结构-资格考试-习题集 Ⅳ.①TU3-44

中国版本图书馆 CIP 数据核字（2020）第 013457 号

本书依据"考试大纲"规定的考试内容和要求，按现行有效的标准规范内容和历年考试真题进行编写。本书内容包括两部分：第一篇为注册结构工程师专业考试考前实战训练试题，每套实战训练试题的题量、分值、各科比例与考试真题的题型一致，有 50% 的实战训练试题是根据历年考试真题进行改编完成；实战训练试题内容的考点基本覆盖了考试大纲规定的考点，并具有典型性；实战训练试题内容包括了新标准规范，如《建筑结构可靠性设计统一标准》GB 50068—2018、《混凝土结构加固设计规范》GB 50367—2013、《钢结构设计标准》GB 50017—2017、《门式刚架轻型房屋钢结构技术规范》GB 51022—2015、《城市桥梁设计规范》（2019年局部修订）等。第二篇为实战训练试题解答与评析，对每道试题进行了详细解答，给出了计算依据、计算过程和计算结果，评析部分给出解答过程中需注意的事项、解题方法与技巧，以及相关知识点的复习要领。

本书与《一、二级注册结构工程师专业考试应试技巧与题解》（第十二版）互为补充，可供参加一级注册结构工程师专业考试的考生考前复习使用。

* * *

责任编辑：牛　松　王　跃　李笑然
责任校对：党　蕾

2020 注册结构工程师考试用书

一级注册结构工程师
专业考试考前实战训练
（含 2003—2019 年真题）（第十一版）
兰定筠　主编

*

中国建筑工业出版社出版、发行（北京海淀三里河路 9 号）
各地新华书店、建筑书店经销
北京红光制版公司制版
北京建筑工业印刷厂印刷

*

开本：787×1092 毫米　1/16　印张：62¼　字数：1513 千字
2020 年 3 月第十一版　　2020 年 3 月第十六次印刷
定价：**158.00 元**（含增值服务）
ISBN 978-7-112-24593-2
（35086）

第 十 一 版 前 言

本次编写根据《建筑结构可靠性设计统一标准》GB 50068—2018、《混凝土结构加固设计规范》GB 50367—2013、《钢结构设计标准》GB 50017—2017、《门式刚架轻型房屋钢结构技术规范》GB 51022—2015、《城市桥梁设计规范》（2019年局部修订）等新标准、规范，结合对本书读者的答疑内容，并对上一版中的不足或错误进行了修订。

本书的编写特色如下：

1. 按2018年新的各科题量的命题规定进行编写，即：砌体结构减少2道题目，地基与基础增加2道题目，同时，增加《高钢规》、《门式刚架》、《混加规》题目。

2. 结合历年真题编写，难度接近真实考试。本书的50%实战训练试题是历年考试真题，并且对历年考试真题中的缺陷进行了修订和改编，同时，对历年考试真题的内容一律按新的规范、规程进行改编和解答，以利于读者正确掌握和熟悉考试大纲要求的现行有效规范、规程的运用。

3. 按现行的规范、规程进行编写。本书的所有实战训练试题的题目部分和解答及评析部分一律按考试大纲要求的现行有效规范、规程进行编写。

4. 实战训练试题的考点内容基本覆盖了考试大纲所规定的内容，并体现了考试大纲对规范规程的掌握、熟悉和了解的不同侧重点的具体要求。

5. 每一道题目的解答部分都有详细的解答过程和解答技巧、解题规律。对实战训练试题给出了详细的解答过程，包括解答的依据、步骤、结果。同时，讲述了解答题目时的规律、解答技巧等。

6. 对题目进行评析。针对题目中的"陷阱"和难点，给出了答题时应注意的事项，并简明扼要地讲述了运用规范、规程在解题时应注意的事项，同时，阐述了各规范规程之间的异同点及各自运用时的不同适用范围。

在使用本书时，建议读者：第一，模拟实际考场的情景，在考试的规定时间内进行独立完成，并且全部解答完成后，再看本书的解答及评析；第二，解答实战训练试题时，尽量只依靠规范、规程进行做题，应避免查阅相关参考书籍和复习书籍，这主要是为了节约考试时间，这才能真正实现考前实战训练的意义，从而提高应试能力，取得考试成功。

2020年兰定筠注册结构工程师专业考试全科网络辅导班已经开班，全部课程已经上线，登录腾讯课堂搜索兰定筠即可报名参加学习，一次付费，终身免费学习，兰老师一对一答疑，答疑微信13896187773。

杨利容、王德兵、刘平川、罗刚、郜建人、梁怀庆、杨莉琼、黄小莉、刘福聪、蓝亮、聂洪、聂中文、黄利芬、黄静、饶晓臣、刘禄惠、胡鸿鹤、王洁、肖婷、谢应坤、蓝定宗、蓝润生参加了本书的编写。

研究生李凯、曾亮等参与本书案例题的绘制、计算等工作。

本书虽经多次校核，但由于作者水平有限，错误之处在所难免，敬请读者将使用过程中遇到的疑问和发现的错误及时发邮件给作者，作者会及时解答并万分感谢。更多最新的考试信息、培训信息、答疑和本书的勘误表，请登录网站：www. landingjun. com。

此外，现将注册考试命题组专家对复习备考的建议，引用如下：

注册结构工程师专业考试在这年复一年的实践中不断总结完善，与实际工程结合是注册结构工程师专业考试的最大特点，也是其与应试教育考试的最大不同点，我们提请考生在复习考试时还应注意以下问题：

1. 考生应关注住房城乡建设部执业资格注册中心公布的相关考试信息，关注考试改革。

2. 考生应将复习考试与实际工程结合起来，注意在实际工程中加深对结构设计概念的理解和把握。

3. 在计算机普遍应用的今天，会使用程序是最基本的操作技能要求，考生更应重点关注程序的基本假定、主要计算参数的确定及对计算结果的判别。从荷载取值、效应组合等结构设计的最基本要求做起，把握结构的规则性判别要点，用概念指导结构设计。

4. 给出几个已知数据，套套公式的考试已不适应注册结构工程师专业考试（尤其是一级注册结构工程师专业考试）的要求。

目　　录

第一篇　　注册结构工程师专业考试考前实战训练试题

第二篇　　实战训练试题解答与评析

第一篇 注册结构工程师专业考试考前实战训练试题

实战训练试题（一）

（上午卷）

【题1、2】 某承受均布荷载的简支梁，如图1-1所示，计算跨度 $l_0 = 5.24\text{m}$，梁净跨为5m，梁截面尺寸 $b \times h = 200\text{mm} \times 500\text{mm}$，混凝土强度等级为C30，箍筋为HPB300级，纵向受力钢筋 HRB400 钢筋。设计使用年限为50年，结构安全等级二级。取 $a_s = 35\text{mm}$。

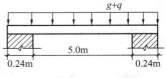

图 1-1

提示： 按《建筑结构可靠性设计统一标准》GB 50068—2018 作答。

1. 梁承受恒载标准值 $g_k = 25\text{kN/m}$（含自重），活载标准值 $q_k = 40\text{kN/m}$，试问，该梁的箍筋配置，下列何项最合理？

（A）2Φ8@100（双肢箍） （B）2Φ10@100（双肢箍）

（C）2Φ12@100（双肢箍） （D）2Φ12@150（双肢箍）

2. 假若梁内箍筋为Φ6@200双肢箍，支座边缘计算截面配弯起钢筋 2Φ16，弯起45°，弯起点至支座边缘的距离为 480mm。试问，该梁能承受的均布荷载设计值 q（kN/m），与下列何项数值最为接近？

（A）52 （B）58 （C）64 （D）69

【题3】 某抗震设计的钢筋混凝土结构构件，承受轴向拉力设计值为950kN，弯矩设计值为90kN·m。采用C30混凝土，纵向受力钢筋选用 HRB400 钢筋，构件截面 $b \times h = 300\text{mm} \times 450\text{mm}$，$a_s = a'_s = 40\text{mm}$。试问，构件截面的受拉钢筋截面面积 A_s（mm^2），与下列何项数值最为接近？

（A）2400 （B）1700 （C）2050 （D）2550

【题4～6】 某钢筋混凝土 T 形截面简支梁，计算跨度6m，T 形截面尺寸为：$b = 250\text{mm}$，$h = 650\text{mm}$，$b'_f = 800\text{mm}$，$h'_f = 120\text{mm}$。采用C30混凝土，纵向受力钢筋采用 HRB400 级，配置纵筋8Φ25。荷载的标准组合弯矩值 $M_k = 550\text{kN·m}$，准永久组合弯矩值 $M_q = 450\text{kN·m}$。最外层纵筋的混凝土保护层厚度 30mm，活荷载的准永久值系数为0.5，结构安全等级二级。取 $a_s = 70\text{mm}$。

4. 试问，纵向受拉钢筋应变不均匀系数 ψ，与下列何项数值最为接近？

（A）0.980 （B）0.970 （C）1.000 （D）1.003

5. 假若 $\psi = 0.956$，则该梁的短期刚度 B_s（N·mm^2），与下列何项数值最为接近？

（A）1.5×10^{14} （B）1.8×10^{14} （C）2.0×10^{14} （D）1.4×10^{14}

6. 假若 $B_s = 2.16 \times 10^{14} \text{N·mm}^2$，梁上作用均布荷载标准值 $g_k = 80\text{kN/m}$，$q_k = 60\text{kN/m}$，试问，该梁的最大挠度 f（mm），与下列何项数值最为接近？

（A）14.3 （B）15.6 （C）17.2 （D）21.8

【题7～9】 某多层钢筋混凝土框架结构房屋，9度设防烈度，抗震等级一级。底层框架柱，截面尺寸 700mm×700mm，柱净高 H_n＝5100mm。C30 混凝土，纵向受力钢筋用 HRB400 级、箍筋用 HRB335 级钢筋，纵筋的混凝土保护层厚度 30mm。地震作用组合后并经内力调整后的设计值：N＝4088kN，柱上端弯矩值 M_c＝1260kN·m，柱下端弯矩值 M_c^b＝1620kN·m。柱的反弯点在层高范围内。

7. 经计算，该柱为大偏心受压柱，柱的纵向钢筋对称配筋（A_s＝A_s'），一侧配置 6Φ28（A_s'＝3695mm²）。由重力荷载代表值产生的柱轴向压力设计值 N＝3050kN，试问，该柱的剪力设计值 V_c（kN），与下列何项数值最为接近？

提示： γ_{RE}＝0.8。

(A) 790　　　　　(B) 870　　　　　(C) 910　　　　　(D) 950

8. 假定柱端剪力设计值 V_c＝950kN，试问，该柱的加密区箍筋配置，与下列何项数值最为接近？

提示： ①柱的受剪截面条件满足规范要求；不需验算柱加密区箍筋体积配筋率；
　　　　②$0.3f_cA$＝2102kN。

(A) 4Φ10@100　　(B) 4Φ12@100　　(C) 5Φ10@100　　(D) 5Φ12@100

9. 假定该柱的轴压比为 0.5，试问，柱端加密区箍筋采用复合箍，其最小体积配筋率（%），与下列何项数值最为接近？

(A) 0.75　　　　　(B) 0.80　　　　　(C) 0.86　　　　　(D) 1.50

【题 10、11】 某多层钢筋混凝土框架结构房屋，如图 1-2 所示，规则结构，抗扭刚度较大，抗震等级二级。

提示： 水平地震作用效应考虑边榀效应。

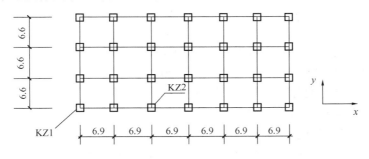

图 1-2（单位：m）

10. 当水平地震作用沿 x 方向时，底层角柱 KZ1 柱底弯矩标准值为：水平地震产生的 M_{EKx}＝200kN·m，重力荷载代表值产生 M_{GK1}＝150kN·m；底层边柱 KZ2 柱底弯矩标准值为：水平地震产生的 M_{EKx}＝180kN·m，重力荷载代表值产生的 M_{GK2}＝160kN·m。试问，地震作用组合后（内力调整前）的底层角柱 KZ1、边柱 KZ2 的柱底弯矩设计值 M_{KZ1}（kN·m）、M_{KZ2}（kN·m），与下列何项数值最为接近？

(A) M_{KZ1}＝453；M_{KZ2}＝438　　　　(B) M_{KZ1}＝494；M_{KZ2}＝438

(C) M_{KZ1}＝440；M_{KZ2}＝426　　　　(D) M_{KZ1}＝440；M_{KZ2}＝436

11. 当水平地震作用沿 y 方向，底层角柱 KZ1 的柱底弯矩标准值为：水平地震作用产生的 M_{EKy}＝300kN·m，重力荷载代表值产生的 M_{Gk1}＝210kN·m，底层边柱 KZ2 的柱底弯矩标准值为：水平地震作用产生的 M_{EKy}＝280kN·m，重力荷载代表值产生的 M_{Gk2}＝

160kN·m。试问，地震作用组合后并经内力调整后的底层角柱 KZ1、边柱 KZ2 的柱底弯矩设计值 M_{KZ1}（kN·m）、M_{KZ2}（kN·m），与下列何项数值最为接近？

（A）$M_{KZ1}=851$；$M_{KZ2}=740$ （B）$M_{KZ1}=936$；$M_{KZ2}=740$

（C）$M_{KZ1}=1193$；$M_{KZ2}=834$ （D）$M_{KZ1}=994$；$M_{KZ2}=695$

【题 12】 有一钢筋混凝土框架主梁 $b \times h = 250mm \times 500mm$，其相交次梁传来的集中楼面恒载 $P_{gk}=80kN$，集中楼面活荷载 $P_{qk}=95kN$，均为标准值。主次梁相交处次梁两侧的 n 个附加箍筋（双肢箍），采用 HPB300 级钢筋，如图 1-3 所示。设计使用年限为 50 年，结构安全等级为二级。试问，附加箍筋配置，下列何项配置最合适？

提示：按《建筑结构可靠性设计统一标准》GB 50068—2018 作答。

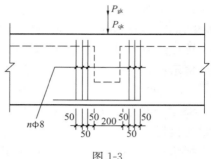

图 1-3

（A）每侧 3Φ8   （B）每侧 4Φ8   （C）每侧 5Φ8   （D）每侧 6Φ8

【题 13】 非抗震设计的某钢筋混凝土剪力墙结构，其底层矩形截面剪力墙墙肢长度 $h_w=4000mm$，墙肢厚度 $b_w=200mm$。采用 C40 混凝土，墙体端部暗柱纵向受力钢筋 HRB400，墙体分布钢筋和端部暗柱箍筋采用 HPB300 钢筋。该墙肢承受的内力设计值：$M=370kN·m$，$N=4000kN$，$V=810kN$。结构安全等级二级。试问，墙肢的水平分布钢筋配置，下列何项数值最合适？

提示：墙体受剪截面条件满足规范要求；$a_s=a'_s=200mm$；$0.2f_cb_wh_w=3056kN$。

（A）Φ6@150   （B）Φ8@200   （C）Φ10@200   （D）Φ12@200

【题 14】 下述关于预应力混凝土结构抗震设计要求，何项不妥？说明理由。

（A）后张预应力筋的锚具不宜设置在梁柱节点核心区

（B）后张预应力混凝土框架梁的梁端配筋强度比，二、三级不宜大于 0.75

（C）预应力混凝土大跨度框架顶层边柱应采用对称配筋

（D）预应力框架柱箍筋应沿柱全高加密

【题 15】 某钢筋混凝土楼面梁，为一般受弯构件，采用 C30 混凝土，梁端箍筋采用 HPB235（$f_{yv0}=210N/mm^2$），配置为 Φ8@100，梁截面尺寸如图 1-4 所示。现使用功能发生改变，荷载增加，在荷载的基本组合下梁端剪力设计值为 567kN。现采用三面围套锚固式箍筋进行抗剪加固，采用 HPB300 钢筋，如图 1-4 所示，新增混凝土采用 C35。已

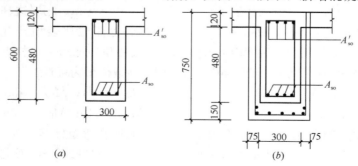

图 1-4

知加固前 $a=a'=40\text{mm}$，加固后新增纵向受力钢筋的合力点至受拉边边缘的距离为 60mm。加固后的结构重要性系数为 1.0。试问，满足抗剪加固要求时，下列何项箍筋配置最经济合理？

提示：$A_c=139500\text{mm}^2$；截面尺寸满足要求。

(A) Φ8@100　　　(B) Φ10@100　　　(C) Φ12@100　　　(D) Φ14@100

【题 16～18】 某梯形钢屋架跨度 24m，屋架端部高度 1.5m，厂房单元长度 66m，柱距 6.0m，在厂房的端开间和中部开间设竖向支撑，竖向支撑计算简图如图 1-5 所示。屋面材料为 1.5m×6.0m 的钢边框发泡水泥大型屋面板，屋面坡度为 1/10，抗震设防烈度 8 度，经计算图中节点力 $F_h=33.95\text{kN}$，地震作用下杆件内力见图中括号内数值。节点板厚度 6mm，钢材用 Q235，焊条 E43 型。$\gamma_{RE}=0.80$。

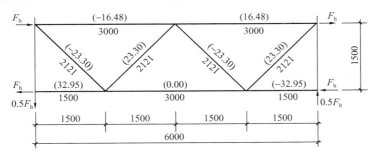

图 1-5

16. 上弦杆选用⌐¯75×5，$A=13.75\text{cm}^2$，$i_x=2.16\text{cm}$，$i_y=3.09\text{cm}$，试问，对地震作用的上弦杆进行稳定性验算，按应力表达时，其构件上的最大压应力 $\dfrac{N}{\varphi A}$（N/mm²），与下列何项数值最为接近？

(A) 18.0　　　(B) 27.5　　　(C) 34.3　　　(D) 38.2

17. 下弦杆选用⌐¯75×5，$A=13.75\text{cm}^2$，$i_x=2.16\text{cm}$，$i_y=3.09\text{cm}$，试问，对地震作用下的下弦杆进行稳定性验算，按应力表达时，其构件上的最大压应力 $\dfrac{N}{\varphi A}$（N/mm²），与下列何项数值最为接近？

(A) 125.5　　　(B) 114.7　　　(C) 110.8　　　(D) 100.4

18. 腹杆选用 L63×5，$A=6.143\text{cm}^2$，$i_{min}=1.25\text{cm}$，试问，对地震作用下的腹杆进行稳定性验算，其构件能承担的最大轴心压力设计值 N（kN），与下列何项数值最为接近？

(A) 28　　　　　　　　　　　(B) 30

(C) 35　　　　　　　　　　　(D) 41

【题 19～21】 某无积灰的石棉水泥波形瓦屋面，设计使用年限为 50 年，屋面坡度 1/2.5，普通单跨简支槽钢檩条如图 1-6 所示，跨度为 6m，跨中设一道拉条，檩条水平投影间距 0.75m。石棉水泥瓦（含防水层等）沿坡屋面的标准值为 0.40kN/m²，檩条（含拉条、支撑）的自重为 0.1kN/m，屋面均布活荷载的水平投影标准值为 0.50kN/m²。钢材用 Q235。檩条选用热轧槽钢[10，$I_x=173.9\text{cm}^4$，$W_x=34.8\text{cm}^3$，

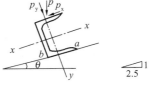

图 1-6

$W_{ymax} = 14.2 \text{cm}^3$，$W_{ymin} = 6.5 \text{cm}^3$，$i_x = 3.99 \text{cm}$，$i_y = 1.37 \text{cm}$。

提示： 按《建筑结构可靠性设计统一标准》GB 50068—2018 作答。

19. 檩条跨中截面 a 点进行抗弯强度验算时，其应力值（N/mm^2），与下列何项数值最为接近？

(A) 185　　　　(B) 175　　　　(C) 165　　　　(D) 155

20. 檩条跨中截面 b 点进行抗弯强度验算时，其应力值（N/mm^2），与下列何项数值最为接近？

(A) 85　　　　(B) 90　　　　(C) 95　　　　(D) 100

21. 试问，垂直于屋面方向的挠度（mm），与下列何项数值最为接近？

(A) 30　　　　(B) 35　　　　(C) 40　　　　(D) 45

【题 22、23】　某轴心受压箱形柱，其外围尺寸为 $300\text{mm} \times 300\text{mm}$，板厚 45mm，如图 1-7 所示。若采用单边 V 形坡口部分焊透的对接焊缝连接，坡口角 $\alpha = 45°$，钢材用 Q235B、E43 型焊条、手工焊。焊缝质量等级为二级。柱截面特性：$A = 45900 \text{mm}^2$，$I_x = 513 \times 10^6 \text{mm}^4$。

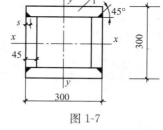

图 1-7

22. 试问，其焊缝抗剪强度设计值（N/mm^2），与下列何项数值最为合理？

(A) 205　　　　(B) 200　　　　(C) 160　　　　(D) 144

23. 若取 $s = 15\text{mm}$，对焊缝强度验算时，试问，焊缝的剪应力（N/mm^2），与下列何项数值最为接近？

(A) 15.1　　　　(B) 18.1　　　　(C) 25.6　　　　(D) 28.4

【题 24~29】　某格构式单向压弯柱，采用 Q235 钢，柱高 6m，两端铰接，无侧移，在柱高中点沿虚轴 x 方向有一侧向支撑，截面无削弱。柱顶静力荷载设计值：轴心压力 $N = 600\text{kN}$，弯矩 $M_x = \pm150 \text{kN·m}$，柱底无弯矩，如图 1-8 所示。柱肢选用 [25b，$A_1 = 3991 \text{mm}^2$，$I_y = 3.619 \times 10^7 \text{mm}^4$，$i_y = 95.2\text{mm}$，$I_1 = 1.96 \times 10^6 \text{mm}^4$，$i_1 = 22.2\text{mm}$，$y_0 = 19.9\text{mm}$。斜缀条选用单角钢 L45×4，$A_d = 349 \text{mm}^2$，$i_{min} = 8.9\text{mm}$。

整个格构式柱截面特性：$A = 2A_1 = 2 \times 3991$，$I_x = 2.628 \times 10^8 \text{mm}^4$，$i_x = 181.4\text{mm}$。

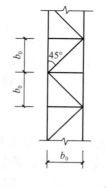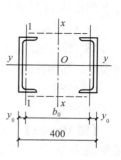

24. 试问，该压弯柱在弯矩作用平面内的轴心受压构件稳定系数 φ_x，与下列何项数值最为接近？

(A) 0.908　　　　(B) 0.882

(C) 0.876　　　　(D) 0.918

25. 若取 $\varphi_x = 0.900$，$N'_{EX} = 10491\text{kN}$，该压弯柱在弯矩作用平面内的稳定性验算时，其构件上的最大压应力（N/mm^2），与下列何项数值最为接近？

图 1-8

(A) 156　　　　(B) 162　　　　(C) 178　　　　(D) 183

26. 对该压弯柱的分肢稳定性验算时，分肢上的最大压应力（N/mm^2），与下列何项数值最为接近？

（A）193　　　　（B）197　　　　（C）201　　　　（D）208

27. 对该压弯柱进行强度验算时，其构件上的最大压应力（N/mm²），与下列何项数值最为接近？

（A）189.3　　　（B）193.1　　　（C）206.5　　　（D）211.4

28. 试问，一根斜缀条承受的轴压力设计值（kN），与下列何项数值最为接近？

（A）16.3　　　　（B）15.2　　　　（C）14.3　　　　（D）17.7

29. 斜缀条进行轴心受压稳定性验算时，其稳定承载力设计值（kN），与下列何项数值最为接近？

提示：斜缀条与柱肢连接无节点板。

（A）42.3　　　　（B）48.5　　　　（C）52.4　　　　（D）61.7

【题30、31】 某带壁柱墙，截面尺寸如图1-9所示，采用烧结普通砖MU10，M5水泥混合砂浆砌筑，砌体施工质量控制等级为B级。墙上支承截面尺寸为200mm×500mm的钢筋混凝土大梁，梁端埋置长度370mm。已知梁端支承压力设计值为75kN，上部轴向力的设计值为170kN。结构安全等级为二级。

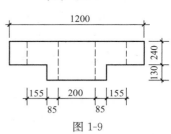

图1-9

30. 对梁端支承处砌体的局部受压承载力验算，$\psi N_0 + N_1 \leq \eta \gamma f A_1$的计算值，左右端项与下列何项数值最为接近？

（A）80kN>65kN　　（B）75kN>68kN　　（C）90kN>65kN　　（D）70kN>68kN

31. 若梁端下设置预制混凝土垫块370mm×370mm×180mm，且符合刚性垫块的要求，$\varphi \gamma_1 f A_b$（kN）的计算值，与下列何项数值最为接近？

（A）105　　　　（B）120　　　　（C）140　　　　（D）160

【题32、33】 某单层单跨无吊车厂房采用装配式无檩体系屋盖，其纵横承重墙采用MU10烧结普通砖，车间长30.6m，两端设有山墙，每边山墙上设有4个240mm×240mm构造柱如图1-10所示。自基础顶面起算墙高3.6m，壁柱为370mm×250mm，墙厚240mm，M7.5混合砂浆。门洞高度为2.7m，窗洞高度为2.1m。砌体施工质量控制等级为B级。

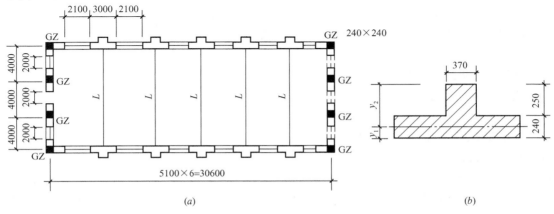

（a）　　　　　　　　　　　　　　　　（b）

图1-10

32. 该带壁柱墙的高厚比的验算值，$\beta \leqslant \mu_1 \mu_2 [\beta]$，其左右端项，与下列何项数值最接近？

提示： $b_f = 3000\text{mm}$，$i = 176\text{mm}$；$b_f = 2770\text{mm}$，$i = 106\text{mm}$

(A) $\beta = 8 < 22$ (B) $\beta = 9 < 22$

(C) $\beta = 8 < 26$ (D) $\beta = 9 < 26$

33. 该厂房山墙的高厚比验算，$\beta \leqslant \mu_1 \mu_2 [\beta]$，其左右端项，与下列何项数值最为接近？

(A) $\beta = 17.04 < 22.7$ (B) $\beta = 15.0 < 22.7$

(C) $\beta = 15.0 < 20.8$ (D) $\beta = 16.7 < 27.6$

【题 34~36】 某钢筋混凝土挑梁埋置于 T 形截面的墙体中，尺寸如图 1-11 所示。挑梁截面尺寸 $b \times h_b = 240\text{mm} \times 300\text{mm}$，采用 C20 混凝土。挑梁上、下墙厚均为 240mm，采用 MU10 烧结普通砖，M5 混合砂浆砌筑。楼板传给挑梁的荷载标准值为：恒载 $F_k = 4.5\text{kN}$，$g_{1k} = g_{2k} = 10\text{kN/m}$；活荷载 $q_{1k} = 8.3\text{N/m}$。挑梁自重为 1.8kN/m，挑出部分自重为 1.35kN/m。砌体施工质量控制等级 B 级，设计使用年限为 50 年，结构安全等级二级。墙体自重为 19kN/m^3。

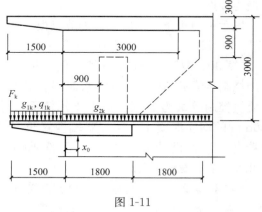

图 1-11

提示： 按《建筑结构可靠性设计统一标准》GB 50068—2018 作答。

34. 楼层挑梁下砌体的局部受压承载力验算，N_l（kN）$\leqslant \eta \gamma f A_l$（kN），其左右端项，与下列何项数值最为接近？

(A) $87 < 136$ (B) $93 < 136$ (C) $85 < 113$ (D) $91 < 113$

35. 假定在楼层挑梁上无门洞，楼层挑梁的承载力计算时，其最大弯矩设计值 $M_{\max}$（kN·m）、最大剪力设计值 $V_{\max}$（kN），与下列何项数值最为接近？

(A) $M_{\max} = 57$；$V_{\max} = 47$ (B) $M_{\max} = 45$；$V_{\max} = 47$

(C) $M_{\max} = 57$；$V_{\max} = 43$ (D) $M_{\max} = 45$；$V_{\max} = 43$

36. 假定在楼层挑梁上有一门洞 $b \times h = 0.8\text{m} \times 2.1\text{m}$，如图 1-11 中虚线所示，试问，楼层挑梁的抗倾覆力矩设计值（kN·m），与下列何项数值最为接近？

(A) 18   (B) 20   (C) 26   (D) 30

【题 37、38】 某配筋砌块砌体抗震墙高层房屋，抗震等级二级，其中一根配筋砌块砌体连梁，截面尺寸 $b \times h = 190\text{mm} \times 600\text{mm}$，净跨 $l_n = 1200\text{mm}$，承受地震组合下（内力调整后）的跨中弯矩设计值 $M = 72.04\text{kN·m}$，梁端剪力设计值 $V_b = 79.8\text{kN}$。砌块采用 MU15 单排孔混凝土砌块，Mb15 混合砂浆，对孔砌筑，用 Cb25 灌孔（$f_c = 11.9\text{N/mm}^2$），灌孔混凝土面积与砌体毛面积的比值 $\alpha = 0.245$。纵向钢筋用 HRB400 级，箍筋用 HPB300 级钢筋（$f_{yv} = 270\text{N/mm}^2$）。砌体施工质量控制等级为 B 级。取 $a_s = 35\text{mm}$。

37. 该配筋砌块砌体连梁的纵向受力钢筋对称配置时，其下部纵筋配置，与下列何项数值最接近？

提示： 混凝土截面受压区高度 $x < 2a_s'$。

(A) 2 Φ 14　　　　(B) 2 Φ 16　　　　(C) 2 Φ 18　　　　(D) 2 Φ 20

38. 该配筋砌块砌体连梁的抗剪箍筋配置，与下列何项数值最为接近？

提示： 该连梁截面条件满足规范要求。

(A) 2 φ 8@100　　(B) 2 φ 10@100　　(C) 2 φ 12@100　　(D) 2 φ 12@200

【题 39】 采用西北云杉原木制作轴心受压柱，原木梢径为 100mm，长为 3.0m，两端铰接，柱中点有一个 $d=18$mm 的螺栓孔，设计使用年限为 25 年，取 $\gamma_0=0.95$。试问，稳定验算时，其能承受的最大轴心压力设计值（kN），与下列何项数值最为接近？

(A) 36.8　　　　(B) 32.3　　　　(C) 29.7　　　　(D) 28.2

【题 40】 某木屋架下弦接头节点如图 1-12 所示，采用钢夹板连接，木材顺纹承压强度设计值 $f_c=12$N/mm²，抗拉强度设计值 $f_t=8.0$N/mm²。单个螺栓的每个剪面的承载力参考设计值为 8.4kN。杆轴心拉力设计值 $N=75$kN，试问，当采用 $\phi 20$ 的 C 级普通螺栓时，其接头两侧共需螺栓数目（个），最经济合理的是下列何项？

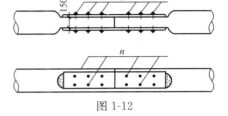

图 1-12

提示： $k_g=0.99$。

(A) 8　　　　　(B) 10　　　　　(C) 12　　　　　(D) 14

（下午卷）

【题 41～43】 某地下消防水池采用钢筋混凝土结构，其底部位于较完整的中风化泥岩上，外包平面尺寸为 6m×6m，顶面埋深 0.8m，地基基础设计等级为乙级，地基土层及水池结构剖面如图 1-13 所示。

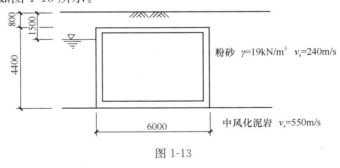

图 1-13

试问：

41. 假定，水池外的地下水位稳定在地面以下 1.5m，粉砂土的重度为 19kN/m³，水池自重 G_k 为 900kN，试问，当水池里面的水全部放空时，水池的抗浮稳定安全系数，与下列何项数值最为接近？

(A) 1.5　　　　(B) 1.3　　　　(C) 1.1　　　　(D) 0.9

42. 对中风化泥岩进行了 3 个岩石地基载荷试验，试验得到的地基承载力特征值分别为 401kPa、476kPa、431kPa，试问，水池基础底部的岩石地基承载力特征值（kPa）与下列何项数值最为接近？

(A) 400　　　　　(B) 415　　　　　(C) 430　　　　　(D) 445

43. 拟采用岩石锚杆提高水池抗浮稳定安全度，假定，岩石锚杆的有效锚固长度 $l=$ 2.4m，锚杆孔径 $d_1=150$mm，砂浆与岩石间的粘结强度特征值为 200kPa，要求所有抗浮锚杆提供的荷载效应标准组合下上拔力特征值为 650kN。试问，满足锚固体粘结强度要求的全部锚杆最少数量（根），与下列何项数值最为接近？

提示：按《建筑地基基础设计规范》GB 50007—2011 作答。

(A) 4　　　　　(B) 5　　　　　(C) 6　　　　　(D) 7

【题 44～46】　某主要受风荷载作用的框架结构柱，桩基承台下布置有 4 根 $d=$ 500mm 的长螺旋钻孔灌注桩。承台及其以上土的加权平均重度 $\gamma=20$kN/m³。承台的平面尺寸、桩位布置等如图 1-14 所示。取 $\gamma_0=1.0$。

提示：根据《建筑桩基技术规范》JGJ 94—2008 作答。

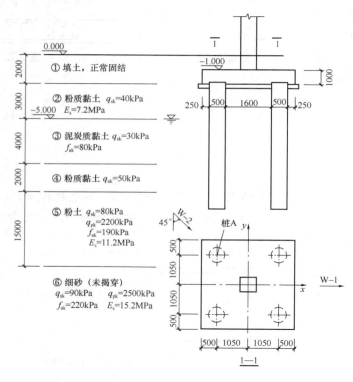

图 1-14

44. 初步设计阶段，要求基桩的竖向抗压承载力特征值不低于 600kN。试问，基桩进入⑤层粉土的最小深度（m），与下列何项数值最为接近？

(A) 1.5　　　　　(B) 2.0　　　　　(C) 2.5　　　　　(D) 3.5

45. 假定，在 W-1 方向风荷载效应标准组合下，传至承台顶面标高的控制内力为：竖向力 $F_k=680$kN，弯矩 $M_{xk}=0$，$M_{yk}=1100$kN·m，水平力可忽略不计。试问，为满足承载力要求，所需单桩竖向抗压承载力特征值 R_a（kN）的最小值，与下列何项数值最为接近？

(A) 360　　　　　(B) 450　　　　　(C) 530　　　　　(D) 600

46. 假定，在 W-2 方向风荷载效应标准组合下，传至承台顶面标高的控制内力为：竖

向力 $F_k=560kN$，弯矩 $M_{xk}=M_{yk}=800kN \cdot m$，水平力可忽略不计。试问，基桩 A 所受的竖向力标准值（kN），与下列何项数值最为接近？

(A) 150（受压）   (B) 300（受压）

(C) 150（受拉）   (D) 300（受拉）

【题 47】 下列关于地基基础设计的论述，何项不正确？

(A) 当基岩面起伏较大，且都使用岩石地基时，同一建筑物可以使用多种基础形式

(B) 处理地基上的建筑物应在施工期间及使用期间进行沉降变形观测

(C) 单柱单桩的人工挖孔大直径嵌岩桩桩端持力层检验，应视岩性检验孔底下 3 倍桩身直径或 5m 深度范围内有无土洞、溶洞、破碎带或软弱夹层等不良地质条件

(D) 低压缩性地基上单层排架结构（柱距为 6m）柱基的沉降量允许值为 120mm

【题 48～51】 某多层住宅墙下条形基础，其埋置深度为 1000mm，宽度为 1500mm，砖墙厚 240mm，钢筋混凝土地梁宽度为 300mm，地基各土层的有关物理特性指标、地基承载力特征值 f_{ak} 及地下水位等见图 1-15 所示。

48. 试问，修正后的基底地基承载力特征值（kPa），与下列何项数值最为接近？

(A) 104.65   (B) 108.80

(C) 114.08   (D) 117.60

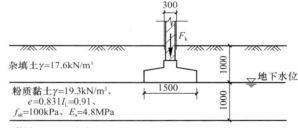

图 1-15

49. 上部砖墙传至地梁顶面的永久作用标准值为 103.4kN/m，可变作用标准值为 23.4kN/m，基础自重和基础上的土重的平均重度为 20kN/m³，试问，相应于荷载标准组合下基础底面的压力 p_k（kPa），与下列何项数值最为接近？

(A) 128.51   (B) 124.56   (C) 104.53   (D) 97.87

50. 试问，淤泥土层顶面处经深度修正后的地基承载力特征值 f_{az}（kPa），与下列何项数值最为接近？

(A) 66.73   (B) 69.23   (C) 80.18   (D) 87.68

51. 假定 $p_k=98.6kPa$，试问，软弱下卧层（淤泥）顶面处相应于作用的标准组合时的附加压力值与土的自重压力之和 p_z+p_{cz}（kPa），与下列何项数值最为接近？

(A) 64.92   (B) 72.67   (C) 78.63   (D) 88.65

【题 52～54】 某建造在抗震设防区的多层框架结构房屋，其柱下独立基础尺寸为 2.8m×3.2m，如图 1-16 所示。作用在基础顶面处的相应于地震作用的标准组合值为：$F_k=1200kN$，$V_k=180kN$，$M_k=600kN \cdot m$。基础及其底面以上土的加权平均重度 $\gamma_G=20kN/m^3$。

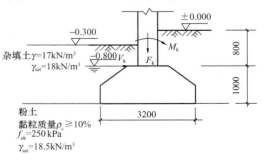

图 1-16

52. 该地基抗震承载力特征值 f_{aE}（kPa），与下列何项数值最为接近？

(A) 346   (B) 354   (C) 266   (D) 260

53. 该地基基底与地基土之间零应力区的长度（m），与下列何项数值最为接近？

(A) 0.056   (B) 0.065   (C) 0.085   (D) 0.095

54. 已知 $F_k = 1200\text{kN}$，$V_k = 0$，M_k 不为零，在地震作用下验算，当满足规范要求时，该地基基底最大压力设计值 p_{max}（kPa），不应大于下列何项数值？

(A) 305.8   (B) 315.1   (C) 369.2   (D) 414.3

【题 55】 某均质黏性土场地采用旋喷桩复合地基，采用正方形布桩，桩径为 500mm，桩距为 1.0m，桩长为 12m，桩体抗压强度 $f_{cu} = 5.5\text{MPa}$，场地土层 $q_{si} = 15\text{kPa}$，$f_{sk} = 140\text{kPa}$，单桩承载力发挥系数 $\lambda = 0.8$，桩间土承载力发挥系数 $\beta = 0.4$，桩端端阻力发挥系数 $\alpha_p = 1.0$。试问，该复合地基承载力 f_{spk}（kPa），与下列何项数值最为接近？

(A) 355   (B) 315   (C) 290   (D) 260

【题 56】 某地区标准冻结深度为 1.8m，地基由均匀碎石土组成，其粒径小于 0.075mm 颗粒含量大于 15%。场地位于城市市区，该城市市区人口为 60 万人。冻土层内冻前天然含水量的平均值为 16%，冻结期间地下水位距冻结面的最小距离为 1.5m。试问，该地区的基础设计冻结深度 z_d（m），与下列何项数值最为接近？

(A) 2.16   (B) 2.27   (C) 2.39   (D) 2.52

【题 57、58】 某拟建一幢 28m 钢筋混凝土框架结构房屋，地面粗糙度为 B 类，当地 100 年重现期的基本风压 $w_0 = 0.60\text{kN/m}^2$；50 年重现期的基本风压 $w_0 = 0.50\text{kN/m}^3$。房屋平面长×宽=25m×14m，迎风面宽度为 14m，采用玻璃幕墙作为围护结构，其从属面积大于 25m²。设计使用年限为 100 年。

57. 当按承载能力设计时，高度 28m 处迎风面幕墙围护结构的风荷载标准值（kN/m²），与下列何项数值最为接近？

(A) 1.04   (B) 1.10

(C) 1.15   (D) 1.30

58. 当按承载能力设计时，高度 28m 处背风面幕墙围护结构的风荷载标准值（kN/m²），与下列何项数值最为接近？

(A) −0.52   (B) −0.69

(C) −0.78   (D) −0.87

【题 59～61】 某 10 层现浇钢筋混凝土框架结构房屋，丙类建筑，剖面如图 1-17 所示，其抗震设防烈度为 7 度，设计地震分组为第二组，Ⅱ类场地。质量和刚度沿高度分布较均匀，屋面有局部突出的小塔楼。已知结构的基本自振周期 $T_1 = 1.0\text{s}$，各层的重力荷载代表值分别为：$G_1 = 15000\text{kN}$，$G_{10} = 0.8G$，$G_n = 0.08G_1$，第二层至第九层重力荷载代表值均为 $0.9G_1$。小塔楼的侧向刚度与主体结构的层侧向刚度之比 $K_n/K = 0.01$。

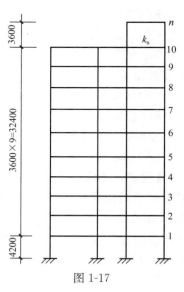

图 1-17

59. 该结构底部水平剪力标准值（kN），与下列何项数值最为接近？

(A) 4064   (B) 4212   (C) 3865   (D) 3715

60. 假定 $F_{Ek}=4500kN$，主体结构顶层附加水平地震作用标准值 ΔF_n（kN），与下列何项数值最为接近？

（A）366　　　　　（B）386　　　　　（C）405　　　　　（D）325

61. 假定 $F_{Ek}=4500kN$，已计算得知，$\sum_{j=1}^{n} G_j H_j = 183.58G_1$，试问，小塔楼底部的地震弯矩设计值 M_n（kN·m），与下列何项数值最为接近？

（A）1210　　　　　（B）1280　　　　　（C）1320　　　　　（D）1400

【题 62】　某钢筋混凝土剪力墙结构高层建筑，抗震设防烈度为 8 度，剪力墙抗震等级为一级，其底层某剪力墙墙肢截面如图 1-18 所示，经计算知，其轴压比为 0.25，其边缘构件纵向钢筋为构造配筋，试问，下列何项配筋面积（mm²）与规范、规程的规定最为接近？

（A）2856　　　　　（B）2520　　　　　（C）2350　　　　　（D）1609

【题 63】　某现浇高层钢筋混凝土框架结构房屋，抗震等级为二级，其中一框架梁截面尺寸 $b \times h = 250mm \times 550mm$，梁净跨 $l_n = 7.2m$，梁左右两端截面考虑地震作用组合的最不利弯矩设计值：逆时针方向，$M_b^r = +175kN \cdot m$，$M_b^l = -420kN \cdot m$；顺时针方向，$M_b^r = -360kN \cdot m$，$M_b^l = +210kN \cdot m$。重力荷载代表值产生的剪力设计值 $V_{Gb} = 130kN$，采用 C30 混凝土，纵向受力钢筋采用 HRB400 级，箍筋采用 HPB300 级，框架梁梁端配筋形式如图 1-19 所示。试问，框架梁梁端箍筋加密区的箍筋配置 A_{sv}/s（mm²/mm），为下列何项数值时，才能满足要求且较为经济合理？

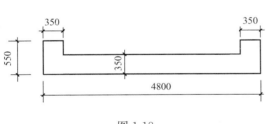
图 1-18

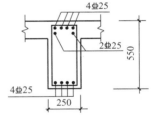
图 1-19

提示：梁抗剪截面条件满足规程要求；单排 $a_s = a_s' = 35mm$；双排，$a_s = a_s' = 60mm$。

（A）0.94　　　　　（B）0.83　　　　　（C）1.01　　　　　（D）1.57

【题 64、65】　某 10 层钢筋混凝土框架结构，抗震设防烈度 8 度，设计基本地震加速度为 0.2g，首层层高为 4.5m，其余各层层高均为 4m。在多遇地震下进行结构水平位移计算，经计算得知，第 10 层的弹性水平位移 $\delta_{10} = 61mm$，第 9 层的弹性水平位移 $\delta_9 = 53mm$，第二层的弹性水平位移 $\delta_2 = 18mm$，第一层的弹性水平位移 $\delta_1 = 10mm$。在罕遇地震作用下，第二层的弹性水平位移 $\delta_2 = 26mm$，第一层的弹性水平位移 $\delta_1 = 12mm$。已知第 1 层楼层屈服强度系数 $\xi_y = 0.4$，该值是相邻上层该系数平均值的 0.9 倍。

64. 第 10 层的弹性层间位移与层高之比 $\Delta u/h$ 与规程规定的限值 $[\Delta u/h]$ 之比值，与下列何项数值最为接近？

（A）0.91　　　　　（B）1.04　　　　　（C）0.86　　　　　（D）1.10

65. 罕遇地震作用下，第 1 层的弹塑性层间位移角 $\theta_{p,1}$ 与规程规定的角限值之比值，与下列何项数值最为接近？

(A) 0.27   (B) 0.22   (C) 0.30   (D) 0.34

【题 66～68】 建于 7 度抗震设防烈度区，某带裙房的高层建筑如图 1-20 所示，地基土较均匀，中等压缩性，采用筏形基础。

提示：① 裙房与主楼可分开考虑；

      ② 按《高层建筑混凝土结构技术规程》JGJ 3—2010 作答。

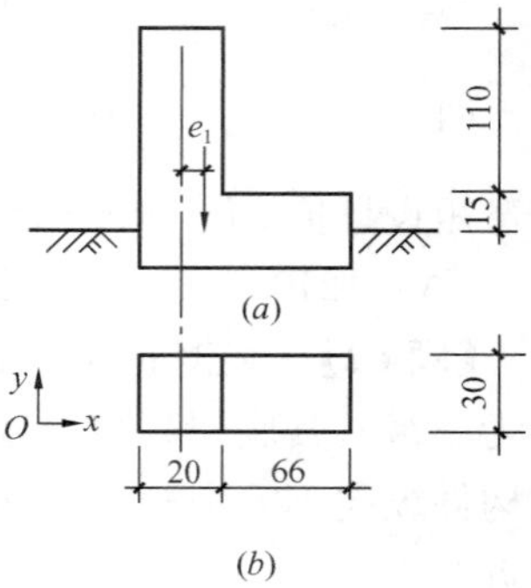

66. 假定地下室采用剪力墙结构，主楼与裙房的地下室不分开，试问，当考虑伸缩缝，设置施工后浇带时，后浇带的设置数量（条），至少应与下列何项数值最为接近？

(A) 1   (B) 2

(C) 3   (D) 4

图 1-20

（*a*）立面图；（*b*）平面图

67. 水平地震作用沿 y 方向，考虑地震作用下偶然偏心的影响时，主楼楼层每层质心沿垂直于 x 方向的偏移值 e_1（m）可取下列何项数值？

(A) 0.333   (B) 0.5   (C) 0.775   (D) 1.0

68. 假定重力荷载代表值不考虑偏心，按地震作用的标准组合主楼基底轴向压力 N_k =210000kN，试问，沿裙楼方向（x 方向）地震作用的标准组合弯矩值 M_k（kN·m），不宜超过下列何项数值？

(A) $2.1×10^5$ (B) $10.5×10^5$

(C) $4.5×10^5$ (D) $7.0×10^5$

【题 69】 某 54m 的底部大空间剪力墙结构，7 度抗震设防烈度，丙类建筑，设计基本地震加速度为 0.15g，场地类别为 Ⅱ 类。底层结构采用 C50 混凝土，其他层为 C30 混凝土，框支柱截面为 800mm×900mm，考虑地震作用组合的框支柱轴压力设计值 N = 13300kN，沿柱全高配复合螺旋箍，箍筋采用 HPB300 级钢筋（f_{yv} =270N/mm²），直径 Φ12，间距 100mm，肢距 200mm。已知框支柱剪跨比大于 2.0。试问，框支柱箍筋加密区的最小体积配箍率（%），与下列何项数值最为接近？

(A) 1.87   (B) 1.65   (C) 1.50   (D) 1.45

【题 70】 下列对于空间网络结构的支座节点的选用的叙述，不正确的是何项？

提示：按《空间网格结构技术规程》JGJ 7—2010 作答。

(A) 温度应力变化较大且下部支承结构刚度较大的大跨度网格结构可选用双面弧形压力支座

(B) 中、小跨度的网格结构可选用平板压力支座、可滑动铰支座

(C) 要求沿单方向转动的中、小跨度的网格结构可选用单面弧形压力支座

(D) 多点支承、有抗震要求的大跨度的网格结构可选用球铰压力支座

【题 71、72】 某高层钢框架结构房屋，抗震等级为二级，钢柱采用箱形截面□500×500×24，其柱脚采用埋入式柱脚，所在楼层层高为 4800mm。已知钢柱截面的 M_{pc} = 4500kN·m。钢材采用 Q345 钢。

提示：按《高层民用建筑钢结构技术规程》作答：

试问：

71. 假定，基础混凝土采用 C30（$f_{ck}=20.1\text{N/mm}^2$），试问，柱脚埋置深度 h_B（m），最经济合理的是下列何项？

（A）1.0　　　　（B）1.25　　　　（C）1.50　　　　（D）1.75

72. 假定，柱脚埋置深度 $h_B=2.0\text{m}$，当仅满足柱脚全塑性抗剪承载力要求时，基础混凝土的强度等级应满足下列何项？

（A）≤C55（$f_{ck}=35.5\text{N/mm}^2$）　　　　（B）≤C50（$f_{ck}=32.4\text{N/mm}^2$）

（C）≤C45（$f_{ck}=29.6\text{N/mm}^2$）　　　　（D）≤C40（$f_{ck}=26.8\text{N/mm}^2$）

【题 73】 某公路钢筋混凝土桥梁为双铰板拱，其计算跨径为 40m，当该板拱的宽度小于下列何项数值时，应验算拱圈的横向稳定？

（A）2.0m　　　　（B）2.5m　　　　（C）3.0m　　　　（D）1.5m

【题 74~76】 $7\times20.0\text{m}$ 的先简支后桥面连续的公路桥梁，如图 1-21 所示，桥宽 12m，双向行驶汽车荷载为公路-Ⅰ级，采用双柱式加盖梁的柔性桥墩，各墩高度均示于图中，每个墩柱直径 $D=1.2\text{m}$，C25 混凝土（$E_c=2.85\times10^7\text{kN/m}^2$），混凝土线膨胀系数 $\alpha=1\times10^{-5}$。板式橡胶支座的参数：在桥墩上为双排布置，每墩共 28 个，在桥台上为单排布置，每座桥台上共 14 个，每个支座承压面积的直径 $D_支=0.2\text{m}$，橡胶层厚度为 4cm，剪切模量 $G_e=1.1\text{MPa}$。为简化计算，梁体刚度视作不产生变形的刚体。

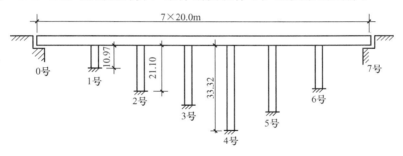

图 1-21

提示：按《公路桥涵设计通用规范》JTG D60—2015 及《公路钢筋混凝土及预应力混凝土桥涵设计规范》JTG 3362—2018 解答。

74. 0 号桥台、1 号桥墩的组合抗推刚度 K_{z0}（kN/m）、K_{z1}（kN/m），与下列何项数值最为接近？

（A）12090；8610　　　　　　　　（B）12090；8530

（C）11010；8610　　　　　　　　（D）11010；8530

75. 若整桥墩（台）的组合抗推刚度 $\Sigma K_{zi}=37831.3\text{kN/m}$，试问，1 号桥墩分配到的汽车制动力 F_{bk}（kN），与下列何项数值最为接近？

（A）35　　　　（B）40　　　　（C）48　　　　（D）65

76. 当温度下降 25℃时，1 号桥所承受的水平温度影响力标准值（kN），与下列何项数值最为接近？

提示：$K_{z0}=12094.5\text{kN/m}$，$K_{z1}=8609.2\text{kN/m}$，$K_{z2}=1721.2\text{kN/m}$，$K_{z3}=659.6\text{kN/m}$，$K_{z4}=461.6\text{kN/m}$，$K_{z5}=565.2\text{kN/m}$，$K_{z6}=1624.8\text{kN/m}$，$K_{z7}=12094.5\text{kN/m}$。

(A) 85.6　　　　　(B) 89.4　　　　　(C) 96.5　　　　　(D) 98.6

【题 77】　在公路钢筋混凝土桥梁的组合梁中，在与预制梁结合处的现浇混凝土层的厚度不宜小于下列何项数值？说明理由。

(A) 100mm　　　　(B) 120mm　　　　(C) 150mm　　　　(D) 180mm

【题 78】　下述关于影响斜板桥受力的因素的见解，下列何项是正确的？说明理由。

(A) 斜交角、板的横截面形式及宽跨比

(B) 斜交角、板的横截面形式及支承形式

(C) 斜交角、宽跨比及支承形式

(D) 宽跨比、支承形式及板的横截面形式

【题 79】　某一桥梁上部结构为三孔钢筋混凝土连续梁，试判定在图 1-22 中，下列何项是该梁 BC 跨跨中 F 截面的剪力影响线？

提示：只需定性判断。

(A) 图 (a)　　　　(B) 图 (b)　　　　(C) 图 (c)　　　　(D) 图 (d)

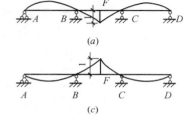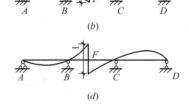

图 1-22

【题 80】　某公路简支桥梁采用先张法预应力混凝土空心板梁，计算跨径为 9.5m，其截面如图 1-23 所示，空心板跨中截面弯矩标准值为：恒载作用 $M_{Gk}=300$kN·m，汽车荷载（含冲击系数）$M_{qk}=160$kN·m，人群荷载 $M_{rk}=22.8$kN·m。汽车荷载冲击系数 $\mu=0.215$。该预应力空心板中预应力钢筋截面面积 $A_p=$

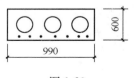

图 1-23

1017mm²，非预应力钢筋截面面积 $A_s=1272$mm²，采用 C40 混凝土（$f_{tk}=2.4$MPa）。该空心板换算为工字形截面后的截面特性为：$A_0=3.2\times10^5$mm²，$I_{cr}=3.6\times10^9$mm⁴，$I_0=1.74\times10^{10}$mm⁴，中性轴至下翼缘距离为 310mm，至下翼缘距离为 290mm，$S_0=3.2\times10^7$mm³，预应力筋合力至中性轴的距离为 250mm。假定预应力钢筋重心处的混凝土法向应力为零时，预应力筋的预应力值 $\sigma_{p0}=650$N/mm²。试问，该预应力空心板的开裂弯矩（kN·m），与下列何项数值最为接近？

(A) 440　　　　　(B) 410　　　　　(C) 320　　　　　(D) 350

提示：按《公路钢筋混凝土及预应力混凝土桥涵设计规范》JTG 3362—2018 解答。

实战训练试题（二）

（上午卷）

【题 1】 某简支墙梁的托梁，计算跨度 $l_0=5.1\text{m}$，截面尺寸 $b\times h=300\text{mm}\times450\text{mm}$，承受轴向拉力设计值 $N=950\text{kN}$，跨中截面弯矩设计值 $M=90\text{kN}\cdot\text{m}$。托梁采用 C30 混凝土，纵向受力钢筋采用 HRB400 级钢筋。结构安全等级为二级，取 $a_s=a_s'=40\text{mm}$。试问，非对称配筋时，托梁的纵筋截面面积 A_s（mm^2）、A_s'（mm^2），与下列何项数值最接近？

(A) 2700；310   (B) 2900；450   (C) 2000；644   (D) 2400；800

【题 2～4】 某无梁楼板，柱网尺寸 7.5m×7.5m，板厚 200mm，中柱截面尺寸 600mm×600mm，恒载标准值 $g_k=6.0\text{kN/m}^2$，活载标准值 $q_k=3.5\text{kN/mm}^2$，选用 C30 混凝土，选用 HPB300 钢筋。在距柱边 700mm 处开有 700mm×500mm 的孔洞（图 2-1）。环境类别为一类，设计使用年限为 50 年，结构安全等级为二级。$a_s=20\text{mm}$。

提示： 按《建筑结构可靠性设计统一标准》GB 50068—2018 作答。

2. 若楼板不配置抗冲切钢筋，柱帽周边楼板的受冲切承载力设计值（kN），与下列何项数值最为接近？

提示： 不扣除洞口面积内荷载。

(A) 495   (B) 515

(C) 530   (D) 552

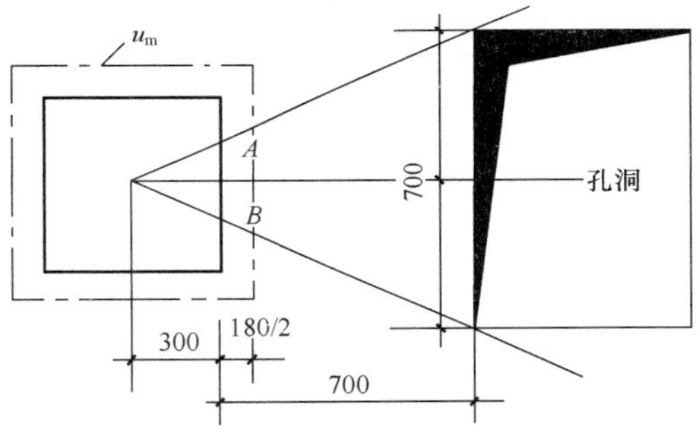

3. 若采用箍筋作为抗冲切钢筋，试问，所需箍筋截面面积（mm^2），与下列何项数值最为接近？

图 2-1

(A) 2450   (B) 1900   (C) 1400   (D) 1200

4. 配筋冲切破坏锥体以外截面受冲切承载力验算时，经计算知该冲切破坏锥体承载力的集中反力设计值为 660kN，试问，该配筋冲切破坏锥体的受冲切承载力设计值（kN），与下列何项数值最为接近？

(A) 700   (B) 750   (C) 850   (D) 950

【题 5】 下列乙类建筑中，何项建筑是属于允许按本地区抗震设防烈度的要求采取抗震措施？说明理由。

(A) 二级医院的门诊楼   (B) 幼儿园的教学用房

(C) 某些工矿企业的水泵房   (D) 中小型纪念馆建筑

【题 6】 某一沿周边均匀配置钢筋的环形截面梁，其外径 $r_2=200\text{mm}$，内径 $r_1=130\text{mm}$，钢筋位置的半径 $r_s=165\text{mm}$。用 C25 混凝土，HRB400 级钢筋，梁的纵向钢筋配置 8 Φ 16（$A_s=1608\text{mm}^2$）。结构安全等级为二级，环境类别为一类。试问，该梁所能承受的基本组合弯矩设计值（kN·m），与下列何项数值最为接近？

提示：$\arccos\left(\dfrac{2r_1}{r_1+r_2}\right)\bigg/\pi=0.211$。

(A) 90　　　　　(B) 62　　　　　(C) 70　　　　　(D) 82

【题 7～9】　某装配整体式单跨简支叠合梁，结构完全对称，计算跨度 $l_0=5.8\text{m}$，净跨径 $l_n=5.8\text{m}$，采用钢筋混凝土叠合梁和预制板方案，叠合梁截面如图 2-2 所示，梁宽 $b=250\text{mm}$，预制梁高 $h_1=450\text{mm}$，$b'_f=500\text{mm}$，$h'_f=120\text{mm}$，混凝土采用 C30；叠合梁高 $h=650\text{mm}$，叠合层混凝土采用 C35。受拉纵向钢筋采用 HRB400 级、箍筋采用 HPB300 级钢筋。施工阶段不加支撑。第一阶段预制梁、板及叠合层自重标准值 $q_{1Gk}=12\text{kN/m}$，施工阶段活荷载标准值 $q_{1Qk}=10\text{kN/m}$；第二阶段，因楼板的面层、吊顶等传给该梁的恒载标准值 $q_{2Gk}=8\text{kN/m}$，使用阶段活载标准值 $q_{2Qk}=12\text{kN/m}$。取 $a_s=40\text{mm}$。设计使用年限为 50 年，结构安全等级为二级。

提示：按《建筑结构可靠性设计统一标准》GB 50068—2018 作答。

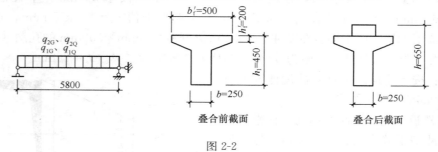

图 2-2

7. 施工阶段的第一阶段梁的最大内力设计值 M（kN·m）、V（kN），与下列何项数值最为接近？

(A) $M=128.7$；$V=88.7$　　　　　　　(B) $M=128.7$；$V=82.4$

(C) $M=109.4$；$V=88.7$　　　　　　　(D) $M=109.4$；$V=82.4$

8. 假定叠合梁满足构造要求，配有双肢箍 Φ8@150，试问，叠合面的受剪承载力设计值（kN），与下列何项数值最为接近？

(A) 380　　　　　(B) 355　　　　　(C) 275　　　　　(D) 250

9. 若 $M_{2k}=162\text{kN·m}$，$M_{2q}=140\text{kN·m}$，梁底配置纵向受拉钢筋 4Φ22，试问，预制构件的正截面受弯承载力设计值 M_{1u}（kN·m），及叠合梁的钢筋应力 σ_{sq}（N/mm²），与下列何项数值最为接近？

(A) $M_{1u}=173$；$\sigma_{sq}=295$　　　　　　(B) $M_{1u}=173$；$\sigma_{sq}=267$

(C) $M_{1u}=203$；$\sigma_{sq}=295$　　　　　　(D) $M_{1u}=203$；$\sigma_{sq}=267$

【题 10～12】　某多层钢筋混凝土框架结构办公楼，抗震等级二级，首层层高 4.2m，其余各层层高为 3.9m，地面到基础顶面 1.1m，柱网 7.5m×7.5m，柱架柱截面尺寸 600mm×600mm，框架梁截面尺寸为 300mm×600mm（y 方向）、300mm×600mm（x 方向），如图 2-3 所示。首层中柱，柱底截面在 x 方向地震作用下的荷载与地震作用组合未经调整的内力设计值（已考虑 P-Δ 二阶效应）为：$M=800\text{kN·m}$，$N=2200\text{kN}$，$V=369\text{kN}$，受力纵筋采用 HRB400 级，箍筋采用 HRB335 级。柱采用 C30 混凝土，梁采用

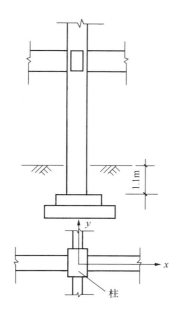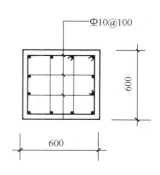

图 2-3

C25 混凝土。取 $a_s=a_s'=40\text{mm}$。

10. 假定已考虑侧移影响的某根中柱上、下端截面沿 x 方向的地震作用组合下经调整后的弯矩、轴力设计值分别为：$M_1=-600\text{kN}\cdot\text{m}$，$N_1=2000\text{kN}$，$M_2=750\text{kN}$，$N_2=2200\text{kN}$，试问，该中柱的控制截面的弯矩设计值（$\text{kN}\cdot\text{m}$），与下列何项数值最为接近，构件的计算长度近似数为 $l_c=5.3\text{m}$。

(A) 750   (B) 770   (C) 800   (D) 850

11. 采用对称配筋 $A_s=A_s'$，受压区高度 $x=205\text{mm}$，该中柱柱底截面的纵向钢筋配置量 A_s'（mm^2），与下列何项数值最接近？

(A) 3800   (B) 3500   (C) 3300   (D) 3100

12. 若该首层中柱柱顶经内力调整后的弯矩设计值 $M_c=760\text{kN}\cdot\text{m}$，反弯点在柱层高范围内，试问，该中柱加密区的箍筋配置量 A_{sv}/s（mm^2/mm），下列何项数值最能满足要求？

提示：$0.3f_cA=1544.4\times10^3\text{N}$；体积配筋率满足规范要求。

(A) 1.48   (B) 2.01   (C) 2.24   (D) 2.38

【题 13】 下列关于预应力混凝土结构的说法，何项是正确的？

(1) 预应力混凝土构件的极限承载力比普通钢筋混凝土构件高

(2) 若张拉控制应力 σ_{con} 相同，先张法施工所建立的混凝土有效预压应力比后张法施工低

(3) 预应力混凝土构件的抗疲劳性能比普通钢筋混凝土构件好

(4) 由于施加了预应力，提高了抗裂度，故预应力混凝土构件在使用阶段是不开裂的

(A) (1)、(2)   (B) (2)、(3)

(C) (2)、(3)、(4)   (D) (1)、(2)、(3)、(4)

【题 14】 某建筑位于 8 度抗震设防区，设计基本地震加速度为 $0.30g$，该建筑上有一长悬挑梁，挑出长度为 7.0m，挑梁上作用永久荷载标准值 $g_k=30\text{kN/m}$，楼面活荷载标

准值 $q_k = 20 kN/m$，如图 2-4 所示，设计使用年限为 50 年。试问，挑梁端部 A-A 处最大组合弯矩设计值 M（kN·m），与下列何项数值最为接近？

(A) 1367   (B) 1473   (C) 1690   (D) 1850

【题 15】 某钢筋混凝土梁，如图 2-5 所示，采用 C20 混凝土，纵向受力钢筋采用 HRB335，其配筋：受压区 3 Φ 18（$A'_{s0} = 763 mm^2$），受拉区 6 Φ 28（$A_{s0} = 3695 mm^2$）。现加固改造，荷载增加，在荷载的基本组合下的跨中正弯矩 $M = 370 kN·m$。经计算，原梁设计为超筋梁，其跨中正截面受弯承载力为 276.8 kN·m。现采用 C35 混凝土置换进行抗弯加固。加固后的结构重要性系数为 1.0。已知 $a_s = 60 mm$，$a'_s = 40 mm$，$\xi_b = 0.550$。

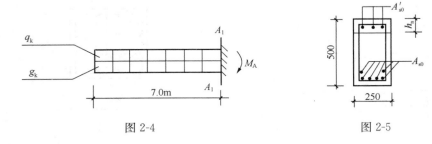

图 2-4   图 2-5

试问，当充分利用原混凝土材料时，加固后的梁跨中正截面受弯承载力（kN·m），最接近于下列何项？

(A) 375   (B) 385   (C) 395   (D) 405

【题 16～19】 某梯形钢屋架跨度 21m，端开间柱距 5.4m，其余柱距 6m。屋架下弦横向支撑承受山墙墙架柱传来的风荷载，下弦横向支撑的结构布置如图 2-6 所示，钢材为 Q235 钢，采用节点板连接。节点风荷载设计值已求出：$W_1 = 17.83 kN$，$W_2 = 31.21 kN$，$W_3 = 26.75 kN$。

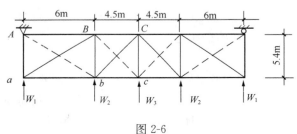

图 2-6

16. 支撑桁架的端竖杆 Aa 的压力（kN），与下列何项数值最为接近？

(A) 62.42   (B) 66.65   (C) 17.41   (D) 26.75

17. 支撑桁架的端斜杆 aB 的拉力（kN），与下列何项数值最为接近？

(A) 66.63   (B) 62.42   (C) 26.75   (D) 17.41

18. 支撑桁架的斜杆 aB 采用单角钢截面，最适合的截面形式为下列何项？

(A) 1L45×4，$A = 3.49 cm^2$，$i_{min} = 0.89 cm$，$i_y = 1.38 cm$

(B) 1L50×3，$A = 2.27 cm^2$，$i_{min} = 1.0 cm$，$i_y = 1.55 cm$

(C) 1L63×5，$A = 6.143 cm^2$，$i_{min} = 1.25 cm$，$i_y = 1.94 cm$

(D) 1L70×5，$A = 6.87 cm^2$，$i_{min} = 1.39 cm$，$i_y = 2.16 cm$

19. 支撑桁架的竖杆 cC 采用双角钢十字形截面，最适合的截面形式为下列何项？

(A) ⌐¬90×6，$A=21.2\text{cm}^2$，$i_{min}=1.8\text{cm}$，单个角钢 $i_y=2.79\text{cm}$

(B) ⌐¬70×5，$A=13.75\text{cm}^2$，$i_{min}=2.73\text{cm}$，单个角钢 $i_y=2.16\text{cm}$

(C) ⌐¬63×5，$A=12.3\text{cm}^2$，$i_{min}=2.45\text{cm}$，单个角钢 $i_y=1.94\text{cm}$

(D) ⌐¬45×5，$A=6.9\text{cm}^2$，$i_{min}=1.74\text{cm}$，单个角钢 $i_y=1.38\text{cm}$

【题 20～24】 某阶形柱采用双壁式肩梁如图 2-7 所示，肩梁高度 1350mm，肩梁腹板厚度 $t_w=30\text{mm}$（一块腹板的厚度），$W_n=t_w h^2/6=9112.5\text{cm}^3$。钢材用 Q235 钢，E43 型焊条。已知上段柱的内力设计值：$N=6073\text{kN}$，$M=3560\text{kN·m}$。

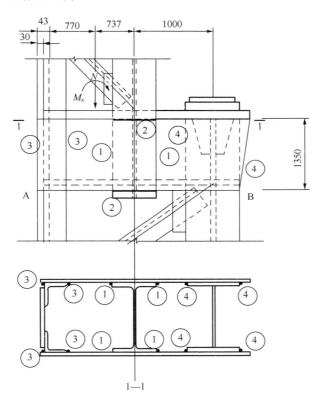

图 2-7

20. 单根肩梁的支座反力 R_B（kN），与下列何项数值最为接近？

(A) 3300 　　　　 (B) 1389 　　　　 (C) 1650 　　　　 (D) 2773

21. 单根肩梁腹板进行抗弯强度计算时，其正应力值（N/mm²），与下列何项数值最为接近？

提示：肩梁上、下设置有盖板；$\gamma_x=1.05$。

(A) 172.4 　　　　 (B) 164.1 　　　　 (C) 158.2 　　　　 (D) 150.9

22. 单根肩梁腹板进行抗剪强度计算时，其最大剪应力（N/mm²）与下列何项数值最为接近？

(A) 61.1 　　　　 (B) 68.4 　　　　 (C) 75.6 　　　　 (D) 79.2

23. 肩梁处角焊缝③，采用 $h_f=12\text{mm}$，试问，角焊缝③的剪力设计值与焊缝的承载力设计值之比值，与下列何项数值最为接近？

提示： 该角焊缝内力并非沿侧面角焊缝全长分布。

(A) 0.67　　　　(B) 0.72　　　　(C) 0.78　　　　(D) 0.83

24. 肩梁处角焊缝④，采用 $h_f=16\text{mm}$，试问，角焊缝④的剪应力 τ_f^w（N/mm²），与下列何项数值最为接近？

提示： 该角焊缝内力并非沿侧面角焊缝全长分布。

(A) 56　　　　(B) 69

(C) 77　　　　(D) 85

【题 25】 钢柱脚在地面以下的部位应采用强度等级较低的混凝土包裹，试问，包裹的混凝土应至少高出地面多少？

(A) 100mm　　　　(B) 150mm　　　　(C) 200mm　　　　(D) 250mm

【题 26～29】 某单跨双坡门式刚架钢房屋，位于 6 度抗震设防烈度区，刚架跨度 21m，高度为 7.5m，屋面坡度为 1：10，如图 2-8 所示。主刚架采用 Q235 钢，屋面及墙面采用压型钢板。柱大端截面：H700×200×5×8，小端截面：H300×200×5×8，其截面特性见表 2-1，焊接、翼缘均为焰切边。

柱截面特性　　　　　　　　　　　　　　　　　　　　　　　　表 2-1

截面	A (mm²)	I_x (mm⁴)	i_x (mm)	W_x (mm³)	I_y (mm⁴)	i_y (mm)	W_y (mm⁴)
大端	6620	5.1645×10^8	279.13	1.475×10^6	1.067×10^7	40.154	1.067×10^5
小端	4620	7.773×10^7	129.75	5.1848×10^5	1.067×10^7	48.057	1.067×10^5

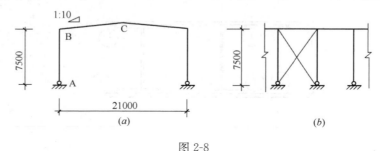

图 2-8

(a) 主刚架计算简图；(b) 纵向柱间支撑

经内力分析得到，主刚架柱 AB 的稳定性计算的内力设计值由基本组合控制，即：A 点 $M=0$，$N=86\text{kN}$；B 点 $M=120\text{kN·m}$，$N=80\text{kN}$。已知柱 AB 进行稳定性计算时，其全截面有效（$W_{el}=W_x$，$A_{el}=A$）。

26. 假定，柱 AB 在刚架平面内的计算长度系数 $\mu=2.42$。试问，柱 AB 在刚架平面内的稳定性计算，按《门式刚架》式（7.1.3-1）时，由压力 N_1 作用下产生的压应力值（N/mm²），与下列何项数据最为接近？

(A) 20　　　　(B) 25　　　　(C) 30　　　　(D) 35

27. 按《门式刚架》式（7.1.3-1）进行柱 AB 在刚架平面内的稳定性计算，由弯矩 M_1 作用下产生的压应力值（N/mm²），与下列何项数据最为接近？

(A) 75　　　　　(B) 85　　　　　(C) 95　　　　　(D) 105

28. 按《门式刚架》式（7.1.5-1）进行柱 AB 在刚架平面外的稳定性计算，其 $N/(\eta_{ty}\varphi_y A_{e1} f)$ 值，与下列何项数据最为接近？

(A) 0.21　　　　　(B) 0.27　　　　　(C) 0.32　　　　　(D) 0.38

29. 按《门式刚架》式（7.1.5-1）进行柱 AB 在刚架平面外的稳定性计算，其稳定系数 φ_b，与下列何项数据最为接近？

提示：$M_{cr}=215\times10^6\,\mathrm{N\cdot mm}$；$\gamma_x=1.0$；$\gamma=1.37$。

(A) 0.40　　　　　(B) 0.45　　　　　(C) 0.50　　　　　(D) 0.55

【题 30、31】 某 3 层砌体结构办公楼的平面如图 2-9 所示，刚性方案，采用钢筋混凝土空心板楼盖，纵、横承重墙厚均为 240mm，M5 混合砂浆砌筑。底层墙高为 4.5m（墙底算至基础顶面）；底层隔断墙厚为 120mm，M2.5 水泥砂浆砌筑，其墙高 3.6m；其他层墙高均为 3.6m。窗洞尺寸为 1800mm×900mm，内墙门洞尺寸为 1500mm×2100mm。砌体施工质量控制等级为 B 级。

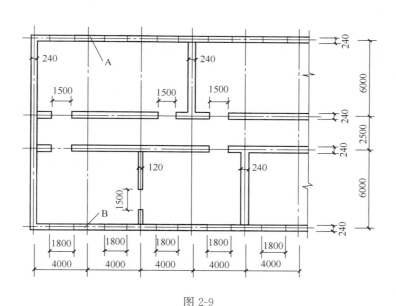

图 2-9

30. 试确定第二层外纵墙 A 的高厚比验算式（$\beta\leqslant\mu_1\mu_2[\beta]$），其左右端项，与下列何项数值最为接近？

(A) 10.0<19.7　　(B) 15.0<19.7　　(C) 13.2<24.0　　(D) 15.0<24.0

31. 对于首层纵墙、隔断墙的 $\mu_1\mu_2[\beta]$ 值，下述何项是正确的？

(A) 当该楼层正在施工且砂浆尚未硬化，外纵墙的 $\mu_1\mu_2[\beta]=24$

(B) 该楼层隔断墙的 $\mu_1\mu_2[\beta]=28.51$

(C) 该楼层外纵墙 B 的 $\mu_1\mu_2[\beta]=22$

(D) 上述（A）、（B）、（C）均不正确

【题 32、33】 某钢筋混凝土过梁净跨 $l_n=3.0\mathrm{m}$，每端支承长度 0.24m，截面尺寸为 240mm×240mm，过梁上墙体高为 1.5m，墙厚为 240mm，承受楼板传来的均布荷载设计

值 15kN/m，如图 2-10 所示。墙体采用 MU10 烧结多孔砖（重度 $\gamma = 18kN/m^3$），M5 混合砂浆，并对多孔砖灌实。过梁采用 C20 混凝土，纵向钢筋采用 HRB335 级、箍筋采用 HPB300 级钢筋。梁抹灰 15mm，其重度为 $20kN/m^3$。砌体施工质量控制等级 B 级，结构安全等级二级。取 $a_s = 35mm$。

提示： 按《建筑结构可靠性设计统一标准》GB 50068—2018 作答。

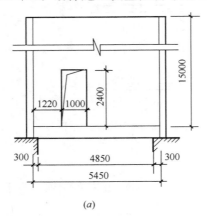

图 2-10

32. 试问，该过梁的纵向受力钢筋截面面积计算值（mm^2），与下列何项数值最为接近？

（A）525 　　（B）580 　　（C）600 　　（D）655

33. 过梁端部砌体局部受压承载力验算式（$N_l \leqslant \eta \gamma f A_l$），其左、右端项，与下列何项数值最为接近？

（A）35.9kN＜86.4kN 　　　　（B）33.1kN＜86.4kN

（C）35.9kN＜108kN 　　　　（D）33.1kN＜108kN

【题 34、35】 已知柱间基础上墙体高 15m，双面抹灰，墙厚 240mm，采用 MU10 烧结普通砖，M5 混合砂浆砌筑，墙上门洞尺寸如图 2-11（a）所示，柱间距 6m，基础梁长 5.45m，基础梁断面尺寸为 $b \times h_b = 240mm \times 450mm$，伸入支座 0.3m；采用 C30 混凝土，纵筋为 HRB335，箍筋为 HPB300 级钢筋。该墙梁计算简图如图 2-11（b）所示，设计值 $Q_2 = 95kN/m$。砌体施工质量控制等级 B 级，结构安全等级二级。取 $a_s = a'_s = 45mm$。

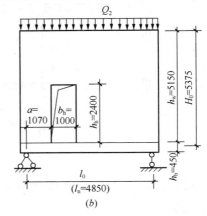

(a) 　　　　　　(b)

图 2-11

34. 该托梁跨中截面基本组合弯矩设计值 M_b（$kN \cdot m$），与下列何项数值最为接近？

（A）90.5 　　（B）86.3 　　（C）72.4 　　（D）76.1

35. 假定设计值 $M_b = 85kN \cdot m$，该托梁跨中轴心拉力设计值 N_b（kN），及其至纵向受拉钢筋合力点之间的距离 e（mm），与下列何组数值最为接近？

（A）$N_b = 119$；$e = 490$ 　　　　（B）$N_b = 148.8$；$e = 540$

（C）$N_b = 119$；$e = 534$ 　　　　（D）$N_b = 148.8$；$e = 510$

【题 36～38】 某商店-住宅砌体结构房屋，上部三层为住宅，其平面、剖面如图 2-12

所示，底层钢筋混凝土柱截面为 400mm×400mm，梁截面为 500 mm×240mm，采用 C20 混凝土及 HPB300 钢筋；二至四层纵、横墙厚度为 240mm，采用 MU10 烧结普通砖；二层采用 M7.5 混合砂浆，三、四层采用 M5 混合砂浆；底层约束普通砖抗震墙厚度 370mm，MU10 烧结普通砖，M10 混合砂浆砌筑。砌体施工质量控制等级为 B 级。抗震设防烈度为 6 度，设计地震分组为第二组，场地类别为 Ⅱ 类。各楼层质点重力荷载代表值如图 2-12 所示，底层水平地震剪力增大系数取 1.35。

提示： 楼层地震剪力标准值满足最小楼层地震剪力。

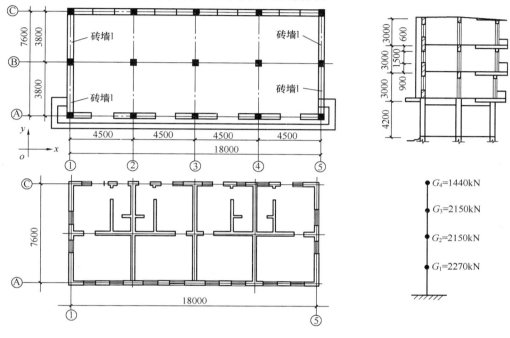

图 2-12

36. 假定由底部剪力法得到第一层水平地震作用标准值 F_{1k}=39kN，第二层①⑤轴线横墙的侧向刚度均为 $4.8×10^5$ N/mm，②③④轴线的侧向刚度均为 $5.5×10^5$ N/mm，③轴线第二层 1/2 高度处的平均应力 σ_0=0.35MPa。试问，第二层 ③轴线墙体抗震承载力验算式（$V < f_{vE}A/\gamma_{RE}$），γ_{RE}=0.9，其左右端项，与下列何项数值最为接近？

提示： 按《砌体结构设计规范》GB 50003—2011 确定 f_{vE}。

（A）65kN＜318kN

（B）95kN＜318kN

（C）65kN＜347kN

（D）95kN＜365kN

37. 假定底层一片砖抗震墙（$h_w × b_w$=3400mm×370mm）的侧向刚度为 $3.15×10^5$ N/mm，一根框架柱的侧向刚度为 $6.0×10^3$ N/mm，试问，底层一片砖抗震墙 V_b，一根框架柱 V_c 的水平地震剪力设计值（kN），与下列何组数值最为接近？

（A）V_b=120；V_b=6.2

（B）V_b=120；V_c=8.4

（C）V_b=95；V_c=6.2

（D）V_b=95；V_c=8.4

38. 条件同 ［题 37］，沿 y 方向地震倾覆力矩设计值为 5600kN·m，试问，一片砖抗震墙承担的地震倾覆力矩（kN·m），与下列何项数值最为接近？

(A) 1030　　　　(B) 1130　　　　(C) 1300　　　　(D) 1400

【题39、40】 某12m跨原木豪式木屋架，屋面坡角 $\alpha=26.56°$，屋架几何尺寸及杆件编号如图 2-13 所示。选用红皮云杉 TC13B 制作。

39. 在恒载作用下，上弦杆 O_3 的轴向力设计值 $N=-32kN$，O_3 杆的节间中点截面弯矩设计值 $M=1.8kN \cdot m$。O_3 杆的原木小头直径为 140mm，试问，在恒载作用下，O_3 杆作为压弯构件计算，其考虑轴向力和初始弯矩共同作用的折减系数 φ_m 值，与下列何项数值最为接近？

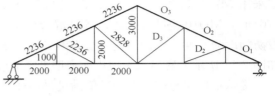

图 2-13

提示： $k_0=0.04$。

(A) 0.40　　　　(B) 0.45　　　　(C) 0.52　　　　(D) 0.58

40. 屋架端节点如图 2-14 所示，在恒载作用下，假定上弦杆 O_1 的轴向力设计值 $N=-70.43kN$，试问，按双齿连接木材受剪验算式：$V/(l_v b_v)$ 和 $\psi_v f_v$，与下列何项数值最为接近？

(A) 0.87；1.17　　　　　　　　(B) 0.87；0.94

(C) 0.78；1.17　　　　　　　　(D) 0.78；0.94

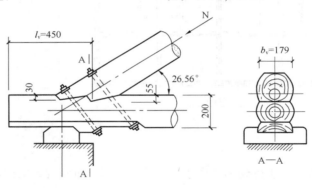

图 2-14

（下午卷）

【题41】 下列关于既有建筑地基基础加固设计的叙述，何项不妥？

（A）邻近新建建筑基础埋深大于既有建筑基础埋深且对既有建筑产生影响时，应进行地基稳定性计算

（B）加固后的既有建筑地基基础使用年限应满足加固后的既有建筑设计使用年限要求

（C）在既有建筑原基础内增加桩时，宜按新增加的全部荷载由新增加的桩和原基础承担进行承载力计算

（D）地基土承载力宜选择静载荷试验方法进行检验

【题42】 图 2-15 所示某砂土边坡，高 6m，砂土的 $\gamma=20kN/m^3$、$c=0$、$\varphi=30°$。采用钢筋混凝土扶壁式挡土结构，此时该挡墙的抗倾覆安全系数为 1.70。工程建成后需在

坡顶堆载 $q=40\text{kPa}$，拟采用预应力锚索进行加固，锚索的水平间距 2.0m，下倾角 15°，土压力按朗肯理论计算，根据《建筑边坡工程技术规范》GB 50330—2013，如果要保证坡顶堆载后扶壁式挡土结构的抗倾覆安全系数不小于 1.60，试问，锚索的轴向拉力标准值（kN）最接近于下列何项？

（A）135　　　　　　　（B）180

（C）250　　　　　　　（D）350

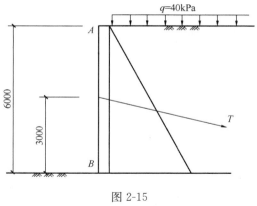

图 2-15

【题 43～47】　某双柱下条形基础梁，由上部结构传至基础梁顶面处相应于作用的基本组合时分别为 F_1 和 F_2。基础梁尺寸及工程地质剖面如图 2-16 所示。假定基础梁为无限刚度，地基反力按直线分布。

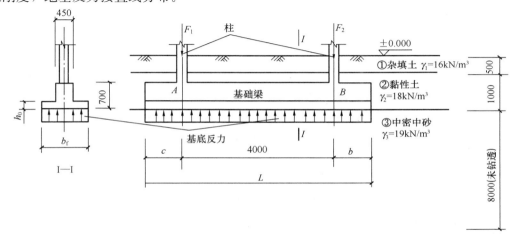

图 2-16

43. 假定，相应于作用的标准组合下的 $F_{k1}=1100\text{kN}$，$F_{k2}=900\text{kN}$，右边支座悬挑尺寸 $b=1000\text{mm}$，基础梁左边支座悬挑尺寸 c（mm）为下列何项数值时，地基反力呈均匀（矩形）分布状态？

（A）1100　　　　（B）1200　　　　（C）1300　　　　（D）1400

44. 假定，相应于作用的标准组合下的：$F_{k1}=1206\text{kN}$，$F_{k2}=804\text{kN}$，$c=1800\text{mm}$，$b=1000\text{mm}$，修正后的地基承载力特征值 $f_a=300\text{kPa}$，计算基础梁自重和基础梁上的土重标准值用的平均重度 $\gamma_G=20\text{kN/m}^3$，地基反力可按均匀分布考虑。试问，基础梁翼板的最小宽度 b_f（mm），与下列何项数值最为接近？

（A）1000　　　　（B）1100　　　　（C）1200　　　　（D）1300

45. $F_1=1206\text{kN}$，$F_2=804\text{kN}$，$c=1800\text{mm}$，$b=1000\text{mm}$，混凝土强度等级为 C20，钢筋中心至截面混凝土下边缘的距离 $a_s=40\text{mm}$，当基础梁翼板宽度 $b_f=1250\text{mm}$ 时，其翼板最小厚度 h_f（mm），与下列何项数值最为接近？

（A）150　　　　（B）200　　　　（C）300　　　　（D）350

46. $F_1=1206\text{kN}$，$F_2=804\text{kN}$，$c=1800\text{mm}$，$b=1000\text{mm}$，当计算基础梁支座处基本组合下弯矩值时，柱支座宽度的影响略去不计，基础梁支座处基本组合下最大弯矩设计值 M（kN·m）、基础梁的最大剪力设计值 V（kN），与下列何组数值最为接近？

(A) $M=148.0$；$V=532.0$　　　　　　(B) $M=390.0$；$V=532$

(C) $M=478.9$；$V=674.0$　　　　　　(D) $M=148.0$；$V=674$

47. $F_1=1206\text{kN}$，$F_2=804\text{kN}$，$c=1800\text{mm}$，$b=1000\text{mm}$，在荷载的基本组合下基础梁的跨内最大弯矩设计值（kN·m），与下列何项数值最为接近？

(A) 289.5　　　　(B) 231.6　　　　(C) 205.9　　　　(D) 519.2

【题 48～50】 某柱下独立基础的底面尺寸为 2.5m×2.5m，基础埋深 2.0m，上部结构传至基础顶面处相应于作用的准永久组合的轴向力 $F=1600\text{kN}$。地基土层分布如图 2-17 所示。基础及其上覆土的自重取 $\gamma_G=20\text{kN/m}^3$。

48. 确定地基变形计算深度 z_n（m），与下列何项数值最为接近？

(A) 5.0　　　　　(B) 5.3

(C) 7.0　　　　　(D) 7.6

49. 已知基底下中点第②层土的 $\bar{\alpha}_{i-1}=4\times0.1114$，第③层土的 $\bar{\alpha}_i=4\times0.0852$，确定地基变形计算深度范围内第③层土的变形量 s'（mm），与下列何项数值最为接近？

(A) 47.3　　　　(B) 52.4　　　　(C) 17.6　　　　(D) 68.5

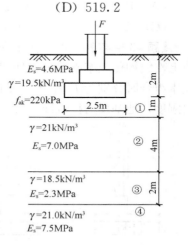

图 2-17

50. 已知 $E_s=5.2\text{MPa}$，若地基变形计算深度范围内土的变形量 $s'=118.5\text{mm}$，确定其最终变形量 s（mm），与下列何项数值最为接近？

(A) 139.8　　　　(B) 118.3　　　　(C) 125.4　　　　(D) 136.5

【题 51、52】 某柱下钢筋混凝土桩承台，柱及桩承台相关尺寸如图 2-18 所示，柱为

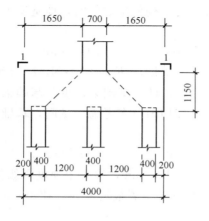

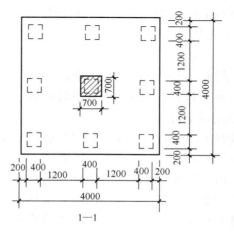

1—1

图 2-18

28

方柱，居承台中心，柱相应于作用的基本组合的轴向力 $F=900\text{kN}$，承台采用 C40 混凝土，受力钢筋的混凝土保护层厚度取 100mm，受力钢筋选用 HRB335，其直径为 20mm。

51. 验算柱对承台的冲切时，承台的受冲切承载力设计值（kN），与下列何项数值最为接近？

(A) 8580   (B) 8510

(C) 8460   (D) 8410

52. 承台的斜截面受剪承载力设计值（kN），与下列何项数值最为接近？

(A) 5800   (B) 6285

(C) 7180   (D) 7520

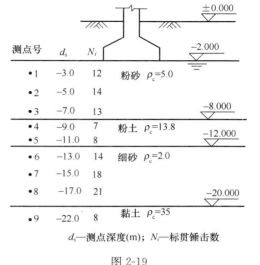

d_s—测点深度(m)；N_i—标贯锤击数

图 2-19

【题 53、54】 某建筑场地的工程地质和标准贯入实时数据如图 2-19 所示，已知场地抗震设防烈度 8 度（0.20g），设计地震分组为第一组。只需要判别 15m 范围内的液化。

提示：按《建筑抗震设计规范》GB 50011—2010 作答。

53. 下列何项判别是正确的？

(A) 测点号 1、2、3、4 会液化   (B) 测点号 3、4、5 会液化

(C) 测点号 3、6、7 会液化   (D) 测点号 2、3、6、7 会液化

54. 假若测点 3、6、7 会产生液化，其他点不会液化，且测点 6 的 $N_{cr}=20$，$d_i=2$，$W_i=4.67\text{m}^{-1}$；测点 3 的 $N_{cr}=14$；测点 7 的 $N_{cr}=22$。试问，该场地土的液化等级 I_{lE}，与下列何项数值最为接近？

(A) 4.71   (B) 4.96   (C) 3.16   (D) 3.48

【题 55】 某黏性土场地采用振冲碎石桩复合地基，按三角形布桩，桩径为 1.2m，桩土应力比 $n=3$，地基土承载力为 100kPa，要求复合地基承载力 f_{spk} 达到 160kPa。试问，桩间距 s（mm）与下列何项数值最为接近？

提示：按《建筑地基处理技术规范》JGJ 79—2012 作答。

(A) 1.6   (B) 1.8   (C) 2.1   (D) 2.4

【题 56】 某墙下条形基础承受轴心荷载，基础宽度 $b=2.4\text{m}$，基础埋深 $d=1.5\text{m}$，基底下的地基土层为粉质黏土，其内摩擦角标准值 $\varphi_k=10°$，基底以下 1m 处的土层黏聚力标准值 $c_k=24\text{kPa}$，基础底面以下土的重度 $\gamma=18.6\text{kN/m}^3$，基础底面以上土的加权平均重度 $\gamma_m=17.5\text{kN/m}^3$。试问，按土的抗剪强度指标确定的基础底面处地基承载力特征值 f_a（kPa），与下列何项数值最为接近？

(A) 167.3   (B) 161.2   (C) 146.4   (D) 153.5

【题 57】 某圆环形钢筋混凝土烟囱高度 200m，位于 B 类粗糙度地面，50 年重现期的基本风压为 0.50kN/m^2，烟囱顶部直径为 3.0m，底部直径为 11.0m。试问，在径向局部风压作用下，烟囱高度 100m 处筒壁外侧受拉环向风弯矩标准值（kN·m/m）最接近下列何项数值？

提示：按《烟囱设计规范》GB 50051—2013 作答。

(A) 3.67 　　　　(B) 5.16 　　　　(C) 7.23 　　　　(D) 14.66

【题 58】 某幢平面为圆形的钢筋混凝土瞭望塔，塔的高度 $H=24\text{m}$，塔身外墙面的直径 6m，如图 2-20 所示，塔外墙面光滑无凸出表面。该塔的基本风压 $w_0=0.60\text{kN/m}^2$，建于地面粗糙度为 D 类的地区。塔的结构基本自振周期 $T_1=0.24\text{s}$。按承载能力计算时，塔顶部处的风荷载标准值 $w_k(\text{kN/m}^2)$，与下列何项数值最为接近？

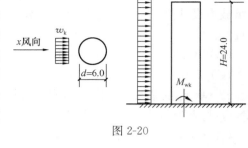

图 2-20

(A) 0.186 　　　　(B) 0.172 　　　　(C) 0.165 　　　　(D) 0.153

【题 59】 某 30 层现浇钢筋混凝土框架-剪力墙结构，如图 2-21 所示，设计使用年限为 100 年，圆形平面，直径为 40m，房屋高度为 100m，质量和刚度沿竖向分布均匀。50 年重现期的基本风压为 0.55kN/m^2，100 年重现期的基本风压为 0.65kN/m^2，地面粗糙度为 A 类，基本自振周期 $T_1=1.705$，脉动风荷载背景分量因子为 0.55。试问，按承载能力计算时，在顺风向风荷载作用下结构底部的倾覆弯矩标准值（kN·m），与下列何项数值最为接近？

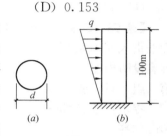

图 2-21
(a) 平面图；(b) 立面图

(A) 228000 　　　　(B) 233000 　　　　(C) 259000 　　　　(D) 273000

【题 60、61】 某现浇钢筋混凝土高层建筑，位于 8 度抗震设防区，丙类建筑，设计地震分组为第一组，Ⅲ类场地，平面尺寸为 25m×50m，房屋高度为 102m，质量和刚度沿竖向分布均匀，如图 2-22 所示。采用刚性好的筏形基础，地下室顶板(±0.000)作为上部结构的嵌固端。按刚性地基假定确定的结构基本自振周期 $T_1=1.8\text{s}$。

60. 进行该建筑物横向（短向）水平地震作用分析时，按刚性地基假定计算且未考虑地基与上部结构相互作用的情况下，距室外地面约为 51m 处的中间楼层的水平地震剪力为 F。若剪重比满足规范要求，试问，计入地基与上部结构的相互作用影响后，在多遇地震下，该楼层的水平地震剪力，与下列何项数值最为接近？

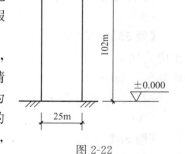

图 2-22

提示：各楼层的水平地震剪力折减后满足规范对各楼层水平地震剪力最小值的要求。

(A) 0.962F 　　　　(B) 1.000F 　　　　(C) 0.976F 　　　　(D) 0.981F

61. 该建筑物地基土比较均匀，按刚性地基假定模型计算，相应于荷载的标准组合时，上部结构传至基底的竖向力 $N_k=6.5\times10^5\text{kN}$，横向(短向)弯矩 $M_k=3.25\times10^6\text{kN}\cdot\text{m}$；纵向弯矩较小，略去不计。为使地基压力不过于集中，筏板周边可外挑，每边挑出长度均为 $a(\text{m})$，计算时可不计外挑部分增加的土重及墙外侧土的影响。试问，如果仅从限制基底压力不过于集中及保证结构抗倾覆能力方面考虑，初步估算的 $a(\text{m})$ 的最小值，应最接近于下列何项数值？

(A) 0.5   (B) 1.0

(C) 1.5   (D) 2.0

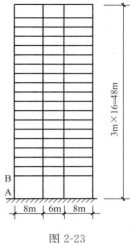

图 2-23

【题 62～64】 某 16 层办公楼，房屋高度 48m，采用现浇钢筋混凝土框架-剪力墙结构，抗震设防烈度为 7 度，丙类建筑，设计基本地震加速度为 0.15g，采用 C40 混凝土。横向地震作用时，基本振型地震作用下结构总地震倾覆力矩 $M_0 = 3.8 \times 10^5 \, \text{kN} \cdot \text{m}$，剪力墙承受的水平地震倾覆力矩 $M_w = 1.8 \times 10^5 \, \text{kN} \cdot \text{m}$。

62. 假定该建筑物所在场地为Ⅲ类场地，该结构中部未加剪力墙的某一榀框架，如图 2-23 所示。底层边柱 AB 柱底截面考虑地震作用组合的轴力设计值 $N_A = 5600\text{kN}$；该柱剪跨比大于 2.0，配 HPB300 级钢筋 Φ10 井字复合箍。试问，柱 AB 柱底截面最小尺寸（mm×mm），为下列何项数值时，才能满足相关规范、规程的要求？

(A) 700×700   (B) 650×650

(C) 600×600   (D) 550×550

63. 该建筑物中部一榀带剪力墙的框架，其平剖面如图 2-24 所示。假定剪力墙抗震等级为二级，轴压比为 0.45。剪力墙底层边框柱 AZ_1，由计算得知，其柱底截面计算配筋为 $A_s = 2500\text{mm}^2$。边框柱纵筋、箍筋分别采用 HRB400 级、HPB300 级。试问，边框柱 AZ_1 在底层底部截面处的配筋采用下列何组数值时，才能满足规范、规程的最低构造要求？

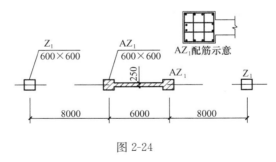

图 2-24

提示： 边框柱的体积配箍率满足规范、规程的要求。

(A) 4Φ18＋8Φ16，井字复合箍Φ8@150

(B) 12Φ18，井字复合箍Φ8@100

(C) 12Φ20，井字复合箍Φ8@150

(D) 12Φ20，井字复合箍Φ8@100

64. 假定该建筑物场地类别为Ⅱ类场地，当该结构增加一定数量的剪力墙后，总地震倾覆弯矩 M_0 不变，但剪力墙承担的水平地震倾覆弯矩变为 $M_w = 2.0 \times 10^5 \, \text{kN} \cdot \text{m}$，此时，[题62] 中的柱 AB 底部截面考虑地震作用组合的弯矩值（未经调整）$M_A = 360\text{kN} \cdot \text{m}$。试问，柱 AB 底部截面进行配筋设计时，其弯矩设计值（kN·m），与下列何项数值最为接近？

(A) 360   (B) 414   (C) 432   (D) 450

【题 65～67】 某 18 层现浇钢筋混凝土剪力墙结构，房屋高度 54m，7 度设防烈度，抗震等级二级。底层一双肢剪力墙，如图 2-25 所示，墙厚均为 200mm，采用 C35 混凝土。

图 2-25

65. 主体结构考虑横向水平地震作用计算内力和变形时，与剪力墙墙肢 2 垂直相交的内纵墙作为墙肢 2 的翼墙，试问，该翼墙的有效长度 b（m），应与下列何项数值最为接近？

(A) 5.0　　　　　　　　(B) 5.2

(C) 5.4　　　　　　　　(D) 6.6

66. 考虑地震作用组合时，底层墙肢 1 在横向水平地震作用下的反向组合内力设计值为：$M = 3300$kN·m，$V = 616$kN，$N = -2200$kN（拉）。该底层墙肢 2 相应于墙肢 1 的反向组合内力设计值为：$M = 33000$kN·m，$V = 2200$kN，$N = 15400$kN。试问，墙肢 2 进行截面设计时，其相应于反向地震作用的组合内力设计值 M（kN·m）、V（kN）、N（kN），应取下列何组数值？

提示：$a_s = a'_s = 200$mm。

(A) 33000，2200，15400　　　　(B) 33000，3080，15400

(C) 41250，3080，19250　　　　(D) 41250，3850，15400

67. 该底层墙肢 1 边缘构件的配筋形式如图 2-26 所示，其轴压比为 0.45，箍筋采用 HPB300 级钢筋（$f_{yv} = 270$N/mm²），箍筋的混凝土保护层厚度取 15mm。试问，其箍筋采用下列何项配置时，才能满足规范、规程的最低构造要求？

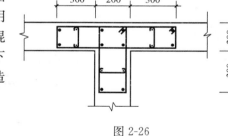

图 2-26

(A) Φ 6@100　　　　　(B) Φ 8@100

(C) Φ 10@100　　　　　(D) Φ 12@100

【题 68～70】　某 10 层钢筋混凝土框架结构，抗震等级为二级，梁、柱混凝土强度等级首层为 C35，首层柱截面尺寸为 500mm×500mm，梁截面尺寸为 $b×h = 800$mm×300mm，梁的跨度均为 6.0m。首层层高为 4.0m。已知首层中柱两侧梁的最不利弯矩组合之和为 290kN·m，该柱的两侧梁上部纵向钢筋在柱宽范围内、外的截面面积比例为 2：1，该柱轴压力设计值为 2419.2kN，节点核心区箍筋用 HPB300 级钢筋（$f_{yv} = 270$N/mm²），实配 6 肢箍 6Φ8@100。$a_s = a'_s = 60$mm。柱的计算高度 $H_c = 4.0$m。

提示：按《建筑抗震设计规范》GB 50011—2010 作答。

68. 该首层中柱柱内、柱外核心区的地震作用组合剪力设计值 V_{j-1}（kN）、V_{j-2}（kN），与下列何组数值最为接近？

(A) 887.2；504.3　　　　　　(B) 1379.5；689.8

(C) 916.1；512.1　　　　　　(D) 1226.2；613.1

69. 该首层中柱柱宽范围内的核心区受剪承载力设计值（kN），与下列何项数值最为接近？

(A) 990.0   (B) 1060.0   (C) 1210.0   (D) 1320.0

70. 该首层中柱柱宽范围外的核心区受剪承载力设计值（kN），与下列何项数值最为接近？

(A) 365   (B) 395   (C) 535   (D) 565

【题 71、72】 某高层钢框架结构位于 8 度抗震设防烈度区，抗震等级为二级，梁、柱截面采用焊接 H 形截面，梁为 H500×260×8×14；柱为 H500×450×14×22（A_c = 26184mm²）。钢材采用 Q235 钢。

经计算得到，在地震作用组合下的某根中柱轴压力设计值 N = 2510kN。取柱的 f_{yc} = 225N/mm²。

提示：按《高层民用建筑钢结构技术规程》作答。

试问：

71. 该中柱绕其强轴进行强柱弱梁验算时，即《高钢规》公式（7.3.3-1）的左端项与右端项之比值，最接近于下列何项？

(A) 1.1   (B) 1.2   (C) 1.3   (D) 1.4

72. 假定，采用埋入式柱脚，该中柱绕其强轴方向，其柱脚的极限受弯承载力 M_u(kN·m)，不应小于下列何项？

(A) 1160   (B) 1050   (C) 970   (D) 810

【题 73～76】 计算跨径 L = 19.5m 的公路钢筋混凝土简支梁桥，其各主梁横向布置如图 2-27（a）所示，各主梁间设有横隔梁，如图 2-27（b）。桥面净空为净－7+2×0.75m。汽车荷载为公路-Ⅱ级。汽车荷载冲击系数 μ = 0.30。

提示：按《公路桥涵设计通用规范》JTG D60—2015。

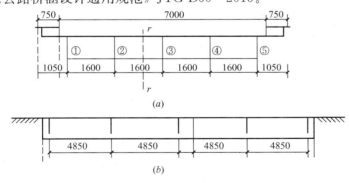

图 2-27

73. 按偏心受压法计算梁桥 1 号主梁的跨中荷载横向分布系数 m_c，与下列何项数值最为接近？

(A) 0.538   (B) 0.564   (C) 0.581   (D) 0.596

74. 试问，按杠杆原理法，作用在跨中横隔梁上的汽车荷载 F_Q（kN），与下列何项数值最为接近？

(A) 105   (B) 114   (C) 120   (D) 128

75. 假定已求得汽车荷载 F_Q = 130kN，已知按偏心受压法计算，1 号主梁的跨中横向影响线的竖标值 η_{11} = 0.60，η_{12} = 0.40，η_{15} = －0.20；2 号主梁的跨中横向影响线的两个

竖标值 $\eta_{12}=0.40$，$\eta_{22}=0.30$；5 号主梁的跨中横向影响线的竖标值 $\eta_{15}=-0.2$，$\eta_{25}=0$，$\eta_{55}=0.60$。试问，梁桥跨中横隔梁在 2 号主梁、3 号主梁之间的跨中 r-r 截面由汽车荷载产生的弯矩标准值 M_{2-3}（kN·m），与下列何项数值最为接近？

(A) 160   (B) 170   (C) 205   (D) 265

76. 假定已求得汽车荷载 $F_Q=130$kN，试问，梁桥跨中横隔梁在 1 号主梁处截面由汽车荷载产生的剪力标准值 $V_{1,r}$（kN），与下列何项数值最为接近？

(A) 140   (B) 180   (C) 210   (D) 250

【题 77、78】 某公路桥梁由后张法 A 类预应力混凝土 T 形主梁组成，标准跨径为 30m，计算跨径为 29.5m，一根 T 形主梁截面如图 2-28 所示，其截面相关数值为：$I_0=2.1\times10^{11}$ mm⁴，预应力钢筋束合力到形心的距离为 800mm，有效预应力为 800N/mm²。采用 C40 混凝土，$E_c=3.25\times10^4$ mm⁴。该主梁跨中截面的弯矩标准值为：永久荷载作用 $M_{Gk}=2000$kN·m，汽车荷载 $M_{qk}=1250$kN·m（含冲击系数），人群荷载 $M_{rk}=250$kN·m，汽车荷载冲击系数 $\mu=0.250$。

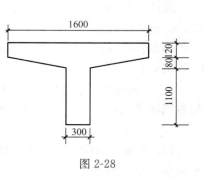

图 2-28

提示：按《公路钢筋混凝土及预应力混凝土桥涵设计规范》JTG 3362—2018 解答。

77. 在正常使用阶段，在荷载频遇组合下并考虑长期效应的影响，该主梁跨中挠度 f_1（mm），与下列何项数值最为接近？

提示：已知频遇组合下弯矩值 $M_s=2950$kN·m。

(A) 55   (B) 60   (C) 65   (D) 70

78. 在使用阶段，消除主梁自重产生的长期挠度后，该主梁跨中长期挠度 f_2（mm），与下列何项数值最为接近？

(A) 16   (B) 20   (C) 25   (D) 29

【题 79】 某 T 形公路桥梁车行道板为刚接板，主梁中距为 2.4m，横梁中距为 5.8m，板顶铺装层为 0.12m，汽车荷载为公路-Ⅰ级。当横桥向考虑作用车轮时，试问，垂直板跨方向的荷载分布宽度值（m），与下列何项数值最为接近？

(A) 1.6   (B) 2.4   (C) 2.7   (D) 3.0

【题 80】 公路桥梁中 T 形截面梁应设跨端和跨间横隔梁，当梁横向刚性连接时，横隔梁间距不应大于下列何项数值？说明理由。

(A) 5m   (B) 8m   (C) 10m   (D) 12m

实战训练试题（三）

（上午卷）

【题1】 当按线弹性分析方法确定混凝土杆系结构中杆件的截面刚度时，试问，下列计算方法中何项不妥？

(A) 截面惯性矩可按匀质的混凝土全截面计算

(B) T形截面的惯性矩宜考虑翼缘的有效宽度进行计算

(C) 端部加腋的杆件截面刚度，可简化为等截面的杆件进行计算

(D) 不同受力状态杆件的截面刚度，宜考虑混凝土开裂、徐变等因素的影响予以折减

【题2～4】 某钢筋混凝土框架结构的中柱，该柱为偏心受压柱，柱截面尺寸为 $500mm \times 500mm$，混凝土强度等级 C30，纵向受力钢筋采用 HRB400 钢筋，柱的计算长度 $l_0 = 4.0m$，考虑二阶效应后柱控制截面的弯矩设计值 $M = 300kN \cdot m$，轴向压力设计值 $N = 500kN$，结构安全等级为二级。取 $a_s = a'_s = 40mm$。

2. 柱采用对称配筋，试问：柱的纵向钢筋总截面面积 $(A_s + A'_s)$ (mm^2)，与下列何项数值最接近？

(A) 1400   (B) 1800   (C) 2200   (D) 2750

3. 假定，考虑二阶效应后的柱控制截面的内力设计值为：$M = 40kN \cdot m$，$N = 400kN$，为小偏心受压，柱采用对称配筋，试问，柱的钢筋截面面积 A'_s (mm^2)，与下列何项数值最为接近？

(A) 450   (B) 500   (C) 580   (D) 670

4. 假定抗震设计，该框架柱抗震等级二级，题目条件同 [题2]，试问，柱的纵向受力钢筋总截面面积 $(A_s + A'_s)$ (mm^2)，与下列何项数值最为接近？

(A) 2350   (B) 2250   (C) 2150   (D) 2050

【题5、6】 某钢筋混凝土柱，截面尺寸为 $300mm \times 500mm$，C30 级混凝土，纵向受力钢筋选用 HRB400 钢筋。柱的受压、受拉配筋面积均为 $1256mm^2$，受拉区纵向钢筋的等效直径为 20mm，其最外层纵筋的混凝土保护层厚度 30mm，构件计算长度 $l_0 = 4000mm$，已知按荷载的标准组合计算的轴力 $N_k = 580kN$，弯矩值 $M_k = 200kN \cdot m$；按荷载的准永久组合计算的轴力 $N_q = 500kN$，弯矩值 $M_q = 180kN \cdot m$。

5. 试问，正常使用极限状态下，该柱的纵向受拉钢筋的等效应力 (N/mm^2)，与下列何项数值最为接近？

提示： 取 $a_s = a'_s = 40mm$。

(A) 270   (B) 225   (C) 205   (D) 195

6. 若构件直接承受重复荷载，受拉纵筋面积 $A_s = 1521mm^2$，其等效直径为 20mm，等效应力为 $186N/mm^2$。试问，构件的最大裂缝宽度 w_{max} (mm)，与下列何项数值最为

接近?

(A) 0.216   (B) 0.242

(C) 0.268   (D) 0.312

【题 7、8】 某不等高厂房支承低跨屋盖的中柱牛腿如图 3-1 所示，牛腿宽度为 400mm，牛腿采用 C40 混凝土，纵向受力钢筋采用 HRB400 级。取 $a_s = a_s' = 35mm$。设计使用年限为 50 年，结构安全等级二级。

图 3-1

提示： 按《建筑结构可靠性设计统一标准》GB 50068—2018 作答。

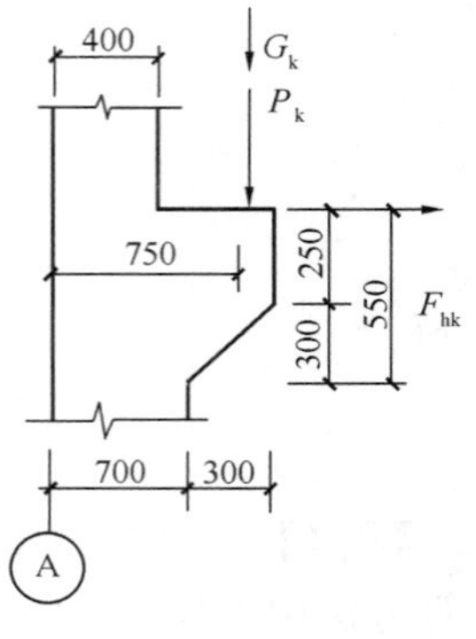

7. 若吊车梁及轨道自重标准值 $G_k = 82kN$；吊车最大轮压产生的压力标准值 $P_k = 830kN$，水平荷载标准值 $F_{hk} = 50kN$。试问，沿牛腿顶部配置的纵向受力钢筋，下列何项数值最合适？

(A) 6 $\oplus$ 18   (B) 6 $\oplus$ 20   (C) 6 $\oplus$ 22   (D) 6 $\oplus$ 25

8. 若牛腿柱的抗震等级为二级，牛腿面上重力荷载代表值产生的压力标准值 $N_{Gk} = 950kN$，地震作用组合下的牛腿面上的水平拉力设计值为 100kN。试问，沿牛腿顶部配置的纵向受力钢筋，下列何项数值最合适？

(A) 5 $\oplus$ 22   (B) 5 $\oplus$ 20   (C) 5 $\oplus$ 18   (D) 5 $\oplus$ 16

【题 9～12】 某多层钢筋混凝土框架结构房屋，抗震等级为二级，结构安全等级二级。其中，某根框架梁 A—B 在考虑各种荷载与地震作用组合下的未经内力调整的控制截面内力设计值如表 3-1 所示。框架梁截面尺寸 $b \times h = 300mm \times 650mm$，C25 混凝土，纵向受力钢筋为 HRB400，箍筋为 HRB335。单排布筋，$a_s = a_s' = 40mm$，双排布筋，$a_s = a_s' = 70mm$。

荷载与地震作用组合下的未经内力调整的控制截面内力设计值   表 3-1

截面位置	A 支座	B 支座	AB 跨跨中
$M_{max,上}$（kN·m）	−595	465	
$M_{max,下}$（kN·m）	285	−218	278
V_{max}（kN）	232	208	
说　明	由地震组合控制	由地震组合控制	由非地震组合控制

注：弯矩值顺时针为正，逆时针为负。

9. 若框架梁跨中截面上部配纵向受力钢筋，按 2 $\oplus$ 25（$A_s = 982mm^2$）通长布置，试问，框架梁跨中截面下部的纵向钢筋配置，下列何项数值最合适？

(A) 3 $\oplus$ 22   (B) 3 $\oplus$ 25   (C) 3 $\oplus$ 20   (D) 3 $\oplus$ 28

10. 若框架梁底部纵筋配置为 3 $\oplus$ 25，直通锚入柱内，则框架梁 A 支座截面上部的纵向钢筋配置，下列何项数值最合适？

提示： 不需验算梁端顶部和底部纵筋截面面积的比值要求。

(A) 5 $\oplus$ 28   (B) 5 $\oplus$ 25   (C) 5 $\oplus$ 22   (D) 5 $\oplus$ 20

11. 条件同 [题 10]，框架梁 B 支座截面上部的纵向受力钢筋配置，下列何项数值最合适？

提示：不需验算梁端顶部和底部纵筋截面面积的比值要求。

（A）3 ϕ 22 　　（B）3 ϕ 25 　　（C）4 ϕ 22 　　（D）4 ϕ 25

12. 由重力荷载代表值产生的框架梁剪力设计值 V_{Gb}＝110kN，框架梁 A—B 加密区的箍筋配置，下列何项数值最合适？

提示：梁截面条件满足规范要求；梁净跨 l_{n}＝6.9m，h_0＝580mm，γ_{RE}＝0.85。

（A）ϕ 8@100（双肢）　　　　　　　　（B）ϕ 10@100（双肢）

（C）ϕ 12@100（双肢）　　　　　　　（D）ϕ 14@100（双肢）

【题 13、14】　某一带悬挑端的单跨楼面梁如图 3-2 所示，使用上对挠度有较高要求，设计中考虑 9m 跨梁施工时，按 $l_0/500$ 预先起拱。

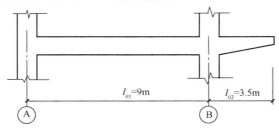

l_{01}=9m　　l_{02}=3.5m

A　　　　　　　B

图 3-2

13. 悬臂自由端的挠度限值（mm），不得大于下列哪项数值？

（A）35 　　　（B）28 　　　（C）23 　　　（D）14

14. 对Ⓐ～Ⓑ轴间的楼面梁的模板起拱进行检查，在同一检验批内，应抽查构件数量不应少于 3 件，并且不应少于下列何项数值？

（A）5％ 　　　（B）10％ 　　　（C）50％ 　　　（D）100％

【题 15】　某钢筋混凝土框架柱，为偏心受压柱，其截面尺寸 $b \times h$＝400mm×600mm，采用 C25 混凝土，纵向受力钢筋采用 HRB335，如图 3-3 所示，对称配筋，4 ϕ 22（A_{s0}＝A'_{s0}＝1520mm²）。现加层改造，荷载增加，在荷载的基本组合下的内力设计值为：轴压力 N＝950kN，弯矩 M＝490kN·m。采用外粘型钢进行正截面加固，如图 3-3 所示，选用 4L75×5 的单角钢，钢材为 Q235 钢。2L75×5 的截面面积，A_{a}＝A'_{a}＝1482mm²，f_{a}＝215N/mm²。已知 a_{s0}＝a'_{s0}＝40mm，a_{a}＝a'_{a0}＝15mm。加固后的结构重要性系数取 1.0。

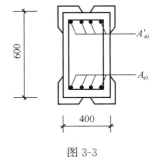

图 3-3

试问，对加固后的柱正截面承载力验算，按《混加规》公式（8.2.2-2）计算时，其公式右端值（kN·m），与下列何项数值最为接近？

（A）700 　　　（B）800 　　　（C）900 　　　（D）1000

【题 16～23】　某轻级工作制吊车厂房的钢结构屋盖，屋架跨度 18m，屋架间距 6m，车间长 54m，屋面材料采用轻质大型屋面板，其结构构件的平面布置、屋架杆件的几何尺寸、作用在屋架节点上的荷载以及屋架的部分杆件内力设计值如图 3-4 所示。该屋盖结构的钢材为 Q235B 钢，焊条为 E43 型，屋架的节点板厚为 8mm。单角钢和组合角钢的截面特性见表 3-2。

角钢型号	两个角钢的截面面积（mm²）	回转半径（mm）					
					当两肢背间距为(mm)		
					6	8	10
L110×70×6	2127.4	—	—	20.1	52.1	52.9	53.6
L56×5	1083.0	11.0	21.7	17.2	25.4	26.2	26.9
L63×5	1228.6	12.5	24.5	19.4	28.2	28.9	29.6
L70×5	1375.0	13.9	27.3	21.6	30.9	31.7	32.4
L75×5	1482.4	15.0	29.2	23.3	32.9	33.6	34.3
L80×5	1582.4	16.0	31.3	24.8	34.9	35.6	36.3

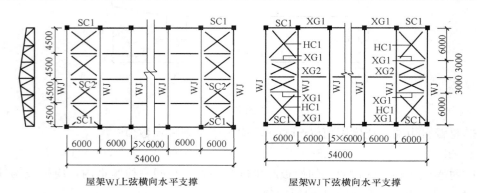

屋架WJ上弦横向水平支撑   屋架WJ下弦横向水平支撑

图中P=20kN(设计值，包括屋架自重在内)

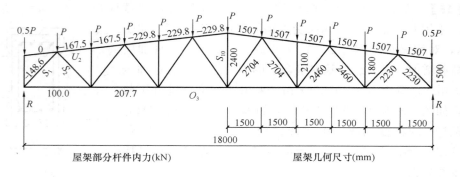

屋架部分杆件内力(kN)   屋架几何尺寸(mm)

图 3-4

16. 屋架上弦杆各节间的轴心压力设计值，已示于图 3-4 屋架内力图中，其截面为 2L110×70×6（短肢相并）。试问，当按实腹式轴心受压构件稳定进行计算时，其最大压应力（N/mm²），与下列何项数值最为接近？

(A) 166   (B) 172   (C) 187   (D) 160

17. 已知斜腹杆 S_1 上最大轴心压力设计值为 148.6kN，截面为 2L80×5。试问，当按实腹式轴心受压构件稳定性进行计算时，其最大压应力（N/mm²），与下列何项数值最为接近？

（A）141.0　　　　（B）158.0　　　　（C）164.0　　　　（D）151.0

18. 条件同［题17］，杆件 S_1 与节点板的连接焊缝采用两侧焊，取 $h_f = 5\text{mm}$。试问，其肢背的焊缝长度 l_f（mm），与下列何项数值最为接近？

（A）130　　　　（B）120　　　　（C）105　　　　（D）90

19. 若屋架跨中的竖腹杆 S_{10} 采用 2L56×5 的十字形截面，试问，其填板数应采用下列何项数值？

（A）2　　　　（B）3　　　　（C）4　　　　（D）5

20. 若下弦横向支撑的十字交叉斜杆 $HC1$ 的杆端焊有节点板，用螺栓与屋架下弦杆相连，其截面采用等边单角钢（在两角钢的交点处均不中断，用螺栓相连，按受拉杆设计），并假定其截面由长细比控制，应采用下列何项角钢较为合理？

（A）L56×5　　　　（B）L63×5　　　　（C）L70×5　　　　（D）L75×5

21. 若下弦横向支撑的刚性系杆 $XG1$ 的杆端焊有节点板，并用螺栓与屋架下弦杆相连，其截面由长细比控制，应采用下列何项角钢组成的十字形截面较为合理？

提示： 该刚性系杆按桁架中有节点板的受压腹杆考虑。

（A）2L56×5　　　（B）2L63×5
（C）2L70×5　　　（D）2L75×5

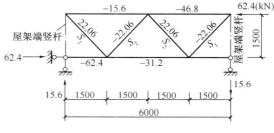

图 3-5

22. 假定在屋架端部竖向支撑 $SC1$ 上的地震作用和各杆件的内力设计值如图 3-5 所示，上、下弦杆截面为 2L75×5，节点板厚为 6mm，试问，其上弦杆在地震作用下杆件的稳定承载力设计值 $\varphi A f / \gamma_{RE}$（kN），与下列何项数值最为接近？

（A）−115.1　　　（B）−119.9　　　（C）−123.5　　　（D）−128.3

23. 条件同［题22］，腹杆截面为单角钢 L56×5，其角钢用角焊缝与节点板单面相连，节点板厚为 6mm。试问，腹杆 S_2 在地震作用下所产生的内力与该杆件受压稳定承载力之比，与下列何项数值最为接近？

（A）0.59　　　　（B）0.63　　　　（C）0.80　　　　（D）0.74

【题24、25】 某车间吊车梁下柱间支撑，交叉形斜度为 3:4，如图 3-6 所示。交叉

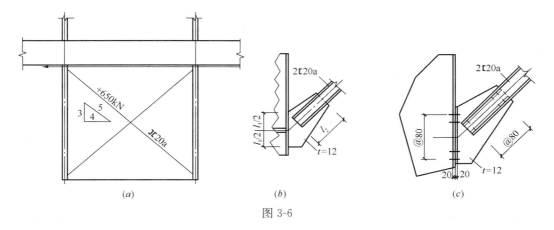

（a）　　　　　　　　　（b）　　　　　　　　　（c）

图 3-6

支撑按拉杆考虑，承受拉力设计值 $H=650\text{kN}$，截面为 $[20a$，单个 $[20a$ 腹板厚 $t_w=7\text{mm}$，截面面积 $A=28.83\text{cm}^2$。钢材用 Q235 钢，E43 焊条。

24. 若节点板与柱子采用剖口一级焊缝连接，节点板长度 l_1（mm），与下列何项数值最为接近？

(A) 425　　　　(B) 405　　　　(C) 390　　　　(D) 350

25. 若节点板与柱子采用双面角焊缝连接，$h_f=8\text{mm}$，焊缝长度 l_1（mm），与下列何项数值最为接近？

(A) 315　　　　(B) 360　　　　(C) 390　　　　(D) 340

【题 26～29】 某单跨双坡门式刚架钢房屋，刚架高度为 6.6m，屋面坡度为 1：10，屋面和墙面均采用压型钢板，墙梁采用冷弯薄壁卷边槽钢 $160\times60\times20\times2.5$。墙梁采用 Q235 钢，简支墙梁，单侧挂墙板，与墙梁联系的墙板采用自承重，墙梁跨度为 4.5m，间距为 1.5m，在墙梁跨中中点处设一道拉条。地面粗糙度为 B 类，50 年重现期的基本风压为 0.35kN/m。外墙中间区的某一根墙梁，其设置如图 3-7（a）所示，其截面特性为［图 3-7（b）］：

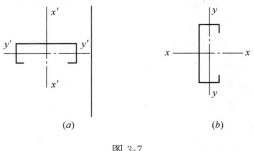

图 3-7

$A=748\text{mm}^2$，$I_x=1.850\text{cm}^4$，$W_x=36.02\text{cm}^3$，$I_y=35.96\text{cm}^4$，$W_{ymax}=19.47\text{cm}^3$，$W_{ymin}=8.66\text{cm}^3$。

提示： 按《建筑结构可靠性设计统一标准》GB 50068—2018 作答。

26. 水平风荷载作用下，该墙梁跨中中点处基本组合下的弯矩值（kN·m）的最大绝对值，与下列何项最接近？

提示： $\mu_z=1.0$。

(A) 3.0　　　　(B) 3.4　　　　(C) 4.0　　　　(D) 4.4

27. 水平风荷载作用下产生的剪力设计值 $V_{y',max}$ 进行抗剪强度计算时，其最大剪应力值（N/mm²），与下列何项最接近？

提示： 冷弯半径取 1.5t，t 为墙梁壁厚。

(A) 8　　　　(B) 10　　　　(C) 12　　　　(D) 14

28. 该墙梁进行水平风荷载作用下抗弯强度计算，按《门规》式（9.4.4-1）计算，当计算 $W_{enx'}$ 时，受压翼缘 $\sigma_{max}=\sigma_{min}=72.2\text{N/mm}^2$，试问，墙梁的卷边的有效宽度 b_e（mm），与下列何项最接近？

(A) 14　　　　(B) 16　　　　(C) 18　　　　(D) 20

29. 假定，墙梁承担墙板重量，相应地竖向永久荷载标准值（含墙梁自重）为 0.50kN/m。试问，墙梁进行竖向荷载作用下抗剪强度计算时，其最大剪应力值（N/mm²），与下列何项最接近？

提示： 冷弯半径取 1.5t，t 为墙梁壁厚。

(A) 8.5　　　　(B) 7.5　　　　(C) 6.5　　　　(D) 5.5

【题 30、31】 某一钢筋混凝土梁截面尺寸为 $b\times h=300\text{mm}\times600\text{mm}$，支承在截面尺

寸为 490mm × 490mm 的砖柱上，柱计算高度 $H_0 =$ 3600mm。如图 3-8 所示，梁上层由墙体传来的荷载设计值 $N_0 = 65$kN，梁端支反力设计值 $N_l = 120$kN，柱采用 MU25 烧结普通砖和 M10 混合砂浆砌筑。砌体施工质量控制等级 B 级，结构安全等级二级。

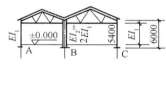

图 3-8

30. 梁端砌体局部受压验算式（$\psi N_0 + N_l \leqslant \eta \gamma f A_l$），与下列何项数值最为接近？

（A）120kN＜150kN

（B）120kN＜160kN

（C）185kN＞150kN

（D）185kN＞160kN

31. 若梁端下部设刚性垫块 $a_b \times b_b \times t_b = 490\text{mm} \times 490\text{mm} \times 180\text{mm}$，试问，梁端局部受压承载力设计值（kN），与下列何项数值最为接近？

（A）390　　　　（B）345　　　　（C）283　　　　（D）266

【题 32】某双跨车间采用钢筋混凝土组合屋架，槽瓦檩条体系屋盖，带壁柱砖墙和独立砖柱（中柱）承重，如图 3-9 所示。已知在风荷载作用下的柱顶集中力设计值：$F_w = 2.38$kN，迎风面均布荷载设计值 $w_1 = 2.45$kN/m，背风面均布荷载设计值 $w_2 = 1.52$kN/m。结构安全等级为二级。

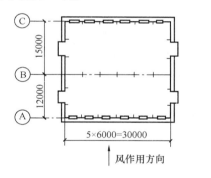

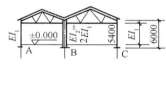

图 3-9

试问，A 柱柱底的弯矩设计值 M（kN·m），与下列何项数值最为接近？

（A）30　　　　（B）25　　　　（C）20　　　　（D）15

【题 33、34】某带壁柱的窗间墙截面尺寸如图 3-10 所示，采用 MU10 烧结多孔砖和 M5 混合砂浆砌筑，墙上支承截面尺寸为 200mm ×650mm 的钢筋混凝土大梁。梁端荷载设计值产生的支承压力为 120kN，上部荷载设计值产生的支承压力为 107kN。钢筋混凝土垫梁截面为 240mm×180mm，C20 级混

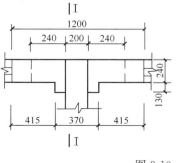

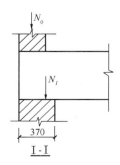

图 3-10

凝土（$E_b = 2.55 \times 10^4 \text{N/mm}^2$）。砌体施工质量控制等级为 B 级。结构安全等级为二级。

33. 该垫梁的最小长度（mm），与下列何项数值最为接近？

(A) 1000　　　　(B) 1100　　　　(C) 1200　　　　(D) 1300

34. 若垫梁长度为 1200mm，垫梁折算高度为 360mm，试问，垫梁下砌体的局部受压承载力验算式（$N_0 + N_l \leqslant 2.4\delta_2 f b_b h_0$），其左右端项，与下列何项数值最为接近？

(A) 163.1kN＜258.5kN　　　　　　　(B) 163.1kN＜248.8kN

(C) 161.6kN＜248.8kN　　　　　　　(D) 168.5kN＜258.5kN

【题 35、36】 某一悬臂水池，壁高 $H = 1.5\text{m}$，采用 MU10 烧结普通砖和 M7.5 水泥砂浆砌筑，如图 3-11 所示。水按可变荷载考虑，取 $\gamma_w = 1.5$。砌体施工质量控制等级为 B 级，结构安全等级为二级。

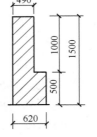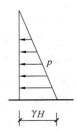

图 3-11

35. 试确定池壁底部的受剪承载力验算公式（$V \leqslant bzf_v$），其左右端项，与下列何组数值最为接近？

(A) 16.9kN/m＜46.3kN/m　　　　　　(B) 11.3kN/m＜46.3kN/m

(C) 16.9kN/m＜57.9kN/m　　　　　　(D) 11.3kN/m＜57.9kN/m

36. 试确定池壁底部的受弯承载力验算公式（$M \leqslant f_m W$），其左右端项，与下列何组数值最为接近？

(A) 8.5kN·m/m＜7.20kN·m/m　　　　(B) 6.75kN·m/m＜9.00kN·m/m

(C) 8.5kN·m/m＜9.00kN·m/m　　　　(D) 6.75kN·m/m＜9.7kN·m/m

【题 37、38】 某配筋砌块砌体抗震墙结构房屋，抗震等级二级，首层抗震墙墙肢截面尺寸如图 3-12 所示，墙体高度 4400mm。单排孔混凝土砌块强度等级 MU20（孔洞率为 46%）、专用砂浆 Mb、灌孔混凝土 Cb30（灌孔率 $\rho = 100\%$），取 $f_g = 6.98\text{N/mm}^2$。该墙肢承受地基组合下未经内力调整的弯矩设计值 $M = 1177\text{kN·m}$，轴向压力设计值 $N = 1167\text{kN}$，剪力设计值 $V = 245\text{kN}$。砌体施工质量控制等级 B 级，取 $a_s = a_s' = 300\text{mm}$。已知该墙肢斜截面条件满足规范要求。墙体竖向分布钢筋采用 HRB400 钢筋。

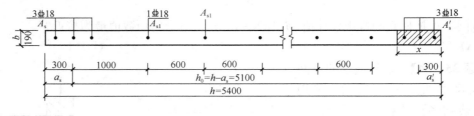

图 3-12

37. 试问，该墙肢的水平分布钢筋选用 HRB335 级，为下列何项数值时才满足要求，且较为经济合理？

(A) 2Φ10@600　　(B) 2Φ8@600　　(C) 2Φ8@400　　(D) 2Φ10@400

38. 若轴向力为拉力，其设计值 $N = 1288\text{kN}$，墙肢水平分布钢筋选用 HRB335 级钢筋，其他条件不变，试问，墙肢的水平分布钢筋配置，为下列何项数值时才满足要求，且较为经济合理？

（A）2Φ10@600　　（B）2Φ10@400　　（C）2Φ12@600　　（D）2Φ12@400

【题39】 两块西部铁杉（TC15A），$b \times h = 150\text{mm} \times 150\text{mm}$，在设计使用年限为 50 年的建筑室内常温环境下，在以活载为主产生的剪力 V 作用下采用普通螺栓连接（顺纹受力），如图3-13所示。已知 $f_{es} = 17.73\text{N/mm}^2$，螺栓钢材 Q235，$f_{yk} = 235\text{N/mm}^2$。试问，单个螺栓每个剪面的承载力参考设计值（kN），与下列何项数值最为接近？

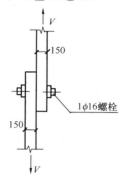

提示：$k_{\mathrm{I}} = 0.228$，$k_{\mathrm{II}} = 0.125$，$k_{\mathrm{III}} = 0.168$。

（A）4.2　　　　　　（B）4.6

（C）5.0　　　　　　（D）5.6

图 3-13

【题40】 对木结构齿连接的见解，下列何项不妥？说明理由。

（A）齿连接的可靠性在很大程度上取决于其构造是否合理

（B）在齿连接中，木材抗剪破坏属于脆性破坏，故必须设置保险螺栓

（C）在齿未破坏前，保险螺栓几乎不受力

（D）木材剪切破坏对螺栓有冲击作用，故螺栓应选用强度高的钢材

（下午卷）

【题41】 下列关于既有建筑地基基础加固设计的说法，何项不妥？

（A）对扩大基础的地基承载力特征值，宜采用原天然地基承载力特征值

（B）建筑物直接增层，其既有建筑地基承载力特征值不宜超过原地基承载力特征值的 1.2 倍

（C）位于硬质岩地基上的外套增层工程，其基础类型与埋深可与原基础不同

（D）人工挖孔混凝土灌注桩适用于地基变形过大的基础托换加固

【题42】 如图 3-14 所示某折线形均质滑坡，第一块的剩余下滑力为 1150kN/m，传递系数为 0.8，第二块的下滑力为 6000kN/m，抗滑力为 6600kN/m。现拟挖除第三块滑块，在第二块末端采用抗滑桩方案，抗滑桩的间距为 4m，悬臂段高度为 8m。如果取边坡稳定安全系数 $F_{st} = 1.35$，剩余下滑力在桩上的分布按矩形分布，按《建筑边坡工程技术规范》GB 50330—2013 计算作用在抗滑桩上相对于嵌固段顶部 A 点的力矩（kN·m），最接近于下列何项？

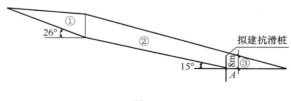

图 3-14

（A）10595　　　　　（B）10968　　　　　（C）42377　　　　　（D）43872

【题 43～47】 某砌体房屋采用墙下钢筋混凝土条形基础，基础尺寸如图 3-15 所示，墙体作用于基础顶面处的轴心的标准值为：永久作用 F_{Gk} = 300kN/m，可变作用 F_{Qk} = 136kN/m，其组合值系数为 0.7，基底以上基础与土的平均重度为 20kN/m³。

提示： 按《建筑结构可靠性设计统一标准》GB 50068—2018 作答。

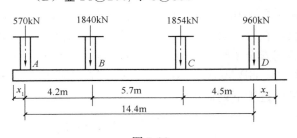

图 3-15

43. 试问，满足承载力要求的修正后的天然地基承载力特征值 f_a（kPa），其最小值不应小于下列何项数值？

(A) 220　　　　(B) 230　　　　(C) 240　　　　(D) 250

44. 试问，设计基础底板时采用的基础单位长度的最大剪力设计值 V（kN）、最大弯矩设计值 M（kN·m），与下列何项数值最为接近？

(A) V=242.1；M=98.6　　　　　　(B) V=219.3；M=98.6

(C) V=242.1；M=89.4　　　　　　(D) V=219.3；M=89.4

45. 试问，基础的边缘高度 h_1（mm），其最小值不宜小于下列何项数值？

(A) 150　　　　(B) 200　　　　(C) 250　　　　(D) 300

46. 假定基础混凝土强度为 C20，钢筋的混凝土保护层厚度为 40mm，基础高度 h＝500mm，采用 HRB400 级钢筋。试问，基础底板单位长度的受剪承载力设计值（kN/m），与下列何项数值最为接近？

(A) 250　　　　(B) 300　　　　(C) 350　　　　(D) 400

47. 条件同 [题 46]，假定基础底板单位长度的最大弯矩设计值为 96kN·m/m，基础底板主筋用 HRB400 级、分布筋用 HPB300 级钢筋，试问，基础底板的配筋（主筋/分布筋）应选用下列何项数值最为合理？

(A) Φ 8@80/Φ 8@200　　　　　　(B) Φ 10@100/Φ 8@250

(C) Φ 12@150/Φ 8@300　　　　　　(D) Φ 14@200/Φ 8@350

【题 48～51】 某柱下条形基础，基础埋深 1.6m，基础底板宽度 2.7m。由上部结构传至基础顶面处相应于作用的基本组合时的竖向力设计值如图 3-16 所示。柱截面尺寸为 600mm×600mm。

图 3-16

48. 当 x_1=0.6m 时，柱 D 端的悬挑长度 x_2（m）满足下列何项数值时，基底反力呈均匀分布？

(A) 1.51　　　　(B) 1.48　　　　(C) 1.43　　　　(D) 1.00

49. 当基底反力呈均匀分布时，确定基础底板的净反力 p_j（kN/m），与下列何项数值最为接近？

(A) 295.6　　　　(B) 312.3　　　　(C) 317.0　　　　(D) 321.8

50. 当基底反力呈均匀分布时，用静力平衡法确定条形基础承受的最大剪力设计值 V

(kN)，与下列何项数值最为接近？

提示： 忽略柱子宽度的影响。

(A) 952　　(B) 918　　(C) 858　　(D) 936

51. 当基底反力呈均匀分布时，用静力平衡法确定条形基础在 AB 跨内承受的最大弯矩设计值 M (kN·m)，与下列何项数值最为接近？

(A) 161　　(B) 165

(C) 176　　(D) 171

【题 52～56】 某墙下钢筋混凝土条形基础，采用换填垫层法进行地基处理，垫层材料重度为 $18kN/m^3$，土层分布及基础尺寸如图 3-17 所示，基础底面处相应于作用的标准组合时的平均压力值为 280kPa。

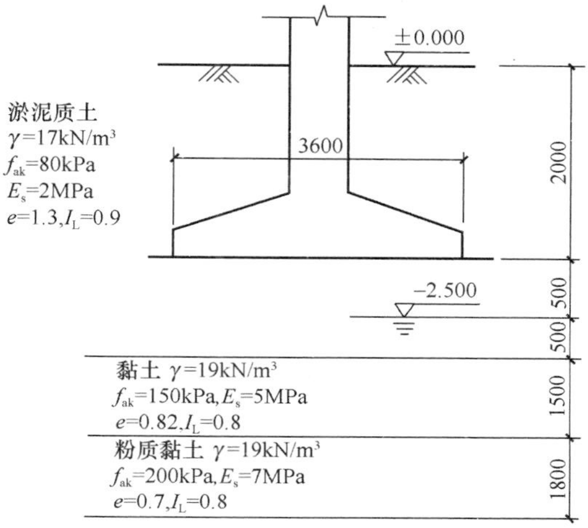

±0.000
淤泥质土
γ=17kN/m³
f_{ak}=80kPa
E_s=2MPa
e=1.3,I_L=0.9
3600
2000
−2.500
500
500
黏土 γ=19kN/m³
f_{ak}=150kPa,E_s=5MPa
e=0.82,I_L=0.8
1500
粉质黏土 γ=19kN/m³
f_{ak}=200kPa,E_s=7MPa
e=0.7,I_L=0.8
1800

图 3-17

52. 试问，采用下列何类垫层材料最为合理？

(A) 砂石

(B) 素土

(C) 灰土

(D) 上述 (A)、(B)、(C) 项均可

53. 基底处土层修正后的天然地基承载力特征值 f_a (kPa)，与下列何项数值最为接近？

(A) 80　　(B) 105　　(C) 115　　(D) 121

54. 垫层 z=2.0m 相应于作用的标准组合时，垫层底面处的附加压力值 p_z (kPa)，与下列何项数值最为接近？

(A) 130　　(B) 150　　(C) 170　　(D) 190

55. 垫层 z=2m，垫层底面处土的自重压力值 p_{cz} (kPa)，与下列何项数值最为接近？

(A) 20　　(B) 34　　(C) 40　　(D) 55

56. 垫层 z=2m，垫层底面处土层经深度修正后的天然地基承载力特征值 f_{az} (kPa)，与下列何项数值最为接近？

(A) 210　　(B) 230　　(C) 236　　(D) 250

【题 57】 某圆形自立式钢结构烟囱高度为 150m，位于 B 类粗糙度地面，基本风压 $w_0=0.4kN/m^2$，烟囱顶部直径 4.0m，底部直径 10.0m，其坡度为 2%。烟囱横风向基本自振周期 T_1=1.20s，试问，发生横风向基本自振周期横风共振响应时，其起点高度 H (m) 最接近于下列何项数值？

提示： ① 按《烟囱设计规范》GB 50051—2013 作答；

② 取 S_t=0.2；地面粗糙度系数 α=0.15。

(A) 2.8　　(B) 6.0　　(C) 12.5　　(D) 25.6

【题 58～60】 某 28 层的一般钢筋混凝土高层建筑，设计使用年限为 100 年，地面粗糙度为 B 类，如图 3-18 所示。地面以上高度为 90m，平面为一外径 26m 的圆形。50 年重

现期的基本风压标准值为 $0.45kN/m^2$，100 年重现期的基本风压标准值为 $0.50kN/m^2$，风荷载体型系数为 0.8。

提示：按《建筑结构可靠性设计统一标准》GB 50068—2018 作答。

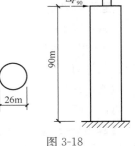

图 3-18

58. 当结构基本自振周期 $T_1 = 1.6s$ 时，当按承载能力计算时，脉动风荷载的共振分量因子，与下列何项数值最为接近？

(A) 1.26 　　　　　　　　　　(B) 1.18

(C) 1.10 　　　　　　　　　　(D) 1.08

59. 已知屋面高度处的风振系数 $\beta_{90} = 1.68$，当按承载能力计算时，屋面高度处的风荷载标准值 w_k（kN/m^2），与下列何项数值最为接近？

(A) 1.532 　　　(B) 1.493 　　　(C) 1.427 　　　(D) 1.357

60. 已知作用于 90m 高度处的风荷载标准值 $w_k = 1.50kN/m^2$，作用于 90m 高度处的突出屋面小塔楼风荷载标准值 $\Delta P_{90} = 600kN$。假定风荷载沿高度呈倒三角形分布（地面处为0），在高度 30m 处风荷载产生的倾覆力矩设计值（$kN \cdot m$），与下列何项数值最为接近？

(A) 135900 　　　(B) 126840 　　　(C) 94600 　　　(D) 92420

【题 61、62】 高层钢筋混凝土剪力墙结构中的某层剪力墙，为单片独立墙肢（两边支承），如图 3-19 所示，层高 5m，墙长为 3m，按 8 度抗震设防烈度设计，抗震等级为一级，采用 C40 混凝土（$E_c = 3.25 \times 10^4 N/mm^2$）。该墙肢的作用组合中墙顶的竖向均布荷载标准值分别为：永久荷载为 2000kN/m，活荷载为 500kN/m，水平地震作用为 1200kN/m。其中，活荷载组合系数取 0.5，不计墙自重，不考虑风荷载作用。

61. 试问，下列何项数值是满足轴压比限值的剪力墙最小墙厚？

(A) 260mm 　　　　　　(B) 290mm

(C) 320mm 　　　　　　(D) 360mm

62. 当地震作用起控制作用时，假定已求得该组合时墙顶轴力等效竖向均布荷载设计值 $q = 4000kN/m$，试问，下列何项数值是满足剪力墙稳定所需的最小墙厚？

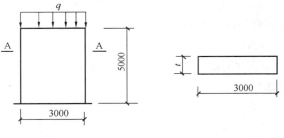

图 3-19

(A) 270mm 　　　(B) 300mm 　　　(C) 320mm 　　　(D) 360mm

【题 63、64】 某高层现浇钢筋混凝土框架-剪力墙结构，框架及剪力墙抗震等级均为二级；采用 C40 混凝土，梁中纵向受力钢筋采用 HRB400 级，腰筋及箍筋均采用 HPB300 级钢筋（$f_{yv} = 270N/mm^2$）。取 $a_s = a'_s = 30mm$。

63. 该结构中的某连梁净跨 $l_n = 3500mm$，其截面及配筋如图 3-20 所示。试问，下列梁跨中非加密区箍筋的配置中，何项最满足相关规范、规程中的最低构造要求？

(A) Φ 8@75 　　　(B) Φ 8@100 　　　(C) Φ 8@150 　　　(D) Φ 8@200

64. 假定该结构某连梁净跨 $l_n = 2200mm$，其截面及配筋如图 3-21 所示。试问，下列关于梁每侧腰筋的配置，何项最接近且满足相关规范、规程的最低构造要求？

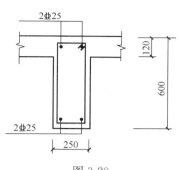

图 3-20

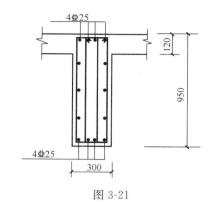

图 3-21

(A) 4Φ12   (B) 5Φ12

(C) 4Φ14   (D) 5Φ14

【题 65~70】 某钢筋混凝土结构高层建筑，平面如图 3-22 所示，地上 7 层，首层层高 6m，其余各层层高均为 4m；地下室顶板可作为上部结构的嵌固端。屋顶板及地下室顶层采用梁板结构，第 2~7 层楼板沿外围周边均设框架梁，内部为无梁楼板结构；建筑物内的二方筒设剪力墙，方筒内楼板开大洞处均设边梁。该建筑物抗震设防烈度为 7 度，丙类建筑，设计基本地震加速度为 0.1g，设计地震分组为第一组，I_1 类场地。

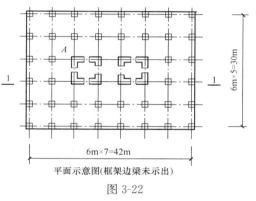

平面示意图(框架边梁未示出)

图 3-22

65. 试问，当对该建筑的柱及剪力墙采取抗震构造措施时，其抗震等级应取下列何项？

（A）板柱为二级抗震，剪力墙为三级抗震

（B）板柱为三级抗震，剪力墙为二级抗震

（C）板柱为二级抗震，剪力墙为二级抗震

（D）板外围柱为四级抗震，内部柱为三级抗震，剪力墙为二级抗震

66. 假定该建筑的第 6 层平板部分，采用现浇预应力混凝土无梁板，中柱处板承载力不满足要求，且不允许设柱帽，因此在柱顶处用弯起钢筋形成剪力架以抵抗冲切。试问，除满足承载力要求外，其最小板厚（mm），应取下列何项数值时，才能满足相关规范、规程的要求？

（A）140   (B) 150

（C）180   (D) 200

67. 假定该建筑物第 2 层平板部分，采用非预应力混凝土平板结构，板厚 200mm，纵、横面设暗梁，梁宽均为 1000mm，某处暗梁如图 3-23 所示，与其相连的中柱断面 $b \times h = 600mm \times 600mm$；

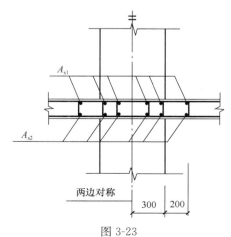

图 3-23

在该层楼面重力荷载代表值作用下柱的轴向压力设计值为 620kN。由等代平面框架分析结果得知，柱上板带配筋，上部为 3600mm²，下部为 2700mm²，钢筋均采用 HRB400。假若纵、横向暗梁配筋相同，试问，在下列暗梁的各组配筋中，何项最符合既安全又经济的要求？

　　提示： 柱上板带（包括暗梁）中的钢筋未全部示出。

　　(A) $A_{s1}=9 \oplus 14$；$A_{s2}=9 \oplus 12$　　　　(B) $A_{s1}=9 \oplus 16$；$A_{s2}=9 \oplus 14$

　　(C) $A_{s1}=9 \oplus 18$；$A_{s2}=9 \oplus 14$　　　　(D) $A_{s1}=9 \oplus 20$；$A_{s2}=9 \oplus 16$

68. 假定该结构总水平地震作用 $F_{Ek}=2600kN$，底层对应于水平地震作用剪力标准值满足最小剪重比的要求。试问，在该水平地震作用下，底层柱部分应能承担的水平地震剪力标准值的最小值（kN），与下列何项数值最为接近？

　　(A) 260　　　　　(B) 384　　　　　(C) 520　　　　　(D) 765

69. 假定底层剪力墙墙厚 300mm，如图 3-24 所示，满足墙体稳定性要求，采用 C30 混凝土；在重力荷载代表值作用下，该建筑中方筒转角 A 处的剪力墙各墙体底部截面轴向压力呈均匀分布状态，其轴压比为 0.35。由计算分析得知，剪力墙为构造配筋。当纵向钢筋采用 HRB400 时，试问，转角 A 处边缘构件在设置箍筋的范围内，其纵筋配置应为下列何项数值时，才最接近且满足相关规范、规程的最低构造要求？

　　(A) 12 $\oplus$ 14　　　(B) 12 $\oplus$ 16

　　(C) 12 $\oplus$ 18　　　(D) 12 $\oplus$ 20

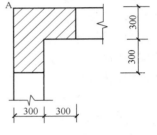

图 3-24

70. 该建筑中的 L 形剪力墙首层底部截面，如图 3-25 所示。在纵向地震作用下，剪力墙底部加强部位距墙底 $0.5h_{w0}$（$h_{w0}=2250mm$）处的未经内力调整的剪力计算值 $V_w=500kN$，弯矩计算值 $M_w=2475kN \cdot m$；考虑地震作用组合后的剪力墙纵向墙肢的轴向压力设计值为 2100kN；采用 C30 混凝土，分布筋采用 HPB300 级（$f_{yh}=270N/mm^2$）、双排配筋。试问，纵向剪力墙墙肢水平分布钢筋采用下列何项配置时，才最接近且满足相关规范、规程中的最低要求？

　　提示： ① 墙肢抗剪截面条件满足规程要求；

　　　　　② $A=1.215 \times 10^6 mm^2$；$0.2f_c b_w h_w=1931kN$。

　　(A) 2 Φ 8@200　　(B) 2 Φ 10@200

　　(C) 2 Φ 12@200　　(D) 2 Φ 12@150

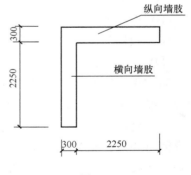

图 3-25

【题 71、72】 某高层钢框架结构房屋，抗震等级为三级，某一根框架梁，其截面为焊接 H 形截面 H500×200×10×16，$A=11080mm^2$。采用 Q235 钢。经计算，地震作用组合下的该梁轴压力 $N=432kN$。

　　提示： 按《高层民用建筑钢结构技术规程》作答。

　　试问：

71. 该梁的腹板宽厚比 $\dfrac{h_0}{t_w}$ 的验算应为下列何项？

(A) $\dfrac{h_0}{t_w}=46.8<60$，满足 　　　　　　(B) $\dfrac{h_0}{t_w}=48.4<60$，满足

(C) $\dfrac{h_0}{t_w}=46.8<70$，满足 　　　　　　(D) $\dfrac{h_0}{t_w}=48.4<70$，满足

72. 假定，该框架梁需要拼接，其全截面采用高强度螺栓连接，已知 $I_w=8542\times10^4\,\text{mm}^4$，$I_f=37481\times10^4\,\text{mm}^4$，拼接处弯矩较小。试问，在弹性设计时，其计算截面的腹板弯矩设计值 M_w（kN·m），至少应为下列何项？

提示： $W_p=2096360\,\text{mm}^3$。

(A) 12 　　　　　(B) 18 　　　　　(C) 26 　　　　　(D) 30

【题 73、74】 如图 3-26 所示由 8 块预制板拼装而成的公路梁桥，桥面净空为净－8.0＋2×1.5m。预制板宽为 1150mm，中部预留有孔洞。

73. 支座处 1 号、2 号板的汽车荷载横向分布系数 m_{0q1}、m_{0q2}，与下列何项数值最为接近？

(A) 0.272；0.5

(B) 0.272；0.8

(C) 0.018；0.5

(D) 0.018；0.8

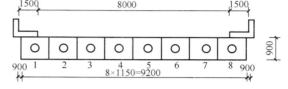

图 3-26

74. 支座处 1 号、2 号板的人群荷载横向分布系数 m_{0r1}、m_{0r2}，与下列何项数值最为接近？

(A) 1.63；0.63 　　(B) 1.63；0.68 　　(C) 1.68；0.63 　　(D) 1.68；0.68

【题 75～78】 某装配式钢筋混凝土简支梁桥位于城市附近交通繁忙公路上，双向行驶，桥面净宽为：净－7＋2×0.75m 人行道及栏杆，标准跨径为 16m，计算跨径为 15.5m。设计汽车荷载为公路-Ⅱ级，人群荷载为 3.0kN/m²，汽车荷载冲击系数 $\mu=0.245$。某根主梁的荷载横向分布系数如图 3-27 所示。

提示： 按《公路桥涵设计通用规范》JTG D 60—2015 及《公路钢筋混凝土及预应力混凝土桥涵设计规范》JTG 3362—2018 解答。

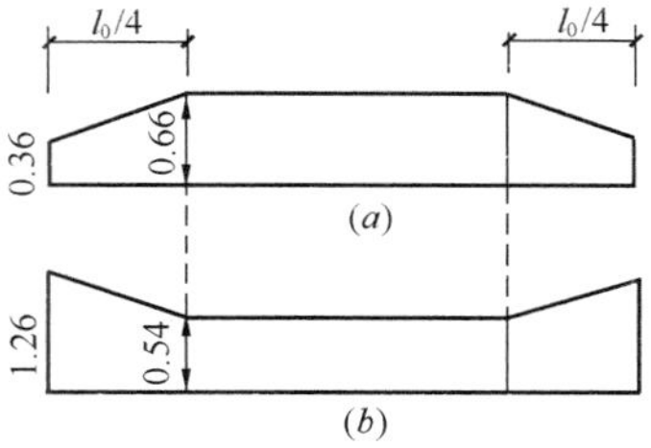

图 3-27

（a）汽车荷载横向分布系数；

（b）人群荷载横向分布系数

75. 该主梁跨中截面由汽车荷载产生的弯矩标准值（kN·m），与下列何项数值最为接近？

(A) 890 　　　　　(B) 820 　　　　　(C) 760 　　　　　(D) 700

76. 该主梁支点截面由汽车荷载产生的剪力标准值（kN），与下列何项数值最为接近？

(A) 165 　　　　　(B) 175 　　　　　(C) 185 　　　　　(D) 205

77. 该主梁支点截面由人群荷载产生的剪力标准值（kN），与下列何项数值最为接近？

(A) 13.2 　　　　　(B) 13.8 　　　　　(C) 14.6 　　　　　(D) 12.3

78. 已知主梁跨中由永久荷载产生的弯矩标准值 $M_{0g}=900kN \cdot m$，汽车荷载产生的弯矩标准值 $M_{0q}=1200kN \cdot m$（含冲击系数），人群荷载产生的弯矩标准值 $M_{0r}=40kN \cdot m$，试问，该主梁跨中截面在持久状态下按承载力极限状态的基本组合下的弯矩设计值（kN·m），与下列何项数值最为接近？

（A）2600 　　　　（B）2800 　　　　（C）3100 　　　　（D）3200

【题 79】 某公路梁桥的一根主梁截面尺寸 $b \times h = 250mm \times 650mm$，其承受荷载基本组合的弯矩设计值 $M_d = 320kN \cdot m$，采用 C35 混凝土，HRB400 级钢筋，结构安全等级为三级，$a_s = 30mm$，试问，其所需纵向受力钢筋截面面积（mm²），与下列何项数值最为接近？

（A）1570 　　　　（B）1427 　　　　（C）1342 　　　　（D）1265

【题 80】 某公路梁桥钢筋混凝土主梁的下部受拉主钢筋配置为 HRB400 级钢筋 16 Φ 32，试问，在梁的支点处通过的下部受拉主钢筋，应至少为下列何项数值时，才能满足规范要求？

（A）2 Φ 32 　　　　（B）3 Φ 32 　　　　（C）4 Φ 32 　　　　（D）5 Φ 32

实战训练试题（四）

（上午卷）

【**题 1、2**】 某一根三跨的钢筋混凝土等截面连续梁，$q=p+g=25kN/m$（设计值），如图 4-1 所示。混凝土强度等级为 C30。梁纵向受力钢筋采用 HRB400 级钢筋，梁截面尺寸 $b \times h = 200mm \times 500mm$。结构安全等级二级，取 $a_s = 35mm$。

1. 假定当 $L_1 = 6m$，$L_2 = 8m$，$L_3 = 5m$，该梁弯矩分配系数 μ_{BA} 及 B 支座的不平衡弯矩 ΔM（kN·m），与下列何项数值最接近？

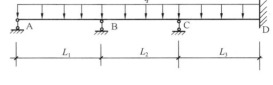

图 4-1

(A) 0.5；20.8　　　　　　　　　　(B) 0.5；93.75

(C) 0.385；112.5　　　　　　　　(D) 0.625；133.3

2. 假定该连续梁的 B、C 支座弯矩相同，即 $M_B = M_C = 140.00kN·m$（设计值），两支座调幅系数均为 0.7，并假定 $L_2 = 8m$。试问，BC 跨中的计算配筋截面面积 A_s（mm²），与下列何项数值最接近？

(A) 1120　　　　(B) 980　　　　(C) 810　　　　(D) 700

【**题 3～6**】 某多层现浇钢筋混凝土框架结构，其楼面结构中有一根钢筋混凝土连续梁，如图 4-2 所示。混凝土强度等级为 C30，纵向受力钢筋为 HRB400，箍筋为 HPB300 级。梁截面尺寸 $b \times h = 250mm \times 500mm$，均布荷载标准值：恒载（含自重）$g_k = 20kN/m$，活荷载 $q_k = 25kN/m$，准永久值系数为 0.5。设计使用年限为 50 年，结构安全等级为二级。$a_s = a'_s = 40mm$。连续梁内力系数见表 4-1。

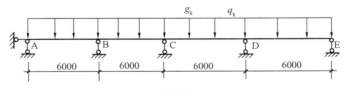

图 4-2

连续梁内力系数表（$M=$ 表中系数 $\times ql^2$）　　　　　　　　　　表 4-1

序号	荷载图	跨内最大弯矩（M）			
		M_1	M_2	M_3	M_4
①		0.077	0.036	0.036	0.077
②		0.100	—	0.081	—

序号	荷载图	跨内最大弯矩（M）			
		M_1	M_2	M_3	M_4
③	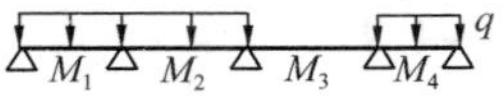 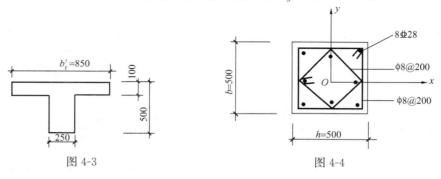	0.072	0.061	—	0.098
④	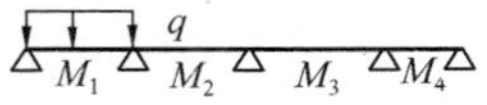	0.094	—	—	—

3. 边跨 AB 跨中截面的最大弯矩设计值（kN·m），与下列何项数值最接近？

(A) 196　　　　(B) 208　　　　(C) 182　　　　(D) 174

4. 假若梁支座截面配有受压钢筋 $A'_s = 628\mathrm{mm}^2$，支座处弯矩设计值 $M = -280\mathrm{kN·m}$，试问，该梁支座截面的受拉钢筋截面面积 A_s（mm^2），与下列何项数值最为接近？

(A) 1700　　　　(B) 2220　　　　(C) 1930　　　　(D) 2050

5. 边跨 AB 的跨中截面配筋按 T 形截面考虑，如图 4-3 所示，跨中弯矩设计值 $M = 200\mathrm{kN·m}$。试问，单筋 T 形梁的纵向受拉钢筋截面面积 A_s（mm^2），与下列何项数值最接近？

(A) 1260　　　　(B) 1460　　　　(C) 1800　　　　(D) 1380

6. 假若边跨 AB 仍为矩形截面梁，其跨中截面受拉钢筋为 2⚁28＋1⚁25（$A_s = 1723\mathrm{mm}^2$），试问，正常使用极限状态下，AB 跨跨中截面最大裂缝宽度 $w_{\max}$（mm），与下列何项数值最为接近？

提示： 最外层受拉纵筋的混凝土保护层厚度取 30mm。

(A) 0.32　　　　(B) 0.26　　　　(C) 0.18　　　　(D) 0.15

【题 7～9】 某多层钢筋混凝土框架结构房屋，其中间层某根框架角柱为双向偏心受压柱，其截面尺寸 $b×h = 500\mathrm{mm}×500\mathrm{mm}$，柱计算长度 $l_0 = 4.5\mathrm{m}$，柱净高 $H_n = 3.0\mathrm{m}$。选用 C30 混凝土，纵向受力钢筋用 HRB400、箍筋用 HPB300 钢筋，柱截面配筋如图4-4所示。在荷载的基本组合下考虑二阶效应后的截面控制内力设计值：$M_{0x} = 136.4\mathrm{kN·m}$，$M_{0y} = 98\mathrm{kN·m}$，$N = 243\mathrm{kN}$。结构安全等级二级。取 $a_s = a'_s = 45\mathrm{mm}$。

图 4-3

图 4-4

7. 该双向偏心受压柱的轴心受压承载力设计值 N_{u0}（kN），与下列何项数值最为接近？

(A) 4150　　　　(B) 4450　　　　(C) 5150　　　　(D) 5400

8. 该柱偏心受压承载力设计值 N_{ux}（kN），与下列何项数值最为接近？

提示：$\xi_b = 0.518$。

(A) 715　　　　(B) 660　　　　(C) 560　　　　(D) 510

9. 假定 $N_{ux}=480$kN，$N_{uy}=800$kN，试问，$N(1/N_{ux}+1/N_{uy}-1/N_{u0})$ 的计算值，与下列何项数值最为接近？

(A) 0.715　　　　(B) 0.765　　　　(C) 0.810　　　　(D) 0.830

【题 10、11】 某构件的内折角位于受拉区（图 4-5），截面高度 $H=500$mm，纵向钢筋用 HRB400 级、箍筋用 HPB300 级钢筋，纵向受拉钢筋为 4⊈18（$A_s = 1017$mm²）。

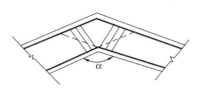

图 4-5

10. 当构件的内折角 $\alpha=120°$，4⊈18 的纵向钢筋全部伸入混凝土受压区时，试问，增设箍筋的钢筋截面面积（mm²），与下列何项数值最为接近？

(A) 590　　　　(B) 550　　　　(C) 480　　　　(D) 650

11. 当构件的内折角 $\alpha=130°$，箍筋采用双肢箍，箍筋间距为 100mm，有 2⊈18 的纵向钢筋伸入混凝土受压区时，试问，每侧增设箍筋的数量，与下列何项数值最接近？

提示：3×2φ8@100 表示每侧 3 根φ8 的双肢箍，间距为 100mm。

(A) 3×2φ10@100　　　　　　　(B) 3×2φ8@100
(C) 2×2φ10@100　　　　　　　(D) 2×2φ8@100

【题 12】 非地震地区的某顶层钢筋混凝土框架梁，混凝土等级为 C30，截面为矩形，宽度 $b=300$mm，纵向受力钢筋采用 HRB400 级，端节点处梁的上部钢筋为 3⊈25，中间节点处柱的纵向钢筋为 4⊈25。取 $a_s=40$mm。试问，该梁的截面最小高度（mm），与下列何项数值最为接近？

(A) 485　　　　(B) 395　　　　(C) 425　　　　(D) 450

【题 13】 下述对预应力混凝土结构的说法，何项不妥？说明理由。

(A) 预应力框架柱箍筋宜沿柱全高加密

(B) 后张法预应力混凝土超静定结构，在进行正截面受弯承载力计算时，在弯矩设计值中次弯矩应参与组合

(C) 抗震设计时，预应力混凝土构件的预应力钢筋，宜在节点核心区以内锚固

(D) 抗震设计时预应力混凝土的抗侧力构件，应配有足够的非预应力钢筋

【题 14、15】 某钢筋混凝土简支梁，采用 C20 混凝土，纵向受力钢筋采用 HRB335，其跨中截面与纵向钢筋配置如图 4-6 所示。现改变使用功能，荷载增加，在荷载的基本组合下的梁跨中正弯矩值为 380kN·m。加固前，梁跨中在荷载的标准组合下的正弯矩值 $M_{0k}=120$kN·m。现采用在梁底外粘 Q235 钢板进行抗弯加固。考虑二次受力的影响。已知 $a=a'=35$mm，$\xi_b=0.550$。加固后的结构重要性系数取 1.0。

提示：不考虑纵向受压钢筋的作用；该梁属于

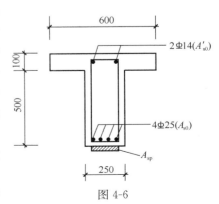

图 4-6

第二类 T 形梁。

14. 考虑二次受力影响，ψ_{sp} 的计算值，与下列何项最接近？

提示：$\rho_{te}=0.026$。

(A) 4.0　　　　(B) 4.5　　　　(C) 5.0　　　　(D) 5.5

15. 假定，$x=180mm$，$\psi_{sp}=1.0$，满足加固要求的钢板截面面积 A_{sp}（mm^2），下列何项最经济合理？

(A) 700　　　　(B) 70　　　　(C) 800　　　　(D) 80

【题 16、17】　某一座露天桁架式跨街天桥，跨度 48m，桥架高度 3m，桥面设置在桥架下弦平面内，桥面横梁间距 3m，横梁与桥架下弦杆平接，桥架上、下弦平面均设有支撑，并在桥的两端设有桥门架，如图 4-7 所示。桥架采用 Q235B 钢，E43 型焊条。桥架和支撑自重、桥面自重和桥面活载由两榀桥架平均分担，并分别作用在桥架上弦、下弦的节点上，如图所示。集中荷载设计值：$F_1=10.6kN$，$F_2=103.6kN$。桥架杆件均采用热轧 H 型钢，H 型钢的腹板与桥架平面平行。

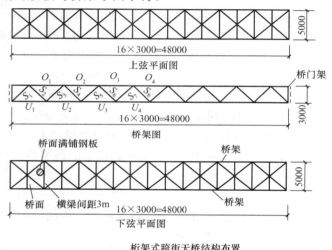

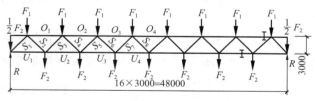

图 4-7

16. 上弦杆 O_4 的最大轴心压力设计值为 $-2179.2kN$，选用 H 型钢，H344×348×10×16，$A=14600mm^2$，$i_x=151mm$，$i_y=87.8mm$。试问，当按轴心受压构件的稳定性进行验算时，构件截面上的最大压应力（N/mm^2），应与下列何项数值最接近？

(A) 158　　　　(B) 166　　　　(C) 170　　　　(D) 182

17. 下弦杆 U_4 的最大拉力设计值为 2117.4kN，弯矩设计值 M_x 为 66.6kN·m，选用 H 型钢，H350×350×12×19，$A=17390mm^2$，$i_x=152mm$，$i_y=88.4mm$，$W_x=2300×10^3mm^3$。试

问，当按拉弯构件的强度进行验算时，构件截面上的最大拉应力（N/mm²），与下列何项数值最为接近？

（A）149.3 （B）160.8 （C）175.8 （D）190.4

【题 18、19】 某短横梁与柱翼缘的连接如图 4-8 所示，剪力 V＝250kN，偏心距 e＝120mm，普通螺栓为 C 级，M20（A_e＝244.8mm²，d_0＝21.5mm），梁端竖板下有承托。钢材为 Q235B，手工焊，E43 型焊条。

18. 若承托传递全部剪力，试问，螺栓群中受力最大螺栓承受的拉力（kN），与下列何项数值最为接近？

（A）20.0 （B）23.4

（C）24.6 （D）28.4

19. 若不考虑承托承受剪力，试问，螺栓群中受力最大螺栓在剪力和拉力联合作用下，$\sqrt{(N_v/N_v^b)^2 + (N_t/N_t^b)^2}$ 值，与下列何项数值最为接近？

（A）0.69 （B）0.76 （C）0.89 （D）0.94

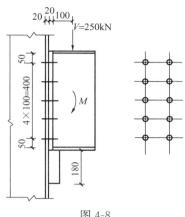

图 4-8

【题 20～23】 如图 4-9 所示某一压弯柱柱段，其承受的轴压力 N＝1990kN，压力偏于右肢，偏心弯矩 M＝696.5kN·m。在弯矩作用平面内，该柱段为悬臂柱，柱段长 8m；弯矩作用平面外为两端铰支柱，且柱的中点处有侧向支撑。钢材用 Q235 钢。

各截面的特性如下：

工40c，400 × 146 × 14.5 × 16.5，A ＝ 102.0cm²，I_{y1}＝23850.0cm⁴，i_{y1}＝15.2cm；I_{x1}＝727cm⁴，i_{x1}＝2.65cm；

[40a，A＝75.05cm²，I_{y2}＝17577.9cm⁴，i_{y2}＝15.3cm；I_{x2}＝592cm⁴，i_{x2}＝2.81cm

整个格构式柱截面特性：A＝177.05cm²，y_2＝46.1cm（截面形心），I_x＝278000cm⁴，i_x＝39.6cm；I_y＝41427.9cm⁴，i_y＝15.30cm

缀条截面为 L56×8，A＝8.367cm²，i_{min}＝1.09cm。

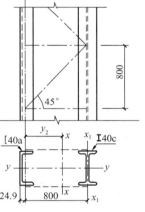

图 4-9（单位：mm）

20. 试问，弯矩作用平面内的轴心受力构件稳定系数 φ_x，与下列何项数值最为接近？

（A）0.883 （B）0.893 （C）0.984 （D）0.865

21. 对该压弯构件进行弯矩作用平面内整体稳定性验算时，取 φ_x＝0.90，β_{mx}＝1.0，试问，构件上的最大压应力（N/mm²），与下列何项数值最为接近？

（A）219 （B）221 （C）228 （D）236

22. 受压分肢局部稳定验算时，按心受压构件计算，其构件最大压应力（N/mm²），与下列何项数值最为接近？

（A）241.0 （B）232.0 （C）211.5 （D）208.0

23. 格构柱的斜缀条受压承载力设计值（kN），与下列何项数值最为接近？

提示： 斜缀条与柱的连接无节板。

（A）72.1　　　　（B）87.6　　　　（C）91.6　　　　（D）108.1

【题 24】　如图 4-10 所示框架，各杆惯性矩相同，确定柱 B 的平面内计算长度（m），与下列何项数值最为接近？

（A）6.0　　　　（B）13.5　　　　（C）13.98　　　　（D）17.06

【题 25】　一工作平台的梁格布置如图 4-11 所示，设计使用年限为 50 年，其承受的恒载标准值为 $3.2kN/m^2$，活荷载标准值为 $8kN/m^2$。次梁简支于主梁顶面，钢材为 Q235。次梁选用热轧Ⅰ字钢 I40a，平台铺板未与次梁焊牢。I40a 参数：自重为 0.663kN/m，$W_x=1090cm^3$。试问，次梁进行整体稳定性验算，其最大压应力（N/mm^2），与下列何项数值最为接近？

提示：按《建筑结构可靠性设计统一标准》GB 50068—2018 作答。

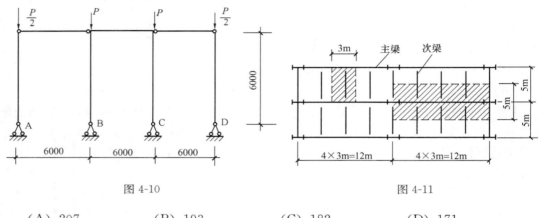

图 4-10　　　　　　　　　　　　　　　　　图 4-11

（A）207　　　　（B）193　　　　（C）182　　　　（D）171

【题 26～29】　某单跨双坡门式刚架钢房屋，刚架高度为 7.2m，屋面坡度为 1：10，屋面与墙面均采用压型钢板，檩条采用冷弯薄壁卷边槽钢 $220×75×20×2$。檩条采用简支檩条，跨度为 6，坡向间距为 1.5m，在其中点处设一道拉条，如图 4-12（a）所示，采用 Q345 钢。卷边槽钢的截面特性为 ［图 4-12（b）］：

$A=787mm^2$，$I_x=574.45cm^4$，$W_x=52.22cm^3$，$I_y=56.88cm^4$，$W_{ymax}=27.35cm^3$，$W_{ymin}=10.50cm^3$。

已知地面粗糙度为 B 类，50 年重现期的基本风压为 $0.35kN/m^2$。屋面中间区的某一根檩条，其承担的按水平投影面积计算的永久荷载（含檩条自重）标准值为 $0.2kN/m^2$，竖向活荷载标准值为 $0.5kN/m^2$。屋面已采取防止檩条侧向位移和扭转的构造措施。

提示：按《建筑结构可靠性设计统一标准》GB 50068—2018 作答。

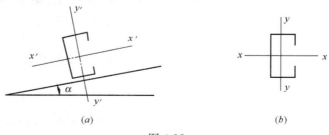

（a）　　　　　　　　　　　　　（b）

图 4-12

26. 在风压力作用下，该檩条跨中中点处，在其腹板平面内荷载基本组合下的弯矩值 $M_{x'}$（kN·m），与下列何项最接近？

(A) 4　　　　　(B) 6　　　　　(C) 8　　　　　(D) 10

27. 在风吸力作用下，该檩条跨中中点处，在其腹板平面内荷载基本组合下的弯矩值 $M_{x'}$（kN·m），与下列何项最接近？

(A) -4.5　　　(B) -5.5　　　(C) -6.5　　　(D) -7.5

28. 假定，设计值 $q_y = 1.78$kN/m，该檩条进行抗剪强度计算，在其腹板平面内的最大剪应力设计值（N/mm²），与下列何项最接近？

提示： 冷弯半径取 1.5t，t 为檩条壁厚。

(A) 15　　　　　(B) 20　　　　　(C) 25　　　　　(D) 30

29. 按《门规》式（9.1.5-1）进行该檩条抗弯强度计算，当计算 $W_{enx'}$ 时，翼缘：$\sigma_{max} = \sigma_{min} = 210.6$N/mm²；腹板：$\sigma_{max} = -\sigma_{min} = 210.6$N/mm²。试问，檩条受压翼缘的有效宽度 b_e（mm），与下列何项最接近？

提示： $\alpha = 1.0$。

(A) 52　　　　　(B) 60　　　　　(C) 67　　　　　(D) 75

【**题 30～32**】 某四面开敞的 15m 单跨敞篷车间如图 4-13 所示，弹性方案，有柱间支撑，承重砖柱截面为 490mm×490mm，采用 MU10 烧结普通砖，M5 水泥砂浆砌筑。砌体施工质量控制等级为 B 级。结构安全等级为二级。

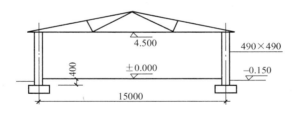

图 4-13

30. 当砖柱垂直排架方向无偏心时，柱子在垂直排架平面方向的轴向力影响系数 φ，与下列何项数值最接近？

(A) 0.870　　　(B) 0.808　　　(C) 0.745　　　(D) 0.620

31. 当屋架传来的荷载无偏心，且不计风荷载，试问，其柱底所能承受的轴心力设计值（kN），与下列何项数值最接近？

(A) 265　　　　(B) 252　　　　(C) 227　　　　(D) 204

32. 假定柱底轴心力设计值 $N = 360$kN，采用网状配筋砖柱，设置 $\Phi^b 4$ 冷拉低碳钢丝方格网（$f_y = 430$N/mm²），钢筋网间距 $s_n = 260$mm。试问，网中钢筋间距 a（mm），应为下列何项数值时才能满足承载力要求，且较为经济合理。

(A) 50　　　　　(B) 60　　　　　(C) 80　　　　　(D) 100

【**题 33**】 砌块砌体房屋外墙（局部）如图 4-14 所示，墙厚 190mm。在验算壁柱间墙的高厚比时，圈梁的断面 $b×h$ 为下列何项数值时，圈梁可视为壁柱间墙的不动铰支点，且较为经济合理。

(A) $b×h = 190$mm×120mm　　　　　(B) $b×h = 190$mm×150mm

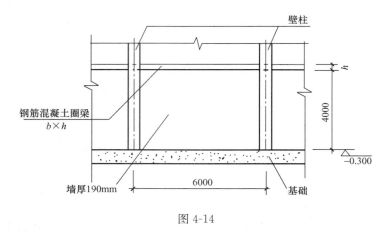

图 4-14

(C) $b \times h = 190mm \times 180mm$　　　　　　(D) $b \times h = 190mm \times 200mm$

【题 34、35】　某钢筋混凝土挑梁如图 4-15 所示。挑梁截面尺寸 $b \times h_b = 240mm \times 300mm$，挑出截面高度为 150mm；挑梁上墙体高度 2.8m，墙厚为 240mm。墙端设有构造柱 240mm×240mm，距墙边 1.6m 处开门洞，$b_h \times h_h = 900mm \times 2100mm$。楼板传经挑梁的荷载标准值：梁端集中作用的恒载 $F_k = 4.5kN$；作用在挑梁挑出部分和埋入墙内部分的恒载 $g_{1k} = 17.75kN/m$，$g_{2k} = 10kN/m$；作用在挑出部分的活荷载 $q_{1k} = 8.52kN/m$，埋入墙内部分的活荷载 $q_{2k} = 4.95kN/m$；挑梁挑出部分自重 1.56kN/m，挑梁埋在墙内部分自重 1.98kN/m，墙体自重 19kN/m³。设计使用年限为 50 年，结构安全等级为二级。

提示：按《建筑结构可靠性设计统一标准》GB 50068—2018 作答。

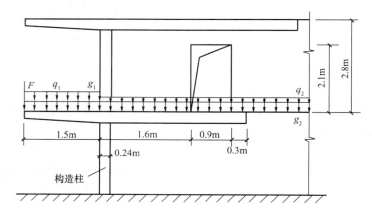

图 4-15

34. 楼层挑梁的倾覆力矩设计值（kN·m），与下列何项数值最为接近？
(A) 50　　　　　　(B) 55　　　　　　(C) 60　　　　　　(D) 65

35. 楼层挑梁的抗倾覆力矩设计值（kN·m），与下列何项数值最为接近？
(A) 60　　　　　　(B) 65　　　　　　(C) 70　　　　　　(D) 75

【题 36、37】　非抗震设计的某高层房屋采用配筋混凝土砌块砌体剪力墙承重，其中一墙肢墙高 4.4m，截面尺寸为 190mm×5500mm，单排孔混凝土砌块为 MU20（砌块孔洞率 45%），Mb15 水泥混合砂浆对孔砌筑，灌孔混凝土为 Cb30，灌孔率为 100%，砌体施工质量控制等级 B 级。墙体竖向主筋、竖向分布筋采用 HRB400 级钢筋，墙体水平分布筋用 HPB300 级钢筋。结构安全等级为二级。取 $a_s = a_s' = 300\text{mm}$。

36. 假定 $f_g = 6.95\text{N/mm}$；$f_{vg} = 0.581\text{N/mm}$；若该剪力墙墙肢的竖向分布筋为 $\Phi 14@600$，$\rho_w = 0.135\%$，剪力墙的竖向受拉、受压主筋采用对称配筋，剪力墙墙肢承受的内力设计值 $N = 1935\text{kN}$（压力），$M = 1770\text{kN·m}$，$V = 400.0\text{kN}$。试问，该墙肢的竖向受压主筋 A_s' 配置，应为下列何项数值才能满足要求，且较为经济合理。

提示：为简化计算，《砌体结构设计规范》式（9.2.4-1）中，$\Sigma f_{si} A_{si} = f_{yw} \rho_w (h_0 - 1.5x)b$，其中 ρ_w 为竖向分布钢筋的配筋率；b 为墙肢厚度，f_{yw} 为竖向分布筋的强度设计值；规范式（9.2.4-2）中，$\Sigma f_{si} S_{si} = 0.5 f_{yw} \rho_w b (h_0 - 1.5x)^2$。

(A) 3 Φ 14　　　　(B) 3 Φ 16　　　　(C) 3 Φ 18　　　　(D) 3 Φ 20

37. 条件同［题 36］，该墙肢的水平分布筋的配置，应为下列何项数值时才能满足要求，且较为经济合理。

提示：墙肢抗剪截面条件满足规范要求；$0.25 f_g bh = 1820.9\text{kN}$。

(A) 2 Φ 8@800　　　　　　　　　(B) 2 Φ 10@800
(C) 2 Φ 12@800　　　　　　　　(D) 2 Φ 14@800

【题 38】 某钢筋混凝土柱 $b \times h = 200\text{mm} \times 200\text{mm}$，支承于砖砌带形浅基础转角处，如图 4-16 所示。该基础属于很潮湿，采用 MU25 烧结普通砖，柱底轴向力设计值 $N_l = 215\text{kN}$。砌体施工质量控制等级 B 级，结构安全等级一级。试问，为满足基础顶面局部抗压承载力的要求，应选择下列何项砂浆进行砌筑，且较为经济合理。

(A) M15 混合砂浆
(B) M15 水泥砂浆
(C) M7.5 水泥砂浆
(D) M10 水泥砂浆

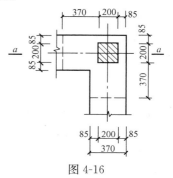

图 4-16

【题 39、40】 一方木屋架端节点如图 4-17 所示，其上弦杆轴向力设计值 $N = -120\text{kN}$，木材选用水曲柳。

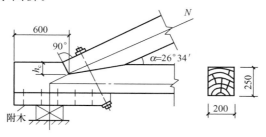

图 4-17

39. 根据承压要求，试问，刻槽深度 h_c（mm），与下列何项数值最为接近？

(A) 20　　　　(B) 26　　　　(C) 36　　　　(D) 42

40. 保险螺栓选用 C 级普通螺栓，试问，其型号应选用下列何项时，才能满足要求且较为经济合理。

(A) M22　　　　　(B) M24　　　　　(C) M27　　　　　(D) M30

（下午卷）

【题 41】 既有建筑地基基础加固设计的叙述，正确的是？

(A) 需要加固的基础，应采用地基处理后检验确定的地基承载力特征值

(B) 既有建筑基础扩大基础并增加桩时，可按新增加的荷载由原基础和新增加桩共同承担

(C) 当既有建筑基础下有垫层时，其地基土载荷试验时，试验压板应埋置在垫层下的原土层上

(D) 既有建筑桩基础单桩承载力持载再加荷载载荷试验的持载时间不得少于 15d

【题 42】 某建筑岩石边坡代表性剖面如图 4-18 所示，由于暴雨使其后缘垂直张裂缝瞬间充满水，经测算滑面长度 $L=50\text{m}$，裂隙充水高度 $h_w=12\text{m}$，每延米滑体自重为 15500kN/m，滑面倾角为 $28°$，滑面的内摩擦角 $\varphi=25°$，黏聚力 $c=50\text{kPa}$，取 $\gamma_w=10\text{kN/m}^3$。滑动面充满水。试问，该边坡稳定系数 F_s，最接近下列何项？

(A) 0.97　　　　　(B) 0.93

(C) 0.88　　　　　(D) 0.83

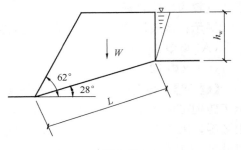

图 4-18

【题 43～46】 某柱下钢筋混凝土独立基础如图 4-19 所示，基底尺寸为 $2.50\text{m}×2.50\text{m}$，基础埋置深度为 1.50m，作用在基础顶面处由柱传来的相应于作用的标准组合时的竖向力 $F_k=600\text{kN}$，弯矩 $M_k=200\text{kN·m}$，水平剪力 $V_k=150\text{kN}$。地基土为厚度较大的粉土，其 $\rho_c<10\%$，承载力特征值 $f_{ak}=230\text{kPa}$，基础底面以上、以下土的重度 $\gamma=17.5\text{kN/m}^3$；基础及其底面以上土的加权平均重度取 20kN/m^3。

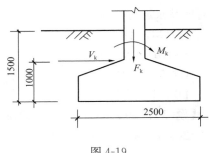

图 4-19

43. 基础底面处的地基承载力特征值 f_a（kPa），与下列何项数值最为接近？

(A) 265　　　　　(B) 270　　　　　(C) 275　　　　　(D) 280

44. 当对地基承载力进行验算时，作用在该基础底面边缘的最大压力 p_{kmax}（kPa），与下列何项数值最为接近？

(A) 300　　　　　(B) 260　　　　　(C) 230　　　　　(D) 330

45. 假若该基础位于抗震设防烈度 7 度，Ⅱ类场地上，试问，基础底面处地基抗震承载力 f_{aE}（kPa），与下列何项数值最为接近？

(A) 344.5　　　　　(B) 2915　　　　　(C) 397.5　　　　　(D) 265

46. 条件同［题 45］，有地震作用参与的标准组合为：$F_k=1600\text{kN}$，$M_k=200\text{kN·m}$，$V_k=100\text{kN}$。试问，基底抗震承载力验算式（单位：kPa）与下列何项数值最为接近？

(A) 286＜345；390＜413　　　　　　(B) 286＜318；390＜413
(C) 286＜345；401＜413　　　　　　(D) 286＜318；401＜413

【题 47～50】 某浆砌毛石重力式挡土墙如图4-20
所示，墙高 5.5m，墙背垂直光滑，墙后填土面水平
并与墙齐高，挡土墙基础埋深 1m。

47. 假定墙后填土 $\gamma=18.2\text{kN/m}^3$，为砂土墙后
有地下水，地下水位在墙底面以上 1.5m 处，地下水
位以下的填土重度 $\gamma_1=20\text{kN/m}^3$，其内摩擦角 $\varphi=$
$30°$，且 $c=0$，$\delta=0$。试问，作用在墙背的总压力 E_a
(kN/m)，与下列何项数值最为接近？

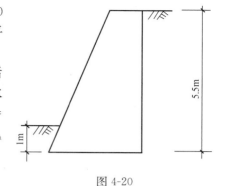

图 4-20

(A) 100　　　　　(B) 110
(C) 120　　　　　(D) 130

48. 假定墙后填土的 $\gamma=18.2\text{kN/m}^3$，$\varphi=30°$，$c=0$，$\delta=0$，无地下水，填土表面有
连续均布荷载 $q=18\text{kPa}$，试问，主动土压力 E_a (kN/m)，与下列何项数值最为接近？

(A) 137.1　　　　　(B) 124.6　　　　　(C) 148.5　　　　　(D) 156.2

49. 假定墙后填土系黏性土，其 $\gamma=17\text{kN/m}^3$，$\varphi=20°$，$c=10\text{kPa}$，$\delta=0$，在填土表
面有连续均布荷载 $q=18\text{kPa}$，试问，墙顶面处的主动土压力强度 σ_{a1} (kPa) 的计算值，
与下列何项数值最为接近？

(A) 0　　　　　(B) -4.2　　　　　(C) -5.2　　　　　(D) -8.0

50. 假定填土为黏性土，其 $\gamma=17\text{kN/m}^3$，$\varphi=25°$，$c=10\text{kPa}$，$\delta=0$，在填土表面有
连续均布荷载 $q=12\text{kPa}$，并已知墙顶面处的主动土压力强度的计算值 $\sigma_{a1}=-7.87\text{kPa}$，
墙底面处主动土压力强度 $\sigma_{a2}=30.08\text{kPa}$，试问，主动土压力 E_a (kN/m)，与下列何项数
值最为接近？

(A) 72.2　　　　　(B) 65.6
(C) 83.1　　　　　(D) 124.2

【题 51】 某端承灌注桩桩径 1.0m，桩长
16m，桩周土性参数见图4-21所示，地面大面积堆
载 $p=60\text{kPa}$，黏土 ξ_n 取 0.25，粉土 ξ_n 取 0.30。
试问，由于负摩阻力产生的下拉荷载值 (kN)，与
下列何项数值最为接近？

提示： 按《建筑桩基技术规范》JGJ 94—2008
计算。

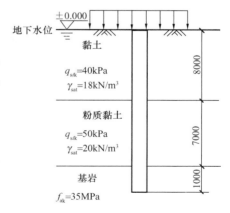

(A) 1626.2　　　　　(B) 1586.4
(C) 1478.6　　　　　(D) 1368.2

图 4-21

【题 52～54】 某柱下桩基承台，承台底面标
高为 -2.00m，承台下布置了沉管灌注桩，桩径 0.5m，桩长 12m，场地位于 8 度抗震设
防区（0.20g），设计地震分组为第一组，工程地质、土质性质指标及测点 1、2 的深度 d_s
见图4-22。

提示： 按《建筑抗震设计规范》GB 50011—2010 计算。

61

52. 假若测点 1 的实际标准贯入锤击数为 11，测点 2 的实际标准贯入锤击数为 15 时单桩竖向抗震承载力特征值 R_{aE}（kN），与下列何项数值最为接近？

(A) 1174   (B) 1467

(C) 1528   (D) 1580

53. 假若测点 1 的实际标准贯入锤击数为 19，测点 2 的标准贯入锤击数为 12 时，单桩竖向抗震承载力特征值 R_{aE}（kN），与下列何项数值最为接近？

(A) 1403   (B) 1452

(C) 1545   (D) 1602

54. 已知粉细砂层为液化土层，当地震作用按水平地震影响系数最大值的 10% 采用时，试问，单桩竖向抗震承载力特征值 R_{aE}（kN），与下列何项数值最为接近？

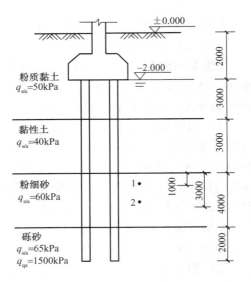

图 4-22

(A) 839   (B) 960   (C) 1174   (D) 1299

【题 55】 某黄土地基采用碱液法处理，其土体天然孔隙比为 1.1，灌注孔成孔深度 4.8m，注液管底部距地表 1.4m，若单孔碱液灌注量 V 为 960L 时，根据《建筑地基处理技术规范》JGJ 79—2012，试问：计算其加固土层的厚度最接近于下列何项？

(A) 48m   (B) 4.2m   (C) 3.8m   (D) 3.6m

【题 56】 对于基础工程中压实填土的质量控制，下列何项说法不符合《建筑地基基础设计规范》的有关规定？

(A) 压实填土施工结束后，宜及时进行基础施工

(B) 对砌体结构房屋，当填土部位在地基主要持力层范围内时，其压实系数 λ_c 不应小于 0.97

(C) 对排架结构，当填土部位在地基主要持力层范围内时，其压实系数 λ_c 不应小于 0.96

(D) 对地坪垫层以下及基础底面标高以上的压实填土，其压实系数 λ_c 不应小于 0.96

【题 57】 高层建筑结构抗连续倒塌设计的要求，下列说法中，不正确的是何项？

(A) 主体结构宜采用多跨规则的超静定结构

(B) 框架梁梁中支座底面应有一定数量的配筋且合理的锚固要求

(C) 构件正截面承载力计算时，钢材强度可取标准值的 1.25 倍，混凝土强度可取标准值

(D) 转换结构应具有整体多重传递重力荷载途径，边跨框架的柱距不宜过小

【题 58】 一幢平面为矩形的框架结构，长 40m，宽 20m，高 30m，位于山区。该建筑物原拟建在山坡下平坦地带 A 处，现拟改在山坡上的 B 处，如图 4-23 所示，建筑物顶部相同部位在两个不同位置所受到的风荷载标准值分别为 w_A、w_B（kN/m^2）。试问，w_B/w_A 的比值与下列何项数值最为接近？

提示：不考虑风振系数的变化。

(A) 1   (B) 1.1   (C) 1.3   (D) 1.4

【题 59】 某一拟建于 8 度抗震设防区、Ⅱ类场地的钢筋混凝土框架-剪力墙结构房屋，高度为 72m，其平面为矩形，长 40m，在建筑物的宽度方向有 3 个方案，如图 4-24 所示。如果仅从结构布置相对合理角度考虑，试问，其最合理的方案应为下列何项？说明理由。

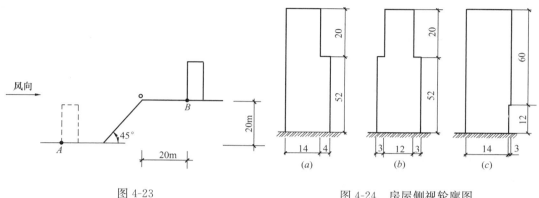

图 4-23

图 4-24　房屋侧视轮廓图

（图中长度单位：m）

(A) 方案（a）   (B) 方案（b）

(C) 方案（c）   (D) 三个方案均不合理

【题 60、61】 某 10 层现浇钢筋混凝土框架结构，其中一榀框架剖面的轴线几何尺寸如图 4-25 所示。梁柱的线刚度 i_b、i_c（单位为 10^{10} N·mm），均注于图中构件旁侧。梁线刚度已考虑了楼板对梁刚度增大的影响。各楼层处的水平力 F 为某一组荷载作用的标准值。在计算内力与位移时采用 D 值法。

60. 已知底层每个中柱侧移刚度修正系数 $\alpha_{中}=0.7$。试问，底层每个边柱分配的剪力标准值（kN），与下列何项数值最为接近？

(A) 2   (B) 17

(C) 20   (D) 25

61. 条件同［题 60］，当不考虑柱子的轴向变形影响时，底层柱顶侧移（即底层层间相对侧移）值（mm），与下列何项数值最为接近？

(A) 3.4   (B) 5.4

(C) 8.4   (D) 10.4

【题 62、63】 某钢筋混凝土剪力墙结构，7 度抗震设防，丙类建筑，房屋高度

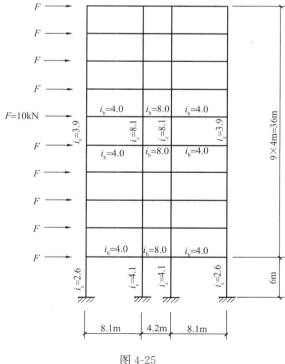

图 4-25

82m，为较多短肢剪力墙的剪力墙结构，其中底层某一剪力墙墙肢截面如图 4-26（a）所示，其轴压比为 0.35。采用 C40 混凝土（$E_c = 3.25 \times 10^4 \text{N/mm}^2$），钢筋采用 HRB400 及 HPB300。

62. 底层剪力墙的竖向配筋如图 4-26（b）所示，双排配筋，在翼缘部分配置 8 根纵向受力钢筋，纵向受力钢筋保护层厚度为 35mm。试问，下列何项竖向配筋最符合规程的要求？

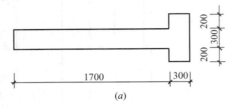 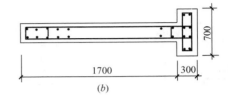

图 4-26

提示： 计算所需竖向配筋系指墙肢中的竖向配筋，但计算过程中需考虑翼缘中已有 8 根纵向钢筋。

(A) Φ 22@200　　(B) Φ 20@200　　(C) Φ 14@200　　(D) Φ 12@200

63. 假定该底层剪力墙层高为 4.8m，当对其墙体进行稳定验算时，作用于其墙顶组合的等效竖向均布荷载设计值 q（kN/m），其最大值不应超过下列何项数值？

(A) 3800　　　　(B) 3500　　　　(C) 2800　　　　(D) 2000

【题 64、65】 某现浇钢筋混凝土框架结构，地下 2 层，地上 12 层，7 度抗震设防烈度，抗震等级二级，地下室顶板为嵌固端。混凝土用 C35，钢筋采用 HRB400 及 HPB300。取 $a_s = 40\text{mm}$。

64. 假定地上一层框架某根中柱的纵向钢筋的配置如图 4-27所示，每侧纵筋计算面积 $A_s = 985\text{mm}^2$，实配 4 Φ 18，满足构造要求。现将其延伸至地下一层，截面尺寸不变，每侧纵筋的计算面积为地上一层柱每侧纵筋计算面积的 0.9 倍。试问，延伸至地下一层后的中柱，其截面中全部纵向钢筋的数量，应为下列何项时，才能满足规范、规程的最低要求？

(A) 12 Φ 25　　　　(B) 12 Φ 22
(C) 12 Φ 20　　　　(D) 12 Φ 18

65. 某根框架梁梁端截面的配筋如图 4-28 所示，试问，梁端加密区箍筋的设置，应为下列何项时，才能最满足规范、规程的要求？

(A) Φ 6@100　　　　(B) Φ 8@100
(C) Φ 8@120　　　　(D) Φ 10@100

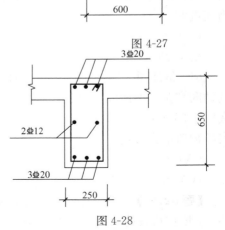

图 4-27

图 4-28

【题 66】 下列对于带转换层高层建筑结构动力时程分析的几种观点，其中何项相对准确？说明理由。

(A) 可不采用弹性时程分析法进行补充计算
(B) 选用的加速度时程曲线，其平均地震影响

系数曲线与振型分解反应谱法所用的地震影响系数曲线相比，在各个周期点上相差不大于20%

（C）弹性时程分析时，每条时程曲线计算所得的结构底部剪力不应小于振型分解反应谱法求得的底部剪力的80%

（D）结构地震作用效应，可取多条时程曲线计算结果及振型分解反应谱法计算结果中的最大值

【题67～70】 某高度38m的高层钢筋混凝土剪力墙结构，抗震设防烈度为8度，抗震等级为一级，其中一底部墙肢的截面尺寸如图4-29所示，混凝土强度等级为C25，剪力墙采用对称配筋，墙肢端部纵向受力钢筋为HRB400级，墙肢竖向和水平向分布钢筋为HRB335级，其轴压比为0.40。

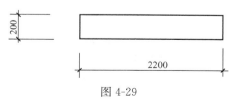

图 4-29

67. 已知某一组考虑地震作用组合的弯矩设计值为414kN·m，轴向压力设计值为465.7kN，大偏心受压；墙体竖向分布筋为双排$\Phi 10@200$，其配筋率$\rho_w = 0.314\%$，试问，受压区高度x（mm），与下列何项数值最为接近？

（A）256 　　　　　（B）290 　　　　　（C）315 　　　　　（D）345

68. 条件同［题67］，经计算知$M_c = 1097$kN·m，$M_{sw} = 153.7$kN·m，剪力墙端部受压配筋截面面积A'_s（mm²），与下列何项数值最为接近？

（A）960 　　　　　（B）1210 　　　　　（C）1650 　　　　　（D）1800

69. 考虑地震作用组合时，墙肢的剪力设计值$V_w = 262.4$kN，轴向压力设计值$N = 465.7$kN，弯矩设计值$M = 414$kN·m，假定剪力墙水平钢筋间距$s = 200$mm，试问，剪力墙水平钢筋的截面面积A_{sh}（mm²），符合下列何项数值时才能满足相关规范，规程的要求？

提示： $0.2f_cb_wh_w = 1047.2$kN。

（A）45 　　　　　（B）100 　　　　　（C）155 　　　　　（D）185

70. 若墙肢竖向分布筋为双排$\Phi 10@200$，每侧暗柱纵筋为$6\Phi 16$，地震作用组合时，轴向压力设计值为465.7kN，试问，水平施工缝处抗滑移承载力设计值（kN），与下列何项数值最为接近？

（A）1000 　　　　　（B）1150

（C）1250 　　　　　（D）1350

【题71、72】 某高层钢框架结构房屋，抗震等级为三级，梁柱钢材均采用Q345钢。如图4-30所示，柱截面为箱形□500×500×26，梁截面为H形截面H650×250×12×18，梁与柱采用翼缘焊接、腹板高强度螺栓连接。柱的水平加劲肋厚度均为20mm，梁腹孔过焊孔高度$S_r = 35$mm，已知框架梁的净跨为6.2m。

提示： 按《高层民用建筑钢结构设计规程》作答。

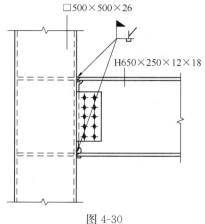

图 4-30

试问：

71. 该节点的梁腹板连接的极限受弯承载力 M_{uw}^j（kN·m），最接近于下列何项？

(A) 225   (B) 285   (C) 305   (D) 365

72. 该梁与柱连接的极限受剪承载力验算时，《高层民用建筑钢结构设计规程》式 (8.2.1-2) 的右端项（kN）最接近于下列何项？

提示： $V_{Gb}=50$kN；梁的 $f_y=335$N/mm^2。

(A) 650   (B) 600   (C) 550   (D) 500

【题 73～76】 某公路上三跨等跨径钢筋混凝土简支梁桥，桥面双向行驶，如图 4-31 所示。桥面全宽为 9.0m，其中车行道净宽 7.0m，两侧人行道各 0.75m，桥面采用水泥混凝土桥面铺装，采用连续桥面结构，主梁采用单室单箱梁。支承处采用板式橡胶支座，双支座支承，支座横桥向间距为 3.4m。桥梁下部结构采用柔性墩，现浇 C30 钢筋混凝土薄壁墩，墩高为 6.0m，壁厚为 1.2m，宽 3.0m。两侧采用 U 形重力式桥台，设计荷载：汽车荷载为公路-Ⅰ级，人群荷载为 300kN/m。汽车荷载冲击系数 $\mu=0.256$。橡胶支座 $G_e=1.0$MPa。

提示： 按《公路桥涵设计通用规范》JTG D 60—2015 及《公路钢筋混凝土及预应力混凝土桥涵设计规范》JTG 3362—2018 解答。

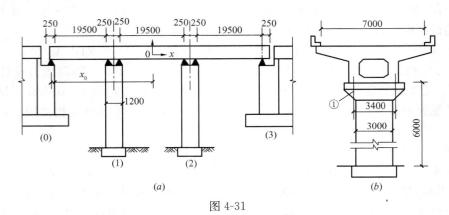

图 4-31

73. 板式橡胶支座选用 180×250×49，橡胶层厚度为 39mm，各墩台采用相同规格的板式橡胶支座。在汽车荷载作用下，1 号中墩承受的水平汽车制动力标准值 F_{1bk}（kN）与下列何项数值最为接近？

提示： 汽车荷载加载长度取 59.5m。

(A) 29   (B) 35   (C) 43   (D) 54

74. 该联柔性墩在温度作用下水平偏移值零点位置距左桥台支点的距离 x_0（m），与下列何项数值最为接近？

(A) 29.75   (B) 25.75   (C) 20.75   (D) 34.75

75. 若梁体混凝土材料的线膨胀系数 $\alpha=1\times10^{-5}/℃$，成桥时温度为 15℃，上部结构温度变化至最高温度 40℃，最低温度 −5℃时，1 号墩上橡胶支座顶面发生的水平变形 Δl_t（mm）、Δl_{t0}（mm），与下列何项数值最为接近？

(A) −2.5；2.0   (B) −2.0；2.5   (C) 2.5；−2.0   (D) 2.0；−2.5

76. 在汽车荷载作用下，中墩上主梁一侧单个板式橡胶支座①的最大压力标准值（kN），与下列何项数值最为接近？

(A) 525　　　　(B) 575　　　　(C) 655　　　　(D) 680

【题 77～80】某公路桥梁的 T 形梁翼板所构成的铰接悬臂板，如图 4-32 所示，桥面铺装层为 2cm 的沥青混凝土面层（重力密度为 23kN/m³）和平均厚 9cm 的 C25 混凝土垫层（重力密度为 24kN/m³），T 形梁翼板的重力密度为 25kN/m³。计算荷载为公路-Ⅰ级，汽车荷载冲击系数 $\mu=0.3$。结构安全等级为二级。

提示：按《公路桥涵设计通用规范》JTG D

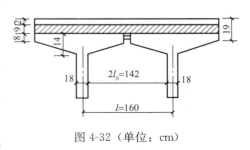

图 4-32（单位：cm）

60—2015 及《公路钢筋混凝土及预应力混凝土桥涵设计规范》JTG 3362—2018 解答。

77. 每米宽铰接悬臂板的根部由永久荷载作用产生的弯矩标准值 M_{Ag}（kN·m），与下列何项数值最为接近？

(A) −1.35　　　　　　　　(B) −1.39

(C) −1.45　　　　　　　　(D) 1.49

78. 每米宽铰接悬臂板的根部由车辆荷载产生的弯矩标准值 M_{Aq}（kN·m）、剪力标准值 V_{Aq}（kN），与下列何项数值最为接近？

(A) −14.2；28.1　　　　　(B) −15.8；29.0

(C) −10.9；21.6　　　　　(D) −12.4；24.5

79. 在持久状况下，按承载力极限状态基本组合的悬臂板根部弯矩设计值 $\gamma_0 M_d$（kN·m/m），与下列何项数值最为接近？

(A) −21.5　　　　(B) −24.2　　　　(C) −25.6　　　　(D) −26.9

80. 在持久状况下，按正常使用极限状态下的频遇组合的悬臂板根部弯矩设计值（kN·m/m），与下列何项数值最为接近？

(A) −9.0　　　　(B) −11.3　　　　(C) −13.6　　　　(D) −14.2

实战训练试题（五）

（上午卷）

【题 1】 下述关于荷载、荷载组合及钢筋强度设计值的见解，何项不妥？说明理由。

(A) 水压力应根据水位情况按永久荷载，或可变荷载考虑

(B) 吊车梁按正常使用极限状态设计时，可采用吊车荷载的准永久值

(C) 对于偶然组合，偶然荷载的代表值不乘分项系数，可同时考虑两种偶然荷载

(D) 采用 HRB500 钢筋的轴心受压柱；其钢筋的抗压强度设计值取 400N/mm^2

【题 2】 某无梁楼盖的柱网尺寸为 6.0m× 6.0m，中柱截面尺寸为 500mm×500mm，柱帽尺寸为 1500mm×1500mm，如图 5-1 所示。混凝土强度等级为 C25，板上均布荷载标准值：恒荷载（含板自重）$g_{1k} = 20\text{kN/m}^2$，活荷载 $q_{1k} = 3\text{kN/m}^2$。设计使用年限为 50 年，结构安全等级为二级。

提示： ① 柱帽周边板冲切破坏锥体有效高度 $h_0 = 250 - 30 = 220\text{mm}$。

图 5-1

② 按《建筑结构可靠性设计统一标准》GB 50068—2018 作答。

试问，柱帽周边楼板所承受的冲切集中反力设计值 F_l（kN），与下列何项数值最为接近？

(A) 1015   (B) 985   (C) 965   (D) 915

【题 3、4】 某类型工业建筑楼面板，在生产过程中设计位置如图 5-2 所示。设备重 10kN，设备平面尺寸为 0.6m×1.5m，设备下有混凝土垫层厚 0.2m，设备产生的动力系数取 1.1。现浇钢筋混凝土板厚 0.1m，无设备区域的操作荷载为 2.0kN/m^2。

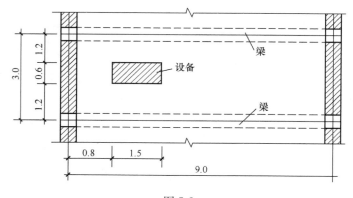

图 5-2

68

3. 设备荷载在板上的有效分布宽度 b（m），与下列何项数值最接近？

（A）3.31　　　　（B）3.52　　　　（C）3.72　　　　（D）3.12

4. 设备荷载在板上的等效均布活荷载标准值（kN/m²），与下列何项数值最为接近？

（A）3.51　　　　（B）3.68　　　　（C）3.76　　　　（D）3.85

【题 5】 某受拉边倾斜的Ⅰ字形截面简支独立梁（图 5-3），受拉边的倾角 $\beta=20°$，离支座中心距离 $a=2000$mm 处作用一集中力设计值 $P=400$kN，支座反力设计值 $R=P$。混凝土强度等级 C25（$f_c=11.9$N/mm²），箍筋用 HPB300 级。已知梁腹板厚 $b_w=160$mm，腹板高 $h_w=820$mm，翼缘高度 $h_f=100$mm，$h'_f=80$mm。结构安全等级二级。取 $a_s=45$mm。试问，当仅配置箍筋时，其箍筋配置，下列何项数值最合适？

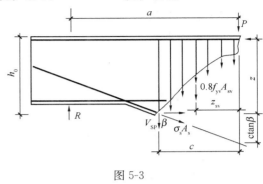

图 5-3

提示： 斜截面条件满足规范要求；忽略梁自重产生的剪力；$z_{sv}=480$mm。

（A）2φ6@150　　　（B）2φ8@150　　　（C）2φ10@150　　　（D）2φ12@150

【题 6～9】 某多层钢筋混凝土框架结构房屋，抗震等级二级，其中一根框架梁，跨长为 6m（图 5-4），柱截面尺寸 $b×h=500$mm×500mm，梁截面尺寸 $b×h=250$mm×600mm，混凝土强度等级为 C25，纵向钢筋为 HRB400，箍筋为 HPB300，计算取 $a_s=a'_s=35$mm。作用于梁上的重力荷载代表值为 43.4kN/

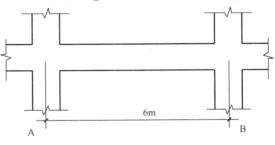

图 5-4

m。在重力荷载和地震作用组合下该框架梁的组合弯矩设计值为：

A 支座梁边弯矩：梁底 $M_{max}=200$kN·m；梁顶 $M_{max}=-410$kN·m

B 支座梁边弯矩：梁底 $M_{max}=170$kN·m；梁顶 $M_{max}=-360$kN·m

跨中弯矩：$M_{max}=180$kN·m

支座梁边最大剪力：$V_{max}=230$kN

6. 梁跨中截面的下部纵向钢筋截面面积（mm²），与下列何项数值最接近？

提示： 不考虑纵向受压钢筋。

（A）1050　　　　（B）950　　　　（C）850　　　　（D）750

7. A 支座梁端截面的下部纵向钢筋为 2φ25，则 A 支座梁端截面的上部纵向钢筋截面面积（mm²），与下列何项数值最接近？

（A）2300　　　　（B）2150　　　　（C）1960　　　　（D）1650

8. 若该框架梁的下部纵向钢筋为 4φ22，上部纵向钢筋为 2φ20，均直通布置。试问，在地震组合下该梁跨中截面能承受的最大弯矩设计值（kN·m），与下列何项数值最为接近？

（A）310　　　　（B）380　　　　（C）420　　　　（D）450

9. 该框架梁加密区的箍筋配置 A_{sv}/s （mm²/mm），与下列何项数值最合适？

(A) 1.01　　　　(B) 1.12　　　　(C) 1.42　　　　(D) 1.57

【题 10】 下列关于结构抗震设计的叙述，何项不妥？说明理由。

提示： 按《建筑抗震设计规范》GB 50011—2010 解答。

(A) 设防烈度为 9 度的高层建筑应考虑竖向地震作用

(B) 抗震等级三级的框架结构应验算框架梁柱节点核心区的受剪承载力

(C) 抗震设计的框架梁，当箍筋配置不能满足受剪承载力要求时，可采用弯起钢筋抗剪

(D) 抗震设计的框架底层柱的柱根加密区长度应取不小于该层柱净高的 1/3

【题 11～14】 先张法预应力混凝土梁截面尺寸及配筋如图 5-5 所示。混凝土强度等级为 C40，预应力筋采用预应力螺纹钢筋（$f_{py} = 900\text{N/mm}^2$，$f'_{py} = 410\text{N/mm}^2$，$E_p = 2\times10^5\text{N/mm}^2$），预应力筋面积 $A_p=628\text{mm}^2$，$A'_p=157\text{mm}^2$，$a_p=43\text{mm}$，$a'_p=25\text{mm}$，换算截面面积 A_0 为 $98.52\times10^3\text{mm}^3$；换算截面重心至底边距离为 $y_{max}=451\text{mm}$，至上边缘距离 $y'_{max}=349\text{mm}$，换算截面惯性矩 $I_0=8.363\times10^9\text{mm}^4$，混凝土强度达到设计规定的强度等级时放松钢筋。受拉区张拉控制应力 $\sigma_{con}=972\text{N/mm}^2$，受压区 $\sigma'_{con}=735\text{N/mm}^2$。

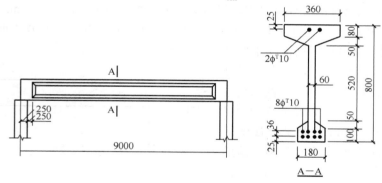

图 5-5

11. 已知截面有效高度 $h_0=757\text{mm}$，受压翼缘高度 $h'_f=105\text{mm}$，受拉翼缘高度 $h_f=125\text{mm}$，受压区总预应力损失值为 130N/mm^2，假定截面的中和轴通过翼缘，试问，正截面受弯承载力（kN·m），与下列何项数值最为接近？

(A) 450　　　　(B) 405　　　　(C) 380　　　　(D) 345

12. 条件同 [题 12]，若受拉区总预应力损失值为 189N/mm^2，试问，使用阶段截面下边缘混凝土的预压应力（N/mm²），与下列何项数值最为接近？

(A) 12.90　　　　(B) 13.56　　　　(C) 14.52　　　　(D) 15.11

提示： 计算时仅考虑第一批预应力损失。

13. 放松钢筋时，此时预应力钢筋合力 $N_{poI}=684.31\text{kN}$，预应力钢筋合力作用点至换算截面重心的偏心距 $e_{poI}=299.6\text{mm}$。试问，截面上、下边缘的混凝土预应力（N/mm²），与下列何项数值最为接近？

提示： 计算时仅考虑第一批预应力损失。

(A) −1.24；12.90　　　　　　(B) −1.61；13.5

(C) −1.24；18.01　　　　　　(D) −1.61；18.01

14. 若梁在吊装时，由预应力在吊点处截面的上边缘混凝土产生的应力为-2.0N/mm^2，在下边缘混凝土产生的应力为20.6N/mm^2，梁自重为2.36kN/m，设吊点距构件端部为700mm，动力系数为1.5。试问，梁吊装时，梁吊点截面的上、下边缘混凝土应力（N/mm^2），与下列何项数值最为接近？

（A）-3.60；15.85　　　　　　（B）-1.61；18.82

（C）-2.04；20.65　　　　　　（D）-4.32；20.56

【题15】　某钢筋混凝土框架结构的框架柱，柱净高4.5m，其截面尺寸$b\times h=500\text{mm}\times500\text{mm}$，采用C30混凝土，箍筋采用HPB235（$f_{yr}=210\text{N/mm}^2$）。柱轴压力为$0.5$，柱端箍筋为$\phi10@100$。现工程改造，荷载增加，在荷载的基本组合下的柱端剪力值为550kN。加固前，柱端的抗剪承载力设计值$V_{c0}=370\text{kN}$。现采用粘贴碳纤维复合材进行抗剪加固，采用高强度Ⅰ级纤维复合材环形箍，设置3层且各层厚度0.167mm，间距$s_f=300\text{mm}$。已知$a=a'=40\text{mm}$。加固后的结构重要性系数取1.0。

试问，满足加固要求时，碳纤维复合材环形箍的宽度b_f（mm），下列何项最经济合理？

提示：柱截面尺寸满足要求。

（A）250　　　　（B）200　　　　（C）150　　　　（D）100

【题16～21】　如图5-6为某封闭式通廊的中间支架，支架底端与基础刚接，通廊和支架均采用钢结构，用Q235B钢，E43型焊条。支架柱肢的中心距为7.2m和4.2m，受风荷载方向的支架柱肢中心距7.2m，支架的交叉腹杆按单杆受拉考虑。设计使用年限为50年，结构安全等级为二级。

荷载标准值如下：

通廊垂直荷载F_1：恒载，1100kN；活载，380kN

支架垂直荷载F_2：恒载，440kN

通廊侧面的风荷载F_3：风载，500kN

支架侧面的风荷载忽略不计。

提示：按《建筑结构可靠性设计统一标准》GB 50068—2018作答。

16. 支架的基本自振周期（s），与下列何项数值最为接近？

（A）0.585　　　　（B）1.011

（C）1.232　　　　（D）1.520

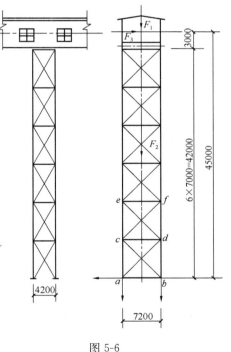

图5-6

17. 支架受拉柱肢对基础的单肢最大拉力设计值（kN），与下列何项数值最为接近？

（A）3570　　　（B）3420　　　（C）1960　　　（D）1803

18. 已知支架受压柱肢的压力设计值$N=2143\text{kN}$，柱肢选用热轧H型钢，H394×398×11×18，$A=18760\text{mm}^2$，$i_x=173\text{mm}$，$i_y=100\text{mm}$，柱肢视为桁架的弦杆，按轴心受压构件稳定性验算时，其构件上最大压应力（N/mm^2），与下列何项数值最为接近？

(A) 163　　　　　(B) 178　　　　　(C) 194　　　　　(D) 214

19. 条件同 [题 18]，用焊接钢管代替 H 型钢，钢管 $DN500\times10$，$A=15400mm^2$，$i=173mm$，按轴心受压构件稳定性验算时，其构件上最大压应力（N/mm²），与下列何项数值最为接近？

(A) 175　　　　　(B) 170　　　　　(C) 165　　　　　(D) 155

20. 支架的水平杆件 cd 采用焊接钢管 $DN200\times6$，$A=3656.8mm^2$，$i=69mm$，节点连接如图 5-7 所示。在风载作用下，按轴心受压构件稳定性验算时，其构件上的最大压应力（N/mm²），与下列何项数值最为接近？

(A) 175　　　　　(B) 185　　　　　(C) 195　　　　　(D) 205

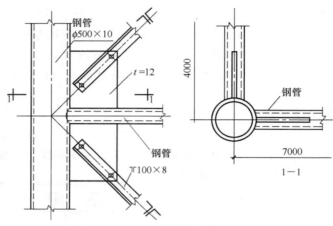

图 5-7

21. 如图 5-7 所示的节点形式，支架的交叉腹杆（⌐⌐100×8）与节点板连接采用 10.9 级 M22 高强度螺栓摩擦型连接，取摩擦面的抗滑移系数为 0.45，采用标准圆孔。试问，所需螺栓数目（个），应为下列何项？

(A) 3　　　　　(B) 4　　　　　(C) 5　　　　　(D) 6

【题 22～26】 某厂房的纵向天窗架采用三铰拱式，其跨度 6.0m、高 2.05m，采用彩色压型钢板屋面，冷弯型钢檩条。天窗架和檩条局部布置简图如图 5-8(a) 所示，三铰拱式天窗架的结构简图如图 5-8(b) 所示。钢材 Q235 钢，焊条 E43 型。节点板厚度采用 6mm。

22. 上弦杆②杆的轴心压力设计值为 $-7.94kN$，选用 ⌐⌐56×5，$A=10.83cm^2$，$i_x=1.72cm$，$i_y=2.54cm$，试问，②杆按轴心受压构件整体稳定性验算时，其构件上的最大压应力（N/mm²），与下列何项数值最为接近？

(A) 16.7　　　　　(B) 18.2　　　　　(C) 22.4　　　　　(D) 26.1

23. 主斜杆③杆的轴心压力设计值为 $-17.78kN$，④杆的轴心压力设计值为 $-8.05kN$。选用 ⌐⌐56×5，$A=5.42cm^2$，$i_{min}=1.10cm$，当③杆按轴心受压构件进行稳定性验算时，其构件上的最大压应力（N/mm²），与下列何项数值最为接近？

(A) 38.1　　　　　(B) 42.6　　　　　(C) 48.1　　　　　(D) 52.5

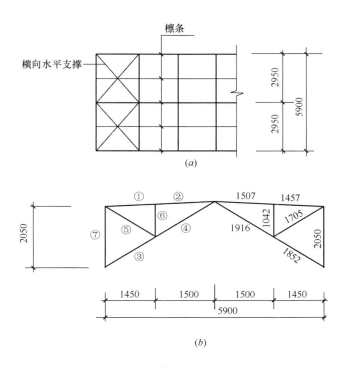

图 5-8

（a）水平投影图；（b）剖面图

24. 腹杆⑤杆，选用 L56×5，$A=5.42cm^2$，$i_{min}=1.10cm$，当⑤杆按轴心受压构件进行稳定性验算时，其受压承载力（kN），与下列何项数值最为接近？

(A) −32.6　　　(B) −30.1　　　(C) −46.4　　　(D) −42.3

25. 侧柱⑦杆承受的内力设计值：$N=-7.65kN$，$M=\pm1.96kN\cdot m$，选用「「63×5，$A=12.29cm^2$，$i_x=1.94cm$，$i_y=2.82cm$，$W_{xmax}=26.67cm^3$，$W_{xmin}=10.16cm^3$。作为压弯构件，背风面的侧柱最不利，试问，当对弯矩作用平面内的稳定性验算时，构件上的最大压应力（N/mm^2），与下列何项数值最为接近？

提示： $\beta_{mx}=1.0$；$N'_{EX}=203.3kN$。

(A) 177.7　　　(B) 182.4　　　(C) 196.1　　　(D) 208.5

26. 条件同［题25］，试问，当对弯矩作用平面外的稳定性验算时，构件上的最大压应力（N/mm^2），与下列何项数值最为接近？

提示： 翼缘受拉；φ_b 按近似公式计算。

(A) 209.0　　　(B) 201.0　　　(C) 194.2　　　(D) 186.2

【题27、28】 12m跨度的简支钢梁，其截面如图5-9所示，承受均布静力荷载设计值 $q=80kN/m$，假设梁截面由抗弯强度控制。钢材用 Q235-B，E43型焊条、手工焊。

27. 若拟对梁腹板在跨度方向离支座 x 处做腹板的拼接对接焊缝，焊缝质量等级三级，试问，根据焊缝强度，确定焊缝位置 x（m），与下列何项数值最为接近？

(A) 2.97　　　(B) 2.78　　　(C) 2.8　　　(D) 3.18

28. 条件同［题27］，取 $x=3.0m$，试问，腹板对接焊缝端点 1 处折算应力

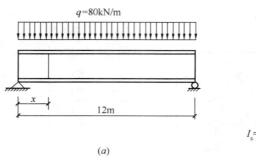
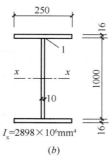

$$(a)$$

$$(b)$$

图 5-9

（N/mm²），与下列何项数值最为接近？

（A）187.3　　　　（B）197.1　　　　（C）201.5　　　　（D）208.3

【题 29】　设计工作级别 A6 级吊车的焊接吊车梁，结构工作温度为 $-27°$，宜采用下列何项钢材？

（A）Q235B　　　　（B）Q345C　　　　（C）Q345D　　　　（D）Q345E

【题 30、31】　某承重纵墙，窗间墙的截面尺寸如图 5-10 所示。采用 MU10 烧结多孔砖和 M5 混合砂浆，多孔砖孔洞未灌实。墙上支承截面为 200mm×500mm 的钢筋混凝土大梁。大梁传给墙体的压力设计值 $N_l=80$kN，上部墙体轴向力的设计值在局部受压面积上产生的平均压应力 $\sigma_0=0.60$N/mm²，并已知此时梁端支承处砌体局部受压承载力不满足要求，应在梁端下设置垫块。设垫块尺寸为 $b_b×a_b×t_b=550$mm×370mm×180mm。砌体施工质量控制等级为 B 级。

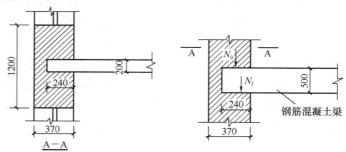

图 5-10

30. 试问，垫块上 N_0、N_l 合力的影响系数 φ，与下列何项数值最为接近？

（A）0.71　　　　（B）0.79　　　　（C）0.84　　　　（D）0.89

31. 若已知 N_0、N_l 合力的影响系数 $\varphi=0.836$，试问，该垫块下砌体的局部受压承载力设计值（kN），与下列何项数值最为接近？

（A）282　　　　（B）238　　　　（C）244　　　　（D）255

【题 32、33】　某办公楼底层局部承重横墙如图 5-11 所示，刚性方案，墙体厚 240mm，采用 MU10 烧结普通砖、M5 混合砂浆。砌体施工质量控制等级为 B 级。

32. 若该横墙有窗洞 900mm×900mm，试问，有洞口墙允许高厚比的修正系数 μ_2，与下列何项数值最接近？

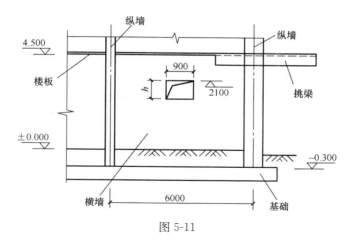

图 5-11

(A) 0.84　　　　(B) 1.0　　　　(C) 1.2　　　　(D) 0.9

33. 试问，外纵墙上截面为 $b \times h = 240mm \times 400mm$ 的钢筋混凝土挑梁下砖砌体的局部受压承载力设计值（kN），与下列何项数值最为接近？

(A) 133　　　　(B) 167　　　　(C) 160　　　　(D) 181

【题 34、35】 某圆形砖砌水池，采用 MU15 烧结普通砖，M10 水泥砂浆，按三顺一丁法砌成，池壁厚 370mm，水池高 2m。砌体施工质量控制等级为 B 级。水按可变荷载考虑，取 $\gamma_w = 1.5$。结构安全等级为二级。

34. 试问，池壁能承受的最大环向受拉承载力设计值（kN），与下列何项数值最接近？

(A) 56.2　　　　(B) 70.3　　　　(C) 112.4　　　　(D) 140.6

35. 水池满载时，该水池最大容许直径 D（mm），与下列何项数值最接近？

提示： 按距池壁底部 1m 范围内的最不利抗拉承载力计算。

(A) 2.5　　　　(B) 3.1　　　　(C) 3.8　　　　(D) 4.3

【题 36～38】 有一两跨无吊车房屋，为弹性方案，柱间有支撑，其边柱截面为 400mm×600mm 的配筋砌块砌体柱，从基础顶面至边柱顶面的高度为 8.0m，采用 MU10 单排孔混凝土砌块（孔洞率 46%），Mb10 砂浆，Cb20 灌孔混凝土，并按 100% 灌孔，砌体抗压强度为 $f_g = 5.44N/mm^2$。纵向钢筋采用 HRB400 级（$f_y = 360N/mm^2$）、箍筋用 HPB300 级（$f_{yv} = 270N/mm^2$）。该边柱承受轴向力设计值 $N = 331kN$，沿长边方向的偏心距为 665mm。结构安全等级二级。取 $a_s = a'_s = 50mm$。

36. 该边柱在平面内、平面外的高厚比 β，与下列何项数值最接近？

(A) 13.3；20　　(B) 20；16.7　　(C) 13.3；16.7　　(D) 20；20

37. 该柱采用对称配筋，试问，柱的纵向受压钢筋配置 A'_s，与下列何项数值最为接近？

(A) 4Φ16　　　　(B) 4Φ18　　　　(C) 4Φ20　　　　(D) 4Φ22

38. 该柱平面外的轴心受压承载力设计值（kN），与下列何项数值最为接近？

提示： 柱配有箍筋，柱纵筋配置为 8Φ20（$A_s = 2513mm^2$）。

(A) 1355　　　　(B) 1395　　　　(C) 1450　　　　(D) 1495

【题 39、40】 如图 5-12 所示某原木屋架，设计使用年限为 50 年，选用红皮云杉

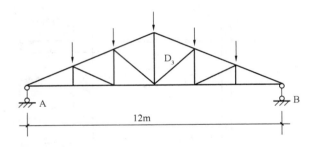

图 5-12

TC13B 制作，斜杆 D_3 原木梢径 $d=100mm$，其杆长 $l=2828mm$，端部连接原木有切削。

39. 恒载作用下，D_3 杆轴心压力值 $N=18.86kN$，当按强度验算时，斜杆 D_3 的轴心受压承载力设计值（kN），与下列何项数值最为接近？

(A) 59　　　　　(B) 63　　　　　(C) 79　　　　　(D) 85

40. 在荷载的基本组合下，D_3 杆轴心压力值 $N=-25.98kN$，当按稳定验算时，斜杆 D_3 的应力 $N/(\varphi A_0)$ （N/mm²），与下列何项数值最为接近？

(A) 5.77　　　　　(B) 7.34　　　　　(C) 9.37　　　　　(D) 11.91

（下午卷）

【题 41】　某建筑场地设计基本地震加速度为 $0.15g$，设计地震分组为第一组，其地层如下：①层黏土，可塑，层厚 8m，②层粉砂，层厚 4m，稍密状。在其埋深 9.0m 处标贯击数为 7 击，场地地下水位埋深 2.0m。拟采用正方形布置，截面为 300mm×300mm 预制桩进行液化处理，根据《建筑抗震设计规范》GB 50011—2010，其桩距（mm）至少不大于下列何项时才能达到不液化？

(A) 800　　　　　(B) 1000　　　　　(C) 1200　　　　　(D) 1400

【题 42】　关于既有建筑地基基础加固的叙述，下列何项不正确？

(A) 既有建筑不改变基础时，在原基础内增加桩，可按增加荷载量，采用桩基础沉降计算方法计算沉降

(B) 地基加固时，可采用加固后经检验测得的地基压缩模量计算沉降

(C) 既有建筑地基基础加固工程应对其在施工阶段、使用阶段进行沉降观测

(D) 既有建筑地基承载力持载再加荷载荷试验时，试验压板的底标高应与原建筑物基础顶标高相同，面积不宜小于 2.0m²

【题 43～48】　某高层框架-剪力墙结构采用平板式筏形基础，其底层内柱如图 5-13 所示，柱网尺寸为 7m×9.45m，柱横截面为 600mm×1650mm，柱的混

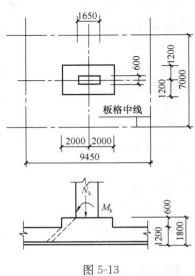

图 5-13

凝土强度等级为 C60，相应于作用的基本组合时的柱轴力 $F=21600\text{kN}$，弯矩 $M=270\text{kN}\cdot\text{m}$，地基土净反力为 326.7kPa。筏板的混凝土强度等级为 C30，筏板厚为 1.2m，柱下局部板厚为 1.8m。取 $a_s=50\text{mm}$。

43. 若筏板有效厚度 $h_0=1.75\text{m}$，试问，内柱下冲切临界截面上最大剪应力 τ_{max}（kPa），与下列何项数值最为接近？

提示：$\alpha_s=0.445$；$I_s=38.27\text{m}^4$。

(A) 545　　　　(B) 736　　　　(C) 650　　　　(D) 702

44. 该底层内柱下筏板抗冲切混凝土剪应力设计值（kPa），与下列何项数值最为接近？

(A) 1095　　　　(B) 837　　　　(C) 768　　　　(D) 1194

45. 筏板变厚度处，冲切临界截面上最大剪应力 τ_{max}（kPa），与下列何项数值最为接近？

提示：忽略柱根弯矩的影响。

(A) 441　　　　(B) 596　　　　(C) 571　　　　(D) 423

46. 筏板变厚度处，筏板抗冲切混凝土剪应力设计值（kPa），与下列何项数值最为接近？

(A) 968　　　　(B) 1001　　　　(C) 1380　　　　(D) 1427

47. 筏板变厚度处，地基土净反力平均值产生的单位宽度剪力设计值（kN/m），与下列何项数值最为接近？

(A) 515　　　　(B) 650　　　　(C) 765　　　　(D) 890

48. 筏板变厚度处，单位宽度的筏板混凝土受剪承载力设计值（kN/m），与下列何项数值最为接近？

(A) 1151　　　　(B) 1085　　　　(C) 1337　　　　(D) 1051

【题 49～51】 某砌体结构承重墙下条形基础，埋置深度为 1.2m，基底宽 2.6m，板高 0.35m，基底净反力如图 5-14 所示，采用 C20 混凝土，HRB400 钢筋。

49. Ⅰ-Ⅰ 截面的剪力设计值 V（kN/m），与下列何项数值最为接近？

(A) 105.9　　　　(B) 110.6

(C) 123.5　　　　(D) 135.3

50. 基础在 Ⅰ-Ⅰ 截面的受剪承载力设计值（kN/m），与下列何项数值最为接近？

提示：取 $a_s=50\text{mm}$。

(A) 228　　　　(B) 231

(C) 238　　　　(D) 246

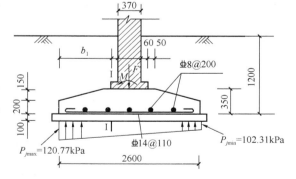

图 5-14

51. 墙下条形基础的最大弯矩设计值 M（kN·m/m），与下列何项数值最为接近？

(A) 73.4　　　　(B) 78.4　　　　(C) 82.6　　　　(D) 86.5

【题 52】 某桩基工程采用直径为 2.0m 的灌注桩，桩身配筋率为 0.68%，桩长 25m，桩顶铰接，桩顶允许水平位移 0.005m，桩侧土水平抗力系数的比例系数 $m=25\times10^3\text{kN}/$

m^4，钢筋混凝土桩桩身抗弯刚度 $EI=2.149\times10^7 kN/m^2$。试问，单桩水平承载力特征值 R_h（kN），与下列何项数值最为接近？

提示：按《建筑桩基技术规范》JGJ 94—2008 计算。

(A) 1040　　　(B) 1050　　　(C) 1060　　　(D) 1070

【题 53、54】 某独立柱基底面尺寸 $b\times l=2m\times4m$，相应于作用的准永久组合时的柱轴向力 $F=1100kN$，基础埋深 $d=1.5m$，基础自重及其覆土的重度为 $\gamma_G=20kN/m^3$，地基土层如图 5-15 所示。基底以下平均附加应力系数见表 5-1。

基底以下平均附加应力系数　　　　　　　　表 5-1

z_i (m)	l/b	z_i/b	$\bar{a}_i$	$z_i\bar{a}_i$ (mm)	$z_i\bar{a}_i-z_{i-1}\bar{a}_{i-1}$ (mm)	E_{si} (kPa)
0		0	1.0000	0	—	
0.5	2	0.5	0.9872	493.60	493.60	4500
4.2		4.2	0.5276	2215.92	1722.32	5100
4.5		4.5	0.5040	2268.00	52.08	5100

53. 试问，沉降计算经验系数 ψ_s，与下列何项数值最为接近？

(A) 1.0　　　(B) 1.1

(C) 1.2　　　(D) 1.3

54. 若 $\psi_s=1.1$，地基最终沉降量 s（mm），与下列何项数值最为接近？

(A) 69.6　　　(B) 75.9

(C) 61.5　　　(D) 79.8

【题 55】 某湿陷性黄土地基采用碱液法加固，灌注孔长度 12m，有效加固半径 0.4m，黄土天然孔隙率为 56%。固体烧碱中 NaOH 含量为 82%，拟配置碱液浓度 $M=100g/L$，取填充系数 $\alpha=0.65$，工作条件系数 $\beta=1.1$。试问：确定每孔灌注的固体烧碱量 m（kg），最接近于下列何项数值？

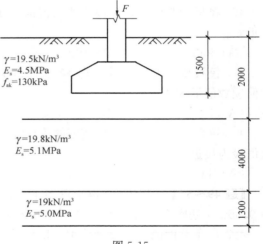

图 5-15

提示：按《建筑地基处理技术规范》JGJ 79—2012 作答。

(A) 260　　　(B) 285　　　(C) 305　　　(D) 355

【题 56】 某工程场地地基土抗震计算参数见表 5-2。试问，该场地应判别为下列何项场地？

地基土抗震计算参数　　　　　　　　表 5-2

层序	岩土名称	层底深度（m）	平均剪切波速（m/s）
1	填土	5.0	120
2	淤泥	10.0	90
3	粉土	16.0	180
4	卵石	22.0	470
5	基岩	—	850

(A) Ⅰ类场地　　　(B) Ⅱ类场地　　　(C) Ⅲ类场地　　　(D) Ⅳ类场地

【题 57～59】 某 Y 形钢筋混凝土框架-剪力墙结构房屋，高度 58m，平面外形如图 5-16 所示，50 年一遇的基本风压标准值为 $0.60kN/m^2$，100 年一遇的基本风压标准值为 $0.70kN/m^2$，地面粗糙度为 B 类。该结构的基本自振周期 $T_1 = 1.26s$。设计使用年限为 100 年。风向为图中箭头所指方向。

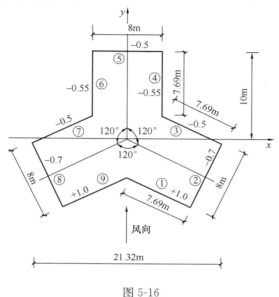

图 5-16

57. 当按承载能力设计时，脉动风荷载共振分量因子为 1.06，屋顶高度处（58m 处）的风振系数 β_z，与下列何项数值最为接近？

（A）1.63　　　　　（B）1.54　　　　　（C）1.42　　　　　（D）1.36

58. 当按承载能力设计时，已知 30m 处的风振系数 $\beta_z = 1.26$，试问，30m 处结构受到的风荷载标准值 $\Sigma\beta_z\mu_z\mu_{si}B_iw_0$（kN/m），与下列何项数值最为接近？

（A）23.01　　　　（B）22.53　　　　（C）23.88　　　　（D）21.08

59. 已知 58m 处的风荷载标准值为 $q_k = 29.05kN/m$，结构底部风荷载为 0，沿房屋高度风荷载呈三角形分布，试问，由风荷载产生的房屋高 20m 处的楼层水平剪力标准值（kN），与下列何项数值最为接近？

（A）742　　　　　　　（B）842

（C）1039　　　　　　 （D）1180

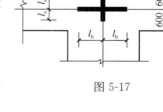

图 5-17

【题 60】 某钢筋混凝土壁式框架的梁柱节点如图 5-17 所示，梁刚域长度 l_b（mm）和柱刚域长度 l_c（mm），与下列何项数值最为接近？

（A）400；300　　　（B）500；200　　　（C）500；300　　　（D）400；200

【题 61～63】 某 12 层钢筋混凝土剪力墙结构底层双肢墙如图 5-18 所示。该建筑物建于 8 度抗震设防区，抗震等级为二级。结构总高 40.8m，底层层高 4.5m，其他各层层高均为 3.3m，门洞尺寸为 1520mm×2400mm，采用 C30 混凝土，墙肢 1 正向地震作用的组合值为：$M=200$kN·m，$V=350$kN，$N=2200$kN（压力）。受力纵向钢筋、竖向及水平向分布筋均采用 HRB335（Φ），箍筋采用 HPB300（Φ）。各墙肢轴压比均大于 0.4。

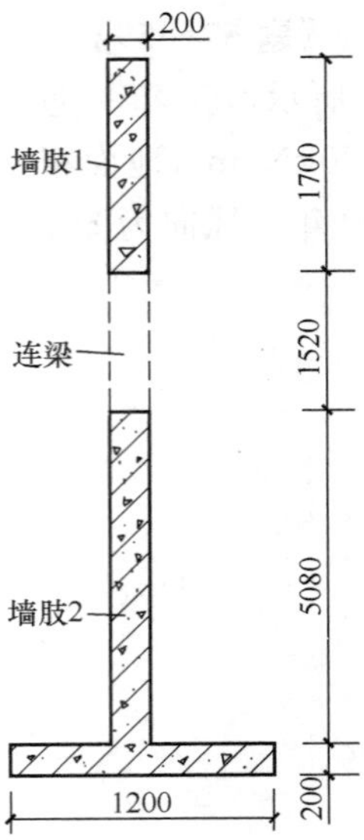

61. 已知墙肢 1 在正向地震作用组合内力作用下为大偏心受压，对称配筋，竖向分布筋采用 Φ12@200，剪力墙竖向分布钢筋配筋率 $\rho_w=0.565\%$。试问，墙肢 1 受压区高度 x（mm），与下列何项数值最为接近？

提示：剪力墙为矩形截面时，$N_c=\alpha_1 f_c b_w x$。

(A) 706　　　　　　　(B) 893

(C) 928　　　　　　　(D) 686

62. 墙肢 2 在 T 端约束边缘构件中，纵向钢筋配筋范围的面积最小值（$\times10^5$mm^2），与下列何项数值最为接近？

(A) 3.0　　　　　　　(B) 2.0

(C) 2.2　　　　　　　(D) 2.4

63. 假定墙肢 1、2 之间的连梁截面尺寸为 200mm×600mm，剪力设计值 $V_b=300$kN，连梁箍筋采用 HPB300 级钢筋（$f_{yv}=270$N/mm^2），$a_s=40$mm，试问，为满足连梁斜截面受剪承载力要求的下述几种意见，其中哪种正确？

(A) 加大连梁截面高度，才能满足抗剪要求

(B) 配双肢箍 Φ10@100，满足抗剪要求

(C) 配双肢箍 Φ12@100，满足抗剪要求

(D) 对连梁进行两次塑性调幅；内力计算前对刚度乘以折减系数 0.6；内力计算后对剪力再一次折减，再乘以调幅系数 0.6，调幅后满足抗剪要求

【题 64～66】某三跨钢筋混凝土框架结构高层建筑，抗震等级为二级，边跨跨度为 5.7m，框架梁截面 $b\times h=250$mm×600mm，柱截面为 500mm×500mm，纵筋采用 HRB400 级、箍筋采用 HPB300 级钢筋（$f_{yv}=270$N/mm^2），用 C30 混凝土。重力荷载代表值作用下，按简支梁分析的边跨梁梁端截面剪力设计值 $V_{Gb}=130.4$kN。在重力荷载和地震作用组合下作用于边跨一层梁上的弯矩值为：

梁左端：$M_{max}=200$kN·m（⌢），$M_{max}=440$kN·m（⌣）

梁右端：$M_{max}=360$kN·m（⌢），$M_{max}=175$kN·m（⌣）

梁跨中：$M_{max}=180$kN·m

边跨梁：$V=230$kN

取 $a_s=a_s'=35$mm。

64. 若边跨梁跨中截面上部纵向钢筋为 2Φ20（$A_s=628$mm^2），则其跨中截面下部纵向钢筋截面面积 A_s（mm^2），与下列何项数值最为接近？

提示：下列选项满足最小配筋率。

(A) 1100　　　　(B) 850　　　　(C) 710　　　　(D) 620

65. 若边跨梁左端梁底已配置 2Φ25（$A_s=982$mm^2）钢筋，计算其左端梁顶钢筋 A_s（mm^2），与下列何项数值最为接近？

图 5-18

(A) 1670　　　　(B) 1750　　　　(C) 1850　　　　(D) 1965

66. 该边跨梁的剪力设计值 V_b（kN），与下列何项数值最为接近？

(A) 230　　　　(B) 283　　　　(C) 258　　　　(D) 272

【题 67】 某 10 层钢筋混凝土框架结构房屋，无库房，属于规则结构，结构总高 40m，抗震设防烈度为 9 度，设计基本地震加速度为 0.40g，设计地震分组为第一组，Ⅱ 类场地，其结构平面和剖面如图 5-19 所示，已知每层楼面的永久荷载标准值为 12500kN，每层楼面的活荷载标准值为 2100kN；屋面的永久荷载标准值为 13050kN，屋面的活荷载标准值为 2000kN。考虑填充墙后，该结构基本自振周期 $T_1=1.0$s。试问，进行多遇地震计算时，由竖向地震作用所产生的该结构底层中柱 A 的轴向力标准值（kN），与下列何项数值最为接近？

(A) 1053　　　　(B) 702　　　　(C) 707　　　　(D) 1061

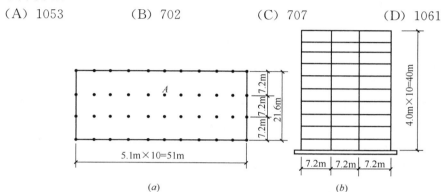

图 5-19

【题 68、69】 某高层钢筋混凝土剪力墙结构，抗震等级为二级，其中某连梁截面尺寸 $b_b \times h_b = 160\text{mm} \times 900\text{mm}$，连梁净跨 $L_n = 900\text{mm}$，采用 C30 混凝土，纵筋采用 HRB400 级、箍筋采用 HPB300 级钢筋（$f_{yv}=270\text{N/mm}^2$）。由水平地震作用组合产生的连梁剪力设计值为 160kN；由重力荷载代表值产生的连梁剪力设计值 V_{Gb} 很小，可略去不计。$a_s = a'_s = 35\text{mm}$。

68. 当该连梁的上、下部纵向钢筋对称配筋时，其下部纵向钢筋截面面积 A_s（mm），与下列何项数值最为接近？

(A) 220　　　　(B) 270　　　　(C) 300　　　　(D) 360

69. 该连梁所需的抗剪箍筋配置 A_{sv}/s（mm²/mm），为下列何项时，才能满足要求且较为经济合理？

提示： 连梁抗剪截面条件满足规程要求。

(A) 1.30　　　　(B) 1.01　　　　(C) 0.86　　　　(D) 0.54

【题 70】 关于空间网壳结构设计的规定及要求的叙述，不正确的是何项？

提示： 按《空间网络结构技术规程》JGJ 7—2010 作答。

(A) 两端边支承的单层圆柱面网壳的跨度不宜大于 35m

(B) 单层双曲抛物面网壳的跨度不宜大于 60m

(C) 双层椭圆抛物面网壳的厚度可取跨度的 1/20～1/50

(D) 双层球面网壳的厚度可取跨度的 1/30～1/60

【题 71、72】 某高层钢框架-中心支撑结构房屋，抗震等级为四级，支撑采用十字交叉斜杆，按拉杆设计。支撑斜杆的轴线长度为 8.6m，斜杆采用焊接 H 形截面 H200×200×8×12，$i_x=86.1$mm，$i_y=49.9$mm，$A=6428$mm^2。支撑斜杆的腹板位于框架平面外，且采用支托式连接。钢材采用 Q345 钢。

提示： 按《高层民用建筑钢结构技术规程》作答。

试问：

71. 该支撑长细比验算，其平面内长细比 λ_x、平面外长细比 λ_y，最接近于下列何项？

(A) $\lambda_x=50$，$\lambda_y=70$ (B) $\lambda_x=86$，$\lambda_y=70$

(C) $\lambda_x=50$，$\lambda_y=100$ (D) $\lambda_x=86$，$\lambda_y=100$

72. 该支撑的翼缘宽厚比 $\dfrac{b}{t}$，腹板宽厚比 $\dfrac{h_0}{t_w}$，下列何项是正确的？

(A) $\dfrac{b}{t}$、$\dfrac{h_0}{t_w}$ 均满足规程   (B) $\dfrac{b}{t}$ 满足、$\dfrac{h_0}{t_w}$ 不满足规程

(C) $\dfrac{b}{t}$、$\dfrac{h_0}{t_w}$ 均不满足规程   (D) $\dfrac{b}{t}$ 不满足、$\dfrac{h_0}{t_w}$ 满足规程

【题 73～76】 如图 5-20 所示，某公路上五孔一联等跨径装配式预应力钢筋混凝土 T 形梁桥，双向行驶，标准跨径为 30m，计算跨径为 29.50m，桥面净宽为：净—8＋2×0.75m 人行道。采用重力式桥墩，桥墩顶面顺桥向相邻两孔支座中心距离为 50cm。设计荷载为：公路—Ⅰ级，人群荷载为 3.0kN/m^2。汽车荷载冲击系数 $\mu=0.258$。

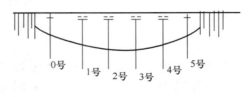

0号　1号　2号　3号　4号　5号

图 5-20

提示： 按《公路桥涵设计通用规范》JTG D60—2015。

73. 当顺桥向 2 号桥墩两侧布置单行汽车荷载时，作用于该桥墩顶部的最大竖向力标准值 R（kN），与下列何项数值最为接近？

(A) 650   (B) 765   (C) 820   (D) 910

74. 当顺桥向 2 号桥墩两侧布置单向行驶汽车荷载时，该桥墩横桥向的最大中心弯矩标准值 M_1（kN·m），与下列何项数值最为接近？

(A) 1800   (B) 1900   (C) 2000   (D) 2100

75. 当顺桥向 2 号桥墩两侧布置双向行驶汽车荷载时，该桥墩横桥向的最大中心弯矩标准值 M_2（kN·m），与下列何项数值最为接近？

(A) 1250   (B) 1350   (C) 1450   (D) 1550

76. 该梁桥汽车制动力最大标准值 F_{bk}（kN），与下列何项数值最为接近？

(A) 165   (B) 190   (C) 210   (D) 230

【题 77～79】 某二级公路上一钢筋混凝土简支梁桥，计算跨径 14.5m，标准跨径 15.0m，汽车设计荷载为公路—Ⅰ级。主梁由多片 T 形梁组成，T 形梁间距为 1.6m，其一根 T 形梁截面尺寸如图 5-21 所示，该 T 形梁跨中截面弯矩标准值为：恒载作用 $M_{Gk}=$

600kN・m，汽车荷载 $M_{qk}=280$kN・m（含冲击系数），人群荷载 $M_{rk}=30$kN・m。汽车荷载冲击系数 $\mu=0.30$。T 形梁采用 C30 混凝土，HRB400 级钢筋。$a_s=75$mm。

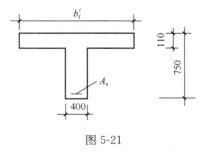

图 5-21

提示：按《公路钢筋混凝土及预应力混凝土桥涵设计规范》JTG 3362—2018 作答。

77. 该 T 形梁的有效翼缘宽度 b'_f（mm），与下列何项数值最为接近？

（A）4800　　　（B）4500　　　（C）1720　　　（D）1600

78. 假定不计受压区钢筋面积，确定受拉区钢筋截面面积 A_s（mm^2），与下列何项数值最为接近？

（A）5850　　　（B）6050　　　（C）6350　　　（D）6950

79. 当该梁斜截面受压端上相应于基本组合的最大剪力设计值 $\gamma_0 V_d$（kN）小于下列何项数值时，可不进行斜截面承载力验算，仅需按构造配置箍筋？

（A）225　　　（B）210　　　（C）185　　　（D）175

【题 80】　在公路桥梁中，预应力混凝土受弯组合构件在使用阶段由预加力引起的反拱值应将计算结果乘以长期增大系数 η_θ，η_θ 值与下列何项数值最为接近？

（A）1.80　　　（B）1.75　　　（C）1.65　　　（D）1.55

实战训练试题（六）

（上午卷）

【题1】 某单跨悬挑板计算简图如图6-1所示，承受均布荷载，恒载标准值（含自重）$g_k=4.0\text{kN/m}^2$，活载标准值$q_k=2.0\text{kN/m}^2$。厚板120mm，C25混凝土，采用HRB400钢筋。设计使用年限为50年，结构安全等级二级，取$a_s=20\text{mm}$。试问，相应于荷载的基本组合，AB跨最大弯矩设计值（kN·m），与下列何项最接近？

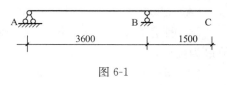

图6-1

提示： ① 各跨的永久荷载的分项系数均取1.3。

② 按《建筑结构可靠性设计统一标准》作答。

(A) 6   (B) 8   (C) 10   (D) 14

【题2】 某圆形截面钢筋混凝土框架柱，截面直径为500mm，承受按荷载效应基本组合的内力设计值：$M=115\text{kN·m}$，$N=900\text{kN}$（压力），$V=400\text{kN}$。C30混凝土，箍筋采用HPB300级钢筋。结构安全等级二级，取$a_s=40\text{mm}$。试问，框架柱的箍筋配置，下列何项最合适？

提示： 圆形截面条件满足规范要求。

(A) 2Φ12@100   (B) 2Φ10@150   (C) 2Φ10@100   (D) 2Φ8@100

【题3、4】 某T形截面钢筋混凝土结构构件如图6-2所示，$b=250\text{mm}$，$h=500\text{mm}$，$b'_f=400\text{mm}$，$h'_f=150\text{mm}$，$A_{cor}=90000\text{mm}^2$。混凝土强度等级为C30（$f_c=14.3\text{N/mm}^2$，$f_t=1.43\text{N/mm}^2$），纵向钢筋采用HRB400级、箍筋采用HPB300钢筋。受扭纵筋与箍筋的配筋强度比值$\zeta=1.2$。结构安全等级二级，取$a_s=35\text{mm}$。

3. 若构件承受剪力设计值$V=80\text{kN}$，箍筋间距$s=100\text{mm}$，腹板的塑性抵抗矩W_{tw}与所受扭矩T_w的比值为0.98，已知构件需按一般的剪扭构件计算，试问，$s=100\text{mm}$范围内腹板抗剪箍筋的计算截面面积A_{sv}（mm^2），与下列何项数值最为接近？

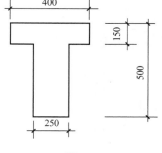

图6-2

(A) 50   (B) 29

(C) 25   (D) 18

4. 假若构件所受的扭矩与剪力的比值为$T/V=200\text{mm}$，箍筋间距$s=150\text{mm}$，试问，翼缘部分按构造要求的最小箍筋截面面积（mm^2）、最小纵筋截面面积（mm^2），与下列何项数值最为接近？

(A) 43；59   (B) 35；48   (C) 62；59   (D) 35；58

【题5、6】 某多层现浇钢筋混凝土框架结构房屋，9度抗震设防烈度，抗震等级一级。框架梁截面尺寸$b\times h=250\text{mm}\times600\text{mm}$，C30混凝土，纵向受力钢筋用HRB400级、箍筋用 HPB300 级。梁两端截面配筋均为：梁顶 4 Φ 25，梁底 4 Φ 22。梁净跨 $l_n=5.2m$。经计算，重力荷载代表值与地震作用组合内力设计值为：$M_b^l=380kN \cdot m$（$\circlearrowleft$），$M_b^r=160kN \cdot m$（$\circlearrowright$）。考虑地震作用组合时，由重力荷载代表值产生的梁端剪力标准值 $V_{GbK}=112.7kN$。取 $a_s=35mm$。

5. 试问，该框架梁梁端剪力设计值 V_b（kN），与下列何项数值最为接近？

（A）270 　　　（B）280 　　　（C）310 　　　（D）345

6. 假若框架梁梁端剪力设计值 $V_b=285kN$，采用双肢箍筋，试问，该框架梁加密区的箍筋配置，下列何项最合适？

提示： 梁截面条件满足规范要求。

（A）Φ 8@100 　　（B）Φ 10@100 　　（C）Φ 12@100 　　（D）Φ 14@100

【题 7、8】 某钢筋混凝土构件的局部受压直径为 250mm，混凝土强度等级为 C25，间接螺旋式钢筋用 HRB335 级钢筋，其直径为 Φ 6。螺旋式配筋以内的混凝土直径为 $d_{cor}=450mm$，间距 $s=50mm$。结构安全等级二级。

7. 试问，局部受压时的强度提高系数 β_{cor}，与下列何项数值最为接近？

（A）1.60 　　　（B）1.80 　　　（C）2.60 　　　（D）3.00

8. 假若 $\beta_{cor}=1.80$，确定局部受压面上的局部受压承载力（kN），与下列何项数值最为接近？

（A）1800 　　　（B）1816 　　　（C）1910 　　　（D）1936

【题 9～11】 某多层钢筋混凝土框架结构房屋，抗震等级二级，现浇楼盖，首层层高 4.2m，其余层层高 3.9m，地面到基础顶面 1.1m，如图 6-3 所示。不考虑二阶效应影响，首层框架中柱考虑各种荷载与地震作用组合下未经内力调整的控制截面内力设计值见表 6-1。柱采用 C30 混凝土，受力纵筋采用 HRB400 级（Φ），箍筋采用 HRB335 级（Φ）。取 $a_s=40mm$。中柱反弯点高度在层高范围内。

框架柱未经内力调整的控制截面内力设计值　　　　　表 6-1

截面位置		内　力	左　震	右　震
柱　端	Ⅰ—Ⅰ	M	−810	+775
		N	2200	2880
		V	369	381
	Ⅱ—Ⅱ	M	−708	+580
		N	2080	2720
		V	320	270
	Ⅲ—Ⅲ	M	−708	+387
梁　端	1—1	M	+882	−442
	2—2	M	+388	−360

注：1. M 的单位为 kN·m，N、V 的单位为 kN；

　　2. 逆时针为正（＋），顺时针为负（—）。

9. 该框架底层柱上端的弯矩设计值（kN·m），与下列何项数值最为接近？

（A）950 　　　（B）736 　　　（C）762 　　　（D）882

10. 该框架底层柱柱底加密区箍筋的配置，下列何项数值最合适？

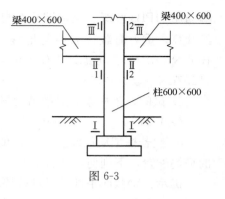

图 6-3

提示： 柱截面条件满足规范要求；$0.3f_cA=$ 1544.4kN；加密区箍筋体积配筋率满足要求。

（A）4Φ8@100（四肢箍）

（B）4Φ10@100（四肢箍）

（C）4Φ12@100（四肢箍）

（D）4Φ14@100（四肢箍）

11. 该框架底层柱非加密区箍筋的配置，下列何项数值最合适？

提示： 柱截面条件满足规范要求；$0.3f_cA=1544.4$kN。

（A）4Φ8@150（四肢箍）　　　　（B）4Φ10@150（四肢箍）

（C）4Φ6@150（四肢箍）　　　　（D）4Φ12@150（四肢箍）

【题 12、13】 某 18m 预应力混凝土屋架下弦拉杆，截面构造如图 6-4 所示。采用后张法一端张拉施加预应力，并施行超张拉。预应力钢筋选用 2 束Φ^{s}15.2 低松弛钢绞线（$A_p=$ 840mm^2），非预应力钢筋为 HRB400 级钢筋 4Φ12（$A_s=452$mm^2），C45 级混凝土。采用夹片式锚具（有顶压），孔道成型方式为预埋金属波纹管，张拉控制应力 $\sigma_{con}=0.65f_{ptk}$，$f_{ptk}=$ 1720N/mm^2，预应力筋、非预应力钢筋的弹性模量分别为 $E_{s1}=1.95\times10^5$N/mm^2，$E_{s2}=2.0\times10^5$N/mm^4，混凝土弹性模量 $E_c=3.35\times10^4$N/mm^2。

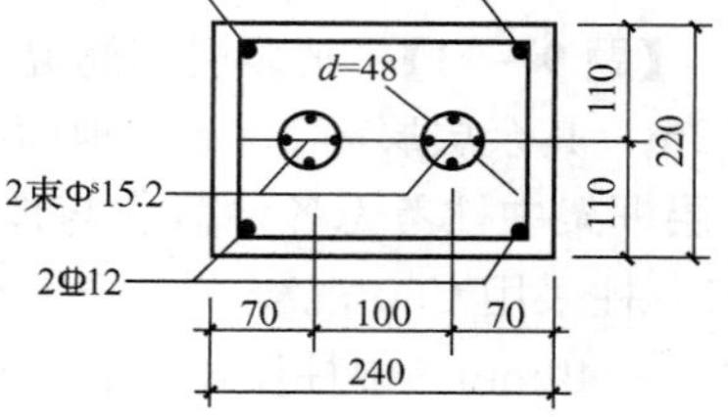

12. 第一批预应力损失值 $\sigma_{lⅠ}$（N/mm^2），与下列何项数值最为接近？

（A）68.6　　　　（B）76.1

（C）80.0　　　　（D）84.4

图 6-4

13. 施加预应力时 $f'_{cu}=40$N/mm^2，第二批预应力损失值 $\sigma_{lⅡ}$（N/mm^2），与下列何项数值最为接近？

（A）130　　　　（B）137　　　　（C）145　　　　（D）175

【题 14】 建于 8 度设防烈度区，钢筋混凝土框架结构中采用砌体填充墙，墙长 4m，试问，填充墙内设置 2Φ6 拉筋（$f_y=270$N/mm^2），拉筋伸入墙内的最小长度（mm），下列何项数值最为接近？

提示： 按《建筑抗震设计规范》GB 50011—2010 解答。

（A）1000　　　　（B）1500　　　　（C）2500　　　　（D）4000

【题 15】 某钢筋混凝土偏心受压柱，采用 C30 混凝土，柱截面尺寸 $b\times h=400$mm$\times$ 600mm，纵向受力钢筋采用 HRB335，对称配筋，单侧为 4Φ22（$A_{s0}=1520$mm^2），取 $a=a'=40$mm。现工程改造，荷载增加，在荷载的基本组合下的柱内力值为：轴压力 $N=$ 900kN，弯矩 $M=432$kN·m，为大偏心受压柱。现采用在受拉区边缘混凝土表面粘贴碳纤维复合材，进行正截面承载力加固，选用高强度I级。加固后的结构重要性系数取 1.0。

试问，满足加固要求时，碳纤维复合材截面面积 A_f（mm^2），与下列何项最为接近？

提示： $e=885$mm。

（A）170　　　　（B）190　　　　（C）210　　　　（D）230

【题 16～19】　如图 6-5 所示在一混凝土厂房内用⌐形钢制刚架搭建一个不直接承受动力荷载的工作平台。横梁上承受均布荷载设计值 $q=45\text{kN/m}$，柱顶有一集中荷载设计值 $P=93\text{kN}$。钢材用 Q235B。刚架横梁的一端与混凝土柱铰接（刚架可不考虑侧移）；其结构的计算简图、梁柱的截面特性以及弯矩计算结果见图 6-5 所示。已知柱间有垂直支撑，A、B 点可作为 AB 柱的侧向支承点。

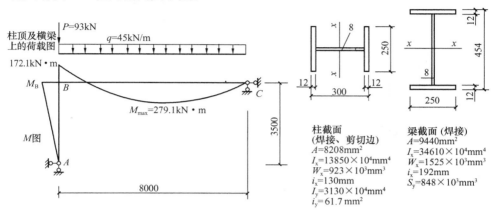

柱顶及横梁上的荷载图

$P=93\text{kN}$　　$q=45\text{kN/m}$

172.1kN·m

M_B　B

$M_\text{max}=279.1\text{kN·m}$　　C

M 图　　A

3500

8000

柱截面
（焊接、剪切边）
$A=8208\text{mm}^2$
$I_\text{x}=13850\times10^4\text{mm}^4$
$W_\text{x}=923\times10^3\text{mm}^3$
$i_\text{x}=130\text{mm}$
$I_\text{y}=3130\times10^4\text{mm}^4$
$i_\text{y}=61.7\text{mm}^2$

梁截面（焊接）
$A=9440\text{mm}^2$
$I_\text{x}=34610\times10^4\text{mm}^4$
$W_\text{x}=1525\times10^3\text{mm}^3$
$i_\text{x}=192\text{mm}$
$S_\text{y}=848\times10^3\text{mm}^3$

图 6-5

16. 当对横梁进行受弯验算时，略去其中的轴心力，试问，BC 段内的最大弯曲应力（N/mm^2），与下列何项数值最为接近？

（A）166.5　　　（B）174.3　　　（C）183.0　　　（D）196.3

17. 当对横梁进行强度验算时，B 点截面上最大剪应力（N/mm^2），与下列何项数值最为接近？

（A）61.7　　　（B）55.1　　　（C）48.5　　　（D）68.3

18. 柱 AB 在刚架平面内的计算长度（m），与下列何项数值最为接近？

（A）4.20　　　（B）3.50　　　（C）3.05　　　（D）2.94

19. 当柱 AB 作为压弯构件，对其弯矩作用平面外的稳定性验算时，试问，其构件上的最大压应力（N/mm^2），与下列何项数值最为接近？

（A）170.7　　　（B）181.2　　　（C）192.8　　　（D）204.3

【题 20～25】　某吊车梁跨度 6m，无制动结构，支承于钢柱，采用平板支座，设有两台起重量 $Q=16\text{t}/3.2\text{t}$ 中级工作制（A5）软钩吊车，吊车跨度 $L_\text{K}=31.5\text{m}$，钢材采用 Q235，焊条为 E43 型，不预热施焊。吊车规格如图 6-6(a) 所示，小车重 6.326t，吊车总重 41.0t，最大轮压 $P_\text{max}=22.3\text{t}$。取 1t$=9.8\text{kN}$。

吊车梁截面特性如下：

$A=164.64\text{cm}^2$，$y_\text{o}=43.6\text{cm}$，$I_\text{x}=163\times10^3\text{cm}^4$，$W_\text{x}=5.19\times10^3\text{cm}^3$，$S_\text{x}=2.41\times10^3\text{cm}^3$

$A_\text{n}=157.12\text{cm}^2$，$y_\text{no}=42.1\text{cm}$，$I_\text{nx}=155.7\times10^3\text{cm}^4$，$W_\text{nx}^\text{上}=4734\text{cm}^3$，$W_\text{nx}^\text{下}=3698\text{cm}^3$

已知双轴对称焊接 H 形截面 H750×250×8×16，$A=137.44\text{cm}^2$，$I_\text{x}=132\times$

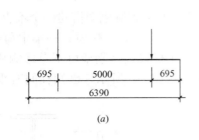

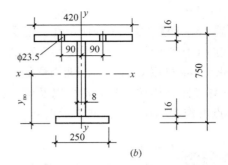

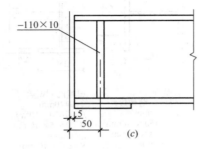

图 6-6

10^3cm^4，$W_x = 3.53 \times 10^3 \text{cm}^3$。

提示： 按《建筑结构可靠性设计统一标准》GB 50068—2018 作答。

20. 试问，平板支座处吊车梁进行抗剪计算，其最大剪应力（N/mm^2），与下列何项数值最为接近？

(A) 125 　　　　 (B) 110 　　　　 (C) 105 　　　　 (D) 95

21. 若钢轨高为 140mm，$a = 50\text{mm}$，试问，腹板上局部压应力（N/mm^2），与下列何项数值最为接近？

(A) 88 　　　　 (B) 98 　　　　 (C) 105 　　　　 (D) 110

22. 当对吊车梁的整体稳定性验算时，试问，其整体稳定系数 φ_b，与下列何项数值最为接近？

提示： 按《钢结构设计标准》附录 C.0.1 条计算，$I_1 = 9878\text{cm}^4$，$I_2 = 2083\text{cm}^4$，$i_y = 8.52\text{cm}$。

(A) 0.80 　　　　 (B) 0.86 　　　　 (C) 0.91 　　　　 (D) 0.97

23. 设横向加劲肋间距 $a = 1000\text{mm}$，当对吊车梁的局部稳定性验算时，已知 $\sigma = 140\text{N/mm}^2$，$\tau = 51\text{N/mm}^2$，$\sigma_c = 100\text{N/mm}^2$，$\sigma_{cr} = 215\text{N/mm}^2$，$\sigma_{c,cr} = 211\text{N/mm}^2$，试问，跨中区格的局部稳定验算式：$(\sigma/\sigma_{cr})^2 + (\tau/\tau_{cr})^2 + \sigma_c/\sigma_{c,cr}$，与下列何项数值最为接近？

(A) 1.07 　　　　 (B) 1.01 　　　　 (C) 0.96 　　　　 (D) 0.89

24. 支座加劲肋用 2—110×10，焊接工字吊车梁翼缘为焰切边，如图 6-6(c) 所示，支座反力为 550kN，试问，在腹板平面外的稳定性验算时，其截面上的最大压应力（N/mm^2），与下列何项数值最为接近？

(A) 167 　　　　 (B) 156 　　　　 (C) 172 　　　　 (D) 178

25. 若非支座加劲肋处吊车梁的剪力 $V = 600\text{kN}$，试问，吊车梁上翼缘与腹板的连接焊缝 h_f（mm）的计算值，与下列何项数值最为接近？

(A) 5 　　　　(B) 6 　　　　(C) 7 　　　　(D) 8

【题 26】 如图 6-7 所示为某屋架上弦节点，屋架杆件均由双角钢组成，节点集中力设计值 $P=37.5$kN，上弦杆压力设计值 $N_1=-480$kN，$N_2=-110$kN，节点板厚 12mm，上弦杆采用 2L140×90×10，短肢相拼。采用 Q235B 钢，E43 型焊条。上弦杆与节点板满焊，$h_f=8$mm。试问，上弦杆肢尖与节点板连接焊缝的应力（N/mm²），与下列何项数值最为接近？

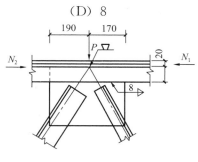

图 6-7

提示：不计集中力 P 的影响。

(A) 135.9 　　　　(B) 146.7 　　　　(C) 152.3 　　　　(D) 159.4

【题 27～29】 某单跨双坡门式刚架钢厂房，位于 7 度（0.10g）抗震设防烈度区，刚架跨度 18m，高度为 7.5m，屋面坡度为 1∶10，如图 6-8 所示，主刚架采用 Q235 钢，屋面及墙面采用压型钢板。柱大端截面：H700×200×5×8，小端截面 H300×200×5×8，焊接、翼缘均为焰切边。梁大端截面：H700×180×5×8，小端截面：H400×180×5×8。梁、柱截面特性见表 6-2。

梁柱截面特性　　　　　　　　　　　　　表 6-2

	截面	A（mm²）	I_x（mm⁴）	i_x（mm）	W_x（mm³）	I_y（mm⁴）	i_y（mm）	W_y（mm⁴）
柱	大端	6620	$5.1645×10^8$	279.13	$1.475×10^6$	$1.067×10^7$	40.154	$1.067×10^5$
	小端	4620	$7.773×10^7$	129.75	$5.1848×10^5$	$1.067×10^7$	48.057	$1.067×10^5$
梁	大端	6300	$4.7814×10^8$	—	—	$7.776×10^6$	—	—
	小端	4800	$1.3425×10^8$	—	—	$7.776×10^6$	—	—

经内力分析得到，主刚架柱 AB 的强度计算的控制内力设计值由基本组合控制，即：A 点 $M=0$，$N=86$kN；B 点 $M=120$kN·m，$N=80$kN；柱剪力 $V=30$kN。

27. 试问，柱 AB 在刚架平面内的计算长度 l_{0x}(m)，与下列何项数值最为接近？

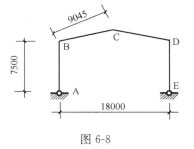

提示：$k_z=1.233×10^5 E$。

(A) 22 　　　　(B) 24

(C) 26 　　　　(D) 28

图 6-8

28. 假定，柱 AB 腹板设置横向加劲肋，其间距 a 为板幅范围内的大端截面高度的 3 倍。柱 AB 靠近 B 点处第一区格的小端截面为 H588×200×5×8。考虑腹板屈曲后强度，柱 AB 靠近 B 点的第一区格的受剪承载力设计值 V_d(kN)，与下列何项数值最接近？

提示：$\chi_{tap}=0.85$；$h_{w0}t_w f_v=358$kN。

(A) 250 　　　　(B) 210 　　　　(C) 180 　　　　(D) 150

29. 假定 $V_d=200$kN，题目条件同题 28，柱 AB B 点处在弯矩、剪力和轴力共同作用下进行强度计算，其最大压应力设计值(N/mm²)，与下列何项数值最接近？

提示：$\sigma_1=91.6$N/mm²，$\sigma_2=-67.4$N/mm²，$\beta=-0.74$。

(A)125　　　　　　(B)115　　　　　　(C)105　　　　　　(D)95

【题 30】 某砌体结构房屋中网状配筋砖柱，截面尺寸为 370mm×490mm，柱的计算高度 $H_0=3.7+0.5=4.2m$，采用烧结普通砖 MU15 和水泥砂浆 M7.5 砌筑。在水平灰缝内配置乙级冷拔低碳钢丝$\Phi^b 4$ 焊接而成的方格钢筋网（$f_y=360N/mm^2$），网格尺寸为 50mm，且每 3 皮砖放置一层钢筋网 $s_n=195mm$。砌体施工质量控制等级为 B 级。该砖柱承受轴向力设计值为 190.0kN，沿长边方向的弯矩设计值为 15.0kN·m。结构安全等级为二级。试问，该砖柱的偏心受压承载力设计值（kN），与下列何项数值最为接近？

(A) $410\varphi_n$　　　　　　(B) $420\varphi_n$

(C) $435\varphi_n$　　　　　　(D) $470\varphi_n$

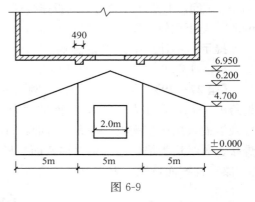

图 6-9

【题 31~33】 某山墙如图 6-9 所示，有二道附墙垛（130mm × 490mm）、中间有一宽×高＝2.0m×1.2m 的窗洞。采用 MU15 混凝土实心普通砖，Mb5 混合砂浆砌筑，墙厚 240mm。刚性方案，基础埋置较深，且设有刚性地坪。

31. 壁柱的计算高度 H_0（m）、计算截面翼缘宽度 b_f（m）、折算厚度 h_T（m），与下列何组数值最为接近？

(A) 6.7，4.0，0.284　　　　　　(B) 6.2，4.0，0.284

(C) 6.7，4.0，0.324　　　　　　(D) 6.2，4.0，0.324

32. 对该壁柱墙进行高厚比验算，$\beta \leqslant \mu_1 \mu_2 [\beta]$，其左右端项，与下列何项数值最为接近？

(A) 14.51<24　　　　　　(B) 21.8<22.72

(C) 23.6<24　　　　　　(D) 16.25<19.2

33. 对该山墙的壁柱间墙进行高厚比验算，$\beta \leqslant \mu_1 \mu_2 [\beta]$，其左右端项，与下列何项数值最为接近？

(A) 12.5<24　　　　　　(B) 14.8<22.72

(C) 16.25<24　　　　　　(D) 16.25<19.2

【题 34、35】 某 6m 大开间多层砌体房屋，刚性方案，底层从室外地坪至楼层高度为 5.4m，基础埋置较深且设有刚性地坪，已知墙厚 240mm，组合墙的平面尺寸如图 6-10 所示。采用 MU10 烧结普通砖，M7.5 混合砂浆；构造柱为 C20 级混凝土（$f_c=9.6N/mm^2$），采用 HRB335 级钢筋，边柱、中柱钢筋均为 4 Φ 14。砌体施工质量控制等级 B 级，结构安全等级二级。

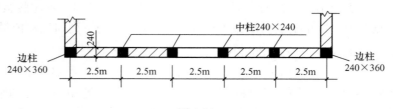

图 6-10

34. 试问，验算高厚比时，该墙的高厚比 β，与下列何项数值最为接近？

(A) 24.6　　　　(B) 27.8　　　　(C) 21.2　　　　(D) 25.9

35. 试问，该墙的轴心受压承载力设计值（kN/m），与下列何项数值最为接近？

(A) 250　　　　(B) 261　　　　(C) 296　　　　(D) 248

【题 36～38】 某七层砌体结构房屋，抗震设防烈度 7 度（0.15g），各层计算高度均为 3.0m，内外墙厚度均为 240mm，轴线居中，采用现浇钢筋混凝土楼（屋）盖，平面布置如图 6-11（a）所示，其水平地震作用计算简图如图 6-11（b）所示。各内纵墙上门洞均为：宽×高＝1000mm×2100mm，外墙上窗洞均为：宽×高＝1800mm×1500mm。

提示： 按《建筑抗震设计规范》GB 50011—2010 作答。

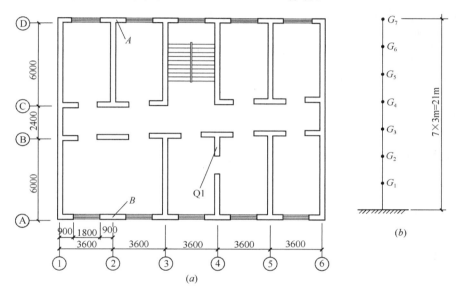

图 6-11
（a）平面布置；（b）结构水平地震作用计算简图

36. 试问，ⓒ～ⓓ轴线间③、④轴线两片墙体中，其构造柱数量，应为下列何项数值？

(A) 4　　　　　(B) 6　　　　　(C) 8　　　　　(D) 10

37. 若第二层采用 MU10 烧结普通砖、M7.5 混合砂浆，试问，第二层外纵墙 B 的高厚比验算式 $\left(\beta=\dfrac{H_0}{h}\leqslant\mu_1\mu_2[\beta]\right)$，其左右端项的数值，与下列何项数值最为接近？

(A) 8.5＜21　　(B) 12.5＜21　　(C) 8.5＜26　　(D) 12.5＜26

38. 假定该房屋第四层横向水平地震剪力标准值 $V_{4k}=1500\mathrm{kN}$，Q_1 墙段的层间等效侧向刚度为 $0.4Et$（t 为墙体厚度）。试问，第四层 Q1 墙段所承担的水平地震剪力设计值 V_{Q1}（kN），与下列何项数值最为接近？

(A) 80　　　　　(B) 100　　　　(C) 120　　　　(D) 150

【题 39、40】 一冷杉方木压弯构件，承受压力设计值 $N=50\times10^3\mathrm{N}$，弯矩设计值 M_0 ＝$2.5\times10^6\mathrm{N\cdot mm}$，构件截面尺寸为 120mm×150mm，构件长度 $l=2310$mm，两端铰接，

弯矩作用平面在 150mm 的方向上。

39. 试问,该构件的轴心受压稳定系数 φ,与下列何项数值最为接近?

(A) 0.50　　　　(B) 0.55　　　　(C) 0.60　　　　(D) 0.67

40. 考虑轴心力和弯矩共同作用的折减系数 φ_m,与下列何项数值最为接近?

提示:$k_0 = 0.05$。

(A) 0.30　　　　(B) 0.36　　　　(C) 0.42　　　　(D) 0.48

(下午卷)

【题 41】 下列关于丙类抗震设防的单建式地下车库的主张中,何项是不正确的?

(A) 7 度 Ⅱ 类场地上,按《建筑抗震设计规范》GB 50011—2010 采取抗震措施时,可不进行地震作用计算

(B) 地震作用计算时,结构的重力荷载代表值应取结构、构件自重和水、土压力的标准值及各可变荷载的组合值之和

(C) 对地下连续墙的复合墙体,顶板、底板及各层楼板的负弯矩钢筋至少应有 50% 锚入地下连续墙

(D) 当抗震设防烈度为 8 度时,结构的抗震等级不宜低于二级

【题 42】 某直立的黏性土边坡,采用排桩支护,坡高 6m,无地下水,土层参数为 $c = 10kPa$,$\varphi = 20°$,重度为 $18kN/m^3$,地面均布荷载为 $q = 20kPa$,在 3m 处设置一排锚杆,根据《建筑边坡工程技术规范》GB 50330—2013 相关要求,按等值梁法计算排桩反弯点到坡脚的距离(m),最接近下列哪个选项?

(A) 0.5　　　　(B) 0.65　　　　(C) 0.72　　　　(D) 0.92

【题 43】 下列关于膨胀土地基中桩基设计的叙述,何项是不正确的?

(A) 桩端进入膨胀土的大气影响急剧层以下的深度,应满足抗拔稳定性验算要求,且不得小于 4 倍桩径及 1 倍扩大端直径,最小深度应大于 1.5m

(B) 为减小和消除膨胀对桩基的作用,宜采用钻(挖)孔灌注桩

(C) 确定基桩竖向极限承载力时,应按照当地经验,对膨胀深度范围的桩侧阻力适当折减

(D) 应考虑地基土的膨胀作用,验算桩身受拉承载力

【题 44～46】 某双柱矩形联合基础如图 6-12 所示,柱 1、柱 2 截面尺寸均为 $b_c \times h_c = 400mm \times 400mm$,基础左端与柱 1 处侧面对齐,基础埋深为 1.2m,基础宽 $b = 1000mm$,高 $h = 500mm$。基础混凝土采用 C20,柱子混凝土采用 C30,基底下设 100mm 厚 C15 素混凝土垫层,取 $a_s = 50mm$。上部结构传来

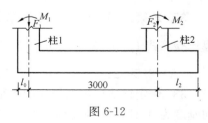

图 6-12

相应于作用的基本组合时的内力设计值为:$F_1 = 250kN$,$M_1 = 45kN \cdot m$,$F_2 = 350kN$,$M_2 = 10kN \cdot m$。

44. 欲使基础底面均匀受压,基础向右的悬挑长度 l_2(mm),与下列何项数值最为接近?

（A）580　　　　　　（B）550

（C）520　　　　　　（D）490

45. 基底均匀受压时，两柱之间基础受到的最大负弯矩设计值 M（kN·m），与下列何项数值最为接近？

（A）－177　　　　　（B）－185

（C）－192　　　　　（D）－202

46. 基底均匀受压时，柱 2 与基础交接处的局部受压承载力（kN），与下列何项数值最为接近？

（A）2910　　　　　（B）3100

（C）3510　　　　　（D）3850

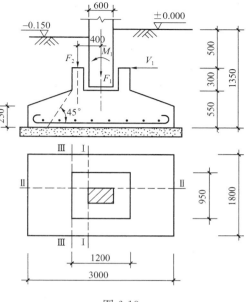

图 6-13

【题 47～49】　某柱下独立基础为锥形基础如图 6-13 所示，柱子截面尺寸为 $a_c \times b_c = 0.4m \times 0.6m$，基础底面尺寸为 $b \times l = 3m \times 1.8m$，基础变阶处尺寸为 $b_1 \times l_1 = 1.2m \times 0.95m$。基础采用 C20 混凝土（$f_t = 1.1N/mm^2$），HRB335 级钢筋，基底设 100mm 厚 C15 素混凝土垫层，取 $a_s = 50mm$。已知上部荷载作用在基础顶面处相应于作用的基本组合时的设计值为：$F_1 = 300kN$，$M_1 = 90kN \cdot m$，$V_1 = 10kN$，$F_2 = 150kN$。

提示：按《建筑结构可靠性设计统一标准》GB 50068—2018 作答。

47. 地基土最大净反力设计值 p_{jmax}（kPa），与下列何项数值最为接近？

（A）142.0　　　（B）116.1　　　（C）126.3　　　（D）136.4

48. 柱边Ⅲ-Ⅲ截面处截面受剪承载力设计值（kN），与下列何项数值最接近？

（A）630　　　（B）600　　　（C）560　　　（D）530

49. 柱边Ⅰ—Ⅰ截面处的弯矩设计值 M（kN·m），与下列何项数值最为接近？

（A）123.97　　　（B）136.71　　　（C）146.51　　　（D）157.72

【题 50】　某群桩基础，桩径 $d = 0.6m$，桩的换算埋深 $\alpha h > 4.0$，单桩水平承载力特征值 $R_{ha} = 50kN$，按位移控制，沿水平荷载方向布桩，布置为 4 排，每排桩数为 3 根，距径比 $s_a/d = 3$，承台底位于地面上 50mm，试问，群桩中复合基桩水平承载力特征值 R_h（kN），与下列何项数值最为接近？

提示：按《建筑桩基技术规范》JGJ 94—2008 计算。

（A）61.12　　　（B）65.27　　　（C）68.12　　　（D）71.21

【题 51】　某群桩基础，桩径 $d = 0.6m$，桩长 16.5m，桩配筋采用纵筋 HRB400 钢筋，配置 8 Φ 20，箍筋用 HPB300 级钢筋，桩顶以下 3.0m 范围内用螺旋式箍筋 Φ 6@100。桩身混凝土强度等级 C25。施工工艺为泥浆护壁钻孔灌注桩（$\psi_c = 0.7$）。试问，该轴心受压桩正截面受压承载力设计值（kN），与下列何项数值最为接近？

提示：按《建筑桩基技术规范》JGJ 94—2008 计算。

（A）3500　　　（B）3200　　　（C）2800　　　（D）2400

【题 52～54】　某高层建筑物的基础为筏形基础，基底尺寸为 28m×33.6m，基础埋深为 7m，相应于作用的准永久组合时的基底附加压力值 $p_0 = 300\text{kPa}$，地基处理采用水泥粉煤灰碎石桩（CFG）桩复合地基，桩径0.4m，桩长 21m。工程地质土层分布如图 6-14 所示，复合地基承载力特征值为336kPa。地基变形计算深度 $z_n = 28\text{m}$ 范围内的有关数据见表 6-3。

提示：按《建筑地基处理技术规范》JGJ 79—2012 作答。

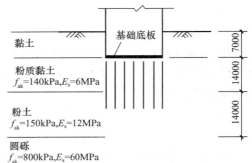

图 6-14

沉降计算表（$l = 16.8\text{m}$，$b = 14\text{m}$）   表 6-3

z_i (m)	l/b	z_i/b	$\bar{a}_i$	$z_i\bar{a}_i$ (mm)	$z_i\bar{a}_i - z_{i-1}\bar{a}_{i-1}$ (mm)
0	1.2	0.00	0.2500	0	0
14	1.2	1.00	0.2291	3207.4	3207.4
21	1.2	1.50	0.2054	4313.4	1106.0
27	1.2	1.91	0.1854	5005.8	692.4
28	1.2	2.00	0.1822	5101.6	95.8

52. 复合土层的压缩模量 E_{s1}（MPa）、E_{s2}（MPa），与下列何项数值最为接近？
(A) 14.4；28.8   (B) 13.4；26.9
(C) 14.4；26.9   (D) 13.4；28.8

53. 沉降计算经验系数 ψ_s，与下列何项数值最为接近？
(A) 0.256   (B) 0.275   (C) 0.321   (D) 0.382

54. 若取 $\psi_s = 0.30$，复合地基最终沉降量 s（mm），与下列何项数值最为接近？
(A) 90   (B) 100
(C) 110   (D) 120

【题 55】 某混凝土预制桩，桩径 $d = 0.5\text{m}$，桩长 18m，地基土性与单桥静力触探资料如图 6-15 所示，按《建筑桩基技术规范》JGJ 94—2008 计算，单桩竖向极限承载力标准值最接近下列哪一个选项？

提示：桩端阻力修正系数 α 取为 0.8。

图 6-15 地基土层示意图

(A) 900kV   (B) 1020kN   (C) 1920kN   (D) 2230kN

【题56】 某多层住宅钢筋混凝土框架结构，采用独立基础，荷载的准永久值组合下作用于承台底的总附加荷载 $F=360$kN，基础埋深1m，方形承台，边长为2m，土层分布如图6-16所示。为减少基础沉降，基础下疏布4根摩擦桩，钢筋混凝土预制方桩 $0.2m\times0.2m$，桩长10m，单桩承载力特征值 $R_a=80$kN，地下水水位在地面下0.5m，根据《建筑桩基技术规范》JGJ 94—2008，计算由承台底地基土附加压力作用下产生的承台中点沉降量为下列何值？

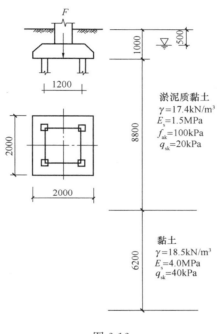

图 6-16

提示：沉降计算深度取承台底面下3.0m。

(A) 14.8mm   (B) 20.9mm   (C) 39.7mm   (D) 53.9mm

【题57、58】 某拟建高度为59m的16层现浇钢筋混凝土框架-剪力墙结构，质量和刚度沿高度分布比较均匀，对风荷载不敏感，其两种平面方案如图6-17所示。假设在如图所示的风作用方向两种结构方案的基本自振周期相同。

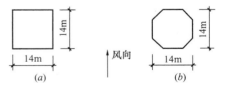

图 6-17

(a) 方案a；(b) 方案b

57. 当估算主体结构的风荷载效应时，试问，方案（a）与方案（b）的风荷载标准值（kN/m²）之比，与下列何项数值最为接近？

(A) 1：1   (B) 1：1.15   (C) 1：1.2   (D) 1.15：1

58. 当估算围护结构风荷载时，试问，方案（a）与方案（b）相同高度迎风面中点处单位面积风荷载比值，与下列何项数值最为接近？

提示：按《建筑结构荷载规范》GB 50009—2012计算

(A) 1.5：1   (B) 1.15：1   (C) 1：1   (D) 1：1.2

【题 59】 拟建于 8 度抗震设防区，Ⅱ类场地，高度 68m 的钢筋混凝土框架-剪力墙结构，其平面布置有四个方案，各平面示意如图 6-18 所示（单位：m）；该建筑竖向体形无变化。试问，如果仅从结构布置方面考虑，其中哪一个方案相对比较合理？

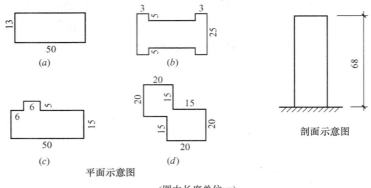

图 6-18

（A）方案（a）　　　（B）方案（b）　　　（C）方案（c）　　　（D）方案（d）

【题 60、61】 某钢筋混凝土剪力墙结构高层建筑，抗震等级为二级，其中某剪力墙开洞后形成的连梁截面尺寸 $b_b \times h_b = 200\text{mm} \times 500\text{mm}$，连梁净跨 $l_n = 2600\text{mm}$，采用 C30 混凝土，纵筋采用 HRB400 级、箍筋采用 HPB300 级钢筋。当无地震作用组合时，连梁的跨中弯矩设计值 $M_b = 54.6\text{kN} \cdot \text{m}$。有地震作用组合时，连梁跨中弯矩设计值 $M_b = 57.8\text{kN} \cdot \text{m}$，连梁支座弯矩设计值，组合 1：$M_b^l = 110\text{kN} \cdot \text{m}$，$M_b^r = -160\text{kN} \cdot \text{m}$；组合 2：$M_b^l = -210\text{kN} \cdot \text{m}$，$M_b^r = 75\text{kN} \cdot \text{m}$；重力荷载代表值产生的剪力设计值 $V_{Gb} = 85\text{kN}$，且梁上重力荷载为均布荷载。取 $a_s = a_s' = 35\text{mm}$。结构安全等级二级。

60. 连梁的上、下部纵向受力钢筋对称配置（$A_s = A_s'$），试问，连梁跨中截面下部纵筋截面面积 A_s（mm^2），与下列何项数值最为接近？

（A）280　　　（B）310　　　（C）350　　　（D）262

61. 连梁梁端抗剪箍筋配置 A_{sv}/s（mm^2/mm），与下列何项数值最为接近？

（A）1.05　　　（B）1.15　　　（C）1.02　　　（D）1.01

【题 62、63】 某高层钢筋混凝土框架结构，抗震等级为二级，首层的梁柱中节点，横向左、右侧梁截面尺寸及纵向梁截面尺寸如图 6-19 所示。梁柱混凝土强度等级为 C30（$f_c = 14.3\text{MPa}$，$f_t = 1.43\text{MPa}$）。节点左侧梁端弯矩设计值 $M_b^l = 420.52\text{kN} \cdot \text{m}$，右侧梁

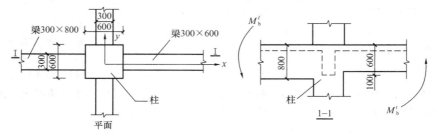

图 6-19

端弯矩设计值 $M_b^l = 249.48 kN \cdot m$，上柱底部考虑地震作用组合的轴压力设计值 $N = 3400kN$，节点上下层柱反弯点之间的距离 $H_c = 4.65m$。箍筋采用 HPB300 级钢筋。取 $a_s = a_s' = 60mm$。箍筋的混凝土保护层厚度为 20mm。

62. 沿 x 方向的节点核心区受剪截面的受剪承载力设计值（kN），与下列何项数值最为接近？

（A）2725.4　　　　（B）3085.4　　　　（C）2060.4　　　　（D）2415.2

63. 若沿 x 方向的剪力设计值 $V_j = 1183kN$，节点核心区的箍筋配置，下列何项配置既满足要求且较为经济合理？

（A）双向 4 肢Φ 6@100　　　　（B）双向 4 肢Φ 8@100

（C）双向 4 肢Φ 10@100　　　　（D）双向 4 肢Φ 12@100

【题 64、65】　建造于非地震区大城市市区的某 28 层公寓，采用钢筋混凝土剪力墙结构，平面内矩形，共 6 个开间，横向剪力墙间距为 8.1m，其中间部位横向剪力墙的计算简图如图 6-20(a) 所示。采用 C30 混凝土，纵筋用 HRB400 级，箍筋用 HPB300 级钢筋。取 $a_s = a_s' = 35mm$。

提示：按《建筑结构可靠性设计统一标准》GB 50068—2018 作答。

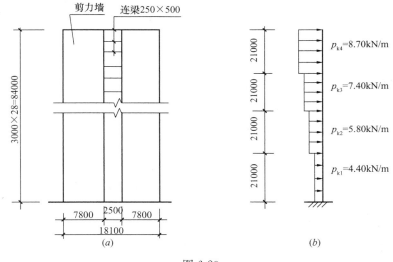

图 6-20

64. 如图 6-20(b) 所示的风荷载作用下，采用近似分析方法（将两个墙肢视为一拉一压，且其合力作用在墙肢的中心线上），试问，估算每根连梁的平均支座弯矩设计值 M_b（kN·m），与下列何项数值最为接近？

（A）±115　　　　（B）±125　　　　（C）±160　　　　（D）±170

65. 在风荷载作用下，若连梁相应于荷载的基本组合时的剪力设计值 $V_b = 155kN$，试问，中间层连梁的箍筋配置，在图 6-21 中，下列何项最合适？说明理由。

（A）方案（a）　　　　（B）方案（b）　　　　（C）方案（c）　　　　（D）方案（d）

【题 66～68】　某一矩形截面钢筋混凝土底层剪力墙墙肢，抗震等级二级，总高度 $H = 50m$，截面尺寸为 $b_w \times h_w = 250mm \times 6000mm$，如图 6-22 所示。采用 C30 混凝土，纵向受力钢筋、竖向及水平向分布筋均采用 HRB335 级钢筋。竖向分布钢筋为双排Φ 10@

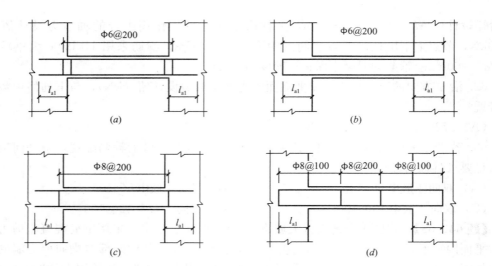

图 6-21

200，$\rho_w = 0.314\%$。距墙肢底部截面 $0.5h_{w0}$ 处的内力计算值为：$M = 18000$kN·m，$V = 2500$kN，$N = 3200$kN（压力）。重力荷载代表值作用下墙肢底部的轴压力设计值为 7500kN。该剪力墙墙肢采用对称配筋，取 $\xi_b = 0.55$；$a_s = a'_s = 300$mm。

图 6-22

66. 该墙肢底部的边缘构件的最小体积配箍率（％），与下列何项数值最为接近？

(A) 1.36　　　(B) 0.95　　　(C) 0.67　　　(D) 0.57

67. 根据墙肢截面条件，确定该墙肢截面的受剪承载力设计值（kN），与下列何项数值最为接近？

(A) 3800　　　(B) 5990　　　(C) 4150　　　(D) 3600

68. 距墙肢底部截面 $0.5h_{w0}$ 处，该墙肢截面水平分布筋的配置，与下列何项数值最为接近？

提示： $0.2f_cb_wh_w = 4290$kN。

(A) 双排Φ12@80　　　　　　　(B) 双排Φ8@100

(C) 双排Φ12@100　　　　　　 (D) 双排Φ10@100

【题 69】 下列关于高层建筑结构是否考虑竖向地震的见解，何项不妥？说明理由。

(A) 8 度抗震设计时，大跨度和长悬臂结构应考虑竖向地震作用

(B) 8 度抗震设计时，带转换层高层结构中的大跨度转换构件应考虑竖向地震的影响

(C) 7 度（0.15g）抗震设计时，连体结构的连接体应考虑竖向地震的影响

(D) 8 度抗震设计时，B 级高度的高层建筑应考虑竖向地震的影响

【题 70】 下列对于空间网格结构计算的叙述，不正确的是何项？

提示： 按《空间网格结构技术规程》JGJ 7—2010 作答。

(A) 单层网壳应采用空间梁系有限元法进行计算

(B) 单层柱面网壳按弹性全过程分析稳定性时，安全系数取为 4.2

(C) 网壳结构位于抗震设防烈度为 7 度的地区，其矢跨比大于或等于 1/5 时，应进

行水平和竖向抗震验算

（D）网架结构采用振型分解反应谱法计算地震效应时，宜至少取前10～15个振型

【题71】 下列关于高层民用建筑钢结构设计与施工的叙述，何项是正确的？

Ⅰ．结构正常使用阶段水平位移验算，不应计入重力二阶效应的影响

Ⅱ．罕遇地震作用下结构弹塑性变形计算时，可不计入风荷载效应

Ⅲ．箱形截面钢柱采用埋入式柱脚宜选用冷成型箱形柱

Ⅳ．钢框架梁腹板（连接板）与钢柱采用双面角焊缝连接时，焊缝的焊脚尺寸不得小于5mm

Ⅴ．预热施焊的钢构件，焊前应在焊道两侧100mm范围均匀进行预热

（A）Ⅰ、Ⅱ、Ⅲ正确 （B）Ⅱ、Ⅲ正确

（C）Ⅰ、Ⅱ、Ⅴ正确 （D）Ⅱ、Ⅴ正确

【题72】 某高层钢框架结构房屋，抗震等级为三级，柱采用箱形截面□900×900×40，试问，其角部组装焊缝厚度（mm），不应小于下列何项？

（A）16 （B）20 （C）24 （D）30

【题73～75】 某三级公路上的钢筋混凝土桥梁，桥面净宽为8.5m，如图6-23所示。横桥向由4片T形主梁组成，主梁标准跨径为18m，T形主梁间距2.4m，肋宽为200mm，高度为1300mm。横隔梁间距为4.8m，桥面铺装层平均厚度为80mm（重力密度为23kN/m³），桥面板的重力密度为25kN/m³，防

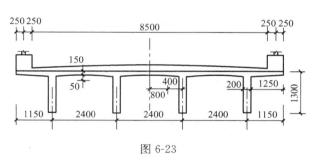

图 6-23

撞栏杆每侧为4.5kN/m。设计荷载：汽车荷载为公路-Ⅱ级；人群荷载为0.30kN/m²。

提示： 按《公路桥涵设计通用规范》JTG D60—2015及《公路钢筋混凝土及预应力混凝土桥涵设计规范》JTG 3362—2018解答。

73. 行车道板按简支板计算时，在恒载作用下的跨中弯矩标准值M_{0g}（kN·m），与下列何项数值最为接近？

（A）3.0 （B）3.4 （C）3.7 （D）4.1

74. 后轴车轮位于板跨中时，垂直于板跨径方向的荷载分布宽度（m），与下列何项数值最为接近？

（A）2.97 （B）2.55 （C）1.57 （D）1.15

75. 若行车道板在恒载作用下的跨中弯矩标准值$M_{0g}=3.5$kN·m，在恒载、汽车荷载共同作用下，在持久状况按承载力极限状态下的行车道板跨中弯矩基本组合值$\gamma_0 M_{ud}$（kN·m），与下列何项数值最为接近？

（A）21.0 （B）23.3 （C）29.4 （D）32.6

【题76～78】 某二级公路双向行驶箱形梁桥如图6-24所示，计算跨径为24.5m，标准跨径为25.0m，桥面车行道净宽为15.5m，两侧人行道为2×1.0m。设计荷载：汽车荷载为公路-Ⅰ级，人群荷载为3.0kN/m。汽车荷载冲击系数$\mu=0.166$。用偏心受压法计算

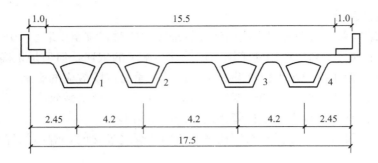

图 6-24

得知，1 号梁布置三列汽车时跨中荷载横向分布系数为 1.356；布置四列汽车时跨中荷载横向分布系数为 1.486。

提示： 按《公路桥涵设计通用规范》JTG D60—2015。

76. 当横桥向布置两列汽车时，用偏心受压法计算 1 号梁跨中荷载横向分布系数 m_q，与下列何项数值最为接近？

(A) 1.077   (B) 1.186   (C) 1.276   (D) 1.310

77. 若 1 号梁布置两列汽车时跨中荷载横向分布系数为 1.200，试问，距 1 号梁支点 $L/4$ 处截面由汽车荷载产生的弯矩标准值（kN·m），与下列何项数值最为接近？

(A) 2820   (B) 2500   (C) 2280   (D) 2140

78. 若距 1 号主梁支点 $L_0/4$ 处截面由恒载、汽车荷载、人群荷载产生的弯矩标准值分别为 $M_g = 2100$kN·m，$M_Q = 4000$kN·m（含冲击系数），$M_r = 90$kN·m，在持久状况按承载力极限状态下基本组合的 $L_0/4$ 处截面弯矩设计值 $\gamma_0 M_{ud}$(kN·m)，与下列何项数值最为接近？

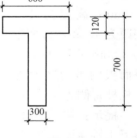

图 6-25

(A) 8110   (B) 8750

(C) 9050   (D) 11500

【题 79】 某二级公路简支梁桥由 6 片 T 形主梁组成，计算跨径为 17.5m，标准跨径为 18m。某根 T 形主梁截面尺寸如图 6-25 所示，$b'_f = 600$mm，该梁承载能力极限状况下基本组合时的跨中弯矩设计值 $\gamma_0 M = 585$kN·m，采用 C30 混凝土，HRB400 级钢筋。取 $a_s = 70$mm。试问，当不计受压钢筋的作用时，该主梁受拉钢筋截面面积 A_s（mm²），与下列何项数值最为接近？

(A) 2900   (B) 3100   (C) 3400   (D) 3800

【题 80】 跨高比不大于 5 的公路桥梁的盖梁，其混凝土强度等级应不低于下列何项数值？说明理由。

(A) C20   (B) C25   (C) C30   (D) C35

实战训练试题（七）

（上午卷）

【题1、2】 位于我国南方地区的城市管道地沟，其剖面如图 7-1 所示。设地沟顶覆土深度 $h_1 = 1.5m$，地面均布活载标准值 $q_k = 5kN/m^2$，沟宽为 2.1m，采用钢筋混凝土预制地沟盖板，C25 混凝土，其纵向受力筋采用 HRB400 级钢筋，吊环采用 HPB300 级钢筋。盖板分布筋直径为 8mm。设计使用年限为 50 年。结构安全等级为二级。

提示： 按《建筑结构可靠性设计统一标准》GB 50068—2018 作答。

1. 若取盖板尺寸 2400mm×490mm，盖板厚度取 120mm，试问，盖板的纵向受力钢筋的配置，与下列何项数值最接近？

提示： 计算跨度取 $L+h/2$，L 为沟宽，h 为盖板厚度。

 (A) $\underline{\Phi}$ 10@100   (B) $\underline{\Phi}$ 12@100   (C) $\underline{\Phi}$ 14@100   (D) $\underline{\Phi}$ 16@100

2. 条件同 [题1]，吊环选用四个。试问，吊环的钢筋配置，应为下列何项数值？

 (A) 4Φ6   (B) 4Φ8   (C) 4Φ10   (D) 4Φ12

【题3～5】 某钢筋混凝土框架边梁，矩形截面尺寸为 500mm×500mm，计算跨度 l_0 为 6.3m，框架边梁上作用有两根次梁传来的集中力设计值 $P = 150kN$，边梁上的均布荷载设计值(包括自重)$q = 9kN/m$，如图 7-2 所示。框架边梁的混凝土强度等级为 C25，纵筋采用 HRB400 级，箍筋采用 HPB300 级钢筋。已知框架边梁支座截面弯矩设计值 $M = 226.64kN \cdot m$，剪力设计值 $V = 153.35kN$，扭矩设计值 $T = 50kN \cdot m$。结构安全等级二级。取 $a_s = a'_s = 35mm$。

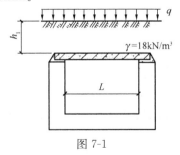

图 7-1   图 7-2

3. 框架边梁的跨中底部纵向受力钢筋的最小配筋率（％），与下列何项数值最为接近？

 (A) 0.19   (B) 0.25   (C) 0.28   (D) 0.33

4. 若框架边梁的箍筋采用双肢箍，箍筋间距 $s = 100mm$，试问，边梁支座截面的抗剪箍筋配置量 A_{sv}（mm^2），与下列何项数值最为接近？

提示： ①按集中荷载下的独立剪扭构件计算；

    ②支座截面条件满足规范要求。

 (A) 70   (B) 85   (C) 95   (D) 110

5. 若支座截面处的抗剪箍筋配置量为 $A_{sv}/s=0.6mm^2/mm$，取 $\xi=1.2$，其他条件同 [题4]，$A_{cor}=202500mm^2$。试问，支座截面总的箍筋配置量 A_{sv}（mm^2），与下列何项数值最为接近？

(A) 96   (B) 102   (C) 138   (D) 148

【题6、7】 某竖向不规则的多层钢筋混凝土结构房屋，抗震设防烈度为8度，设计基本地震加速度为0.20g，建筑场地为Ⅰ类，设计地震分组为第一组，房屋基本自振周期 $T_1=3.80s$。假定振型组合后的各层水平地震剪力标准值如图7-3所示，G_i 为重力荷载代表值。薄弱层在首层。

6. 抗震验算时，第一层剪力的水平地震剪力标准值 V_{Ek1}（kN）的最小值，与下列何项数值最接近？

(A) 1840   (B) 1920   (C) 2100   (D) 2400

7. 抗震验算时，第二层和第六层的水平地震剪力标准值 V_{Ek2}（kN）、V_{Ek6}（kN），与下列何组数值最接近？

(A) 1700；425   (B) 1750；425   (C) 1880；450   (D) 1950；450

【题8～10】 某简支梁的跨度、高度如图7-4所示，梁宽 $b=250mm$，混凝土强度等级为C30，纵向受拉钢筋采用HRB400级，竖向和水平向钢筋采用HPB300级。经计算，跨中弯矩设计值 $M=3770\times10^6N\cdot mm$，支座剪力设计值 $V=1750\times10^3N$。

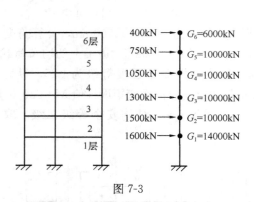

图 7-3   图 7-4

8. 该梁纵向受拉钢筋截面面积（mm^2），与下列何项数值最为接近？

(A) 4800   (B) 4500   (C) 3800   (D) 3000

9. 该梁纵向受拉钢筋选用 Φ18 钢筋，则支座处的锚固长度（mm），与下列何项数值最为接近？

(A) 530   (B) 585   (C) 620   (D) 700

10. 该梁的水平分布筋配置，与下列何项数值最为接近？

提示： ①该梁斜截面抗剪条件满足规范要求；

            ②按集中荷载作用下的深受弯构件计算。

(A) 2Φ8@100   (B) 2Φ8@150   (C) 2Φ10@150   (D) 2Φ10@200

【题11～14】 某多层民用建筑为现浇钢筋混凝土框架结构，其楼板采用现浇钢筋混凝土，建筑平面形状为矩形，抗扭刚度较大，属规则框架，抗震等级为二级，梁、柱混凝土强度等级均为C30，平行于该建筑长边方向的边榀框架局部剖面，如图7-5所示，楼板未示出。纵向受力钢筋采用 HRB400 级，箍筋采用 HRB335 级钢筋。双排时，$a_s = a'_s = 60mm$。单排时，$a_s = a'_s = 40mm$。

提示： 水平地震作用效应考虑边楣效应。

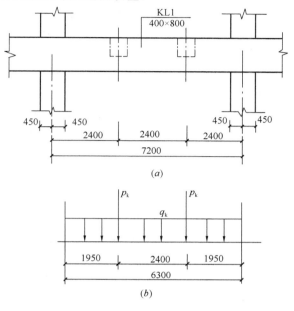

图 7-5

（a）框架局部立面示意图；（b）边跨框架梁 KL1 荷载示意图

11. 梁跨中截面由地震作用产生的弯矩标准值 $M_{k0} = 240kN \cdot m$；由重力荷载代表值产生的弯矩标准值 $M_{k0} = 110kN \cdot m$。试问，框架梁跨中底部纵向受力钢筋配置，与下列何项数值最为接近？

提示： 梁上部配有通长钢筋，且 $x < 2a'_s$。

(A) 3 Φ 20　　　　(B) 3 Φ 22　　　　(C) 3 Φ 25　　　　(D) 4 Φ 22

12. 若框架梁底部纵向受力钢筋为 3 Φ 22（$A_s = 1140mm^2$），通长配置。由地震作用产生的梁端（柱边外截面）的弯矩标准值 $M^l_{b1} = 350kN \cdot m$（↷），$M^r_{b1} = 743kN \cdot m$（↷）。由重力荷载代表值产生的梁端（柱边处截面）的弯矩标准值 $M^l_{b1} = 320kN \cdot m$（↷），$M^r_{b1} = 195kN \cdot m$（↶）。试问，框架梁左端截面的上部纵向受力钢筋配置，应为下列何项？

提示： 框架梁左端上部纵向受力钢筋考虑双排布筋。

(A) 6 Φ 20　　　　(B) 6 Φ 22　　　　(C) 6 Φ 25　　　　(D) 6 Φ 28

13. 条件同［题 12］，框架梁上作用的重力荷载代表值 $P_k = 220kN$，$q_k = 10kN/m$，由集中荷载产生的剪力设计值（含地震作用产生的剪力）与总剪力设计值之比大于 75%，取 $h_0 = 740mm$。试问，框架梁加密区的箍筋配置，与下列何项数值最为接近？

(A) 4 Φ 8@100　　(B) 4 Φ 10@100　　(C) 4 Φ 12@100　　(D) 4 Φ 12@150

14. 条件同［题 13］，试问，框架梁非加密区的箍筋配置，与下列何项数值最为接近？

(A) 4 Φ 8@200　　(B) 4 Φ 8@150　　(C) 4 Φ 10@200　　(D) 4 Φ 10@150

【题 15】 下列关于建筑结构抗震设计的叙述中，何项不妥？说明理由。

（A）底部框架-抗震墙砖房中砖抗震墙的施工应先砌墙后浇框架梁柱

（B）抗震等级为一、二级的各类框架中的纵向受力钢筋采用普通钢筋时，其抗拉强度实测值与屈服强度实测值的比值不应小于 1.25

（C）当计算竖向地震作用时，各类结构构件的承载力抗震调整系数均应用 1.0

（D）抗震设计时，当计算位移时，抗震墙的连梁刚度可不折减

【题 16～23】 某单跨重型车间设有双层吊车的刚接阶形格构式排架柱，钢材用 Q235 钢，该柱在车间排架平面内和平面外的高度如图 7-6（a）所示。车间排架跨度为 36m，柱距 12m，长度为 144m，屋盖采用梯形钢屋架，预应力混凝土大型屋面板。按排架计算，柱的 7-1、2-2 截面的内力组合如下：

截面 7-1（上段柱）：$N=1018.0$kN，$M=1439.0$kN·m，$V=-182.0$kN

截面 2-2（中段柱）：$N_{max}=6073.0$kN，$V_{max}=316.0$kN，$M=+3560.0$kN·m

各段柱的截面特性如下（焊接工字钢，翼缘为焰切边）：

上段柱：$A=328.8$cm²，$I_x=396442$cm⁴，$I_y=32010$cm⁴，$i_x=34.7$cm，$i_y=9.87$cm；$W_x=9911$cm³

中段柱：$A=595.48$cm²，$y_0=77.0$cm（重心轴），$I_x=3420021$cm⁴，$i_x=75.78$cm

下段柱：$A=771.32$cm²，$y_0=134$cm（重心轴），$I_x=12090700$cm⁴，$i_x=125.2$cm

中段柱缀条布置如图中 7-6（b）所示，其截面特性如下：

横缀条用单角钢 L125×80×8，$A=15.99$cm²，$i_x=4.01$cm，$i_y=2.29$cm

斜缀条用单角钢 L140×90×10，$A=22.26$cm²，$i_x=4.47$cm，$i_y=2.56$cm，$i_{min}=1.96$cm。

提示： 按《钢结构设计标准》GB 50017—2017 作答。

16. 中段柱在平面内柱高度 H_2（cm）、平面外柱计算高度 H'_{02}（cm），与下列何项数值最为接近？

（A）$H_2=690$，$H'_{02}=690$ （B）$H_2=886$，$H'_{02}=548$

（C）$H_2=690$，$H'_2=548$ （D）$H_2=886$，$H'_{02}=690$

17. 当计算柱的计算长度系数时，按规范规定格构式柱的计算截面惯性矩应折减，取折减系数为 0.9；各段柱最大轴向力为：$N_1=1033.0$kN（上段柱），$N_2=6073.0$kN（中段柱），$N_3=6163.0$kN（下段柱）。试问，中柱段的计算长度系数 μ_2，与下列何项数值最为接近？

提示： 查《钢结构设计标准》表时，表中参数 K_1、K_2、η_1、η_2 均取小数点后一位；小数点第二位按四舍五入原则。

（A）2.81   （B）2.92   （C）3.02   （D）3.12

18. 上段柱进行排架平面外稳定性计算时，取 $\beta_{tx}=1.0$，试问，上段柱的最大压应力（N/mm²），与下列何项数值最为接近？

提示： 上段柱截面等级满足 S3 级。

（A）176.2   （B）181.8   （C）196.5   （D）206.4

19. 上段柱局部稳定性验算时，其腹板板件宽厚比的等级应为下列何项？

（A）S1 级   （B）S2 级   （C）S3 级   （D）S4 级

20. 中段柱进行排架平面内稳定性计算时，平面内计算长度 $H_{02}=1953$cm，取 $\beta_{mx}=1.0$，$N=6073.0$kN，$M=3560.0$kN·m（最不利作用于吊车肢），试问，吊车肢构件上最大压应力（N/mm²），与下列何项数值最为接近？

提示： $N'_{EX}=107.37\times10^6$N。

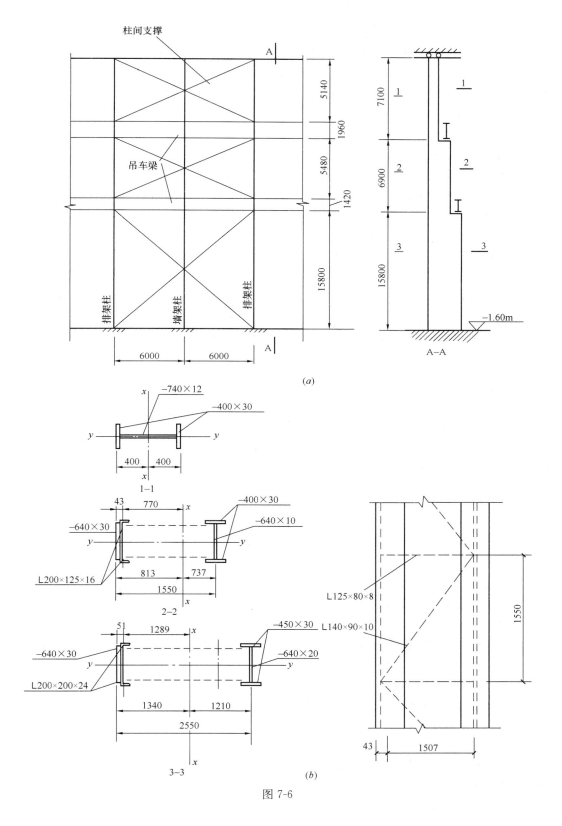

柱间支撑

吊车梁

排架柱　墙架柱　排架柱

5140
1960
5480
1420
15800

6000　6000

A

7100
6900
15800

A—A

−1.60m

(a)

−740×12
−400×30

x
y　　　y
x

400　400

1—1

43　770
−400×30
−640×30
−640×10
y　　　y
L200×125×16
813　737
1550
x

2—2

51　1289
−450×30
−640×30
−640×20
y　　　y
L200×200×24
1340　1210
2550
x

3—3

L125×80×8
L140×90×10

1550

43　1507

(b)

图 7-6

(A) 212 (B) 203 (C) 191 (D) 186

21. 中段柱的吊车肢进行轴心受压稳定性验算时，吊车肢截面特征为：$A_d = 304\text{cm}^2$，$I_{dx} = 32005\text{cm}^4$，$I_{dy} = 291365\text{cm}^4$，$i_{dx} = 10.3\text{cm}$，$i_{dy} = 30.9\text{cm}$，试问，吊车肢上的最大压力（$\text{N/mm}^2$），与下列何项数值最为接近？

(A) 184.0 (B) 189.2 (C) 196.1 (D) 201.5

22. 中柱段的横缀条轴心力 N（kN），与下列何项数值最为接近？

提示：取 $f = 205\text{N/mm}^2$ 进行计算。

(A) 160 (B) 158 (C) 152 (D) 165

23. 中柱段的斜缀条轴心力 N（kN），与下列何项数值最为接近？

(A) 315 (B) 453.4 (C) 238 (D) 227

【题 24～27】 某厂房边列柱的柱间支撑布置如图 7-7（a）所示，上柱支撑共设置三道，其斜杆的长度 $l_2 = 6.31\text{m}$，采用 2L56×5 角钢（$A = 2 \times 541.5 = 1083\text{mm}^2$，平面内 $i_{\min} = 21.7\text{mm}$）；下柱支撑设置一道，其斜杆的长度 $l_1 = 9.12\text{m}$，采用 2［8 槽钢（$A = 2 \times 1024 = 2048\text{mm}^4$，平面内 $i_{\min} = 31.5\text{mm}$）。柱的截面宽度 $b = 400\text{mm}$。钢材用 Q235 钢。水平地震作用标准值及支撑计算简图如图 7-7（b）所示。

提示：按《建筑抗震设计规范》GB 50011—2010 和《钢结构设计标准》GB 50017—2017 作答。

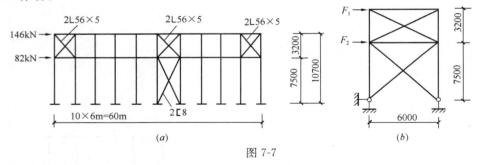

图 7-7

24. 上柱支撑的压杆卸载系数，与下列何项数值最为接近？

(A) 0.30 (B) 0.56 (C) 0.60 (D) 0.65

25. 上柱支撑中一道支撑斜杆拉力（kN），与下列何项数值最为接近？

提示：稳定系数由平面内控制。

(A) 75 (B) 85 (C) 65 (D) 60

26. 下柱支撑的压杆卸载系数，与下列何项数值最为接近？

(A) 0.56 (B) 0.60 (C) 0.65 (D) 0.30

27. 下柱支撑斜杆的抗震验算式（$N_t \leqslant fA_n/\gamma_{RE}$），其左右端项，与下列何项数值最为接近？

提示：稳定系数由平面内控制。

(A) 440kN＜550kN (B) 440kN＜587kN
(C) 418kN＜550kN (D) 418kN＜587kN

【题 28】 按塑性设计，某钢框架在梁拼接处最大弯矩设计值为 900kN·m，H 形截面梁的毛截面模量为 $10 \times 10^6 \text{mm}^3$，采用 Q235 钢，取 $f = 215\text{N/mm}^2$，$\gamma_x = 1.05$。试问，塑性铰设计时，该处能传递的弯矩设计值（kN·m），应不低于下列何项数值？

(A) 1350   (B) 1250   (C) 1150   (D) 990

【题 29】 焊接吊车梁腹板设置加劲肋时，下列何项是正确的？说明理由。

① 直接承受动力荷载的吊车梁，不应考虑腹板屈服后强度，并应按标准规定设置加劲肋；

② 轻、中级工作制吊车梁计算腹板稳定时，吊车轮压设计值乘以折减系数 0.85；

③ 吊车梁的中间横向加劲肋不应单侧设置；

④ 吊车梁横向加劲肋的宽度应不小于 $h_0/30+40$（mm），且不宜小于 90mm。

(A) ①③   (B) ①②③   (C) ①④   (D) ②④

【题 30、31】 某钢筋混凝土深梁截面尺寸 $b \times h = 250\text{mm} \times 3000\text{mm}$，$L = 6000\text{mm}$，支承于两端砖砌纵墙上，如图 7-8 所示。墙厚 240mm，由 MU25 烧结普通砖及 M10 水泥砂浆砌筑。梁端支反力 $N_l = 280\text{kN}$，纵墙上部竖向荷载平均压应力 $\sigma_0 = 0.8\text{MPa}$。砌体施工质量控制等级为 B 级，结构安全等级二级。

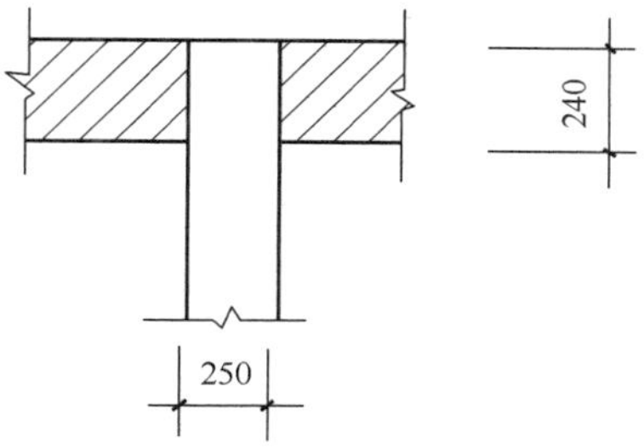

30. 试问，梁端局部受压承载力（kN），与下列何项数值最为接近？

(A) 270   (B) 282

(C) 167   (D) 240

图 7-8

31. 若梁端下设钢筋混凝土垫块 $a_b \times b_b \times t_b = 240\text{mm} \times 610\text{mm} \times 180\text{mm}$，试问，梁端局部受压承载力验算式（$N_0 + N_l \leqslant \varphi \gamma_1 f A_b$），其左右端项，与下列何项数值最为接近？

(A) 407.1kN ＜ 457.2kN   (B) 397.1kN ＜ 426.1kN

(C) 407.1kN ＜ 426.1kN   (D) 397.1kN ＜ 457.2kN

【题 32、33】 某刚性方案砌体结构房屋，采用 MU10 烧结普通砖，1 层采用 M5 混合砂浆，2～3 层采用 M2.5 混合砂浆，地面下采用 M7.5 水泥砂浆，结构平面和剖面见图 7-9 所示。窗间墙的几何特征：$A = 495700\text{mm}^2$，$I = 40.633 \times 10^8 \text{mm}^4$，$y_1 = 144\text{mm}$，$y_2 = 226\text{mm}$。梁端设刚性垫块 $a_b \times b_b \times t_b = 370\text{mm} \times 490\text{mm} \times 180\text{mm}$。砌体施工质量控制等级 B 级，结构安全等级二级。

32. Ⓐ轴线 1－1 截面梁端支承压力设计值为 95.16kN，上部荷载作用于该墙垛截面轴向力设计值为 128.88kN，试问，梁端垫块上 N_0 及 N_l 合力的影响系数 φ，与下列何项数值最为接近？

(A) 0.56   (B) 0.50   (C) 0.40   (D) 0.36

33. Ⓐ轴线 2－2 截面墙体的受压承载力设计值（kN），与下列何项数值最为接近？

(A) 640   (B) 610   (C) 577   (D) 560

【题 34、35】 建于 7 度抗震设防区，设计基本地震加速度为 0.1g，某 6 层砌体结构住宅，屋面、楼面均为现浇钢筋混凝土板（厚度 100mm），采用纵、横墙共同承重方案，其平面、剖面如图 7-10 所示。各横墙上门洞（宽×高）均为 900mm×2100mm，内、外墙厚均为 240mm，各轴线均与墙中心线重合。各楼层质点重力荷载代表值为：$G_1 = G_2 = G_3 = G_4 = G_5 = 2010\text{kN}$，$G_6 = 1300\text{kN}$。砌体施工质量控制等级为 B 级。

34. 假定顶层水平地震作用标准值为 224kN，顶层③轴等效侧向刚度为 1.106Et，①轴等效侧向刚度为 1.138Et，t 为墙厚，墙体设置构造柱。试问，顶层②轴横墙分配的

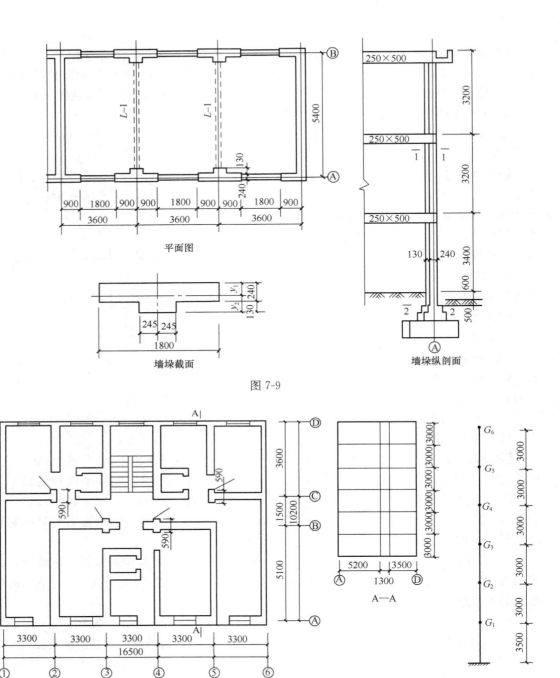

图 7-9

图 7-10

水平地震剪力标准值 V_k（kN），与下列何项数值最为接近？

提示： 按《建筑抗震设计规范》GB 50011—2010 计算。

(A) 30.5   (B) 34.5   (C) 38.5   (D) 42.5

35. 若顶层墙体采用 MU15 烧结普通砖，M7.5 混合砂浆砌筑，若顶层②轴横墙分配到的水平地震剪力标准值 $V_k=50$kN，顶层②轴横墙内重力荷载代表值产生的截面压应力

$\sigma_0 = 0.35$MPa，墙体两端有构造柱。试问，顶层②轴横墙的抗震验算式（$V \leqslant f_{vE}A/\gamma_{RE}$），其左右端项，与下列何项数值最为接近？

（A）65kN＜345kN
（B）65kN＜375kN

（C）45kN＜360kN
（D）65kN＜385kN

【题 36～38】 某七层商店-住宅采用框支墙梁结构和现浇混凝土楼（屋）盖，抗震等级二级，2 层至 7 层为住宅。底层框支柱截面 400mm×400mm，框支托梁 $b_b × h_b =$ 300mm×900mm，均采用 C35 混凝土，纵向受力钢筋采用 HRB400 级、箍筋采用 HPB300 级。承重砌体墙体采用 MU20 烧结普通砖，底层和墙梁计算高度范围内墙体采用 M10 混合砂浆，其他采用 M5 混合砂浆，砌体施工质量控制等级为 B 级。其一榀横向框支墙梁在重力荷载代表值作用下的计算简图如图 7-11（a）所示，该榀框支墙梁Ⓐ～Ⓓ

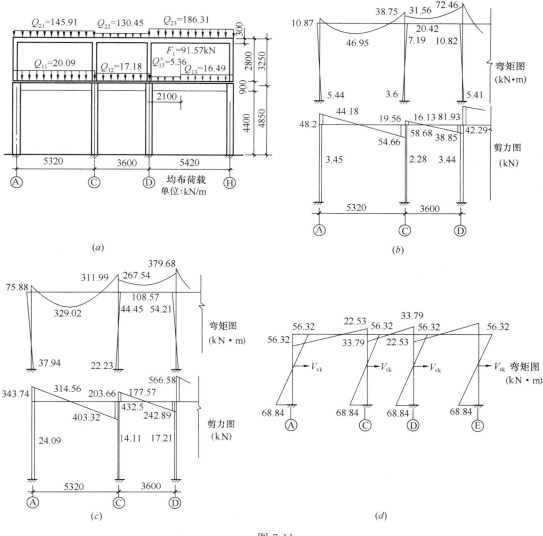

图 7-11

（a）在重力荷载代表值作用下计算简图；（b）在 Q_{1E}、F_{1E} 作用下的框梁内力标准值；
（c）在 Q_{2E} 作用下的框梁内力标准值；（d）在地震剪力标准值 V_{ck} 作用下的框架内力

轴在 Q_{1E}、F_{1E} 作用下的框架内力如图 7-11（b）所示；在 Q_{2E} 作用下的框架内力如图 7-11（c）所示。已知框支墙梁底层水平地震剪力标准值作用下的弯矩如图 7-11（d）所示。

提示：按《建筑抗震设计规范》GB 50011—2010 和《砌体结构设计规范》GB 50003—2011 作答。

36. 若该榀横向框支墙梁中框架分担的地震倾覆力矩设计值 $M_f = 910\text{kN} \cdot \text{m}$，试问，由该倾覆力矩引起的Ⓐ轴线框支柱的附加轴力（kN），与下列何项数值最为接近？

    (A) 60kN   (B) 55kN

    (C) 68kN   (D) 48kN

37. 假定，Ⓐ轴线柱柱顶截面为大偏压，若纵向框架传来的重力荷载代表值引起的Ⓐ轴线柱附加轴力设计值为 320kN，由地震倾覆力矩引起的Ⓐ轴线柱附加轴力为 50kN，试问，Ⓐ轴线柱柱顶截面的最大弯矩设计值 $M_A(\text{kN} \cdot \text{m})$、与下列何组数值最为接近？

    (A) 165   (B) 180

    (C) 222   (D) 265

38. 题目条件同［题37］，试问，Ⓐ轴线柱柱顶截面的最小轴力设计值 N_A（kN），与下列何项数值最为接近？

    (A) 780   (B) 705

    (C) 665   (D) 625

【题39】 某西南云杉原木轴心受压柱，轴心压力设计值 $N = 65\text{kN}$，构件长度 $l = 3.3\text{m}$，一端固定，一端铰接。构件中点直径 $D = 154.85\text{mm}$，且在柱中点有一个 $d = 18\text{mm}$ 的螺栓孔。试问，按稳定验算时，其 $N/(\varphi A_0)$（N/mm^2）值，与下列何项数值最为接近？

    (A) 6.5   (B) 6.0   (C) 5.5   (D) 5.0

【题40】 一木屋架均采用红松，其下弦截面尺寸 $b \times h = 180\text{mm} \times 140\text{mm}$ 下弦接头处轴向拉力设计值为 95kN，采用双木夹板对称连接，木夹板截面尺寸 $b \times h = 180\text{mm} \times 80\text{mm}$ 普通螺栓直径为 $\phi16$。已知 $f_{es} = 32.3\text{N/mm}^2$。假定，螺栓受剪时，其承载力由屈服模式Ⅰ控制，试问，单个螺栓的每个剪面的承载力参考设计值 Z，与下列何项数值最为接近？

    (A) 8.9   (B) 8.3   (C) 7.6   (D) 7.2

（下午卷）

【题41】 下列既有建筑地基基础加固方法中，属于基础加固的是下列何项？

提示：按《既有建筑地基基础加固技术规范》JGJ 123—2012 解答。

Ⅰ. 树根桩   Ⅱ. 石灰桩   Ⅲ. 锚杆静压桩

Ⅳ. 坑式静压桩   Ⅴ. 灰土桩

    (A) Ⅰ、Ⅱ、Ⅳ   (B) Ⅱ、Ⅲ、Ⅴ

    (C) Ⅰ、Ⅲ、Ⅳ   (D) Ⅰ、Ⅱ、Ⅲ

【题42】 某多层钢筋混凝土框架结构办公楼，上部结构划分为两个独立的结构单元进行设计计算，防震缝处采用双柱方案，缝宽 150mm，缝两侧的框架柱截面尺寸均为

600mm×600mm，图 7-12 为防震缝处某条轴线上的框架柱及基础布置情况。上部结构柱 KZ1 和 KZ2 作用于基础顶部的水平力和弯矩均较小，基础设计时可以忽略不计。

柱 KZ1 和 KZ2 采用柱下联合承台，承台下设 100mm 厚素混凝土垫层，垫层的混凝土强度等级 C10；承台混凝土强度等级 C30（$f_{tk}=2.01N/mm^2$，$f_t=1.43N/mm^2$），厚度 1000mm，$h_0=900mm$，桩顶嵌入承台内 100mm，假设两柱作用于基础顶部的竖向力大小相同。试问，承台抵抗双柱冲切的受冲切承载力设计值（kN），与下列何项数值最为接近？

提示：按《建筑桩基技术规范》作答。

（A）7750　　　　（B）7850　　　　（C）8150　　　　（D）10900

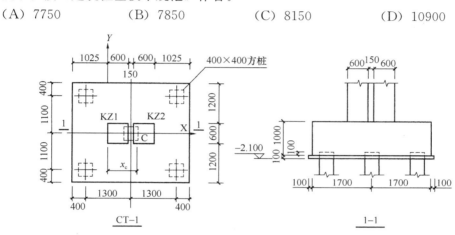

图 7-12

【题 43～48】 某钢筋混凝土柱下桩基础，采用 6 根沉管灌注桩，桩身设计直径 $d=426mm$，桩端进入持力层（黏性土）的深度为 2500mm，作用于桩基承台顶面的外力有竖向力 F、弯矩 M 和水平剪力 V，承台和承台上的土的平均重度 $\gamma_G=20kN/m^3$。承台平面尺寸和桩位布置如图 7-13（a）所示，桩基础剖面和地基土层分布状况如图 7-13（b）所示。

43. 已知粉质黏土、淤泥质土和黏性土的桩周摩擦力特征值 q_{sa} 依次分别为 15kPa、10kPa 和 30kPa，黏性土的桩端土承载力特征值 q_{pa} 为 1120kPa。单桩竖向承载力特征值 R_a（kN），与下列何项数值最为接近？

（A）499.7　　　　（B）552.66　　　　（C）602.90　　　　（D）621.22

44. 根据静载荷试验，已知三根试桩的单桩竖向极限承载力实测值分别为 $Q_1=1020kN$，$Q_2=1120kN$，$Q_3=1210kN$。在地震作用效应的标准组合下，当桩基按轴心受压计算时，试问，单桩的竖向承载力特征值（kN），与下列何项数值最为接近？

（A）558　　　　（B）655　　　　（C）698　　　　（D）735

45. 假定作用于承台顶面相应于作用的标准组合时的竖向力 $F_k=3300kN$，弯矩 $M_k=570kN\cdot m$ 和水平剪力 $V_k=310kN$，试问，桩基中单桩承受的最大竖向力标准值 $Q_{k,max}$（kN），与下列何项数值最为接近？

（A）695　　　　（B）698　　　　（C）730　　　　（D）749

46. 假定作用于承台顶面的相应于作用的基本组合时的竖向力 $F=3030kN$，弯矩 $M=0$，水平剪力 $V=0$，试问，该承台正截面最大弯矩设计值（kN·m），与下列何项数

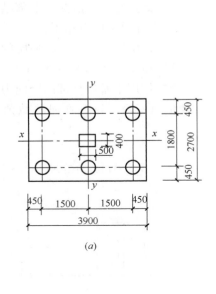

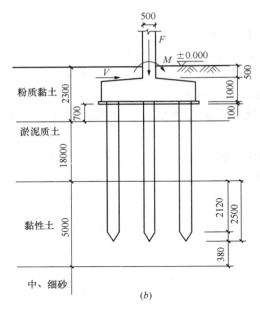

图 7-13

值最为接近？

(A) 1263　　　(B) 1382　　　(C) 1500　　　(D) 1658

47. 当计算该承台受冲切承载力时，已知承台受力钢筋截面重心至承台底面边缘的距离为 60mm，自柱边沿坐标 x 轴方向到最近桩边的距离 $a_{0x}=1.07m$，自柱边沿坐标 y 轴方向到最近桩边的距离 $a_{0y}=0.52m$。该承台的冲垮比 λ_{0x}、λ_{0y}，与下列何项数值最为接近？

(A) $\lambda_{0x}=0.60$，$\lambda_{0y}=0.96$　　　　(B) $\lambda_{0x}=1.0$，$\lambda_{0y}=0.55$

(C) $\lambda_{0x}=1.15$，$\lambda_{0y}=0.56$　　　　(D) $\lambda_{0x}=0.96$，$\lambda_{0y}=0.60$

48. 已知该承台的混凝土强度等级为 C25（$f_t=1.27N/mm^2$），承台受力钢筋截面重心至承台底面边缘的距离为 60mm。已知 $\beta_{hp}=0.983$，试问，该承台受柱冲切时，承台受冲切承载力设计值（kN），与下列何项数值最为接近？

提示： 圆桩换算为方桩，$b=0.8d$。

(A) 5962　　　(B) 5650　　　(C) 5250　　　(D) 5100

【题 49～53】　某桩基承台，采用混凝土预制桩，承台尺寸及桩位如图 7-14（a）所示。桩顶标高为 -3.640m，桩长 16.5m，桩径 600mm，桩端进入持力层中砂 1.50m。土层参数见图 7-14（b）所示，地下水位标高为 -1.200m。查表时，η_c 取低值。

提示： 按《建筑桩基技术规范》JGJ94—2008 计算。

49. 不考虑承台作用时，单桩竖向承载力特征值 R_a（kN），与下列何项数值最为接近？

(A) 1047　　　(B) 1058　　　(C) 1068　　　(D) 1080

50. 考虑承台作用，不考虑地震作用时，复合基桩竖向承载力特征值 R（kN），与下列何项数值最为接近？

112

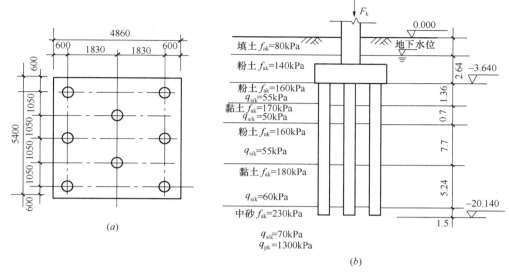

图 7-14

（A）1110　　　　　　（B）1250　　　　　　（C）1374　　　　　　（D）1480

51. 考虑承台作用，并且考虑地震作用时，复合基桩竖向承载力特征值 R（kN），与下列何项数值最为接近？

（A）1112　　　　　　（B）1310　　　　　　（C）1385　　　　　　（D）1490

52. 若桩选用钢管桩，其隔板分隔数 $n=2$，试问，单根钢管桩竖向承载力特征值（kN），与下列何项数值最为接近？

（A）1000　　　　　　（B）1010　　　　　　（C）1030　　　　　　（D）1060

53. 若桩选用混凝土空心桩，其外径 $d=600$mm，内径 $d_1=600-2\times130=340$mm，试问，单根混凝土空心桩竖向承载力特征值（kN），与下列何项数值最为接近？

（A）1410　　　　　　（B）1360　　　　　　（C）1126　　　　　　（D）1050

【题 54、55】　某多层砌体结构房屋，其基底尺寸 $L\times B=46.0\text{m}\times12.8\text{m}$。地基土为杂填土，地基土承载力特征值 $f_{ak}=85$kPa，拟采用灰土挤密桩，桩径 $d=400$mm，桩孔内填料的最大干密度为 $\rho_{dmax}=1.67\text{t/m}^3$，场地处理前平均干密度 $\rho_d=1.33\text{t/m}^3$，挤密后桩间土平均干密度要求达到 $\rho_{d1}=1.57\text{t/m}^3$。

提示：按《建筑地基处理技术规范》JGJ 79—2012 作答。

54. 若桩孔按等边三角形布置，桩孔之间的中心距离 s（m），与下列何项数值最为接近？

（A）1.50　　　　　　（B）1.30　　　　　　（C）1.00　　　　　　（D）0.80

55. 若按正方形布桩，桩间中心距 $s=900$mm，试问，桩孔的数量 n（根），与下列何项数值最为接近？

（A）727　　　　　　（B）826　　　　　　（C）1035　　　　　　（D）1135

【题 56】　某建筑物拟建于土质边坡坡顶，边坡高度为 8m，边坡类型为直立土质边坡，已知土体的内摩擦角 14°，试问，该边坡坡顶塌滑区外缘至坡底边缘的水平投影距离 L（m），与下列何项数值最为接近？

(A) 8.0　　　　　(B) 7.22　　　　　(C) 6.25　　　　　(D) 5.77

【题 57】 某一建于房屋较稀疏的乡镇的钢筋混凝土高层框架-剪力墙结构，已知 50 年重现期的基本风压 $w_0 = 0.60 \text{kN/m}^2$，$T_1 = 1.2\text{s}$，如图 7-15 所示，设计使用年限为 50 年。当进行位移验算时，经计算知脉动风荷载的背景因子 $B_z = 0.591$，试问，50m 高度处的风振系数，与下列何项数值最为接近？

(A) 1.76　　　　　　　　　　(B) 1.69

(C) 1.59　　　　　　　　　　(D) 1.55

【题 58～64】 某幢 10 层现浇钢筋混凝土框架结构办公楼，如图 7-16 所示，无库房，结构总高 34.7m，建于 8 度抗震设防区，丙类建筑，设计地震分组为第一组，Ⅱ类场地。二层箱形地下室，地下室未超出上部主接相关范围，可作为上部结构的嵌固端（图中未示出地下室）。

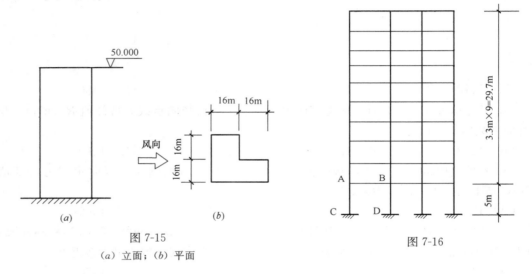

图 7-15
(a) 立面；(b) 平面

图 7-16

58. 首层框架梁 AB，在某一作用组合中，由荷载、地震作用在该梁 A 端产生的弯矩标准值如下：

永久荷载：$M_{Gk} = -90\text{kN} \cdot \text{m}$；楼面活荷载：$M_{Qk} = -50\text{kN} \cdot \text{m}$

风荷载：$M_{Wk} = \pm 20\text{kN} \cdot \text{m}$；水平地震作用：$M_{Ehk} = \pm 40\text{kN} \cdot \text{m}$

其中楼面活荷载已考虑折减。试问，当考虑有地震作用组合时，AB 梁 A 端的最大组合弯矩设计值 M_A（kN·m），与下列何项数值最为接近？

(A) −147.2　　　　(B) −190　　　　(C) −166.4　　　　(D) −218

59. 首层框架柱 CA 在某一作用组合中，由荷载、地震作用在柱底截面产生的内力标准值如下：

永久荷载：$M_{Gk} = -25\text{kN} \cdot \text{m}$，$N_{Gk} = 3100\text{kN}$

楼面活荷载：$M_{Qk} = -15\text{kN} \cdot \text{m}$，$N_{Qk} = 550\text{kN}$

地震作用：$M_{Ehk} = \pm 270\text{kN} \cdot \text{m}$，$N_{Ehk} = \pm 950\text{kN}$

其中楼面活荷载已考虑折减。试问，当考虑有地震作用组合时，该柱柱底截面最大组合轴力设计值（kN），与下列何项数值最为接近？

(A) 4600　　　　(B) 5285　　　　(C) 5370　　　　(D) 5258

60. 假定该榀框架为边榀框架，柱 CA 底截面内力同 [题 59]，试问，当对柱截面进行抗震设计时，柱 CA 底截面最大地震作用组合弯矩设计值（kN·m），与下列何项数值最为接近？

(A) －390　　　　(B) －585　　　　(C) －644　　　　(D) －730

61. 假定边榀框架 CA 柱净高 4.5m，柱截面经内力调整后的组合弯矩设计值为：柱上端弯矩设计值 M_c^t＝490kN·m，下端弯矩设计值 M_c^b＝330kN·m，对称配筋，同时，该柱上、下端实配的正截面受弯承载力所对应的弯矩设计值 $M_{cua}^t＝M_{cua}^b$＝725kN·m。试问，当对柱截面进行抗震设计时，柱 CA 端部截面地震作用组合时的剪力设计值（kN），与下列何项数值最为接近？

(A) 559　　　　(B) 387　　　　(C) 508　　　　(D) 425

62. 假定中间框架节点 B 处左右两端梁截面尺寸均为 350mm×600mm，$a_s＝a_s'$＝40mm。节点左、右端实配弯矩设计值之和 ΣM_{bua}＝920kN·m，柱截面尺寸为 550mm×550mm，柱的计算高度 H_c 取 3.4m，梁柱中线无偏心。试问，该节点核心区地震作用组合剪力设计值 V_j（kN），与下列何项数值最为接近？

(A) 1657　　　　(B) 821　　　　(C) 836　　　　(D) 1438

63. 条件同 [题 62]，假定已求得梁柱节点核心区地震作用组合的剪力设计值 V_j＝1900kN。柱四侧各梁截面宽度均大于该侧柱截面宽度的 1/2，且正交方向梁高度不小于框架梁高度的 3/4。试问，根据节点核心区受剪截面承载力要求，所采用的核心区混凝土轴心受压强度 f_c 值（N/mm²），最小应为下列何项？

(A) 16.7　　　　(B) 14.3　　　　(C) 11.9　　　　(D) 9.6

64. 该建筑物地下室抗震设计时，下列何项选择是完全正确的？

(1) 地下一层有很多剪力墙，抗震等级可采用二级；

(2) 地下二层抗震等级可根据具体情况采用二级；

(3) 地下二层抗震等级不能低于三级；

(4) 地下一层柱截面每侧的纵向钢筋截面面积不应少于上一层柱对应侧的纵向钢筋截面面积的 1.1 倍。

(A) (1)、(3)　　　(B) (1)、(2)　　　(C) (3)、(4)　　　(D) (2)、(4)

【题 65～68】　某钢筋混凝土高层建筑为底层大空间的部分框支剪力墙结构，首层层高 6.0m，嵌固端在 －1.00m 处，框支柱（中柱）抗震等级一级，框支柱截面尺寸 b_c×h_c＝800mm×1350mm，框支梁截面尺寸 b_b×h_b＝600mm×1600mm，采用 C50 混凝土（f_c＝23.1N/mm²，f_t＝1.89N/mm²），纵向受力钢筋用 HRB400 级，箍筋用 HRB335 级钢筋。框支柱考虑 P-Δ 二阶效应后各种荷载与地震作用组合后未经内力调整的控制截面内力设计值见表 7-1。框支柱采用对称配筋，$a_s＝a_s'$＝40mm。

65. 柱底截面配筋计算时，其截面控制内力设计值，应为下列何项数值？

提示：柱轴压比大于 0.15。

(A) M＝－6762.57kN·m，N＝13495.52kN

(B) M＝－4508.38kN·m，N＝13495.52kN

(C) M＝＋5353.20kN·m，N＝14968.8kN

(D) M＝＋3568.8kN·m，N＝14968.80kN

荷载与地震作用组合后未经内力调整的框支柱控制截面内力设计值　　表 7-1

截面位置	内力	左震	右震
柱下端	M （kN・m）	−4508.38	+3568.8
	N （kN）	13495.52	14968.80
	V （kN）	2216.28	1782.61
柱上端	M （kN・m）	−3940.66	+2670.84
	N （kN）	13333.52	14381.36
	V （kN）	1972.33	1382.29

66. 假定，框支柱柱底截面混凝土受压区高度 $x=584$mm，试问，柱底截面最小配筋面积 $(A_s+A'_s)$ （mm²），与下列何项数值最接近？

(A) 8000　　　　(B) 10000　　　　(C) 12500　　　　(D) 13500

67. 框支柱斜截面抗剪计算时，其柱下端抗剪箍筋配置 A_{sv}/s （mm²/mm），应为下列何项数值？

提示： ①框支柱抗剪斜截面条件满足要求；

②$0.3f_cA=7484.4$kN；$\lambda=2.061$；$\gamma_{RE}=0.85$。

(A) 4.122　　　　(B) 4.311　　　　(C) 5.565　　　　(D) 5.162

68. 假定框支柱柱底轴压比为 0.60，其箍筋配置为 Φ12@100，如图 7-17 所示，试问，其柱底实际体积配箍率 ρ_v 与规程规定的最小体积配箍率限值 $[\rho_v]$ 之比，应为下列何项数值？

提示： 箍筋的混凝土保护层厚度为 20mm。

(A) 1.1　　　　(B) 1.3　　　　(C) 1.5　　　　(D) 1.8

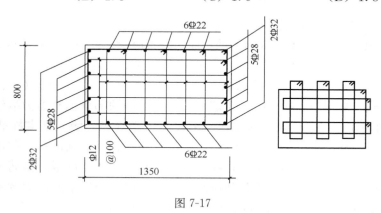

图 7-17

【题 69、70】 某高度 120m 钢筋混凝土烟囱，位于 7 度抗震设防区，设计基本地震加速度为 $0.15g$，Ⅱ类场地，设计地震分组为第二组。烟囱尺寸如图7-18 (a) 所示，上口外直径 $d_1=4.0$m，下口外直径 $d_2=8.8$m，筒身坡度为 0.2％，烟囱划分为 6 段，自上而下各段重量分别为：5000kN、5600kN、6000kN、6600kN、7000kN、7800kN。烟囱的自振周期 $T_1=2.95$s、$T_2=0.85$s、$T_3=0.35$s，烟囱的第二振型如图 7-18 (b) 所示。

69. 相应于第二振型的烟囱第一段 G_1（0~20m）的水平地震作用标准值 F_{21}（kN），与下列何项数值最为接近？

提示：$\alpha_2=0.0609$。

（A）24　　　　　（B）28

（C）12　　　　　（D）－16

70. 假定三个振型的相邻周期比小于 0.85，经计算相应于第一、第二、第三振型的烟囱底部总水平剪力标准值分别为：650kN、－730kN、610kN，试问，烟囱底部总水平剪力标准值（kN），与下列何项数值最为接近？

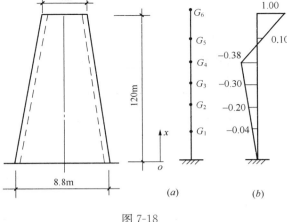

图 7-18

（A）765　　　　（B）830　　　　（C）1152　　　　（D）650

【题 71、72】 某高层钢框架-中心支撑结构房屋，抗震等级为三级，支撑斜杆采用焊接 H 形截面 H300×300×16×22，$A=17296\text{mm}^2$。支撑拼接采用翼缘焊接、腹板高强度螺栓连接。高强度螺栓采用摩擦型连接，$\mu=0.45$，选用 10.9 级 M22（$A_e=303\text{mm}^2$，$P=190\text{kN}$），采用标准圆孔。拼接板为两块，每一块拼接板尺寸为 $b\times h\times t=650\times190\times14$。钢材采用 Q345。取支撑斜杆 $f_y=335\text{N/mm}^2$。

提示：按《高层民用建筑钢结构技术规程》作答。

试问：

71. 支撑斜杆的腹板螺栓按其腹板受拉等强原则考虑，则螺栓数量（个）至少应为下列何项？

提示：不考虑净截面断裂。

（A）8　　　　　（B）9　　　　　（C）10　　　　　（D）11

72. 支撑拼接处的受拉极限承载力验算时，支撑腹板螺栓极限受拉承载力 $N_\text{w}^\text{j}/\alpha_1$（$\alpha_1$ 为连接系数）与支撑翼缘极限受拉承载力 $N_\text{f}^\text{j}/\alpha_2$（$\alpha_2$ 为连接系数）之和与支撑 $A_\text{br}f_y$ 的大小关系，与下列何项最接近？

（A）$N_\text{w}^\text{j}/\alpha_1+N_\text{f}^\text{j}/\alpha_2=7155\text{kN}>5800\text{kN}$

（B）$N_\text{w}^\text{j}/\alpha_1+N_\text{f}^\text{j}/\alpha_2=7850\text{kN}>5800\text{kN}$

（C）$N_\text{w}^\text{j}/\alpha_1+N_\text{f}^\text{j}/\alpha_2=8250\text{kN}>5800\text{kN}$

（D）$N_\text{w}^\text{j}/\alpha_1+N_\text{f}^\text{j}/\alpha_2=8650\text{kN}>5800\text{kN}$

【题 73~76】 某公路钢筋混凝土简支 T 形梁梁长 $l=19.96\text{m}$，计算跨径 $l_0=19.50\text{m}$，采用 C25 混凝土（$E_c=2.80\times10^4\text{MPa}$），主梁截面尺寸如图 7-19 所示，跨中截面主筋为 HRB400 级，$E_s=2\times10^5\text{MPa}$。简支梁吊装时，其吊点设在距梁端 $a=400\text{mm}$ 处，梁自重在跨中截面引起的弯矩 $M_{Gk}=505.69\text{kN·m}$，Ⅰ类环境，安全等级为二级。吊装时，动力系数取为 1.2。

提示：按《公路钢筋混凝土及预应力混凝土桥涵设计规范》JTG 3362—2018 解答。

73. 假定，主梁截面配筋为 6 ⊕ 16（$A_s=1206\text{mm}^2$），$a_s=70\text{mm}$，试问，开裂截面的换算截面惯性矩 I_{cr}（$\times10^6\text{mm}^4$），与下列何项数值最为接近？

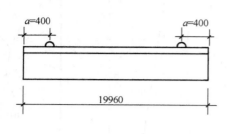
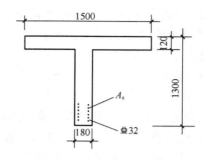

图 7-19

(A) 11300   (B) 11470   (C) 12150   (D) 12850

74. 假定，主梁截面配筋为 8 Φ 32＋2 Φ 16（A_s＝6836mm²），a_s＝110mm 时，试问，开裂截面的换算截面惯性矩 I_{cr}（×10⁶ mm⁴），与下列何项数值最为接近？

提示： 第二类 T 形截面时，受压区高度 $x=\sqrt{A^2+B}-A$。

式中，$A=\dfrac{\alpha_{Es}A_s+h'_f (b'_f-b)}{b}$；$B=\dfrac{2\alpha_{Es}A_sh_0+ (b'_f-b) h'^2_f}{b}$

(A) 49600   (B) 51600   (C) 52100   (D) 48700

75. 条件同［题 74］，假定 I_{cr}＝50000×10⁶ mm⁴，x_0＝290mm，施工吊装时，T 形梁受压区混凝土边缘压应力 σ^t_{cc}（MPa），与下列何项数值最为接近？

(A) 2.5   (B) 3.0   (C) 3.5   (D) 4.0

76. 条件同［题 74］，假定 I_{cr}＝50000×10⁶ mm⁴，x_0＝290mm，施工吊装时，T 形梁最下一层纵向受力钢筋的应力 σ^t_s（MPa），与下列何项数值最为接近？

提示： 纵向受力钢筋的混凝土保护层厚度为 35mm。

(A) 72   (B) 76   (C) 83   (D) 88

【题 77、78】 某公路上三跨变高度箱形截面连续梁，跨径组合为 40＋60＋40（m），其截面尺寸的变化规律如图7-20所示，采用 C40 混凝土。

77. 试问，单室箱梁在中支点处上翼缘的腹板外侧的有效宽度 b_{m1}（mm），与下列何项数值最为接近？

(A) 1.68   (B) 1.61

(C) 1.56   (D) 1.50

78. 试问，单室箱梁在中跨跨中处上翼缘的腹板内侧的有效宽度 b_{m2}（mm），与下列何项数值最为接近？

(A) 3.68   (B) 3.17

(C) 2.85   (D) 2.41

【题 79】 某公路上一座计算跨径为 40m 的预应力混凝土简支箱形桥

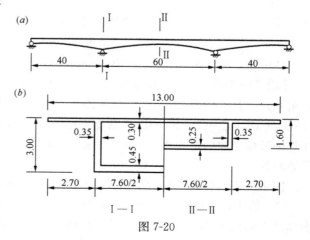

图 7-20

梁，采用 C50 混凝土（$E_c = 3.45 \times 10^4 \mathrm{MPa}$，$f_{tk} = 2.65 \mathrm{MPa}$），采用后张法施工。该箱梁的跨中断面的相关数值为：$A_0 = 9.6 \mathrm{m}^2$，$h = 2.25 \mathrm{m}$，$I_0 = 7.75 \mathrm{m}^4$；换算截面中性轴至上翼缘边缘距离为 0.95m，至下翼缘边缘距离为 1.3m，预应力钢筋束合力点距下边缘为 0.3m，$A_n = 8.8 \mathrm{m}^2$，$I_n = 5.25 \mathrm{m}^4$，$y_{n上} = 1.10 \mathrm{m}$，$y_{n下} = 1.15 \mathrm{m}$。该箱形桥梁按 A 类预应力混凝土构件设计，在正常使用极限状态下，在频遇组合作用下跨中断面永久作用与可变作用的弯矩值 $M_s = 75000 \mathrm{kN \cdot m}$；在准永久组合作用下，跨中断面永久作用与可变作用的弯矩值 $M_l = 65000 \mathrm{kN \cdot m}$。试问，跨中断面所需的永久有效最小预应力值（kN），与下列何项数值最为接近？

提示：按《公路钢筋混凝土及预应力混凝土桥涵设计规范》JTG 3362—2018 解答。

（A）35800 　　　（B）36500 　　　（C）38100 　　　（D）39000

【题 80】 在公路桥梁中，预制梁混凝土与用于整体连接的现浇混凝土龄期之差，不应超过下列何项数值？说明理由。

（A）1 个月 　　　（B）2 个月 　　　（C）3 个月 　　　（D）4 个月

实战训练试题（八）

（上午卷）

【题1】 下述关于建筑抗震设防分类标准的叙述中，何项不妥？说明理由。

(A) 建筑面积不小于 $17000m^2$ 的多层商场建筑的抗震设防类别为乙类

(B) 中学的教学用房的抗震设防类别应不低于乙类

(C) 高层建筑中结构单元内经常使用人数超过 8000 人时，其抗震设防类别为乙类

(D) 二、三级医院中承担特别重要医疗任务的住院用房，其抗震设防类别为甲类

【题2、3】 某单筋矩形梁的截面尺寸 $b×h=250mm×600mm$，混凝土强度等级为 C30，纵向受力钢筋采用 HRB500 和 HRB400 钢筋。箍筋采用 HPB300 钢筋，直径 8mm。室内正常环境，安全等级为二级。HRB500 钢筋，取 $\xi_b=0.482$；HRB400 钢筋，取 $\xi_b=0.518$。

2. 当受压区高度等于界限高度时，该梁所能承受的最大弯矩设计值（kN·m），与下列何项数值最接近？

提示： 取 $a_s=40mm$。

(A) 410　　　　(B) 430　　　　(C) 447　　　　(D) 455

3. 假定梁配置了 HRB500 钢筋为 2Φ25、HRB400 钢筋为 3Φ28，如图 8-1 所示，梁高为 750mm，试问，该梁的受弯承载力设计值（kN·m），与下列何项数值最为接近？

(A) 550　　　　(B) 580　　　　(C) 630　　　　(D) 660

【题4】 某矩形截面框架柱截面尺寸 $b×h=400mm×450mm$，柱净高 $H_n=3.5m$；承受轴向压力设计值 $N=890kN$，斜向剪力设计值 $V=210kN$，斜面剪力作用方向见图 8-2 所示，弯矩反弯点在层高范围内，采用 C30 混凝土（$f_c=14.3N/mm^2$，$f_t=1.43N/mm^2$），箍筋采用 HPB300 钢筋。纵向受力钢筋采用 HRB400 钢筋，已配置 8Φ25。结构安全等级为二级，$a_s=40mm$。试问，该柱的箍筋配置，与下列何项数值最为接近？

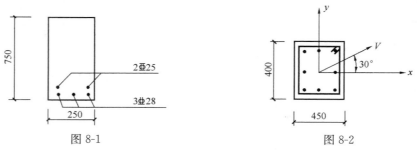

图 8-1　　　　　　　　　　　　　　图 8-2

提示： ①取 $V_{ux}=V_{uy}$，柱截面尺寸满足受剪要求不需验算；

②$0.3f_cA=772.2kN$。

(A) Φ6@100　　(B) Φ8@100　　(C) Φ8@150　　(D) Φ8@200

【题5～7】 某公共建筑底层门厅内现浇钢筋混凝土圆柱，承受轴心压力设计值 $N=$ 5700kN。该柱的截面尺寸为 $d=550mm$，柱的计算长度 $l_0=5.2m$，C30 混凝土（$f_c=$

14.3N/mm²），柱的纵筋采用 HRB400，箍筋采用 HPB300。结构安全等级为二级。

5. 该柱的纵向钢筋截面面积（mm²），与下列何项数值最为接近？

（A）9200 （B）8130 （C）8740 （D）9000

6. 假若采用螺旋箍筋，纵筋选用 16 ⚯ 22 的 HRB400 钢筋，螺旋箍筋直径 $d=10$mm，箍筋的混凝土保护层厚度取为 20mm。试问，螺旋箍筋的间距 s（mm），与下列何项数值最为接近？

（A）45 （B）50 （C）55 （D）60

7. 条件同 [题 6]，若取 $s=40$mm，该柱的轴向力设计值（kN），与下列何项数值最为接近？

（A）5100 （B）5500 （C）5900 （D）6300

【题 8】 某现浇钢筋混凝土框架结构为多层商场，建于Ⅱ类场地，7 度抗震设防区，建筑物总高度 28m，营业面积 8000m²。试问，该建筑物框架抗震等级应为下列何项？说明理由。

（A）抗震等级一级 （B）抗震等级二级 （C）抗震等级三级 （D）抗震等级四级

【题 9】 某一建造于 Ⅱ 类场地上的钢筋混凝土多层框架结构，抗震等级为二级，其中，某柱轴压比为 0.6，混凝土强度等级为 C25，箍筋采用 HPB300，剪跨比为 2.1，柱断面尺寸及配筋形式如图 8-3 所示。该柱为角柱且其纵筋采用 HRB400 钢筋时，下列何项配筋面积 A_s（mm²），最接近规范允许最小配筋率的要求？

（A）14 ⚯ 18 （B）14 ⚯ 20 （C）14 ⚯ 22 （D）14 ⚯ 25

【题 10、11】 位于北京市某公园内一露天水槽（图 8-4），槽板厚 300mm，采用 C30 混凝土，纵向受力钢筋采用 HRB400，分布筋采用 HPB300 钢筋并且直径为 10mm。已计算得到槽身与槽底交接处每米宽度弯矩设计值为 20kN·m。结构安全等级二级。

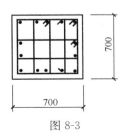
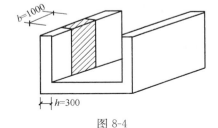

图 8-3　　　　　　　　　　　图 8-4

10. 试问，该槽身纵向受力钢筋配置，与下列何项数值最接近？

（A）⚯ 12@100 （B）⚯ 12@150 （C）⚯ 12@200 （D）⚯ 12@250

11. 假若槽身纵向受力钢筋配置为 ⚯ 12@125，荷载的标准组合弯矩值、准永久组合弯矩值分别为：$M_k=16.82$kN·m/m，$M_q=12.55$kN·m/m。试问，槽身的最大裂缝宽度 w_{max}（mm），与下列何项数值最为接近？

（A）0.016 （B）0.020 （C）0.026 （D）0.032

【题 12、13】 某先张法预应力混凝土空心圆孔板，为简支板，板尺寸为 1.2m×3.9m，板的计算跨度为 3.77m，选用 C30 混凝土，预应力钢筋采用消除应力钢丝 9 Φ^{p}5（$A_p=$176.67mm²）。已知板的换算截面惯性矩 $I_0=1.7949×10^8$mm⁴，换算截面面积 $A_0=$89783mm²，换算截面重心至空心板下边缘的距离为 $y_0=63.33$mm。预应力钢筋合力点至换算截面重心的距离 $e_{p0}=46.33$mm。总的预应力损失值 $\sigma_l=319.0$N/mm²，环境类别为二 a 类环境。

12. 在正常使用阶段，荷载的标准组合值 $M_k=14.71\times10^6$ N·mm，荷载的准永久组合值 $M_q=11.3\times10^6$ N·mm。试问，该空心板要满足规范抗裂规定时，其预应力钢筋的张拉控制应力（N/mm²），应不小于下列何项数值？

提示：不考虑最大裂缝宽度的验算。

(A) 840　　　　　(B) 730　　　　　(C) 680　　　　　(D) 580

13. 假定构件在使用阶段不出现裂缝，其他条件同［题 12］，在正常使用阶段，该楼板跨中挠度值（mm），与下列何项数值最为接近？

(A) 25　　　　　(B) 20　　　　　(C) 15　　　　　(D) 9

【题 14】 抗震设计时，某直锚筋预埋件，承受剪力设计值 $V=210$ kN，构件采用 C25 混凝土，锚筋选用 HRB400 级钢筋（$f_y=360$ N/mm²），钢板为 Q235 钢，板厚 $t=14$ mm。锚筋各层分布两根 2Φ22。试问，预埋件锚筋的配置为下列何项时，即满足要求且较为经济？

(A) 2Φ22　　　　(B) 4Φ22　　　　(C) 6Φ22　　　　(D) 8Φ22

【题 15】[①] 下述关于混凝土结构满足耐久性要求的叙述中，何项不妥？说明理由。

提示：按《混凝土结构耐久性设计规范》GB/T 50476—2008 解答。

(A) 一般环境下素混凝土构件的混凝土最低强度等级为 C15

(B) I-C 条件下配筋混凝土构件，设计使用年限 50 年，其混凝土最低强度等级为 C35

(C) I-B 条件下预应力混凝土构件，设计使用年限 50 年，其混凝土最低强度等级为 C40

(D) 混凝土构件的混凝土强度等级是由荷载作用控制而并非由环境作用决定的

【题 16~19】 如图 8-5 所示某偏心受压悬臂柱支架，柱底与基础刚性固定，柱高 $H=6.5$ m，每柱承受压力设计值 $N=1200$ kN（静力荷载，已含柱自重），偏心距 $e=0.5$ m。弯矩作用平面外的支撑点按铰接考虑。钢材选用 Q235B 钢。已知焊接工字形截面的翼缘为焰切边，其截面特性：$A=21600$ mm²；$I_x=1.492\times10^9$ mm⁴，$I_y=2.134\times10^8$ mm⁴，$i_x=262.9$ mm，$i_y=99.4$ mm，$W_x=4.975\times10^6$ mm³。柱截面等级满足 S3 级。

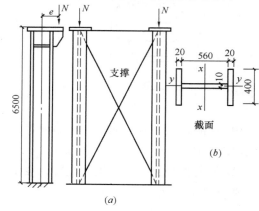

图 8-5

16. 该悬臂柱进行强度验算时，构件上最大压应力设计值（N/mm²），与下列何项数值最为接近？

(A) 170.5　　　　(B) 176.5　　　　(C) 180.5　　　　(D) 185.5

17. 该悬臂柱进行弯矩作用平面内稳定验算时，悬臂构件取 $\beta_{mx}=1.0$，构件上最大压

---

① 根据当年考试所使用的规范进行取舍。

应力设计值（N/mm²），与下列何项数值最为接近？

提示：$N'_{EX}=1.636×10^4kN$

(A) 178.6　　　　　(B) 182.1　　　　　(C) 187.0　　　　　(D) 191.6

18. 该悬臂柱进行弯矩作用平面外稳定验算时，取 $\beta_{tx}=1.0$，构件上最大压应力设计值（N/mm²），与下列何项数值最为接近？

(A) 185.2　　　　　(B) 189.5　　　　　(C) 195.4　　　　　(D) 200.2

19. 该悬臂柱的腹板板件宽厚比等级应为下列何项？

(A) S1 级　　　　　(B) S2 级　　　　　(C) S3 级　　　　　(D) S4 级

【题 20～27】 某双跨具有重级工作制吊车的厂房，跨度均为 30m，柱距为 12m，采用大型屋面板，屋面恒载标准值为 3.3kN/m²（含钢结构自重），活载标准值为 0.5kN/m²，均以水平投影面积计算。屋架间距为 6m，设有屋架下弦纵向支撑，托架平面布置示意如图 8-6（a）所示，其中，中列柱的钢托架的几何简图如图 8-6（b）所示。托架两端的屋架反力直接传于柱顶，托架仅承受中间两榀屋架的反力。钢材用 Q235B，焊条用 E43 型。

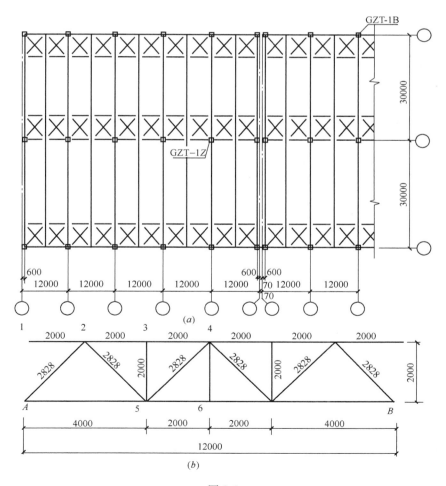

图 8-6

提示：按《建筑结构可靠性设计统一标准》GB 50068—2018 作答。

20. 若中列柱的托架自重设计值为 25.0kN，试问，该托架支座反力 $R_A = R_B$（kN），与下列何项数值最为接近？

(A) 458   (B) 466   (C) 478   (D) 486

21. 若该中列柱托架支座反力设计值 $R_A = R_B = 462.5$kN，将屋面恒载、活荷载的等效荷载值作用在图 8-6（b）中 6 点处，试问，该托架上弦杆节间 2-3、3-4 的内力设计值（kN），与下列何项数值最为接近？

(A) $N_{2\text{-}3} = N_{3\text{-}4} = -925$ (B) $N_{2\text{-}3} = N_{3\text{-}4} = 925$

(C) $N_{2\text{-}3} = N_{3\text{-}4} = -462.5$ (D) $N_{2\text{-}3} = N_{3\text{-}4} = 462.5$

22. 条件同［题 21］，试问，该托架下弦杆节间 5-6 的内力设计值（kN），与下列何项数值最为接近？

(A) 1387   (B) 1156

(C) 925   (D) 835

23. 托架上弦杆选用 ⌐⌐ $180 \times 110 \times 12$，短肢相并，$A = 67.42$cm²，$i_x = 3.11$cm，$i_y = 8.75$cm，试问，当节间 2-3 的内力设计值 $N = -850$kN（压力）时，按轴心受压构件进行稳定性计算时，杆件上的最大压应力（N/mm²），与下列何项数值最为接近？

(A) 170   (B) 175

(C) 180   (D) 185

24. 托架腹杆 A-2 选用 ⌐⌐ $140 \times 90 \times 12$，长肢相并，$A = 52.80$cm²，$i_x = 4.44$cm，$i_y = 3.77$cm，试问，当腹杆 A-2 的内力设计值 $N = -654$kN（压力）时，按轴心受压构件进行稳定性计算时，杆件上的最大压应力（N/mm²），与下列何项数值最为接近？

(A) 175   (B) 180   (C) 185   (D) 190

25. 托架腹杆 2-5 选用 ⌐⌐ 100×8，$A = 31.28$cm²，$i_x = 3.08$cm，$i_y = 4.55$cm，腹杆 2-5 的内力设计值 $N = 654$（拉力）时，其平面内、平面外的长细比 λ_x、λ_y，与下列何项数值最为接近？

(A) $\lambda_x = 73.5$，$\lambda_y = 62.2$ (B) $\lambda_x = 91.8$，$\lambda_y = 62.2$

(C) $\lambda_x = 49.7$，$\lambda_y = 91.8$ (D) $\lambda_x = 91.8$，$\lambda_y = 49.7$

26. 条件同［题 21］，托架竖杆 3-5 所承受的压力设计值（kN），为下列何项数值？

提示：竖杆 3-5 按撑杆考虑。

(A) 14.5   (B) 15.4   (C) 16.8   (D) 18.6

27. 托架竖杆 3-5 选用 ⌐ $2L63 \times 6$，$A = 14.58$cm²，$i_x = 1.93$cm，$i_y = 3.06$cm，当竖杆 3-5 所承受的压力设计值 $N = 18.0$kN，按轴心受压构件进行稳定性计算时，杆件上的最大压应力（N/mm²），与下列何项数值最为接近？

(A) 15.8   (B) 17.4   (C) 18.5   (D) 19.6

【题 28】 抗震设计的钢框架-支撑结构的布置，下列何项不妥？说明理由。

(A) 支撑框架在两个方向的布置均宜基本对称，支撑框架之间楼盖的长宽比不宜大于 3

(B) 抗震三级且高度不大于 50m 的钢结构宜采用中心支撑

(C) 中心支撑框架宜采用交叉支撑，也可采用人字形支撑或单斜杆支撑，还可采用 K 形支撑

（D）偏心支撑框架的每根支撑应至少有一端与框架梁连接，并在支撑与梁的交点和柱之间或同一跨内另一支撑与梁的交点之间形成消能梁段

【题 29】 当钢结构表面长期受辐射热作用时，应采取有效防护措施的温度低限值，应为下列何项数值？

（A）100℃　　　（B）150℃　　　（C）300℃　　　（D）600℃

【题 30、31】 某外纵墙的窗间墙截面为 1200mm×240mm，如图 8-7 所示，采用烧结普通砖 MU10 和 M5 混合砂浆砌筑，钢筋混凝土梁截面尺寸 $b×h=$ 250mm×600mm，在梁端设置 650mm×240mm×240mm 预制钢筋混凝土垫块，由荷载设计值所产生的梁端支座反力 $N_l=80kN$，上部传来作用在预制垫块截面上的荷载设计值 $N_0=25kN$。砌体施工质量控制等级 B 级，结构安全等级为二级。

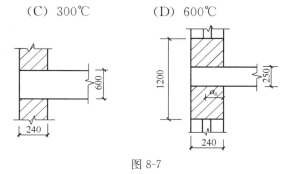

图 8-7

30. 垫块面积上由上部荷载产生的轴向力 N_0 与梁端支承反力 N_l 两者合力所产生的偏心距 e（mm），与下列何项数值最为接近？

（A）48.5　　　（B）57.3　　　（C）75.0　　　（D）65.5

31. 垫块外砌体面积的有利影响系数 γ_1，与下列何项数值最为接近？

（A）1.21　　　（B）1.04　　　（C）1.29　　　（D）1.12

【题 32】 某单跨无吊车简易厂房，弹性方案，有柱间支撑，承重柱截面 $b×h=$ 600mm×800mm，承重柱采用 MU20 单排孔混凝土砌块（孔洞率 30％），Mb10 混合砂浆对孔砌筑，Cb25 灌孔混凝土全灌实，满足规范构造要求。厂房剖面如图 8-8 所示，柱偏心受压，沿柱截面边长方向偏心距 $e=220mm$。砌体施工质量控制等级为 B 级，结构安全等级为二级。试问，该独立柱偏心受压承载力设计值（kN），与下列何项数值最为接近？

（A）1250　　　（B）1150　　　（C）1000　　　（D）900

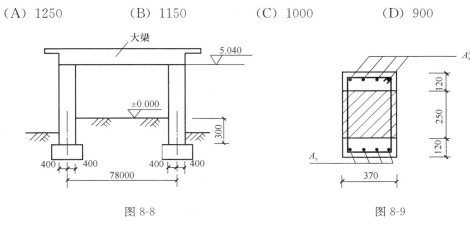

图 8-8　　　　　　　　　　　　　　　图 8-9

【题 33】 截面尺寸为 370mm×490mm 的组合砖柱，柱的计算高度 $H_0=5.7m$，承受的轴向压力设计值 $N=700kN$，采用 MU10 烧结普通砖和 M7.5 混合砂浆砌筑，采用 C20 混凝土面层，如图 8-9 所示。钢筋采用 HRB335，4 Φ 14（$A_s=A_s'=615mm^2$）。砌体施工

质量控制等级为 B 级。试问，该组合砖柱的轴心受压承载力设计值（kN），与下列何项数值最接近？

(A) 1140 　　　　(B) 950 　　　　(C) 1050 　　　　(D) 1240

【题 34、35】 某配筋砌块砌体抗震墙房屋，抗震等级二级，首层一剪力墙墙肢截面尺寸如图 8-10 所示，$b_w \times h_w = 190mm \times 5400mm$，墙体高度 4400mm，单排孔混凝土砌块强度等级 MU20，砂浆 Mb15，灌孔混凝土 Cb30，经计算知 $f_g = 8.33MPa$。钢筋均采用 HRB400 级（$f_y = 360N/mm^2$）。该墙肢承受的地震作用组合下的内力值：$M = 1170kN \cdot m$，$N = 1280kN$（压力），$V = 190kN$。砌体施工质量控制等级为 B 级。

提示： 按《砌体结构设计规范》作答。

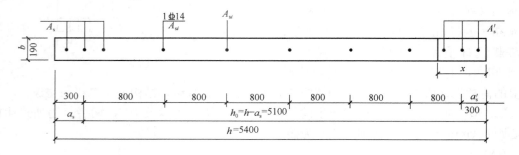

图 8-10

34. 假定墙肢竖向分布筋 $\Phi 14@800$，墙肢竖向受拉、受压主筋采用对称配筋（$A_s = A_s'$），试问，竖向受压主筋配置（A_s'），应为下列何项时，既能满足要求且较为经济合理？

提示： 在确定受压区高度 x 时忽略分布筋的影响，$\Sigma f_{si}S_{si} = 748.092kN \cdot m$。

(A) 3 Φ 22 　　　　　　　　　　　(B) 3 Φ 20

(C) 3 Φ 18 　　　　　　　　　　　(D) 3 Φ 16

35. 试问，该墙肢的水平分布筋配置，应为下列何项配置时，既能满足要求且较为经济合理？

提示： ①墙肢受剪截面条件满足规范要求；

②$0.2f_gbh = 1709.32kN$；$\gamma_{RE} = 0.85$。

(A) 2 Φ 8@400 　　　　　　　　　(B) 2 Φ 10@400

(C) 2 Φ 10@600 　　　　　　　　(D) 2 Φ 12@400

【题 36～38】 某多层商店-住宅为框支墙梁，其横向为两跨不等跨框支墙梁如图8-11所示，$l_{01} = 7.12m$，$l_{02} = 3.82m$；托梁 $b_b \times h_b$，大跨 350mm × 850mm，小跨 350mm × 600mm，柱 400mm × 400mm，采用 C30 混凝土、HRB335（纵筋）和 HPB300（箍筋）。上层墙体采用 MU15 烧结普通砖，M10（二层）、M5（其他层）混合砂浆砌筑；大跨离中柱 0.5m 开门洞，$b_h = 1.1m$；小跨离中柱 0.8m 开门洞，$b_h = 0.8m$。托梁顶面、墙梁顶面荷载设计值如图 8-11（a）所示，其中，小跨上作用一集中力设计值为 26.91kN。已知采用弯矩分配法求得的框架内力设计值如图 8-11（b）、（c）所示。结构安全等级为二级。砌体施工质量控制等级为 B 级。

36. 试问，大跨跨中截面的弯矩设计值 M_b（kN·m）、轴心拉力设计值 N_{bt}（kN），与下列何组数值最为接近？

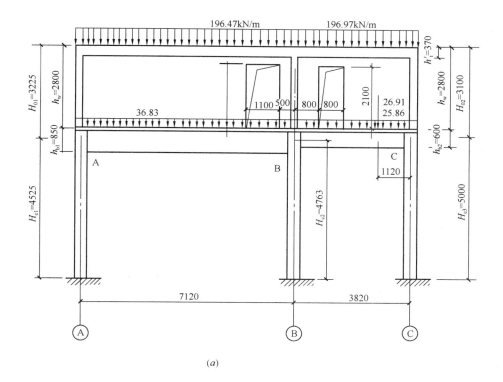

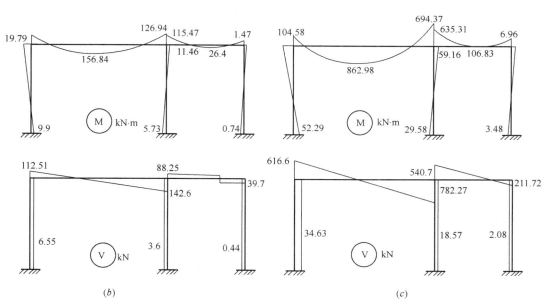

图 8-11

(a) 基本结构图；(b) 在 Q_1 作用下；(c) 在 Q_2 作用下

(A) $M_b=835$；$N_{bt}=490$　　　　(B) $M_b=910$；$N_{bt}=580$

(C) $M_b=810$；$N_{bt}=450$　　　　(D) $M_b=835$；$N_{bt}=510$

37. 假定大跨托梁的轴心拉力设计值 $N=500$kN，箍筋选用 HPB300 钢筋，大跨托梁边支座 A 端的箍筋配置，为下列何项数值时才能满足要求，且较为经济合理？

提示：边支座 A 端抗剪截面条件满足规范要求；$a_s=60\text{mm}$。

(A) 4Φ8@200　　(B) 4Φ10@200　　(C) 4Φ12@200　　(D) 4Φ14@200

38. 若纵向框架传给边柱 A 柱的附加轴力设计值为 350kN，若 A 柱柱顶为小偏心受压，试问，A 柱的柱顶弯矩设计值 M（kN·m）、轴压力设计值 N（kN），与下列何组数值最为接近？

(A) $M=125$；$N=1200$　　　　　　(B) $M=115$；$N=1200$

(C) $M=125$；$N=1080$　　　　　　(D) $M=115$；$N=1080$

【题 39、40】 一东北落叶松简支檩条，截面 $b \times h=150\text{mm} \times 300\text{mm}$（沿全长无切口），支座间的距离为 6m，在檩条顶面上作用均布线荷载。该檩条的设计使用年限为 25 年，取 $\gamma_0=0.95$。稳定满足要求。

39. 试问，檩条能承担的最大弯矩设计值（kN·m），与下列何项数值最为接近？

(A) 54.5　　(B) 40.16　　(C) 44.18　　(D) 46.50

40. 试问，檩条能承担的最大剪力设计值（kN），与下列何项数值最为接近？

(A) 50.40　　(B) 52.80　　(C) 55.44　　(D) 58.36

（下午卷）

【题 41】 某永久性建筑岩质边坡采用锚杆，已知作用于岩石锚杆的水平拉力 $H_{tk}=1200\text{kN}$，锚杆倾角 $\alpha=15°$，锚固体直径 $D=0.15\text{m}$，地层与锚固体极限粘结强度标准值 $f_{rbk}=1200\text{kPa}$。锚杆钢筋与砂浆间的锚固长度为 4.2m。边坡工程安全等级为二级。试问，该锚杆的锚固段长度 l_a（m），最接近下列何项？

(A) 4.2　　(B) 4.4　　(C) 5.3　　(D) 6.5

【题 42~44】 某建筑物设计使用年限为 50 年，地基基础设计等级为乙级，柱下桩基础采用九根泥浆护壁钻孔灌注桩，桩直径 $d=600\text{mm}$，为提高桩的承载力及减少沉降，灌注桩采用桩端后注浆工艺，且施工满足《建筑桩基技术规范》JGJ 94—2008 的相关规定。框架柱截面尺寸为 1100mm×1100mm，承台及其以上土的加权平均重度 $\gamma_0=20\text{kN/m}^3$。承台平面尺寸、桩位布置、地基土层分布及岩土参数等如图 8-12 所示。桩基的环境类别为二 a，建筑所在地对桩基混凝土耐久性无可靠工程经验。

试问：

42. 假定，第②层粉质黏土及第③层黏土的后注浆侧阻力增强系数 $\beta_s=1.4$，第④层细砂的后注浆侧阻力增强系数 $\beta_s=1.6$，第④层细砂的后注浆端阻力增强系数 $\beta_p=2.4$。试问，在进行初步设计时，根据土的物理指标与承载力参数间的经验公式，单桩的承载力特征值 R_a（kN）与下列何项数值最为接近？

(A) 1200　　(B) 1400　　(C) 1600　　(D) 3000

43. 假定，在荷载基本组合下，单桩桩顶轴心压力设计值 N 为 1980kN。已知桩全长螺旋式箍筋直径为 6mm、间距为 150mm，基桩成桩工艺系数 $\psi_c=0.75$。试问，根据《建筑桩基技术规范》JGJ 94—2008 的规定，满足设计要求的桩身混凝土的最低强度等级取下列何项最为合理？

(A) C20　　(B) C25　　(C) C30　　(D) C35

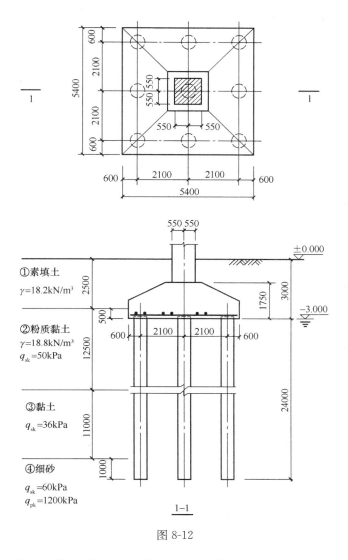

图 8-12

44. 假定，在桩基沉降计算时，已求得沉降计算深度范围内土体压缩模量的当量值 $\overline{E}_s = 18\text{MPa}$。试问，根据《建筑桩基技术规范》JGJ 94—2008 的规定，桩基沉降经验系数 ψ 与下列何项数值最为接近？

（A）0.48　　　　（B）0.53　　　　（C）0.75　　　　（D）0.85

【题 45】 某工程所处的环境为海风环境，地下水、土具有弱腐蚀性。试问，下列关于桩身裂缝控制的观点中，何项是不正确的？

（A）采用预应力混凝土桩作为抗拔桩时，裂缝控制等级为二级

（B）采用预应力混凝土桩作为抗拔桩时，裂缝宽度限值为 0

（C）采用钻孔灌注桩作为抗拔桩时，裂缝宽度限值为 0.2mm

（D）采用钻孔灌注桩作为抗拔桩时，裂缝控制等级应为三级

【题 46～48】 某柱下钢筋混凝土独立锥形基础，基础底面尺寸为 2.0m×2.5m。持力层为粉土，其下为淤泥质土软弱层。由柱底传来竖向力为 F，力矩为 M 和水平剪力为 V，

如图 8-13 所示。取基础及基础上土的重度 $\gamma_G = 20kN/m^3$。

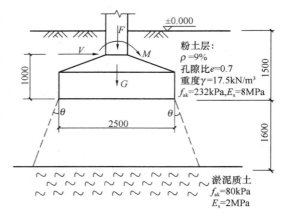

图 8-13

46. 当相应于作用的标准组合时的竖向力 $F_k = 605kN$，弯矩 $M_k = 250kN \cdot m$，水平剪力 $V_k = 102kN$ 时，其基础底面处的最大压力标准值 p_{kmax}（kPa），与下列何项数值最为接近？

（A）300   （B）318
（C）321   （D）337

47. 当相应于作用的标准组合时的竖向力 $F_k = 905kN$，弯矩 $M_k = 0$，水平剪力 $V_k = 0$，试问，软弱下卧层顶面处的附加压力标准值 p_z 与自重压力标准值 p_{cz} 之和 $p_z + p_{cz}$（kPa），与下列何项数值最为接近？

（A）123   （B）128
（C）133   （D）136

48. 在淤泥质土软弱下卧层顶面处，经深度修正后，其地基承载力特征值 f_{az}（kPa），与下列何项数值最为接近？

（A）124   （B）126   （C）136   （D）141

【题 49～51】 某浆砌块石挡土墙，其墙高、横截面和基础埋深尺寸如图 8-14 所示。墙后采用中密碎石土回填，填土表面水平，其干密度 $\rho_d = 2.0t/m^3$，土的重度 $\gamma = 20kN/m^3$。墙背竖直，基底水平，其重度 $\gamma_1 = 22kN/m^3$，土对墙背的摩擦角 $\delta = 15°$，$\varphi = 30°$，对基底的摩擦系数 $\mu = 0.40$。墙背粗糙，排水良好。

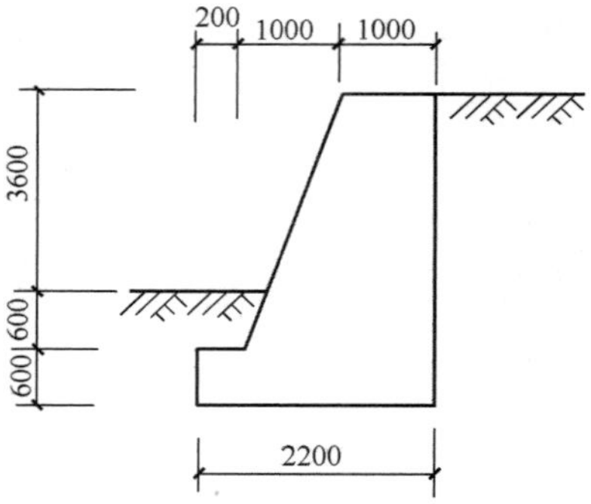

49. 试问，主动土压力 E_a（kN/m），与下列何项数值最为接近？

（A）46.08   （B）48.01
（C）50.06   （D）52.02

图 8-14

50. 假定主动土压力为 50kN/m，挡土墙的抗滑移稳定性系数 k_s，与下列何项数值最为接近？

（A）1.5   （B）1.6   （C）1.8   （D）1.9

51. 假定主动土压力为 50kN/m，挡土墙的抗倾覆稳定性系数 k_t，与下列何项数值最为接近？

（A）3.1   （B）3.3   （C）3.6   （D）3.9

【题 52～54】 某建筑桩基承台承受上部结构传来相应于作用的标准组合时的竖向力 $F_k = 5500kN$，承台尺寸为 $A \times B = 5.40m \times 4.86m$，承台高 $H = 1.0m$，桩群外缘矩形底面的长、短边边长 $A_0 \times B_0 = 4.80m \times 4.26m$。桩基承台的地基地面标高为 ±0.000，地下水位为 $-3.31m$，土层分布见图 8-15 所示。桩顶标高为 $-6.64m$，桩长 16.5m，桩径 600mm，桩进入中砂持力层 1.5m，桩端持力层下存在软弱下卧层。

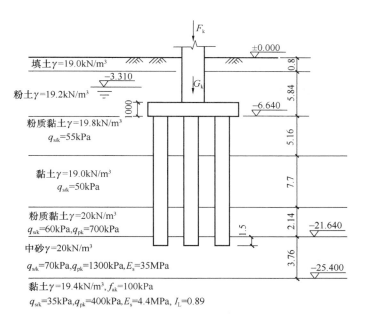

填土 $\gamma=19.0kN/m^3$

粉土 $\gamma=19.2kN/m^3$

粉质黏土 $\gamma=19.8kN/m^3$
$q_{sik}=55kPa$

黏土 $\gamma=19.0kN/m^3$
$q_{sik}=50kPa$

粉质黏土 $\gamma=20kN/m^3$
$q_{sik}=60kPa$, $q_{pk}=700kPa$

中砂 $\gamma=20kN/m^3$
$q_{sik}=70kPa$, $q_{pk}=1300kPa$, $E_s=35MPa$

黏土 $\gamma=19.4kN/m^3$, $f_{ak}=100kPa$
$q_{sik}=35kPa$, $q_{pk}=400kPa$, $E_s=4.4MPa$, $I_L=0.89$

图 8-15

提示：按《建筑桩基技术规范》JGJ 94—2008 计算。

52. 若桩承台及其上土自重 $G_k=2400kN$，试问，作用于软弱下卧层顶面的附加应力 σ_z（kPa）的计算值，与下列何项数值最为接近？

（A）−92　　　　　（B）−80　　　　　（C）80　　　　　（D）60

53. 若 $\sigma_z=0kPa$，则 $\sigma_z+\gamma_m z$ 之值（kPa），与下列何项数值最为接近？

（A）210　　　　　（B）200　　　　　（C）190　　　　　（D）180

54. 若 $\gamma_m=10kN/m^3$，软弱下卧层顶部经深度修正后的 f_{az}（kPa），与下列何项数值最为接近？

（A）350　　　　　（B）283　　　　　（C）330　　　　　（D）273

【题 55】 采用直径 600mm 的沉管砂石桩处理某松散砂土地基，砂桩正方形布置，场地要求经过处理后砂土的相对密实度达到 $D_r=0.85$。已知砂土天然孔隙比 $e_0=0.78$，最大孔隙比 $e_{max}=0.8$，最小孔隙比 $e_{min}=0.64$，不考虑振动下沉密实作用。试问，最合适的沉管砂石桩间距 s（m），与下列何项数值最为接近？

（A）2.65　　　　　（B）2.10　　　　　（C）2.20　　　　　（D）2.75

【题 56】 某双跨单层工业排架结构钢筋混凝土厂房，柱间距为 6m，各跨跨度为 24m，厂房内设有吊车，该厂房的地基承载力特征值 f_{ak} 为 180kPa，地基基础设计等级为丙级，试问，厂房内的最大吊车额定起重量为下列何项数值时可不作地基变形计算？说明理由。

（A）10～15t　　　（B）15～20t　　　（C）20～30t　　　（D）30～75t

【题 57～59】 某 12 层现浇钢筋混凝土框架-剪力墙结构，设计使用年限为 50 年，如图 8-16 所示，50 年重现期的基本风压 $w_0=0.60kN/m^2$，100 年重现期的基本风压 $w_0=0.70kN/m^2$，地面粗糙度为 C 类。该建筑物质量和刚度沿全高分布较均匀，基本

自振周期 $T_1 = 1.5s$。已知脉动风荷载的共振分量因子为 1.00。

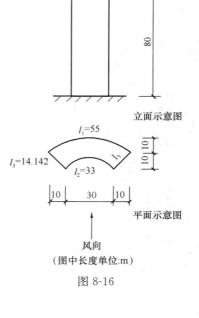

立面示意图

平面示意图

风向

（图中长度单位：m）

图 8-16

57. 若已知风荷载体型系数为 μ_s，试问，按承载能力设计时，屋顶处垂直于建筑物表面的风荷载标准值 w_k（kN/m^2），与下列何项数值最为接近？

(A) $1.54\mu_s$ (B) $1.51\mu_s$

(C) $1.43\mu_s$ (D) $1.28\mu_s$

58. 假定屋顶处风荷载标准值 $w_k = 1.50\mu_s$（kN/m^2），且在顶层层高 3.6m 范围内 w_k 均近似取顶部值计算，试问，作用在顶层总风荷载标准值 F_w（kN），与下列何项数值最为接近？

(A) 286   (B) 268

(C) 320   (D) 340

59. 计算该建筑物顶部迎风面幕墙骨架围护结构的承载能力时，试问，沿图示风向在内弧迎风面顶部的风荷载标准值 w_k（kN/m^2），与下列何项数值最为接近？

提示： 幕墙骨架围护结构的从属面积大于 $30m^2$。

(A) 1.37   (B) 1.48   (C) 1.55   (D) 1.71

【题 60～62】 某一建于 7 度抗震设防区的 10 层钢筋混凝土框架结构，丙类建筑，设计基本地震加速度为 $0.15g$，设计地震分组为第一组，场地类别为 Ⅱ 类。非承重填充墙采用砖墙，墙体较少，周期折减系数为 0.7，结构自振周期 $T = 1.0s$。底层层高 6m，楼层屈服强度系数 ξ_y 为 0.45。

60. 试问，当计算罕遇地震作用时，该结构的水平地震影响系数 α，与下列何项数值最为接近？

(A) 0.435   (B) 0.302   (C) 0.282   (D) 0.220

61. 假定该框架底层屈服强度系数是相邻上层该系数的 0.55 倍，底层各柱轴压比均大于 0.5，且不考虑重力二阶效应及结构稳定方面的影响，试问，在罕遇地震作用下按弹性分析的层间位移 Δu_e 的最大值（mm），接近下列何值时才能满足相关规范、规程中规定的对结构薄弱层（部位）层间弹塑性位移的要求？

(A) 44.6   (B) 63.2   (C) 98.6   (D) 120.0

62. 假定各层层高均相同，由计算分析得知，该框架结构首层的弹性等效侧向刚度 $D_1 = 15\sum\limits_{j=1}^{10} G_j / h_i$，试问，当考虑重力二阶效应时，其结构首层的位移增大系数，与下列何项数值最为接近？

(A) 1.00   (B) 1.03   (C) 1.07   (D) 1.12

【题 63～66】 某高层建筑为底部大空间剪力墙结构，底层单跨框支梁 $b \times h =$ 900mm×2600mm，框支柱 $b \times h = $ 900mm×900mm，框支框架抗震等级一级，转换层楼板厚度 200mm，框支梁上部剪力墙厚 350mm，两框支柱中心线间距 $L = 15000$mm，采用 C40 混凝土，纵向受力钢筋、箍筋、腰筋、拉筋均采用 HRB400 钢筋。

已知经内力调整后的框支梁截面控制内力设计值：轴力 $N=4592.6$kN（拉力），弯矩 $M_{支max}=5906$kN·m，$M_{中max}=1558$kN·m，支座处剪力 $V_{max}=6958.0$kN，且由集中荷载作用下在支座产生的剪力（含地震作用产生的剪力）占总剪力设计值的 30%。

63. 试问，框支梁跨中截面下部纵向钢筋截面面积 A_s（mm^2），与下列何项数值最为接近？

提示： 双排 $a_s=a'_s=70$mm。

(A) 8300   (B) 9800   (C) 11700   (D) 12500

64. 假定跨中下部纵向钢筋为 20 Φ 28（$A_s=12316mm^2$），双排布筋，通长布置。试问，框支梁支座处上部纵向钢筋截面面积 A_s（mm^2），与下列何项数值最为接近？

提示： 双排布筋，$a_s=a'_s=70$mm。

(A) 11100   (B) 11700   (C) 12500   (D) 13400

65. 假定框支梁支座加密区箍筋配置为构造配筋，试问，框支梁支座加密区的箍筋配置，应为下列何项数值时最合理？

(A) Φ 10@100（6 肢箍）   (B) Φ 12@100（6 肢箍）

(C) Φ 14@100（6 肢箍）   (D) Φ 16@100（6 肢箍）

66. 框支梁每侧腰筋的配置，应为下列何项数值时最合理？

提示： 上下纵向钢筋双排布筋，$a_s=a'_s=70$mm。

(A) 11 Φ 16   (B) 11 Φ 18   (C) 12 Φ 16   (D) 12 Φ 18

【题 67】 下列关于高层建筑结构设计的几种见解，何项相对准确？说明理由。

(A) 当结构的设计水平力较小时，结构刚度可只满足规范、规程水平位移限值要求

(B) 进行水平力作用下结构内力、位移计算时应考虑重力二阶效应

(C) 正常设计的高层钢筋混凝土框架结构上下层刚度变化时，下层侧向刚度不宜小于上部相邻楼层的 60%

(D) 对转换层设置在第 3 层的底部大空间高层结构，转换层侧向刚度不应小于上部相邻楼层的 60%

【题 68、69】 某高层建筑的钢筋混凝土剪力墙连梁，截面尺寸 $b \times h=220mm \times 500mm$，抗震等级为二级，净跨 $l_n=2.7$m。混凝土强度等级为 C35（$f_c=16.7N/mm^2$），纵向受力钢筋采用 HRB400 级，箍筋采用 HRB335 级钢筋。结构安全等级为二级，$a_s=a'_s=35$mm。

68. 假定无地震组合时，该连梁的跨中弯矩设计值为 $M_b=43.5$kN·m，有地震组合时，该连梁的跨中弯矩设计值 $M_b=66.1$kN·m，试问，该连梁跨中截面上、下纵向受力钢筋对称配置时，连梁下部纵向受力钢筋截面面积应为下列何项？

提示： 混凝土截面受压区高度 $x<2a'_s$。

(A) 240   (B) 280   (C) 300   (D) 320

69. 有地震组合时，该连梁左右端截面反、顺时针方向地震作用组合弯矩设计值 $M_b^l=M_b^r=32.65$kN·m。在重力荷载代表值作用下，按简支梁计算的梁端截面剪力设计值 $V_{Gb}=41.32$kN。试问，该连梁加密区箍筋配置应为下列何项？

提示： 连梁截面条件满足规程要求。

(A) Φ 6@100   (B) Φ 8@100   (C) Φ 10@100   (D) Φ 12@100

【题 70】 下列对于高层建筑混合结构的结构布置的叙述，不正确的是何项？

Ⅰ. 筒中筒结构中外围钢框架柱采用 H 形截面时，宜将柱截面强轴方向布置在外围筒体平面内

Ⅱ. 外围框架柱沿高度采用不同类型结构构件时，单柱的抗弯刚度变化不宜超过 30%

Ⅲ. 楼面梁与钢筋混凝土筒体及外围框架柱的连接采用刚接或铰接

Ⅳ. 有外伸臂桁架加强层时，外伸臂桁架与外围框架柱采用刚接或铰接

Ⅴ. 有外伸臂桁架加强层时，周边带状桁架与外框架柱的连接宜采用柔性连接

(A) Ⅰ、Ⅱ、Ⅲ正确，Ⅳ、Ⅴ错误　　(B) Ⅰ、Ⅱ、Ⅳ正确，Ⅲ、Ⅴ错误
(C) Ⅱ、Ⅲ、Ⅳ正确，Ⅰ、Ⅴ错误　　(D) Ⅱ、Ⅲ、Ⅴ正确，Ⅰ、Ⅳ错误

【题 71、72】 某高层钢框架结构房屋位于 8 度抗震设防烈度区，抗震等级为三级，梁采用 Q235 钢、柱采用 Q345 钢。梁、柱均采用焊接 H 形截面，如图 8-17 所示。经计算，地震作用组合下的顺时针方向的柱端的梁弯矩设计值分别为 $M_b^1 = 142 \text{kN} \cdot \text{m}$，$M_b^2 = 156 \text{kN} \cdot \text{m}$。柱的 $f_{yc} = 335 \text{N/mm}^2$。

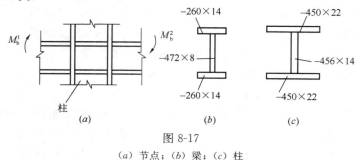

图 8-17

(a) 节点；(b) 梁；(c) 柱

提示： 按《高层民用建筑钢结构技术规程》作答。

试问：

71. 该节点域的抗剪承载力验算时，其剪应力值（N/mm²），最接近于下列何项？
(A) 80　　　　(B) 90　　　　(C) 100　　　　(D) 110

72. 该节点域的屈服承载力验算时，其剪应力值（N/mm²），最接近于下列何项？
(A) 240　　　　(B) 230　　　　(C) 220　　　　(D) 210

【题 73、74】 某公路箱形截面梁的平均尺寸如图 8-18 所示，混凝土强度等级为 C40，年平均相对湿度 $RH = 65\%$，加载龄期 $t_0 = 7\text{d}$。

73. 试问，名义徐变系数 ϕ_0，与下列何项数值最为接近？

(A) 2.6233　　　　(B) 2.5613
(C) 2.5842　　　　(D) 2.6431

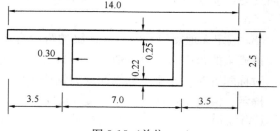

图 8-18（单位：m）

74. 若 $\phi_0 = 2.63$，当计算时刻的龄期 $t = 17\text{d}$ 时，则其徐变系数 $\phi(t, t_0)$，与下列何项数值最为接近？

(A) 0.7415　　　(B) 0.7551　　　(C) 0.7616　　　(D) 0.7718

【题 75、76】 某公路上两等跨截面连续梁桥，每跨跨长 $l = 48\text{m}$，采用先预制后合龙

固结的施工方法，左半跨徐变系数 ϕ_1 $(\infty, t_0)=1$，右半跨的徐变系数 ϕ_2 $(\infty, t_0)=2$，作用于桥上的均布恒载 $q=10\mathrm{kN/m}$（含预制梁自重），E、I 分别为该结构的弹性模量和截面抗弯惯性矩，如图 8-19 所示。

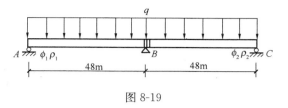

图 8-19

75. 试问，左半跨的换算弹性模量 E_{c1}、$E_{\rho c1}$，与下列何项数值最为接近？

(A) $1.0E$；$0.632E$

(B) $1.0E$；$0.621E$

(C) $0.5E$；$0.612E$

(D) $0.5E$；$0.621E$

76. 若右半跨的换算弹性模量 $E_{c2}=0.5E$，$E_{\rho c2}=0.432E$，试问，$t=\infty$ 时中支点截面的徐变次力矩 M_t（kN·m），与下列何项数值最为接近？

(A) -3247 (B) -2860 (C) -2456 (D) -2217

【题 77、78】 位于哈尔滨市区的某一公路装配式钢筋混凝土简支梁桥，标准跨径为 20m，梁桥由 5 片 T 形主梁组成，每根主梁的梁肋宽度 $b=180\mathrm{mm}$，梁高为 1300mm。纵向钢筋采用 HRB400 级，梁内纵向受拉钢筋 10 Φ 25（$A_s=4909\mathrm{mm}^2$），采用焊接钢筋骨架，$a_s=100\mathrm{mm}$。在荷载频遇组合下主梁跨中弯矩值 $M_s=950\mathrm{kN \cdot m}$，在荷载准永久组合下主梁跨中弯矩值 $M_l=650\mathrm{kN \cdot m}$。取 $c=40\mathrm{mm}$。

提示：按《公路钢筋混凝土及预应力混凝土桥涵设计规范》JTG 3362—2018 解答。

77. 试问，主梁在作用频遇组合并考虑长期效应的影响下的最大裂缝宽度（mm），与下列何项数值最为接近？

(A) 0.19   (B) 0.17   (C) 0.14   (D) 0.10

78. 试问，该主梁最大裂缝宽度限值（mm），与下列何项数值最为接近？

(A) 0.10   (B) 0.15   (C) 0.18   (D) 0.20

【题 79】 某公路简支桥梁采用单箱单室箱形截面，该箱形梁跨中截面有全部恒载产生的弯矩标准值 $M_{Gk}=11000\mathrm{kN \cdot m}$，汽车车道荷载产生的弯矩标准值 $M_{2k}=5000\mathrm{kN \cdot m}$（已计入冲击系数 $\mu=0.2$），人群荷载产生的弯矩标准值 $M_{rk}=500\mathrm{kN \cdot m}$。主梁净截面重心至预应力钢筋合力点的距离 $e_{pn}=1.0$（截面重心以下）。主梁跨中截面面积 $A=5.3\mathrm{m}^2$，$I=1.5\mathrm{m}^4$，截面重心至下边缘的距离 $y=1.15\mathrm{m}$。试问，在持久状况下使用阶段构件的应力计算时，主梁跨中中点处正截面混凝土下边缘的法向应力为零，则永久有效预加力值（kN），与下列何项数值最为接近？

提示：按《公路钢筋混凝土及预应力混凝土桥涵设计规范》JTG 3362—2018 解答。

(A) 12200   (B) 13200   (C) 14200   (D) 14800

【题 80】 某公路钢筋混凝土双铰拱桥的跨径 50m，当计算由车道荷载引起的正弯矩时，拱顶、拱跨 1/4 处弯矩应分别乘以下列何项折减系数？

(A) 0.7；0.9   (B) 0.7；0.7   (C) 0.9；0.7   (D) 0.9；0.9

实战训练试题（九）

（上午卷）

【题1、2】 有一现浇钢筋混凝土框架结构，受一组水平荷载作用，如图9-1所示，括号内数据为各柱和梁的相对刚度。由于梁的线刚度与柱线刚度之比大于3，节点转角 θ 很小，它对框架的内力影响不大，可以简化为反弯点法求解杆件内力。顶层及中间层柱的反弯点高度为1/2柱高，底层的反弯点高度为2/3柱高。

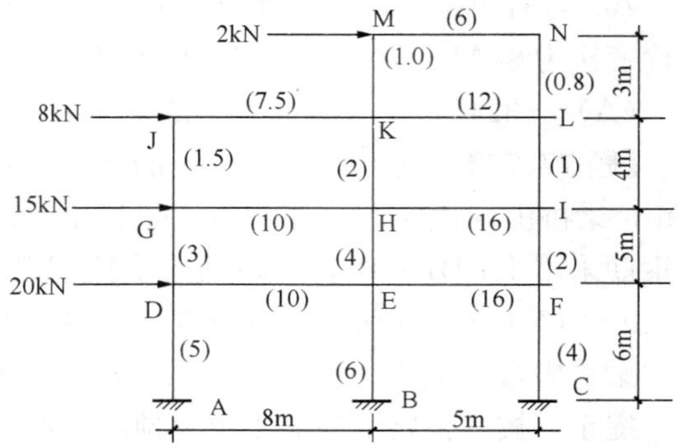

1. 已知梁 DE 的 $M_{ED}=24.5\text{kN}\cdot\text{m}$，试问，梁 DE 的梁端剪力 V_D（kN），与下列何项数值最为接近？

(A) 9.4   (B) 20.8

(C) 6.8   (D) 5.7

2. 假定 M_{ED} 未知，试问，梁 EF 的梁端弯矩 M_{EF}（kN·m），与下列何项数值最为接近？

(A) 63.8   (B) 24.5   (C) 36.0   (D) 39.3

图 9-1

【题3、4】 某一现浇钢筋混凝土民用建筑框架结构房屋（无库房和机房），设计使用年限为50年，其边柱某截面在各种荷载作用下的 M、N 内力标准值如下：

永久荷载：$M=-23.2\text{kN}\cdot\text{m}$ $N=56.5\text{kN}$

楼面活荷载1：$M=14.7\text{kN}\cdot\text{m}$ $N=30.3\text{kN}$

楼面活荷载2：$M=-18.5\text{kN}\cdot\text{m}$ $N=24.6\text{kN}$

左风：$M=35.3\text{kN}\cdot\text{m}$ $N=-18.7\text{kN}$

右风：$M=-40.3\text{kN}\cdot\text{m}$ $N=16.3\text{kN}$

楼面活荷载1和活荷载2均为竖向荷载，且二者不同时出现。

提示：按《建筑结构可靠性设计统一标准》GB 50068—2018 作答。

3. 在荷载的基本组合下，当该边柱的轴向力为最小时，相应的 M（kN·m）、N（kN）的基本组合设计值，应与下列何组数据最为接近？

(A) $M=-53.7$；$N=102.2$ (B) $M=-45.9$；$N=91.9$

(C) $M=26.2$；$N=30.3$ (D) $M=28.5$；$N=29.8$

4. 在荷载的基本组合下，当该边柱弯矩（绝对值）为最大时，其相应的 M(kN·m)、N(kN)的基本组合设计值，应与下列何组数据最为接近？

(A) $M=-105.40$；$N=127.77$ (B) $M=-110.04$；$N=123.73$

(C) $M=-49.45$；$N=100.38$ (D) $M=-83.30$；$N=114.08$

【题5】 某多层现浇钢筋混凝土民用建筑框架结构房屋，无库房区，属于一般结构，抗震等级为二级。作用在结构上的活载仅为按等效均布荷载计算的楼面活载；水平地震作用的增大系数为 1.0，已知其底层边柱的底端受各种作用产生的内力标准值（单位：kN·m，kN）如下：

永久荷载：$M=32.5$　　　　　$V=18.7$

楼面活荷载：$M=21.5$　　　　$V=14.3$

左风：$M=28.6$　　　　　　$V=-16.4$

右风：$M=-26.8$　　　　　$V=15.8$

左地震：$M=-53.7$　　　　$V=-27.0$

右地震：$M=47.6$　　　　　$V=32.0$

试问，当对该底层边柱的底端进行截面配筋设计时，按强柱弱梁、强剪弱弯调整后，其地震组合的最大弯矩设计值 M（kN·m），应与下列何项数据最为接近？

（A）$M=183.20$　　　　　　　　（B）$M=170.67$

（C）$M=152.66$　　　　　　　　（D）$M=122.13$

【题 6】　某多层钢筋混凝土框架-剪力墙结构，框架抗震等级为二级。电算结果显示该结构中的框架柱在有地震组合时的轴压比为 0.6。该柱截面配筋按平法施工图截面注写方式示于图 9-2。该 KZ1 柱的纵向受力钢筋为 HRB400，箍筋为 HPB300，混凝土强度等级为 C30，箍筋的保护层厚度为 20mm。试问，KZ1 柱在加密区的体积配箍率 $[\rho_v]$ 与实际体积配箍率 ρ_v 的比值（$[\rho_v]/\rho_v$），与下列何项数值最为接近？

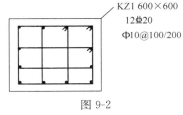

KZ1 600×600
12Φ20
Φ10@100/200

图 9-2

（A）0.68　　　　（B）0.76　　　　（C）0.89　　　　（D）1.50

【题 7、8】　有一多层钢筋混凝土框架-剪力墙结构的 L 形加强区剪力墙，如图 9-3 所示，8 度抗震设防，抗震等级为二级，混凝土强度等级为 C40，暗柱（配有纵向钢筋部分）的受力钢筋采用 HRB400（Φ），暗柱的箍筋和墙身的分布筋均采用 HPB300（Φ），该剪力墙身的竖向和水平向的双向分布钢筋均为 Φ12@200，剪力墙承受的重力荷载代表值作用下的轴压力设计值 $N=5880.5$kN。

7. 试问，当该剪力墙加强部位允许设置构造边缘构件，其在重力荷载代表值作用下的底截面最大轴压比限值为 μ_{Nmax}，与该墙的实际轴压比 μ_N 的比值（μ_{Nmax}/μ_N），应与下列何项数据最为接近？

（A）0.722　　　　（B）0.91

（C）1.08　　　　（D）1.15

8. 假定重力荷载代表值作用下的轴压力设计值修改为 $N=8480.4$kN，其他数据不变，试问，剪力墙约束边缘构件沿墙肢的长度 l_c（mm），与下列何项数据最为接近？

（A）400　　　　（B）450

（C）600　　　　（D）650

【题 9】　有一多层钢筋混凝土框架-剪力墙结构，其底层框架柱截面尺寸 $b×h=800$mm×

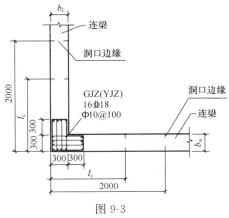

图 9-3

1000mm，采用 C60 混凝土，且框架柱为对称配筋，其纵向受力钢筋采用 HRB400，试问，该柱按偏心受压计算时，其相对界限受压区高度 ξ_b，与下列何项数据最为接近？

(A) 0.499　　　　(B) 0.517　　　　(C) 0.512　　　　(D) 0.544

【题 10】　有一多层钢筋混凝土框架结构，抗震等级为二级，其边柱的中间层节点，如图 9-4 所示，计算时按刚接考虑；梁上部纵向受拉钢筋采用 HRB400，4 Φ 28，混凝土强度等级为 C45，梁纵向受拉钢筋保护层厚度取 40mm，试问，$l_1 + l_2$ 的最合理的长度，应与下列何项数据最为接近？

(A) $l_1 + l_2 = 870$mm　　　　　　(B) $l_1 + l_2 = 830$mm

(C) $l_1 + l_2 = 780$mm　　　　　　(D) $l_1 + l_2 = 750$mm

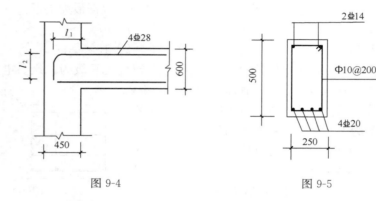

图 9-4　　　　　　　　　　　　　图 9-5

【题 11】　在北京地区的某公园水榭走廊，是一露天敞开的钢筋混凝土结构，有一矩形截面简支梁，它的截面尺寸和配筋如图 9-5 所示，安全等级二级。梁采用 C30 混凝土，单筋矩形梁，纵向受力筋采用 HRB400（Φ），箍筋采用 HPB300 钢筋，已知相对受压区高度 $\xi = 0.2842$。试问，该梁所能承受的非抗震设计时基本组合的弯矩设计值 M（kN·m），与下列何项数据最为接近？

提示：不考虑受压区纵向钢筋的作用。

(A) 140.32　　　　(B) 158.36

(C) 172.61　　　　(D) 188.16

【题 12、13】　有一非抗震设计的简支独立主梁，如图 9-6 所示，截面尺寸 $b \times h = 200$mm$\times 500$mm，混凝土强度等级为 C30，纵向受力钢筋采用 HRB400（Φ），箍筋采用 HPB300（Φ），梁受力纵筋合力点至截面近边距离 $a_s = 35$mm。

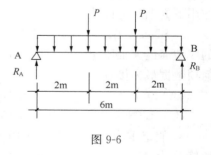

图 9-6

12. 已知 $R_A = 140.25$kN，$P = 108$kN，$q = 10.75$kN/m（包括梁重），R_A、p、q 均为设计值，试问，该梁梁端箍筋的正确配置应与下列何项数据最为接近？

(A) Φ 6@100（双肢）　　　　　　(B) Φ 8@200（双肢）

(C) Φ 8@100（双肢）　　　　　　(D) Φ 8@150（双肢）

13. 已知 $q = 10.0$kN/m（包括梁自重），$V_{Aq}/R_A > 0.75$，V_{AP} 为集中荷载产生的梁端剪力，R_A、V_{AP}、q 均为设计值。梁端已配置 Φ 8@150（双肢）箍筋。试问，该梁所能承

受的最大集中荷载设计值 P（kN），最接近下列何项数据？

  （A）123.47 （B）144.88 （C）112.39 （D）93.67

【题 14】 钢筋混凝土轴心受压构件，由于混凝土的徐变产生的应力变化，下列所述何项正确？说明理由。

  （A）混凝土应力减小，钢筋应力增大

  （B）混凝土应力增大，钢筋应力减小

  （C）混凝土应力减小，钢筋应力减小

  （D）混凝土应力增大，钢筋应力增大

【题 15】 《混凝土结构设计规范》GB 50010—2010 关于混凝土的强度等级与耐久性设计的要求，下面哪种说法是不恰当的？

  （A）处于二 a 类环境类别的预应力混凝土构件，设计使用年限 50 年，其最低混凝土强度等级不宜低于 C40

  （B）混凝土结构的耐久性，针对不同的环境类别对混凝土提出了基本要求，这些基本要求有最低混凝土强度等级、最大水胶比、最大含碱量

  （C）民用建筑游泳池内的框架柱，当设计年限为 50 年时，当采用混凝土强度等级不小于 C25，柱内纵向钢筋保护层厚度不小于 25mm

  （D）建筑工地上的工棚建筑，一般设计年限为 5 年，可不考虑混凝土的耐久性要求

【题 16～23】 某露天原料堆场，设置有两台桥式吊车，起重量 $Q=16t$，中级工作制；堆场跨度为 30m，长 120m，柱距 12m，纵向设置双片十字交叉形柱间支撑。栈桥柱的构件尺寸及主要构造，如图 9-7 所示，采用 Q235B 钢制造，焊接采用 E43 型电焊条。设计使用年限为 50 年。结构安全等级为二级。

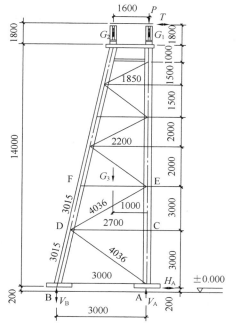
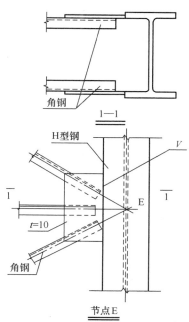

图 9-7

荷载标准值：（1）结构自重　　　（2）吊车荷载

吊车梁 $G_1=40$kN　　　　垂直荷载 $P=583.4$kN

辅助桁架 $G_2=20$kN　　　横向水平荷载 $T=18.1$kN

栈桥柱 $G_3=50$kN

提示：按《建筑结构可靠性设计统一标准》GB 50068—2018 作答。

16. 在结构自重和吊车荷载共同作用下，栈桥柱外肢 BD 的基本组合下最大压力设计值（kN），与下列何项数值最为接近？

(A) 123.3　　　　(B) 161.5　　　　(C) 167.1　　　　(D) 180.0

17. 在结构自重和吊车荷载共同作用下，栈桥柱吊车肢 AC 的基本组合下最大压力设计值（kN），与下列何项数值最为接近？

(A) 748.8　　　　(B) 1032.4　　　　(C) 1049.5　　　　(D) 1107.3

18. 在结构自重和吊车荷载共同作用下，栈桥柱底部斜杆 AD 的基本组合下最大压力设计值（kN），与下列何项数值最为接近？

(A) 22.9　　　　(B) 24.6　　　　(C) 37.9　　　　(D) 41.9

19. 栈桥柱腹杆 DE 采用两个中间无联系的等边角钢，其截面 L125×8（$i_x=38.3$mm，$i_{min}=25$mm），当按轴心受压构件计算平面内稳定性时，试问，杆件受压稳定承载力的折减系数 η，与下列何项数值最为接近？

(A) 0.725　　　　(B) 0.756　　　　(C) 0.818　　　　(D) 0.842

20. 栈桥柱腹杆 DE 采用两个中间有缀条联系的等边角钢，其截面为 L75×6（$i_x=23.1$mm，$i_{min}=14.9$mm），当按轴心受压构件计算稳定性时，试问，杆件受压稳定承载力的折减系数 η，与下列何项数值最为接近？

(A) 0.862　　　　(B) 0.836　　　　(C) 0.821　　　　(D) 0.810

21. 栈桥柱腹杆 CD 作为减少受压柱肢长细比的杆件，假定采用两个中间无联系的等边角钢，试问，杆件最经济合理的截面，与下列何项数值最为接近？

(A) L90×6（$i_x=27.9$mm，$i_{min}=18$mm）

(B) L80×6（$i_x=24.7$mm，$i_{min}=15.9$mm）

(C) L75×6（$i_x=23.1$mm，$i_{min}=14.9$mm）

(D) L63×6（$i_x=19.3$mm，$i_{min}=12.4$mm）

22. 在施工过程中，吊车资料变更，根据最新的吊车资料，栈桥外肢底座最大拉力设计值 $V_B=108$kN，原设计地脚锚栓为 2 个 M30，试问，在新的情况下地脚锚栓的拉应力 σ（N/mm²），与下列何项数值最为接近？

(A) 76.1　　　　(B) 96.3　　　　(C) 152.2　　　　(D) 192.6

23. 根据最新的吊车资料，栈桥柱吊车肢最大压力设计值 $N_{AE}=1204$kN，原设计柱肢截面为 H400×200×8×13（$A=8412$mm²，$i_x=168$mm，$i_y=45.4$mm），当柱肢 AE 按轴心受压构件的稳定性验算时，试问，柱肢最大压应力（N/mm²），与下列何项数值最为接近？

提示：不考虑柱肢各段内力变化对计算长度的影响。

(A) 166　　　　(B) 185　　　　(C) 188　　　　(D) 195

【题 24】　一座建于地震区的钢结构建筑，其工字形截面梁与工字形截面柱为刚性节点连接；梁翼缘厚度中点间距离 $h_{b1}=2700$mm，柱翼缘厚度中点间距离 $h_{c1}=$

450mm。试问，对节点仅按稳定性的要求计算时，在节点域柱腹板的最小计算高度 t_w（mm），与下列何项数值最为接近？

　　（A）35　　　　　　（B）25　　　　　　（C）15　　　　　　（D）12

　　【题25】　某钢管结构，其弦杆的轴心拉力设计值 $N=1050$kN，受施工条件的限制，弦杆的工地拼接采用在钢管端部焊接法兰盘端板的高强度螺栓连接，选用 M22 的高强度螺栓，其性能等级为 8.8 级，摩擦面的抗滑系数 $\mu=0.5$，采用标准圆孔。法兰盘端板的抗弯刚度很大，不考虑附加拉力的影响。试问，高强度螺栓的数量（个），与下列何项数值最为接近？

　　（A）6　　　　　　（B）8　　　　　　（C）10　　　　　　（D）12

　　【题26】　箱形柱的柱脚如图 9-8 所示，采用 Q235 钢，手工焊接使用 E43 型电焊条，柱底端为铣平端，沿柱周边用角焊缝与柱底板焊接，预热施焊。试问，其直角焊缝的焊脚尺寸 h_f（mm），与下列何项数值最为接近？

　　（A）5　　　　　　（B）6

　　（C）9　　　　　　（D）10

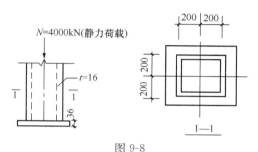

图 9-8

　　【题27】　工地拼接实腹梁的受拉翼缘板，采用高强度螺栓摩擦型连接，如图 9-9 所示。受拉翼缘板的截面为 -1050×100，用 Q420 钢，$f=305$N/mm²，$f_u=520$N/mm²，高强度螺栓采用 M24（孔径 $d_0=26$mm），螺栓性能等级为 10.9 级，摩擦面的抗滑移系数 $\mu=0.4$，采用标准圆孔。试问，在要求高强度螺栓连接的承载能力不低于板件承载能力的条件下，拼接一侧的螺栓数目（个），与下列何项数值最为接近？

　　（A）170　　　　　　（B）220

　　（C）240　　　　　　（D）310

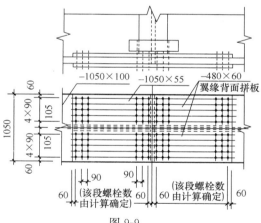

图 9-9

　　【题28】　某大跨度主桁架，节间长度为 6m，桁架弦杆侧向支撑点之间的距离为 12m，试判定其受压弦杆应采用以下何种截面形式才较为经济合理？说明理由。

（A）热轧圆管

（B）热轧方管

（C）热轧 H 型钢

（D）热轧 H 型钢

【题29】 受拉板件（Q235 钢，－400×22），工地采用高强度螺栓摩擦型连接（M20，d_0＝22mm，10.9 级，μ＝0.45），仅考虑净截面断裂构件的抗拉承载力时，下列何项抗拉承载力最高？

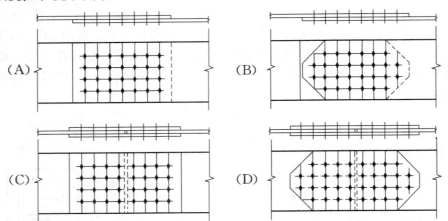

【题30～35】 某单层、单跨、无吊车仓库，如图 9-10 所示。屋面为装配式无檩体系钢筋混凝土结构，墙体采用 MU15 蒸压灰砂普通砖，Ms5 混合砂浆砌筑，砌体施工质量控制等级为 B 级，基础埋置较深且设有刚性地坪，外墙 T 形壁柱特征值详见表 9-1。设计使用年限为 50 年，结构安全等级为二级。

提示：按《建筑结构可靠性设计统一标准》GB 50068—2018 作答。

T形壁柱特征值   表 9-1

	B (mm)	y_1 (mm)	y_2 (mm)	h_T (mm)	A (mm^2)
	2500	179	441	507	740600
	2800	174	446	493	812600
	400	160	460	449	1100600

30. 对于带壁柱山墙高厚比的验算（$\beta＝H_0/h_T \leq \mu_1\mu_2 [\beta]$），下列何组数据正确？

(A) $\beta＝\dfrac{H_0}{h_T}＝11.9 \leq \mu_1\mu_2 [\beta]＝24$

(B) $\beta＝\dfrac{H_0}{h_T}＝11.9 \leq \mu_1\mu_2 [\beta]＝21.6$

(C) $\beta＝\dfrac{H_0}{h_T}＝14.3 \leq \mu_1\mu_2 [\beta]＝20.4$

(D) $\beta＝\dfrac{H_0}{h_T}＝12.8 \leq \mu_1\mu_2 [\beta]＝21.6$

31. 对于Ⓐ Ⓑ轴之间山墙的高厚比验算（$\beta＝H_0/h \leq \mu_1\mu_2 [\beta]$），下列何组数据正确？

(A) $\beta = \dfrac{H_0}{h} = 22.8 \leqslant \mu_1\mu_2\ [\beta] = 24$ (B) $\beta = \dfrac{H_0}{h} = 16.7 \leqslant \mu_1\mu_2\ [\beta] = 24$

(C) $\beta = \dfrac{H_0}{h} = 10 \leqslant \mu_1\mu_2\ [\beta] = 24$ (D) $\beta = \dfrac{H_0}{h} = 10 \leqslant \mu_1\mu_2\ [\beta] = 20.4$

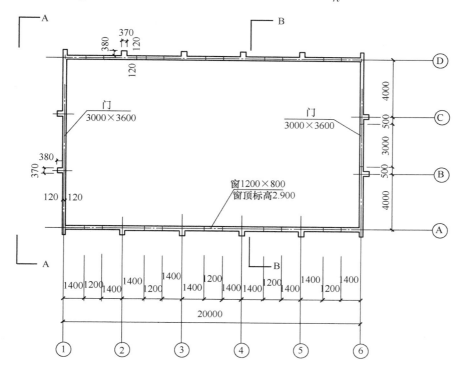

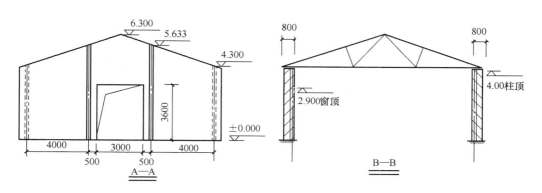

图 9-10

32. 假定取消①轴线山墙门洞及壁柱，改为钢筋混凝土构造柱 GZ，如图 9-11 所示，试问，该墙的高厚比验算结果（$\beta = H_0/h \leqslant \mu_1\mu_2\ [\beta]$），与下列何组数据最为接近？

(A) $\beta = \dfrac{H_0}{h} = 24.17 \leqslant \mu_1\mu_2\ [\beta] = 26.16$

(B) $\beta=\dfrac{H_0}{h}=23.47\leqslant\mu_1\mu_2\ [\beta]=24$

(C) $\beta=\dfrac{H_0}{h}=23.54\leqslant\mu_1\mu_2\ [\beta]=26.16$

(D) $\beta=\dfrac{H_0}{h}=10\leqslant\mu_1\mu_2\ [\beta]=26.16$

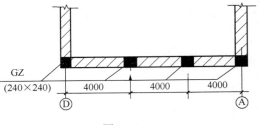

图 9-11

33. 屋面永久荷载（含屋架）标准值为 2.2kN/m^2（水平投影），活荷载标准值 0.5kN/m^2；挑出的长度详见 B—B 剖面。试问，屋架支座处基本组合下最大压力设计值（kN），与下列何项数值最为接近？

(A) 105 　　　　(B) 100 　　　　(C) 95 　　　　(D) 90

34. 试问，外纵墙壁柱轴心受压承载力（kN），与下列何项数值最为接近？

(A) 1320 　　　　(B) 1260 　　　　(C) 1160 　　　　(D) 1060

35. 假定⑤轴线上的一个壁柱底部截面作用的轴向压力标准值 $N_k=179\text{kN}$，设计值 $N=232\text{kN}$，其弯矩标准值 $M_k=6.6\text{kN·m}$，设计值 $M=8.58\text{kN·m}$，如图 9-12 所示。试问，该壁柱底截面受压承载力验算结果（$N\leqslant\varphi fA$），其左右两端项与下列何组数值最为接近？

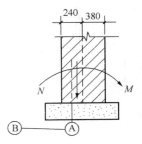

(A) $232\text{kN}<939\text{kN}$ 　　　　(B) $232\text{kN}<1018\text{kN}$

(C) $232\text{kN}<916\text{kN}$ 　　　　(D) $232\text{kN}<845\text{kN}$

【题 36、37】一多层砌体房屋局部承重横墙，如图 9-13 所示。采用 MU10 烧结普通砖、M5 混合砂浆砌筑，防潮层以下采用 M10 水泥砂浆砌筑，砌体施工质量控制等级为 B 级。

图 9-12

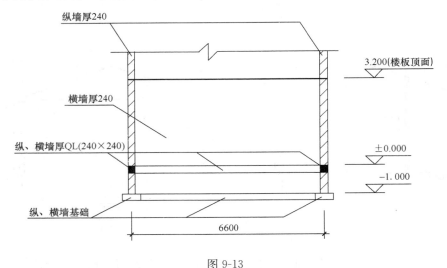

图 9-13

36. 试问，基础顶面处横墙轴心受压承载力设计值（kN/m），与下列何组数值最为接近？

(A) 309 　　　　(B) 265 　　　　(C) 345 　　　　(D) 283

37. 假定横墙增设构造柱 GZ（240mm×240mm），其局部平面如图 9-14 所示。GZ 采用 C25 混凝土，竖向受力钢筋为 HRB335 级钢筋 4 Φ 14，箍筋为 HPB300 级钢筋 Φ 6@100。已知组合砖墙的稳定系数 $\varphi_{com}=0.804$。试问，基础顶面处砖砌体和钢筋混凝土构造柱组成的组合砖墙的轴心受压承载力设计值，与下列何项数值最为接近？

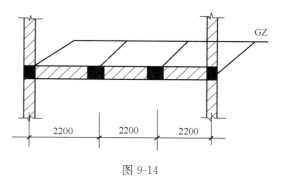

图 9-14

（A）1160kN/m （B）980kN/m （C）530kN/m （D）480kN/m

【题 38、39】 某建筑物中部屋面等截面挑梁 L（240mm×300mm），如图 9-15 所示，屋面板传来活荷载标准值 $p_k=6.4$kN/m，屋面板传来恒载（含梁自重）标准值 $g_k=16$kN/m。设计使用年限为 50 年，取 $\gamma_0=1.0$。

提示：按《建筑结构可靠性设计统一标准》GB 50068—2018 作答。

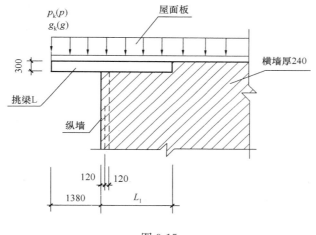

图 9-15

38. 假定挑梁上屋面板传来的恒载与活荷载的基本组合设计值为 28.16kN/m，根据《砌体结构设计规范》抗倾覆要求，挑梁埋入砌体长度 l_1，应满足下列何项关系式？

（A）$l_1 > 2.76$m （B）$l_1 > 2.27$m （C）$l_1 \geqslant 2.76$m （D）$l_1 \geqslant 2.96$m

39. 墙体采用 MU10 烧结普通砖，M5 混合砂浆砌筑，砌体施工质量控制等级为 B 级。试问，L 梁下局部受压承载力验算结果 $N_l \leqslant \eta fA_l$ 时，其左右端项数值与下列何组最为接近？

（A）73.8kN＜108.86kN （B）73.8kN＜136.08kN

（C）89.4kN＜108.86kN （D）89.4kN＜136.08kN

【题 40】 关于保证墙梁使用阶段安全可靠工作的下述见解，其中何项要求不妥？说明理由。

（A）一定要进行跨中或洞口边缘处托梁正截面承载力计算

（B）一定要对自承重墙梁进行墙体受剪承载力、托梁支座上部砌体局部受压承载力计算

（C）一定要进行托梁斜截面受剪承载力计算

(D) 酌情进行托梁支座上部正截面承载力计算

<h1 style="text-align:center">（下午卷）</h1>

【题 41】 砌体结构相关的温度应力问题，以下论述哪项不妥？说明理由。

（A）纵横墙之间的空间作用使墙体的刚度增大，从而使温度应力增加，但增加的幅度不是太大

（B）温度应力完全取决于建筑物的墙体长度

（C）门窗洞口处对墙体的温度应力反映最大

（D）当楼板和墙体之间存在温差时，最大的应力集中在墙体的上部

【题 42、43】 某 12m 跨食堂，采用三角形木桁架，如图 9-16 所示。下弦杆截面尺寸 140mm×160mm，采用干燥的 TC11 西北云杉，其接头为双木夹板对称连接，位置在跨中附近。

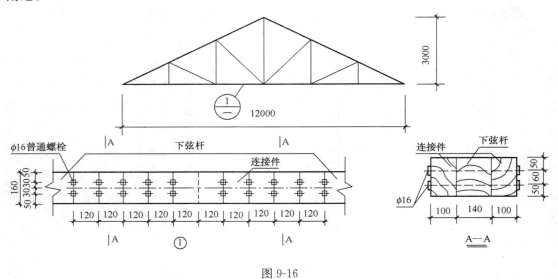

图 9-16

42. 试问，桁架下弦杆轴向承载力设计值（kN），与下列何项数值最为接近？

提示： 不考虑螺栓连接的承载力。

（A）134.4　　　（B）128.2　　　（C）168　　　（D）179.2

43. 假定，螺栓受剪的承载力由屈服模式Ⅲ控制，已知 $f_{es}=15\text{N/mm}^2$，螺栓钢材用 Q235 钢，$f_{yk}=235\text{N/mm}^2$。试问，下弦接头处螺栓连接的承载力设计值（kN），与下列何项数值最为接近？

提示： $k_g=0.98$。

（A）100　　　（B）92　　　（C）82　　　（D）76

【题 44～50】 有一底面宽度为 b 的钢筋混凝土条形基础，其埋置深度为 1.2m，取条形基础长度 1m 计算，其上部结构传至基础顶面处相应于作用的标准组合为：竖向力 F_k，弯矩 M_k。已知计算 G_k（基础自重和基础上土重）用的加权平均重度 $\gamma_G=20\text{kN/m}^3$，基础及施工地质剖面如图 9-17 所示。

44. 黏性土层①的天然孔隙比 $e_0=0.84$，当固结压力为 100kPa 和 200kPa 时，其孔隙比分别为 0.83 和 0.81，试计算压缩系数 a_{1-2} 并判断该黏性土层属于下列哪一种压缩性土？

（A）非压缩性土   （B）低压缩性土

（C）中压缩性土   （D）高压缩性土

45. 假定 $M_k \neq 0$，试问，图 9-17 中尺寸 x 满足下列何项关系式时，其基底反力呈矩形均匀分布状态？

（A）$x = \dfrac{b}{2} - \dfrac{M_k}{F_k + G_k}$

（B）$x = \dfrac{G_k b}{2F_k} - \dfrac{M_k}{F_k}$

（C）$x = b - \dfrac{M_k}{F_k}$

（D）$x = \dfrac{b}{2} - \dfrac{M_k}{F_k}$

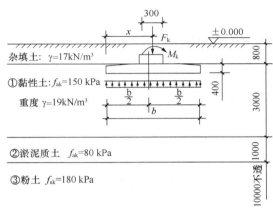

46. 黏性土层①的天然孔隙比 $e_0 = 0.84$，液性指数 $I_L = 0.83$，试问，修正后的基底处地基承载力特征值 f_a（kPa），与下列何项数值最为接近？

提示：假设基础宽度 $b < 3m$。

（A）172.4 （B）169.8 （C）168.9 （D）158.5

图 9-17

47. 假定 $f_a = 165$kPa，$F_k = 300$kN/m，$M_k = 150$kN·m，当 x 值满足［题 45］要求（即基底反力是矩形均匀分布状态）时，其基础底面最小宽度 b（m），与下列何项数值最为接近？

（A）2.07 （B）2.13 （C）2.66 （D）2.97

48. 假定，相应于荷载的基本组合时的 $F = 405$kN/m，$M = 0$。$b = 2.2m$，$x = 1.1m$，验算条形基础翼板抗弯强度时，翼板根部处截面的弯矩设计值 M（kN·m），与下列何项数值最为接近？

（A）61.53 （B）72.36 （C）83.07 （D）97.69

49. 当 $F_k = 300$kN/m，$M_k = 0$，$b = 2.2m$，$x = 1.1m$，并已计算出相应于荷载的标准组合值时，基础底面处的平均压力值 $p_k = 160.36$kPa。已知：黏性土层①的压缩模量 $E_{s1} = 6$MPa，淤泥质土层②的压缩模量 $E_{s2} = 2$MPa。试问，淤泥质土层②顶面处的附加压力值 p_z（MPa），与下列何项数值最接近？

（A）63.20 （B）64.49 （C）68.07 （D）69.47

50. 试问，淤泥质土层②顶面处土的自重压力值 p_{cz}（MPa）、经深度修正后的地基承载力特征值 f_{az}（MPa），与下列何项数值最为接近？

（A）70.6；141.3   （B）73.4；141.3

（C）70.6；119.0   （D）73.4；119.0

【题 51】 在同一非岩石地基上，建造相同埋置深度、相同基础底面宽度和相同基底附加压力的独立基础和条形基础，其地基最终变形量分别为 s_1 和 s_2。试问，下列判断何项正确？说明理由。

(A) $s_1 > s_2$ (B) $s_1 = s_2$

(C) $s_1 < s_2$ (D) 无法判断

【题 52~56】 有一毛石混凝土重力式挡土墙，如图 9-18 所示。墙高为 5.5m，墙顶宽度为 1.2m，墙底宽度为 2.7m。墙后填土表面水平并与墙齐高，填土的干密度为 $1.90t/m^3$。墙背粗糙，排水良好，土对墙背的摩擦角为 $\delta = 10°$，已知主动土压力系数 $k_a = 0.2$，挡土墙埋置深度为 0.5m，土对挡土墙基底的摩擦系数 $\mu = 0.45$。

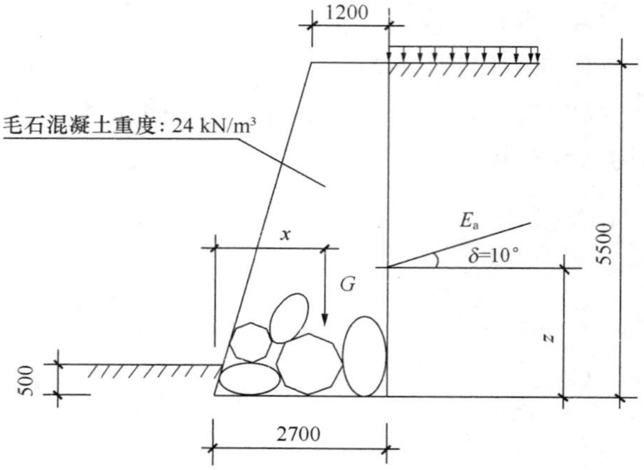

图 9-18

52. 挡土墙后填土的重度为 $\gamma = 20kN/m^3$，当填土表面无连续均布荷载作用，即 $q = 0$ 时，试问，主动土压力 E_a（kN/m），与下列何项数值最为接近？

(A) 60.50   (B) 66.55   (C) 90.75   (D) 99.83

53. 假定填土表面有连续均布荷载 $q = 20kPa$ 作用，试问，由均布荷载作用的主动土压力 E_{aq}（kN/m），与下列何项数值最为接近？

(A) 24.2   (B) 39.6   (C) 79.2   (D) 120.0

54. 假定主动土压力 $E_a = 93kN/m$，作用在距基底 $z = 2.10m$ 处，试问，挡土墙抗滑移稳定性安全系数 K_1，与下列何项数值最为接近？

(A) 1.25   (B) 1.34

(C) 1.42   (D) 1.73

55. 条件同 [题 54]，试问，挡土墙抗倾覆稳定性安全系数 K_2，与下列何项数值最为接近？

(A) 1.50   (B) 2.22

(C) 2.47   (D) 2.12

56. 条件同 [题 54]，且假定挡土墙重心离墙趾的水平距离 $x_0 = 1.677m$，挡土墙每延米自重 $G = 257.4kN/m$。已知每米长挡土墙底面的抵抗矩 $W = 1.215m^3$，试问，其基础底面边缘的最大压力 p_{kmax}（MPa），与下列何项数值最为接近？

(A) 134.69   (B) 143.76

(C) 166.41   (D) 172.40

【题 57】 根据《建筑地基基础设计规范》，有关桩基主筋配筋长度有下列四种见解，试指出其中哪种说法是不全面的？

(A) 受水平荷载和弯矩较大的柱，配筋长度应通过计算确定

(B) 桩基承台下存在淤泥、淤泥质土或液化土层时，配筋长度应穿过淤泥、淤泥质土或液化土层

(C) 坡地岸边的桩、地震区的桩、抗拔桩、嵌岩端承桩应通长配筋

（D）桩径大于 600mm 的钻孔灌注桩，构造钢筋的长度不宜小于桩长的 2/3

【题 58～61】 某 30 层的一般钢筋混凝土剪力墙结构房屋，地面粗糙度为 B 类，如图 9-19 所示，设计使用年限为 50 年，地面以上高度为 100m，迎风面宽度为 25m，100 年重现期的基本风压 w_0 = 0.65kN/m²，50 年重现期的基本风压 w_0 = 0.50kN/m²，风荷载体型系数为 1.3。

提示： 按《建筑结构可靠性设计统一标准》作答。

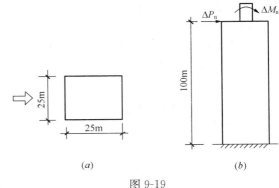

图 9-19
（a）建筑平面图；（b）建筑立面图

58. 假定结构基本自振周期 T_1 = 1.8s，试问，按承载能力设计时，已知脉动风荷载共振分量因子 R = 1.145，高度为 80m 处的风振系数，与下列何项数值最为接近？

（A）1.291　　　　（B）1.315　　　　（C）1.381　　　　（D）1.442

59. 按承载能力设计时，确定高度 100m 处迎风面幕墙骨架围护结构的风荷载标准值（kN/m²），与下列何项数值最为接近？

提示： 幕墙骨架围护结构面积为 40m²。

（A）1.65　　　　（B）1.50　　　　（C）1.39　　　　（D）1.29

60. 假定作用于 100m 高度处的风荷载标准值 w_k = 2kN/m²，又已知突出屋面小塔楼风剪力标准值 ΔP_n = 500kN 及风弯矩标准值 ΔM_n = 2000kN·m，作用于 100m 高度的屋面处。设风压沿高度的变化为倒三角形分布（地面处为 0），试问，在地面（z = 0）处，风荷载产生倾覆力矩的设计值（kN·m），与下列何项数值最为接近？

（A）218760　　　（B）233333　　　（C）306133　　　（D）328000

61. 若建筑物位于一高度为 45m 的山坡顶部，如图 9-20 所示。试问，建筑屋面 D 处的风压高度变化系数 μ_z，与下列何项数值最为接近？

（A）2.191　　　　（B）2.290　　　　（C）2.351　　　　（D）2.616

【题 62～65】 某 6 层框架结构，如图 9-21 所示。抗震设防烈度为 8 度，设计基本地震加速度为 0.20g，设计地震分组为第二组，场地类别为 III 类，集中在屋盖和楼盖处的重力荷载代表值为 G_6 = 4800kN，$G_{2\sim5}$ = 6000kN，G_1 = 7000kN，采用底部剪力法计算。

提示： 按《建筑抗震设计规范》GB 50011—2010 计算。

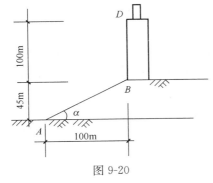

图 9-20

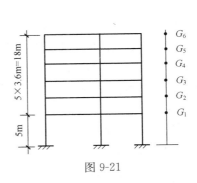

图 9-21

62. 假定结构的基本自振周期 $T_1 = 0.7s$，结构阻尼比 $\zeta = 0.05$。试问，在多遇地震下，结构总水平地震作用标准值 F_{Ek}（kN），与下列何项数值最为接近？

(A) 2492   (B) 3271   (C) 3919   (D) 4555

63. 若该框架为钢筋混凝土结构，结构的基本自振周期 $T_1 = 0.8s$，总水平地震作用标准值 $F_{Ek} = 3475kN$，试问，作用于顶部附加水平地震作用 ΔF_6（kN），与下列何项数值最接近？

(A) 153   (B) 257   (C) 466   (D) 525

64. 若已知结构水平地震作用标准值 $F_{Ek} = 3126kN$，顶部附加水平地震作用 $\Delta F_6 = 256kN$，试问，作用于 G_5 处的地震作用标准值 F_5（kN），与下列何项数值最为接近？

(A) 565   (B) 694   (C) 756   (D) 914

65. 若该框架为钢结构，结构的基本自振周期 $T_1 = 1.2s$，结构阻尼比 $\zeta = 0.04$，其他数据不变。试问，在多遇地震下，结构总水平地震作用标准值 F_{Ek}（kN），与下列何项数值最为接近？

(A) 2413   (B) 2544   (C) 2839   (D) 3140

【题 66～69】 如图 9-22（a）所示为某钢筋混凝土高层框架结构的一榀框架，抗震等级为二级，底部一、二层梁截面高度为 0.6m，柱截面为 0.6m×0.6m。已知在重力荷载和地震作用组合下，内力调整前节点 B 和柱 DB、梁 BC 的弯矩设计值（kN·m）如图 9-22（b）所示。柱 DB 的轴压比为 0.75。

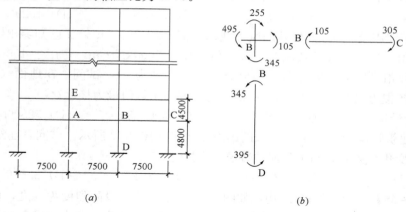

（a）   （b）

图 9-22

66. 试问，抗震设计时，柱 DB 的柱端 B 地震作用组合的弯矩设计值（kN·m），与下列何项数据最为接近？

(A) 345   (B) 360   (C) 414   (D) 518

67. 假定柱 AE 在重力荷载和地震作用组合下，柱上、下端的弯矩设计值分别为 $M_c^t = 298kN \cdot m$（↷），$M_c^b = 306kN \cdot m$（↶）。试问，抗震设计时，柱 AE 端部截面地震作用组合的剪力设计值（kN），与下列何项数值最为接近？

(A) 161   (B) 171   (C) 186   (D) 201

68. 假定框架梁 BC 在考虑地震作用组合的重力荷载代表值作用下，按简支梁分析的梁端截面剪力设计值 $V_{Gb} = 135kN$。试问，该框架梁端部截面组合的剪力设计值（kN），与下列何项数值最为接近？

(A) 194   (B) 200   (C) 206   (D) 212

69. 假定框架梁的混凝土强度等级为 C40，梁箍筋采用 HPB300 级。试问，沿梁全长箍筋的面积配筋率 ρ_{sv}（％）的下限值，与下列何项数值最为接近？

(A) 0.177   (B) 0.212   (C) 0.228   (D) 0.244

【题 70】 某 20 层的钢筋混凝土框架-剪力墙结构，总高为 75m，第一层的重力荷载设计值为 7300kN，第 2 至 19 层为 6500kN，第 20 层为 5100kN。试问，当结构主轴方向的弹性等效侧向刚度（kN·m²）的最低值满足下列何项数值时，在水平力作用下，可不考虑重力二阶效应的不利影响？

(A) 1019025000   (B) 1637718750   (C) 1965262500   (D) 2358315000

【题 71】 在正常使用条件下的下列钢筋混凝土结构中，何项对于层间最大位移与层高之比限制的要求最严格？

(A) 高度不大于 50m 的框架结构   (B) 高度为 180m 的剪力墙结构
(C) 高度为 160m 的框架-核心筒结构   (D) 高度为 175m 的筒中筒结构

【题 72】 某钢筋混凝土住宅建筑为地下 2 层，地上 26 层的部分框支剪力墙结构，总高 95.4m，一层层高为 5.4m，其余各层层高为 3.6m。转换梁顶标高为 5.400m，剪力墙抗震等级为二级。地下室顶板位于±0.000m 处。试问，剪力墙的约束边缘构件至少应做到下列何层楼面处为止？

(A) 二层楼面，即标高 5.400m 处   (B) 三层楼面，即标高 9.000m 处
(C) 四层楼面，即标高 12.600m 处   (D) 五层楼面，即标高 16.200m 处

【题 73~77】 某公路桥梁，标准跨径为 20m，计算跨径为 19.5m，由双车道和人行道组成。桥面宽度为 0.25m（栏杆）+1.5m（人行道）+7.0m（车行道）+1.5m（人行道）0.25m（栏杆）=10.5m，桥梁结构由梁高 1.5m 的 5 根 T 形主梁和横隔梁组成，C30 混凝土。设计荷载：公路－Ⅰ级汽车荷载，人群荷载为 3.0kN/m²，汽车荷载冲击系数 $\mu=0.210$。桥梁结构的布置如图 9-23 所示。

提示：按《公路桥涵设计通用规范》JTG D60—2015 计算。

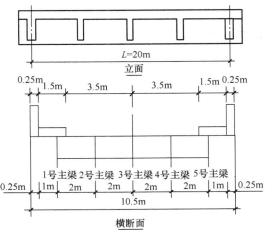

图 9-23

73. 1 号主梁按刚性横梁法（或偏心受压法）计算其汽车荷载横向分布系数 M_{cq}，与下列何项数值最为接近？

(A) 0.51   (B) 0.55   (C) 0.61   (D) 0.65

74. 1 号主梁按刚性横梁法计算其人群荷载横向分布系数 M_{cr}，与下列何项数值最为接近？

(A) 0.565   (B) 0.625   (C) 0.715   (D) 0.765

75. 假定 1 号梁的汽车荷载跨中横向分布系数为 $M_{cq}=0.560$，支座处横向分布系数为 $M_{oq}=0.410$。试问，1 号梁跨中截面由汽车荷载产生的弯矩标准值（kN·m），与下列何

项数值最为接近？

（A）1325　　　　（B）1415　　　　（C）1550　　　　（D）1610

76. 条件同［题75］，试问，1号梁距支点 $L_0/4$ 处截面由汽车荷载产生的弯矩标准值（kN·m），与下列何项数值最为接近？

（A）900　　　　（B）1000　　　　（C）1100　　　　（D）1200

77. 条件同［题75］，试问，1号梁跨中截面由汽车荷载产生的剪力标准值（kN），与下列何项数值最为接近？

（A）140　　　　（B）150　　　　（C）160　　　　（D）170

【题78～80】 某三级公路上钢筋混凝土简支梁桥，标准跨径为15m，计算跨径为14.6m，梁桥由5片主梁组成，主梁高为1.3m，跨中腹板宽度为0.16m，支点处腹板宽度加宽，采用C30混凝土。已知支点处某根主梁的恒载作用产生的剪力标准值 $V_{Gk}=250kN$，汽车荷载（含冲击系数）产生的剪力标准值 $V_{qk}=180kN$，人群荷载产生的剪力标准值 $V_{rk}=20kN$。汽车荷载冲击系数为0.215。

78. 该主梁支点处在持久状况下承载能力极限状态基本组合下的剪力设计值 $\gamma_0 V_d$（kN），与下列何项数值最为接近？

（A）570　　　　（B）517　　　　（C）507　　　　（D）485

79. 假定截面有效高度 $h_0=1200mm$，根据承载能力极限状态基本组合下的支点最大剪力设计值 650kN，试问，当支点截面处满足抗剪截面要求时，腹板的最小厚度（mm），与下列何项数值最为接近？

（A）175　　　　（B）195　　　　（C）205　　　　（D）215

80. 假定截面有效高度 $h_0=1200mm$，腹板宽度为200mm，当斜截面受压端上相应于基本组合的最大剪力设计值 $\gamma_0 V_d$（kN）小于下列何项数值时，可不进行斜截面承载力验算，仅需按构造配置箍筋？

（A）165　　　　（B）185　　　　（C）200　　　　（D）215

实战训练试题（十）

（上午卷）

【题 1～6】 某 6 层办公楼为现浇钢筋混凝土框架结构，无库房区，其平面图与计算简图如图 10-1 所示。已知 1～6 层所有柱截面均为 $500mm \times 600mm$，所有纵向梁（x 向）截面均为 $250mm \times 500mm$，自重 3.125kN/m，所有横向梁（y 向）截面为 $250mm \times 700mm$，自重 4.375kN/m，所有柱、梁的混凝土强度等级均为 C40，2～6 层楼面永久荷载 $5.0kN/m^2$，活载 $2.5kN/m^2$，屋面永久荷载 $7.0kN/m^2$，活载 $0.7kN/m^2$，楼面和屋面的永久荷载包括楼板自重、粉刷与吊顶等。除屋面梁外，其余各层纵向梁（x 向）和横向梁（y 向）上均作用有填充墙（包括门窗等）均布荷载 2.0kN/m，计算时忽略柱子自重的影响，上述永久荷载与活荷载均为标准值。屋面为不上人屋面。设计使用年限为 50 年，结构安全等级为二级。

提示： ①计算荷载时，楼面及屋面的面积均按轴线间的尺寸计算。

②按《建筑结构可靠性设计统一标准》GB 50068—2018 作答。

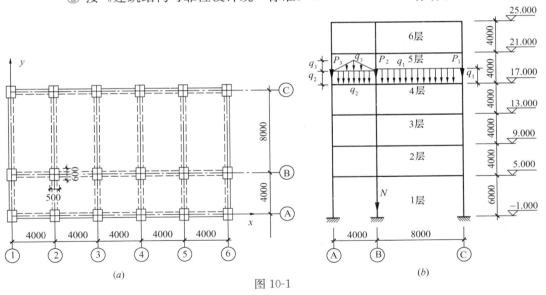

图 10-1

（a）平面布置简图；（b）中间框架计算简图

1. 当简化作平面框架内力分析时，作用在计算简图 17.000m 标高处的 q_1（kN/m）和 q_3（kN/m），与下列何项数值最为接近？

提示： ①q_1 为楼面荷载标准组合值，q_3 为楼面荷载标准组合值，且 q_1 应包括梁自重，不考虑活载折减；

②板长边/板短边不小于 2.0 时，按单向板传导荷载。

(A) $q_1 = 36.38$；$q_3 = 30.00$ (B) $q_1 = 32.00$；$q_3 = 15.00$

(C) $q_1 = 33.38$；$q_3 = 27.00$ (D) $q_1 = 26.38$；$q_3 = 10.00$

2. 当简化作平面框架内力分析时，作用在计算简图 17.000m 标高处的 P_1 和 P_2（kN），与下列何项数值最为接近？

提示： ① P_1 和 P_2 为荷载标准组合值，不考虑活载折减；

②P_1 和 P_2 仅为第五层集中力。

(A) $P_1=12.5$；$P_2=20.5$　　　　　(B) $P_1=20.5$；$P_2=47.5$

(C) $P_1=20.5$；$P_2=50.5$　　　　　(D) $P_1=8.0$；$P_2=30.0$

3. 试问，作用在底层中柱柱脚处的荷载的标准组合值 N（kN），与下列何项数值最为接近？

提示： ①活载不考虑折减；

②不考虑第一层的填充墙体作用。

(A) 1260　　　　(B) 1320　　　　(C) 1130　　　　(D) 1420

4. 当对 2~6 层⑤、⑥—Ⓑ、Ⓒ轴线间的楼板（单向板）进行计算时，假定该板的跨中弯矩为 $\frac{1}{10}ql^2$，试问，该楼板每米板带基本组合的跨中弯矩设计值 M（kN·m），与下列何项数值最为接近？

(A) 12.00　　　　(B) 16.40　　　　(C) 15.20　　　　(D) 14.72

5. 当平面现浇框架在竖向荷载作用下，用分层法作简化计算时，顶层中间榀框架计算简图如图 10-2 所示，若用弯矩分配法求顶层梁的弯矩时，试问，弯矩分配系数 μ_{BA} 和 μ_{BC}，与下列何项数值最为接近？

(A) 0.36；0.19　　　　(B) 0.19；0.36

(C) 0.48；0.24　　　　(D) 0.46；0.18

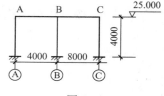

图 10-2

6. 根据抗震概念设计的要求，该楼房应作竖向不规则验算，检查在竖向是否存在薄弱层，试问，下述对该建筑是否存在薄弱层的几种判断，正确的是哪一项？说明理由。

提示： ①楼层的侧向刚度采用剪切刚度 $K_i=GA_i/h_i$，其中 $A_i=2.5(h_{ci}/h_i)^2 A_{ci}$，$K_i$ 为第 i 层的侧向刚度，A_{ci} 为第 i 层的全部柱的截面面积之和，h_{ci} 为第 i 层柱沿计算方向的截面高度，h_i 为第 i 层的层高，G 为混凝土的剪变模量；

②不考虑土体对框架侧向刚度的影响。

(A) 无薄弱层　　　　(B) 1 层为薄弱层

(C) 2 层为薄弱层　　　　(D) 6 层为薄弱层

【题 7】 某现浇钢筋混凝土框架结构边框架梁受扭矩作用，截面尺寸及配筋采用施工图平法表示，见图 10-3 所示，该结构环境类别为一类，C40 混凝土，钢筋 HPB300（Φ）和 HRB400（Φ），抗震等级为二级，以下哪种意见正确，说明理由。

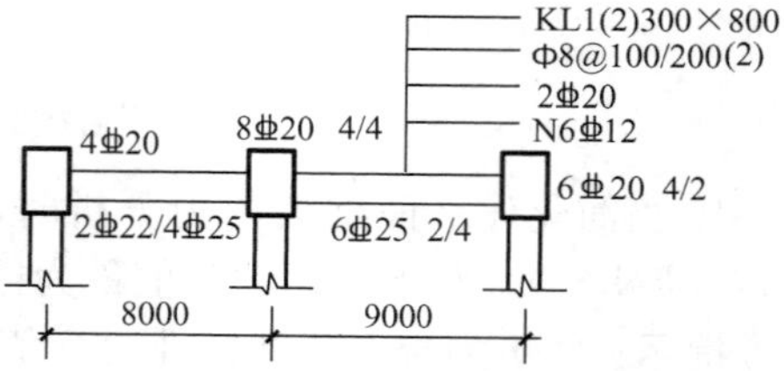

提示： 此题不执行规范"不宜"的限制条件。

图 10-3

(A) 符合规范　　　(B) 1 处违反规范　　　(C) 2 处违反规范　　　(D) 3 处违反规范

【题8】 某钢筋混凝土框架结构悬挑梁（图10-4），悬挑长度2.5m，重力荷载代表值在该梁上的均布线荷载标准值为20kN/m，该框架所在地区抗震设防烈度为8度，设计基本地震加速度为0.20g，该梁用某程序计算时，未作竖向地震计算，试问，当用手算复核该梁配筋时，其支座负弯矩设计值（kN·m）与下列何值最接近？

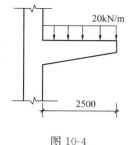

图10-4

(A) 62.50   (B) 83.13

(C) 75.00   (D) 68.75

【题9、10】 有一多层钢筋混凝土框架结构的角柱，采用施工图平法表示，如图10-5所示，该结构为一般民用建筑，无库房区，且作用在结构上的活荷载仅为按等效均布荷载计算的楼面活荷载，抗震等级为二级，环境类别为一类，该角柱轴压比 $\mu_N \leq 0.3$，剪跨比大于2.0，混凝土强度等级为C35，钢筋 HPB300（Φ）和 HRB400（Φ）。

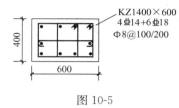

图10-5

9. 以下哪种意见正确？

(A) 有2处违反规范   (B) 完全满足

(C) 有1处违反规范   (D) 有3处违反规范

10. 各种作用在该角柱控制截面产生内力标准值如下：永久荷载 $M=280.5$kN·m，$N=860.00$kN，活荷载 $M=130.8$kN·m，$N=580.00$kN，水平地震作用 $M=\pm 200.6$ kN·m，$N=480.00$kN。试问，该柱轴压比与轴压比限值之比值，与下列何值最接近？

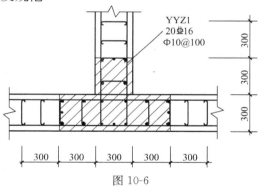

图10-6

(A) 0.667   (B) 0.625

(C) 0.714   (D) 0.508

【题11】 某多层钢筋混凝土框架-剪力墙结构，经验算底层剪力墙应设约束边缘构件（有翼墙），该剪力墙抗震等级为二级，其轴压比为0.45，环境类别为一类，C40混凝土，箍筋和分布筋均为HPB300、纵向受力钢筋为HRB400，该约束边缘翼墙设置箍筋范围（图中阴影）的尺寸及配筋见图10-6，对翼墙校审，哪种意见正确？

提示： 非阴影部分无问题。

(A) 1处违规   (B) 2处违规

(C) 3处违规   (D) 无问题

【题12】 7层现浇钢筋混凝土框架结构如图10-7所示为一榀框架，假定按反弯点计算，首层的弹性侧向刚度为 1.5×10^5kN/m，第2层至第6层的弹性侧向刚度均为 4.2×10^5kN/m，图中BC梁的B端，其第2层柱的轴力设计值为

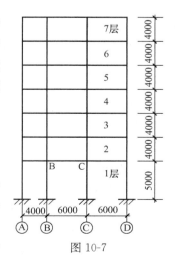

图10-7

40000kN，其第 1 层柱的轴力设计值为 45000kN。试问，当考虑重力二阶效应时，梁端 B 的二阶效应增大系数，与下列何项数值最为接近。

提示：按《混凝土结构设计规范》作答。

(A) 1.04　　　　　(B) 1.08

(C) 1.11　　　　　(D) 1.16

【题 13】 钢筋混凝土框架结构，一类环境，抗震等级为二级，C30 混凝土，中间层中间节点配筋如图 10-8。纵筋采用 HRB400 级、箍筋采用 HPB300 钢筋，直径为 10mm。试问，下列哪项梁面纵向受力钢筋符合有关规范、规程要求？

(A) 3 ⏀ 25　　　　　(B) 3 ⏀ 22

(C) 3 ⏀ 20　　　　　(D) 以上三种均符合要求

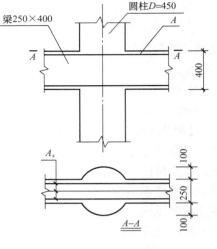

图 10-8

【题 14】 同一地区合理的伸缩缝间距，设计考虑时，下列何项是正确的？说明理由。

(A) 装配式结构因其整体性差，其伸缩缝间距应比现浇结构小

(B) 剪力墙结构刚度大，其伸缩缝间距应比框架、排架结构大

(C) 排架结构柱高低于 8m，剪力墙结构用滑模施工时均宜适当减小伸缩缝间距

(D) 现浇挑檐结构的伸缩缝间距不宜大于 15m

【题 15】 对型钢混凝土组合结构的说法，下列何项是不正确的？说明理由。

(A) 它与普通混凝土结构比，具有承载力大、刚度大、抗震性好的优点

(B) 它与普通钢结构比，具有整体稳定性好、局部稳定性好，防火性能好的优点

(C) 配置桁架式型钢的型钢混凝土框架梁，其压杆长细比不宜大于 150

(D) 型钢混凝土柱中型钢钢板厚度不宜小于 8mm

【题 16~25】 某宽厚板车间冷库区为三跨等高厂房，跨度均为 35m，边列柱柱间距为 10m，中列柱间距 20m，局部 60m，采用三跨连续式焊接工字形屋架，其间距为 10m，屋面梁与钢柱为固接，厂房屋面采用彩色压型钢板，屋面坡度为 1/20，檩条采用多跨连续式 H 型钢檩条，其间距为 5m，檩条与屋面梁搭接。屋面梁、檩条及屋面上弦水平支撑的局部布置示意如图 10-9 (a) 所示，且系杆仅与檩条相连。中列柱柱顶设置有 20m 和 60m 跨度的托架，托架与钢柱采用铰接连接，托架的简图和荷载设计值如图 10-9 (b)、(c) 所示，屋面梁支撑在托架竖杆的侧面，且屋面梁的顶面略高于托架顶面约 150mm。檩条、屋面梁、20m 跨度托架，采用 Q235 钢，60m 托架采用 Q345B 钢，手工焊接时，分别用 E43、E50，焊缝质量等级二级。20m 托架采用轧制 T 型钢，T 型钢翼缘板与托架平面垂直，60m 托架杆件采用轧制 H 型钢，腹板与托架平面相垂直。

16. 屋面均布荷载设计值（包括檩条自重）$q = 1.5 \text{kN/m}^2$，试问，多跨（≥5 跨）连续檩条支座最大弯矩设计值（kN·m），与下列何项数值最为接近？

(A) 93.8　　　　(B) 78.8　　　　(C) 67.5　　　　(D) 46.9

17. 屋面梁设计值 $M = 2450 \text{kN·m}$，采用双轴线对称的焊接工字形截面，翼缘板为 -350×16，腹板 -1500×12，$W_x = 12810 \times 10^3 \text{mm}^3$，截面无孔，腹板设置纵向加劲肋，

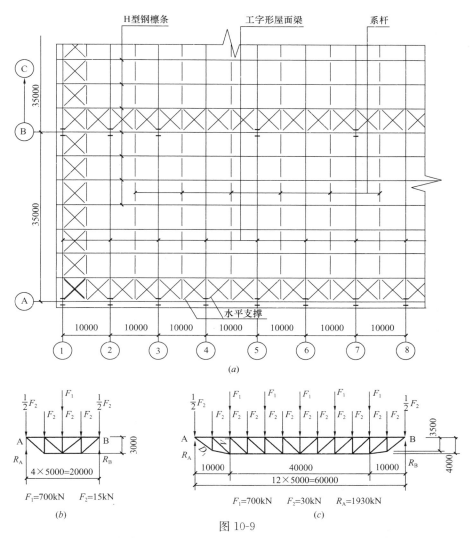

图 10-9

（a）屋面梁、檩条及屋面上弦水平支撑局部布置；（b）20m 跨度托架计算简图；

（c）60m 跨度托架计算简图

腹板宽厚比满足 S4 级要求。当按抗弯强度计算时，试问梁上翼缘最大应力（N/mm²），与下列何项数值最为接近？

（A）182.1　　　　（B）191.3　　　　（C）200.2　　　　（D）205.0

18. 试问，20m 托架支座反力设计值（kN），与下列何项数值最为接近？

（A）730　　　　（B）350　　　　（C）380　　　　（D）372.5

19. 20m 托架上弦杆的轴心压力设计值 $N=1217$kN，采用轧制 T 型钢，T200×408×21×21，$i_x=53.9$mm，$i_y=97.3$mm，$A=12570$mm²，当按轴心受压杆件进行稳定计算时，试问，杆件最大压应力（N/mm²），与下列何项数值最为接近？

提示：①只给出上弦最大的轴心压力设计值，不考虑轴心应力变化对杆件计算长度的影响；

②为简化计算，取绕对称轴 λ_y 代替 λ_{yz}。

(A) 189.6

(B) 144.9

(C) 161.4

(D) 180.6

20. 试问，20m 托架下弦节点如图 10-10 所示，托架各杆件与节点板之间采用强度相等的对接焊缝连接，焊缝质量等级二级，斜腹杆翼缘拼接板为 $2-100\times12$，拼接板与节点板之间采用角焊缝连接，取 $h_f=6$mm，按等强连接，试问，角焊缝长度 l_1（mm），与下列何项数值最为接近？

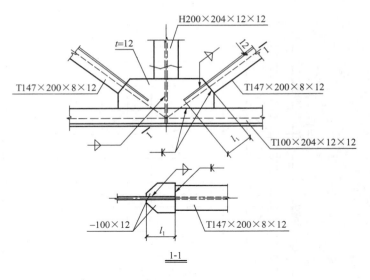

图 10-10

(A) 360　　　(B) 310　　　(C) 260　　　(D) 210

21. 60m 托架端斜杆 D_1 的轴心拉力设计值（kN），与下列何项数值最为接近？

(A) 2736　　(B) 2757　　(C) 3340　　(D) 3365

22. 60m 托架下弦杆最大轴心拉力设计值（kN），与下列何项数值最为接近？

(A) 11969　　(B) 8469　　(C) 8270　　(D) 8094

23. 60m 托架上弦杆最大轴心压力设计值 $N=8550$kN，拟采用热轧 H 型钢 H428$\times$407$\times$20$\times$35，$i_x=182$mm，$i_y=104$mm，$A=36140$mm²，当按轴心受压构件进行稳定性计算时，杆件最大压应力（N/mm²），与下列何项数值最为接近？

(A) 307　　　　　(B) 290

(C) 248　　　　　(D) 230

24. 60m 托架腹杆 V_1 的轴心压力设计值 $N=1855$kN，拟用热轧 H 型钢 H390$\times$300$\times$10$\times$16，$i_x=169$mm，$i_y=72.6$mm，$A=13670$mm²，当按轴心受压构件进行稳定计算时，杆件最大压应力（N/mm²），与下列何项数值最为接近？

(A) 162　　　　　(B) 194

(C) 253　　　　　(D) 303

25. 60m 托架上弦节点如图 10-11，各杆件与节点板间采用等强对接焊缝，焊缝质量等级二级，斜腹杆腹板的拼接板为 -358×10，拼接板件与节点板间采用坡口焊接的 T 形缝，试问，T 形缝长

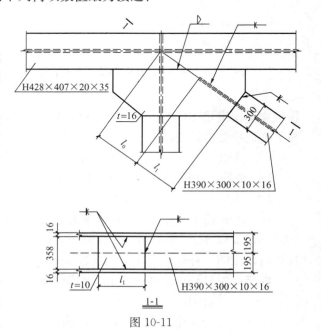

图 10-11

（mm）与下列何项数值最为接近？

(A) 310   (B) 335   (C) 560   (D) 620

【题 26】 在地震区有一采用框架-支撑结构的多层钢结构房屋，关于其中心支撑的形成，下列何项不宜选用？说明理由。

(A) 交叉支撑   (B) 人字支撑   (C) 单斜杆   (D) K 形

【题 27】 有一用 Q235 制作的钢柱，作用在柱顶的集中荷载设计值 $F=2500$kN，拟采用支承加劲肋－400×30 传递集中荷载，加劲肋上端刨平顶紧，柱腹板切槽后与加劲肋焊接如图 10-12 所示，取角焊缝 $h_f=16$mm，试问焊缝长度 l_1（mm），与下列何项数值最为接近？

提示： 考虑柱腹板沿角焊缝边缘剪切破坏的可能性。

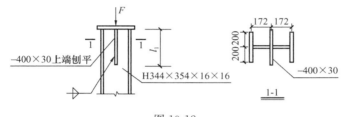

图 10-12

(A) 400   (B) 500   (C) 600   (D) 700

【题 28】 工字形组合截面的钢吊车梁采用 Q235D 制造，腹板－1300×12。支座最大剪力设计值 $V=1005$kN，采用突缘支座，端部加劲肋选用－400×20（焰切边），当端部支座加劲肋作为轴心受压构件进行稳定性计算时，其轴压应力（N/mm²），与下列何项数值最为接近？

(A) 127.3   (B) 115.7   (C) 105.2   (D) 100.3

【题 29】 下述钢管结构构造要求中，哪项不妥？

(A) 节点处除搭接型节点外，应尽可能避免偏心，各管件轴线之间夹角不宜小于 30°

(B) 支管与主管间连接焊缝应沿全周连续焊接并平滑过渡，支管壁厚小于 6mm 时，可不切坡口

(C) 在支座节点处应将支管插入主管内

(D) 主管的直径和壁厚应分别大于支管的直径和壁厚

【题 30～32】 多层砌体结构教学楼局部平面如图 10-13 所示，采用装配式钢筋混凝土空心板楼（屋）盖，刚性方案，纵横墙厚均为 240mm，层高均为 3.6m，梁高均为 600mm，墙用 MU10 烧结普通砖，M5 混合砂浆砌筑，基础埋置较深，首层设刚性地坪，室内外高差 300mm，设计使用年限为 50 年，结构重要性系数 1.0。

30. 已知第二层外纵墙 A 截面形心距翼缘边 $y_1=169$mm，试问，第二层外纵墙 A 的高厚比 β，与下列何项数值最为接近？

(A) 7.35   (B) 8.57   (C) 12.00   (D) 15.00

31. C 轴线首层内墙门洞宽 1000mm，门洞高 2.1m，试问，首层墙 B 高厚比验算式中的左右端项（$H_0/h \leqslant \mu_1 \mu_2 [\beta]$），与下列何组数值最为接近？

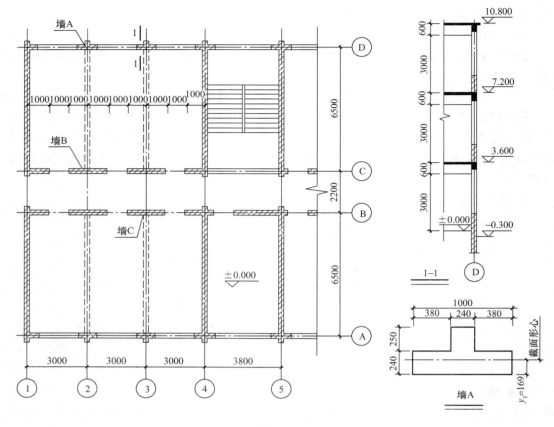

图 10-13

(A) 16.25＜20.80　　　　　　　　(B) 15.00≤24.97

(C) 18.33≤28.80　　　　　　　　(D) 18.33＜20.8

32. 假定第二层内墙 C 截面尺寸改为 240mm×1000mm，砌体施工质量控制等级 C 级，若将烧结普通砖改为 MU15 蒸压灰砂普通砖，并按轴心受压构件计算时，其最大轴向承载力设计值（kN/m），与下列何项数值最为接近？

(A) 201.8　　　　(B) 214.7　　　　(C) 246.2　　　　(D) 276.6

【题 33～35】 二层砌体结构的钢筋混凝土挑梁（图 10-14），埋置于丁字形截面墙体中，墙厚 240mm，MU10 烧结普通砖，M5 水泥砂浆，挑梁混凝土强度等级为 C20，截面 $b×h_b$ 为 240mm×300mm，梁下无混凝土构造柱，楼板传递永久荷载 g，活荷载 q，标准值 $g_{1k}=15.5kN/m$，$q_{1k}=5kN/m$，$g_{2k}=10kN/m$。挑梁自重标准值 1.35kN/m，砌体施工质量控制等级 B 级，设计使用年限为 50 年，重要性系数 1.0。活荷载组合系数为 0.7。

提示：按《建筑结构可靠性设计统一标

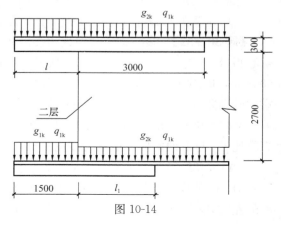

图 10-14

准》GB 50068—2018 作答。

33. 当 $l_1 = 1.5$m 时，第一层挑梁根部基本组合的最大倾覆力矩设计值（kN·m），与下列何项数值最为接近？

(A) 30.6   (B) 31.1   (C) 34.3   (D) 37.0

34. 当顶层挑梁的荷载设计值为 28kN/m 时，其最大悬挑长度（m），与下列何项数值最为接近？

(A) 1.45   (B) 1.5   (C) 1.56   (D) 1.6

35. 第一层挑梁下的砌体局部受压承载力设计值 $\eta\gamma f A_l$（kN），与下列何项数值最为接近？

(A) 102.1   (B) 113.4   (C) 122.5   (D) 136.1

【题 36、37】 某单跨三层工业建筑如图 10-15 所示，按刚性方案计算，各层墙体计算高度 3.6m，梁混凝土强度等级为 C20，截面 $b \times h_b = 240\text{mm} \times 800\text{mm}$，梁端支承 250mm，梁下刚性垫块尺寸 370mm × 370mm × 180mm。墙厚均为 240mm，MU10 烧结普通砖，M5 水泥砂浆，各楼层均布永久荷载标准值、活荷载标准值分别为：$g_k = 3.75\text{kN/m}^2$，$q_k = 4.25\text{kN/m}^2$。梁自重标准值 4.2kN/m，砌体施工质量控制等级为 B 级，设计使用年限为 50 年，重要性系数为 1.0。活荷载组合值系数为 0.7。

提示： 按《建筑结构可靠性设计统一标准》GB 50068—2018 作答。

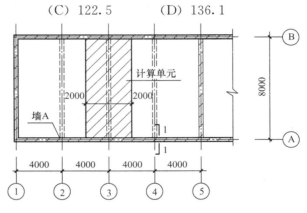
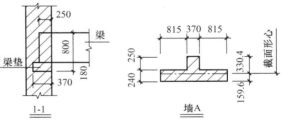

图 10-15

36. 顶层梁端的有效支承长度 a_0（mm），与下列何项数值最为接近？

(A) 124.7   (B) 131.5   (C) 230.9   (D) 243.4

37. 假定顶层梁端有效支撑长度 $a_0 = 150$mm，试问，顶层梁端支承压力对墙形心线的基本组合的弯矩设计值 M（kN·m），与下列何项数值最为接近？

(A) 39.9   (B) 44.7

(C) 48.8   (D) 54.6

【题 38、39】 某自承重简支墙梁（图 10-16），柱距 6m，墙高 15m，厚 370mm，墙体及抹灰自重设计值为 10.5kN/m^2，墙下设混凝土托梁，托梁自重设计值为 6.2kN/m，托梁长 5.6m，两端各伸入支座长度 0.3m，纵向钢筋采用 HRB335，箍筋 HPB300，砌体施工质量控制等级 B 级，重

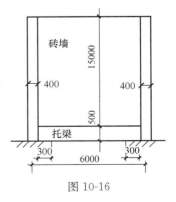

图 10-16

161

要性系数 1.0。设计使用年限为 50 年。

38. 墙梁跨中截面的计算高度 H_0（m），与下列何项数值最为接近？

(A) 5.55   (B) 5.95   (C) 6.0   (D) 6.19

39. 试问，使用阶段托梁梁端剪力设计值（kN），与下列何项数值最为接近？

(A) 165   (B) 185   (C) 200   (D) 240

【题 40】 对防止或减轻墙体开裂技术措施的理解，哪项不妥？

(A) 设置屋顶保温隔热层可防止或减轻房屋顶层墙体开裂

(B) 增大基础圈梁刚度可防止或减轻房屋底层墙体裂缝

(C) 加大屋顶层现浇混凝土厚度是防止或减轻房屋顶层墙体开裂的最有效措施

(D) 女儿墙设置贯通其全高的构造柱并与顶部混凝土压顶整浇可防止或减轻房屋顶层墙体裂缝

（下午卷）

【题 41】 对夹心墙中连接件或连接钢筋网片作用的理解，以下哪项有误？

(A) 协调内外墙叶的变形并为叶墙提供支撑作用

(B) 提高内叶墙的承载力，增大叶墙的稳定性

(C) 防止叶墙在大的变形下失稳，提高叶墙承载能力

(D) 确保夹心墙的耐久性

【题 42、43】 三角形木屋架端节点如图 10-17 所示，单齿连接，齿深 $h_c = 30mm$，上下弦杆采用干燥西南云杉 TC15B，方木截面 $b \times h = 140mm \times 150mm$，设计使用年限 50 年，结构重要性系数取 1.0。

42. 作用在端节点上弦杆的最大轴向压力设计值（kN），与下列何项数值最为接近？

(A) 34.6   (B) 37.2   (C) 45.9   (D) 42.8

43. 下弦拉杆接头处采用双钢夹板螺栓连接，采用 C 级普通螺栓，如图 10-18 所示，木材顺纹受力，钢夹板用 Q235 钢，$f_{yk} = 235N/mm^2$，每侧钢夹板尺寸 $b \times h = 10mm \times 150mm$。已知木材 $f_{em} = 14.2N/mm^2$。螺栓受剪承载力由屈服模式Ⅲ控制。试问，该螺栓

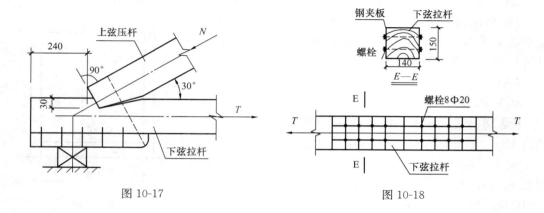

图 10-17   图 10-18

连接的承载力设计值 T_u（kN），与下列何项数值最为接近？

提示： $k_g = 0.96$。

（A）85　　　　　（B）80　　　　　（C）75　　　　　（D）70

【题 44～49】 某高层住宅，地基基础设计等级为乙级，基础底面处相应于作用的标准组合时的平均压力值为 390kPa，地基土层分布，土层厚度及相关参数如图 10-19 所示，采用水泥粉煤灰碎石桩（CFG 桩）复合地基，桩径为 400mm。

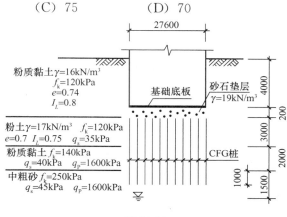

图 10-19

44. 实验得到 CFG 单桩竖向极限承载力为 1500kN，试问，单桩竖向承载力特征值 R_a（kN），与下列何项数值最为接近？

（A）700　　　　　（B）750　　　　　（C）898　　　　　（D）926

45. 假定有效桩长为 6m，按《建筑地基处理技术规范》JGJ 79—2012 确定的单桩承载力特征值（kN），与下列何项数值最为接近？

（A）430　　　　　（B）490　　　　　（C）550　　　　　（D）580

46. 试问，满足承载力要求特征值 f_{spk}（kPa），其实测结果最小值应接近下列何项数值？

（A）248　　　　　（B）300　　　　　（C）430　　　　　（D）335

47. 假定 $R_a = 450$kN，$f_{spk} = 248$kPa，单桩承载力发挥系数 $\lambda = 0.9$，桩间土承载力发挥系数 $\beta = 0.8$，试问，适合于本工程的 CFG 桩面积置换率 m，与下列何项数值最为接近？

（A）4.36%　　　　　（B）4.86%　　　　　（C）5.82%　　　　　（D）3.82%

48. 假定 $R_a = 450$kN，单桩承载力发挥系数为 0.9，试问，桩身强度 f_{cu}（MPa），与下列何项数值最为接近？

提示： 桩身强度不考虑基础埋深的深度修正。

（A）10　　　　　（B）11　　　　　（C）12　　　　　（D）13

49. 假定 CFG 桩面积置换率 $m = 5\%$，如图 10-20 所示，桩孔按等边三角形均匀布于基底范围，试问，CFG 桩的间距 s（m），与下列何项数值最为接近？

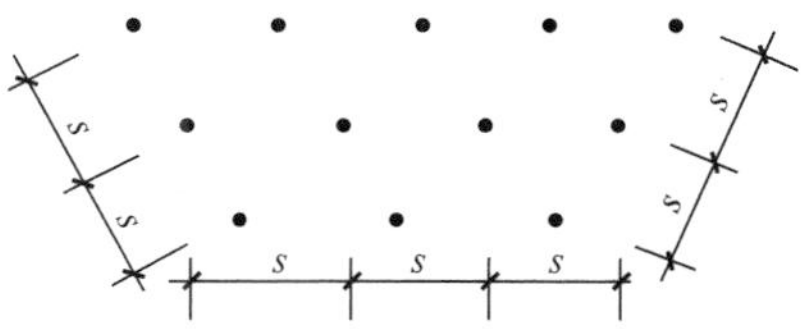

（A）1.5　　　　　（B）1.7
（C）1.9　　　　　（D）2.1

图 10-20

【题 50～55】 某门式刚架单层厂房基础，采用钢筋混凝土独立基础，如图 10-21 所示，混凝土短柱截面 500mm×500mm，与水平作用方向垂直的基础底边长 $l = 1.6$m，相应于作用的标准组合时，作用于混凝土短柱顶面处的竖向力为 F_k，水平力为 H_k，基础采用混凝土等级为 C25，基础底面以上土与基础的加权平均重度为 20kN/m³，其他参数见图 10-21。

163

提示：按《建筑结构可靠性设计统一标准》GB 50068—2018 作答。

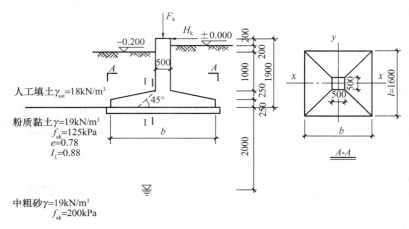

图 10-21

50. 试问，基础底面处修正后的地基承载力特征值 f_a（kPa），与下列何项数值最为接近？

(A) 125　　　　(B) 143　　　　(C) 154　　　　(D) 165

51. 假定修正后的地基承载力特征值为 145kPa，$F_k=200$kN，$H_k=70$kN，在此条件下满足承载力要求的基础底面边长 $b=2.4$m，试问，基础底面边缘处的最大压力标准值 p_{kmax}（kPa），与下列何项数值最为接近？

(A) 140　　　　(B) 150　　　　(C) 160　　　　(D) 170

52. 假定 $b=2.4$m，基础冲切破坏锥体的有效高度 $h_0=450$mm，试问，冲切面（图中虚线处）的冲切承载力设计值（kN），与下列何项数值最为接近？

(A) 380　　　　(B) 400　　　　(C) 420　　　　(D) 450

53. 假定基础底面边长 $b=2.2$m，若按承载力极限状态下荷载的基本组合时，基础底面边缘处的最大基底反力值为 260kPa，已求得冲切验算时取用的部分基础底面积 $A_l=0.609\text{m}^2$，试问，图 10-21 中所示冲切面承受冲切力设计值（kN），与下列何项数值最为接近？

(A) 60　　　　(B) 100　　　　(C) 135　　　　(D) 160

54. 假定 $F_k=200$kN，$H_k=50$kN，基底面边长 $b=2.2$m，已求出基底面积 $A=3.52\text{m}^2$，基底面的抵抗矩 $W=1.29\text{m}^3$，试问，基底面边缘处的最大压力标准值 p_{kmax}（kPa），与下列何项数值最为接近？

(A) 130　　　　(B) 150　　　　(C) 160　　　　(D) 180

55. 假定在荷载的基本组合下基底边缘最小地基反力设计值为 20.5kPa，最大地基反力设计值为 219.3kPa，基底边长 $b=2.2$m。试问，基础 I—I 剖面处的弯矩设计值（kN·m），与下列何项数值最为接近？

(A) 45　　　　(B) 55　　　　(C) 65　　　　(D) 70

【题 56】　试问，复合地基的承载力特征值应按下述何种方法确定？说明理由。

(A) 桩间土的荷载试验结果　　　　　(B) 增强体的荷载试验结果

（C）复合地基的荷载试验结果　　　　（D）本场地的工程地质勘察报告

【题 57】 对直径为 1.65m 的单柱单桩嵌岩桩，当检验桩底有无空洞、破碎带、软弱夹层等不良地质现象时，应在桩底下的下述何种深度（m）范围进行？说明理由。

（A）3　　　　　　（B）5　　　　　　（C）8　　　　　　（D）9

【题 58】 某钢筋混凝土商住框架结构为地下 2 层，地上 6 层，地下 2 层为六级人防，地下 1 层为车库，剖面如图 10-22 所示。钢筋均采用 HRB400 级钢筋。已知：（1）地下室柱配筋比地上柱大 10%；（2）地下室±0.00 处顶板厚 160mm，采用分离式配筋，负筋 Φ 16@150；（3）人防顶板厚 250mm，顶板（−4.0m）采用 Φ 20 双向钢筋；（4）各楼层的侧向刚度比为 $K_{-2}/K_{-1}=2.5$，$K_{-1}/K_1=1.8$，$K_1/K_2=0.9$，结构分析时，上部结构的嵌固端应取在何处，哪种意见正确，说明理由。

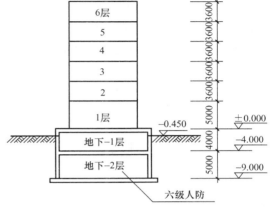

图 10-22

（A）取在地下 2 层的板底顶面（−9.00m 处），不考虑土体对结构侧向刚度的影响

（B）取在地下 1 层的板底顶面（−4.00m 处），不考虑土体对结构侧向刚度的影响

（C）取在地上 1 层的板底顶面（0.00m 处），不考虑土体对结构侧向刚度的影响

（D）取在地下 1 层的板底顶面（−4.00m 处），考虑回填土对结构侧向刚度的影响

【题 59～63】 有密集建筑群的城市市区中的某房屋，丙类建筑，地上 28 层，地下 1 层，为一般钢筋混凝土框架-核心筒高层建筑，抗震设防烈度为 7 度，该建筑质量沿高度比较均匀，平面为切角三角形，如图 10-23 所示。设计使用年限为 50 年。

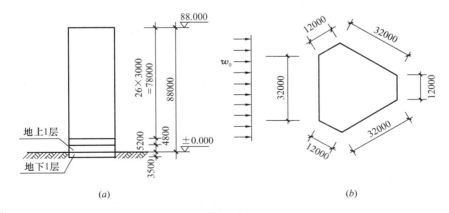

图 10-23

（a）建筑立面示意图；（b）建筑平面示意图

59. 假设基本风压，当重现期为 10 年时，$w_0=0.40\text{kN/m}^2$，当为 50 年时，$w_0=0.55\text{kN/m}^2$，当为 100 年时，$w_0=0.65\text{kN/m}^2$，结构基本周期 $T=2.9\text{s}$，试问，按承载能

力设计时，确定该建筑脉动风荷载的共振分量因子，与下列何项数值最为接近？

(A) 1.16   (B) 1.23   (C) 1.36   (D) 1.45

60. 试问，按承载能力设计时，屋面处脉动风荷载的背景分量因子，与下列何项数值最为接近？

(A) 0.32   (B) 0.36   (C) 0.40   (D) 0.43

61. 风荷载作用方向如图 10-23 所示，竖向荷载 q_k 呈倒三角形分布，如图 10-24 所示，$q_k = \sum (\mu_{si} B_i) \beta_z \mu_z w_0$，式中 i 为 6 个风作用面的序号，B 为每个面宽度在风荷载作用方向的投影，试问，$\sum (\mu_{si} B_i)$ 值与下列何项数值最为接近？

提示： 按《建筑结构荷载规范》确定风荷载体型系数。

(A) 36.8   (B) 42.2   (C) 57.2   (D) 52.8

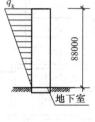
图 10-24

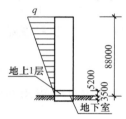
图 10-25

62. 假定风荷载沿高度呈倒三角形分布，地面处为零，屋顶处风荷载设计值 $q = 134.7 \text{kN/m}$，如图 10-25 所示，地下室混凝土剪变模量与折算受剪截面面积乘积 $G_0 A_0 = 19.76 \times 10^6 \text{kN}$，地上 1 层 $G_1 A_1 = 17.17 \times 10^6 \text{kN}$。试问，风荷载在该建筑结构计算模型的嵌固端产生的倾覆力矩设计值（kN·m），与下列何项数值最为接近？

提示： 侧向刚度比可近似按楼层等效剪切刚度比计算。

(A) 260779   (B) 347706   (C) 368449   (D) 389708

63. 假设外围框架结构的部分柱在底层不连续，形成带转换层的结构，且该建筑的结构计算模型底部的嵌固端在 ±0.000 处。试问，剪力墙底部需加强部位的高度（m），与下列何项数值最为接近？

(A) 5.2   (B) 10   (C) 11   (D) 13

【题 64~66】 某高度为 66m，18 层的现浇钢筋混凝土框架-剪力墙结构，结构环境类别为一类，框架的抗震等级为二级，框架局部梁柱配筋见图 10-26，梁柱混凝土强度等级

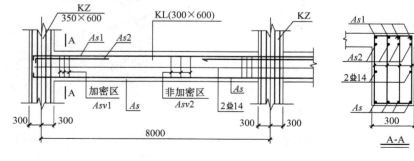
图 10-26

C30，钢筋 HRB400（Φ），HPB300（Φ）。单排钢筋，$a_s = a'_s = 35mm$；双排钢筋，$a_s = a'_s = 70mm$。

64. 关于梁端纵向受力钢筋的设置，试问，下列何组配筋符合相关规定要求？

提示： 不要求验算计入受压纵筋作用的梁端截面混凝土受压区高度与有效高度之比。

(A) $As1 = As2 = 4 \Phi 25$，$As = 4 \Phi 20$

(B) $As1 = As2 = 4 \Phi 25$，$As = 4 \Phi 18$

(C) $As1 = As2 = 4 \Phi 25$，$As = 4 \Phi 16$

(D) $As1 = As2 = 4 \Phi 28$，$As = 4 \Phi 28$

65. 假设梁端上部纵筋为 8 Φ 25，下部为 4 Φ 25，试问，关于箍筋设置，以下何项最接近规范、规程要求。

(A) $A_{sv1} 4 \Phi 10@100$，$A_{sv2} 4 \Phi 10@200$

(B) $A_{sv1} 4 \Phi 10@150$，$A_{sv2} 4 \Phi 10@200$

(C) $A_{sv1} 4 \Phi 8@100$，$A_{sv2} 4 \Phi 8@200$

(D) $A_{sv1} 4 \Phi 8@150$，$A_{sv2} 4 \Phi 8@200$

66. 假设该建筑在Ⅳ类场地，其角柱纵向钢筋的配置如图 10-27 所示，该角柱在地震作用组合下产生小偏心受拉，其配筋计算值为 2100mm²。试问，下列在柱中配置的纵向钢筋截面面积，其中何项最接近规范、规程？

(A) 10 Φ 14　　　(B) 10 Φ 16　　　(C) 10 Φ 18　　　(D) 10 Φ 20

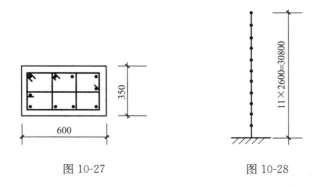

图 10-27　　　　　　　　　　图 10-28

【题 67～69】 某 11 层住宅，钢框架结构，质量、刚度沿高度基本均匀，各层层高如图 10-28 所示，抗震设防烈度 7 度，场地特征周期 $T_g = 0.40s$。框架抗震等级为三级。采用底部剪力法计算。

提示： 按《高层民用建筑钢结构技术规程》JGJ 99—2015 计算。

67. 假设水平地震影响系数 $\alpha_1 = 0.12$，屋面恒荷载标准值为 4300kN，等效活载标准值为 480kN，雪荷载标准值为 160kN，各层楼盖处恒荷载标准值为 4100kN，等效活荷载标准值为 550kN，试问，结构总水平地震作用标准值 F_{Ek}（kN），与下列何项数值最为接近？

(A) 4200　　　(B) 4900　　　(C) 5300　　　(D) 5800

68. 假设与结构总水平地震作用等效的底部剪力标准值 $F_{Ek} = 6000kN$，基本自振周期 $T_1 = 1.1s$，试问，顶层总水平地震作用标准值（kN），与下列何项数值最为接近？

(A) 3000　　　(B) 2400　　　(C) 1500　　　(D) 1400

69. 假设框架钢材采用 Q345，$f_y = 345\text{N/mm}^2$，某梁柱节点构造如图 10-29 所示，试问，柱在节点域满足规程要求的腹板最小厚度 t_{wc}（mm），与下列何项数值最为接近？

（A）10 　　　　　　（B）13

（C）15 　　　　　　（D）17

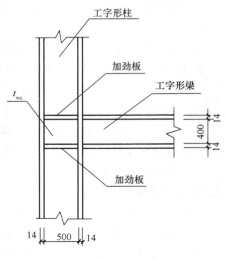

图 10-29

【题 70】　某 18 层钢筋混凝土框架-剪力墙结构，为一般的框架-剪力墙结构，高度 130m，7 度抗震设防，丙类建筑，场地Ⅱ类，下列关于框架、剪力墙的抗震等级确定，正确的是下列哪项？

（A）框架抗震三级，剪力墙抗震二级

（B）框架抗震三级，剪力墙抗震三级

（C）框架抗震二级，剪力墙抗震二级

（D）上述（A）（B）（C）均不正确

【题 71】　某钢筋混凝土烟囱（图 10-30），抗震设防烈度 8 度，设计基本地震加速度为 0.2g，设计地震分组为第一组，场地类别为Ⅱ类，试问，相应于烟囱基本自振周期的水平地震影响系数，与下列何项数值最为接近？

（A）0.059 　　　　（B）0.051 　　　　（C）0.047 　　　　（D）0.042

【题 72】　某一矩形剪力墙如图 10-31 所示，层高 5m，C35 混凝土，顶部作用的垂直荷载设计值 $q = 3400\text{kN/m}$，试验算满足墙体稳定所需的厚度 t（mm），与下列何项数值最为接近？

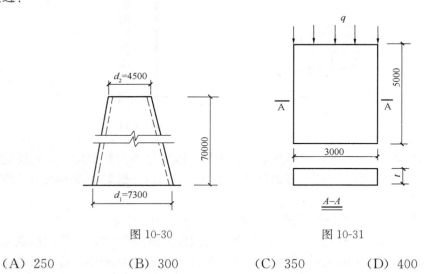

图 10-30　　　　　　　　　图 10-31

（A）250 　　　　　（B）300 　　　　　（C）350 　　　　　（D）400

【题 73～79】　某一级公路桥梁由多跨简支梁桥组成，总体布置如图 10-32 所示。每孔跨径 25m，计算跨径 24m，桥梁总宽 9.5m，其中行车道宽度为 7.0m，两侧各 0.75m 人行道和 0.50m 栏杆，双向行驶二列汽车。每孔上部结构采用预应力混凝土箱梁，桥墩上设 4 个支座，支座的横桥向中心距 3.4m。桥墩支承在岩基上，由混凝土独立柱墩身和带悬臂的盖梁组成，设计荷载：汽车荷载为公路-Ⅰ级，人群荷载为 3.0kN/m^2，汽车荷载

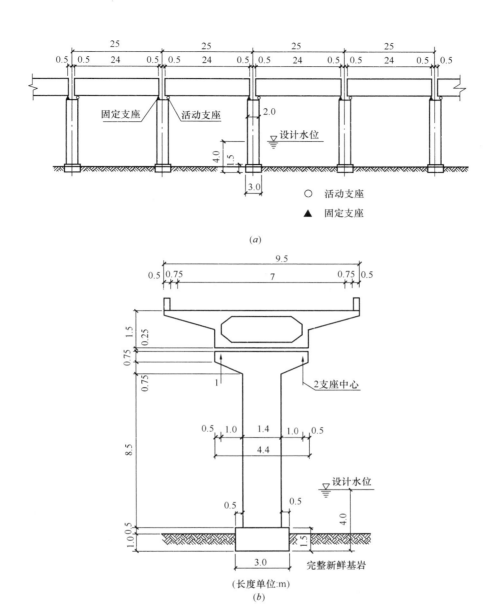

图 10-32

（a）立面图；（b）桥墩处横断面图

冲击系数 $\mu = 0.215$。

提示：按《公路桥涵设计通用规范》JTG D 60—2015 计算。

73. 在汽车荷载作用下，箱梁支座 1 的最大压力标准值（kN），与下列何项数值最接近？

提示：汽车加载长度取为 24m。

(A) 624　　　　(B) 700　　　　(C) 720　　　　(D) 758

74. 假定该桥箱梁及桥面系每孔恒载的重量为 4500kN/孔，汽车荷载作用下的最大支座反力标准值为 800kN，试问，在恒载作用下每个支座的最大垂直反力标准值（kN），与

169

下列何项数值最接近？

  (A) 1125   (B) 1925   (C) 2250   (D) 3050

  75. 假设桥梁每个支座的最大竖向反力设计值为 2000kN，当选用板式橡胶支座的板厚为 42mm，顺桥向的尺寸规定为 400mm 时，试问，板式橡胶支座的平面尺寸（mm×mm），应选下述何项？

  提示： $\sigma_c = 10\text{MPa}$；加劲钢板每侧保护层厚度为 5mm。

  (A) 400×450 (B) 400×500 (C) 400×550 (D) 400×600

  76. 假定汽车荷载作用下的最大支座反力标准值为 750kN，试问，在汽车荷载作用下中间桥墩上盖梁与墩柱垂直交界上的最不利弯矩标准值（kN·m），与下列何项数值最为接近？

  (A) 1330   (B) 1430   (C) 1500   (D) 1630

  77. 在人群荷载作用下，箱梁支座 1 的最大压力标准值（kN），与下列何项数值最为接近？

  (A) 36   (B) 45   (C) 55   (D) 62

  提示： 人群荷载加载长度取为 24m。

  78. 假设箱梁支座 1 在恒载作用下的最大压力标准值为 700kN，在汽车荷载作用下的最大压力标准值为 600kN（未计入冲击系数），及人群荷载作用下的最大压力标准值为 40kN。试问，支座 1 在持久状况下按承载力极限状态基本组合的最大压力设计值（kN），与下列何项数值最为接近？

  (A) 1850   (B) 1910   (C) 2000   (D) 2100

  79. 条件同［题 78］，试问，支座 1 在持久状况下按正常使用极限状态的准永久组合的最大压力设计值（kN），与下列何项数值最为接近？

  (A) 960   (B) 1250   (C) 1280   (D) 1340

  【题 80】 某城市桥梁，宽 8.5m，平面曲线半径为 100m，上部结构为 20m+25m+20m，三跨孔径组合的混凝土连续箱形梁，箱形梁横断面均对称于桥梁中心轴线，平面布置如图 10-33 所示，判定在汽车荷载作用下，边跨横桥向 A_1、A_2、D_1、D_2 两组支座的反力大小关系，并提出下列何组关系式正确。

  (A) $A_2 > A_1$，$D_2 < D_1$ (B) $A_2 < A_1$，$D_2 < D_1$

  (C) $A_2 > A_1$，$D_2 > D_1$ (D) $A_2 < A_1$，$D_2 > D_1$

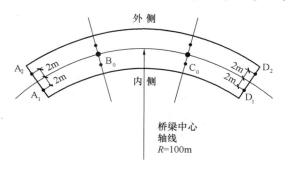

图 10-33

实战训练试题（十一）

（上午卷）

【题 1~4】 某钢筋混凝土 T 形截面独立简支梁，设计使用年限为 50 年，结构安全等级为二级，混凝土强度等级为 C25，荷载简图及截面尺寸如图 11-1 所示。梁上有均布静荷载 g_k，均布活荷载 q_k，集中静荷载 G_k，集中活荷载 P_k，各种荷载均为标准值。均布活荷载、集中活荷载为同一种活荷载，其组合值系数为 0.7。

提示： 按《建筑结构可靠性设计统一标准》GB 50068—2018 作答。

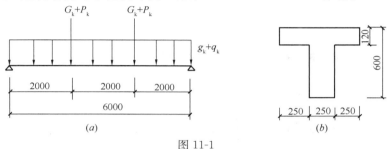

图 11-1

（a）荷载简图；（b）梁截面尺寸

1. 已知：$a_s = 65mm$，$f_c = 11.9N/mm^2$，$f_y = 360N/mm^2$。当梁纵向受拉钢筋采用 HRB400 钢筋且不配置受压钢筋时，试问，该梁能承受的最大弯矩设计值（kN·m），应与下列何项数值最为接近？

(A) 450　　　　(B) 523　　　　(C) 666　　　　(D) 688

2. 已知：$a_s = 65mm$，$f_{yv} = 270N/mm^2$，$f_t = 1.27N/mm^2$，$g_k = q_k = 4kN/m$，$G_k = P_k = 40kN$，箍筋采用 HPB300 级钢筋。试问，当采用双肢箍且间距为 200mm 时，该梁斜截面抗剪所需的箍筋的单肢截面面积的计算值（mm^2），应与下列何项数值最为接近？

(A) 42　　　　(B) 50　　　　(C) 65　　　　(D) 108

3. 假定该梁两端支座均改为固定支座，且 $g_k = q_k = 0$（忽略梁自重），$G_k = P_k = 58kN$，集中荷载作用点分别有同方向的集中扭矩作用，其设计值均为 12kN·m；$a_s = 65mm$。已知腹板、翼缘的矩形截面受扭塑性抵抗矩分别为 $W_{tw} = 16.15 \times 10^6 mm^3$，$W_{tf} = 3.6 \times 10^6 mm^3$。试问，集中荷载作用下该受剪扭构件混凝土受扭承载力降低系数 β_t，应与下列何项数值最为接近？

(A) 0.60　　　　(B) 0.69　　　　(C) 0.79　　　　(D) 1.0

4. 假定该梁底部配有 4Φ22 纵向受拉钢筋，按荷载的准永久组合计算的跨中截面纵向钢筋应力 $\sigma_{sq} = 268N/mm^2$。已知：$A_s = 1520mm^2$，$E_s = 2.0 \times 10^5 N/mm^2$，$f_{tk} = 1.78N/mm^2$，其最外层纵筋的混凝土保护层厚度 $c = 25mm$，试问，该梁荷载的准永久组合并考虑长期作用影响的裂缝最大宽度 w_{max}（mm），应与下列何项数值最为接近？

(A) 0.26 　　　　　(B) 0.31 　　　　　(C) 0.34 　　　　　(D) 0.42

【题 5～11】 某单层双跨等高钢筋混凝土柱厂房，其屋面为不上人的屋面，其平面布置图、排架简图及边柱尺寸如图 11-2 所示。该厂房每跨各设有 20/5t 桥式软钩吊车两台，吊车工作级别为 A5 级，吊车参数见表 11-1。设计使用年限为 50 年。结构安全等级为二级。

提示： 1t≈10kN。按《建筑结构可靠性设计统一标准》GB 50068—2018 作答。

吊　车　参　数　　　　　　　　　　　　表 11-1

起重量 Q（t）	吊车宽度 B（m）	轮距 K（m）	最大轮压 P_{max}（kN）	最小轮压 P_{min}（kN）	吊车总重量 G（t）	小车重量 Q（t）
20/5	5.94	4.0	178	43.7	23.5	6.8

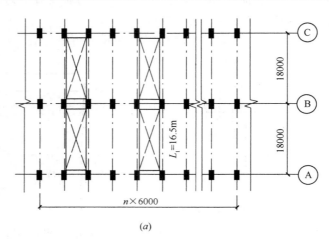

(a)

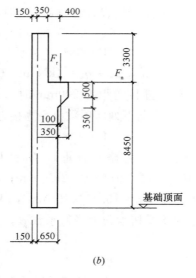

(b)

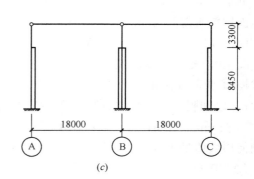

(c)

图 11-2

(a) 平面布置图；(b) 边柱尺寸图；(c) 排架简图

5. 试问，在计算Ⓐ轴或Ⓒ轴纵向排架的柱间支撑内力时所需的吊车纵向水平荷载

（标准值）F（kN），与下列何项数值最为接近？

　　（A）16　　　　　（B）32　　　　　（C）48　　　　　（D）64

　　6. 试问，当进行仅有两台吊车参与组合的横向排架计算时，作用在边跨柱牛腿顶面的最大吊车竖向荷载（标准值）D_{max}（kN）、最小吊车竖向荷载（标准值）D_{min}（kN），与下列何项数值最为接近？

　　（A）178；43.7　　（B）201.5；50.5　　（C）324；80　　（D）360；88.3

　　7. 已知作用在每个吊车车轮上的横向水平荷载（标准值）为T_Q，试问，在进行排架计算时，作用在Ⓑ轴柱上的最大吊车横向水平荷载（标准值）H，应与下列何项表达式最为接近？

　　（A）$1.2T_Q$　　　（B）$2.0T_Q$　　　（C）$2.4T_Q$　　　（D）$4.8T_Q$

　　8. 已知某上柱柱底截面在各荷载作用下的弯矩标准值（kN·m）如表11-2所示。试问，该上柱柱底截面相应于荷载的基本组合时的最大弯矩设计值M（kN·m），应与下列何项数值最为接近？

各荷载作用下的弯矩标准值　　　　　　　表11-2

荷载类型	弯矩标准值（kN·m）	荷载类型	弯矩标准值（kN·m）
屋面恒载	19.3	吊车竖向荷载	58.5
屋面活载	3.8	吊车水平荷载	18.8
屋面雪载	2.8	风荷载	20.3

　　提示：①按《建筑结构荷载规范》GB 50009—2012计算；
　　　　　②表中给出的弯矩均为同一方向；
　　　　　③表中给出的吊车荷载产生的弯矩标准值已考虑了各台吊车的荷载折减系数。

　　（A）122.5　　　　（B）131　　　　　（C）144.3　　　　（D）155.0

　　9. 试问，在进行有吊车荷载参与组合的计算时，该厂房在排架方向的计算长度l_0（m），应与下列何项数值最为接近？

　　提示：该厂房为刚性屋盖。

　　（A）上柱：$l_0=4.1$，下柱 $l_0=6.8$　　（B）上柱：$l_0=4.1$，下柱 $l_0=10.6$

　　（C）上柱：$l_0=5.0$，下柱 $l_0=8.45$　　（D）上柱：$l_0=6.6$，下柱 $l_0=8.45$

　　10. 假定作用在边柱牛腿顶部的竖向力设计值$F_v=300$kN，作用在牛腿顶部的水平拉力设计值$F_h=60$kN。已知：混凝土强度等级C40，钢筋采用HRB400级钢筋，牛腿宽度为400mm，$h=850$mm，$a_s=50$mm。试问，牛腿顶部所需配置的最小纵向受力钢筋截面面积A_s（mm²），应与下列何项数值最为接近？

　　（A）495　　　　　（B）685　　　　　（C）845　　　　　（D）930

　　11. 柱吊装验算拟按强度验算的方法进行，吊装方法采用翻身起吊。已知上柱柱底截面由柱自重产生的标准组合时的弯矩值$M=27.2$kN·m，$a_s=35$mm。假定上柱截面配筋如图11-3所示，试问，吊装验算时，上柱柱底截面纵向钢筋的应力σ_{sk}（N/mm²），应与下列何项数值最为接近？

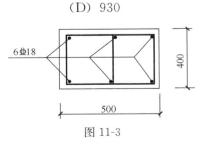

6Φ18

400

500

图11-3

（A）132 　　　　（B）172 　　　　（C）198 　　　　（D）238

【题 12、13】 某钢筋混凝土框架结构的框架柱，抗震等级为二级，混凝土强度等级为 C40，该柱的中间楼层局部纵剖面及配筋截面如图 11-4 所示。已知：角柱及边柱的反弯点均在柱层高范围内；柱截面有效高度 $h_0 = 550\text{mm}$。

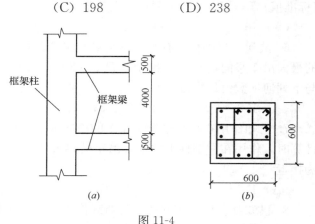

图 11-4
（a）框架柱局部剖面；（b）框架柱配筋截面

12. 假定该框架柱为中间层角柱，已知该角柱考虑地震作用组合并经过为实现"强柱弱梁"按规范调整后的柱上、下端弯矩设计值，分别为 $M_c = 180\text{kN·m}$ 和 $M_c^b = 320\text{kN·m}$。试问，该柱端截面考虑地震作用组合的剪力设计值（kN），应与下列何项数值最为接近？

（A）125 　　　　（B）133 　　　　（C）165 　　　　（D）180

13. 假定该框架柱为边柱，已知该边柱箍筋为 $\Phi 10@100/200$，$f_{yv} = 300\text{N/mm}^2$，考虑地震作用组合的柱轴力设计值为 3500kN。试问，该柱箍筋非加密区斜截面受剪承载力（kN），应与下列何项数值最为接近？

（A）615 　　　　（B）653 　　　　（C）686 　　　　（D）710

【题 14】 关于预应力构件有如下意见，试判断其中何项正确，并简述其理由。

（A）预应力构件有先张法和后张法两种方法，但无论采用何种方法，其预应力损失的计算方法相同

（B）预应力构件的延性和耗能能力较差，所以可用于非地震地区和抗震设防烈度为 6 度、7 度和 8 度的地区，若设防烈度为 9 度的地区采用时，应有充分依据，并采取可靠的措施

（C）假定在抗震设防烈度为 8 度地区有两根预应力框架梁，一根采用后张无粘结预应力，另一根采用后张有粘结预应力；当地震发生时，二者的结构延性和抗震性能相同

（D）某 8 度抗震设防地区，在不同抗震等级的建筑中有两根后张预应力混凝土框架梁，其抗震等级分别为一级和二级，按规范规定，两根梁的预应力强度比限值不同，前者大于后者

【题 15】 某混凝土框架结构的一根预应力框架梁，抗震等级为二级，混凝土强度等级为 C40，其平法施工图如图 11-5 所示。试问，该梁跨中截面的配筋强度比 λ 值，应与下列何项数值最为接近？

提示：①预应力筋 $\phi^s 15.2$（1×7）为钢绞线，$f_{ptk} = 1860\text{N/mm}^2$；

②$\lambda = A_p f_{py} / (A_p f_{py} + A_s f_y)$。

（A）$\lambda = 0.34$ 　　（B）$\lambda = 0.66$ 　　（C）$\lambda = 1.99$ 　　（D）$\lambda = 3.40$

【题 16～23】 胶带机通廊悬挂在厂房框架上，通廊宽 8m，两侧为走道，中间为卸料和布料设备，结构布置如图 11-6 所示。通廊结构采用 Q235B 钢，手工焊接使用 E43 型电焊条，要求焊缝质量等级为二级。

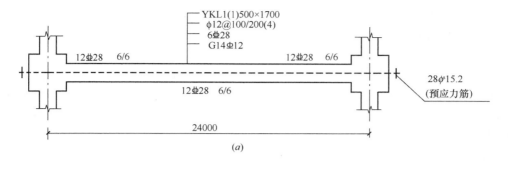

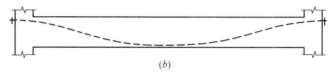

图 11-5

(a) 平法施工图；(b) 预应力筋示意图

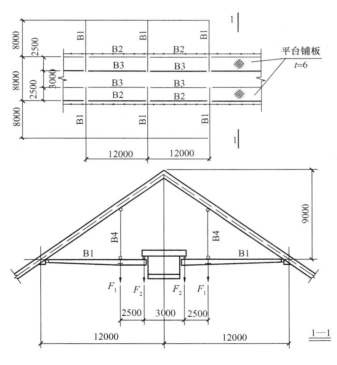

图 11-6

16. 轨道梁（B3）支承在横梁（B1）上，已知轨道梁作用在横梁上的荷载设计值（已含结构自重）$F_2 = 305$kN，试问，横梁最大弯矩设计值（kN·m），与下列何项数值最为接近？

（A）1525 　　　　　（B）763 　　　　　（C）508 　　　　　（D）381

17. 已知简支平台梁（B2）承受均布荷载，其最大弯矩标准值 $M_x = 135$kN·m，采用热轧 H 型钢 H400×200×8×13 制作，$I_x = 23700×10^4$ mm^4，$W_x = 1190×10^3$ mm^3。试问，该梁的挠度值（mm），与下列何项数值最为接近？

(A) 30 　　　　(B) 42 　　　　(C) 60 　　　　(D) 83

18. 已知简支轨道梁（B3）承受均布荷载和卸料设备的动荷载，其基本组合的最大弯矩设计值 $M_x = 450$kN·m，采用热轧 H 型钢 H600×200×11×17 制作，$I_x = 78200×10^4$ mm^4，$W_x = 2610×10^3$ mm^3。当进行抗弯强度计算时，试问，梁的弯曲应力（N/mm^2），与下列何项数值最为接近？

提示： 取 $W_{nx} = W_x$。

(A) 195 　　　　(B) 174 　　　　(C) 164 　　　　(D) 130

19. 吊杆（B4）的轴心拉力设计值 $N = 520$kN，采用 2[16a，其截面面积 $A = 4390$mm^2，槽钢腹板厚度为 6.5mm。槽钢腹板与节点板之间采用高强度螺栓摩擦型连接，共 6 个 M20 的高强度螺栓（孔径 $d_0 = 22$mm），设杆件轴线分两排布置。试问，吊杆的最大拉应力（N/mm^2），与下列何项数值最为接近？

提示： 仅在吊杆端部连接部位有孔。

(A) 180 　　　　(B) 170 　　　　(C) 160 　　　　(D) 150

20. 吊杆（B4）与横梁（B1）的连接如图 11-7 所示，吊杆与节点板连接的角焊缝 $h_f = 6$mm，吊杆的轴心拉力设计值 $N = 520$kN。试问，角焊缝的实际长度 l_1（mm），与下列何项数值最为接近？

(A) 220 　　　　(B) 280

(C) 350 　　　　(D) 400

21. 条件同［题 20］，节点板与横梁（B1）连接的角焊缝 $h_f = 10$mm。试问，角焊缝的实际长度 l_2（mm），与下列何项数值最为接近？

(A) 220 　　　　(B) 280

(C) 350 　　　　(D) 400

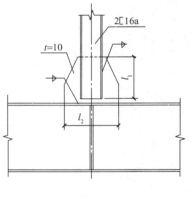

图 11-7

22. 条件同［题 20］，吊杆与节点板改用铆钉连接，铆钉采用 BL3 钢，孔径 $d_0 = 21$mm，按 Ⅱ 类孔考虑。试问，铆钉的数量（个），为下列何项数值？

(A) 6 　　　　(B) 8 　　　　(C) 10 　　　　(D) 12

23. 关于轨道梁（B3）与横梁（B1）的连接，试问，采用下列哪一种方法是不妥的，并说明理由。

提示： 轨道梁直接承受动力荷载。

(A) 铆钉连接 　　　　　　　　　　　(B) 焊接连接

(C) 高强度螺栓摩擦型连接 　　　　　(D) 高强度螺栓承压型连接

【题 24～29】 某原料均化库厂房，跨度 48m，柱距 12m，采用三铰拱钢架结构，并设置有悬挂的胶带机通廊和纵向天窗，厂房剖面如图 11-8（a）所示。刚架梁（A1）、桁架式大檩条（A2）、椽条（A3）及屋面梁顶面水平支撑（A4）的局部布置简图如图 11-8（b）所示。屋面采用彩色压型钢板，跨度 4m 的冷弯型钢小檩条（图中未示出），支承在刚架梁和椽条上，小檩条沿屋面坡向的檩距为 1.25m。跨度为 5m 的椽条（A3）支承在桁

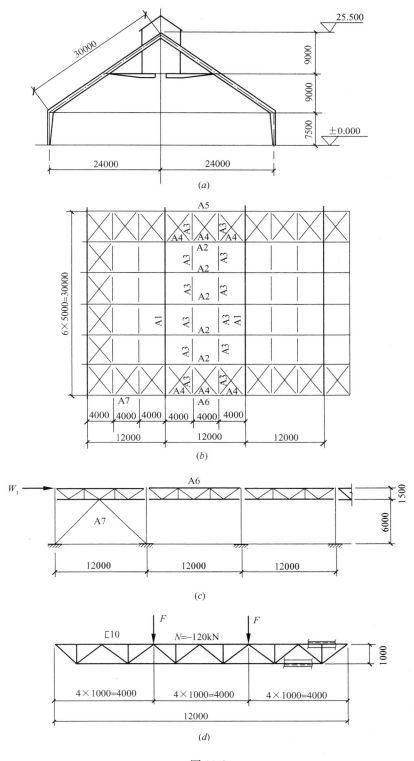

图 11-8

架式大檩条上；跨度 12m 的桁架式大檩条（A2）支承在刚架梁（A1）上，其沿屋面坡向的檩距为 5m，刚架柱及柱间支撑（A7）的局部布置简图如图 11-8（c）所示。桁架式大檩条结构简图如图 11-8（d）所示。

三铰拱刚架结构采用 Q345B 钢，手工焊接时使用 E50 型电焊条；其他结构均采用 Q235B 钢，手工焊接时使用 E43 型电焊条；所有焊接结构，要求焊缝质量等级为二级。

24. 屋面竖向均布荷载设计值为 1.2kN/m²（包括屋面结构自重、雪荷载、积灰荷载；按水平投影面积计算），单跨简支的椽条（A3）在竖向荷载作用下的最大弯矩设计值（kN·m），与下列何项数值最为接近？

（A）15　　　　　（B）12　　　　　（C）9.6　　　　　（D）3.8

25. 屋面的坡向荷载由两道屋面纵向水平支撑平均分担，假定水平交叉支撑（A4）在其平面内只考虑能承担拉力。当屋面竖向均布荷载按水平投影面积考虑时的设计值为 1.2kN/m² 时，试问，交叉支撑的轴心拉力设计值（kN），与下列何项数值最为接近？

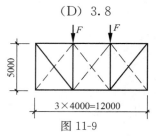

图 11-9

提示：A4 的计算简图如图 11-9 所示。

（A）88.6　　　　　（B）73.8　　　　　（C）44.3　　　　　（D）34.6

26. 山墙骨架柱间距 4m，上端支承在屋面横向水平支撑上；假定山墙骨架柱两端均为铰接，当迎风面山墙上的风荷载设计值为 0.55kN/m² 时，试问，作用在刚架柱顶的风荷载设计值 W_1（kN），与下列何项数值最为接近？

提示：参见图 11-8 中（c）图，在刚架柱顶作用风荷载 W_1。

（A）217.8　　　　　（B）161.0　　　　　（C）108.9　　　　　（D）80.5

27. 桁架式大檩条（A2）上弦杆的轴心压力设计值 $N = 120$kN，采用 ［10，$A = 1274$mm²，$i_x = 39.5$mm（x 轴为截面的对称轴），$i_y = 14.1$mm，槽钢的腹板与桁架平面垂直。当上弦杆按轴心受压构件进行稳定性计算时，试问，最大压应力（N/mm²），应与下列何项数值最为接近？

提示：不考虑扭转效应。

（A）101.0　　　　　（B）126.4　　　　　（C）143.4　　　　　（D）171.6

28. 刚架梁的弯矩设计值 $M_x = 5100$kN·m，采用双轴对称的焊接工字形截面；翼缘板为 $-400×25$（焰切边），腹板为 $-1500×12$，$A = 38000$mm²；工字形截面 $I_x = 1.5×10^{10}$mm⁴，$W_x = 19360×10^3$mm³，$i_x = 628$mm，$i_y = 83.3$mm。腹板设置纵向加劲肋，腹板板件宽厚比满足 S4 级要求。当按整体稳定性计算时，试问，梁上翼缘最大压应力（N/mm²），应与下列何项数值最为接近？

提示：φ_b 按近似方法计算，取 $l_{oy} = 5$m。

（A）243.0　　　　　（B）256.2　　　　　（C）277.3　　　　　（D）289.0

29. 刚架柱的弯矩设计值 $M_x = 5100$kN·m，轴心压力设计值 $N = 920$kN，截面与刚架梁相同（见 ［题 28]），作为压弯构件，对弯矩作用平面外的稳定性验算时，构件上最大压应力（N/mm²），与下列何项数值最为接近？

提示：φ_b 按近似方法计算，取 $\beta_{tx} = 0.65$。

（A）210　　　　　（B）248　　　　　（C）286　　　　　（D）310

【题 30、31】 某烧结普通砖砌体结构，因特殊需要需设计有地下室，如图 11-10 所示，房屋的长度为 L、宽度为 B，抗浮设计水位为 -1.0m，基础底面标高为 -4.0m；算至基础底面的全部永久荷载标准值为 $g_k=50$kN/m^2，全部活荷载标准值 $p_k=10$kN/m^2。砌体施工质量控制等级为 B 级，结构重要性系数 $\gamma_0=1.0$。设计使用年限为 50 年。

提示：按《建筑结构可靠性设计统一标准》GB 50068—2018 作答。

30. 在抗漂浮验算中，漂浮荷载效应 $\gamma_0 S_1$ 与抗漂浮荷载效应 S_2 之比，与下列何项数值最为接近？

提示：砌体结构按刚体计算，水浮力按活荷载计算。

(A) $\gamma_0 S_1/S_2=0.90>0.8$，不满足漂浮验算

(B) $\gamma_0 S_1/S_2=0.84>0.8$，不满足漂浮验算

(C) $\gamma_0 S_1/S_2=0.70<0.8$，满足漂浮验算

(D) $\gamma_0 S_1/S_2=0.65<0.8$，满足漂浮验算

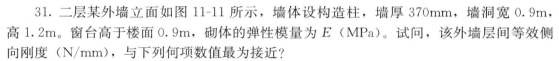

图 11-10

31. 二层某外墙立面如图 11-11 所示，墙体设构造柱，墙厚 370mm，墙洞宽 0.9m，高 1.2m。窗台高于楼面 0.9m，砌体的弹性模量为 E（MPa）。试问，该外墙层间等效侧向刚度（N/mm），与下列何项数值最为接近？

提示：墙体剪应变分布不均匀系数 $\xi=1.2$；取 $G=0.4E$。

(A) $217E$ (B) $235E$ (C) $285E$ (D) $195E$

【题 32】 某砌体结构多层房屋（刚性方案），如图 11-12 所示，图中风荷载为标准值。试问，外墙在二层顶处由风荷载引起的负弯矩设计值（kN·m），与下列何项数值最为接近？

提示：按每米墙宽计算；$\gamma_w=1.5$。

(A) -0.30 (B) -0.40 (C) -0.55 (D) -0.65

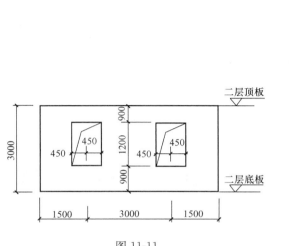

图 11-11

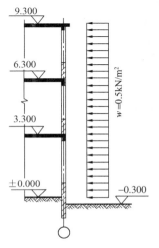

图 11-12

【题 33、34】 某砌体结构房屋顶层，采用 MU10 烧结普通砖，M5 混合砂浆砌筑，砌体施工质量控制等级为 B 级。钢筋混凝土梁（200mm×500mm）支承在墙顶，如图 11-13 所示。

提示： 不考虑梁底面以上高度墙体的重量。

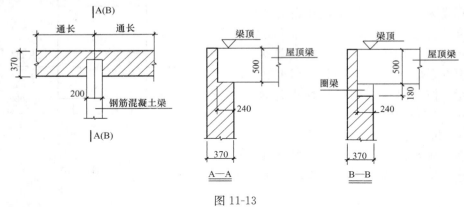

图 11-13

33. 当梁下不设置梁垫时（剖面图 A-A），试问，梁端支承处砌体的局部受压承载力设计值（kN），与下列何项数值最为接近？

(A) 66   (B) 77   (C) 88   (D) 99

34. 假定梁设置通长的钢筋混凝土圈梁，如剖面图 B—B 所示，圈梁截面尺寸为 240mm×180mm，混凝土强度等级为 C20。试问，梁下（圈梁底）砌体的局部受压承载力设计值（kN），与下列何项数值最为接近？

(A) 192   (B) 207   (C) 223   (D) 246

【题 35】 某网状配筋砖砌体受压构件如图 11-14 所示，截面 370mm×800mm，轴向力偏心距 $e=0.1h$（h 为墙厚），构件高厚比小于 16，采用 MU10 烧结普通砖、M10 水泥砂浆砌筑，砌体施工质量控制等级 B 级。钢筋网竖向间距 $s_n=325mm$，采用冷拔低碳钢丝Φ^{b}4 制作，其抗拉强度设计值 $f_y=430MPa$，水平间距为@60×60。试问，该配筋砖砌体的受压承载力设计值（kN），与下列何项数值最为接近？

(A) $600\varphi_n$ (B) $650\varphi_n$ (C) $700\varphi_n$ (D) $750\varphi_n$

【题 36】 某砖砌体和钢筋混凝土构造柱组合内纵墙，如图 11-15 所示，构造柱的截面均为 240mm×240mm，混凝土的强度等级为 C20，$f_t=1.1MPa$，采用 HRB335 级钢筋，配纵向钢筋 4Φ14。砌体沿阶梯形截面破坏的抗震抗剪强度设计值 $f_{vE}=0.225MPa$，$A=1017600mm^2$。砌体施工质量控制等级为 B 级。试问，砖墙和构造柱组合墙的截面抗震承载力设计值 V（kN），应与下列何项数值最为接近？

(A) 316   (B) 334   (C) 359   (D) 366

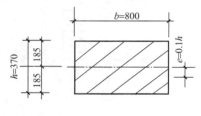

图 11-14

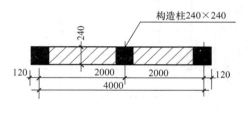

图 11-15

【题 37、38】 某多层仓库，无吊车，采用现浇整体式钢筋混凝土楼（屋）盖，墙厚均为 240mm，采用 MU10 烧结普通砖、M7.5 混合砂浆砌筑，底层层高为 4.5m。

37. 当采用如图 11-16 所示的结构布置时，试问，按允许高厚比 $[\beta]$ 确定的 A 轴线二层承重外墙高度的最大值 h_2（mm），与下列何项数值最为接近？

（A）5.3   （B）5.8

（C）6.3   （D）外墙高度不受高厚比计算限制

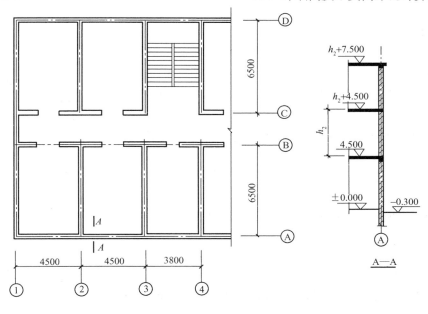

图 11-16

38. 当采用如图 11-17 所示的结构布置时，二层层高 $h_2 = 4.5m$，二层窗高 $h = 1m$，窗中心距为 4m。试问，按允许高厚比 $[\beta]$ 值确定的Ⓐ轴线承重外窗窗洞的最大总宽度 b_s（m），与下列何项数值最接近？

（A）1.0   （B）2.0   （C）4.0   （D）6.0

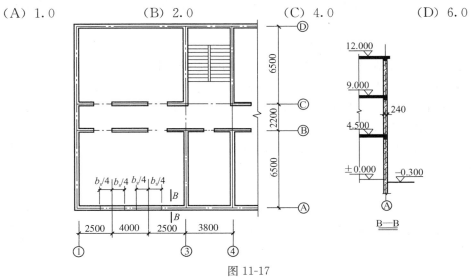

图 11-17

【题 39】 某配筋砌块砌体抗震墙结构，丙类建筑，如图 11-18 所示。抗震等级为二级，墙厚为 190mm，水平分布筋、竖向分筋均采用 HRB335 级钢筋。设计采用了如下三种措施：Ⅰ．抗震墙底部加强区高度取 7.95m；Ⅱ．抗震墙底强加强区水平分布筋为 2Φ8@400；Ⅲ．抗震墙底强加强区竖向分布筋为 2Φ12@600。试判断下列哪组措施符合规范要求？

(A) Ⅰ、Ⅱ   (B) Ⅰ、Ⅲ

(C) Ⅱ、Ⅲ   (D) Ⅰ、Ⅱ、Ⅲ

【题 40】 试分析下列说法中何项不正确，并简述理由。

(A) 砌体的抗压强度设计值以龄期为 28d 的毛截面面积计算

(B) 石材的强度等级以边长为 150mm 的立方体试块抗压强度表示

(C) 一般情况下，提高砖的强度等级比提高砂浆的强度等级对增大砌体抗压强度的效果好

(D) 在长期荷载作用下，砌体的强度还要有所降低

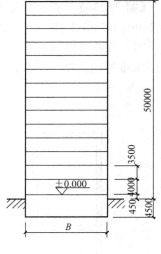

图 11-18

（下午卷）

【题 41】 下列有关抗震设计的底部框架-抗震墙砌体房屋的见解，何项不正确？说明理由。

提示： 按《建筑抗震设计规范》GB 50011—2010 解答。

(A) 底部采用钢筋混凝土墙，墙体中各墙段的高宽比不宜小于 2

(B) 底部采用钢筋混凝土墙，边框梁的截面高度不宜小于墙板厚度的 2.5 倍

(C) 抗震等级二级框架柱的柱最上、下两端的组合弯矩设计值应乘以 1.25 的增大系数

(D) 过渡层砖砌体砌筑砂浆强度等级不应低于 M5

【题 42、43】 一粗皮落叶松（TC17）制作的轴心受压杆件，截面 $b \times h = 100\text{mm} \times 100\text{mm}$，其计算长度为 3000mm，杆间中部有一个 30mm × 100mm 矩形通孔，如图 11-19 所示。该受压杆件处于露天环境，安全等级为三级，设计使用年限为 25 年。

42. 试问，当按强度验算时，该杆件的受压承载力设计值（kN），与下列何项数值最为接近？

(A) 105   (B) 125

(C) 145   (D) 165

43. 已知杆件全截面回转半径 $i = 28.87\text{mm}$，按稳定验算时，试问，该杆件的受压承载力设计值（kN），与下列何项数值最接近？

(A) 42   (B) 38

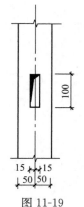

图 11-19

(C) 34   (D) 26

【题 44～50】 某毛石砌体挡土墙，其剖面尺寸如图 11-20 所示。墙背直立，排水良好。墙后填土与墙齐高，其表面倾角为 β，填土表面的均布荷载为 q。

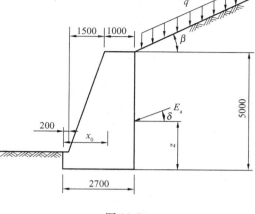

44. 假定填土采用粉质黏土，其重度为 19kN/m³（干密度大于 1650kg/m³），土对挡土墙墙背的摩擦角 $\delta=\varphi/2$（φ 为墙背填土的内摩擦角），填土的表面倾角 $\beta=10°$，$q=0$。试问，主动土压力 E_a（kN/m），与下列何项数值最为接近？

(A) 60   (B) 62

(C) 68   (D) 74

图 11-20

45. 假定挡土墙的主动土压力 $E_a=70$kN/m，土对挡土墙底的摩擦系数 $\mu=0.4$，$\delta=13°$，挡土墙每延米自重 $G=209.22$kN/m。试问，挡土墙抗滑移稳定性安全系数 K_s（即抵抗滑移与引起滑移的力的比值），与下列何项数值最为接近？

(A) 1.29   (B) 1.32   (C) 1.45   (D) 1.56

46. 条件同［题 45］，已求得挡土墙重心与墙趾的水平距离 $x_0=1.68$m，试问，挡土墙抗倾覆稳定性安全系数 K_t（即稳定力矩与倾覆力矩之比），与下列何项数值最为接近？

(A) 2.3   (B) 2.9   (C) 3.46   (D) 4.1

47. 假定 $\delta=0$，$q=0$，$E_a=70$kN/m，挡土墙每延米自重为 209.22kN/m，挡土墙重心与墙趾的水平距离 $x_0=1.68$m，试问，挡土墙基础底面边缘的最大压力值 p_{max}（kPa），与下列何项数值最为接近？

(A) 117   (B) 126   (C) 134   (D) 154

48. 假定填土采用粗砂，其重度为 18kN/m³，$\delta=0$，$\beta=0$，$q=15$kN/m²，$k_a=0.23$，试问，主动土压力 E_a（kN/m）与下列何项数值最为接近？

(A) 83   (B) 76   (C) 72   (D) 69

49. 假定 $\delta=0$，已计算出墙顶角处的土压力强度 $\sigma_1=3.8$kN/m²，墙底面处的土压力强度 $\sigma_2=27.83$kN/m²，主动土压力 $E_a=79$kN/m，试问，主动土压力 E_a 作用点距挡土墙地面的高度 z（m），与下列何项数值最为接近？

(A) 1.6   (B) 1.9   (C) 2.2   (D) 2.5

50. 对挡土墙的地基承载力验算，除应符合《建筑地基基础设计规范》第 5.2.2 条的规定外，基底合力的偏心距 e 尚应符合下列何项数值才是正确的，并简述其理由。

提示： b 为基础宽度。

(A) $e \leqslant b/2$ (B) $e \leqslant b/3$ (C) $e \leqslant b/3.5$ (D) $e \leqslant b/4$

【题 51】 某建筑工程的抗震设防烈度为 7 度，对工程场地进行土层剪切波速测量，测量结果如表 11-3 所示。试问，该场地应判别为下列何项场地才是正确的？

土层平均剪切波速   表 11-3

层序	岩土名称	层厚（m）	底层深度（m）	土（岩）层平均剪切波速（m/s）
1	杂填土	1.20	1.20	116
2	淤泥质黏土	10.50	11.70	135
3	黏土	14.30	26.00	158
4	粉质黏土	3.90	29.90	189
5	粉质黏土混碎石	2.70	32.60	250
6	全风化流纹质凝灰岩	14.60	47.20	365
7	强风化流纹质凝灰岩	4.20	51.40	454
8	中风化流纹质凝灰岩	揭露厚度 11.30	62.70	550

（A）I$_1$ 类场地　　（B）II 类场地　　（C）III 类场地　　（D）IV 场地

【题 52】　在一般建筑物场地内存在地震断裂时，试问，对于下列何项情况应考虑发震断裂错动对地面建筑的影响，并说明理由。

（A）抗震设防烈度小于 8 度

（B）全新世以前的断裂活动

（C）抗震设防烈度为 8 度，隐伏断裂的土层覆盖厚度大于 60m 时

（D）抗震设防烈度为 9 度，隐伏断裂的土层覆盖厚度大于 80m 时

【题 53～57】　有一等边三角形承台基础，采用沉管灌注桩，桩径为 426mm，有效桩长为 24m。有关地基各土层分布情况、桩端阻力特征值 q_{pa}、桩侧阻力特征值 q_{sia} 及桩的布置、承台尺寸等如图 11-21 所示。

　　提示：①　按《建筑地基基础设计规范》解答。

　　　　　　②　按《建筑结构可靠性设计统一标准》作答。

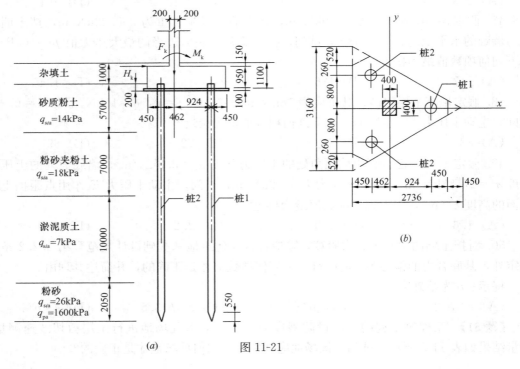

图 11-21

53. 在初步设计时，估算该桩基础的单桩竖向承载力特征值 R_a（kN），与下列何项数值最为接近？

（A）361 （B）645 （C）665 （D）950

54. 假定钢筋混凝土柱传至承台顶面处相应于作用的标准组合时的竖向力 $F_k=1400kN$，力矩 $M_k=160kN \cdot m$，水平力 $H_k=45kN$；承台自重及承台上土自重标准值 $G_k=87.34kN$。在上述一组力的作用下，试问，桩1桩顶竖向力 Q_k（kN），与下列何项数值最为接近？

（A）590 （B）610 （C）620 （D）640

55. 假定承台自重和承台上的土重 $G_k=87.34kN$；在作用的基本组合偏心竖向力作用下，最大单桩（桩1）竖向力 $Q_{1k}=825kN$。试问，由承台形心到承台边缘（两腰）距离范围内板带的弯矩设计值 M_1（kN·m），与下列何项数值最为接近？

（A）276 （B）336 （C）374 （D）392

56. 已知 $c_2=939mm$，$a_{12}=467mm$，$h_0=890mm$，角桩冲跨比 $\lambda_{12}=a_{12}/h_0=0.525$，承台采用混凝土强度等级 C25。试问，承台受桩冲切的承载力设计值（kN），与下列何项数值最为接近？

（A）740 （B）810 （C）850 （D）1166

57. 已知 $b_0=2350mm$，$h_0=890mm$，剪跨比 $\lambda_x=a_x/h_0=0.087$，承台采用混凝土强度等级 C25。试问，承台对底部角桩（桩2）形成的斜截面受剪承载力设计值（kN），与下列何项数值最为接近？

（A）2990 （B）3460 （C）3630 （D）3750

【题 58】 某圆环形截面砖烟囱，如图 11-22 所示，抗震设防烈度为 8 度，设计基本地震加速度为 $0.2g$，设计地震分组为第一组，场地类别为 Ⅱ 类；假定烟囱的基本自振周期 $T=2s$，其总重力荷载代表值 $G_E=750kN$。试问，在多遇地震下，相应于基本自振周期的水平地震影响系数，与下列何项数值最为接近？

提示：d_1、d_2 分别为烟囱顶部和底部的外径。

（A）0.032 （B）0.037

（C）0.042 （D）0.047

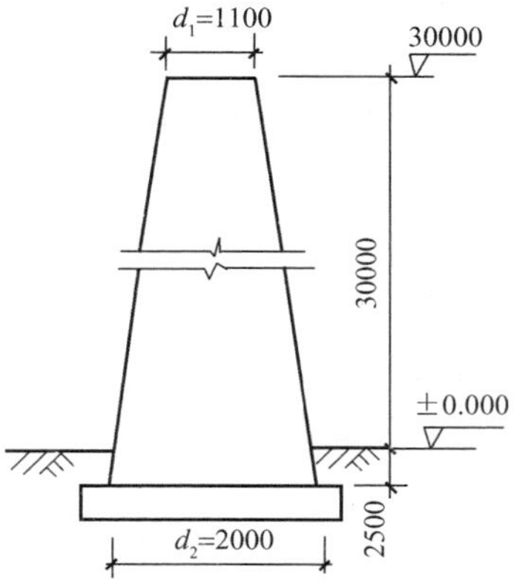

图 11-22

【题 59～63】 某大底盘单塔楼高层建筑，主楼为钢筋混凝土框架-核心筒，与主楼连为整体的裙房为钢筋混凝土框架结构，如图 11-23 所示。本地区抗震设防烈度为7 度，建筑场地为 Ⅱ 类。

59. 假定裙房的面积、刚度相对于其上部塔楼的面积、刚度较大时，试问，该房屋主楼的高宽比取值应最接近于下列何项数值，说明理由。

（A）1.4 （B）2.2 （C）3.4 （D）3.7

60. 假定该房屋为乙类建筑，试问，裙房框架结构用于抗震措施的抗震等级应为下列何项所示，并简述其理由。

（A）一级 （B）二级 （C）三级 （D）四级

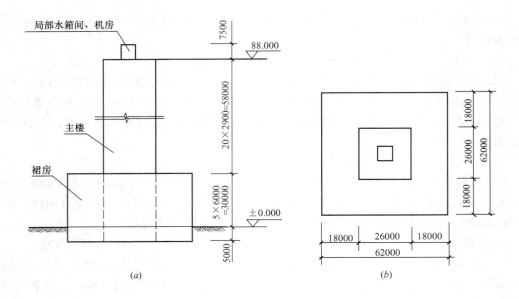

图 11-23

(a) 建筑立面示意图; (b) 建筑平面示意图

61. 假定该建筑的抗震设防类别为丙类, 第 13 层 (标高 50.3m 至 53.2m) 采用的混凝土强度等级为 C30, 纵向钢筋采用 HRB400 (Φ)。核心筒角部边缘构件需在纵向钢筋范围内配置 12 根等直径的纵向钢筋, 如图 11-24 所示。试问, 下列何项中的纵向钢筋最接近且最符合规程中的构造要求?

(A) 12 Φ 12　　　(B) 12 Φ 14　　　(C) 12 Φ 16　　　(D) 12 Φ 18

62. 假定该建筑第 5 层以上为普通住宅, 主楼为丙类建筑; 裙楼 1~5 层为商场, 其营业面积为 8000m²; 裙房为现浇框架结构, 混凝土强度等级采用 C35, 纵向钢筋采用 HRB400 (Φ), 箍筋采用 HPB300 级钢筋 ($f_{yv}=270N/mm^2$); 裙房中的角柱纵向钢筋的配置如图 11-25 所示。试问, 当等直径纵向钢筋为 12 根时, 其配筋为下列何项数值时, 才最满足、最接近规程中规定的对全截面纵向钢筋配筋的构造要求?

(A) 12 Φ 14　　　(B) 12 Φ 16　　　(C) 12 Φ 18　　　(D) 12 Φ 20

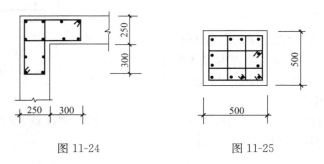

图 11-24　　　　　　　　图 11-25

63. 条件同 [题 62], 该角柱配筋方式如图 11-25 所示。假定柱剪跨比 λ>2, 柱轴压比为 0.70, 纵向钢筋为 12 Φ 22, 箍筋的混凝土保护层厚度 20mm。试问, 当柱加密区配置的复合箍筋直径、间距为下列何项数值时, 才最满足规程中的构造要求?

（A）φ 8@100　　　　　（B）φ 10@100　　　　　（C）φ 12@100　　　　　（D）φ 14@100

【题 64】　某高层钢筋混凝土框架结构，抗震等级为一级，混凝土强度等级为 C30，钢筋采用 HRB400（Φ）及 HPB300（ϕ）（$f_{yv}=270N/mm^2$）。框架梁 $h_0=340mm$，其局部配筋如图 11-26 所示，根据梁端截面底面和顶面纵向钢筋截面面积的比值和截面的受压区高度，试判断关于梁端纵向受力钢筋的配置，并提出其中何项是正确的配置？

（A）$A_{s1}=3\Phi 25$，$A_{s2}=2\Phi 25$　　　　　（B）$A_{s1}=3\Phi 25$，$A_{s2}=3\Phi 20$

（C）$A_{s1}=A_{s2}=3\Phi 22$　　　　　（D）前三项均非正确配置

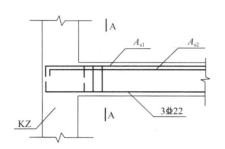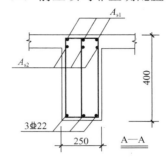

图 11-26

【题 65、66】　某 6 层钢筋混凝土框架结构，其计算简图如图 11-27 所示。边跨梁、中间跨梁、边柱及中柱各自的线刚度，依次分别为 i_{b1}、i_{b2}、i_{c1} 和 i_{c2}（单位为 $10^{10}N\cdot mm$），且在各层之间不变。

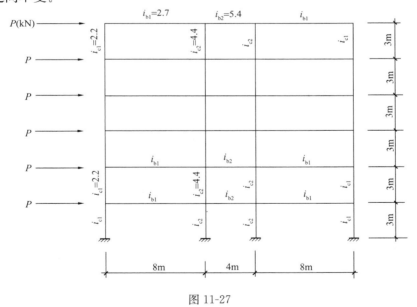

图 11-27

65. 采用 D 值法计算在图示水平荷载作用下的框架内力，假定 2 层中柱的侧移刚度（抗推刚度）$D_{2中}=2.108\times 12\times 10^7/h^2 kN/mm$（式中 h 为楼层层高），且已求出用于确定 2 层边柱侧移刚度 $D_{2边}$ 的刚度修正系数 $\alpha_{2边}=0.38$，试问，第 2 层每个边柱分配的剪力 $V_{边}$（kN），与下列何项数值最为接近？

（A）0.7P　　　　　（B）1.4P　　　　　（C）1.9P　　　　　（D）2.8P

66. 用 D 值法计算在水平荷载作用下的框架侧移。假定在图示水平荷载作用下，顶层的层间相对侧移值 $\Delta_6 = 0.0127P$（mm），又已求得底层侧移总刚度 $\Sigma D_1 = 102.84$kN/mm，试问，在图示水平荷载作用下，顶层（屋顶）的绝对侧移值 δ_6（mm），与下列何项数值最为接近？

（A）0.06P （B）0.12P （C）0.20P （D）0.25P

【题 67～71】 某高层钢筋混凝土结构为地上 16 层商住楼，地下 2 层（未示出），系底层大空间剪力墙结构，如图 11-28。2～16 层均布置有剪力墙，其中第①、④、⑦轴线剪力墙落地，第②、③、⑤、⑥轴线为框支剪力墙。该建筑位于 7 度抗震设防区，抗震设防类别为丙类，设计基本地震加速度为 0.15g，场地类别Ⅱ类，结构基本自振周期 1s。混凝土强度等级，底层及地下室为 C50，其他层为 C30，框支柱断面为 800mm×800mm。地下第一层顶板标高为±0.00m。

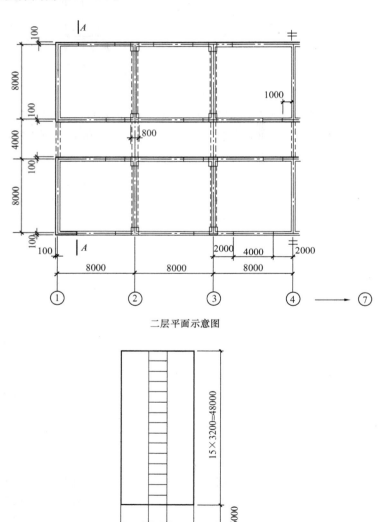

二层平面示意图

A—A剖面示意图

图 11-28

67. 假定承载力满足要求，试判断第④轴线落地剪力墙在第 3 层时墙的最小厚度 b_w（mm），应为下列何项数值时才能满足规程的要求？

(A) 160   (B) 180   (C) 200   (D) 220

68. 假定承载力满足要求，第 1 层各轴线墙厚度相同，第 2 层各轴线横向剪力墙厚度皆为 200mm。试问，第 1 层的最小墙厚 b_w（mm），应为下列何项数值时，才能满足《高层建筑混凝土结构技术规程》JGJ 3—2010 的有关要求？

提示：①1 层和 2 层混凝土剪变模量之比 $G_1/G_2=1.15$；

$$②C_1=2.5\left(\frac{h_{c1}}{h_1}\right)^2=0.056;$$

③第 2 层全部剪力墙在计算方向（横向）的有效截面面积 $A_{w2}=22.96m^2$。

(A) 300   (B) 350   (C) 400   (D) 450

69. 该建筑物底层为薄弱层，1～16 层总重力荷载代表值为 23100kN。假定多遇地震作用分析计算出的对应于水平地震作用标准值的底层地震剪力 $V_{Ek1,j}=5000kN$，试问，根据规程中有关对各楼层水平地震剪力最小值的要求，底层全部框支柱承受的地震剪力标准值之和 V_{ck}（kN），应为下列何项数值？

(A) 1008   (B) 1120   (C) 1150   (D) 1250

70. 框支柱考虑地震组合的轴压力设计值 $N=11827.2kN$，沿柱全高配复合螺旋箍，箍筋采用 HPB300，直径φ12，间距 100，肢距 200；柱剪跨比 $\lambda>2$。试问，柱箍筋加密区最小配箍特征值 λ_v，应采用下列何项数值？

(A) 0.15   (B) 0.17   (C) 0.18   (D) 0.20

71. 假定该建筑的两层地下室采用箱形基础。地下室与地上一层的折算受剪面积之比 $A_0/A_1=n$，其混凝土强度等级同地上第 1 层。地下室顶板设有较大洞口，可作为与上部结构的嵌固部位。试问，方案设计时估算的地下室层高最大高度（m），应与下列何项数值最为接近？

提示：楼层侧向刚度近似按剪切刚度计算，即：$K_i=G_iA_i/h_i$，其中 h_i 为相应的楼层层高；G_i 为混凝土的剪变模量。

(A) 3n   (B) 3.2n   (C) 3.4n   (D) 3.6n

【题 72】 某高层钢框架-中心支撑结构，抗震设防烈度为 8 度，抗震等级为二级，结构中心支撑的支撑斜杆钢材采用 Q345（$f_y=335N/mm^2$），构件截面如图 11-29 所示。试验算并指出满足腹板宽厚比要求的腹板厚度 t_w（mm），应与下列何项数值最为接近？

提示：按《高层民用建筑钢结构技术规程》JGJ 99—2015 作答。

(A) 22   (B) 25

(C) 30   (D) 32

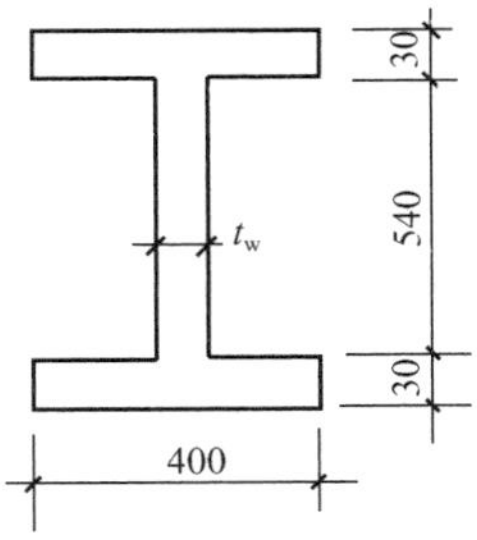

图 11-29

【题 73～78】 某二级公路桥梁由多跨简支梁组成，其总体布置如图 11-30 所示。每孔跨径 25m，计算跨径 24m，桥梁总宽 10.5m，行车道宽度为 8.0m，两侧各设 1m 宽人行步道，双向行驶两列汽车。每孔上部结构采用预应力混凝土箱形梁，桥墩上设立四个支座，支座的横桥向中心距为 4.5m。桥墩支承在基岩上，由混

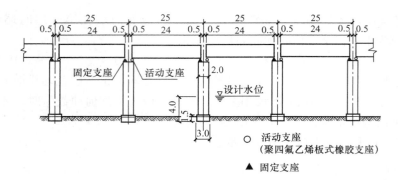

(a)

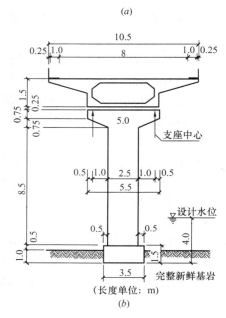

(长度单位: m)

(b)

图 11-30

(a) 立面图；(b) 桥墩处横断面图

凝土独柱墩身和带悬臂的盖梁组成。计算荷载：公路-Ⅰ级，人群荷载 $3.0 \mathrm{kN/m^2}$；混凝土的重度按 $25 \mathrm{kN/m^3}$ 计算。

提示：按《公路桥涵设计通用规范》JTG D 60—2015 和《公路钢筋混凝土及预应力混凝土桥涵设计规范》JTG 3362—2018 计算。

73. 若该桥箱形梁混凝土强度等级为 C40，弹性模量 $E_c = 3.25 \times 10^4 \mathrm{MPa}$，箱形梁跨中横截面面积 $A = 5.3 \mathrm{m^2}$，惯性矩 $I_c = 1.5 \mathrm{m^4}$，试判定公路-Ⅰ级汽车车道荷载的冲击系数 μ，与下列何项数值最为接近？

提示：重力加速度 $g = 10 \mathrm{m/s^2}$。

(A) 0.08　　　　(B) 0.18　　　　(C) 0.28　　　　(D) 0.38

74. 假定冲击系数 $\mu = 0.2$，试问，该桥主梁跨中截面在公路-Ⅰ级汽车车道荷载作用下的弯矩标准值 M_{Qik}（kN·m），与下列何项数值最为接近？

(A) 6150　　　　(B) 6250　　　　(C) 6550　　　　(D) 6950

75. 假定冲击系数 $\mu=0.2$，试问，该桥主梁支点截面在公路-Ⅰ级汽车车道荷载作用下的剪力标准值 V_{Qik}（kN），与下列何项数值最为接近？

提示：按加载长度近似取 24m 计算。

(A) 1300 　　　　(B) 1200 　　　　(C) 1100 　　　　(D) 1000

76. 假定该桥主梁支点截面由全部恒载产生的剪力标准值 $V_{Gk}=2000$kN，汽车荷载产生的剪力标准值 $V_{Qik}=800$kN（已含冲击系数 $\mu=0.2$），人群荷载产生的剪力标准值 $V_{Qjk}=150$kN。试问，在持久状况下按承载能力极限状态计算，该桥主梁支点截面由恒载、汽车荷载、人群荷载共同作用下的基本组合剪力设计值（kN），与下列何项数值最为接近？

(A) 3730 　　　　(B) 3690 　　　　(C) 4040 　　　　(D) 3920

77. 假定该桥主梁跨中截面由全部恒载产生的弯矩标准值 $M_{Gk}=11000$kN·m，汽车荷载产生的弯矩标准值 $M_{Qik}=5000$kN·m（已计入冲击系数 $\mu=0.2$），人群荷载产生的弯矩标准值 $M_{Qjk}=500$kN·m。试问，在持久状况下，按正常使用极限状态计算，该桥主梁跨中截面在恒载、汽车荷载、人群荷载共同作用下的准永久组合弯矩设计值 M_{qd}（kN·m），与下列何项数值最为接近？

(A) 12860 　　　　(B) 13150 　　　　(C) 14850 　　　　(D) 16500

78. 假定该桥主梁跨中截面由全部恒载产生的弯矩标准值 $M_{Gk}=11000$kN·m，汽车荷载产生的弯矩标准值 $M_{Qik}=5000$kN·m（已计入冲击系数 $\mu=0.2$），人群荷载产生的弯矩标准值 $M_{Qjk}=500$kN·m；永久有效预加力荷载产生的轴力标准值 $N_p=15000$kN，主梁净截面重心至预应力钢筋合力点的距离 $e_{pn}=1.0$m（截面重心以下）。试问，在持久状况下构件使用阶段的应力计算，该桥主梁跨中中点处正截面混凝土下缘的法向应力（MPa），与下列何项数值最为接近？

提示：①计算恒载、汽车荷载、人群荷载及预应力荷载产生的应力时，均取主梁跨中截面面积 $A=5.3$m²，惯性矩 $I=1.5$m⁴，截面重心至下缘距离 $y=1.15$m；

　　　　②按后张法预应力混凝土构件计算。

(A) 27 　　　　(B) 14.3 　　　　(C) 12.6 　　　　(D) 1.7

【题 79】 当对某公路预应力混凝土连续梁进行持久状况下承载能力极限状态计算时，下列关于作用效应是否计入汽车车道荷载冲击系数和预应力次效应的不同意见，其中何项正确，并简述理由。

提示：《公路钢筋混凝土及预应力混凝土桥涵设计规范》JTG 3362—2018 判定。

(A) 二者全计入 　　　　　　　　(B) 前者计入，后者不计入
(C) 前者不计入，后者计入 　　　　(D) 二者均不计入

【题 80】 某公路桥梁中一先张法预应力混凝土空心板，采用混凝土强度等级 C50，采用预应力钢绞线 1×7，其直径为 d，$\sigma_{pe}=1000$MPa，当对该空心板端部区段进行正截面、斜截面抗裂验算时，其板端的预应力钢筋传递长度（mm），与下列何项数值最为接近？

(A) 60d 　　　　(B) 80d 　　　　(C) 55d 　　　　(D) 58d

实战训练试题（十二）

（上午卷）

【题1、2】 某民用建筑的两跨钢筋混凝土板，板厚120mm，两跨中间有局部荷载如图12-1所示。设计使用年限为50年，结构安全等级为二级。

提示： 按《建筑结构可靠性设计统一标准》GB 50068—2018作答。

1. 假定设备荷载和操作荷载在有效分布宽度内产生的等效荷载标准值 $q_{ek} = 6.0kN/m^2$，楼面板面层和吊顶标准值 $1.5kN/m^2$，试问，在计算楼板抗弯承载力时中间支座负弯矩设计值 $M(kN \cdot m/m)$，应与下列何项数值最为接近？

提示： 双跨连续板在Ⓐ、Ⓑ轴线按简支座考虑。

(A) 9.5   (B) 11.5

(C) 15.5   (D) 17.0

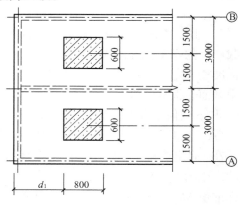

图 12-1

2. 假定 $d_1 = 800mm$，无垫层，试问，当把板上的局部荷载折算成为等效均布活荷载时，其有效分布宽度 b（m），应与下列何项数值最为接近？

(A) 2.4   (B) 2.6   (C) 2.8   (D) 3.0

【题3、4】 某五跨钢筋混凝土连续梁及B支座配筋，如图12-2所示，混凝土强度等级为C30，纵向受力钢筋采用 HRB400，$E_s = 2.0 \times 10^5 N/mm^2$，$f_t = 1.43N/mm^2$，$f_{tk} = 2.01N/m^2$，$E_c = 3.0 \times 10^4 N/mm^2$。设计使用年限为50年，结构安全等级为二级。

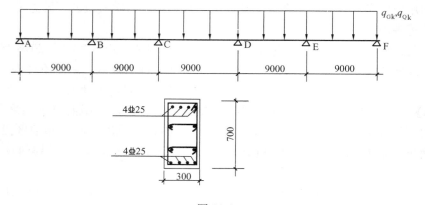

图 12-2

3. 已知 $h_0 = 660mm$，B支座纵向钢筋拉应力准永久值为 $220N/mm^2$，受拉钢筋配筋率$\rho=0.992\%$,$\rho_{te}=0.0187$,试问,B 支座处短期刚度 B_s（N·mm²），与下列何项数值最为接近？

(A) 9.27×10^{13} (B) 9.79×10^{13} (C) 1.15×10^{14} (D) 1.31×10^{14}

4. 假定 AB 跨（即左端边跨）按荷载的准永久组合并考虑长期作用影响的跨中最大弯矩截面的刚度和 B 支座处的刚度，依次分别为 $B_1=8.4\times10^{13}$ N·mm²，$B_2=6.5\times10^{13}$ N·mm²，作用在梁上的永久荷载标准值 $q_{Gk}=15$kN/m，可变荷载标准值 $q_{Qk}=30$kN/m，准永久值系数为 0.6。试问，AB 跨中点处的挠度值 f（mm），与下列何项数值最为接近？

提示：在不同荷载分布作用下，AB 跨中点挠度计算式如图 12-3 中所示。

(A) 20.5   (B) 21.2   (C) 30.4   (D) 34.2

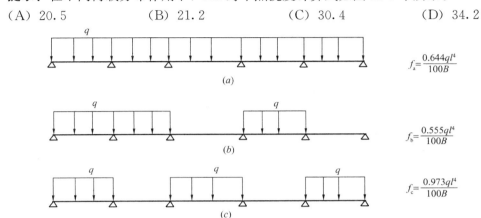

图 12-3

【题 5】 下述对钢筋混凝土结构抗震设计提出一些要求，试问，其中何项组合中的要求全部是正确的？

提示：按《建筑抗震设计规范》GB 50011—2010 解答。

（1）质量和刚度明显不对称的结构，均应计算双向地震作用下的扭转影响，并应考虑偶然偏心引起的地震效应叠加进行计算；

（2）特别不规则的建筑，应采用时程分析的方法进行多遇地震作用下的抗震计算，并按其计算结果进行构件设计；

（3）抗震等级为一、二级的框架结构，其纵向受力钢筋采用普通钢筋时，钢筋的屈服强度实测值与强度标准值之比不应大于 1.3；

（4）因设置填充墙等形成的框架柱净高与柱截面高度之比不大于 4 的柱，其箍筋应在全高范围内加密。

(A)（1）（2）   (B)（1）（3）（4）

(C)（2）（3）（4）   (D)（3）（4）

【题 6】 某钢筋混凝土次梁，下部纵向受力钢筋配置为 HRB400 级钢筋，4 Φ 20，混凝土强度等级为 C30，$f_t=1.43$N/mm²，在施工现场检查时，发现某处采用绑扎搭接接头，其接头方式如图 12-4 所示。试问，钢筋最小搭接长度 l_1（mm），应与下列何项数值最为接近？

(A) 846   (B) 992   (C) 1100   (D) 1283

【题 7～9】 某现浇钢筋混凝土多层框架结构房屋，抗震设防烈度为 9 度，抗震等级为一级。梁、柱混凝土强度等级为 C30，纵向受力钢筋均采用 HRB400 钢筋。框架中间楼层某端节点平面及节点配筋如图 12-5 所示。

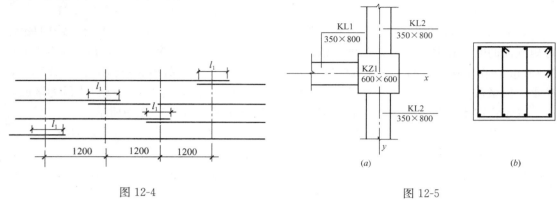

图 12-4

图 12-5

（a）节点平面示意图；（b）节点配筋示意图（梁未示出）

7. 该节点上、下楼层的层高均为 4.8m，上柱的上、下端设计值分别为 $M_{c1}^t=450$kN·m，$M_{c1}^b=400$kN·m；下柱的上、下端弯矩设计值分别为 $M_{c2}^t=450$kN·m，$M_{c2}^b=600$kN·m；柱上除带点外无水平荷载作用。试问，上、下柱反弯点之间的距离 H_c（m），应与下列何项数值最为接近？

(A) 4.3 　　　　(B) 4.6 　　　　(C) 4.8 　　　　(D) 5.0

8. 假定框架梁 KL1 在考虑 x 方向地震作用组合时的梁端最大负弯矩设计值 $M_b=650$kN·m；梁端上部和下部配筋均为 $5\,\Phi\,25$（$A_s=A_s'=2454$mm²），$a_s=a_s'=40$mm；该节点上柱和下柱反弯点之间的距离为 4.6m。试问，在 x 方向进行节点验算时，该节点核心区的剪力设计值 V_j（kN），应与下列何项数值最为接近？

(A) 988 　　　　(B) 1100 　　　　(C) 1220 　　　　(D) 1505

9. 假定框架梁柱节点核心区的剪力设计值 $V_j=1300$kN，箍筋采用 HRB335 钢筋，箍筋间距 $s=100$mm，节点核心区箍筋的最小体积配箍率 $\rho_{v,min}=0.78\%$；箍筋混凝土保护层厚度为 20mm，$a_s=a_s'=40$mm。试问，在节点核心区，下列何项箍筋的配置较为合适？

(A) $\Phi\,8@100$ 　　(B) $\Phi\,10@100$ 　　(C) $\Phi\,12@100$ 　　(D) $\Phi\,14@100$

【题 10】 下述关于预应力混凝土结构设计的观点，其中何项不妥？

(A) 对后张法预应力混凝土框架梁及连续梁，在满足纵向受力钢筋最小配筋率的条件下，均可考虑内力重分布

(B) 后张法预应力混凝土超静定结构，在进行正截面受弯承载力计算时，在弯矩设计值中次弯矩应参与组合

(C) 当预应力作为荷载效应考虑时，对承载能力极限状态，当预应力效应对结构有利时，预应力分项系数取 1.0，不利时取 1.2

(D) 预应力框架柱箍筋宜沿柱全高加密

【题 11】 某框架梁，抗震设防烈度为 8 度，抗震等级为二级，环境类别为一类，其施工图采用平法表示，如图 12-6 所示。双排钢筋，取 $a_s=a_s'=65$mm。试问，在 KL1（3）梁的构造中（不必验算箍筋加密区长度），下列何项判断是正确的？

(A) 未违反条文 　　　　　　　　(B) 违反 1 条条文

（C）违反 2 条条文　　　　　　　　　（D）违反 3 条条文

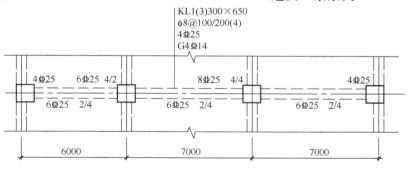

KL1(3)300×650
φ8@100/200(4)
4Φ25
G4Φ14

4Φ25　6Φ25 4/2　　　8Φ25 4/4　　　　　　4Φ25

6Φ25 2/4　　　6Φ25 2/4　　　6Φ25 2/4

6000　　　　7000　　　　7000

图 12-6

【题 12～15】 某多层民用建筑采用现浇钢筋混凝土框架结构，建筑平面形状为矩形，抗扭刚度较大，属规则框架，抗震等级为二级；梁、柱混凝土强度等级均为 C30。平行于该建筑短边方向的边榀框架局部立面，如图 12-7 所示。纵向受力钢筋采用 HRB400 钢筋。双排布筋，$a_s = a'_s = 60\text{mm}$；单排布筋，$a_s = a'_s = 35\text{mm}$。

提示： 水平地震作用效应应考虑边榀效应。

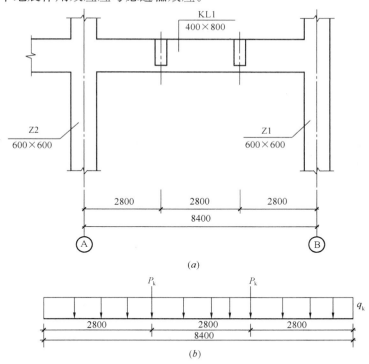

KL1
400×800

Z2
600×600

Z1
600×600

2800　2800　2800
8400

Ⓐ　　　　　　　　　　Ⓑ

(a)

P_k　　　　P_k

q_k

2800　　2800　　2800
8400

(b)

图 12-7

（a）框架局部立面示意图（楼板未示出）；（b）边跨框架梁 KL1 荷载示意图

12. 在计算地震作用时，假定框架梁 KL1 上的重力荷载代表值 $P_k = 180\text{kN}$，$q_k = 25\text{kN/m}$，由重力荷载代表值产生的梁端（柱边处截面）的弯矩标准值 $M^l_{b1} = 260\text{kN·m}$（↷），$M^r_{b1} = -150\text{kN·m}$（↶）；由地震作用产生的梁端（柱边处截面）的弯矩标准值

$M_{b2}^l=390\text{kN}\cdot\text{m}(\searrow)$，$M_{b2}^r=300\text{kN}\cdot\text{m}(\frown)$。试问，梁端地震作用组合最大剪力设计值 $V(\text{kN})$，应与下列何项数值最为接近？

(A) 424   (B) 465   (C) 491   (D) 515

13. 已知柱 Z1 的轴力设计值 $N=3600\text{kN}$，箍筋配置如图 12-8 所示箍筋，采用 HRB335 钢筋。试问，该柱的体积配箍率与规范规定的最小体积配箍率的比值，应与下列何项数值最为接近？

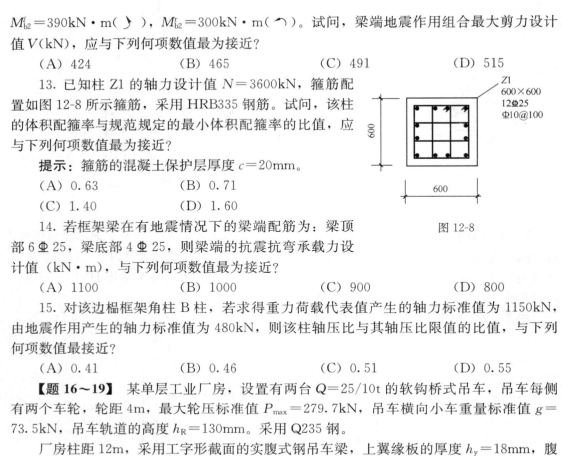

图 12-8

提示： 箍筋的混凝土保护层厚度 $c=20\text{mm}$。

(A) 0.63   (B) 0.71

(C) 1.40   (D) 1.60

14. 若框架梁在有地震情况下的梁端配筋为：梁顶部 6Φ25，梁底部 4Φ25，则梁端的抗震抗弯承载力设计值（kN·m），与下列何项数值最为接近？

(A) 1100   (B) 1000   (C) 900   (D) 800

15. 对该边榀框架角柱 B 柱，若求得重力荷载代表值产生的轴力标准值为 1150kN，由地震作用产生的轴力标准值为 480kN，则该柱轴压比与其轴压比限值的比值，与下列何项数值最接近？

(A) 0.41   (B) 0.46   (C) 0.51   (D) 0.55

【题 16～19】 某单层工业厂房，设置有两台 $Q=25/10\text{t}$ 的软钩桥式吊车，吊车每侧有两个车轮，轮距 4m，最大轮压标准值 $P_{max}=279.7\text{kN}$，吊车横向小车重量标准值 $g=73.5\text{kN}$，吊车轨道的高度 $h_R=130\text{mm}$。采用 Q235 钢。

厂房柱距 12m，采用工字形截面的实腹式钢吊车梁，上翼缘板的厚度 $h_y=18\text{mm}$，腹板厚度 $t_w=12\text{mm}$。沿吊车梁腹板平面作用的最大剪力为 V；在吊车梁顶面作用有吊车轮压产生的移动集中荷载 P 和吊车安全走道上的均布荷载 q。

提示： 按《建筑结构可靠性设计统一标准》GB 50068—2018 作答。

16. 当吊车为中级工作制时，试问，作用在每个车轮处的横向水平荷载标准值（kN），与下列何项数值最为接近？

(A) 15.9   (B) 8.0   (C) 22.2   (D) 11.1

17. 假定吊车为重级工作制时，试问，作用在每个车轮处的横向水平荷载标准值（kN），与下列何项数值最为接近？

(A) 8.0   (B) 14.0   (C) 28.0   (D) 42.0

18. 当吊车为中级工作制时，试问，在吊车最大轮压作用下，在腹板计算高度上边缘的局部压应力设计值（N/mm^2），与下列何项数值最为接近？

(A) 80   (B) 85   (C) 92   (D) 103

19. 吊车梁上翼缘板与腹板采用双面角焊缝连接，当对上翼缘焊缝进行强度计算时，试问，应采用下列何项荷载的共同作用？

(A) V 与 P 的共同作用   (B) V 与 P 和 q 的共同作用

(C) V 与 q 的共同作用   (D) P 与 q 的共同作用

【题 20、21】 某屋盖工程大跨度主桁架结构使用 Q345B 钢材，其所有杆件均采用热轧 H

型钢，H 型钢的腹板与桁架平面垂直。桁架端节点斜杆轴心拉力设计值 $N=12700$kN。

20. 桁架端节点采用两侧外贴节点板的高强度螺栓摩擦型连接，如图 12-9 所示，螺栓采用 10.9 级 M27 高强度螺栓，摩擦面抗滑系数取 0.4，采用标准圆孔。试问，顺内力方向的每排螺栓数量（个），与下列何项数值最为接近？

(A) 26　　　　　(B) 22　　　　　(C) 18　　　　　(D) 16

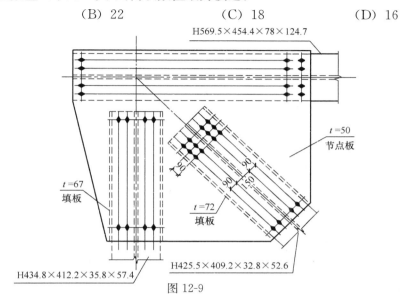

图 12-9

21. 现将桁架的端节点改为采用等强焊接对接节点板的连接形式，如图 12-10 所示，在斜杆轴心拉力作用下，节点板将沿 $AB—BC—CD$ 破坏线撕裂。已确定 $AB=CD=$ 400mm，其拉剪折算系数均取 $\eta=0.7$，$BC=33$mm。试问，在节点板破坏线上的拉应力设计值（N/mm²），与下列何项数值最为接近？

(A) 356.0　　　　　(B) 258.7　　　　　(C) 178.5　　　　　(D) 158.2

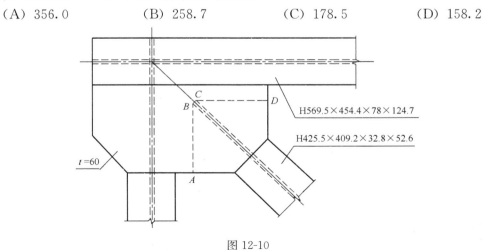

图 12-10

【题 22～27】　某厂房的纵向天窗宽 8m、高 4m，采用彩色压型钢板屋面、冷弯型钢檩条；天窗架、檩条、拉条、撑杆和天窗上弦水平支撑局部布置简图如图 12-11 (a) 所示；天窗两侧的垂直支撑如图 12-11 (b) 所示；工程中通常采用的三种形式天窗架的结构简图和设计值分别如图 12-11 (c)、(d)、(e) 所示。所有构件均采用 Q235 钢，手工焊接

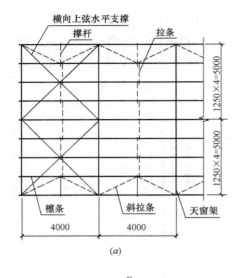

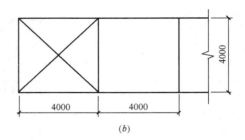

(a)

(b)

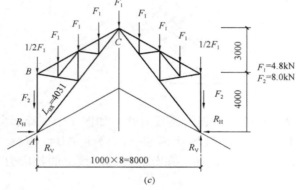

(c)

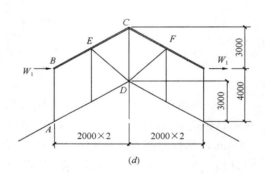

(d)

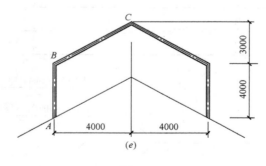

(e)

图 12-11

时使用 E43 型焊条，要求焊缝质量等级为二级。

22. 桁架式天窗架如图 12-11（c）所示，试问，天窗架支座 A 水平反力 R_H 的设计值（kN），应与下列何项数值最为接近？

(A) 3.3   (B) 4.2   (C) 5.5   (D) 6.6

23. 在图 12-11（c）中，杆件 AC 在各节间最大的轴心压力设计值 $N=12$kN，采用 $\text{T}100\times6$，$A=2386\text{mm}^2$，$i_x=31$mm，$i_y=43$mm。当按轴心受压构件进行稳定性计算

时，试问，杆件截面的压应力设计值（N/mm^2），与下列何项数值最为接近？

（A）46.2　　　　　　（B）35.0　　　　　　（C）27.8　　　　　　（D）24.9

24. 多竖杆式天窗架如图 12-11（d）所示，在风荷载作用下，假定天窗斜杆（DE、DF）仅承担拉力。试问，当风荷载设计值 $W_1=2.5kN$ 时，DF 杆轴心拉力设计值（kN），与下列何项数值最为接近？

（A）8.0　　　　　　（B）9.2　　　　　　（C）11.3　　　　　　（D）12.5

25. 在图 12-11（d）中，杆件 CD 的轴心压力很小（远小于其承载能力的 50%），当按长细比选择截面时，试问，下列何项较为经济合理？

（A）$\llcorner$ 45×5（$i_{min}=17.2mm$）　　　　　　（B）$\llcorner$ 50×5（$i_{min}=19.2mm$）

（C）$\llcorner$ 56×5（$i_{min}=21.7mm$）　　　　　　（D）$\llcorner$ 70×5（$i_{min}=27.3mm$）

26. 两铰拱式天窗架如图 12-11（e）所示，斜梁的最大弯矩设计值 $M_x=30.2kN\cdot m$ 时，采用热轧 H 型钢 H200×100×5.5×8，$A=2757mm^2$，$W_x=188\times10^3mm^3$，$i_x=82.5mm$，$i_y=22.1mm$。当按整体稳定性计算时，试问，截面上最大压应力设计值（N/mm^2），与下列何项数值最为接近？

提示： φ_b 按受弯构件整体稳定性系数近似计算方法计算；取 $l_{0y}=2.5m$。

（A）171.3　　　　　　（B）180.6　　　　　　（C）205.9　　　　　　（D）152.3

27. 在图 12-11（e）中，立柱的最大弯矩设计值 $M_x=30.2kN\cdot m$ 时，轴心压力设计值 $N=29.6kN$，采用热轧 H 型钢 H194×150×6×9，$A=3976mm^2$，$W_x=283\times10^3mm^3$，$i_x=83mm$，$i_y=35.7mm$。作为压弯构件，试问，当对弯矩作用平面外的稳定性计算时，构件上最大压应力设计值（N/mm^2），与下列何项数值最为接近？

提示： φ_b 按近似方法计算，取 $\beta_{tx}=1.0$。

（A）171.3　　　　　　（B）180.6　　　　　　（C）205.9　　　　　　（D）151.4

【题 28】 某一在主平面内受弯的实腹构件，当构件截面上有螺栓（或铆钉）孔时，下列何项计算要考虑螺栓（或铆钉）孔引起的截面削弱？

（A）构件变形计算　　　　　　　　　　　（B）构件整体稳定性计算

（C）构件抗弯强度计算　　　　　　　　　（D）构件抗剪强度计算

【题 29】 对方形斜腹杆塔架结构，当从结构构造和节省钢材方面综合考虑时，试问，下列何种截面形式的竖向分肢杆件不宜选用？

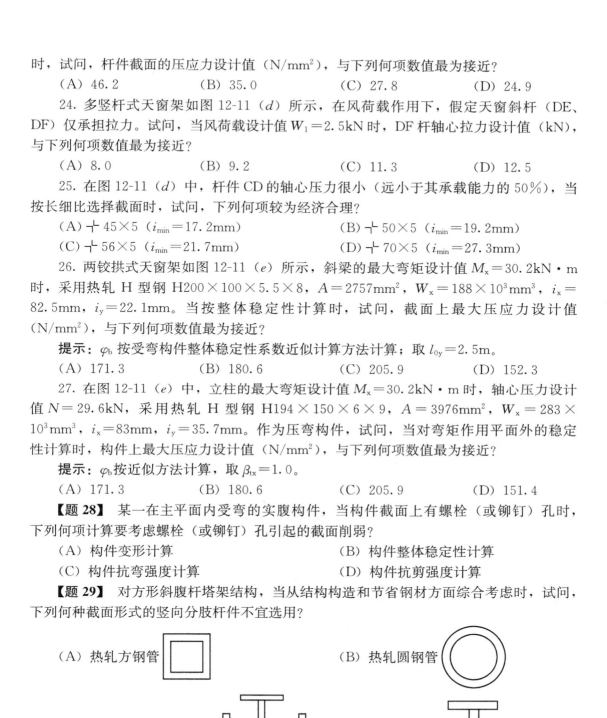

（A）热轧方钢管　　　　　　　　　　　　（B）热轧圆钢管

（C）热轧 H 型钢组合截面　　　　　　　（D）热轧 H 型钢

【题 30】 某三层砌体结构，采用钢筋混凝土现浇楼盖，其第二层纵向各墙段的层间等效侧向刚度值见表 12-1，该层纵向水平地震剪力标准值为 $V_{EK}=300kN$。试问，墙段 3 应承担的水平地震剪力标准值 V_{E3K}（kN），应与下列何项数值最为接近？

墙段编号	1	2	3	4
每个墙段的层间等效侧向刚度（kN/m）	0.0025E	0.005E	0.01E	0.15E
每类墙段的总数量（个）	4	2	1	2

（A）5　　　　　（B）9　　　　　（C）14　　　　　（D）20

【题 31、32】 某五层砌体结构房屋，如图 12-12 所示。抗震设防烈度为 7 度，设计基本地震加速度为 0.10g，设计地震分组为第一组，场地类别为Ⅱ类，集中在屋盖和楼盖处的重力荷载代表值为 $G_5=2300$kN，$G_4=G_3=G_2=4300$kN，$G_1=4920$kN，采用底部剪力法计算多遇地震下的地震作用。

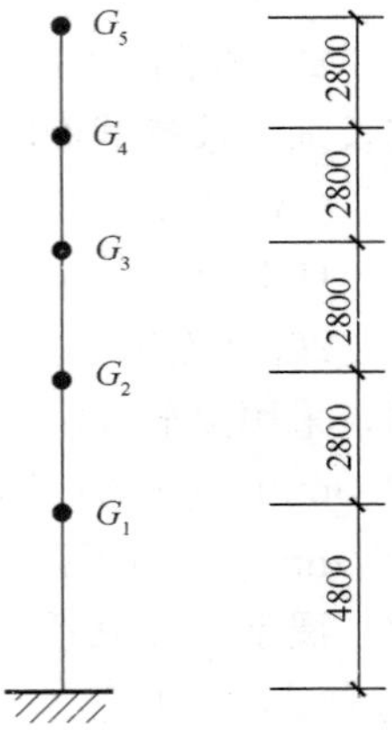

31. 结构总水平地震作用标准值 F_{Ek}（kN），与下列何项数值最为接近？

（A）2730　　　　　　　　　（B）2010
（C）1370　　　　　　　　　（D）1610

32. 若已知结构总水平地震作用标准值 $F_{Ek}=2000$kN，作用于屋盖处的地震作用标准值 F_{5k}（kN），与下列何项数值最为接近？

（A）300　　　　　　　　　（B）380
（C）450　　　　　　　　　（D）400

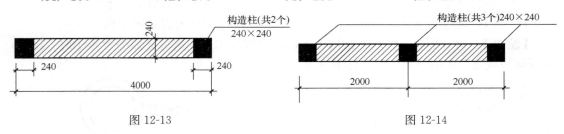

图 12-12

【题 33、34】 某多层砌体结构承重横墙墙段 A，如图 12-13 所示，采用烧结普通砖砌筑。

33. 当砌体抗剪强度设计值 $f_v=0.14$MPa 时，假定对应于重力荷载代表值的砌体上部压应力 $\sigma_0=0.3$MPa，试问，该墙段截面抗震受剪承载力设计值（kN），与下列何项数值最为接近？

（A）150　　　　（B）170　　　　（C）185　　　　（D）200

图 12-13　　　　　　　　　　　　　　　图 12-14

34. 在墙段中部增设一构造柱，如图 12-14 所示。构造柱的混凝土强度等级 C20，每根构造柱均配 HRB335 级钢筋 4Φ14 纵向钢筋（$A_s=616$mm²）。试问，该墙段的最大截面受剪承载力设计值（kN），与下列何项数值最为接近？

提示：$f_t=1.1$N/mm²；$f_y=300$N/mm²，取 $f_{vE}=0.2$N/mm² 进行计算。

（A）240　　　　（B）272　　　　（C）288　　　　（D）315

【题 35】 某多层砌体结构第一层外墙局部墙段设置构造柱，其立面如图 12-15 所示，墙厚 240mm。当进行水平地震剪力分配时，试问，计算该砌体墙段层间等效侧向刚度所采用的洞口影响系数，与下列何项数值最为接近？

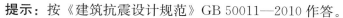

提示：按《建筑抗震设计规范》GB 50011—2010 作答。

（A）0.88　　　　　（B）0.91　　　　　（C）0.95　　　　　（D）0.98

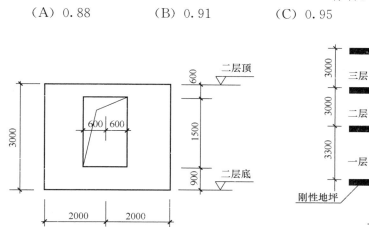

图 12-15

图 12-16

【题36、37】 某三层无筋砌体房屋（无吊车），现浇钢筋混凝土楼（屋）盖，刚性方案，砌体采用 MU15 蒸压灰砂普通砖、Ms7.5 水泥砂浆砌筑，砌体施工质量控制等级为 B 级，安全等级二级。各层砖柱截面均为 370mm×490mm，基础埋置较深且底层地面设置刚性地坪，房屋局部剖面示意图，如图 12-16 所示。

36. 当计算底层砖柱的轴心受压承载力时，试问，其 φ 值应与下列何项数值最为接近？

（A）0.91　　　　　（B）0.88　　　　　（C）0.83　　　　　（D）0.79

37. 若取 $\varphi=0.9$，试问，二层砖柱的轴心受压承载力设计值（kN），应与下列何项数值最为接近？

（A）300　　　　　（B）275　　　　　（C）245　　　　　（D）218

【题38】 某底层框架-抗震墙房屋，约束普通砖抗震墙嵌砌于框架之间，如图 12-17 所示。其抗震构造符合抗震要求，由于墙上孔洞的影响，两段墙体承担的水平地震剪力设计值分别为 $V_1=100$kN，$V_2=150$kN。试问，框架柱 2 的附加轴力设计值（kN），与下列何项数值最为接近？

（A）35　　　　　（B）75　　　　　（C）115　　　　　（D）185

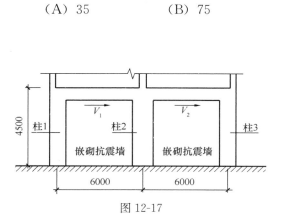

图 12-17

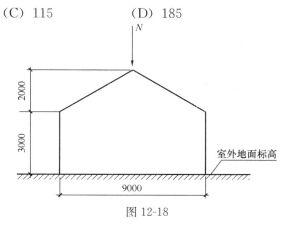

图 12-18

【题39】 某无吊车单层砌体房屋，刚性方案，墙体采用 MU15 蒸压灰砂普通砖，Ms5 混合砂浆砌筑。山墙（无壁柱）如图 12-18 所示，墙厚 240mm，其基础距室外地面 500mm，屋顶轴向力 N 的偏心距 $e=12$mm。当计算山墙的受压承载力时，试问，计算高厚比 β 和轴向力的偏心距 e 对受压构件承载力的影响系数 φ，与下列何项数值最为接近？

(A) 0.48   (B) 0.53   (C) 0.61   (D) 0.64

【题40】 对砌体房屋进行截面抗震承载力验算时，就如何确定不利墙段的下述不同见解中，其中何项组合的内容是全部正确的？

Ⅰ. 选择竖向应力较大的墙段；   Ⅱ. 选择竖向应力较小的墙段；

Ⅲ. 选择从属面积较大的墙段；   Ⅳ. 选择从属面积较小的墙段。

(A) Ⅰ＋Ⅲ   (B) Ⅰ＋Ⅳ   (C) Ⅱ＋Ⅲ   (D) Ⅱ＋Ⅳ

（下午卷）

【题41】 在多遇地震作用下，配筋砌块砌体抗震墙结构的楼层内最大层间弹性位移角限值，应为下列何项数值？

提示：按《砌体结构设计规范》作答。

(A) 1/800   (B) 1/1000   (C) 1/1200   (D) 1/1500

【题42、43】 某受拉木构件由两端矩形截面的油松木连接而成，顺纹受力，接头采用螺栓木夹板连接，夹板木材与主杆件相同，连接节点处的构造如图 12-19 所示，使用中木构件含水率为 16%。该构件的安全等级为二级，设计使用年限为 50 年，螺栓采用 4.6 级普通螺栓，其排列方式为两纵行齐列，螺栓纵向中距为 $9d$，端距为 $7d$。

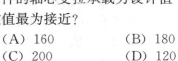

图 12-19

42. 当构件接头部位连接强度足够时，试问，该杆件的轴心受拉承载力设计值（kN），与下列何项数值最为接近？

(A) 160   (B) 180

(C) 200   (D) 120

43. 若该杆件的轴心拉力设计值为 130kN，单个螺栓的每个剪面的承载力参考设计值为 8.3kN。试问，接头每端所需的最经济合理的螺栓总数量（个），与下列何项数值最为接近？

提示：$k_g=0.96$。

(A) 14   (B) 12   (C) 10   (D) 8

【题44】 位于土坡坡顶的钢筋混凝土条形基础，如图 12-20 所示。试问，该基础底面

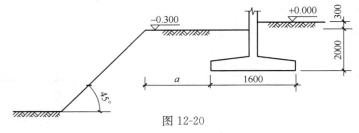

图 12-20

外边缘线至稳定土坡坡顶的水平距离 a（m），应不小于下列何项数值？

(A) 2.0　　　　(B) 2.5　　　　(C) 3.0　　　　(D) 3.6

【题 45】 下列关于地基设计的一些主张，其中何项是正确的？

(A) 设计等级为甲级的建筑物，应按地基变形设计，其他等级的建筑物可仅作承载力验算

(B) 设计等级为甲、乙级的建筑物应按地基变形设计，丙级的建筑物可仅作承载力验算

(C) 设计等级为甲、乙级的建筑物，在满足承载力计算的前提下，应按地基变形设计，丙级的建筑物满足《建筑地基基础设计规范》规定的相关条件时，可仅作承载力验算

(D) 所有设计等级的建筑物均应按地基变形设计

【题 46、47】 某工程地基条件如图 12-21 所示，季节性冻土地基的设计冻结深度为 0.8m，采用水泥土搅拌桩法进行地基处理。

46. 水泥土搅拌桩的直径为 600mm，有效桩顶面位于地面下 1100mm，桩端伸入黏土层 300mm。初步设计时按《建筑地基处理技术规范》JGJ 79—2012 规定估算，并取 $\alpha_p = 0.5$ 时，试问，单桩竖向承载力特征值 R_a（kN），与下列何项数值最为接近？

(A) 85　　　　(B) 106　　　　(C) 112　　　　(D) 120

47. 采用水泥土搅拌桩处理后的复合地基承载力特征值 f_{spk} 为 100kN，单桩承载力发挥系数 $\lambda = 1.0$，桩间土承载力发挥系数 β 为 0.3，单桩竖向承载力特征值 R_a 为 155kN，桩径为 600mm，则面积置换率 m，与下列何项数值最为接近？

(A) 0.23　　　　(B) 0.25　　　　(C) 0.16　　　　(D) 0.19

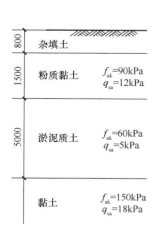

图 12-21

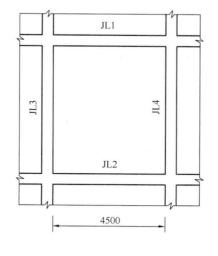

图 12-22

【题 48～53】 某 15 层建筑的梁板式筏基底板，如图 12-22 所示，采用 C35 级混凝土，$f_t = 1.57 \text{N/m}^2$，筏基底面处相应于作用的基本组合时的地基土平均净反力设计值 $p = 280$kPa。

提示：计算时取 $a_s = 60$mm。

48. 试问，设计时初步估算得到的筏板厚度 h（mm），与下列何项数值最为接近？

(A) 320   (B) 360   (C) 380   (D) 400

49. 假定筏板厚度取 450mm。试问，对图示区格内的筏板作冲切承载力验算时，作用在冲切面上的最大冲切力设计值 F_1（kN），与下列何项数值最为接近？

(A) 5440   (B) 6080   (C) 6820   (D) 7560

50. 筏板厚度取 450mm。试问，对图示区格内的筏板作冲切承载力验算时，底板受冲切承载力设计值 F（kN），与下列何项数值最为接近？

(A) 6500   (B) 8335   (C) 7420   (D) 9010

51. 筏板厚度取 450mm。试问，进行筏板斜截面受剪切承载力计算时，平行于 JL4 的剪切面上（一侧）的最大剪力设计值 V_s（kN），与下列何项数值最为接近？

(A) 1750   (B) 1930   (C) 2360   (D) 3780

52. 筏板厚度取 450mm。试问：平行于 JL4 的最大剪力作用面上（一侧）的斜截面受剪承载力设计值 V（kN），与下列何项数值最为接近？

(A) 2237   (B) 2750   (C) 3010   (D) 3250

53. 假定筏板厚度为 850mm，采用 HRB400 级钢筋（$f_y = 360 \text{N/mm}^2$），已计算出每米宽区格板的长跨支座及跨中的弯矩设计值均为 $M = 240 \text{kN} \cdot \text{m}$。试问，筏板在长跨方向的底部配筋，应采用下列何项才最为合理？

(A) Φ12@200 通长筋＋Φ12@200 支座短筋

(B) Φ12@100 通长筋

(C) Φ12@200 通长筋＋Φ14@200 支座短筋

(D) Φ14@100 通长筋

【题 54～57】 某高层建筑采用的满堂布桩的钢筋混凝土桩筏基础及地基的土层分布，如图 12-23 所示。桩为摩擦桩，桩距为 $4d$（d 为桩的直径）。由上部荷载（不包括筏板自重）产生的筏板底面处相应于作用的准永久组合时的平均压力值为 600kPa，不计其他相

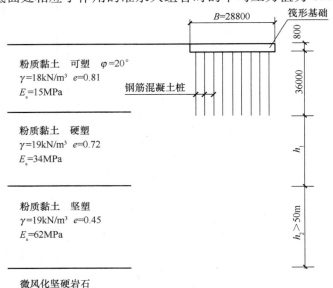

图 12-23

邻荷载的影响。筏板基础宽度 $B=28.8$m，长度 $A=51.2$m，筏板外缘尺寸的宽度 $b_0=28$m，长度 $a_0=50.4$m，钢筋混凝土桩有效长度取 36m，即按桩端计算平面在筏板底面向下 36m 处。

提示：按《建筑地基基础设计规范》GB 50007—2011 作答。

54. 假定桩端持力层土层厚度 $h_1=40$m，桩间土的内摩擦角 $\varphi=20°$，试问，计算桩基础中点的地基变形时，其地基变形计算深度（m），与下列何项数值最为接近？

提示：按《建筑地基基础设计规范》的简化公式计算。

(A) 33　　　　　(B) 37　　　　　(C) 40　　　　　(D) 44

55. 土层条件同［题 54］，当采用实体深基础计算桩基最终沉降量时，试问，实体深基础的支承面积（m²），与下列何项数值最为接近？

(A) 1411　　　　(B) 1588　　　　(C) 1729　　　　(D) 1945

56. 土层条件同［题 54］，筏板厚 800mm，采用实体深基础计算桩基最终沉降时，假定实体深基础的支承面积为 2000m²。试问，桩底平面处对应于作用的准永久组合时的附加压力（kPa），与下列何项数值最为接近？

提示：采用实体深基础计算桩基础沉降时，在实体基础的支承面积范围内，筏板桩、土的混合重度（或称平均重度），可近似取 $20kN/m^3$。

(A) 460　　　　　(B) 520　　　　　(C) 580　　　　　(D) 700

57. 假若桩端持力层土层厚度 $h_1=30$m，在桩底平面实体深基础的支承面积内，相应于作用的准永久组合时的附加应力为 750kPa，且在计算变形量时，取 $\psi_s=0.2$。又已知，矩形面积土层上均布荷载作用下交点的平均附加应力系数依次分别为：在持力层顶面处，$\bar{\alpha}_0=0.25$；在持力层底面处，$\bar{\alpha}_1=0.237$，试问，在通过桩筏基础平面中心点竖线上，该持力层的最终变形量（mm），与下列何项数值最为接近？

(A) 93　　　　　(B) 114　　　　　(C) 126　　　　　(D) 184

【题 58】 试问，下列一些主张中何项不符合现行规范、规程的有关规定或力学计算原理？

(A) 带转换层的高层建筑钢筋混凝土结构，抗震设计时，7 度（0.15g），其跨度大于 8m 的转换构件尚应考虑竖向地震作用的影响

(B) 钢筋混凝土高层建筑结构，在水平力作用下，只要结构的弹性等效抗侧刚度和重力荷载之间的关系满足一定的限制，可不考虑重力二阶效应的不利影响

(C) 高层建筑的水平力是设计的主要因素，随着高度的增加，一般可以认为轴力与高度成正比；水平力所产生的弯矩与高度的二次方成正比；水平力产生的侧向顶点位移与高度的三次方成正比

(D) 建筑结构抗震设计，不宜将某一部分构件超强，否则可能造成构件的相对薄弱部位

【题 59】 某钢筋混凝土框架-剪力墙结构，抗震等级为一级，第四层剪力墙厚250mm，该楼面处墙内设置暗梁（与剪力墙重合的框架梁），剪力墙（包括暗梁）采用 C35 混凝土（$f_t=1.57N/mm^2$），纵向受力筋采用 HRB400。试问，暗梁截面上、下的纵向钢筋，采用下列何组配置时，才最接近又满足规程中最低的构造要求？

(A) 上、下均配 2 Φ 25　　　　　　(B) 上、下均配 2 Φ 22

（C）上、下均配 2 ⊈ 20　　　　　（D）上、下均配 2 ⊈ 18

【题 60】　抗震等级为二级的钢筋混凝土框架结构，其节点核心区的尺寸及配筋如图 12-24 所示。混凝土强度等级为 C40（$f_c = 19.1 \text{N/mm}^2$），主筋、箍筋分别采用 HRB400（$f_y = 360 \text{N/mm}^2$）和 HPB300（$f_{yv} = 270 \text{N/mm}^2$），箍筋混凝土保护层厚度 20mm。已知柱的剪跨比大于 2。试问，节点核心区箍筋的配置，为下列何项时，才能最接近又满足规程中的最低构造要求？

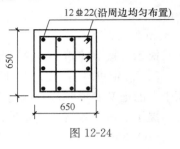

图 12-24

（A）φ 10@150　　（B）φ 10@100　　（C）φ 8@100　　（D）φ 8@80

【题 61、62】　某带转换层的钢筋混凝土框架-核心筒结构，抗震等级为一级，其局部外框架柱不落地，采用转换梁托柱的方式使下层柱距变大，如图 12-25 所示。梁、柱混凝土强度等级采用 C40（$f_t = 1.71 \text{N/mm}^2$），纵筋采用 HRB500 钢筋，箍筋均采用 HRB335（$f_y = 300 \text{N/mm}^2$）。

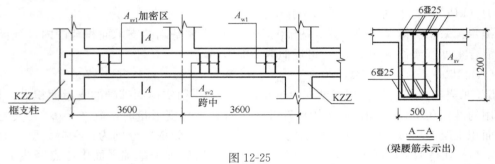

图 12-25

61. 试问，下列对转换梁箍筋的不同配置中，其中何项最符合相关规范、规程的最低要求？

（A）$A_{sv1} = 4\,\Phi\,10@100$，$A_{sv2} = 4\,\Phi\,10@200$

（B）$A_{sv1} = A_{sv2} = 4\,\Phi\,10@100$

（C）$A_{sv1} = 4\,\Phi\,12@100$，$A_{sv2} = 4\,\Phi\,12@200$

（D）$A_{sv1} = A_{sv2} = 4\,\Phi\,12@100$

62. 转换梁下框支柱配筋如图 12-26 所示，纵向钢筋混凝土保护层厚 30mm。试问，关于纵向钢筋的配置，下列何项最符合有关规范、规程的构造规定？

（A）24 ⊈ 28　　　　（B）28 ⊈ 25　　　　（C）24 ⊈ 25　　　　（D）前三项均符合

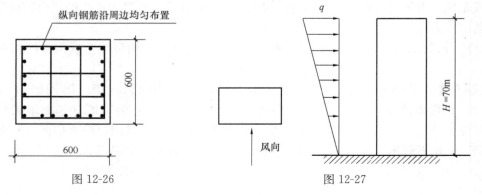

图 12-26

图 12-27

【题 63～65】 某建于非地震区的钢筋混凝土框架-剪力墙结构，20 层，房屋高度 $H=70\text{m}$，如图 12-27 所示。屋面重力荷载设计值为 $0.8\times10^4\text{kN}$，其他楼层的每层重力荷载设计值均为 $1.2\times10^4\text{kN}$。倒三角分布荷载最大标准值 $q=85\text{kN/m}$，在该荷载作用下，结构顶点质心的弹性水平位移为 u。

63. 在水平力作用下，计算该高层结构内力、位移时，试问，其顶点质心的弹性水平位移值 u 的最大值为下列何项数值时，才可不考虑重力二阶效应的不利影响？

(A) 50mm   (B) 60mm   (C) 70mm   (D) 80mm

64. 假定该结构纵向主轴方向的弹性等效抗侧刚度 $EJ_d=3.5\times10^9\text{kN}\cdot\text{m}^2$，底层某中柱按弹性方法但未考虑重力二阶效应的纵向水平剪力的标准值为 160kN，试问，按有关规范、规程的要求，确定其是否需要考虑重力二阶效应的不利影响后，该柱的纵向水平剪力标准值的取值，应与下列何项数值最为接近？

(A) 160kN   (B) 180kN   (C) 200kN   (D) 220kN

65. 假定该结构在横向主轴方向的弹性等效侧向刚度 $EJ_d=1.80\times10^9\text{kN}\cdot\text{m}^2$，小于 $2.7H^2\sum\limits_{i=1}^{n}G_i$，外部水平荷载不变。又已知，某楼层未考虑重力二阶效应的楼层相对侧移 $\dfrac{\Delta u}{h}=\dfrac{1}{850}$，若以增大系数法近似考虑重力二阶效应，增大后的 $\dfrac{\Delta u}{h}$ 不满足规范、规程所规定的限值，如果仅考虑再增大 EJ_d 值的办法来满足变形。试问，该结构在该主轴方向的 EJ_d 最少需增大到下列何项倍数时，考虑重力二阶效应后该层的 $\dfrac{\Delta u}{h}$ 比值，才能满足规范、规程的要求？

提示： $0.14H^2\sum\limits_{i=1}^{n}G_i=1.62\times10^8\text{kN}\cdot\text{m}^2$。

(A) 1.03   (B) 1.20   (C) 1.50   (D) 2.00

【题 66】 某 13 层钢框架结构，抗震设防烈度为 8 度，框架抗震等级为一级，箱形方柱截面如图 12-28 所示，回转半径 $i_x=i_y=173\text{mm}$，钢材采用 Q345。试问，满足规程要求的最大层高 h（mm），应与下列何项数值最为接近？

提示： ①按《高层民用建筑钢结构技术规程》JGJ 99—2015 计算；
        ②柱子的计算高度取层高 h。

(A) 7800   (B) 8600   (C) 9200   (D) 10000

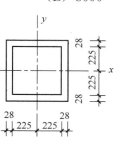

图 12-28

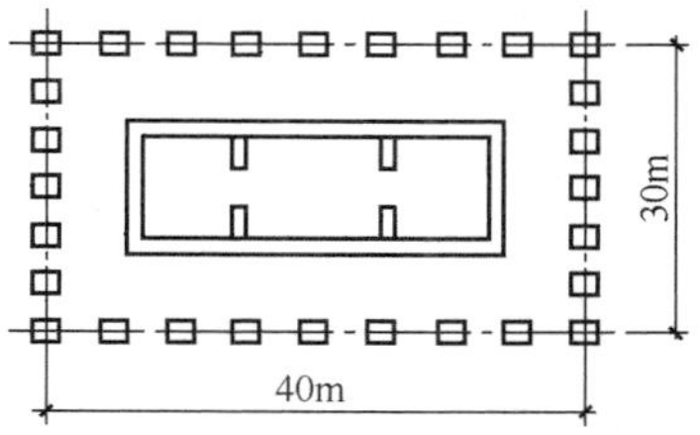

图 12-29

（楼盖梁及外框架梁未示出）

【题 67～72】 某 42 层现浇框架-核心筒高层建筑，如图 12-29 所示，内筒为钢筋混凝土筒体，外周边为型钢混凝土框架，房屋高度为132m，该建筑物的竖向体形比较规则、匀称。建筑物的抗震设防烈度为7度，丙类建筑，设计地震分组为第一组，设计基本地震加速度为0.1g，场地类别Ⅱ类，结构的计算基本自振周期$T_1=3.0s$，周期折减系数取0.8。

67. 计算多遇地震时，试问，该结构的水平地震影响系数，与下列何项数值最为接近？

提示：$\eta_1=0.021$，$\eta_2=1.078$。

(A) 0.019　　　　(B) 0.021　　　　(C) 0.023　　　　(D) 0.025

68. 该建筑物总重力荷载代表值为6×10^5kN，抗震设计时，在水平地震作用下，对应于地震作用标准值的结构底部总剪力计算值为8600kN，对应于地震作用标准值且未经调整的各层框架总剪力中，底层最大，其计算值为1500kN。试问，抗震设计时，对应于地震作用标准值的底层框架总水平剪力的取值，与下列何项数值最为接近？

(A) 1500kN　　　(B) 1729kN　　　(C) 1920kN　　　(D) 2250kN

69. 该结构的内筒非底部加强部位四角暗柱如图12-30所示，抗震设计时采用约束边缘构件的方法加强，图中的阴影部分即为暗柱（约束边缘构件）的外轮廓线，纵筋采用HRB500（Φ），箍筋采用HPB300（Φ）（$f_{yv}=270N/mm^2$）。试问，下列何项数值符合相关规范、规程中的构造要求？

(A) 14Φ22，Φ10@100

(B) 14Φ20，Φ10@100

(C) 14Φ18，Φ8@100

(D) 上述三组配置均不符合要求

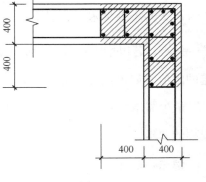

图12-30

70. 外周边框架底层某中柱，截面$b\times h=700mm$ $\times700mm$，混凝土强度等级为C50（$f_c=23.1N/mm^2$），内置Q345型钢（$f_y=295N/mm^2$），考虑地震作用组合的柱轴向压力设计值$N=18000kN$，剪跨比$\lambda=2.5$。试问，采用的型钢截面面积最小值（mm^2），与下列何项数值最为接近？

(A) 14700　　　(B) 19600　　　(C) 45000　　　(D) 53000

71. 条件同［题70］，假定柱轴压比为0.60，试问，该柱在箍筋加密区的下列四组配筋（纵向钢筋用HRB500级钢筋和箍筋用HPB300级钢筋，箍筋的混凝土保护层厚度为20mm。），其中哪一组满足且最接近相关规范、规程最低的构造要求？

(A) 12Φ20，4Φ14@100　　　　　(B) 12Φ22，4Φ14@100

(C) 12Φ20，4Φ12@100　　　　　(D) 12Φ22，4Φ12@100

72. 核心筒底层某一连梁，如图12-31所示，连梁截面的有效高度$h_b=1040mm$，筒体部分的混凝土强度等级均为C35（$f_c=16.7N/mm^2$）。考虑水平地震作用组合的连梁剪力设计值$V_b=620kN$，其左、右端考虑地震作用组合的弯矩设计值分别为$M_b^l=-1400$ kN·m，$M_b^r=-400kN\cdot m$。在重力荷载代表值作用下，按简支梁计算的梁端截面剪力设计值为60kN。当连梁中交叉暗撑与水平线的夹角$\alpha=37°$时，试问，交叉暗撑中计算所需的纵向钢筋HRB400级钢筋，应为下列何项数值？

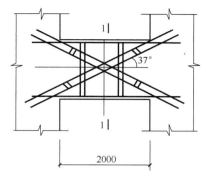
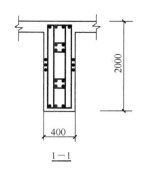

图 12-31

(A) 4 ⏀ 18　　　　(B) 4 ⏀ 20　　　　(C) 4 ⏀ 22　　　　(D) 4 ⏀ 25

【题 73～77】 某一级公路设计行车速度 $V=100 \mathrm{kN/m}$，双面六车道，汽车荷载采用公路-Ⅰ级。其公路上有一座计算跨径为 40m 的预应力混凝土箱形简支桥梁，采用上、下双幅分离式横断面。混凝土强度等级为 C50，横断面布置如图 12-32 所示。

提示： 按《公路桥涵设计通用规范》JTG D 60—2015 和《公路钢筋混凝土及预应力混凝土桥涵设计规范》JTG 3362—2018 计算。

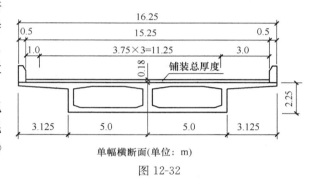

单幅横断面(单位：m)

图 12-32

73. 试问，该桥在计算汽车设计车道荷载时，其设计车道数应按下列何项数值选用？

(A) 二车道　　　　(B) 三车道　　　　(C) 四车道　　　　(D) 五车道

74. 计算该箱形梁桥汽车车道荷载时，应按横桥向偏载考虑。假定车道荷载冲击系数 $\mu=0.215$，车道横向折减系数为 0.67，扭转影响对箱形梁内力的不均匀系数 $K=1.2$。试问，该箱形梁桥跨中断面，由汽车车道荷载产生的弯矩作用标准值（kN·m），与下列何项数值最为接近？

(A) 21000　　　　(B) 21500　　　　(C) 22000　　　　(D) 22500

75. 计算该后张法预应力混凝土简支箱形梁桥的跨中断面时，所采用的有关数值为：$A=9.6 \mathrm{m}^2, h=2.25 \mathrm{m}, I_0=7.75 \mathrm{m}^4$，中性轴至上翼缘边缘距离为 0.95m，至下翼缘边缘距离为 1.3m；混凝土强度等级为 C50，$E_c=3.45 \times 10^4 \mathrm{MPa}$；预应力钢束合力点距下边缘距离为 0.3m。假定在正常使用极限状态频遇组合作用下，跨中断面永久作用值与可变作用的频遇组合弯矩值 $M_s=85000 \mathrm{kN \cdot m}$。试问，该箱形梁桥按全预应力混凝土构件设计时，跨中断面所需的永久有效最小预应力值（kN），与下列何项数值最为接近？

(A) 61000　　　　(B) 61500　　　　(C) 61700　　　　(D) 62000

76. 该箱形梁桥按承载力极限状态设计时，假定跨中断面永久作用弯矩设计值为 65000kN·m，由汽车荷载产生的弯矩设计值为 25000kN·m（已计入冲击系数），其他两种可变荷载产生的弯矩设计值为 9600kN·m。试问，该箱形简支梁中，跨中断面承载能力极限状态下基本组合的弯矩设计值 $\gamma_0 M_{ud}$（kN·m），与下列何项数值最为接近？

209

(A) 93000　　　　(B) 97000　　　　(C) 107000　　　　(D) 110000

77. 该箱形梁桥，按正常使用极限状态，由荷载频遇组合并考虑长期效应的影响产生的长期挠度为 10mm，由永久有效预应力产生的长期反拱值为 30mm。试问，该桥梁跨中断面向上设置的预拱度（mm），与下列何项数值最为接近？

(A) 向上 30　　　(B) 向上 20　　　(C) 向上 10　　　(D) 向上 0

【题 78】　关于公路桥涵的设计基准期（年）的说法中，下列哪一项是正确的？

(A) 25　　　　　(B) 50　　　　　(C) 80　　　　　(D) 100

【题 79】　某跨越一条 650m 宽河面的高速公路桥梁，设计方案中其主跨为 145m 的系杆拱桥，边跨为 30m 的简支梁桥。试问，该桥梁结构的设计安全等级，应为下列何项？

(A) 一级　　　　(B) 二级　　　　(C) 三级　　　　(D) 由业主确定

【题 80】　某一桥梁上部结构为三孔钢筋混凝土连续梁，试判定在以下四个图形中，哪一个图形是该梁在中支点 Z 截面的弯矩影响线？

提示：只需定性地判断。

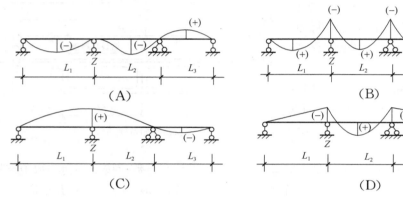

实战训练试题（十三）

（上午卷）

【题 1~3】 某钢筋混凝土单跨梁，截面及配筋如图 13-1 所示，混凝土强度等级为 C40，纵向受力钢筋与两侧纵向构造钢筋选用 HRB400 级，箍筋选用 HRB335 级。已知跨中弯矩设计值 $M = 1460$ kN·m，轴向拉力设计值 $N = 3800$ kN，$a_s = a'_s = 70$ mm。

1. 该梁每侧纵向构造钢筋最小配置量，与下列何项数值最接近？

(A) 10 ⏀ 12 　　　　(B) 10 ⏀ 14

(C) 11 ⏀ 16 　　　　(D) 11 ⏀ 18

2. 非抗震设计时，该梁跨中截面所需下部纵向钢筋截面面积 A_s（mm^2），与下列何项数值最为接近？

提示： 仅按矩形截面计算。

(A) 3530 　　　(B) 5760 　　　(C) 7070 　　　(D) 8500

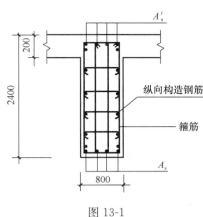

图 13-1

3. 非抗震设计时，该梁支座截面设计值 $V = 5760$ kN，与该值相应的轴拉力设计值为：$N = 3800$ kN，计算剪跨比 $\lambda = 1.5$，该梁支座截面箍筋配置，与下列何项数值最为接近？

(A) 6 ⏀ 10@100 　　(B) 6 ⏀ 12@150 　　(C) 6 ⏀ 12@100 　　(D) 6 ⏀ 14@100

【题 4、5】 某单跨预应力钢筋混凝土屋面简支梁，混凝土强度等级为 C40，计算跨度 $L_0 = 17.7$ m，要求使用阶段不出现裂缝。

4. 该梁跨中截面按荷载的标准组合时的弯矩值 $M_k = 800$ kN·m，按荷载效应准永久组合 $M_q = 750$ kN·m，换算截面惯性矩 $I_0 = 3.4 \times 10^{10}$ mm^4，该梁按荷载标准组合并考虑荷载长期作用影响的刚度 B（N·mm^2），与下列何项数值最接近？

(A) 4.85×10^{14} 　　　(B) 5.20×10^{14} 　　　(C) 5.70×10^{14} 　　　(D) 5.82×10^{14}

5. 该梁按荷载标准组合并考虑预应力长期作用产生的挠度 $f_1 = 56.6$ mm，计算的预加力短期反拱值 $f_2 = 15.2$ mm，该梁使用上对挠度有较高要求，则该梁挠度与规范中允许挠度 $[f]$ 之比值，与下列何项数值最为接近？

(A) 0.59 　　　(B) 0.76 　　　(C) 0.94 　　　(D) 1.28

【题 6~8】 某二层钢筋混凝土框架结构如图 13-2 所示，框架梁刚度 $EI = \infty$，建筑场地类别Ⅲ类，抗震设防烈度 8 度，设计地震分组第一组，设计基本地震加速度值 $0.2g$，阻尼比 $\zeta = 0.05$。

6. 已知第一、二振型周期 $T_1 = 1.1$ s，$T_2 = 0.35$ s，在多遇地震作用下对应第一、二振型地震影响系数 α_1，α_2，与下列何项数值最为接近？

(A) 0.07；0.16　　　(B) 0.07；0.12　　　(C) 0.08；0.12　(D) 0.16；0.17

7. 当用振型分解反应谱法计算时，相应于第一、二振型水平地震作用下剪力标准值如图 13-3 所示，其相邻振型的周期比为 0.80。试问，水平地震作用下Ⓐ轴底层柱剪力标准值 V（kN），与下列何项数值最为接近？

(A) 42.0　　　(B) 48.2　　　(C) 50.6　　　(D) 58.01

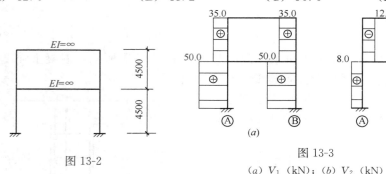

图 13-2

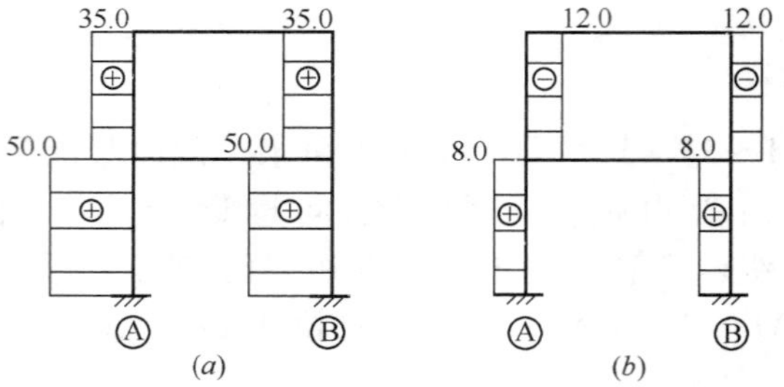

图 13-3

(a) V_1（kN）；(b) V_2（kN）

8. 当用振型分解反应谱法计算时，其他条件同［题 7］，顶层柱顶弯矩标准值 M（kN·m），与下列何项数值最为接近？

(A) 37.0　　　(B) 51.8　　　(C) 74.0　　　(D) 83.3

【题 9、10】　某多层房屋的钢筋混凝土剪力墙连梁，截面尺寸 $b \times h = 180\text{mm} \times 600\text{mm}$，抗震等级为二级，连梁跨度净跨 $l_n = 2.0\text{m}$，混凝土强度等级为 C30，纵向受力钢筋 HRB400 级，箍筋 HPB300 级，$a_s = a_s' = 35\text{mm}$。

9. 该连梁考虑地震作用组合的弯矩设计值 $M = 200.0\text{kN·m}$，试问，当连梁上、下纵向受力钢筋对称配置时，连梁下部纵筋与下列何项数据最接近？

(A) 2Φ20　　　　(B) 2Φ25　　　　(C) 3Φ22　　　(D) 3Φ25

10. 假定该梁重力荷载代表值作用下，按简支梁计算的梁端截面剪力设计值 $V_{Gb} = 18\text{kN}$，连梁左右端截面反、顺时针方向地震作用组合弯矩设计值 $M_b^l = M_b^r = 150.0\text{kN·m}$，该连梁的箍筋配置为下列哪一项？

提示：验算受剪截面条件式中 $0.2 f_c bh_0 / \gamma_{RE} = 342.2\text{kN}$。

(A) Φ6@100（双肢）　　　　　　(B) Φ8@150（双肢）

(C) Φ8@100（双肢）　　　　　　(D) Φ10@100（双肢）

【题 11】　下列关于结构规则性的判断或计算模型的选择，何项不妥？说明理由。

提示：按《建筑抗震设计规范》GB 50011—2010 作答。

(A) 当超过梁高的错层部分面积大于该楼层总面积的 30% 时，属于平面不规则

(B) 顶层及其他楼层局部收进的水平尺寸大于相邻下一层的 25% 时，属于竖向不规则

(C) 抗侧力结构的层间受剪承载力小于相邻上一层的 80% 时，属于竖向不规则

(D) 平面不规则或竖向不规则的建筑结构，均应采用空间结构计算模型

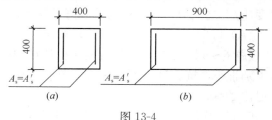

图 13-4

(a) 上柱截面；(b) 下柱截面

【题 12～14】 某一设有吊车的单层厂房柱（屋盖为刚性屋盖），上柱长 $H_u=3.6\text{m}$，下柱长 $H_l=11.5\text{m}$，上、下柱的截面尺寸如图 13-4 所示，对称配筋 $a_s=a'_s=40\text{mm}$，混凝土强度等级 C25，纵向受力钢筋采用 HRB400 级钢筋，当考虑横向水平地震作用组合时，在排架方向一阶弹性分析的内力组合的最不利设计值为：上柱 $M=100.0\text{ kN}\cdot\text{m}$，$N=200\text{kN}$，下柱 $M=760\text{kN}\cdot\text{m}$，$N=1400\text{kN}$。

12. 当进行正截面承载力计算时，试问，上、下柱承载力抗震调整系数 γ_{RE}，与下列何项数值最接近？

（A）0.75；0.75　　　　（B）0.75；0.80　　　　（C）0.80；0.75　　　　（D）0.80；0.80

13. 上柱在排架方向考虑二阶效应影响的弯矩增大系数 η_s，与下列何项数值最为接近？

（A）1.15　　　　（B）1.26　　　　（C）1.66　　　　（D）1.82

14. 若该柱的下柱考虑二阶效应影响的弯矩增大系数 $\eta_s=1.25$，取 $\gamma_{RE}=0.80$，计算知受压区高度 $x=240\text{mm}$，当采用对称配筋时，该下柱的最小纵向钢筋截面面积 A'_s（mm^2）的计算值，应与下列何项最接近？

（A）940　　　　（B）1380　　　　（C）1560　　　　（D）1900

【题 15】 某地区抗震设防烈度为 7 度，下列何项非结构构件可不需要进行抗震验算？

提示：按《建筑抗震设计规范》GB 50011—2010 作答。

（A）玻璃幕墙及幕墙的连接

（B）悬挂重物的支座及其连接

（C）电梯提升设备的锚固件

（D）建筑附属设备自重超过 1.8kN 或其体系自振周期大于 0.1s 的设备支架、基座及其锚固

【题 16～22】 某多跨厂房，中列柱的柱距 12m，采用钢吊车梁。已确定吊车梁的截面尺寸如图 13-5 所示，吊车梁采用 Q345 钢，使用自动焊和 E50 焊条的手工焊，在吊车梁上行驶的两台重级工作制的软钩桥式吊车，起重量 $Q=50/10\text{t}$，小车重 $g=15\text{t}$，吊车桥架跨度 $L_k=28.0\text{m}$，最大轮压标准值 $P_{k,max}=470\text{kN}$，一台吊车的轮压分布如图 13-5（b）所示。

提示：按《建筑结构可靠性设计统一标准》GB 50068—2018 作答。

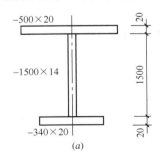
(a)

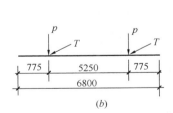
(b)

图 13-5

16. 每个吊车轮处因吊车摆动引起的横向水平荷载标准值（kN），与下列何项数值最接近？

（A）16.3　　　　（B）34.1　　　　（C）47.0　　　　（D）65.8

17. 吊车梁承担作用在垂直平面内的弯矩设计值 $M_x=4302\text{kN}\cdot\text{m}$。吊车梁设置纵向加劲肋，其腹板板件宽厚比满足 S4 级要求。吊车梁下翼缘的净截面模量 $W_{nx}=16169\times$

10^3mm^3，试问，在该弯矩作用下，吊车梁翼缘拉应力（N/mm^2），与下列何项数值最为接近？

(A) 266   (B) 280   (C) 291   (D) 301

18. 吊车梁支座最大剪力设计值 $V=1727.8\text{kN}$，采用突缘支座，计算剪应力时，可按近似公式 $\tau=1.2V/（ht_w）$ 进行计算，式中 h 和 t_w 分别为腹板高度和厚度，试问吊车梁支座剪应力（N/mm^2），与下列何项数值最为接近？

(A) 80.6   (B) 98.7   (C) 105.1   (D) 115.2

19. 吊车梁承担作用在垂直平面内的弯矩标准值 $M_k=2820.6\text{kN·m}$，吊车梁的毛截面惯性矩 $I_x=1348528\times10^4\text{mm}^4$。试问吊车梁的挠度（mm），与下列何项数值最为接近？

提示：垂直挠度可按下式近似计算 $f=M_kL^2/（10EI_x）$，式中 M_k 为垂直弯矩标准值，L 为吊车梁跨度，E 为钢材弹性模量，I_x 为吊车梁的截面惯性矩。

(A) 9.2   (B) 10.8   (C) 12.1   (D) 14.6

20. 吊车梁采用突缘支座，支座加劲肋与腹板采用角焊缝连接，取 $h_f=8\text{mm}$。支座加劲肋下端采用刨平顶紧。当支座剪力设计值 $V=1727.8\text{kN}$ 时，试问角焊缝剪应力（N/mm^2），应与下列何项数值最为接近？

(A) 104   (B) 120   (C) 135   (D) 142

21. 试问，由两台吊车垂直荷载产生的吊车梁支座处的最大剪力设计值（kN），与下列何项数值最为接近？

(A) 1860   (B) 1790   (C) 1610   (D) 1540

22. 试问，由两台吊车垂直荷载产生的吊车梁的最大弯矩设计值（kN·m），与下列何项数值最为接近？

(A) 3820   (B) 3910   (C) 4150   (D) 4420

【题 23～29】 某电力炼钢车间单跨厂房，跨度 30m，长 168m，柱距 24m，采用轻型外围结构，厂房内设置两台 $Q=225/50\text{t}$ 重级工作制软钩桥式吊车，吊车轨面标高 26m，屋架间距 6m，柱顶设置跨度 24m 的托架，屋架与托架平接，沿厂房纵向设有上部柱间支撑和双片的下部柱间支撑，柱子和柱间支撑布置如图 13-6（a）所示。厂房框架采用单阶钢柱，柱顶与屋面刚接，柱底与基础假定为刚接，钢柱的简图和截面尺寸如图 13-6（b）所示。钢柱采用 Q345 钢，焊条用 E50 型焊条，柱翼缘板为焰切边，根据内力分析，厂房框架上段柱和下段柱的内力设计值如下：

上段柱：$M_1=2250\text{kN·m}$ $N_1=4357\text{kN}$ $V_1=368\text{kN}$

下段柱：$M_2=12950\text{kN·m}$ $N_2=9830\text{kN}$ $V_2=512\text{kN}$

23. 在框架平面内上段柱高度 H_1（mm），与下列何项数值最为接近？

(A) 7000   (B) 10000   (C) 11500   (D) 13000

24. 在框架平面内上段柱计算长度系数，与下列何项数值最为接近？

提示：①下段柱的惯性矩已考虑腹杆变形影响；

        ②屋架下弦设有纵向水平支撑和横向水平支撑。

(A) 1.51   (B) 1.31   (C) 1.27   (D) 1.12

25. 已求得上段柱弯矩作用平面外的轴心受压构件稳定系数 $\varphi_y=0.797$，试问，上段柱作为压弯构件，进行框架平面外稳定性验算时，构件上最大压应力设计值（N/mm^2），

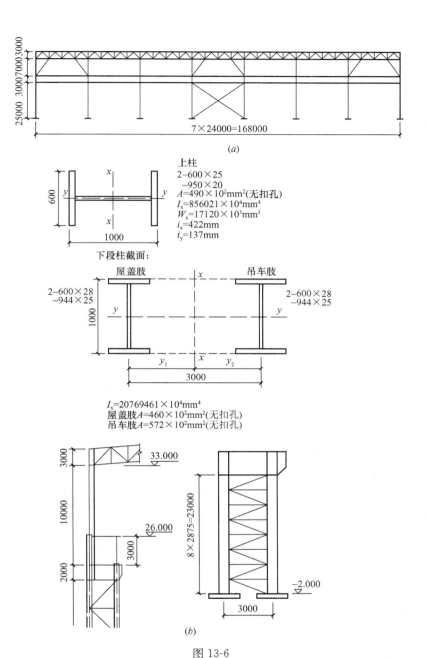

上柱
2-600×25
-950×20
$A=490×10^2mm^2$(无扣孔)
$I_x=856021×10^4mm^4$
$W_x=17120×10^3mm^3$
$i_x=422mm$
$i_y=137mm$

下段柱截面：

屋盖肢　　　　吊车肢

2-600×28　　　　　　2-600×28
-944×25　　　　　　-944×25

$I_x=20769461×10^4mm^4$
屋盖肢$A=460×10^2mm^2$(无扣孔)
吊车肢$A=572×10^2mm^2$(无扣孔)

图 13-6

与下列何项数值最接近？

提示： $α_0=1.87$；$β_{tx}=1.0$。

(A) 207.1　　　　(B) 217.0　　　　(C) 237.4　　　　(D) 245.3

26. 下段柱吊车柱肢的轴心压力设计值 $N=9759.5$kN，采用焊接 H 型钢 H1000×600×25×28，$A=57200mm^2$，$i_{x1}=412mm$，$i_{y1}=133mm$，吊车柱肢作为轴心受压构件，进行框架平面外稳定性验算时，构件上最大压应力设计值（N/mm²），与下列何项数值最为接近？

(A) 1952　　　　(B) 213.1　　　　(C) 234.1　　　　(D) 258.3

27. 阶形柱采用单壁式肩梁，腹板厚 60mm，肩梁上端作用在吊车柱肢腹板的集中荷载设计值 $F=8120$kN，吊车柱肢腹板切槽后与肩梁之间用角焊缝连接，采用 $h_f=16$mm，为增加连接强度，柱肢腹板局部由 -944×25 改为 -944×30，试问，角焊缝的剪应力（N/mm^2），与下列何项数值最为接近？

提示： 该角焊缝内力并非沿侧面角焊缝全长分布。

(A) 64　　　　　(B) 86　　　　　(C) 173　　　　　(D) 190

28. 下段柱斜腹杆采用 2L140×10，$A=5475$mm^2，$i_x=43.4$mm，两个角钢的轴心压力设计值 $N=709$kN。该角钢斜腹杆与柱肢的翼缘板节点板内侧采用单面连接。各与一个翼缘连接的两角钢之间用缀条相连，当斜腹杆进行平面内稳定性验算时，试问，其一个单角钢压力设计值与其受压稳定承载力设计值的比值，与下列何项数值最为接近？

提示： 腹杆计算时，按有节点板考虑，角钢采用 Q235 钢。

(A) 0.8　　　　　(B) 1.0　　　　　(C) 1.2　　　　　(D) 1.4

29. 条件同［题 28］，柱子的斜腹杆与柱肢节点板采用单面连接。已知考虑偏心影响后的腹杆轴力设计值 $N=837$kN，试问，当角焊缝 $h_f=10$mm 时，角焊缝的实际长度（mm），与下列何项数值最为接近？

(A) 240　　　　　(B) 300　　　　　(C) 200　　　　　(D) 400

【题 30】 下述关于调整砌体结构受压构件的计算高厚比 β 的措施，何项不妥？说明理由。

(A) 改变砌筑砂浆的强度等级　　　　　(B) 改变房屋的静力计算方案

(C) 调整或改变构件支承条件　　　　　(D) 改变砌块材料类别

【题 31、32】 某窗间墙截面 1500mm×370mm，采用 MU10 烧结多孔砖，M5 混合砂浆砌筑，其孔洞全部灌实。墙上钢筋混凝土梁截面尺寸 $b\times h=300$mm×600mm，如图 13-7 所示。梁端支承压力设计值 $N_l=60$kN，由上层楼层传来的荷载轴向力设计值 $N_u=90$kN。砌体施工质量控制等级为 B 级，结构安全等级为二级。

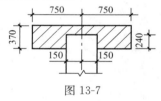

图 13-7

31. 试问砌体局部抗压强度提高系数 γ，与下列何项数值最为接近？

(A) 1.2　　　　　(B) 1.5　　　　　(C) 1.8　　　　　(D) 2.0

32. 假设 $A_0/A_l=5$，试问，梁端支承处砌体局部受压设计值 ψN_0+N_l（kN），与下列何项数值最为接近？

(A) 60　　　　　(B) 90　　　　　(C) 120　　　　　(D) 150

【题 33～35】 某无吊车单跨单层砌体房屋的无壁柱山墙如图 13-8 所示。房屋山墙两侧均有外纵墙，采用 MU15 蒸压粉煤灰普通砖，M5 混合砂浆砌筑，墙厚均为 370mm。山墙基础顶面距室外地面 300mm。

33. 若房屋的静力计算方案为刚弹性方案，试问，计算受压构件承载力影响系数时，山墙高厚比 β，应与下列何项数值最为接近？

(A) 14　　　　　(B) 16

(C) 18　　　　　(D) 21

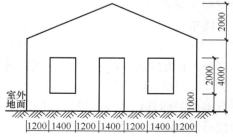

图 13-8

34. 若房屋的静力计算方案为刚性方案，试问，山墙的计算高度 H_0（m），应与下列何项数值最为接近？

（A）4.0　　　　（B）4.7　　　　（C）5.3　　　　（D）6.4

35. 若房屋的静力计算方案为刚性方案，试问，山墙的高厚比限值 $\mu_1\mu_2[\beta]$，应与下列何项数值最为接近？

（A）17　　　　　　（B）19　　　　　　（C）21　　　　　　（D）24

【题 36、37】 某三层教学楼局部平面如图 13-9 所示。各层平面布置相同，各层层高均为 3.6m。楼、屋盖均为现浇钢筋混凝土板，静力计算方案为刚性方案，墙体为网状配筋砖砌体，采用 MU10 烧结普通砖，M7.5 混合砂浆砌筑，钢筋网采用乙级冷拔低碳钢丝 Φ^b4 焊接而成（$f_y=320\text{MPa}$），方格钢筋网的钢筋间距为 40mm，网的竖向间距 130mm，纵横墙厚度均为 240mm，砌体施工质量控制等级为 B 级。

36. 若第二层窗间墙 A 的轴向偏心距 $e=$ 24mm，试问，窗间墙 A 的承载力影响系数 φ_n，与下列何项数值最为接近？

提示：查表时按四舍五入原则，可只取小数点后一位。

（A）0.40　　　　　（B）0.45

（C）0.50　　　　　（D）0.55

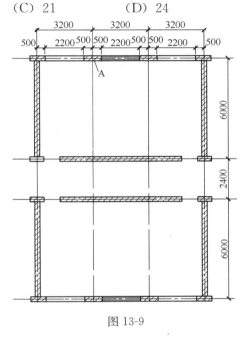

图 13-9

37. 若第二层窗间墙 A 的轴向偏心距 $e=24\text{mm}$，墙体体积配筋率 $\rho=0.3\%$，试问，窗间墙 A 的承载力 $\varphi_n f_n A$（kN），应与下列何项数值最为接近？

（A）$450\varphi_n$　　　　（B）$500\varphi_n$　　　　（C）$600\varphi_n$　　　　（D）$700\varphi_n$

【题 38、39】 某抗震设防烈度为 6 度的底层框架-抗震墙多层砌体房屋，底层框架柱 KZ、钢筋混凝土抗震墙（横向 GQ-1，纵向 GQ-2）、砖抗震墙 ZQ 的设置如图 13-10 所示。各框架柱 KZ 的横向侧向刚度均为 $K_{KZ}=5.0\times10^4\text{kN/m}$，砖抗震墙 ZQ（不包括端柱）的

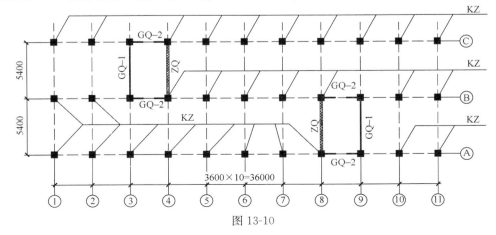

图 13-10

217

侧向刚度为 $K_{ZQ}=40.0\times10^4\,\text{kN/m}$，横向钢筋混凝土抗震墙 GQ-1（包括端柱）的侧向刚度为 $K_{GQ}=280.0\times10^4\,\text{kN/m}$。水平地震剪力增大系数 $\eta=1.35$。

提示：按《建筑抗震设计规范》GB 50011—2010 解答。

38. 假设作用于底层顶标高处的横向水平地震剪力标准值 $V_k=2000\,\text{kN}$，试问，作用于每道横向钢筋混凝土抗震墙 GQ-1 上的地震剪力设计值（kN），与下列何项数值最为接近？

(A) 1500　　　　(B) 1250　　　　(C) 1000　　　　(D) 850

39. 假设作用于底层顶标高处的横向水平地震剪力标准值 $V_k=2000\,\text{kN}$，试问，作用于每个框架柱 KZ 上的地震剪力设计值（kN），与下列何项数值最为接近？

(A) 30　　　　(B) 40　　　　(C) 50　　　　(D) 60

【题 40】 在 8 度抗震设防区，某房屋总高度不超过 24m，丙类建筑，设计配筋砌块砌体抗震墙结构中，下述抗震构造措施中，何项不妥？说明理由。

提示：剪力墙的压应力大于 $0.5f_g$。

(A) 剪力墙边缘构件底部加强区每孔设置 1Φ18

(B) 剪力墙一般部位水平分布筋的最小配筋率 0.13%

(C) 剪力墙连梁水平受力筋的含钢率不宜小于 0.4%

(D) 底部加强部位的一般抗震墙的轴压比不宜大于 0.6

（下午卷）

【题 41】 下列关于多层普通砖砌体房屋中门窗过梁的要求，何项不正确？

(A) 钢筋砖过梁的跨度不应超过 1.5m

(B) 砖砌平拱过梁的跨度不应超过 1.2m

(C) 抗震设防烈度为 7 度的地区，门窗洞处不应采用钢筋砖过梁

(D) 抗震设防烈度为 8 度的地区，过梁的支承长度不应小于 360mm

【题 42、43】 东北落叶松（TC17-B）原木檩条（未经切削），标准直径为 162mm，计算简图如图 13-11 所示，该檩条处于正常使用条件，安全等级为二级，设计使用年限 50 年。稳定满足要求。

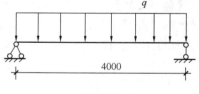

图 13-11

42. 若不考虑檩条自重，试问，该檩条达到最大抗弯承载力，所能承担的最大均布荷载设计值 q（kN/m），与下列何项数据最为接近？

(A) 6.0　　　　(B) 5.5　　　　(C) 5.0　　　　(D) 4.5

43. 若不考虑檩条自重，试问，该檩条达到挠度限值 $l/250$ 时，所能承担的最大均布荷载标准值 q_k（kN/m），与下列何项数值最为接近？

(A) 1.6　　　　(B) 1.9　　　　(C) 2.5　　　　(D) 2.9

【题 44】 在进行建筑地基基础设计时，关于所采用的作用效应最不利组合与相应的抗力限值的下述内容，何项不正确？

(A) 按地基承载力确定基础底面面积时，传至基础的作用效应按正常使用极限状态

下作用效应的标准组合，相应抗力采用地基承载力特征值

（B）按单桩承载力确定桩数时，传至承台底面上的作用效应按正常使用极限状态下作用效应的标准组合，相应抗力采用单桩承载力特征值

（C）计算地基变形时，传至基础底面上的作用效应按正常使用极限状态下作用效应的标准组合，相应限值应为规范规定的地基变形允许值

（D）计算基础内力，确定其配筋和验算材料强度时，上部结构传来的作用效应组合及相应的基底反力，应按承载力极限状态下作用效应的基本组合，采用相应的分项系数

【题 45】 关于重力式挡土墙的下述各项内容，其中何项是不正确的？

（A）重力式挡土墙适合于高度小于 8m，地层稳定，开挖土方时不会危及相邻建筑物安全的地段

（B）重力式混凝土挡土墙的墙顶宽度不宜小于 200mm，块石挡土墙的墙顶宽度不宜小于 400mm

（C）在土质地基中，重力式挡土墙的基础埋置深度不宜小于 0.5m，在软质岩石地基中，重力式挡土墙的基础埋置深度不宜小于 0.3m

（D）重力式挡土墙的伸缩缝间距可取 30～40m

【题 46、47】 墙下钢筋混凝土条形基础，基础剖面及土层分布如图 13-12 所示。每延米长度基础底面处相应于正常使用极限状态下作用的标准组合时的平均压力值为 300kN，土和基础的加权平均重度取 20kN/m³。

46. 试问，基础底面处土层修正后的天然地基承载力特征值 f_a（kPa），与下列何项数值最为接近？

（A）160   （B）169
（C）173   （D）190

47. 试问，按地基承载力确定的条形基础宽度 b（mm），最小不应小于下列何值？

（A）1800   （B）2400
（C）3100   （D）3800

【题 48～50】 某工程现浇混凝土地下通道，其剖面如图 13-13 所示，作用在填土地面上的活荷载为 $q=10kN/m^2$，通道四周填土为砂土，其重度为 $20kN/m^3$，静止土压力系数为 $K_0=0.5$，地下水位在自然地面下 10m 处。

48. 试问，作用在通道侧墙顶点（图中 A 点）处的水平侧压力强度值（kN/m^2），与下列何项数值

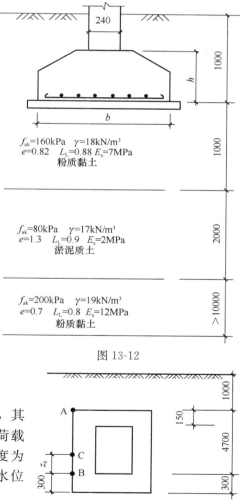

$f_{ak}=160kPa$ $\gamma=18kN/m^3$
$e=0.82$ $L_L=0.88$ $E_s=7MPa$
粉质黏土

$f_{ak}=80kPa$ $\gamma=17kN/m^3$
$e=1.3$ $L_L=0.9$ $E_s=2MPa$
淤泥质土

$f_{ak}=200kPa$ $\gamma=19kN/m^3$
$e=0.7$ $L_L=0.8$ $E_s=12MPa$
粉质黏土

图 13-12

图 13-13

最为接近？

(A) 15　　　　　　　(B) 20　　　　　　　(C) 25　　　　　　　(D) 30

49. 假定作用在图中 A 点处的水平侧压力强度值为 $15kN/m^2$，试问，作用在单位长度（1m）侧墙上总的土压力（kN），与下列何项数值最为接近？

(A) 150　　　　　　　(B) 200　　　　　　　(C) 250　　　　　　　(D) 300

50. 假定作用在单位长度（1m）侧墙上总的土压力标准值为 $E_{ak}=180kN$，其作用点 C 位于 B 点以上 1.8m 处，试问，单位长度（1m）侧墙根部截面（图中 B 处）的弯矩标准值（kN·m），与下列何项数值最为接近？

提示：顶板对侧墙在 A 点的支座反力近似按 $R_A=E_a \cdot Z_e^2 (3-Z_e/h)/(2h^2)$ 计算，其中 h 为 A、B 两点间高度。

(A) 160　　　　　　　(B) 220　　　　　　　(C) 320　　　　　　　(D) 430

【题 51～55】 某钢筋混凝土框架结构的柱基础，由上部结构传至该柱基础相应于作用的标准组合时的竖向压力 $F_k=6600kN$，弯矩 $M_{xk}=M_{yk}=900kN·m$，柱基础独立承台下采用 400mm×400mm 钢筋混凝土预制桩，桩的平面布置及承台尺寸如图 13-14 所示。承台底面埋深 3.0m，柱截面尺寸 700mm×700mm，居承台中心位置。承台用 C40 混凝土，取 $h_0=1050mm$。承台及承台以上土的加权平均重度取 $20kN/m^3$。

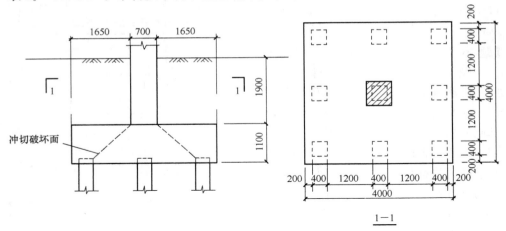

图 13-14

51. 试问，满足承载力要求的单桩承载力特征值（kN），最小不应小于下列何项数值？

(A) 740　　　　　　　(B) 800　　　　　　　(C) 860　　　　　　　(D) 930

52. 假定相当于作用的基本组合时的竖向压力 $F=8910kN$，弯矩 $M_x=M_y=1215kN·m$，试问，柱对承台的冲切力设计值（kN），与下列何项数值最为接近？

(A) 5870　　　　　　　(B) 7920　　　　　　　(C) 6720　　　　　　　(D) 9070

53. 验算柱对承台的冲切时，试问，承台的受冲切承载力设计值（kN），与下列何项数值最为接近？

(A) 2150　　　　　　　(B) 4290　　　　　　　(C) 8220　　　　　　　(D) 8580

54. 验算角桩对承台的冲切时，试问，承台的受冲切承载力设计值（kN），与下列何项数值最为接近？

(A) 880   (B) 920   (C) 1760   (D) 1840

55. 试问，承台的斜截面受剪承载力设计值（kN），与下列何项数值最为接近？

(A) 5870   (B) 6020   (C) 6710   (D) 7180

【题 56、57】 某高层住宅地基基础设计等级为乙级，采用水泥粉煤灰碎石桩复合地基，基础为整片筏基，长 44.8m，宽 14m，桩径 400mm，桩长 8m，桩孔按等边三角形均匀布置于基底范围内，孔心距为 1.5m，褥垫层底面处由永久作用标准值产生的平均压力值为 280kN/m²，由可变作用标准值产生的平均压力值为 100kN/m²，可变作用的准永久值系数取 0.4，地基土层分布，厚度及相关参数，如图 13-15 所示。

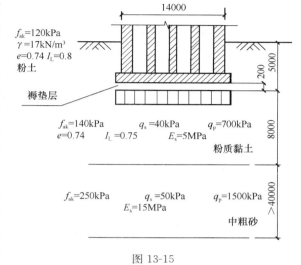

图 13-15

56. 假定取单桩承载力特征值为 R_a＝500kN，单桩承载力发挥系数 λ＝1.0，桩间土承载力发挥系数取 β＝0.80，试问，复合地基的承载力特征值（kPa），与下列何项数值最为接近？

(A) 260   (B) 360   (C) 390   (D) 420

57. 试问，计算地基变形时，对应于所采用的作用组合，褥垫层底面处的附加压力值（kPa），与下列何项数值最为接近？

(A) 185   (B) 235   (C) 285   (D) 320

【题 58】 对高层混凝土结构进行地震作用分析时，下列哪项说法不正确？

(A) 计算单向地震作用时，应考虑偶然偏心影响

(B) 采用底部剪力法计算地震作用时，可不考虑质量偶然偏心不利影响

(C) 考虑偶然偏心影响实际计算时，可将每层质心沿主轴同一方向（正面或负面）偏移一定值

(D) 计算双向地震作用时，可不考虑质量偶然偏心影响

【题 59】 某钢筋混凝土框架-剪力墙结构，房屋高度 60m，为乙类建筑，抗震设防烈度为 6 度，Ⅳ类建筑场地。在规定的水平力作用下，框架部分承受的地震倾覆力矩大于结构总地震倾覆力矩的 50% 并且不大于 80%。试问，在进行结构抗震计算时，下列何项说法正确？

(A) 框架按四级抗震等级采取抗震措施

(B) 框架按三级抗震等级采取抗震措施

(C) 框架按二级抗震等级采取抗震措施

(D) 框架按一级抗震等级采取抗震措施

【题 60、61】 某钢筋混凝土部分框支剪力墙结构，房屋高度 40.6m，地下 1 层，地上 14 层，首层为转换层，纵横向均有不落地剪力墙。地下室顶板（位于±0.000m 处）作为上部结构的嵌固部位，抗震设防烈度为 8 度，首层层高为 4.2m，混凝土 C40（弹性模量

$E_c = 3.25 \times 10^4 \text{N/mm}^2$），其余各层层高均为 2.8m，混凝土 C30（弹性模量 $E_c = 3.0 \times 10^4 \text{N/mm}^2$）。

60. 该结构首层剪力墙的厚度为 300mm，试问，剪力墙底部加强部位的设置高度和首层剪力墙竖向分布钢筋（采用 HPB300 级钢筋）取何值时，才满足《高层建筑混凝土结构技术规程》JGJ 3—2010 的最低要求？

（A）剪力墙底部加强部位设至 2 层楼板顶（7.0m 标高）；首层剪力墙竖向分布钢筋采用双排Φ 10@200

（B）剪力墙底部加强部位设至 2 层楼板顶（7.0m 标高）；首层剪力墙竖向分布钢筋采用双排Φ 12@200

（C）剪力墙底部加强部位设至 3 层楼板顶（9.8m 标高）；首层剪力墙竖向分布钢筋采用双排Φ 10@200

（D）剪力墙底部加强部位设至 3 层楼板顶（9.8m 标高）；首层剪力墙竖向分布钢筋采用双排Φ 12@200

61. 首层有 7 根截面尺寸为 900mm×900mm 的框支柱（全部截面面积 $A_{c1} = 5.67\text{m}^2$），第二层横向剪力墙有效面积 $A_{w2} = 16.2\text{m}^2$。试问，满足《高层建筑混凝土结构技术规程》JGJ 3—2010 要求的首层横向落地剪力墙的有效截面面积 A_{w1}（m^2），应与下列何项数值最为接近？

（A）7.0　　　　　（B）10.6　　　　　（C）11.4　　　　　（D）21.8

【题 62、63】 某 10 层钢筋混凝土框架-剪力墙结构如图 13-16 所示，质量和刚度沿竖向分布均匀，建筑高度为 38.8m，丙类建筑，抗震设防烈度为 8 度，设计基本地震加速度 0.3g。Ⅲ类场地，设计地震分组为第一组，风荷载不控制设计。在基本振型下，框架部分承受的地震倾覆力矩大于结构总地震倾覆力矩的 10% 并且不大于 50%。

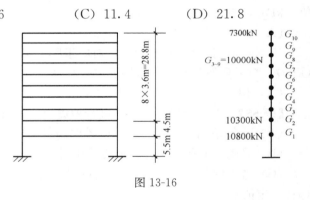

图 13-16

62. 各楼层重力荷载代表值 G_i 如图：$G_E = \sum\limits_{i=1}^{10} G_i = 98400\text{kN}$，折减后结构基本自振周期 $T_1 = 0.885\text{s}$。试问，当多遇地震按底部剪力法计算时，所求得的结构底部总水平地震作用标准值（kN），与下列何项数值最为接近？

（A）7300　　　　　（B）8600　　　　　（C）10000　　　　　（D）11000

63. 中间楼层某柱截面尺寸为 800mm×800mm，C30 混凝土，纵向受力钢筋采用 HRB400 钢筋，仅配置 HPB300 钢筋Φ 10 井字复合箍筋，$a_s = a'_s = 50\text{mm}$；柱净高 2.9m，弯矩反弯点位于柱高中部，试问，该柱的轴压比限值应与下列何项数值最为接近？

（A）0.70　　　　　（B）0.75　　　　　（C）0.80　　　　　（D）0.85

【题 64、65】 某 10 层钢筋混凝土框架结构，框架抗震等级为一级，框架梁、柱混凝土强度等级为 C30（$f_c = 14.3\text{N/mm}^2$）。

64. 某一榀框架，对应于水平地震作用标准值的首层框架柱总剪力 $V_f=370kN$，该榀框架首层柱的抗推刚度总和 $\Sigma D_i=123565kN/m$，其中柱 C_1 的抗推刚度 $D_{c1}=27506kN/m$，其反弯点高度 $h_y=3.8m$，沿柱高范围设有水平力作用。试问，在水平地震作用下，采用 D 值法计算柱 C_1 的柱底弯矩标准值（$kN\cdot m$），与下列何项数值最为接近？

(A) 220   (B) 270   (C) 320   (D) 380

65. 该框架柱中某柱截面尺寸 650mm×650mm，剪跨比为 1.8，节点核心区上柱轴压比 0.45，下柱轴压比 0.60，柱纵筋直径 28mm，其混凝土保护层厚度为 30mm。节点核心区的箍筋配置，如图 13-17 所示，采用 HPB300 级（$f_{yv}=270N/mm^2$），试问，满足规程构造要求的节点核心区箍筋体积配箍率的取值，与下列何项数值最为接近？

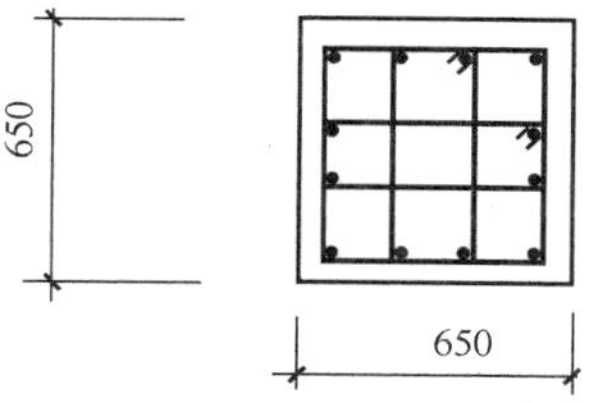

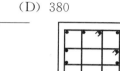

图 13-17

提示：按《高层建筑混凝土结构技术规程》JGJ 3—2010 解答。

(A) 0.93%   (B) 1.0%   (C) 1.2%   (D) 1.4%

【题 66～71】 某高层建筑采用 12 层钢筋混凝土框架-剪力墙结构，房屋高度 48m，抗震设防烈度 8 度，框架抗震等级为二级，剪力墙抗震等级为一级，混凝土强度等级：梁、板均为 C30；框架柱和剪力墙均为 C40（$f_t=1.71N/mm^2$）。

66. 该结构中框架柱数量各层基本不变，对应于水平作用标准值，结构基底总剪力 $V_0=14000kN$，各层框架梁所承担的未经调整的地震总剪力中的最大值 $V_{f,max}=2100kN$，某楼层框架承担的未经调整的地震总剪力 $V_f=1600kN$，该楼层某根柱调整前的柱底内力标准值：弯矩 $M=\pm283kN\cdot m$，剪力 $V=\pm74.5kN$，试问，抗震设计时，水平地震作用下，该柱应采用的内力标准值，与下列何项数值最为接近？

提示：楼层剪重比满足规程关于楼层最小地震剪力系数（剪重比）的要求。

(A) $M=\pm283kN\cdot m$，$V=\pm74.5kN$ (B) $M=\pm380kN\cdot m$，$V=\pm100kN$

(C) $M=\pm500kN\cdot m$，$V=\pm130kN$ (D) $M=\pm560kN\cdot m$，$V=\pm150kN$

67. 该结构中某中柱的梁柱节点如图 13-18 所示，梁受压和受拉钢筋合力点到梁边缘的距离 $a_s=a'_s=60mm$，节点左侧梁端弯矩设计值 $M^l_b=474.3kN\cdot m$，节点右侧梁端弯矩设计值 $M^r_b=260.8kN\cdot m$，节点上、下柱反弯点之间的距离 $H_c=4150mm$。试问，该梁柱节点核心区截面沿 x 方向的地震作用组合剪力设计值（kN），与下列何项数值最为接近？

(A) 330   (B) 370   (C) 1140   (D) 1270

68. 该结构首层某双肢剪力墙中的墙肢 2 在同一方向水平地震作用下，内力组合后墙肢 1 出现大偏心受拉，墙肢 2 在水平地震作用下的剪力标准值为 500kN，若墙肢 2 在其他荷载作用下产生的剪力忽略不计，试问，考虑地震作用组合的墙肢 2 首层剪力设计值（kN），与下列何项数值最为接近？

(A) 650   (B) 800   (C) 1000   (D) 1300

69. 该结构中的某矩形截面剪力墙，墙厚 250mm，墙长 $h_w=6500mm$，$h_{w0}=6200mm$，总高度 48m，无洞口，距首层墙底 $0.5h_{w0}$ 处的截面，考虑地震作用组合未按有关规定调整的内力计算值 $M^c=21600kN\cdot m$，$V^c=3240kN$，该截面考虑地震作用组合并

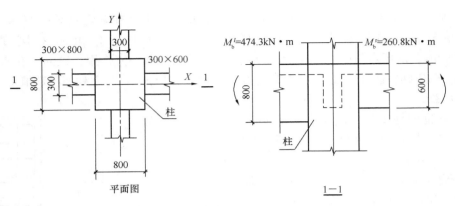

图 13-18

按有关规定进行调整后的剪力设计值 $V=5184\text{kN}$，该截面的轴向压力设计值 $N=3840\text{kN}$，已知该剪力墙截面的剪力设计值小于规程规定的最大限值，水平分布钢筋采用 HRB335 级（$f_{yh}=300\text{N/mm}^2$），试问，根据受剪承载力要求计算所得的该截面水平分布钢筋 A_{sh}/s（mm^2/mm），与下列何项数值最为接近？

提示： 计算所需的 $\gamma_{RE}=0.85$，$A_w/A=1$，$0.2f_cb_wh_w=6207.5\text{kN}$。

(A) 1.8　　　　　(B) 2.0　　　　　(C) 2.6　　　　　(D) 2.9

70. 条件同 [题 69]，该矩形截面剪力墙的轴压比为 0.38，箍筋的混凝土保护层厚度为 15mm，该边缘构件内规程要求配置纵向钢筋的最小范围（阴影部分）及其箍筋的配置如图 13-19 所示，试问，图中阴影部分的长度 a_c 和箍筋，应按下列何项选用？

提示： $l_c=1300\text{mm}$。

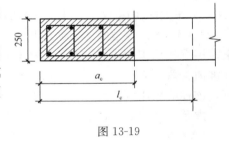

图 13-19

(A) $a_c=650\text{mm}$，箍筋Φ10@100（HRB335）

(B) $a_c=650\text{mm}$，箍筋Φ10@100（HRB400）

(C) $a_c=500\text{mm}$，箍筋Φ8@100（HRB335）

(D) $a_c=500\text{mm}$，箍筋Φ10@100（HRB400）

71. 该结构中的连梁截面尺寸为 300mm×700mm（$h_0=665\text{mm}$），净跨 1500mm，根据作用在梁左、右两端的弯矩设计值 M_b^l、M_b^r 和由楼层梁竖向荷载产生的连梁剪力 V_{Gb}，已求得连梁的剪力设计值 $V_b=421.2\text{kN}$。C40 混凝土（$f_t=1.71\text{N/mm}^2$），梁箍筋采用 HPB300 级（$f_{yv}=270\text{N/mm}^2$）。取承载力抗震调整系数 $\gamma_{RE}=0.85$。已知截面的剪力设计值小于规程的最大限值，其纵向钢筋直径均为 25mm，梁端纵向钢筋配筋率小于 2%，试问，连梁双肢箍筋的配置，应选下列何项？

(A) Φ8@80　　　　　(B) Φ10@100　　　　　(C) Φ12@100　　　　　(D) Φ14@150

【题 72】 下列关于高层民用建筑钢结构的叙述，不正确的是何项？

提示： 按《高层民用建筑钢结构技术规程》JGJ 99—2015 作答。

(A) 高层钢结构防震缝的宽度不应小于钢筋混凝土框架结构缝宽的 1.5 倍

(B) 当钢结构房屋高度大于 100m 时，其风振舒适度计算时采用阻尼比值为 0.01

（C）高层民用建筑钢结构弹性分析应计入重力二阶效应

（D）高层民用建筑钢结构计算中可计入非结构构件对结构刚度的有利作用

【题 73～79】 某城市附近交通繁忙的公路桥梁，其中一联为五孔连续梁桥，其总体布置如图 13-20 所示，每孔跨径 40m，桥梁总宽 10.5m，行车道宽度为 8.0m，双向行驶两列汽车；两侧各 1m 宽人行步道，上部结构采用预应力混凝土箱梁，桥墩上设立两个支座，支座的横桥向中心距为 4.5m。桥墩支承在岩基上，由混凝土独柱墩身和带悬臂的盖梁组成。计算荷载：公路-Ⅰ级，人群荷载 3.45N/m^2，混凝土重度按 25kN/m^3 计算。

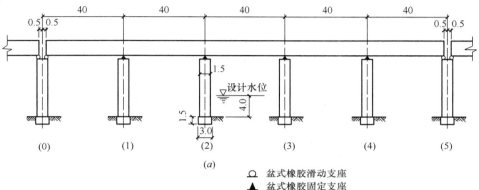

(a)

 �‍ 盆式橡胶滑动支座
 ▲ 盆式橡胶固定支座

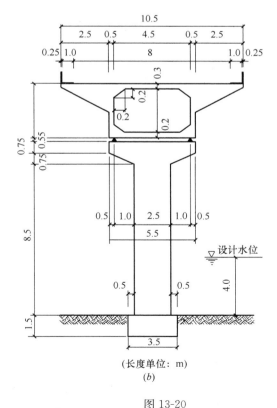

（长度单位：m）

(b)

图 13-20

（a）立面图；（b）桥墩处横断面图

提示： 按《公路桥涵设计通用规范》JTG D60—2015 及《公路钢筋混凝土及预应力混凝土桥涵设计规范》JTG 3362—2018 解答。

73. 假定在该桥墩处主梁支点截面，由全部恒载产生的剪力标准值 $V_恒=4400kN$；汽车荷载产生的剪力标准值 $V_汽=1414kN$（已含冲击系数）；步道人群荷载产生的剪力标准值 $V_人=138kN$。已知汽车荷载冲击系数 $\mu=0.2$。试问，在持久状况下按承载力极限状态基本组合计算，主梁支点截面内恒载、汽车荷载、人群荷载共同作用产生的剪力设计值（kN），应与下列何项数值最为接近？

 (A) 8150   (B) 7400   (C) 6750   (D) 7980

74. 假定在该桥主梁某一跨中最大弯矩截面，由全部恒载产生的弯矩标准值 $M_{Gk}=43000kN\cdot m$；汽车荷载产生的弯矩标准值 $M_{Qjk}=14700kN\cdot m$（已计入冲击系数 $\mu=0.2$）；人群荷载产生的弯矩标准值 $M_{Qjk}=1300kN\cdot m$，当对该主梁按全预应力混凝土构件设计时，试问，按正常使用极限状态下对主梁正截面抗裂验算，其采用的频遇组合的弯矩值（kN·m）（不计预加力作用），与下列何项数值最为接近？

 (A) 59000   (B) 52100   (C) 54600   (D) 56500

75. 假定在该桥主梁某一跨中截面最大正弯矩标准值 $M_恒=43000kN\cdot m$，$M_活=16000kN\cdot m$；其主梁截面特性如下：截面面积 $A=6.50m^2$，惯性矩 $I=5.50m^4$，中性轴至上缘距离 $y_上=1.0m$，中性轴至下缘距离 $y_下=1.5m$。预应力筋偏心距 $e_y=1.30m$，且已知预应力筋扣除全部损失后有效预应力为 $\sigma_{pe}=0.5f_{pk}$，$f_{pk}=1860MPa$。在持久状况下使用阶段的构件应力计算时，在主梁下缘混凝土应力为零条件下，估算该截面预应力筋截面面积（cm²），与下列何项数值最为接近？

 (A) 295   (B) 3400   (C) 340   (D) 2950

76. 经计算主梁跨中截面预应力钢绞线截面面积 $A_p=400cm^2$，钢绞线张拉控制应力 $\sigma_{con}=0.70f_{pk}$，又由计算知预应力损失总值 $\Sigma\sigma_l=300MPa$，若 $f_{pk}=1860MPa$。试估算永久有效预加力（kN），与下列何项数值最为接近？

 (A) 400800   (B) 40080   (C) 52080   (D) 62480

77. 假定箱形主梁顶板跨径 $L=500cm$，桥面铺装厚度 $h=15cm$，且车辆荷载的后轴车轮作用于该桥箱形主梁顶板的跨径中部时，试确定垂直于顶板跨径方向的车轮荷载分布宽度（cm），与下列何项数值最为接近？

 (A) 217   (B) 333   (C) 357   (D) 473

78. 若该桥四个桥墩高度均为 10m，且各个中墩均采用形状、尺寸相同的盆式橡胶固定支座，两个边墩均采用形状、尺寸相同的盆式橡胶滑动支座。当中墩为柔性墩，且不计边墩支座承受的制动力时，试判定其中 1 号墩所承受的制动力标准值（kN），与下列何项数值最为接近？

 (A) 60   (B) 73   (C) 120   (D) 165

79. 若该桥主梁及墩柱、支座均与［题78］相同，则该桥在四季均匀温度变化升温 $+20℃$ 的条件下（忽略上部结构垂直力影响），当墩柱采用 C30 混凝土时，其 $E_c=3.0\times10^4MPa$，混凝土线膨胀系数 $\alpha=1\times10^{-5}/℃$。试判定 2 号墩所承受的水平温度作用标准值（kN），与下列何项数值最接近？

提示： 不考虑墩柱抗弯刚度折减。

(A) 25　　　　　　　(B) 250　　　　　　(C) 500　　　　　　(D) 750

【题 80】 对某公路桥梁预应力混凝土主梁进行持久状况正常使用极限状态验算时，需分别进行下列验算：（1）抗裂验算；（2）裂缝宽度验算；（3）挠度验算。试问，在这三种验算中，下列关于汽车荷载冲击力是否需要计入验算的不同选择，其中何项是全部正确的？说明理由。

(A)（1）计入；（2）不计入；（3）不计入

(B)（1）不计入；（2）不计入；（3）不计入

(C)（1）不计入；（2）计入；（3）计入

(D)（1）不计入；（2）不计入；（3）计入

实战训练试题（十四）

（上午卷）

【题 1、2】 某六层现浇钢筋混凝土框架结构，平面布置如图 14-1 所示，其抗震设防烈度为 8 度，Ⅱ类建筑场地，丙类建筑，梁、柱混凝土强度等级均为 C30，基础顶面至一层楼盖顶面的高度为 5.2m，其余各层层高均为 3.2m。

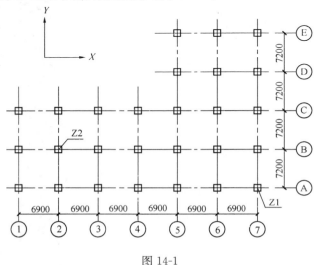

图 14-1

1. 各楼层 Y 方向的地震剪力 V_i 与层间平均位移 Δu_i 之比（$K = V_i/\Delta u_i$）如表 14-1 所示。试问，下列有关结构规则性的判断，其中何项正确？

提示： 按《建筑抗震设计规范》GB 50011—2010 解答，仅考虑 Y 方向。

地震剪力与层间平均位移之比   表 14-1

楼层号	1	2	3	4	5	6
$K = V_i/\Delta u_i$ （N/mm）	6.39×10^5	9.16×10^5	8.02×10^5	8.01×10^5	8.11×10^5	7.77×10^5

（A）平面规则，竖向不规则　　　　（B）平面不规则，竖向不规则

（C）平面不规则，竖向规则　　　　（D）平面规则，竖向规则

2. 框架柱 Z1 底层断面及配筋形式如图 14-2 所示，箍筋的混凝土保护层厚度 $c = 20$，其底层有地震作用组合的轴力设计值 $N = 2570$kN，箍筋采用 HPB300 级钢筋。试问，下列何项箍筋配置比较合适？

（A）Φ 8@100/200

（B）Φ 8@100

（C）Φ 10@100/200

（D）Φ 10@100

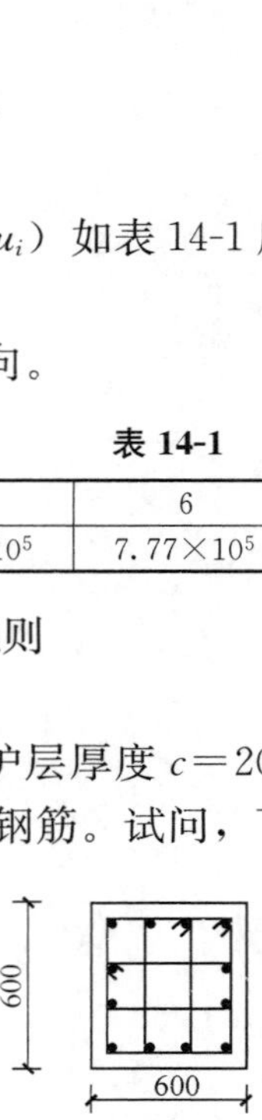

图 14-2

【题 3】 某钢筋混凝土结构房屋中的一根次要的次梁，其截面尺寸为 250mm×600mm，正截面弯矩设计值 $M=13.6$ kN·m，纵向受力钢筋采用 HRB400 钢筋，C30 混凝土，一类环境，取 $a_s=40$ mm。试问，其纵向钢筋的最小配筋率应为下列何项？

(A) 0.1%   (B) 0.15%   (C) 0.2%   (D) 0.25%

【题 4～7】 某钢筋混凝土连续深梁如图 14-3 所示，混凝土强度等级为 C30，纵向钢筋采用 HRB400 级，竖向及水平分布钢筋采用 HPB300 级。设计使用年限为 50 年，结构安全等级为二级。

提示： 计算跨度 $l_0=6.9$ m。

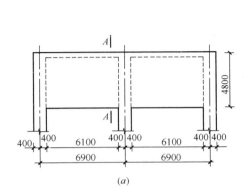 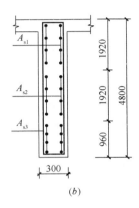

图 14-3

(a) 立面图；(b) A-A 剖面图

4. 假定计算出的中间支座截面纵向受拉钢筋截面面积 $A_s=3000$ mm²。试问，下列何项钢筋配置比较合适？

(A) A_{s1}：2×11 ⏀ 10；A_{s2}：2×11 ⏀ 10   (B) A_{s1}：2×8 ⏀ 12；A_{s2}：2×8 ⏀ 12

(C) A_{s1}：2×10 ⏀ 12；A_{s2}：2×10 ⏀ 8   (D) A_{s1}：2×10 ⏀ 8；A_{s2}：2×10 ⏀ 12

5. 支座截面按荷载的标准组合计算的剪力值 $V_k=1000$ kN，当要求该深梁不出现斜裂缝时，试问，下列关于竖向分布钢筋的配置，其中何项符合规范要求的最小配筋？

(A) Φ 8@200   (B) Φ 10@200   (C) Φ 10@150   (D) Φ 12@200

6. 假定在梁跨中截面下部 0.2h 范围内，均匀配置受拉纵向钢筋 14 ⏀ 18（$A_s=3563$ mm²）。试问，该深梁跨中截面受弯承载力设计值 M（kN·m），应与下列何项数值最为接近？

提示： 已知 $\alpha_d=0.86$。

(A) 3570   (B) 3860   (C) 4300   (D) 4480

7. 下列关于深梁受力情况及设计要求的见解，其中何项不正确？说明理由。

(A) 连续深梁跨中正弯矩比一般连续梁偏大，支座负弯矩偏小

(B) 在工程设计中，连续深梁的内力应由二维弹性分析确定，且不宜考虑内力重分布

(C) 当深梁支座在钢筋混凝土柱上时，宜将柱伸至深梁顶

(D) 当深梁下部纵向受拉钢筋在跨中弯起的比例，不应超过全部纵向受拉钢筋截面面积的 20%

【题 8、9】 某单层多跨地下车库，顶板采用非预应力无梁楼盖方案，双向柱网间距

均为 7.8m，中柱截面为700mm×700mm。已知顶板板厚 $h=$ 450mm，倒锥形中柱柱帽尺寸如图 14-4 所示，顶板混凝土强度等级为 C30，$a_s=40$mm。设计使用年限为 50 年，结构安全等级为二级。

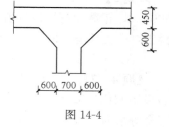

图 14-4

提示：按《建筑结构可靠性设计统一标准》GB 50068—2018 作答。

8. 试问，在不配置抗冲切箍筋和弯起钢筋的条件下，顶板受冲切承载力设计值（kN），应与下列何项数值最为接近？

（A）3260　　　（B）3580　　　（C）3790　　　（D）4120

9. 假定该顶板受冲切承载力设计值为 3200kN，当顶板活荷载按 4kN/m² 设计时，试问，车库顶板的允许最大覆土厚度 H（m），与下列何项数值最为接近？

提示：覆土重度按 18kN/m³ 考虑，混凝土重度按 25kN/m³ 考虑；

（A）1.68　　　（B）1.88　　　（C）2.20　　　（D）2.48

【题 10】　某折梁内折角处于受拉区，纵向钢筋采用 HRB400 级，箍筋采用 HPB300 级钢筋。纵向受拉钢筋 3Φ18 全部在受压区锚固，其附加箍筋配置形式如图 14-5 所示。试问，折角两侧的全部附加箍筋，应采用下列何项最为合适？

（A）3Φ8（双肢）　（B）4Φ8（双肢）　（C）6Φ8（双肢）　（D）8Φ8（双肢）

【题 11～13】　某办公建筑采用钢筋混凝土叠合梁，施工阶段不加支撑，其计算简图和截面尺寸如图 14-6 所示。已知预制构件混凝土强度等级为 C30，叠合部分混凝土强度等级为 C30，纵筋采用 HRB400 级钢筋，箍筋采用 HPB300 级钢筋。第一阶段预制梁承担的静荷载标准值 $q_{1Gk}=15$kN/m，活荷载标准值 $q_{1Qk}=18$kN/m；第二阶段叠合梁承担的由面层、吊顶等产生的新增静荷载标准值 $q_{2Gk}=12$kN/m，活荷载标准值 $q_{2Qk}=20$kN/m，其准永久值组合系数为 0.5。$a_s=a_s'=40$mm。设计使用年限为 50 年，结构安全等级为二级。

提示：按《建筑结构可靠性设计统一标准》GB 50068—2018 作答。

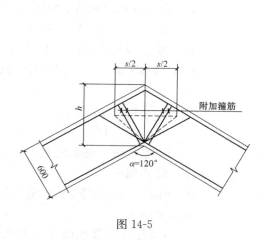

图 14-5

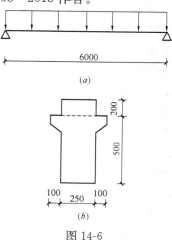

图 14-6
（a）计算简图；（b）剖面图

11. 试问，该叠合梁跨中荷载基本组合的弯矩设计值 M（kN·m），与下列何项数值最为接近？

(A) 270   (B) 295   (C) 312   (D) 411

12. 当箍筋配置为Φ8@150（双肢箍）时，试问，该叠合梁支座截面剪力设计值与叠合面受剪承载力的比值，与下列何项数值最为接近？

(A) 0.40   (B) 0.47   (C) 0.51   (D) 0.65

13. 当叠合梁纵向受拉钢筋配置 4Φ22 时（$A_s=1520\text{mm}^2$），试问，当不考虑受压钢筋作用时，其纵向受拉钢筋在第二阶段荷载的准永久组合下的弯矩值 M_{2q} 作用下产生的应力增量（N/mm^2），与下列何项数值最为接近？

提示： 预制构件正截面受弯承载力设计值 $M_{1u}=190\text{kN}\cdot\text{m}$。

(A) 98   (B) 123   (C) 141   (D) 151

【题 14】 关于混凝土抗压强度设计值的确定，下列何项所述正确？

(A) 混凝土立方抗压强度标准值乘以混凝土材料分项系数

(B) 混凝土立方抗压强度标准值除以混凝土材料分项系数

(C) 混凝土轴心抗压强度标准值乘以混凝土材料分项系数

(D) 混凝土轴心抗压强度标准值除以混凝土材料分项系数

【题 15】 关于在钢筋混凝土结构或预应力混凝土结构中的钢筋选用，下列何项所述不妥？说明理由。

(A) HRB400 级钢筋经试验验证后，方可用于需作疲劳验算的构件

(B) 普通钢筋宜采用热轧钢筋，并且不宜采用 RRB 系列余热处理钢筋

(C) 预应力钢筋宜采用预应力钢绞线、钢丝，不提倡采用冷拔低碳钢丝

(D) 钢筋的强度标准值应具有不小于 95% 的保证率

【题 16~20】 某皮带运输通廊为钢平台结构，采用钢支架支承平台，固定支架未示出。钢材采用 Q235B 钢，焊接使用 E43 型焊条，焊接工字钢，翼缘为焰切边，平面布置及构件如图 14-7 所示。图中长度单位为 "mm"。

16. 梁 1 的最大弯矩设计值 $M_{\text{max}}=538.3\text{kN}\cdot\text{m}$，考虑截面削弱，取 $W_{nx}=0.9W_x$。试问，强度计算时，梁 1 最大弯曲应力设计值（N/mm^2），与下列何项数值最为接近？

(A) 158   (B) 166   (C) 176   (D) 185

17. 条件同题 16。平台采用钢格栅板，设置水平支撑保证上翼缘平面外稳定。试问，整体稳定验算时，梁 1 最大弯曲应力设计值（N/mm^2），与下列何项数值最为接近？

提示： 梁的整体稳定系数 φ_b 采用近似公式计算。

(A) 176   (B) 185   (C) 193   (D) 206

18. 梁 1 的静力计算简图如图 14-8 所示，荷载均为标准荷载：梁 2 传来的永久荷载 $G_k=20\text{kN}$，可变荷载 $Q_k=80\text{kN}$，永久荷载 $g_k=2.5\text{kN/m}$（含梁的自重），可变荷载 $q_k=1.8\text{kN/m}$。试问，梁 1 的最大挠度与其跨度的比值，与下列何项数值最为接近？

(A) 1/505   (B) 1/438   (C) 1/376   (D) 1/329

19. 假定钢支架 ZJ-1 与平台梁和基础均为铰接，此时支架单肢柱上的轴心压力设计值为 $N=520\text{kN}$。试问，当作为轴心受压构件进行稳定性验算时，支架单肢柱上的最大压应力设计值（N/mm^2），与下列何项数值最为接近？

(A) 114   (B) 127   (C) 158   (D) 162

20. 钢支架的水平杆（杆 4）采用等边双角钢（L75×6）T 形组合截面，两端用连接

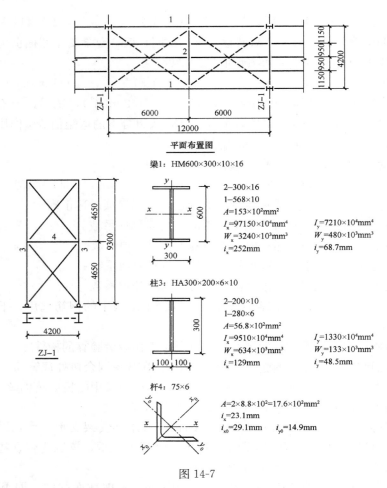

图 14-7

板焊在立柱上。试问，当按实腹式构件进行计算时，水平杆两角钢之间的填板数（个），与下列何项数值最为接近？

(A) 3   (B) 4   (C) 5   (D) 6

【题 21～23】 某工业钢平台主梁，采用焊接工字形断面，如图 14-9 所示，$I_x = 41579 \times 10^6 \text{mm}^4$，Q345B 钢制造，由于长度超长，需在现场拼装。螺栓孔采用标准圆孔。

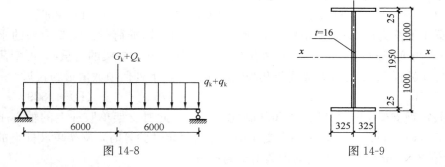

图 14-8   图 14-9

21. 主梁腹板拟在工地用 10.9 级高强度螺栓摩擦型进行双面拼接，如图 14-10 所示。$\mu = 0.50$，拼接处梁的弯矩设计值 $M_x = 6000 \text{kN} \cdot \text{m}$，剪力设计值 $V = 1400 \text{kN}$。试问，主

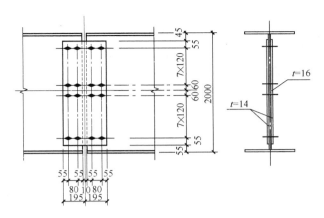

图 14-10

梁腹板拼接采用的高强度螺栓摩擦型，应按下列何项选用？

提示：弯矩设计值引起的单个螺栓水平方向最大剪力 $N_v^M = M_{腹} \ y_{max}/（2\Sigma y_i^2）$ $=142.2kN$。

（A）M16　　　　（B）M20　　　　（C）M22　　　　（D）M24

22. 主梁翼缘拟在工地用 10.9 级 M24 高强度螺栓摩擦型进行双面拼接，如图14-11所示，螺栓孔径 $d_0=26mm$。设计按等强度原则，$\mu=0.50$。试问，在拼接头一端，主梁上翼缘拼接所需的高强度螺栓数量（个），与下列何项数值最为接近？

（A）12　　　　（B）18　　　　（C）24　　　　（D）30

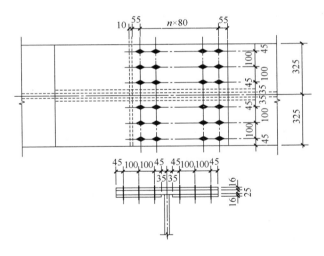

图 14-11

23. 若将［题 22］中的 10.9 级 M24 高强度螺栓摩擦型改成 5.6 级的 M24 A 级普通螺栓连接（孔径 $d_0=25.5mm$），其他条件不变。试问，在拼接头的一端，主梁上翼缘拼接所需的普通螺栓数量（个），与下列何项数值最为接近？

（A）12　　　　（B）18　　　　（C）24　　　　（D）30

【题 24～27】 某支架为一单向压弯格构式双肢缀条柱结构，如图 14-12 所示，截面无削弱，材料采用 Q235B，E43 型焊接，手工焊接，柱肢采用 HA300×200×6×10（翼缘

233

为焰切边），缀条采用 L63×6。该柱承受的荷载设计值为：轴心压力 N＝980kN，弯矩 M_x＝230kN·m，剪力 V＝25kN。柱在弯矩作用平面内有侧移，计算长度 l_{0x}＝17.5m，柱在弯矩作用平面外计算长度 l_{0y}＝8m。缀条与分肢连接有节点板。

提示： 双肢缀条柱组合截面 I_x＝104900×10⁴ mm⁴ ，i_x＝304mm。

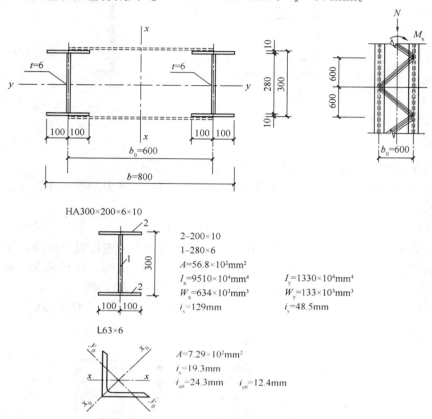

图 14-12

24. 试问，强度计算时，该格构式双肢缀条柱柱肢翼缘外侧最大压应力设计值（N/mm²），与下列何项数值最为接近？

（A）165 　　　（B）174 　　　（C）178 　　　（D）183

25. 验算格构式双肢缀条柱弯矩作用平面内的整体稳定性，其最大压应力设计值（N/mm²），与下列何项数值最为接近？

提示： $\dfrac{N}{N'_{EX}}$＝0.162；β_{mx}＝1.0。

（A）165 　　　（B）173 　　　（C）185 　　　（D）190

26. 验算格构式柱分肢的稳定性，其最大压应力设计值（N/mm²），与下列何项数值最为接近？

（A）165 　　　（B）179 　　　（C）185 　　　（D）193

27. 验算格构式柱缀条的稳定性，其压力设计值与受压稳定承载力设计值的比值与下列何项数值最为接近？

（A）0.18 　　　（B）0.23 　　　（C）0.36 　　　（D）0.48

【**题 28**】 试问，计算吊车梁疲劳时，作用在跨间内的下列何项吊车荷载取值是正确的？说明理由。

（A）荷载效应最大的相邻两台吊车的荷载标准值

（B）荷载效应最大的一台吊车的荷载设计值乘以动力系数

（C）荷载效应最大的一台吊车的荷载设计值

（D）荷载效应最大的一台吊车的荷载标准值

【**题 29**】 与节点板单面连接的等边角钢轴心受压杆，长细比 $\lambda = 100$，工地高空安装采用角焊缝焊接，施工条件较差。试问，计算连接时，角焊缝强度设计值的折减系数，与下列何项数值最为接近？

（A）0.63　　　　（B）0.765　　　　（C）0.85　　　　（D）0.90

【**题 30～32**】 某三层教学楼局部平、剖面如图14-13所示，各层平面布置相同。各层层高均为3.60m，楼、屋盖均为现浇钢筋混凝土板，房屋的静力计算方案为刚性方案。纵横墙厚度均为190mm，采用 MU10 单排孔混凝土砌块、Mb7.5 混合砂浆，对孔砌筑，砌体施工质量控制等级为 B 级。

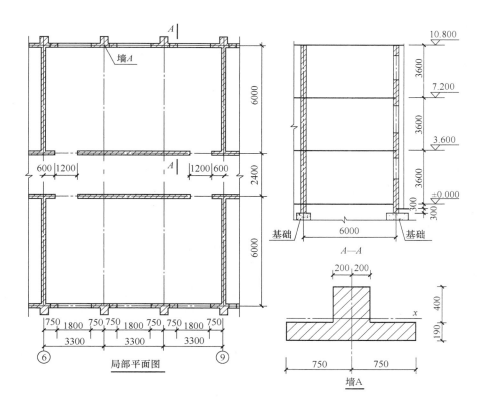

图 14-13

30. 已知第一层带壁柱墙 A 对截面形心 x 轴的惯性矩 $I = 1.044 \times 10^{10} \text{mm}^4$。试问，当高厚比验算时，第一层带壁柱墙 A 的高厚比 β 值，与下列何项数值最为接近？

（A）6.7　　　　（B）7.3　　　　（C）7.8　　　　（D）8.6

31. 假定第二层带壁柱墙 A 的截面折算厚度 $h_T = 495mm$，截面面积为 $4.45 \times 10^5 mm^2$，对孔砌筑。当按轴心受压构件计算时，试问，第二层带壁柱墙 A 的最大承载力设计值（kN），与下列何项数值最为接近？

(A) 920 　　　　(B) 860 　　　　(C) 790 　　　　(D) 720

32. 第二层内纵墙的门洞高度为 2100mm。试问，第二层⑥～⑨轴内纵墙段高厚比验算式中的左右端项（$H_0/h \leqslant \mu_1 \mu_2 [\beta]$），与下列何项数值最为接近？

(A) 19<23 　　　(B) 21<23 　　　(C) 19<26 　　　(D) 21<26

【题 33～37】 某四层简支承重墙梁，如图 14-14 所示。托梁截面 $b \times h_b = 300mm \times 600mm$，托梁自重标准值 $g_{kL} = 5.2kN/m$。墙体厚度 240mm，采用 MU10 烧结普通砖，计算高度范围内为 M10 混合砂浆，其余为 M5 混合砂浆，墙体及抹灰自重标准值为 $4.5kN/m^2$，翼墙计算宽度为 1400mm，翼墙厚 240mm。假定作用于每层墙顶由楼（屋）盖传来的均布恒载标准值 g_k 和均布活荷载标准值 q_k 均相同，其值分别为：$g_k = 12.0kN/m$，$q_k = 6.0kN/m$。砌体施工质量等级为 B 级。设计使用年限为 50 年，结构安全等级为二级。

提示： 按《建筑结构可靠性设计统一标准》GB 50068—2018 作答。

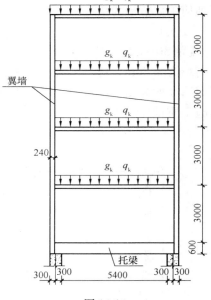

图 14-14

33. 试确定墙梁跨中截面的计算高度 H_0（m），与下列何项数值最为接近？

提示： 计算时可忽略楼板的厚度。

(A) 12.30 　　　　(B) 6.24

(C) 3.60 　　　　 (D) 3.30

34. 活荷载的组合值系数 $\psi_c = 0.7$。试问，使用阶段托梁顶面的荷载设计值 Q_1（kN/m），墙梁顶面的荷载设计值 Q_2（kN/m），应与下列何项数值最为接近？

(A) 6，140 　　　(B) 6，150 　　　(C) 7，160 　　　(D) 7，170

35. 假定使用阶段托梁顶面的荷载设计值 $Q_1 = 12kN/m$，墙梁顶面的荷载设计值 $Q_2 = 150kN/m$。试问，托梁跨中截面的弯矩设计值 M_b（kN·m），应与下列何项数值最为接近？

(A) 110 　　　　(B) 140 　　　　(C) 150 　　　　(D) 185

36. 假定使用阶段托梁顶面的荷载设计值 $Q_1 = 12kN/m$，墙梁顶面的荷载设计值 $Q_2 = 150kN/m$。试问，托梁剪力设计值 V_b（kN），应与下列何项数值最为接近？

(A) 275 　　　　(B) 300 　　　　(C) 435 　　　　(D) 480

37. 假设顶梁截面 $b_t \times h_t = 240mm \times 180mm$，墙体计算高度 $h_w = 3.0m$。试问，使用阶段墙梁受剪承载力设计值（kN），应与下列何项数值最为接近？

(A) 550 　　　　(B) 660 　　　　(C) 690 　　　　(D) 720

【题 38～40】 某悬臂式矩形水池，壁厚 620mm，剖面如图 14-15 所示。采用 MU15 烧结普通砖、M10 水泥砂浆砌筑，砌体施工质量控制等级为 B 级。承载力验算时不计池壁自重，水压力按可变荷载考虑，取 $\gamma_w=1.5$。结构安全等级为二级。

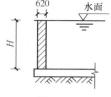

图 14-15

38. 按池壁竖向的受弯承载力验算时，该池壁所能承受的最大水压高度设计值 H（m），应与下列何项数值最为接近？

（A）2.2　　　　　（B）1.9

（C）1.6　　　　　（D）1.5

39. 按池壁底部的受剪承载力验算时，可近似地忽略池壁竖向截面中的剪力，试问，该池壁所能承受的最大水压高度设计值 H（m），应与下列何项数值最为接近？

（A）3.0　　　　（B）3.3　　　　（C）3.8　　　　（D）4.0

40. 若将该池壁承受水压的能力提高，下述何种措施最有效？

（A）提高砌筑砂浆的强度等级

（B）提高砌筑块体的强度等级

（C）池壁采用 MU10 单排孔混凝土砌块、Mb10 水泥砂浆对孔砌筑

（D）池壁采用砖砌体和底部锚固的钢筋砂浆面层组成的组合砖砌体

（下午卷）

【题 41】　设置钢筋混凝土构造柱的多层砖房，采用下列何项施工顺序才能更好地保证墙体的整体性？

（A）砌砖墙、绑扎构造柱钢筋、支模板，再浇筑混凝土构造柱

（B）绑扎构造柱钢筋、砌砖墙、支模板，再浇筑混凝土构造柱

（C）绑扎构造柱钢筋、支模板、浇筑混凝土构造柱，再砌砖墙

（D）砌砖墙、支模板、绑扎构造柱钢筋，再浇筑混凝土构造柱

【题 42】　一红松（TC13）桁架轴心受拉下弦杆，截面为 $b\times h=120mm\times200mm$。弦杆上有 5 个直径为 14mm 的圆孔，圆孔的分布如图 14-16 所示。正常使用条件下该桁架安全等级为二级，设计使用年限为 50 年。试问，该弦杆的轴心受拉承载力设计值（kN），与下列何项数值最为接近？

（A）125　　　　（B）138　　　　（C）160　　　　（D）175

【题 43】　某三角形木桁架的上弦杆和下弦杆在支座节点处采用单齿连接，节点连接如图 14-17 所示。齿连接的齿深 $h_c=30mm$，上弦轴线与下弦轴线的夹角 $\alpha=30°$。上、下

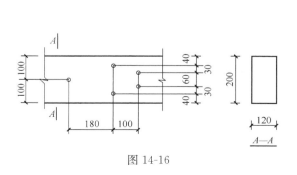

图 14-16

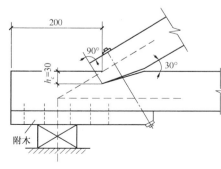

图 14-17

弦杆采用红松（TC13B），其截面尺寸均为 140mm×140mm。该桁架处于室内正常环境，安全等级为二级，设计使用年限为 50 年。根据对下弦杆齿面的受压承载能力计算，试确定齿面能承受的上弦杆最大轴向压力设计值（kN），与下列何项数值最为接近？

(A) 28   (B) 37   (C) 49   (D) 60

【题 44～47】 某安全等级为二级的高层建筑采用钢筋混凝土框架-核心筒结构体系，框架柱截面尺寸均为 900mm×900mm，筒体平面尺寸为 11.2m×11.6m，如图 14-18 所示。基础采用平板式筏形基础，板厚 1.4m，筏板基础的混凝土强度等级为 C30（f_t = 1.43N/mm²）。

提示： 计算时取 h_0 = 1.35m。

44. 如图 14-18 所示，中柱 Z_1 相应于作用的基本组合时的柱轴力 F = 12150kN，柱底端弯矩 M = 202.5kN·m。相应于作用的基本组合时的地基净反力为 182.25kPa（已扣除筏形基础自重）。已求得 $c_1 = c_2 = 2.25m$，$c_{AB} = 1.13m$，$I_s = 11.17m^4$，$\alpha_s = 0.4$，试问，柱 Z_1 距柱边 $h_0/2$ 处的冲切临界截面的最大剪应力 τ_{max}（kPa），与下列何项数值最为接近？

(A) 600   (B) 810   (C) 1010   (D) 1110

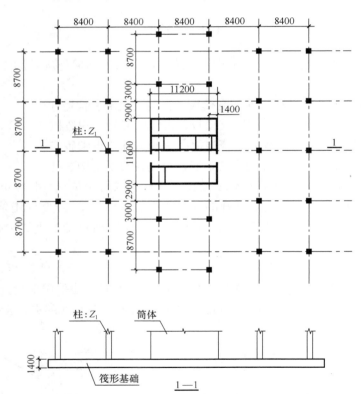

图 14-18

45. 条件同 [题 44]。试问，柱 Z_1 下筏板的受冲切混凝土剪应力设计值 τ_c（kPa），与下列何项数值最为接近？

(A) 950   (B) 1000   (C) 1330   (D) 1520

46. 相应于作用的基本组合时的内筒轴力为 54000kN，相应于作用的基本组合时的地基净反力为 182.25kPa（已扣除筏形基础自重）。试问，当对筒体下板厚进行受冲切承载力验算时，距内筒外表面 $h_0/2$ 处的冲切临界截面的最大剪应力 $\tau_{\max}$（kPa），与下列何项数值最为接近？

提示：不考虑内筒根部弯矩的影响。

（A）191 　　　　（B）258 　　　　（C）580 　　　　（D）784

47. 条件同题 46。试问，当对筒体下板厚进行受冲切承载力验算时，内筒下筏板受冲切混凝土的剪应力设计值 τ_c（kPa），与下列何项数值最为接近？

（A）760 　　　　（B）800 　　　　（C）950 　　　　（D）1000

【**题 48～52**】　某单层单跨工业厂房建于正常固结的黏性土地基上，跨度 27m，长度 84m，采用柱下钢筋混凝土独立基础。厂房基础完工后，室内外均进行填土。厂房投入使用后，室内地面局部范围内有大面积堆载，堆载宽度 6.8m，堆载的纵向长度 40m。具体的厂房基础及地基情况、地面荷载大小等如图 14-19 所示。

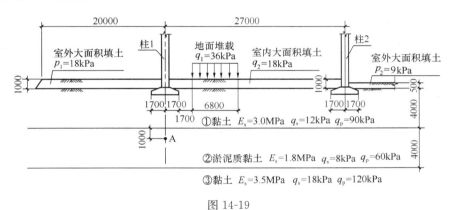

图 14-19

48. 地面堆载 q_1 为 36kPa，室内外填土重度 γ 均为 $18kN/m^3$。试问，为计算大面积地面荷载对柱 1 的基础产生的附加沉降量，所采用的等效均布地面荷载 q_{eq}（kPa），与下列何项数值最为接近？

提示：注意对称荷载，可减少计算量。

（A）13 　　　　（B）16 　　　　（C）21 　　　　（D）30

49. 条件同题 48。若在使用过程中允许调整该厂房的吊车轨道，试问，由地面荷载引起柱 1 基础内侧边缘中点的地基附加沉降允许值 $[s'_g]$（mm），与下列何项数值最为接近？

（A）40 　　　　（B）58 　　　　（C）72 　　　　（D）85

50. 已知地基②层土的天然抗剪强度 τ_{f0} 为 16kPa，三轴固结不排水压缩试验求得的土的内摩擦角 φ_{cu} 为 12°。地面荷载引起的柱基础下方地基中 A 点的附加竖向应力 $\Delta\sigma_z=12kPa$，地面填土三个月时，地基中 A 点土的固结度 U_t 为 50%。试问，地面填土三个月时地基中 A 点土体的抗剪强度 τ_{ft}（kPa），与下列何项数值最为接近？

提示：按《建筑地基处理技术规范》JGJ 79—2012 作答。

（A）16.3 　　　　（B）16.9 　　　　（C）17.3 　　　　（D）21.0

51. 拟对地面堆载（$q_1=36kPa$）范围内的地基土体采用水泥搅拌桩地基处理方案。

已知水泥搅拌桩的长度为 10m，桩端进入③层黏土 2m，地基处理前，第①层土和第②层土的天然地基承载力特征值分别为 90kPa，60kPa。地基处理后的复合地基承载力特征值为 180kPa。试问，处理后的②层土范围内的搅拌桩复合土层的压缩模量 E_{sp}（MPa），与下列何项数值最为接近？

(A) 9.4 　　　　(B) 3.6 　　　　(C) 4.5 　　　　(D) 5.4

52. 条件同［题 51］，并且已知搅拌桩直径为 600mm，水泥土标准养护条件下 90 天龄期的立方体抗压强度平均值 $f_{cu}=2000$kPa，桩身强度折减系数 $\eta=0.25$，桩端端阻力发挥系数 $\alpha_p=0.5$。试问，搅拌桩单桩承载力特征值 R_a（kN），与下列何项数值最为接近？

(A) 127 　　　　(B) 142 　　　　(C) 235 　　　　(D) 258

【题 53～55】 某单层地下车库建于岩石地基上，采用岩石锚杆基础。柱网尺寸 8.4m×8.4m，中间柱截面尺寸 600mm×600mm，地下水位位于自然地面以下 1m，如图 14-20 为中间柱的基础示意图。

53. 相应于作用的标准组合时，作用在中间柱承台底面的竖向力总和为－600kN（方向向上，已综合考虑地下水浮力、基础自重及上部结构传至柱基的轴力）；作用在基础底面形心的力矩值 M_{xk}、M_{yk} 均为 100kN·m。试问，作用的标准组合时，单根锚杆承受的最大拔力值 N_{tmax}（kN），与下列何项数值最为接近？

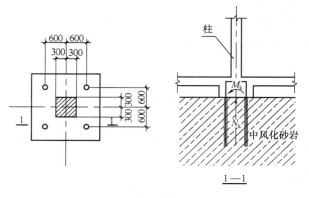

图 14-20

(A) 125 　　　　(B) 167 　　　　(C) 233 　　　　(D) 270

54. 假定相应于作用的标准组合时，单根锚杆承担的最大拔力值 N_{tmax} 为 170kN，锚杆孔直径为 150mm，锚杆采用 HRB400 钢筋，直径为 32mm，锚杆孔灌浆采用 M30 水泥砂浆，砂浆与岩石间的粘接强度特征值为 0.42MPa，试问，锚杆有效锚固长度 l（m）取值，与下列何项数值最为接近？

(A) 1.0 　　　　(B) 1.1 　　　　(C) 1.2 　　　　(D) 1.3

55. 现场进行了 6 根锚杆抗拔试验，得到的锚杆抗拔极限承载力分别为 420kN，530kN，480kN，479kN，588kN，503kN。试问，单根锚杆抗拔承载力特征值 R_t（kN），与下列何项数值最为接近？

(A) 250

(B) 420

(C) 500

(D) 宜增加试验量且综合各方面因素后再确定

【题 56】 下列关于地基基础设计的一些主张，其中何项是不正确的？

(A) 场地内存在发震断裂时，如抗震设防烈度小于 8 度，可忽略发震断裂错动对地面建筑的影响

(B) 对地基主要受力层范围为粗砂的砌体结构房屋可不进行天然地基及基础的抗震

承载力验算

（C）当高耸结构的高度 H_g 不超过 20m 时，基础倾斜的允许值为 0.008

（D）高宽比大于 4 的高层建筑，基础底面与地基之间零应力区面积不应超过基础底面面积的 15%

【题 57】 某建筑场地的土层分布及各土层的剪切波速如图 14-21 所示，试问，该建筑场地的类别应为下列何项所示？

提示：按《建筑抗震设计规范》GB 50011—2010 解答。

（A）Ⅰ₁   （B）Ⅱ

（C）Ⅲ   （D）Ⅳ

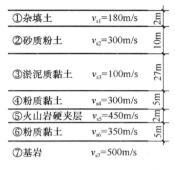

图 14-21

【题 58～60】 某部分框支剪力墙结构为钢筋混凝土结构，房屋高度 80m。该建筑为丙类建筑，抗震设防烈度为 7 度，Ⅱ类建筑场地。第三层为转换层，纵横向均有落地剪力墙，地下一层板顶作为上部结构的嵌固端。

58. 首层某剪力墙墙肢 W_1，墙肢底部截面考虑地震作用组合的内力计算值为：弯矩 $M_w = 2800 \text{kN} \cdot \text{m}$，剪力 $V_w = 750 \text{kN}$。试问，W_1 墙肢底部截面的内力设计值，与下列何项数值最为接近？

（A）$M = 2900 \text{kN} \cdot \text{m}$，$V = 1200 \text{kN}$ （B）$M = 4200 \text{kN} \cdot \text{m}$，$V = 1200 \text{kN}$

（C）$M = 3600 \text{kN} \cdot \text{m}$，$V = 900 \text{kN}$ （D）$M = 3600 \text{kN} \cdot \text{m}$，$V = 1050 \text{kN}$

59. 首层某根框支角柱 C_1，对应于地震作用标准值作用下，其柱底轴力 $N_{Ek} = 1100 \text{kN}$，重力荷载代表值作用下，其柱底轴力标准值为 $N_{Gk} = 1950 \text{kN}$，不考虑风荷载。试问，柱 C_1 配筋计算时应采用的有地震作用组合的柱底轴力设计值 N（kN），与下列何项数值最为接近？

（A）4050   （B）4485   （C）4935   （D）5660

60. 第 4 层某框支梁上剪力墙墙肢 W_2 的厚度为 180mm，该框支梁净跨 $L_n = 6000 \text{mm}$。框支梁与墙体 W_2 交接面上考虑风荷载、地震作用组合的水平拉应力设计值 $\sigma_{xmax} = 1.38 \text{MPa}$。试问，$W_2$ 墙肢在框支梁上 $0.2 L_n = 1200 \text{mm}$ 高度范围内的水平分布筋实际配筋（双排，采用 HRB335 级钢筋）选择下列何项时，其钢筋截面面积 A_{sh} 才能满足规程要求并且最接近计算结果？

（A）Φ 8@200（$A_s = 604 \text{mm}^2/1200 \text{mm}$）

（B）Φ 10@200（$A_s = 942 \text{mm}^2/1200 \text{mm}$）

（C）Φ 10@150（$A_s = 1256 \text{mm}^2/1200 \text{mm}$）

（D）Φ 12@200（$A_s = 1357 \text{mm}^2/1200 \text{mm}$）

【题 61】 某高层建筑采用钢框架-钢筋混凝土核心筒结构，抗震设防烈度为 7 度，设计基本地震加速度为 0.15g，场地特征周期 $T_g = 0.35 \text{s}$，考虑非承重墙体刚度的影响予以折减后的结构自振周期 $T = 1.82 \text{s}$。已求得 $\eta_1 = 0.0213$，$\eta_2 = 1.078$。试问，该结构的地震影响系数 α，与下列何项数值最为接近？

提示：按《高层建筑混凝土结构技术规程》JGJ 3—2010 作答。

(A) 0.0197 (B) 0.0201 (C) 0.0293 (D) 0.0302

【题 62】 抗震设防烈度为 7 度的某高层办公楼，采用钢筋混凝土框架-剪力墙结构。当采用振型分解反应谱法计算时，在单向水平地震作用下某框架柱轴力标准值如表 14-2 所示。

单向水平地震作用下某框架柱轴力标准值 表 14-2

单向水平地震作用方向	框架柱轴力标准值（kN）	
	不进行扭转耦联计算时	进行扭转耦联计算时
x 向	4500	4000
y 向	4800	4200

试问，在考虑双向水平地震作用的扭转效应中，该框架柱轴力标准值（kN），与下列何项数值最为接近？

(A) 5365 (B) 5410 (C) 6100 (D) 6150

【题 63～65】 某钢筋混凝土框架-剪力墙结构，房屋高度 57.3m，地下 2 层，地上 15 层，首层层高 6.0m，二层层高 4.5m，其余各层层高均为 3.6m。纵横方向均有剪力墙，地下一层板顶作为上部结构的嵌固端。该建筑为丙类建筑，抗震设防烈度为 8 度，设计基本地震加速度为 0.2g，I_1 类建筑场地。在规定水平力作用下，框架部分承受的地震倾覆力矩大于结构总地震倾覆力矩的 10％但小于 50％。各构件的混凝土强度等级均为 C40。

63. 首层某框架中柱剪跨比大于 2，为使该柱截面尺寸尽可能小，试问，根据《高层建筑混凝土结构技术规程》JGJ 3—2010 的规定，对该柱箍筋和附加纵向钢筋的配置形式采取所有相关措施之后，满足规程最低要求的该柱轴压比最大限值，应取下列何项数值？

(A) 0.95 (B) 1.00 (C) 1.05 (D) 1.10

64. 位于第 5 层平面中部的某剪力墙端柱截面为 500mm×500mm，假定其抗震等级为二级，其轴压比为 0.28，端柱纵向钢筋采用 HRB400 级钢筋，其承受集中荷载，考虑地震作用组合时，由考虑地震作用组合小偏心受拉内力设计值计算出的该端柱纵筋总截面面积计算值为最大（1800mm²）。试问，该柱纵筋的实际配筋选择下列何项时，才能满足并且最接近于《高层建筑混凝土结构技术规程》JGJ 3—2010 的最低要求？

(A) 4Φ16＋4Φ18（A_s＝1822mm²） (B) 8Φ18（A_s＝2036mm²）
(C) 4Φ20＋4Φ18（A_s＝2275mm²） (D) 8Φ20（A_s＝2513mm²）

65. 与截面为 700mm×700mm 的框架柱相连的某截面为 400mm×600mm 的框架梁，纵筋采用 HRB400 级钢筋，箍筋采用 HPB300 级钢筋（f_{yv}＝270N/mm²），其梁端上部纵向钢筋系按截面计算配置。假设该框架梁抗震等级为三级，试问，该梁端上部和下部纵向钢筋截面面积（配筋率）及箍筋按下列何项配置时，才能全部满足《高层建筑混凝土结构技术规程》JGJ 3—2010 的构造要求？

提示： ①下列各选项纵筋配筋率和箍筋配箍率均满足《高层建筑混凝土结构技术规程》JGJ 3—2010 第 6.3.5 条第 1 款和第 6.3.2 条第 2 款中最小配筋率要求；

②梁纵筋直径不小于Φ18。

(A) 上部纵筋 $A_{s上}$＝6840mm²（$\rho_上$＝2.85％），下部纵筋 $A_{s下}$＝4826mm²（$\rho_下$＝

2.30%），四肢箍筋Φ10@100

（B）上部纵筋 $A_{s上}=3695mm^2$（$\rho_上=1.76\%$），下部纵筋 $A_{s下}=1017mm^2$（$\rho_下=0.48\%$），四肢箍筋Φ8@100

（C）上部纵筋 $A_{s上}=5180mm^2$（$\rho_上=2.47\%$），下部纵筋 $A_{s下}=3079mm^2$（$\rho_下=1.47\%$），四肢箍筋Φ8@100

（D）上部纵筋 $A_{s上}=5180mm^2$（$\rho_上=2.47\%$），下部纵筋 $A_{s下}=3927mm^2$（$\rho_下=1.87\%$），四肢箍筋Φ10@100

【题66】某12层现浇钢筋混凝土框架-剪力墙结构，抗震设防烈度为8度，丙类建筑，设计地震分组为第一组，Ⅱ类建筑场地，建筑物平、立面如图14-22所示。已知振型分解反应谱法求得的底部剪力为6000kN，需进行弹性动力时程分析补充计算。现有4组实际地震记录加速度时程曲线 $P_1 \sim P_4$ 和1组人工模拟加速度时程曲线 RP_1。各条时程曲线计

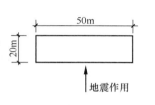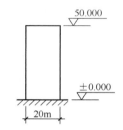

图14-22

算所得的结构底部剪力见表14-3。假定实际记录地震波及人工波的平均地震影响系数曲线与振型分解反应谱法所采用的地震影响曲线在统计意义上相符，试问，进行弹性动力时程分析时，选用下列哪一组地震波（包括人工波）才最为合理？

提示：按《高层建筑混凝土结构技术规程》JGJ 3—2010作答。

各条时程曲线计算所得的结构底部剪力　　　　　　　　　　　　表14-3

	P_1	P_2	P_3	P_4	RP_1
V_0（kN）	5100	3800	4800	5700	4000

（A）P_1；P_2；P_3　　　　　　　　（B）P_1；P_2；RP_1

（C）P_1；P_3；RP_1　　　　　　　　（D）P_1；P_4；RP_1

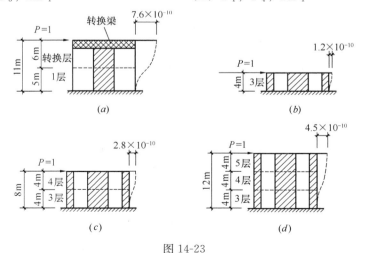

图14-23

(a) 转换层及下部结构；(b)、(c)、(d) 转换层上部部分结构

【题67】 某带转换层的高层建筑，底部大空间层数为2层，6层以下混凝土强度等级相同。转换层下部结构以及上部部分结构采用不同计算模型时，其顶部在单位水平力作用下的侧向位移计算结果（mm）见图14-23。试问，转换层上部与下部结构的等效侧向刚度比 γ_e，与下列何项数值最为接近？

(A) 3.67　　　(B) 2.30　　　(C) 1.97　　　(D) 1.84

【题68、69】 某型钢混凝土框架-钢筋混凝土核心筒结构，房屋高度91m，首层层高4.6m。该建筑为丙类建筑，抗震设防烈度为8度，Ⅱ类建筑场地。各构件混凝土强度等级为C50。纵向钢筋均采用 HRB 400 级钢筋。

68. 首层核心筒外墙的某一字形墙肢 W_1，位于两个高度为3800mm的墙洞之间，墙厚 $b_w=450$mm，如图14-24所示，抗震等级为一级。根据已知条件，试问，满足《高层建筑混凝土结构技术规程》JGJ 3—2010 最低构造要求的 W_1 墙肢截面高度 h_w（mm）和该墙肢的全部纵向钢筋截面面积 A_s（mm^2），与下列何项数值最为接近？

(A) 1000，3732　　(B) 1000，5597　　(C) 1200，5420　　(D) 1200，6857

69. 首层型钢混凝土框架柱 C_1 截面为 800mm×800mm，柱内钢骨为十字形，如图14-25所示，图中构造钢筋于每层遇钢框架梁时截断。试问，满足《高层建筑混凝土结构技术规程》JGJ 3—2010 最低要求的 C_1 柱内十字形钢骨截面面积（mm^2）和纵向配筋，与下列何项数值最为接近？

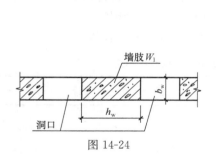

图 14-24

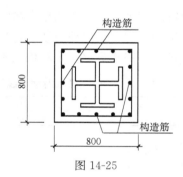

图 14-25

(A) 26832，12⅌22＋（构造筋 4⅌14）　(B) 26832，12⅌25＋（构造筋 4⅌14）
(C) 21660，12⅌22＋（构造筋 4⅌14）　(D) 21660，12⅌25＋（构造筋 4⅌14）

【题70】 对于下列的一些见解，根据《高层建筑混凝土结构技术规程》JGJ 3—2010 判断，其中何项是不正确的？说明理由。

(A) 在正常使用条件下，限制高层建筑结构层间位移的主要目的之一是保证主体结构基本处于弹性受力状态

(B) 验算按弹性方法计算的层间位移角 $\Delta u/h$ 是否满足规程限值要求时，其楼层位移计算不考虑偶然偏心影响

(C) 对于框架结构，框架柱的轴压比大小，是影响结构薄弱层层间弹塑性位移角 $[\theta_p]$ 限值取值的因素之一

(D) 验算弹性层间位移角 $\Delta u/h$ 限值时，第 i 层层间最大位移差 Δu_i 是指第 i 层与第 $i-1$ 层在楼层平面各处位移的最大值之差，即 $\Delta u_i = u_{i,\max} - \Delta u_{i-1,\max}$

【题71】 下列关于钢框架-钢筋混凝土核心筒结构设计中的一些见解，其中何项说法

是不正确的？说明理由。

（A）水平力主要由核心筒承受

（B）当框架边柱采用 H 形截面钢柱时，宜将钢柱强轴方向布置在外框架平面内

（C）进行加强层水平伸臂桁架内力计算时，应假定加强层楼板的平面内刚度无限大

（D）当采用外伸桁架加强层时，外伸桁架宜伸入并贯通抗侧力墙体

【题 72】 下列对于钢筋混凝土烟囱设计规定及参数取值的说法，正确的是何项？

Ⅰ．烟囱抗倾覆验算时，基本组合中永久作用的分项系数取 0.90

Ⅱ．抗震设计，承载力抗震调整系数取 0.9

Ⅲ．抗震设计，计算重力荷载代表值时，积灰荷载的组合值系数为 0.90

Ⅳ．抗震设计，高度 280m 烟囱时，抗震型分的反应谱法，可计算前 3 个振型组合

（A）Ⅰ、Ⅱ   （B）Ⅰ、Ⅱ、Ⅲ   （C）Ⅱ、Ⅲ   （D）Ⅲ、Ⅳ

【题 73】 某座跨河公路桥梁，采用钢筋混凝土上承式无铰拱桥，计算跨径为 130m，假定拱轴线长度（L_a）为 150m。试问，当验算主拱圈纵向稳定时，相应的计算长度（m），与下列何项数值最为接近？

（A）136   （B）130   （C）75   （D）54

【题 74、75】 有一座在满堂支架上浇筑的公路预应力混凝土连续箱形梁桥，跨径布置为 60m＋80m＋60m，在两端各设置伸缩缝 A 和 B。采用 C40 硅酸盐水泥混凝土，总体布置如图 14-26 所示。

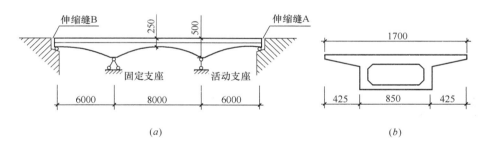

图 14-26

（a）纵断面；（b）横断面

74. 假定伸缩缝 A 安装时的温度 t_0 为 20℃，桥梁所在地区的最高有效温度值为 34℃，最低有效温度值为 −10℃，大气湿度 R_H 为 55%，结构理论厚度 $h \geqslant 600mm$，混凝土弹性模量 $E_c = 3.25 \times 10^4 MPa$，混凝土线膨胀系数为 1.0×10^5，预应力引起的箱梁截面上的法向平均压应力 $\sigma_{pc} = 8MPa$。箱梁混凝土的平均加载龄期为 60d。试问，由混凝土徐变引起伸缩缝 A 处的伸缩量值（mm），与下列何项数值最为接近？

提示： 徐变系数按《公路钢筋混凝土及预应力混凝土桥涵设计规范》JTG 3362—2018 附录 C 条文说明中表 C-2 采用。

（A）−55   （B）−31   （C）−39   （D）＋24

75. 在［题 75］中，当不计活载、活载离心力、制动力、温度梯度、梁体转角、风荷载及墩台不均匀沉降等因素时，并假定由均匀温度变化、混凝土收缩、混凝土徐变引起的梁体在伸缩缝 A 处的伸缩量分别为＋55mm 与 −130mm。综合考虑各种因素，其伸缩量

的增大系数取 1.3。试问，该伸缩缝 A 应设置的伸缩量之和（mm），应为下列何项数值？

    （A）240   （B）115   （C）75   （D）185

【题 76】　某座位于城市快速路上的跨径为 80m＋120m＋80m，桥宽 17m 的预应力混凝土连续梁桥，采用刚性墩台，梁下设置支座，水平地震动加速度峰值为 0.10g（地震基本烈度为 7 度）。试问，下列哪个选项图中布置的平面约束条件是正确的？

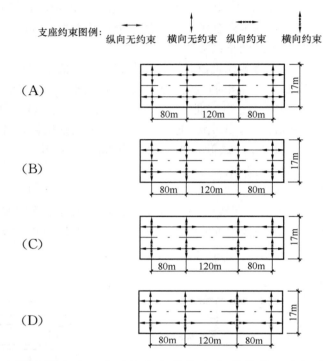

【题 77】　公路桥涵设计时，采用的汽车荷载由车道荷载和车辆荷载组成，分别用于计算不同的桥梁构件。现需进行以下几种桥梁构件计算：①主梁整体计算；②主梁桥面板计算；③涵洞计算；④桥台计算。试判定这四种构件应采用下列何项汽车荷载模式，才符合《公路桥梁设计通用规范》JTG D60—2015 的要求？

    （A）①、③采用车道荷载，②、④采用车辆荷载

    （B）①、②采用车道荷载，③、④采用车辆荷载

    （C）①采用车道荷载，②、③、④采用车辆荷载

    （D）①、②、③、④均采用车道荷载

【题 78】　某公路跨河桥，在设计钢筋混凝土柱式桥墩中永久作用需与以下可变作用进行组合：①汽车荷载；②汽车冲击力；③汽车制动力；④温度作用；⑤支座摩阻力；⑥流水压力；⑦冰压力。试问，下列四种组合中，其中何项组合符合《公路桥梁设计通用规范》JTG D60—2015 的要求？

    （A）①＋②＋③＋④＋⑤＋⑥＋⑦＋永久作用

    （B）①＋②＋③＋④＋⑤＋⑥＋永久作用

    （C）①＋②＋③＋④＋⑤＋永久作用

    （D）①＋②＋③＋④＋永久作用

【题 79】 对于某桥上部结构为三孔钢筋混凝土连续梁，试判定在以下四个图形中，哪一个图形是该梁在中孔跨中截面 a 的弯矩影响线？

提示：只需定性地判断。

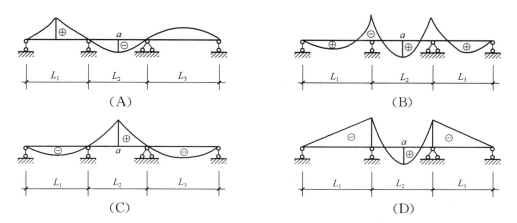

（A）　　　　　　　　　　　　　　（B）

（C）　　　　　　　　　　　　　　（D）

【题 80】 某公路桥梁主梁高度 175cm，桥面铺装层共厚 20cm，支座高度（含垫石）15cm，采用埋置式肋板桥台，台背墙厚 40cm，台前锥坡坡度 1∶1.5，布置如图 14-27。锥坡坡面不能超过台帽与背墙的交点。试问，后背耳墙长度 l（cm），与下列何项数值最为接近？

（A）350　　　　　　（B）260　　　　　　（C）230　　　　　　（D）200

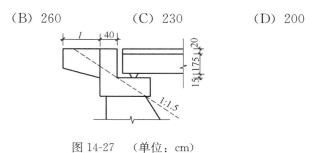

图 14-27　（单位：cm）

实战训练试题（十五）

（上午卷）

【题 1】 现有四种不同功能的建筑：①具有外科手术的乡镇卫生院的医疗用房；②营业面积为 $10000m^2$ 的人流密集的多层商业建筑；③乡镇小学的学生食堂；④高度超过 120m 的住宅。

试问：由上述建筑组成的下列不同组合中，何项的抗震设防类别全部都应不低于重点设防类（乙类）？说明理由。

(A) ①②③   (B) ①②③④   (C) ①②④   (D) ②③④

【题 2～5】 某六层办公楼，采用现浇钢筋混凝土框架结构，抗震等级为二级，其中梁、柱混凝土强度等级均为 C30。

2. 已知该办公楼各楼层的侧向刚度如表 15-1 所示。试问，关于对该结构竖向规则性的判断及水平地震剪力增大系数的采用，在下列各选择项中，何项是正确的？

提示：按《建筑抗震设计规范》GB 50011—2010 解答。

某办公楼各楼层的侧向刚度   表 15-1

计　算　层	1	2	3	4	5	6
X 向侧向刚度（kN/m）	$1.0×10^7$	$1.1×10^7$	$1.9×10^7$	$1.9×10^7$	$1.65×10^7$	$1.65×10^7$
Y 向侧向刚度（kN/m）	$1.2×10^7$	$1.0×10^7$	$1.7×10^7$	$1.55×10^7$	$1.35×10^7$	$1.35×10^7$

提示：可只进行 X 方向的验算。

(A) 属于竖向规则结构

(B) 属于竖向不规则结构，仅底层地震剪力应乘以 1.15 的增大系数

(C) 属于竖向不规则结构，仅二层地震剪力应乘以 1.15 的增大系数

(D) 属于竖向不规则结构，一、二层地震剪力均应乘以 1.15 的增大系数

3. 各楼层在地震作用下的弹性层间位移如表 15-2 所示。试问，下列关于该结构扭转规则性的判断，其中何项是正确的？

各楼层在地震作用下的弹性层间位移   表 15-2

计算层	X 方向层间位移值		Y 方向层间位移值	
	最大（mm）	两端平均（mm）	最大（mm）	两端平均（mm）
1	5.00	4.80	5.45	4.00
2	4.50	4.10	5.53	4.15
3	2.20	2.00	3.10	2.38
4	1.90	1.75	3.10	2.38
5	2.00	1.80	3.25	2.40
6	1.70	1.55	3.00	2.10

(A) 不属于扭转不规则结构   (B) 属于扭转不规则结构

(C) 仅 X 方向属于扭转不规则结构   (D) 无法对结构规则性进行判断

4. 该办公楼中某框架梁净跨为 6.0m；在永久荷载及楼面活荷载作用下，当按简支梁分析时，其梁端剪力标准值分别为 30kN 与 20kN；该梁左、右端截面考虑地震组合弯矩设计值之和为 850kN·m。试问，该框架梁梁端截面的剪力设计值 V（m），与下列何项数值最为接近？

提示：该办公楼中无藏书库及档案库。

(A) 178   (B) 205   (C) 210   (D) 218

5. 该办公楼某框架底层角柱，净高 4.85m，轴压比不小于 0.5。柱上端截面考虑增大系数（含 1.1 增大系数）后的地震组合弯矩设计值 $M_c^t = 104.8$kN·m；柱下端截面在永久荷载、活荷载、地震作用下的弯矩标准值分别为 1.5kN·m，0.6kN·m，±115kN·m。试问，该底层角柱地震组合剪力设计值 V（kN），应与下列何项数值最为接近？

(A) 85   (B) 95   (C) 105   (D) 115

【题 6～8】 某承受竖向力作用的钢筋混凝土箱形截面梁，截面尺寸如图 15-1 所示，作用在梁上的荷载为均布荷载，混凝土强度等级为 C25（$f_c = 11.9$N/mm²，$f_t = 1.27$N/mm²），纵向钢筋采用 HRB400 级，箍筋采用 HPB300 级，$a_s = a_s' = 35$mm。

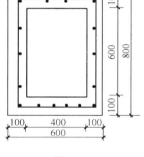

6. 已知该梁下部纵向钢筋配置为 6Φ20。试问，该梁跨中正截面受弯承载力设计值 M（kN·m），与下列何项数值最为接近？

提示：不考虑侧面纵向钢筋及上部受压钢筋作用。

(A) 365   (B) 410

(C) 425   (D) 490

图 15-1

7. 假设该箱形梁某截面处的剪力设计值 $V = 125$kN，扭矩 $T = 0$，受弯承载力计算时未考虑受压区纵向钢筋。试问，下列何项箍筋配置最接近《混凝土结构设计规范》规定的最小箍筋配置的要求？

(A) Φ6@350   (B) Φ6@250   (C) Φ8@300   (D) Φ8@250

8. 假设该箱形梁某截面处的剪力设计值 $V = 60$kN，扭矩设计值 $T = 65$kN·m，试问，采用下列何项箍筋配置，才最接近《混凝土结构设计规范》的要求？

提示：已求得 $\alpha_h = 0.417$，$W_t = 7.1 \times 10^7$mm³，$\zeta = 1.0$，$A_{cor} = 4.125 \times 10^5$mm²。

(A) Φ8@200   (B) Φ8@150   (C) Φ10@200   (D) Φ10@150

【题 9】 下列关于抗震设计的概念，其中何项不正确？

提示：按《建筑抗震设计规范》GB 50011—2010 作答。

(A) 有抗震设防要求的多、高层钢筋混凝土楼屋盖，不应采用预制装配式结构

(B) 利用计算机进行结构抗震分析时，应考虑楼梯构件的影响

(C) 有抗震设防要求的乙类多层钢筋混凝土框架结构，不应采用单跨框架结构

(D) 钢筋混凝土结构构件设计时，应防止剪切破坏先于弯曲破坏

【题 10、11】 某钢筋混凝土剪力墙结构的首层剪力墙墙肢，几何尺寸及配筋如图 15-2 所示，混凝土强度等级为 C30，竖向及水平分布钢筋采用 HRB335 级。

10. 已知作用在该墙肢上的轴向压力设计值 $N_w = 3000$kN，计算高度 $l_0 = 3.5$m。试问，该墙肢平面外轴心受压承载力与轴向压力设计值的比值，与下列何项数值最为接近？

提示：按素混凝土构件计算。

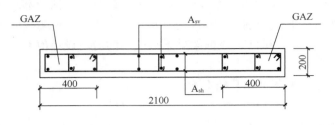

图 15-2

(A) 1.17　　　　　(B) 1.31　　　　　(C) 1.57　　　　　(D) 1.90

11. 假定该剪力墙抗震等级为三级，该墙肢考虑地震作用组合的内力设计值 N_w = 2000kN，M_w = 250kN·m，V_w = 180kN。试问，下列何项水平分布钢筋 A_{sh} 的配置最为合适？

提示：a_s = a'_s = 200mm。

(A) Φ6@200　　　(B) Φ8@200　　　(C) Φ8@150　　　(D) Φ10@200

【题 12、13】　某钢筋混凝土偏心受压柱，截面尺寸及配筋如图 15-3 所示，混凝土强度等级为 C30，纵筋采用 HRB400 钢筋，箍筋采用 HPB300 钢筋。考虑二阶效应影响后的轴向压力设计值 N = 300kN，a_s = a'_s = 40mm。

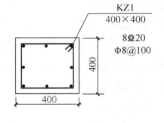

图 15-3

12. 当按单向偏心受压验算承载力时，试问，轴向压力作用点至受压区纵向普通钢筋合力点的距离 e'_s（mm）最大值，应与下列何项数值最为接近？

(A) 280　　　　　(B) 290　　　　　(C) 310　　　　　(D) 360

13. 假定 e'_s = 305mm，试问，按单向偏心受压计算时，该柱受弯承载力设计值 M（kN·m），与下列何项数值最为接近？

(A) 115　　　　　(B) 125　　　　　(C) 135　　　　　(D) 150

【题 14】　某高档超市为 4 层钢筋混凝土框架结构，建筑面积 25000m²，建筑物总高度 24m，抗震设防烈度为 7 度，Ⅱ类建筑场地。纵筋采用 HRB500 级钢筋，框架柱原设计的纵筋为 8Φ22。施工过程中，因现场原材料供应原因，拟用表 15-3 中的 HRB500 级钢筋进行代换。试问，下列哪种代换方案最为合适？

提示：下列四种代换方案满足强剪弱弯要求。

钢　筋　表　　　　　　　　　　　　　　　　　　　　　　表 15-3

钢　筋	屈服强度实测值 σ_s（MPa）	抗拉强度实测值 σ_b（MPa）
Φ20	654	827
Φ25	552	760
Φ20	572	700

(A) 8Φ20　　　　　　　　　　　　(B) 4Φ25（角部）＋4Φ20（中部）

(C) 8Φ25　　　　　　　　　　　　(D) 4Φ20（角部）＋4Φ25（中部）

【题 15】　某预应力混凝土受弯构件，截面为 $b×h$ = 300mm×500mm，要求不出现裂缝。经计算，跨中最大弯矩截面 M_{q1} = 0.8M_{k1}，左端支座截面 $M_{q左}$ = 0.85$M_{k左}$，右端支座截面 $M_{q右}$ = 0.7$M_{k右}$。当用结构力学的方法计算其正常使用极限状态下的挠度时，试问，

刚度 B 按以下何项取用最为合适？

(A) $0.47E_cI_0$ (B) $0.42E_cI_0$ (C) $0.50E_cI_0$ (D) $0.72E_cI_0$

【题 16～23】 为增加使用面积，在现有一个单层单跨建筑内加建一个全钢结构夹层，该夹层与原建筑结构脱开，可不考虑抗震设防。新加夹层结构选用钢材为 Q235B，焊接使用 E43 型焊条。楼板为 SP10D 板型，面层做法 20mm 厚，SP 板板端预埋件与次梁焊接。荷载标准值：永久荷载为 2.5kN/m²（包括 SP10D 板自重、板缝灌缝及楼面面层做法），可变荷载为 4.0kN/m²。夹层平台结构如图 15-4 所示。设计使用年限为 50 年，结构安全等级为二级。

提示： 按《建筑结构可靠性设计统一标准》GB 50068—2018 作答。

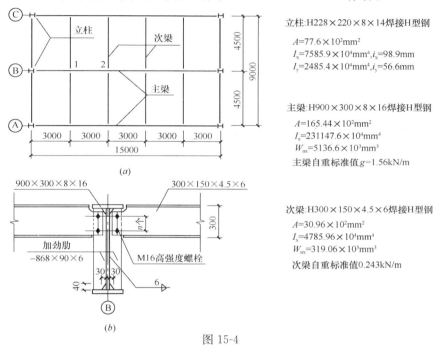

立柱：H228×220×8×14焊接H型钢
$A=77.6×10^2mm^2$
$I_x=7585.9×10^4mm^4, i_x=98.9mm$
$I_y=2485.4×10^4mm^4, i_y=56.6mm$

主梁：H900×300×8×16焊接H型钢
$A=165.44×10^2mm^2$
$I_x=231147.6×10^4mm^4$
$W_{nx}=5136.6×10^3mm^3$
主梁自重标准值 g=1.56kN/m

次梁：H300×150×4.5×6焊接H型钢
$A=30.96×10^2mm^2$
$I_x=4785.96×10^4mm^4$
$W_{nx}=319.06×10^3mm^3$
次梁自重标准值0.243kN/m

图 15-4

（a）柱网平面布置；（b）主次梁连接

16. 在竖向荷载作用下，次梁承受的线荷载设计值为 26.8kN/m（不包括次梁自重）。试问，强度计算时，次梁的弯曲应力值（N/mm²），与下列何项数值最为接近？

(A) 149.2   (B) 155.8   (C) 197.1   (D) 204.7

17. 要求对次梁作刚度验算。试问，在全部竖向荷载作用下次梁的最大挠度与其跨度之比，与下列何项数值最为接近？

(A) 1/282   (B) 1/320   (C) 1/385   (D) 1/421

18. 该夹层结构中的主梁与柱为铰接支承，求得主梁在点"2"处（见柱网平面布置图，相当于在编号为"2"点处的截面上）的弯矩设计值 $M=1100.5kN\cdot m$，在点"2"左侧的剪力设计值 $V=120.3kN$。次梁受载情况同题 16。试问，在点"2"处主梁腹板上边缘的最大折算应力设计值（N/mm²），与下列何项数值最为接近？

提示： ①主梁单侧翼缘毛截面对中和轴的面积矩 $S=2121.6×10^3mm^3$；
           ②假定局部压应力 $\sigma_c=0$。

(A) 189.5　　　　(B) 207.1　　　　(C) 215.0　　　　(D) 220.8

19. 该夹层结构中的主梁翼缘与腹板采用双面角焊缝连接，焊缝高度 $h_f=6\text{mm}$，其他条件同题 18。试问，在点"2"次梁连接处，主梁翼缘与腹板的焊接连接强度计算，其焊缝应力（N/mm^2），与下列何项数值最为接近？

(A) 20.3　　　　(B) 18.7　　　　(C) 16.5　　　　(D) 13.1

20. 夹层结构一根次梁传给主梁的集中荷载设计值为 58.7kN，主梁与该次梁连接处的加劲肋和主梁腹板采用双面直角角焊缝连接，焊缝高度 $h_f=6\text{mm}$，加劲肋的切角尺寸如图 15-4 (b) 所示。试问，该焊接连接的剪应力设计值（N/mm^2），与下列何项数值最为接近？

(A) 9　　　　(B) 15　　　　(C) 20　　　　(D) 25

21. 假设题 20 中的次梁与主梁采用 8.8 级 M16 的高强度螺栓摩擦型连接，采用标准圆孔，连接处的钢材表面处理方法为钢丝刷清除浮锈，其连接形式如图 15-4 (b)，考虑到连接偏心的不利影响，对次梁端部剪力设计值 $F=58.7\text{kN}$ 乘以 1.2 的增大系数。试问，连接所需的高强度螺栓数量 n（个），应与下列何项数值最为接近？

(A) 3　　　　(B) 4　　　　(C) 5　　　　(D) 6

22. 在夹层结构中，假定主梁作用于立柱的轴向压力设计值 $N=390\text{kN}$，立柱选用 Q235B 钢材，截面无孔眼削弱，翼缘板为焰切边。立柱与基础刚接，柱顶与主梁为铰接，其计算长度在两个主轴方向均为 5.50m。要求对立柱按实腹式轴心受压构件作整体稳定性验算，试问，柱截面的压应力设计值（N/mm^2），与下列何项数值最为接近？

(A) 50　　　　(B) 70　　　　(C) 80　　　　(D) 90

23. 若次梁按组合梁设计，并采用压型钢板混凝土板作翼板，压型钢板板肋垂直于次梁，混凝土强度等级为 C20，抗剪连接件采用材料等级为 4.6 级的 $d=19\text{mm}$ 圆柱头焊钉（$f_u=360\text{N/mm}^2$）。已知组合次梁上跨中最大弯矩点与支座零弯矩点之间钢梁与混凝土翼板交界面的纵向剪力 $V_s=537.3\text{kN}$，螺栓抗剪连接件承载力设计值折减系数 $\beta_v=0.54$。试问，组合次梁上连接螺栓的个数（个），应与下列何项数值最为接近？

提示： 按完全抗剪连接计算。

(A) 20　　　　(B) 34　　　　(C) 42　　　　(D) 46

【题 24～26】 非抗震的某梁柱节点，如图 15-5 所示。梁柱均选用热轧 H 型钢截面，梁采用 HN500×200×10×16（$r=20$），柱采用 HM390×300×10×16（$r=24$），梁、柱钢材均采用 Q345-B。主梁上、下翼缘与柱翼缘为全熔透坡口对接焊缝，采用引弧板和引出板施焊，梁腹板与柱为工地熔透焊，单侧安装连接板（兼做腹板焊接衬板），并采用 4×M16工地安装螺栓。

24. 梁柱节点采用全截面设计法，即弯矩由翼缘和腹板共同承担，剪力由腹板承担。试问，梁翼缘与柱之间全熔透坡口对接焊缝的应力设计值（N/mm^2），应与下列何项数值最为接近？

提示： 梁腹板和翼缘的截面惯性矩分别为 $I_{wx}=8541.9\times10^4\text{mm}^4$，$I_{fx}=37480.96\times10^4\text{mm}^4$。

(A) 300.2　　　　(B) 280.0　　　　(C) 246.5　　　　(D) 157.1

25. 已知条件同题 24。试问，梁腹板与柱对接连接焊缝的应力设计值（N/mm^2），应与下列何项数值最为接近？

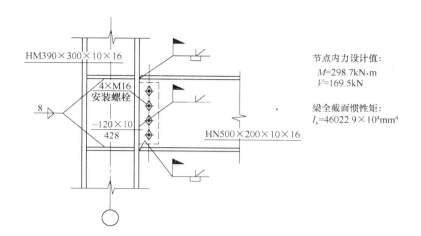

图 15-5

提示：假定梁腹板与柱对接焊缝的截面抵抗矩 $W_{焊缝}=365.0\times10^3 \text{mm}^3$。

(A) 152   (B) 165   (C) 179   (D) 187

26. 该节点在柱腹板处设置横向加劲肋，试问，腹板节点域的剪应力设计值 (N/mm^2)，应与下列何项数值最为接近？

(A) 165   (B) 178   (C) 186   (D) 193

【题 27】 北方地区某高层钢结构建筑，其 1～10 层外框柱采用焊接箱形截面，板厚为 60～80mm，工作温度低于 -20℃，初步确定选用 Q345 国产钢材。试问，以下何种质量等级的钢材是最合适的选择？

(A) Q345D   (B) Q345GJC   (C) Q345GJD-Z15   (D) Q345C

【题 28】 梁受固定集中荷载作用，当局部压应力不能满足要求时，采用以下何项措施才是较合理的选择？说明理由。

(A) 加厚翼缘
(B) 在集中荷载作用处设支承加劲肋
(C) 沿梁长均匀增加横向加劲肋
(D) 加厚腹板

【题 29】 在钢管结构中不变无加劲直接焊接相贯节点，应考虑材料的屈强比和钢管壁的最大厚度（mm）指标，根据下列四种管材的数据（依次为屈强比和管壁厚度），试问，何项性能的管材最适用于钢管结构？

(A) 0.9、40   (B) 0.8、40   (C) 0.9、25   (D) 0.8、25

【题 30】 一截面尺寸 $b\times h=370\text{mm}\times370\text{mm}$ 的砖柱，其基础平面如图 15-6 所示，柱底反力设计值 $N=170\text{kN}$。基础很潮湿，采用 MU30 毛石和水泥砂浆砌筑，砌体施工质量控制等级为 B 级。设计使用年限为 50 年，结构安全等级为二级。试问，砌筑该基础所采用的砂浆最低强度等级，应与下列何项数值最为接近？

(A) M2.5   (B) M5   (C) M7.5   (D) M10

【题 31～34】 某无吊车单层单跨库房，跨度为 7m，无柱间支撑，房屋的静定计算方案为弹性方案，其中间榀排架立面如图 15-7 所示。柱截面尺寸为 400mm×600mm，采用 MU10 单排孔混凝土小型空心砌块、Mb7.5 混合砂浆对孔砌筑，砌块的孔洞率为 40%，采用 Cb20 灌孔混凝土灌孔，灌孔率为 100%，并且满足构造要求。砌体施工质量控制等级为 B 级。结构安全等级为二级。

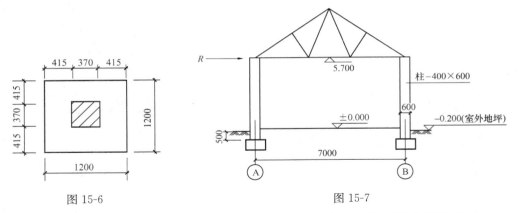

图 15-6 图 15-7

31. 试问，柱砌体的抗压强度设计值 f_g（MPa），应与下列何项数值最为接近？

(A) 3.30   (B) 3.50   (C) 4.20   (D) 4.70

32. 假设屋架为刚性杆，其两端与柱铰接。在排架方向由风荷载产生的每榀柱顶水平集中力设计值 $R=3.5$kN，重力荷载作用下柱底反力设计值 $N=83$kN。试问，柱受压承载力中 $\varphi f_g A$ 的 φ 值，应与下列何项数值最为接近？

提示：不考虑柱本身受到的风荷载。

(A) 0.29   (B) 0.31   (C) 0.34   (D) 0.37

33. 若砌体的抗压强度设计值 $f_g=4.0$MPa，试问，柱排架方向受剪承载力设计值（kN），应与下列何项数值最为接近？

提示：不考虑砌体强度调整系数 γ_a 的影响，柱按受弯构件计算。

(A) 40   (B) 50   (C) 60   (D) 70

34. 若柱改为配筋砌块砌体，采用 HRB335 级钢筋，其截面如图 15-8 所示。假定柱计算高度 $H_0=6.4$m，砌体的抗压强度设计值 $f_g=4.0$MPa。试问，该柱截面的轴心受压承载力设计值（kN），应与下列何项数值最为接近？

(A) 690   (B) 790   (C) 890   (D) 940

【题 35、36】 某底层框架-抗震墙砌体房屋，底层结构平面布置如图 15-9 所示，柱高度 $H=4.2$m。框架柱截面尺寸均为 500mm×500mm，各框架柱的横向侧向刚度 $K=2.5\times10^4$kN/m，各横向钢筋混凝土抗震墙的侧向刚度 $K=330\times10^4$kN/m（包括端柱）。

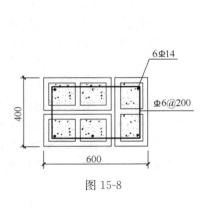

图 15-8

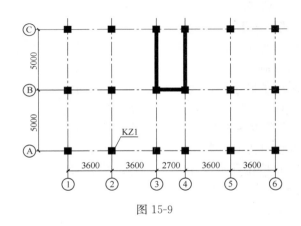

图 15-9

提示：按《建筑抗震设计规范》GB 50011—2010 解答。

35. 若底层顶的横向水平地震倾覆力矩标准值 $M_1 = 3350 \mathrm{kN \cdot m}$，试问，由横向水平地震倾覆力矩引起的框架柱 KZ1 附加轴向力标准值（kN），应与下列何项数值最为接近？

（A）10　　　　（B）20　　　　（C）30　　　　（D）40

36. 若底层横向水平地震剪力设计值 $V = 2000 \mathrm{kN}$，其他条件同上，试问，由横向水平地震剪力产生的框架柱 KZ1 柱顶弯矩设计值（kN·m），应与下列何项数值最为接近？

（A）20　　　　（B）30　　　　（C）40　　　　（D）50

【题 37～40】　一多层砖砌体结构办公楼，其底层平面如图 15-10 所示。外墙厚 370mm，内墙厚 240mm，墙均居轴线中。底层层高 3.4m，室内外高差 300mm，基础埋置较深且有刚性地坪。墙体采用 MU10 烧结多孔砖、M10 混合砂浆砌筑，楼、屋面板采用现浇钢筋混凝土板。砌体施工质量控制等级为 B 级。

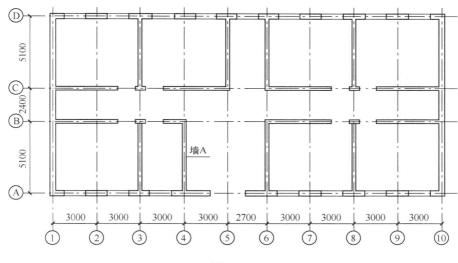

图 15-10

37. 试问，墙 A 轴心受压承载力中 $\varphi f A$ 的 φ 值，应与下列何项数值最为接近？

（A）0.70　　　　（B）0.80　　　　（C）0.82　　　　（D）0.87

38. 假定底层横向水平地震剪力设计值 $V = 3540 \mathrm{kN}$，试问，由墙体 A 承担的水平地震剪力设计值（kN），应与下列何项数值最为接近？

提示：按《建筑抗震设计规范》GB 50011—2010 解答。

（A）190　　　　（B）210　　　　（C）230　　　　（D）260

39. 假定墙 A 在重力荷载代表值作用下的截面平均压应力 $\sigma_0 = 0.51 \mathrm{MPa}$，墙体灰缝内水平配筋总截面面积 $A_s = 1008 \mathrm{mm^2}$（$f_y = 300 \mathrm{MPa}$）。试问，墙 A 的截面抗震受剪承载力最大值（kN），应与下列何项数值最为接近？

提示：承载力抗震调整系数 $\gamma_{RE} = 0.9$；按《建筑抗震设计规范》GB 50011—2010 解答。

（A）280　　　　（B）290　　　　（C）330　　　　（D）355

40. 假定本工程为一中学教学楼，抗震设防烈度为 8 度（$0.20g$），各层墙上下对齐。试问，其结构层数 n 及总高度 H 的限值，下列何项选择符合规范规定？

提示：按《建筑抗震设计规范》GB 50011—2010 解答。

(A) $n=6, H=18m$　(B) $n=5, H=15m$　(C) $n=4, H=15m$　(D) $n=3, H=9m$

（下午卷）

【题41】 有关砖砌体结构设计原则的规定，下列说法中何种选择是正确的？

Ⅰ. 采用以概率理论为基础的极限状态设计方法；

Ⅱ. 按承载能力极限状态设计，进行变形验算来满足正常使用极限状态要求；

Ⅲ. 按承载能力极限状态设计，并满足正常使用极限状态要求；

Ⅳ. 按承载能力极限状态设计，进行整体稳定性验算来满足正常使用极限状态要求。

(A) Ⅰ、Ⅱ、Ⅲ　　(B) Ⅰ、Ⅲ　　(C) Ⅰ、Ⅲ、Ⅳ　　(D) Ⅱ、Ⅲ

【题42、43】 某木屋架，其几何尺寸及杆件编号如图15-11所示，处于正常环境，设计使用年限为25年，取 $\gamma_0 = 0.95$。木构件选用西北云杉 TC11A 制作。

42. 若该屋架为原木屋架，杆件 D1 端部连接未经切削，轴心压力设计值 $N=144kN$，其中，恒载产生的压力占60%。试问，当按强度验算时，其设计最小截面直径（mm），应与下列何项数值最为接近？

(A) 90　　　　　　(B) 100

(C) 120　　　　　(D) 130

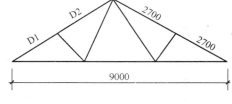

图 15-11

43. 若杆件 D2 采用断面 120mm×160mm（宽×高）的方木，跨中承受的横向荷载作用下最大初始弯矩设计值 $M_0=3.1kN \cdot m$，轴向压力设计值 $N=100kN$，已知恒载产生的内力不超过全部荷载所产生的内力的80%。试问，按稳定验算时，考虑轴向力与初始弯矩共同作用的折减系数 φ_m 值，应与下列何项数值最为接近？

提示：$k_0 = 0.08$。

(A) 0.30　　　　(B) 0.35　　　　(C) 0.40　　　　(D) 0.45

【题44～48】 某建筑物地基基础设计等级为乙级，其柱下桩基采用预应力高强度混凝土管桩（PHC桩），桩外径为400mm，壁厚95mm，桩尖为敞口形式。有关地基各土层分布情况、地下水位、桩端极限端阻力标准值 q_{pk}、桩侧极限侧阻力标准值 q_{sk} 及桩的布置、柱及承台尺寸等，如图15-12所示。

44. 当不考虑地震作用时，根据土的物理指标与桩承载力参数之间的经验关系，试问，按《建筑桩基技术规范》JGJ 94—2008 计算的单桩竖向承载力特征值 R_a（kN），应与下列何项数值最为接近？

(A) 1200　　　　(B) 1235　　　　(C) 2400　　　　(D) 2470

45. 经单桩竖向静荷载试验，得到三根试桩的单桩竖向极限承载力分别为2390kN、2230kN 与2520kN。假设已求得承台效应系数 η_c 为0.20。试问，不考虑地震作用时，考虑承台效应的复合基桩的竖向承载力特征值 R_a（kN），应与下列何项数值最为接近？

提示：单桩竖向承载力特征值 R_a 按《建筑地基基础设计规范》GB 50007—2011 确定。

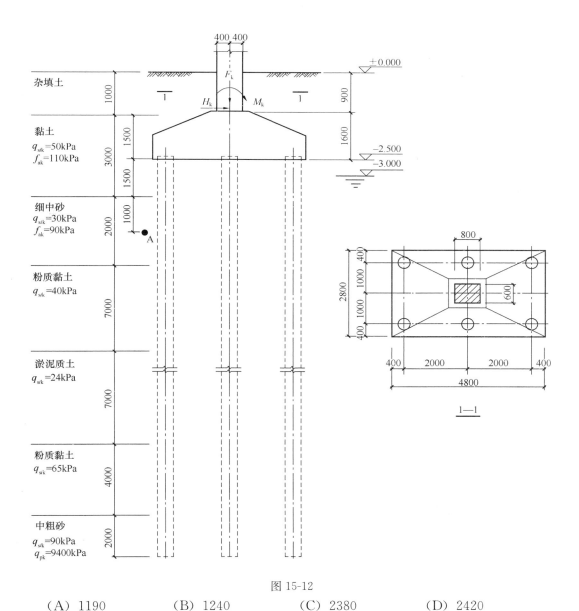

图 15-12

(A) 1190　　　　　(B) 1240　　　　　(C) 2380　　　　　(D) 2420

46. 该建筑工程的抗震设防烈度为 7 度，设计地震分组为第一组，设计基本地震加速度值为 0.15g。细中砂层土初步判别认为需要进一步进行液化判别，土层厚度中心 A 点的标准贯入锤击数实测值 N 为 6。试问，当考虑地震作用，按《建筑桩基技术规范》JGJ 94—2008 计算桩的竖向承载力特征值时，细中砂层土的液化影响折减系数 ψ_1，应取下列何项数值？

提示：按《建筑抗震设计规范》GB 50011—2010 解答。

(A) 0　　　　　(B) 1/3　　　　　(C) 2/3　　　　　(D) 1.0

47. 该建筑物属于对水平位移不敏感建筑。单桩水平静载试验表明，当地面处水平位移为 10mm 时，所对应的水平荷载为 34kN。已求得承台侧向土水平抗力效应系数 η_l 为 1.35，桩顶约束效应系数 η_r 为 2.05。试问，当验算地震作用桩基的水平承载力时，沿承

257

台长方向，群桩基础的基桩水平承载力特征值 R_h（kN），应与下列何项数值最为接近？

提示：$s_a/d < 6$。

(A) 75　　　　　(B) 86　　　　　(C) 98　　　　　(D) 106

48. 取承台及其上土的加权平均重度为 $20kN/m^3$。柱传给承台顶面处相应于作用的基本组合时的设计值为：$M=704kN \cdot m$，$F=4800kN$，$H=60kN$。试问，承台在柱边处截面的最大弯矩设计值 M（kN·m），应与下列何项数值最为接近？

(A) 2880　　　　(B) 3240　　　　(C) 3890　　　　(D) 4370

【题 49～52】 某柱下扩展锥形基础，柱截面尺寸为 $0.4m \times 0.5m$，基础尺寸、埋深及地基条件，如图 15-13 所示。基础及其上土的加权平均重度取 $20kN/m^3$。

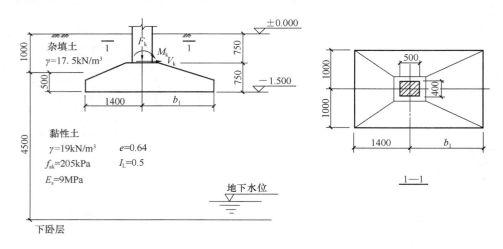

图 15-13

49. 相应于作用的标准组合时，柱底竖向力 $F_k=1100kN$，力矩 $M_k=141kN \cdot m$，水平力 $V_k=32kN$。为使基底压力在该组合下均匀分布，试问，基础尺寸 b_1（m），应与下列何项数值最为接近？

(A) 1.4　　　　　(B) 1.5　　　　　(C) 1.6　　　　　(D) 1.7

50. 假定 b_1 为 1.4m，试问，基础底面处土层修正后的天然地基承载力特征值 f_a（MPa），应与下列何项数值最为接近？

(A) 223　　　　　(B) 234　　　　　(C) 238　　　　　(D) 248

51. 假定黏性土层的下卧层为淤泥质土，其压缩模量 $E_s=3MPa$。假定基础只受轴心荷载作用，且 b_1 为 1.4m。相应于作用的标准组合时，柱底的竖向力 $F_k=1120kN$。试问，相应于作用的标准组合时，软弱下卧层顶面处的附加压力值 p_z（kPa），应与下列何项数值最为接近？

(A) 28　　　　　(B) 34　　　　　(C) 40　　　　　(D) 46

52. 假定黏性土层的下卧层为基岩。假定基础只受轴心荷载作用，且 b_1 为 1.4m。相应于作用的准永久组合时，基底的附加压力值 p_0 为 150kPa。试问，当基础无相邻荷载影响时，基础中心计算的地基最终变形量 s（mm），应与下列何项数值最为接近？

提示：地基变形计算深度取至基岩顶面；不考虑相对硬层的影响。

（A）21　　　　　（B）28　　　　　（C）32　　　　　（D）34

【题 53～55】 某高层住宅采用筏形基础，基底尺寸为21m×30m，地基基础设计等级为乙级。地基处理采用水泥粉煤灰碎石桩（CFG桩），桩直径为400mm。地基土层分布及相关参数如图15-14所示。

提示： 按《建筑地基处理技术规范》JGJ 79—2012作答。

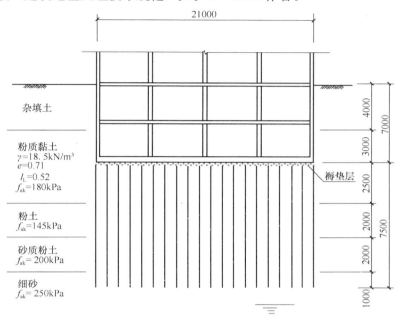

图 15-14

53. 设计要求修正后的复合地基的承载力特征值不小于430kPa，假定基础底面以上土的加权平均重度 γ_m 为18kN/m³，CFG桩单桩竖向承载力特征值 R_a 为450kN，单桩承载力发挥系数 $\lambda = 0.9$，桩间土承载力发挥系数 β 为0.8。试问，该工程的CFG桩面积置换率 m 的最小值，与下列何项数值最为接近？

提示： 地基处理后桩间土承载力特征值可取天然地基承载力特征值。

（A）3%　　　　　（B）6%　　　　　（C）8%　　　　　（D）10%

54. 假定CFG桩面积置换率 m 为6%，桩按等边三角形布置。试问，CFG桩的间距 s（m），与下列何项数值最为接近？

（A）1.45　　　　　（B）1.55　　　　　（C）1.65　　　　　（D）1.95

55. 假定该工程沉降计算不考虑基坑回弹影响，采用天然地基时，基础中心计算的地基最终变形量为150mm，其中基底下7.5m深土的地基变形量 s_1 为100mm，其下土层的地基变形量 s_2 为50mm。已知CFG桩复合地基的承载力特征值 f_{spk} 为360kPa。当褥垫层和粉质黏土复合土层的压缩模量相同，并且天然地基和复合地基沉降计算经验系数相同时，试问，地基处理后，基础中心的地基最终变形量 s（mm），与下列何项数值最为接近？

（A）80　　　　　（B）90　　　　　（C）100　　　　　（D）120

【题 56】 下列有关压实系数的一些认识，其中何项是不正确的？

（A）填土的控制压实系数为填土的控制干密度与最大干密度的比值

（B）压实填土地基中，地坪垫层以下及基础底面标高以上的压实填土，压实系数不应小于 0.94

（C）采用灰土进行换填垫层法处理地基时，灰土的压实系数可控制为 0.95

（D）承台和地下室外墙与基坑侧壁间隙可采用级配砂石、压实性较好的素土分层夯实，其压实系数不宜小于 0.90

【题 57】 下列关于基础构造尺寸要求的一些主张，其中何项是不正确的？

（A）柱下条形基础梁的高度宜为柱距的 $1/4 \sim 1/8$，翼板厚度不应小于 200mm

（B）对于 12 层以上建筑的梁板式筏基，其底板厚度与最大双向板格的短边净跨之比不应小于 $1/14$，且板厚不应小于 400mm

（C）桩承台之间的连系梁宽度不宜小于 250mm，梁的高度可取承台间净距的 $1/10 \sim 1/15$，且不小于 400mm

（D）采用筏形基础的地下室，地下室钢筋混凝土外墙厚度不应小于 250mm，内墙厚度不宜小于 200mm

【题 58】 下列关于高层建筑隔震和消能减震设计的观点，其中何项相对准确？

提示： 按《建筑抗震设计规范》GB 50011—2010 解答。

（A）隔震技术应用于高度较高的钢或钢筋混凝土高层结构中，对较低的结构不经济

（B）隔震技术具有隔离水平及竖向地震的功能

（C）消能部件沿结构的两个主轴方向分别设置，宜设置在建筑物底部位置

（D）采用消能减震设计的高层建筑，当遭遇高于本地区设防烈度的罕遇地震影响时，不会发生丧失使用功能的破坏

【题 59】 下列有关高层混凝土结构抗震分析的一些观点，其中何项相对准确？

（A）B 级高度的高层建筑结构应采用至少二个三维空间分析软件进行整体内力位移计算

（B）计算中应考虑楼梯构件的影响

（C）对带转换层的高层建筑，必须采用弹塑性时程分析方法补充计算

（D）规则结构控制结构水平位移限值时，楼层位移计算亦应考虑偶然偏心的影响

【题 60～64】 某高层建筑为地上 28 层，地下 2 层，地面以上高度为 90m，屋面有小塔架，平面外形为正六边形（可忽略扭转影响），如图 15-15 所示，地面粗糙度为 B 类。该工程为丙类建筑，抗震设防烈度为 7 度（0.15g），Ⅲ类建筑场地，采用钢筋混凝土框架-核心筒结构。设计使用年限为 50 年。

提示： ①按《高层建筑混凝土结构技术规程》JGJ 3—2010 作答。

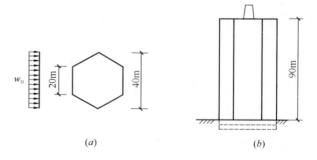

图 15-15
(a) 建筑平面示意图；(b) 建筑立面示意图

② 按《建筑结构可靠性设计统一标准》GB 50068—2018 作答。

60. 假定基本风压重现期 50 年 $w_0 = 0.55 \text{kN/m}^2$，重现期 100 年 $w_0 = 0.65 \text{kN/m}^2$，结构基本周期 $T_1 = 1.7 \text{s}$（已考虑填充墙影响），当按承载能力设计时，脉动风荷载的共振分

量因子，与下列何项数值最为接近？

（A）1.34　　　　（B）1.28　　　　（C）1.21　　　　（D）1.14

61. 若已求得 90m 高度屋面处的风振系数为 1.36，假定基本风压 $w_0=0.7\mathrm{kN/m^2}$，试问，按承载力设计时，计算主体结构的风荷载效应，90m 高度屋面处的水平风荷载标准值 w_k（$\mathrm{kN/m^2}$），与下列何项数值最为接近？

（A）2.86　　　　（B）2.61　　　　（C）2.37　　　　（D）2.12

62. 假定作用于 90m 高度屋面处的水平风荷载标准值 $w_k=2.0\mathrm{kN/m^2}$，由突出屋面小塔架的风荷载产生的作用于屋面的水平剪力标准值 $\Delta P_{90}=200\mathrm{kN}$，弯矩标准值 $\Delta M_{90}=600\mathrm{kN\cdot m}$，风荷载沿高度按倒三角形分布（地面处为 0）。试问，在高度 $z=30\mathrm{m}$ 处风荷载产生的倾覆力矩的设计值（$\mathrm{kN\cdot m}$），与下列何项数值最为接近？

（A）124000　　（B）124600　　（C）17450　　（D）186900

63. 假定该建筑物下部有面积 3000$\mathrm{m^2}$ 二层办公用裙房，裙房采用钢筋混凝土框架结构，并与主体连为整体。试问，裙房框架的抗震构造措施等级宜为下列何项所示？

（A）一级　　　　（B）二级　　　　（C）三级　　　　（D）四级

64. 假定本工程地下一层底板（地下二层顶板）作为上部结构的嵌固部位，试问，地下室结构一、二层采用的抗震构造措施等级，应为下列何项所示？

（A）地下一层二级、地下二层三级　　　（B）地下一层一级、地下二层三级

（C）地下一层一级、地下二层二级　　　（D）地下一层一级、地下二层一级

【题 65～68】某 10 层现浇钢筋混凝土框架-剪力墙结构办公楼，如图 15-16 所示，质量和刚度沿竖向均匀，房屋高度为 40m，设一层地下室，采用箱形基础。该工程为丙类建筑，抗震设防烈度为 9 度，Ⅲ类建筑场地，设计地震分组为第一组，按刚性地基假定确定的结构基本自振周期为 0.8s。混凝土强度等级采用 C40（$f_c=19.1\mathrm{N/mm^2}$；$f_t=1.71\mathrm{N/mm^2}$）。各层重力荷载代表值相同，均为 6840kN，柱 E 承担的重力荷载代表值占全部重力荷载代表值的 1/20。

65. 在重力荷载代表值、水平地震作用及风荷载作用下，首层中柱 E 的柱底截面产生

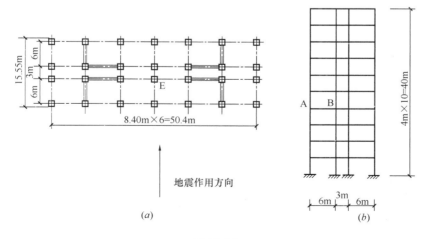

图 15-16

（a）平面图；（b）剖面图

的轴压力标准值依次为 2800kN、700kN 和 60kN。试问，在计算首层框架柱 E 柱底截面轴压比时，采用的轴压力设计值（kN），与下列何项数值最为接近？

(A) 3360   (B) 4750   (C) 4410   (D) 4670

66. 某榀框架第 4 层框架梁 AB，如图 15-17 所示。考虑地震作用组合的梁端弯矩设计值（顺时针方向起控制作用）为 $M_A = 250$kN·m，$M_B = 650$kN·m，同一组合的重力荷载代表值和竖向地震作用下按简支梁分析的梁端截面剪力设计值 $V_{Gb} = 30$kN。梁 A 端实配 4Φ25，梁 B 端实配 6Φ25（4/2），A、B 端截面上部与下部配筋相同，梁纵筋采用 HRB400（$f_{yk} = 400$N/mm²，$f_y = f'_y = 360$N/mm²），箍筋采用 HRB335（$f_{yv} = 300$N/mm²），单排筋 $a_s = a'_s = 40$mm，双排筋 $a_s = a'_s = 60$mm，抗震设计时，试问，梁 B 截面处考虑地震作用组合的剪力设计值 V（kN），应与下列何项数值最为接近？

(A) 245   (B) 260   (C) 276   (D) 292

67. 在该房屋中 1～6 层沿地震作用方向的剪力墙连梁 LL-1 平面如图 15-18 所示，抗震等级为一级，截面 $b \times h = 350$mm×400mm，纵筋上、下部各配 4Φ25，$h_0 = 360$mm，箍筋采用 HRB335（$f_{yv} = 300$N/mm²），截面按构造配箍即可满足抗剪要求。试问，下面依次列出的该连梁端部加密区及非加密区的几组构造配箍，其中何项能够满足相关规范、规程的最低要求？

提示：选项中 4Φ××，代表 4 肢箍筋。

(A) 4Φ8@100；4Φ8@100   (B) 4Φ10@100；4Φ10@100

(C) 4Φ10@100；4Φ10@150   (D) 4Φ10@100；4Φ10@200

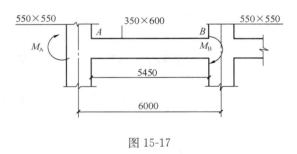

图 15-17

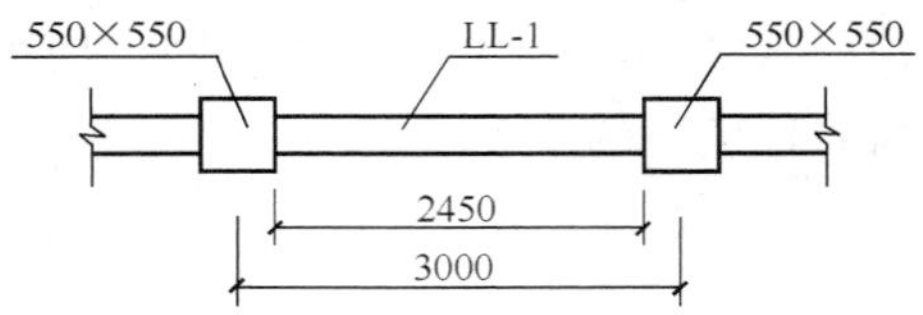

图 15-18

68. 按刚性地基假定计算的水平地震剪力，若呈现三角形分布，如图 15-19 所示。当计入地基与结构动力相互作用的影响时，试问，折减后的底部总水平地震剪力，应与下列何项数值最为接近？

提示：各层水平地震剪力折减后满足剪重比要求。

(A) 2.95F   (B) 3.95F

(C) 4.95F   (D) 5.95F

【题 69、70】 某 26 层钢结构办公楼，采用钢框架-支撑体系，如图 15-20 所示。该工程为丙类建筑，抗震设防烈度为 8 度，设计基本地震加速度为 0.2g，设计地震分组为第一组，Ⅱ类建筑场地。结构基本自振周期 $T = 3.0$s。钢材采用 Q345。

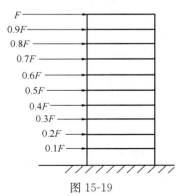

图 15-19

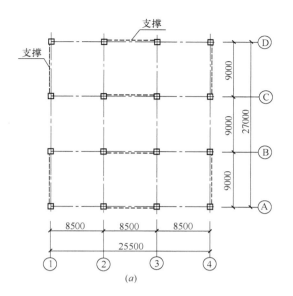

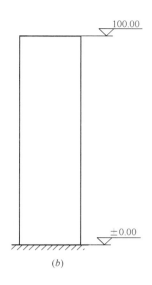

图 15-20

(a) 平面图；(b) 立面图

69. A 轴第 6 层偏心支撑框架，局部如图 15-21 所示。箱形柱断面为 $700 \times 700 \times 40$，轴线中分，等截面框架梁断面为 H$600 \times 300 \times 12 \times 32$。$N = 0.18Af$，$\rho$（$A_w/A$）$< 0.3$，为把偏心支撑中的消能梁段 a 设计成剪切屈服型，试问，偏心支撑中的 l 梁段长度的最小值（m），与下列何项数值最为接近？

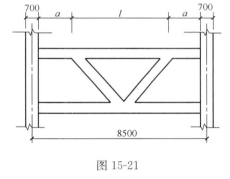

图 15-21

提示：①按《高层民用建筑钢结构技术规程》
JGJ 99—2015 作答；

②为简化计算，梁腹板和翼缘的 f_y 均
按 335N/mm^2、f 均按 295N/mm^2
取值。

(A) 3.00　　　　　　　(B) 3.70

(C) 4.40　　　　　　　(D) 5.40

70.①轴第 12 层支撑系统的形状如图 15-21。支撑斜杆采用 H 型钢，其调整前的轴向力设计值 $N_l = 2000$kN。与支撑斜杆相连的消能梁段断面为 H$600 \times 300 \times 12 \times 20$，轴力设计值 $N < 0.15Af$，该梁段的受剪承载力 $V_c = 1105$kN、剪力设计值 $V = 860$kN。试问，支撑斜杆在地震作用下的轴力设计值 N（kN），当为下列何项数值时才能符合相关规范的最低要求？

提示：①按《建筑抗震设计规范》GB 50011—2010 作答；

②各组 H 型钢皆满足承载力及其他方面构造要求。

(A) 2400　　　　(B) 2600　　　　(C) 2800　　　　(D) 3350

【**题 71、72**】某 12 层现浇钢筋混凝土框架结构，如图 15-22 所示，质量及侧向刚度沿竖向比较均匀，其抗震设防烈度为 8 度（0.20g），丙类建筑，Ⅱ类建筑场地，设计地震分组为第一组。基本自振周期 $T_1=1.0s$。底层屈服强度系数 ξ_y 为 0.4，且不小于上层该系数平均值的 0.8 倍，柱轴压比大于 0.4。各层重力荷载设计值 G_j 之和为：$\sum_{j=1}^{12}G_j=1\times10^5kN$。

71. 已知框架底层总抗侧移刚度为 $8\times10^5kN/m$。为满足结构层间弹塑性位移限值，试问，在多遇地震作用下，按弹性分析的底层水平剪力最大标准值（kN），与下列何项数值最为接近？

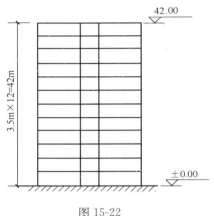

图 15-22

提示： 不考虑重力二阶效应。

(A) 4420   (B) 5000

(C) 5500   (D) 6000

72. 条件同 [题 71]，在多遇地震作用下，未考虑重力二阶效应的影响，达到结构层间弹塑性位移限值时，按弹性分析的底层水平剪力标准值为 V_0。试问，如考虑重力二阶效应的影响，其底层多遇地震弹性水平剪力标准值不超过下列何项数值时，才能满足层间弹塑性位移限值的要求？

(A) $0.89V_0$ (B) $0.96V_0$ (C) $1.0V_0$ (D) $1.12V_0$

【题 73】 某一座位于高速公路上的特大桥梁，跨越国内内河四级通航河道。试问，该桥的设计洪水频率，采用下列何项数值最为适宜？

(A) 1/300   (B) 1/100   (C) 1/50   (D) 1/25

【题 74】 某座位于城市次干路上的桥梁，建于 6 度地震基本烈度区，采用多跨简支预应力混凝土梁桥，跨径 16m，计算跨径 15.5m，中墩为混凝土实体墩，墩帽出檐宽度为 50mm，支座中心至梁端的距离为 250mm。支座采用氯丁橡胶矩形板式支座，其平面尺寸为 180mm（顺桥向）×300mm（横桥向）。伸缩缝宽度为 80mm。试问，中墩墩顶最小宽度（mm），应与下列何项数值最为接近？

(A) 1000   (B) 1100   (C) 1200   (D) 1300

【题 75】 当一个竖向单位力在三跨连续梁上移动时，其中间支点 b 左侧的剪力影响线，应为下列何图所示？

 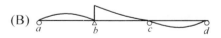

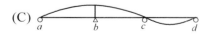 

【题 76】 某公路桥梁为一座单跨简支梁桥，跨径 40m，桥面净宽 24m，双向六车道。试问，该桥每个桥台承受的制动力标准值（kN），与下列何项数值最为接近？

提示： 设计荷载为公路—Ⅰ级，其车道荷载的均布荷载标准值为 $q_k=10.5kN/m$，集

中力 $P_k=340$kN，三车道的折减系数为 0.78，制动力由两个桥台平均承担。

(A) 87　　　　(B) 111　　　　(C) 187　　　　(D) 193

【题 77】　某公路桥梁主桥为三跨变截面预应力混凝土连续箱梁结构，跨径布置为 85m＋120m＋85m，两引桥各为 3 孔，各孔均采用 50m 预应力混凝土 T 型梁，桥台为埋置式肋板结构，耳墙长度为 3500mm，前墙厚度 400mm，两端伸缩缝宽度均为 160mm。试问，该桥的全长（m），与下列何项数值最为接近？

(A) 590.16　　　(B) 597.16　　　(C) 597.96　　　(D) 590.00

【题 78】　某公路梁桥为等高度预应力混凝土箱形梁结构，其设计安全等级为二级。该梁桥某截面的自重剪力标准值为 V_g，汽车引起的剪力标准值为 V_k。试问，对该桥进行承载能力极限状态计算时，其作用效应的基本组合式应为下列何项所示？

(A) $\gamma_0 V_{设}=1.1\ (1.2V_g+1.4V_k)$　　　　(B) $\gamma_0 V_{设}=1.0\ (1.2V_g+1.4V_k)$

(C) $\gamma_0 V_{设}=0.9\ (1.2V_g+1.4V_k)$　　　　(D) $\gamma_0 V_{设}=1.0\ (V_g+V_k)$

【题 79】　某公路桥梁的上部结构为多跨 16m 后张预制预应力混凝土空心板梁，单板宽度 1030mm，板厚 900mm。每块板采用 15 根 15.20mm 的高强度低松弛钢绞线，钢绞线的公称截面面积为 140mm²，抗拉强度标准值（f_{pk}）为 1860MPa，控制应力采用 $0.73 f_{pk}$。试问，每块板的总张拉力（kN），与下列何项数值最为接近？

(A) 2851　　　(B) 3125　　　(C) 3906　　　(D) 2930

【题 80】　某桥总宽度 20m，桥墩两侧承受不等跨径的结构，一侧为 16m 跨预应力混凝土空心板，最大恒载作用下设计总支座反力为 3000kN，支座中心至墩中心距离为 270mm，另一侧为 20m 跨预应力混凝土小箱梁，最大恒载作用下设计总支座反力为 3400kN，支座中心至墩中心距离为 340mm。墩身为双柱式结构，盖梁顶宽为 1700mm。基础为双排钻孔灌注桩，如图 15-23 所示。为了使墩身和桩基在恒载作用下的受力尽量均匀，拟采用支座调偏措施。试问，两跨的最合理调偏法，应为下列何项所示？

提示：其他作用于中墩的外力略去不计。

(A) 16m 跨向跨径方向调偏 110mm

(B) 16m 跨向跨径方向调偏 150mm

(C) 20m 跨向墩中心调偏 100mm

(D) 16m 跨向墩中心调偏 50mm

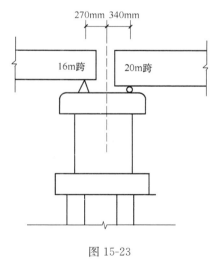

图 15-23

实战训练试题 （十六）

（上午卷）

【题1、2】 西藏拉萨市城关区某中学拟建一栋6层教学楼，采用钢筋混凝土框架结构，平面及竖向均规则。各层层高均为3.4m，首层室内外地面高差为0.45m。建筑场地类别为Ⅱ类。

提示：按《建筑抗震设计规范》GB 50011—2010解答。

1. 下列关于对该教学楼抗震设计的要求，其中何项正确？说明理由。

（A）按9度计算地震作用，按一级框架采取抗震措施

（B）按9度计算地震作用，按二级框架采取抗震措施

（C）按8度计算地震作用，按一级框架采取抗震措施

（D）按8度计算地震作用，按二级框架采取抗震措施

2. 该结构在 x 向地震作用下，底层 x 方向的剪力系数（剪重比）为0.075，层间弹性位移角为 $\frac{1}{650}$，试问，当判断是否考虑重力二阶效应影响时，底层 x 方向的稳定系数 θ_{1x}，与下列何项数值最为接近？

提示：不考虑刚度折减，重力荷载计算值近似取重力荷载代表值，地震剪力计算值近似取对应于水平地震作用标准值的楼层剪力。

（A）0.015 　　　　（B）0.021 　　　　（C）0.056 　　　　（D）0.12

【题3～5】 某钢筋混凝土不上人屋面挑檐剖面如图16-1所示。屋面按混凝土强度等级采用C30。屋面面层荷载相当于150mm厚水泥砂浆的重量。板纵向受力钢筋的混凝土保护层厚度 $c=20$mm。梁的转动忽略不计。

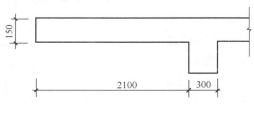

图 16-1

3. 假设板顶按受弯承载力要求配置的受力钢筋为HRB400的 Φ 12@150，试问，该悬挑板的最大裂缝宽度 w_{max}（mm），与下列何项数值最为接近？

（A）0.18 　　　　（B）0.14 　　　　（C）0.09 　　　　（D）0.06

4. 假设挑檐根部按荷载的标准组合时计算的弯矩值 $M_k=18.5$kN·m，按荷载的准永久组合时计算的弯矩值 $M_q=16.0$kN·m，荷载的准永久组合作用下受弯构件的短期刚度 $B_s=2.4\times10^{12}$N·mm^2，考虑荷载长期作用对挠度增大的影响系数取为1.2。试问，该悬挑板的最大挠度（mm），与下列何项数值最为接近？

(A) 20 　　　　　(B) 18 　　　　　(C) 14 　　　　　(D) 9

5. 假设挑檐板根部每米板宽的弯矩设计值 $M=23$kN·m，采用 HRB335 级钢筋，试问，每米板宽范围内按受弯承载力计算所需配置的钢筋截面面积 A_s（mm²），与下列何项数值最为接近？

提示： $a_s=25$mm，受压区高度按实际计算值确定。

(A) 350 　　　　　(B) 450 　　　　　(C) 550 　　　　　(D) 650

【题 6～9】 某钢筋混凝土多层框架结构的中柱，剪跨比 $\lambda>2$，截面尺寸及计算配筋如图 16-2 所示，抗震等级为四级，混凝土强度等级为 C30，考虑水平地震作用组合的底层柱底轴向压力设计值 $N_1=$ 300kN，第二层柱底轴向压力设计值 $N_2=225$kN，纵向受力钢筋采用 HRB400 钢筋（Φ），箍筋采用 HPB300 钢筋（Φ）。取 $a_s=a_s'=40$mm，$\xi_b=0.518$。

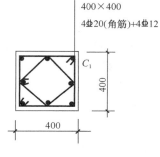

图 16-2

6. 若该柱为底层中柱，经计算可按构造要求配置箍筋，试问，该柱柱根加密区和非加密区箍筋的配置，选用下列何项才能符合规范要求？

(A) $\Phi\,6@100/200$ 　(B) $\Phi\,6@90/180$
(C) $\Phi\,8@100/200$ 　(D) $\Phi\,8@90/180$

7. 试问，当计算该底层中柱下端单向偏心受压的抗震受弯承载力设计值时，对应的轴向压力作用点至受压区纵向钢筋合力点的距离 e_s'（mm），与下列何项数值最为接近？

(A) 262 　　　　　(B) 284 　　　　　(C) 316 　　　　　(D) 380

8. 若该柱为第二层中柱，其柱底轴向压力作用点至受压区纵向钢筋合力点的距离 $e_s'=440$mm，试问，该柱下端按单向偏心受压计算时的弯矩设计值 $M=Ne_0$（kN·m），与下列何项数值最为接近？

(A) 90 　　　　　(B) 110 　　　　　(C) 130 　　　　　(D) 150

9. 若该柱为第二层中柱，已知框架柱的反弯点在柱的层高范围内，二层柱净高 $H_n=$ 3.0m，箍筋采用 $\Phi\,6@90/180$。试问，该柱下端的斜截面抗震受剪承载力设计值 V（kN），与下列何项数值最为接近？

提示： $\gamma_{RE}=0.85$，斜向箍筋参与计算时，取其在剪力设计值方向的分量。

(A) 170 　　　　　(B) 180 　　　　　(C) 190 　　　　　(D) 200

【题 10、11】 非抗震设计的某板柱结构顶层，如图 16-3 所示，钢筋混凝土屋面板板面均布荷载设计值为 12.5kN/m²（含板自重），混凝土强度等级为 C40，板有效计算高度 $h_0=140$mm，中柱截面尺寸为 700mm×700mm，板柱节点忽略不平衡弯矩的影响。图中 $\alpha=30°$。弯起钢筋采用 HRB335 级钢筋。

10. 当不考虑弯起钢筋作用时，试问，板受柱冲切控制的柱轴向压力设计值（kN），与下列何项数值最为接近？

(A) 430 　　　　　(B) 465 　　　　　(C) 500 　　　　　(D) 530

11. 当考虑弯起钢筋作用时，试问，板受柱的冲切承载力设计值（kN），与下列何项数值最为接近？

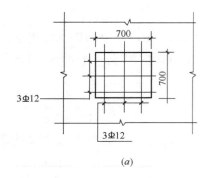
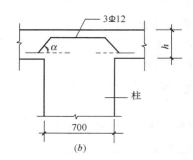

图 16-3

(A) 580   (B) 530   (C) 420   (D) 460

【题 12】 某钢筋混凝土框架结构的顶层框架梁，混凝土强度等级为 C30，纵向受力钢筋采用 HRB400 钢筋，试问，该框架顶层端节点处梁上部纵筋的最大配筋率，与下列何项数值最为接近？

(A) 1.4%   (B) 1.7%   (C) 2.0%   (D) 2.5%

【题 13】 在混凝土结构或结构构件设计中，下列何项说法不准确？说明理由。

(A) 倾覆、滑移验算应考虑结构构件的重要性系数

(B) 裂缝宽度验算不应考虑结构构件的重要性系数

(C) 疲劳验算不考虑结构构件的重要性系数

(D) 抗震设计不考虑结构构件的重要性系数

【题 14】 根据我国现行标准、规范的规定，试判断下列说法中何项不妥？说明理由。

(A) 材料强度标准值的保证率为 95%

(B) 建筑结构极限状态分为承载能力、正常使用及耐久性极限状态

(C) 设计使用年限应根据建筑物的用途和环境的侵蚀性确定

(D) 既有建筑结构的偶然作用包括可能遭受的洪水、火灾、撞击、罕遇地震等。

【题 15】 关于对设计地震分组的下列见解，其中何项符合《建筑抗震设计规范》编制中的抗震设防决策？

(A) 是按实际地震的震级大小分为三组

(B) 是按场地剪切波速和覆盖层厚度分为三组

(C) 是按地震动反应谱特征周期和加速度衰减影响的区域分为三组

(D) 是按震源机制和结构自振周期分为三组

【题 16～21】 某单层工业厂房为钢结构，厂房柱距 18m，设置有两台重级工作制的软钩吊车，吊车每侧有 4 个车轮，最大轮压标准值 $P_{k,max} = 360$kN，吊车轨道高度 $h_R = 150$mm，每台吊车的轮压分布图，如图 16-4 (a) 所示。吊车梁为焊接工字形截面，如图 16-4 (b) 所示。吊车梁设置纵向加劲肋，其腹板板板件宽厚比满足 S4 级要求。采用 Q345C 钢制作，焊条采用 E50 型。

提示：按《建筑结构可靠性设计统一标准》GB 50068—2018 作答。

16. 在竖向平面内，吊车梁的最大弯矩设计值 $M_{max} = 14500$kN·m，试问，强度计算中，仅考虑 M_{max} 作用时，吊车梁下翼缘的最大拉应力设计值（N/mm²），与下列何项数值

最为接近？

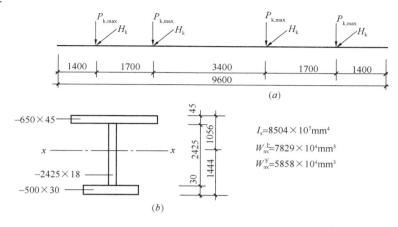

图 16-4

(A) 185　　　　　(B) 236　　　　　(C) 248　　　　　(D) 282

17. 在计算吊车梁的强度、稳定性及连接的强度时，应考虑由吊车摆动引起的横向水平力，试问，作用在每个吊车轮处由吊车摆动引起的横向水平力标准值 H_k（kW），与下列何项数值最为接近？

(A) 21.6　　　　　(B) 28.8　　　　　(C) 14.4　　　　　(D) 36

18. 在吊车最大轮压作用下，试问，吊车梁在腹板计算高度上边缘的局部承压应力设计值（N/mm²），与下列何项数值最为接近？

(A) 80　　　　　(B) 72　　　　　(C) 66　　　　　(D) 52

19. 假定吊车梁采用突缘支座，支座支承加劲肋与吊车梁腹板采用双面角焊缝连接，焊缝高度 $h_f=10$mm，支承加劲肋下端刨平顶紧。支座剪力设计值 $V=3200$kN，试问，该角焊缝的剪应力设计值（N/mm²），与下列何项数值最为接近？

(A) 75　　　　　(B) 95　　　　　(C) 110　　　　　(D) 190

20. 吊车梁由一台吊车荷载引起的最大竖向弯矩标准值 $M_{k,max}=5600$kN·m，试问，考虑欠载效应，吊车梁下翼缘与腹板连接处腹板的疲劳应力幅（N/mm²），与下列何项数值最为接近？

(A) 94　　　　　(B) 75　　　　　(C) 68　　　　　(D) 60

21. 厂房排架计算时，假定每台吊车同时作用，试问，柱牛腿由吊车荷载引起的最大竖向应力标准值（kN），与下列何项数值最为接近？

(A) 2005　　　　　(B) 2110　　　　　(C) 2200　　　　　(D) 1905

【题 22、23】 某平台钢柱的轴心压力设计值 $N=3200$kN，柱的计算长度 $l_{0x}=6$m，$l_{0y}=3$m，采用焊接工字形截面，截面尺寸如图 16-5 所示，翼缘钢板为剪切边，每侧翼缘板上有两个螺栓 M22（$d_0=24$mm），钢柱采用 Q235B 钢，采用 E43 型焊条。

22. 假定柱腹板增设纵向加劲板以保证局部稳定，试问，稳定性计算时，该柱最大压应力设计值（N/mm²），与下列何项数值最为接近？

(A) 164　　　　　(B) 171　　　　　(C) 182　　　　　(D) 190

23. 假定柱腹板不增设加劲肋加强，且已知腹板的高厚比不符合要求，试问，强度计算时，该柱最大压应力设计值（N/mm²），与下列何项数值最为接近？

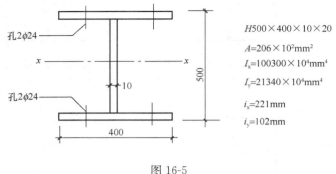

图 16-5

(A) 165   (B) 170   (C) 175   (D) 180

【题 24】 某受压构件采用热轧 H 型钢 HN700×300×13×24，其腹板与翼缘相连接处两侧圆弧半径 $r=28$mm。试问，进行局部稳定验算时，腹板板件宽厚比的计算值，与下列何项数值最为接近？

(A) 54   (B) 50   (C) 46   (D) 42

【题 25～27】 某钢平台承受静荷载，支撑与柱的连接节点如图 16-6 所示，支撑杆的斜向拉力设计值 $N=680$kN，采用 Q235B 钢，E43 型焊条。

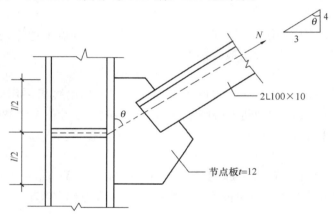

图 16-6

25. 支撑拉杆为双角钢 2L100×10，角钢与节点板采用两侧角焊缝连接，角钢肢背焊缝 $h_f=10$mm，肢尖焊缝 $h_f=8$mm，试问，角钢肢背的焊缝连接长度（mm），与下列何项数值最为接近？

(A) 235   (B) 290   (C) 340   (D) 375

26. 节点板与钢柱采用双面角焊缝连接，取焊缝高度 $h_f=8$mm，试问，焊缝连接长度（mm），与下列何项数值最为接近？

(A) 335   (B) 375   (C) 415   (D) 465

27. 假设，$N=480$kN，节点板与钢柱采用 V 型剖口焊缝，焊缝质量等级为二级，试问，焊缝连接长度（mm），与下列何项数值最为接近？

（A）250 （B）300 （C）350 （D）380

【题28】 某多跨连续钢梁，按塑性设计，当选用工字形焊接断面，钢材采用Q235B钢，其截面能形成塑性铰发生塑性转动，试问，其翼缘板件宽厚比的限值，与下列何项数值最为接近？

（A）9 （B）11 （C）13 （D）15

【题29】 《钢结构设计标准》中钢材的抗拉、抗压和抗弯强度设计值的确定，下列何项取值正确？

（A）抗拉强度最小值除以抗力分项系数

（B）抗压强度标准值除以抗力分项系数

（C）屈服强度标准值除以抗力分项系数

（D）抗拉强度标准值除以抗力分项系数

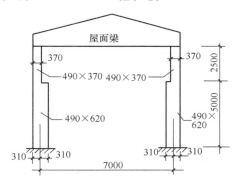

图 16-7

【题30～32】 某单层单跨有吊车砖柱厂房，剖面如图 16-7 所示，砖柱采用 MU15 烧结普通砖，M10 混合砂浆砌筑，砌体施工质量控制等级为 B 级，屋盖为装配式无檩体系，钢筋混凝土屋盖，柱间无支撑，静力计算方案为弹性方案，荷载组合应考虑吊车作用。

30. 当对该变截面柱上段柱垂直于排架方向的高厚比按公式 $\dfrac{H_0}{h} \leqslant \mu_1 \mu_2 [\beta]$ 进行验算时，试问，其公式左右端数值与下列何项数值最为接近？

（A）6＜17 （B）6＜22 （C）8＜22 （D）10＜17

31. 当对该变截面柱下段柱排架方向的高厚比按公式 $\dfrac{H_0}{h} \leqslant \mu_1 \mu_2 [\beta]$ 进行验算时，试问，其公式左右端数值与下列何项数值最为接近？

（A）8＜17 （B）8＜22 （C）10＜17 （D）10＜22

32. 假设轴向力沿排架方向的偏心距 $e = 155\text{mm}$，变截面柱下段柱的计算高厚比 $\beta = 7$，试问，变截面柱下段柱的偏心受压承载力设计值（kN），与下列何项数值最为接近？

（A）220 （B）246 （C）275 （D）305

【题33～35】 某抗震设防烈度为 7 度的多层砌体结构住宅，底层某道承重横墙的尺寸和构造柱的布置如图 16-8 所示，墙体采用 MU10 烧结普通砖，M7.5 混合砂浆砌筑，构造柱 GZ 截面尺寸为 240mm×240mm，采用 C20 混凝土，纵向钢筋为 HRB335 级钢筋 4Φ12，箍筋采用 HPB300 级（$f_{yv} = 270\text{N/mm}^2$）Φ6@200。砌体施工质量控制等级为 B

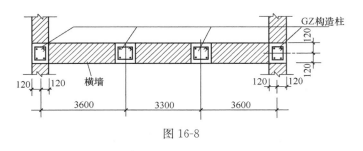

图 16-8

级，在该墙墙顶作用的竖向恒荷载标准值为 200kN/m，活荷载标准值为 70kN/m，不考虑本层墙体自重。

提示：按《建筑抗震设计规范》GB 50011—2010 计算。

33. 该墙体沿阶梯形截面破坏时，其抗震抗剪强度设计值 f_{vE}（MPa），与下列何项数值最为接近？

(A) 0.23　　　　(B) 0.20　　　　(C) 0.16　　　　(D) 0.12

34. 假设砌体抗震抗剪强度的正应力影响系数 $\xi_N = 1.6$，该墙体的截面抗震受剪承载力设计值（kN），与下列何项数值最为接近？

(A) 585　　　　(B) 625　　　　(C) 695　　　　(D) 775

35. 假设图 16-8 所示墙体中不设置构造柱，砌体抗震抗剪强度的正应力影响系数 $\xi_N = 1.6$，该墙体的截面抗震受剪承载力设计值（kN），与下列何项数值最为接近？

(A) 625　　　　(B) 580　　　　(C) 525　　　　(D) 420

【题 36】 采用轻骨料混凝土小型空心砌块砌筑框架填充墙砌体时，试指出下列何项不妥？说明理由。

(A) 施工时所用到的小砌块的产品龄期不应小于 28d

(B) 轻骨料混凝土小型空心砌块不应与其他块材混砌

(C) 轻骨料混凝土小型空心砌块的水平和竖向砂浆饱满度均不应小于 80%

(D) 轻骨料混凝土小型空心砌块搭砌长度不应小于 90mm，竖向通缝不超过 3 皮

【题 37～39】 某住宅楼的钢筋砖过梁净跨 $l_n =$ 1500mm，墙厚 240mm，立面见图 16-9 所示，采用 MU10 烧结多孔砖，M10 混合砂浆砌筑。过梁底面配筋采用 HRB335 级钢筋 3 Φ 10，锚入支座内的长度为 250mm，多孔砖砌体自重 18kN/m³。砌体施工质量控制等级为 B 级，在离窗口顶 800mm 高度处作用有楼板传来的均布恒荷载标准值 $q_k = 11$kN/m，均布活荷载标准值 $q_k = 6$kN/m。设计使用年限为 50 年，结构安全等级为二级。

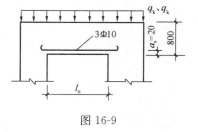

图 16-9

提示：按《建筑结构可靠性设计统一标准》GB 50068—2018 作答。

37. 试确定该过梁承受的最大均布荷载设计值（kN/m），与下列何项数值最为接近？

(A) 24　　　　(B) 22　　　　(C) 20　　　　(D) 18

38. 该过梁的受弯承载力设计值（kN·m），与下列何项数值最为接近？

(A) 29　　　　(B) 33　　　　(C) 47　　　　(D) 20

39. 该过梁的受剪承载力设计值（kN），与下列何项数值最为接近？

提示：砌体强度设计值调整系数 $\gamma_a = 1.0$

(A) 25　　　　(B) 22　　　　(C) 15　　　　(D) 12

【题 40】 下列关于砌体结构设计的见解，何项组合的内容是全部正确的？说明理由。

Ⅰ. 地面以下或防潮层以下的砌体、潮湿房间墙应采用水泥砂浆，强度等级不应低于 M5；

Ⅱ. 承重的独立砖柱截面尺寸不应小于 240mm×370mm；

Ⅲ. 装配整体式钢筋混凝土楼（屋）盖，当有保温层时，墙体材料为混凝土砌块的房屋，其伸缩缝的最大间距为 50m；

Ⅳ. 多层砖砌体房屋的构造柱与圈梁连接处，构造柱的纵筋应在圈梁纵筋内侧穿过，且构造柱纵筋上下贯通。

(A) Ⅰ、Ⅳ　　　　(B) Ⅰ、Ⅲ　　　　(C) Ⅱ、Ⅲ　　　　(D) Ⅱ、Ⅳ

（下午卷）

【题 41】[①]　某抗震设防烈度为 7 度的 L 型多孔砖多层砌体结构住宅，按抗震构造措施要求设置构造柱，试指出下列何项关于构造柱的见解不妥？说明理由。

(A) 宽度大于 2.1m 的洞口两侧应设置构造柱

(B) 8 度区横墙较少的房屋超过 5 层时，构造柱的纵向钢筋宜采用 4 Φ 14

(C) 构造柱与圈梁相交的节点处，构造柱的箍筋间距应适当加密

(D) 构造柱可不单独设置基础，当遇有地下管沟时，可锚入小于管沟埋深的基础圈梁内

【题 42、43】　某根未经切削的东北落叶松（TC17B）原木简支檩条，标注直径为 120mm，支座间的距离为 6m。该檩条的安全等级为二级，设计使用年限为 50 年。稳定满足要求。

42. 试问，该檩条的抗弯承载力设计值（kN·m），与下列何项数值最接近？

(A) 4.2　　　　(B) 5.3　　　　(C) 6.1　　　　(D) 3.3

43. 试问，该檩条的抗剪承载力设计值（kN），与下列何项数值最接近？

(A) 13.6　　　　(B) 14.5　　　　(C) 15.6　　　　(D) 20.4

【题 44】　下列关于无筋扩展基础设计的见解，何项是不正确的？说明理由。

(A) 当基础由不同材料叠合组成时，应对接触部分作抗压验算

(B) 无筋扩展基础适用于多层民用建筑和轻型厂房

(C) 基础底面处的平均压力值不超过 350kPa 的混凝土无筋扩展基础，可不进行抗剪验算

(D) 采用无筋扩展基础的钢筋混凝土柱，其柱脚高度不应小于 300mm，且不小于 20d

【题 45】　下列关于地基基础设计等级及地基变形设计要求的见解，何项是不正确的？说明理由。

(A) 位于复杂地质条件及软土地区的单层地下室的基础工程的地基基础设计等级为乙级

(B) 场地和地基条件复杂的一般建筑物的地基基础设计等级为甲级

(C) 按地基变形设计或应作变形验算，并且需进行地基处理的建筑物或构筑物，应对处理后的地基进行变形验算

(D) 场地和地基条件简单，荷载分布均匀的 6 层框架结构，采用天然地基，其持力层的地基承载力特征值为 120kPa 时，建筑物可不进行地基变形计算

---

① 根据当年考试所使用的规范进行取舍。

【题 46～50】 某多层钢筋混凝土框架厂房柱下矩形独立基础，柱截面尺寸为 $1.2\text{m}\times$ 1.2m，基础宽度为 3.6m，抗震设防烈度为 7 度（$0.15g$）。基础平面、剖面，以及土层剪切波速，如图 16-10 所示。

提示：① 按《建筑抗震设计规范》GB 5011—2010 作答。

②按《建筑结构可靠性设计统一标准》GB 50068—2018 作答。

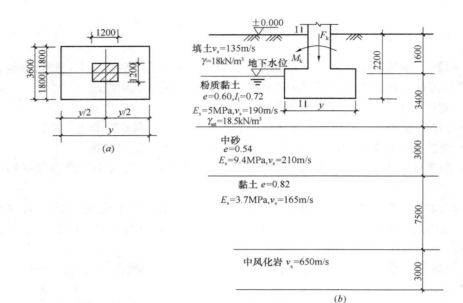

图 16-10

46. 试问，该建筑物场地类别为下列何项？

（A）I₁ 类场地　　（B）II 类场地　　（C）III 类场地　　（D）IV 类场地

47. 假定基础底面处粉质黏土层的地基承载力特征值 $f_{ak}=180\text{kPa}$，基础长度 $y\geqslant$ 3.6m，试问，基础底面处的地基抗震承载力 f_{aE}（kPa），与下列何项数值最为接近？

（A）246　　　　（B）275　　　　（C）290　　　　（D）332

48. 假定钢筋混凝土柱按地震作用效应标准组合传至基础顶面处的竖向力 F_k 为 1200kN，弯矩 M_k 为 1536.48kN·m，基础及其上土的自重标准值 G_k 为 560kN，基础底面处的地基抗震承载力 $f_{aE}=245\text{kPa}$，试问，按地基抗震要求确定的基础底面力矩作用方向的最小边长 y（m），与下列何项数值最为接近？

提示：①当基础地面出现零应力区时，$p_{k,\max}=\dfrac{2(F_k+G_k)}{3la}$；

②偏心距 $e=\dfrac{M}{N}=0.873\text{m}$。

（A）3.0　　　　（B）3.7　　　　（C）4.0　　　　（D）4.5

49. 假定基础混凝土强度等级为 C25（$f_t=1.27\text{N/mm}^2$），基础底面边长 $y=$ 4600mm，基础高度 $h=800\text{mm}$（取 $h_0=750\text{mm}$），试问，柱与基础交接处最不利一侧的受冲切承载力设计值（kN），与下列何项数项最为接近？

提示： 不考虑抗震调整系数 γ_{RE}。

(A) 1300   (B) 1400   (C) 1500   (D) 1600

50. 条件同[题49]，已知基础及其上土的自重标准值 G_k 为 710kN，偏心距小于 1/6 基础长度，相应于作用的基本组合时的基底边缘的最大地基反力设计值 $p_{max} = 250$kN/m²，最小地基反力设计值 $p_{min} = 85$kN/m²，试问，基础柱边截面 I-I 的弯矩设计值 M_I（kN·m），与下列何项数值最为接近？

提示： 基础柱边截面 I-I 处 $p = 189$kN/m²。

(A) 650   (B) 715   (C) 750   (D) 800

【题51～54】 某多层地下建筑采用泥浆护壁成孔的钻孔灌注桩基础，柱下设三桩等边承台，钻孔灌注桩直径为 800mm，其混凝土强度等级为 C30（$f_c = 14.3$N/mm²），其重度 $\gamma = 25$kN/m³，工程场地的地下水设计水位为 −1.0m，有关地基各土层分布情况、土的参数、承台尺寸及桩身配筋，见图 16-11 所示。

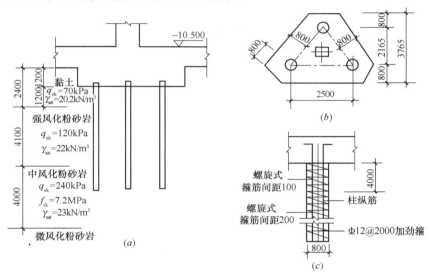

图 16-11

51. 假定按荷载的标准组合计算的单根基桩拔力 $N_k = 1200$kN，土层及各层的抗拔系数 λ_i 均为 0.75，试问，按《建筑桩基技术规范》JGJ 94—2008 规定，当群桩呈非整体破坏时，满足基桩抗拔承载力要求的基桩最小嵌固入岩深度 l（m），与下列何项数值最为接近？

(A) 2.0   (B) 2.3   (C) 2.7   (D) 3.0

52. 假定基桩嵌固入岩深度 $l = 3200$mm，试问，按《建筑桩基技术规范》JGJ 94—2008 规定，单桩竖向承载力特征值 R_a（kN），与下列何项数值最为接近？

(A) 3400   (B) 4000   (C) 4500   (D) 5000

53. 假定桩纵向钢筋采用 HRB400 钢筋 16Φ18，基桩成桩工艺系数 ψ_c 为 0.7，试问，按《建筑桩基技术规范》JGJ 94—2008 规定，基桩轴心受压时的正截面受压承载力设计值（kN），与下列何项数值最为接近？

(A) 5000   (B) 5500   (C) 6100   (D) 6350

54. 该工程试桩中，由单桩竖向静载试验得到 3 根试桩竖向极限承载力分别为

7800kN，8500kN，8900kN。根据《建筑地基基础设计规范》GB 5007—2011 规定，试问，工程设计中所采用的桩竖向承载力特征值 R_a（kN），与下列何项数值最为接近？

(A) 3900　　　　(B) 4000　　　　(C) 4200　　　　(D) 4400

【题 55～57】 某多层建筑采用正方形筏形基础，地质剖面及土层相关参数如图 16-12 所示，现采用水泥土搅拌桩对地基进行处理，水泥土搅拌桩桩径为 550mm，桩长 10m，采用正方形均匀布桩。

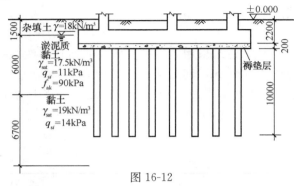

图 16-12

55. 假定桩体试块抗压桩强度 f_{cu} 为 2400kPa，桩身强度折减系数 η 为 0.25，桩端天然地基土的承载力特征值为 120kPa，桩端端阻力发挥系数 α_p 为 0.5，初步设计时水泥土搅拌桩单桩竖向承载力特征值 R_a（kN），与下列何项数值最为接近？

(A) 130　　　　(B) 142　　　　(C) 200　　　　(D) 230

56. 假定水泥土搅拌桩单桩竖向承载力特征值 $R_a=180$kN，桩间土承载力特征值 $f_{sk}=100$kPa，桩间土承载力发挥系数 $\beta=0.75$，欲使修正后的复合地基承载力特征值要求达到 200kPa，试问，桩间距 s（m），与下列何项数值最为接近？

(A) 0.90　　　　(B) 1.10　　　　(C) 1.30　　　　(D) 1.50

57. 假定筏形基础下由水泥土搅拌桩处理土层为均单一淤泥质黏土，水泥土搅拌复合土层的压缩模量 E_{sp} 为 20MPa。相应于作用的准永久组合时，复合土层顶面附加应力 p_z 为 180kPa，复合土层底面附加应力 p_{zl} 为 60kPa，复合土层压缩变形量计算经验系数 $\psi_{s1}=1.0$。试问，该复合土层压缩变形量（cm），与下列何项数值最为接近？

提示： 按分层总和法考虑。

(A) 6　　　　(B) 10　　　　(C) 12　　　　(D) 18

【题 58】 对于高层钢筋混凝土底层大空间部分框支剪力墙结构，其转换层楼面采用现浇楼板且双层双向配筋，试问，下列何项符合有关规定、规程的相关构造要求？

(A) 混凝土强度等级不应低于 C25，每层每向的配筋率不宜小于 0.25%

(B) 混凝土强度等级不应低于 C25，每层每向的配筋率不宜小于 0.20%

(C) 混凝土强度等级不应低于 C30，每层每向的配筋率不宜小于 0.25%

(D) 混凝土强度等级不应低于 C30，每层每向的配筋率不宜小于 0.20%

【题 59】 下列关于高层钢筋混凝土结构抗震设计的一些见解，其中何项不正确？说明理由。

(A) 抗震等级为一、二级的框架梁柱节点，一般不需要进行节点区轴压比验算

(B) 当仅考虑竖向地震作用组合时，偏心受拉柱的承载力抗震调整系数取为 1.0

（C）框架梁内贯通矩形截面中柱的每根纵向受力钢筋的直径，抗震等级为一、二级时，不宜大于框架柱在该方向截面尺寸的 1/20。

（D）一级抗震等级设计的剪力墙底部加强部位及其上一层截面弯矩设计值应按墙肢组合弯矩设计值的 1.2 倍采用

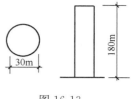

图 16-13

【题 60～63】 某 43 层钢筋混凝土框架-核心筒高层建筑，属于普通办公楼，建于非地震区，如图 16-13 所示，圆形平面，直径为 30m，房屋地面以上高度为 180m；质量和刚度沿竖向分布均匀，可忽略扭转影响，按 50 年重现期的基本风压为 $0.6kN/m^2$；按 100 年重现期的基本风压为 $0.7kN/m^2$，地面粗糙度为 B 类，结构基本自振周期 $T_1=2.78s$。设计使用年限为 50 年。

60. 试问，设计 120m 高度处的遮阳板（小于 $1m^2$）的承载能力时，所采用风荷载标准值（kN/m^2）与下列何项数值最为接近？

（A）－2.94 　　　　（B）－3.18 　　　　（C）－3.75 　　　　（D）－4.12

61. 该建筑物底部 8 层的层高均为 5m，其余各层层高均为 4m，当按承载能力设计，校核第一振型横向风振时，试问，其临界风速起点高度位于下列何项楼层范围内？

提示： 空气密度 $\rho=1.25kg/m^3$。

（A）16 层 　　　　（B）18 层 　　　　（C）20 层 　　　　（D）22 层

62. 假定建筑物 A 平面为矩形 $B×L=30m×30m$，在该建筑物 A 旁拟建一同样的矩形平面建筑物 B，如图 16-14 所示，不考虑其他因素的影响，试确定在图示风向作用下，下列何项布置方案对建筑物 A 顺风向风荷载的风力干扰最大？

（A）$x=60m$，$y=30m$ 　　　　　　　（B）$x=0m$，$y=60m$

（C）$x=60m$，$y=0m$ 　　　　　　　（D）$x=0m$，$y=90m$

63. 该圆形平面建筑物拟建于山区平坦地 A 处，或建于高度为 50m 的山坡顶 B 处，如图 16-15 所示，在两处距地面 100m 的楼高处的顺风向荷载标准值分别为 w_A 和 w_B，试确定其比值（w_B/w_A）最接近于下列何项数值？

提示： ①A 处时 100m 的风振系数 $\beta_{zA}=1.248$；

②B 处时 100m 的脉动风荷载共振分量因子 $R=1.36$，$kH^{a1}\rho_x\rho_z=1.00$，$\phi_1(z)=0.42$。

（A）1.36 　　　　（B）1.24 　　　　（C）1.12 　　　　（D）1.95

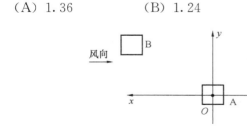

图 16-14

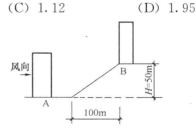

图 16-15

【题 64～67】 某 11 层办公楼，无特殊库房，采用钢筋混凝土框架-剪力墙结构，丙类建筑，首层室内外地面高差 0.45m，房屋高度为 39.45m，质量和刚度沿竖向分布均匀，抗震设防烈度为 9 度，建于 Ⅱ 类场地，设计地震分组为第一组，其标准层平面和剖面见图 16-16 所示。已知首层楼面永久荷载标准值为 11500kN，其余各层楼面永久荷载标准值均为 11000kN，屋面永久荷载标准值为 10500kN，各楼层楼面活荷载标准值均为 2400kN，屋面活荷载标准值为 800kN，折减后的基本自振周期 $T_1 = 0.85$ s。

提示： 按《高层建筑混凝土结构技术规程》JGJ 3—2010 解答。

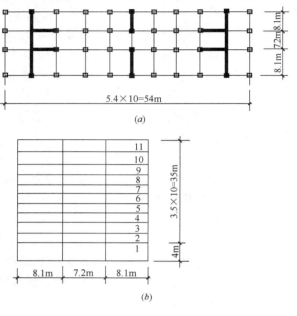

图 16-16

64. 试问，多遇地震，采用底部剪力法进行方案比较时，结构顶层附加地震作用标准值（kN），与下列何项数值最为接近？

(A) 2050　　　　(B) 2250　　　　(C) 2550　　　　(D) 2850

65. 第五层某剪力墙的连梁，其截面尺寸为 300mm×300mm，净跨 $l_n = 3000$ mm，混凝土强度等级为 C40（$f_c = 19.1$N/mm²，$f_t = 1.71$N/mm²），纵筋及箍筋均采用 HRB400（Φ）（$f_{yk} = 400$N/mm²，$f_y = f'_y = 360$N/mm²），在考虑地震作用组合时，该连梁端部起控制作用且同一方向逆时针（或顺时针）的弯矩设计值 $M_b^l + M_b^r = 350$kN·m，同一组合的重力荷载代表值和竖向地震作用下按简支梁分析的梁端截面剪力设计值 $V_{Gb} = 20$kN。该连梁实配纵筋上下均为 4Φ22，箍筋为 Φ8@100，$a_s = a'_s = 35$mm。试问，该连梁在抗震设计时的端部剪力设计值 V_b（kN），与下列何项数值最为接近？

(A) 160　　　　(B) 200　　　　(C) 220　　　　(D) 240

66. 假定结构基本自振周期 T_1 未知，但是 $T_1 \leqslant 2.0$s，若采用底部剪力法进行方案比较，试问，本工程 T_1 最大为何值时，底层水平地震剪力仍能满足规范、规程规定的剪重比（底层剪力与重力荷载代表值之比）的要求？

(A) 0.85s　　　　(B) 1.00s　　　　(C) 1.25s　　　　(D) 1.75s

67. 假定本工程设有两层地下室，如图 16-17 所示，总重力荷载合力作用点与基础底面形心重合，基础底面反力呈线性分布，上部及地下室基础总重力荷载标准值为 G_k，水平荷载与竖向荷载共同作用下基底反力的合力点到基础中心的距离为 e_0，试问，当满足规程对基础底面与地基之间压应力区面积限值时，抗倾覆力矩 M_R 与倾覆力矩 M_{ov} 的最小比值，与下列何项数值最为接近？

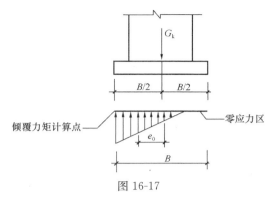

图 16-17

提示：地基承载力符合要求，不考虑土侧压力，不考虑重力二阶效应。

(A) 1.5   (B) 1.9

(C) 2.3   (D) 2.7

【题 68】 某高层钢筋混凝土框架结构，房屋高度 37m，位于 7 度抗震设防烈度区，设计基本地震加速度为 0.15g，丙类建筑，Ⅲ类建筑场地。第三层某框架柱截面尺寸为 750mm×750mm，混凝土强度等级为 C40（f_c＝19.1N/mm²，f_t＝1.71N/mm²），箍筋采用 HRB335 级钢筋，配置为 Φ10 井字复合箍（加密区间距为 100，非加密区间距为 200），柱净高 2.7m，反弯点位于柱子高度中部。取 $a_s＝a'_s$＝45mm。试问，该柱的轴压比限值，与下列何项数值最为接近？

提示：按《高层建筑混凝土结构技术规程》JGJ 3—2010 作答。

(A) 0.65   (B) 0.70   (C) 0.75   (D) 0.60

【题 69～72】 某底部带转换层的钢筋混凝土框架-核心筒结构，抗震设防烈度为 7 度，丙类建筑，建于Ⅱ类建筑场地。该建筑物地上 31 层，地下 2 层，地下室在主楼平面以外部分无上部结构。地下室顶板±0.000 处可作为上部结构的嵌固部位，纵向两榀框架在第三层转换层设置转换梁，如图 16-18 所示。上部结构和地下室混凝土强度等级均采用 C40（f_c＝19.1N/mm²，f_t＝1.71N/mm²）。

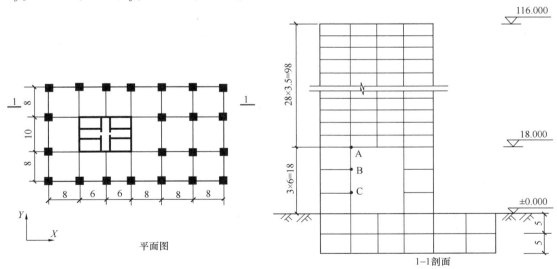

图 16-18 （单位：m）

69. 试问，主体结构第三层的核心筒、转换柱，以及无上部结构部位的地下室中地下一层框架（以下简称无上部结构的地下室框架）的抗震等级，下列何项符合规程规定？

提示：根据《高层建筑混凝土结构技术规程》JGJ 3—2010。

（A）核心筒一级、转换柱特一级、无上部结构的地下室框架特一级

（B）核心筒一级、转换柱特一级、无上部结构的地下室框架一级

（C）核心筒二级、转换柱一级、无上部结构的地下室框架一级

（D）核心筒二级、转换柱一级、无上部结构的地下室框架二级

70. 假定某根转换柱抗震等级为一级，X 向考虑地震作用组合的第二、三层 B、A 节点处的梁、柱弯矩组合值分别为：节点 A，上柱柱底弯矩 M_c^t＝600kN·m，下柱柱顶弯矩 M_c^b＝1800kN·m，节点左侧梁端弯矩 M_b^l＝480kN·m，节点右侧梁端弯矩 M_b^r＝1200kN·m；节点 B，上柱柱底弯矩 M_c^t＝600 kN·m，下柱柱顶弯矩 M_c^b＝500kN·m，节点左侧梁端弯矩 M_b^l＝520kN·m。此外，底层柱 C 节点柱底弯矩组合值 M_c＝400kN·m。试问，该转换柱配筋设计时，节点 A、B 处下柱柱顶及底层柱柱底的考虑地震作用组合的弯矩设计值 M_A、M_B、M_c（kN·m），与下列何项数值最为接近？

（A）1800；500；400 　　　（B）2520；700；400

（C）2700；500；600 　　　（D）2700；750；600

71. 第三层转换梁如图 16-19 所示，假定抗震等级为一级，截面尺寸为 $b×h$＝1m×2m，箍筋采用 HRB335 级钢筋，试问，截面 B 处的箍筋配置，下列何项最符合规范规程要求，且较为经济？

（A）8ϕ10@100　　　（B）8ϕ12@100

（C）8ϕ14@150　　　（D）8ϕ14@100

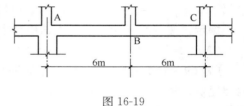

图 16-19

72. 底层核心筒外墙转角处，墙厚 400mm，如图 16-20 所示，轴压比为 0.5，满足轴压比限值的要求，如果在第四层该处设边缘构件（其中 b 为墙厚、L_1 为箍筋区域、L_2 为箍筋或拉筋区域），试问，b（mm）、L_1（mm）、L_2（mm）为下列何组数值时，最接近并符合相关规范、规程的最低构造要求？

（A）350，350，0　　（B）400；400；200

（C）350，350，630　（D）400；650；0

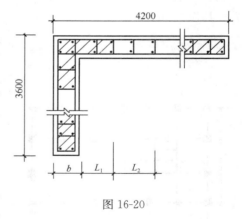

图 16-20

【题 73】某高速公路上的一座跨越非通航河道的桥梁，洪水期有大漂浮物通过。该桥的计算水位为 2.5m（高程），支座高度为 0.20m，试问，该桥的梁底最小高程（m），应为下列何项数值？

（A）4.0　　　　（B）3.4　　　　（C）3.2　　　　（D）3.0

【题 74】某城市桥梁位于 7 度地震基本烈度区（水平地震动加速度峰值为 0.15g），位于城市主干路上，结构为多跨 20m 简支预应力混凝土空心板梁，中墩盖梁为单跨双悬臂矩形结构，支座采用氯丁橡胶板式支座，伸缩缝宽度为 80mm，试问，该桥中墩盖梁的最小宽度（mm），与下列何项数值最为接近？

提示：取板梁的计算跨径为 19.5m。

(A) 1650　　　　　(B) 1675　　　　　(C) 1800　　　　　(D) 1815

【题75】　某公路高架桥，其主桥为三跨变截面连续钢-混凝土组合梁，跨径布置为 50m+75m+50m，两端引桥各为 5 孔 40m 的预应力混凝土 T 形梁，高架桥总长 575m，试问，其工程规模应属于下列何项？

(A) 特大桥　　　　(B) 大桥　　　　(C) 中桥　　　　(D) 小桥

【题76】　某立交桥上的一座匝道桥为单跨简支桥梁，跨径 40m，桥面净宽 8.0m，为同向行驶的两车道，承受公路—Ⅰ级荷载，采用氯丁橡胶板式支座。试问，该桥每个桥台承受的制动力标准值（kN），与下列何项数值最为接近？

提示：车道荷载的均布荷载标准值 q_k＝10.5kN/m，集中荷载标准值 P_k＝340kN，假定两桥台平均承担制动力。

(A) 83　　　　　(B) 90　　　　　(C) 165　　　　　(D) 175

【题77】　某公路高架桥，其主桥为三跨变截面连续钢-混凝土组合箱型桥，跨径布置为 45m+60m+45m，两端引桥各为 4 孔 40m 的预应力混凝土 T 形梁，桥台为 U 型结构，前墙厚度为 0.90m，侧墙长 3.0m，主桥与引桥两端的伸缩缝宽度均为 160mm。试问，该桥全长（m），与下列何项数值最为接近？

(A) 478　　　　　(B) 476　　　　　(C) 472　　　　　(D) 470

【题78】　某重要公路桥梁为等高预应力混凝土箱形梁结构，其设计安全等级为一级。该梁某截面的结构重力弯矩标准值为 M_g，汽车作用的弯矩标准值为 M_k。试问，该桥在承载能力极限状态下，其作用效应的基本组合应为下列何项？

(A) $1.1\ (1.2M_g+1.4M_k)$　　　　　(B) $1.0\ (1.2M_g+1.4M_k)$

(C) $0.9\ (1.2M_g+1.4M_k)$　　　　　(D) $1.1\ (M_g+M_k)$

【题79】　某公路桥梁结构为预制后张预应力混凝土箱型梁，跨径为 30m，单梁宽 3.0m，采用 $\phi^s15.20$mm 高强度钢绞线，其抗拉强度标准值（f_{pk}）为 1860MPa，公称截面面积为 140mm²。每根预应力束由 9 股 $\phi^s15.20$ 钢绞线组成。锚具为夹片式群锚，张拉控制应力采用 $0.75f_{pk}$。试问，超张时，单根预应力束的最大张拉力（kN），与下列何项数值最为接近？

(A) 1758　　　　　(B) 1810　　　　　(C) 1846　　　　　(D) 1875

【题80】　某城市桥梁位于城市主干路上，其跨度为 110m，加载长度为 109m，其单侧人行道宽度为 3.0m。试问，其人行道的设计人群荷载 W（kPa）。最接近于下列何项数值？

(A) 2.0　　　　　(B) 2.4　　　　　(C) 3.0　　　　　(D) 3.8

实战训练试题（十七）

（上午卷）

【题 1～4】 某四层现浇钢筋混凝土框架结构，各层结构计算高度均为 6m，平面布置如图 17-1 所示，抗震设防烈度为 7 度，设计基本地震加速度为 0.15g，设计地震分组为第二组，建筑场地类别为 II 类，抗震设防类别为重点设防类。

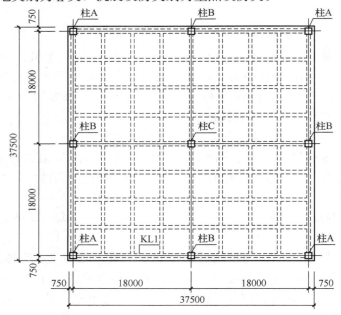

图 17-1

1. 假定，考虑非承重墙影响的结构基本自振周期 $T_1 = 1.08s$，各层重力荷载代表值均为 $12.5kN/m^2$（按建筑面积 37.5m×37.5m 计算）。试问，按底部剪力法确定的多遇地震下的结构总水平地震作用标准值 F_{Ek}（kN）与下列何项数值最为接近？

提示： 按《建筑抗震设计规范》GB 50011—2010 作答。

(A) 2000   (B) 2700   (C) 2900   (D) 3400

2. 假定，多遇地震作用下按底部剪力法确定的结构总水平地震作用标准值 $F_{Ek} = 3600kN$，顶部附加地震作用系数 $\delta_n = 0.118$。试问，当各层重力荷载代表值均相同时，多遇地震下结构总地震倾覆力矩标准值 M（kN·m）与下列何项数值最为接近？

(A) 64000   (B) 67000   (C) 75000   (D) 85000

3. 假定，柱 B 混凝土强度等级为 C50，剪跨比大于 2，恒荷载作用下的轴力标准值 $N_1 = 7400kN$，活荷载作用下的轴力标准值 $N_2 = 2000kN$（组合值系数为 0.5），水平地震作用下的轴力标准值 $N_{Ehk} = 500kN$。试问。根据《建筑抗震设计规范》GB 50011—2010，当未采用有利于提高轴压比限值的构造措施时，柱 B 满足轴压比要求的最小正方形截面边长 h（mm）应与下列何项数值最为接近？

提示：风荷载不起控制作用；边榀构件的地震作用增大系数取 1.15。

（A）750 　　　　（B）800 　　　　（C）850 　　　　（D）900

4. 假定，现浇框架梁 KL1 的截面尺寸 $b \times h = 600\text{mm} \times 1200\text{mm}$，混凝土强度等级为 C35，纵向受力钢筋采用 HRB400 级，梁端底面实配纵向受力钢筋面积 $A'_s = 4418\text{mm}^2$，梁端顶面实配纵向受力钢筋面积 $A_s = 7592\text{mm}^2$，$h_0 = 1120\text{mm}$，$a'_s = 45\text{mm}$，$\xi_b = 0.518$。试问，考虑受压区受力钢筋作用，梁端承受负弯矩的正截面抗震受弯承载力设计值 M（kN·m）与下列何项数值最为接近？

（A）2300 　　　　（B）2700 　　　　（C）3200 　　　　（D）3900

【题 5～9】 某五层重点设防类建筑，采用现浇钢筋混凝土框架结构如图 17-2 所示，抗震等级为二级，各柱截面均为 600mm×600mm，混凝土强度等级 C40。

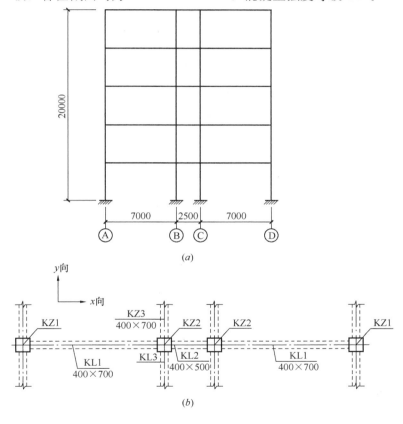

图 17-2
(*a*) 计算简图；(*b*) 二、三层局部结构布置

5. 假定，底层边柱 KZ1 考虑水平地震作用组合，并经调整后的弯矩设计值为 616 kN·m，相应的轴力设计值为 880kN，且已经求得 $C_m \eta_{ns} = 1.22$。柱纵筋采用 HRB400 级钢筋，对称配筋，取 $a_s = a'_s = 40\text{mm}$，相对界限受压区高度 $\xi_b = 0.518$，承载力抗震调整系数 $\gamma_{ER} = 0.75$。试问，满足承载力要求的纵筋截面面积 $A_s = A'_s$（mm²），与下列何项数

值最为接近？

提示：柱的配筋由该组内力控制且满足构造要求。

(A) 1520　　　　　(B) 2180　　　　　(C) 2720　　　　　(D) 3520

6. 假定，二层框架梁 KL1 及 KL2 在重力荷载代表值及 X 向水平地震作用下的弯矩图如图 17-3 所示，$a_s = a'_s = 35\text{mm}$，柱的计算高度 $H_c = 400\text{mm}$。试问，根据《建筑抗震设计规范》GB 50011—2010，KZ2 二层节点核芯区地震作用组合的 X 向剪力设计值 V_j（kN）与下列何项数值最为接近？

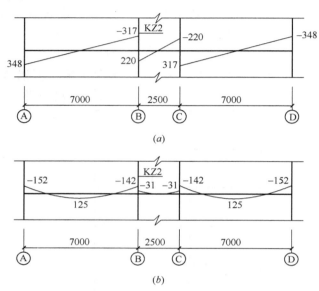

图 17-3

（a）正 X 向水平地震作用下梁弯矩标准值（kN·m）；

（b）重力荷载代表值作用下梁弯矩标准值（kN·m）

(A) 1700　　　　　(B) 2100　　　　　(C) 2400　　　　　(D) 2800

7. 假定，三层平面位于柱 KZ2 处的梁柱节点，对应于考虑地震作用组合的剪力设计值的上柱底部的轴向压力设计值的较小值为 2300kN，节点核芯区箍筋采用 HRB335 级钢筋，配置如图 17-4 所示，正交梁的约束影响系数 $\eta_j = 1.5$，框架梁 $a_s = a'_s = 35\text{mm}$。试问，根据《混凝土结构设计规范》GB 50010—2010，此框架梁柱节点核芯区的 X 向抗震受剪承载力设计值（kN）与下列何项数值最为接近？

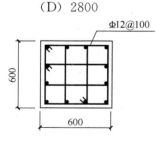

图 17-4

(A) 800　　　　　(B) 1100

(C) 1900　　　　　(D) 2200

8. 假定，二层角柱 KZ2 截面为 600mm×600mm，剪跨比大于 2，轴压比为 0.6，纵筋采用 HRB400，箍筋采用 HRB335 钢筋，箍筋采用普通复合箍，箍筋的混凝土保护层厚度取 20mm。试问，下列何项柱加密区配筋符合《建筑抗震设计规范》GB 50011—2010 的要求？

提示：复合箍的体积配筋率按扣除重叠部位的箍筋体积计算。

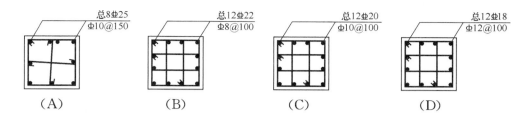

(A)　　　　　　(B)　　　　　　(C)　　　　　　(D)

9. 已知，该建筑抗震设防烈度为 7 度，设计基本地震加速度为 0.10g。建筑物顶部附设 6m 高悬臂式广告牌，附属构件重力为 100kN，自振周期为 0.08s，顶层结构重力为 12000kN。试问，该附属构件自身重力沿不利方向产生的水平地震作用标准值 F（kN）应与下列何项数值最为接近？

(A) 16　　　　　(B) 20　　　　　(C) 32　　　　　(D) 38

【题 10～14】 某多层现浇钢筋混凝土结构，设两层地下车库，局部地下一层外墙内移，如图 17-5 所示。设计使用年限为 50 年，结构安全等级为二级。已知室内环境类别为一类，室外环境类别为二 b 类，混凝土强度等级均为 C30。

提示： 按《建筑结构可靠性设计统一标准》GB 50068—2018 作答。

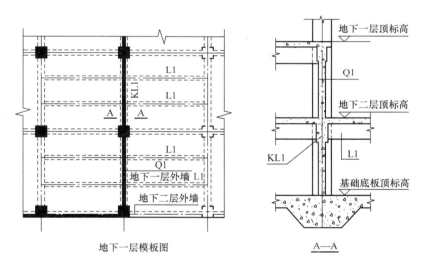

地下一层模板图　　　　　　A—A

图 17-5

10. 假定，地下一层外墙 Q1 简化为上端铰接、下端刚接的受弯构件进行计算，如图 17-6 所示。取每延米宽为计算单元，由土压力产生的均布荷载标准值 $g_{1k}=10kN/m$，由土压力产生的三角形荷载标准值 $g_{2k}=33kN/m$，由地面活荷载产生的均布荷载标准值 $q_k=4kN/m$。试问，该墙体下端截面支座基本组合的弯矩设计值 M_B（kN·m）与下列何项数值最为接近？

提示： ① 活荷载的组合值系数 $\psi_c=0.7$；不考虑地下水压力的作用；

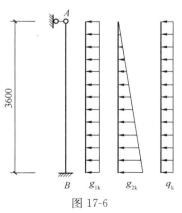

图 17-6

②均布荷载 q 作用下 $M_B=\frac{1}{8}ql^2$，三角形荷载 q 作用下 $M_B=\frac{1}{15}ql^2$。

(A) 46　　　　　(B) 53　　　　　(C) 63　　　　　(D) 68

11. 假定，Q1 墙体的厚度 $h=250\text{mm}$，墙体竖向受力钢筋采用 HRB400 级钢筋，外侧为 $\underline{\Phi}16@100$，内侧为 $\underline{\Phi}12@100$，均放置于水平钢筋外侧。试问，当按受弯构件计算并不考虑受压钢筋作用时，该墙体下端截面每米宽的受弯承载力设计值 M（kN·m），与下列何项数值最为接近？

提示： 纵向受力钢筋的混凝土保护层厚度取最小值。

(A) 115　　　　(B) 140　　　　(C) 165　　　　(D) 190

12. 梁 L1 在支座梁 KL1 右侧截面及配筋如图 17-7 所示，假定按荷载组合的准永久组合计算的该截面弯矩值 $M_q=600\text{kN·m}$，$a_s=a'_s=70\text{mm}$。试问，该支座处梁端顶面按矩形截面计算的考虑长期作用影响的最大裂缝宽度 w_{max}（mm），与下列何项数值最为接近？

(A) 0.21　　　　(B) 0.25　　　　(C) 0.29　　　　(D) 0.32

13. 方案比较时，假定框架梁 KL1 截面及跨中配筋如图 17-8 所示。纵筋采用 HRB400 级钢筋，$a_s=a'_s=70\text{mm}$，跨中截面弯矩设计值 $M=880\text{kN·m}$，对应的轴向拉力设计值 $N=2200\text{kN}$。试问。非抗震设计时，该梁跨中截面按矩形截面偏心受拉构件计算所需的下部纵向受力钢筋面积 A_s（mm^2），与下列何项数值最为接近？

提示： 该梁配筋计算时不考虑上部墙体及梁侧腰筋的作用。

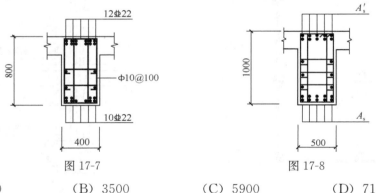

图 17-7　　　　　　　　　　　　图 17-8

(A) 2900　　　　(B) 3500　　　　(C) 5900　　　　(D) 7100

14. 方案比较时，假定框架梁 KL1 截面及配筋如图 17-8 所示，$a_s=a'_s=70\text{mm}$。支座截面剪力设计值 $V=1600\text{kN}$，对应的轴向拉力设计值 $N=2200\text{kN}$，计算截面的剪跨比 $\lambda=1.5$，箍筋采用 HRB335 级钢筋。试问，非抗震设计时，该梁支座截面处的按矩形截面计算的箍筋配置选用下列何项最为合适？

提示： 不考虑上部墙体的共同作用。

(A) $\Phi10@100$（4）　　　　　　　　(B) $\Phi12@100$（4）

(C) $\Phi14@150$（4）　　　　　　　　(D) $\Phi14@100$（4）

【题 15】 8 度抗震设防区的某竖向规则的抗震墙结构，房屋高度为 90m，抗震设防类别为标准设防类。试问，下列四种经调整后的墙肢组合弯矩设计值简图，哪一种相对准确？

提示： 根据《建筑抗震设计规范》GB 50011—2010 作答。

【题 16】 某多层钢筋混凝土框架结构，房屋高度 20m，混凝土强度等级 C40，抗震

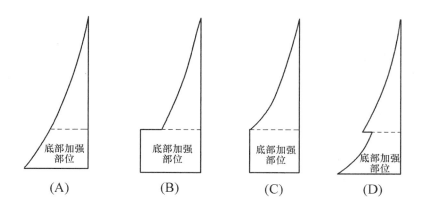

| (A) | (B) | (C) | (D) |

设防烈度 8 度，设计基本地震加速度 0.30g，抗震设防类别为标准设防类，建筑场地类别 Ⅱ 类。拟进行隔震设计，水平向减震系数为 0.35，下列关于隔震设计的叙述，其中何项是正确的？

（A）隔震层以上各楼层的水平地震剪力可不符合本地区设防烈度的最小地震剪力系数的规定

（B）隔震层下的地基基础的抗震验算按本地区抗震设防烈度进行，抗液化措施应按提高一个液化等级确定

（C）隔震层以上的结构，水平地震作用应按 7 度（0.15g）计算，并应进行竖向地震作用的计算

（D）隔震层以上的结构，框架抗震等级可定为三级，当未采取有利于提高轴压比限值的构造措施时，剪跨比大于 2 的柱的轴压比限值为 0.75

【题 17～23】 某钢结构办公楼，结构布置如图 17-9 所示。框架梁、柱采用 Q345，次梁、中心支撑、加劲板采用 Q235，楼面采用 150mm 厚 C30 混凝土楼板，钢梁顶采用抗剪栓钉与楼板连接。

17. 当进行多遇地震下的抗震计算时，根据《建筑抗震设计规范》GB 50011—2010，该办公楼阻尼比宜采用下列何项数值？

（A）0.035   （B）0.04   （C）0.045   （D）0.05

18. 次梁与主梁连接采用 10.9 级 M16 的高强度螺栓摩擦型连接，连接处钢材接触表面的处理方法为喷砂，其连接形式如图 17-10 所示，采用标准圆孔，考虑了连接偏心的不利影响后，取次梁端部剪力设计值 $V = 110.2kN$，连接所需的高强度螺栓数量（个），最经济合理的是下列何项？

（A）2   （B）3   （C）4   （D）5

19. 次梁 AB 截面为 H346×174×6×9，当楼板采用无板托连接，按组合梁计算时，混凝土翼板的有效宽度（mm）与下列何项数值最为接近？

（A）1400   （B）1950   （C）2200   （D）2300

20. 假定，X 向平面内与柱 JK 上、下端相连的框架梁远端为铰接，如图 17-11 所示，其截面特性见表 17-1。试问，当计算柱 JK 在重力作用下的稳定性时，X 向平面内计算长度系数与下列何项数值最为接近？

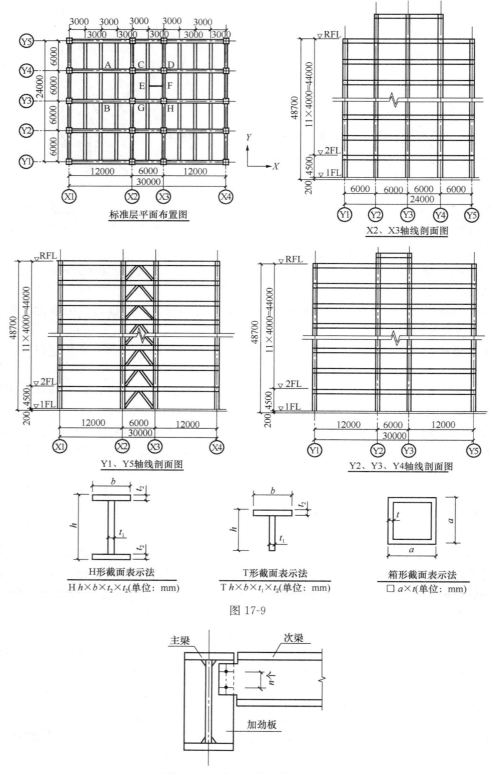

标准层平面布置图

X2、X3轴线剖面图

Y1、Y5轴线剖面图

Y2、Y3、Y4轴线剖面图

H形截面表示法
H $h \times b \times t_1 \times t_2$(单位：mm)

T形截面表示法
T $h \times b \times t_1 \times t_2$(单位：mm)

箱形截面表示法
□ $a \times t$(单位：mm)

图 17-9

主梁　　次梁

加劲板

图 17-10　主、次梁连接示意图

提示：①按《钢结构设计标准》GB 50017—2017 作答；

②结构 X 向满足强支撑框架的条件，符合刚性楼面假定。

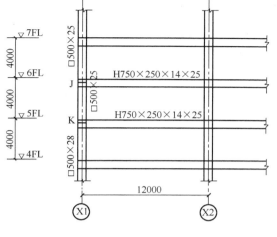

图 17-11

框架梁、柱截面	表 17-1
截面	I_x（mm⁴）
H750×250×14×25	2.04×10⁹
□500×25	1.79×10⁹
□500×28	1.97×10⁹

（A）0.80　　　　（B）0.90　　　　（C）1.00　　　　（D）1.50

21. 框架柱截面为□500×25 箱形柱（表 17-2），按单向弯矩计算时，弯矩设计值见图 17-12，轴压力设计值 $N=2693.7$kN，在进行弯矩作用平面外的稳定性计算时，构件以应力形式表达的稳定性计算数值（N/mm²）与下列何项数值最为接近？

提示：①框架柱截面分类为 C 类，$\lambda_y/\varepsilon_k=41$；

②框架柱所考虑构件段无横向荷载作用。

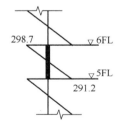

图 17-12　框架柱弯矩图

（单位：kN·m）

框架柱截面			表 17-2
截面	A	I_x	W_x
	mm²	mm⁴	mm³
□500×25	4.75×10⁴	1.79×10⁹	7.16×10⁶

（A）75　　　　（B）90　　　　（C）100　　　　（D）110

22. 中心支撑为轧制 H 型钢 H250×250×9×14（表 17-3），几何长度 5000mm，考虑地震作用时，支撑斜杆的受压承载力设计值（kN）与下列何项数值最为接近？

提示：$f_{ay}=235$N/mm³，$E=2.06×10^5$N/mm²，假定支撑的计算长度系数为 1.0。

中心支撑截面			表 17-3
截面	A	i_x	i_y
	mm²	mm	mm
H250×250×9×14	91.43×10²	108.1	63.2

(A) 1300   (B) 1450   (C) 1650   (D) 1100

23. CGHD 区域内无楼板，次梁 EF 均匀受弯，弯矩设计值为 4.05kN·m，当截面采用 T125×125×6×9（表 17-4）时，构件抗弯强度计算值（N/mm²）与下列何项数值最为接近？

次梁截面   表 17-4

截　　面	A	W_{x1}	W_{x2}	i_y
	mm²	mm³	mm³	mm
T125×125×6×9	1848	$8.81×10^4$	$2.52×10^4$	28.2

(A) 60   (B) 130   (C) 150   (D) 160

【题 24~26】 某厂房屋面上弦平面布置如图 17-13 所示，钢材采用 Q235，焊条采用 E43 型。

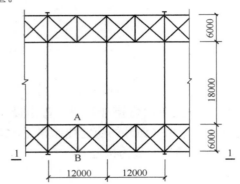
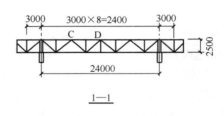

图 17-13

24. 托架上弦杆 CD 选用┐┌140×10（表 17-5），轴心压力设计值为 450kN，以应力形式表达的稳定性计算值（N/mm²）与下列何项数值最为接近？

上弦杆截面   表 17-5

截　　面	A	i_x	i_y
	mm²	mm	mm
┐┌140×10	5475	43.4	61.2

(A) 100   (B) 110   (C) 130   (D) 150

25. 腹杆截面采用┐┌56×5（表 17-6），角钢与节点板采用两侧角焊缝连接，焊脚尺寸 h_f＝5mm，连接形式如图 17-14 所示，如采用受拉等强连接，焊缝连接实际长度 a（mm）与下列何项数值最为接近？

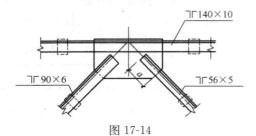

图 17-14

腹杆截面   表 17-6

截面	A（mm²）
┐┌56×5	1083

提示：截面无削弱，肢尖、肢背内力分配比例为 3∶7。

（A）140　　　　　（B）160　　　　　（C）290　　　　　（D）300

26. 图 17-13 中，AB 杆为双角钢十字截面，采用节点板与弦杆连接，当按杆件的长细比选择截面时，下列何项截面最为合理？

提示：杆件的轴心压力很小（小于其承载能力的 50%）。

（A）⌐ 63×5 （i_{min}=24.5mm）　　　　　　（B）⌐ 70×5 （i_{min}=27.3mm）

（C）⌐ 75×5 （i_{min}=29.2mm）　　　　　　（D）⌐ 80×5 （i_{min}=31.3mm）

【题 27】　在工作温度等于或者低于 −30℃ 的地区，下列关于提高钢结构抗脆断能力的叙述有几项是错误的？

Ⅰ. 对于焊接构件应尽量采用厚板；

Ⅱ. 应采用钻成孔或先冲后扩钻孔；

Ⅲ. 对接焊缝的质量等级可采用三级；

Ⅳ. 对厚度大于 10mm 的受拉构件的钢材采用手工气割或剪切边时，应沿全长刨边；

Ⅴ. 安装连接宜采用焊接。

（A）1 项　　　　　（B）2 项　　　　　（C）3 项　　　　　（D）4 项

【题 28】　关于钢材和焊缝强度设计值的下列说法中，下列何项有误？

Ⅰ. 同一钢号不同质量等级的钢材，强度设计值相同；

Ⅱ. 同一钢号不同厚度的钢材，强度设计值相同；

Ⅲ. 钢材工作温度不同（如低温冷脆），强度设计值不同；

Ⅳ. 对接焊缝强度设计值与母材厚度有关；

Ⅴ. 角焊缝的强度设计值与焊缝质量等级有关。

（A）Ⅱ、Ⅲ、Ⅴ　　　（B）Ⅱ、Ⅴ　　　（C）Ⅲ、Ⅳ　　　（D）Ⅰ、Ⅳ

【题 29】　试问，计算吊车梁疲劳时，作用在跨间内的下列何种吊车荷载取值是正确的？

（A）荷载效应最大的一台吊车的荷载设计值

（B）荷载效应最大的一台吊车的荷载设计值乘以动力系数

（C）荷载效应最大的一台吊车的荷载标准值

（D）荷载效应最大的相邻两台吊车的荷载标准值

【题 30】　材质为 Q235 的焊接工字钢次梁，截面尺寸见图 17-15、表 17-7，腹板与翼缘的焊接采用双面角焊缝，焊条采用 E43 型非低氢型焊条，不预热施焊。最大剪力设计值 V=204kN，翼缘与腹板连接焊缝焊脚尺寸 h_f（mm）取下列何项数值最为合理？

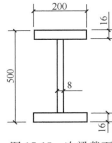

图 17-15　次梁截面

截面	次梁截面		表 17-7
	I_x		S
	mm⁴		mm³
见图 17-15	4.43×10⁸		7.74×10⁵

提示：最为合理指在满足标准的前提下数值最小。

（A）2   （B）4   （C）6   （D）8

【题 31】 关于砌体结构的设计，有下列四项论点：

Ⅰ. 某六层刚性方案砌体结构房屋，层高均为 3.3m，均采用现浇负筋混凝土楼板，外墙洞口水平截面面积约为全截面面积的 60%，基本风压 0.6kN/m²，外墙静力计算时可不考虑风荷载的影响；

Ⅱ. 通过改变砌块强度等级可以提高墙、柱的允许高厚比；

Ⅲ. 在蒸压粉煤灰普通砖强度等级不大于 MU20、砂浆强度等级不大于 M10 的条件下，为增加砌体抗压承载力，提高砖的强度等级一级比提高砂浆强度等级一级效果好；

Ⅳ. 厚度 180mm、上端非自由端、无门窗洞口的自承重墙体，允许高厚比修正系数为 1.32。

试问，以下何项组合是完全正确的？

（A）Ⅰ、Ⅲ   （B）Ⅱ、Ⅲ   （C）Ⅲ、Ⅳ   （D）Ⅱ、Ⅳ

【题 32】 关于砌体结构设计的设计，有下列四项论点：

Ⅰ. 当砌体结构作为刚体需验证其整体稳定性时，例如倾覆、滑移、漂浮等，分项系数应取 0.9；

Ⅱ. 烧结黏土普通砖砌体的线膨胀系数比蒸压粉煤灰砖砌体小；

Ⅲ. 当验算施工中房屋的构件时，砌体强度设计值应乘以调整系数 1.05；

Ⅳ. 砌体结构设计规范的强度指标是按施工质量控制等级为 B 级确定的，当采用 A 级时，可将强度设计值提高 5% 后采用。

试问，以下何项组合是正确的？

（A）Ⅰ、Ⅱ、Ⅲ   （B）Ⅱ、Ⅲ、Ⅳ   （C）Ⅰ、Ⅲ、Ⅳ   （D）Ⅱ、Ⅳ

【题 33～38】 某多层刚性方案砖砌体结构教学楼，其局部平面如图 17-16 所示。墙体厚度均为 240mm，轴线均居墙中，室内外高差 0.3m，基础埋置较深且均有刚性地坪。墙体采用 MU15 蒸压粉煤灰普通砖、M10 混合砂浆砌筑，底层、二层层高均为 3.6m；楼、屋面板采用现浇钢筋混凝土板。砌体施工质量控制等级为 B 级，设计使用年限为 50 年，结构安全等级为二级。钢筋混凝土梁的截面尺寸为 250mm×550mm。

33. 假定，墙 B 某层计算高度 $H_0 = 3.4$m。试问，每延米非抗震轴心受压承载力（kN），应与下列何项数值最为接近？

（A）300   （B）315   （C）340   （D）385

34. 假定，墙 B 在重力荷载代表值作用下底层墙底的荷载为 172.8kN/m，两端设有构造柱，试问，该墙段截面每延米墙长抗震受剪承载力（kN）与下列何项数值最为接近？

（A）45   （B）50   （C）60   （D）70

35. 假定，墙 B 在两端（Ⓐ、Ⓑ轴处）及正中均设 240mm×240mm 构造柱，构造柱混凝土强度等级为 C20，每根构造柱均配 4 根 HPB300、直径 14mm 的纵向钢筋。试问，该墙段考虑地震作用组合的最大受剪承载力设计值（kN），应与下列何项数值最为接近？

提示：$f_y = 270$N/mm²，按 $f_{vE} = 0.22$N/mm² 进行计算，不考虑Ⓐ轴处外伸 250mm 墙段的影响，按《砌体结构设计规范》GB 50003—2011 作答。

（A）400   （B）420   （C）440   （D）480

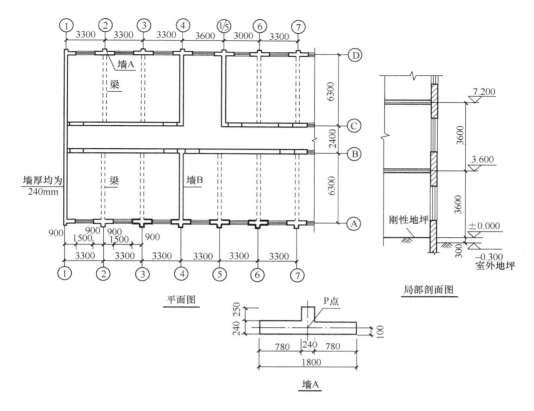

图 17-16

36. 试问，底层外纵墙 A 的高厚比，与下列何项数值最为接近？

提示：墙 A 截面 $I=5.55\times10^9\,\mathrm{mm}^4$，$A=4.9\times10^5\,\mathrm{mm}^2$。

(A) 8.5 　　　　(B) 9.7 　　　　(C) 10.4 　　　　(D) 11.8

37. 假定，二层墙 A 折算厚度 $h_T=360\mathrm{mm}$，截面重心至墙体翼缘边缘的距离为 150mm，墙体计算高度 $H_0=3.6\mathrm{m}$，试问，当轴力作用在该墙截面 P 点时，该墙体非抗震偏心受压承载力设计值（kN）与下列何项数值最为接近？

(A) 600 　　　　(B) 550 　　　　(C) 500 　　　　(D) 420

38. 假定，第三层需要⑤轴梁上设隔断墙，采用不灌孔的混凝土砌块，墙体厚度 190mm，试问，第三层该隔断墙轴心受压承载力影响系数 φ，与下列何项数值最为接近？

提示：隔断墙按两侧有拉接、顶端为不动铰考虑，隔断墙计算高度按 $H_0=3.0\mathrm{m}$ 考虑。砌筑砂浆采用 Mb5。

(A) 0.725 　　　　(B) 0.685 　　　　(C) 0.635 　　　　(D) 0.585

【题 39】 某多层砌体结构房屋，顶层钢筋混凝土挑梁置于丁字形（带翼墙）截面的墙体上，端部设有构造柱，如图 17-17 所示；挑梁截面 $b\times h_b=240\mathrm{mm}\times450\mathrm{mm}$，墙体厚度均为 240mm。屋面板传给挑梁的恒荷载及挑梁自重标准值为 $g_k=27\mathrm{kN/m}$，不上人屋面，活荷载标准值为 $q_k=3.5\mathrm{kN/m}$。设计使用年限为 50 年，结构安全等级为二级。试问，该挑梁基本组合的最大弯矩设计值（kN·m），与下列何项数值最为接近？

提示：按《建筑结构可靠性设计统一标准》GB 50068—2018 作答。

(A) 60　　　　　　(B) 65　　　　　　(C) 70　　　　　　(D) 75

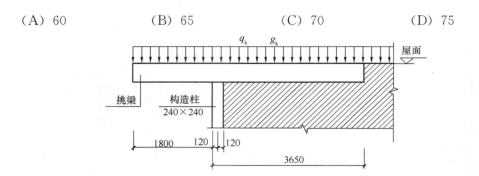

图 17-17

【题 40】　抗震等级为二级的配筋砌块砌体抗震墙房屋，首层某矩形截面抗震墙墙体厚度为 190mm，墙体长度为 5100mm，抗震墙截面的有效高度 $h_0 = 4800$mm，为单排孔混凝土砌块对孔砌筑，砌体施工质量控制等级为 B 级。若此段砌体抗震墙计算截面的剪力设计值 $V = 210$kN，轴力设计值 $N = 1250$kN，弯矩设计值 $M = 1050$kN·m，灌孔砌体的抗压强度设计值 $f_g = 7.5$N/mm^2。水平分布筋选用 HPB300 钢筋。试问，底部加强部位抗震墙的水平分布钢筋配置，下列哪种说法合理？

提示：按《砌体结构设计规范》GB 50003—2011 作答。

（A）按计算配筋　　　　　　　　　　　（B）按构造，最小配筋率取 0.10%

（C）按构造，最小配筋率取 0.11%　　　（D）按构造，最小配筋率取 0.13%

（下午卷）

【题 41】　露天环境下某工地采用红松原木制作混凝土梁底模立柱，强度验算部位未经切削加工，试问，在确定设计指标时，该红松原木轴心抗压强度最大设计值（N/mm^2），与下列何项数值最为接近？

（A）10　　　　　　（B）12　　　　　　（C）14　　　　　　（D）15

【题 42】　关于木结构，下列哪一种说法是不正确的？

（A）井干式木结构采用原木制作时，木材的含水率不应大于 25%

（B）原木结构受弯或压弯构件当采用原木时，对髓心不做限制指标

（C）木材顺纹抗压强度最高，斜纹承压强度最低，横纹承压强度介于两者之间

（D）标注原木直径时，应以小头为准；验算原木构件挠度和稳定时，可取中央截面

【题 43～45】　某多层框架结构带一层地下室，采用柱下矩形钢筋混凝土独立基础，基础底面平面尺寸 3.3m×3.3m，基础底绝对标高 60.000m，天然地面绝对标高 63.000m，设计室外地面绝对标高 65.000m，地下水位绝对标高为 60.000m，回填土在上部结构施工后完成，室内地面绝对标高 61.000m，基础及其上土的加权平均重度为 20kN/m^3，地基土层分布及相关参数如图 17-18 所示。

提示：按《建筑结构可靠性设计统一标准》GB 50068—2018 作答。

43. 试问，柱 A 基础底面修正后的地基承载力特征值 f_a（kPa）与下列何项数值最为接近？

(A) 270 (B) 350 (C) 440 (D) 600

44. 假定，柱 A 基础采用的混凝土强度等级为 C30（$f_t=1.43N/mm^2$），基础冲切破坏锥体的有效高度 $h_0=750mm$。试问，图中虚线所示冲切面的受冲切承载力设计值（kN）与下列何项数值最为接近？

(A) 880 (B) 940 (C) 1000 (D) 1400

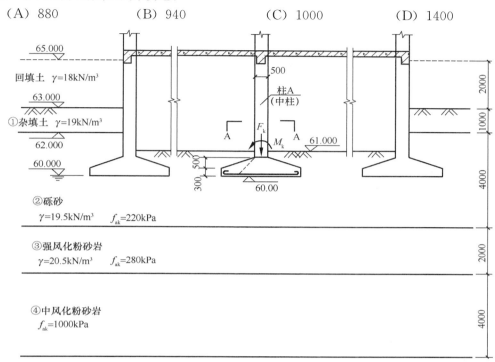

回填土 $\gamma=18kN/m^3$

63.000

①杂填土 $\gamma=19kN/m^3$

②砾砂
$\gamma=19.5kN/m^3$ $f_{ak}=220kPa$

③强风化粉砂岩
$\gamma=20.5kN/m^3$ $f_{ak}=280kPa$

④中风化粉砂岩
$f_{ak}=1000kPa$

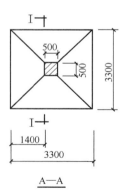

A—A

图 17-18

45. 假定，相应于作用的基本组合时，柱 A 基础在图示单向偏心荷载作用下，基底边缘最小地基反力设计值为 40kPa，最大地基反力设计值为 300kPa。试问，柱与基础交接处截面Ⅰ-Ⅰ的弯矩设计值（kN·m）与下列何项数值最为接近？

(A) 570 (B) 590 (C) 620 (D) 660

【题 46、47】 某混凝土挡土墙墙高 5.2m，墙背倾角 $\alpha=60°$，挡土墙基础持力层为中风化较硬岩。挡土墙剖面如图 17-19 所示，其后有较陡峻的稳定岩体，岩坡的坡角 $\theta=$

$75°$，填土对挡土墙墙背的摩擦角 $\delta=10°$。

提示： 不考虑挡土墙前缘土体作用，按《建筑地基基础设计规范》GB 50007—2011作答。

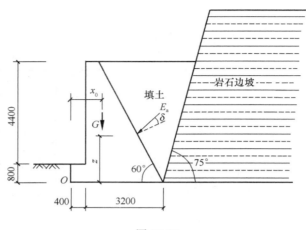

图 17-19

46. 假定，挡土墙后填土的重度 $\gamma=19\text{kN/m}^3$，内摩擦角标准值 $\varphi=30°$，内聚力标准值 $c=0\text{kPa}$，填土与岩坡坡面间的摩擦角 $\delta_r=10°$。试问，作用于挡土墙上的主动土压力合力 E_a（kN/m）与下列何项数值最为接近？

(A) 200　　　　(B) 215　　　　(C) 240　　　　(D) 260

47. 假定，挡土墙主动土压力合力 $E_a=250\text{kN/m}$，主动土压力合力作用点位置距离挡土墙底 1/3 墙高，挡土墙每延米自重 $G_k=220\text{kN}$，其重心距挡土墙墙趾的水平距离 $x_0=1.426\text{m}$。试问，相应于作用的标准组合时，挡土墙底面边缘最大压力值 p_{kmax}（kPa）与下列何项数值最为接近？

(A) 105　　　　(B) 200　　　　(C) 240　　　　(D) 280

【题 48】 根据《建筑地基处理技术规范》JGJ 79—2012 的规定，在下述处理地基的方法中，当基底土的地基承载力特征值大于 70kPa 时，平面处理范围可仅在基础底面范围内的是：

Ⅰ.振冲碎石桩法；　　　　　　　　Ⅱ.灰土挤密桩；

Ⅲ.水泥粉煤灰碎石桩法；　　　　　Ⅳ.柱锤冲扩桩法。

(A) Ⅲ　　　　　　　　　　　　　(B) Ⅰ、Ⅱ、Ⅳ

(C) Ⅱ、Ⅳ　　　　　　　　　　　(D) Ⅰ、Ⅲ

【题 49】 某建筑场地，受压土层为淤泥质黏土层，其厚度为 10m，其底部为不透水层。场地采用排水固结法进行地基处理，竖井采用塑料排水带并打穿淤泥质黏土层，预压荷载总压力为 70kPa，场地条件及地基处理示意如图 17-20 (a) 所示，加荷过程如图 17-20 (b) 所示。试问，加荷开始后 100d 时，淤泥质黏土层平均固结度 $\overline{U}_t$ 与下列何项数值最为接近？

提示： 不考虑竖井井阻和涂抹的影响；$F_n=2.25$；$\beta=0.0244$（1/d）。

(A) 0.85　　　　(B) 0.87　　　　(C) 0.89　　　　(D) 0.92

【题 50～52】 某工程采用打入式钢筋混凝土预制方桩，桩截面边长为 400mm，单桩

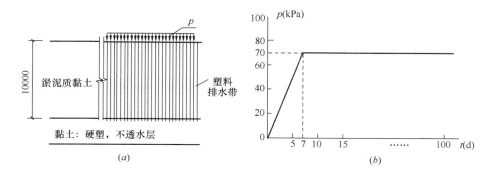

图 17-20

竖向抗压承载力特征值 R_a=750kN。某柱下原设计布置 A、B、C 三桩，工程桩施工完毕后，检测发现 B 桩有严重缺陷，按废桩处理（桩顶与承台始终保持脱开状态），需要补打 D 桩，补桩后的桩基承台如图 17-21 所示。承台高度为 1100mm，混凝土强度等级为 C35（f_t=1.57N/mm²），柱截面尺寸为 600mm×600mm。

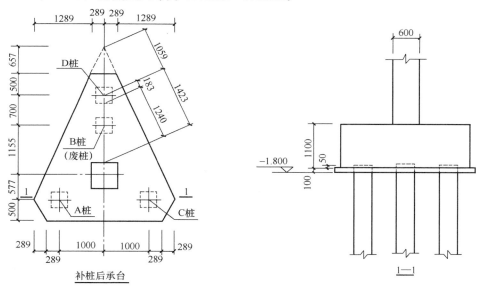

图 17-21

提示： 按《建筑桩基技术规范》JGJ 94—2008 作答，承台的有效高度 h_0 按 1050mm 取用。

50. 假定，柱只受轴心荷载作用，相应于作用的标准组合时，原设计单桩承担的竖向压力均为 745kN，假定承台尺寸变化引起的承台及其上覆土重量和基底竖向力合力作用点的变化可忽略不计。试问，补桩后此三桩承台下单桩承担的最大竖向压力值（kN）与下述何项最为接近？

(A) 750　　　　(B) 790　　　　(C) 850　　　　(D) 900

51. 试问，补桩后桩台在 D 桩处的受角桩冲切的承载力设计值（kN）与下列何项数值最为接近？

(A) 1150 (B) 1300 (C) 1400 (D) 1500

52. 假定，补桩后，相应于作用的基本组合下，不计承台及其上土重，A 桩和 C 桩承担的竖向反力设计值均为 1100kN，D 桩承担的竖向反力设计值为 900kN。试问，通过承台形心至两腰边缘正交截面范围内板带的弯矩设计值 M（kN·m），与下列何项数值最为接近？

(A) 780 (B) 880 (C) 920 (D) 940

【题 53、54】 某桩基工程采用泥浆护壁非挤土灌注桩，桩径 d 为 600mm，桩长 $l=$ 30m，灌注桩配筋、地基土层分布及相关参数情况如图 17-22 所示，第③层粉砂层为不液化土层，桩身配筋符合《建筑桩基技术规范》JGJ 94—2008 第 4.1.1 条灌注桩配筋的有关要求。

提示： 按《建筑桩基技术规范》JGJ 94—2008 作答。

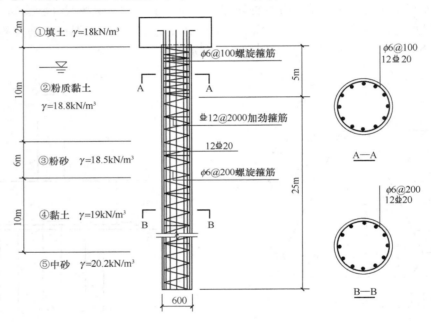

图 17-22

53. 已知，建筑物对水平位移不敏感。假定，进行单桩水平静载试验时，桩顶水平位移 6mm 时所对应的荷载为 75kN，桩顶水平位移 10mm 时所对应的荷载为 120kN。试问，单桩水平承载力特征值（kN）与下列何项数值最为接近？

(A) 60 (B) 70 (C) 80 (D) 90

54. 已知，桩身混凝土强度等级为 C30（$f_c=14.3N/mm^2$），桩纵向钢筋采用 HRB400，基桩成桩工艺系数 $\psi_c=0.7$。试问，在作用的基本组合下，轴心受压灌注桩的正截面受压承载力设计值（kN）与下列何项数值最为接近？

(A) 2800 (B) 3400 (C) 3800 (D) 4100

【题 55】 某建筑场地位于 8 度抗震设防区，场地土层分布及土性如图 17-23 所示，其中粉土的黏粒含量百分率为 14%，拟建建筑基础埋深为 1.5m，已知地面以下 30m 土层地质年代为第四纪全新世。试问，当地下水位在地表下 5m 时，按《建筑抗震设计规范》

GB 50011—2010 的规定，下述观点何项正确？

（A）粉土层不液化，砂土层可不考虑液化影响

（B）粉土层液化，砂土层可不考虑液化影响

（C）粉土层不液化，砂土层需进一步判别液化
影响

（D）粉土层、砂土层均需进一步判别液化影响

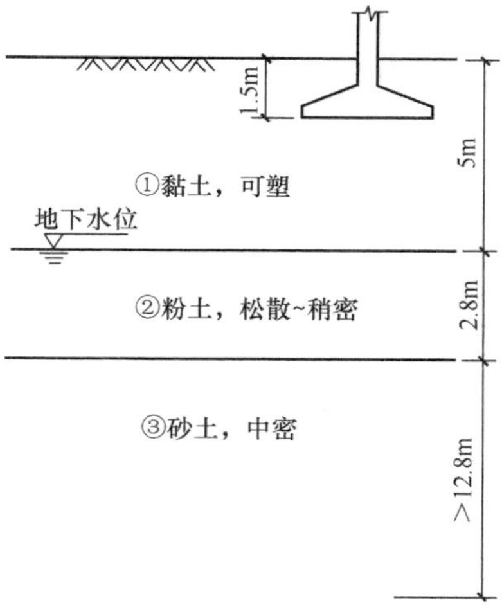

【题56】 根据《建筑地基基础设计规范》GB
50007—2011 的规定，下述关于岩溶与土洞对天然地
基稳定性的影响论述中，何项是正确的？

（A）基础位于中风化硬质岩石表面时，对于宽
度小于 1m 的竖向溶蚀裂隙和落水洞近旁地段，可不
考虑其对地基稳定性的影响。当在岩体中存在倾斜
软弱结构面时，应进行地基稳定性验算

（B）岩溶地区，当基础底面以下的土层厚度大
于三倍独立基础底宽，或大于六倍条形基础底宽时，可不考虑岩溶对地基稳定性的影响

（C）微风化硬质岩石中，基础底面以下洞体顶板厚度等于或大于洞跨，可不考虑溶
洞对地基稳定性的影响

（D）基础底面以下洞体被密实的沉积物填满，其承载力超过 150kPa，且无被水冲蚀
的可能性时，可不考虑溶洞对地基稳定性的影响

【题57】 根据《建筑抗震设计规范》GB 50011—2010 及《高层建筑混凝土结构技术
规程》JGJ 3—2010，下列关于高层建筑混凝土结构抗震变形验算（弹性工作状态）的观
点，哪一种相对准确？

（A）结构楼层位移和层间位移控制值验算时，采用 CQC 的效应组合，位移计算时不
考虑偶然偏心影响；扭转位移比计算时，不采用各振型位移的 CQC 组合计算，位移计算
时考虑偶然偏心的影响

（B）结构楼层位移和层间位移控制值验算以及扭转位移比计算时，均采用 CQC 的效
应组合，位移计算时，均考虑偶然偏心影响

（C）结构楼层位移和层间位移控制值验算以及扭转位移比计算时，均采用 CQC 的效
应组合，位移计算时，均不考虑偶然偏心影响

（D）结构楼层位移和层间位移控制值验算时，采用 CQC 的效应组合，位移计算时考
虑偶然偏心影响；扭转位移比计算时，不采用 CQC 组合计算，位移计算时不考虑偶然偏
心的影响

【题58】 下列关于高层混凝土结构抗震性能化设计的观点，哪一项不符合《建筑抗
震设计规范》GB 50011—2010 的要求？

（A）选定性能目标应不低于"小震不坏，中震可修和大震不倒"的性能设计目标

（B）结构构件承载力按性能 3 要求进行中震复核时，承载力按标准值复核，不计入
作用分项系数、承载力抗震调整系数和内力调整系数，材料强度取标准值

（C）结构构件地震残余变形按性能 3 要求进行中震复核时，整个结构中变形最大部
位的竖向构件，其弹塑性位移角限值，可取常规设计时弹性层间位移角限值

图 17-23

（D）结构构件抗震构造按性能 3 要求确定抗震等级时，当构件承载力高于多遇地震提高一度的要求时，构造所对应的抗震等级可降低一度，且不低于 6 度采用，不包括影响混凝土构件正截面承载力的纵向受力钢筋的构造要求

【题 59、60】 某圆环形截面钢筋混凝土烟囱，如图 17-24 所示，烟囱基础顶面以上总重力荷载代表值为 18000kN，烟囱基本自振周期 $T_1 = 2.5s$。

59. 如果烟囱建于非地震区，基本风压 $w_0 = 0.5 kN/m^2$，地面粗糙度为 B 类。试问，烟囱承载能力极限状态设计时，风荷载按下列何项考虑？

提示： 假定烟囱第 2 及以上振型，不出现跨临界的强风共振；取 $s_t = 0.20$。

（A）由顺风向风荷载控制，可忽略横风向风荷载效应

（B）由横风向风荷载控制，可忽略顺风向风荷载效应

（C）取顺风向风荷载与横风向风荷载效应之较大者

（D）取顺风向风荷载与横风向风荷载效应的组合值 $\sqrt{S_A^2 + S_C^2}$

60. 假定 [题 59] 烟囱建于抗震设防烈度为 8 度地震区，设计基本地震加速度为 $0.2g$，设计地震分组第二组，场地类别Ⅲ类。试问，相应于基本自振周期的多遇地震下水平地震影响系数，接近下列何项数值？

（A）0.031   （B）0.038

（C）0.041   （D）0.048

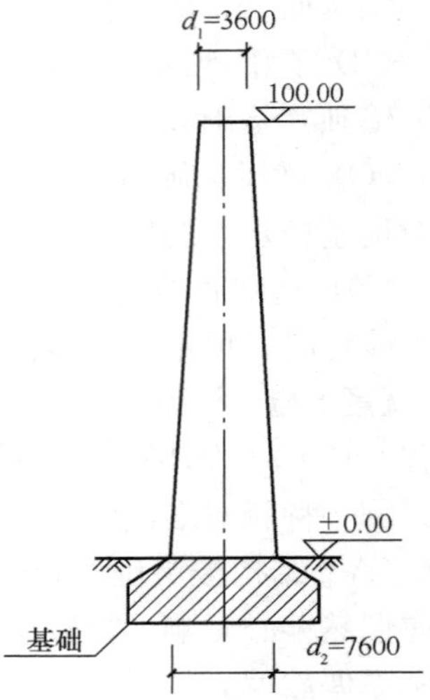

【题 61～63】 某 12 层现浇框架结构，其中一榀中部框架的剖面如图 17-25 所示，现浇混凝土楼板，梁两侧无洞。底层各柱截面相同，2～12 层各柱截面相同，各层梁截面均相同。梁、柱矩形截面线刚度 i_{b0}、i_{c0}（单位：$10^{10} N \cdot mm$）标注于构件旁侧。假定，梁考虑两侧楼板影响的刚度增大系数取《高层建筑混凝土结构技术规程》JGJ 3—2010 中相应条文中最大值。

提示： ① 计算内力和位移时，采用 D 值法。

② $D = \alpha \dfrac{12 i_c}{h^2}$，式中 α 是与梁柱刚度比有关的修正系数，

对底层柱：$\alpha = \dfrac{0.5 + \overline{K}}{2 + \overline{K}}$，对一般楼层柱：$\alpha = \dfrac{\overline{K}}{2 + \overline{K}}$，式中，$\overline{K}$ 为有关梁柱的线刚度比。

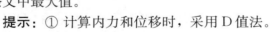

图 17-24

61. 假定，各楼层所受水平作用如图 17-25 所示。试问，底层每个中柱分配的剪力值（kN），应与下列何项数值最为接近？

（A）$3P$ （B）$3.5P$ （C）$4P$ （D）$4.5P$

62. 假定，$P = 10kN$，底层柱顶侧移值为 2.8mm，且上部楼层各边梁、柱及中梁、柱的修正系数分别为 $\alpha_边 = 0.56$，$\alpha_中 = 0.76$。试问，不考虑柱子的轴向变形影响时，该榀框架的顶层柱顶侧移值（mm），与下列何项数值最为接近？

（A）9   （B）11   （C）13   （D）15

63. 假定，该建筑物位于 7 度抗震设防区，调整构件截面后，经抗震计算，底层框架总侧移刚度 $\Sigma D = 5.2 \times 10^5 N/mm$，柱轴压比大于 0.4，楼层屈服强度系数为 0.4，不小于

相邻层该系数平均值的 0.8。试问，在罕遇水平地震作用下，按弹性分析时作用于底层框架的总水平组合剪力标准值 V_{EK}（kN），最大不能超过下列何值才能满足规范对位移的限值要求？

提示：① 按《建筑抗震设计规范》GB 50011—2010 作答。

② 结构在罕遇地震作用下薄弱层弹塑性变形计算可采用简化计算法；不考虑重力二阶效应。

③ 不考虑柱配箍影响。

(A) 5.6×10^3　　　(B) 1.1×10^4

(C) 3.1×10^4　　　(D) 6.2×10^4

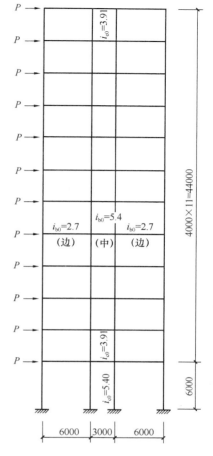

图 17-25

【题 64、65】　某大底盘单塔楼高层建筑，主楼为钢筋混凝土框架-核心筒，裙房为混凝土框架-剪力墙结构，主楼与裙楼连为整体，如图 17-26 所示。抗震设防烈度 7 度，建筑抗震设防类别为丙类，设计基本地震加速度为 0.15g，场地Ⅲ类，采用桩筏形基础。

64. 假定，该建筑物塔楼质心偏心距为 e_1，大底盘质心偏心距为 e_2，见图 17-26。如果仅从抗震概念设计方面考虑，试问，偏心距（e_1；e_2，单位 m）选用下列哪一组数值时结构不规则程度相对最小？

(A) 0.0；0.0　　　(B) 0.1；5.0

(C) 0.2；7.2　　　(D) 1.0；8.0

65. 裙房一榀横向框架距主楼 18m，某一顶层中柱上、下端截面地震作用组合弯矩设计值分别为 320kN·m，350kN·m（同为顺时针方向）；剪力计算值为 125kN，柱断面为 500mm×500mm，H_n = 5.2m，$\lambda > 2$，混凝土强度等级 C40。在不采用有利于提高轴压比限值的构造措施的条件下，试问，该柱截面设计时，轴压比限值 $[\mu_N]$ 及剪力设计值（kN）应取下列何组数值才能满足规范的要求？

提示：按《建筑抗震设计规范》GB 50011—2010 作答。

(A) 0.90；125　　　(B) 0.75；170　　　(C) 0.85；155　　　(D) 0.75；155

【题 66】　某高层现浇钢筋混凝土框架结构抗震等级为一级，框架梁局部配筋图如图 17-27 所示。梁混凝土强度等级 C30（$f_c = 14.3\text{N/mm}^2$），纵筋采用 HRB400（Φ）（$f_y = 360\text{N/mm}^2$），箍筋采用 HRB335（Φ），梁 $h_0 = 440$mm。试问，下列关于梁的中支座（A-A 处）上部纵向钢筋配置的选项，如果仅从规范、规程对框架梁的抗震构造措施方面考虑，哪一项相对准确？

(A) $A_{s1} = 4\Phi22$；$A_{s2} = 4\Phi22$　　　　　(B) $A_{s1} = 4\Phi22$；$A_{s2} = 2\Phi22$

(C) $A_{s1} = 4\Phi25$；$A_{s2} = 2\Phi20$　　　　　(D) 前三项均不准确

【题 67】　某钢筋混凝土框架结构，抗震等级为一级，底层角柱如图 17-28 所示。考虑地震作用基本组合时按弹性分析未经调整的构件端部组合弯矩设计值为：柱：$M_{cA上}$ =

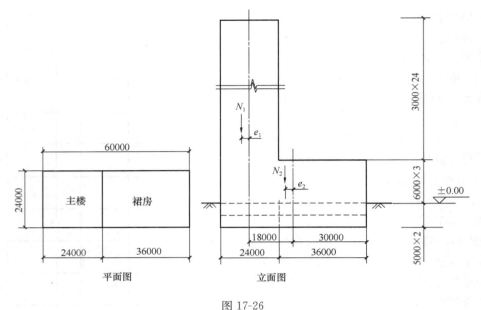

图 17-26

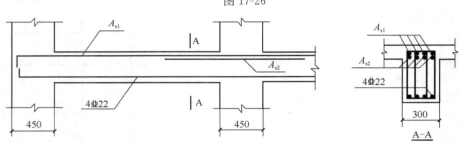

图 17-27

$300kN \cdot m$，$M_{cA下} = 280kN \cdot m$（同为顺时针方向），柱底 $M_B = 320kN \cdot m$；梁：$M_b = 460kN \cdot m$。已知梁 $h_0 = 560mm$，$a'_s = 40mm$，梁端顶面实配钢筋（HRB400 级）截面面积 $A_s = 2281mm^2$（计入梁受压筋和相关楼板钢筋影响）。试问，该柱进行截面配筋设计时所采用的地震作用组合弯矩设计值（$kN \cdot m$），与下列何项数值最为接近？

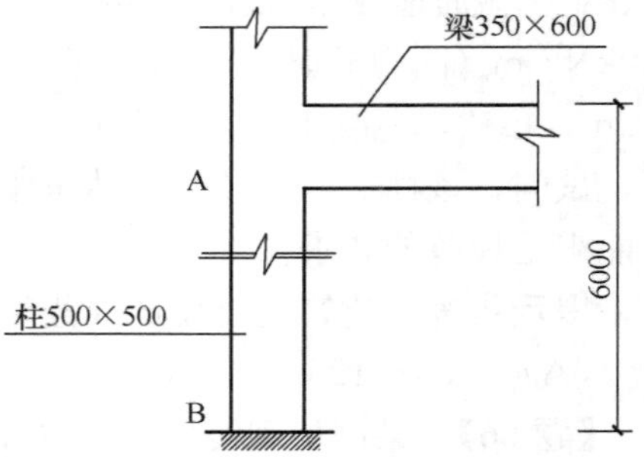

提示： 按《建筑抗震设计规范》GB 50011—2010 作答。

 (A) 780   (B) 600

 (C) 545   (D) 365

图 17-28

【**题 68～71**】 某 24 层商住楼，现浇钢筋混凝土部分框支剪力墙结构，如图 17-29 所示。首层为框支层，层高 6.0m，第二至第二十四层布置剪力墙，层高 3.0m，首层室内外地面高差 0.45m，房屋总高度 75.45m。抗震设防烈度 8 度，建筑抗震设防类别为丙类，设计基本地震加速度 0.20g，场地类别Ⅱ类，结构基本自振周期 $T_1 = 1.6s$。混凝土强度等级：底层墙、柱为 C40 （$f_c=19.1\text{N/mm}^2$，$f_t=1.71\text{N/mm}^2$），板 C35 （$f_c=16.7\text{N/mm}^2$，$f_t=1.57\text{N/mm}^2$），其他层墙、板为 C30 （$f_c=14.3\text{N/mm}^2$）。首层钢筋均采用 HRB400 级。

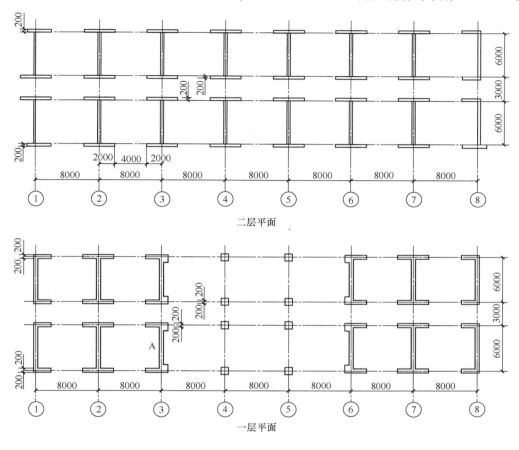

图 17-29

68. 在第③轴底层落地剪力墙处，由不落地剪力墙传来按刚性楼板计算的框支层楼板组合的剪力设计值为 3300kN （未经调整）。②～⑦轴处楼板无洞口，宽度 15400mm。假定剪力沿③轴墙均布，穿过③轴墙的梁纵筋面积 $A_{s1}=10000\text{mm}^2$，穿墙楼板配筋宽度 10800mm（不包括梁宽）。试问，③轴右侧楼板的最小厚度 t_f（mm）及穿过墙的楼板双层配筋中每层配筋的最小值为下列何项时，才能满足规范、规程的最低抗震要求？

提示： ①按《高层建筑混凝土结构技术规程》JGJ 3—2010 作答。

②框支层楼板按构造配筋时满足楼板竖向承载力和水平平面内抗弯要求。

(A) $t_f=200$；$\phi 12@200$　　　　　　　(B) $t_f=200$；$\phi 12@100$

(C) $t_f=220$；$\phi 12@200$　　　　　　　(D) $t_f=220$；$\phi 12@100$

69. 假定，第③轴底层墙肢 A 的抗震等级为一级，墙底截面见图 17-29，墙厚度 400mm，墙长 $h_w=6400\text{mm}$，$h_{w0}=6000\text{mm}$，$A_w/A=0.7$，剪跨比 $\lambda=1.2$，考虑地震作用组合的剪力计算值 $V_w=4100\text{kN}$，对应的轴向压力设计值 $N=19000\text{kN}$，已知钢筋均采

用 HRB400 级，竖向分布筋为构造配置。试问，该截面竖向及水平向分布筋至少应按下列何项配置，才能满足规范、规程的抗震要求？

提示：按《高层建筑混凝土结构技术规程》JGJ 3—2010 作答。

（A）Φ 10@150（竖向）；Φ 10@150（水平）

（B）Φ 12@150（竖向）；Φ 12@150（水平）

（C）Φ 12@150（竖向）；Φ 14@150（水平）

（D）Φ 12@150（竖向）；Φ 16@150（水平）

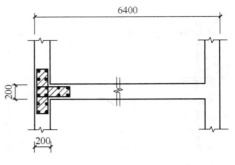

图 17-30

70. 第三层某剪力墙边缘构件如图 17-30 所示，阴影部分为纵向钢筋配筋范围，箍筋的混凝土保护层厚度为 15mm。已知剪力墙轴压比大于 0.3。钢筋均采用 HRB400 级。试问，该边缘构件阴影部分的纵筋及箍筋为下列何项选项时，才能满足规范、规程的最低抗震构造要求？

提示：① 按《高层建筑混凝土结构技术规程》JGJ 3—2010 作答。

② 箍筋体积配筋率计算时，扣除重叠部分箍筋。

（A）16 Φ 16；Φ 10@100　　　　（B）16 Φ 14；Φ 10@100

（C）16 Φ 16；Φ 8@100　　　　　（D）16 Φ 14；Φ 8@100

71. 假定，该建筑物使用需要，转换层设置在 3 层，房屋总高度不变，一至三层层高为 4m，上部 21 层层高均为 3m，第四层某剪力墙的边缘构件仍如图 17-30 所示。试问，该边缘构件纵向钢筋最小构造配筋率 ρ_{sv}（%）及配箍特征值最小值 λ_v 取下列何项数值时，才能满足规范、规程的最低抗震构造要求？

提示：按《高层建筑混凝土结构技术规程》JGJ 3—2010 作答。

（A）1.2；0.2　　（B）1.4；0.2　　（C）1.2；0.24　　（D）1.4；0.24

【题 72】 长矩形平面现浇钢筋混凝土框架-剪力墙高层结构，楼、屋盖抗震墙之间无大洞口，抗震设防烈度为 8 度时，下列关于剪力墙布置的几种说法，其中何项不正确？

（A）结构两主轴方向均应布置剪力墙

（B）楼、屋盖长宽比不大于 3 时，可不考虑楼盖平面内变形对楼层水平地震剪力分配的影响

（C）两方向的剪力墙宜集中布置在结构单元的两尽端，增大整个结构的抗扭能力

（D）剪力墙的布置宜使结构各主轴方向的侧向刚度接近

【题 73～78】 某二级干线公路上一座标准跨径为 30m 的单跨简支梁桥，其总体布置如图 17-31 所示。桥面宽度为 12m，其横向布置为：1.5m（人行道）＋9m（车行道）＋1.5m（人行道）。桥梁上部结构由 5 根各长 29.94m，高 2.0m 的预制预应力混凝土 T 型梁组成，梁与梁间用现浇混凝土连接；桥台为单排排架桩结构，矩形盖梁、钻孔灌注桩基础。设计荷载：公路-Ⅰ级、人群荷载 3.0kN/m²。

73. 假定，前述桥梁主梁跨中断面的结构重力作用弯矩标准值为 M_G，汽车作用弯矩标准值为 M_Q、人行道人群作用弯矩标准值为 M_R。试问，该断面承载能力极限状态下基本组合的弯矩设计值应为下列何式？

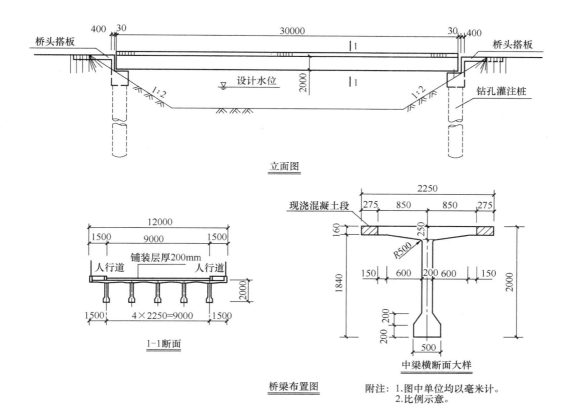

立面图

1-1断面

桥梁布置图

中梁横断面大样

附注：1.图中单位均以毫米计。
2.比例示意。

图 17-31

（A） $\gamma_0 M_d = 1.1\ (1.2 M_G + 1.4 M_Q + 0.8 \times 1.4 M_R)$

（B） $\gamma_0 M_d = 1.1\ (1.2 M_G + 1.4 M_Q + 0.75 \times 1.4 M_R)$

（C） $\gamma_0 M_d = 1.0\ (1.2 M_G + 1.4 M_Q + 0.8 \times 1.4 M_R)$

（D） $\gamma_0 M_d = 1.0\ (1.2 M_G + 1.4 M_Q + 0.75 \times 1.4 M_R)$

74．假定，前述桥梁主梁结构自振频率（基频）$f = 4.5\text{Hz}$。试问，该桥汽车作用的冲击系数 μ 与下列何项数值（Hz）最为接近？

（A）0.05　　　（B）0.25　　　（C）0.30　　　（D）0.45

75．前述桥梁的主梁为 T 型梁，其下采用矩形板式氯丁橡胶支座，支座内承压力颈钢板的侧向保护层每侧各为 5mm；主梁底宽度为 500mm。若主梁最大支座反力设计值为 950kN（已计入冲击系数）。试问，该主梁的橡胶支座平面尺寸〔长（横桥向）×宽（纵桥向），单位为 mm〕选用下列何项数值较为合理？

提示：$\sigma_c = 10\text{MPa}$。

（A）450×200　　（B）400×250　　（C）450×250　　（D）310×310

76．假定，前述桥主梁计算跨径以 29m 计。试问，该桥中间 T 型主梁在弯矩作用下的受压翼缘有效宽度（mm）与下列何值最为接近？

（A）9670　　　（B）2250　　　（C）2625　　　（D）3320

77．假定，前述桥梁主梁间车行道板计算跨径取为 2250mm，桥面铺装层厚度为 200mm，车辆的后轴车轮作用于车行道板跨中部位。试问，垂直于板跨方向的车轮作用分布宽度（mm）与下列何项数值最为接近？

　　(A) 1350　　　　　(B) 1500　　　　　(C) 2750　　　　　(D) 2900

　　78. 假定该桥梁建在 7 度地震基本烈度区（水平地震动加速度峰值为 0.15g），其边墩盖梁上雉墙厚度为 400mm，预制主梁端与矩墙前缘之间缝隙为 60mm，若取主梁计算跨径为 29m，采用 400mm×300mm 的矩形板式氯丁橡胶支座。试问，该盖梁的最小宽度（mm）与下列何项数值最为接近？

　　(A) 1000　　　　　(B) 1250　　　　　(C) 1350　　　　　(D) 1700

【题 79】　某桥上部结构为单孔简支梁，试问，以下四个图形中哪一个图形是上述简支梁在 M 支点的反力影响线？

　　提示： 只需要定性分析。

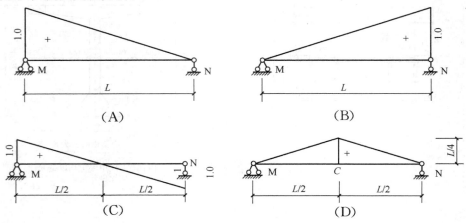

【题 80】　某城市一座人行天桥，跨越街道车行道，根据《城市人行天桥与人行地道技术规范》CJJ 69—95，对人行天桥上部结构竖向自振频率（Hz）严格控制。试问，这个控制值的最小值应为下列何项数值？

　　(A) 2.0　　　　　(B) 2.5　　　　　(C) 3.0　　　　　(D) 3.5

实战训练试题（十八）

（上午卷）

【题1~6】 某钢筋混凝土框架结构多层办公楼局部平面布置如图18-1所示（均为办公室），梁、板、柱混凝土强度等级均为C30，梁、柱纵向钢筋为HRB400钢筋，楼板纵向钢筋及梁、柱箍筋均为HRB335钢筋。

提示：按《建筑结构可靠性设计统一标准》GB 50068—2018作答。

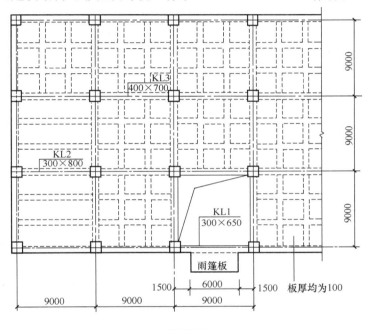

图18-1

1. 假设，雨篷梁KL1与柱刚接，试问，在雨篷荷载作用下，梁KL1的扭矩图与下列何项图示较为接近？

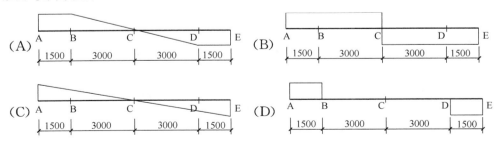

2. 假设，KL1梁端截面的剪力设计值 $V = 160\text{kN}$，扭矩设计值 $T = 36\text{kN} \cdot \text{m}$，截面受扭塑性抵抗矩 $W_t = 2.475 \times 10^7 \text{mm}^3$，受扭的纵向普通钢筋与箍筋的配筋强度比 $\zeta =$

1.0，混凝土受扭承载力降低系数 $\beta_t = 1.0$，梁截面尺寸及配筋形式如图 18-2 所示。试问，以下何项箍筋配置与计算所需要的箍筋最为接近？

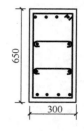

图 18-2

提示： 纵筋的混凝土保护层厚度取 30mm，$a_s = 40$mm。

(A) $\Phi 10@200$ (B) $\Phi 10@150$

(C) $\Phi 10@120$ (D) $\Phi 10@100$

3. 框架梁 KL2 的截面尺寸为 $300\text{mm} \times 800\text{mm}$，跨中截面底部纵向钢筋为 4 $\Phi 25$。已知该截面处由永久荷载和可变荷载产生的弯矩标准值 M_{Gk}、M_{Lk} 分别为 $250\text{kN} \cdot \text{m}$、$100\text{kN} \cdot \text{m}$，试问，该梁跨中截面考虑荷载长期作用影响的最大裂缝宽度 w_{max}（mm）与下列何项数值最为接近？

提示： $c_s = 30$mm，$h_0 = 755$mm。

(A) 0.25   (B) 0.29   (C) 0.32   (D) 0.37

4. 假设，框架梁 KL2 的左、右端截面考虑荷载长期作用影响的刚度 B_A、B_B 分别为 $9.0 \times 10^{13} \text{N} \cdot \text{mm}^2$、$6.0 \times 10^{13} \text{N} \cdot \text{mm}^2$；跨中最大弯矩处纵向受拉钢筋应变不均匀系数 $\psi = 0.8$，梁底配置 4 $\Phi 25$ 纵向钢筋。作用在梁上的均布静荷载、均布活荷载标准值分别为 30kN/m、15kN/m，试问，按规范提供的简化方法，该梁考虑荷载长期作用影响的挠度 f（mm），与下列何项数值最为接近？

提示： ① 按矩形截面梁计算，不考虑受压钢筋的作用，$a_s = 45$mm；

       ② 梁挠度近似按公式 $f = 0.00542 \dfrac{ql^4}{B}$ 计算；

       ③ 不考虑梁起拱的影响。

(A) 17   (B) 21   (C) 25   (D) 30

5. 框架梁 KL3 的截面尺寸为 $400\text{mm} \times 700\text{mm}$，计算简图近似如图 18-3 所示，作用在 KL3 上的均布静荷载、均布活荷载标准值 q_D、q_L 分别为 20kN/m、7.5kN/m；作用在 KL3 上的集中静荷载、集中活荷载标准值 P_D、P_L 分别为 180kN、60kN。试问，支座截面处梁的箍筋配置下列何项较为合适？

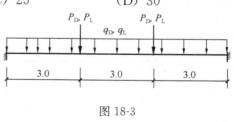

图 18-3

提示： $h_0 = 660$mm；不考虑抗震设计。

(A) $\Phi 8@200$（四肢箍）   (B) $\Phi 8@100$（四肢箍）

(C) $\Phi 10@200$（四肢箍）   (D) $\Phi 10@100$（四肢箍）

6. 若该工程位于抗震设防地区，框架梁 KL3 左端支座边缘截面在重力荷载代表值、水平地震作用下的负弯矩标准值分别为 $300\text{kN} \cdot \text{m}$、$300\text{kN} \cdot \text{m}$，梁底、梁顶纵向受力钢筋分别为 4 $\Phi 25$、5 $\Phi 25$，截面抗弯设计时考虑了有效翼缘内楼板钢筋及梁底受压钢筋的作用。当梁端负弯矩考虑调幅时，调幅系数取 0.80，试问，该截面考虑承载力抗震调整系数的受弯承载力设计值 M_u（kN·m）与考虑调幅后的截面弯矩设计值 M（kN·m），分别与下列哪组数值最为接近？

提示： ① 考虑板顶受拉钢筋面积为 628mm²；

       ② 近似取 $a_s = a_s' = 50$mm。

(A) 707；600　　　　(B) 707；678　　　　(C) 857；600　　　　(D) 857；678

【题7】 关于防止连续倒塌设计和既有结构设计的以下说法：

Ⅰ．设置竖直方向和水平方向通长的纵向钢筋并采取有效的连接锚固措施，是提供结构整体稳定性的有效方法之一；

Ⅱ．当进行偶然作用下结构防连续倒塌验算时，混凝土强度取强度标准值，普通钢筋强度取极限强度标准值；

Ⅲ．对既有结构进行改建、扩建而重新设计时，承载能力极限状态的计算应符合现行规范的要求，正常使用极限状态验算宜符合现行规范的要求；

Ⅳ．当进行既有结构改建、扩建时，若材料的性能符合原设计的要求，可按原设计的规定取值。同时，为了保证计算参数的统一，结构后加部分的材料也应按原设计规范的规定取值。

试问，针对上述说法正确性的判断，下列何项正确？

(A) Ⅰ、Ⅱ、Ⅲ、Ⅳ均正确　　　　　　(B) Ⅰ、Ⅱ、Ⅲ正确，Ⅳ错误

(C) Ⅱ、Ⅲ、Ⅳ正确，Ⅰ错误　　　　　(D) Ⅰ、Ⅲ、Ⅳ正确，Ⅱ错误

【题8】 关于建筑抗震性能化设计的以下说法：

Ⅰ．确定的性能目标不应低于"小震不坏、中震可修、大震不倒"的基本性能设计目标；

Ⅱ．当构件的承载力明显提高时，相应的延性构造可适当降低；

Ⅲ．当抗震设防烈度为7度设计基本地震加速度为0.15g时，多遇地震、设防地震、罕遇地震的地震影响系数最大值分别为0.12、0.34、0.72；

Ⅳ．针对具体工程的需要，可以对整个结构也可以对某些部位或关键构件，确定预期的性能目标。

试问，针对上述说法正确性的判断，下列何项正确？

(A) Ⅰ、Ⅱ、Ⅲ、Ⅳ均正确　　　　　　(B) Ⅰ、Ⅱ、Ⅲ正确，Ⅳ错误

(C) Ⅱ、Ⅲ、Ⅳ正确，Ⅰ错误　　　　　(D) Ⅰ、Ⅱ、Ⅳ正确，Ⅲ错误

【题9～13】 某五层现浇钢筋混凝土框架-剪力墙结构，柱网尺寸9m×9m，各层层高均为4.5m，位于8度（0.3g）抗震设防地区，设计地震分组为第二组，场地类别为Ⅲ类，建筑抗震设防类别为丙类。已知各楼层的重力荷载代表值均为18000kN。

9. 假设，用CQC法计算，作用在各楼层的最大水平地震作用标准值F_i（kN）和水平地震作用的各楼层剪力标准值V_i（kN）如表18-1所示。试问，计算结构扭转位移比对其平面规则性进行判断时，采用的二层顶楼面的"给定水平力F'_2（kN）"，与下列何项数值是为接近？

表18-1

楼层	一	二	三	四	五
F_i（kN）	702	1140	1440	1824	2385
V_i（kN）	6552	6150	5370	4140	2385

(A) 300　　　　(B) 780　　　　(C) 1140　　　　(D) 1220

10. 假设，用软件计算的多遇地震作用下的部分计算结果如下所示：

Ⅰ. 最大弹性层间位移 $\Delta u = 5\text{mm}$；

Ⅱ. 水平地震作用下底部剪力标准值 $V_{Ek} = 3000\text{kN}$；

Ⅲ. 在规定水平力作用下，楼层最大弹性位移为该楼层两端弹性水平位移平均值的 1.35 倍。

试问，针对上述计算结果是否符合《建筑抗震设计规范》GB 50011—2010 有关要求的判断，下列何项正确？

(A) Ⅰ、Ⅱ符合，Ⅲ不符合   (B) Ⅰ、Ⅲ符合，Ⅱ不符合

(C) Ⅱ、Ⅲ符合，Ⅰ不符合   (D) Ⅰ、Ⅱ、Ⅲ均符合

11. 假设，某框架角柱截面尺寸及配筋形式如图 18-4 所示。混凝土强度等级为 C30，箍筋采用 HRB335 钢筋，纵筋混凝土保护层厚度 $c = 40\text{mm}$。该柱地震作用组合的轴力设计值 $N = 3603\text{kN}$。试问，以下何项箍筋配置相对合理？

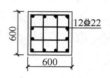

图 18-4

提示：① 假定对应于抗震构造措施的框架抗震等级为二级；

      ② 按《混凝土结构设计规范》GB 50010—2010 作答。

(A) $\Phi 8@200$ (B) $\Phi 8@100/200$

(C) $\Phi 10@100$ (D) $\Phi 10@100/200$

12. 假设，某边柱截面尺寸为 $700\text{m} \times 700\text{mm}$，混凝土强度等级 C30，纵筋采用 HRB400 钢筋，纵筋合力点至截面边缘的距离 $a_s = a'_s = 40\text{mm}$，考虑地震作用组合的柱轴力、弯矩设计值分别为 3100kN，$1250\text{kN} \cdot \text{m}$。试问，对称配筋时柱单侧所需的钢筋，下列何项配置最为合适？

提示：按大偏心受压进行计算，不考虑重力二阶效应的影响。

(A) $4 \Phi 22$ (B) $5 \Phi 22$ (C) $4 \Phi 25$ (D) $5 \Phi 25$

13. 假设，该五层房屋采用现浇有粘结预应力混凝土框架结构。抗震设计时，采用的计算参数及抗震等级如下所示：

Ⅰ. 多遇地震作用计算时，结构的阻尼比为 0.05；

Ⅱ. 罕遇地震作用计算时，特征周期为 0.55s；

Ⅲ. 框架的抗震等级为二级。

试问，针对上述参数取值及抗震等级的选择是否正确的判断，下列何项正确？

(A) Ⅰ、Ⅱ正确，Ⅲ错误

(B) Ⅱ、Ⅲ正确、Ⅰ错误

(C) Ⅰ、Ⅲ正确，Ⅱ错误

(D) Ⅰ、Ⅱ、Ⅲ均错误

【题 14】 某现浇钢筋混凝土三层框架，计算简图如图 18-5 所示，各梁、柱的相对线刚度及楼层侧向荷载标准值如图 18-5 所示。假设，该框架满足用反弯点法计算内力的条件，首层柱反弯点在距本层柱底 2/3 柱高处，二、三层柱反弯点在本层 1/2 柱高处。试问，首层顶梁 L1 的右端在该侧向荷载作用下的弯

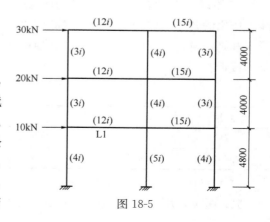

图 18-5

矩标准值 M_k（kN·m）与下列何项数值最为接近？

(A) 29   (B) 34   (C) 42   (D) 50

【题15】 某现浇钢筋混凝土梁，混凝土强度等级 C30，梁底受拉纵筋按并筋方式配置了 $2 \times 2 \Phi 25$ 的 HRB400 普通热轧带肋钢筋。已知纵筋混凝土保护层厚度为 40mm，该纵筋配置比设计计算所需的钢筋面积大了 20%。该梁无抗震设防要求也不直接承受动力荷载，采取常规方法施工，梁底钢筋采用搭接连接，接头方式如图 18-6 所示。若要求同一连接区段内钢筋接头面积不大于总面积的 25%。试问，图中所示的搭接接头中点之间的最小间距 l（mm）应与下列何项数值最为接近？

图 18-6

(A) 1400   (B) 1600   (C) 1800   (D) 2000

【题16】 某钢筋混凝土连续梁，截面尺寸 $b \times h = 300\text{mm} \times 3900\text{mm}$，计算跨度 $l_0 = 6000\text{mm}$，混凝土强度等级为 C40，不考虑抗震，钢筋均采用 HRB400 钢筋。梁底纵筋采用 $\Phi 20$，水平和竖向分布筋均采用双排 $\Phi 10@200$ 并按规范要求设置拉筋。试问，此梁要求不出现斜裂缝时，中间支座截面对应于标准组合的抗剪承载力（kN）与下列何值最为接近？

(A) 1120   (B) 1250   (C) 1380   (D) 2680

【题17】 关于钢结构设计要求的以下说法：

Ⅰ. 在其他条件完全一致的情况下，焊接结构的钢材要求应不低于非焊接结构；

Ⅱ. 在其他条件完全一致的情况下，钢结构受拉区的焊缝质量要求应不低于受压区；

Ⅲ. 在其他条件完全一致的情况下，钢材的强度设计值与钢材厚度无关；

Ⅳ. 吊车梁的腹板与上翼缘之间的 T 形接头焊缝均要求焊透；

Ⅴ. 摩擦型连接和承压型连接高强度螺栓的承载力设计值的计算方法相同。

试问，针对上述说法正确性的判断，下列何项正确？

(A) Ⅰ、Ⅱ、Ⅲ正确，Ⅳ、Ⅴ错误   (B) Ⅰ、Ⅱ正确，Ⅲ、Ⅳ、Ⅴ错误

(C) Ⅳ、Ⅴ正确，Ⅰ、Ⅱ、Ⅲ错误   (D) Ⅲ、Ⅳ、Ⅴ正确，Ⅰ、Ⅱ错误

【题18】 不直接承受动力荷载且钢材的各项性能满足塑性设计要求的下列钢结构：

Ⅰ. 符合计算简图 18-7（a），材料采用 Q345 钢，截面均采用焊接 H 形钢 H300×200×8×12；

Ⅱ. 符合计算简图 18-7（b），材料采用 Q345 钢，截面均采用焊接 H 形钢 H300×200×8×12；

Ⅲ. 符合计算简图 18-7（c），材料采用 Q235 钢，截面均采用焊接 H 形钢 H300×200×8×12；

Ⅳ. 符合计算简图 18-7（d），材料采用 Q235 钢，截面均采用焊接 H 形钢 H300×200×8×12。

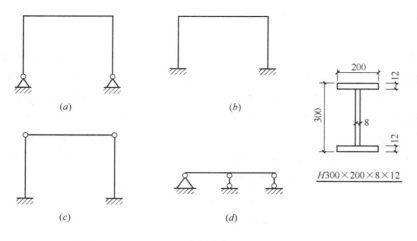

图 18-7

试问，根据《钢结构设计标准》GB 50017—2017 的有关规定，针对上述结构是否可采用塑性设计的判断，下列何项正确？

(A) Ⅱ、Ⅲ、Ⅳ 可采用，Ⅰ 不可采用　　(B) Ⅳ可采用，Ⅰ、Ⅱ、Ⅲ不可采用

(C) Ⅲ、Ⅳ 可采用，Ⅰ、Ⅱ不可采用　　(D) Ⅰ、Ⅱ、Ⅳ可采用，Ⅲ不可采用

【题 19～21】 某钢结构平台，由于使用中增加荷载，需增设一格构柱，柱高 6m，两端铰接，轴心压力设计值为 1000kN，钢材采用 Q235 钢，焊条采用 E43 型，预热施焊，截面无削弱。格构柱如图 18-8 所示，截面参数见表 18-2。

提示：所有板厚均≤16mm。

表 18-2

截面	A	I_1	i_y	i_1
	mm²	mm⁴	mm	mm
〔22a	3180	$1.56×10^6$	86.7	22.3

19. 试问，根据构造确定，柱宽 b（mm）与下列何项数值最为接近？

(A) 150　　　　　(B) 250

(C) 350　　　　　(D) 450

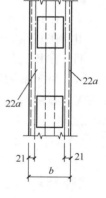

图 18-8

20. 缀板的设置满足《钢结构设计标准》GB 50017—2017 的规定。试问，该格构柱作为轴心受压构件，当采用最经济截面进行绕 y 轴的稳定性计算时，以应力形式表达的稳定性计算值（N/mm²）应与下列何项数值最为接近？

(A) 210　　　　(B) 190　　　　(C) 160　　　　(D) 140

21. 柱脚底板厚度为 16mm，端部要求铣平，总焊缝计算长度取 l_w＝1040mm。试问，柱与底板间的焊缝采用下列何种做法最为合理？

(A) 角焊缝连接，焊脚尺寸为 8mm　　(B) 柱与底板焊透，一级焊缝质量要求

（C）柱与底板焊透，二级焊缝质量要求　　（D）角焊缝连接，焊脚尺寸为12mm

【题 22、23】　某钢梁采用端板连接接头，钢材为Q345钢，采用10.9级高强度螺栓摩擦型连接，连接处钢材接触表面的处理方法为未经处理的干净轧制表面，其连接形式如图18-9所示，考虑了各种不利影响后，取弯矩设计值 $M=260$kN·m，剪力设计值 $V=65$kN，轴力设计值 $N=100$kN（压力）。

提示： 设计值均为非地震作用组合内力。

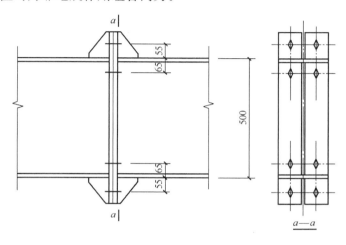

图 18-9

22. 试问，连接可采用的高强度螺栓最小规格为下列何项？

提示： ① 梁上、下翼缘板中心间的距离取 $h=490$mm；

　　　　② 忽略轴力和剪力影响。

（A）M20　　　　　（B）M22　　　　　（C）M24　　　　　（D）M27

23. 端板与梁的连接焊缝采用角焊缝，焊条为E50型，焊缝计算长度如图18-10所示，翼缘焊脚尺寸 $h_f=8$mm，腹板焊脚尺寸 $h_f=6$mm。试问，按承受静力荷载计算，角焊缝最大应力（N/mm²）与下列何项数值最为接近？

（A）156　　　　　　　　　　（B）164

（C）190　　　　　　　　　　（D）199

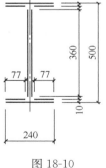

图 18-10

【题 24～26】　某单层工业厂房，屋面及墙面的围护结构均为轻质材料，屋面梁与上柱刚接，梁柱均采用Q345焊接H形钢，梁、柱H形截面表示方式为：梁高×梁宽×腹板厚度×翼缘厚度。上柱截面为 H800×400×12×18，梁截面为 H1300×400×12×20，抗震设防烈度为7度。框架上柱最大设计轴力为525kN。

24. 试问，在进行构件的强度和稳定性的承载力计算时，应满足以下何项地震作用要求？

提示： 梁、柱腹板宽厚比均符合《钢结构设计标准》GB 50017—2017弹性设计阶段的板件宽厚比限值。

（A）按有效截面进行多遇地震下的验算

(B) 满足多遇地震下的要求

(C) 满足 1.5 倍多遇地震下的要求

(D) 满足 2 倍多遇地震下的要求

25. 试问，本工程框架上柱长细比限值应与下列何项数值最为接近？

(A) 150　　　　　(B) 123

(C) 99　　　　　(D) 80

26. 本工程柱距 6m，吊车梁无制动结构，截面如图 18-11 所示，截面参数见表 18-3，采用 Q345 钢，最大弯矩设计值 $M_x = 960$kN·m，试问，梁的整体稳定系数与下列何项数值最为接近？

提示：$\beta_b = 0.696$；$\eta_b = 0.631$。

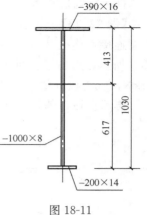

图 18-11

表 18-3

截面	A	I_x	I_y	W_{x1}	W_{x2}	i_y
	mm²	mm⁴	mm⁴	mm³	mm³	mm
见图 Z12-11	17040	2.82×10^9	8.84×10^7	6.82×10^6	4.56×10^6	72

(A) 1.25　　　　(B) 1.0　　　　(C) 0.85　　　　(D) 0.5

【题 27～29】　某车间设备平台改造增加一跨，新增部分跨度 8m，柱距 6m，采用柱下端铰接，梁柱刚接，梁与原有平台铰接的刚架结构，平台铺板为钢格栅板；刚架计算简图如图 18-12 所示；图中长度单位为 mm。刚架与支撑全部采用 Q235B 钢，手工焊接采用 E43 型焊条。

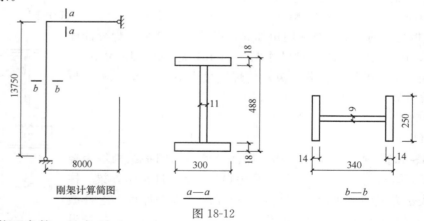

刚架计算简图　　　　　$a—a$　　　　　$b—b$

图 18-12

构件截面参数，见表 18-4。

表 18-4

截面	截面面积 A（mm²）	惯性矩 （平面内） I_x（mm⁴）	惯性半径 i_x（mm）	惯性半径 i_y（mm）	截面模量 W_x（mm³）
HM340×250×9×14	99.53×10^2	21200×10^4	14.6×10	6.05×10	1250×10^3
HM488×300×11×18	159.2×10^2	68900×10^4	20.8×10	7.13×10	2820×10^3

27. 假设刚架无侧移，刚架梁及柱均采用双轴对称轧制 H 型钢，梁计算跨度 $l_x=8m$，平面外自由长度 $l_y=4m$，梁截面为 HM488×300×11×18，柱截面为 HM340×250×9×14；刚架梁的最大弯矩设计值为 $M_{xmax}=486.4kN\cdot m$，且不考虑截面削弱。试问，刚架梁整体稳定验算时，以应力形式表达的稳定性计算数值（N/mm²），与下列何项数值最为接近？

提示：假定梁为均匀弯曲的受弯构件。

(A) 163　　　　(B) 173　　　　(C) 183　　　　(D) 193

28. 刚架梁及柱的截面同题 27，柱下端铰接采用平板支座。试问，框架平面内，柱的计算长度系数与下列何项数值最为接近？

提示：忽略横梁轴心压力的影响。

(A) 0.79　　　　(B) 0.76　　　　(C) 0.73　　　　(D) 0.70

29. 设计条件同［题 27］，刚架柱上端的弯矩及轴向压力设计值分别为 $M_2=192.5kN\cdot m$，$N=276.6kN$；刚架柱下端的弯矩及轴向压力设计值分别为 $M_1=0.0kN\cdot m$，$N=292.1kN$；且无横向荷载作用。假设刚架柱在弯矩作用平面内计算长度取 $l_{0x}=10.1m$。试问，对刚架柱进行弯矩作用平面内整体稳定性验算时，以应力形式表达的稳定性计算数值（N/mm²）与下列何项数值最为接近？

提示： $1-0.8\dfrac{N}{N'_{Ex}}=0.942$。

(A) 126　　　　(B) 134　　　　(C) 156　　　　(D) 173

【题 30】　某厂房抗震设防烈度 8 度，关于厂房构件抗震设计的以下说法：

Ⅰ. 竖向支撑桁架的腹杆应能承受和传递屋盖的水平地震作用；

Ⅱ. 屋盖横向水平支撑的交叉斜杆可按拉杆设计；

Ⅲ. 柱间支撑采用单角钢截面，并单面偏心连接；

Ⅳ. 支承跨度大于 24m 的屋盖横梁的托架，应计算其竖向地震作用。

试问，针对上述说法是否符合相关规范要求的判断，下列何项正确？

(A) Ⅰ、Ⅱ、Ⅲ符合，Ⅳ不符合　　　　(B) Ⅱ、Ⅲ、Ⅳ符合，Ⅰ不符合
(C) Ⅰ、Ⅱ、Ⅳ符合，Ⅲ不符合　　　　(D) Ⅰ、Ⅲ、Ⅳ符合，Ⅱ不符合

【题 31】　关于砌体结构的以下论述：

Ⅰ. 砌体的抗压强度设计值以龄期为 28d 的毛截面面积计算；

Ⅱ. 砂浆强度等级是用边长为 70.7mm 的立方体试块以 MPa 表示的抗压强度平均值确定；

Ⅲ. 砌体结构的材料性能分项系数，当施工质量控制等级为 C 级时，取为 1.6；

Ⅳ. 砌体施工质量控制等级分为 A、B、C 三级，当施工质量控制等级为 A 级时，砌体强度设计值可提高 10%。

试问，针对以上论述正确性的判断，下列何项正确？

(A) Ⅰ、Ⅳ正确，Ⅱ、Ⅲ错误　　　　(B) Ⅰ、Ⅱ正确，Ⅲ、Ⅳ错误
(C) Ⅱ、Ⅲ正确，Ⅰ、Ⅳ错误　　　　(D) Ⅱ、Ⅳ正确，Ⅰ、Ⅲ错误

【题 32】　关于砌体结构设计与施工的以下论述：

Ⅰ. 采用配筋砌体时，当砌体截面面积小于 0.3m² 时，砌体强度设计值的调整系数为

构件截面面积（m²）加 0.7；

Ⅱ. 对施工阶段尚未硬化的新砌砌体进行稳定验算时，可按砂浆强度为零进行验算；

Ⅲ. 在多遇地震作用下，配筋砌块砌体剪力墙结构楼层最大弹性层间位移角不宜超过 1/1000；

Ⅳ. 砌体的剪变模量可按砌体弹性模量的 0.5 倍采用。

试问，针对以上论述正确性的判断，下列何项正确？

(A) Ⅰ、Ⅱ 正确，Ⅲ、Ⅳ 错误   (B) Ⅰ、Ⅲ 正确，Ⅱ、Ⅳ 错误

(C) Ⅱ、Ⅲ 正确，Ⅰ、Ⅳ 错误   (D) Ⅱ、Ⅳ 正确，Ⅰ、Ⅲ 错误

【题 33、34】 某多层砌体结构房屋，各层层高均为 3.6m，内外墙厚度均为 240mm，轴线居中。室内外高差 0.30m，基础埋置较深且有刚性地坪。采用现浇钢筋混凝土楼、屋盖，平面布置图和 A 轴剖面见图 18-13 所示。各内墙上门洞均为 1000mm×2600mm（宽×高），外墙上窗洞均为 1800mm×1800mm（宽×高）。

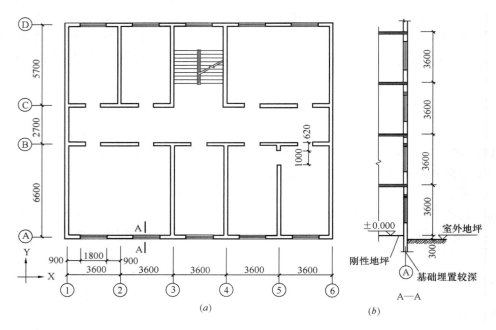

图 18-13

(a) 平面布置图；(b) 局部剖面示意图

33. 试问，底层②轴墙体的高厚比与下列何项数值最为接近？

提示： 横墙间距 s 按 5.7m 计算。

(A) 13   (B) 15   (C) 17   (D) 19

34. 假定，该房屋第二层横向（Y 向）的水平地震剪力标准值 $V_{2k}=2000$kN。试问，第二层⑤轴墙体所承担的地震剪力标准值 V_k（kN），应与下列何项数值最为接近？

提示： ⑤轴墙体设有构造柱。

(A) 110   (B) 130   (C) 175   (D) 185

【题 35、36】 某网状配筋砖砌体墙体，墙体厚度为 240mm，墙体长度为 6000mm，其

计算高度 $H_0 = 3600\text{mm}$。采用 MU10 级烧结普通砖、M7.5 级混合砂浆砌筑，砌体施工质量控制等级为 B 级。钢筋网采用冷拔低碳钢丝Φ$^b_4$制作，其抗拉强度设计值 $f_y = 430\text{MPa}$，钢筋网的网格尺寸 $a = 60\text{mm}$，竖向间距 $s_n = 240\text{mm}$。

35. 试问，轴心受压时，该配筋砖砌体抗压强度设计值 f_n（MPa），应与下列何项数值最为接近？

(A) 2.6　　　　　(B) 2.8　　　　　(C) 3.0　　　　　(D) 3.2

36. 假如砌体材料发生变化，已知 $f_n = 3.5\text{MPa}$，网状配筋体积配筋率 $\rho = 0.3\%$。试问，该配筋砖砌体的轴心受压承载力设计值（kN/m）应与下列何项数值最为接近？

(A) 410　　　　　(B) 460　　　　　(C) 510　　　　　(D) 560

【题 37、38】 某五层砌体结构办公楼，抗震设防烈度 7 度，设计基本地震加速度值为 $0.15g$，各层层高及计算高度均为 3.6m，采用现浇钢筋混凝土楼、屋盖。砌体施工质量控制等级为 B 级，结构安全等级为二级。计算简图如图 18-14 所示。

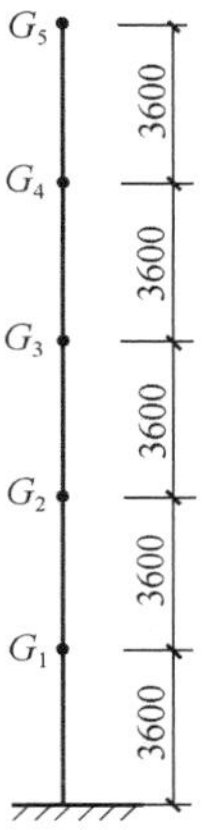

37. 已知各种荷载（标准值）：屋面恒载总重为 1800kN，屋面活荷载总重 150kN，屋面雪荷载总重 100kN；每层楼层恒载总重为 1600kN，按等效均布荷载计算的每层楼面活荷载为 600kN；1～5 层每层墙体总重为 2100kN，女儿墙总重为 400kN。采用底部剪力法对结构进行水平地震作用计算。试问，总水平地震作用标准值 F_{Ek}（kN），应与下列何项数值最为接近？

提示：楼层重力荷载代表值计算时，集中于质点 G_1 的墙体荷载按 2100kN 计算。

(A) 1680　　　　　　　　　　(B) 1970
(C) 2150　　　　　　　　　　(D) 2300

图 18-14

38. 采用底部剪力法对结构进行水平地震作用计算时，假设重力荷载代表值 $G_1 = G_2 = G_3 = G_4 = 5000\text{kN}$、$G_5 = 4000\text{kN}$。若总水平地震作用标准值为 F_{Ek}，截面抗震验算仅计算水平地震作用。试问，第二层的水平地震剪力设计值 V_2（kN）应与下列何项数值最为接近？

(A) $0.8F_{Ek}$　　　　(B) $0.9F_{Ek}$　　　　(C) $1.1F_{Ek}$　　　　(D) $1.2F_{Ek}$

【题 39】 某悬臂砖砌水池，采用 MU10 级烧结普通砖、M10 级水泥砂浆砌筑，墙体厚度 740mm，砌体施工质量控制等级为 B 级。水压力按可变荷载考虑，假定其分项系数取 1.5。试问，按抗剪承载力验算时，该池壁底部能承受的最大水压高度设计值 H（m），应与下列何项数值最为接近？

提示：① 不计池壁自重的影响；
　　　② 按《砌体结构设计规范》GB 50003—2011 作答。

(A) 2.5　　　　　　　　　　(B) 3.0
(C) 3.4　　　　　　　　　　(D) 4.0

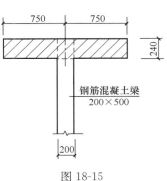

图 18-15

【题 40】 一钢筋混凝土简支梁，截面尺寸为 200mm× 500mm，跨度 5.4m，支承在 240mm 厚的窗间墙上，如图 18-15 所示。窗间墙长 1500mm，采用 MU15 级蒸压粉煤灰砖、M10 级混合砂浆砌筑，砌体施工质量控制等级为 B 级。在梁下、窗间墙墙顶部位，设置有钢筋混凝土圈梁，圈梁高度为 180mm。梁端的支承压力设计值 $N_1=110\text{kN}$，上层传来的轴向压力设计值为 360kN。试问，作用于垫梁下砌体局部受压的压力设计值 N_0+N_1（kN），与下列何项数值最为接近？

提示：①圈梁惯性矩 $I_b=1.1664\times10^8\text{mm}^4$；

②圈梁混凝土弹性模量 $E_b=2.55\times10^4\text{MPa}$。

(A) 190   (B) 200   (C) 240   (D) 260

（下午卷）

【题 41】 关于木结构的以下论述：

Ⅰ. 方木原木受拉构件的连接板，木材的含水率不应大于 19%；

Ⅱ. 方木原木结构受拉或拉弯构件应选用 I_a 级材质的木材；

Ⅲ. 验算原木构件挠度和稳定时，可取中央截面；

Ⅳ. 对设计使用年限为 25 年的木结构构件，结构重要性系数 γ_0 不应小于 0.9。

试问，针对以上论述正确性的判断，下列何项正确？

(A) Ⅰ、Ⅱ正确，Ⅲ、Ⅳ错误   (B) Ⅱ、Ⅲ正确，Ⅰ、Ⅳ错误

(C) Ⅰ、Ⅳ正确，Ⅱ、Ⅲ错误   (D) Ⅲ、Ⅳ正确，Ⅰ、Ⅱ错误

【题 42】 用北美落叶松原木制作的轴心受压柱，两端铰接，柱计算长度为 3.2m，在木柱 1.6m 高度处有一个 $d=22\text{mm}$ 的螺栓孔穿过截面中央，原木标注直径 $d=150\text{mm}$。该受压杆件处于室内正常环境，安全等级为二级，设计使用年限为 25 年。试问，当按稳定验算时，柱的轴心受压承载力（kN），应与下列何项数值最为接近？

提示：验算部位按经过切削考虑。

(A) 95   (B) 100   (C) 105   (D) 110

【题 43】 地处北方的某城市，市区人口 30 万，集中供暖。现拟建设一栋三层框架结构建筑，地基土层属季节性冻胀的粉土，标准冻深 2.4m，采用柱下方形独立基础，基础底面边长 $b=2.7\text{m}$，荷载效应标准组合时，永久荷载产生的基础底面平均压力为 144.5kPa，试问，当基础底面以下容许存在一定厚度的冻土层且不考虑切向冻胀力的影响时，根据地基冻胀性要求的基础最小埋深（m）与下列何项数值最为接近？

(A) 2.40   (B) 1.80   (C) 1.60   (D) 1.40

【题 44】 关于地基基础及地基处理设计的以下主张：

Ⅰ. 采用分层总和法计算地基沉降时，各层土的压缩模量应按土的自重压力至土的自重压力与附加压力之和的压力段计算选用；

Ⅱ. 当上部结构按风荷载效应的组合进行设计时，基础截面设计和地基变形验算应计入风荷载的效应；

Ⅲ. 对次要或临时性建筑，其天然地基基础的结构重要性系数应按不小于 1.0 取用；

Ⅳ. 采用堆载预压法处理地基时，排水竖井的深度应根据建筑物对地基的稳定性、变形要求和工期确定。对以地基抗滑稳定性控制的工程，竖井深度至少应超过最危险滑动面 2.0m；

Ⅴ. 计算群桩基础水平承载力时，地基土水平抗力系数的比例系数 m 值与桩顶水平位

移的大小有关，当桩顶水平位移较大时，m 值可适当提高。

试问：针对上述主张正确性的判断，下列何项正确？

(A) Ⅰ、Ⅱ、Ⅳ、Ⅴ正确，Ⅲ错误　　(B) Ⅱ、Ⅳ正确，Ⅰ、Ⅲ、Ⅴ错误

(C) Ⅰ、Ⅲ、Ⅳ正确，Ⅱ、Ⅴ错误　　(D) Ⅰ、Ⅲ、Ⅴ正确，Ⅱ、Ⅳ错误

【题 45～47】 某工程由两幢 7 层主楼及地下车库组成，统一设一层地下室，采用钢筋混凝土框架结构体系，桩基础。工程桩采用泥浆护壁旋挖成孔灌注桩，桩身纵筋锚入承台内 800mm，主楼桩基础采用一柱一桩的布置形式，桩径 800mm，有效桩长 26m，以碎石土层作为桩端持力层，桩端进入持力层 7m；地基中分布有厚度达 17m 的淤泥，其不排水抗剪经度为 9kPa。主楼局部基础剖面及地质情况如图 18-16 所示，地下水位稳定于地面以下 1m，λ 为抗拔系数。

提示：按《建筑桩基技术规范》JGJ 94—2008 作答。

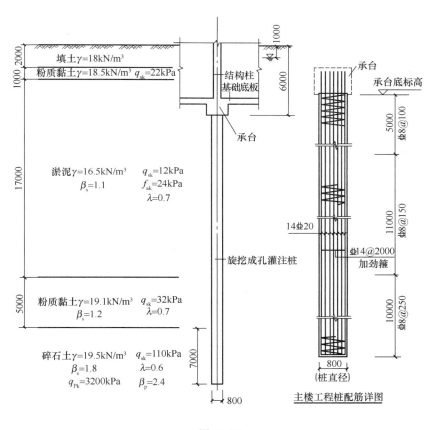

图 18-16

45. 主楼范围的灌注桩采取桩端后注浆措施，注浆技术符合《建筑桩基技术规范》JGJ 94—2008 的有关规定，根据地区经验，各土层的侧阻及端阻提高系数如图 Z12-16 所示。试问，根据《建筑桩基技术规范》JGJ 94—2008 估算得到的后注浆灌注桩单桩极限承载力标准值 Q_{uk}（kN），与下列何项数值最为接近？

(A) 4500　　　　(B) 6000　　　　(C) 8200　　　　(D) 10000

46. 主楼范围的工程桩桩身配筋构造如图 18-16，主筋采用 HRB400 钢筋，f'_y 为

$360N/mm^2$，若混凝土强度等级为 C40，$f_c=19.1N/mm^2$，基桩成桩工艺系数 ψ_c 取 0.7，桩的水平变形系数 α 为 $0.16m^{-1}$，桩顶与承台的连接按固接考虑。试问，桩身轴心受压正截面受压承载力设计值（kN）最接近下列何项数值？

提示： 淤泥土层按液化土、$\psi_l=0$ 考虑，$l'_0=l_0+(1-\psi_l)d_l$，$h'=h-(1-\psi_l)d_l$。

(A) 4800   (B) 6500   (C) 8000   (D) 10000

47. 主楼范围以外的地下室工程桩均按抗拔桩设计，一柱一桩，抗拔桩未采取后注浆措施。已知抗拔桩的桩径、桩顶标高及桩底端标高同图 18-16 所示的承压桩（重度为 $25kN/m^3$）。试问，为满足地下室抗浮要求，相应于荷载的标准组合时，基桩允许拔力最大值（kN）与下列何项数值最为接近？

提示： 单桩抗拔极限承载力标准值可按土层条件计算。

(A) 850   (B) 1000   (C) 1700   (D) 2000

【题 48】 下列与桩基相关的 4 点主张：

Ⅰ. 液压式压桩机的机架重量和配重之和为 4000kN 时，设计最大压桩力不应大于 3600kN；

Ⅱ. 静压桩的最大送桩长度不宜超过 8m，且送桩的最大压桩力不宜大于允许抱压压桩力，场地地基承载力不应小于压桩机接地压强的 1.2 倍；

Ⅲ. 在单桩竖向静荷载试验中采用堆载进行加载时，堆载加于地基的压应力不宜大于地基承载力特征值；

Ⅳ. 抗拔桩设计时，对于严格要求不出现裂缝的一级裂缝控制等级，当配置足够数量的受拉钢筋时，可不设置预应力钢筋。

试问，针对上述主张正确性的判断，下列何项正确？

(A) Ⅰ、Ⅲ正确，Ⅱ、Ⅳ错误   (B) Ⅱ、Ⅳ正确，Ⅰ、Ⅲ错误

(C) Ⅱ、Ⅲ正确，Ⅰ、Ⅳ错误   (D) Ⅱ、Ⅲ、Ⅳ正确，Ⅰ错误

【题 49】 非抗震设防地区的某工程，柱下独立基础及地质剖面如图 18-17 所示，其框架中柱 A 的截面尺寸为 $500mm \times 500mm$，②层粉质黏土的内摩擦角和黏聚力标准值

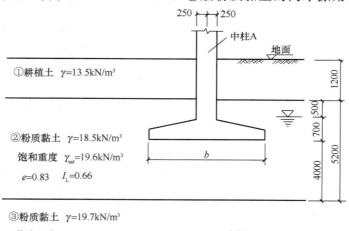

①耕植土 $\gamma=13.5kN/m^3$

②粉质黏土 $\gamma=18.5kN/m^3$
饱和重度 $\gamma_{sat}=19.6kN/m^3$
$e=0.83$ $I_L=0.66$

③粉质黏土 $\gamma=19.7kN/m^3$
饱和重度 $\gamma_{sat}=20.1kN/m^3$ $f_{ak}=210kPa$ $e=0.71$ $I_L=0.17$
层厚大于10m未揭穿

图 18-17

分别为 $\varphi_k = 15°$ 和 $c_k = 24.0 \text{kPa}$。相应于荷载效应标准组合时，作用于基础顶面的竖向压力标准值为 1350kN，基础所承担的弯矩及剪力均可忽略不计。试问，当柱 A 下独立基础的宽度 $b = 2.7 \text{m}$（短边尺寸）时，所需的基础底面最小长度（m）与下列何项数值最为接近？

提示：① 基础自重和其上土重的加权平均重度按 18kN/m³ 取用；

② 土层②粉质黏土的地基承载力特征值可根据土的抗剪强度指标确定。

(A) 2.6 　　　(B) 3.2 　　　(C) 3.5 　　　(D) 3.8

【题 50、51】 抗震设防烈度为 6 度的某高层钢筋混凝土框架-核心筒结构，风荷载起控制作用，采用天然地基上的平板式筏板基础，基础平面如图 18-18 所示，核心筒的外轮廓平面尺寸为 9.4m×9.4m，基础板厚 2.6m，基础板有效高度按 2.5m 计。

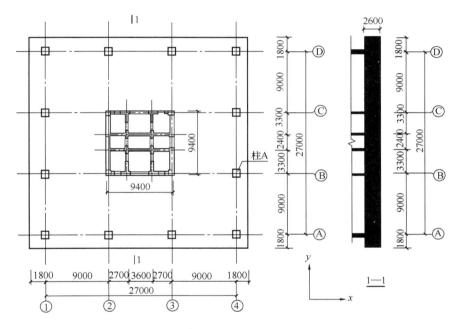

图 18-18

50. 假定，相应于荷载的基本组合时，核心筒筏板冲切破坏锥体范围内基底的净反力平均值 $p_n = 435.9 \text{kN/m}^2$，筒体作用于筏板顶面的竖向力为 177500kN、作用在冲切临界面重心上的不平衡弯矩设计值为 151150kN·m。试问，距离内筒外表面 $h_0/2$ 处冲切临界截面的最大剪应力（N/mm²）与下列何项数值最为接近？

提示：$u_m = 47.6 \text{m}$，$I_s = 2839.59 \text{m}^4$，$\alpha_s = 0.40$。

(A) 0.74 　　　(B) 0.85 　　　(C) 0.95 　　　(D) 1.10

51. 假定，（1）荷载的基本组合下，地基土净反力平均值产生的距内筒右侧外边缘 h_0 处的筏板单位宽度的剪力设计值最大，其最大值为 2400kN/m；（2）距离内筒外表面 $h_0/2$ 处冲切临界截面的最大剪应力 $\tau_{max} = 0.90 \text{N/mm}^2$。试问，满足抗剪和抗冲切承载力要求的筏板最低混凝土强度等级为下列何项最为合理？

提示：各等级混凝土的强度指标如表 18-5 所示。

混凝土强度等级	C40	C45	C50	C60
f （N/mm²）	1.71	1.80	1.89	2.04

（A）C40　　　　　（B）C45　　　　　（C）C50　　　　　（D）C60

【题 52、53】 某抗震设防烈度为 8 度（0.30g）的框架结构，采用摩擦型长螺旋钻孔灌注桩基础，初步确定某中柱采用如图 18-19 所示的四桩承台基础，已知桩身直径为 400mm，单桩竖向抗压承载力特征值 R_a＝700kN，承台混凝土强度等级 C30（f_t＝1.43N/mm²），桩间距有待进一步复核。考虑 x 向地震作用，相应于荷载效应标准组合时，作用于承台底面标高处的竖向力 F_{Ek}＝3341kN，弯矩 M_{Ek}＝920kN·m，水平力 V_{Ek}＝320kN，承台有效高度 h_0＝730mm，承台及其上土重可忽略不计。

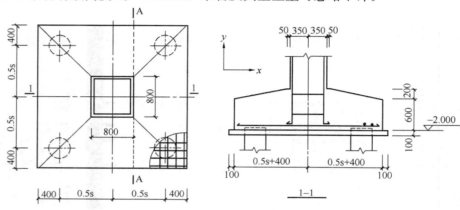

图 18-19

52. 假定 x 向地震作用效应控制桩中心距，x、y 向桩中心距相同，且不考虑 y 向弯矩的影响。试问，根据桩基抗震要求确定的桩中心距 s（mm）与下列何项数值最为接近？

（A）1400　　　　　（B）1800　　　　　（C）2200　　　　　（D）2600

53. 试问，当桩中心距 s＝2400mm，地震作用效应组合时，承台 A—A 剖面处的抗剪承载力设计值（kN）与下列何项数值最为接近？

（A）3500　　　　　（B）3200　　　　　（C）2800　　　　　（D）2400

【题 54】 根据地勘资料，某黏土层的天然含水量 w＝35%，液限 w_L＝52%，塑限 w_P＝23%，土的压缩系数 a_{1-2}＝0.12MPa⁻¹，a_{2-3}＝0.09MPa⁻¹。试问，下列关于该土层的状态及压缩性评价，何项是正确的？

（A）可塑，中压缩性土　　　　　　　　　（B）硬塑，低压缩性土
（C）软塑，中压缩性土　　　　　　　　　（D）可塑，低压缩性土

【题 55、56】 某砌体结构建筑采用墙下钢筋混凝土条形基础，以强风化粉砂质泥岩为持力层，底层墙体剖面及地质情况如图 18-20 所示。相应于荷载的基本组合时，作用于钢筋混凝土扩展基础顶面处的轴心竖向力 N＝526.5kN/m。

55. 试问，在轴心竖向力作用下，该条形基础的最大基本组合弯矩设计值（kN·m）与下列何项数值最为接近？

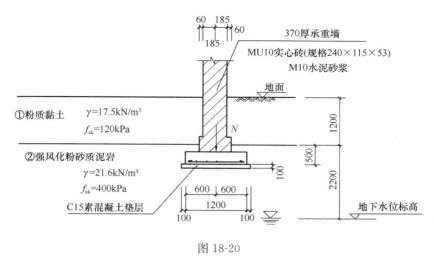

图 18-20

（A）20 　　　　　（B）30 　　　　　（C）40 　　　　　（D）50

56. 方案阶段，若考虑将墙下钢筋混凝土条形基础调整为等强度的 C20（$f_t=1.1\text{N/mm}^2$）素混凝土基础，在保持基础底面宽度不变的情况下，试问，满足抗剪要求所需基础最小高度（mm）与下列何项数值最为接近？

提示：刚性基础的抗剪验算可按下式进行：$V_s\leqslant0.366f_tA$

其中 A 为沿砖墙外边缘处混凝土基础单位长度的垂直截面面积。

（A）300 　　　　　（B）400 　　　　　（C）500 　　　　　（D）600

【题 57】 以下关于高层建筑混凝土结构抗震设计的 4 种观点：

Ⅰ. 扭转周期比大于 0.9 的结构（不含混合结构）应进行专门研究和论证，采取特别的加强措施；

Ⅱ. 结构宜限制出现过多的内部、外部赘余度；

Ⅲ. 结构在两个主轴方向的振型可存在较大差异，但结构周期宜相近；

Ⅳ. 控制薄弱层使之有足够的变形能力，又不使薄弱层发生转移。

试问，针对上述观点是否符合《建筑抗震设计规范》GB 50011—2010 相关要求的判断，下列何项正确？

（A）Ⅰ、Ⅱ符合，Ⅲ、Ⅳ不符合 　　　　　（B）Ⅱ、Ⅲ符合，Ⅰ、Ⅳ不符合

（C）Ⅲ、Ⅳ符合，Ⅰ、Ⅱ不符合 　　　　　（D）Ⅰ、Ⅳ符合，Ⅱ、Ⅲ不符合

【题 58】 以下关于高层建筑混凝土结构设计与施工的 4 种观点：

Ⅰ. 分段搭设的悬挑脚手架，每段高度不得超过 25m；

Ⅱ. 大体积混凝土浇筑体的里表温差不宜大于 25℃，混凝土浇筑表面与大气温差不宜大于 20℃；

Ⅲ. 混合结构核心筒应先于钢框架或型钢混凝土框架施工，高差宜控制在 4~8 层，并应满足施工工序的穿插要求；

Ⅳ. 常温施工时，柱、墙体拆模混凝土强度不应低于 1.2MPa。

试问，针对上述观点是否符合《高层建筑混凝土结构技术规程》JGJ 3—2010 相关要求的判断，下列何项正确？

（A）Ⅰ、Ⅱ符合，Ⅲ、Ⅳ不符合 　　　　　（B）Ⅰ、Ⅲ符合，Ⅱ、Ⅳ不符合

(C) Ⅱ、Ⅲ符合，Ⅰ、Ⅳ不符合　　　　(D) Ⅲ、Ⅳ符合，Ⅰ、Ⅱ不符合

【题 59～61】 某 40 层高层办公楼，建筑物总高度 152m，采用型钢混凝土框架-钢筋混凝土核心筒结构体系，楼面梁采用钢梁，核心筒采用普通钢筋混凝土，经计算地下室顶板可作为上部结构的嵌固部位。该建筑抗震设防类别为标准设防类（丙类），抗震设防烈度为 7 度，设计基本地震加速度为 0.10g，设计地震分组为第一组，建筑场地类别为Ⅱ类。

59. 首层核心筒某偏心受压墙肢截面如图 18-21 所示，墙肢 1 考虑地震组合的内力设计值（已按规范、规程要求作了相应调整）如下：$N = 32000$kN，$V = 9260$kN，计算截面的剪跨比 $\lambda = 1.91$，$h_{w0} = 5400$mm，墙体采用 C60 混凝土（$f_c = 27.5$N/mm^2，$f_t =$

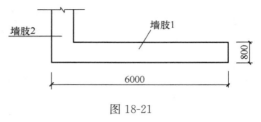

图 18-21

2.04N/mm^2），HRB400 级钢筋（$f_y = 360$N/mm^2）。试问，其水平分布钢筋最小选用下列何项配筋时，才能满足《高层建筑混凝土结构技术规程》JGJ 3—2010 的最低构造要求？

提示：假定 $A_w = A$。

(A) Φ 12@200（4）　　　　　　　　　　(B) Φ 14@200（2）+Φ 12@200（2）

(C) Φ 14@200（4）　　　　　　　　　　(D) Φ 16@200（2）+Φ 14@200（2）

60. 该结构中框架柱数量各层保持不变，按侧向刚度分配的水平地震作用标准值如下：结构基底总剪力标准值 $V_0 = 29000$kN，各层框架承担的地震剪力标准值最大值 $V_{f,max} = 3828$kN，某楼层框架承担的地震剪力标准值 $V_f = 3400$kN，该楼层某柱的柱底弯矩标准值 $M_k = 596$kN·m，剪力标准值 $V = 156$kN。试问，该柱进行抗震设计时，相应于水平地震作用的内力标准值 M（kN·m）、V（kN）最小取下列何项数值时，才能满足规范、规程对框架部分多道防线概念设计的最低要求？

(A) 600、160　　　　(B) 670、180　　　　(C) 1010、265　　　　(D) 1100、270

61. 首层某型钢混凝土柱的剪跨比不大于 2，其截面为 1100mm×1100mm，按规范配置普通钢筋，混凝土强度等级为 C65（$f_c = 29.7$N/mm^2），柱内十字形钢骨面积为 51875mm^2（$f_a = 295$N/mm^2）如图 18-22 所示。试问，该柱所能承受的考虑地震组合满足轴压比限值的轴力最大设计值（kN），与下列何项数值最为接近？

(A) 34900

(C) 32300

(B) 34780

(D) 29800

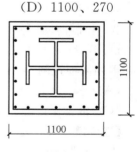

图 18-22

【题 62～66】 某底层带托柱转换层的钢筋混凝土框架-筒体结构办公楼，地下 1 层，地上 25 层，地下 1 层层高 6.0m，地上 1 层至 2 层的层高均为 4.5m，其余各层层高均为 3.3m，房屋高度为 85.2m。转换层位于地上 2 层，如图 18-23 所示。抗震设防烈度为 7 度，设计基本地震加速度为 0.10g，设计分组为第一组，丙类建筑，Ⅲ类场地，混凝土强度等级：地上 2 层及以下均为 C50，地上 3 层至 5 层为 C40，其余各层均为 C35。

62. 假定，地上第 2 层转换梁的抗震等级为一级，某转换梁截面尺寸为 700mm×1400mm，经计算求得梁端截面弯矩标准值（kN·m）如下：恒载 $M_{gk} = 1304$；活载（按

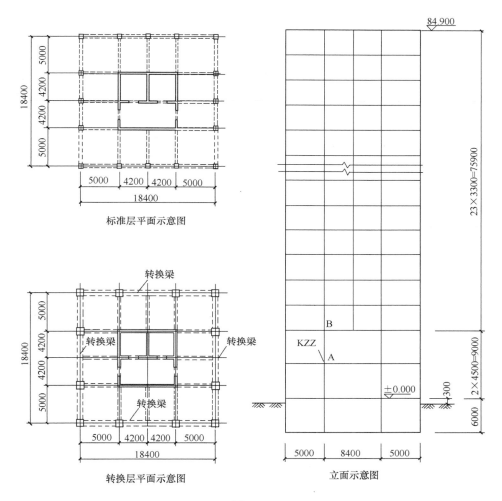

图 18-23

等效均布荷载计）$M_{qk}=169$；风载 $M_{wk}=135$；水平地震作用 $M_{Ehk}=300$。试问，在进行梁端截面设计时，梁端考虑水平地震作用组合时的弯矩设计值 M（kN·m）与下列何项数值最为接近？

(A) 2100   (B) 2200   (C) 2350   (D) 2450

63. 假定，某转换柱的抗震等级为一级，其截面尺寸为 900mm×900mm，混凝土强度等级为 C50（$f_c=23.1\text{N/mm}^2$，$f_t=1.89\text{N/mm}^2$），纵筋和箍筋分别采用 HRB400（$f_y=360\text{N/mm}^2$）和 HRB335（$f_{yv}=300\text{N/mm}^2$），箍筋形式为井字复合箍，柱考虑地震作用效应组合的轴压力设计值为 $N=9350$kN。试问，关于该转换柱加密区箍筋的体积配箍率 ρ_v（%），最小取下列何项数值时才能满足规范、规程规定的最低要求？

(A) 1.50   (B) 1.20   (C) 1.70   (D) 0.80

64. 地上第 2 层某转换柱 KZ2，如图 18-23 所示，假定该柱的抗震等级为一级，柱上端和下端考虑地震作用组合的弯矩组合值分别为 580kN·m、450kN·m，柱下端节点 A 左右梁端相应的同向组合弯矩设计值之和 $\Sigma M_b=1100$kN·m。假设，转换柱 KZ2 在节点 A 处按弹性分析的上、下柱端弯矩相等。试问，在进行柱截面设计时，该柱上端和下端考虑地震作用组合的弯

矩设计值 M^l、M^b （kN·m）与下列何项数值最为接近？

    (A) 870、770   (B) 870、675   (C) 810、770   (D) 810、675

65. 假设，地面以上第 6 层核心筒的抗震等级为二级，混凝土强度等级为 C35（f_c = 16.7N/mm²，f_t = 1.57 N/mm²），筒体转角处剪力墙的边缘构件的配筋形式如图 18-24 所示，墙肢底截面的轴压比为 0.42，箍筋采用 HPB300（f_{yv} = 270N/mm²）级钢筋，纵筋保护层厚为 30mm。试问，转角处边缘构件中的箍筋最小采用下列何项配置时，才能满足规范、规程的最低构造要求？

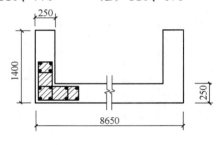

图 18-24

    (A) Φ 10@80   (B) Φ 10@100   (C) Φ 10@125   (D) Φ 10@150

66. 假定，地面以上第 2 层（转换层）核心筒的抗震等级为二级，核心筒中某连梁截面尺寸为 400mm×1200mm，净跨 l_n = 1200mm，如图 18-25 所示。连梁的混凝土强度等级为 C50（f_c = 23.1N/mm²，f_t = 1.89 N/mm²）。连梁梁端有地震作用组合的最不利组合弯矩设计值（同为顺时针方向）如下：左端 M^l_b = 815kN·m，右端 M^r_b = −812kN·m；梁端有地震作用组合的剪力 V_b = 1360kN，在重力荷载代表值作用下，按简支梁计算的梁端剪力设计值为 V_{Gb} = 54kN，连梁中设置交叉暗撑，暗撑纵筋采用 HRB400（f_y = 360N/mm²）级钢筋，暗撑与水平线夹角为 40°。试问，计算所需的每根暗撑纵筋的截面积 A_s（mm²）与下列何项的配筋面积最为接近？

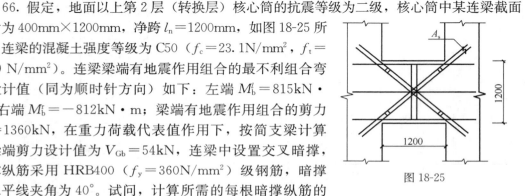

图 18-25

    (A) 4 ⊕ 28   (B) 4 ⊕ 32   (C) 4 ⊕ 36   (D) 4 ⊕ 40

【题 67、68】 某高层现浇钢筋混凝土框架结构，其抗震等级为二级，框架梁局部配筋如图 18-26 所示，梁、柱混凝土强度等级 C40（f_c = 19.1N/mm²），梁纵筋为 HRB400（f_y = 360N/mm²），箍筋 HRB335（f_y = 300N/mm²），a_s = 60mm。

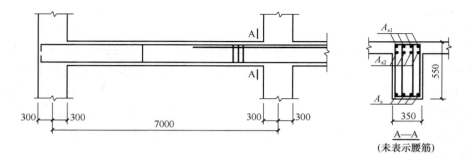

图 18-26

67. 关于梁端 A—A 剖面处纵向钢筋的配置，如果仅从框架抗震构造措施方面考虑，下列何项配筋相对合理？

提示：按《高层建筑混凝土结构技术规程》JGJ 3—2010 作答。

（A）$A_{s1}=4\Phi 28$，$A_{s2}=4\Phi 25$；$A_s=4\Phi 25$

（B）$A_{s1}=4\Phi 28$，$A_{s2}=4\Phi 25$；$A_s=4\Phi 28$

（C）$A_{s1}=4\Phi 28$，$A_{s2}=4\Phi 28$；$A_s=4\Phi 28$

（D）$A_{s1}=4\Phi 28$，$A_{s2}=4\Phi 28$；$A_s=4\Phi 25$

68. 假定，该建筑物较高，其所在建筑场地类别为Ⅳ类，计算表明该结构角柱为小偏心受拉，其计算纵筋截面面积为 3600mm^2，采用 HRB400 级钢筋（$f_y=360\text{N/mm}^2$），配置如图 18-27 所示。试问，该柱纵向钢筋最小取下列何项配筋时，才能满足规范、规程的最低要求？

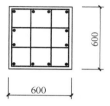

图 18-27

（A）$12\Phi 25$　　　　（B）$4\Phi 25$（角筋）$+8\Phi 20$

（C）$12\Phi 22$　　　　（D）$12\Phi 20$

【题 69～71】 某商住楼地上 16 层地下 2 层（未示出），系部分框支剪力墙结构，如图 18-28 所示（仅表示 1/2，另一半对称），2-16 层均匀布置剪力墙，其中第①、②、④、⑥、⑦ 轴线剪力墙落地，第③、⑤ 轴线为框支剪力墙。设建筑位于 7 度地震区，抗震设防类别为丙类，设计基本地震加速度为 $0.15g$，场地类别Ⅲ类，结构基本周期 1s。墙、柱混凝土强度等级：底层及地下室为 C50（$f_c=23.1\text{N/mm}^2$），其他层为 C30（$f_c=14.3\text{N/mm}^2$），框支柱截面为 $800\text{mm}\times900\text{mm}$。

提示：① 计算方向仅为横向；

② 剪力墙墙肢满足稳定性要求。

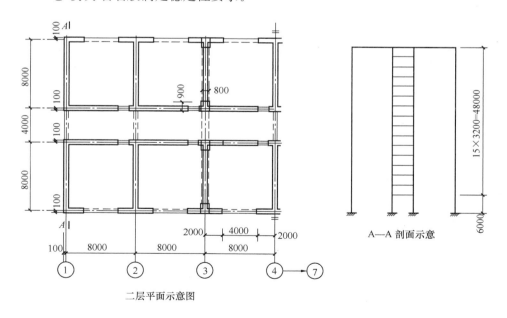

二层平面示意图

图 18-28

69. 假定，承载力满足要求，试判断第④轴线落地剪力墙在第 3 层时墙的最小厚度 b_w（mm）应为下列何项数值时，才能满足《高层建筑混凝土结构技术规程》JGJ 3—2010

的最低要求？

(A) 160   (B) 180   (C) 200   (D) 220

70. 假定，承载力满足要求，第1层各轴线横向剪力墙厚度相同，第2层各轴线横向剪力墙厚度均为200mm。试问，第1层横向落地剪力墙的最小厚度 b_w（mm）为下列何项数值时，才能满足《高层建筑混凝土结构技术规程》JGJ 3—2010 有关侧向刚度的最低要求？

提示： ① 1层和2层混凝土剪变模量之比为 $G_1/G_2=1.15$；

      ② 第2层全部剪力墙在计算方向（横向）的有效截面面积 $A_{w2}=22.96\text{m}^2$。

(A) 200   (B) 250   (C) 300   (D) 350

71. 1~16 层总重力荷载代表值为 246000kN。假定，该建筑物底层为薄弱层，地震作用分析计算出的对应于水平地震作用标准值的底层地震剪力为 $V_{Ek}=16000\text{kN}$，试问，底层每根框支柱承受的地震剪力标准值 V_{Ekc}（kN）最小取下列何项数值时，才能满足《高层建筑混凝土结构技术规程》JGJ 3—2010 的最低要求？

(A) 150   (B) 240   (C) 320   (D) 400

【题 72】 某环形截面钢筋混凝土烟囱，如图 18-29 所示，抗震设防烈度为 7 度，设计基本地震加速度为 0.10g，设计分组为第二组，场地类别为Ⅲ类。试确定相应于烟囱基本自振周期的水平地震影响系数与下列何项数值最为接近？

提示： 按《建筑结构荷载规范》GB 50009—2012 计算烟囱基本自振周期。

(A) 0.021   (B) 0.027

(C) 0.033   (D) 0.036

【题 73~75】 一级公路上的一座桥梁，位于 7 度地震地区，由主桥和引桥组成。其结构：主桥为三跨（70m＋100m＋70m）变截面预应力混凝土连续箱梁；两引桥各为 5 孔 40m 预应力混凝土小箱梁；桥台为埋置式肋板结构，耳墙长度为 3500mm，背墙厚度 400mm；主桥与引桥和两端的伸缩缝均为 160mm。桥梁行车道净宽 15m，全宽 17.5m。设计汽车荷载（作用）公路-Ⅰ级。

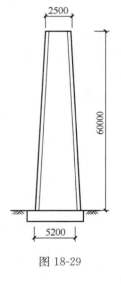

图 18-29

73. 试问，该桥的全长计算值（m）与下列何项数值最为接近？

(A) 640.00   (B) 640.16   (C) 640.96   (D) 647.96

74. 试问，该桥按汽车荷载（作用）计算效应时，其横向折减系数与下列何项数值最为接近？

(A) 0.60   (B) 0.67   (C) 0.78   (D) 1.00

75. 试问，如图 18-30 所示，该桥用车道荷载求边跨（L_1）跨中正弯矩最大值时，车道荷载顺桥向布置时，下列哪种布置符合规范规定？

提示： 三跨连续梁的边跨（L_1）跨中影响线如下：

(A) 三跨都布置均布荷载和集中荷载

(B) 只在两边跨（L_1 和 L_3）内布置均布荷载，并只在 L_1 跨最大影响线坐标值处布置集中荷载

（C）只在中间跨（L_2）布置均布荷载和集中荷载

（D）三跨都布置均布荷载

【题 76】 二级公路上的一座永久性桥梁，为单孔 30m 跨径的预应力混凝土 T 型梁结构，全宽 12m，其中行车道净宽 9.0m，两侧各附 1.5m 的人行道。横向由 5 片梁组成，主梁计算跨径 29.16m，中距 2.2m。结构安全等级为一级。设计汽车荷载为公路-I级，人群荷载为 3.5kN/m^2，由计算知，其中一片内主梁跨中截面的弯矩标准值为：总自重弯矩 2700kN·m，汽车作用弯矩 1670kN·m，人群作用弯矩 140kN·m。试问，该片梁的作用基本组合的弯矩设计值 $\gamma_0 S_{ud}$（kN·m）与下列何项数值最为接近？

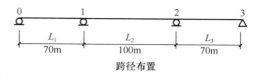

跨径布置

边跨（L_1）的跨中弯矩影响线

图 18-30

（A）4500　　　　（B）5800　　　　（C）5700　　　　（D）6300

【题 77】 某公路桥梁在二级公路上，重车较多，该桥上部结构为装配式钢筋混凝土 T 型梁，标准跨径 20m，计算跨径为 19.50m，主梁高度 1.25m，主梁距 1.8m。设计荷载为公路-I级。结构安全等级为一级。梁体混凝土强度等级为 C30。按持久状况计算时某内主梁支点截面基本组合剪力设计值 650kN（已计入结构重要性系数）。试问，该梁最小腹板厚度（mm）与下列何项数值最为接近？

提示： 主梁有效高度 h_0 为 1200mm。

（A）180　　　　（B）200　　　　（C）220　　　　（D）240

【题 78】 某城市桥梁位于城市主干路上，位于 6 度地震基本烈度区，为 5 孔 16m 简支预应力混凝土空心板梁结构，全宽 19m，桥梁计算跨径 15.5m；中墩为两跨双悬臂钢筋混凝土矩形盖梁，三根 ϕ1.1m 的圆柱；伸缩缝宽度均为 80mm；每片板梁两端各置两块氯丁橡胶板式支座，支座平面尺寸为 200mm（顺桥向）×250mm（横桥向），支点中心距墩中心的距离为 250mm（含伸缩缝宽度）。试问，根据现行桥规的构造要求，该桥中墩盖梁的最小设计宽度（mm）与下列何项数值最为接近？

（A）1640　　　　（B）1390　　　　（C）1000　　　　（D）1200

【题 79】 某城市一座过街人行天桥，其两端的两侧（即四隅），顺人行道方向各修建一条梯道（图 18-31），天桥净宽 5.0m，若各侧的梯道净宽都设计为同宽，试问，梯道最小净宽 b（m），应为下列何项数值？

（A）5.0　　　　（B）1.8　　　　（C）2.5　　　　（D）3.0

【题 80】 某高速公路一座特大桥要跨越一条天然河道。试问，下列可供选择的桥位方案中，何项方案最为经济合理？

（A）河道宽而浅，但有两个河汊

（B）河道正处于急弯上

（C）河道窄而深，且两岸岩石露头较多

（D）河流一侧有泥石流汇入

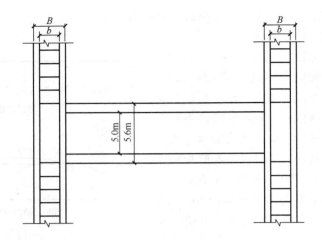

图 18-31

实战训练试题（十九）

（上午卷）

【题1】 某规则钢筋混凝土框架-剪力墙结构，框架的抗震等级为二级。梁、柱混凝土强度等级均为 C35。某中间层的中柱净高 $H_n = 4m$，柱除节点外无水平荷载作用，柱截面 $b \times h = 1100mm \times 1100mm$，$a_s = 50mm$，柱内箍筋采用井字复合箍，箍筋采用 HRB500 钢筋，其考虑地震作用组合的弯矩如图 19-1 所示。假定，柱底考虑地震作用组合的轴压力设计值为 13130kN。试问，按《建筑抗震设计规范》GB 50011—2010 的规定，该柱箍筋加密区的最小体积配箍率与下列何项数值最为接近？

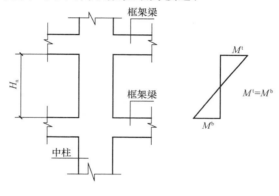

图 19-1

(A) 0.5%   (B) 0.6%   (C) 1.2%   (D) 1.5%

【题2】 某办公楼中的钢筋混凝土四跨连续梁，结构设计使用年限为 50 年，其计算简图和支座 C 处的配筋如图 19-2（a）所示。梁的混凝土强度等级为 C35，纵筋采用 HRB500 钢筋，$a_s = 45mm$，箍筋的保护层厚度为 20mm。假定，作用在梁上的永久荷载标准值为 $q_{Gk} = 28kN/m$（包括自重），可变荷载标准值为 $q_{Qk} = 8kN/m$，可变荷载准永久值系数为 0.4。试问，按《混凝土结构设计规范》GB 50010—2010 计算的支座 C 梁顶面裂缝最大宽度 w_{max}（mm）与下列何项数值最为接近？

提示： ①裂缝宽度计算时不考虑支座宽度和受拉翼缘的影响；

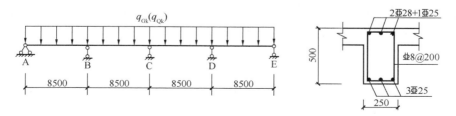

图 19-2（a）

②本题需要考虑可变荷载不利分布，等跨梁在不同荷载分布作用下，支座C的弯矩计算公式分别为如图19-2(b)所示。

(A) 0.24   (B) 0.28   (C) 0.32   (D) 0.36

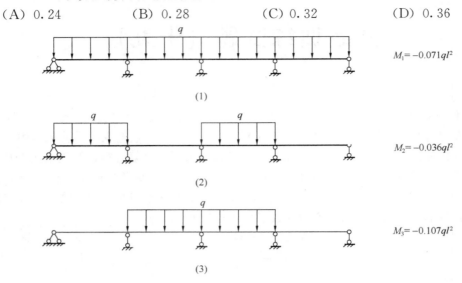

图 19-2 (b)

【题3、4】 某8度区的钢筋混凝土框架结构办公楼，框架梁混凝土强度等级为C35，均采用 HRB400 钢筋。框架的抗震等级为一级。Ⓐ轴框架梁的配筋平面表示法如图19-3所示，$a_s = a'_s = 60mm$。①轴的柱为边柱，框架柱截面 $b \times h = 800mm \times 800mm$，定位轴线均与梁柱中心线重合。

提示： 不考虑楼板内的钢筋作用。

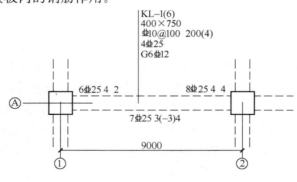

图 19-3

3. 假定，该梁为顶层框架梁。试问，为防止配筋率过高而引起节点核心区混凝土的斜压破坏，KL-1 在靠近①轴的梁端上部纵筋最大配筋面积（mm²）的限值与下列何项数值最为接近？

(A) 3200   (B) 4480   (C) 5160   (D) 6900

4. 假定，该梁为中间层框架梁，作用在此梁上的重力荷载全部为沿梁全长的均布荷载，梁上永久均布荷载标准值为 46kN/m（包括自重），可变均布荷载标准值为 12kN/m（可变均布荷载按等效均布荷载计算）。试问，此框架梁端考虑地震组合的剪力设计值 V_b

（kN），应与下列何项数值最为接近？

　　（A）470　　　　　　（B）520　　　　　　（C）570　　　　　　（D）600

【题 5～7】　某 7 层住宅，层高均为 3.1m，房屋高度 22.3m，安全等级为二级，采用现浇钢筋混凝土剪力墙结构，混凝土强度等级 C35，抗震等级三级，结构平面立面均规则。某矩形截面墙肢尺寸 $b_w \times h_w = 250mm \times 2300mm$，各层截面保持不变。

　　5. 假定，底层作用在该墙肢底面的由永久荷载标准值产生的轴向压力 $N_{Gk} = 3150kN$，按等效均布荷载计算的活荷载标准值产生的轴向压力 $N_{Qk} = 750kN$，由水平地震作用标准值产生的轴向压力 $N_{Ek} = 900kN$。试问，按《建筑抗震设计规范》GB 50011—2010 计算，底层该墙肢底截面的轴压比与下列何项数值最为接近？

　　（A）0.35　　　　　　（B）0.40　　　　　　（C）0.45　　　　　　（D）0.55

　　6. 假定，该墙肢底层底截面的轴压比为 0.58，三层底截面的轴压比为 0.38。试问，下列对三层该墙肢两端边缘构件的描述何项是正确的？

　　（A）需设置构造边缘构件，暗柱长度不应小于 300mm

　　（B）需设置构造边缘构件，暗柱长度不应小于 400mm

　　（C）需设置约束边缘构件，l_c 不应小于 500mm

　　（D）需设置约束边缘构件，l_c 不应小于 400mm

　　7. 该住宅某门顶连梁截面和配筋如图 19-4 所示。假定，门洞净宽 1000mm，连梁中未配置斜向交叉钢筋。$h_0 = 720mm$，均采用 HRB500 钢筋。试问，考虑地震作用组合，根据截面和配筋，该连梁所能承受的最大剪力设计值（kN）与下列何项数值最为接近？

　　（A）500　　　　　　（B）530

　　（C）560　　　　　　（D）640

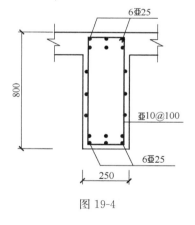

图 19-4

【题 8】　某钢筋混凝土框架-剪力墙结构，框架的抗震等级为三级，剪力墙的抗震等级为二级。试问，该结构中下列何种部位的纵向受力普通钢筋必须采用符合抗震性能指标要求的钢筋？

　　①框架梁；②连梁；③楼梯的梯段；④剪力墙约束边缘构件。

　　（A）①+②　　　　　（B）①+③　　　　　（C）②+④　　　　　（D）③+④

【题 9】　钢筋混凝土梁底有锚板和对称配置的直锚筋组成的受力预埋件，如图 19-5 所示。构件安全等级均为二级，混凝土强度等级为 C35，直锚筋为 6 Φ 18（HRB400），已采取防止锚板弯曲变形的措施。锚板上焊接了一块连接板，连接板上需承受集中力 F 的作用，力的作用点和作用方向如图 19-5 所示。试问，当不考虑抗震时，该预埋件可以承受的最大集中力设计值 F_{max}（kN）与下列何项数值最为接近？

　　提示：①预埋件承载力由锚筋面积控制；

　　　　　②连接板的重量忽略不计。

　　（A）150　　　　　　（B）175　　　　　　（C）205　　　　　　（D）250

【题 10】　某外挑三脚架，安全等级为二级，计算简图如图 19-6 所示。其中横杆 AB 为混凝土构件，截面尺寸 300mm × 400mm，混凝土强度等级为 C35，纵向钢筋采用

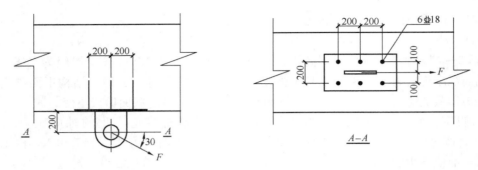

图 19-5

HRB400，对称配筋，$a_s = a'_s = 45$mm。假定，均布荷载设计值 $q = 25$kN/m（包括自重），集中荷载设计值 $P = 350$kN（作用于节点 B 上）。试问，按承载能力极限状态计算（不考虑抗震），横杆最不利截面的纵向配筋截面面积 A_s（mm²）与下列何项数值最为接近？

(A) 980　　　　　(B) 1190　　　　　(C) 1400　　　　　(D) 1600

【题 11】　非抗震设防的某钢筋混凝土板柱结构屋面层，其中柱节点如图 19-7 所示，构件安全等级为二级。中柱截面 600mm×600mm，柱帽的高度为 500mm，柱帽中心与柱中心的竖向投影重合。混凝土强度等级为 C35，$a_s = a'_s = 40$mm，板中未配置抗冲切钢筋。假定，板面均布荷载设计值为 15kN/m²（含屋面板自重）。试问，板与柱冲切控制的柱顶轴向压力设计值（kN）与下列何项数值最为接近？

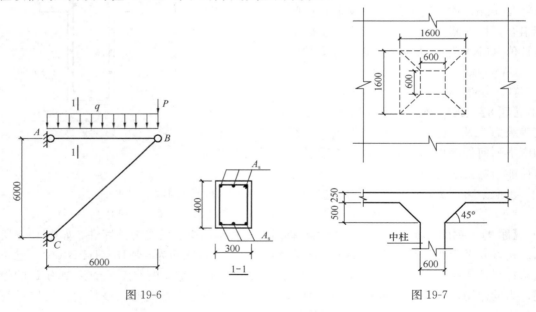

图 19-6　　　　　　　　　　　　　　　　图 19-7

提示： 忽略柱帽自重和板柱节点不平衡弯矩的影响。

(A) 1320　　　　　(B) 1380　　　　　(C) 1440　　　　　(D) 1500

【题 12】　某地区抗震设防烈度为 7 度（0.15 g），场地类别为 Ⅱ 类，拟建造一座 4 层商场，商场总建筑面积 16000m²，房屋高度为 21m，采用钢筋混凝土框架结构，框架的最大跨度 12m，不设缝。混凝土强度等级为 C40，均采用 HRB400 钢筋。试问，此框架角柱构造要求的纵向钢筋最小总配筋率（％）为下列何值？

（A）0.8　　　　　（B）0.85　　　　　（C）0.9　　　　　（D）0.95

【题 13、14】　某钢筋混凝土边梁，独立承担弯剪扭，安全等级为二级，不考虑抗震。梁混凝土强度等级为 C35，截面 400mm×600mm，$h_0=550$mm，梁内配置四肢箍筋，箍筋采用 HPB300 钢筋，梁中未配置计算需要的纵向受压钢筋。箍筋内表面范围内截面核心部分的短边和长边尺寸分别为 320mm 和 520mm，截面受扭塑性抵抗矩 $W_t=37.333\times10^6$ mm³。

13. 假定，梁中最大剪力设计值 $V=150$kN，最大扭矩设计值 $T=10$kN·m。试问，梁中应选用下列何项箍筋配置？

（A）$\Phi 6@200$（4）　　　　　（B）$\Phi 8@350$（4）

（C）$\Phi 10@350$（4）　　　　　（D）$\Phi 12@400$（4）

14. 假定，梁端剪力设计值 $V=300$kN，扭矩设计值 $T=70$kN·m，按一般剪扭构件受剪承载力计算所得 $\dfrac{A_{sv}}{s}=1.206$。试问，梁端至少选用下列何项箍筋配置才能满足承载力要求？

提示：①受扭的纵向钢筋与箍筋的配筋强度比值 $\zeta=1.6$；

　　　　②按一般剪扭构件计算，不需要验算截面限制条件和最小配箍率。

（A）$\Phi 8@100$（4）　　　　　（B）$\Phi 10@100$（4）

（C）$\Phi 12@100$（4）　　　　　（D）$\Phi 14@100$（4）

【题 15】　8 度区某多层重点设防类建筑，采用现浇钢筋混凝土框架-剪力墙结构，房屋高度 20m。柱截面均为 550mm×550mm，混凝土强度等级为 C40。假定，底层角柱柱底截面考虑水平地震作用组合的、未经调整的弯矩设计值为 700kN·m，相应的轴力设计值为 2500kN。柱纵筋采用 HRB400 钢筋，对称配筋，$a_s=a'_s=50$mm，相对界限受压区高度 $\xi_b=0.518$，不需要考虑二阶效应。试问，该角柱满足柱底正截面承载能力要求的单侧纵筋截面面积 A'_s（mm²）与下列何项数值最为接近？

提示：不需要验算配筋率。

（A）1480　　　　　（B）1830　　　　　（C）3210　　　　　（D）3430

【题 16】　下列关于荷载与作用的描述，哪项是正确的？

（A）地下室顶板消防车道区域的普通混凝土梁在进行裂缝控制验算和挠度验算时，可不考虑消防车荷载

（B）屋面均布活荷载可不与雪荷载和风荷载同时组合

（C）对标准值大于 4kN/m² 的楼面结构的活荷载，其基本组合的荷载分项系数应取 1.3

（D）计算结构的温度作用效应时，温度作用标准值应根据 50 年重现期的月平均最高气温 T_{max} 和月平均最低气温 T_{min} 的差值计算

【题 17～19】　某轻屋盖钢结构厂房，屋面不上人，屋面坡度为 1/10。采用热轧 H 型钢屋面檩条，其水平间距为 3m，钢材采用 Q235 钢。屋面檩条按简支梁设计，计算跨度 $l=12$m。假定，屋面水平投影面上的荷载标准值：屋面自重为 0.18kN/m²，均布活荷载为 0.5kN/m²，积灰荷载为 1.00 kN/m²，雪荷载为 0.65kN/m²。热轧 H 型钢檩条型号为

H400×150×8×13，自重为 0.56 kN/m，其截面特征：$A = 70.37 \times 10^2 \text{mm}^2$ $I_x = 18600 \times 10^4 \text{mm}^4$，$W_x = 929 \times 10^3 \text{mm}^3$，$W_y = 97.8 \times 10^3 \text{mm}^3$，$i_y = 32.2 \text{mm}$。屋面檩条的截面形式如图 19-8 所示。

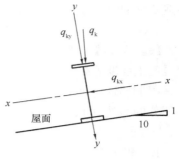

17. 试问，屋面檩条垂直于屋面方向的最大挠度（mm）应与下列何项数值最为接近？

（A）40　　　　　　　　　　（B）50

（C）60　　　　　　　　　　（D）80

图 19-8

18. 假定，屋面檩条垂直于屋面方向的最大弯矩设计值 $M_x = 133 \text{kN} \cdot \text{m}$，同一截面处平行于屋面方向的侧向弯矩设计值 $M_y = 0.3 \text{kN} \cdot \text{m}$。试问，若计算截面无削弱，在上述弯矩作用下，强度计算时，屋面檩条上翼缘的最大正应力计算值（N/mm²）应与下列何项数值最为接近？

（A）180　　　　（B）165　　　　（C）150　　　　（D）140

19. 屋面檩条支座处已采取构造措施以防止梁端截面的扭转。假定，屋面不能阻止屋面檩条的扭转和受压翼缘的侧向位移，而在檩条间设置水平支撑系统，则檩条受压翼缘侧向支承点之间间距为 4m。弯矩设计值同 [题18]。试问，对屋面檩条进行整体稳定性计算时，以应力形式表达的整体稳定性计算值（N/mm²）应与下列何项数值最为接近？

（A）205　　　　　　　　　　（B）190

（C）170　　　　　　　　　　（D）145

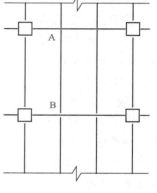

【题 20～22】　某构筑物根据使用要求设置一钢结构夹层，钢材采用 Q235 钢，结构平面布置如图 19-9 所示。构件之间连接均为铰接。抗震设防烈度为 8 度。

图 19-9

20. 假定，夹层平台板采用混凝土并考虑其与钢梁组合作用。试问，若夹层平台钢梁高度确定，仅考虑钢材用量最经济，采用下列何项钢梁截面形式最为合理？

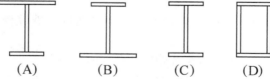

（A）　　　　（B）　　　　（C）　　　　（D）

21. 假定，钢梁 AB 采用焊接工字形截面，截面尺寸为 H600×200×6×12，如图19-10 所示。试问，下列说法何项正确？

（A）钢梁 AB 应符合《抗规》抗震设计时板件宽厚比的要求

（B）按《钢标》式（6.1.1）、式（6.1.3）计算强度，按《钢标》第 6.3.2 条设置横向加劲肋，无需计算腹板稳定性

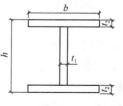

H型钢表示法
Hh×b×t_1×t_2（单位:mm）
图 19-10

（C）按《钢标》式（6.1.1）、式（6.1.3）计算强度，并按《钢标》第6.3.2条设置横向加劲肋及纵向加劲肋，无需计算腹板稳定性

（D）可按《钢标》第6.4节计算腹板屈曲后强度，并按《钢标》第6.3.3条、第6.3.4条计算腹板稳定性

22. 假定，不考虑平台板对钢梁的侧向支承作用。试问，采取下列何项措施对增加梁的整体稳定性最为有效？

（A）上翼缘设置侧向支承点　　　（B）下翼缘设置侧向支承点

（C）设置加劲肋　　　　　　　　（D）下翼缘设置隔撑

【题23~25】 某轻屋盖单层钢结构多跨厂房，中列厂房柱采用单阶钢柱，钢材采用Q345钢。上段钢柱采用焊接工字形截面H1200×700×20×32，翼缘为焰切边，其截面特征：$A = 675.2 \times 10^2 \text{mm}^2$，$W_x = 29544 \times 10^3 \text{mm}^3$，$i_x = 512.3 \text{mm}$，$i_y = 164.6 \text{mm}$；下段钢柱为双肢格构式构件。厂房钢柱的截面形式和截面尺寸如图19-11所示。

23. 厂房钢柱采用插入式柱脚。试问，若仅按抗震构造措施要求，厂房钢柱的最小插入深度（mm）应与下列何项数值最为接近？

（A）2500　　　　　　　（B）2000

（C）1850　　　　　　　（D）1500

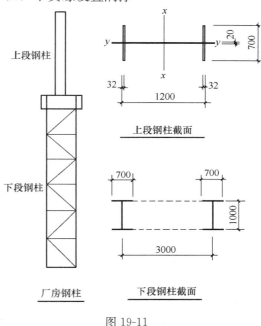

图 19-11

24. 假定，厂房上段钢柱框架平面内计算长度 $H_{0x} = 30860 \text{mm}$，框架平面外计算长度 $H_{0y} = 12230 \text{mm}$。上段钢柱的内力设计值：弯矩 $M_x = 5700 \text{kN} \cdot \text{m}$，轴心压力 $N = 2100 \text{kN}$。试问，上段钢柱作为压弯构件，进行弯矩作用平面内的稳定性计算时，以应力形式表达的稳定性计算值（N/mm²）应与下列何项数值最为接近？

提示： $\alpha_0 = 1.71$；取等效弯矩系数 $\beta_{mx} = 1.0$。

（A）215　　　　　（B）235　　　　　（C）270　　　　　（D）295

25. 已知条件同［题24］。试问，上段钢柱作为压弯构件，进行弯矩作用平面外的稳定性计算时，以应力形式表达的稳定性计算值（N/mm²）应与下列何项数值最为接近？

提示： 取等效弯矩系数 $\beta_{tx} = 1.0$。

（A）215　　　　　（B）235　　　　　（C）270　　　　　（D）295

【题26~28】 某钢结构平台承受静力荷载，钢材均采用Q235钢。该平台有悬挑次梁与主梁刚接。假定，次梁上翼缘处的连接板需要承受由支座弯矩产生的轴心拉力设计值 $N = 360 \text{kN}$。

26. 假定，主梁与次梁的刚接节点如图19-12所示，次梁上翼缘与连接板采用角焊缝连接，三面围焊，焊缝长度一律满焊，焊条采用E43型。试问，若角焊缝的焊脚尺寸 $h_f =$

8mm，次梁上翼缘与连接板的连接长度 L（mm）采用下列何项数值最为合理？

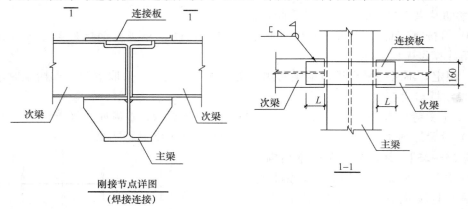

刚接节点详图
（焊接连接）

图 19-12

（A）120　　　　　（B）260　　　　　（C）340　　　　　（D）420

27. 假定，悬挑次梁与主梁的焊接连接改为高强度螺栓摩擦型连接，次梁上翼缘与连接板每侧各采用 6 个高强度螺栓，采用标准圆孔，其刚接节点如图 19-13 所示。高强度螺栓的性能等级为 10.9 级，连接处构件接触面采用喷硬质石英砂处理。试问，次梁上翼缘处连接所需高强度螺栓的最小规格应为下列何项？

提示： 按《钢结构设计标准》GB 50017—2017 作答。

（A）M24　　　　　（B）M22　　　　　（C）M20　　　　　（D）M16

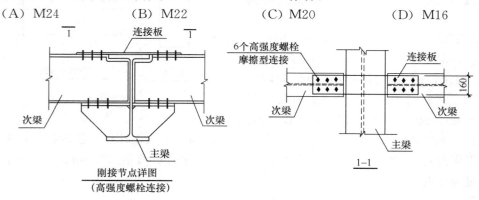

刚接节点详图
（高强度螺栓连接）

图 19-13

28. 假定，次梁上翼缘处的连接板厚度 $t=16$mm，在高强度螺栓处连接板的净截面面积 $A_n=18.5\times10^2$ mm²。其余条件同 ［题 27］。试问，该连接板按轴心受拉构件进行计算，在高强度螺栓摩擦型连接处的最大应力计算值（N/mm²）应与下列何项数值最为接近？

（A）140　　　　　（B）165　　　　　（C）195　　　　　（D）215

【题 29】 某非抗震设防的钢柱采用焊接工字形截面 H900×350×10×20，钢材采用 Q235 钢，截面无削弱孔。假定，该钢柱作为轴心受压构件，其腹板高厚比不符合《钢结构设计标准》GB 50017—2017 关于受压构件腹板局部稳定的要求。试问，若腹板不能采用纵向加劲肋加强，在计算该钢柱的强度和稳定性时，其截面面积（mm²）应采用下列何项数值？

提示：计算截面无削弱。

（A）86×10²   （B）140×10²   （C）180×10²   （D）190×10²

【题 30】 某高层钢结构办公楼，抗震设防烈度为 8 度，采用框架-中心支撑结构，如图19-14所示。试问，与 V 形支撑连接的框架梁 AB，关于其在 C 点处不平衡力的计算，下列说法何项正确？

提示：按《建筑抗震设计规范》作答。

（A）按受拉支撑的最大屈服承载力和受压支撑最大屈曲承载力计算

（B）按受拉支撑的最小屈服承载力和受压支撑最大屈曲承载力计算

（C）按受拉支撑的最大屈服承载力和受压支撑最大屈曲承载力的 0.3 倍计算

（D）按受拉支撑的最小屈服承载力和受压支撑最大屈曲承载力的 0.3 倍计算

【题 31、32】 某底层框架-抗震墙房屋，总层数四层。建筑抗震设防类别为丙类。砌体施工质量控制等级为 B 级。其中一榀框架立面如图 19-15 所示，托墙梁截面尺寸为 300mm×600mm，框架柱截面尺寸均为 500mm×500mm，柱、墙均居轴线中。

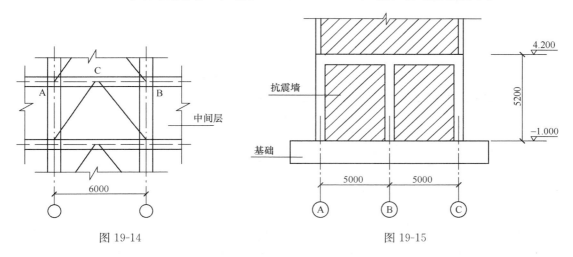

图 19-14   图 19-15

31. 假定，抗震设防烈度为 6 度，试问，下列说法何项错误？

（A）抗震墙采用嵌砌于框架之间的约束砖砌体墙，先砌墙后浇筑框架。墙厚 240mm，砌筑砂浆等级为 M10，选用 MU10 级烧结普通砖。

（B）抗震墙采用嵌砌于框架之间的约束小砌块砌体墙，先砌墙后浇筑框架。墙厚 190mm，砌筑砂浆等级为 Mb10，选用 MU10 级单排孔混凝土小型空心砌块。

（C）抗震墙采用嵌砌于框架之间的约束砖砌体墙，先砌墙后浇筑框架。墙厚 240mm，砌筑砂浆等级为 M10，选用 MU15 级混凝土多孔砖。

（D）抗震墙采用嵌砌于框架之间的约束小砌块砌体墙。当满足抗震构造措施后，尚应对其进行抗震受剪承载力验算。

32. 假定，抗震设防烈度为 7 度，抗震墙采用嵌砌于框架之间的配筋小砌块砌体墙，墙厚 190mm。抗震构造措施满足规范要求。框架柱上下端正截面受弯承载力设计值均为 165kN·m，砌体沿阶梯形截面破坏的抗震抗剪强度设计值 f_{vE} =0.52MPa。试问，其抗震受剪承载力设计值 V（kN）与下列何项数值最为接近？

(A) 1220 　　　　(B) 1250 　　　　(C) 1550 　　　　(D) 1640

【题 33～37】 某多层砖砌体房屋,底层结构平面布置如图 19-16 所示,外墙厚370mm,内墙厚 240mm,轴线均居墙中。窗洞口均为 1500mm×1500mm(宽×高),门洞口除注明外均为 1000mm×2400mm(宽×高)。室内外高差 0.5m,室外地面距基础顶0.7m。楼、屋面板采用现浇钢筋混凝土板,砌体施工质量控制等级为 B 级。

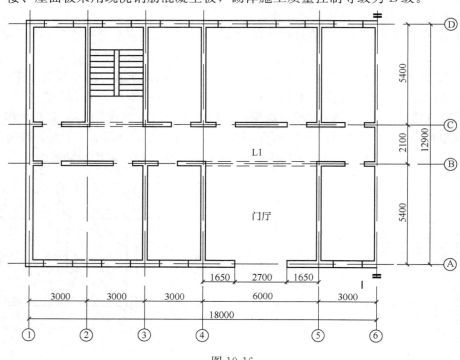

图 19-16

33. 假定,本工程建筑抗震类别为乙类,抗震设防烈度为 7 度,设计基本地震加速度值为 0.10g。墙体采用 MU15 级蒸压灰砂砖、M10 级混合砂浆砌筑,砌体抗剪强度设计值为 f_v =0.12MPa。各层墙上下连续且洞口对齐。试问,房屋的层数 n 及总高度 H 的限值与下列何项选择最为接近?

　(A) n =7, H =21m 　　　　　　　　(B) n =6, H =18m
　(C) n =5, H =15m 　　　　　　　　(D) n =4, H =12m

34. 假定,本工程建筑抗震类别为丙类,抗震设防烈度为 7 度,设计基本地震加速度值为 0.15g。墙体采用 MU15 级烧结多孔砖、M10 级混合砂浆砌筑。各层墙上下连续且洞口对齐。除首层层高为 3.0m 外,其余五层层高均为 2.9m。试问,满足《建筑抗震设计规范》GB 50011—2010 抗震构造措施要求的构造柱最少设置数量(根)与下列何项数值最为接近?

　(A) 52 　　　　(B) 54 　　　　(C) 60 　　　　(D) 76

35. 接 [34 题],试问,L1 梁在端部砌体墙上的最小支承长度(mm)与下列何项数值最为接近?

　(A) 120 　　　　(B) 240 　　　　(C) 360 　　　　(D) 500

36. 假定，墙体采用 MU15 级蒸压灰砂砖、M10 级混合砂浆砌筑，底层层高为 3.6m。试问，底层②轴楼梯间横墙轴心受压承载力 $\varphi f A$ 中的 φ 值与下列何项数值最为接近？

提示：横墙间距 $s=5.4$m。

(A) 0.62 　　　(B) 0.67 　　　(C) 0.73 　　　(D) 0.80

37. 假定，底层层高为 3.0m，④～⑤轴之间内纵墙如图 19-17 所示。砌体砂浆强度等级 M10，构造柱截面均为 240mm×240mm，混凝土强度等级为 C25，构造措施满足规范要求。试问，其高厚比验算 $\dfrac{H_0}{h} < \mu_1 \mu_1 [\beta]$ 与下列何项选择最为接近？

提示：小数点后四舍五入取两位。

(A) 13.50＜22.53

(B) 13.50＜25.24

(C) 13.75＜22.53

(D) 13.75＜25.24

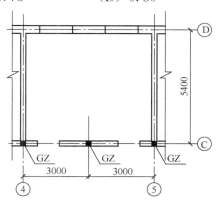

图 19-17

【题 38～40】　一单层单跨有吊车厂房，平面如图 19-18 所示。采用轻钢屋盖，屋架下弦标高为 6.0m。变截面砖柱采用 MU10 级烧结普通砖、M10 级混合砂浆砌筑，砌体施工质量控制等级为 B 级。

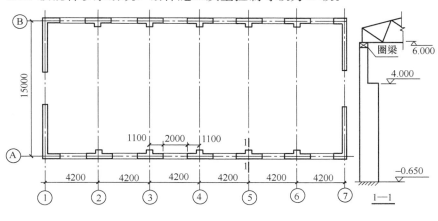

图 19-18

38. 假定，荷载组合不考虑吊车作用。试问，其变截面柱下段排架方向的计算高度 H_{10}（m）与下列何项数值最为接近？

(A) 5.32 　　　(B) 6.65 　　　(C) 7.98 　　　(D) 9.98

39. 假定，变截面柱上段截面尺寸如图 19-19 所示，截面回转半径 $i_x = 147$mm，作用在截面形心处绕 x 轴的弯矩设计值 $M = 19$kN·m，轴心压力设计值 $N = 185$kN（含自重）。试问，排架方向高厚比和偏心距对受压承载力的影响系数 φ 值与下列何项数值最为接近？

提示：小数点后四舍五入取两位。

(A) 0.46 　　　(B) 0.50 　　　(C) 0.54 　　　(D) 0.58

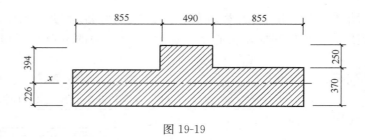

图 19-19

40. 假定，变截面柱采用砖砌体与钢筋混凝土面层的组合砌体，其下段截面如图 19-20 所示。混凝土采用 C20（$f_c = 9.6\text{N/mm}^2$），纵向受力钢筋采用 HRB335，对称配筋，单侧配筋面积为 763mm^2。试问，其偏心受压承载力设计值（kN）与下列何项数值最为接近？

提示：①不考虑砌体强度调整系数 γ_a 的影响；

②受压区高度 $x = 315\text{mm}$。

(A) 530　　　　(B) 580　　　　(C) 750　　　　(D) 850

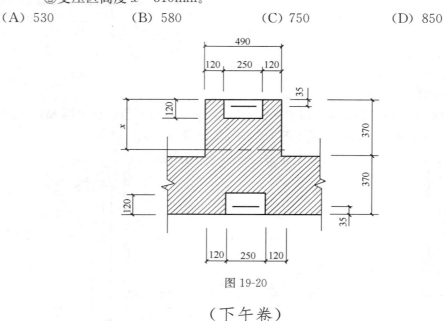

图 19-20

（下午卷）

【题 41、42】 一下撑式木屋架，形状及尺寸如图 19-21 所示，两端铰支于下部结构。其空间稳定措施满足规范要求。P 为由檩条（与屋架上弦锚固）传至屋架的节点荷载。要求屋架露天环境下设计使用年限 5 年，安全等级三级，$\gamma_0 = 0.9$。选用西北云杉 TC11A 制作。

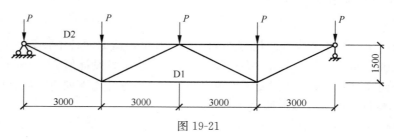

图 19-21

41. 假定，杆件 D1 采用截面为正方形的方木，$P = 16.7\text{kN}$（设计值）。试问，当按强度验算时，其设计最小截面尺寸（mm×mm）与下列何项数值最为接近？

提示： 强度验算时不考虑构件自重。

(A) 80×80　　　　(B) 85×85　　　　(C) 90×90　　　　(D) 95×95

42. 假定，杆件 D2 采用截面为正方形的方木。试问，满足长细比要求的最小截面边长（mm）与下列何项数值最为接近？

(A) 60　　　　(B) 70　　　　(C) 90　　　　(D) 100

【题 43～46】 某城市新区拟建一所学校，建设场地地势较低，自然地面绝对标高为 3.000m，根据规划地面设计标高要求，整个建设场地需大面积填土 2m。地基土层剖面如图 19-22 所示，地下水位在自然地面下 2m，填土的重度为 18kN/m³，填土区域的平面尺寸远远大于地基压缩层厚度。

提示： 沉降计算经验系数 ψ_s 取 1.0。

43. 假定，不进行地基处理，不考虑填土本身的压缩量。试问，由大面积填土引起的场地中心区域最终沉降量 s（mm）与下列何项数值最为接近？

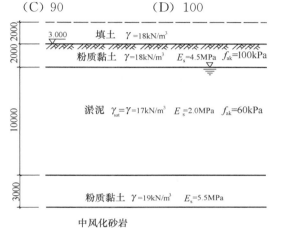

图 19-22

提示： 地基变形计算深度取至中风化砂岩顶面。

(A) 150　　　　(B) 220　　　　(C) 260　　　　(D) 350

44. 在场地中心区域拟建一田径场，为减少大面积填土产生的地面沉降，在填土前采用水泥搅拌桩对地基进行处理。水泥搅拌桩桩径 500mm，桩长 13m，桩顶绝对标高为 3.000m，等边三角形布置。已知水泥土搅拌桩 $R_a = 400\text{kPa}$，取 $\beta = 0.4$，$\lambda = 1.0$。设计要求采取地基处理措施后，淤泥层在大面积填土作用下的最终压缩计算量能控制在 72mm。试问，水泥搅拌桩的中心距（m）取下列何项数值最为合理？

提示： 按《建筑地基处理技术规范》JGJ 79—2012 作答。

(A) 1.4　　　　(B) 1.5　　　　(C) 1.6　　　　(D) 1.7

45. 某 5 层教学楼采用钻孔灌注桩基础，桩顶绝对标高 3.000m，桩端持力层为中风化砂岩，按嵌岩桩设计。根据项目建设的总体部署，工程桩和主体结构完成后进行填土施工，桩基设计需考虑桩侧土的负摩阻力影响，中性点位于粉质黏土层，为安全计，取中风化砂岩顶面深度为中性点深度。假定，淤泥层的桩侧正摩阻力标准值为 12kPa，负摩阻力系数为 0.15。试问，根据《建筑桩基技术规范》JGJ 94—2008，淤泥层的桩侧负摩阻力标准值 q_s^n（kPa）取下列何项数值最为合理？

(A) 10　　　　(B) 12　　　　(C) 16　　　　(D) 23

46. 条件同 [题 45]，为安全计，取中风化砂岩顶面深度为中性点深度。根据《建筑桩基技术规范》JGJ 94—2008、《建筑地基基础设计规范》GB 5000—2011 和地质报告对某柱下桩基进行设计，荷载效应标准组合时，结构柱作用于承台顶面中心的竖向力为 5500kN，钻孔灌注桩直径 800mm，经计算，考虑负摩阻力作用时，中性点以上土层由负摩阻引起的下拉荷载标准值为 350kN，负摩阻力群桩效应系数取 1.0。该工程对三根试桩进行了竖向抗压静载荷试验，试验结果见表 19-1。试问，不考虑承台及其上土的重量，根据计算和静载荷试验结果，该柱下基础的布桩数量（根）取下列何项数值最为合理？

    （A）1　　　　　　（B）2　　　　　　（C）3　　　　　　（D）4

表 19-1

编号	桩周土极限侧阻力 （kN）	嵌岩段总极限阻力 （kN）	单桩竖向极限承载力 （kN）
试桩 1	1700	4800	6500
试桩 2	1600	4600	6200
试桩 3	1800	4900	6700

    【题 47～51】　某多层砌体结构建筑采用墙下条形基础，基础埋深 1.5m，地下水位在地面以下 2m。其基础剖面及地质条件如图 19-23 所示，基础的混凝土强度等级 C20（$f_t = 1.1 N/mm^2$），基础及其以上土体的加权平均重度为 $20 kN/m^3$。

    47. 假定，荷载的标准组合时，上部结构传至基础顶面的竖向力 $F = 240 kN/m$，力矩 $M = 0$；黏土层地基承载力特征值 $f_{ak} = 145 kPa$，孔隙比 $e = 0.8$，液性指数 $I_L = 0.75$；淤泥质黏土层的地基承

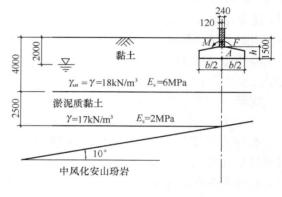

图 19-23

载特征值 $f_{ak} = 60 kPa$。试问，为满足地基承载力要求，基础底面的宽度 b（m）取下列何项数值最为合理？

    （A）1.5　　　　　（B）2.0　　　　　（C）2.6　　　　　（D）3.2

    48. 假定，荷载的基本组合时，上部结构传至基础顶面的竖向力 $F = 351 kN/m$，力矩 $M = 13.5 kN·m/m$，基础底面宽度 $b = 1.8m$，墙厚 240mm。试问，验算墙边缘截面处基础的受剪承载力时，单位长度剪力设计值（kN）取下列何项数值最为合理？

    （A）85　　　　　　（B）115　　　　　（C）165　　　　　（D）185

    49. 假定，基础高度 $h = 650mm$（$h_0 = 600mm$）。试问，墙边缘截面处基础的受剪承载力（kN/m）最接近于下列何项数值？

    （A）100　　　　　（B）220　　　　　（C）350　　　　　（D）460

    50. 假定，作用于条形基础的最大弯矩设计值 $M = 140 kN·m/m$，最大弯矩处的基础高度 $h = 650mm$（$h_0 = 600mm$），基础均采用 HRB400 钢筋（$f_y = 360 N/mm^2$）。试问，下列关于该条形基础的钢筋配置方案中，何项最为合理？

    提示：按《建筑地基基础设计规范》GB 50007—2011 作答。

    （A）受力钢筋 $\Phi 12@200$，分布钢筋 $\Phi 8@300$

    （B）受力钢筋 $\Phi 12@150$，分布钢筋 $\Phi 8@200$

    （C）受力钢筋 $\Phi 14@200$，分布钢筋 $\Phi 8@300$

    （D）受力钢筋 $\Phi 14@150$，分布钢筋 $\Phi 8@200$

51. 假定，黏土层的地基承载力特征值 $f_{ak} = 140 \text{kPa}$，基础宽度为 2.5m，对应于荷载效应准永久组合时，基础底面的附加压力为 100kPa。采用分层总和法计算基础底面中点 A 的沉降量，总土层数按两层考虑，分别为基底以下的黏土层及其下的淤泥质土层，层厚均为 2.5m；A 点至黏土层底部范围内的平均附加应力系数为 0.8，至淤泥质黏土层底部范围内的平均附加应力系数为 0.6，基岩以上变形计算深度范围内土层的压缩模量当量值为 3.5MPa。试问，基础中点 A 的最终沉降量（mm）最接近于下列何项数值？

提示：地基变形计算深度可取至基岩表面。

（A）75　　　　　　（B）86　　　　　　（C）94　　　　　　（D）105

【题 52～54】 某扩建工程的边柱紧邻既有地下结构，抗震设防烈度 8 度，设计基本地震加速度值为 0.3g，设计地震分组第一组，基础采用直径 800mm 泥浆护壁旋挖成孔灌注桩，图 19-24 为某边柱等边三桩承台基础图，柱截面尺寸为 500mm×1000mm，基础及其以上土体的加权平均重度为 20kN/m³。

提示：承台平面形心与三桩形心重合。

52. 假定，地下水位以下的各层土处于饱和状态，②层粉砂 A 点处的标准贯入锤击数（未经杆长修正）为 16 击，图 19-24 给出了①、③层粉质黏土的液限 W_L、塑限 W_p 及含水量 W_s。试问，下列关于各地基土层的描述中，何项是正确的？

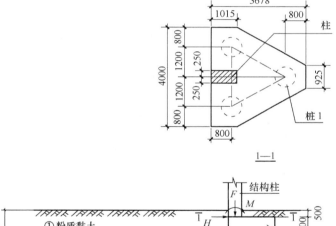

1—1

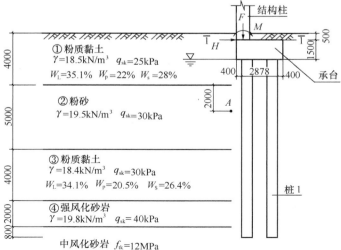

图 19-24

345

(A) ①层粉质黏土可判别为震陷性软土

(B) A 点处的粉砂为液化土

(C) ③层粉质黏土可判别为震陷性软土

(D) 该地基上埋深小于 2m 的天然地基的建筑可不考虑②层粉砂液化的影响

53. 地震作用和荷载的标准组合时，上部结构柱作用于基础顶面的竖向力 $F=6000kN$，力矩 $M=1500kN \cdot m$，水平力为 800kN。试问，作用于桩 1 的竖向力（kN）最接近于下列何项数值？

提示：等边三角形承台的平面面积为 10.6m²。

(A) 570　　　　　(B) 2100　　　　　(C) 2900　　　　　(D) 3500

54. 假定，粉砂层的实际标贯锤击数与临界标贯锤击数之比在 0.7～0.75 之间，并考虑桩承受全部地震作用。试问，单桩竖向承压抗震承载力特征值（kN）最接近于下列何项数值？

(A) 4000　　　　　(B) 4500　　　　　(C) 8000　　　　　(D) 8400

【题 55】　关于预制桩的下列主张中，何项不符合《建筑地基基础设计规范》GB 50007—2011 和《建筑桩基技术规范》JGJ 94—2008 的规定？

(A) 抗震设防烈度为 8 度地区，不宜采用预应力混凝土管桩

(B) 对于饱和软黏土地基，预制桩入土 15 天后方可进行竖向静载试验

(C) 混凝土预制实心桩的混凝土强度达到设计强度的 70% 及以上方可起吊

(D) 采用锤击成桩时，对于密集桩群，自中间向两个方向或四周对称施打

【题 56】　下列关于《建筑桩基技术规范》JGJ 94—2008 中桩基等效沉降系数 ψ_e 的各种叙述中，何项是正确的？

(A) 按 Mindlin 解计算沉降量与实测沉降量之比

(B) 按 Boussinesq 解计算沉降量与实测沉降量之比

(C) 按 Mindlin 解计算沉降量与按 Boussinesq 解计算沉降量之比

(D) 非软土地区桩基等效沉降系数取 1

【题 57】　下列关于高层混凝土剪力墙结构抗震设计的观点，哪一项不符合《高层建筑混凝土结构技术规程》JGJ 3—2010 的要求？

(A) 剪力墙墙肢宜尽量减小轴压比，以提高剪力墙的抗剪承载力

(B) 楼面梁与剪力墙平面外相交时，对梁截面高度与墙肢厚度之比小于 2 的楼面梁，可通过支座弯矩调幅实现梁端半刚接设计，减少剪力墙平面外弯矩

(C) 进行墙体稳定验算时，对翼缘截面高度小于截面厚度 2 倍的剪力墙，考虑翼墙的作用，但应满足整体稳定的要求

(D) 剪力墙结构存在较多各肢截面高度与厚度之比大于 4 但不大于 8 的剪力墙时，只要墙肢厚度大于 300mm，在规定的水平地震作用下，该部分较短剪力墙承担的底部倾覆力矩可大于结构底部总地震倾覆力矩的 50%

【题 58】　下列关于高层混凝土结构重力二阶效应的观点，哪一项相对正确？

(A) 当结构满足规范要求的顶点位移和层间位移限值时，高度较低的结构重力二阶效应的影响较小

(B) 当结构在地震作用下的重力附加弯矩大于初始弯矩的 10% 时，应计入重力二阶效应的影响，风荷载作用时，可不计入

（C）框架柱考虑多遇地震作用产生的重力二阶效应的内力时，尚应考虑《混凝土结构规范》GB 50010—2010承载力计算时需要考虑的重力二阶效应

（D）重力二阶效应影响的相对大小主要与结构的侧向刚度和自重有关，随着结构侧向刚度的降低，重力二阶效应的不利影响呈非线性关系急剧增长，结构侧向刚度满足水平位移限值要求，有可能不满足结构的整体稳定要求

【题59】 某拟建现浇钢筋混凝土高层办公楼，抗震设防烈度为8度（0.2g），丙类建筑，Ⅱ类建筑场地，平、剖面如图19-25所示。地上18层，地下2层，地下室顶板±0.000处

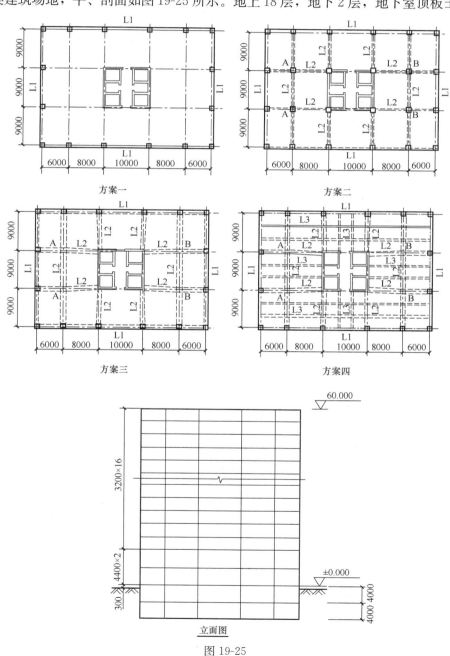

图 19-25

可作为上部结构嵌固部位。房屋高度受限，最高不超过 60.3m，室内结构构件（梁或板）底净高不小于 2.6m，建筑面层厚 50mm。方案比较时，假定，±0.000 以上标准层平面构件截面满足要求，如果从结构体系、净高要求及楼层结构混凝土用量考虑，下列四种方案中哪种方案相对合理？

（A）方案一：室内无柱，外框架 L1（500×800），室内无梁，400 厚混凝土平板楼盖

（B）方案二：室内 A、B 处柱，外框梁 L1（400×700），梁板结构，沿柱中轴线设框架梁 L2（400×700），无次梁，300 厚混凝土楼板

（C）方案三：室内 A、B 处设柱，外框梁 L1（400×700），梁板结构，沿柱中轴线设框架梁 L2（800×450）；无次梁，200 厚混凝土板楼盖

（D）方案四：室内 A、B 处设柱，外框梁 L1，沿柱中轴线设框架梁 L2，L1、L2 同方案三，梁板结构，次梁 L3（200×400），100 厚混凝土楼板

【题 60】 某 16 层现浇钢筋混凝土框架-剪力墙结构办公楼，房屋高度为 64.3m，如图 19-26 所示，楼板无削弱。抗震设防烈度为 8 度，丙类建筑，Ⅱ类建筑场地。假定，方案比较时，发现 X、Y 方向每向可以减少两片剪力墙（减墙后结构承载力及刚度满足规范要求）。试问，如果仅从结构布置合理性考虑，下列四种减墙方案中哪种方案相对合理？

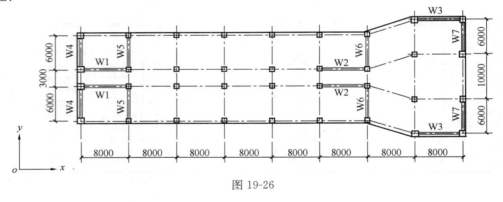

图 19-26

（A）X 向：W_1；Y 向：W_5 （B）X 向：W_2；Y 向：W_6

（C）X 向：W_3；Y 向：W_4 （D）X 向：W_2；Y 向：W_7

【题 61】 某 20 层现浇钢筋混凝土框架-剪力墙结构办公楼，某层层高 3.5m，楼板自外围竖向构件外挑，多遇水平地震标准值作用下，楼层平面位移如图 19-27 所示。该层层间位移采用各振型位移的 CQC 组合值，如表 19-2 所示；整体分析时采用刚性楼盖假定，在振型组合后的楼层地震剪力换算的水平力作用下楼层层间位移，如表 19-3 所示。试问，该楼层扭转位移比控制值验算时，其扭转位移比应取下列何组数值？

表 19-2

	Δu_A （mm）	Δu_B （mm）	Δu_C （mm）	Δu_D （mm）	Δu_E （mm）
不考虑偶然偏心	2.9	2.7	2.2	2.1	2.4
考虑偶然偏心	3.5	3.3	2.0	1.8	2.5
考虑双向地震作用	3.8	3.6	2.1	2.0	2.7

表 19-3

	Δu_A (mm)	Δu_B (mm)	Δu_C (mm)	Δu_D (mm)	Δu_E (mm)
不考虑偶然偏心	3.0	2.8	2.3	2.2	2.5
考虑偶然偏心	3.5	3.4	2.0	1.9	2.5
考虑双向地震作用	4.0	3.8	2.2	2.0	2.8

Δu_A——同一侧楼层角点（挑板）处最大层间
位移；

Δu_B——同一侧楼层角点处竖向构件最大层间
位移；

Δu_C——同一侧楼层角点（挑板）处最小层间
位移；

Δu_D——同一侧楼层角点处竖向构件最小层间
位移；

Δu_E——楼层所有竖向构件平均层间位移。

(A) 1.25

(B) 1.28

(C) 1.31

(D) 1.36

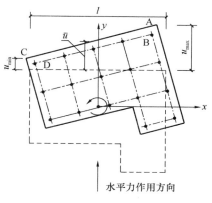

图 19-27

【题 62】 某平面不规则的现浇钢筋混凝土高层结构，整体分析时采用刚性楼盖假定计算，结构自振周期如表 19-4 所示。试问，对结构扭转不规则判断时，扭转为主的第一自振周期 T_t 与平动为主的第一自振周期 T_1 之比值最接近下列何项数值？

表 19-4

	不考虑偶然偏心	考虑偶然偏心	扭转方向因子
$T_1(s)$	2.8	3.0(2.5)	0.0
$T_2(s)$	2.7	2.8(2.3)	0.1
$T_3(s)$	2.6	2.8(2.3)	0.3
$T_4(s)$	2.3	2.6(2.1)	0.6
$T_5(s)$	2.0	2.2(1.9)	0.7

(A) 0.71　　　　　(B) 0.82　　　　　(C) 0.87　　　　　(D) 0.93

【题 63】 某现浇钢筋混凝土框架结构，抗震等级为一级，梁局部平面图如图 19-28 所示。梁 L1 截面 300×500（$h_0 = 440\text{mm}$），混凝土强度等级 C30（$f_c = 14.3\text{N/mm}^2$），纵筋采用 HRB400（Φ）（$f_y = 360\text{N/mm}^2$），箍筋采用 HRB335（Φ）。关于梁 L1 两端截面 A、C 梁顶配筋及跨中截面 B 梁底配筋（通长，伸入两端梁、柱内，且满足锚固要求），有以下 4 组配置。试问，哪一组配置与规范、规程的最低构造要求最为接近？

提示： 不必验算梁抗弯、抗剪承载力。

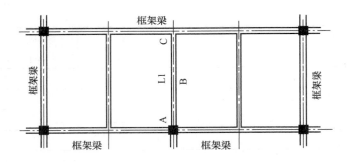

图 19-28

(A) A 截面: 4 Φ 20＋4 Φ 20;　　　　　　　Φ 10@100;

　　　B 截面: 4 Φ 20;　　　　　　　　　　　Φ 10@200;

　　　C 截面: 4 Φ 20＋2 Φ 20;　　　　　　　Φ 10@100

(B) A 截面: 4 Φ 22＋4 Φ 22;　　　　　　　Φ 10@100;

　　　B 截面: 4 Φ 22;　　　　　　　　　　　Φ 10@200;

　　　C 截面: 2 Φ 22;　　　　　　　　　　　Φ 10@200

(C) A 截面: 2 Φ 22＋6 Φ 20;　　　　　　　Φ 10@100;

　　　B 截面: 4 Φ 18;　　　　　　　　　　　Φ 10@200;

　　　C 截面: 2 Φ 20;　　　　　　　　　　　Φ 10@200

(D) A 截面: 4 Φ 22＋2 Φ 22;　　　　　　　Φ 10@100;

　　　B 截面: 4 Φ 22;　　　　　　　　　　　Φ 10@200;

　　　C 截面: 2 Φ 22;　　　　　　　　　　　Φ 10@200

【题 64～66】 某现浇混凝土框架-剪力墙结构,角柱为穿层柱,柱顶支承托柱转换梁,如图 19-29 所示。该穿层柱抗震等级为一级,实际高度 $L＝10m$,考虑柱端约束条件的计算长度系数 $\mu＝1.3$,采用钢管混凝土柱,钢管钢材 Q345 ($f_a＝300N/mm^2$),外径 $D＝1000mm$,壁厚 20mm;核心混凝土强度等级 C50 ($f_c＝23.1N/mm^2$)。

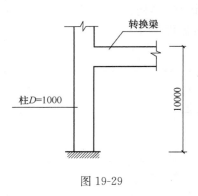

图 19-29

提示: ①按《高层建筑混凝土结构技术规程》JGJ 3—2010 作答;

　　　　② 按有侧移框架计算。

64. 试问,该穿层柱按轴心受压短柱计算的承载力设计值 N_0 (kN) 与下列何项数值最为接近?

(A) 24000　　　　　　　　　　　　(B) 26000

(C) 28000　　　　　　　　　　　　(D) 47500

65. 假定,考虑地震作用组合时,轴向压力设计值 $N＝25900kN$,按弹性分析的柱顶、柱底截面的弯矩组合值分别为: $M^t＝1100kN \cdot m$; $M^b＝1350kN \cdot m$。试问,该穿层柱考虑偏心率影响的承载力折减系数 φ_e 与下列何项数值最为接近?

(A) 0.55　　　　　　　　　　　　(B) 0.65

(C) 0.75   (D) 0.85

66. 假定，该穿层柱考虑偏心率影响的承载力折减系数 $\varphi_e = 0.60$，$e_0/r_c = 0.20$。试问，该穿层柱轴向受压承载力设计值（N_u）与按轴心受压短柱计算的承载力设计值 N_0 之比值（N_u/N_0），与下列何项数值最为接近？

(A) 0.32   (B) 0.41

(C) 0.53   (D) 0.61

【题 67、68】 某 42 层高层住宅，采用现浇混凝土剪力墙结构，层高为 3.2m，房屋高度 134.7m，地下室顶板作为上部结构的嵌固部位。抗震设防烈度 7 度，Ⅱ类场地，丙类建筑。采用 C40 混凝土，纵向钢筋和箍筋分别采用 HRB400（Φ）和 HRB335（Φ）钢筋。

67. 第 7 层某剪力墙（非短肢墙）边缘构件如图 19-30 所示，阴影部分为纵向钢筋配筋范围，墙肢轴压比 $\mu_N = 0.4$，纵筋混凝土保护层厚度为 30mm。试问，该边缘构件阴影部分的纵筋及箍筋选用下列何项，能满足规范、规程的最低抗震构造要求？

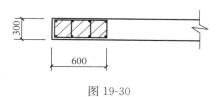

图 19-30

提示：①计算体积配箍率时，不计入墙的水平分布钢筋；

②箍筋体积配箍率计算时，扣除重叠部分箍筋。

(A) 8Φ18；Φ8@100   (B) 8Φ20；Φ8@100

(C) 8Φ18；Φ10@100   (D) 8Φ20；Φ10@100

68. 底层某双肢剪力墙如图 19-31 所示。假定，墙肢 1 在横向正、反向水平地震作用下考虑地震作用组合的内力计算值见表 19-5；墙肢 2 相应于墙肢 1 的正、反向考虑地震作用组合的内力计算值见表 19-6。试问，墙肢 2 进行截面设计时，其相应于反向地震作用的内力设计值 M（kN·m）、V（kV）、N（kN），应取下列何组数值？

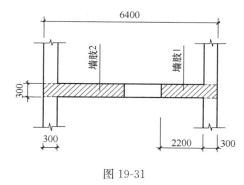

图 19-31

提示：①剪力墙端部受压（拉）钢筋合力点到受压（拉）区边缘的距离 $a'_s = a_s = 200$mm；

②不考虑翼缘，按矩形截面计算。

表 19-5（墙肢 1）

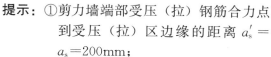

	M（kN·m）	V（kN）	N（kN）
X 向正向水平地震作用	3000	600	12000（压力）
X 向反向水平地震作用	−3000	−600	−1000（拉力）

表 19-6（墙肢 2）

	M（kN·m）	V（kN）	N（kN）
X 向正向水平地震作用	5000	1000	900（压力）
X 向反向水平地震作用	−5000	−1000	14000（压力）

(A) 5000、1600、14000

(B) 5000、2000、17500

(C) 6250、1600、17500

(D) 6250、2000、14000

【题 69、70】 某普通办公楼，采用现浇钢筋混凝土框架-核心筒结构，房屋高度 116.3m，地上 31 层，地下 2 层，3 层设转换层，采用桁架转换构件，平、剖面如图 19-32 所示。抗震设防烈度为 7 度（0.1g），丙类建筑，设计地震分组第二组，Ⅱ类建筑场地，地下室顶板±0.000 处作为上部结构嵌固部位。

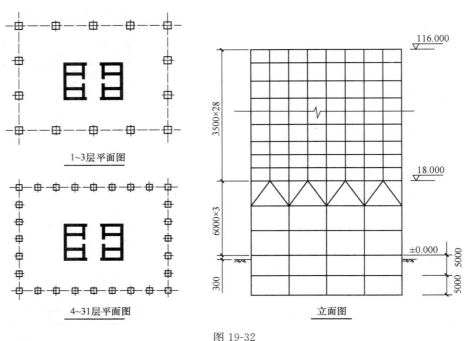

图 19-32

69. 该结构需控制罕遇地震作用下薄弱层的层间位移。假定，主体结构采用等效弹性方法进行罕遇地震作用下弹塑性计算分析时，结构总体上刚刚进入屈服阶段。电算程序需输入的计算参数分别为：连梁刚度折减系数 S_1；结构阻尼比 S_2；特征周期值 S_3。试问，下列各组参数中（依次为 S_1、S_2、S_3），其中哪一组相对准确？

(A) 0.4、0.06、0.45　　　　　　　(B) 0.4、0.06、0.40

(C) 0.5、0.05、0.45　　　　　　　(D) 0.2、0.06、0.40

70. 假定，振型分解反应谱法求得的 2～4 层的水平地震剪力标准值（V_i）及相应层间位移值（Δ_i）见表 19-7。在 P =1000kN 水平力作用下，按图 19-33 模型计算的位移分别为：Δ_1=7.8mm，Δ_2=6.2mm。试问，进行结构竖向规则性判断时，宜取下列哪种方法及结果作为结构竖向不规则的判断依据？

提示：3 层转换层按整层计。

(A) 等效剪切刚度比验算方法，侧向刚度比不满足要求

(B) 楼层侧向刚度比验算方法，侧向刚度比不满足规范要求

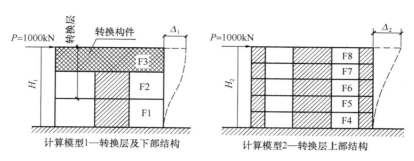

计算模型1—转换层及下部结构　　　　计算模型2—转换层上部结构

图 19-33

（C）考虑层高修正的楼层侧向刚度比验算方法，侧向刚度比不满足规范要求

（D）等效侧向刚度比验算方法，等效刚度比不满足规范要求

表 19-7

	2 层	3 层	4 层
V_i (kN)	900	1500	900
Δ_i (mm)	3.5	3.0	2.1

【题 71、72】　某 70 层办公楼，平、立面如图 19-34 所示，采用钢筋混凝土筒中筒结构，抗震设防烈度为 7 度，丙类建筑，Ⅱ类建筑场地。房屋高度地面以上为 250m，质量和刚度沿竖向分布均匀。已知小震弹性计算时，振型分解反应谱法求得的底部地震剪力为 16000kN，最大层间位移角出现在 k 层，$\theta_k = 1/600$。

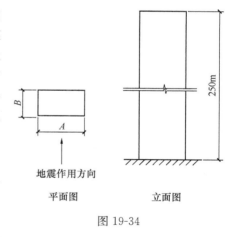

地震作用方向

平面图　　　　立面图

图 19-34

71. 该结构性能化设计时，需要进行弹塑性动力时程分析补充计算，现有 7 条实际地震记录加速度时程曲线 P1～P7 和 4 组人工模拟加速度时程曲线 RP1～RP4，假定，任意 7 条实际记录地震波及人工波的平均地震影响系数曲线与振型分解反应谱法所采用的地震影响系数曲线在统计意义上相符，各条时程曲线同一软件计算所得的结构底部剪力见表 19-8。试问，进行弹塑性动力时程分析时，选用下列哪一组地震波最为合理？

表 19-8

	P1	P2	P3	P4	P5	P6	P7	RP1	RP2	RP3	RP4
V (kN)（小震弹性）	14000	13000	9600	13500	11000	9700	12000	14500	10700	14000	12000
V (kN)（大震）	72000	66000	60000	69000	63500	60000	62000	70000	58000	72000	63500

（A）P1、P2、P4、P5、RP1、RP2、RP4

（B）P1、P2、P4、P5、P7、RP1、RP4

(C) P1、P2、P4、P5、P7、RP2、RP4

(D) P1、P2、P3、P4、P5、RP1、RP4

72. 假定，正确选用的 7 条时程曲线分别为：AP1～AP7，同一软件计算所得的第 k 层结构的层间位移角（同一层）见表 19-9。试问，估算的大震下该层的弹塑性层间位移角参考值最接近下列何项数值？

提示：按《建筑抗震设计规范》GB 50011—2010 作答。

表 19-9

	$\Delta u/h$（小震）	$\Delta u/h$（大震）
AP1	1/725	1/125
AP2	1/870	1/150
AP3	1/815	1/140
AP4	1/1050	1/175
AP5	1/945	1/160
AP6	1/815	1/140
AP7	1/725	1/125

(A) 1/90　　　　(B) 1/100　　　　(C) 1/125　　　　(D) 1/145

【题 73～78】 某城市快速路上的一座立交匝道桥，其中一段为四孔各 30m 的简支梁桥，其总体布置如图 19-35 所示。单向双车道，桥面总宽 9.0m，其中行车道净宽度为 8.0m。上部结构采用预应力混凝土箱梁（桥面连续），桥墩由扩大基础上的钢筋混凝土圆柱墩身及带悬臂的盖梁组成。梁体混凝土线膨胀系数取 $\alpha = 0.00001$。设计荷载：城-A 级。

73. 该桥主梁的计算跨径为 29.4m，冲击系数的 $\mu = 0.25$。试问，该桥主梁支点截面在城-A 级汽车荷载作用下的剪力标准值（kN）与下列何项数值最为接近？

提示：不考虑活载横向不均匀因素。

(A) 990　　　　(B) 1090　　　　(C) 1220　　　　(D) 1350

74. 假定，计算该桥箱梁悬臂板的内力时，主梁的结构基频 $f = 4.5$Hz。试问，作用于悬臂板上的汽车荷载作用的冲击系数的 μ 值应取用下列何项数值？

(A) 0.05　　　　(B) 0.25　　　　(C) 0.30　　　　(D) 0.45

75. 试问，当城-A 级车辆荷载的最重轴（4 号轴）作用在该桥箱梁悬臂板上时，其垂直于悬臂板跨径方向的车轮荷载分布宽度（m）与下列何项数值最为接近？

(A) 0.55　　　　(B) 3.45　　　　(C) 4.65　　　　(D) 4.80

76. 该桥为四跨（4×30m）预应力混凝土简支箱梁桥，若三个中墩高度相同，且每个墩顶盖梁处设置的普通板式橡胶支座尺寸均为（长×宽×高）600mm×500mm×90mm。假定，该桥四季温度均匀变化，升温时为+25℃，墩柱抗推刚度 $K_柱 = 20000$kN/m，一个支座抗推刚度 $K_支 = 4500$kN/m。试问，在升温状态下⑫中墩所承受的水平力标准值（kN）与下列何项数值最为接近？

(A) 70　　　　(B) 135　　　　(C) 150　　　　(D) 285

77. 该桥桥址处地震动峰值加速度为 0.15g（相当抗震设防烈度 7 度）。试问，该桥应选用下列何类抗震设计方法？

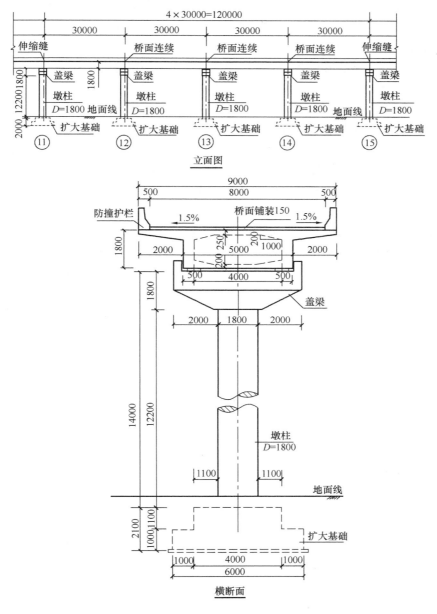

图 19-35 桥型布置图

（A）A 类 　　　　（B）B 类 　　　　（C）C 类 　　　　（D）D 类

78. 该桥的中墩为单柱 T 型墩，墩柱为圆形截面，其直径为 1.8m，墩顶设有支座，墩柱高度 $H=14$m，位于 7 度地震区。试问，在进行抗震构造设计时，该墩柱塑性铰区域内箍筋加密区的最小长度（m）与下列何项数值最为接近？

（A）1.80 　　　　（B）2.35 　　　　（C）2.50 　　　　（D）2.80

【题 79】　某高速公路上的一座高架桥，为三孔各 30m 的预应力混凝土简支 T 梁桥，全长 90m，中墩处设连续桥面，支承采用水平放置的普通板式橡胶支座，支座平面尺寸

355

（长×宽）为 350mm×300mm。假定，在桥台处由温度下降、混凝土收缩和徐变引起的梁长缩短量 Δ_l =26mm。试问，当不计制动力时，该处普通板式橡胶支座的橡胶层总厚度 t_e（mm）不能小于下列何项数值？

提示：假定该支座的形状系数、承压面积、竖向平均压缩变形、加劲板厚度及抗滑稳定等均符合《公路钢筋混凝土及预应力混凝土桥涵设计规范》JTG 3362—2018 的规定。

(A) 29   (B) 45   (C) 53   (D) 61

【题 80】 某二级公路，设计车速 60km/h，双向两车道，全宽（B）为 8.5m，汽车荷载等级为公路-Ⅱ级。其下一座现浇普通钢筋混凝土简支实体盖板涵洞，涵洞长度与公路宽度相同，涵洞顶部填土厚度（含路面结构厚）2.6m，若盖板计算跨径 $l_{计}$ =3.0m。试问，汽车荷载在该盖板跨中截面每延米产生的活荷载弯矩标准值（kN·m）与下列何项数值最为接近？

提示：两车道车轮横桥向扩散宽度取为 8.5m。

(A) 16   (B) 21   (C) 25   (D) 27

实战训练试题（二十）

（上午卷）

【题1～4】 某现浇钢筋混凝土异形柱框架结构多层住宅楼，安全等级为二级，框架抗震等级为二级。该房屋各层层高均为 3.6m，各层梁高均为 450mm，建筑面层厚度为 50mm，首层地面标高为 ±0.000m，基础顶面标高为 −1.000m，框架某边柱截面如图 20-1 所示，剪跨比 $\lambda > 2$。混凝土强度等级：框架柱为 C35，框架梁、楼板为 C30，梁、柱纵向钢筋及箍筋均采用 HRB400（$\oplus$），纵向受力钢筋的保护层厚度为 30mm。

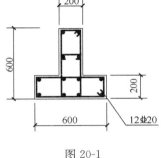

图 20-1

提示： 按《混凝土异形柱结构技术规程》JGJ 149—2017 作答。

1. 假定，该底层柱下端截面产生的竖向内力标准值如下：由结构和构配件自重荷载产生的 $N_{Gk} = 980kN$，由按等效均布荷载计算的楼（屋）面可变荷载产生的 $N_{Qk} = 220kN$，由水平地震作用产生的 $N_{Ehk} = 280kN$，试问，该底层柱的轴压比 μ_N 与轴压比限值 $[\mu_N]$ 之比，与下列何项数值最为接近？

(A) 0.67   (B) 0.80   (C) 0.91   (D) 0.98

2. 假定，该底层柱轴压比为 0.5，试问，该底层框架柱柱端加密区的箍筋配置选用下列何项才能满足规程的最低要求？

(A) $\oplus$8@150   (B) $\oplus$8@100   (C) $\oplus$10@150   (D) $\oplus$10@100

3. 假定，该框架边柱底层柱下端截面（基础顶面）有地震作用组合未经调整的弯矩设计值为 320kN·m，底层柱上端截面有地震作用组合并经调整后的弯矩设计值为 312kN·m，柱反弯点在柱层高范围内。试问，该柱考虑地震作用组合的剪力设计值 V_c（kN），与下列何项数值最为接近？

(A) 185

(B) 222

(C) 251

(D) 290

4. 假定，该异形柱框架顶层端节点如图 20-2 所示，计算时按刚接考虑，柱外侧按计算配置的受拉钢筋为 4$\oplus$20。试问，柱外侧纵向受拉钢筋伸入梁内或板内的水平段长度 l（mm），取以下何项数值才能满足

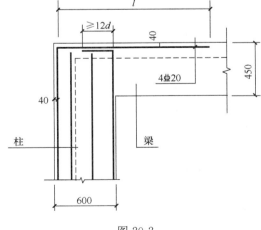

图 20-2

《混凝土异形柱结构技术规程》JGJ 149—2017 的最低要求?

    (A) 700   (B) 900   (C) 1100   (D) 1300

【题 5～10】 某现浇钢筋混凝土框架-剪力墙结构高层办公楼,抗震设防烈度为 8 度 (0.2g),场地类别为Ⅱ类,抗震等级:框架二级、剪力墙一级,二层局部配筋平面表示法如图 20-3 所示。混凝土强度等级:框架柱及剪力墙 C50,框架梁及楼板 C35,纵向钢筋及箍筋均采用 HRB400(Φ)。

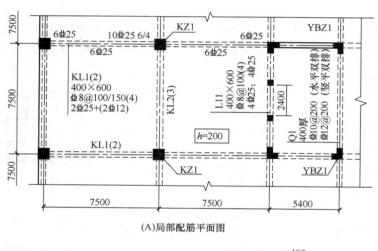

(A)局部配筋平面图

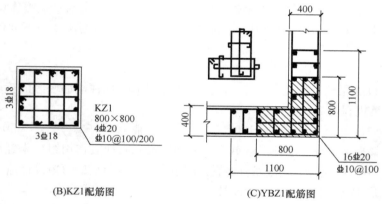

(B)KZ1配筋图   (C)YBZ1配筋图

图 20-3

5. 已知,框架梁中间支座截面有效高度 $h_0 = 530\text{mm}$,试问,图 20-3 (A) 框架梁 KL1 (2) 配筋有几处违反规范的抗震构造要求,并简述理由。

    提示: $x/h_0 < 0.35$。

    (A) 无违反   (B) 有一处   (C) 有二处   (D) 有三处

6. 试问,图 20-3 (A) 剪力墙 Q1 配筋及连梁 LL1 配筋共有几处违反规范的抗震构造要求,并简述理由。

    提示: LL1 腰筋配置满足规范要求。

    (A) 无违反   (B) 有一处   (C) 有二处   (D) 有三处

7. 框架柱 KZ1 剪跨比大于 2，配筋如图 20-3（B）所示，试问，图中 KZ1 有几处违反规范的抗震构造要求，并简述理由。

提示：KZ1 的箍筋体积配箍率及轴压比均满足规范要求。

（A）无违反 （B）有一处 （C）有二处 （D）有三处

8. 剪力墙约束边缘构件 YBZ1 配筋如图 20-3（C）所示，已知墙肢底截面的轴压比为 0.4。试问，图中 YBZ1 有几处违反规范的抗震构造要求，并简述理由。

提示：YBZ1 阴影区和非阴影区的箍筋和拉筋体积配箍率满足规范要求。

（A）无违反 （B）有一处 （C）有二处 （D）有三处

9. 不考虑地震作用组合时框架梁 KL1 的跨中截面及配筋如图 20-3（A）所示，假定，梁受压区有效翼缘计算宽度 $b'_f = 2000\text{mm}$，$a_s = a'_s = 45\text{mm}$，$\xi_b = 0.518$，$\gamma_0 = 1.0$。试问，当考虑梁跨中纵向受压钢筋和现浇楼板受压翼缘的作用时，该梁跨中正截面受弯承载力设计值 M（kN·m），与下列何项数值最为接近？

提示：不考虑梁上部架立筋及板内配筋的影响。

（A）500 （B）540 （C）670 （D）720

10. 框架梁 KL1 截面及配筋如图 20-3（A）所示，假定，梁跨中截面最大正弯矩：按荷载标准组合计算的弯矩 $M_k = 360\text{kN·m}$，按荷载准永久组合计算的弯矩 $M_q = 300\text{kN·m}$，$B_s = 1.418 \times 10^{14}\text{N·mm}^2$，试问，按等刚度构件计算时，该梁跨中最大挠度 f（mm）与下列何项数值最为接近？

提示：跨中最大挠度近似计算公式 $f = 5.5 \times 10^6 \dfrac{M}{B}$。

式中：M——跨中最大弯矩设计值；

B——跨中最大弯矩截面的刚度。

（A）17 （B）22 （C）26 （D）30

【题 11、12】 某现浇钢筋混凝土楼板，板上有作用面为 $400\text{mm} \times 500\text{mm}$ 的局部荷载，并开有 $550\text{mm} \times 550\text{mm}$ 的洞口，平面位置示意如图 20-4 所示。

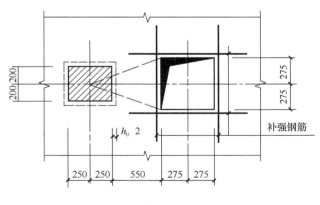

图 20-4

11. 假定，楼板混凝土强度等级为 C30，板厚 $h = 150\text{mm}$，截面有效高度 $h_0 = 120\text{mm}$。试问，在局部荷载作用下，该楼板的受冲切承载力设计值 F_u（kN），与下列何项数值最为接近？

提示：① $\eta = 1.0$；

② 未配置箍筋和弯起钢筋。

(A) 250   (B) 270   (C) 340   (D) 430

12. 假定，该楼板板底采用 HRB400 级钢筋，并配置Φ 12@100 的双向受力钢筋，试问，图 20-4 中洞口周边每侧板底补强钢筋，至少应选用下列何项配筋？

(A) 2Φ12   (B) 2Φ16   (C) 2Φ18   (D) 2Φ22

【题 13】 某高层钢筋混凝土房屋，抗震设防烈度为 8 度，设计地震分组为第一组。根据工程地质详勘报告，该建筑场地土层的等效剪切波速为 270m/s，场地覆盖层厚度为 55m。试问，计算罕遇地震作用时，按插值方法确定的特征周期 T_g（s），取下列何项数值最为合适？

(A) 0.35   (B) 0.38   (C) 0.40   (D) 0.43

【题 14】 某混凝土设计强度等级为 C30，其实验室配合比为：水泥：砂子：石子 = 1.00：1.88：3.69，水胶比为 0.57。施工现场实测砂子的含水率为 5.3%，石子的含水率为 1.2%。试问，施工现场拌制混凝土的水胶比，取下列何项数值最为合适？

(A) 0.42   (B) 0.46   (C) 0.50   (D) 0.53

【题 15】 为减小 T 形截面钢筋混凝土受弯构件跨中的最大受力裂缝计算宽度，拟考虑采取如下措施：

Ⅰ. 加大截面高度（配筋面积保持不变）

Ⅱ. 加大纵向受拉钢筋直径（配筋面积保持不变）

Ⅲ. 增加受力钢筋保护层厚度（保护层内不配置钢筋网片）

Ⅳ. 增加纵向受拉钢筋根数（加大配筋面积）

试问，针对上述措施正确性的判断，下列何项正确？

(A) Ⅰ、Ⅳ正确；Ⅱ、Ⅲ错误   (B) Ⅰ、Ⅱ正确；Ⅲ、Ⅳ错误

(C) Ⅰ、Ⅲ、Ⅳ正确；Ⅱ错误   (D) Ⅰ、Ⅱ、Ⅲ、Ⅳ正确

【题 16】 某钢筋混凝土框架结构，房屋高度为 28m，高宽比为 3，抗震设防烈度为 8 度，设计基本地震加速度为 0.20g，抗震设防类别为标准设防类，建筑场地类别为Ⅱ类。方案阶段拟进行隔震与消能减震设计，水平向减震系数为 0.35，关于房屋隔震与消能减震设计的以下说法：

Ⅰ. 当消能减震结构的地震影响系数不到非消能减震的 50% 时，主体结构的抗震构造要求可降低一度

Ⅱ. 隔振层以上各楼层的水平地震剪力，尚应根据本地区设防烈度验算楼层最小地震剪力是否满足要求

Ⅲ. 隔震层以上的结构，框架抗震等级可定为二级，且无需进行竖向地震作用的计算

Ⅳ. 隔震层以上的结构，当未采取有利于提高轴压比限值的构造措施时，剪跨比小于 2 的柱的轴压比限值为 0.65

试问，针对上述说法正确性的判断，下列何项正确？

(A) Ⅰ、Ⅱ、Ⅲ、Ⅳ正确   (B) Ⅰ、Ⅱ、Ⅲ正确；Ⅳ错误

(C) Ⅰ、Ⅲ、Ⅳ正确；Ⅱ错误   (D) Ⅱ、Ⅲ、Ⅳ正确；Ⅰ错误

【题 17～23】 某单层钢结构厂房，钢材均为 Q235B，边列单阶柱截面及内力如图

20-5 所示。上段柱为焊接工字形截面实腹柱，下段柱为不对称组合截面格构柱，所有板件均为火焰切割。柱上端与钢屋架形成刚接。无截面削弱。

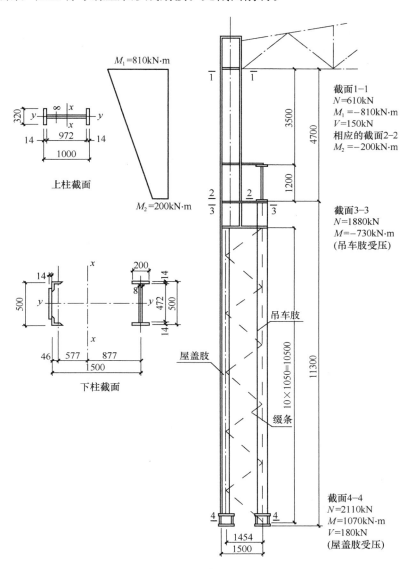

图 20-5

截面特性见表 20-1。

截 面 特 性 表

表 20-1

		面积 A （cm²）	惯性矩 I_x （cm⁴）	回转半径 i_x （cm）	惯性矩 I_y （cm⁴）	回转半径 i_y （cm）	弹性截面模量 W_x （cm³）
\multicolumn{2}{c	}{上柱}	167.4	279000	40.8	7646	6.4	5580
下柱	屋盖肢	142.6	4016	5.3	46088	18.0	
	吊车肢	93.8	1867		40077	20.7	
\multicolumn{2}{c	}{下柱组合柱截面}	236.4	1202083	71.3			屋盖肢侧 19295　吊车肢侧 13707

361

17. 假定，厂房平面布置如图 20-6 时，试问，柱平面内计算长度系数与下列何项数值最为接近？

提示：格构式下柱惯性矩取为 $I_2 = 0.9 \times 1202083 \text{cm}^4$。

(A) 上柱 1.0，下柱 1.0　　　　　　　　(B) 上柱 3.52，下柱 1.55

(C) 上柱 3.91，下柱 1.55　　　　　　　(D) 上柱 3.91，下柱 1.72

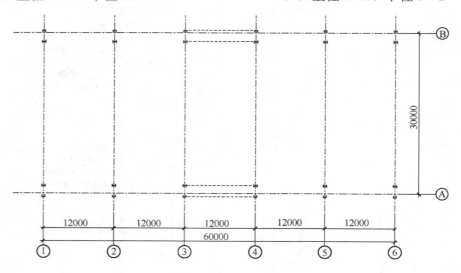

图 20-6　框架柱平面布置图

18. 考虑上柱的腹板屈曲后强度，进行强度计算时，其有效净截面面积 A_{ne}（mm^2），最接近于下列何项？

提示：① $\sigma_{max} = 177.54 \text{N/mm}^2$（压应力），$\sigma_{min} = -104.66 \text{N/mm}^2$（拉应力）。

② 取 $\alpha_0 = \dfrac{\sigma_{max} - \sigma_{min}}{\sigma_{max}} = 1.59$。

(A) 16500　　　　　(B) 16000　　　　　(C) 15500　　　　　(D) 15000

19. 假定，下柱在弯矩作用平面内的计算长度系数为 2，由换算长细比确定：$\varphi_x = 0.916$，$N'_{Ex} = 34476 \text{kN}$。试问，以应力形式表达的平面内稳定性计算最大值（$\text{N/mm}^2$），与下列何项数值最为接近？

提示：① $\beta_{mx} = 1$；

② 按全截面有效考虑。

(A) 125　　　　　(B) 143　　　　　(C) 157　　　　　(D) 183

20. 假定，缀条采用单角钢∟90×6，∟90×6 截面特性（图 20-7）：面积 $A_1 = 1063.7 \text{mm}^2$，回转半径 $i_x = 27.9 \text{mm}$，$i_u = 35.1 \text{mm}$，$i_v = 18.0 \text{mm}$。试问，缀条压力设计值与其稳定承载力的比值，与下列何项数值最为接近？

提示：按有节点板考虑。

(A) 0.82　　　　　(B) 0.93

(C) 1.05　　　　　(D) 1.16

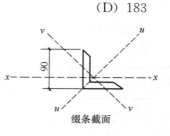

缀条截面

图 20-7

21. 假定，抗震设防烈度 8 度，采用轻屋面，2 倍多遇地震作用下水平作用组合值为 400kN 且为最不利组合，柱间支撑采用双片支撑，布置如图 20-8，单片支撑截面采用槽钢 12.6，截面无削弱。槽钢 12.6 截面特性：面积 $A_1 = 1569\text{mm}^2$，回转半径 $i_x = 49.8\text{mm}$，$i_y = 15.6\text{mm}$。试问，支撑杆的强度设计值（N/mm²），与下列何项数值最为接近？

提示：① 按拉杆计算，并计及相交受压杆的影响；

② 支撑平面内计算长细比大于平面外计算长细比。

(A) 86   (B) 118   (C) 159   (D) 323

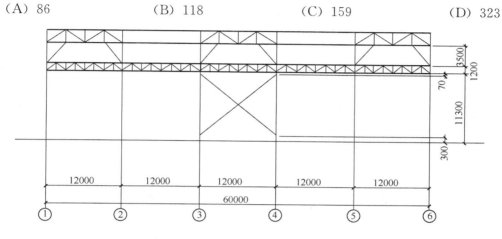

图 20-8 柱间支撑布置图

22. 假定，吊车肢柱间支撑截面采用 $2\llcorner 90 \times 6$，其所承受最不利荷载组合值为 120kN，支撑与柱采用高强螺栓摩擦型连接，如图 20-9 所示。试问，单个高强螺栓承受的最大剪力设计值（kN），与下列何项数值最为接近？

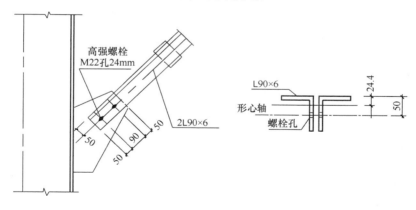

图 20-9

(A) 60   (B) 70   (C) 95   (D) 120

23. 假定，吊车梁需进行疲劳计算。试问，吊车梁设计时下列说法何项正确？

(A) 疲劳计算部位主要是受压板件及焊缝

(B) 尽量使腹板板件高厚比不大于 $80\sqrt{235/f_y}$

（C）吊车梁受拉翼缘上不得焊接悬挂设备的零件

（D）疲劳计算采用以概率理论为基础的极限状态设计方法

【题 24～28】 某 4 层钢结构商业建筑，层高 5m，房屋高度 20m，抗震设防烈度 8 度，采用框架结构，布置如图 20-10 所示。框架梁柱采用 Q345。框架梁截面采用轧制型钢 H600×200×11×17，柱采用箱形截面 B450×450×16。梁柱截面特性见表 20-2。

梁柱截面特性　　　　　　　　　　　　　　　　　表 20-2

	面积 A （mm²）	惯性矩 I_x （mm⁴）	回转半径 i_x （mm）	弹性截面模量 W_x （mm³）
梁截面	13028	$7.44×10^8$	—	—
柱截面	27776	$8.73×10^8$	177	$3.88×10^6$

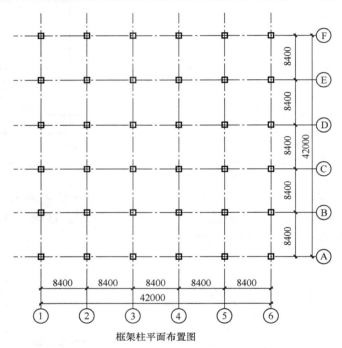

框架柱平面布置图

图 20-10

24. 假定，框架柱几何长度为 5m，采用二阶弹性分析方法计算且考虑假想水平力时，框架柱进行稳定性计算时下列何项说法正确？

（A）只需计算强度，无需计算稳定

（B）计算长度取 4.275m

（C）计算长度取 5m

（D）计算长度取 7.95m

25. 假定，框架梁拼接采用图 20-11 所示的栓焊节点，高强度螺栓采用 10.9 级 M22 螺栓，连接板采用 Q345B，试问，下列何项说法正确？

（A）图（a）、图（b）均符合螺栓孔距设计要求

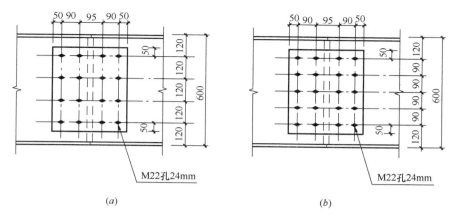

图 20-11

（B）图（a）、图（b）均不符合螺栓孔距设计要求

（C）图（a）符合螺栓孔距设计要求

（D）图（b）符合螺栓孔距设计要求

26. 假定，次梁采用钢与混凝土组合梁设计，施工时钢梁下不设临时支撑，试问，下列何项说法正确？

（A）混凝土硬结前的材料重量和施工荷载应与后续荷载累加由钢与混凝土组合梁共同承受

（B）钢与混凝土使用阶段的挠度按下列原则计算：按荷载的标准组合计算组合梁产生的变形

（C）考虑全截面塑性发展进行组合梁强度计算时，钢梁所有板件的板件宽厚比应符合《钢结构设计标准》GB 50017—2017 第 10 章中塑性设计的规定

（D）混凝土硬结前的材料重量和施工荷载应由钢梁承受

27. 假定，梁截面采用焊接工字形截面 H600×200×8×12，柱采用箱形截面 B450×450×20，试问，下列何项说法正确？

提示：不考虑梁轴压比。

（A）框架梁柱截面板件宽厚比均符合设计规定

（B）框架梁柱截面板件宽厚比均不符合设计规定

（C）框架梁截面板件宽厚比不符合设计规定

（D）框架柱截面板件宽厚比不符合设计规定

28. 假定，①轴和⑥轴设置柱间支撑，试问，当仅考虑结构经济性时，柱采用下列何种截面最为合理？

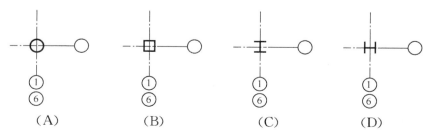

【题 29】 假定，某承受静力荷载作用且无局部压应力的两端铰接钢结构次梁，腹板仅配置支承加劲肋，材料采用 Q235，截面如图 20-12 所示，试问，当符合《钢结构设计标准》GB 50017—2017 第 6.4.1 条的设计规定时，下列说法何项最为合理？

提示："合理"指结构造价最低。

（A）应加厚腹板

（B）应配置横向加劲肋

（C）应配置横向及纵向加劲肋

（D）无须增加额外措施

【题 30】 下列网壳结构如图 20-13（a）、（b）、（c）所示，针对其是否需要进行整体稳定性计算的判断，下列何项正确？

（A）（a）、（b）需要；（c）不需要

（B）（a）、（c）需要；（b）不需要

（C）（b）、（c）需要；（a）不需要

（D）（c）需要；（a）、（b）不需要

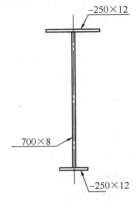

图 20-12

【题 31～33】 一地下室外墙，墙厚 h，采用 MU10 烧结普通砖，M10 水泥砂浆砌筑，砌体施工质量控制等级为 B 级，计算简图如图 20-14 所示，侧向土压力设计值 $q = 34 \ \text{kN/m}^2$。承载力验算时不考虑墙体自重，$\gamma_0 = 1.0$。

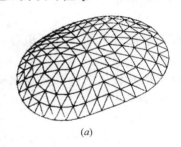
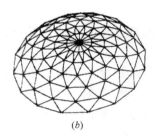
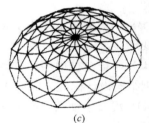

图 20-13

（a）单层网壳，跨度 30m 椭圆底面网格；（b）双层网壳，跨度 50m，高度 0.9m 葵花形三向网格；

（c）双层网壳，跨度 60m，高度 1.5m 葵花形三向网格

31. 假定，不考虑上部结构传来的竖向荷载 N。试问，满足受弯承载力验算要求时，最小墙厚计算值 h（mm），与下列何项数值最为接近？

提示：计算截面宽度取 1m。

（A）620　　　　　　　　（B）750

（C）820　　　　　　　　（D）850

32. 假定，不考虑上部结构传来的竖向荷载 N。试问，满足受剪承载力验算要求时，设计选用的最小墙厚 h（mm），与下列何项数值最为接近？

提示：计算截面宽度取 1m。

（A）240　　　　　　　　（B）370

（C）490　　　　　　　　（D）620

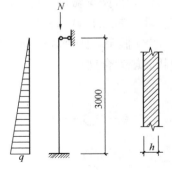

图 20-14

33. 假定，墙体计算高度 $H_0 = 3000\text{mm}$，上部结构传来的轴心受压荷载设计值 $N = 220\text{kN/m}$，墙厚 $h = 370\text{mm}$，试问，墙受压承载力设计值（kN），与下列何项数值最为接近？

提示：计算截面宽度取 1m。

(A) 260   (B) 270   (C) 280   (D) 290

【题 34～37】 一多层房屋配筋砌块砌体墙，平面如图 20-15 所示，结构安全等级二级。砌体采用 MU10 级单排孔混凝土小型空心砌块、Mb7.5 级砂浆对孔砌筑，砌块的孔洞率为 40%，采用 Cb20（$f_t = 1.1\text{MPa}$）混凝土灌孔，灌孔率为 43.75%，内有插筋共 5 Φ 12（$f_y = 270\text{MPa}$）。构造措施满足规范要求，砌体施工质量控制等级为 B 级。承载力验算时不考虑墙体自重。

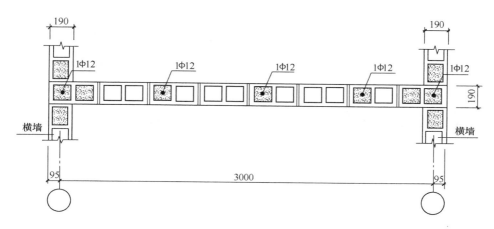

图 20-15

34. 试问，砌体的抗剪强度设计值 f_{vg}（MPa），与下列何项数值最为接近？

提示：小数点后四舍五入取两位。

(A) 0.33   (B) 0.38   (C) 0.40   (D) 0.48

35. 假定，房屋的静力计算方案为刚性方案，砌体的抗压强度设计值 $f_g = 3.6\text{MPa}$，其所在层高为 3.0m。试问，该墙体截面的轴心受压承载力设计值（kN），与下列何项数值最为接近？

提示：不考虑水平分布钢筋的影响。

(A) 1750   (B) 1820   (C) 1890   (D) 1960

36. 假定，小砌块墙在重力荷载代表值作用下的截面平均压应力 $\sigma = 2.0\text{MPa}$，砌体的抗剪强度设计值 $f_{vg} = 0.40\text{MPa}$。试问，该墙体的截面抗震受剪承载力（kN）与下列何项数值最为接近？

提示：① 芯柱截面总面积 $A_c = 100800\text{mm}^2$；

　　　　② 按《建筑抗震设计规范》GB 50011—2010 作答。

(A) 470   (B) 530   (C) 590   (D) 630

37. 假定，小砌块墙改为全灌孔砌体，砌体的抗压强度设计值 $f_g = 4.8\text{MPa}$，其所在层高为 3.0m。砌体沿高度方向每隔 600mm 设 2 Φ 10 水平钢筋（$f_y = 270\text{MPa}$）。墙片截面内力：弯矩设计值 $M=560$kN·m、轴压力设计值 $N=770$kN、剪力设计值 $V=150$kN。墙体构造措施满足规范要求，砌体施工质量控制等级为 B 级。试问，该墙体的斜截面受剪承载力最大值（kN），与下列何项数值最为接近？

提示：① 不考虑墙翼缘的共同工作；

② 墙截面有效高度 $h_0=3100$mm。

(A) 150 　　　　　 (B) 250 　　　　　 (C) 450 　　　　　 (D) 710

【题38】 下述关于影响砌体结构受压构件高厚比 β 计算值的说法，哪一项是不对的？

(A) 改变墙体厚度 　　　　　　　　　(B) 改变砌筑砂浆的强度等级

(C) 改变房屋的静力计算方案 　　　　(D) 调整或改变构件支承条件

【题39、40】 某砖砌体和钢筋混凝土构造柱组合墙，如图 20-16 所示，结构安全等级二级。构造柱截面均为 240mm×240mm，混凝土采用 C20（$f_c=9.6$MPa）。砌体采用 MU10 烧结多孔砖和 M7.5 混合砂浆砌筑，构造措施满足规范要求，施工质量控制等级为 B 级。承载力验算时不考虑墙体自重。

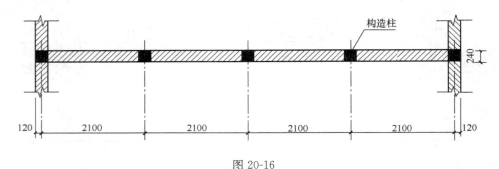

图 20-16

39. 假定，房屋的静力计算方案为刚性方案，其所在二层层高为 3.0m。构造柱纵向钢筋配 4 Φ 14（$f_y=270$MPa），试问，该组合墙体单位墙长的轴心受压承载力设计值（kN/m），与下列何项数值最为接近？

提示：强度系数 $\eta=0.646$。

(A) 300 　　　　　 (B) 400 　　　　　 (C) 500 　　　　　 (D) 600

40. 假定，组合墙中部构造柱顶作用一偏心荷载，其轴向压力设计值 $N=672$kN，在墙体平面外方向的砌体截面受压区高度 $x=120$mm。构造柱纵向受力钢筋为 HPB300 级，采用对称配筋，$a_s=a_s'=35$mm。试问，该构造柱计算所需总配筋值（mm²），与下列何项数值最为接近？

提示：计算截面宽度取构造柱的间距。

(A) 310 　　　　　 (B) 440 　　　　　 (C) 610 　　　　　 (D) 800

（下午卷）

【题41】 一原木柱（未经切削）标注直径 $d=110$mm，选用西北云杉 TC11A 制作，正常环境下设计使用年限 50 年，计算简图如图 20-17 所示，假定，上、下支座节点处设有防止其侧向位移和侧倾的侧向支撑，试问，当 $N=0$、$q=1.2$kN/m（设计值）时，其

侧向稳定验算 $\dfrac{M}{\varphi_l W} \leqslant f_m$ 式，与下列何项选择最为接近？

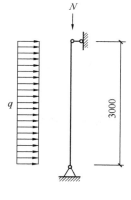

提示： ① 不考虑构件自重；
　　　② 小数点后四舍五入取两位。

(A) 7.30＜11.00　　(B) 8.30＜11.00
(C) 7.30＜12.65　　(D) 10.33＜12.65

图 20-17

【题 42】 关于木结构房屋设计，下列说法中何种选择是错误的？

(A) 对于木柱木屋架房屋，可采用贴砌在木柱外侧的烧结普通砖砌体，并应与木柱采取可靠拉结措施

(B) 对于有抗震要求的木柱木屋架房屋，其屋架与木柱连接处均须设置斜撑

(C) 对于木柱木屋架房屋，当有吊车使用功能时，屋盖除应设置上弦横向支撑外，尚应设置垂直支撑

(D) 对于设防烈度为 8 度地震区建造的木柱木屋架房屋，除支撑结构与屋架采用螺栓连接外，椽与檩条、檩条与屋架连接均可采用钉连接

【题 43、44】 某安全等级为二级的长条形坑式设备基础，高出地面 500mm，设备荷载对基础没有偏心，基础的外轮廓及地基土层剖面、地基土参数如图 20-18 所示，地下水位在自然地面下 0.5m。

提示： 基础施工时基坑用原状土回填，回填土重度、强度指标与原状土相同。

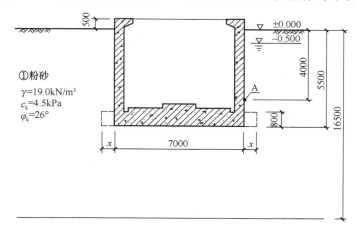

图 20-18

43. 根据当地工程经验，计算坑式设备基础侧墙侧压力时按水土分算原则考虑主动土压力和水压力的作用，试问，当基础周边地面无超载时，图 20-18 中 A 点承受的侧向压力标准值 σ_A（kPa），与下列何项数值最为接近？

提示： 主动土压力按朗肯公式计算：$\sigma = \sum(\gamma_i h_i)k_a - 2c\sqrt{k_a}$，式中，$k_a$ 为主动土压力系数。

(A) 40　　　　　(B) 45　　　　　(C) 55　　　　　(D) 60

44. 已知基础的自重为 280kN/m，基础上设备自重为 60kN/m，设备检修活荷载为 35kN/m，当基础的抗浮稳定性不满足要求时，本工程拟采取对称外挑基础底板的抗浮措施。假定，基础底板外挑板厚度取 800mm，抗浮验算时钢筋混凝土的重度取 23kN/m³，设备自重可作为压重，抗浮水位取地面下 0.5m。试问，为了保证基础抗浮的稳定安全系数不小于 1.05，图中虚线所示的底板外挑最小长度 x（mm），与下列何项数值最为接近？

(A) 0 　　　　　(B) 250 　　　　　(C) 500 　　　　　(D) 800

【题 45、46】 某钢筋混凝土条形基础，基础底面宽度为 2m，基础底面标高为 -1.4m，基础主要受力层范围内有软土，拟采用水泥土搅拌桩进行地基处理，桩直径为 600mm，桩长为 11m，土层剖面、水泥土搅拌桩的布置等如图 20-19 所示。

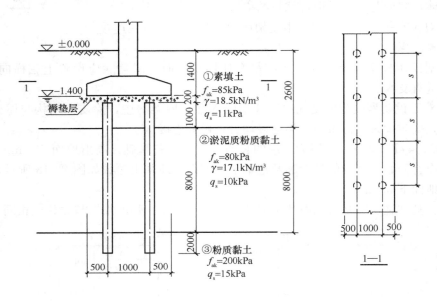

图 20-19

45. 假定，水泥土标准养护条件下 90 天龄期，边长为 70.7mm 的立方体抗压强度平均值 $f_{cu} = 1900$kPa，水泥土搅拌桩采用湿法施工，桩端阻力发挥系数 $\alpha_p = 0.5$。试问，初步设计时，估算的搅拌桩单桩承载力特征值 R_a（kN），与下列何项数值最为接近？

(A) 120 　　　　　(B) 135 　　　　　(C) 180 　　　　　(D) 250

46. 假定，水泥土搅拌桩的单桩承载力特征值 $R_a = 145$kN，单桩承载力发挥系数 $\lambda = 1$，①层土的桩间土承载力发挥系数 $\beta = 0.8$。试问，当本工程要求条形基础底部经过深度修正后的地基承载力不小于 145kPa 时，水泥土搅拌桩的最大纵向桩间距 s（mm），与下列何项数值最为接近？

提示： 处理后桩间土承载力特征值取天然地基承载力特征值。

(A) 1500 　　　　　(B) 1800 　　　　　(C) 2000 　　　　　(D) 2300

【题 47～50】 某多层框架结构办公楼采用筏形基础，$\gamma_0 = 1.0$，基础平面尺寸为 39.2m×17.4m。基础埋深为 1.0m，地下水位标高为 -1.0m，地基土层及有关岩土参数见图 20-20，初步设计时考虑三种地基基础方案：方案一，天然地基方案；方案二，桩基方案；方案三，减沉复合疏桩方案。

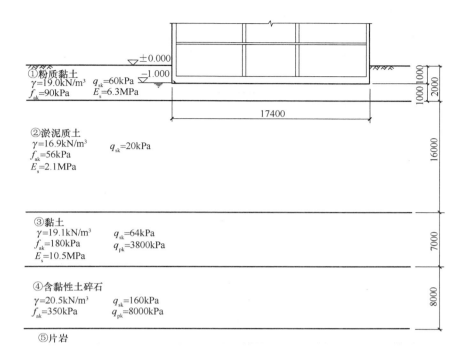

图 20-20

47. 采用方案一时，假定，相应于作用的标准组合时，上部结构与筏板基础总的竖向力为 45200kN；相应于作用的基本组合时，上部结构与筏板基础总的竖向力为 59600kN。试问，进行软弱下卧层地基承载力验算时，②层土顶面处的附加压力值 p_z 与自重应力值 p_{cz} 之和（$p_z + p_{cz}$）(kPa)，与下列何项数值最为接近？

(A) 65 　　　　　　(B) 75 　　　　　　(C) 90 　　　　　　(D) 100

48. 采用方案二时，拟采用预应力高强混凝土管桩（PHC 桩），桩外径 400mm，壁厚 95mm，桩尖采用敞口形式，桩长 26m，桩端进入第④层土 2m，桩端土塞效应系数 λ_p = 0.8。试问，按《建筑桩基技术规范》JGJ 94—2008 的规定，根据土的物理指标与桩承载力参数之间的经验关系，单桩竖向承载力特征值 R_a (kN)，与下列何项数值最为接近？

(A) 1100 　　　　　(B) 1200 　　　　　(C) 1240 　　　　　(D) 2500

49. 采用方案三时，在基础范围内较均匀布置 52 根 250mm×250mm 的预制实心方桩，桩长（不含桩尖）为 18m，桩端进入第③层土 1m，假定，方桩的单桩承载力特征值 R_a 为 340kN，相应于荷载效应准永久组合时，上部结构与筏板基础总的竖向力为 43750kN。试问，按《建筑桩基技术规范》JGJ 94—2008 的规定，计算由筏基底地基土附加压力作用下产生的基础中点的沉降 s_s 时，假想天然地基平均附加压力 p_0 (kPa)，与下列何项数值最为接近？

(A) 15 　　　　　　(B) 25 　　　　　　(C) 40 　　　　　　(D) 50

50. 条件同［题 49］，试问，按《建筑桩基技术规范》JGJ 94—2008 的规定，计算筏基中心点的沉降时，由桩土相互作用产生的沉降 s_{sp} (mm)，与下列何项数值最为接近？

(A) 5 　　　　　　(B) 15 　　　　　　(C) 25 　　　　　　(D) 35

【题 51～54】 某地基基础设计等级为乙级的柱下桩基础，承台下布置有 5 根边长为 400mm 的 C60 钢筋混凝土预制方桩，框架柱截面尺寸为 600mm×800mm，承台及其以上土的加权平均重度 $\gamma_0 = 20kN/m^3$。承台平面尺寸、桩位布置等如图 20-21 所示。

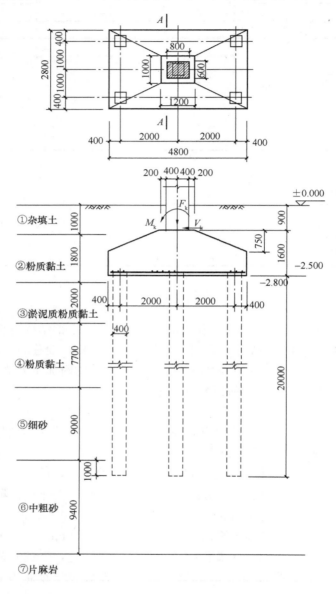

图 20-21

51. 假定，在荷载的标准组合下，由上部结构传至该承台顶面的竖向力 $F_k = 5380kN$，弯矩 $M_k = 2900kN \cdot m$，水平力 $V_k = 200kN$。试问，为满足承载力要求，所需单桩竖向承载力特征值 R_a（kN）的最小值，与下列何项数值最为接近？

(A) 1100　　　　　(B) 1250　　　　　(C) 1350　　　　　(D) 1650

52. 假定，承台混凝土强度等级为 C30（$f_t = 1.43N/mm^2$），承台计算截面的有效高

度 h_0＝1500mm。试问，图中 A-A 截面承台的斜截面承载力设计值（kN），与下列何项数值最为接近？

(A) 3700　　　　(B) 4000　　　　(C) 4600　　　　(D) 5000

53. 假定，桩的混凝土弹性模量 $E_c = 3.6 \times 10^4 N/mm^2$，桩身换算截面惯性矩 $I_0 =$ 213000cm^4，桩的长度（不含桩尖）为 20m，桩的水平变形系数 $\alpha = 0.63 m^{-1}$，桩的水平承载力由水平位移值控制，桩顶的水平位移允许值为 10mm，桩顶按铰接考虑，桩顶水平位移系数 $\upsilon_s = 2.441$。试问，初步设计时，估算的单桩水平承载力特征值 R_{ha}（kN），与下列何项数值最为接近？

(A) 50　　　　(B) 60　　　　(C) 70　　　　(D) 80

54. 假定，相应于荷载的准永久组合时，承台底的平均附加压力值 $p_0 = 400$kPa，桩基等效沉降系数 $\psi_e = 0.17$，第⑥层中粗砂在自重压力至自重压力加附加压力之压力段的压缩模量 $E_s = 17.5$MPa，桩基沉降计算深度算至第⑦层片麻岩层顶面。试问，按照《建筑桩基技术规范》JGJ 94—2008 的规定，当桩基沉降经验系数无当地可靠经验且不考虑邻近桩基影响时，该桩基中心点的最终沉降量计算值 s（mm），与下列何项数值最为接近？

提示： 矩形面积上均布荷载作用下角点平均附加应力系数 $\bar{\alpha}$ 见表 20-3。

(A) 10　　　　(B) 13　　　　(C) 20　　　　(D) 26

表 20-3

z/b ＼ a/b	1.6	1.71	1.8
3	0.1556	0.1576	0.1592
4	0.1294	0.1314	0.1332
5	0.1102	0.1121	0.1139
6	0.0957	0.0977	0.0991

注：a—矩形均布荷载长度（m）；b—矩形均布荷载宽度（m）；z—计算点离桩端平面的垂直距离（m）。

【题 55】 关于基坑支护有下列主张：

Ⅰ. 验算软黏土地基基坑隆起稳定性时，可采用十字板剪切强度或三轴不固结不排水抗剪强度指标；

Ⅱ. 位于复杂地质条件及软土地区的一层地下室基坑工程，可不进行因土方开挖、降水引起的基坑内外土体的变形计算；

Ⅲ. 作用于支护结构的土压力和水压力，对黏性土宜按水土分算计算，也可按地区经验确定；

Ⅳ. 当基坑内外存在水头差，粉土应进行抗渗流稳定验算，渗流的水力梯度不应超过临界水力梯度。

试问，依据《建筑地基基础设计规范》GB 50007—2011 的有关规定，针对上述主张正确性的判断，下列何项正确？

(A) Ⅰ、Ⅱ、Ⅲ、Ⅳ正确　　　　　　(B) Ⅰ、Ⅲ正确；Ⅱ、Ⅳ错误

(C) Ⅰ、Ⅳ正确；Ⅱ、Ⅲ错误　　　　(D) Ⅰ、Ⅱ、Ⅳ正确；Ⅲ错误

【题 56】 关于山区地基设计有下列主张：

Ⅰ. 对山区滑坡，可采取排水、支挡、卸载和反压等治理措施

Ⅱ. 在坡体整体稳定的条件下，某充填物为坚硬黏性土的碎石土，实测经过综合修正的重型圆锥动力触探锤击数平均值为 17，当需要对此土层开挖形成 5～10m 的边坡时，边坡的允许高宽比可为 1∶0.75～1∶1.00；

Ⅲ. 当需要进行地基变形计算的浅基础在地基变形计算深度范围有下卧基岩，且基底下的土层厚度不大于基础底面宽度的 2.5 倍时，应考虑刚性下卧层的影响；

Ⅳ. 某工程砂岩的饱和单轴抗压强度标准值为 8.2MPa，岩体的纵波波速与岩块的纵波波速之比为 0.7，此工程无地方经验可参考，则砂岩的地基承载力特征值初步估计在 1640～4100kPa 之间。

试问，依据《建筑地基基础设计规范》GB 50007—2011 的有关规定，针对上述主张正确性的判断，下列何项正确？

(A) Ⅰ、Ⅱ、Ⅲ、Ⅳ正确　　　　　　　　(B) Ⅰ正确；Ⅱ、Ⅲ、Ⅳ错误

(C) Ⅰ、Ⅱ正确；Ⅲ、Ⅳ错误　　　　　　(D) Ⅰ、Ⅱ、Ⅲ正确；Ⅳ错误

【题 57】　下列关于高层混凝土结构作用效应计算时剪力墙连梁刚度折减的观点，哪一项不符合《高层建筑混凝土结构技术规程》JGJ 3—2010 的要求？

(A) 结构进行风荷载作用下的内力计算时，不宜考虑剪力墙连梁刚度折减

(B) 第 3 性能水准的结构采用等效弹性方法进行罕遇地震作用下竖向构件的内力计算时，剪力墙连梁刚度可折减，折减系数不宜小于 0.3

(C) 结构进行多遇地震作用下的内力计算时，可对剪力墙连梁刚度予以折减，折减系数不宜小于 0.5

(D) 结构进行多遇地震作用下的内力计算时，连梁刚度折减系数与抗震设防烈度无关

【题 58】　下列关于高层混凝土结构地下室及基础的设计观点，哪一项相对准确？

(A) 基础埋置深度，无论采用天然地基还是桩基，都不应小于房屋高度的 1/18

(B) 上部结构的嵌固部位尽量设在地下室顶板以下或基础顶，减小底部加强区高度，提高结构设计的经济性

(C) 建于 8 度、Ⅲ类场地的高层建筑，宜采用刚度好的基础

(D) 高层建筑应调整基础尺寸，基础底面不应出现零应力区

【题 59、60】　某 A 级高度现浇钢筋混凝土框架-剪力墙结构办公楼，各楼层层高 4.0m，质量和刚度分布明显不对称，相邻振型的周期比大于 0.85。

59. 采用振型分解反应谱法进行多遇地震作用下结构弹性位移分析，由计算得知，在水平地震作用下，某楼层竖向构件层间最大水平位移 Δu 如表 20-4 所示。

表 20-4

情　况	Δu (mm)	情　况	Δu (mm)
弹性楼板假定、不考虑偶然偏心	2.2	弹性楼板假定、考虑偶然偏心	2.4
刚性楼板假定、不考虑偶然偏心	2.0	刚性楼板假定、考虑偶然偏心	2.3

试问，该楼层符合《高层建筑混凝土结构技术规程》JGJ 3—2010 要求的扭转位移比最大值为下列何项数值？

(A) 1.2　　　　　　(B) 1.4　　　　　　(C) 1.5　　　　　　(D) 1.6

60. 假定，采用振型分解反应谱法进行多遇地震作用下结构弹性分析，由计算得知，某层框架中柱在单向水平地震作用下的轴力标准值如表 20-5 所示。

表 20-5

情　况	N_{xk}（kN）	N_{yk}（kN）
考虑偶然偏心考虑扭转耦联	8000	12000
不考虑偶然偏心考虑扭转耦联	7500	9000
考虑偶然偏心不考虑扭转耦联	9000	11000

试问，该框架柱进行截面设计时，水平地震作用下的最大轴压力标准值 N（kN），与下列何项数值最为接近？

（A）13000　　　　（B）12000　　　　（C）11000　　　　（D）9000

【题 61】 某拟建 18 层现浇钢筋混凝土框架-剪力墙结构办公楼，房屋高度为 72.3m。抗震设防烈度为 7 度，丙类建筑，Ⅱ类建筑场地。方案设计时，有四种结构方案，多遇地震作用下的主要计算结果见表 20-6。

表 20-6

	T_x （s）	T_y （s）	T_t （s）	M_f/M （%）	$\Delta u/h$ （X 向）	$\Delta u/h$ （Y 向）
方案 A	1.20	1.60	1.30	55	1/950	1/830
方案 B	1.40	1.50	1.20	35	1/870	1/855
方案 C	1.50	1.52	1.40	40	1/860	1/850
方案 D	1.20	1.30	1.10	25	1/970	1/950

M_f/M—在规定水平力作用下，结构底层框架部分承受的地震倾覆力矩与结构总地震倾覆力矩的比值，表中取 X、Y 两方向的较大值。

假定，剪力墙布置的其他要求满足规范规定。试问，如果仅从结构规则性及合理性方面考虑，四种方案中哪种方案最优？

（A）方案 A　　　　（B）方案 B　　　　（C）方案 C　　　　（D）方案 D

【题 62、63】 某高层现浇钢筋混凝土框架结构普通办公楼，结构设计使用年限 50 年，抗震等级一级，安全等级二级。其中五层某框架梁局部平面如图

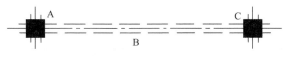

图 20-22

20-22 所示。进行梁截面设计时，需考虑重力荷载、水平地震作用效应组合。

提示：基本组合，按《建筑结构可靠性设计统一标准》GB 50068—2018 作答。

62. 已知，该梁截面 A 处由重力荷载、水平地震作用产生的负弯矩标准值分别为：

恒荷载：$M_{Gk} = -500$kN·m

活荷载：$M_{Qk} = -100$kN·m

水平地震作用：$M_{Ehk} = -260$kN·m

试问，进行截面 A 梁顶配筋设计时，起控制作用的梁端负弯矩设计值（kN·m），与下列何项数值最为接近？

提示： 活荷载按等效均布计算，不考虑梁楼面活荷载标准值折减，重力荷载效应已考虑支座负弯矩调幅，不考虑风荷载组合。

（A）−740 （B）−780 （C）−800 （D）−1000

63. 框架梁截面 350mm×600mm，h_0=540mm，框架柱截面 600mm×600mm，混凝土强度等级 C35（f_c=16.7N/mm²），纵筋采用 HRB400（⊕）（f_y=360N/mm²）。假定，该框架梁配筋设计时，梁端截面 A 处的顶、底部受拉纵筋面积计算值分别为：A_s^t=3900mm²，A_s^b=1100mm²；梁跨中底部受拉纵筋为 6⊕25。梁端截面 A 处顶、底纵筋（锚入柱内）有以下 4 组配置。试问，下列哪组配置满足规范、规程的设计要求且最为合理？

（A）梁顶：8⊕25；梁底：4⊕25

（B）梁顶：8⊕25；梁底：6⊕25

（C）梁顶：7⊕28；梁底：4⊕25

（D）梁顶：5⊕32；梁底：6⊕25

【题 64】 某钢筋混凝土底部加强部位剪力墙，抗震设防烈度 7 度，抗震等级一级，平、立面如图 20-23 所示，混凝土强度等级 C30（f_c = 14.3 N/mm²，E_c = 3.0×10⁴ N/mm²）。

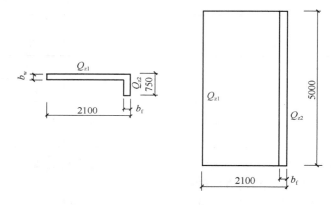

图 20-23

假定，墙肢 Q_{z1} 底部考虑地震作用组合的轴力设计值 N＝4800kN，重力荷载代表值作用下墙肢承受的轴压力设计值 N_{GE} = 3900kN，$b_f = b_w$，试问，满足 Q_{z1} 轴压比要求的最小墙厚 b_w（mm），与下列何项数值最为接近？

（A）300 （B）350 （C）400 （D）450

【题 65】 某高层建筑裙楼商场内人行天桥，采用钢—混凝土组合结构，如图 20-24 所示，天桥跨度 28m。假定，天桥竖向自振频率为 f_n=3.5Hz，结构阻尼比 β=0.02，单位面积有效重量 $\overline{w}$=5kN/m²。试问，满足楼盖舒适度要求的最小天桥宽度 B（m），与下列何项数值最为接近？

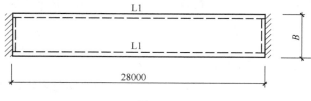

图 20-24

提示： ① 按《高层建筑混凝土结构技术规程》JGJ 3—2010 作答；

② 接近楼盖自振频率时，人行走产生的作用力 $F_p = 0.12$kN。

(A) 1.80   (B) 2.60   (C) 3.30   (D) 5.00

【题 66～70】 某地上 38 层的现浇钢筋混凝土框架—核心筒办公楼，如图 20-25 所示，房屋高度为 155.4m，该建筑地上第 1 层至地上第 4 层的层高均为 5.1m，第 24 层的层高 6m，其余楼层的层高均为 3.9m。抗震设防烈度 7 度，设计基本地震加速度 $0.10g$，设计地震分组第一组。建筑场地类别为Ⅱ类，抗震设防类别为丙类，安全等级二级。

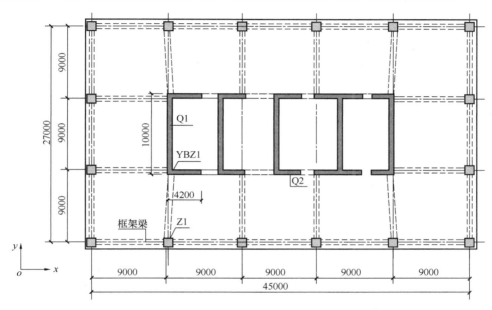

图 20-25

66. 假定，第 3 层核心筒墙肢 Q1 在 Y 向水平地震作用按《高层建筑混凝土结构技术规程》第 9.1.11 条调整后的剪力标准值 $V_{Ehk} = 1900$kN，Y 向风荷载作用下剪力标准值 $V_{wk} = 1400$kN。试问，该片墙肢考虑地震作用组合的剪力设计值 V（kN），与下列何项数值最为接近？

提示： 忽略墙肢在重力荷载代表值及竖向地震作用下的剪力。

(A) 2900   (B) 4000   (C) 4600   (D) 5000

67. 假定，第 30 层框架柱 Z1（900mm × 900mm），混凝土强度等级 C40（$f_c = 19.1$N/mm²；$f_t = 1.71$N/mm²），箍筋采用 HRB400（Φ）（$f_y = 360$N/mm²），考虑地震作用组合经调整后的剪力设计值 $V_y = 1800$kN，轴力设计值 $N = 7700$kN，剪跨比 $\lambda = 1.8$，框架柱 $h_0 = 860$mm。试问，框架柱 Z1 加密区箍筋计算值 A_{sv}/s（mm²/mm），与下列何项数值最为接近？

(A) 1.7   (B) 2.2   (C) 2.7   (D) 3.2

68. 假定，核心筒剪力墙墙肢 Q1 混凝土强度等级 C60（$f_c = 27.5$N/mm²），钢筋均采用 HRB400（Φ）（$f_y = 360$N/mm²），墙肢在重力荷载代表值下的轴压比 μ_N 大于 0.3。试问，关于首层墙肢 Q1 的分布筋、边缘构件尺寸 l_c 及阴影部分竖向配筋设计，下列何项符合规程、规范的最低构造要求？

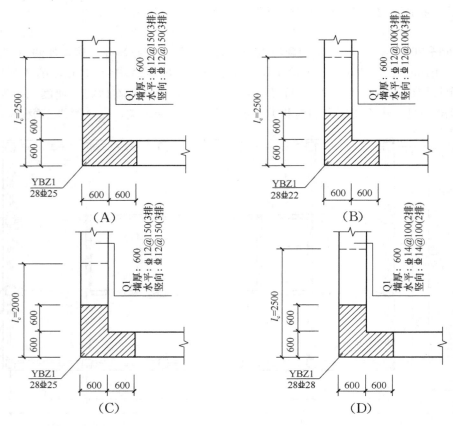

69. 假定，核心筒剪力墙 Q2 第 30 层墙体及两侧边缘构件配筋如图 20-26 所示，剪力墙考虑地震作用组合的轴压力设计值 N 为 3800kN。试问，剪力墙水平施工缝处抗滑移承载力设计值 V（kN），与下列何项数值最为接近？

(A) 3900   (B) 4500   (C) 4900   (D) 5500

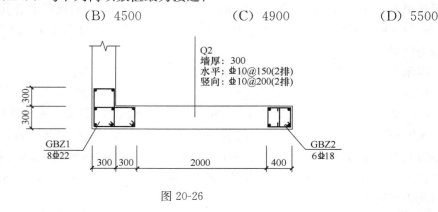

图 20-26

70. 假定，核心筒某耗能连梁 LL 在设防烈度地震作用下，左右两端的弯矩标准值 $M_b^{l*} = M_b^{r*} = 1355$kN·m（顺时针方向），截面为 600mm×1000mm，净跨 $l_n = 3.0$m，混凝土强度等级 C40，纵向钢筋采用 HRB400（Φ），对称配筋，$a_s = a'_s = 40$mm。试问，该连梁进行抗震性能设计时，下列何项纵向钢筋配置符合第 2 性能水准的要求且配筋最小？

提示：忽略重力荷载作用下的弯矩。

(A) 7Φ25　　　　(B) 6Φ28　　　　(C) 7Φ28　　　　(D) 6Φ32

【题71、72】 某环形截面钢筋混凝土烟囱，如图20-27
所示，抗震设防烈度为8度，设计基本地震加速度为$0.2g$，
设计地震分组第一组，场地类别Ⅱ类，基本风压 $w_0 = 0.40\text{kN/m}^2$。烟囱基础顶面以上总重力荷载代表值为
15000kN，烟囱基本自振周期为 $T_1 = 2.5\text{s}$。

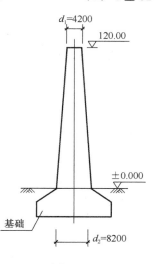

71. 已知，烟囱底部（基础顶面处）由风荷载标准值产
生的弯矩 $M = 11000\text{kN·m}$，由水平地震作用标准值产生的
弯矩 $M = 18000\text{kN·m}$，由地震作用、风荷载、日照和基础
倾斜引起的附加弯矩 $M = 1800\text{kN·m}$。试问，烟囱底部截面
进行抗震极限承载能力设计时，烟囱抗弯承载力设计值最小
值 R_d（kN·m），与下列何项数值最为接近？

(A) 28200　　　　　　(B) 25500

(C) 25000　　　　　　(D) 22500

图 20-27

72. 烟囱底部（基础顶面处）截面筒壁竖向配筋设计时，
需要考虑地震作用并按大、小偏心受压包络设计，已知，小偏心受压时重力荷载代表值的
轴压力对烟囱承载能力不利，大偏心受压时重力荷载代表值的轴压力对烟囱承载能力有
利。假定，小偏心受压时轴压力设计值为 N_1（kN），大偏心受压时轴压力设计值为 N_2
（kN）。试问，N_1、N_2 与下列何项数值最为接近？

(A) 18000、15660　　　　　　　　　　(B) 20340、15660

(C) 18900、12660　　　　　　　　　　(D) 19500、13500

【题73、74】 某二级公路上的一座单跨30m的跨线桥梁，可通过双向两列车，重车
较多，抗震设防烈度为7度，地震动峰值加速度为$0.15g$，设计荷载为公路-Ⅰ级，人群
荷载3.5kPa，桥面宽度与路基宽度都为12m。上部结构：横向五片各30m的预应力混凝
土T形梁，梁高1.8m，混凝土强度等级C40；桥台为等厚度的U形结构，桥台台身计算
高度4.0m，基础为双排1.2m的钻孔灌注桩。整体结构的安全等级为一级。

73. 假定，计算该桥桥台台背土压力时，汽车在台背土体破坏棱体上的作用可近似用
换算等代均布土层厚度计算。试问，其换算土层厚度（m）与下列何项数值最为接近？

提示：台背竖直、路基水平，土壤内摩擦角30°，假定土体破坏棱体的上口长度 l_0 为
2.31m，土的重力密度 γ 为 18kN/m^3。

(A) 0.8　　　　　　(B) 1.1　　　　　　(C) 1.3　　　　　　(D) 1.8

74. 上述桥梁的中间T型梁的抗剪验算截面取距支点 $h/2$（900mm）处，且已知该截
面的最大剪力为 $\gamma_0 V_0 = 940\text{kN}$，腹板宽度540mm，梁的有效高度为1360mm，混凝土强
度等级C40的抗拉强度设计值 f_{td} 为1.65MPa。试问，该截面需要进行下列何项工作？

提示：预应力提高系数设计值为 α_2 取1.25。

(A) 要验算斜截面的抗剪承载力，且应加宽腹板尺寸

(B) 不需要验算斜截面抗剪承载力

(C) 不需要验算斜截面抗剪承载力，但要加宽腹板尺寸

（D）需要验算斜截面抗剪承载力，但不要加宽腹板尺寸

【题 75】 某大城市位于 7 度地震区，室内道路上有一座 5 孔各 16m 的永久性桥梁，全长 80.6m，全宽 19m。上部结构为简支预应力混凝土空心板结构，计算跨径 15.5m；中墩为两跨双悬臂钢筋混凝土矩形盖梁，三根 1.1m 的圆柱；伸缩缝宽度均为 80mm；每片板梁两端各置两块氯丁橡胶板式支座，支座平面尺寸为 200mm（顺桥向）×250mm（横桥向），支点中心距墩中心的距离为 250mm（含伸缩缝宽度）。试问，根据现行桥规的构造要求，该桥中墩盖梁的最小设计宽度（mm），与下列何项数值最为接近？

（A）1640 （B）1390 （C）1200 （D）1000

【题 76、77】 某二级公路立交桥上的一座直线匝道桥，为钢筋混凝土连续箱梁结构（单箱单室）净宽 6.0m，全宽 7.0m。其中一联为三孔，每孔跨径各 25m，梁高 1.3m，中墩处为单支点，边墩为双支点抗扭支座。中墩支点采用 550mm×1200mm 的氯丁橡胶支座。设计荷载为公路-Ⅰ级，结构安全等级一级。

76. 假定，该桥中墩支点处的理论负弯矩为 15000kN·m。中墩支点总反力为 6600kN。试问，考虑折减因素后的中墩支点的有效负弯矩（kN·m），取下列何项数值较为合理？

提示： 梁支座反力在支座两侧向上按 45°扩散交于梁重心轴的长度 a 为 1.85m。

（A）13474 （B）13500 （C）14595 （D）15000

77. 假定，上述匝道桥的边支点采用双支座（抗扭支座），梁的重力密度为 158kN/m，汽车居中行驶，其冲击系数按 0.15 计。若双支座平均承担反力，试问，在重力和车道荷载作用时，每个支座的组合力值 R_A（kN）与下列何项数值最为接近？

提示： 反力影响线的面积：第一孔 $\omega_1 = +0.433L$；第二孔 $\omega_2 = -0.05L$；第三孔 $\omega_3 = +0.017L$。

（A）1147 （B）1334 （C）1378 （D）1422

【题 78】 某城市主干路的一座单跨 30m 的梁桥，可通行双向两列车，其抗震基本烈度为 7 度，地震动峰值加速度为 0.15g。试问，该桥的抗震措施等级应采用下列何项数值？

（A）6 度 （B）7 度 （C）8 度 （D）9 度

【题 79】 某一级公路上一座预应力混凝土桥梁中的一片预制空心板梁，预制板长 15.94m，宽 1.06m，厚 0.70m，其中两个通长的空心孔的直径各为 0.36m，设置 4 个吊环，每端各 2 个，吊环各距板端 0.37m。试问，该板梁吊环的设计吊力（kN）与下列何项数值最为接近？

提示： 板梁动力系数采用 1.2，自重为 13.5kN/m。

（A）65 （B）72 （C）86 （D）103

【题 80】 某城市一座主干路上的跨河桥，为五孔单跨各为 25m 的预应力混凝土小箱梁（先简支后连续）结构，全长 125.8m，横向由 24m 宽的行车道和两侧各为 3.0m 的人行道组成，全宽 30.5m。桥面单向纵坡 1%；横坡：行车道 1.5%，人行道 1.0%。试问，该桥每孔桥面要设置泄水管时，下列泄水管截面积 F（mm²）和个数（n），下列何项数值较为合理？

提示： 每个泄水管的内径采用 150mm。

（A）$F = 75000$，$n = 4.0$ （B）$F = 45000$，$n = 2.0$
（C）$F = 18750$，$n = 1.0$ （D）$F = 0$，$n = 0$

实战训练试题（二十一）

（上午卷）

【题1～3】 某办公楼为现浇混凝土框架结构，设计使用年限50年，安全等级为二级。其二层局部平面图、主次梁节点示意图和次梁L-1的计算简图如图21-1所示，混凝土强度等级C35，钢筋均采用HRB400。

提示： 按《建筑结构可靠性设计统一标准》GB 50068—2018作答。

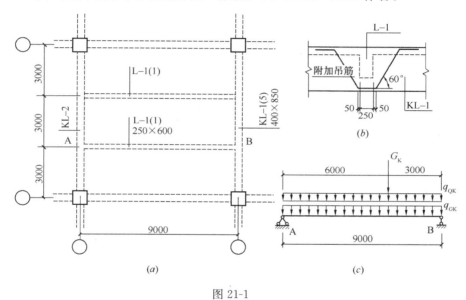

图 21-1

（*a*）局部平面图；（*b*）主次梁节点示意图；（*c*）L-1计算简图

1. 假定，次梁上的永久均布荷载标准值 $q_{Gk}=18kN/m$（包括自重），可变均布荷载标准值 $q_{Qk}=6kN/m$，永久集中荷载标准值 $G_k=30kN$，可变荷载组合值系数0.7。试问，当不考虑楼面活载折减系数时，次梁L-1传给主梁KL-1的集中荷载设计值 F（kN），与下列何项数值最为接近？

(A) 140 　　　　 (B) 155 　　　　 (C) 165 　　　　 (D) 172

2. 假定，次梁L-1传给主梁KL-1的集中荷载设计值 $F=220kN$，且该集中荷载全部由附加吊筋承担。试问，附加吊筋的配置选用下列何项最为合适？

(A) 2Φ16 　　　 (B) 2Φ18 　　　 (C) 2Φ20 　　　 (D) 2Φ22

3. 假定，次梁L-1跨中下部纵向受力钢筋按计算所需的截面面积为 $2480mm^2$，实配6Φ25。试问，L-1支座上部的纵向钢筋，至少应采用下列何项配置？

提示： 梁顶钢筋在主梁内满足锚固要求。

(A) 2Φ14 　　　 (B) 2Φ16 　　　 (C) 2Φ20 　　　 (D) 2Φ22

【题 4】 某预制钢筋混凝土实心板，长×宽×厚＝6000mm×500mm×300mm，四角各设有 1 个吊环，吊环均采用 HPB300 钢筋，可靠锚入混凝土中并绑扎在钢筋骨架上。试问，吊环钢筋的直径（mm），至少应采用下列何项数值？

提示：① 钢筋混凝土的自重按 25kN/m³ 计算；

② 吊环和吊绳均与预制板面垂直。

(A) 8 　　　　　　(B) 10 　　　　　　(C) 12 　　　　　　(D) 14

【题 5】 某工地有一批直径 6mm 的盘卷钢筋，钢筋牌号 HRB400。钢筋调直后应进行重量偏差检验，每批抽取 3 个试件。假定，3 个试件的长度之和为 2m。试问，这 3 个试件的实际重量之和的最小容许值（g）与下列何项数值最为接近？

提示：本题按《混凝土结构工程施工质量验收规范》GB 50204—2015 作答。

(A) 409 　　　　　　(B) 422 　　　　　　(C) 444 　　　　　　(D) 468

【题 6】 某刚架计算简图如图 21-2 所示，安全等级为二级。其中竖杆 CD 为钢筋混凝土构件，截面尺寸 40mm×400mm，混凝土强度等级为 C40，纵向钢筋采用 HRB400，对称配筋（$A_s=A_s'$），$a_s=a_s'=40mm$。假定，集中荷载设计值 $P=160kN$，构件自重可忽略不计。试问，按承载能力极限状态计算时（不考虑抗震），在刚架平面内竖杆 CD 最不利截面的单侧纵筋截面面积 A_s（mm²），与下列何项数值最为接近？

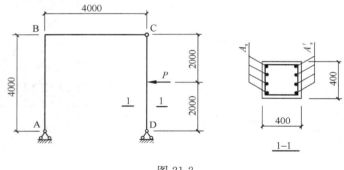

图 21-2

(A) 1250 　　　　　　(B) 1350 　　　　　　(C) 1500 　　　　　　(D) 1600

【题 7】 某民用建筑的楼层钢筋混凝土吊柱，其设计使用年限为 50 年，环境类别为二 a 类，安全等级为二级。吊柱截面 $b×h＝400mm×400mm$，按轴心受拉构件设计。混凝土强度等级 C40，柱内仅配置纵向钢筋和外围箍筋。永久荷载作用下的轴向拉力标准值 $N_{Gk}＝400kN$（已计入自重），可变荷载作用下的轴向拉力标准值 $N_{Qk}＝200kN$，准永久值系数 $\psi_q＝0.5$。假定，纵向钢筋采用 HRB400，钢筋等效直径 $d_{eq}＝25mm$，最外层纵向钢筋的保护层厚度 $c_s＝40mm$。试问，按《混凝土结构设计规范》GB 50010—2010（2015 年版）计算的吊柱全部纵向钢筋截面面积 A_s（mm²），至少应选用下列何项数值？

提示：需满足最大裂缝宽度的限值，裂缝间纵向受拉钢筋应变不均匀系数 $\psi=0.6029$。

(A) 2200 　　　　　　(B) 2600 　　　　　　(C) 3500 　　　　　　(D) 4200

【题 8~11】 某民用房屋，结构设计使用年限为 50 年，安全等级为二级。二层楼面上有一带悬臂段的预制钢筋混凝土等截面梁，其计算简图和梁截面如图 21-3 所示，不考虑抗震设计。梁的混凝土强度等级为 C40，纵筋和箍筋均采用 HRB400，$a_s＝60mm$。未

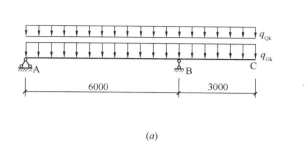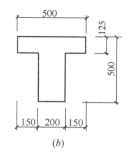

图 21-3

（a）计算简图；（b）截面示意

配置弯起钢筋，不考虑纵向受压钢筋作用。

提示：按《建筑结构可靠性设计统一标准》GB 50068—2018 作答。

8. 假定，作用在梁上的永久荷载标准值 $q_{Gk}=25kN/m$（包括自重），可变荷载标准值 $q_{Qk}=10kN/m$，组合值系数 0.7。试问，AB 跨的跨中最大正弯矩设计值 M_{max}（kN·m），与下列何项数值最为接近？

提示：假定，梁上永久荷载的分项系数均取 1.3。

（A）110　　　　（B）145　　　　（C）160　　　　（D）170

9. 假定，支座 B 处的最大弯矩设计值 $M=200kN·m$。试问，按承载能力极限状态计算，支座 B 处的梁纵向受拉钢筋截面面积 A_s（mm^2），与下列何项数值最为接近？

提示：$\xi_b=0.518$。

（A）1550　　　　（B）1750　　　　（C）1850　　　　（D）2050

10. 假定，支座 A 的最大反力设计值 $R_A=180kN$。试问，按斜截面承载力计算，支座 A 边缘处梁截面的箍筋配置，至少应选用下列何项？

提示：不考虑支座宽度的影响。

（A）Φ6@200（2）（B）Φ8@200（2）（C）Φ10@200（2）（D）Φ12@200（2）

11. 假定，不考虑支座宽度等因素的影响，实际悬臂长度可按计算简图取用。试问，当使用上对挠度有较高要求时，C 点向下的挠度限值（mm），与下列何项数值最为接近？

提示：未采取预先起拱措施。

（A）12　　　　（B）15　　　　（C）24　　　　（D）30

【题 12～14】　某 7 度（0.1g）地区多层重点设防类民用建筑，采用现浇钢筋混凝土框架结构，建筑平、立面均规则，框架的抗震等级为二级。框架柱的混凝土强度等级均为 C40，钢筋采用 HRB400，$a_s=a'_s=50mm$。

12. 假定，底层某角柱截面为 $700mm×700mm$，柱底截面考虑水平地震作用组合未经调整的弯矩设计值为 $900kN·m$，相应的轴压力设计值为 $3000kN$。柱纵筋采用对称配筋，相对界限受压区高度 $\xi_b=0.518$，不需要考虑二阶效应。试问，按单偏压构件计算，该角柱满足柱底正截面承载能力要求的单侧纵筋截面面积 A_s（mm^2），与下列何项数值最为接近？

提示：不需要验算最小配筋率。

（A）1300　　　　（B）1800　　　　（C）2200　　　　（D）2800

13. 假定，底层某边柱为大偏心受压构件，截面 900mm×900mm。试问，该柱满足构造要求的纵向钢筋最小总面积（mm²），与下列何项数值最为接近？

(A) 6500　　　　　(B) 6900　　　　　(C) 7300　　　　　(D) 7700

14. 假定，某中间层的中柱 KZ-6 的净高为 3.5m，截面和配筋如图 21-4 所示，其柱底考虑地震作用组合的轴向压力设计值为 4840kN，柱的反弯点位于柱净高中点处。试问，该柱箍筋加密区的体积配箍率 ρ_v 与规范规定的最小体积配箍率 ρ_{vmin} 的比值 ρ_v/ρ_{vmin}，与下列何项数值最为接近？

提示：箍筋的保护层厚度取 27mm，不考虑重叠部分的箍筋面积。

(A) 1.2　　　　　(B) 1.4
(C) 1.6　　　　　(D) 1.8

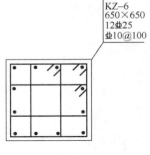

图 21-4

【题 15、16】 某三跨混凝土叠合板，其施工流程如下：（1）铺设预制板（预制板下不设支撑）；（2）以预制板作为模板铺设钢筋、灌缝并在预制板面现浇混凝土叠合层；（3）待叠合层混凝土完全达到设计强度形成单向连续板后，进行建筑面层等装饰施工。最终形成的叠合板如图 21-5 所示，其结构构造满足叠合板和装配整体式楼盖的各项规定。假定，永久荷载标准值为：（1）预制板自重 $g_{k1}=3kN/m^2$；（2）叠合层总荷载 $g_{k2}=1.25kN/m^2$；（3）建筑装饰总荷载 $g_{k3}=1.6kN/m^2$。可变荷载标准值为：（1）施工荷载 $q_{k1}=2kN/m^2$；（2）使用阶段活载 $q_{k2}=4kN/m^2$。沿预制板长度方向计算跨度 l_0 取图示支座中到中的距离。

提示：按《建筑结构可靠性设计统一标准》GB 50068—2018 作答。

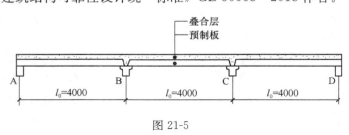

图 21-5

15. 试问，验算第一阶段（后浇的叠合层混凝土达到强度设计值之前的阶段）预制板的正截面受弯承载力时，其每米板宽的弯矩设计值 M（kN·m），与下列何项数值最为接近？

(A) 10　　　　　(B) 13　　　　　(C) 17　　　　　(D) 20

16. 试问，当不考虑支座宽度的影响，验算第二阶段（叠合层混凝土完全达到强度设计值形成连续板之后的阶段）叠合板的正截面受弯承载力时，支座 B 处的每米板宽负弯矩设计值 M（kN·m），与下列何项数值最为接近？

提示：本题仅考虑荷载满布的情况，不必考虑荷载的不利分布。等跨梁在满布荷载作用下，支座 B 的负弯矩计算公式如图 21-6 所示。

(A) 9　　　　　(B) 13
(C) 16　　　　　(D) 20

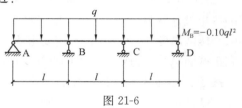

图 21-6

【题 17~23】 某冷轧车间单层钢结构主厂房，设有两台起重量为 25t 的重级工作制（A6）软钩吊车。吊车梁系统布置见图 21-7，吊车梁钢材为 Q345。

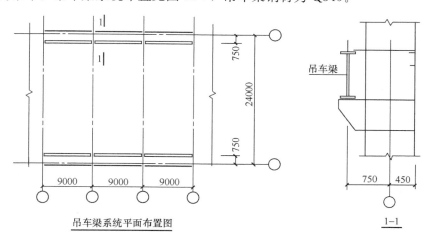

吊车梁系统平面布置图

图 21-7

17. 假定，非采暖车间，最低日平均室外计算温度为 −7.2℃。试问，焊接吊车梁钢材选用下列何种质量等级最为经济？

提示： 最低日平均室外计算温度为吊车梁工作温度。

(A) Q345A   (B) Q345B   (C) Q345C   (D) Q345D

18. 吊车资料见表 21-1。试问，仅考虑最大轮压作用时，如图 21-8 所示，吊车梁 C 点处竖向弯矩标准值（kN·m）及相应较大剪力标准值（kN，剪力绝对值较大值），与下列何项数值最为接近？

表 21-1

吊车起重量 Q (t)	吊车跨度 L_k (m)	台数	工作制	吊钩类别	吊车简图	最大轮压 $P_{k.max}$ (kN)	小车重 g (t)	吊车总重 G (t)	轨道型号
25	22.5	2	重级	软钩	参见图 18-8	178	9.7	21.49	38kg/m

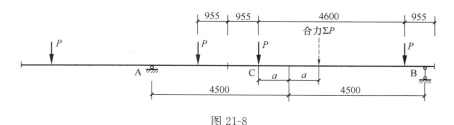

图 21-8

(A) 430，35   (B) 430，140   (C) 635，60   (D) 635，120

19. 吊车梁截面如图 21-9 所示，截面几何特性见表 21-2。假定，吊车梁最大竖向弯矩设计值为 1200kN·m，相应水平向弯矩设计值为 100kN·m。试问，在计算吊车梁抗弯强度时，其计算值（N/mm²）与下列何项数值最为接近？

提示： 取全截面计算。

表 21-2

吊车梁对 x 轴毛截面模量（mm³）		吊车梁对 x 轴净截面模量（mm³）		吊车梁制动结构对 y_1 轴净截面模量（mm³）
$W_x^{上}$	$W_x^{下}$	$W_{nx}^{上}$	$W_{nx}^{下}$	$W_{ny1}^{左}$
8202×10^3	5362×10^3	8085×10^3	5266×10^3	6866×10^3

(A) 150   (B) 165

(C) 230   (D) 240

20. 假定，吊车梁腹板采用－900×10 截面。试问，采用下列何种措施最为合理？

(A) 设置横向加劲肋，并计算腹板的稳定性

(B) 设置纵向加劲肋

(C) 加大腹板厚度

(D) 可考虑腹板屈曲后强度，按《钢结构设计标准》GB 50017—2017 第 6.4 节的规定计算抗弯和抗剪承载力

21. 假定，厂房位于 8 度区，采用轻屋面，屋面支撑布置见图 21-10，支撑采用 Q235。试问，屋面支撑采用下列何种截面最为合理（满足规范要求且用钢量最低）？

各支撑截面特性见表 21-3。

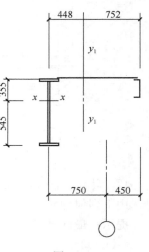

图 21-9

表 21-3

截面	回转半径 i_x (mm)	回转半径 i_y (mm)	回转半径 i_v (mm)
L70×5	21.6	21.6	13.9
L110×7	34.1	34.1	22.0
2L63×5	19.4	28.2	—
2L90×6	27.9	39.1	—

(A) L70×5   (B) L110×7   (C) 2L63×5   (D) 2L90×6

22. 假定，厂房位于 8 度区，支撑采用 Q235，吊车肢下柱柱间支撑采用 2L90×6，截面面积 $A=2128\text{mm}^2$。试问，根据《建筑抗震设计规范》GB 50011—2010 的规定，图 21-11 柱间支撑与节点板最小连接焊缝长度 l（mm），与下列何项数值最为接近？

提示： ① 焊条采用 E43 型，焊接时采用绕焊，即焊缝计算长度可取标示尺寸；

② 不考虑焊缝强度折减；角焊缝极限强度 $f_u^f = 240\text{N/mm}^2$；

③ 肢背处内力按总内力的 70% 计算。

(A) 90   (B) 135   (C) 160   (D) 235

23. 假定，厂房位于 8 度区，采用轻屋面，梁、柱的板件宽厚比均符合《钢结构设计标准》GB 50017—2017 弹性设计阶段的板件宽厚比限值要求，但不符合《建筑抗震设计规范》GB 50011—2010 表 8.3.2 的要求，其中，梁翼缘板件宽厚比为 13。试问，在进行

构件强度和稳定的抗震承载力计算时，应满足以下何项地震作用要求？

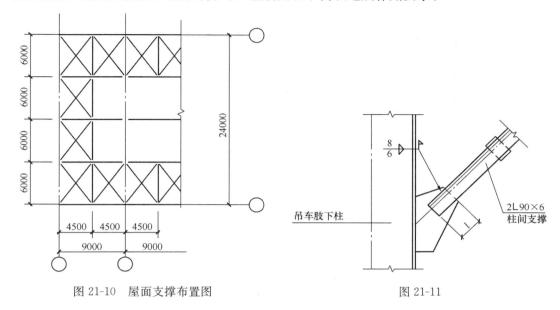

图 21-10　屋面支撑布置图

图 21-11

（A）满足多遇地震的要求，但应采用有效截面
（B）满足多遇地震下的要求
（C）满足 1.5 倍多遇地震下的要求
（D）满足 2 倍多遇地震下的要求

【题 24～30】 某 9 层钢结构办公建筑，房屋高度 $H=34.9\text{m}$，抗震设防烈度为 8 度，布置如图 21-12 所示，所有连接均采用刚接。支撑框架为强支撑框架，各层均满足刚性平面假定。框架梁柱采用 Q345。框架梁采用焊接截面，除跨度为 10m 的框架梁截面采用 H700×200×12×22 外，其他框架梁截面均采用 H500×200×12×16，柱采用焊接箱形截面 B500×22。梁柱截面特性见表 21-4。

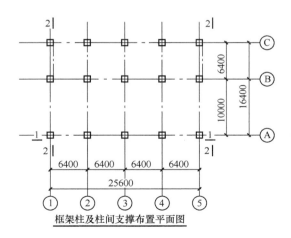

框架柱及柱间支撑布置平面图

图 21-12

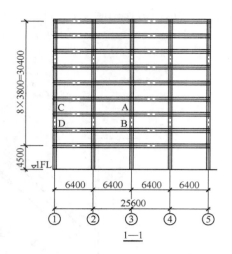
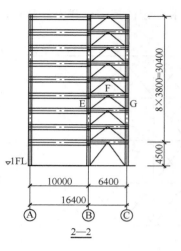

图 21-12（续）

表 21-4

截 面	面积 A (mm²)	惯性矩 I_x (mm¹)	回转半径 i_x (mm)	弹性截面模量 W_x (mm³)	塑性截面模量 W_{px} (mm³)
H500×200×12×16	12016	4.77×10⁸	199	1.91×10⁶	2.21×10⁶
H700×200×12×22	16672	1.29×10⁹	279	3.70×10⁶	4.27×10⁶
B500×22	42064	1.61×10⁹	195	6.42×10⁶	

提示： 按《建筑抗震设计规范》GB 50011—2010 和《钢结构设计标准》GB 50017—2017 作答。

24. 试问，当按剖面 1-1 （Ⓐ轴框架）计算稳定性时，框架柱 AB 平面外的计算长度系数，与下列何项数值最为接近？

(A) 0.89　　　　(B) 0.95　　　　(C) 1.80　　　　(D) 2.59

25. 假定，剖面 1-1 中的框架柱 CD 在Ⓐ轴框架平面内计算长度系数取为 2.4，平面外计算长度系数取为 1.0，试问，当按公式 $\dfrac{N}{\varphi_x A}+\dfrac{\beta_{mix}M_x}{\gamma_x W_x\left(1-0.8\dfrac{N}{N'_{Ex}}\right)}+\eta\dfrac{\beta_{ty}}{\varphi_{xy}}\dfrac{M_y}{W_y}$ 进行平面内（M_x 方向）稳定性计算时，N'_{Ex} 的计算值（N）与下列何项数值最为接近？

(A) 2.40×10⁷　　(B) 3.50×10⁷　　(C) 1.40×10⁸　　(D) 2.20×10³

26. 假定，地震作用下图 21-12 中 1-1 中 B 处框架梁 H500×200×12×16 弯矩设计值最大值为 $M_{x,左}=M_{x,右}=163.9$ kN·m，试问，当按公式 $\psi(M_{pb1}+M_{pb2})/V_p \leqslant \dfrac{4}{3}f_{yv}$ 验算梁柱节点域屈服承载力时，剪应力 $\psi(M_{pb1}+M_{pb2})/V_b$ 计算值（N/mm²），与下列何项数值最为接近？

(A) 36　　　　　(B) 80　　　　　(C) 100　　　　(D) 165

27. 假定，次梁采用 H350×175×7×11，底模采用压型钢板，$h_e=76$ mm，混凝土楼板总厚为 130mm，采用钢与混凝土组合梁设计，沿梁跨度方向栓钉间距约为 350mm。试问，栓钉应选用下列何项？

（A）采用 $d=13mm$ 栓钉，栓钉总高度 100mm，垂直于梁轴线方向间距 $a=90mm$

（B）采用 $d=16mm$ 栓钉，栓钉总高度 110mm，垂直于梁轴线方向间距 $a=90mm$

（C）采用 $d=16mm$ 栓钉，栓钉总高度 115mm，垂直于梁轴线方向间距 $a=125mm$

（D）采用 $d=19mm$ 栓钉，栓钉总高度 120mm，垂直于梁轴线方向间距 $a=125mm$

28. 假定，结构满足强柱弱梁要求，比较如图 21-13 所示的栓焊连接，试问，下列说法何项正确？

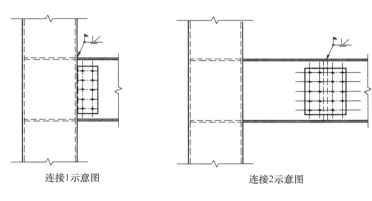

连接1示意图　　　　　　　连接2示意图

图 21-13

（A）满足规范最低设计要求时，连接 1 比连接 2 极限承载力要求高

（B）满足规范最低设计要求时，连接 1 比连接 2 极限承载力要求低

（C）满足规范最低设计要求时，连接 1 与连接 2 极限承载力要求相同

（D）梁柱连接按内力计算，与承载力无关

29. 假定，支撑均采用 Q235，截面采用 P299×10 焊接钢管，截面面积为 9079mm²，回转半径为 102mm。当框架梁 EG 按不计入支撑支点作用的梁，验算重力荷载和支撑屈曲时不平衡力作用下的承载力，试问，计算此不平衡力时，受压支撑提供的竖向力计算值（kN），与下列何项最为接近？

（A）430　　　　　（B）550　　　　　（C）1400　　　　　（D）1650

30. 以下为关于钢梁开孔的描述：

提示： 按《高层民用建筑钢结构技术规程》JGJ 99—2015 作答。

Ⅰ. 框架梁腹板不允许开孔；

Ⅱ. 距梁端相当于梁高范围的框架梁腹板不允许开孔；

Ⅲ. 次梁腹板不允许开孔；

Ⅳ. 所有腹板开孔的孔洞均应补强。

试问，上述说法有几项正确？

（A）1　　　　　（B）2　　　　　（C）3　　　　　（D）4

【题 31～33】 某砖混结构多功能餐厅，上下层墙体厚度相同，层高相同，采用 MU20 混凝土普通砖和 Mb10 专用砌筑砂浆砌筑，施工质量为 B 级，结构安全等级二级，现有一截面尺寸为 300mm×800mm 钢筋混凝土梁，支承于尺寸为 370mm×1350mm 的一字形截面墙垛上，梁下拟设置预制钢筋混凝土垫块，垫块尺寸为 $a_b=370mm$，$b_b=740mm$，$t_b=240mm$，如图 21-14 所示。

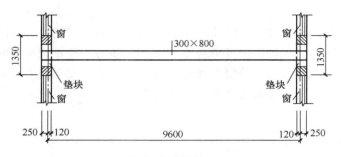

梁平面布置简图

梁侧立面简图

图 21-14

提示：计算跨度按 $l=9.6\text{m}$ 考虑。

31. 试问，垫块外砌体面积的有利影响系数 γ_1，与下列何项数值最为接近？

(A) 1.00　　　　(B) 1.05　　　　(C) 1.30　　　　(D) 1.35

32. 进行刚性方案房屋的静力计算时，假定，梁的荷载设计值（含自重）为48.9kN/m，梁上下层墙体的线性刚度相同。试问，由梁端约束引起的下层墙体顶部弯矩设计值（kN·m），与下列何项数值最为接近？

(A) 25　　　　(B) 40　　　　(C) 75　　　　(D) 375

33. 假定，梁的荷载设计值（含自重）为 38.6kN/m，上层墙体传来的轴向荷载设计值为 320kN。试问，垫块上梁端有效支承长度 a_0（mm），与下列何项数值最为接近？

(A) 60　　　　(B) 90　　　　(C) 100　　　　(D) 110

【题 34】 无筋砌体结构房屋的静力计算，下列关于房屋空间工作性能的表述何项不妥？

(A) 房屋的空间工作性能与楼（屋）盖的刚度有关

(B) 房屋的空间工作性能与刚性横墙的间距有关

(C) 房屋的空间工作性能与伸缩缝处是否设置刚性双墙无关

(D) 房屋的空间工作性能与建筑物的层数关系不大

【题 35】 某抗震设防烈度 7 度（0.1g）总层数为 6 层的房屋，采用底层框架-抗震墙砌体结构，某一榀框支墙梁剖面简图如图 21-15 所示，墙体采用 240mm 厚烧结普通砖、混合砂浆砌筑，托梁截面尺寸为 300mm×700mm。试问，按《建筑抗震设计规范》GB 50011—2010 要求，该榀框支墙梁二层过渡层墙体内，设置的构造柱最少数量（个），与下列何项数值最为接近？

(A) 9　　　　　　(B) 7　　　　　　(C) 5　　　　　　(D) 3

【题 36～38】　某建筑局部结构布置如图 21-16 所示，按刚性方案计算，二层层高 3.6m，墙体厚度均为 240mm，采用 MU10 烧结普通砖，M10 混合砂浆砌筑，已知墙 A 承受重力荷载代表值 518kN，由梁端偏心荷载引起的偏心距 e 为 35mm，施工质量控制等级为 B 级。

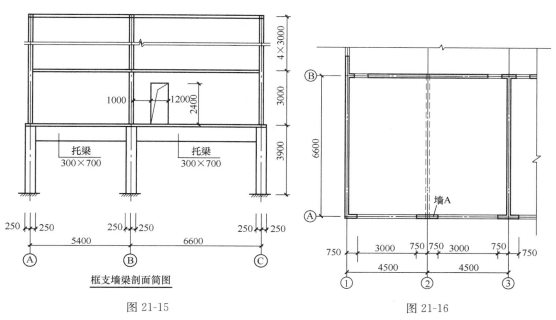

框支墙梁剖面简图

图 21-15

图 21-16

36. 试问，墙 A 沿阶梯形截面破坏的抗震抗剪强度设计值 f_{vE}（N/mm²），与下列何项数值最为接近？

(A) 0.26　　　　(B) 0.27　　　　(C) 0.28　　　　(D) 0.30

37. 假定，外墙窗洞 3000mm×2100mm，窗洞底距楼面 900mm，试问，二层Ⓐ轴墙体的高厚比验算与下列何项最为接近？

(A) 15.0<22.1　　(B) 15.0<19.1

(C) 18.0<19.1　　(D) 18.0<22.1

38. 假定，二层墙 A 配置有直径 4mm 冷拔低碳钢丝网片，方格网孔尺寸为 80mm，其抗拉强度设计值为 550MPa，竖向间距为 180mm，试问，该网状配筋砌体的抗压强度设计值 f_n（MPa），与下列何项数值最为接近？

(A) 1.89　　　　(B) 2.35

(C) 2.50　　　　(D) 2.70

【题 39、40】　某配筋砌块砌体剪力墙结构房屋，标准层有一配置足够水平钢筋、100% 全灌芯的配筋砌块砌体受压构件，采用 MU15 级混凝土小型空心砌块，Mb10 级专用砌筑砂浆砌筑，灌孔混凝土强度等级为 Cb30，采用

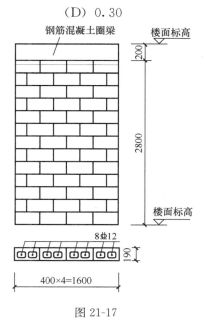

图 21-17

391

HRB400 钢筋。截面尺寸、竖向配筋如图 21-17 所示。

39. 假定，该剪力墙为轴心受压构件。试问，该构件的稳定系数 φ_{0g}，与下列何项数值最为接近？

(A) 1.00 　　　　(B) 0.80 　　　　(C) 0.75 　　　　(D) 0.65

40. 假定，该构件处于大偏心界限受压状态，且取 $a_s=100mm$，试问，该配筋砌块砌体剪力墙受拉钢筋屈服的数量（根），与下列何项数值最为接近？

(A) 1 　　　　(B) 2 　　　　(C) 3 　　　　(D) 4

（下午卷）

【题 41】 某设计使用年限为 50 年的木结构办公建筑中，有一轴心受压柱，两端铰接，使用未经切削的东北落叶松原木，计算高度为 3.9m，中央截面直径 180mm，回转半径为 45mm，中部有一通过圆心贯穿整个截面的缺口。试问，该杆件的稳定承载力（kN），与下列何项数值最为接近？

(A) 100 　　　　(B) 120 　　　　(C) 140 　　　　(D) 160

【题 42】 关于木结构设计的下列说法，其中何项正确？

(A) 设胶合木层板宜采用硬质阔叶林树种制作

(B) 制作木构件时，受拉构件的连接板木材含水率不应大于 25%

(C) 承重结构现场目测分级方木材质标准对各材质等级中的髓心均不做限制规定

(D) "破心下料" 的制作方法可以有效减小木材因干缩引起的开裂，但标准不建议大量使用

【题 43～45】 截面尺寸为 500mm×500mm 的框架柱，采用钢筋混凝土扩展基础，基础底面形状为矩形，平面尺寸 4m×2.5m，混凝土强度等级 C30，$\gamma_0=1.0$。荷载的基本组合时，上部结构传来的竖向压力 $F=2363kN$，弯矩及剪力忽略不计，基础平面及地勘剖面如图 21-18 所示。

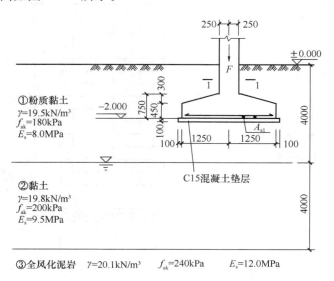

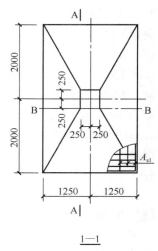

图 21-18

43. 试问，B-B剖面处基础的弯矩设计值（kN·m），与下列何项数值最为接近？

提示：基础自重和其上土重的加权平均重度按 20kN/m³ 取用。

(A) 770   (B) 660   (C) 550   (D) 500

44. 试问，在柱与基础的交接处，冲切破坏锥体最不利一侧斜截面的受冲切承载力（kN），与下列何项数值最为接近？

提示：基础有效高度 $h_0 = 700\text{mm}$。

(A) 850   (B) 750   (C) 650   (D) 550

45. 假定，相应于荷载准永久组合时，基底的平均附加压力值 $p_0 = 160\text{kPa}$，地区沉降经验系数 $\psi_s = 0.58$，基础沉降计算深度算至第③层顶面。试问，按照《建筑地基基础设计规范》GB 50007—2011 的规定，当不考虑邻近基础的影响时，该基础中心点的最终沉降量计算值 s（mm），与下列何项数值最为接近？

矩形面积上均布荷载作用下角点平均附加应力系数 $\bar{\alpha}$ 表 21-5

z/b	l/b 1.2	1.6	2.0
0	0.2500	0.2500	0.2500
1.6	0.2006	0.2079	0.2113
4.8	0.1036	0.1136	0.1204

(A) 20   (B) 25
(C) 30   (D) 35

【题 46～48】 某多层框架结构，拟采用一柱一桩人工挖孔桩基础 ZJ-1，桩身内径 $d = 1.0\text{m}$，护壁采用振捣密实的混凝土，厚度为 150mm，以⑤层硬塑状黏土为桩端持力层，基础剖面及地基土层相关参数见图 21-19（图中 E_s 为土的自重压力至土的自重压力及附加压力之和的压力段的压缩模量）。

提示：根据《建筑桩基技术规范》JGJ 94—2008 作答；粉质黏土可按黏土考虑。

46. 试问，根据土的物理指标与承载力参数之间的经验关系，确定单桩极限承载力标准值时，该人工挖孔桩能提供的极限桩侧阻力标准值（kN），与下述何项数值最为接近？

提示：桩周周长按护壁外直径

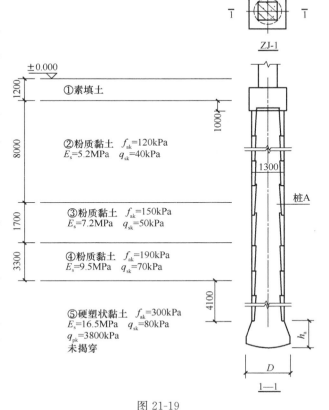

图 21-19

393

计算。

（A）2050　　　　（B）2300　　　　（C）2650　　　　（D）3000

47. 假定，桩 A 的桩端扩大头直径 $D=1.6m$，试问，当根据土的物理指标与承载力参数之间的经验关系，确定单桩极限承载力标准值时，该桩提供的桩端承载力特征值（kN），与下列何项数值最为接近？

（A）3000　　　　（B）3200　　　　（C）3500　　　　（D）3750

48. 假定，桩 A 采用直径为 1.5m、有效桩长为 15m 的等截面旋挖桩。在荷载效应准永久组合作用下，桩顶附加荷载为 4000kN。不计桩身压缩变形，不考虑相邻桩的影响，承台底地基土不分担荷载。试问，当基桩的总桩端阻力与桩顶荷载之比 $\alpha_j=0.6$ 时，基桩的桩身中心轴线上、桩端平面以下 3.0m 厚压缩层（按一层考虑）产生的沉降量 s（mm），与下列何项数值最为接近？

提示：① 根据《建筑桩基技术规范》JGJ 94—2008 作答；
　　　② 沉降计算经验系数 $\psi=0.45$，$I_{p.11}=15.575$，$I_{s,11}=2.599$。

（A）10.0　　　　（B）12.5　　　　（C）15.0　　　　（D）17.5

【题 49～51】 某建筑地基，如图 21-20 所示，拟采用以④层圆砾为桩端持力层的高压旋喷桩进行地基处理，高压旋喷桩直径 $d=600mm$，正方形均匀布桩，桩间土承载力发挥系数 β 和单桩承载力发挥系数 λ 分别为 0.8 和 1.0，桩端阻力发挥系数 α_p 为 0.6。

提示：根据《建筑地基处理技术规范》JGJ 79—2012 作答。

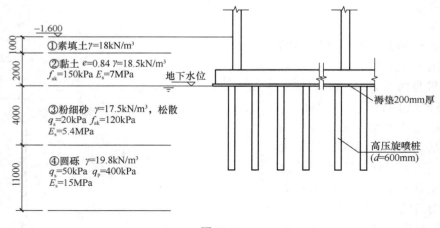

图 21-20

49. 假定，③层粉细砂和④层圆砾土中的桩体标准试块（边长为 150mm 的立方体）标准养护 28d 的立方体抗压强度平均值分别为 5.6MPa 和 8.4MPa。高压旋喷桩的承载力特征值由桩身强度控制，处理后桩间土③层粉细砂的地基承载力特征值为 120kPa，根据地基变形验算要求，需将③层粉细砂的压缩模量提高至不低于 10.0MPa，试问，地基处理所需的最小面积置换率 m，与下列何项数值最为接近？

（A）0.06　　　　（B）0.08　　　　（C）0.10　　　　（D）0.12

50. 假定，高压旋喷桩进入④层圆砾的深度为 2.4m，试问，根据土体强度指标确定的单桩竖向承载力特征值（kN），与下列何项数值最为接近？

(A) 400   (B) 450   (C) 500   (D) 550

51. 方案阶段，假定，考虑采用以④层圆砾为桩端持力层的振动沉管碎石桩（直径800mm）进行地基处理，正方形均匀布桩，桩间距为2.4m，桩土应力比 $n=2.8$，处理后③粉细砂层桩间土的地基承载力特征值为170kPa。试问，按上述要求处理后的复合地基承载力特征值（kPa），与下列何项数值最为接近？

(A) 195   (B) 210   (C) 225   (D) 240

【题 52～54】 某框架结构商业建筑，采用柱下扩展基础，基础埋深1.5m，基础持力层为中风化凝灰岩。边柱截面为1.0m×1.0m，基础底面形状为正方形，边长 a 为1.8m，该柱下基础剖面及地基情况如图21-21所示。地下水位在地表下1.5m处。基础及基底以上填土的加权平均重度为20kN/m³。

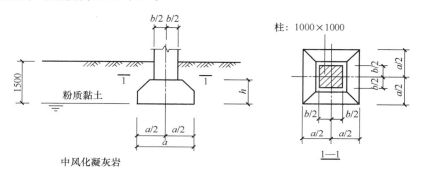

图 21-21

52. 假定，持力层6个岩样的饱和单轴抗压强度试验值如表21-6所示，试验按《建筑地基基础设计规范》GB 50007—2011的规定进行，变异系数 $\delta=0.142$。试问，根据试验数据统计分析得到的岩石饱和单轴抗压强度标准值（MPa），与下列何项数值最为接近？

表 21-6

试 样 编 号	1	2	3	4	5	6
单轴抗压强度（MPa）	10.7	11.3	14.8	10.8	12.4	14.1

(A) 9   (B) 10   (C) 11   (D) 12

53. 假定，持力层岩石饱和单轴抗压强度标准值为10MPa，岩体纵波波速为600m/s，岩块纵波波速为650m/s。试问，不考虑施工因素引起的强度折减及建筑物使用后岩石风化作用的继续时，根据岩石饱和单轴抗压强度计算得到的持力层地基承载力特征值（kPa），与下列何项数值最为接近？

(A) 2000   (B) 3000   (C) 4000   (D) 5000

54. 假定，$\gamma_0=1.0$，荷载的标准组合时，上部结构柱传至基础顶面处的竖向力 $F_k=10000$kN，作用于基础底面的弯矩 $M_{xk}=500$kN·m，$M_{yk}=0$。试问，荷载的标准组合时，作用于基础底面的最大压力值（kPa），与下列何项数值最为接近？

(A) 3100   (B) 3600   (C) 4100   (D) 4600

【题 55】 关于既有建筑地基基础设计有下列主张，其中何项不正确？

(A) 当场地地基无软弱下卧层时，测定的既有建筑基础再增加荷载时，变形模量的

试验压板尺寸不宜小于 2.0m²

（B）在低层或建筑荷载不大的既有建筑地基基础加固设计中，应进行地基承载力验算和地基变形计算

（C）测定地下水位以上的既有建筑地基的承载力时，应使试验土层处于干燥状态，试验板的面积宜取 0.25～0.50m²

（D）基础补强注浆加固适用于因不均匀沉降、冻胀或其他原因引起的基础裂损的加固

【题 56】 某工程所处的环境为海风环境，地下水、土具有弱腐蚀性。试问，下列关于桩身裂缝控制的观点中，何项是不正确的？

（A）采用预应力混凝土桩作为抗拔桩时，裂缝控制等级为二级

（B）采用预应力混凝土桩作为抗拔桩时，裂缝宽度限值为 0

（C）采用钻孔灌注桩作为抗拔桩时，裂缝宽度限值为 0.2mm

（D）采用钻孔灌注桩作为抗拔桩时，裂缝控制等级应为三级

【题 57】 下列关于高层混凝土结构计算的叙述，其中何项是不正确的？

（A）8 度区 A 级高度的乙类建筑可采用板柱-剪力墙结构，整体计算时平板无梁楼盖应考虑板面外刚度影响，其面外刚度可按有限元方法计算或近似将柱上板带等效为框架梁计算

（B）复杂高层建筑结构在进行重力荷载作用效应分析时，应考虑施工过程的影响，施工过程的模拟可根据实际施工方案采用适当的方法考虑

（C）房屋高度较高的高层建筑应考虑非荷载效应的不利影响，外墙宜采用各类建筑幕墙

（D）对于框架-剪力墙结构，楼梯构件与主体结构整体连接时，不计入楼梯构件对地震作用及其效应的影响

【题 58】 某现浇钢筋混凝土剪力墙结构，房屋高度 180m，基本自振周期为 4.5s，抗震设防类别为标准设防类，安全等级二级。假定，结构抗震性能设计时，抗震性能目标为 C 级，下列关于该结构设计的叙述，其中何项相对准确？

（A）结构在设防烈度地震作用下，允许采用等效弹性方法计算剪力墙的组合内力，底部加强部位剪力墙受剪承载力应满足屈服承载力设计要求

（B）结构在罕遇地震作用下，允许部分竖向构件及大部分耗能构件屈服，但竖向构件的受剪截面应满足截面限制条件

（C）结构在多遇地震标准值作用下的楼层弹性层间位移角限值为 1/1000，罕遇地震作用下层间弹塑性位移角限值为 1/120

（D）结构弹塑性分析可采用静力弹塑性分析方法或弹塑性时程分析方法，弹塑性时程分析宜采用双向或三向地震输入

【题 59～62】 某 10 层现浇钢筋混凝土剪力墙结构住宅，如图 21-22 所示，各层层高均为 4m，房屋高度为 40.3m。抗震设防烈度为 9 度，设计基本地震加速度为 0.40g，设计地震分组为第三组，建筑场地类别为Ⅱ类，安全等级二级。

提示：① 按《高层建筑混凝土结构技术规程》JGJ 3—2010 作答。

② 按《建筑结构可靠性设计统一标准》GB 50068—2018 作答。

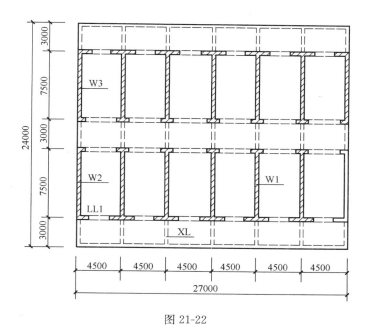

图 21-22

59. 假定，结构基本自振周期 $T_1 = 0.6s$，各楼层重力荷载代表值均为 $14.5kN/m^2$，墙肢 W1 承受的重力荷载代表值比例为 8.3%。试问，墙肢 W1 底层由竖向地震产生的轴力 N_{Evk}（kN），与下列何项数值最为接近？

(A) 1250   (B) 1550   (C) 1650   (D) 1850

60. 假定，对悬臂梁 XL 根部进行截面设计时，应考虑重力荷载效应及竖向地震作用效应，在永久荷载作用下梁端负弯矩标准值 $M_{Gk} = 263kN \cdot m$，按等效均布活荷载计算的梁端负弯矩标准值 $M_{Qk} = 54kN \cdot m$。试问，进行悬臂梁截面配筋设计时，起控制作用的梁端负弯矩设计值（kN·m），与下列何项数值最为接近？

(A) 325   (B) 355   (C) 385   (D) 425

61. 假定，第 3 层的双肢剪力墙 W2 及 W3 在同一方向地震作用下，内力组合后墙肢 W2 出现大偏心受拉，墙肢 W3 在水平地震作用下剪力标准值 $V_{Ek} = 1400kN$，风荷载作用下 $V_{wk} = 120kN$。试问，考虑地震作用组合的墙肢 W3 在第 3 层的剪力设计值（kN），与下列何项数值最为接近？

提示： 忽略重力荷载及竖向地震作用下剪力墙承受的剪力。

(A) 1900   (B) 2300   (C) 2700   (D) 3000

62. 假定，第 8 层的连梁 LL1，截面为 300mm×1000mm，混凝土强度等级为 C35，净跨 $l_n = 2000mm$，$h_0 = 965mm$，在重力荷载代表值作用下按简支梁计算的梁端截面剪力设计值 $V_{Gb} = 60kN$，连梁采用 HRB400 钢筋，顶面和底面实配纵筋面积均为 $1256mm^2$，$a_s = a'_s = 35mm$。试问，连梁 LL1 两端截面的剪力设计值 V（kN），与下列何项数值最为接近？

(A) 750   (B) 690   (C) 580   (D) 520

【题 63～67】 某地上 35 层的现浇钢筋混凝土框架-核心筒公寓，质量和刚度沿高度分布均匀，如图 21-23 所示，房屋高度为 150m。基本风压 $w_0 = 0.65kN/m^2$，地面粗糙度为

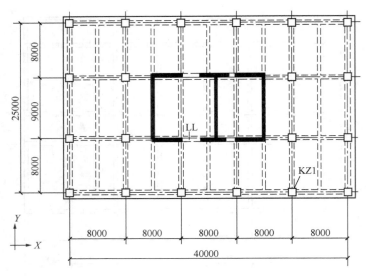

图 21-23

A 类。抗震设防烈度为 7 度，设计基本地震加速度为 0.10g，设计地震分组为第一组，建筑场地类别为 Ⅱ 类，抗震设防类别为标准设防类，安全等级二级。

63. 假定，结构基本自振周期 $T_1 = 4.0s$（Y 向平动），$T_2 = 3.5s$（X 向平动），各楼层考虑偶然偏心的最大扭转位移比为 1.18，结构总恒载标准值为 600000kN，按等效均布活荷载计算的总楼面活荷载标准值为 80000kN。试问，多遇水平地震作用计算时，按最小剪重比控制对应于水平地震作用标准值的 Y 向底部剪力（kN），不应小于下列何项数值？

(A) 7700　　　　　(B) 8400　　　　　(C) 9500　　　　　(D) 10500

64. 假定，某层框架柱 KZ1（1200×1200），混凝土强度等级 C60，钢筋构造如图 21-24 所示，钢筋采用 HRB400，剪跨比 $\lambda = 1.8$。试问，框架柱 KZ1 考虑构造措施的轴压比限值，不宜超过下列何项数值？

(A) 0.7　　　　　(B) 0.75

(C) 0.8　　　　　(D) 0.85

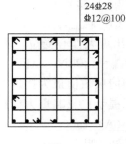

KZ1
1200×1200
24Φ28
Φ12@100

图 21-24

65. 假定，某层核心筒耗能连梁 L1（500mm×900mm），混凝土强度等级 C40，风荷载作用下剪力 $V_{wk} = 220kN$，在设防烈度地震作用下剪力 $V_{Ehk} = 1200kN$，钢筋采用 HRB400，连梁截面有效高度 $h_{b0} = 850mm$，跨高比为 2.2。试问，设防烈度地震作用下，该连梁进行抗震性能设计时，下列何项箍筋配置符合第 2 性能水准的要求且配筋最小？

提示：忽略重力荷载及竖向地震作用下连梁的剪力。

(A) Φ10@100（4）　　　　　　　　　　(B) Φ12@100（4）

(C) Φ14@100（4）　　　　　　　　　　(D) Φ16@100（4）

66. 进行结构方案比较时，将该结构的外框架改为钢框架。假定，修改后的结构基本

自振周期 $T_1 = 4.7\text{s}$（Y向平动），修改后的结构阻尼比取 0.04。试问。在进行风荷载作用下的舒适度计算时，修改后 Y 向结构顶点顺风向风振加速度的脉动系数 η_a，与下列何项数值最为接近？

提示：按《建筑结构荷载规范》GB 50009—2012 作答。

（A）1.6　　　　（B）1.9　　　　（C）2.2　　　　（D）2.5

67. 假定，该建筑位于山区山坡上，如图 21-25 所示。试问，该结构顶部风压高度变化系数 μ_z，与下列何项数值最为接近？

（A）6.1　　　　（B）4.1

（C）3.3　　　　（D）2.5

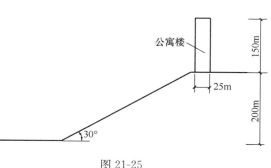

图 21-25

【题 68】 某 A 级高度钢筋混凝土高层建筑，采用框架-剪力墙结构，部分楼层初步计算的 X 向地震剪力、楼层抗侧力结构的层间受剪承载力及多遇地震标准值作用下的层间位移如表 21-7 所示。试问，根据《高层建筑混凝土结构技术规程》JGJ 3—2010 的有关规定，仅就 14 层（中部楼层）与相邻层 X 向计算数据进行比较与判定，下列关于第 14 层的判别表述何项正确？

表 21-7

楼层	层高 （mm）	地震剪力标准值 （kN）	层间位移 （mm）	楼层抗侧力结构的层间受剪承载力 （kN）
15	3900	4000	3.32	160000
14	6000	4300	5.48	132000
13	3900	4500	3.38	166000

（A）侧向刚度比满足要求，层间受剪承载力比满足要求

（B）侧向刚度比不满足要求，层间受剪承载力比满足要求

（C）侧向刚度比满足要求，层间受剪承载力比不满足要求

（D）侧向刚度比不满足要求，层间受剪承载力比不满足要求

【题 69】 某型钢混凝土框架-钢筋混凝土核心筒结构，层高为 4.2m，中部楼层型钢混凝土柱（非转换柱）配筋示意如图 21-26 所示。假定，柱抗震等级为一级，考虑地震作用组合的柱轴压力设计值 $N = 30000\text{kN}$，钢筋采用 HRB400，型钢采用 Q345B，钢板厚度 30mm（$f_a = 295\text{N/mm}^2$），型钢截面积 $A_a = 61500\text{mm}^2$，混凝土强度等级为 C50，剪跨比 $\lambda = 1.6$。试问，从轴压比、型钢含钢率、纵筋配筋率及箍筋配箍率 4 项规定来判断，该柱有几项不符合《高层建筑混凝土结构技术规程》JGJ 3—2010 的抗震构造要求？

提示：箍筋保护层厚度 20mm，箍筋配箍率计算时扣

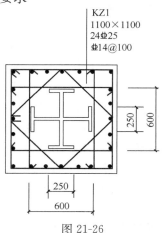

KZ1
1100×1100
24Φ25
Φ14@100

图 21-26

除箍筋重叠部分。

(A) 1   (B) 2

(C) 3   (D) 4

【题70】 某高层钢筋混凝土剪力墙结构住宅，地上25层，地下一层，嵌固部位为地下室顶板，房屋高度75.3m，抗震设防烈度为7度（0.15g），设计地震分组第一组，丙类建筑，建筑场地类别为Ⅲ类，建筑层高均为3m，第5层某墙肢配筋如图21-27所示，墙肢轴压比为0.35。试问，边缘构件JZ1纵筋 A_s（mm²）取下列何项才能满足规范、规程的最低抗震构造要求？

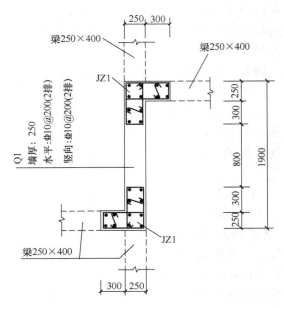

图 21-27

(A) 12 Φ 14   (B) 12 Φ 16

(C) 12 Φ 18   (D) 12 Φ 20

【题71】 某高层办公楼，采用现浇钢筋混凝土框架结构，顶层为多功能厅，层高5m，取消部分柱，形成顶层空旷房间，其下部结构刚度、质量沿竖向分布均匀。假定，该结构顶层框架抗震等级为一级，柱截面500mm×500mm，轴压比为0.20，混凝土强度等级C30，纵筋直径为 Φ 25，箍筋采用HRB400普通复合箍筋（体积配筋率满足规范要求）。通过静力弹塑性分析发现顶层为薄弱部位，在预估的罕遇地震作用下，层间弹塑性位移为120mm。试问，仅从满足层间位移限值方面考虑，下列对顶层框架柱的四种调整方案中哪种方案既满足规范、规程的最低要求且经济合理？

(A) 箍筋加密区 4 Φ 8@100，非加密区 4 Φ 8@100

(B) 箍筋加密区 4 Φ 10@100，非加密区 4 Φ 10@200

(C) 箍筋加密区 4 Φ 10@100，非加密区 4 Φ 10@100

(D) 箍筋加密区 4 Φ 12@100，非加密区 4 Φ 12@100

【题72】 关于高层混凝土结构抗连续倒塌设计的观点，下列何项符合《高层建筑混凝土结构技术规程》JGJ 3—2010 的要求？

(A) 采用在关键结构构件的表面附加侧向偶然作用的方法验算结构的抗倒塌能力时，侧向偶然作用只作用在该构件表面

(B) 抗连续倒塌设计时，活荷载应采用准永久值，不考虑竖向荷载动力放大系数

(C) 抗连续倒塌设计时，地震作用应采用标准值，不考虑竖向荷载动力放大系数

(D) 安全等级为一级的高层建筑结构应采用拆除构件的方法进行抗连续倒塌设计

【题73】 某公路上的一座跨河桥，其结构为钢筋混凝土上承式无铰拱桥，计算跨径为100m。假定，拱轴线长度 L_s 为115m，忽略截面变化。试问，当验算该桥的主拱圈纵向稳定时，相应的计算长度（m）与下列何值最为接近？

(A) 36   (B) 42   (C) 100   (D) 115

【题74】 某公路上一座预应力混凝土连续箱形梁桥，采用满堂支架现浇工艺，总体

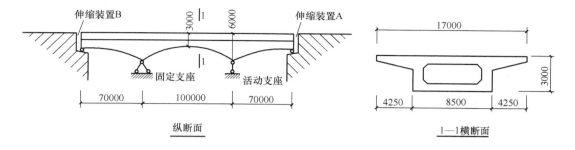

图 21-28 桥梁布置图

布置如图 21-28 所示，跨径布置为 70m＋100m＋70m，在连梁两端各设置伸缩装置一道（A 和 B）。梁体混凝土强度等级为 C50（硅酸盐水泥）。假定，桥址处年平均相对湿度 R_H 为 75％，结构理论厚度 $h=600$mm，混凝土弹性模量 $E_c=3.45\times10^4$MPa，混凝土轴心抗压强度标准值 $f_{ck}=32.4$MPa，混凝土线膨胀系数为 1.0×10^{-5}，预应力引起的箱梁截面重心处的法向平均压应力 $\sigma_{pc}=9$MPa，箱梁混凝土的平均加载龄期为 60 天。试问，由混凝土徐变引起伸缩装置 A 处的梁体缩短值（mm），与下列何值最为接近？

提示：徐变系数按《公桥混规》JTG 3362—2018 附录 C 条文说明中表 C-2 采用。

(A) 25   (B) 35   (C) 40   (D) 56

【题 75】 某公路桥梁桥台立面布置如图 21-29，其主梁高度 2000mm，桥面铺装层共厚 200mm，支座高度（含垫石）200mm，采用埋置式肋板桥台，台背墙厚 450mm，台前锥坡坡度 1：1.5，锥坡坡面通过台帽与背墙的交点（A）。试问，台背耳墙最小长度 l（mm）与下列何值最为接近？

(A) 4000   (B) 3600

(C) 2700   (D) 2400

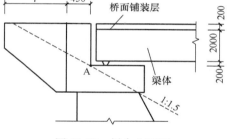

图 21-29 桥台立面图

【题 76】 某公路上的一座单跨 30m 的跨线桥梁，设计荷载（作用）为公路-Ⅰ级，桥面宽度为 13m，且与路基宽度相同。桥台为等厚度的 U 形结构，桥台计算高度 5.0m，基础为双排 $\phi1.2$m 的钻孔灌注桩。当计算该桥桥台台背土压力时，汽车在台后土体破坏棱体上的作用可换算成等代均布土层厚度计算。试问，其换算土层厚度（m）与下列何值最为接近？

提示：① 台背竖直、路基水平，土壤内摩擦角 30°，假定台后土体破坏棱体的上口长度 $L_0=3.0$m，土的重度 $\gamma=18$kN/m³；

② 不考虑汽车荷载效应的多车道横向车道布载系数。

(A) 0.9   (B) 1.0   (C) 1.2   (D) 1.4

【题 77】 某公路跨径为 30m 的跨线桥，结构为预应力混凝土 T 形梁体，混凝土强度等级为 C40。假定，其中梁由预加力产生的跨中反拱值 f_p 为 150mm（已扣除全部预应力损失并考虑长期增长系数 2.0），按荷载频遇组合作用计算的挠度值 f_s 为 80mm。若取荷载长期效应影响的挠度长期增长系数 η_{θ} 为 1.45，试问，该梁的下列预拱度（mm）何值较为合理？

(A) 0   (B) 30   (C) 59   (D) 98

【题 78】 对某桥梁预应力混凝土主梁进行持久状况下正常使用极限状态验算时，需分别进行下列验算：①抗裂验算，②裂缝宽度验算，③挠度验算。试问，在这三种验算中，汽车荷载（作用）冲击力如何考虑，下列何项最为合理？

提示： 只需定性地判断。

(A) ①计入、②不计入、③不计入   (B) ①不计入、②不计入、③不计入

(C) ①不计入、②计入、③计入   (D) ①不计入、②不计入、③计入

【题 79】 某桥为一座预应力混凝土箱梁体桥。假定，主梁的结构基频 $f = 4.5\text{Hz}$，试问，在计算其悬臂板的内力时，作用于悬臂板上的汽车作用的冲击系数 μ 值应取用下列何值？

(A) 0.45   (B) 0.30   (C) 0.25   (D) 0.05

【题 80】 由《公桥通规》JTG D60—2015 知：公路桥梁上的汽车荷载（作用）由车道荷载（作用）和车辆荷载（作用）组成，在计算下列的桥梁构件时，取值不一样。在计算以下构件时：①主梁整体，②主梁桥面板，③桥台，④涵洞，应各采用下列何项汽车荷载（作用）模式，才符合《公桥通规》的规定要求？

(A) ①、②、③、④均采用车道荷载（作用）

(B) ①采用车道荷载（作用），②、③、④采用车辆荷载（作用）

(C) ①、②采用车道荷载（作用），③、④采用车辆荷载（作用）

(D) ①、③采用车道荷载（作用），②、④采用车辆荷载（作用）

实战训练试题（二十二）

（上午卷）

【题1~4】 某五层钢筋混凝土框架结构办公楼，房屋高度25.45m。抗震设防烈度8度，设防类别为丙类，设计基本地震加速度0.2g，设计地震分组为第二组，场地类别Ⅱ类，混凝土强度等级C30。该结构平面和竖向均规则。

1. 按振型分解反应谱法进行多遇地震下的结构整体计算时，输入的部分参数摘录如下：①特征周期 $T_g = 0.4s$；②框架抗震等级为二级；③结构的阻尼比 $\zeta = 0.05$；④水平地震影响系数最大值 $\alpha_{max} = 0.24$。试问，以上参数输入正确的选项为下列何项？

(A) ①②③   (B) ①③   (C) ②④   (D) ①③④

2. 假定，采用底部剪力法计算时，集中于顶层的重力荷载代表值 $G_5 = 3200kN$，集中于其他各楼层的结构和构配件自重标准值（永久荷载）和按等效均布荷载计算的楼面活荷载标准值（可变荷载）见表22-1。试问，结构等效总重力荷载 G_{eq}（kN），与下列何项数值最为接近？

提示：该办公楼内无藏书库、档案库。

表 22-1

楼层	1	2	3	4
永久荷载（kN）	3600	3000	3000	3000
可变荷载（kN）	760	680	680	680

(A) 14600   (B) 14900   (C) 17200   (D) 18600

3. 假定，该结构的基本周期为0.8s，对应于水平地震作用标准值的各楼层地震剪力、重力荷载代表值和楼层的侧向刚度见表22-2。试问，水平地震剪力不满足规范最小地震剪力要求的楼层为下列何项？

表 22-2

楼层	1	2	3	4	5
楼层地震剪力 V_{Eki}（kN）	450	390	320	240	140
楼层重力荷载代表值 G_j（kN）	3900	3300	3300	3300	3200
楼层的侧向刚度 K_i（kN/m）	6.5×10^4	7.0×10^4	7.5×10^4	7.5×10^4	7.5×10^4

(A) 所有楼层   (B) 第1、2、3层   (C) 第1、2层   (D) 第1层

4. 假定，各楼层的地震剪力和楼层的侧向刚度如表22-2所示，试问，当仅考虑剪切变形影响时，本建筑物在水平地震作用下的楼顶总位移 Δ（mm），与下列何项数值最为接近？

(A) 14   (B) 18   (C) 22   (D) 26

【题 5】 以下关于采用时程分析法进行多遇地震补充计算的说法，何项不妥？

（A）特别不规则的建筑，应采用时程分析的方法进行多遇地震下的补充计算

（B）采用七组时程曲线进行时程分析时，应按建筑场地类别和设计地震分组选用不少于五组实际强震记录的加速度时程曲线

（C）每条时程曲线计算所得结构各楼层剪力不应小于振型分解反应谱法计算结果的 65％

（D）多条时程曲线计算所得结构底部剪力的平均值不应小于振型分解反应谱法计算结果的 80％

【题 6～9】 某民用建筑普通房屋中的钢筋混凝土 T 形截面独立梁，安全等级为二级，荷载简图及截面尺寸如图 22-1 所示。梁上作用有均布永久荷载标准值 g_k、均布可变荷载标准值 q_k、集中永久荷载标准值 G_k、集中可变荷载标准值 Q_k。混凝土强度等级为 C30，梁纵向钢筋采用 HRB400，箍筋采用 HPB300。纵向受力钢筋的保护层厚度 $c_s=30mm$，$a_s=70mm$，$a'_s=40mm$，$\xi_b=0.518$。

提示： 按《建筑结构可靠性设计统一标准》GB 50068—2018 作答。

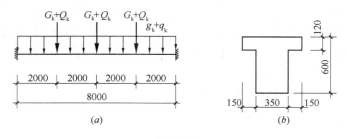

图 22-1
（a）荷载简图；（b）梁截面尺寸

6. 假定，该梁跨中顶部受压纵筋为 4Φ20，底部受拉纵筋为 10Φ25（双排）。试问，当考虑受压钢筋的作用时，该梁跨中截面能承受的最大弯矩设计值 M（kN·m），与下列何项数值最为接近？

（A）580　　　　　　（B）740　　　　　　（C）820　　　　　　（D）890

7. 假定，$g_k=q_k=7kN/m$，$G_k=Q_k=70kN$。当采用四肢箍且箍筋间距为 150mm 时，试问，该梁支座截面斜截面抗剪所需箍筋的单肢截面面积（mm²），与下列何项数值最为接近？

提示： 可变荷载的组合值系数取 1.0。

（A）45　　　　　　（B）68　　　　　　（C）90　　　　　　（D）120

8. 假定，该梁支座截面按荷载基本组合的最大弯矩设计值 $M=490kN·m$。试问，在不考虑受压钢筋作用的情况下，按承载能力极限状态设计时，该梁支座截面纵向受拉钢筋的截面面积 A_s（mm²），与下列何项数值最为接近？

（A）2780　　　　　（B）2870　　　　　（C）3320　　　　　（D）3980

9. 假定，该梁支座截面纵向受拉钢筋配置为 8Φ25，按荷载准永久组合计算的梁纵向受拉钢筋的应力 $\sigma_s=220N/mm^2$。试问，该梁支座处按荷载准永久组合并考虑长期作用影响的最大裂缝宽度 w_{max}（mm），与下列何项数值最为接近？

（A）0.21　　　　　（B）0.24　　　　　（C）0.27　　　　　（D）0.30

【题 10～12】 某二层地下车库，安全等级为二级，抗震设防烈度为 8 度（0.20g），建筑场地类别为 Ⅱ 类，抗震设防类别为丙类，采用现浇钢筋混凝土板柱-抗震墙结构。某中柱顶板节点如图 22-2 所示，柱网 8.4m×8.4m，柱截面 600mm×600mm，板厚 250mm，设 1.6m×1.6m×0.15m 的托板，$a_s = a'_s = 45$mm。

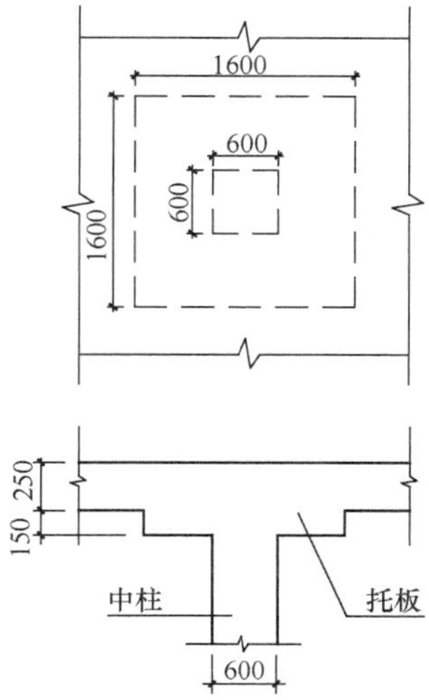

10. 假定，板面均布荷载设计值为 15kN/m^2（含板自重），当忽略托板自重和板柱节点不平衡弯矩的影响时，试问，当仅考虑竖向荷载作用时，该板柱节点柱边缘处的冲切反力设计值 F_l（kN），与下列何项数值最为接近？

(A) 950   (B) 1000

(C) 1030   (D) 1090

11. 假定，该板柱节点混凝土强度等级为 C35，板中未配置抗冲切钢筋。试问，当仅考虑竖向荷载作用时，该板柱节点柱边缘处的受冲切承载力设计值（kN），与下列何项数值最为接近？

(A) 860   (B) 1180

(C) 1490   (D) 1560

12. 试问，该板柱节点的柱纵向钢筋直径最大值 d（mm），不宜大于下列何项数值？

(A) 20   (B) 22   (C) 25   (D) 28

图 22-2

【题 13】 拟在 8 度地震区新建一栋二层钢筋混凝土框架结构临时性建筑，以下何项不妥？

(A) 结构的设计使用年限为 5 年，结构重要性系数不应小于 0.90

(B) 受力钢筋的保护层厚度可小于《混凝土结构设计规范》GB 50010—2010 第 8.2 节的要求

(C) 可不考虑地震作用

(D) 进行承载能力极限状态验算时，楼面和屋面活荷载可乘以 0.9 的调整系数

【题 14～16】 某钢筋混凝土框架结构办公楼，抗震等级为二级，框架梁的混凝土强度等级为 C35，梁纵向钢筋及箍筋均采用 HRB400。取某边榀框架（C 点处为框架角柱）的一段框架梁，梁截面：$b×h=400$mm×900mm，受力钢筋的保护层厚度 $c_s=30$mm，梁上线荷载标准值分布图、简化的弯矩标准值如图 22-3 所示，其中框架梁净跨 $l_n=8.4$m。假定，永久荷载标准值 $g_k=83$kN/m，等效均布可变荷载标准值 $q_k=55$kN/m。

14. 试问，考虑地震作用组合时，BC 段框架梁端截面组合的剪力设计值 V（kN），与下列何项数值最为接近？

(A) 670   (B) 740   (C) 810   (D) 880

15. 考虑地震作用组合时，假定 BC 段框架梁 B 端截面组合的剪力设计值为 320kN，纵向钢筋直径 $d=25$mm，梁端纵向受拉钢筋配筋率 $\rho=1.80\%$，$a_s=70$mm，试问，该截面抗剪箍筋采用下列何项配置最为合理？

(A) ⊕8@150（4）   (B) ⊕10@150（4）   (C) ⊕8@100（4）   (D) ⊕10@100（4）

16. 假定，多遇地震下的弹性计算结果如下：框架节点 C 处，柱轴压比为 0.5，上柱

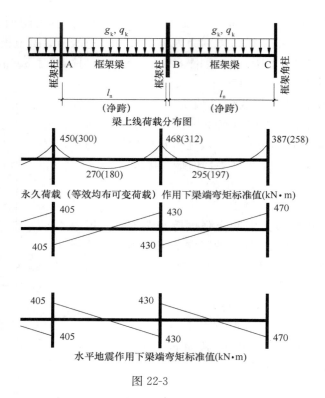

梁上线荷载分布图

永久荷载（等效均布可变荷载）作用下梁端弯矩标准值(kN·m)

水平地震作用下梁端弯矩标准值(kN·m)

图 22-3

柱底弯矩与下柱柱顶弯矩大小与方向均相同。试问，框架节点 C 处，上柱柱底截面考虑水平地震作用组合的弯矩设计值 M_c（kN·m），与下列何项数值最为接近？

（A）810 　　　　（B）920 　　　　（C）1020 　　　　（D）1150

【题 17～23】 某商厦增建钢结构入口大堂，其屋面结构布置如图 22-4 所示，新增钢结构依附于商厦的主体结构。钢材采用 Q235B 钢，钢柱 GZ-1 和钢梁 GL-1 均采用热轧 H 型钢 H446×199×8×12 制作，其截面特性为：$A=8297\text{mm}^2$，$I_x=28100\times10^4\text{mm}^4$，$I_y=1580\times10^4\text{mm}^4$，$i_x=184\text{mm}$，$i_y=43.6\text{mm}$，$W_x=1260\times10^3\text{mm}^3$，$W_y=159\times10^3\text{mm}^3$。钢柱高 15m，上、下端均为铰接，弱轴方向 5m 和 10m 处各设一道系杆 XG。

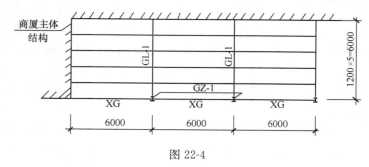

图 22-4

17. 假定，钢梁 GL-1 按简支梁计算，计算简图如图 22-5 所示，永久荷载设计值 $G=55\text{kN}$，可变荷载设计值 $Q=15\text{kN}$。试问，对钢梁 GL-1 进行抗弯强度验算时，最大弯曲应力设计值（N/mm²），与下列何项数值最为接近？

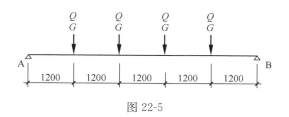

图 22-5

提示：不计钢梁的自重。

(A) 170   (B) 180   (C) 190   (D) 200

18. 假定，钢柱 GZ-1 轴心压力设计值 $N=330\text{kN}$。试问，对该钢柱进行稳定性验算，由 N 产生的最大应力设计值（N/mm^2），与下列何项数值最为接近？

(A) 50   (B) 65   (C) 85   (D) 100

19. 假定，钢柱 GZ-1 主平面内的弯矩设计值 $M_x=88.0\text{kN} \cdot \text{m}$。试问，对该钢柱进行平面内稳定性验算，仅由 M_x 产生的应力设计值（N/mm^2），与下列何项数值最为接近？

提示：$\alpha_0=1.22$，$\dfrac{N}{N'_{\text{Ex}}}=0.135$，$\beta_{\text{mx}}=1.0$。

(A) 75   (B) 90   (C) 105   (D) 120

20. 设计条件同题 19。试问，对钢柱 GZ-1 进行弯矩作用平面外稳定性验算，仅由 M_x 产生的应力设计值（N/mm^2），与下列何项数值最为接近？

提示：等效弯矩系数 $\beta_{\text{tx}}=1.0$，截面影响系数 $\eta=1.0$。

(A) 70   (B) 90   (C) 100   (D) 110

21. 假定，系杆 XG 采用钢管制作。试问，该系杆选用下列何种截面的钢管最为经济？

(A) d76×5 钢管 $i=2.52\text{cm}$ (B) d83×5 钢管 $i=2.76\text{cm}$

(C) d95×5 钢管 $i=3.19\text{cm}$ (D) d102×5 钢管 $i=3.43\text{cm}$

22. 假定，次梁和主梁连接采用 8.8 级 M16 高强度螺栓摩擦型连接，接触面喷砂，采用标准圆孔，连接节点如图 22-6 所示，考虑连接偏心的影响后，次梁剪力设计值 $V=44\text{kN}$。试问，连接所需的高强度螺栓个数应为下列何项数值？

提示：按《钢结构设计标准》GB 50017—2017 作答。

(A) 2   (B) 3   (C) 4   (D) 5

23. 假定，构造不能保证钢梁 GL-1 上翼缘平面外稳定。试问，在计算钢梁 GL-1 整体稳定时，其允许的最大弯矩设计值 M_x（$\text{kN} \cdot \text{m}$），与下列何项数值最为接近？

提示：梁整体稳定的等效临界弯矩系数 $\beta_{\text{b}}=0.83$。

(A) 185   (B) 200

(C) 215   (D) 230

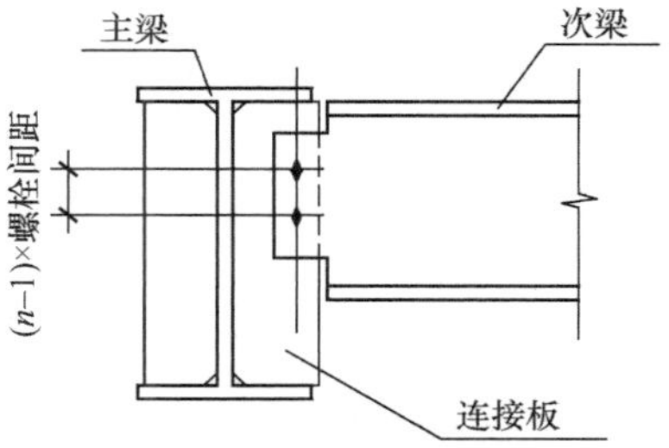

图 22-6

【题 24】 假定，钢梁按内力需求拼接，翼缘承受全部弯矩，钢梁截面采用焊接 H 形钢 H450×200×8×12，连接接头处弯矩设计值 $M=$

210kN·m，采用摩擦型高强度螺栓连接，如图 22-7 所示。试问，该连接处翼缘板的最大应力设计值 σ（N/mm²），与下列何项数值最为接近？

提示： 翼缘板根据弯矩按轴心受力构件计算。

(A) 219　　　　(B) 150　　　　(C) 190　　　　(D) 215

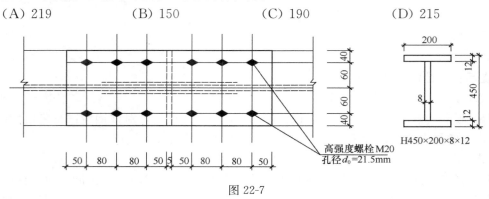

图 22-7

【**题 25**】 假定，某工字型钢柱采用 Q390 钢制作，翼缘厚度 40mm，腹板厚度 20mm。试问，作为轴心受压构件，该柱钢材的抗拉和抗压强度设计值（N/mm²），应取下列何项数值？

(A) 295　　　　(B) 315　　　　(C) 325　　　　(D) 330

【**题 26、27**】 某桁架结构，如图 22-8 所示。桁架上弦杆、腹杆及下弦杆均采用热轧无缝钢管，桁架腹杆与桁架上、下弦杆直接焊接连接；钢材均采用 Q235B 钢，手工焊接使用 E43 型焊条。

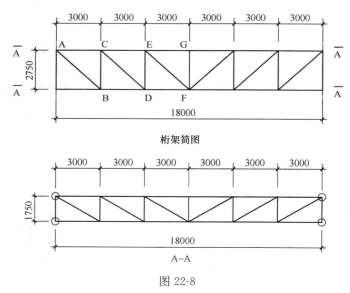

图 22-8

26. 桁架腹杆与上弦杆在节点 C 处的连接如图 22-9 所示。上弦杆主管贯通，腹杆支管搭接，主管规格为 d140×6，支管规格为 d89×4.5，杆 CD 与上弦主管轴线的交角为 $\theta_t = 42.51°$。假定，搭接率为 45%。试问，受拉支管 CD 的承载力设计值（kN），与下列何项数值最为接近？

408

(A) 200   (B) 180
(C) 160   (D) 140

27. 假定，上弦杆主管规格同［题 26］，支管 GF 规格为 d89×4.5，其与上弦主管间用角焊缝连接，焊缝全周连续焊接并平滑过渡，焊脚尺寸 $h_f=6mm$。试问，该焊缝的承载力设计值（kN），与下列何项数值最为接近？

(A) 190   (B) 180
(C) 170   (D) 160

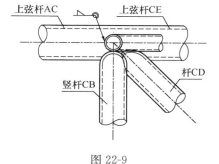

图 22-9

【题 28、29】 某综合楼标准层楼面采用钢与混凝土组合结构。钢梁 AB 与混凝土楼板通过抗剪连接件（栓钉）形成钢与混凝土组合梁，栓钉在钢梁上按双列布置，其有效截面形式如图 22-10 所示。楼板的混凝土强度等级为 C30，板厚 $h=150mm$，钢材采用 Q235B 钢。

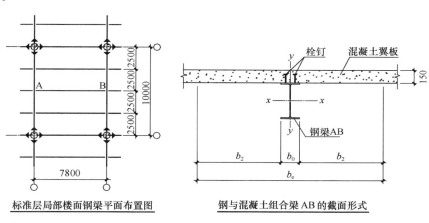

标准层局部楼面钢梁平面布置图   钢与混凝土组合梁 AB 的截面形式

图 22-10

28. 假定，组合楼盖施工时设置了可靠的临时支撑，梁 AB 按单跨简支组合梁计算，钢梁采用热轧 H 型钢 H400×200×8×13，截面面积 $A=8337mm^2$。试问，梁 AB 按考虑全截面塑性发展进行组合梁的强度计算时，完全抗剪连接的最大抗弯承载力设计值 M（kN·m），与下列何项数值最为接近？

提示： 塑性中和轴在混凝土翼板内。

(A) 380   (B) 440   (C) 510   (D) 570

29. 假定，栓钉材料的性能等级为 4.6 级（取 $f_u=360N/mm^2$），栓钉钉杆截面面积 $A_s=190mm^2$，其余条件同［题 28］。试问，梁 AB 按完全抗剪连接设计时，其全跨需要的最少栓钉总数 n_f（个），与下列何项数值最为接近？

提示： 钢梁与混凝土翼板交界面的纵向剪力 V_s 按钢梁的截面面积和设计强度确定。

(A) 38   (B) 58   (C) 76   (D) 98

【题 30】 试问，某主平面内受弯的实腹构件，当其截面上有螺栓孔时，下列何项计算应考虑螺栓孔引起的截面削弱？

(A) 构件的变形计算

（B）构件的整体稳定性计算

（C）高强螺栓摩擦型连接的构件抗剪强度计算

（D）构件的抗弯强度计算

【题 31】 关于砌体结构设计的以下论述：

Ⅰ. 计算混凝土多孔砖砌体构件轴心受压承载力时，不考虑砌体孔洞率的影响；

Ⅱ. 通过提高块体的强度等级可以提高墙、柱的允许高厚比；

Ⅲ. 单排孔混凝土砌块对孔砌筑灌孔砌体抗压强度设计值，除与砌体及灌孔材料强度有关外，还与砌体灌孔率和砌块孔洞率指标密切相关；

Ⅳ. 施工阶段砂浆尚未硬化砌体的强度和稳定性，可按设计砂浆强度 0.2 倍选取砌体强度进行验算。

试问，针对以上论述正确性的判断，下列何项正确？

（A）Ⅰ、Ⅱ正确　　（B）Ⅰ、Ⅲ正确　　（C）Ⅱ、Ⅲ正确　　（D）Ⅱ、Ⅳ正确

【题 32～37】 某多层无筋砌体结构房屋，结构平面布置如图 22-11 所示，首层层高 3.6m，其他各层层高均为 3.3m，内外墙均对轴线居中，窗洞口高度均为 1800mm，窗台高度均为 900mm。

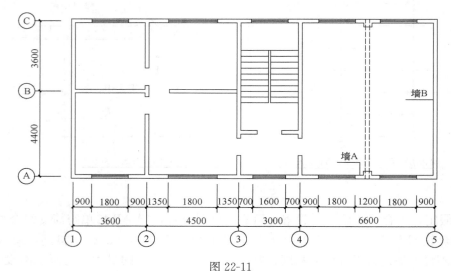

图 22-11

32. 假定，该建筑采用 190mm 厚单排孔混凝土小型空心砌块砌体结构，砌块强度等级采用 MU15 级，砂浆采用 Mb10 级，墙 A 截面如图 22-12 所示，承受荷载的偏心距 $e＝44.46$mm。试问，第二层该墙垛非抗震受压承载力（kN），与下列何项数值最为接近？

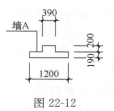

图 22-12

提示： $I＝3.16×10^9$mm^4，$A＝3.06×10^5$mm^2。

（A）425　　　　　　（B）525

（C）625　　　　　　（D）725

33. 假定，本工程建筑抗震设防类别为乙类，抗震设防烈度为 7 度（0.10g），各层墙体上下连续且洞口对齐，采用混凝土小型空心砌块砌筑。试问，按照该结构方案可以建设房屋的最多层数，与下列何项数值最为接近？

（A）7　　　　　　　（B）6　　　　　　　（C）5　　　　　　　（D）4

34. 假定，该建筑总层数 3 层，抗震设防类别为丙类，抗震设防烈度 7 度（0.10g），采用 240mm 厚普通砖砌筑。试问，该建筑按照抗震构造措施要求，最少需要设置的构造柱数量（根），与下列何项数值最为接近？

（A）14　　　　　　　（B）18　　　　　　　（C）20　　　　　　　（D）22

35. 假定，该建筑采用 190mm 厚混凝土小型空心砌块砌体结构，刚性方案，室内外高差 0.3m，基础顶面埋置较深，一楼地面可以看作刚性地坪。试问，墙 B 首层的高厚比与下列何项数值最为接近？

（A）18　　　　　　　（B）20　　　　　　　（C）22　　　　　　　（D）24

36. 假定，该建筑采用夹心墙复合保温且采用混凝土小型空心砌块砌体，内叶墙厚度 190mm，夹心层厚度 120mm，外叶墙厚度 90mm，块材强度等级均满足要求。试问，墙 B 的每延米受压计算有效面积（m²）和计算高厚比的有效厚度（mm），与下列何项数值最为接近？

（A）0.19，190　　（B）0.28，210　　（C）0.19，210　　（D）0.28，280

37. 假定，该建筑采用单排孔混凝土小型空心砌块砌体，砌块强度等级采用 MU15 级，砂浆采用 Mb15 级，一层墙 A 作为楼盖梁的支座，截面如图 22-13 所示，梁的支承长度为 390mm，截面为 250mm×500mm（宽×高），墙 A 上设有 390mm×390mm×190mm（长×宽×高）钢筋混凝土垫块。试问，该梁下砌体局部受压承载力（kN），与下列何项数值最为接近？

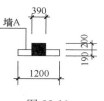

图 22-13

提示：偏心距 $e/h_T = 0.075$。

（A）400　　　　　　（B）450　　　　　　（C）500　　　　　　（D）550

【题 38】　两端设构造柱的蒸压灰砂普通砖砌体墙，采用强度等级 MU20 砖和 Ms10 专用砂浆砌筑，墙体为 3.6m×3.3m×240mm（长×高×厚），墙体对应于重力荷载代表值的平均压应力 $\sigma_0 = 0.84$MPa，墙体灰缝内配置有双向间距为 50mm×50mm 钢筋网片，钢筋直径 4mm，钢筋抗拉强度设计值 270N/mm²，钢筋网片竖向间距为 300mm，竖向截面总水平钢筋面积为 691mm²。试问，该墙体的截面抗震受剪承载力（kN），与下列何项数值最为接近？

（A）270　　　　　　（B）180　　　　　　（C）200　　　　　　（D）220

【题 39】　某多层砌体结构房屋，在楼层设有梁式悬挑阳台，支承墙体厚度 240mm，悬挑梁截面尺寸 240mm×400mm（宽×高）如图 22-14 所示，梁端部集中荷载设计值 P = 12kN，梁上均布荷载设计值 q_1 = 21kN/m，墙体面密度标准值为 5.36kN/m²，各层楼面在本层墙上产生的永久荷载标准值为 q_2 = 11.2kN/m。试问，该挑梁的最大倾覆弯矩设计值（kN·m）和抗倾覆弯矩设计值（kN·m），与下列何项数值最为接近？

提示：不考虑梁自重。

（A）80，160　　（B）80，200　　（C）90，160　　（D）90，200

【题 40】　关于砌体结构房屋设计的下列论述：

Ⅰ. 混凝土实心砖砌体砌筑时，块体产品的龄期不应小于 14d；

Ⅱ. 南方地区某工程，层高 5.1m 采用装配整体式钢筋混凝土屋盖的烧结普通砖砌体

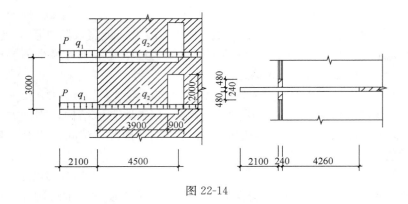

图 22-14

结构单层房屋，屋盖有保温层时的伸缩缝间距可取为 65m；

Ⅲ．配筋砌块砌体剪力墙沿竖向和水平方向的构造钢筋配筋率均不应少于 0.10%；

Ⅳ．采用装配式有檩体系钢筋混凝土屋盖是减轻墙体裂缝的有效措施之一。

试问，针对以上论述正确性的判断，下列何项正确？

(A) Ⅰ、Ⅲ正确　　(B) Ⅰ、Ⅳ正确　　(C) Ⅱ、Ⅲ正确　　(D) Ⅱ、Ⅳ正确

（下午卷）

【题 41、42】　一屋面下撑式木屋架，形状及尺寸如图 22-15 所示，两端铰支于下部结构上。假定，该屋架的空间稳定措施满足规范要求。P 为传至屋架节点处的集中荷载，屋架处于正常使用环境，设计使用年限为 50 年，材料选用未经切削的 TC17B 东北落叶松。

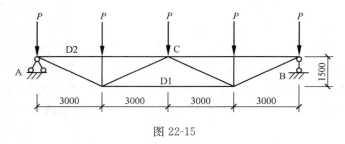

图 22-15

41. 假定，P 为集中恒荷载，杆件 D1 采用截面标注直径为 120mm 原木。试问，当不计杆件自重，按恒荷载进行强度验算时，能承担的节点荷载 P（设计值，kN），与下列何项数值最为接近？

(A) 17　　　　(B) 19　　　　(C) 21　　　　(D) 23

42. 假定，杆件 D2 拟采用标注直径 $d=100$mm 的原木。试问，当按照强度验算且不计杆件自重时，该杆件所能承受的最大轴压力设计值（kN），与下列何项数值最为接近？

提示： 不考虑施工和维修时的短暂情况。

(A) 118　　　　(B) 124　　　　(C) 130　　　　(D) 136

【题 43～45】 某多层砌体房屋，采用钢筋混凝土条形基础。基础剖面及土层分布如

图 22-16 所示。基础及以上土的加权平均重度为 20kN/m³。

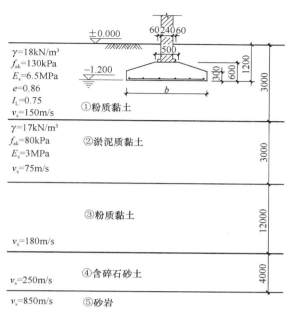

图 22-16

43. 假定，基础底面处相应于荷载的标准组合的平均竖向力为 300kN/m，① 层粉质黏土地基压力扩散角 $\theta=14°$。试问，按地基承载力确定的条形基础最小宽度 b（mm），与下述何项数值最为接近？

(A) 2200　　　　(B) 2500　　　　(C) 2800　　　　(D) 3100

44. 假定，基础宽度 $b=2.8$m，基础有效高度 $h_0=550$mm。在荷载的基本组合下，传给基础顶面的竖向力 $F=364$kN/m，基础的混凝土强度等级为 C25，受力钢筋采用 HPB300。试问，基础受力钢筋采用下列何项配置最为合理？

(A) Φ12@200　　(B) Φ12@140　　(C) Φ14@150　　(D) Φ14@100

45. 假定，场地各土层的实测剪切波速 v_s 如图 22-16 所示。试问，根据《建筑抗震设计规范》GB 50011—2010，该建筑场地的类别应为下列何项？

(A) Ⅰ　　　　　(B) Ⅱ　　　　　(C) Ⅲ　　　　　(D) Ⅳ

【题 46～49】 某公共建筑地基基础设计等级为乙级，其联合柱下桩基采用边长为 400mm 预制方桩，承台及其上土的加权平均重度为 20kN/m³。柱及承台下桩的布置、地下水位、地基土层分布及相关参数如图 22-17 所示。该工程抗震设防烈度为 7 度，设计地震分组为第三组，设计基本地震加速度值为 0.15g。

46. 假定，② 层细砂在地震作用下存在液化的可能，需进一步进行判别。该层土厚度中点的标准贯入锤击数实测平均值 $N=11$。试问，按《建筑桩基技术规范》JGJ 94—2008 的有关规定，基桩的竖向受压抗震承载力特征值（kN），与下列何项数值最为接近？

提示： ⑤层粗砂不液化。

(A) 1300　　　　(B) 1600　　　　(C) 1700　　　　(D) 2600

47. 该建筑物属于对水平位移不敏感建筑。单桩水平静载试验表明，地面处水平位移

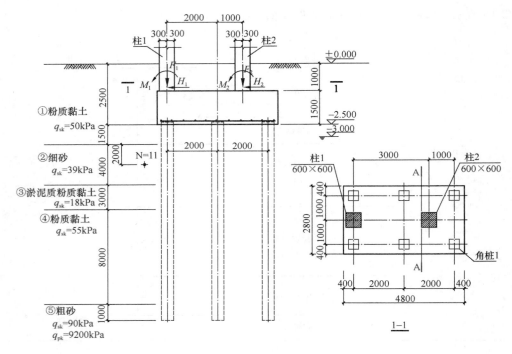

图 22-17

为 10mm，所对应的水平荷载为 32kN。假定，作用于承台顶面的弯矩较小，承台侧向土水平抗力效应系数 $\eta_l=1.27$，桩顶约束效应系数 $\eta_r=2.05$。试问，当验算地震作用桩基的水平承载力时，沿承台长方向，群桩基础的基桩水平承载力特征值 R_h（kN），与下列何项数值最为接近？

提示：① 按《建筑桩基技术规范》JGJ 94—2008 作答；

② s_a/d 计算中，d 可取为方桩的边长。$n_1=3$，$n_2=2$。

(A) 60　　　　　(B) 75　　　　　(C) 90　　　　　(D) 105

48. 假定，在荷载的基本组合下，柱 1 传给承台顶面的荷载为：$M_1=276.75$kN·m，$F_1=3915$kN，$H_1=67.5$kN，柱 2 传给承台顶面的荷载为：$M_2=486$kN·m，$F_2=5400$kN，$H_2=108$kN。试问，承台在柱 2 柱边 A-A 截面的弯矩设计值 M（kN·m），与下列何项数值最为接近？

(A) 1400　　　　(B) 2000　　　　(C) 3600　　　　(D) 4400

49. 假定，承台的混凝土强度等级为 C30，承台的有效高度 $h_0=1400$mm。试问，承台受角桩 1 冲切的承载力设计值（kN），与下列何项数值最为接近？

(A) 3200　　　　(B) 3600　　　　(C) 4000　　　　(D) 4400

【题 50～52】　某三跨单层工业厂房，采用柱顶铰接的排架结构，纵向柱距为 12m，厂房每跨均设有桥式吊车，且在使用期间轨道没有条件调整。在初步设计阶段，基础拟采用浅基础。场地地下水位标高为 −1.5m。厂房的横剖面、场地土分层情况如图 22-18 所示。

50. 假定，②层黏土压缩系数 $a_{1-2}=0.51$MPa^{-1}。初步确定柱基础的尺寸时，计算得

414

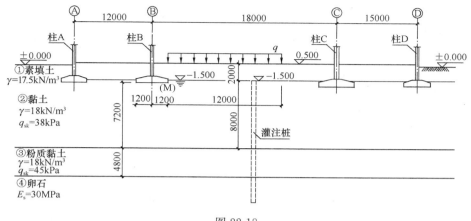

图 22-18

到柱 A、B、C、D 基础底面中心的最终地基变形量分别为：$s_A = 50\text{mm}$，$s_B = 90\text{mm}$，$s_C = 120\text{mm}$、$s_D = 85\text{mm}$。试问，根据《建筑地基基础设计规范》GB 50007—2012 的规定，关于地基变形的计算结果，下列何项的说法是正确的？

    （A）3 跨都不满足规范要求   （B）A-B 跨满足规范要求
    （C）B-C、C-D 跨满足规范要求   （D）3 跨都满足规范要求

    51. 假定，根据生产要求，在 B-C 跨有大面积的堆载，如图 22-19 所示。对堆载进行换算，作用在基础底面标高的等效荷载 $q_{eq} = 45\text{kPa}$，堆载宽度为 12m，纵向长度为 24mm。②层黏土相应于土的自重压力至土的自重压力与附加压力之和的压力段的 $E_s = 4.8\text{MPa}$，③层粉质黏土相应于土的自重压力至土的自重压力与附加压力之和的压力段的 $E_s = 7.5\text{MPa}$。试问，当沉降计算经验系数 $\psi_s = 1$，对②层及③层土，大面积堆载对柱 B 基础底面内侧中心 M 的附加沉降值 s_M（mm），与下列何项数值最为接近？

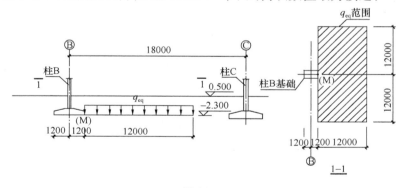

图 22-19

    （A）25   （B）35   （C）45   （D）60

    52. 假定，在 B-C 跨有对沉降要求严格的设备，采用直径为 600mm 的钻孔灌注桩桩基础，持力层为④卵石层。作用在 B-C 跨地坪上的大面积堆载为 45kPa，堆载使桩周土层对桩基产生负摩阻力，中性点位于③层粉质黏土内。②层黏土的负摩阻力系数 $\xi_{nl} = 0.27$。试问，单桩桩周②层黏土的负摩阻力标准值（kPa），与下列何项数值最为接近？

（A）25 　　　　（B）30 　　　　（C）35 　　　　（D）40

【题 53、54】 某多层住宅，采用筏板基础，基底尺寸为 24m×50m，地基基础设计等级为乙级。地基处理采用水泥粉煤灰碎石桩（CFG 桩）和水泥土搅拌桩两种桩型的复合地基，CFG 桩和水泥土搅拌桩的桩径均采用 500mm。桩的布置、地基土层分布、土层厚度及相关参数如图 22-20 所示。

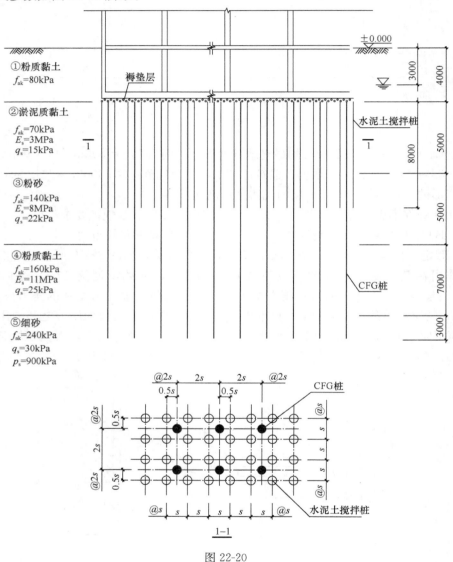

图 22-20

53. 假定，CFG 桩的单桩承载力特征值 R_{a1}＝680kN，单桩承载力发挥系数 λ_1＝0.9；水泥土搅拌桩单桩的承载力特征值为 R_{a2}＝90kN，单桩承载力发挥系数 λ_2＝1；桩间土承载力发挥系数 β＝0.9；处理后桩间土的承载力特征值可取天然地基承载力特征值。基础底面以上土的加权平均重度 γ_m＝17kN/m³。试问，初步设计时，当设计要求经深度修正后的②层淤泥质黏土复合地基承载力特征值不小于 300kPa，复合地基中桩的最大间距 s（m），与下列何项数值最为接近？

416

（A）0.9　　　　（B）1.0　　　　（C）1.1　　　　（D）1.2

54. 假定，基础底面处多桩型复合地基的承载力特征值 $f_{spk}=252kPa$。当对基础进行地基变形计算时，试问，第②层淤泥质黏土层的复合压缩模量 E_s（MPa），与下列何项数值最为接近？

（A）11　　　　（B）15　　　　（C）18　　　　（D）20

【题 55】 砌体结构纵墙等距离布置了 8 个沉降观测点，测点布置、砌体纵墙可能出现裂缝的形态等如图 22-21 所示。

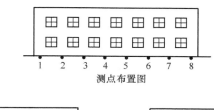

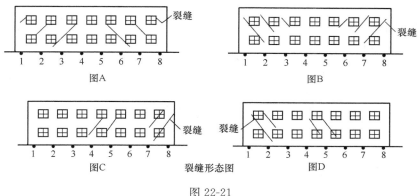

图 22-21

各点的沉降量见表 22-3 。

表 22-3

观测点	1	2	3	4	5	6	7	8
沉降量（mm）	102.2	116.4	130.8	157.3	177.5	180.6	190.9	210.5

试问，根据沉降量的分布规律，砌体结构纵墙最可能出现的裂缝形态，为下列何项？

（A）图 A　　　　（B）图 B　　　　（C）图 C　　　　（D）图 D

【题 56】 关于建筑边坡有下列主张：

Ⅰ. 边坡塌滑区内有重要建筑物、稳定性较差的边坡工程，其设计及施工应进行专门论证；

Ⅱ. 计算锚杆面积，传至锚杆的作用效应应采用荷载效应基本组合；

Ⅲ. 对安全等级为一级的临时边坡，边坡稳定安全系数应不小于 1.20；

Ⅳ. 采用重力式挡墙时，土质边坡高度不宜大于 10m。

试问，依据《建筑边坡工程技术规范》GB 50330—2013 的有关规定，针对上述主张的判断，下列何项正确？

（A）Ⅰ、Ⅱ、Ⅳ 正确　　　　　　　　（B）Ⅰ、Ⅳ 正确

(C) Ⅰ、Ⅱ正确 　　　　　　　　　　(D) Ⅰ、Ⅱ、Ⅲ正确

【题57】 下列四项观点：

Ⅰ. 验算高位转换层刚度条件时，采用剪弯刚度比；判断软弱层时，采用等效剪切刚度比；

Ⅱ. 当计算的最大层间位移角小于规范限值一定程度时，楼层的扭转位移比限值允许适当放松，但不应大于1.6；

Ⅲ. 高度200m的框架-核心筒结构，楼层层间最大位移与层高之比的限值应为1/650；

Ⅳ. 基本周期为5.2s的竖向不规则结构，8度（0.30g）设防，多遇地震水平地震作用计算时，薄弱层的剪重比不应小于0.0414。

试问，依据《高层建筑混凝土结构技术规程》JGJ 3—2010，针对上述观点准确性的判断，下列何项正确？

(A) Ⅰ、Ⅱ准确　　　(B) Ⅱ、Ⅳ准确　　　(C) Ⅱ、Ⅲ准确　　　(D) Ⅲ、Ⅳ准确

【题58】 高层混凝土框架结构抗震设计时，地下室顶板作为上部结构嵌固部位，下列关于地下室及相邻上部结构的设计观点，哪一项相对准确？

(A) 地下一层与首层侧向刚度比值不宜小于2，侧向刚度比值取楼层剪力与层间位移比值、等效剪切刚度比值之较大者

(B) 首层作为上部结构底部嵌固层，其侧向刚度与地上二层的侧向刚度比值不宜小于1.5

(C) 主楼下部地下室顶板梁抗震构造措施的抗震等级可比上部框架梁低一级，但梁端顶面和底面的纵向钢筋应比计算值增大10%

(D) 主楼下部地下一层柱每侧的纵向钢筋面积除应符合计算要求外，不应少于地上一层对应柱每侧纵向钢筋面积的1.1倍

【题59】 某28层钢筋混凝土框架-剪力墙高层建筑，普通办公楼，如图22-22所示，槽形平面，房屋高度100m，质量和刚度沿竖向分布均匀，50年重现期的基本风压为0.6kN/m²，地面粗糙度为B类。

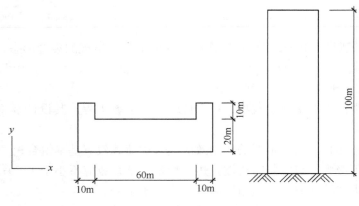

图 22-22

假定，风荷载沿竖向呈倒三角形分布，地面（±0.000）处为0，高度100m处风振系数取1.50，试问，估算的±0.000处沿Y方向风荷载作用下的倾覆弯矩标准值（kN·m），

与下列何项数值最为接近?

（A）637000　　　　（B）660000　　　　（C）700000　　　　（D）726000

【题60】 某现浇钢筋混凝土框架结构办公楼，抗震等级为一级，某一框架梁局部平面如图22-23所示。梁截面350mm×600mm，$h_0=540mm$，$a'_s=40mm$，混凝土强度等级C30，纵筋采用HRB400钢筋。该梁在各效应下截面A（梁顶）弯矩标准值分别为:

图 22-23

恒荷载: $M_A=-440kN\cdot m$; 活荷载: $M_A=-240kN\cdot m$;

水平地震作用: $M_A=-234kN\cdot m$;

假定，A截面处梁底纵筋面积按梁顶纵筋面积的二分之一配置，试问，为满足梁端A（顶面）极限承载力要求，梁端弯矩调幅系数至少应取下列何项数值?

（A）0.80　　　　（B）0.85

（C）0.90　　　　（D）1.00

【题61】 某办公楼，采用现浇钢筋混凝土框架-剪力墙结构，房屋高度73m，地上18层，1~17层刚度、质量沿竖向分布均匀，18层为多功能厅，仅框架部分升至屋顶，顶层框架结构抗震等级为一级。剖面如图22-24所示，顶层梁高600mm。抗震设防烈度为8度（0.2g），丙类建筑，进行结构多遇地震分析时，顶层中部某边柱，经振型分解反应谱法及三组加速度弹性时程分析补充计算，18层楼层剪力、相应构件的内力及按实配钢筋对应的弯矩值见表22-4，表中内力为考虑地震作用组合，按弹性分析未经调整的组合设计值，弯矩均为顺时针方向。

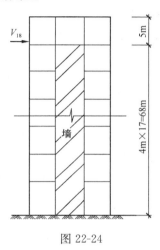

图 22-24

表 22-4

	M_c^t、M_c^b （kN·m）	M_{cua}^t、M_{cua}^b （kN·m）	V_c^t （kN）	M_{bua} （kN·m）	V_{18} （kN）
振型分解反应谱	350	450	220	350	2000
时程分析法平均值	340	420	210	320	1800
时程分析法最大值	450	550	250	380	2400

试问，该柱进行本层截面配筋设计时所采用的弯矩设计值 M（kN·m）、剪力设计值 V（kN），与下列何项数值最为接近?

（A）350；220　　（B）450；250　　（C）340；210　　（D）420；300

【题62、63】 某现浇钢筋混凝土部分框支剪力墙结构，其中底层框支框架及上部墙体如图22-25所示，抗震等级为一级。框支柱截面为1000mm×1000mm，上部墙体厚度250mm，混凝土强度等级C40，钢筋采用HRB400。

提示: 墙体施工缝处抗滑移能力满足要求。

62.假定，进行有限元应力分析校核时发现，框支梁上部一层墙体水平及竖向分布钢筋均大于整体模型计算结果。由应力分析得知，框支柱边 1200mm 范围内墙体考虑风荷载、地震作用组合的平均压应力设计值为 25N/mm²，框支梁与墙体交接面上考虑风荷载、地震作用组合的水平拉应力设计值为 2.5N/mm²。试问，该层墙体的水平分布筋及竖向分布筋，宜采用下列何项配置才能满足《高层建筑混凝土结构技术规程》JGJ 3—2010 的最低构造要求？

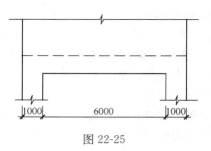

图 22-25

(A) 2Φ10@200；2Φ10@200　　　　(B) 2Φ12@200；2Φ12@200

(C) 2Φ12@200；2Φ14@200　　　　(D) 2Φ14@200；2Φ14@200

63. 假定，进行有限元应力分析校核时发现，框支梁上部一层墙体在柱顶范围竖向钢筋大于整体模型计算结果，由应力分析得知，柱顶范围墙体考虑风荷载、地震作用组合的平均压应力设计值为 32N/mm²。框支柱纵筋配置 40Φ28，沿四周均布，见图 22-26 所示。试问，框支梁方向框支柱顶范围墙体的纵向配筋采用下列何项配置，才能满足《高层建筑混凝土结构技术规程》JGJ 3—2010 的最低构造要求？

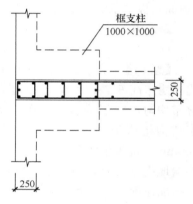

图 22-26

(A) 12Φ18　　　　(B) 12Φ20

(C) 8Φ18+6Φ28　(D) 8Φ20+6Φ28

【题 64~67】 某现浇钢筋混凝土大底盘双塔结构，地上 37 层，地下 2 层，如图 22-27 所示。大底盘 5 层均为商场（乙类建筑），高度 23.5m，塔楼为部分框支剪力墙结构，转换层设在 5 层顶板处，塔楼之间为长度 36m（4 跨）的框架结构。6 至 37 层为住宅（丙类建筑），层高 3.0m，剪力墙结构。抗震设防烈度为 6 度，Ⅲ类建筑场地，混凝土强度等级为 C40。分析表明地下一层顶板（±0.000 处）可作为上部结构嵌固部位。

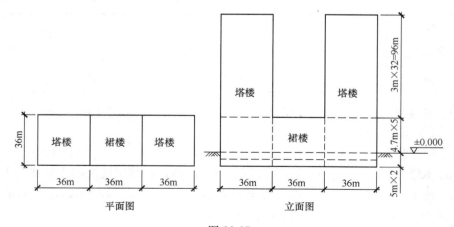

图 22-27

420

64. 针对上述结构，剪力墙抗震等级有下列 4 组，如表 22-5A～表 22-5D 所示。试问，下列何组符合《高层建筑混凝土结构技术规程》JGJ 3—2010 的规定？

(A) 表 22-5A　　　(B) 表 22-5B　　　(C) 表 22-5C　　　(D) 表 22-5D

剪力墙的抗震等级 A　　　　　　　　　　　　　　　　　　　　　　　表 22-5A

	抗震措施	抗震构造措施
地下二层	二级	二级
1 至 5 层	一级	特一级
7 层	二级	一级
20 层	三级	三级

剪力墙的抗震等级 B　　　　　　　　　　　　　　　　　　　　　　　表 22-5B

	抗震措施	抗震构造措施
地下二层		一级
1 至 5 层	特一级	特一级
7 层	一级	一级
20 层	三级	三级

剪力墙的抗震等级 C　　　　　　　　　　　　　　　　　　　　　　　表 22-5C

	抗震措施	抗震构造措施
地下二层		二级
1 至 5 层	一级	一级
7 层	二级	一级
20 层	三级	三级

剪力墙的抗震等级 D　　　　　　　　　　　　　　　　　　　　　　　表 22-5D

	抗震措施	抗震构造措施
地下二层		一级
1 至 5 层	一级	特一级
7 层	三级	三级
20 层	三级	三级

65. 针对上述结构，其 1～5 层框架、框支框架抗震等级有下列 4 组，如表 22-6A～表 22-6D 所示。试问，采用哪一组符合《高层建筑混凝土结构技术规程》JGJ 3—2010 的规定？

(A) 表 22-6A　　　(B) 表 22-6B　　　(C) 表 22-6C　　　(D) 表 22-6D

1-5 层框架、框支框架抗震等级 A 表 22-6A

	抗震措施	抗震构造措施
框架	一级	一级
框支框架梁	一级	特一级
框支框架柱	一级	特一级

1-5 层框架、框支框架抗震等级 B 表 22-6B

	抗震措施	抗震构造措施
框架	二级	二级
框支框架梁	一级	一级
框支框架柱	特一级	特一级

1-5 层框架、框支框架抗震等级 C 表 22-6C

	抗震措施	抗震构造措施
框架	二级	二级
框支框架梁	一级	特一级
框支框架柱	一级	特一级

1-5 层框架、框支框架抗震等级 D 表 22-6D

	抗震措施	抗震构造措施
框架	二级	二级
框支框架梁	一级	一级
框支框架柱	一级	特一级

66. 假定，该结构多塔整体模型计算的平动为主的第一自振周期 T_x、T_y、扭转耦联振动周期 T_t 如表 22-7A 所示；分塔模型计算的平动为主的第一自振周期 T_x、T_y、扭转耦联振动周期 T_t 如表 22-7B 所示；试问，对结构扭转不规则判断时，扭转为主的第一自振周期 T_t 与平动为主的第一自振周期 T_1 之比值，与下列何项数值最为接近？

(A) 0.7　　　　　(B) 0.8　　　　　(C) 0.9　　　　　(D) 1.0

多塔整体计算周期 表 22-7A

	不考虑偶然偏心	考虑偶然偏心	扭转方向因子
T_x (s)	1.4	1.6	
T_y (s)	1.7	1.8	
T_{t1} (s)	1.2	1.8	0.6
T_{t2} (s)	1.0	1.2	0.7

分塔计算周期			表 22-7B
	不考虑偶然偏心	考虑偶然偏心	扭转方向因子
T_x（s）	1.9	2.3	
T_y（s）	2.1	2.6	
T_{t1}（s）	1.7	2.1	0.6
T_{t2}（s）	1.5	1.8	0.7

67. 假定，裙楼右侧沿塔楼边设防震缝与塔楼分开（1～5 层），左侧与塔楼整体连接。防震缝两侧结构在进行控制扭转位移比计算分析时，有 4 种计算模型，如图 22-28 所示。如果不考虑地下室对上部结构的影响，试问，采用下列哪一组计算模型，最符合《高层建筑混凝土结构技术规程》JGJ 3—2010 的要求？

（A）模型 1；模型 3
（B）模型 2；模型 3
（C）模型 1；模型 2；模型 4
（D）模型 2；模型 3；模型 4

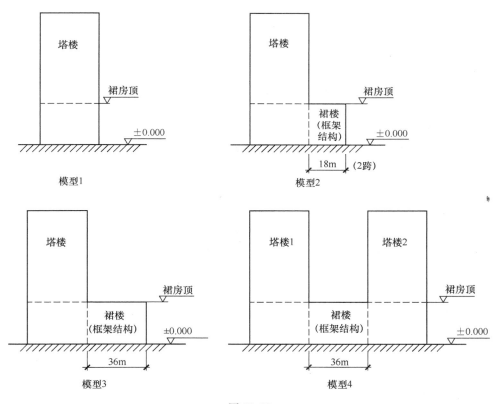

图 22-28

【题 68～72】 某 38 层现浇钢筋混凝土框架-核心筒结构，普通办公楼，如图 22-29 所示，房屋高度为 160m，1～4 层层高 6.0m，5～38 层层高 4.0m。抗震设防烈度为 7 度（0.10g），抗震设防类别为标准设防类，无薄弱层。

68. 假定，该结构进行方案比较时，刚重比大于 1.4，小于 2.7。由初步方案分析得知，多遇地震标准值作用下，Y 方向按弹性方法计算未考虑重力二阶效应的层间最大水平

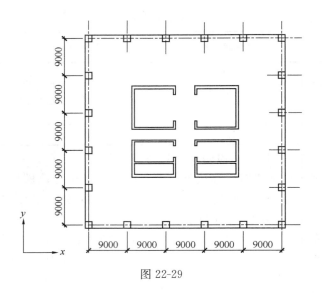

图 22-29

位移在中部楼层，为 5mm。试估算，满足规范对 Y 方向楼层位移限值要求的结构最小刚重比，与下列何项数值最为接近？

(A) 2.7   (B) 2.5   (C) 2.0   (D) 1.4

69. 假定，楼盖结构方案调整后，重力荷载代表值为 $1×10^6$kN，底部地震总剪力标准值为 12500kN，基本周期为 4.3s。多遇地震标准值作用下，Y 向框架部分分配的剪力与结构总剪力比例如图 22-30 所示。对应于地震作用标准值，Y 向框架部分按侧向刚度分配且未经调整的楼层地震剪力标准值：首层 $V = 600$kN；各层最大值 $V_{f,max} = 2000$kN。试问，抗震设计时，首层 Y 向框架部分按侧向刚度分配的楼层地震剪力标准值（kN），与下列何项数值最为接近？

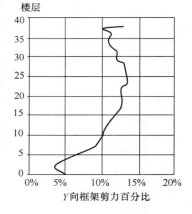

图 22-30

(A) 2500   (B) 2800
(C) 3000   (D) 3300

70. 假定，多遇地震标准值作用下，X 向框架部分分配的剪力与结构总剪力比例如图 22-31 所示。第 3 层核心筒墙肢 W1，在 X 向水平地震作用下剪力标准值 $V_{Ehk} = 2200$kN，在 X 向风荷载作用下剪力 $V_{wk} = 1600$kN。试问，该墙肢的剪力设计值 V（kN），与下列何项数值最为接近？

提示： 忽略墙肢在重力荷载代表值下及竖向地震作用下的剪力。

(A) 8200   (B) 5800   (C) 5300   (D) 4600

71. 假定，多遇地震标准值作用下，X 向框架部分分配的剪力与结构总剪力比例如图 22-31 所示（见题 70）。首层核心筒墙肢 W2 轴压比 0.4。该墙肢及框架柱混凝土强度等级 C60，钢筋采用 HRB400，试问，在进行抗震设计时，下列关于该墙肢及框架柱的抗震构造措施，其中何项不符合《高层建筑混凝土结构技术规程》JGJ 3—2010 的要求？

(A) 墙体水平分布筋配筋率不应小于 0.4%

（B）约束边缘构件纵向钢筋构造配筋率不应小于1.4%

（C）框架角柱纵向钢筋配筋率不应小于1.15%

（D）约束边缘构件箍筋体积配箍率不应小于1.6%

72. 假定，主体结构抗震性能目标定为C级，抗震性能设计时，在设防烈度地震作用下，主要构件的抗震性能指标有下列4组，如表22-8A～表22-8D所示。试问，设防烈度地震作用下构件抗震性能设计时，采用哪一组符合《高层建筑混凝土结构技术规程》JGJ 3—2010 的基本要求？

注：构件承载力满足弹性设计要求简称"弹性"；满足屈服承载力要求简称"不屈服"。

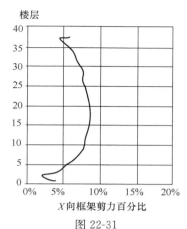

图 22-31

（A）22-8A　　　　（B）22-8B　　　　（C）22-8C　　　　（D）22-8D

结构主要构件的抗震性能指标 A　　　　　　　表 22-8A

		设防烈度
核心筒墙肢	抗弯	底部加强部位：不屈服 一般楼层：不屈服
	抗剪	底部加强部位：弹性 一般楼层：不屈服
核心筒连梁		允许进入塑性，抗剪不屈服
外 框 梁		允许进入塑性，抗剪不屈服

结构主要构件的抗震性能指标 B　　　　　　　表 22-8B

		设防烈度
核心筒墙肢	抗弯	底部加强部位：不屈服 一般楼层：不屈服
	抗剪	底部加强部位：弹性 一般楼层：弹性
核心筒连梁		允许进入塑性，抗剪不屈服
外 框 梁		允许进入塑性，抗剪不屈服

结构主要构件的抗震性能指标 C　　　　　　　表 22-8C

		设防烈度
核心筒墙肢	抗弯	底部加强部位：不屈服 一般楼层：不屈服
	抗剪	底部加强部位：弹性 一般楼层：不屈服
核心筒连梁		抗弯、抗剪不屈服
外 框 梁		抗弯、抗剪不屈服

425

结构主要构件的抗震性能指标 D 表 22-8D

		设防烈度
核心筒墙肢	抗弯	底部加强部位：不屈服
		一般楼层：不屈服
	抗剪	底部加强部位：弹性
		一般楼层：弹性
核心筒连梁		抗弯、抗剪不屈服
外框梁		抗弯、抗剪不屈服

【题 73】 某标准跨径 3×30m 预应力混凝土连续箱梁桥，当作为一级公路上的桥梁时，试问，其主体结构的设计使用年限不应低于多少年？

(A) 30　　　　　(B) 50　　　　　(C) 100　　　　　(D) 120

【题 74】 某一级公路的跨河桥，跨越河道特点为河床稳定、河道顺直、河床纵向比降较小，拟采用 25m 简支 T 梁，共 50 孔。试问，其桥涵设计洪水频率最低可采用下列何项标准？

(A) 1/300　　　　(B) 1/100　　　　(C) 1/50　　　　(D) 1/25

【题 75】 某高速公路立交匝道桥为一孔 25.8m 预应力混凝土现浇简支箱梁，桥梁全宽 9m，桥面宽 8m，梁计算跨径 25m，冲击系数 0.222，不计偏载系数，梁自重及桥面铺装等恒载作用按 154.3kN/m 计，如图 22-32，试问：桥梁跨中弯矩基本组合值（kN·m），与下列何项数值最为接近？

(A) 23900　　　　(B) 24400　　　　(C) 25120　　　　(D) 26290

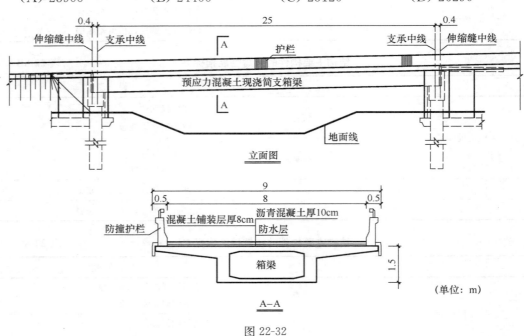

图 22-32

【题 76】 某梁梁底设一个矩形板式橡胶支座，支座尺寸为纵桥向 0.45m，横桥向 0.7m，剪切模量 $G_e = 1.0$MPa，支座有效承压面积 $A_e = 0.3036$m²，橡胶层总厚度 $t_e =$

0.089m；支座与梁墩相接的支座顶、底面水平，在常温下运营，由结构自重与汽车荷载标准值（已计入冲击系数）引起的支座反力为 2500kN，上部结构梁沿纵向梁端转角为0.003rad，试问，验证支座竖向平均压缩变形时，符合下列哪种情况？

提示：$E_e = 677.4$MPa。

（A）支座会脱空、不致影响稳定 　　（B）支座会脱空、影响稳定

（C）支座不会脱空、不致影响稳定 　　（D）支座不会脱空、影响稳定

【题 77】　某预应力混凝土弯箱梁中沿中腹板的一根钢束，如图 22-33 所示 A 点至 B点，A 为张拉端，B 为连续梁跨中截面，预应力孔道为预埋塑料波纹管。假定，管道每米局部偏差对摩擦的影响系数 $k = 0.0015$，预应力钢绞线与管道壁的摩擦系数 $\mu = 0.17$，预应力束锚下的张拉控制应力 $\sigma_{con} = 1302$MPa，由 A 至 B 点预应力钢束在梁内竖弯转角共 5处，转角 1 为 0.0873rad，转角 2～5 均为 0.2094rad，A、B 点所夹圆心角为 0.2964rad，钢束长按 36.442m 计，试问，计算截面 B 处的后张预应力束与管道壁之间摩擦引起的预应力损失值（MPa），与下列何项数值最为接近？

（A）190　　　　　（B）250　　　　　（C）260　　　　　（D）300

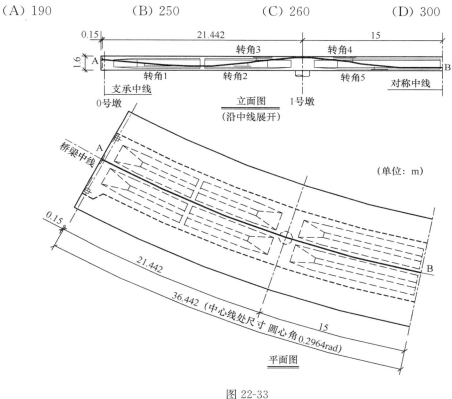

图 22-33

【题 78】　某预应力混凝土梁，混凝土强度等级为 C50，梁腹板宽度 0.5m，在支承区域按持久状况进行设计时，由作用标准值和预应力产生的主拉应力为 1.5MPa（受拉为正），不考虑斜截面抗剪承载力计算，假定箍筋的抗拉强度标准值按 180MPa 计，试问，下列各箍筋配置方案哪个更为合理？

（A）4 肢Φ 12 间距 100mm 　　　　（B）4 肢Φ 14 间距 150mm

(C) 2 肢 Φ 16 间距 100mm　　　　　　(D) 6 肢 Φ 14 间距 150mm

【题 79】 某桥中墩柱采用直径 1.5m 圆形截面，混凝土强度等级 C40，柱高 8m，桥区位于抗震设防烈度 7 度区，拟采用螺旋箍筋，假定，最不利组合轴向压力为 9000kN，箍筋抗拉强度设计值为 $f_{yh}=330MPa$，纵向钢筋净保护层 50mm，纵向配筋率 ρ_t 为 1%，混凝土轴心抗压强度设计值 $f_{cd}=18.4MPa$，混凝土圆柱体抗压强度值 $f'_c=31.6MPa$，螺旋箍筋螺距 100mm，试问，墩柱潜在塑性铰区域的加密箍筋最小体积含箍率，与下列何项数值最为接近？

(A) 0.004　　　　(B) 0.005　　　　(C) 0.006　　　　(D) 0.008

【题 80】 桥涵结构或其构件应按承载能力极限状态和正常使用极限状态进行设计，试问，下列哪些验算内容属于承载能力极限状态设计？

①不适于继续承载的变形；②结构倾覆；③强度破坏；④满足正常使用的开裂；⑤撞击；⑥地震

(A) ①+②+③

(B) ①+②+③+④

(C) ①+②+③+④+⑤

(D) ①+②+③+⑤+⑥

2018 年试题

（上午卷）

【题 1～3】 某办公楼为现浇混凝土框架结构，混凝土强度等级 C35，纵向钢筋采用 HRB400，箍筋采用 HPB300。其二层（中间楼层）的局部平面图和次梁 L-1 的计算简图如图 Z18-1 所示，其中 KZ-1 为角柱，KZ-2 为边柱。假定，次梁 L-1 计算时 $a_s=80mm$，$a_s'=40mm$。楼面永久荷载和楼面活荷载为均布荷载，楼面均布永久荷载标准值 $q_{Gk}=74kN/m^2$（已包括次梁、楼板等构件自重，L-1 荷载计算时不必再考虑梁自重），楼面均布活荷载的组合值系数 0.7，不考虑楼面活荷载的折减系数。

提示：按《建筑结构可靠性设计统一标准》作答。

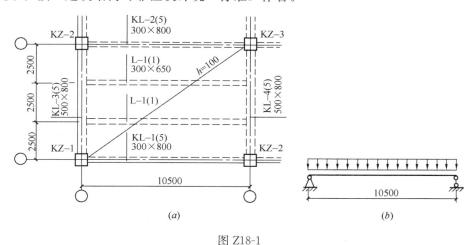

图 Z18-1

（a）局部平面图；（b）L-1 计算简图

1. 假定，楼面均布活荷载标准值 $q_{Gk}=2kN/m^2$，准永久值系数 0.6。不考虑受压钢筋的作用，构件浇筑时未预先起拱。试问，当使用上次对梁 L-1 的挠度有较高要求时，为满足受弯构件挠度要求时，次梁 L-1 的短期刚度 B_s（$10^{11}N\cdot mm^2$），与下列何项数值最为接近？

提示：简支梁的弹性挠度计算公式：$\Delta=\dfrac{5ql^4}{384EI}$

(A) 1.25 　　　　(B) 2.50 　　　　(C) 2.75 　　　　(D) 3.00

2. 假定，不考虑楼板作为翼缘对梁的影响，充分考虑 L-1 梁顶面受压钢筋 3 Φ 25 的作用，试问，按次梁 L-1 的受弯承载力计算，楼面允许最大活荷载标准值（kN/m^2），与下列何项数值最为接近？

(A) 26.0 　　　　(B) 21.5 　　　　(C) 17.0 　　　　(D) 12.5

3. 假定，框架的抗震等级为二级，构件的环境类别为一类，KL-3 梁上部纵向钢筋 Φ 28 采用二并筋的布置方式，箍筋 Φ 12@100/200，其梁上部钢筋布置和端节点梁钢筋弯折锚固的示意图如图 Z18-2 所示。试问、梁侧面箍筋保护层厚度 c（mm）和梁纵筋的锚固水平段最小长度 l（mm），与下列何项最为接近？

　　（A）28，590　　　　（B）28，640　　　　（C）35，590　　　　（D）35，640

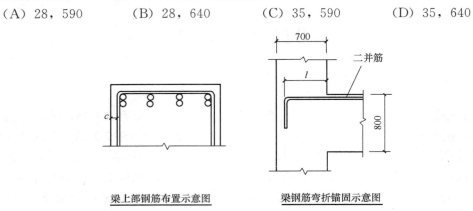

图 Z18-2

　　【题 4】　新疆乌鲁木齐市内的某二层办公楼，附带一层高的入口门厅，其平面和剖面如图 Z18-3 所示。门厅屋面采用轻质屋盖结构。试问，门厅屋面邻近主楼处的最大雪荷载标准值 s_k（kN/m^2），与下列何项数值最为接近？

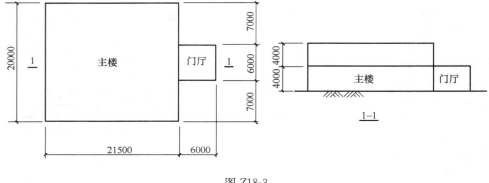

图 Z18-3

　　（A）0.9　　　　（B）1.0　　　　（C）2.0　　　　（D）3.5

　　【题 5】　某海岛临海建筑，为封闭式矩形平面房屋，外墙采用单层幕墙，其平面和立面如图 Z18-4 所示，P 点位于墙面 AD 上，距海平面高度 15m。假定，基本风压 $w_0 =$

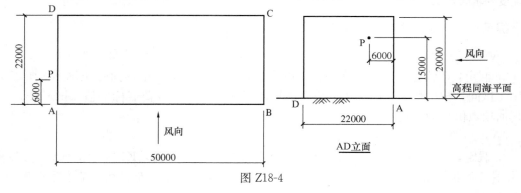

图 Z18-4

1.3kN/m²，墙面 AD 的围护构件直接承受风荷载。试问，在图示风向情况下，当计算墙面 AD 围护构件风荷载时，P 点处垂直于墙面的风荷载标准值的绝对值 w_k（kN/m²），与下列何项数值最为接近？

提示：①按《建筑结构荷载规范》GB 50009—2012 作答，海岛的修正系数 $\eta=1.0$；②需同时考虑建筑物墙面的内外压力。

(A) 2.9   (B) 3.5   (C) 4.1   (D) 4.6

【题6】 某普通钢筋混凝土轴心受压圆柱，直径 600mm，混凝土强度等级 C35，纵向钢筋和箍筋均采用 HRB400。纵向受力钢筋 14 Φ 22，沿周边均匀布置，配置螺旋式箍筋 Φ 8@70，箍筋保护层厚度 22mm。假定，圆柱的计算长度 $l_0=7.15$m，试问，不考虑抗震时，该柱的轴心受压承载力设计值 N（kN），与下列何项数值最为接近？

(A) 4500   (B) 5100   (C) 5500   (D) 5900

【题7】 下列关于混凝土结构工程施工质量验收方面的说法，何项正确？

(A) 基础中纵向受力钢筋保护层厚度的合格点率应达到 90% 及以上，且不得有超过 ±15mm 的尺寸偏差

(B) 属于同一工程项目的多个单位工程，对同一厂家生产的同批材料、构配件、器具及半成品，可统一划分检验批进行验收

(C) 爬升式模板工程、工具式模板工程及高大模板支架工程应编制施工方案，其中只有高大模板支架工程应按有关规定进行技术论证

(D) 当后张有粘结预应力筋曲线孔道波峰和波谷的高差大于 300mm，且采用普通灌浆工艺时，应在孔道波谷设置排气孔

【题8】 某外挑三脚架，计算简图如图 Z18-5 所示。其中横杆 AB 为等截面普通混凝土构件，截面尺寸 300mm×400mm，混凝土强度等级为 C35，纵向钢筋和箍筋均采用 HRB400，全跨范围内纵筋和箍筋的配置不变，未配置弯起钢筋，$a_s=a_s'=40$mm。假定，不计 BC 杆自重，均布荷载设计值 $q=70$kN/m（含 AB 杆自重）。试问，按斜截面受剪承载力计算（不考虑抗震），横杆 AB 在 A 支座边缘处的最小箍筋配置与下列何项最为接近？

提示：满足计算要求即可，不需要复核最小配筋率和构造要求。

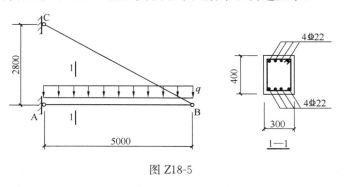

图 Z18-5

(A) Φ 6@200（2）   (B) Φ 8@200（2）

(C) Φ 10@200（2）   (D) Φ 12@200（2）

【题9、10】 某悬挑斜梁为等截面普通混凝土独立梁，计算简图如图 Z18-6 所示。斜梁截面尺寸 400mm×600mm（不考虑梁侧面钢筋的作用），混凝土强度等级为 C35，纵向

钢筋采用 HRB400，梁底实配纵筋 4 Φ 14，$a'_s = 40mm$，$a_s = 70mm$，$\xi_b = 0.518$。梁端永久荷载标准值 $G_k = 80kN$，可变荷载标准值 $Q_k = 70kN$，不考虑构件自重。

提示： 按《建筑结构可靠性设计统一标准》GB 50068—2018 作答。

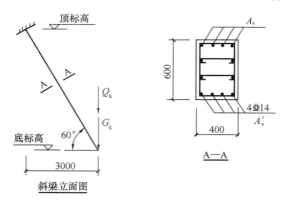

图 Z18-6

9. 试问，按承载能力极限状态计算（不考虑抗震），计入纵向受压钢筋作用，悬挑斜梁最不利截面的梁面纵向受力钢筋截面面积 A_s（mm^2），与下列何项数值最为接近？

提示： 不需要验算最小配筋率。

（A）3500　　　　　（B）3700　　　　　（C）3900　　　　　（D）4100

10. 假定，梁顶实配纵筋 8 Φ 28，可变荷载的准永久值系数为 0.7。试问，验算梁顶面最大裂缝宽度时，梁顶面纵向钢筋应力 σ_s（N/mm^2），与下列何项数值最为接近？

（A）90　　　　　（B）115　　　　　（C）140　　　　　（D）170

【题 11】 某办公楼，为钢筋混凝土框架-剪力墙结构，纵向钢筋采用 HRB400，箍筋采用 HPB300，框架抗震等级为二级。假定，底层某中柱 KZ-1，混凝土强度等级 C60，剪跨比为 2.8，截面和配筋如图 Z18-7 所示。箍筋采用井字复合箍（重叠部分不重复计算），箍筋肢距约为 180mm，箍筋的保护层厚度 22mm。试问，该柱按抗震构造措施确定的最大轴压力设计值 N（kN），与下列何项数值最为接近？

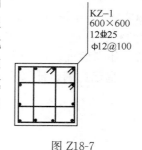

图 Z18-7

（A）7900　　　　　　　　　　　（B）8400

（C）8900　　　　　　　　　　　（D）9400

【题 12、13】 某普通钢筋混凝土刚架，不考虑抗震设计。计算简图如图 Z18-8 所示。其中竖杆 CD 截面尺寸 600mm × 600mm，混凝土强度等级为 C35，纵向钢筋采用 HRB400，对称配筋 $a_s = a'_s = 80mm$，$\xi_b = 0.518$。

提示： ①不考虑各构件自重，不需要验算最小配筋率。

②按《建筑结构可靠性设计统一标准》GB 50068—2018 作答。

12. 在图 Z18-8 所示荷载作用下，假定，重力荷载标准值 $g_k = 145kN/m$，左风、右风荷载标准值 $F_{wk,l} = F_{wk,r} = 90kN$。试问，按正截面承载能力极限状态计算时，竖杆 CD 最不利截面的最不利荷载组合：轴力设计值的绝对值（kN），相应的弯矩设计值的绝对值

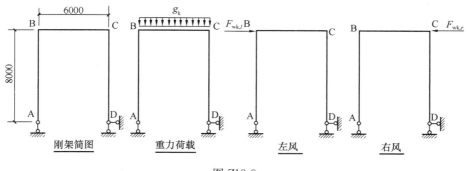

图 Z18-8

（kN·m），与下列何项数值最为接近？

提示：按重力荷载分项系数 1.3；风荷载分项系数 1.5 计算。

(A) 390，700   (B) 750，700   (C) 390，1100   (D) 750，1100

13. 假定，CD 杆最不利截面的最不利荷载组合为：$N = 260$kN，$M = 800$kN·m。试问，不考虑二阶效应，按承载能力极限状态计算，对称配筋，计入纵向受压钢筋作用，竖杆 CD 最不利截面的单侧纵向受力钢筋截面面积 A_s（mm²），与下列何项数值最为接近？

(A) 3700   (B) 4050   (C) 4400   (D) 4750

【题 14】 某建筑中的幕墙连接件与楼面混凝土梁上的预埋件刚性连接。预埋件由锚板和对称配置的直锚筋组成，如图 Z18-9 所示。假定，混凝土强度等级为 C35，直锚筋为 6 Φ 12（HRB400），已采取防止锚板弯曲变形的措施（$\alpha_b = 1.0$），锚筋的边距均满足规范要求。连接件端部承受幕墙传来的集中力 F 的作用，力的作用点和作用方向如图 Z18-9 所示。试问，当不考虑抗震时，该预埋件可以承受的最大集中力设计值 F（kN），与下列何项数值最为接近？

提示：① 预埋件承载力由锚筋面积控制；

② 幕墙连接件的重量忽略不计。

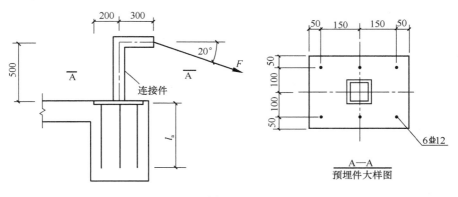

图 Z18-9

(A) 40   (B) 50   (C) 60   (70)

【题 15、16】 某现浇钢筋混凝土框架-剪力墙结构高层办公楼，抗震设防烈度为 8 度

（0.2g），场地类别为Ⅱ类，抗震等级：框架二级、剪力墙一级，混凝土强度等级：框架柱及剪力墙 C50，框架梁及楼板 C35，纵向钢筋及箍筋均采用 HRB400（Φ）。

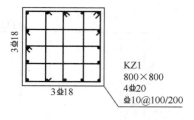

图 Z18-10　KZ1 配筋图

15. 假定，某框架中柱 KZ1 剪跨比大于 2，配筋如图 Z18-10 所示。试问，图中 KZ1 有几处违反规范的抗震构造要求，并简述理由。

提示： KZ1 的箍筋体积配箍率及轴压比均满足规范要求。

（A）无违反　　　　（B）有一处　　　　（C）有二处　　　　（D）有三处

16. 假定，某剪力墙的墙肢截面高度均为 $h_w = 7900mm$，其约束边缘构件 YBZ1 配筋如图 Z18-11 所示，该墙肢底截面的轴压比为 0.4。试问，图中 YBZ1 有几处违反规范的抗震构造要求，并简述理由。

提示： YBZ1 阴影区和非阴影区的箍筋和拉筋体积配箍率满足规范要求。

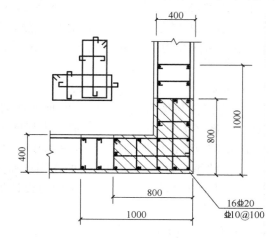

图 Z18-11　YBZ1 配筋图

（A）无违反　　　　　　　　　（B）有一处
（C）有二处　　　　　　　　　（D）有三处

【题 17～22】　某非抗震设计的单层钢结构平台，钢材均为 Q235B，梁柱均采用轧制 H 型钢，X 向采用梁柱刚接的框架结构，Y 向采用梁柱铰接的支撑结构，平台满铺 $t = 6mm$ 的花纹钢板，见图 Z18-12 所示。假定，平台自重（含梁自重）折算为 1kN/m²（标准值），活荷载为 4kN/m²（标准值），梁均采用 H300×150×6.5×9，柱均采用 H250×250×9×14，所有截面均无削弱，不考虑楼板对梁的影响。

提示： 按《建筑结构可靠性设计统一标准》GB 50068—2018 作答。

截面特性表　　　　　　　　　　　　　　　　　　　　　　**表 Z18-1**

	面积 A (cm²)	惯性矩 I_x (cm⁴)	回转半径 i_x (cm)	惯性矩 I_y (cm⁴)	回转半径 i_y (cm)	弹性截面模量 W_x (cm³)
H300×150×6.5×9	46.78	7210	12.4	508	3.29	481
H250×250×9×14	91.43	10700	10.8	3650	6.31	860

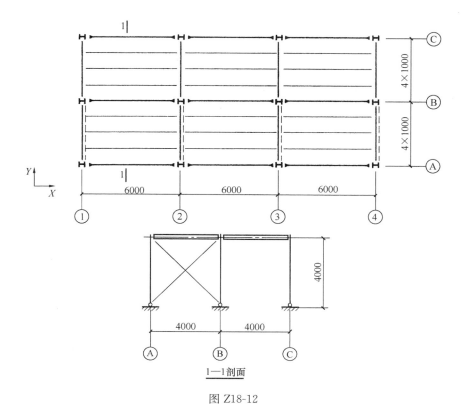

图 Z18-12

17. 假定，荷载传递路径为板传递至次梁，次梁传递至主梁。试问，在设计弯矩作用下，②轴主梁正应力计算值（N/mm²），与下列何项数值最为接近？

(A) 80   (B) 90   (C) 120   (D) 160

18. 假定，内力计算采用一阶弹性分析，柱脚铰接，取 $K_2=0$。试问，②轴柱 X 向平面内计算长度系数，与下列何项数值最为接近？

(A) 0.9   (B) 1.0   (C) 2.4   (D) 2.7

19. 假定，某框架柱轴心压力设计值为 163.2kN，X 向弯矩设计值为 $M_x=20.4$ kN·m，Y 向计算长度系数取为 1。试问，对于框架柱 X 向，以应力形式表达的弯矩作用平面外稳定性计算最大值（N/mm²），与下列何项数值最为接近？

提示： 所考虑构件段无横向荷载作用。

(A) 20   (B) 40   (C) 60   (D) 80

20. 假定，柱脚竖向压力设计值为 163.2kN，水平反力设计值为 30kN。试问，关于图 Z18-13 柱脚，下列何项说法符合《钢结构设计标准》GB 50017—2017 规定？

(A) 柱与底板必须采用熔透焊缝

(B) 底板下必须设抗剪键承受水平反力

(C) 必须设置预埋件与底板焊接

(D) 可以通过底板与混凝土基础间的摩擦传递水平反力

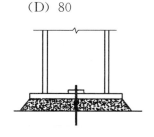

图 Z18-13

21. 由于生产需要图示处（图 Z18-14）增加集中荷载，故梁下增设三根两端铰接的轴心受压柱，其中，边柱（Ⓐ、Ⓒ轴）轴心压力设计值为 100kN，中柱（Ⓑ轴）轴心压力设计值为 200kN。假定，Y 向为强支撑框架，Ⓑ轴框架柱总轴心压力设计值为 486.9kN，Ⓐ、Ⓒ轴框架柱总轴心压力设计值均为 243.5kN。试问，与原结构相比，关于框架柱的计算长度，下列何项说法最接近《钢结构设计标准》GB 50017—2017 规定？

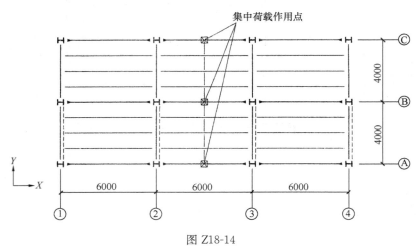

图 Z18-14

（A）框架柱 X 向计算长度增大系数为 1.2
（B）框架柱 X 向、Y 向计算长度不变
（C）框架柱 X 向及 Y 向计算长度增大系数均为 1.2
（D）框架柱 Y 向计算长度增大系数为 1.2

22. 假定，以用钢量最低作为目标，题 21 中的轴心受压铰接柱采用下列何种截面最为合理？

（A）轧制 H 型截面　　　　　　（B）钢管截面
（C）焊接 H 形截面　　　　　　（D）焊接十字形截面

【题 23】 关于常幅疲劳计算，下列何项说法正确？

（A）正应力变化的循环次数越多，容许正应力幅越小；构件和连接的类别序数越大，容许正应力幅越大

（B）正应力变化的循环次数越多，容许正应力幅越大；构件和连接的类别序数越大，容许正应力幅越小

（C）正应力变化的循环次数越少，容许正应力幅越小；构件和连接的类别序数越大，容许正应力幅越大

（D）正应力变化的循环次数越少，容许正应力幅越大；构件和连接的类别序数越大，容许正应力幅越小

【题 24～27】 某 4 层钢结构商业建筑，层高 5m，房屋高度 20m，抗震设防烈度 8 度，X 方向采用框架结构，Y 方向采用框架-中心支撑结构，楼面采用 150mm 厚 C30 混凝土楼板，钢梁顶采用抗剪栓钉与楼板连接，如图 Z18-15 所示。框架梁柱采用 Q345，各框架柱截面均相同，内力计算采用一阶弹性分析。

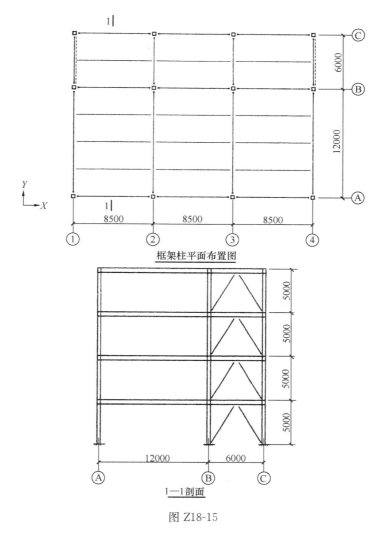

框架柱平面布置图

1—1剖面

图 Z18-15

24. 假定，框架柱每层几何长度为 5m，Y 方向满足强支撑框架要求。试问，关于框架柱计算长度，下列何项符合《钢结构设计标准》GB 50017—2017 的规定？

（A）X 方向计算长度大于 5m，Y 方向计算长度不大于 5m

（B）X 方向计算长度不大于 5m，Y 方向计算长度大于 5m

（C）X、Y 方向计算长度均可取为 5m

（D）X、Y 方向计算长度均大于 5m

25. 试问，关于梁柱刚性连接，下列何种说法符合标准规范规定？

（A）假定，框架梁柱均采用 H 形截面，当满足《钢结构设计标准》GB 50017—2017 第 12.3.4 条规定时，采用柱贯通型的 H 形柱在梁翼缘对应处可不设置横向加劲肋

（B）进行梁与柱刚性连接的极限承载力验算时，焊接的连接系数大于螺栓连接

（C）柱在梁翼缘上下各 500mm 的范围内，柱翼缘与柱腹板间的连接焊缝应采用全熔透坡口焊缝

（D）进行柱节点域屈服承载力验算时，节点域要求与梁内力设计值有关

437

26. 假定，次梁采用 Q345，截面采用工字形，考虑形成塑性铰并发生塑性转动进行组合梁的强度计算，上翼缘为受压区。试问，上翼缘最大的板件宽厚比，与下列何项数值最为接近？

(A) 15   (B) 13   (C) 9   (D) 7.4

27. 假定，不按抗震设计考虑，柱间支撑采用交叉支撑，支撑两杆截面相同并在交叉点处均不中断并相互连接，支撑杆件一杆受拉，一杆受压。试问，关于受压支撑杆，下列何种说法错误？

(A) 平面内计算长度取节点中心至交叉点间距离

(B) 平面外计算长度不大于桁架节点间距离的 $\sqrt{0.5}$ 倍

(C) 平面外计算长度等于桁架节点中心间的距离

(D) 平面外计算长度与另一杆的内力大小有关

【题 28】 关于钢管连接节点，下列何项说法符合《钢结构设计标准》GB 50017—2017 的规定？

(A) 支管沿周边与主管相焊，焊缝承载力不应小于节点承载力

(B) 支管沿周边与主管相焊，节点承载力不应小于焊缝承载力

(C) 焊缝承载力必须等于节点承载力

(D) 支管轴心内力设计值不应大于节点承载力设计值和焊缝承载力设计值，至于焊缝承载力，大于或小于节点承载力均可

【题 29】 假定，某一般建筑的屋面支撑采用按拉杆设计的交叉支撑，截面采用单角钢，两杆截面相同且在交叉点处均不中断并相互连接，支撑节间横向和纵向尺寸均为 6m，支撑截面由构造确定。试问，采用下列何项支撑截面最为合理？

截面特性表   表 Z18-2

截面名称	面积 A (cm^2)	回转半径 i_x (cm)	回转半径 i_{x0} (cm)	回转半径 i_{y0} (cm)
L56×5	5.415	1.72	2.17	1.10
L70×5	6.875	2.16	2.73	1.39
L90×6	10.637	2.79	3.51	1.84
L110×7	15.196	3.41	4.30	2.20

(A) L56×5   (B) L70×5   (C) L90×6   (D) L110×7

【题 30】 某非抗震设计的钢柱采用焊接工字型截面 H900×350×10×20，钢材采用 Q235 钢。假定，该钢柱作为压弯构件，其腹板高厚比不符合《钢结构设计标准》GB 50017—2017 关于压弯构件腹板局部稳定的要求。试问，若腹板不能采用加劲肋加强，在计算该钢柱的强度和稳定性时，其截面面积（mm^2）应采用下列何项数值？

提示：计算截面无削弱；$\alpha_0 = 1.0$。

(A) 140×10^2 mm^2 (B) 180×10^2 mm^2

(C) 205×10^2 mm^2 (D) 226×10^2 mm^2

【题 31～34】 非抗震设计时，某顶层两跨连续墙梁，支承在下层的砌体墙上，如图 Z18-16 所示。墙体厚度为 240mm，墙梁洞口居墙梁跨中布置，洞口尺寸为 $b \times h$ (mm×mm)。托梁截面尺寸为 240mm×500mm。使用阶段墙梁上的荷载分别为托梁顶面的荷载设计值 Q_1 和墙梁顶面的荷载设计值 Q_2。GZ1 为墙体中设置的钢筋混凝土构造柱，墙梁的

构造措施满足规范要求。

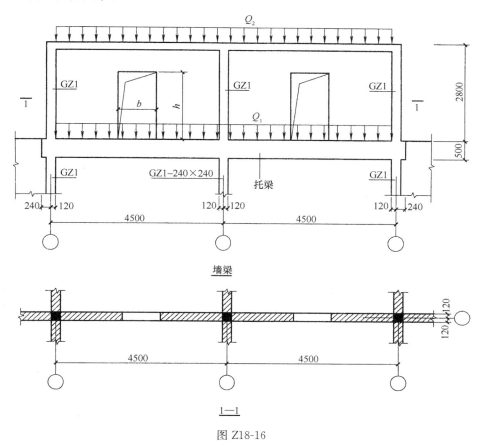

图 Z18-16

31. 试问，最大洞口尺寸 $b×h$（mm×mm），与下列何项数值最为接近？

（A）1200×2200　　　　　　　（B）1300×2300

（C）1400×2400　　　　　　　（D）1500×2400

32. 假定，洞口尺寸 $b×h=1000mm×2000mm$，试问，考虑墙梁组合作用的托梁跨中截面弯矩系数 $α_M$ 值，与下列何项数值最为接近？

（A）0.09　　　　　　　（B）0.15

（C）0.22　　　　　　　（D）0.27

33. 假定，$Q_1=30kN/m$，$Q_2=90kN/m$，试问，托梁跨中轴心拉力设计值 N_{bt}（kN），与下列何项数值最为接近？

提示：两跨连续梁在均布荷载作用下跨中弯矩的效应系数为0.07。

（A）50　　　　（B）100　　　　（C）150　　　　（D）200

34. 关于本题的墙梁设计，试问，下列说法中何项正确？

Ⅰ．对使用阶段墙体的受剪承载力、托梁支座上部砌体局部受压承载力，可不必验算；

Ⅱ．墙梁洞口上方可设置钢筋砖过梁，其底面砂浆层处的钢筋伸入支座砌体内的长度不应小于240mm；

Ⅲ. 托梁上部通长布置的纵向钢筋面积为跨中下部纵向钢筋面积的 50%；

Ⅳ. 墙体采用 MU15 级蒸压粉煤灰普通砖、Ms7.5 级专用砌筑砂浆砌筑，在不加设临时支撑的情况下，每天砌筑高度不超过 1.5m。

(A) Ⅰ、Ⅱ正确　　　　　　　　　　(B) Ⅰ、Ⅲ正确

(C) Ⅱ、Ⅲ正确　　　　　　　　　　(D) Ⅱ、Ⅳ正确

【题 35～38】 某单层砌体结构房屋中一矩形截面柱（$b \times h$），其柱下独立基础如图 Z18-17 所示，柱居基础平面中。结构的设计使用年限为 50 年，砌体施工质量控制等级为 B 级。

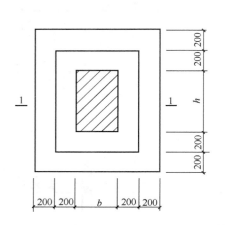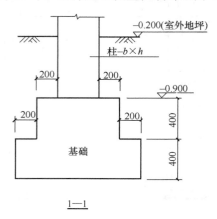

图 Z18-17

35. 假定，柱截面尺寸为 370mm×490mm，柱底轴压力设计值 $N=270$kN，基础采用 MU60 级毛石和水泥砂浆砌筑。试问，由基础局部受压控制时，砌筑基础采用的砂浆最低强度等级，与下列何项数值最为接近？

提示：不考虑强度设计值调整系数 γ_a 的影响

(A) 0　　　　　(B) M2.5　　　　　(C) M5　　　　　(D) M7.5

36. 假定，基础所处环境类别为 3 类。试问，关于独立柱在地面以下部分砌体材料的要求，下列何项正确？

Ⅰ. 采用 MU15 级混凝土砌块、Mb10 级砌筑砂浆砌筑，但须采用 Cb20 级混凝土预先灌实。

Ⅱ. 采用 MU25 级混凝土普通砖、M15 级水泥砂浆砌筑。

Ⅲ. 采用 MU25 级蒸压灰砂普通砖、M15 级水泥砂浆砌筑。

Ⅳ. 采用 MU20 级实心砖、M10 级水泥砂浆砌筑。

(A) Ⅰ、Ⅱ正确　　　(B) Ⅰ、Ⅲ正确　　　(C) Ⅰ、Ⅳ正确　　　(D) Ⅱ、Ⅳ正确

37. 假定，柱采用砖砌体与钢筋混凝土面层的组合砌体，砌体采用 MU15 级烧结普通砖、M10 级砂浆砌筑。混凝土采用 C20（$f_c=9.6$MPa），纵向受力钢筋采用 HPB300，对称配筋，单侧配筋面积为 730mm²。其截面如图 Z18-18 所示。若柱计算高度 $H_0=6.4$m。组合砖砌体的构造措施满足规范要求。试问，该柱截面的轴心受压承载力设计值（kN），与下列何项数值最为接近？

提示：不考虑砌体强度调整系数 γ_a 的影响。

(A) 1700　　　　　(B) 1400　　　　　(C) 1000　　　　　(D) 900

38. 假定，柱采用配筋灌孔混凝土砌块砌体，钢筋采用 HPB300，砌体的抗压强度设计值 $f_g=4.0$MPa，截面如图 Z18-19 所示，柱计算高度 $H_0=6.4$m，配筋砌块砌体的构造措施满足规范要求。试问，该柱截面的轴心受压承载力设计值（kN），与下列何项数值最为接近？

提示： 不考虑砌体强度调整系数 γ_a 的影响。

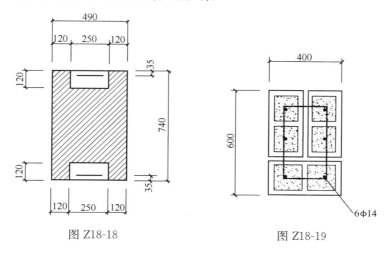

图 Z18-18　　　　　　　　　　　　图 Z18-19

(A) 700　　　　　　　　　　　　　　　(B) 800
(C) 900　　　　　　　　　　　　　　　(D) 1000

【题 39、40】　一正方形截面木柱，木柱截面尺寸为 200mm×200mm，选用东北落叶松 TC17B 制作，正常环境下设计使用年限为 50 年。计算简图如图 Z18-20 所示。上、下支座节点处设有防止其侧向位移和侧倾的侧向支撑。

39. 假定，侧向荷载设计值 $q=1.2$kN/m。试问，当按强度验算时，其轴向压力设计值 N（kN）的最大值，与下列何项数值最为接近？

提示： 不考虑构件自重。

(A) 400　　　　　　　　　　　　　　　(B) 500
(C) 600　　　　　　　　　　　　　　　(D) 700

图 Z18-20

40. 假定，侧向荷载设计值 $q=0$。试问，当按稳定验算时，其轴向压力设计值 N（kN）的最大值，与下列何项数值最为接近？

提示： 不考虑构件自重。

(A) 450　　　　　(B) 550　　　　　(C) 650　　　　　(D) 750

（下午卷）

【题 41～45】　某地下水池采用钢筋混凝土结构，平面尺寸 6m×12m，基坑支护采用直径 600mm 钻孔灌注桩结合一道钢筋混凝土内支撑联合挡土，地下结构平面、剖面及土层分布如图 Z18-21 所示，土的饱和重度按天然重度采用。

提示：不考虑主动土压力增大系数。

41. 假定，坑外地下水位稳定在地面以下 1.5m，粉质黏土处于正常固结状态，勘察报告提供的粉质黏土抗剪强度指标见表 Z18-3，地面超载 q 为 20kPa。试问，基坑施工以较快的速度开挖至水池底部标高后，作用于围护桩底端的主动土压力强度（kPa），与下列何项数值最为接近？

提示：①主动土压力按朗肯土压力理论计算，$p_a = (q + \Sigma\gamma_i h_i) k_a - 2c\sqrt{k_a}$，水土合算；

② 按《建筑地基基础设计规范》GB 50007—2011 作答。

(A) 80   (B) 100   (C) 120   (D) 140

表 Z18-3

抗剪强度指标	三轴不固结不排水试验		土的有效自重应力下预固结的三轴不固结不排水试验		三轴固结不排水试验	
	c (kPa)	φ (°)	c (kPa)	φ (°)	c (kPa)	φ (°)
粉质黏土	22	5	10	15	5	20

42. 假定，坑底以下淤泥质黏土的回弹模量为 10MPa。试问，根据《建筑地基基础设计规范》GB 50007—2011，基坑开挖至底部后，坑底中心部位由淤泥质黏土层回弹产生的变形量 s_c（mm），与下述何项数值最为接近？

提示：① 坑底以下的淤泥质黏土层按一层计算，计算时不考虑工程桩及周边围护桩的有利作用；

② 回弹量计算的经验系数 ψ_c 取 1.0。

(A) 8   (B) 16   (C) 25   (D) 40

43. 假定，地下结构顶板施工完成后，降水工作停止，水池自重 G_k 为 1600kN，设计拟采用直径 600mm 钻孔灌注桩作为抗浮桩，各层地基土的承载力参数及抗拔系数 λ 如图 Z18-21 所示。试问，为满足地下结构抗浮，按群桩呈非整体破坏考虑，需要布置的抗拔桩最少数量（根），与下列何项数值最为接近？

提示：① 桩的重度取 25kN/m³；

② 不考虑围护桩的作用。

(A) 4   (B) 5   (C) 7   (D) 10

44. 假定，在作用效应标准组合下，作用于单根围护桩的最大弯矩为 260kN·m，作用于内支撑的最大轴力为 2500kN。试问，分别采用简化规则对围护桩和内支撑构件进行强度验算时，围护桩的弯矩设计值（kN·m）和内支撑构件的轴力设计值（kN），分别取下列何项数值最为合理？

提示：根据《建筑地基基础设计规范》GB 50007—2011 作答。

(A) 260，2500   (B) 260，3125

(C) 350，3375   (D) 325，3375

45. 假定，粉质黏土为不透水层，圆砾层赋存承压水，承压水水头在地面以下 4m。

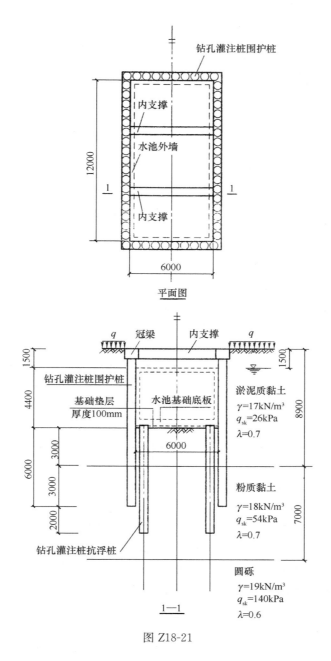

图 Z18-21

试问，基坑开挖至基底后，基坑底抗承压水渗流稳定安全系数，与下列何项数值最为接近？

（A）0.9　　　　　（B）1.1　　　　　（C）1.3　　　　　（D）1.5

【题 46～48】 某多层办公楼拟建造于大面积填土地基上，采用钢筋混凝土筏形基础；填土厚度 7.2m，采用强夯地基处理措施。建筑基础、土层分布及地下水位等如图 Z18-22 所示。该工程抗震设防烈度为 7 度，设计基本地震加速度为 0.15g，设计地震分组为第三组。

46. 设计要求对填土整个深度范围内进行有效加固处理，强夯前勘察查明填土的物理

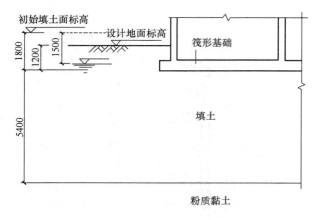

图 Z18-22

指标见表 Z18-4。

试问,按《建筑地基处理技术规范》JGJ 79—2012 预估的最小单击夯击能 E (kN·m),与下列何项数值最为接近?

(A) 3000   (B) 4000   (C) 5000   (D) 6000

表 Z18-4

含水量	土的重度	孔隙比	塑性指数	水平渗透	粒径范围					
					>20 (mm)	20～0.5 (mm)	0.5～0.25 (mm)	0.25～0.075 (mm)	0.075～0.005 (mm)	<0.005 (mm)
w_0	γ	e_0	I_P	K_h						
(%)	(kN/m³)	(%)	(%)	(cm/s)	(%)	(%)	(%)	(%)	(%)	(%)
27.0	19.04	0.765	7.5	5.40×10^{-4}	0.0	0.0	5.0	18.0	69.5	7.5

47. 假定,填土为砂土,强夯前勘察查明地面以下 3.6m 处土体标准贯入锤击数为 5 击,砂土经初步判别认为需进一步进行液化判别。试问,根据《建筑地基处理技术规范》JGJ 79—2012,强夯处理范围每边超出基础外缘的最小处理宽度(m),与下列何项数值最为接近?

(A) 2   (B) 3   (C) 4   (D) 5

48. 假定,填土为粉土,本工程强夯处理后间隔一定时间进行地基承载力检验。试问,下列关于间隔时间(d)和平板静载荷试验压板面积(m²)的选项中,何项较为合理?

(A) 10,1.0   (B) 10,2.0

(C) 20,1.0   (D) 20,2.0

【题 49、50】 某框架结构柱下设置两柱承台,工程桩采用先张法预应力混凝土管桩,桩径 500mm;桩基施工完成后,由于建筑加层,柱竖向力增加,设计采用锚杆静压桩基础加固方案。基础横剖面、场地土分层情况如图 Z18-23 所示。

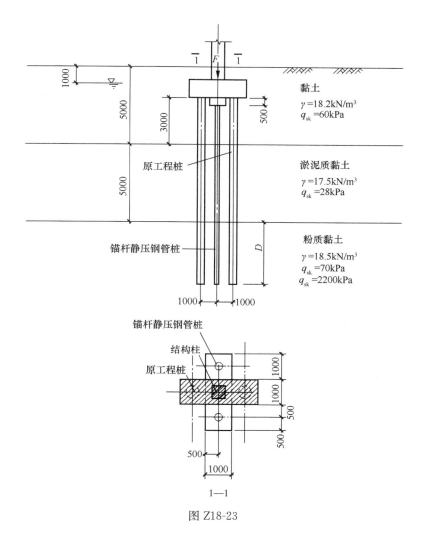

图 Z18-23

49. 假定，锚杆静压桩采用敞口钢管桩，桩直径 250mm，桩端进入粉质黏土层 $D=$ 4m。试问，根据《建筑桩基技术规范》JGJ 94—2008，根据土的物理指标与承载力参数之间的经验关系，确定的钢管桩单桩竖向极限承载力标准值（kN），与下列何项数值最为接近？

(A) 420   (B) 480   (C) 540   (D) 600

50. 上部结构施工过程中，该加固部位的结构自重荷载变化如表 Z18-5 所示。假定，锚杆静压钢管桩单桩承载力特征值为 300kN，压桩力系数取 2.0，最大压桩力即为设计最终压桩力。试问，为满足两根锚杆静压桩的同时正常施工和结构安全，上部结构需完成施工的最小层数，与下列何项数值最为接近？

表 Z18-5

上部结构施工完成的层数	1	2	3	4	5	6
加固部位结构自重荷载（kN）	500	800	1050	1300	1550	1700

提示：① 本题按《既有建筑地基基础加固技术规范》JGJ 123—2012 作答；
　　　　② 不考虑工程桩的抗拔作用。

(A) 3　　　　　(B) 4　　　　　(C) 5　　　　　(D) 6

【题 51～53】 某框架结构柱基础，作用标准组合下，由上部结构传至该柱基竖向力 $F=6000kN$，由风载控制的力矩 $M_x=M_y=1000kN \cdot m$。桩基础独立承台下采用 400mm×400mm 钢筋混凝土预制桩，桩的平面布置及承台尺寸如图 Z18-24 所示。承台底面埋深 3.0m，柱截面尺寸为 700mm×700mm，居承台中心位置。承台采用 C40 混凝土，$a_s=65mm$。承台及承台以上土的加权平均重度取 $20kN/m^3$。

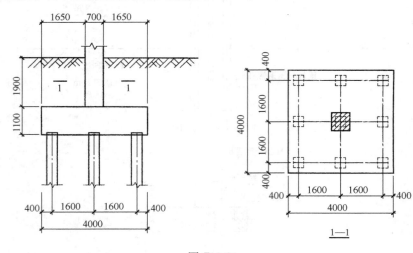

图 Z18-24

51. 试问，满足承载力要求的单桩承载力特征值最小值（kN），与下列何项数值最为接近？

(A) 700　　　　　　　　　　　(B) 770

(C) 820　　　　　　　　　　　(D) 1000

52. 假定，荷载基本组合下柱基础竖向力为 8100kN，试问，柱对承台的冲切力设计值（kN），与下列何项数值最为接近？

(A) 5300　　　　　　　　　　　(B) 7200

(C) 8300　　　　　　　　　　　(D) 9500

53. 验算角桩对承台的冲切时，试问，承台的抗冲切承载力设计值（kN），与下列何项数值最为接近？

(A) 800　　　　　　　　　　　(B) 1000

(C) 1500　　　　　　　　　　　(D) 1800

【题 54、55】 某高层框架-核心筒结构办公用房，地上 22 层，大屋面高度 96.8m，结构平面尺寸如图 Z18-25 所示。拟采用端承型桩基础，采用直径 800mm 混凝土灌注桩，桩端进入中风化片麻岩（$f_{rk}=10MPa$）。

54. 相邻建筑勘察资料表明，该地区地基土层分布较均匀平坦。试问，根据《建筑桩基技术规范》JGJ 94—2008，详细勘察时勘探孔（个）及控制性勘探孔（个）的最少数

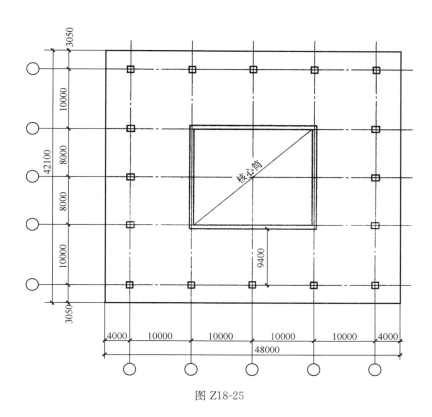

图 Z18-25

量，下列何项最为合理？

(A) 9，3

(B) 6，3

(C) 12，4

(D) 4，2

55. 试问，下列选项中的成桩施工方法，何项不适宜用于本工程？

(A) 正循环钻成孔灌注桩

(B) 反循环钻成孔灌注桩

(C) 潜水钻成孔灌注桩

(D) 旋挖成孔灌注桩

【题 56】 某建筑物地基基础设计等级为乙级，采用两桩和三桩承台基础，桩长约 30m，三根试桩的竖向抗压静载试验结果如图 Z18-26 所示，试桩 3 加载至 4000kN，24 小时后变形尚未稳定。试问，桩的竖向抗压承载力特征值（kN），取下列何项数值最为合理？

(A) 1750   (B) 2000   (C) 3500   (D) 8000

【题 57】 假定，某 6 层新建钢筋混凝土框架结构，房屋高度 36m，建成后拟由重载仓库（丙类）改变用途作为人流密集的大型商场，商场营业面积 10000m²，抗震设防烈度为 7 度，设计基本地震加速度为 0.10g，结构设计针对建筑功能的变化及抗震设计的要求提出了以下主体结构加固改造方案：

Ⅰ. 按《抗规》性能 3 的要求进行抗震性能化设计，维持框架结构体系，框架构件承载力按 8 度抗震要求复核，对不满足的构件进行加固补强以提高承载力；

Ⅱ. 在楼梯间等位置增设剪力墙，形成框架-剪力墙结构体系，框架部分不加固，剪力墙承担倾覆弯矩为结构总地震倾覆弯矩的 40%；

Ⅲ. 在结构中增加消能部件，提高结构抗震性能，使消能减震结构的地震影响系数为

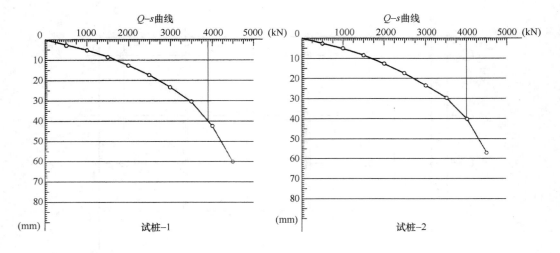

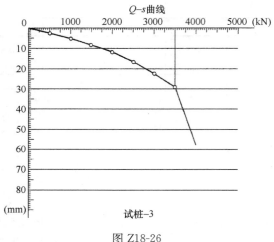

图 Z18-26

原结构地震影响系数的 40％，同时对不满足的构件进行加固。

试问，针对以上结构方案的可行性，下列何项判断正确？

(A) Ⅰ，Ⅱ可行，Ⅲ不可行　　　　　　(B) Ⅰ，Ⅲ可行，Ⅱ不可行

(C) Ⅱ，Ⅲ可行，Ⅰ不可行　　　　　　(D) Ⅰ，Ⅱ，Ⅲ均可行

【题 58】 下列四项观点：

Ⅰ．有端桩型钢混凝土剪力墙，其截面刚度可按端桩中混凝土截面面积加上型钢按弹性模量比折算的等效混凝土面积计算其抗弯刚度和轴向刚度；墙的抗剪刚度可不计入型钢影响；

Ⅱ．型钢混凝土框架-钢筋混凝土剪力墙结构，当楼盖梁采用型钢混凝土梁时，结构在多遇地震作用下的结构阻尼比可取为 0.05；

Ⅲ．不考虑地震作用组合的型钢混凝土柱可采用埋入式柱脚，也可采用非埋入式柱脚；

Ⅳ．结构局部部位为钢板混凝土剪力墙的竖向规则剪力墙结构在 7 度区的最大适用高度为 120m。

试问，依据《组合结构设计规范》JGJ 138—2016，针对上述观点准确性的判断，下列何项正确？

（A）Ⅰ、Ⅳ准确

（B）Ⅱ、Ⅲ准确

（C）Ⅰ、Ⅱ准确

（D）Ⅲ、Ⅳ准确

【题 59～62】 某 31 层普通办公楼，采用现浇钢筋混凝土框架-核心筒结构，标准层平面如图 Z18-27 所示，首层层高 6m，其余各层层高 3.8m，结构高度 120m。基本风压 w_0 =0.80kN/m²，地面粗糙度为 C 类。抗震设防烈度为 8 度（0.20g），标准设防类建筑，设计地震分组第一组，建筑场地类别为Ⅱ类，安全等级二级。

提示： 按《建筑结构可靠性设计统一标准》作答。

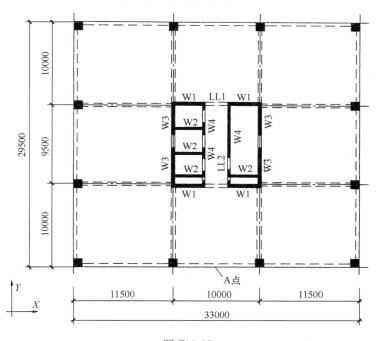

图 Z18-27

59. 围护结构为玻璃幕墙，试问，计算办公区室外幕墙骨架结构承载力时，100m 高度 A 点处的风荷载标准值 w_k（kN/m²），与下列何项数值最为接近？

提示： 幕墙骨架结构非直接承受风荷载，从属面积为 25m²；按《建筑结构荷载规范》GB 50009—2012 作答。

（A）1.5
（B）2.0
（C）2.5
（D）3.0

60. 在初步设计阶段，发现需要采取措施才能满足规范对 Y 向层间位移角、层受剪承载力的要求。假定，增加墙厚后均能满足上述要求。如果 W1、W2、W3、W4 分别增加相同的厚度，不考虑钢筋变化的影响。试问，下列四组增加墙厚的组合方案，哪一组分别对减小层间位移角、增大层受剪承载力更有效？

（A）W2，W1

（B）W3，W4

（C）W1，W4

（D）W1，W3

61. 假定，结构按连梁刚度不折减计算时，某层连梁 LL1 在 8 度（0.20g）水平地震作用下梁端负弯矩标准值 $M_{Ehk}=-660kN \cdot m$，在 7 度（0.10g）水平地震作用下梁端负弯矩标准值 $M_{Ehk}=-330kN \cdot m$，风荷载作用下梁端负弯矩标准值 $M_{wk}=-400kN \cdot m$。试问，对弹性计算的连梁弯矩 M 进行调幅后，连梁的弯矩设计值 M'（kN·m），不应小于下列何项数值？

提示：忽略重力荷载及竖向地震作用产生的梁端弯矩。

(A) 490

(B) －560

(C) －600

(D) －770

62. 假定，某层连梁 LL1 截面 350mm×750mm，混凝土强度等级 C45，钢筋为 HRB400，对称配筋，$a_s=a'_s=60mm$，净跨 $l_n=3000mm$。试问，下列连梁 LL1 的纵向受力钢筋及箍筋配置，何项满足规范构造要求且最经济？

(A) 6Φ22；Φ10@150（4）

(B) 6Φ25；Φ10@100（4）

(C) 6Φ22；Φ12@150（4）

(D) 6Φ25；Φ12@100（4）

【题 63、64】 某 11 层住宅，采用现浇钢筋混凝土异形柱框架-剪力墙结构，房屋高度 33mm，剖面如图 Z18-28 所示，抗震设防烈度 7 度（0.10g），场地类别Ⅱ类，异形柱混凝土强度等级 C35，纵筋、箍筋采用 HRB400。框架梁截面均为 200mm×500mm。框架部分承受的地震倾覆力矩为结构总地震倾覆力矩的 20%。

63. 假定，异形柱 KZ1 在二层的柱底轴向压力设计值 $N=2700kN$，KZ1 采用面积相同的 L 形、T 形、十字形截面（图 Z18-29）均不影响建筑使用要求，异形柱肢端设置暗柱，剪跨比均不大于 2。试问，下列何项截面可满足二层 KZ1 的轴压比要求？

(A) 各截面均满足要求

(B) T 形及十字形截面满足要求，L 形截面不满足要求

(C) 仅十字形截面满足要求

(D) 各截面均不满足要求

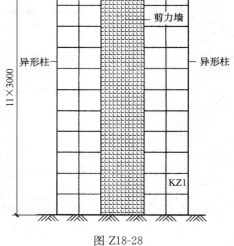

图 Z18-28

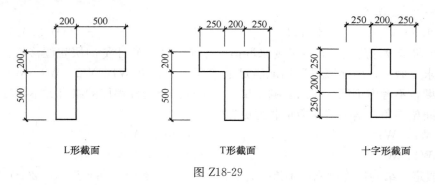

L形截面　　　　　　　T形截面　　　　　　　十字形截面

图 Z18-29

64. 异形柱 KZ2 截面如图 Z18-30 所示，截面面积 $2.2 \times 10^5 \text{mm}^2$，该柱三层轴压比为 0.4，箍筋为 $\Phi 10@100$。假定，Y 方向该柱的剪跨比 λ 为 2.2，$h_{c0}=565\text{mm}$。试问，该柱 Y 方向斜截面有地震作用组合的受剪承载力（kN），与下列何项数值最为接近？

（A）430　　　　（B）455

（C）510　　　　（D）555

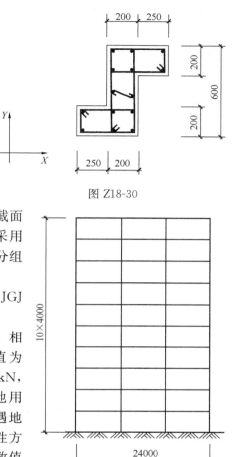

图 Z18-30

【题 65～67】 某 40m 高层钢框架结构办公楼（无库房），剖面如图 Z18-31 所示，各层层高 4m，钢框架梁采用 $H500 \times 250 \times 12 \times 16$（全塑性截面模量 $W_p=2.6 \times 10^6 \text{mm}^3$，$A=13808\text{mm}^2$），钢材采用 Q345，抗震设防烈度为 7 度（0.10g），设计地震分组第一组，建筑场地类别为 III 类，安全等级二级。

提示：按《高层民用建筑钢结构技术规程》JGJ 99—2015 作答。

65. 假定，结构质量、刚度沿高度基本均匀，相应于结构基本自振周期的水平地震影响系数值为 0.038，各层楼（屋）盖处永久荷载标准值为 5300kN，等效活荷载标准值为 800kN（上人屋面兼作其他用途），顶层重力荷载代表值为 5700kN。试问，多遇地震标准值作用下，满足结构整体稳定要求且按弹性方法计算的首层最大层间位移（mm），与下列何项数值最为接近？

（A）12　　　　（B）16

（C）20　　　　（D）24

图 Z18-31

66. 假定，某层框架柱采用工字形截面柱，翼缘中心间距离为 580mm，腹板净高 540mm。试问，中柱在节点域不采用其他加强方式时，满足规程要求的腹板最小厚度 t_w（mm），与下列何项数值最为接近？

提示：① 腹板满足宽厚比限值要求；
　　　　② 节点域的抗剪承载力满足弹性设计要求。

（A）14　　　　（B）18

（C）20　　　　（D）22

67. 为改善结构抗震性能，在框架结构中布置偏心支撑，偏心支撑布置如图 Z18-32 所示。假定，消能梁段轴力设计值 $N=100\text{kN}$，剪力设计值 $V=450\text{kN}$。试问，消能梁段净长 a 的最大值（m），与下列何项数值最为接近？

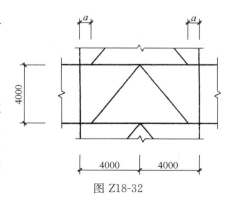

图 Z18-32

提示：消能梁段塑性净截面模量 $W_{np}=W_p$。

(A) 0.8   (B) 1.1   (C) 1.3   (D) 1.5

【题 68～70】 某 25 层部分框支剪力墙结构住宅，剖面如图 Z18-33 所示，首层及二层层高 5.5m，其余各层层高 3m，房屋高度 80m。抗震设防烈度为 8 度（0.20g），设计地震分组第一组，建筑场地类别为 II 类，标准设防类建筑，安全等级为二级。

68. 假定，首层一字形独立墙肢 W1 考虑地震组合且未按有关规定调整的一组不利内力计算值 $M_w=15000$kN·m，$V_w=2300$kN，剪力墙截面有效高度 $h_{w0}=4200$mm，混凝土强度等级 C25。试问，满足规范剪力墙截面名义剪应力限值的最小墙肢厚度 b（mm），与下列何项数值最为接近？

提示：按《高层建筑混凝土结构技术规程》JGJ 3—2010 作答。

(A) 250   (B) 300   (C) 350   (D) 400

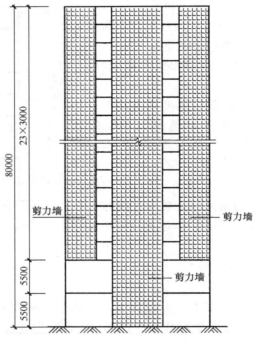

图 Z18-33

69. 假定，5 层墙肢 W2 如图 Z18-34 所示，混凝土强度等级 C35，钢筋采用 HRB400，墙肢轴压比为 0.42，试问，墙肢左端边缘构件（BZ1）阴影部分纵向钢筋配置，下列何项满足相关规范的构造要求且最经济？

图 Z18-34

(A) 10 Φ 14 (B) 10 Φ 16
(C) 10 Φ 18 (D) 10 Φ 20

70. 假定，2层某框支中柱 KZZ1 在 Y 向地震作用下剪力标准值 $V_{Ek}=602kN$，Y 向风作用下剪力标准值 $V_{wk}=150kN$，按规范调整后的柱上下端顺时针方向截面组合的弯矩设计值 $M_c^t=1070kN \cdot m$，$M_c^b=1200kN \cdot m$，框支梁截面均为 $800mm \times 2000mm$。试问，该框支柱 Y 向剪力设计值（kN），与下列何项数值最为接近？

(A) 800 (B) 850 (C) 900 (D) 1250

【题 71、72】 某现浇钢筋混凝土双塔连体结构，塔楼为办公楼，A 塔和 B 塔地上 31 层，房屋高度 130m，21-23 层连体，连体与主体结构采用刚性连接，地下 2 层，如图 Z18-35 所示。抗震设防烈度为 6 度，设计地震分组第一组，建筑场地类别为 Ⅱ 类，安全等级为二级。塔楼均为框架-核心筒结构，分析表明地下一层顶板（±0.000 处）可作为上部结构嵌固部位。

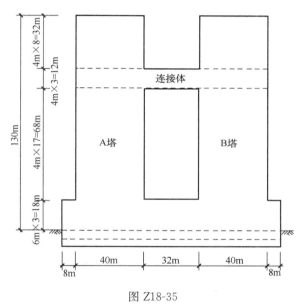

图 Z18-35

71. 假定，A 塔经常使用人数为 3700 人，B 塔（含连体）经常使用人数为 3900 人，A 塔楼周边框架柱 KZ1 与连接体相连。试问，KZ1 第 23 层的抗震等级为下列何项？

(A) 一级 (B) 二级 (C) 三级 (D) 四级

72. 假定，某层 KZ2 为钢管混凝土柱，考虑地震组合的轴力设计值 $N=34000kN$，混凝土强度等级 C60（$f_c=27.5N/mm^2$），钢管直径 $D=950mm$，采用 Q345B（$f_y=345N/mm^2$，$f_a=310N/mm^2$）钢材。试问，钢管壁厚 t（mm）为下列何项数值时，才能满足钢管混凝土柱承载力及构造要求且最经济？

提示： ① 钢管混凝土柱承载力折减系数 $\varphi_l=1$，$\varphi_e=0.83$，$\varphi_l\varphi_e<\varphi_0$；
② 按《高层建筑混凝土结构技术规程》JGJ 3—2010 作答。

(A) 8 (B) 10 (C) 12 (D) 14

【题 73】 城市中某主干路上的一座桥梁，设计车速 60km/h，一侧设置人行道，另一侧设置防撞护栏，采用 3×40m 连续箱梁桥结构形式。桥址处地震基本烈度 8 度。该桥拟按照如下原则进行设计：

① 桥梁结构的设计基准期 100 年。

② 桥梁结构的设计使用年限 50 年。

③ 汽车荷载等级城-A 级。

④ 地震动峰值加速度 0.15g。

⑤ 污水管线在人行道内随桥敷设。

试问，以上设计原则何项不符合现行规范标准？

(A) ①②⑤　　　　　　　　　　　(B) ②③⑤

(C) ②④⑤　　　　　　　　　　　(D) ②③④

【题 74】 高速公路上某一跨 20m 简支箱梁，计算跨径 19.4m，汽车荷载按单向双车道设计。试问，该简支梁支点处汽车荷载产生的剪力标准值（kN），与下列何项数值接近？

(A) 930　　　　(B) 920　　　　(C) 465　　　　(D) 460

【题 75】 某公路立交桥中的一单车道匝道弯桥，设计行车速度为 40km/h，平曲线半径为 65m。为了计算桥梁下部结构和桥梁总体稳定的需要，需要计算汽车荷载引起的离心力。假定，该匝道桥车辆荷载标准值为 550kN，汽车荷载冲击系数为 0.15。试问，该匝道桥的汽车荷载离心力标准值（kN），与下列何项数值接近？

(A) 108　　　　(B) 118　　　　(C) 128　　　　(D) 148

【题 76】 某滨海地区的一条一级公路上，需要修建一座跨越海水滩涂的桥梁。桥梁宽度 38m，桥跨布置为 48+80+48m 的预应力混凝土连续箱梁，下部结构墩柱为钢筋混凝土构件。拟按下列原则进行设计：

① 主梁采用三向预应力设计，纵桥向、横桥向用预应力钢绞线；竖向腹板采用预应力钢筋，沿纵桥向布置间距为 1000mm。

② 主梁按部分预应力混凝土 B 类构件设计。

③ 桥梁墩柱的最大裂缝宽度不大于 0.2mm。

④ 桥梁墩柱混凝土强度等级采用 C30。

试问，以上设计原则何项不符合现行规范标准？

(A) ①②　　　(B) ③④　　　(C) ①③④　　　(D) ②③

【题 77】 某一级公路上的一座预应力混凝土梁桥，其结构安全等级为一级。经计算知：该梁的跨中截面弯矩标准值为：梁自重弯矩 2500kN·m；汽车作用弯矩（含冲击力）1800kN·m；人群作用弯矩 200kN·m。试问，该梁跨中作用效应基本组合的弯矩设计值（kN·m），与下列何项数值最接近？

(A) 6400　　　　(B) 6300　　　　(C) 5800　　　　(D) 5700

【题 78】 下列关于公路钢筋混凝土及预应力混凝土桥梁的叙述，何项最为合理？

Ⅰ. 汽车荷载对箱梁的偏载增大系数可取 1.15；

Ⅱ. 作用标准组合下，简支箱梁横桥向抗倾覆稳定性系数取 2.5；

Ⅲ. A 类预应力混凝土箱梁应对腹板、顶板和底板的面内的主应力进行抗震验算；

Ⅳ. 预应力混凝土箱梁自支座中心起长度不小于 1 倍梁高范围内，箍筋间距不应大于 100mm。

(A) Ⅰ、Ⅱ、Ⅲ   (B) Ⅰ、Ⅲ

(C) Ⅰ、Ⅲ、Ⅳ   (D) Ⅲ、Ⅳ

【题 79】 某矩形钢筋混凝土受弯梁，其截面宽度 1600mm、高度 1800mm。配置 HRB400 受弯钢筋 16 根Φ28，间距 100mm 单层布置，受拉钢筋重心距离梁底 60mm。经计算，该构件的跨中截面弯矩标准值为：自重弯矩 1500kN·m；汽车作用弯矩（不含冲击力）1000kN·m。

试问，该构件的跨中截面最大裂缝宽度（mm），与下列何项数值最接近？

(A) 0.05   (B) 0.08   (C) 0.12   (D) 0.18

【题 80】 某高速公路上一座 50m＋80m＋50m 预应力混凝土连续梁桥，其所处地区场地土类别为Ⅲ类，地震基本烈度为 7 度，设计基本地震动峰值加速度 0.10g。结构的阻尼比 $\xi=0.05$。当计算该桥梁 E1 地震作用时，试问，该桥梁抗震设计中水平向设计加速度反应谱最大值 S_{max}，与下列哪个数值接近？

(A) 0.116g (B) 0.126g

(C) 0.135g (D) 0.146g

2019 年试题

（上午卷）

【题1～7】 位于抗震设防烈度7度（0.15g），某小学单层体育馆（屋面相对标高7.000m），屋面用作屋顶花园，其覆土（容重为18kN/m³，厚600mm），设计使用年限50年，建筑场地为Ⅱ类，双向均设置抗震墙形成现浇混凝土框架-剪力墙结构，如图 Z19-1 所示。纵向受力钢筋采用 HRB500，箍筋和附加吊筋采用 HRB400。

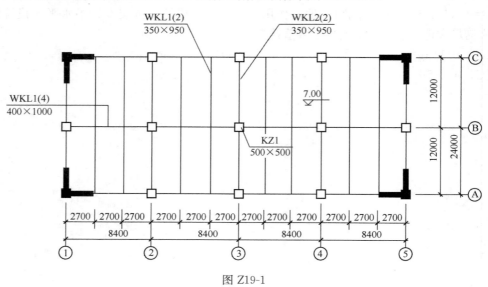

图 Z19-1

1. 试问，关于该结构的抗震等级，下列何项正确？
（A）抗震墙抗震一级、框架抗震二级
（B）抗震墙抗震二级、框架抗震二级
（C）抗震墙抗震二级、框架抗震三级
（D）抗震墙抗震三级、框架抗震三级

2. 假定，屋面结构的永久荷载（含板、抹灰、防水，但不包括覆土自重）标准值为7kN/m²，柱自重忽略不计。试问，荷载标准组合下，按负荷从属面积计算的 KZ1 的轴力（kN），与下列何项数值最接近？

　　提示： ① 活荷载折减系数取 1.0；

　　　　　② 活荷载不考虑积灰、积水、花圃土石等其他荷载。

（A）2950　　　　　（B）2650　　　　　（C）2350　　　　　（D）2050

3. 假定，不考虑活荷载不利布置，WKL1（2）由竖向荷载控制设计且该工况下弹性内力分析得到的标准组合下支座及跨中弯矩如图 Z19-2 所示，该梁如果考虑塑性内力重分布分析方法设计。试问，当考虑支座负弯矩调幅幅度为15％时，荷载标准组合下梁跨度中点处弯矩值（kN·m），与下列何项数值最接近？

提示：按图中给出的弯矩值计算。

(A) 480   (B) 435   (C) 390   (D) 345

4. KZ1为普通钢筋混凝土构件，假定不考虑地震设计状况，KZ1近似可作为轴心受压构件设计，混凝土强度等级为C40，如图 Z19-3 所示，计算长度8m。试问，KZ1轴心受压承载力设计值（kN），与下列何项数值最接近？

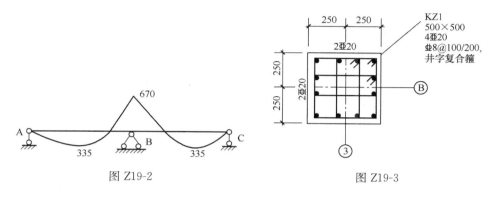

图 Z19-2   图 Z19-3

(A) 6300   (B) 5600   (C) 4900   (D) 4200

5. KZ1 柱下独立基础如图 Z19-4 所示，混凝土强度等级为 C30，试问，KZ1 处基础顶面的局部受压承载力设计值（kN），与下列何项数值最接近？

提示：① 基础顶受压区域未设置间接钢筋，且不考虑柱纵筋有利影响；

        ② 仅考虑 KZ1 轴力作用，且轴力在受压部位均匀分布。

(A) 7000   (B) 8500   (C) 10000   (D) 11500

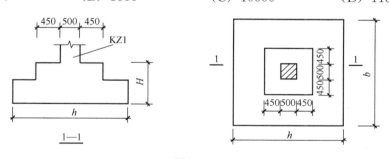

图 Z19-4

6. 假定，WKL1（4）为普通钢筋混凝土构件，混凝土强度等级为C40，箍筋沿梁全长配置Φ 8@100（4），未设置弯起筋，梁截面有效高度 $h_0 = 930\text{mm}$。试问，不考虑地震设计状况时，在轴线③支座边缘处，该梁的斜梁面抗剪承载力设计值（kN），与下列何项数值最接近？

提示：WKL1 不是独立梁。

(A) 1000   (B) 1100   (C) 1200   (D) 1300

7. 假定，荷载基本组合下，次梁 WL1（2）传至 WKL1（4）的集中力设计值为

850kN。WKL1（4）在次梁两侧各 400mm 宽度范围内共布置 8 道Φ8 的 4 肢附加箍筋。试问，在 WKL1（4）的次梁位置计算所需附加吊筋，与下列何项最接近？

提示： ① 附加吊筋与梁轴线夹角为 60°；

② $\gamma_0 = 1.0$。

(A) 2Φ18　　　　(B) 2Φ20　　　　(C) 2Φ22　　　　(D) 2Φ25

【题 8、9】 某简支斜置普通钢筋混凝土独立的设计简图如图 Z19-5 所示，构件安全等级为二级。梁截面尺寸 $b \times h = 300\text{mm} \times 700\text{mm}$，混凝土强度等级为 C30，钢筋为 HRB400，永久均布荷载设计值为 g（含自重），可变荷载设计值为集中力 F。

8. 假定，$g = 40\text{kN/m}$（含自重），$F = 400\text{kN}$，试问，梁跨度中点处弯矩设计值（kN·m），与下列何项数值最接近？

(A) 900　　　　(B) 840　　　　(C) 780　　　　(D) 720

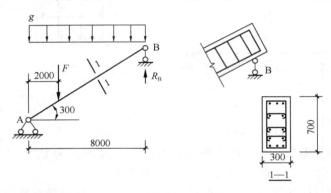

图 Z19-5

9. 假定，荷载基本组合下，B 支座的支座反力设计值 $R_B = 428\text{kN}$（其中集中力 F 产生反力设计值为 160kN），梁支座截面有效高度 $h_0 = 630\text{mm}$。试问，不考虑地震设计状况时，按斜截面抗剪承载力计算，支座 B 边缘处梁截面的箍筋配置采用下列何项最经济合理？

(A) Φ8@150（2）　　　　　　　　　(B) Φ10@150（2）

(C) Φ10@120（2）　　　　　　　　(D) Φ10@100（2）

【题 10】 某倒 L 形普通钢筋混凝土刚架，安全等级为二级，如图 Z19-6 所示，梁柱截面均为 400mm × 600mm，混凝土强度等级为 C40，钢筋采用 HRB400，$a_s = a'_s =$

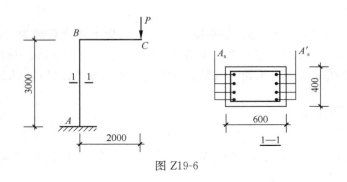

图 Z19-6

50mm，$\xi_b=0.518$。假定，不考虑地震设计状况，刚架自重忽略不计。集中荷载设计值 $P=224kN$，柱 AB 采用对称配筋。试问，按正截面承载力计算时，柱 AB 单侧纵向受力钢筋截面面积 A_s（mm^2），与下列何项数值最接近？

提示：① 不考虑二阶效应；

② 不必验算平面外承载力和稳定。

（A）2550 　　　　（B）2450 　　　　（C）2350 　　　　（D）2250

【题 11】 下列关于钢筋混凝土施工检验，不正确的是何项？

（A）混凝土结构工程采用的材料、构配件、器具及半成品应按进场批次进行检验，属于同一工程项目且同期施工的多个单位工程，对同一个厂家生产的同批材料、构配件、器具及半成品，可统一划分检验批进行验收

（B）模板及支架应根据安装、使用和拆除工况进行设计，并应满足承载力、刚度和整体稳固性的要求

（C）当纵向受力钢筋采用机械连接接头或焊接接头时，同一连接区段内纵向受力钢筋的接头面积百分率应符合设计要求，当设计无具体要求时，不直接承受动力荷载的结构构件中，受拉接头面积百分率不宜大于 50%，受压接头面积百分率可不受限制

（D）成型钢筋进场时，任何情况下都必须抽取试件做屈服强度、抗拉强度、伸长率和重量偏差检验，检验结果应符合国家现行相关标准的规定

【题 12】 在 7 度（$0.15g$）抗震设防烈度区，Ⅲ类场地上的某钢筋混凝土框架结构，其设计、施工均按现行规范进行。现因功能需求，需要在框架柱间新增一根框架梁，新增梁的钢筋采用植筋技术，所有植筋采用 HRB400 钢筋、直径均为 18mm，设计要求充分利用钢筋抗拉强度。框架柱采用 C40 混凝土，植筋采用快固型胶粘剂（A 级胶），其性能满足要求。假定植筋间距和边距分别为 150mm 和 100mm，$\alpha_{spt}=1.0$，$\psi_N=1.265$。试问，该植筋锚固深度设计值的最小值（mm），与下列何项最接近？

（A）540 　　　　（B）480 　　　　（C）420 　　　　（D）360

【题 13】 在某医院屋顶停机坪设计中，直升机质量按 3215kg 计算，试问，当直升机非正常着陆时，其对屋面构件的竖向等效静力撞击设计值 P（kN），与下列何项数值最接近？

（A）170 　　　　（B）200 　　　　（C）230 　　　　（D）260

【题 14】 某先张法预应力混凝土环形截面轴心受拉构件，裂缝控制等级为一级，混凝土强度等级为 C60，环形外环 700mm，壁厚 110mm，环形截面面积 $A=203889mm^2$，纵筋采用螺旋肋消除应力钢丝，纵筋总截面面积 $A_p=1781mm^2$。假定，扣除全部预应力损失后，混凝土的预应力 $\sigma_{pc}=6.84MPa$（全截面均匀受压）。试问，为满足裂缝控制要求，按荷载标准组合计算的构件最大轴拉力值 N_k（kN），与下列何项数值最接近？

（A）1350 　　　　（B）1400 　　　　（C）1450 　　　　（D）1500

【题 15、16】 某雨篷如图 Z19-7 所示，XL-1 为层间悬挑梁，不考虑地震设计状况，截面尺寸 $b\times h=350mm\times650mm$，悬挑长度 L_1（比 KZ-1 柱边起草），雨篷的净悬挑长度为 L_2，所有构件均为普通混凝土构件，设计使用年限 50 年，安全等级为二级，混凝土强度等级为 C35，纵向受力钢筋为 HRB400，箍筋为 HPB300。

15. 假定，$L_1=3m$，$L_2=1.5m$，仅雨篷板上均布荷载设计值 $q=6kN/m^2$（包括自

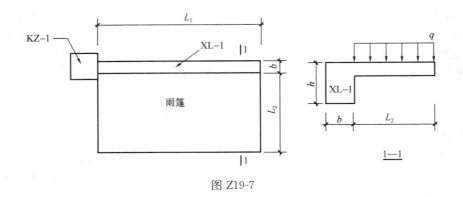

图 Z19-7

重）会对梁产生扭矩，试问，悬挑梁 XL-1 的扭矩图和支座处的扭矩设计值 T，与下列何项最为接近？

提示： 板对梁的扭矩计算至梁截面中心线。

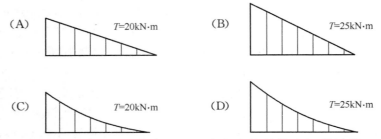

(A) $T=20$kN·m

(B) $T=25$kN·m

(C) $T=20$kN·m

(D) $T=25$kN·m

16. 假定，荷载基本组合下，悬挑梁 XL-1 支座边缘处的弯矩设计值 $M=150$kN·m，剪力设计值 $V=100$kN，扭矩设计值 $T=85$kN·m，按矩形截面计算，$h_0=600$mm，箍筋间距 $s=100$mm。受扭的纵向普通钢筋与箍筋的配筋强度比值为 1.7。试问，按承载能力极限状态计算，悬挑梁 XL-1 支座边缘处箍筋配置采用下列何项最经济合理？

提示： ① 满足《混凝土结构设计规范》6.4.1 条的截面限值条件，不需要验算最小配箍率；

      ② 受扭塑性抵抗矩 $W_t=32.67\times10^6$mm³，截面核心部分的面积 $A_{cor}=162.4\times10^3$mm²。

(A)   Φ8@150（2）   (B)   Φ10@100（2）

(C)   Φ12@100（2）   (D)   Φ14@100（2）

【题 17～21】 某焊接工字形等截面简支梁跨度为 12m，钢材采用 Q235，结构重要性系数取 1.0。荷载基本组合下，简支梁的均布荷载设计值（含自重）$q=95$kN/m，梁截面尺寸及截面特性如图 Z19-8 所示，截面无栓（钉）孔削弱。毛截面惯性矩：$I_x=590560\times10^4$mm⁴，翼缘毛截面对梁中和轴的面积矩：$S_f=3660\times10^3$mm³，毛截面面积：$A=240\times10^2$mm²，截面绕 y 轴的回转半径：$i_y=61$mm。

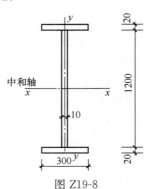

图 Z19-8

17. 试问，对梁跨中截面进行抗弯强度计算时，其正应力设计值（N/mm²），与下列何项数值最接近？

（A）200   （B）190   （C）180   （D）170

18. 假定，简支梁翼缘与腹板的双面角焊缝焊脚尺寸 $h_f=8mm$，两焊件间隙 $b \leqslant$ 1.5mm，试问，进行焊接截面工字形梁翼缘与腹板的焊缝连接强度计算时，在最大剪力作用下，该角焊缝的连接应力与角焊缝强度设计值之比，与下列何项数值最接近？

（A）0.2   （B）0.3   （C）0.4   （D）0.5

19. 假定，简支梁在两端及距两端 $L/4$ 处有可靠的侧向支撑（L 为简直梁跨度）。试问，作为在主平面内受弯的构件，进行整体稳定性计算时，梁的整体稳定性系数 Φ_b，与下列何项数值最接近？

提示：① 梁翼缘板件宽厚比等级为 S1，腹板板件宽厚比等级为 S4；

      ② 取梁整体稳定的等效弯矩系数 $\beta_b=1.2$。

（A）0.52   （B）0.65   （C）0.8   （D）0.9

20. 假定，简支梁某截面的正应力和剪应力均较大，荷载基本组合下弯矩设计值为 1282kN·m，剪力设计值为 1296kN。试问，该截面梁腹板计算高度边缘处的折算应力（N/mm²），与下列何项数值最接近？

提示：① 不计局部压应力；

      ② 梁翼缘板件宽厚比等级为 S1，腹板板件宽厚比等级为 S4。

（A）145   （B）170   （C）190   （D）205

21. 假定，简支梁上的均布荷载标准值 $q_k=90kN/m$。试问，不考虑起拱时，简支梁的最大挠度与其跨度的比值，与下列何项数值最接近？

（A）1/300   （B）1/400   （C）1/500   （D）1/600

【题 22～25】 某单层钢结构平台布置如图 Z19-9 所示，不进行抗震设计，且不承受动力荷载，结构重要性系数取 1.0。横向（Y 向）为框架，纵向（X 向）设置支撑保证结构侧向稳定。所有构件均采用 Q235 钢，且钢材各项指标均满足塑性设计要求，截面板件宽厚比等级为 S1 级。

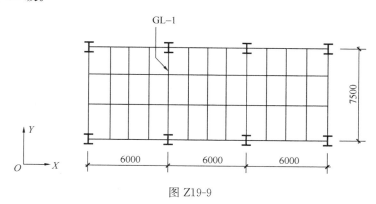

图 Z19-9

22. 框架梁 GL-1 采用焊接工字形截面 H500×250×12×16，按塑性设计。试问，该框架梁塑性铰部位的受弯承载力设计值（kN·m），与下列何项数值最接近？

提示：① 不考虑轴力对框架梁的影响；

      ② 框架梁剪力 $V<0.5h_w t_w f_v$；

      ③ 计算截面无栓（钉）孔削弱。

(A) 440   (B) 500   (C) 550   (D) 600

23. 设计条件同题 22，假定，框架梁 GL-1 最大剪力设计值 $V=650$kN，进行受弯构件塑性铰部位的剪切强度计算时，梁截面剪应力与抗弯强度设计值之比，与下列何项数值最接近？

(A) 0.93   (B) 0.83   (C) 0.73   (D) 0.63

24. 设计条件同 [题 22]，假定，框架梁 GL-1 上翼缘有楼板与钢梁可靠连接，通过设置加劲肋保障梁端塑性铰的发展。试问，加劲肋的最大间距（mm），与下列何项数值最接近？

(A) 900   (B) 1000   (C) 1100   (D) 1200

25. 设计条件同 [题 22]，假定，框架梁 GL-1 在跨内某拼接接头处基本组合的最大弯矩设计值为 250kN·m。试问，该连接能传递的弯矩设计值（kN·m），至少应为下列何项数值？

提示： 截面模量 $W_x=2285\times10^3$mm³。

(A) 250   (B) 275   (C) 305   (D) 350

【题 26～30】 某钢结构建筑采用框架结构体系，框架简图如图 Z19-10 所示。该建筑位于 8 度（0.20g）抗震设防烈度区，丙类建筑。框架柱采用焊接箱形截面，框架梁采用焊接工字形截面，梁、柱钢材均采用 Q345 钢，该结构总高度 $H=50$m。

提示： 按《钢结构设计标准》GB 50017—2017 作答。

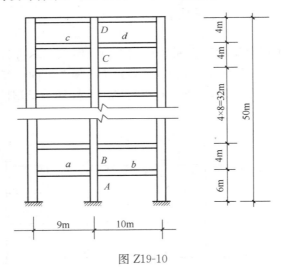

图 Z19-10

26. 在钢结构抗震性能化设计中，假定，塑性耗能区承载性能等级采用性能 7。试问，下列关于构件性能系数的描述，哪项不符合《钢结构设计标准》中有关钢结构构件性能系数的有关规定？

(A) 框架柱 A 的性能系数宜高于框架梁 a、b 的性能系数

(B) 框架柱 A 的性能系数不应低于框架柱 C、D 的性能系数

(C) 当该框架底层设置偏心支撑后，框架柱 A 的性能系数可以低于框架梁 a、b 的性能系数

（D）框架梁 a、b 与框架梁 c、d 可有不同的性能系数

27. 在塑性耗能区的连接计算中，假定，框架柱柱底承载力极限状态最大组合弯矩设计值为 M，考虑轴力影响的柱塑性受弯承载力为 M_{pc}。试问，采用外包式柱脚时，柱脚与基础的连接极限承载力，应按下列何项取值？

（A）$1.0M$ （B）$1.2M$ （C）$1.0M_{pc}$ （D）$1.2M_{pc}$

28. 假定，梁柱节点采用梁端加强的办法来保证塑性铰外移。试问，采用下述哪些措施符合《钢结构设计标准》的规定？

Ⅰ. 上下翼缘加盖板   Ⅱ. 加宽翼缘板且满足宽厚比的规定
Ⅲ. 增加翼缘板的厚度   Ⅳ. 增加腹板的厚度

（A）Ⅰ、Ⅱ、Ⅲ   （B）Ⅰ、Ⅱ、Ⅳ
（C）Ⅱ、Ⅲ、Ⅳ   （D）Ⅰ、Ⅲ、Ⅳ

29. 假定，框架梁截面如图 Z19-11 所示，其弹性截面模量为 W，塑性截面模量为 W_p。试问，计算该框架梁的性能系数时，该构件塑性耗能区截面模量 W_E，应按下列何项取值？

（A）$1.05W_p$ （B）$1.05W$
（C）$1.0W_p$ （D）$1.0W$

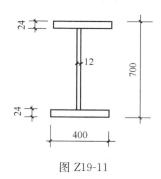

图 Z19-11

30.（缺）

【题 31】 多层砌体房屋抗震设计时，下列关于建筑布置和结构体系的论述，何项是正确的？

Ⅰ. 应优先采用砌体墙和钢筋混凝土墙混合结构体系；

Ⅱ. 房屋平面轮廓凸凹不应超过典型尺寸 50%，当超过超典型尺寸 25% 时，房屋转角处应采取加强措施；

Ⅲ. 楼板局部大洞口的尺寸未超过楼板宽度的 30%，可在墙体两侧同时开洞；

Ⅳ. 不应在房屋转角处设置转角窗。

（A）Ⅰ、Ⅲ   （B）Ⅱ、Ⅳ   （C）Ⅱ、Ⅲ   （D）Ⅰ、Ⅳ

【题 32~34】 某抗震设防烈度为 8 度（0.2g）的底层框架-抗震墙砌体房屋，如图 Z19-12 所示，共 4 层，一层柱、墙均采用钢筋混凝土，二、三、四层承重墙均采用 240mm 厚多孔砖砌体，楼屋面为现浇钢筋混凝土。丙类建筑，其结构布置及构造措施均满足规范要求。

32. 假定，该结构各层重力荷载代表值分别是：$G_1 = 5200kN$，$G_2 = G_3 = 6000kN$，G_4

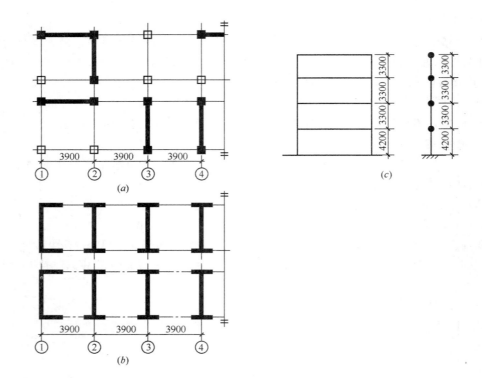

图 Z19-12

(a) 一层平面图；(b) 计算简图；(c) 二~四层平面图

=4500kN，采用底部剪力法计算地震作用，底层地震剪力设计值增大系数为1.5。试问，底层剪力墙剪力设计值 V_1（kN），与下列何项数值最接近？

(A) 2950　　　　　(B) 3540　　　　　(C) 4450　　　　　(D) 5760

33. 进行房屋横向地震作用分析时，假定，底层横向总抗侧刚度（全柱与全墙之和）为 K_1，其中，框架总侧向刚度 $\Sigma K_C = 0.28 K_1$，墙总侧向刚度 $\Sigma K_w = 0.72 K_1$，底层地震剪力设计值 $V_1 = 6000$kN。若 W_1 横向侧向刚度 $K_{W1} = 0.18 K_1$。试问，W_1 的剪力设计值 V_{W1}（kN），与下列何项数值最接近？

(A) 1100　　　　　(B) 1300　　　　　(C) 1500　　　　　(D) 1700

34. 假定，条件同 [题 33]，框架部分承担的剪力设计值 ΣV_C（kN），与下列何项数值最接近？

(A) 3400　　　　　(B) 2800　　　　　(C) 2200　　　　　(D) 1700

【题 35、36】 某单层单跨无吊车砌体厂房，采用装配式无檩体系钢筋混凝土屋盖，如图 Z19-13 所示，柱高度 $H = 5.6$m，采用 MU20 混凝土多孔砖，Mb10 专用砂浆砌筑，砌体施工质量控制等级为 B 级，其结构布置及构造措施均符合规范要求。

提示： ① 柱：$A = 0.9365 \times 10^6$ mm²；

② 柱绕 X 轴的回转半径 $i_x = 147$mm。

35. 试问，按构造要求进行高厚比验算时，排架柱在排架方向的高厚比，与下列何项数值最接近？

(A) 11　　　　　(B) 13　　　　　(C) 15　　　　　(D) 17

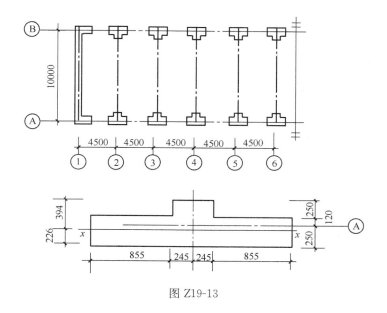

图 Z19-13

36. 假定，该房屋的静力计算方案为弹性方案，柱底绕 x 轴弯矩设计值 $M_x = 52\text{kN} \cdot \text{m}$，轴向压力设计值 $N = 404\text{kN}$，重心至轴向压力所在偏心方向截面边缘的距离 $y = 394\text{mm}$。试问，该柱底的受压承载力设计值（kN），与下列何项数值最接近？

(A) 630　　　　(B) 680　　　　(C) 730　　　　(D) 780

【题 37、38】　某房屋的窗间墙长 1600mm，厚 370mm，有一截面尺寸为 250mm×500mm 的钢筋混凝土梁支承在墙上，梁端实际支承长度为 250mm，如图 Z19-14 所示。窗间墙采用 MU15 烧结普通砖，MU10 混合砂浆砌筑，砌体施工质量控制等级为 B 级。

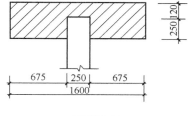

37. 试问，梁端支承处砌体的局部受压承载力设计值（kN），与下列何项数值最接近？

(A) 120　　　　(B) 140

(C) 160　　　　(D) 180

图 Z19-14

38. 假定，窗间墙在重力荷载代表值作用下的轴向压力 $N = 604\text{kN}$，试问，该窗间墙的抗震受剪承载力设计值 $f_{\text{VE}}A/\gamma_{\text{RE}}$（kN），与下列何项数值最接近？

(A) 140　　　　(B) 160　　　　(C) 180　　　　(D) 200

【题 39、40】　某露天环境木屋架，采用云南松 TC13A 制作，计算简图如图 Z19-15 所示，其稳定措施满足《木结构设计标准》的规定，P 为檩条（与屋架上弦锚固）传至屋

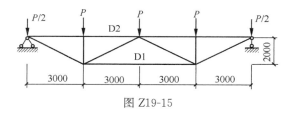

图 Z19-15

架的节点荷载。设计使用年限为 5 年，结构重要性系数取 1.0。

39. 假定，杆件 D1 为正方形方木，在恒载和活荷载共同作用下 $P=20$kN（设计值）。试问，按此工况进行强度验算时，其最小截面边长（mm），与下列何项数值最接近？

提示： 强度验算时，不考虑构件自重。

(A) 70　　　　(B) 85　　　　(C) 100　　　　(D) 110

40. 假定，杆件 D2 采用截面为正方形方木。试问，满足长细比限值要求的最小截面边长（mm），与下列何项数值最接近？

(A) 90　　　　(B) 100　　　　(C) 110　　　　(D) 120

（下午卷）

【题 41、42】　某土质建筑边坡采用毛石混凝土重力式挡土墙支护，挡土墙墙背竖直，如图 Z19-16 所示，墙高为 6.5m，墙顶宽 1.5m，墙底宽度为 3m，挡土墙毛石混凝土重度为 24kN/m³。假定，墙后填土表面水平并且与墙齐高，填土对墙背的摩擦角 $\delta=0°$，排水良好，挡土墙基底水平，底部埋置深度为 0.5m，地下水位线在挡土墙底部以下 0.5m。

提示： ① 不考虑墙前被动土压力的有利作用，不考虑地震设计状况；

② 不考虑地面荷载的影响；

③ $\gamma_0=1.0$。

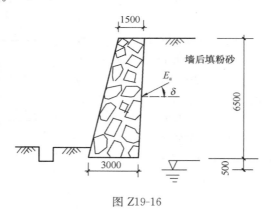

图 Z19-16

41. 假定，墙后填土的重度为 20kN/m³，主动土压力系数 $k_a=0.22$，土与挡土墙基底的摩擦系数 $\mu=0.45$，试问，挡土墙的抗滑移稳定安全系数 K，与下列何项数值最为接近？

(A) 1.35　　　　(B) 1.45　　　　(C) 1.55　　　　(D) 1.65

42. 假定，作用于挡土墙的主动土压力 E_a 为 112kN，试问，基础底面边缘最大压应力 p_{max}（kN/m²），与下列何项数值最为接近？

(A) 170　　　　(B) 180　　　　(C) 190　　　　(D) 200

【题 43～45】　某工程采用真空预压法处理地基，排水竖井采用塑料排水带，等边三角形布置，穿过 20m 软土层。上覆砂垫层厚度 $H=1.0$m，满足竖井预压构造措施和地坪设计标高要求。瞬时抽真空并保持膜下真空度 90kPa。地基处理剖面及土层分布，如图 Z19-17 所示。

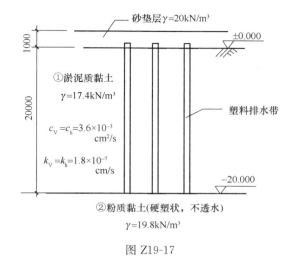

图 Z19-17

43. 设计采用塑料排水带宽度为 100mm，厚度为 6mm。试问，当井径比 $n=20$ 时，塑料排水带布置间距 L（mm），与下列何项数值最为接近？

(A) 1200　　　　(B) 1300　　　　(C) 1400　　　　(D) 1500

44. 假定，涂抹影响及井阻影响较小，忽略不计，井径比 $n=20$，竖井的有效排水直径 $d_e=1470$mm，当仅考虑抽真空荷载下径向排水固结时，试问，60 天竖井径向排水平均固结度 $\bar{u}_r$（%），与下列何项数值最为接近？

提示： ① 不考虑涂抹影响及井阻影响时，$F=F_n=\ln (n)-\dfrac{3}{4}$；

② $\bar{u}_r=1-e-\dfrac{8c_h}{Fd_e^2}t$。

(A) 80　　　　(B) 85　　　　(C) 90　　　　(D) 95

45. 假定，不考虑砂垫层本身压缩变形。试问，预压荷载下地基最终竖向变形量（mm），与下列何项数值最为接近？

提示： ① 沉降经验系数 $\xi=1.2$；

② $\dfrac{e_0-e_1}{1+e_0}=\dfrac{p_0 k_v}{c_v \gamma_w}$；

③ 变形计算深度取至标高 -20.000m 处。

(A) 300　　　　(B) 800　　　　(C) 1300　　　　(D) 1800

【题 46～48】 某一六桩承台基础，采用先张法预应力混凝土管桩，桩外径 500mm，壁厚 100mm，桩身混凝土强度等级为 C80，不设桩尖。有关各层土分布情况，桩侧土极限侧阻力标准值 q_{sik}，桩端土极限端阻力标准值 q_{pk}，如图 Z19-18 所示。承台及其土的平均重度取 22kN/m³。取 $\gamma_0=1.0$。

46. 试问，按《建筑桩基技术规范》，根据土的物理指标与承载力参数之间的经验关系，估算该桩基的单桩竖向承载力特征值 R_a（kN），与下列何项数值最为接近？

(A) 800　　　　(B) 1000　　　　(C) 1500　　　　(D) 2000

47. 假定，相应于作用的基本组合时，上部结构传至承台顶面的内力设计值：竖向力

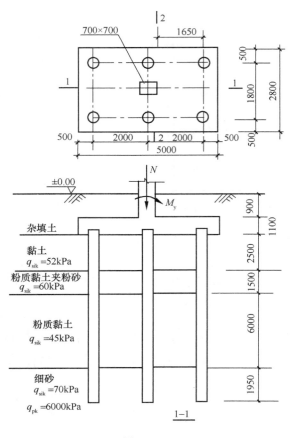

图 Z19-18

$N=7020\text{kN}$，弯矩 $M_x=0$，$M_y=756\text{kN·m}$。试问，承载 2-2 截面（柱边）处剪力设计值 （kN），与下列何项数值最为接近？

提示： 荷载组合按《建筑结构可靠性设计统一标准》GB 50068—2018 作答。

(A) 2550   (B) 2650   (C) 2750   (D) 2850

48. 假定，不考虑抗震设计状况，承台顶面中心的基本组合下弯矩设计值 $M_y=0$，最大单桩反力设计值为 1180kN，承台采用 C35 混凝土（$f_t=1.57\text{N/mm}^2$），纵向受力钢筋采用 HRB400，$h_0=1000\text{mm}$。试问，承台长向受力主筋的配置，下列何项最合理？

(A) ⏀ 20@100   (B) ⏀ 22@100

(C) ⏀ 22@150   (D) ⏀ 25@100

【题 49】 某工程桩基采用钢管桩，材质 Q235（$f_y=305\text{N/mm}^2$，$E=206\times10^3\text{N/mm}^2$），外径 $d=950\text{mm}$，采用锤击式沉桩工艺。试问，满足打桩时桩身不出现局部压曲的最小钢管壁厚（mm），与下列何项数值最为接近？

(A) 7   (B) 8   (C) 9   (D) 10

【题 50、51】 某 8 度抗震设防地区建筑，不设地下室，采用水下成孔混凝土灌注桩，桩径 800mm，混凝土采用 C40，桩长 30m，桩底进入强风化片麻岩，桩基按位于腐蚀环境设计。基础采用独立桩承台，承台间设连系梁。桩基础设工层剖面如图 Z19-19 所示。

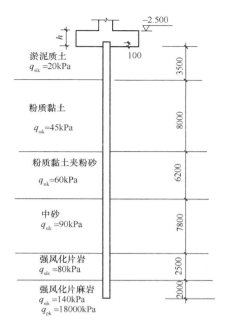

图 Z19-19

50. 假定，桩顶固接，桩身配筋率为 0.7%，桩身抗弯刚度为 $4.33 \times 10^5 \text{kN} \cdot \text{m}^2$，桩侧土水平抗力系数的比例系数 $m = 4\text{MN/m}^4$，桩水平承载力由水平位移控制，允许位移为 10mm。试问，初步设计时，按《建筑桩基技术规范》，估算考虑地震作用组合的桩基的单桩水平承载力特征值（kN），与下列何项数值最为接近？

(A) 161   (B) 201   (C) 270   (D) 330

51. 图 Z19-20 的工程桩结构图中有几处不满足《建筑地基基础设计规范》《建筑桩基

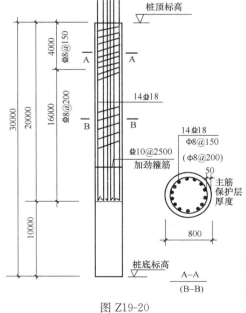

图 Z19-20

技术规范》的构造要求？

    (A) 1   (B) 2   (C) 3   (D) ≥4

    【题52】 抗震等级为一级，六层钢筋混凝土框架结构，采用直径600mm的混凝土灌注桩基础，无地下室。试问，在图 Z19-21 中有几处不满足《建筑地基基础设计规范》《建筑桩基技术规范》的构造要求？

    (A) 1   (B) 2   (C) 3   (D) ≥4

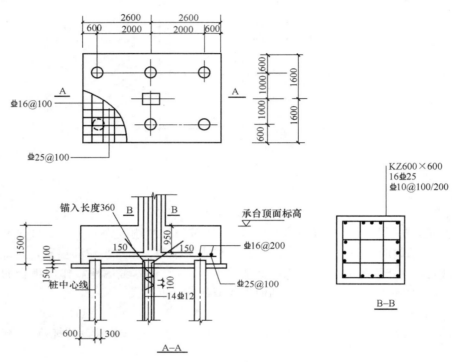

图 Z19-21

    【题53～55】 某安全等级二级的高层建筑采用钢筋混凝土框架结构体系，框架柱截面尺寸均为 900mm×900mm，基础采用平板式筏形基础，板厚 1.4m，均匀地基，如图 Z19-22 所示。

    提示： $h_0 = 1.34m$。

    53. 假定，中柱 KZ1 柱底按荷载基本组合计算的柱底轴力 $F_1 = 12150kN$，柱底弯矩 $M_{1x} = 0$，$M_{1y} = 202.5kN \cdot M$，基本组合下基底净反力为 182.25kPa（已扣除筏板及其上土自重）。已知 $I_s = 11.17m^4$，$\alpha_s = 0.4$。试问，KZ1 柱边 $h_0/2$ 处的筏板冲切临界截面的最大应力设计值 τ_{max}（kPa），与下列何项数值最为接近？

    (A) 600   (B) 800   (C) 1000   (D) 1200

    54. 假定，边柱 KZ2 柱底按荷载基本组合计算的柱底轴力 $F_2 = 9450kN$，其余条件同 [题53]，试问，筏板冲切验算时，KZ2 的冲切力设计值 F_l（kN），与下列何项数值最为接近？

    (A) 7800   (B) 8200   (C) 8600   (D) 9000

    55. 假定，在荷载准永久组合作用下，当结构竖向荷载重心与筏板平面重心不能重合

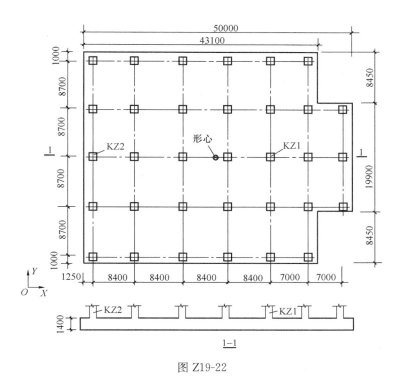

图 Z19-22

时，试问，按《建筑地基基础设计规范》，荷载重心左右侧偏离筏板形心的距离限值（m），与下列何项数值最为接近？（已知筏板形心坐标为：$x=23.57$m，$y=18.4$m）

(A) 0.710，0.580

(B) 0.800，0.580

(C) 0.800，0.710

(D) 0.880，0.690

【题56】 下列关于水泥粉煤灰搅拌碎石柱（CFG）复合地基质量检验项目检验方法的叙述中，全部符合《建筑地基处理技术规范》规定的是哪项？

Ⅰ. 应采用静载荷试验检验处理后的地基承载力；

Ⅱ. 应采用静载荷试验检验复合地基承载力；

Ⅲ. 应采用静载荷试验检验单桩承载力；

Ⅳ. 应采用静力触探试验检验处理后的地基施工质量；

Ⅴ. 应采用动力触探试验检验处理后的地基施工质量；

Ⅵ. 应检验桩身强度；

Ⅶ. 应进行低应变试验检验桩身完整性；

Ⅷ. 应采用钻心法检验桩身混凝土成桩质量。

(A) Ⅰ、Ⅲ、Ⅳ、Ⅶ

(B) Ⅰ、Ⅲ、Ⅵ、Ⅶ

(C) Ⅱ、Ⅲ、Ⅵ、Ⅶ

(D) Ⅱ、Ⅲ、Ⅴ、Ⅶ

【题57】 下列关于高层民用建筑结构抗震设计的观点，哪一项与规范要求不一致？

(A) 高层混凝土框架-剪力墙结构，剪力墙有端柱时，墙体在楼盖处宜设置暗梁

(B) 高层钢框架-支撑结构，支撑框架所承担的地震剪力不应小于总地震剪力的 75%

(C) 高层混凝土结构位移比计算采用"规定水平力"，且考虑偶然偏心影响；楼层层

间最大位移与层高之比计算时，应采用地震作用标准值，可不考虑偶然偏心

（D）重点设防类高层建筑应按高于本地区抗震设防烈度一度的要求提高其抗震措施，但抗震设防烈度为 9 度时，应适度提高；适度设防类，允许比本地区抗震设防烈度的要求适当降低其抗震措施，但 6 度时，不应降低

【题 58】 关于高层建筑结构设计观点，下列哪一项最为准确？

（A）超长钢筋混凝土结构温度作用计算时，地下部分与地上部分应考虑不同的"温升""温降"作用

（B）高度超过 60m 的高层，结构设计时基本风压应增大 10%

（C）复杂高层结构应采用弹性时程分析法进行补充计算，关键构件的内力、配筋应与反应谱的计算结构进行比较，取较大者

（D）抗震设防烈度为 8 度（0.30g），基本周期 3s 的竖向不规则结构的薄弱层，多遇地震水平地震作用计算时，薄弱层的最小水平地震剪力系数不应小于 0.048

【题 59】 抗震设防烈度为 7 度，丙类建筑，多遇地震水平地震标准值作用下，需控制弹性层间位移角 $\Delta u/h$，比较下列三种结构体系的弹性层间位移角限值 $[\Delta u/h]$：

体系 1：房屋高度为 180m 的钢筋混凝土框架-核心筒结构；

体系 2：房屋高度为 50m 的钢筋混凝土框架结构；

体系 3：房屋高度为 120m 的钢框架-屈曲约束支撑结构。

试问，以上三种结构体系的 $[\Delta u/h]$ 之比，与下列何项最为接近？

（A）$1:1.45:2.71$ 　　　　　（B）$1:1.2:1.36$

（C）$1:1.04:1.36$ 　　　　　（D）$1:1.23:2.71$

【题 60、61】 某平面为矩形的 24 层现浇钢筋混凝土部分框支剪力墙结构，房屋总高度为 75m，一层为框支层，转换层楼板局部开大洞，如图 Z19-23 所示，其余部位楼板均连续。抗震设防烈度为 8 度（0.20g），丙类建筑，建筑场地为 Ⅱ 类，安全等级为二级。转换层混凝土强度等级为 C40，钢筋采用 HRB400。

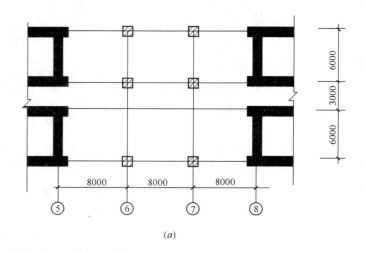

(a)

图 Z19-23（一）

(a) 一层结构平面图

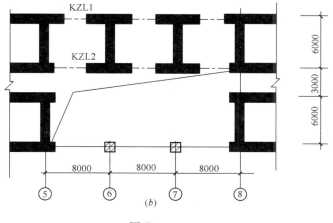

图 Z19-23（二）

（b）二层结构平面图

60. 假定，⑤轴落地剪力墙处，由不落地剪力墙传来按刚性楼板计算的楼板组合剪力设计值 $V_0=1400kN$，KZL1 和 KZL2 穿过⑤轴墙的纵筋总面积 $A_{s1}=4200mm^2$，转换楼板配筋验算宽度按 $b_f=5600mm$，板面、板底配筋相同，且均穿过周边墙、梁。试问，该转换楼板的厚度 t_f（mm）及板底配筋最小应为下列何项才能满足规范最低要求？

提示： ① 框支层楼板按构造配筋时，满足竖向承载力和水平平面内抗弯要求；

② 核算转换层楼板的截面时，楼板宽度 $b_f=6300mm$，忽略梁截面。

(A) $t_f=180mm$，$\oplus 12@200$

(B) $t_f=200mm$，$\oplus 12@200$

(C) $t_f=220mm$，$\oplus 12@200$

(D) $t_f=250mm$，$\oplus 14@200$

61. 假定，底层某一落地剪力墙如图 Z19-24 所示（配筋为示意，端柱为周边均匀布置），抗震等级为一级，抗震承载力计算时，考虑地震作用组合的墙肢组合内力计算值（未经调整）为：$M=3.9\times10^4kN \cdot m$，$V=3.2\times10^3kN$，$N=1.6\times10^4kN$（压力），$\lambda=1.9$。试问，该剪力墙底部截面水平分布筋应按下列何项配筋，才能满足规范、规程的最低抗震要求？

提示： $A_w/A \approx 1$，$h_{w0}=6300mm$，$\dfrac{1}{\gamma_{RE}}(0.15f_cbh_0)=6.37\times10^6N$，$0.2f_cb_wh_w=7563600N$。

(A) $2\oplus 10@200$

(B) $2\oplus 12@200$

(C) $2\oplus 14@200$

(D) $2\oplus 16@200$

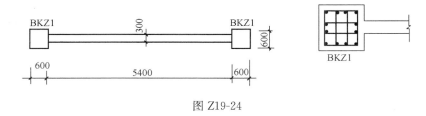

图 Z19-24

【题 62】 某拟建 12 层办公楼，采用钢支撑-混凝土框架结构，房屋高度为 43.3m，框架柱截面 700m×700mm，混凝土强度等级为 C50。抗震设防烈度为 7 度，丙类建筑，建筑场地为Ⅱ类。在进行方案比较时，有四种支撑布置方案。假定，多遇地震作用下起控制作用的主要计算结果见表 Z19-1。

表 Z19-1

	M_{Xf}/M（%）	M_{Yf}/M（%）	N（kN）	N_G（kN）
方案 A	51	52	8300	7300
方案 B	46	48	8000	7200
方案 C	52	51	8250	7250
方案 D	42	43	7800	7600

M_f——底层框架部分按刚度分配的地震倾覆力矩；M——结构总地震倾覆力矩；N——普通框架柱最大轴压力设计值；N_G——支撑框架柱最大轴压力设计值。

假定，该结构刚度、支撑间距等其他方面均满足规范规定。如果仅从支撑布置及柱抗震构造方面考虑。试问，哪种方案最为合理？

提示：① 按《建筑抗震设计规范》作答；

② 柱不采取提高轴压比限值的措施。

（A）方案 A   （B）方案 B   （C）方案 C   （D）方案 D

【题 63】 某拟建 10 层普通办公楼，现浇混凝土框架-剪力墙结构，质量和刚度沿高度分布比较均匀，房屋高度为 36.4m，一层地下室，地下室顶板作为上部结构嵌固部位，采用桩基础。抗震设防烈度为 8 度（0.20g），设计地震分组为第一组，丙类建筑，Ⅲ类建筑场地。已知总重力荷载代表值在 146000～166000kN 之间。

初步设计时，有 4 个结构布置方案（X 向起控制作用），各方案在多遇地震作用下按振型分解反应谱法计算的主要结果，见表 Z19-2 所示。

表 Z19-2

	方案 A	方案 B	方案 C	方案 D
T_x（s）	0.85	0.85	0.86	0.86
F_{Ekx}（kN）	8200	8500	12000	10200
λ_x	0.050	0.052	0.076	0.075

T_x——结构第一自振周期；F_{Ekx}——总水平地震作用标准值；λ_x——水平地震剪力系数。

假定，从结构剪重比及总重力荷载合理性方面考虑，上述 4 个方案的电算结果只有一个比较合理。试问，电算结果比较合理的是下列哪个方案？

提示：按底部剪力法判断。

（A）方案 A   （B）方案 B   （C）方案 C   （D）方案 D

【题 64、65】 某 7 层民用建筑，现浇混凝土框架结构，如图 Z19-25 所示，层高均为 4.0m，结构沿竖向层刚度无突变，楼层屈服强度系数 ξ_y 分布均匀，安全等级为二级。抗震设防烈度为 8 度（0.20g），丙类建筑，Ⅱ类建筑场地。

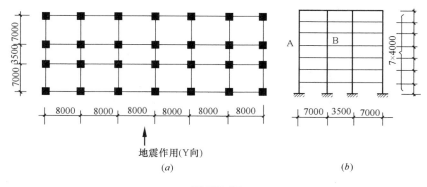

图 Z19-25

(a) 平面图；(b) 剖面图

64. 假定，该结构中部某一框架梁局部平面，如图 Z19-26 所示，框架梁截面尺寸为 350mm × 700mm，$h_0 = 640$mm，$a'_s = 40$mm，混凝土强度等级为 C40，纵筋采用 HRB500（Φ），梁端 A 的底部配筋为顶部配筋的一半（顶部纵筋截面面积

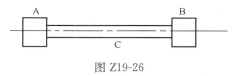

图 Z19-26

$A_s = 4920$mm^2）。针对梁端 A 的配筋，试问，计入受压钢筋作用的梁端抗震受弯承载力设计值（kN·m），与下列何项数值最为接近？

提示：① 梁抗弯承载力按 $M = M_1 + M_2$，$M_1 = \alpha_1 f_c b_b x (h_0 - x/2)$，$M_2 = f'_y (h_0 - a'_s) A'_s$；

② 梁按实际配筋计算的受压区高度与抗震要求的最大受压区高度相等。

(A) 1241   (B) 1600   (C) 1820   (D) 2400

65. 假定，Y 向多遇地震作用下，首层地震剪力标准值 $V_0 = 9000$kN（边柱 14 根，中柱 14 根），罕遇地震作用下首层弹性地震剪力标准值 $V = 50000$kN，框架柱按实配钢筋和混凝土强度标准值计算的受剪承载力：每根边柱 $V_{cua1} = 780$kN，每根中柱 $V_{cua2} = 950$kN。关于结构弹塑性变形验算，有下列四种观点：

Ⅰ. 不必进行弹塑性变形验算；

Ⅱ. 增大框架柱实配钢筋使 V_{cua1} 和 V_{cua2} 增加 5% 后，可不进行弹塑性变形验算；

Ⅲ. 可采用简化方法计算，弹塑性层间位移增大系数取 1.83；

Ⅳ. 可采用精力弹塑性分析方法或弹塑性时程分析法进行弹塑性变形验算。

下列何项符合规范、规程的规定？

(A) Ⅰ不符合，其余符合   (B) Ⅰ、Ⅱ符合，其余不符合

(C) Ⅰ、Ⅱ不符合，其余符合   (D) Ⅰ符合，其余不符合

【题 66～68】 某高层办公楼，地上 33 层，地下 2 层，如图 Z19-27 所以，房屋高度为 128.0m，内筒采用钢筋混凝土核心筒，外围为钢框架。钢框架柱距：1～5 层，为 9m；6～33 层，为 4.5m。5 层设转换行架。抗震设防烈度为 7 度（0.10g），设计地震分组为第一组，丙类建筑，Ⅲ类建筑场地。地下一层顶板（±0.000）处作为上部结构嵌固部位。

提示：本题"抗震措施等级"指用于确定抗震内力调整措施的抗震等级；"抗震构造

措施等级"指用于确定构造措施的抗震等级。

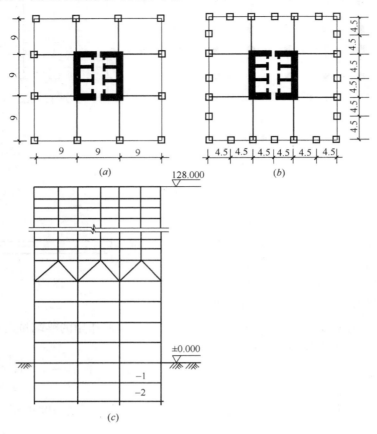

图 Z19-27（单位：m）

（a）1～5层平面图；（b）6～33层平面图；（c）剖面图

66. 针对上述结构，部分楼层核心筒的抗震等级有下列 4 组，见表 Z19-3A～表 Z19-3D。试问，下列何项符合《高层建筑混凝土结构技术规程》规定的抗震等级？

表 Z19-3A

楼层	抗震措施等级	抗震构造措施等级
地下二层	不计算地震作用	一级
20 层	特一级	特一级

表 Z19-3B

楼层	抗震措施等级	抗震构造措施等级
地下二层	不计算地震作用	二级
20 层	一级	一级

表 Z19-3C

楼层	抗震措施等级	抗震构造措施等级
地下二层	一级	二级
20 层	一级	一级

表 Z19-3D

楼层	抗震措施等级	抗震构造措施等级
地下二层	二级	二级
20 层	二级	二级

(A) 表 3A　(B) 表 3B　(C) 表 3C　(D) 表 3D

67. 针对上述结构，外围钢框架的抗震等级有下列 4 组，见表 Z19-4A～表 Z19-4D。试问，下列何项符合《建筑抗震设计规范》及《高层建筑混凝土结构技术规程》的抗震等级最低要求？

表 Z19-4A

楼层	抗震措施等级	抗震构造措施等级
1～5 层	三级	三级
6～33 层	三级	三级

表 Z19-4B

楼层	抗震措施等级	抗震构造措施等级
1～5 层	二级	二级
6～33 层	三级	三级

表 Z19-4C

楼层	抗震措施等级	抗震构造措施等级
1～5 层	二级	二级
6～33 层	二级	三级

表 Z19-4D

楼层	抗震措施等级	抗震构造措施等级
1～5 层	二级	二级
6～33 层	二级	二级

(A) 表 4A　(B) 表 4B　(C) 表 4C　(D) 表 4D

68. 因方案调整，取消 5 层转换桁架，6～33 层外围钢框架柱距由 4.5m 改为 9.0m，与 15 层贯通，结构沿竖向层刚度均匀分布，扭转效应不明显，无薄弱层。假定，重力荷载代表值为 1×10^6kN，底部对应于 Y 向水平地震作用标准值的剪力为 12800kN，基本周期为 4.0s。在多遇地震作用标准值作用下，Y 向框架部分按侧向刚度分配且未经调整的楼层地震剪力标准值：首层 $V_{f1}=900$kN，各层最大值 $V_{f,max}=2000$kN。试问，抗震设计时，首层 Y 向框架部分的楼层地震剪力标准值（kN），与下列何项数值最为接近？

提示：假定，各层地震剪力调整系数均按底层地震剪力调整系数取值。

(A) 900　(B) 2560　(C) 2940　(D) 3450

【题 69】 某 8 层钢结构民用建筑，采用钢框架-中心支撑（有侧移，无摇摆柱），房屋高度为 33m，外围局部设通高大空间，其中一榀钢框架如图 Z19-28 所示。抗震设防烈度为 8 度（0.20g），乙类建筑，Ⅱ类建筑场地，钢材采用 Q345（$f_y=345\text{N/mm}^2$）。结构内力采用一阶弹性分析，框架柱 KZA 与柱顶框架梁 KLB 的承载力满足 2 倍多遇地震作用组合下的内力要求。假定，框架柱 KZA 平面外稳定及构造满足规范要求，在 XY 平面内框架柱 KZA 线刚度 i_c 与框架梁 KLB 的线刚度 i_b 相等。试问，框架柱 KZA 在 XY 平面内的回转半径 r_c（mm）最小为下列何项才能满足规范对构件长细比的要求？

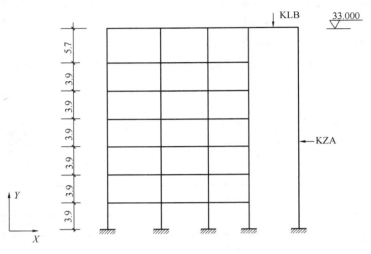

图 Z19-28（单位：m）

提示： 按《高层民用建筑钢结构技术规程》作答，不考虑框架梁 KLB 的轴力影响，$\lambda = \mu H/r_c$。

(A) 610　　　　(B) 625　　　　(C) 870　　　　(D) 1010

【题 70～72】 某 26 层钢结构办公楼，采用钢框架-支撑结构体系，如图 Z19-29 所示，位于 8 度（0.20g）抗震设防烈度区，丙类建筑，设计地震分组为第一组，Ⅲ类场地。安全等级为二级。采用 Q345 钢，为简化计算，取 $f = 305\text{N/mm}^2$，$f_y = 345\text{N/mm}^2$。

提示： 按《高层民用建筑钢结构技术规程》JGJ 99—2015 作答。

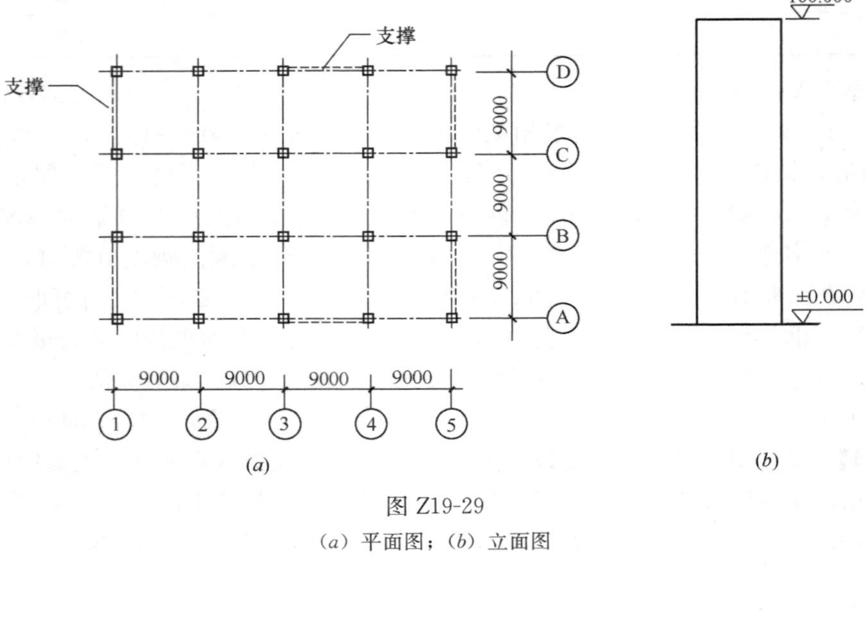

图 Z19-29

（a）平面图；（b）立面图

70. 假定①轴第 12 层支撑如图 Z19-30 所示，梁截面 H600×300×12×20，$W_{pb} = 4.42×10^6\,mm^3$。已知消能梁段剪力设计值 $V=1190kN$，相应于消能梁段剪力设计值 V 的支撑组合的轴力设计值为 2000kN。支撑斜杆用 H 型钢，抗震等级为二级且满足其他构造要求。试问，支撑斜杆设计值 N_{br}（kN），最小应按近于下列何项才能满足规范要求？

（A）2940 　　　　（B）3170 　　　　（C）3350 　　　　（D）3470

71. 中部楼层某一根框架中柱 KZA 如图 Z19-31 所示，楼层受剪承载力与上一层基本相同，所有框架梁均为等截面，承载力及位移等所需的柱左右两端框架梁 KLB 截面均为 H600×300×14×24，$W_{pb}=5.21×10^6\,mm^3$，上、下柱截面均相同，均为箱形截面柱。假定，柱 KZA 为抗震一级，轴力设计值 N 为 8500kN，2 倍多遇地震作用下的组合轴力设计值为 12000kN，结构的二阶效应系数小于 0.1，$\varphi=0.6$。试问，柱 KZA 截面尺寸最小取下列何项时满足规范关于"强柱弱梁"的抗震要求？

（A）$550×550×24×24(A_c = 50496mm^2, W_{pc} = 9.97×10^6\,mm^3)$

（B）$550×550×28×28(A_c = 58464mm^2, W_{pc} = 1.15×10^7\,mm^3)$

（C）$550×550×30×30(A_c = 62460mm^2, W_{pc} = 1.22×10^7\,mm^3)$

（D）$550×550×32×32(A_c = 66304mm^2, W_{pc} = 1.40×10^7\,mm^3)$

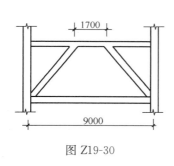

图 Z19-30

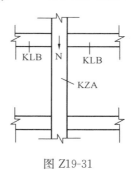

图 Z19-31

72.（缺）

【题 73】 某城市主干路上一座路线桥，跨径组合为 30m＋40m＋30m 预应力混凝土连系箱梁桥，位于地震基本烈度为 7 度（0.15g）区。在确定设计标准时，下列有几条符合规范？

1. 桥梁设防丙类，地震标准为 E1 地震作用下，震后可立即使用，结构总体弹性内基本无损；E2 地震作用下，震后经抢修可恢复使用，永久性修复后恢复正常运营功能，桥体构件有限损伤；

2. 桥梁抗震措施采用符合本地区地震基本烈度要求；

3. 地震调整系数，C2 值在 E1 地震作用和 E2 地震作用下分别取 0.46、2.2；

4. 抗震设计方法，采用 A 类进行 E1 地震作用和 E2 地震作用下的抗震分析和验算。

试问，上述要求中，正确的是下列何项？

（A）1 　　　　（B）2 　　　　（C）3 　　　　（D）4

【题 74】 某桥位于气温区域为寒冷地区，当地历年最高日平均温度 34℃，最低日平均温度－10℃，历年最高温度 46℃，历年最低温度－21℃，该桥为正在建设的 3×50m、墩身固结的刚构式公路钢桥，施工中采用中跨跨中嵌补段完成全桥合拢。假定，该桥预计合拢温度在15～20℃之间。试问，计算结构均匀温度作用效应时，温度升高和温度降低数值（℃）最接近下列何项？

(A) 14，25   (B) 19，30   (C) 31，41   (D) 26，36

【题75】 某一级公路上一座直线预应力混凝土现浇连续箱桥梁，其腹板布置预应力钢绞线6根，沿腹板竖向布置三排，沿其水平横向布置两列，采用外径为90mm的金属波纹管。试问，按后张法预应力筋来布置且满足构造要求，其腹板的合理宽度（mm），最接近下列何项？

(A) 300   (B) 310   (C) 325   (D) 335

【题76】 在设计某城市过街天桥时，在天桥两端需按要求每端分别设置1：2.5人行梯道和1：4考虑自行车推行坡道的人行梯道，全桥共设两个1：2.5人行梯道和2个1：4人行梯道。其中，自行车推行的方式采用梯道两侧布置推行坡道。假定，人行梯道的宽度均为1.8m，一条自行车推行坡道的宽度为0.4m，在不考虑设计年限内高峰小时人流量及通行能力计算时，试问，天桥主桥桥面最大净宽（mm），最接近下列何项？

(A) 3.0   (B) 3.7   (C) 4.3   (D) 4.7

【题77～80】 某高速公路上一座预应力混凝土连续箱体桥，其跨径组合为35m+45m+35m，混凝土强度等级为C50，桥体临近城镇居住区，需增设声屏障，如图Z19-32所示，不计挡板尺寸，主体悬臂跨径为1880mm，悬臂根部为350mm。设计时需考虑风荷载、汽车撞击效应，又需分别对防护栏根部和主梁悬臂根部进行极限承载力和正常使用性能分析。

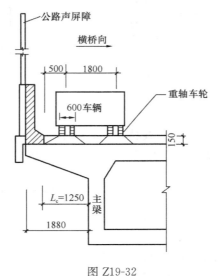

图 Z19-32

77. 主悬臂梁板上，横桥向车辆荷载后轴（重轴）的车轮按规范布置，如图Z19-32所示，每组轮着地宽度600mm，长度（纵桥向）为200mm，假设桥面铺装层厚度150mm，平行于悬臂跨径方向（横桥向）的车轮着地尺寸的外缘，通过铺装层45°分布线的外边线至主梁腹板外边缘的距离 L_c =1250mm。试问，垂直于悬臂板跨径的车轮荷载分布宽度（mm），最接近下列何项？

(A) 3000　　　　　(B) 3100　　　　　(C) 3800　　　　　(D) 4400

78. 在进行主梁悬臂根部抗弯极限承载力状态设计时，假定，已知如下各作用在主梁悬臂梁根部的每延米弯矩标准值：悬臂板自重、铺设屏障和护栏引起的弯矩标准值为45kN·m，按百年一遇基本风压计算的声屏障风荷载引起的弯矩标准值为30kN·m，汽车车辆荷载（含冲击力）引起的弯矩标准值为32kN·m。试问，主梁悬臂根部弯矩在不考虑汽车撞击力下的承载能力极限状态下每延米的基本组合效应设计值（kN·m），最接近下列何项？

(A) 123　　　　　(B) 136　　　　　(C) 144　　　　　(D) 150

79. 考虑汽车撞击力下的主梁悬臂根部抗弯承载性能设计时，假定，已知汽车撞击力引起的每延米弯矩标准值为126kN·m，利用题38的已知条件，并利用与偶然作用同时出现的可变作用的频遇值。试问，主梁悬臂根部每延米弯矩在承载力极限状态下的偶然组合效应设计值（kN·m），最接近下列何项？

(A) 194　　　　　(B) 206　　　　　(C) 216　　　　　(D) 227

80. 设计主梁悬臂根部顶层每延米布置一排 20 Φ 16 钢筋，钢筋截面面积共计4022mm²，钢筋中心至悬臂板顶部距离为40mm。假定，当正常使用极限状态下主梁悬臂根部每延米的作用频遇组合的弯矩值为200kN·m，采用受弯构件在开裂截面状态下的受拉纵向钢筋应力计算公式。试问，钢筋应力值（N/mm²），最接近下列何项？

(A) 184　　　　　(B) 189　　　　　(C) 190　　　　　(D) 194

第二篇　实战训练试题

解答与评析

规范简称目录

为了解答方便、避免冗长，规范简称如下：

1.《建筑结构可靠性设计统一标准》GB 50068—2018（简称《可靠性标准》）

2.《建筑结构荷载规范》GB 50009—2012（简称《荷规》）

3.《建筑工程抗震设防分类标准》GB 50223—2008（简称《设防分类标准》）

4.《建筑抗震设计规范》GB 50011—2010（2016 年版）（简称《抗规》）

5.《建筑地基基础设计规范》GB 50007—2011（简称《地规》）

6.《建筑桩基技术规范》JGJ 94—2008（简称《桩规》）

7.《建筑边坡工程技术规范》GB 50330—2013（简称《边坡规范》）

8.《建筑地基处理技术规范》JGJ 79—2012（简称《地处规》）

9.《建筑地基基础工程施工质量验收规范》GB 50202—2002（简称《地验规》）

10.《既有建筑地基基础加固技术规范》JGJ 123—2012（简称《既有地规》）

11.《混凝土结构设计规范》GB 50010—2010（2015 年版）（简称《荷规》）

12.《混凝土结构工程施工质量验收规范》GB 50204—2015（简称《混验规》）

13.《混凝土异形柱结构技术规程》JGJ 149—2017（简称《异形柱规程》）

14.《组合结构设计规范》JGJ 138—2016（简称《组合规范》）

15.《混凝土结构加固设计规范》GB 50367—2013（简称《混加规》）

16.《门式刚架轻型房屋钢结构技术规范》GB 51022—2015（简称《门规》）

17.《钢结构设计标准》GB 50017—2017（简称《钢标》）

18.《冷弯薄壁型钢结构技术规范》GB 50018—2002（简称《薄壁钢规》）

19.《高层民用建筑钢结构技术规程》JGJ 99—2015（简称《高钢规》）

20.《空间网格结构技术规程》JGJ 7—2010（简称《网格规程》）

21.《钢结构焊接规范》GB 50661—2011（简称《焊规》）

22.《钢结构高强度螺栓连接技术规程》JGJ 82—2011（简称《高强螺栓规程》）

23.《钢结构工程施工质量验收规范》GB 50205—2001（简称《钢验规》）

24.《砌体结构设计规范》GB 50003—2011（简称《砌规》）

25.《砌体结构工程施工质量验收规范》GB 50203—2011（简称《砌验规》）

26.《木结构设计标准》GB 50005—2017（简称《木标》）

27.《烟囱设计规范》GB 50051—2013（简称《烟规》）

28.《高层建筑混凝土结构技术规程》JGJ 3—2010（简称《高规》）

29.《建筑设计防火规范》GB 50016—2014（简称《防火规范》）

30.《公路桥涵设计通用规范》JTG D60—2015（简称《公桥通规》）

31.《城市桥梁设计规范》CJJ 11—2011（2019 年局部修订）（简称《城市桥规》）

32.《城市桥梁抗震设计规范》CJJ 166—2011（简称《城桥震规》）

33. 《公路钢筋混凝土及预应力混凝土桥涵设计规范》JTG 3362—2018（简称《公桥混规》）

34. 《公路桥梁抗震设计细则》JTG/TB 02—01—2008（简称《公桥震则》）

35. 《城市人行天桥和人行地道技术规程》CJJ 69—95（简称《城市天桥》）

实战训练试题（一）解答与评析

（上午卷）

1. 正确答案是 A，解答如下：

如图 1-1（a）所示，取支座边剪力计算。

由《可靠性标准》8.2.4 条：

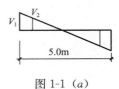

图 1-1（a）

$$V = \frac{1}{2} \times (1.3 \times 25 + 1.5 \times 40) \times 5 = 231.25 \text{kN}$$

根据《混规》式（6.3.4-2）：

$$V_{cs} \leqslant \alpha_{cv} f_t b h_0 + f_{yv} \frac{A_{sv}}{s} h_0$$

$$231.25 \times 10^3 \leqslant 0.7 \times 1.43 \times 200 \times 465 + 270 \times \frac{A_{sv}}{s} \times 465$$

$$\text{解之得：} A_{sv}/s \geqslant 1.1 \text{mm}^2/\text{mm}$$

（A）项：$A_{sv}/s = 2 \times 50.3/100 = 1.00 \text{mm}^2/\text{mm}$，不满足

（B）项：$A_{sv}/s = 2 \times 78.5/100 = 1.57 \text{mm}^2/\text{mm}$，满足

复核最小配箍率：$f_{sv} = \dfrac{A_{sv}}{bs} = \dfrac{1.57}{200} = 0.785\% > 0.24 f_t/f_{yv} = 0.24 \times 1.43/270 = 0.13\%$

2. 正确答案是 C，解答如下：

根据《混规》6.3.4 条：

如图 1-1（a）所示，弯起钢筋弯起点处的斜截面受剪承载力 V_2，由规范式（6.3.4-2）：

$$V_2 = \alpha_{cv} f_t b h_0 + f_{yv} \frac{A_{sv}}{s} h_0$$

$$= 0.7 \times 1.43 \times 200 \times 465 + 270 \times \frac{57}{200} \times 465 = 128.87 \text{kN}$$

如图 1-1（a）所示，支座边缘截面受剪承载力 V_1，由规范式（6.3.5）：

$$V_1 = 0.7 f_t b h_0 + f_{yv} \frac{A_{sv}}{s} h_0 + 0.8 f_{yv} A_{sb} \sin\alpha$$

$$= 128.87 + 0.8 \times 360 \times 402 \times \sin 45° \times 10^{-3}$$

$$= 210.74 \text{kN}$$

确定均匀荷载设计值 q：

$$q_1 = \frac{2V_1}{l_n} = \frac{2 \times 210.74}{5} = 84.3 \text{kN/m}$$

$$q_2 = \frac{2V_2}{5 - 2 \times 0.48} = \frac{2 \times 128.87}{5 - 0.96} = 63.8 \text{kN/m}$$

取较小值，$q = q_2 = 63.8 \text{kN/m}$

【1、2 题评析】 支座剪力值应取支座边缘处截面，故取净跨计算。

3. 正确答案是 B，解答如下：

$$e_0 = \frac{M}{N} = \frac{90}{950} = 94.7\text{mm} < \frac{h}{2} - a_s = \frac{450}{2} - 40 = 185\text{mm}，属小偏拉$$

$$e' = \frac{h}{2} - a'_s + e_0 = \frac{450}{2} - 40 + 94.7 = 279.7\text{mm}$$

查《混规》表 11.1.6，取 $\gamma_{RE} = 0.85$。

由规范式 （6.2.23-2）：

$$A_s \geqslant \frac{\gamma_{RE} N e'}{f_y (h'_0 - a'_s)} = \frac{0.85 \times 950 \times 10^3 \times 279.7}{360 \times (410 - 40)} = 1696\text{mm}^2$$

$$\rho = \frac{A_s}{b\,h} = \frac{1696}{300 \times 450} = 1.26\%$$

由规范表 8.5.1

$$\rho_{min} = \max(0.2\%, 0.45 f_t / f_y) = \max(0.2\%, 0.45 \times 1.43/360)$$
$$= 0.2\% < 1.26\%$$

【3 题评析】 本题关键是确定 γ_{RE} 值。

4. 正确答案是 A，解答如下：

根据《混规》7.1.2 条：

$$\rho_{te} = \frac{A_s}{A_{te}} = \frac{3927}{0.5 \times 250 \times 650} = 0.0483 > 0.01$$

$$h_0 = h - a_s = 650 - 70 = 580\text{mm}$$

$$\sigma_{sq} = \frac{M_q}{0.87 h_0 A_s} = \frac{450 \times 10^6}{0.87 \times 580 \times 3927} = 227.1\text{N/mm}^2$$

$$\psi = 1.1 - 0.65 \frac{f_{tk}}{\rho_{te}\sigma_{sq}} = 1.1 - 0.65 \times \frac{2.01}{0.0483 \times 227.1} = 0.981 < 1.0$$

故取 $\psi = 0.981$

5. 正确答案是 A，解答如下：

$$\alpha_E = \frac{E_s}{E_c} = \frac{2 \times 10^5}{3 \times 10^4} = 6.667,$$

$$\rho = \frac{A_s}{b\,h_0} = \frac{3927}{250 \times 580} = 0.0271$$

由《混规》式 （7.1.4-7），$0.2h_0 = 116\text{mm} < h'_f = 120\text{mm}$，取 $h'_f = 0.2h_0 = 116\text{mm}$

$$\gamma'_f = \frac{(b'_f - b)h'_f}{b\,h_0} = \frac{(800 - 250) \times 116}{250 \times 580} = 0.44$$

由《混规》式 （7.2.3-1）：

$$B_s = \frac{E_s A_s h_0^2}{1.15\psi + 0.2 + \dfrac{6\alpha_E \rho}{1 + 3.5\gamma'_f}} = \frac{2 \times 10^5 \times 3927 \times 580^2}{1.15 \times 0.956 + 0.2 + \dfrac{6 \times 6.667 \times 0.0271}{1 + 3.5 \times 0.44}}$$

$$= 1.53 \times 10^{14}$$

6. 正确答案是 C，解答如下：

根据《混规》7.2.2条、7.2.5条：

取 $\theta=2.0$

$$B=\frac{B_\mathrm{s}}{\theta}=\frac{2.16\times10^{14}}{2}$$

$$=1.08\times10^{14}\mathrm{N}\cdot\mathrm{mm}^2$$

$$f=\frac{5(g_\mathrm{k}+\psi_\mathrm{q}q_\mathrm{k})l^4}{384B}=\frac{5\times(80+0.5\times60)\times6^4\times10^{12}}{384\times1.08\times10^{14}}=17.19\mathrm{mm}$$

【4～6题评析】 5题中，《混规》7.1.4条，γ'_f 的计算式（7.1.4-7），当 $h'_\mathrm{f}>0.2h_0$，应取 $h'_\mathrm{f}=0.2h_0$ 代入式（7.1.4-7）进行计算，对矩形截面，$\gamma'_\mathrm{f}=0.0$。

7. 正确答案是 C，解答如下：

根据《混规》11.4.3条及条文说明：

$$a_\mathrm{s}=a'_\mathrm{s}=30+28/2=44\mathrm{mm}$$

$$h_0=h-a_\mathrm{s}=700-44=656\mathrm{mm},\gamma_\mathrm{RE}=0.8,f'_\mathrm{yk}=400\mathrm{N/mm}^2$$

$$M^\mathrm{t}_\mathrm{cua}=M^\mathrm{b}_\mathrm{cua}=\frac{1}{\gamma_\mathrm{RE}}\left[0.5\gamma_\mathrm{RE}Nh\left(1-\frac{\gamma_\mathrm{RE}N}{\alpha_1f_\mathrm{ck}bh}\right)+f'_\mathrm{yk}A^{a'}_\mathrm{s}(h_0-a'_\mathrm{s})\right]$$

$$=\frac{1}{0.8}\times\left[0.5\times0.8\times3050000\times700\times\left(1-\frac{0.8\times3050000}{1\times20.1\times700\times700}\right)\right.$$

$$\left.+400\times3695\times(656-44)\right]$$

$$=1933.71\mathrm{kN}\cdot\mathrm{m}$$

$$V_\mathrm{c}=1.2\frac{M^\mathrm{t}_\mathrm{cua}+M^\mathrm{b}_\mathrm{cua}}{H_\mathrm{n}}=1.2\times\frac{2\times1933.71}{5.1}=910.0\mathrm{kN}$$

8. 正确答案是 C，解答如下：

$$\lambda=\frac{H_\mathrm{n}}{2h_0}=\frac{5100}{2\times656}=3.9>3.0，取\lambda=3.0$$

$$N=4088\mathrm{kN}>0.3f_\mathrm{c}A=2102\mathrm{kN},取N=2102\mathrm{kN}$$

根据《混规》11.4.7条：

$$V_\mathrm{C}\leqslant\frac{1}{\gamma_\mathrm{RE}}\left(\frac{1.05}{\lambda+1}f_\mathrm{t}bh_0+f_\mathrm{yv}\frac{A_\mathrm{sv}}{s}h_0+0.056N\right)$$

$$950\times10^3\leqslant\frac{1}{0.85}\times\left(\frac{1.05}{3+1}\times1.43\times700\times656+300\times\frac{A_\mathrm{sv}}{s}\times656+0.056\times2102\times10^3\right)$$

解之得：$\dfrac{A_\mathrm{sv}}{s}\geqslant2.63\mathrm{mm}^2/\mathrm{mm}$

选用四肢箍，加密区箍筋间距 $s=100\mathrm{mm}$，则：

$$A_\mathrm{sv1}\geqslant2.263\times100/4=56.6\mathrm{mm}^2$$

选用Φ10（$A_\mathrm{s1}=78.5\mathrm{mm}^2$），故配置 4 Φ 10@100。

复核，规范表 11.4.12-2，箍筋直径 $\geqslant10\mathrm{mm}$，$s=\min(6d,100)=\min(6\times28,100)=100\mathrm{mm}$；箍筋肢距为：

$$\frac{700-2\times30}{3}=213\mathrm{mm}>200\mathrm{mm}（《混规》11.4.15条，抗震一级）$$

故选用 5 肢箍，5 Φ 10@100，其箍筋肢距为：

$$\frac{700 - 2 \times 30}{4} = 160\text{mm} < 200\text{mm}, 满足$$

9. 正确答案是 B，解答如下：

抗震一级，$\mu_N = 0.5$，查《混规》表 11.4.17，取 $\lambda_v = 0.13$

由规范式（11.4.17），C30＜C35，按 C35 计算：

$$\rho_v \geq \lambda_v f_c / f_{yv} = 0.13 \times 16.7/300 = 0.724\%$$

由规范 11.4.17 条第 2 款规定，取 $\rho_v \geq 0.8\%$。

所以 $\rho_v \geq 0.8\%$。

【7～9 题评析】 7 题中，《混规》11.4.3 条条文说明中求 M_{baa}^l 计算公式，当柱为大偏压、对称配筋时才适用。

8 题，柱箍筋配置，应复核箍筋直径、间距、肢距是否满足构造要求。

10. 正确答案是 B，解答如下：

当地震作用沿 x 方向时，底层柱 KZ1、KZ2 所在边榀平行于地震作用效应，根据《抗规》5.2.3 条，取增大系数 1.05；角部构件 KZ1 还应乘以 1.15：

$$M_{KZ1} = 1.15 \times 1.05 \times 1.3 \times 200 + 1.2 \times 150 = 493.95\text{kN} \cdot \text{m}$$

$$M_{KZ2} = 1.05 \times 1.3 \times 180 + 1.2 \times 160 = 437.7\text{kN} \cdot \text{m}$$

11. 正确答案是 C，解答如下：

当地震作用沿 y 方向时，底层柱 KZ1 所在边榀平行于地震作用效应，根据《抗规》5.2.3 条，取增大系数 1.15 和 1.05：

$$M_{KZ1} = 1.05 \times 1.15 \times 1.3 \times 300 + 1.2 \times 210 = 722.925\text{kN} \cdot \text{m}$$

$$M_{KZ2} = 1.3 \times 280 + 1.2 \times 160 = 556\text{kN} \cdot \text{m}$$

内力调整，根据《抗规》6.2.3 条、6.2.6 条：

角柱：$M_{KZ1} = 1.5 \times 722.925 \times 1.1 = 1192.8\text{kN} \cdot \text{m}$

边柱：$M_{KZ2} = 1.5 \times 556 = 834\text{kN} \cdot \text{m}$

【10、11 题评析】 11 题，当沿 y 方向地震作用时，柱 KZ2 并非位于边榀，故不考虑增大系数。

12. 正确答案是 C，解答如下：

根据《可靠性标准》8.2.4 条：

$$F = 1.3 \times 80 + 1.5 \times 95 = 246.5\text{kN}$$

根据《混规》9.2.11 条：

$$A_{sv} \geq \frac{F}{f_{yv}\sin\alpha} = \frac{246.5 \times 10^3}{270 \times 1.0} = 913\text{mm}^2$$

选用每侧 4Φ8，$A_{sv} = 2 \times 8 \times 50.3 = 804.8\text{mm}^2$，不满足

选用每侧 5Φ8，$A_{sv} = 2 \times 10 \times 50.3 = 1006\text{mm}^2$，满足

13. 正确答案是 B，解答如下：

根据《混规》6.3.21 条：

$$h_{w0} = h_w - a_s = 4000 - 200 = 3800\text{mm}$$

$$\lambda = \frac{M}{Vh_{w0}} = \frac{370}{810 \times 3.8} = 0.12 < 1.5, 取 \lambda = 1.5$$

$$N = 4000\text{kN} > 0.2f_cb_wh_w = 3056\text{kN}, \text{取 } N = 3056\text{kN}$$

由规范式（6.3.21）：

$$V \leqslant \frac{1}{\lambda - 0.5}\left(0.5f_tbh_0 + 0.13N\frac{A_w}{A}\right) + f_{yv}\frac{A_{sh}}{s}h_0$$

$$810 \times 10^3 \leqslant \frac{1}{1.5 - 0.5} \times (0.5 \times 1.71 \times 200 \times 3800$$

$$+ 0.13 \times 3056000 \times 1) + 270 \times \frac{A_{sv}}{s} \times 3800$$

解之得：$\dfrac{A_{sv}}{s} < 0$

故按构造配置水平分布钢筋，根据《混规》9.4.4 条，取水平分布筋Φ8@200：

$$\rho_{sh} = \frac{A_{sh}}{bs_v} = \frac{2 \times 50.3}{200 \times 200} = 0.252\% > 0.2\%, \text{满足}$$

14. 正确答案是 C，解答如下：

根据《抗规》附录 C.0.7 条第 3 款，顶层边柱可采用非对称配筋，故（C）项不妥。

15. 正确答案是 C，解答如下：

根据《混加规》5.3.2 条：

$$h_{01} = 600 - 40 = 560\text{mm}, h_0 = 750 - 60 = 690\text{mm}$$

$$567 \times 10^3 \leqslant 0.7 \times (1.43 \times 300 \times 560 + 0.7 \times 1.57 \times 139500) + 0.9 \times 270$$

$$\times \frac{A_{sv}}{s} \times 690 + 210 \times \frac{101}{100} \times 560$$

解之得：$\qquad A_{sv}/s \geqslant 1.03\text{mm}^2/\text{mm}$

选Φ10@100（$A_{sv}/s = 1.131\text{mm}^2/\text{mm}$），满足，应选（C）项。

16. 正确答案是 C，解答如下：

平面内：$l_{0x} = 3000\text{mm}$，$\lambda_x = \dfrac{l_{0x}}{i_x} = \dfrac{3000}{21.6} = 138.9$

平面外：$l_{0y} = l_1\left(0.75 + 0.25\dfrac{N_2}{N_1}\right) = 6000 \times \left(0.75 + 0.25 \times \dfrac{-16.48}{16.48}\right) = 3000\text{mm}$

$$\lambda_y = \frac{l_{0y}}{i_y} = \frac{3000}{30.9} = 97.1$$

由《钢标》7.2.2 条：

$$\lambda_z = 3.9\frac{b}{t} = 3.9 \times \frac{75}{5} = 58.5 < \lambda_y, \quad \text{则：}$$

$$\lambda_{yz} = 97.1 \times \left[1 + 0.16 \times \left(\frac{58.5}{97.1}\right)^2\right] = 102.7$$

均属 b 类截面，故取 $\lambda_x = 138.9$ 计算，查附表 D.0.2，$\varphi_x = 0.348$

$$\frac{N}{\varphi_x A} = \frac{16.48 \times 10^3}{0.348 \times 13.75 \times 10^2} = 34.4\text{N}/\text{mm}^2$$

17. 正确答案是 A，解答如下：

平面内：$l_{0x} = 1500\text{mm}$，$\lambda_x = \dfrac{l_{0x}}{i_x} = \dfrac{1500}{21.6} = 69.4$

平面外：$l_{0y} = 6000\text{mm}$，$\lambda_y = \dfrac{l_{0y}}{i_y} = \dfrac{6000}{30.9} = 194.2$

由《钢标》7.2.2条：

$$\lambda_z = 3.9 \times \frac{75}{5} = 58.5 < \lambda_y，则：$$

$$\lambda_{yz} = 194.2 \times \left[1 + 0.16 \times \left(\frac{58.5}{194.2}\right)^2\right] = 197.0$$

均属 b 类截面，查规范附表 D.0.2，取 $\varphi_{yz} = 0.191$

$$\frac{N}{\varphi_{yz}A} = \frac{32.95 \times 10^3}{0.191 \times 13.75 \times 10^2} = 125.5\text{N/mm}^2$$

18. 正确答案是 D，解答如下：

根据《钢标》7.6.1条：

$$\lambda = \frac{l_0}{i_{min}} = \frac{0.9 \times 2121}{12.5} = 152.7$$

由表 7.2.1-1 及注，属 b 类截面，查附表 D.0.2，$\varphi = 0.298$

$$\eta = 0.6 + 0.0015\lambda = 0.6 + 0.0015 \times 152.7 = 0.829$$

$$\frac{1}{\gamma_{RE}}(\eta\varphi Af) = \frac{1}{0.8} \times (0.829 \times 0.298 \times 614.3 \times 215) = 40.8\text{kN}$$

由《钢标》7.6.3条：

$$\frac{w}{t} = \frac{63 - 2 \times 5}{5} = 1.06 < 14\varepsilon_k = 14，不考虑折减$$

故最终取 $\dfrac{\eta\varphi Af}{\gamma_{RE}} \leqslant 40.8\text{kN}$

【16~18题评析】 16题，计算平面外 l_{0y} 时，应注意 $N_2 = -16.48\text{kN}$，且有：

$$l_{0y} = l_1\left(0.75 + 0.25 \times \frac{-16.48}{16.48}\right) = 0.5l_1 \geqslant 0.5l_1，满足《钢标》要求。$$

16题、17题，单对称轴的截面，用 λ_{yz} 代替 λ_z 计算。

19. 正确答案是 A，解答如下：

$$\cos\alpha = \frac{2.5}{\sqrt{1^2 + 2.5^2}} = 0.9285$$

$$\sin\alpha = \frac{1}{\sqrt{1^2 + 2.5^2}} = 0.3714$$

石棉水泥瓦的水平投影标准值：$\dfrac{0.40}{0.9285} = 0.43\text{kN/m}^2$

檩条线荷载：$p_k = 0.43 \times 0.75 + 0.1 + 0.50 \times 0.75 = 0.798\text{kN/m}$

由《可靠性标准》8.2.4条：

$$p = 1.3 \times (0.43 \times 0.75 + 0.1) + 1.5 \times 0.50 \times 0.75 = 1.112\text{kN/m}$$

$$p_x = p\sin\alpha = 0.413\text{kN/m}，p_y = p\cos\alpha = 1.032\text{kN/m}$$

$$M_x = \frac{1}{8}p_y l^2 = \frac{1}{8} \times 1.032 \times 6^2 = 4.644\text{kN} \cdot \text{m}$$

拉条作用，故：$M_y = \dfrac{1}{32}p_x l^2 = \dfrac{1}{32} \times 0.413 \times 6^2 = 0.465\text{kN} \cdot \text{m}$

由《钢标》6.1.1条及表8.1.1：

热轧槽钢，Q235，$\gamma_x = 1.05$，$\gamma_y = 1.2$

$$\sigma_a = \frac{M_x}{\gamma_x W_{nx}} + \frac{M_y}{\gamma_y W_{ny}} = \frac{4.644 \times 10^6}{1.05 \times 34.8 \times 10^3} + \frac{0.465 \times 10^6}{1.2 \times 6.5 \times 10^3} = 186.7 \text{N/mm}^2 \text{（拉应力）}$$

20. 正确答案是C，解答如下：

$$\sigma_b = \frac{M_x}{\gamma_x W_{nx}} - \frac{M_y}{\gamma_y W_{ny}} = \frac{4.644 \times 10^6}{1.05 \times 34.8 \times 10^3} - \frac{0.465 \times 10^6}{1.05 \times 14.2 \times 10^3} = 95.9 \text{N/mm}^2 \text{（拉应力）}$$

21. 正确答案是B，解答如下：

$$v_y = \frac{5}{384} \cdot \frac{0.798\cos\alpha \times 6000^4}{206 \times 10^3 \times 173.9 \times 10^4} = 34.9 \text{mm}$$

【19～21题评析】 19题，由于拉条作用，$M_y = \frac{1}{8} p_x \left(\frac{l}{2}\right)^2 = \frac{1}{32} p_x l^2$。檩条跨中中点截面处，$M_y$ 产生的弯矩为负弯矩，即槽钢肢背 b 点为压应力，a 点为拉应力。

22. 正确答案是D，解答如下：

根据《钢标》11.2.4条：

$$f_f^w = 0.9 \times 160 = 144 \text{N/mm}^2$$

23. 正确答案是A，解答如下：

根据《钢标》7.2.7条：

$$V = \frac{Af}{85\varepsilon_k} = \frac{45900 \times 200}{85 \times 1} = 108 \text{kN}$$

板件1对 x 轴的面积矩：

$$S_f = 300 \times 45 \times \left(\frac{300}{2} - \frac{45}{2}\right) = 1721.25 \times 10^3 \text{mm}^3$$

《钢标》11.2.4条，且 $h_e = s - 3 = 15 - 3 = 12 \text{mm}$：

$$\frac{VS_f}{I \times 2h_e} = \frac{108 \times 10^3 \times 1721.25 \times 10^3}{513 \times 10^6 \times 2 \times 12}$$
$$= 15.1 \text{N/mm}^2$$

【22、23题评析】 22题，由《钢标》11.2.4条规定，抗剪强度设计值为 $0.9 f_f^w$。

24. 正确答案是A，解答如下：

平面内：$l_{0x} = 6000 \text{mm}$，$\lambda_x = \frac{l_{0x}}{i_x} = \frac{6000}{181.4} = 33.1$

由《钢标》式（7.2.3-2）：

$$\lambda_{0x} = \sqrt{\lambda_x^2 + 27\frac{A}{A_{1x}}} = \sqrt{33.1^2 + 27 \times \frac{7982}{2 \times 349}} = 37.5$$

查表7.2.1-1，均属 b 类截面，查附表 D.0.2，$\varphi_x = 0.908$。

25. 正确答案是A，解答如下：

根据《钢标》8.2.2条、8.2.1条：

$$\beta_{mx} = 0.6 + 0.4\frac{M_2}{M_1} = 0.6 + 0.4 \times \frac{0.0}{M_1} = 0.6$$

$$W_{1x} = I_x/y_0 = \frac{2.628 \times 10^8}{200} = 1.314 \times 10^6 \text{mm}^3$$

$$\frac{N}{\varphi_x A} + \frac{\beta_{mx} M_x}{W_{1x}\left(1 - \frac{N}{N'_{Ex}}\right)} = \frac{600 \times 10^3}{0.90 \times 7982} + \frac{0.6 \times 150 \times 10^6}{1.314 \times 10^6 \times \left(1 - \frac{600}{10491}\right)}$$

$$= 156.2 \text{N/mm}^2$$

26. 正确答案是 A，解答如下：

$$N_1 = \frac{N}{2} + \frac{M_x}{b_0} = \frac{600}{2} + \frac{150 \times 10^3}{400 - 2 \times 19.9} = 716.4 \text{kN}$$

$$\lambda_1 = b_0 / i_1 = \frac{400 - 2 \times 19.9}{22.2} = 16.2$$

$$\lambda_y = \frac{l_{0y}}{i_y} = \frac{3000}{95.2} = 31.5 > \lambda_1$$

故取 $\lambda_y = 31.5$，b 类截面，查《钢标》附表 D.0.2，$\varphi_1 = 0.9305$

$$\frac{N_1}{\varphi_1 A_1} = \frac{716.4 \times 10^3}{0.9305 \times 3991} = 192.9 \text{N/mm}^2$$

27. 正确答案是 A，解答如下：

查《钢标》表 8.1.1，取 $\gamma_x = 1.0$

$$W_{nx} = \frac{I_x}{b/2} = \frac{2.628 \times 10^8}{400/2} = 1.314 \times 10^6 \text{mm}^3$$

$$\frac{N}{A_n} + \frac{M_x}{\gamma_x W_{nx}} = \frac{600 \times 10^3}{7982} + \frac{150 \times 10^6}{1.0 \times 1.314 \times 10^6} = 189.3 \text{N/mm}^2$$

28. 正确答案是 D，解答如下：

柱的实际剪力：$V = \dfrac{M_x}{H} = \dfrac{150}{6} = 25 \text{kN}$

由《钢标》式（7.2.7）：

$$V = \frac{Af}{85\varepsilon_k} = \frac{2 \times 3991 \times 215}{85 \times 1} = 20.2 \text{kN}$$

故取 $V = 25 \text{kN}$

一根斜缀条承受的轴压力：

$$N_d = \frac{V/2}{\sin 45°} = \frac{25/2}{\sin 45°} = 17.7 \text{kN}$$

29. 正确答案是 A，解答如下：

根据《钢标》7.6.1 条：

斜缀条长度：$\quad l_d = \dfrac{b_0}{\cos 45°} = \dfrac{400 - 2 \times 19.9}{\cos 45°} = 509.4 \text{mm}$

$$\lambda_d = \frac{l_d}{i_{min}} = \frac{509.4}{8.9} = 57.2$$

b 类截面，查《钢标》附录表 D.0.2，$\varphi = 0.822$

$$\eta = 0.6 + 0.0015\lambda = 0.6 + 0.0015 \times 57.2 = 0.686$$

$$N_u = \eta \varphi A_d f = 0.686 \times 0.822 \times 349 \times 215 = 42.3 \text{kN}$$

由《钢规》7.6.3 条：

$\dfrac{w}{t} = \dfrac{45 - 2 \times 4}{4} = 9.25 < 14\varepsilon_k = 14$，不考虑折减。

最终取 $N_u = 42.3\text{kN}$

【24~29题评析】 25题，计算 W_{1x} 时，取 $y_0 = 200\text{mm}$，构件股背处受力最大。

26题，计算 N_1 时，取 $b_0 = 400 - 2 \times 19.9$ 进行计算。

29题，由提示知，连接时无节点板，取 $l_0 = l_d$。

30. 正确答案是 B，解答如下：

根据《砌规》5.2.4条：

$$a_0 = 10\sqrt{\frac{h_c}{f}} = 10 \times \sqrt{\frac{500}{1.5}} = 182.6\text{mm} > 130\text{mm，已伸入翼缘}$$

$$A_l = a_0 b = 182.6 \times 200 = 36520\text{mm}^2$$

$$A_0 = 370 \times 370 + 2 \times 155 \times 240 = 211300\text{mm}^2$$

$$A_0/A_l = 211300/36520 = 5.79 > 3.0，取 \psi = 0.0$$

$$\gamma = 1 + 0.35\sqrt{\frac{A_0}{A_l} - 1} = 1.77 < 2.0$$

$$\psi N_0 + N_l = 0 + 75 = 75\text{kN} > \eta \gamma f A_l = 0.7 \times 1.77 \times 1.5 \times 36520 = 67.9\text{kN}$$

31. 正确答案是 C，解答如下：

$$A_b = 370 \times 370 = 136900\text{mm}^2$$

$$\sigma_0 = \frac{170 \times 10^3}{1.2 \times 0.24 + 0.37 \times 0.13} = 0.5\text{MPa}，N_0 = \sigma_0 A_b = 68.45\text{kN}$$

$$\frac{\sigma_0}{f} = \frac{0.5}{1.5} = 0.33 ；查《砌规》表 5.2.5，\delta_1 = 5.9$$

$$a_0 = \delta_1\sqrt{\frac{h_c}{f}} = 5.9 \times \sqrt{\frac{500}{1.5}} = 107.7\text{mm}$$

N_0 与 N_l 合力的偏心距 e：

$$e = \frac{75 \times \left(\frac{0.37}{2} - 0.4 \times 0.1077\right)}{68.45 + 75} = 0.074\text{m}$$

$$e/h = \frac{0.074}{0.37} = 0.2，\beta \leqslant 3，查规范附表 D.0.1\text{-}1，\varphi = 0.68$$

由规范 5.2.5 条第 2 款，取 $A_0 = A_b$；$\gamma = 1 + 0.35\sqrt{\frac{A_0}{A_b} - 1} = 1$，$\gamma_1 = 0.8\gamma = 0.8 < 1$，取 $\gamma_1 = 1.0$

$$\varphi \gamma_1 f A_b = 0.68 \times 1.0 \times 1.5 \times 136900 = 139.64\text{kN}$$

【30、31题评析】 30题、31题，由于砌体截面面积 $A = 1.2 \times 0.24 + 0.13 \times 0.37 = 0.3361\text{m}^2 > 0.3\text{m}^2$，故 f 值不需调整。

32. 正确答案是 B，解答如下：

装配式无檩体系为第1类屋盖，带壁柱墙的 $s = 30.6\text{m} < 32\text{m}$，查《砌规》表 4.2.1，属刚性方案。

根据规范 4.2.8条：

$$b_f = b + \frac{2}{3}H = 370 + \frac{2}{3} \times 3600 = 2770\text{mm}$$

$$b_f = 3000\text{mm}$$

取较小值，取 $b_f = 2770mm$，故取 $i = 106mm$

$$h_T = 3.5i = 371mm$$

$$\mu_1 = 1.0, \mu_2 = 1 - 0.4\frac{b_s}{s} = 1 - 0.4 \times \frac{2.1 \times 6}{30.6} = 0.835 > 0.7, [\beta] = 26$$

$$\mu_1\mu_2[\beta] = 1 \times 0.835 \times 26 = 21.7$$

$s = 30.6m$，$H = 3.6m$，$s > 2H$，刚性方案，查规范表 5.1.3，$H_0 = 1.0H = 3.6m$

$$\beta = \frac{H_0}{h_T} = \frac{3600}{371} = 9.7 < 21.7$$

33. 正确答案是 B，解答如下：

第 1 类屋盖，山墙的 $s = 12m < 32m$，由《砌规》表 4.2.1 知，属刚性方案。$s = 12m > 2H = 2 \times 3.6 = 7.2m$，刚性方案，查《砌规》表 5.1.3，则：

$$H_0 = 1.0H = 3.6m$$

由规范式（6.1.2）：

$$\mu_c = 1 + \gamma\frac{b_c}{l} = 1 + 1.5 \times \frac{240}{4000} = 1.09$$

$$\mu_1 = 1 - 0.4\frac{b_s}{s} = 1 - 0.4 \times \frac{2 \times 3}{12} = 0.8 > 0.7, \mu_1 = 1.0$$

$$\beta = \frac{H_0}{h} = \frac{3600}{240} = 15 < \mu_1\mu_2\mu_c[\beta] = 1 \times 0.8 \times 1.09 \times 26 = 22.7$$

【32、33 题评析】 32 题，本题关键是确定 b_f 值，不能直接取题目图 14-9（a）中的 3000mm。

33 题，带构造柱间的墙，计算 $\mu_1\mu_2$ $[\beta]$ 时，还应考虑 μ_c 的影响。

34. 正确答案是 B，解答如下：

根据《砌规》7.4.2 条：

$$l_1 = 1800mm > 2.2h_b = 660mm, x_0 = 0.3h_b = 90mm$$

由《可靠性标准》8.2.4 条：

$$N_l = 2R = 2 \times [1.3 \times 4.5 + 1.3 \times (10 + 1.35) \times 1.5 + 1.5 \times 8.3 \times 1.5] = 93.32kN$$

$$\eta\gamma fA = 0.7 \times 1.5 \times 1.5 \times (1.2 \times 240 \times 300) = 136.1kN$$

35. 正确答案是 B，解答如下：

根据《砌规》7.4.5 条：

$$M_{max} = M_{0v}, V_{max} = V_0$$

由《可靠性标准》8.2.4 条：

$$M_{max} = M_{0v} = 1.3 \times 4.5 \times 1.59 + [1.3 \times (10 + 1.35) + 1.5 \times 8.3]$$
$$\times 1.5 \times (1.5/2 + 0.09)$$
$$= 43.58kN \cdot m$$

$$V_{max} = V_0 = 1.3 \times 4.5 + (1.3 \times 11.35 + 1.5 \times 8.3) \times 1.5 = 46.66kN$$

36. 正确答案是 B，解答如下：

根据《砌规》7.4.3 条：

挑梁尾端长度：$1.8 - 0.9 - 0.8 = 0.1m < 0.37m$

由规范图 7.4.3（c），则：

由楼盖、挑梁自重恒载产生的 M_{r1}：

$$M_{r1} = 0.8 \times (10 + 1.8) \times \frac{1}{2} \times (1.8 - 0.09)^2 = 13.8 \text{kN} \cdot \text{m}$$

由墙体自重产生的 M_{r2}：

$$M_{r2} = 0.8 \times \left[19 \times 0.24 \times 1.8 \times 2.7 \times \left(\frac{1.8}{2} - 0.09 \right) - 19 \times 0.24 \times 0.8 \times 2.1 \times (1.3 - 0.09) \right]$$

$$= 6.95 \text{kN} \cdot \text{m}$$

$$M_r = M_{r1} + M_{r2} = 20.75 \text{kN} \cdot \text{m}$$

【34～36题评析】 35题，计算 $V_{max} = V_0$ 时，取墙体外边缘处截面。

37. 正确答案是 A，解答如下：

$$x < 2a'_s, 则: A_s = \frac{\gamma_{RE} M}{f_y (h_0 - a_s)} = \frac{0.75 \times 72.04 \times 10^6}{360 \times (565 - 35)} = 283 \text{mm}^2$$

最小配筋率，根据《砌规》10.5.14 条及 9.4.12 条，$\rho_{min} = 0.2\%$

$$A_{s,min} = 0.2\% bh = 0.2 \times 190 \times 600 = 228 \text{mm}^2 < 283 \text{mm}^2$$

故选 2 ⏀ 14（$A_s = 308 \text{mm}^2$）。

38. 正确答案是 A，解答如下：

$l_n / h_b = 1200 / 600 = 2 < 2.5$；由《砌规》式（3.2.1-1）：

$A = 0.19 \times 0.6 = 0.114 \text{m}^2 < 0.2 \text{m}^2$，则：$\gamma_a = 0.8 + 0.114 = 0.914$

$$f = 0.914 \times 4.61 = 4.21 \text{MPa}$$

$$f_g = f + 0.6 \alpha f_c = 4.21 + 0.6 \times 0.245 \times 11.9 = 6.00 \text{MPa} < 2f = 8.42 \text{MPa}$$

$$f_{vg} = 0.2 f_g^{0.55} = 0.2 \times 6.00^{0.55} = 0.536 \text{MPa}$$

又由规范式（10.5.8-2）：

$$\frac{A_{sv}}{s} \geq \frac{\gamma_{RE} V_b - 0.56 f_{vg} b h_0}{0.7 f_{yv} h_0} = \frac{0.85 \times 79.8 \times 10^3 - 0.56 \times 0.536 \times 190 \times 565}{0.7 \times 270 \times 565}$$

$$= 0.333 \text{mm}^2 / \text{mm}$$

由《砌规》10.5.14 条、9.4.12 条第 3 款：

$$\rho_{min} = 0.15\%$$

选用 2 Φ 8 @100，$\dfrac{A_{sv}}{s} = \dfrac{2 \times 50.3}{100} = 1.006 \text{mm}^2 / \text{mm} > 0.333 \text{mm}^2 / \text{mm}$

$$\rho = \frac{A_{sv}}{bs} = \frac{2 \times 50.3}{190 \times 100} = 0.529\% > 0.15\%，满足$$

抗震二级，选用 2 Φ 8@100，满足规范表 10.5.14 的规定。

【37、38题评析】 37题、38题，应复核最小配筋率，并满足构造要求。

39. 正确答案是 D，解答如下：

西北云杉（TC11A），$f_c = 10 \text{MPa}$，在中点处有螺栓孔，故原木的 f_c 不提高。

查《木标》表 4.3.9-2，25 年限，$f_c = 1.05 \times 10 = 10.5 \text{MPa}$。

中央截面：$d = 100 + \dfrac{3000}{2} \times 0.9\% = 113.5 \text{mm}$

由《木标》5.1.2 条、5.1.4 条：

$$i = \frac{d}{4} = \frac{113.5}{4} = 28.375 \text{mm}$$

$$\lambda = \frac{l_0}{i} = \frac{3000}{28.375} = 105.7$$

$\lambda_c = 5.28\sqrt{1 \times 300} = 91.5 < \lambda$，则：

$$\varphi = \frac{0.95\pi^2 \times 1 \times 300}{105.7^2} = 0.252$$

$$N = \frac{\varphi A_0 f_c}{\gamma_0} = \frac{0.252 \times 3.14 \times 113.5^2 \times 10.5}{0.95 \times 4} = 28.2 \text{kN}$$

故取 $N = 28.2 \text{kN}$。

40. 正确答案是 C，解答如下：

根据《木标》6.2.5 条：

$$Z_d = 1 \times 1 \times 1 \times 0.99 \times 8.4 = 8.316 \text{kN}$$

$$n = \frac{75}{2 \times 8.316} = 4.5 \text{个}$$

由《木标》7.5.7 条，每侧取 6 个，共计 12 个。

（下午卷）

41. 正确答案是 C，解答如下：

根据《地规》5.4.3 条：

$$G_k = 900 + 6 \times 6 \times 0.8 \times 19 = 1447.2 \text{kN}$$

$$N_{wk} = 6 \times 6 \times 3.7 \times 10 = 1332 \text{kN}$$

抗浮稳定安全系数 $= 1447.2/1332 = 1.09$

42. 正确答案是 A，解答如下：

根据《地规》5.2.6 条、附录 H.0.10 条，应选（A）项。

43. 正确答案是 B，解答如下：

根据《地规》8.6.3 条、6.8.6 条：

$$l = 2.4\text{m} > 13d_1 = 13 \times 0.15 = 1.95\text{m}, \text{取} \ l = 1.95\text{m}$$

$$R_t \leqslant 0.8\pi d_1 l f = 0.8 \times \pi \times 0.15 \times 1.95 \times 200 = 146.952 \text{kN}$$

$$n = \frac{650}{146.952} = 4.4 \text{根}, \text{取} \ 5 \ \text{根}$$

44. 正确答案是 B，解答如下：

根据《桩规》5.3.5 条，设桩进入⑤层的最小深度为 l_5：

$$3.14 \times 0.5 \times (40 \times 3 + 30 \times 4 + 50 \times 2 + 80l_5) + \frac{3.14 \times 0.5^2}{4} \times 2200 \geqslant 2 \times 600$$

解之得：$l_5 \geqslant 1.87\text{m}$

45. 正确答案是 B，解答如下：

$$N_k = \frac{F_k + G_k}{n} = \frac{680 + 3.1 \times 3.1 \times 20 \times 20}{4} = 266.1 \text{kN}$$

$$N_{kmax} = \frac{F_k + G_k}{n} + \frac{M_{yk} x_i}{\sum x_i^2}$$

$$= 266.1 + \frac{1100 \times 1.05}{4 \times 1.05^2} = 528\text{kN}$$

$$R_a \geqslant N_k = 266.1\text{kN}$$

$$R_a \geqslant \frac{N_{kmax}}{1.2} = \frac{528}{1.2} = 440\text{kN}, \text{故最终取} R_a \geqslant 440\text{kN}$$

46. 正确答案是 C，解答如下：

根据《桩规》5.1.1 条，$G_k = 3.1 \times 3.1 \times 2 \times 20 = 384.4\text{kN}$

$$N_A = \frac{F_k + G_k}{h} - \frac{M_{xk}y_i}{\sum y_i^2} - \frac{M_{yk}x_i}{\sum x_i^2}$$

$$= \frac{560 + 384.4}{4} - \frac{800 \times 1.05}{4 \times 1.05^2} - \frac{800 \times 1.05}{4 \times 1.05^2}$$

$$= -144.85\text{kN}(受拉)$$

47. 正确答案是 D，解答如下：

根据《地规》表 5.3.4，(D) 项错误，应选 (D) 项。

48. 正确答案是 B，解答如下：

查《地规》表 5.2.4，$e = 0.831 < 0.85$，$I_L = 0.91 > 0.85$，取 $\eta_b = 0.0$，$\eta_d = 1.0$。

$$f_a = f_{ak} + \eta_b \gamma (b - 3) + \eta_d \gamma_m (d - 0.5)$$

$$= 100 + 0 + 1.0 \times 17.6 \times (1.0 - 0.5) = 108.8\text{kPa}$$

49. 正确答案是 C，解答如下：

根据《地规》5.2.2 条：

$$p_k = \frac{F_k + G_k}{b} = \frac{103.4 + 23.4}{1.5} + 1.0 \times 20 = 104.53\text{kPa}$$

50. 正确答案是 C，解答如下：

查《地规》表 5.2.4，取 $\eta_d = 1.0$

$$f_{az} = f_{ak} + \eta_d \gamma_m (d - 0.5)$$

$$= 60 + 1.0 \times \frac{17.6 \times 1 + (19.3 - 10) \times 1}{1 + 1} \times (2 - 0.5)$$

$$= 80.175\text{kPa}$$

51. 正确答案是 C，解答如下：

根据《地规》5.2.7 条：

查规范表 5.2.7，$E_{s1} / E_{s2} = 4.8/1.6 = 3$，$z/b = 1/1.5 = 0.67 > 0.5$，取 $\theta = 23°$。

$$p_z = \frac{b(p_k - p_c)}{b + 2z\tan\theta} = \frac{1.5 \times (98.6 - 17.6 \times 1)}{1.5 + 2 \times 1 \times \tan 23°} = 51.73\text{kPa}$$

$$p_z + p_{cz} = 51.73 + 17.6 \times 1 + (19.3 - 10) \times 1 = 78.63\text{kPa}$$

【48～51 题评析】 50 题、51 题，计算 γ_m、p_{cz} 时，地下水位下取土的有效重度。

52. 正确答案是 A，解答如下：

查《地规》表 5.2.4，取 $\eta_b = 0.3$，$\eta_d = 1.5$。因基底宽度 $b = 2.8\text{m} < 3.0\text{m}$，故只需进行深度修正。

$$f_a = f_{ak} + \eta_d \gamma_m (d - 0.5)$$

$$= 250 + 1.5 \times \frac{17 \times 0.5 + (18 - 10) \times 1}{1.5} \times (1.5 - 0.5) = 266.5\text{kPa}$$

$150\text{kPa}<f_{ak}=250\text{kPa}<300\text{kPa}$，粉土，查《抗规》表4.2.3，取$\zeta_a=1.3$：

$$f_{aE}=\zeta_a f_a=1.3\times 266.5=346.45\text{kPa}$$

53. 正确答案是B，解答如下：

$$M_k=600+V_k h=600+180\times 1=780\text{kN}\cdot\text{m}$$

$$G_k=20\times 2.8\times 3.2\times\left(1.5+\frac{0.3}{2}\right)-10\times 2.8\times 3.2\times 1=206.08$$

$$e=\frac{M_k}{F_k+G_k}=\frac{780}{1200+206.08}=0.555\text{m}>\frac{b}{6}=\frac{3.2}{6}=0.533\text{m}$$

故地基反力呈三角形分布，由《地规》5.2.2条：

$$a=\frac{b}{2}-e=\frac{3.2}{2}-0.555=1.045\text{m}$$

零应力区长度：$b-3a=3.2-3\times 1.045=0.065\text{m}$

54. 正确答案是C，解答如下：

根据《抗规》4.2.4条，基底受力区长度$\geqslant 0.85l$：

$$p_{max}=\frac{2(F_k+G_k)}{3la}\leqslant\frac{2(F_k+G_k)}{0.85bl}=\frac{2\times(1200+206.08)}{0.85\times 3.2\times 2.8}=369.24\text{kPa}$$

$$p_{max}\leqslant 1.2f_{aE}=1.2\times 345.28=414.34\text{kPa}$$

上述取较小值，故取$p_{max}\leqslant 369.2\text{kPa}$。

【52~54题评析】 53题，应首先判别地基反力分布形状，若为梯形分布时，零应力区的长度为零。

55. 正确答案是C，解答如下：

（1）确定R_a，由《地处规》7.4.3条、7.1.5条：

$$R_a=u_p\sum_{i=1}^{n}q_{si}l_{pi}+\alpha_p q_p A_p$$

$$=3.14\times 0.5\times(15\times 12)+1.0\times 140\times\frac{\pi}{4}\times 0.5^2=310\text{kN}$$

$$R_a=\frac{f_{cu}\cdot A_p}{4\lambda}=\frac{5.5\times 10^3\times\frac{\pi}{4}\times 0.5^2}{4\times 0.8}=337\text{kN}$$

故取$R_a=310\text{kN}$

（2）由《地处规》7.1.5条

$$d_e=1.13s=1.13\times 1=1.13\text{m},$$

$$m=\frac{d^2}{d_e^2}=\frac{0.5^2}{1.13^2}=0.196$$

$$f_{spk}=\lambda m\frac{R_a}{A_p}+\beta(1-m)f_{sk}$$

$$=0.8\times 0.196\times\frac{310}{3.14\times 0.5^2/4}+0.4\times(1-0.196)\times 140=292.7\text{kPa}$$

56. 正确答案是A，解答如下：

查《地规》表G.0.1，土层为弱冻胀土碎石土地基，查规范表5.1.7-1，取ψ_{zs}

$=1.40$；

弱冻胀土，查规范表 5.1.7-2，取 $\psi_{zw}=0.95$；

城市市区，60 万人，查规范表 5.1.7-3 及注的规定，取 $\psi_{ze}=0.90$。

由规范式（5.1.7）：

$$z_d = z_0 \cdot \psi_{zs} \cdot \psi_{zw} \cdot \psi_{ze} = 1.8 \times 1.4 \times 0.95 \times 0.90 = 2.155\text{m}$$

57. 正确答案是 D，解答如下：

根据《荷规》8.1.2 条条文说明，围护结构，取 $w_0=0.5\text{kN/m}^2$。

地面粗糙度为 B 类，$z=28\text{m}$，查《荷规》表 8.2.1，$\mu_z=1.358$；查《荷规》表 8.6.1，$\beta_{gz}=1.598$

幕墙为直接承受风荷载的围护结构，故不考虑《荷规》8.3.4 条折减系数。

$$\mu_{sl} = 1.0 - (-0.2) = 1.2$$

$$w_k = \beta_{gz}\mu_{sl}\mu_z w_0 = 1.598 \times 1.2 \times 1.358 \times 0.5 = 1.302\text{kN/m}^2$$

58. 正确答案是 D，解答如下：

由上题已求得，$\mu_z=1.358$，$\beta_{gz}=1.598$，$w_0=0.5\text{kN/m}^2$

$$u_{sl} = -0.6 - 0.2 = -0.8$$

$$w_k = \beta_{gz}\mu_{sl}\mu_z w_0 = 1.598 \times (-0.8) \times 1.358 \times 0.5 = -0.868\text{kN/m}^2$$

59. 正确答案是 A，解答如下：

查《高规》表 4.3.7-1，7 度，取 $\alpha_{max}=0.08$；查规程表 4.3.7-2，取 $T_g=0.40\text{s}$

$$T_g = 0.4\text{s} < T_1 = 1.0\text{s} < 5T_g = 2.0\text{s},\text{则：}$$

$$\alpha = \left(\frac{T_g}{T}\right)^{\gamma}\eta_2\alpha_{max} = \left(\frac{0.4}{1.0}\right)^{0.9} \times 1.0 \times 0.08 = 0.0351$$

$$G_E = G_1 + 8 \times 0.9G_1 + 0.8G_1 + 0.08G_1 = 9.08G_1$$

$$= 9.08 \times 15000 = 136200\text{kN}$$

由《高规》附录式（C.0.1-1）、式（C.0.1-2）：

$$F_{Ek} = \alpha G_{eq} = 0.0351 \times 0.85 \times 136200 = 4063.53\text{kN}$$

$$V_1 = F_{Ek} = 4063.53\text{kN}$$

60. 正确答案是 C，解答如下：

$T_1=1.0\text{s}>1.4T_g=1.4 \times 0.4=0.56\text{s}$，$T_g=0.4\text{s}$，查《高规》附录表 C.0.1：

$$\delta_n = 0.08T_1 + 0.01 = 0.09$$

$$\Delta F_n = \delta_n F_{Ek} = 0.09 \times 4500 = 405\text{kN}$$

61. 正确答案是 D，解答如下：

$$F_{11,k} = \frac{G_{11}H_{11}}{\sum_{j=1}^{n}G_j H_j}F_{Ek}(1-\delta_n) = \frac{0.08G_1 \times (36.6+3.6)}{183.58G_1} \times 4500 \times (1-0.09) = 71.737\text{kN}$$

主体结构层重力荷载代表值 G：

$$G = \frac{G_1 + 8 \times 0.9G_1 + 0.8G_1}{10} = 0.9G_1$$

$$\frac{G_n}{G} = \frac{0.08G_1}{0.9G_1} = 0.089, K_n/K = 0.010, \text{查《高规》附录表 C.0.3。}$$

$$\beta_n = 4.3 - \frac{0.089 - 0.05}{0.10 - 0.05} \times (4.3 - 4.1) = 4.144$$

$$\beta_n F_{11,k} = 4.144 \times 71.737 = 297.28 \text{kN}$$

$$M_n = 1.3 \times 297.28 \times 3.6 = 1391.27 \text{kN} \cdot \text{m}$$

【59~61题评析】 高层建筑结构采用底部剪力法计算，与多层结构有一定区别，具体计算应按《高规》附录C进行。

62. 正确答案是B，解答如下：

底层剪力墙属于剪力墙底部加强部位，$\mu_N = 0.25 > 0.2$，根据《高规》7.2.14条，应设置约束边缘构件。

根据规程7.2.15条表7.2.15注2规定：

翼墙长度550mm$<3 \times b_w = 3 \times 350 = 1050$mm，应视为无翼墙

$$l_c = \max(0.15h_w, b_w, 400) = \max(0.15 \times 4800, 350, 400)$$
$$= 720 \text{mm}$$

暗柱，$h_c = \max(b_w, l_c/2, 400) = \max(350, 720/2, 400) = 400$mm

$A_{s,min} = 1.2\% \times 350 \times [(550 - 350) + 400] = 2520mm^2 > 6 \Phi 16$（$A_s = 1206$mm^2）

故取 $A_{s,min} = 2520$mm^2。

【62题评析】 本题关键是判别该墙肢是视为无翼墙的墙肢。

63. 正确答案是D，解答如下：

逆时针，$M_b^r + M_b^l = 175 + 420 = 595$kN·m

顺时针，$M_b^r + M_b^l = 360 + 210 = 570$kN·m

故取 $M_b^r + M_b^l = 595$kN·m

根据《高规》6.2.5条：

$$V_b = 1.2 \frac{M_b^r + M_b^l}{l_n} + V_{Gb} = 1.2 \times \frac{595}{7.2} + 130 = 229.17 \text{kN}$$

由《混规》11.3.4条：

$$\frac{A_{sv}}{s} \geqslant \frac{\gamma_{RE} V_b - 0.6 \alpha_{cv} f_t b h_0}{f_{yv} h_0}$$

$$= \frac{0.85 \times 229170 - 0.6 \times 0.7 \times 1.43 \times 250 \times 490}{270 \times 490}$$

$$= 0.92 \text{mm}^2/\text{mm}$$

由题目中图示配筋，纵筋配筋率：$\rho = \frac{A_s}{bh_0} = \frac{2945}{250 \times 490} = 2.4\% > 2.0\%$

根据《高规》6.3.2条第4款规定：

箍筋直径$\geqslant 8 + 2 = 10$mm，最大间距$s \leqslant \min(h_b/4, 100) = \min(550/4, 100) = 100$mm

故箍筋构造要求：$2\Phi 10@100$，$A_{sv}/s = \frac{2 \times 78.5}{100} = 1.57mm^2/mm> 0.92$mm^2/mm

所以 $A_{sv}/s \geqslant 1.57$mm^2/mm。

【63题评析】 本题关键是计算出纵向钢筋配筋率$\rho > 2.0\%$，故其箍筋配置应加强。

64. 正确答案是D，解答如下：

查《高规》表 3.7.3，$\left[\dfrac{\Delta u}{h}\right]=\dfrac{1}{550}$

第 10 层，$\dfrac{\Delta u}{h}=\dfrac{61-53}{4000}=\dfrac{1}{500}$

$$\dfrac{\Delta u}{h}\bigg/\left[\dfrac{\Delta u}{h}\right]=\dfrac{1}{500}\cdot\dfrac{550}{1}=1.1$$

65. 正确答案是 A，解答如下：

查《高规》表 3.7.5，$[\theta_{\mathrm{p}}]=\dfrac{1}{50}$。

根据《高规》5.5.3 条，第 1 层，$\Delta u_{\mathrm{e}}=12\mathrm{mm}$；查规程表 5.5.3，取 $\eta_{\mathrm{p}}=2.0$：

$$\Delta u_{\mathrm{p},1}=\eta_{\mathrm{p}}\Delta u_{\mathrm{e},1}=2.0\times12=24\mathrm{mm}$$

$$\theta_{\mathrm{p},1}=\dfrac{\Delta u_{\mathrm{p},1}}{h}=\dfrac{24}{4500}=\dfrac{1}{187.5}$$

$$\dfrac{\theta_{\mathrm{p},1}}{[\theta_{\mathrm{p}}]}=\dfrac{1}{187.5}\cdot\dfrac{50}{1}=0.267$$

【64、65 题评析】 应注意的是，区分多遇地震作用下的弹性位移，与罕遇地震作用下的弹性位移。

66. 正确答案是 B，解答如下：

根据《高规》12.2.3 条，施工后浇带的数量 n：

$$n\geqslant\dfrac{20+65}{40}-1=1.12$$

故取 $n=2$。

67. 正确答案是 D，解答如下：

根据《高规》4.3.3 条：

$$e=\pm0.05L=\pm0.05\times20=\pm1.0\mathrm{m}$$

68. 正确答案是 D，解答如下：

根据《高规》12.1.7 条，$H/B>4$ 时，$p_{\min}\geqslant0$，则：

$$p_{\min}=\dfrac{N_{\mathrm{k}}}{A}-\dfrac{M_{\mathrm{k}}}{W}\geqslant0$$

$$\dfrac{210000}{30\times20}-\dfrac{M_{\mathrm{k}}}{\dfrac{1}{6}\times30\times20^{2}}\geqslant0$$

解之得：$M_{\mathrm{k}}\leqslant7\times10^{5}\mathrm{kN\cdot m}$

【66～68 题评析】 由于本题目所给条件是裙房与主楼可分开考虑，所以 68 题中 $L=20\mathrm{m}$。

69. 正确答案是 C，解答如下：

(1) 54m，查《高规》表 3.3.1-1，属 A 级高度。

(2) 丙类建筑，Ⅱ 类场地，7 度（0.15g），根据规程 3.9.1 条，按 7 度考虑抗震等级。

(3) 查规程表 3.9.3，框支柱抗震等级为二级；查规程表 6.4.2 及注 4 的规定：

$$[\mu_{\mathrm{N}}]=0.70+0.10=0.80$$

$$\mu_{\mathrm{N}} = \frac{N}{f_{\mathrm{c}}A} = \frac{13300 \times 10^3}{23.1 \times 800 \times 900} = 0.80, 满足$$

（4）查规程表 6.4.7，及规程 10.2.10 条规定：

$$\lambda_{\mathrm{v}} = 0.15 + 0.02 = 0.17; \rho_{\mathrm{v}} \geqslant 1.5\%$$

$$\rho_{\mathrm{v}} \geqslant \lambda_{\mathrm{v}} f_{\mathrm{c}}/f_{\mathrm{yv}} = 0.17 \times 23.1/270 = 1.45\%$$

所以取 $\rho_{\mathrm{v}} \geqslant 1.5\%$。

70. 正确答案是 C，解答如下：

根据《网络规程》5.9.1 条，应选（C）项。

71. 正确答案是 C，解答如下：

根据《高钢规》8.6.1 条、8.6.4 条：

$h_{\mathrm{B}} \geqslant 2.5 \times 0.5 = 1.25\mathrm{m}$，排除（A）项。

$$l = \frac{2}{3} \times 4.8 = 3.2\mathrm{m}$$

查《高钢规》表 8.1.3 及注 3，取 $\alpha = 1.0$

（B）项：$M_{\mathrm{u}} = 20.1 \times 500 \times 3200 \times [\sqrt{(2 \times 3200 + 1250)^2 + 1250^2} - (2 \times 3200 + 1250)]$
$\qquad = 3262.6\mathrm{kN} \cdot \mathrm{m} < \alpha M_{\mathrm{p}} = 4500\mathrm{kN} \cdot \mathrm{m}$，不满足

（C）项：$M_{\mathrm{u}} = 20.1 \times 500 \times 3200 \times [\sqrt{(2 \times 3200 + 1500)^2 + 1500^2} - (2 \times 3200 + 1500)]$
$\qquad = 4539\mathrm{kN} \cdot \mathrm{m} > \alpha M_{\mathrm{p}} = 4500\mathrm{kN} \cdot \mathrm{m}$，满足

72. 正确答案是 A，解答如下：

根据《高钢规》8.6.4 条：

$$\frac{M_{\mathrm{u}}}{l} = f_{\mathrm{ck}}b[\sqrt{(2l + h_{\mathrm{B}})^2 + h_{\mathrm{B}}^2} - (2l + h_{\mathrm{B}})]$$

$$= f_{\mathrm{ck}} \times 500 \times [\sqrt{(2 \times 3200 + 2000)^2 + 2000^2} - (2 \times 3200 + 2000)]$$

$$= f_{\mathrm{ck}} \times 500 \times 234.8 \leqslant 0.58 \times 452 \times 24 \times 2 \times 335$$

解得：$f_{\mathrm{ck}} \leqslant 35.9\mathrm{N/mm^2}$

选 $\leqslant$ C55（$f_{\mathrm{ck}} = 35.5\mathrm{N/mm^2}$），故选（A）项。

73. 正确答案是 A，解答如下：

根据《公桥混规》4.4.8 条：

$$b \leqslant \frac{1}{20}l = \frac{1}{20} \times 40 = 2.0\mathrm{m}$$

74. 正确答案是 B，解答如下：

1 号桥墩顺桥向的抗推刚度为：

$$I = 2 \times \frac{\pi D^4}{64} = 2 \times \frac{3.14 \times 1.2^4}{64} = 0.2035\mathrm{m^4}$$

$$K_1 = \frac{3EI}{l_1^3} = \frac{3 \times 2.85 \times 10^7 \times 0.2035}{10.97^3} = 13180\mathrm{kN/m}$$

板式橡胶支座的抗推刚度，1 号桥墩上：

$$K_{支1} = \frac{G_{\mathrm{e}}\Sigma\Delta_{支}}{\Sigma t} = \frac{1.1 \times 28 \times \frac{3.14}{4} \times 0.20^2}{0.04} = 24178\mathrm{kN/m}$$

0 号桥台上：$K_{支0} = \dfrac{K_{支1}}{2} = 12089\text{kN/m}$

故 1 号桥墩的组合抗推刚度为：

$$K_{z1} = \cfrac{1}{\dfrac{1}{K_1} + \dfrac{1}{K_{支1}}} = \cfrac{1}{\dfrac{1}{13180} + \dfrac{1}{24178}} = 8530.1\text{kN/m}$$

0 号桥台的组合抗推刚度为：

$$K_{z0} = K_{支0} = 12089\text{kN/m}$$

75. 正确答案是 C，解答如下：

公路-Ⅰ级，$q_k = 10.5\text{kN/m}$，$P_k = 2 \times (20 + 130) = 300\text{kN}$

桥宽 12m，双向行驶，根据《公桥通规》表 4.3.1-4，设计车道数为 2。

由《公桥通规》4.3.5 条，4.3.1 条表 4.3.1-5，取 1 条车道荷载计算汽车制动力，并且车道荷载提高 1.2。

$F_{bk} = 1.2 \times (7 \times 20 \times 10.5 + 300) \times 10\% = 1.2 \times 177\text{kN} = 212.4\text{kN} > 165\text{kN}$

取 $F_{bk} = 212.4\text{kN}$

$$F_{bk1} = \frac{K_{z1}}{\sum K_{zi}} F_{bk} = \frac{8529.6}{37831.3} \times 212.4 = 48\text{kN}$$

76. 正确答案是 A，解答如下：

设零点位置距 0 号桥台的距离为 x_0：

$$x_0 = \frac{\sum\limits_{i=0}^{n} i K_{zi}}{\sum\limits_{i=0}^{n} K_{zi}} \cdot L \quad (i = 0, 1, 2, \cdots, n)$$

$\sum K_{zi} = 12094.5 + 8609.2 + 1721.2 + 659.6 + 461.6 + 565.2 + 1624.8 + 12094.5$
$\qquad = 37830.6\text{kN/m}$

$$x_0 = \frac{20}{37830.6} \times (0 + 1 \times 8609.2 + 2 \times 1721.2 + 3 \times 659.6$$
$$+ 4 \times 461.6 + 5 \times 565.2 + 6 \times 1624.8 + 7 \times 12094.5)$$
$$= 59.8\text{m}$$

1 号桥墩：$x_1 = -(59.8 - 20) = -39.8\text{m}$

$F_t = K_{z1} \alpha \Delta t \cdot x_1 = 8609.2 \times 1 \times 10^{-5} \times (-25) \times (-39.8) = 85.66\text{kN}(\rightarrow)$

【74～76 题评析】76 题，求 x_0 的计算公式针对等跨度的情况，即 $L_1 = L_2 = \cdots = L$。

当跨度不等时，x_0 按下式计算：

$$x_0 = \frac{\sum\limits_{i=0}^{n} K_{zi} L_i}{\sum\limits_{i=0}^{n} K_{zi}} \quad (L_i \text{ 代表第 } i \text{ 号桥墩距 0 号桥台的距离})$$

77. 正确答案是 C，解答如下：

根据《公桥混规》9.3.16 条，现浇混凝土层的厚度≥150mm。

78. 正确答案是 C，解答如下：

影响斜板桥受力最重要的因素是斜交角、宽跨比及支承形式，故选（C）项。

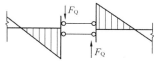

图 1-2（a）

79. 正确答案是 B，解答如下：

F 截面的剪力影响线在 F 点左、右两侧，有上下突变，左、右值的绝对值之和为 1，故图（a）、（c）不对。在 F 截面设置如图 1-2（a）所示装置，可判定出曲线形状。

80. 正确答案是 A，解答如下：

根据《公桥混规》6.5.2 条第 2 款：

$$W_0 = \frac{I_0}{y_0} = \frac{1.74 \times 10^{10}}{290} = 6 \times 10^7 \, \text{mm}^3$$

由规范式（6.1.6-1）：$\sigma_{pc} = \frac{N_{p0}}{A_0} + \frac{N_{p0} e_{p0}}{W_0} = \frac{\sigma_{p0} A_p}{A_0} + \frac{\sigma_{p0} A_p e_{p0}}{W_0}$

$$= \frac{650 \times 1017}{3.2 \times 10^5} + \frac{650 \times 1017 \times 250}{6 \times 10^7} = 4.82 \text{MPa}$$

$$\gamma = \frac{2S_0}{W_0} = \frac{2 \times 3.2 \times 10^7}{6 \times 10^7} = 1.067$$

$$M_{cr} = (\sigma_{pc} + \gamma f_{tk})W_0 = (4.82 + 1.067 \times 2.4) \times 6 \times 10^7$$
$$= 4.43 \times 10^8 \text{N} \cdot \text{mm} = 443 \text{kN} \cdot \text{m}$$

实战训练试题（二）解答与评析

（上午卷）

1. 正确答案是 C，解答如下：

根据《混规》6.2.23 条：

$e_0 = \dfrac{M}{N} = \dfrac{90}{950} = 94.7\text{mm} < \dfrac{h}{2} - a_s = \dfrac{450}{2} - 40 = 185\text{mm}$，属小偏拉

$$e' = \frac{h}{2} + a'_s + e_0 = \frac{450}{2} - 40 + 94.7 = 279.7\text{mm}$$

$$e = \frac{h}{2} - a'_s - e_0 = \frac{450}{2} - 40 - 94.7 = 90.3\text{mm}$$

$h_0 = h'_0 = 410\text{mm}$。

由规范式（6.2.23-2）：

$$A_s = \frac{Ne'}{f_y(h'_0 - a'_s)} = \frac{950 \times 10^3 \times 279.7}{360 \times (410 - 40)} = 1995\text{mm}^2$$

由规范式（6.2.23-1）：

$$A'_s = \frac{Ne}{f_y(h_0 - a_s)} = \frac{950 \times 10^3 \times 90.3}{360 \times (410 - 40)} = 644\text{mm}^2$$

复核最小配筋率，由规范表 8.5.1：

$$\rho_{\min} = \max(0.2\%, \ 0.45 f_t/f_y) = \max(0.2\%, 0.45 \times 1.43/360) = 0.2\%$$

$$A_{s,\min} = 0.2\% \times 300 \times 450 = 270\text{mm}^2, \ \text{故} \ A_s \ 、A'_s \ \text{均满足}$$

【1题评析】 本题考核，小偏拉时，其受拉钢筋、受压钢筋的最小配筋率的要求。

2. 正确答案是 B，解答如下：

根据《混规》6.5.2 条、6.5.1 条：

因板开有洞口，$6h_0 = 6 \times (200 - 20) = 1080\text{mm} > 700\text{mm}$，故应计入洞口影响：

$$\frac{AB}{700} = \frac{300 + 180/2}{300 + 700}, \ \text{即}：AB = 273\text{mm}$$

$$u_m = 4\left(b + 2 \times \frac{h_0}{2}\right) - AB = 4 \times (0.6 + 0.18) - 0.273 = 2.847\text{m}$$

由规范式（6.5.1-2）、式（6.5.1-3）、式（6.5.1-1）：

中柱，$\alpha_s = 40$；正方形，$\beta_s = 2$，则：

$$\eta_1 = 0.4 + \frac{1.2}{\beta_s} = 0.4 + \frac{1.2}{2} = 1.0$$

$$\eta_2 = 0.5 + \frac{\alpha_s h_0}{4u_m} = 0.5 + \frac{40 \times 180}{4 \times 2847} = 1.13$$

故取 $\eta=1.0$。

$$0.7\beta_h f_t \eta u_m h_0 = 0.7 \times 1.0 \times 1.43 \times 1.0 \times 2847 \times 180 = 513.0\text{kN}$$

3. 正确答案是 B，解答如下：

首先计算出 F_l，由《可靠性标准》8.2.4 条：

$$q = 1.3 \times 6.0 + 1.5 \times 3.5 = 13.05\text{kN/m}^2$$

$$F_l = N - q(b+2h_0)^2 = 13.05 \times 7.5 \times 7.5 - 13.05 \times (0.6 + 2 \times 0.18)^2 = 722.0\text{kN}$$

根据《混规》式（6.5.3-2）：

$$A_{svu} \geqslant \frac{F_l - 0.5 f_t \eta u_m h_0}{0.8 f_{yv}} = \frac{772 \times 10^3 - 0.5 \times 1.43 \times 1.0 \times 2847 \times 180}{0.8 \times 270}$$

$$= 1878\text{mm}^2$$

4. 正确答案是 A，解答如下：

由于洞口影响，该配筋冲切破坏锥体斜截面的周长为：

$$A'B' = \frac{300 + 180 + 180/2}{300 + 700} \times 700 = 399\text{mm}$$

$$u_m = 4 \times \left(600 + 2 \times 180 + 2 \times \frac{180}{2}\right) - A'B' = 4161\text{mm}$$

由第 2 题，$\eta_1 = 1.0$。

$$\eta_2 = 0.5 + \frac{\alpha_s h_0}{4 u_m} = 0.5 + \frac{40 \times 180}{4 \times 4161} = 0.932$$

故取 $\eta = 0.932$

$$0.7\beta_h f_t \eta u_m h_0 = 0.7 \times 1 \times 1.43 \times 0.932 \times 4161 \times 180 = 698.7\text{kN} > F_l = 660\text{kN}$$

【2～4 题评析】 计算洞口影响时，AB、$A'B'$ 值是不相同的，故相应的 u_m 值不同。

5. 正确答案是 C，解答如下：

根据《设防分类标准》3.0.3 条条文说明，应选（C）项。

6. 正确答案是 D，解答如下：

$r_1/r_2 = 130/200 = 0.65 > 0.5$，且配置 8 Φ 16，满足《混规》附录 E.0.3 条注的规定。

根据《混规》E.0.2 条，受弯构件，取规范式（E.0.3-1）中 $N=0$；规范式（E.0.3-2）中 $Ne_i = M$，$\alpha_t = 1 - 1.5\alpha$，则：

$$N = 0 = \alpha\alpha_1 f_c A + (\alpha - \alpha_t) f_y A_s$$
$$= \alpha\alpha_1 f_c A + (\alpha - 1 + 1.5\alpha) f_y A_s$$

即：

$$\alpha = \frac{f_y A_s}{\alpha_1 f_c A + 2.5 f_y A_s}$$

又

$$A = \pi(r_2^2 - r_1^2) = 72.53 \times 10^3 \text{mm}^2$$

$$\alpha = \frac{360 \times 1608}{1 \times 11.9 \times 72.53 \times 10^3 + 2.5 \times 360 \times 1608} = 0.2506 < \frac{2}{3}$$

故：

$$\alpha_t = 1 - 1.5\alpha = 0.6241$$

由提示知：

$$\alpha > \arccos\left(\frac{2r_1}{r_1 + r_2}\right)/\pi = 0.211$$

$$\sin\pi\alpha = \sin(\pi \times 0.2506) = 0.7082, \quad \sin\pi\alpha/\pi = 0.2255$$

$$\sin\pi\alpha_t = \sin(\pi \times 0.6241) = 0.9253, \quad \sin\pi\alpha_t/\pi = 0.2947$$

由规范式（E.0.3-2）：

$$M_u = 1.0 \times 11.9 \times 72.53 \times 10^3 \times \frac{(200 + 130) \times 0.2255}{2} + 360 \times 1608 \times 165$$

$$\times (0.2255 + 0.2947)$$

$$= 81.8 \text{kN} \cdot \text{m}$$

7. 正确答案是 A，解答如下：

根据《混规》H.0.1 条、H.0.2 条、H.0.3 条：

由《可靠性标准》8.2.4 条：

第一阶段（施工阶段）：

$$M_{1Gk} = \frac{1}{8} q_{1Gk} l_0^2 = \frac{1}{8} \times 12 \times 5.8^2 = 50.46 \text{kN} \cdot \text{m}$$

$$M_{1Qk} = \frac{1}{8} q_{1Qk} l_0^2 = \frac{1}{8} \times 10 \times 5.8^2 = 42.05 \text{kN} \cdot \text{m}$$

$$M_1 = 1.3 M_{1Gk} + 1.5 M_{1Qk} = 1.3 \times 50.46 + 1.5 \times 42.05 = 128.67 \text{kN} \cdot \text{m}$$

$$V_{1Gk} = \frac{1}{2} q_{1Gk} l_n = \frac{1}{2} \times 12 \times 5.8 = 34.8 \text{kN}$$

$$V_{1Qk} = \frac{1}{2} \times 10 \times 5.8 = 29 \text{kN}$$

$$V_1 = 1.3 V_{1Gk} + 1.5 V_{1Qk} = 1.3 \times 34.8 + 1.5 \times 29 = 88.74 \text{kN}$$

8. 正确答案是 B，解答如下：

$$\Phi 8 @ 150, \quad \frac{A_{sv}}{s} = \frac{2 \times 50.3}{150} = 0.67$$

根据《混规》H.0.4 条，取叠合层 C30 混凝土计算：

$$V = 1.2 f_t b h_0 + 0.85 f_{yv} \frac{A_{sv}}{s} h_0$$

$$= 1.2 \times 1.43 \times 250 \times 610 + 0.85 \times 270 \times 0.67 \times 610 = 355.5 \text{kN}$$

9. 正确答案是 D，解答如下：

第一阶段预制梁正截面受弯承载力 M_{1u}：

$h_{01} = 450 - 40 = 410 \text{mm}$，T 形截面，$b_f' = 500 \text{mm}$

$\alpha_1 f_c b_f' h_f' = 1 \times 14.3 \times 500 \times 120 = 858 \text{kN} > f_y A_s = 360 \times 1520 = 547.2 \text{kN}$

故属第一类 T 形截面。

$$x = \frac{f_y A_s}{\alpha_1 f_c b_f'} = \frac{360 \times 1520}{1 \times 14.3 \times 500} = 76.5 \text{mm} < h_f' = 120 \text{mm}$$

$$< \xi_b h_{01} = 0.518 \times 410 = 212 \text{mm}$$

故
$$M_{1u} = \alpha_1 f_c b_f' x \left(h_{01} - \frac{x}{2} \right) = 1 \times 14.3 \times 500 \times 76.5 \times \left(410 - \frac{76.5}{2} \right)$$

$$= 203.3 \text{kN} \cdot \text{m}$$

由上述解答计算结果可知，$M_{1Gk} = 50.46 \text{kN}$，又已知 $M_{2q} = 140 \text{kN} \cdot \text{m}$

根据《混规》H.0.7 条：

$$\sigma_{s1k} = \frac{M_{1Gk}}{0.87 A_s h_{01}} = \frac{50.46 \times 10^6}{0.87 \times 1520 \times 410} = 93.07 \text{N/mm}^2$$

由于 $M_{1Gk} = 50.46 \text{kN} \cdot \text{m} < 0.35M_{1u} = 0.35 \times 203.3 = 71.2 \text{kN} \cdot \text{m}$

故　　$\sigma_{s2q} = \dfrac{1.0M_{2q}}{0.87A_sh_0} = \dfrac{1.0 \times 140 \times 10^6}{0.87 \times 1520 \times 610} = 173.55 \text{N/mm}^2$

$$\sigma_{sk} = \sigma_{s1k} + \sigma_{s2q} = 93.07 + 173.55 = 266.62 \text{N/mm}^2$$

【7～9题评析】　8题,叠合面的受剪承载力应取叠合层和预制构件中的混凝土 f_t 的较低值进行计算。

9题,求 M_{1u} 时,须判别T形截面属于哪一种类型,并对 x 值复核。若 $x > \xi_b h_{01}$,取 $x = x_b = \xi_b h_{01}$,代入计算求 M_{1u};同时,计算 σ_{s2q} 时,应采用荷载的准永久组合下的弯矩值。

10. 正确答案是B,解答如下:

根据《混规》6.2.3条:

$l_c = 5.3 \text{m}$, $i = i_x = \dfrac{a}{\sqrt{12}} = \dfrac{0.6}{\sqrt{12}} = 0.173 \text{m}$;单曲率弯曲, $\dfrac{M_1}{M_2}$ 取为正值。

$$l_c/i = 5.3/0.173 = 30.6 > 34 - 12\,(M_1/M_2) = 34 - 12 \times \dfrac{600}{750} = 24.4$$

故应考虑 $P-\delta$ 效应,由规范6.2.4条、6.2.5条:

$$\xi_c = \dfrac{0.5f_cA}{N} = \dfrac{0.5 \times 14.3 \times 600 \times 600}{2200 \times 1000} = 1.17 > 1.0,\ 故取\ \xi_c = 1.0$$

$$e_0 = \dfrac{M_2}{N_2} = \dfrac{750}{2200} = 0.341 \text{m},\quad e_a = \max\left(20,\ \dfrac{600}{30}\right) = 20 \text{mm}$$

用规范式(6.2.4-3)、式(6.2.4-2):

$$\eta_{ns} = 1 + \dfrac{1}{1300\,(M_2/N + e_0)\,/h_0}\left(\dfrac{l_c}{h}\right)^2 \xi_c$$

$$= 1 + \dfrac{1}{1300\left(\dfrac{750}{2200} + 0.02\right) \cdot \dfrac{1}{0.56}} \cdot \left(\dfrac{5.3}{0.6}\right)^2 \times 1 = 1.093$$

$$C_m = 0.7 + 0.3\dfrac{M_1}{M_2} = 0.7 + 0.3 \times \dfrac{600}{750} = 0.94 > 0.7$$

$$C_m\eta_{ns} = 0.94 \times 1.093 = 1.0274 > 1.0,\ 则:$$

$$M = C_m\eta_{ns}M_2 = 1.0274 \times 750 = 771 \text{kN} \cdot \text{m}$$

11. 正确答案是B,解答如下:

根据《混规》11.1.6条:

$$\mu_N = \dfrac{N}{f_cA} = \dfrac{2200 \times 10^3}{14.3 \times 600 \times 600} = 0.43 > 0.15,\ 取\ \gamma_{RE} = 0.8$$

抗震二级,由规范11.4.2条:

$$M = 1.5 \times 800 = 1200 \text{kN} \cdot \text{m}$$

$$e_0 = \dfrac{M}{N} = \dfrac{1200}{2200} = 0.545 \text{m} = 545 \text{mm}$$

由规范6.2.5条:

$$e_a = \max\left(20,\ \dfrac{600}{30}\right) = 20 \text{mm}$$

$$e_i = e_0 + e_a = 564\text{mm}$$

由规范 6.2.17 条：

$$e = e_i + \frac{h}{2} - a_s = 565 + \frac{600}{2} - 40 = 825\text{mm}$$

$$x = 205\text{mm} < \xi_b h_0 = 0.518 \times 560 = 290\text{mm}$$

$$> 2a_s' = 80\text{mm}$$

故属于大偏心受压柱，由规范式（6.2.17-2）：

$$A_s = A_s' = \frac{\gamma_{RE} Ne - \alpha_1 f_c bx \left(h_0 - \dfrac{x}{2}\right)}{f_y'(h_0 - a_s')}$$

$$= \frac{0.8 \times 2200 \times 10^3 \times 825 - 1 \times 14.3 \times 600 \times 205 \times \left(560 - \dfrac{205}{2}\right)}{360 \times (560 - 40)}$$

$$= 3458\text{mm}^2$$

复核最小配筋率，查《混规》表 11.4.12-1 及注：

$$\rho_{\min} = (0.8 + 0.05)\% = 0.85\%$$

$$A_{s,\min} = 0.85\% \times 600 \times 600 = 3060\text{mm}^2 < 2 \times 3458\text{mm}^2 = 6916\text{mm}^2，满足$$

12. 正确答案是 B，解答如下：

根据《混规》11.4.3 条，框架结构，抗震二级：

$$V_c = 1.3 \times \frac{(M_c^t + M_c^b)}{H_n} = 1.3 \times \frac{(760 + 1200)}{4.7} = 542.1\text{kN} > 369\text{kN}$$

取　$V_c = 542.1\text{kN}$

$$\lambda = \frac{H_n}{2h_0} = \frac{4700}{2 \times 560} = 4.2 > 3.0，取 \lambda = 3$$

由规范式（11.4.7）：

$$N = 2200 \times 10^3 \text{N} > 0.3 f_c A = 1544.4 \times 10^3 \text{N}$$

故取 $N = 1544.4 \times 10^3 \text{N}$

$$V_c \leqslant \frac{1}{\gamma_{RE}} \left(\frac{1.05}{\lambda+1} f_t bh_0 + f_{yv} \frac{A_{sv}}{s} h_0 + 0.056N\right)$$

$$542.1 \times 10^3 \leqslant \frac{1}{0.85} \times \left(\frac{1.05}{3+1} \times 1.43 \times 600 \times 560 + 300 \times \frac{A_{sv}}{s} \times 560\right.$$

$$\left. + 0.056 \times 1544.4 \times 10^3\right)$$

解之得：

$$\frac{A_{sv}}{s} \geqslant 1.48\text{mm}^2/\text{mm}$$

复核最小配筋率，由规范表 11.4.12-2，箍筋直径取 8mm，间距 100mm；又柱截面为 600mm×600mm，选用 4 肢箍，则：

$$A_{sv}/s \geqslant \frac{4 \times 50.3}{100} = 2.012\text{mm}^2/\text{mm}，所以最终取 A_{sv}/s = 2.012\text{mm}^2/\text{mm}$$

【10～12 题评析】　11 题、12 题，关键是确定底层柱柱底弯矩值 M_c^b，并复核最小配筋率、最小配箍率。

13. 正确答案是 B，解答如下：

根据《混规》表3.4.5及注，预应力混凝土构件在使用阶段可以开裂，故（C）、（D）项不对；

根据《混规》6.2.10条，受弯构件受拉钢筋施加预应力不影响正截面承载力，而受压钢筋施加预应力将降低截面承载力，故（A）项不对。

14. 正确答案是C，解答如下：

不考虑竖向地震作用时：

$$M_{A1} = \frac{1}{2} \times (1.3 \times 30 + 1.5 \times 20) \times 7^2 = 1690.5 \text{kN} \cdot \text{m}$$

根据《抗规》5.1.1条条文说明，应计算竖向地震作用：

$$q_{Ek} = (30 + 0.5 \times 20) \times 15\% = 6 \text{kN/m}$$

$$M_{A2} = \frac{1}{2} \times 1.2 \times (30 + 0.5 \times 20) \times 7^2 + \frac{1}{2} \times 1.3 \times 6 \times 7^2$$

$$= 1367.1 \text{kN} \cdot \text{m}$$

取较大者，所以取 $M_A = M_{A1} = 1690.5 \text{kN} \cdot \text{m}$

【14题评析】 应注意的是，《抗规》5.1.1条条文说明对何谓大跨度和长悬臂结构作了具体规定。

15. 正确答案是B，解答如下：

根据《混加规》6.2.3条：

$$取 \ x_n = x_b = \xi_b h_0 = 0.550 \times (500 - 60) = 242 \text{mm}$$

假定 $h_n \leqslant x_n$，则：

$$1 \times 16.7 \times 250 \times h_n + 1 \times 9.6 \times 250 \times (242 - h_n) = 300 \times 3695 - 300 \times 763$$

可得：$h_n = 168.7 \text{mm} < 242 \text{mm}$，故假定成立。

由式（6.2.3-1）：

$$M_u = 1 \times 16.7 \times 250 \times 168.7 \times \left(440 - \frac{168.7}{2}\right) + 1 \times 9.6 \times 250 \times (242 - 168.7)$$

$$\times \left(440 - 168.7 - \frac{242 - 168.7}{2}\right) + 300 \times 763 \times (440 - 40)$$

$$= 383.3 \text{kN} \cdot \text{m}$$

16. 正确答案是A，解答如下：

支座A反力为：$R_A = \frac{1}{2} \times (2W_1 + 2W_2 + W_3) = \frac{1}{2} \times (2 \times 17.83 + 2 \times 31.21 + 26.75)$

$$= -62.415 \text{kN}（压）$$

端竖杆 aA：$N_{aA} = R_A = -62.415 \text{kN}（压）$

17. 正确答案是A，解答如下：

由于 aA 杆：$N_{aA} = -62.415 \text{kN}（压）$

对节点 a，$\sum Y = 0$，则：

$$N_{aA} = N_{aB} \cos\theta + W_1，\cos\theta = \frac{5.4}{\sqrt{6^2 + 5.4^2}} = 0.669$$

$$N_{aB} = \frac{62.415 - 17.83}{0.669} = 66.64 \text{kN}（拉）$$

18. 正确答案是D，解答如下：

根据《钢标》7.4.2条：

斜杆 aB 平面内：$l_{0x} = 0.5l = 0.5 \times \sqrt{6^2 + 5.4^2} = 0.5 \times 8.072 = 4.036m$

平面外：$l_{0y} = l = 8.072m$

查《钢标》表7.4.7，$[\lambda] = 400$

根据《钢标》7.4.7条：

平面内：$i_{min} \geqslant \dfrac{l_{0x}}{[\lambda]} = \dfrac{4036}{400} = 10.09mm$

平面外：$i_y \geqslant \dfrac{l_{0y}}{[\lambda]} = \dfrac{8072}{400} = 20.18mm$

故选用 1L70×5，$i_{lmin} = 13.9mm$，$i_y = 21.6mm$

19. 正确答案是C，解答如下：

竖杆 cC 为压杆，查《钢标》表7.4.6，取 $[\lambda] = 200$

查《钢标》表7.4.1-1：

$$l_0 = 0.9l = 0.9 \times 5.4 = 4.86m$$

$$i_{min} = \dfrac{l_0}{[\lambda]} = \dfrac{4860}{200} = 24.3mm$$

选用 ⌐63×5，$i_{min} = 24.5mm$。

【16～19题评析】

18题、19题，关键是确定杆的计算长度。

19题，$\lambda = \dfrac{l_0}{i_{min}} = \dfrac{4860}{24.5} = 198$

查《钢标》表7.2.1-1，b类截面，查《钢标》附表D.0.2，取 $\varphi = 0.189$

$\dfrac{N}{\varphi A} = \dfrac{26.75 \times 10^3}{0.189 \times 1230} = 115N/mm^2 < f = 215N/mm^2$，满足。可见截面由最大长细比控制。

20. 正确答案是C，解答如下：

肩梁的计算简图如图2-1（a）所示。

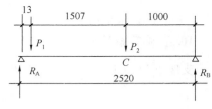

图 2-1 （a）

$$P_2 = \frac{N \cdot y}{h} + \frac{M_x}{h}$$

$$= \frac{6073 \times 770}{1507} + \frac{3560 \times 10^3}{1507}$$

$$= 5465kN$$

$$P_1 = W - P_2 = 6073 - 5465 = 608kN$$

$$\Sigma R_B = \frac{5465 \times 1520 + 608 \times 13}{2520} = 3300kN$$

单根：$R_B = \Sigma R_B / 2 = 1650kN$

21. 正确答案是A，解答如下：

C 点弯矩最大，$M_{max} = R_B \times 1 = 1650 \times 1 = 1650kN \cdot m$

$$\frac{M_{max}}{\gamma_x W_n} = \frac{1650 \times 10^6}{1.05 \times 9112.5 \times 10^3} = 172.4 \text{N/mm}^2$$

22. 正确答案是 A，解答如下：

$$V = R_B = 1650 \text{kN}$$

由《钢标》式（6.1.3）：

$$\tau_{max} = \frac{VS}{It_w}, \ 又 \ S = \frac{h}{2} \cdot t_w \cdot \frac{h}{4}, \ I = \frac{1}{12} t_w h^3, 则：$$

$$\tau_{max} = \frac{1.5V}{ht_w} = \frac{1.5 \times 1650 \times 10^3}{1350 \times 30} = 61.1 \text{N/mm}^2$$

23. 正确答案是 B，解答如下：

非搭接角焊缝，由《钢标》11.2.6 条条文说明：$l_w \leqslant 60h_f$

$$l_w = 1350 - 2 \times 12 = 1326 \text{mm} > 60 \times 12 = 720 \text{mm}$$

取 $l_w = 720 \text{mm}$

$$\sum R_A = N - \sum R_B = 6073 - 3300 = 2773 \text{kN}$$

$$\frac{\sum R_A}{0.7h_f \sum l_w f_f^w} = \frac{2773 \times 10^3}{0.7 \times 12 \times (4 \times 720) \times 160} = 0.72$$

24. 正确答案是 C，解答如下：

非搭接角焊缝，$l_w \leqslant 60h_f$，则：

$l_w = 1350 - 2 \times 16 = 1318 \text{mm} > 60h_f = 960 \text{mm}$，故取 $l_w = 960 \text{mm}$

$$\tau = \frac{\sum R_B}{0.7h_f \sum l_w} = \frac{3300 \times 10^3}{0.7 \times 16 \times 4 \times 960} = 76.7 \text{N/mm}^2$$

【20～24题评析】 20～22题，关键是分析肩梁传力途径，确定其计算简图。

23、24题，由于非搭接角焊缝内力并非沿侧面角焊缝全长均匀分布，根据《钢标》11.2.6 条条文说明，$l_w \leqslant 60h_f$。

25. 正确答案是 B，解答如下：

根据《钢标》18.2.4 条，应高出 150mm，选（B）项。

26. 正确答案是 A，解答如下：

根据《门规》7.1.3 条：

$$l_{ox} = 2.42 \times 7500 = 18150 \text{mm}, \ \lambda_1 = \frac{18150}{279.31} = 65$$

$$\bar{\lambda}_1 = \frac{65}{\pi} \sqrt{\frac{235}{206000}} = 0.7 < 1.2$$

$$\eta_t = \frac{4620}{6620} + \left(1 - \frac{4620}{6620}\right) \cdot \frac{0.7^2}{1.44} = 0.80$$

b 类，$\lambda_1 / \varepsilon_k = 65$，查《钢标》附表 D.0.2，取 $\varphi_x = 0.780$

$$\frac{N_1}{\eta_t \varphi_x A_{e1}} = \frac{80 \times 10^3}{0.80 \times 0.780 \times 6620} = 19.4 \text{N/mm}^2$$

27. 正确答案是 B，解答如下：

根据《门规》7.1.3 条：

由上一题可知，$\lambda_1 = 65$

$$N_{cr} = \frac{\pi^2 \times 286 \times 10^3 \times 6620}{65^2} = 3182.4 \times 10^3 \text{N}$$

$$\frac{\beta_{mx}M_1}{(1-N_1/N_{cr})W_{el}} = \frac{1 \times 120 \times 10^6}{\left(1 - \frac{80 \times 10^3}{3182.4 \times 10^3}\right) \times 1.4756 \times 10^6}$$

$$= 83.4 \text{N/mm}^2$$

28. 正确答案是 B，解答如下：

根据《门规》7.1.5 条：

$$l_{oy} = 7500\text{mm}, \lambda_{1y} = \frac{7500}{40.154} = 186.8$$

$$\overline{\lambda}_{1y} = \frac{186.8}{\pi}\sqrt{\frac{235}{206000}} = 2.01 > 1.3$$

故取 $\eta_{ty} = 1$

b 类，$\lambda_{1y}/\varepsilon_k = 186.8$，查《钢标》附表 D.0.2，取 $\varphi_y = 0.210$

$$\frac{N_1}{\eta_{ty}\varphi_y A_{el}f} = \frac{80 \times 10^3}{1 \times 0.210 \times 6620 \times 215} = 0.268$$

29. 正确答案是 A，解答如下：

根据《门规》7.1.5 条、7.1.4 条：

$$\lambda_b = \sqrt{\frac{\gamma_x W_{x1} f_y}{M_{cr}}} = \sqrt{\frac{1 \times 1.4756 \times 10^6 \times 235}{215 \times 10^6}} = 1.27$$

$$n = \frac{1.51}{1.27^{0.1}} \cdot \sqrt[3]{\frac{200}{692}} = 0.975, k_\sigma = 0$$

$$\lambda_{b0} = \frac{0.55 - 0.25 \times 0}{(1+1.37)^{0.2}} = 0.463$$

$$\varphi_6 = \frac{1}{(1 - 0.463^{2 \times 0.975} + 1.27^{2 \times 0.975})^{\frac{1}{0.975}}} = 0.413$$

30. 正确答案是 B，解答如下：

根据《砌规》6.1.1 条、6.1.4 条：

窗洞：$\frac{900}{3600} = 0.25 > 0.2$，故：$\mu_2 = 1 - 0.4\frac{b_s}{s} = 1 - 0.4 \times \frac{1.8 \times 3}{12} = 0.82 > 0.7$

$$\mu_1 = 1.0, [\beta] = 24$$
$$\mu_1 \mu_2 [\beta] = 1 \times 0.82 \times 24 = 19.68$$

刚性方案，$s = 12\text{m}$，$H = 3.6\text{m}$，$s > 2H = 7.2\text{m}$，查规范表 5.1.3：

$$H_0 = 1.0H = 3.6\text{m}$$

$$\frac{H_0}{h} = \frac{3600}{240} = 15 < 19.68$$

31. 正确答案是 B，解答如下：

对于（A）项，根据《砌规》表 6.1.1 注 3，$[\beta] = 14$

由 31 题可知，$\mu_2 = 1.0$；$\mu_1 \mu_2 [\beta] = 1 \times 1 \times 14 = 14.0$，故（A）项不对。

对于（B）项，根据《砌规》6.1.3 条、6.1.4 条：

$$\mu_1 = 1.2 + \frac{240-120}{240-90} \times (1.5-1.2) = 1.44$$

$$\mu_2 = 1 - 0.4 \times \frac{1.5}{6} = 0.9, [\beta] = 22$$

$$\mu_1 \mu_2 [\beta] = 1.44 \times 0.9 \times 22 = 28.51, 故（B）项正确。$$

【30、31 题评析】 30 题，应注意窗洞与墙高之比，从而确定 μ_2 值，《砌规》6.1.4 条中作了相应规定。

32. 正确答案是 C，解答如下：

根据《砌规》7.2.2 条：

由《可靠性标准》8.2.4 条：

$h_w = 1.5\text{m} < l_n = 3\text{m}$，则应考虑梁板荷载作用，同时，$h_w = 1.5\text{m} > \frac{l_n}{3} = 1\text{m}$，取墙体自重高度为 1.0m。

$$p = 1.3 \times (1 \times 0.24 \times 18 + 0.24 \times 0.24 \times 25 + 0.015 \times 0.24 \times 3 \times 20) + 15$$
$$= 22.77\text{kN/m}$$

计算跨度 l_0，$l_0 = \min(1.1l_n, l_c) = \min(1.1 \times 3, 3 + 0.24) = 3.24\text{m}$

$$M = \frac{1}{8}pl_0^2 = \frac{1}{8} \times 22.77 \times 3.24^2 = 29.88\text{kN} \cdot \text{m}; h_0 = 240 - 35 = 205\text{mm}$$

$$x = h_0 - \sqrt{h_0^2 - \frac{2\gamma_0 M}{\alpha_1 f_c b}} = 205 - \sqrt{205^2 - \frac{2 \times 1 \times 29.88 \times 10^6}{1 \times 9.6 \times 240}}$$
$$= 78\text{mm}$$

$$A_s = \frac{\alpha_1 f_c b x}{f_y} = \frac{1 \times 9.6 \times 240 \times 78}{300} = 599\text{mm}^2$$

33. 正确答案是 C，解答如下：

根据《砌规》5.2.4 条：

$$a_0 = a = 240\text{mm}, \eta = 1.0, A_l = a_0 b = 240 \times 240\text{mm}^2$$

$$A_0 = (240 + 240) \times 240 = 2 \times 240 \times 240\text{mm}^2$$

$$\gamma = 1 + 0.35\sqrt{\frac{A_0}{A_l} - 1} = 1 + 0.35 \times \sqrt{2-1} = 1.35 > 1.25$$

由规范 5.2.2 条，故取 $\gamma = 1.25$

$$N_l = \frac{1}{2} \times 22.17 \times 3.24 = 35.92\text{kN} < \eta\gamma f A_l$$

$$= 1 \times 1.25 \times 1.5 \times 240 \times 240 = 108\text{kN}$$

34. 正确答案是 C，解答如下：

根据《砌规》7.3.3 条、7.3.6 条。

$$l_c = 4.85 + \frac{0.3}{2} \times 2 = 5.15\text{m}, l_n = 4.85\text{m}, 1.1l_n = 5.335\text{m}$$

故取 $l_0 = 5.15\text{m}$

$$M_2 = \frac{1}{8} Q_2 l_0^2 = \frac{1}{8} \times 95 \times 5.15^2 = 314.95 \text{kN} \cdot \text{m}$$

$$\psi_\text{m} = 4.5 - 10 \frac{a}{l_\text{n}} = 4.5 - 10 \times \frac{1.07}{5.15} = 2.422$$

$$\alpha_\text{m} = 0.8 \psi_\text{m} \left(1.7 \frac{h_\text{b}}{l_0} - 0.03 \right) = 0.8 \times 2.422 \times \left(1.7 \frac{0.45}{5.15} - 0.03 \right) = 0.23$$

$$M_\text{b} = \alpha_\text{m} M_2 = 0.23 \times 314.95 = 72.44 \text{kN} \cdot \text{m}$$

35. 正确答案是 C，解答如下：

根据《砌规》7.3.6 条：

$$\eta_\text{N} = 0.8 \times \left(0.44 + 2.1 \frac{h_\text{w}}{l_0} \right) = 0.8 \times \left(0.44 + 2.1 \times \frac{5.15}{5.15} \right) = 2.032$$

$$N_\text{bt} = \eta_\text{N} \frac{M_2}{H_0} = 2.032 \times \frac{314.95}{5.375} = 119.07 \text{kN}$$

$$e_0 = \frac{M_\text{b}}{N_\text{bt}} = \frac{85}{119.07} = 714 \text{mm} > \frac{h_\text{b}}{2} - a_\text{s} = \frac{450}{2} - 45 = 180 \text{mm}$$

故为大偏拉，则：

$$e = e_0 - \frac{h}{2} + a_\text{s} = 714 - \frac{450}{2} + 45 = 534 \text{mm}$$

【34、35 题评析】 对于本题目图 4.10 （b） 中 a 值是如下确定的：

门洞靠托梁中点的距离：$e = \frac{5450}{2} - 1220 - 1000 = 505 \text{mm}$

$$a = \frac{l_0}{2} - 505 - 1000 = \frac{5150}{2} - 505 - 1000 = 1070 \text{mm}$$

36. 正确答案是 C，解答如下：

（1） 查《抗规》表 5.1.4-1，$\alpha_\text{max} = 0.04$

根据《抗规》5.2.1 条，取 $\alpha_1 = \alpha_\text{max} = 0.04$

$$F_\text{Ek} = \alpha_1 G_\text{eq} = 0.04 \times 0.85 \times (2270 + 2150 + 2150 + 1440) = 272.34 \text{kN}$$

已知 $F_\text{1k} = 39 \text{kN}$，故 $V_\text{2k} = F_\text{Ek} - F_\text{1k} = 272.34 - 39 = 233.34 \text{kN}$

根据《抗规》5.2.6 条：

第二层③轴线，$V_\text{2k,3} = \dfrac{5.5 \times 10^5}{3 \times 5.5 \times 10^5 + 2 \times 4.8 \times 10^5} \times V_\text{2k} = 49.17 \text{kN}$

剪力设计值，$V = 1.3 V_\text{2k,3} = 63.92 \text{kN}$

（2） 查规范表，$f_\text{v} = 0.14$，$\sigma_0 / f_\text{v} = 0.35 / 0.14 = 2.5$

查《砌规》表 10.2.1，取 $\zeta_\text{N} = 1.185$

$$f_\text{vE} = \zeta_\text{N} f_\text{v} = 1.185 \times 0.14 = 0.166 \text{N/mm}^2$$

根据《砌规》10.2.2 条：

$$f_\text{vE} A / \gamma_\text{RE} = 0.166 \times 240 \times 7840 / 0.9 = 347.05 \text{kN} > V = 63.92 \text{kN}$$

37. 正确答案是 B，解答如下：

根据《抗规》7.2.4 条，7.2.5 条，底层剪力 V_1 应乘增大系数 1.35：

$$V_1 = 1.35 \times 1.3 \times F_\text{Ek} = 1.35 \times 1.3 \times 272.34 = 477.96 \text{kN}$$

$$V_b = V_1/4 = 119.49 \text{kN}$$

$$V_c = \frac{6 \times 10^3}{6 \times 10^3 \times 15 + 0.2 \times 3.15 \times 10^5 \times 4} \times 477.96 = 8.39 \text{kN}$$

38. 正确答案是 A，解答如下：

一榀框架的侧向刚度：$K_{cf} = 3 \times K_c = 3 \times 6 \times 10^3 = 18 \times 10^3 \text{N/mm}$

约束普通砖抗震墙分担的地震倾覆力矩 M_b 为：

$$M_b = \frac{0.2K_b}{5K_{cf} + 4 \times 0.2K_b}M_f = \frac{0.2 \times 3.15 \times 10^5}{5 \times 18 \times 10^3 + 4 \times 0.2 \times 3.15 \times 10^5} \times 5600$$
$$= 1031.58 \text{kN} \cdot \text{m}$$

【36～38题评析】 37题、38题，当底层还有钢筋混凝土抗震墙时，V_c、M_{cw} 的计算如下：

$$V_c = \frac{K_c}{\sum K_{cf} + 0.2 \sum K_b + 0.3 \sum K_{cw}} V_a$$

$$M_b = \frac{0.2K_b}{\sum K_f + 0.2 \sum K_b + 0.3 \sum K_{cw}} M_f$$

$$M_{cw} = \frac{0.3K_{cw}}{\sum K_f + 0.2 \sum K_b + 0.3 \sum K_{cw}} M_f$$

39. 正确答案是 A，解答如下：

根据《木标》4.3.1条，红皮云杉 TC 13B，$f_m = 13 \text{N/mm}^2$，$f_c = 10 \text{N/mm}^2$

由《木标》4.3.2条，表 4.3.9-1：

$$f_m = 1.15 \times 0.8 f_m = 11.96 \text{N/mm}^2$$

$$f_c = 1.15 \times 0.8 f_c = 9.2 \text{N/mm}^2，d = 140 + \frac{2236}{2} \times 0.9\% = 150 \text{mm}$$

$$A = \frac{\pi}{4} d^2 = \frac{\pi}{4} \times 150^2 = 17663 \text{mm}^2$$

由《木标》5.3.2条，$e_0 = 0.05 \times 150 = 7.5 \text{mm}$

$$k = \frac{Ne_0 + M_0}{Wf_m\left(1 + \sqrt{\dfrac{N}{Af_c}}\right)} = \frac{32000 \times 7.5 + 1.8 \times 10^6}{\dfrac{\pi \times 150^3}{32} \times 11.96 \times \left(1 + \sqrt{\dfrac{32000}{17663 \times 9.2}}\right)}$$

$$= 0.357$$

$$\varphi_m = (1-k)^2(1-k_0) = (1-0.357)^2 \times (1-0.04) = 0.397$$

40. 正确答案是 D，解答如下：

根据《木标》6.1.3条：

$$V = N\cos45° = 70.43 \times \cos26.56° = 63 \text{kN}$$

$$l_v = 450 \text{mm}，h_c = 55 \text{mm}，\frac{l_v}{h_c} = \frac{450}{55} = 8.18 < 10$$

查表 6.1.3，取 $\psi_v = 0.837$

恒载为主，查表 4.3.9-1，$f_v = 0.8f_v = 0.8 \times 1.4$

$$\frac{V}{b_v l_v} = \frac{63000}{179 \times 450} = 0.782 \text{N/mm}^2$$

$$\psi_v f_v = 0.837 \times 0.8 \times 1.4 = 0.937 \text{N/mm}^2$$

【39、40题评析】 关键是 f_m、f_c 的调整计算，《木标》4.3.1条、4.3.9条作了相应规定。

<h1 style="text-align:center">（下午卷）</h1>

41. 正确答案是 C，解答如下：

根据《既有地规》5.2.7条，应选（C）项。

42. 正确答案是 C，解答如下：

如图 2-2（a）所示，取 1m 为对象，$k_a = \tan^2 (45° - 30°/2) = \dfrac{1}{3}$

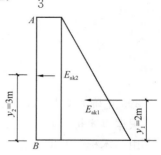

图 2-2（a）

（1）坡顶堆载前，土主动土压力 $E_{ak1} = \dfrac{1}{2} K_a \gamma H^2 = \dfrac{1}{2} \times \dfrac{1}{3} \times 20 \times 6^2 = 120 \text{kN/m}$，$y_1 = \dfrac{1}{3} \times 6 = 2\text{m}$。

$$\frac{M_{抗}}{M_{倾}} = 1.70, \quad 即：\frac{M_{抗}}{120 \times 2} = 1.70$$

故：$M_{抗} = 1.70 \times 120 \times 2 = 408 \text{kN·m/m}$

（2）坡顶堆载后：土主动土压力包括堆载 q 产生的土压力，即：

$$E_{ak2} = K_a \cdot q \cdot H = \frac{1}{3} \times 40 \times 6 = 80 \text{kN/m}, \quad y_2 = \frac{1}{2} \times 6 = 3\text{m}$$

$$\frac{M'_{抗}}{M'_{倾}} = \frac{408 + T_k \cos 15° \times 3}{120 \times 2 + 80 \times 3} \geqslant 1.60$$

解之得：$T_k \geqslant 124.23 \text{kN}$

又锚索间距为 2m，则：$T_k \geqslant 124.23 \times 2 = 248.46 \text{kN}$

43. 正确答案是 D，解答如下：

当力 F_{k1} 和 F_{k2} 合力位置为基础梁的中心时，地基反力呈均匀分布：

F_{k1} 和 F_{k2} 合力距柱 A 的距离为：$\dfrac{4F_{k1}}{F_{k1} + F_{k2}} = \dfrac{4 \times 900}{1100 + 900} = 1.8\text{m}$

$c + 1.8 = 4 - 1.8 + 1$，故 $c = 1.4\text{m}$

44. 正确答案是 B，解答如下：

根据《地规》5.2.2条：

$$p_k = \frac{F_k + G_k}{A} \leqslant f_a$$

即：$\dfrac{1206 + 804}{6.8 b_f} + 20 \times 1.5 \leqslant 300$

解之得：

$$b_f \geqslant 1.095 \text{m}$$

45. 正确答案是 B，解答如下：

取 1m 翼缘长计算：$V = p_j A = \dfrac{F_1 + F_2}{A} \times \dfrac{1.25 - 0.45}{2} \times 1 = \dfrac{1206 + 804}{6.8 \times 1.25} \times 0.4 \times 1$

$$= 94.59 \text{kN}$$

根据《地规》8.2.10 条、8.2.9 条：

$$\beta_{hs} = 1.0$$

$$V \leqslant 0.7 \beta_{hs} f_t b h_0$$

$$h_0 \geqslant \dfrac{94.59 \times 10^3}{0.7 \times 1 \times 1.1 \times 1000} = 122.8 \text{mm}$$

则：$h_f = h_0 + 40 = 163 \text{mm}$

由《地规》8.3.1 条第 1 款，$h_f \geqslant 200 \text{mm}$

所以取 $h_f = 200 \text{mm}$。

46. 正确答案是 C，解答如下：

地基净反力：$p_j = \dfrac{F_1 + F_2}{l} = \dfrac{1206 + 804}{6.8} = 295.59 \text{kN/m}$

$$M_{A,\text{max}} = \dfrac{1}{2} p_j c^2 = \dfrac{1}{2} \times 295.59 \times 1.8^2 = 478.86 \text{kN} \cdot \text{m}$$

$$V_A^l = p_j c = 295.59 \times 1.8 = 532.06 \text{kN}$$

$$V_A^R = F_1 - V_A^l = 1206 - 532.06 = 673.94 \text{kN}$$

47. 正确答案是 A，解答如下：

设剪力为零处距柱 A 的距离为 x：

$$x = \dfrac{V_A^R}{p_j} = \dfrac{673.94}{295.59} = 2.28 \text{m}$$

此处弯矩最大：$M = \dfrac{1}{2} p_j (1.8 + 2.28)^2 - F_1 \times 2.28$

$$= \dfrac{1}{2} \times 295.59 \times 4.08^2 - 1206 \times 2.28$$

$$= 289.43 \text{kN}$$

48. 正确答案是 C，解答如下：

根据《地规》5.3.7 条、5.3.8 条：

$$z_n = b(2.5 - 0.4 \ln b) = 2.5 \times (2.5 - 0.4 \times \ln 2.5) = 5.33 \text{m}$$

由于第三层土的压缩模量较小，应继续向下计算。

所以变形计算深度 $z_n = 1 + 4 + 2 = 7 \text{m}$

49. 正确答案是 C，解答如下：

基底附加压力：$p_0 = \dfrac{F + G}{A} - \gamma d = \dfrac{1600}{2.5 \times 2.5} + 20 \times 2 - 19.5 \times 2 = 257 \text{kPa}$

根据《地规》5.3.5 条：

$$s' = \dfrac{p_0}{E_{si}} (z_3 \bar{\alpha}_3 - z_2 \bar{\alpha}_2)$$

$$= \dfrac{257}{2300} \times (4 \times 0.0852 \times 7 - 4 \times 0.1114 \times 5)$$

$$= 0.0176 \text{m} = 17.6 \text{mm}$$

50. 正确答案是 A，解答如下：

已知 $\overline{E}_s = 5.2\text{MPa}$，$p_0 = 257\text{kPa} > f_{ak} = 220\text{kPa}$

查《地规》表 5.3.5，取 $\psi_s = 1.18$

$$s = \psi_s s' = 1.18 \times 118.5 = 139.8\text{mm}$$

【48～50 题评析】 48 题，由于第③层土的 $E_s = 2.3\text{MPa}$，第②层土的 $E_s = 7.0\text{MPa}$，根据《地规》5.3.7 条规定，应计算至第④层土。

51. 正确答案是 D，解答如下：

根据《地规》8.5.19 条：

$$\beta_{hp} = 1.0 - \frac{1150 - 800}{2000 - 800} \times (1 - 0.9) = 0.971$$

$$h_0 = h - a_s = 1150 - 110 = 1040\text{mm}$$

$$a_{0x} = a_{0y} = 1200 + \frac{400}{2} - \frac{700}{2} = 1050\text{mm} > h_0 = 1040\text{mm}$$

故取 $a_{0x} = a_{0y} = 1040\text{mm}$，$\lambda_{0x} = \lambda_{0y} = \frac{a_{0x}}{h_0} = \frac{1040}{1040} = 1.0$

$$\alpha_{0x} = \alpha_{0y} = \frac{0.84}{\lambda_{0x} + 0.2} = \frac{0.84}{1 + 0.2} = 0.7$$

由规范式（8.5.19-1）：

$$2[\alpha_{0x} \times (b_c + a_{0y}) + \alpha_{0y}(h_c + a_{0x})]\beta_{hp}f_t h_0$$
$$= 2 \times 2 \times 0.7 \times (700 + 1040) \times 0.971 \times 1.71 \times 1040 = 8413.1\text{kN}$$

52. 正确答案是 A，解答如下：

根据《地规》8.5.21 条：

由规范式（8.5.21-1）：

$$\beta_{hs} = \left(\frac{800}{h_0}\right)^{1/4} = \left(\frac{800}{1040}\right)^{1/4} = 0.9365$$

$$\lambda = \frac{a_{0x}}{h_0} = \frac{1050}{1040} = 1.01 < 3.0$$

$$\beta = \frac{1.75}{\lambda + 1.0} = \frac{1.75}{2.01} = 0.871$$

$$\beta_{hs}\beta f_t b_0 h_0 = 0.9365 \times 0.871 \times 1.71 \times 4000 \times 1040 = 5802.5\text{kN}$$

【51、52 题评析】 51 题，计算 λ_{0x}（或 λ_{0y}）时，取 $a_{0x} = a_{0y} = 1040\text{mm}$；《地规》式（8.5.19-1）中，仍取 $a_{0x} = a_{0y} = 1040\text{mm}$。

53. 正确答案是 C，解答如下。

（1）粉土层，$\rho_c\% = 13.8\% > 13\%$，根据《抗规》4.3.3 条，该土层属不液化土，故 (A)、(B) 项不对；

（2）对测点 2，查《抗规》表 4.3.4，取 $N_0 = 12$；$d_w = 2.0$；砂土，取 $\rho_c = 3$；设计地震第一组，取 $\beta = 0.80$。

由规范式（4.3.4）：

$$N_{cr} = N_0 \beta [\ln(0.6d_s + 1.5) - 0.1d_w]\sqrt{3/\rho_c}$$

$$= 12 \times 0.80 \times \left[\ln(0.6 \times 5 + 1.5) - 0.1 \times 2\right]\sqrt{3/3}$$
$$= 12.5 < N_2 = 14$$

故测点 2 不会液化，排除（D）项，应选（C）项。

54. 正确答案是 A，解答如下：

根据《抗规》4.3.5 条：

测点 3：下界深度为 8.0m，$d_3 = 8 - \dfrac{5+7}{2} = 2m$，$z_3 = 6 + \dfrac{2}{2} = 7m$，$W_3 = \dfrac{10}{15}$ $(20-7) = 8.67 m^{-1}$

测点 7：下界深度只计算到 15m 处，$d_7 = \dfrac{15-13}{2} = 1m$，

$$z_7 = (12+2) + \frac{1}{2} = 14.5m, \quad W_7 = \frac{10}{15}(20-14.5) = 3.67 m^{-1}$$

由规范式（4.3.5）：

$$I_{lE} = \sum_{i=1}^{n}\left(1 - \frac{N_i}{N_{cr}}\right)d_i W_i$$
$$= \left(1 - \frac{13}{14}\right) \times 2 \times 8.67 + \left(1 - \frac{14}{20}\right) \times 2 \times 4.67 + \left(1 - \frac{18}{22}\right) \times 1 \times 3.67$$
$$= 4.71$$

55. 正确答案是 C，解答如下：

根据《地处规》7.2.2 条、7.1.5 条：

$$f_{spk} = \left[1 + m(n-1)\right]f_{sk}$$
$$m = \frac{f_{spk}/f_{sk} - 1}{n-1} = \frac{160/100 - 1}{3 - 1} = 30\%$$

又

$$m = \frac{d^2}{d_e^2}, d_e = 1.05s, 则：$$

$$30\% = \frac{d^2}{(1.05s)^2}, 即：$$

$$s = \frac{d}{1.05 \times \sqrt{30\%}} = \frac{1.2}{1.05 \times \sqrt{30\%}} = 2.09m$$

56. 正确答案是 D，解答如下：

查《地规》表 5.2.5，查 $\varphi_k = 10°$ 时，取 $M_b = 0.18$，$M_d = 1.73$，$M_c = 4.17$

由规范式（5.2.5）：

$$f_a = M_b \gamma b + M_d \gamma_m d + M_c c_k$$
$$= 0.18 \times 18.6 \times 2.4 + 1.73 \times 17.5 \times 1.5 + 4.17 \times 24$$
$$= 153.53 kPa$$

【56 题评析】 应注意题目中加权平均重度 γ_m 取值，具体计算时，有地下水时，位于地下水位以下的土的重度取有效重度。

57. 正确答案是 A，解答如下：

根据《烟规》3.1.3 条，$H = 200m$，安全等级为一级；由规范 5.2.1 条，则：

$$w_0 = 1.1 \times 0.5 = 0.55 kN/m^2$$

$H=100\text{m}$ 处，$r=\dfrac{3+11}{2\times2}=3.5\text{m}$；查《荷规》，B 类，取 $\mu_z=2.0$。由《烟规》5.2.7 条：

$$M_{\theta\text{out}}=0.272\mu_z w_0 r^2$$
$$=0.272\times2.0\times0.55\times3.5^2$$
$$=3.67\text{kN}\cdot\text{m/m}$$

【57 题评析】 安全等级为一级，w_0 应乘以增大系数 1.1。

58. 正确答案是 D，解答如下：

粗糙度 D 类，查《荷规》表 8.2.1，$H=24\text{m}$ 及其以下，$\mu_z=0.51$，$T_1=0.24s<0.25s$，根据《荷规》8.4.1 条，取 $\beta_z=1.0$

$$\mu_z w_0 d^2=0.51\times0.6\times6^2=11.02\geqslant0.015，H/d=24/6=4.0，\Delta\approx0$$

查《荷规》表 8.3.1 第 37 项，取 $\mu_s=0.5$

$$w_k=\beta_z\mu_s\mu_z w_0=1.0\times0.5\times0.51\times0.6=0.153\text{kN/m}^2$$

【58 题评析】 58 题，在本题目条件下，$\mu_z=0.51$ 沿全高不变，同时，$\beta_z=1.0$。

59. 正确答案是 C，解答如下：

$H=100\text{m}$，根据《高规》4.2.2 条、5.6.1 条及条文说明，$H=100\text{m}>60\text{m}$，取 $w_0=1.1\times0.65=0.715\text{kN/m}^2$

粗糙度 A 类，查《荷规》表 8.2.1，取 $\mu_z=2.23$

根据《高规》4.2.3 条，取 $\mu_s=0.8$

根据《荷规》8.4.3 条、8.4.4 条：

$$x_1=\frac{30/1.7}{\sqrt{1.28\times0.715}}=18.447$$

$$R=\sqrt{\frac{\pi}{6\times0.05}\cdot\frac{18.447^2}{(1+18.447^2)^{4/3}}}=1.222$$

已知 $B_z=0.55$，则：

$$\beta_z=1+2\times2.5\times0.12\times0.55\times\sqrt{1+1.222^2}=1.521$$

$$w_k=\beta_z\mu_z\mu_s w_0=1.521\times2.23\times0.8\times0.715=1.940\text{kN/m}^2$$

$$M_{0k}=\frac{1}{2}\cdot w_k\cdot B\times100\times\frac{2\times100}{3}$$

$$=\frac{1}{2}\times1.940\times40\times100\times\frac{2\times100}{3}$$

$$=258667\text{kN}\cdot\text{m}$$

【59 题评析】 本题关键是确定 w_0 值，本题目结构设计使用年限为 100 年，《高规》4.2.2 条、5.6.1 条条文说明作了具体规定。

60. 正确答案是 D，解答如下：

根据《抗规》5.2.7 条：

$$H/B=102/25=4.08>3，T_1=1.8\text{s}>1.2T_g=1.2\times0.45\text{s}=0.54\text{s}$$

$T_1=1.8\text{s}<5T_g=5\times0.45\text{s}=2.25\text{s}$，故满足折减条件。

查《抗规》表 5.2.7，取 $\Delta T=0.08$。$H/B=102/25=4.08>3.0$，则由规范式

（5.2.7）：

$$\psi = \left(\frac{T_1}{T_1 + \Delta T} \right)^{0.9} = \left(\frac{1.8}{1.8 + 0.08} \right)^{0.9} = 0.962$$

底部折减为 0.962，顶部不折减，中部 ψ 值：$\psi = 0.962 + \frac{1}{2}(1 - 0.962) = 0.981$

故 $\qquad\qquad\qquad\qquad F = \psi F = 0.981F$

61. 正确答案是 B，解答如下：

$H/B = 102/25 = 4.08 > 4$，根据《高规》12.1.7 条：

$$p_{min} = \frac{N_k}{A} - \frac{M_k}{W} \geqslant 0, 则：$$

根据《地规》8.4.3 条，取 M_k 的抗减系数 0.90。

$$p_{min} = \frac{6.5 \times 10^5}{(25 + 2a) \times (50 + 2a)} - \frac{0.9 \times 3.25 \times 10^6}{\frac{1}{6} \times (50 + 2a) \times (25 + 2a)^2} \geqslant 0$$

解之得：$a \geqslant 1.0m$。

【60、61 题评析】 60 题，应注意的是，折减后的楼层水平地震剪力（如本题为 0.981F）应满足最小楼层地震剪力要求，即《抗规》5.2.5 条规定的内容。

62. 正确答案是 A，解答如下：

$$M_F/M_0 = \frac{3.8 \times 10^5 - 1.8 \times 10^5}{3.8 \times 10^5} = 52.6\% \begin{array}{l} < 80\% \\ > 50\% \end{array}$$

根据《高规》8.1.3 条第 3 款，该框架部分应按框架结构确定抗震等级和轴压比。

Ⅲ类场地，7 度（0.15g），根据规程 3.9.2 条，应按 8 度考虑抗震构造措施的抗震等级，查规程表 3.9.3，该榀框架抗震等级为一级；根据《高规》8.1.3 条，查规程表 6.4.2，取 $[\mu_N] = 0.65$。

$$\mu_N = \frac{N}{f_c A} \leqslant [\mu_N] = 0.65$$

$$A \geqslant \frac{N}{f_c \times 0.65} = \frac{5600 \times 10^3}{19.1 \times 0.65} = 4.51 \times 10^5 mm^2$$

取 700×700（$A = 4.9 \times 10^5 mm^2$），满足。

63. 正确答案是 D，解答如下：

根据《高规》8.2.2 条第 5 款，查表 6.4.3-1：

$$A_{s,min} = (0.7\% + 0.05\%)A_c = 0.75\% \times 600 \times 600 = 2700mm^2 > 2500mm^2$$

二级，$\mu_N = 0.45 > 0.3$，底部，故根据《高规》7.2.14 条、7.2.15 条：

$$A_{s,min} \geqslant 1\% \times 600 \times 600 = 3600mm^2 > 2500mm^2$$

配 4 Φ 18 + 8 Φ 16，$A_s = 1017 + 1608 = 2625mm^2$，不满足

配 12 Φ 18，$A_s = 3054mm^2$，不满足；配 12 Φ 20，$A_s = 3770mm^2$，满足。

查《高规》表 6.4.3-2，箍筋直径 $\geqslant 8mm$，最大间距 $s = min(8d, 100) = min(8 \times 20, 100) = 100$，故选 Φ 8@100。

64. 正确答案是 A，解答如下：

$$M_F/M_0 = \frac{3.8 \times 10^5 - 2.0 \times 10^5}{3.8 \times 10^5} = 47\% \begin{array}{l} < 50\% \\ > 10\% \end{array}$$

根据《高规》8.1.3 条，为典型的框架-剪力墙结构，Ⅱ类场地，查表 3.9.3，框架抗震等级为三级。

根据《高规》6.2.2 条的条文说明，柱下端截面组合的弯矩设计值不考虑增大系数，即仍取 $M_A = 360$kN·m。

【62～64 题评析】 64 题，《抗规》6.2.3 条条文说明：对框架-抗震墙结构中的框架，其主要抗侧力构件为抗震墙，对其框架部分的底层柱的嵌固端截面，可不作要求，这与《高规》6.2.2 条条文说明一致。

65. 正确答案是 C，解答如下：

根据《抗规》6.2.13 条条文说明：

左边：(1) $\frac{1}{2}s_1 = \frac{1}{2} \times (7.2 - 0.2) = 3.5$m

(2) 至洞边：4.7m

(3) $15\%H$：$15\% \times 54 = 8.1$m

取较小者，3.5m

右边：(1) $\frac{1}{2}s_2 = \frac{1}{2} \times (3.6 - 0.2) = 1.7$m

(2) 至洞边：1.7m

(3) $15\%H$：$1.5\% \times 54 = 8.1$m

取较小者，1.7m

所以 $b = 3.5 + 1.7 + 0.2 = 5.4$m

66. 正确答案是 D，解答如下：

墙肢 1 反向地震作用组合时：

$$e_0 = \frac{M}{N} = \frac{3300}{2200} = 1.5 > \frac{h_w}{2} - a_s = \frac{3.2}{2} - 0.2 = 1.4$$

故属大偏拉，根据《高规》7.2.4 条，墙肢 2 弯矩应乘以增大系数 1.25：

$$M_{w2} = 1.25 \times 33000 = 41250 \text{kN·m}$$

墙肢剪力，根据《高规》7.2.4 条、7.2.6 条：

$$V_{w2} = 1.25 \times 1.4 \times 2200 = 3850 \text{kN}$$

67. 正确答案是 C，解答如下：

底层墙肢属于底部加强部位，$\mu_N = 0.45$，根据《高规》7.2.14 条，应设为约束边缘构件；抗震二级，查规程表 7.2.15，取 $\lambda_v = 0.20$

$$\rho_{v,min} = \lambda_v f_c / f_{yv} = 0.20 \times 16.7 / 270 = 1.237\%$$

取箍筋间距为 100，假定箍筋直径为 10mm，则：$\rho_v \geq \rho_{v,min}$

$$\rho_v = \frac{(800 \times 2 + 160 \times 6 + 475 \times 2) \cdot A_{s1}}{100 \times (780 \times 150 + 315 \times 150)} \geq 1.237\%$$

解之得：$A_{s1} \geq 58$mm²

故选 Φ10（$A_{s1} = 78.5$mm²），选配 Φ10@100。

【65～67 题评析】 65 题，抗震设计，翼墙的有效长度可按《抗规》6.2.13 条条文说明；非抗震设计，翼墙的有效长度按《混规》9.4.3 条确定，应注意的是，两本规范是有区别的。

68. 正确答案是 B，解答如下：

$$h_{b0}=h_b-a_s=300-60=240\text{mm}, \quad \eta_{jb}=1.35$$

根据《抗规》附录 D.2.2 条规定，框架结构：

$$V_{j-1}=\frac{\eta_{jb}\sum M_{b-1}}{h_{b0}-a'_s}\left(1-\frac{h_{b0}-a'_s}{H_c-h_b}\right)$$

$$=\frac{1.35\times290\times\dfrac{2}{3}\times10^3}{240-60}\times\left(1-\frac{240-60}{4000-300}\right)$$

$$=1379.5\text{kN}$$

$$V_{j-2}=\frac{1.35\times290\times\dfrac{1}{3}\times10^3}{240-60}\times\left(1-\frac{240-60}{4000-300}\right)=689.8\text{kN}$$

69. 正确答案是 B，解答如下：

根据《抗规》附录 D.2.2 条、D.2.3 条：

$$\eta_j=1.5, \quad h_j=500\text{mm}$$

$$N=2419.2\text{kN}>0.5f_cA=0.5\times16.7\times500\times500=2087.5\text{kN}$$

故取 $N=2087.5\text{kN}$

柱宽范围内：$A_{svj}=4\times50.3=201.2\text{mm}^2$

由规范附录式（D.1.4-1）：

$$\frac{1}{\gamma_{RE}}\left(1.1\eta_jf_tb_jh_j+0.05\eta_jN\frac{b_j}{b_c}+f_{yv}A_{svj}\frac{h_{b0}-a'_s}{s}\right)$$

$$=\frac{1}{0.85}\times\left(1.1\times1.5\times1.57\times500\times500+0.05\times1.5\times2087500\times\frac{500}{500}+\right.$$

$$\left.270\times4\times50.3\times\frac{240-60}{100}\right)$$

$$=1061.1\text{kN}$$

70. 正确答案是 A，解答如下：

根据《抗规》附录 D.2.2 条、D.2.3 条：

柱宽范围外：$A_{svj}=2\times50.3=100.6\text{mm}^2$，$\eta_j=1.0$

$$\frac{1}{\gamma_{RE}}\left(1.1\eta_jf_tb_jh_j+f_{yv}A_{svj}\frac{h_{b0}-a'_s}{s}\right)$$

$$=\frac{1}{0.85}\times\left(1.1\times1.0\times1.57\times300\times500+270\times100.6\times\frac{240-60}{100}\right)$$

$$=362.28\text{kN}$$

【68~70题评析】 68 题、69 题、70 题，属于扁梁框架的梁柱节点计算，应注意的是，柱宽范围内、外的箍筋量（A_{svj}）的确定。

71. 正确答案是 B，解答如下：

查《高钢规》表 4.2.1，取 $f_{yb}=235\text{N/mm}^2$

柱：$\qquad W_{pc} = 2 \times (450 \times 22 \times 239 + 228 \times 14 \times 114) = 5459976 \text{mm}^3$

梁：$\qquad W_{pb} = 2 \times (260 \times 14 \times 243 + 236 \times 8 \times 118) = 2214608 \text{mm}^3$

$$\sum W_{pc}\left(f_{yc} - \frac{N}{A_c}\right) = 2 \times 5459976 \times \left(225 - \frac{2510000}{26184}\right)$$

$$= 1410201867 \text{N} \cdot \text{mm}$$

$$\eta \sum W_{pb} f_{yb} = 1.10 \times (2 \times 2214608 \times 235) = 1144952336 \text{N} \cdot \text{mm}$$

$$左端 / 右端 = 1410201867 / 1144952336 = 1.23$$

72. 正确答案是 C，解答如下：

根据《高钢规》8.6.4 条、8.1.3 条，取 $\alpha = 1.2$；

由《高钢规》8.1.5 条：

$$\frac{N}{N_y} = \frac{2510000}{26184 \times 225} = 0.426 > 0.13$$

$$M_{pc} = 1.15 \times (1 - 0.426) \times 5459976 \times 225 = 810.9 \text{kN} \cdot \text{m}$$

$$M_u \geqslant \alpha M_{pc} = 1.2 \times 810.9 = 973 \text{kN} \cdot \text{m}$$

73. 正确答案是 A，解答如下：

$$\sum a_i^2 = a_1^2 + a_2^2 + a_3^2 + a_4^2 = (2 \times 1.60)^2 + 1.60^2 + (-1.60)^2 + (-2 \times 1.60)^2 = 25.60 \text{m}^2$$

$$\eta_{11} = \frac{1}{n} + \frac{e_1 a_1}{\sum a_i^2} = \frac{1}{5} + \frac{3.2 \times 3.2}{25.60} = 0.60$$

$$\eta_{15} = \frac{1}{n} + \frac{e_1 a_1}{\sum a_i^2} = \frac{1}{5} + \frac{(-3.2) \times 3.2}{25.60} = -0.20$$

根据 η_{11}、η_{15} 绘制 1 号主梁的横向影响线，如图 2-3 (a) 所示；确定横向影响线的零点位置 x，如图 2-3 (a) 所示。

$$\frac{x}{0.60} = \frac{4 \times 1.60 - x}{0.20}, \quad 即：x = 4.80 \text{m}$$

$$m_c = \frac{1}{2} \sum \eta_q$$

$$= \frac{1}{2} \times (\eta_{q1} + \eta_{q2} + \eta_{q3} + \eta_{q4})$$

$$= \frac{1}{2} \times \frac{0.60}{4.80} \times (4.60 + 2.80 + 1.50 - 0.30)$$

$$= 0.538$$

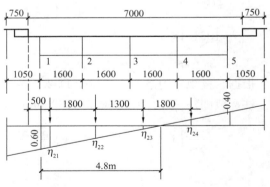

图 2-3 (a)

74. 正确答案是 C，解答如下：

根据《公桥通规》表 4.3.1-3，可知各车轮轴重；纵向车轮按最不利布置在桥梁上，跨中横隔梁受载图示，如图 2-4 (a) 所示。

$$F_Q = \frac{1}{2} \sum F_i y_i = \frac{1}{2} \times (140 \times 1 + 140 \times 0.711) = 119.77 \text{kN}$$

75. 正确答案是 D，解答如下：

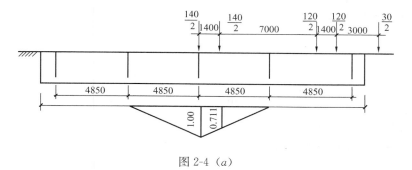

图 2-4 （a）

为绘制 $M_{r\text{-}r}$ 影响线，首先求出 $M_{r\text{-}r}$ 影响线上几个关键点，再连线。

（1）当 $F=1$ 作用在 1 号梁轴上时，已求得 $\eta_{11}=0.60$，$\eta_{12}=0.40$，$\eta_{15}=-0.20$，位于 $r\text{-}r$ 截面左侧，则：

$$M_r = \sum^{左} R_i b_i - 1 \times e, 即：$$

$$\eta_{r1}^M = \eta_{11} \times 1.5d + \eta_{12} \times 0.5d - 1 \times 1.5d$$

$$= 0.60 \times 1.5 \times 1.6 + 0.40 \times 0.5 \times 1.6 - 1 \times 1.5 \times 1.6$$

$$= -0.64$$

（2）当 $F=1$ 作用在 5 号梁轴上时，位于 $r\text{-}r$ 截面右侧，则：

$$M_r = \sum^{左} R_i b_i, 即：$$

$$\eta_{r5}^M = \eta_{15} \times 1.5d + \eta_{25} \times 0.5d$$

$$= (-0.2) \times 1.5 \times 1.6 + 0 \times 0.5d = -0.48$$

（3）当 $F=1$ 作用在 2 号梁轴上时，位于 $r\text{-}r$ 截面左侧，则：

$$M_r = \sum^{左} R_i b_i - 1 \times e, 即：$$

$$\eta_{r2}^M = \eta_{12} \times 1.5d + \eta_{22} \times 0.5d - 1 \times 0.5d$$

$$= 0.40 \times 1.5 \times 1.6 + 0.30 \times 0.5 \times 1.6 - 1 \times 0.5 \times 1.6$$

$$= 0.40$$

由上述 η_{r1}^M、η_{r2}^M、η_{r5}^M，可绘制出 $M_{r\text{-}r}$ 影响线如图 2-5 （a）所示。

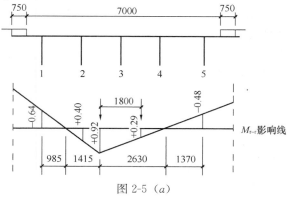

图 2-5 （a）

由上述图 2-5 (a) 可知，设计车道数为 1；查《公桥通规》表 4.3.1-5，取 $\xi=1.2$。

$$M_{2-3}=M_{r \cdot r}=(1+\mu)\xi \cdot F_Q \cdot \sum \eta$$

$$=(1+0.30)\times 1.2 \times 130 \times (0.92+0.29)$$

$$=265.8 \text{kN} \cdot \text{m}$$

76. 正确答案是 B，解答如下：

（1）当 $F=1$ 作用在计算截面（即 1 号主梁处）以右时：

$$V_{1,r}=R_1，即：$$

$$\eta_{1i,r}=\eta_{1i}$$

故 $F=1$ 在 1 号主梁右侧附近，$\eta_{1i,r}=\eta_{11}=0.60$，在 5 号主梁处时，$\eta_{1r,r}=\eta_{15}=-0.20$，可绘出直线，如图 2-6 (a) 所示。

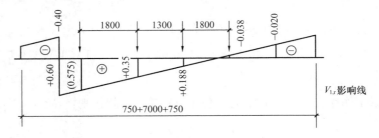

图 2-6 (a)

（2）查 $F=1$ 作用在计算截面以左侧时：

$$V_{1,r}=\sum_{}^{左} R_i-1，即：$$

$$\eta_{1i,r}=\eta_{1i}-1$$

故 $F=1$ 在 1 号主梁左侧附近，$\eta_{1i,r}=\eta_{11}-1=0.60-1=-0.40$，如图 4-6 (a) 所示。

$$V_{1,r}=(1+\mu)\xi \cdot F_Q \sum \eta=1.3 \times 1.0 \times 130 \times (0.575+0.350+0.188-0.038)$$

$$=181.7 \text{kN}$$

【73～76 题评析】 75 题，根据各根主梁的影响线计算，并绘制横隔梁的弯矩影响线，通过关键点，再连线可完成弯矩影响线。

76 题，同样，根据各根主梁的影响线计算，并绘制横隔梁的剪力影响线。

77. 正确答案是 B，解答如下：

由《公桥混规》6.5.2 条第 2 款，A 类预应力混凝土构件，取 $B=0.95 E_c I_0$

$$f_s=\frac{5}{48} \cdot \frac{M_s l^2}{0.95 E_c I_0}=\frac{5}{48} \cdot \frac{2950 \times 10^6 \times 29500^2}{0.95 \times 3.25 \times 10^4 \times 2.1 \times 10^{11}}$$

$$=41.24 \text{mm}$$

由规范 6.5.3 条，取 $\eta_\theta=1.45$，则：

$$\eta_\theta f_s=1.45 \times 41.24=59.798 \text{mm}$$

78. 正确答案是 B，解答如下：

$$\eta_\theta f_G = 1.45 \times \frac{5 M_{GK} l^2}{48 \times 0.95 E_c I_0}$$

$$= 1.45 \times \frac{5 \times 2000 \times 10^6 \times 29500^2}{48 \times 0.95 \times 3.25 \times 10^4 \times 2.1 \times 10^{11}} = 40.55 \text{mm}$$

$$f = \eta_\theta f_s - \eta_\theta f_G = 59.798 - 40.55 = 19.25 \text{mm}$$

79. 正确答案是 D，解答如下：

根据《公桥通规》表 4.3.1-3，后轮着地长度为：$a_1 = 0.20 \text{m}$，则：

$$a_2 = a_1 + 2h = 0.2 + 2 \times 0.12 = 0.44 \text{m}$$

由《公桥混规》4.2.3 条：一个车轮在跨中时，垂直板跨方向的荷载分布宽度为：

$$a = a_1 + 2h + \frac{l}{3} = 0.44 + \frac{2.4}{3} = 1.24 \text{m}$$

由规范式（4.2.3-2），$a \geqslant \frac{2}{3} l = \frac{2}{3} \times 2.4 = 1.6 \text{m} > d = 1.4 \text{m}$，此时车轮有重叠。

由规范式（4.2.3-3）：

$$a = a_1 + 2h + d + \frac{l}{3} = 0.44 + 1.4 + \frac{2.4}{3} = 2.64 \text{m}$$

并且

$$a \geqslant \frac{2}{3} l + d = \frac{2}{3} \times 2.4 + 1.4 = 3.0 \text{m}$$

所以取

$$a = 3.0 \text{m}$$

【79题评析】 判定车轮的荷载分布宽度是否重叠是计算该类问题的关键。

80. 正确答案是 C，解答如下：

根据《公桥混规》9.3.1 条，横隔梁间距不应大于 10m。

实战训练试题（三）解答与评析

（上午卷）

1. 正确答案是 C，解答如下：

根据《混规》5.3.2 条，（A）、（D）项正确；（C）项错误。此外，根据《混规》5.2.4 条，（B）项正确。

2. 正确答案是 D，解答如下：

根据《混规》6.2.17 条、6.2.5 条：

$$e_0 = \frac{M}{N} = \frac{300}{500} = 0.6\text{m} = 600\text{mm}, \quad e_a = \max\left(20, \frac{500}{30}\right) = 20\text{mm}$$

$$e_i = e_0 + e_a = 620\text{mm}$$

假定大偏压，$x = \frac{N}{\alpha_1 f_c b} = \frac{500 \times 10^3}{1 \times 14.3 \times 500} = 70\text{mm} < \xi_b h_0 = 0.518 \times 460 = 238\text{mm}$

故属于大偏压，并且 $x = 70\text{mm} < 2a_s' = 80\text{mm}$，由规范 6.2.14 条：

$$e_s' = e_i - \frac{h}{2} + a_s' = 620 - \frac{500}{2} + 40 = 410\text{mm}$$

$$A_s' = A_s \geqslant \frac{Ne_s'}{f_y(h - a_s - a_s')} = \frac{500 \times 10^3 \times 410}{360 \times (500 - 40 - 40)} = 1356\text{mm}^2$$

复核最小配筋率，由规范 8.5.1 表 8.5.1：

$$A_s + A_s' \geqslant 0.55\% \times 500 \times 500 = 1375\text{mm}^2 < 2 \times 1356 = 2712\text{mm}^2$$

3. 正确答案是 B，解答如下：

根据《混规》6.2.17 条、6.2.5 条：

$$e_0 = \frac{M}{N} = \frac{40}{400} = 0.1\text{m} = 100\text{mm}, \quad \text{同上，} e_a = 20\text{mm}$$

$$e_i = e_0 + e_a = 100 + 20 = 120\text{mm}$$

小偏压，$e = e_i + \frac{h}{2} - a_s = 120 + \frac{500}{2} - 40 = 330\text{mm}$

根据《混规》式（6.2.17-8）：

$$\xi = \frac{N - \xi_b \alpha_1 f_c b h_0}{\dfrac{Ne - 0.43\alpha_1 f_c b h_0^2}{(\beta_1 - \xi_b)(h_0 - a_s')} + \alpha_1 f_c b h_0} + \xi_b$$

$$= \frac{400 \times 10^3 - 0.518 \times 1 \times 14.3 \times 500 \times 460}{\dfrac{400 \times 10^3 \times 330 - 0.43 \times 1 \times 14.3 \times 500 \times 460^2}{(0.8 - 0.518) \times (460 - 40)} + 1 \times 14.3 \times 500 \times 460} + 0.518$$

$$= 1.715$$

由规范式（6.2.17-7）：

$$A'_s = \frac{Ne - \xi(1-0.5\zeta)\alpha_1 f_c b h_0^2}{f'_y(h_0 - a'_s)}$$

$$= \frac{400 \times 10^3 \times 330 - 1.715 \times (1-0.5\times1.715) \times 1 \times 14.3 \times 500 \times 460^2}{360 \times (460-40)} < 0$$

查规范表 8.5.1，$A_{s,min} = 0.2\% \times 500 \times 500 = 500\text{mm}^2$

4. 正确答案是 C，解答如下：

$$\mu_N = \frac{N}{f_c A} = \frac{500 \times 10^3}{14.3 \times 500 \times 500} = 0.140 < 0.15$$

查《混规》表 11.1.6，偏压，取 $\gamma_{RE} = 0.75$；受弯，取 $\gamma_{RE} = 0.75$。

由第 2 题可知：$e_i = 620\text{mm}$

假定大偏压，$x = \dfrac{\gamma_{RE} N}{\alpha_1 f_c b} = \dfrac{0.75 \times 500 \times 10^3}{1.0 \times 14.3 \times 500} = 52.4\text{mm} < \xi_b h_0 = 238\text{mm}$

故属于大偏压，并且 $x = 52.4\text{mm} < 2a'_s = 80\text{mm}$，由规范 6.2.14 条：

$$e'_s = e_i - \frac{h}{2} + a'_s = 620 - \frac{500}{2} + 40 = 410\text{mm}$$

$$A'_s = A_s \geqslant \frac{\gamma_{RE} N e'_s}{f_y(h - a_s - a'_s)} = \frac{0.75 \times 500 \times 10^3 \times 410}{360 \times (500-40-40)} = 1017\text{mm}^2$$

框架结构的中柱，查规范表 11.4.12-1，故取 $\rho_{min} = (0.8+0.05)\% = 0.85\%$：
$$A_{s,min} + A'_{s,min} = 0.85\% \times 500 \times 500 = 2125\text{mm}^2 > 2 \times 1017 = 2034\text{mm}^2$$

【2～4 题评析】 本题主要考核偏心受压构件的判别方法。

考试时，按假定法进行判别。

5. 正确答案是 B，解答如下：

根据《混规》7.1.4 条，偏心受压构件：

$$e_0 = \frac{M_q}{N_q} = \frac{180 \times 10^6}{500 \times 10^3} = 360\text{mm}, \quad h_0 = h - a_s = 460\text{mm}$$

$l_0/h = 4000/500 = 8 < 14$，故取 $\eta_s = 1.0$

$$y_s = \frac{h}{2} - a_s = \frac{500}{2} - 40 = 210\text{mm}$$

$$e = \eta_s e_0 + y_s = 1 \times 360 + 210 = 570\text{mm}$$

矩形截面，取 $\gamma'_f = 0.0$，由规范式（7.1.4-5）：

$$z = \left[0.87 - 0.12(1 - \gamma'_f)\left(\frac{h_0}{e}\right)^2\right]h_0$$

$$= \left[0.87 - 0.12 \times (1-0) \times \left(\frac{460}{570}\right)^2\right] \times 460 = 364\text{mm} < 0.87h_0$$

$$= 0.87 \times 460 = 400.2\text{mm}$$

$$\sigma_{sq} = \frac{N_q(e-z)}{A_s z} = \frac{500 \times 10^3 \times (570-364)}{1256 \times 364} = 225\text{N/mm}^2$$

6. 正确答案是 B，解答如下：

根据《混规》7.1.2 条：

$$\psi = 1.0, \quad \rho_{te} = \frac{A_s}{A_{te}} = \frac{A_s}{0.5bh} = \frac{1521}{0.5 \times 300 \times 500} = 0.02 > 0.01$$

由规范式（7.1.2-1）：

$$\omega_{max} = \alpha_{cr} \psi \frac{\sigma_{sq}}{E_s} \left(1.9 c_s + 0.08 \frac{d_{eq}}{\rho_{te}} \right)$$

$$= 1.9 \times 1.0 \times \frac{186}{2 \times 10^5} \times \left(1.9 \times 30 + \frac{0.08 \times 20}{0.02} \right)$$

$$= 0.242 \text{mm}$$

【5、6题评析】 《混规》式（7.1.4-7）求 γ_f'，当为矩形截面时，$\gamma_f' = 0.0$；式（7.1.4-5）求 z，z 应满足 $z \leqslant 0.87 h_0$。

7. 正确答案是 B，解答如下：

根据《混规》9.3.11 条：

由《可靠性标准》8.2.4 条：

$$F_v = 1.3 G_k + 1.5 P_k = 1.3 \times 82 + 1.5 \times 830 = 1351.6 \text{kN}$$

$$F_h = 1.5 F_{hk} = 1.5 \times 50 = 75 \text{kN}$$

$a = 0.05 + 0.02 = 0.07\text{m} < 0.3 h_0 = 0.3 \times (550 - 35) = 0.1545\text{m}$，取 $a = 0.3 h_0$

由规范式（9.3.11）：

$$A_s \geqslant \frac{F_v a}{0.85 f_y h_0} + 1.2 \frac{F_h}{f_y} = \frac{1351.6 \times 10^3 \times 0.3 h_0}{0.85 \times 360 \times h_0} + 1.2 \times \frac{75 \times 10^3}{360}$$

$$= 1325 + 250 = 1575 \text{mm}^2$$

又根据《混规》9.3.12 条，牛腿承受竖向力所需的纵向受力钢筋配筋率为：

$$\rho_{min} = \max(0.2\%, 0.45 f_t / f_y) = \max(0.2\%, 0.45 \times 1.71/360) = 0.214\%$$

$$A_{s,min} = 0.214\% \times 400 \times 550 = 471 \text{mm}^2 < 1325 \text{mm}^2$$

故取 $A_s = 1575 \text{mm}^2$，选用 6 Φ 20（$A_s = 1884 \text{mm}^2$）

8. 正确答案是 B，解答如下：

根据《抗规》9.1.12 条：

$a = 0.05 + 0.02 = 0.07\text{m} < 0.3 h_0 = 0.1545\text{m}$，故取 $a = 0.3 h_0$；$\gamma_{RE} = 1.0$

$$A_s \geqslant \left(\frac{N_G a}{0.85 h_0 f_y} + 1.2 \frac{N_E}{f_y} \right) \gamma_{RE}$$

$$= \left[\frac{1.2 \times 950 \times 10^3 \times 0.3 h_0}{0.85 \times 360 \times h_0} + 1.2 \times \frac{100 \times 10^3}{360} \right] \times 1$$

$$= 1118 + 333 = 1451 \text{mm}^2, \text{选用 5 } \Phi 20 (A_s = 1570 \text{mm}^2)$$

【7、8题评析】 根据《混规》9.3.11 条，及《抗规》9.1.12 条，当 $a < 0.3 h_0$ 时，取 $a = 0.3 h_0$。

根据《混规》9.3.12 条，牛腿承受竖向力所需的纵向受力钢筋应满足最小配筋率要求。

9. 正确答案是 B，解答如下：

$$h_0 = h - a_s = 650 - 40 = 610 \text{mm}$$

AB 跨跨中最大弯矩由非地震组合控制，故取 $\gamma_0 = 1.0$，按非抗震设计：

根据《混规》式（6.2.10-1）：

$$M_1 = f'_y A'_s (h_0 - a'_s) = 360 \times 982 \times (610 - 40) = 201.51 \text{kN} \cdot \text{m}$$

$$M_2 = \gamma_0 M - M_1 = 1 \times 278 - 201.51 = 76.49 \text{kN} \cdot \text{m}$$

$$x = h_0 - \sqrt{h_0^2 - \frac{2M_2}{\alpha_1 f_c b}} = 610 - \sqrt{610^2 - \frac{2 \times 76.49 \times 10^6}{1 \times 11.9 \times 300}}$$

$$= 36.2 \text{mm} < 2a'_s = 2 \times 40 = 80 \text{mm}$$

由《混规》6.2.14 条：

$$A_s \geqslant \frac{\gamma_0 M}{f_y (h - a_s - a'_s)} = \frac{1 \times 278 \times 10^6}{360 \times (650 - 40 - 40)} = 1355 \text{mm}^2$$

选用了 3 Φ 25（$A_s = 1473 \text{mm}^2$），$\rho = \dfrac{A_s}{bh} = \dfrac{1473}{300 \times 650} = 0.755\%$

框架梁，抗震二级，查《混规》表 11.3.6-1，则：

$$\rho_{\min} = \max(0.25\%, 0.55 f_t / f_y) = \max(0.25\%, 0.55 \times 1.27/360)$$

$$= 0.25\% < 0.755\%,满足最小配筋率要求。$$

10. 正确答案是 B，解答如下：

A 支座按抗震设计，取 $\gamma_{RE} = 0.75$；考虑梁支座上部双排布筋：

$$h_0 = h - a_s = 650 - 70 = 580 \text{mm}$$

根据《混规》式（6.2.10-1）：

$$M_1 = f'_y A'_s (h_0 - a'_s) = 360 \times 1473 \times (580 - 40) = 286.35 \text{kN} \cdot \text{m}$$

$$M_2 = \gamma_{RE} M - M_1 = 0.75 \times 595 - 286.35 = 159.9 \text{kN} \cdot \text{m}$$

$$x = h_0 - \sqrt{h_0^2 - \frac{2M_2}{\alpha_1 f_c b}} = 580 - \sqrt{580^2 - \frac{2 \times 159.9 \times 10^6}{1 \times 11.9 \times 300}} = 83.2 \text{mm} < 0.35 h_0$$

$$= 203 \text{mm}，且 > 2a'_s = 2 \times 40 = 80 \text{mm}$$

故

$$A_s = \frac{\alpha_1 f_c b x}{f_y} + A'_s = \frac{1 \times 11.9 \times 300 \times 83.2}{360} + 1473 = 2298 \text{mm}^2$$

选用 5 Φ 25（$A_s = 2454 \text{mm}^2$），$\rho = \dfrac{A_s}{bh} = \dfrac{2454}{300 \times 650} = 1.26\%$

查规范表 11.3.6-1，则：

$\rho_{\min} = \max(0.3\%, 0.65 f_t / f_y) = \max(0.3\%, 0.65 \times 1.27/360) = 0.3\% < 1.26\%$，满足最小配筋率要求。

11. 正确答案是 D，解答如下：

B 支座抗震设计，B 支座梁上部单排布筋，$a_s = 40 \text{mm}$

$$h_0 = h - a_s = 610 \text{mm}$$

根据《混规》式（6.2.10-1）：

$$M_1 = f'_y A'_s (h_0 - a'_s) = 360 \times 1473 \times (610 - 40) = 302.26 \text{kN} \cdot \text{m}$$

$$M_2 = \gamma_{RE} M - M_1 = 0.75 \times 465 - 302.26 = 46.49 \text{kN} \cdot \text{m}$$

$$x = h_0 - \sqrt{h_0^2 - \frac{2M_2}{\alpha_1 f_c b}} = 610 - \sqrt{610^2 - \frac{2 \times 46.49 \times 10^6}{1 \times 11.9 \times 300}} = 21.7 \text{mm} < 2a'_s = 80 \text{mm}$$

根据《混规》6.2.14 条：

$$A_s \geqslant \frac{\gamma_{RE} M}{f_y(h - a_s - a'_s)} = \frac{0.75 \times 465 \times 10^6}{360 \times (650 - 40 - 40)} = 1700 \text{mm}^2$$

选用 4Φ25（$A_s = 1964 \text{mm}^2$），$\rho = \dfrac{A_s}{bh} = \dfrac{1964}{300 \times 650} = 1.01\%$

由上一题可知：$\rho_{min} = 0.3\% < 1.01\%$，满足最小配筋率。

12. 正确答案是 A，解答如下：

根据《混规》11.3.2条，抗震二级

$$V_b = 1.2 \frac{(M_b^r + M_b^c)}{l_n} + V_G^b = 1.2 \times \frac{(595 + 218)}{6.9} + 110 = 251.39 \text{kN} > 232 \text{kN}，且 >$$

208kN

故取 $V_b = 251.39 \text{kN}$

由规范式（11.3.4）：

$$V_b \leqslant \frac{1}{\gamma_{RE}} \left(0.6 \alpha_{cv} f_t b h_0 + f_{yv} \frac{A_{sv}}{s} h_0 \right)$$

$$A_{sv}/s \geqslant \frac{\gamma_{RE} V_b - 0.6 \alpha_{cv} f_t b h_0}{f_{yv} h_0} = \frac{0.85 \times 251.39 \times 10^3 - 0.6 \times 0.7 \times 1.27 \times 300 \times 580}{300 \times 580}$$

$$= 0.69 \text{mm}^2/\text{mm}$$

选用 2Φ8@100，$A_{sv}/s = 2 \times 50.3/100 = 1.006 \text{mm}^2/\text{mm}$

复核箍筋构造要求，查《混规》表 11.3.6-2，箍筋直径 $d \geqslant 8 \text{mm}$，其间距 $s = \min$ (8d, $h/4$, 100) = 100mm，满足。

【9～12题评析】 非抗震设计时，应取 γ_0；抗震设计时，应取 γ_{RE}。

抗震设计时，一般的框架梁上、下部均配置了通长直通钢筋，即应计入受压区钢筋的影响；当 $x < 2a'_s$，应按《混规》6.2.14条计算，应注意的是 M 应取为 $\gamma_{RE} M$。

13. 正确答案是 C，解答如下：

根据《混规》3.4.3条及注1、2规定：

$l_0 = 2 \times 3.5 = 7 \text{m}$，则： $[f] = \dfrac{l_0}{300} = \dfrac{7000}{300} = 23.3 \text{mm}$

14. 正确答案是 B，解答如下：

根据《混验规》4.2.7条：

梁跨度不大于18m，故应抽查构件数量的10%，应选（B）项。

15. 正确答案是 C，解答如下：

根据《混加规》8.2.2条：

$$h_0 = 600 - 15 = 585 \text{mm}, \quad h_{01} = 600 - 40 = 560 \text{mm}$$

假定为大偏压：

$$950 \times 10^3 = 1 \times 11.9 \times 400x + 0.9 \times 215 \times 1482 - 215 \times 1482$$

可得：$x = 206.3 \text{mm}$

$$\sigma_{s0} = \left(\frac{0.8 \times 560}{206.3} - 1 \right) \times 2 \times 10^6 \times 0.0033 = 773 \text{N/mm}^2 > 300 \text{N/mm}^2$$

$$\sigma_a = \left(\frac{0.8 \times 585}{206.3} - 1 \right) \times 206 \times 10^3 \times 0.0033 = 862 \text{N/mm}^2 > 215 \text{N/mm}^2$$

故取 $\sigma_{s0} = 300\text{N/mm}^2$，$\sigma_a = 215\text{N/mm}^2$，假定成立。

由式（8.2.2-4）：

$$右端 = 1 \times 11.9 \times 400 \times 206.3 \times \left(585 - \frac{206.3}{2}\right) + 300 \times 1520 \times (585 - 40)$$

$$- 206.3 \times 1520 \times (40 - 15) + 0.9 \times 215 \times 1482 \times (585 - 15)$$

$$= 877.3\text{kN} \cdot \text{m}$$

16. 正确答案是 B，解答如下：

根据《钢规》7.4.1 条：

平面内：$l_{0x} = 1507\text{mm}$，$\lambda_x = \dfrac{l_{0x}}{i_x} = \dfrac{1507}{20.1} = 75.0$

平面外：$l_{0y} = 1507 \times 3\text{mm}$，$\lambda_y = \dfrac{l_{0y}}{i_y} = \dfrac{1507 \times 3}{52.9} = 85.5$

由《钢标》7.2.2 条：

$\lambda_z = 3.7\dfrac{b_1}{t} = 3.7 \times \dfrac{110}{6} = 67.8 < \lambda_y$，则：

$$\lambda_{yz} = 85.5 \times \left[1 + 0.06 \times \left(\frac{67.8}{85.5}\right)^2\right] = 88.7$$

均属 b 类截面，取 $\lambda_{yz} = 88.7$，查附表 D.0.2，取 $\varphi_{yz} = 0.630$

$$\frac{N}{\varphi_{yz}A} = \frac{229.8 \times 10^3}{0.630 \times 2127.4} = 171.5\text{N/mm}^2$$

17. 正确答案是 D，解答如下：

查《钢标》表 7.4.1-1：

平面内：$l_{0x} = 2230\text{mm}$，$\lambda_x = \dfrac{l_{0x}}{i_x} = \dfrac{2230}{24.8} = 89.9$

平面外：$l_{0y} = 2230\text{mm}$，$\lambda_y = \dfrac{l_{0y}}{i_y} = \dfrac{2230}{35.6} = 62.6$

由《钢标》7.2.2 条：

$\lambda_z = 3.9\dfrac{b}{t} = 3.9 \times \dfrac{80}{5} = 62.4 < \lambda_y$，则：

$$\lambda_{yz} = 62.6 \times \left[1 + 0.16 \times \left(\frac{62.4}{62.6}\right)^2\right] = 72.6$$

均属 b 类截面，按 λ_x 查表，查附表 D.0.2，取 $\varphi_x = 0.622$

$$\frac{N}{\varphi_x A} = \frac{148.6 \times 10^3}{0.622 \times 1582.4} = 151.0\text{N/mm}^2$$

18. 正确答案是 C，解答如下：

等边角钢，肢背焊缝内力分配系数为 0.7，则：

$$\frac{0.7N/2}{0.7h_f l_w} \leqslant f_f^w = 160\text{N/mm}^2$$

$$l_w \geqslant \frac{0.7 \times 148.6 \times 10^3/2}{0.7 \times 5 \times 160} = 92.9\text{mm} > 8h_f = 40\text{mm}$$

$$l = l_w + 2h_f = 102.9\text{mm}$$

19. 正确答案是 A，解答如下：

首先判定中竖杆是受拉力还是受压力，如图 3-1（a）所示。

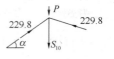
图 3-1（a）

$\sum Y=0$，则：$2\times229.8\sin\alpha=P+S_{10}$，$\sin\alpha=0.096$（由前述计算得到）

故 $\qquad S_{10}=2\times229.8\times0.096-20=24.12$（拉力）

根据《钢标》7.2.6 条：

$$n\geqslant\frac{2400}{80i_{\min}}-1=\frac{2400}{80\times11.0}-1=1.7，\text{故取 2 个}$$

20. 正确答案是 C，解答如下：

根据《钢标》7.4.2 条；

平面内：$l_{0x}=0.5l=0.5\times6\sqrt{2}=4.243\text{m}$

平面外：$l_{0y}=l=6\sqrt{2}=8.485\text{m}$

查《钢标》表 7.4.7：

轻级工作制吊车 $\qquad\qquad[\lambda]=400$

与肢边平行的等边单角钢的回转半径为：

$$i\geqslant\frac{l_{0y}}{[\lambda]}=\frac{8485}{400}=21.2\text{mm}$$

故选 L70×5，$i=21.6\text{mm}$。

21. 正确答案是 C，解答如下：

查《钢标》表 7.4.1-1，取斜平面，$l_0=0.9l=5.4\text{m}$

查《钢标》表 7.4.6，取 $[\lambda]=200$

$$i_{\min}\geqslant\frac{l_0}{[\lambda]}=\frac{5400}{200}=27.0\text{mm}$$

选 2L70×5，$i_{\min}=27.3\text{mm}>27.0\text{mm}$

22. 正确答案是 A，解答如下：

根据《钢标》7.4.3 条：

平面内：$l_{0x}=3\text{m}$，$\lambda_x=\dfrac{l_{0x}}{i_x}=\dfrac{3000}{23.3}=128.8$

平面外：$l_{0y}=l\left(0.75+0.25\dfrac{N_2}{N_1}\right)=6\times\left(0.75+0.25\times\dfrac{15.6}{46.8}\right)=5\text{m}$

由《钢标》7.2.2 条：

$$\lambda_y=\frac{5000}{32.9}=152.0$$

$\lambda_z=3.9\dfrac{b}{t}=3.9\times\dfrac{75}{5}=58.5<\lambda_y$，则：

$$\lambda_{yz}=152\times\left[1+0.16\times\left(\frac{58.5}{152}\right)^2\right]=155.6$$

均属 b 类截面，查附表 D.0.2，取 $\varphi_{yz}=0.289$

$$N\leqslant\varphi_{yz}Af/\gamma_{RE}=0.289\times1482.4\times215/0.8=115.1\text{kN}$$

23. 正确答案是 D，解答如下：

腹杆 S_2 的长度为：$\sqrt{1.5^2+1.5^2}=2.121\text{m}$

查《钢标》表 7.4.1-1，斜平面，$l_0=0.9l=1.91\text{m}$

由《钢标》7.6.1 条：

$$\lambda_y=\frac{l_0}{i_{\min}}=\frac{1910}{11}=173.6$$

由《钢标》表 7.2.1-1 及注，均属 b 类截面，查附表 D.0.2，取 $\varphi_{\min}=0.239$

折减系数：$\eta=0.6+0.0015\lambda_y=0.6+0.0015\times173.6=0.8604$

$$N_u=\varphi_{\min}A\eta f/\gamma_{RE}=0.239\times541.5\times0.8604\times215/0.8=29.93\text{kN}$$

由《钢标》7.6.3 条：

$$w/t=\frac{56-5\times2}{5}=9.2<14\varepsilon_k=14，不考虑折减$$

故

$$N_u=29.93\text{kN}$$

$$N_2/N_u=22.06/29.93=0.737$$

【16～23 题评析】 16 题、17 题，考核单轴对称构件，绕对称轴应计及扭转效应，用换算长细比 λ_{yz} 代替 λ_y。

19 题、20 题、21 题，考核拉杆、压杆的计算长度、长细比的计算。

22 题、23 题，区别双角钢截面构件与单角钢截面构件，在计算 λ_{yz} 时有不同处理方法。

24. 正确答案是 A，解答如下：

水平分力 $H=\frac{4}{5}\times650=520\text{kN}$，焊缝受拉

竖向分力 $V=\frac{3}{5}\times650=390\text{kN}$，焊缝受剪

根据《钢标》11.2.1 条，$h_e=12\text{mm}$，则：

(1) $\sigma=\dfrac{H}{l_w h_e}\leqslant f_t^w$

$$l_w\geqslant\frac{H}{h_e f_t^w}=\frac{520\times10^3}{12\times215}=202\text{mm}$$

(2) $\tau_{\max}=\dfrac{1.5V}{l_w h_e}\leqslant f_v^w$

$$l_w\geqslant\frac{1.5V}{h_e f_v^w}=\frac{1.5\times390\times10^3}{12\times125}=390\text{mm}$$

(3) $\sigma_折=\sqrt{\left(\dfrac{520\times10^3}{126}\right)^2+3\times\left(\dfrac{1.5\times390\times10^3}{12l_w}\right)^2}\leqslant1.1\times215$

可得：$l_w\geqslant401\text{mm}$

故取 $l_w\geqslant401\text{mm}$，$l=l_w+2t=401+2\times12=425\text{mm}$

25. 正确答案是 D，解答如下：

根据《钢标》11.2.2 条：

$$\sigma_f=\frac{H}{h_e l_w}=\frac{520\times10^3}{2\times0.7\times8\times l_w}$$

$$\tau_f=\frac{V}{h_e l_w}=\frac{390\times10^3}{2\times0.7\times8\times l_w}$$

$$\sqrt{\left(\frac{\sigma_f}{\beta_f}\right)^2 + \tau_f^2} \leqslant f_f^w, \text{则:}$$

$$l_w \geqslant \frac{10^3}{2 \times 0.7 \times 8 \times 160} \times \sqrt{\left(\frac{520}{1.22}\right)^2 + 390^2} = 322mm$$

$$l = l_w + 2h_f = 322 + 2 \times 8 = 338mm$$

26. 正确答案是 B，解答如下：

根据《门规》表 4.2.2-3a，4.2.3 条：

$$c = \max\left(\frac{1.5 + 1.5}{2}, \frac{4.5}{3}\right) = 1.5m$$

$$A = 4.5 \times 1.5 = 6.75m^2, \text{中间区，} \mu_z = 1.0$$

风吸力：$\mu_w = +0.176\log 6.75 - 1.28 = -1.13$

$$w_k = 1.5 \times (-1.13) \times 1 \times 0.35 = -0.593kN/m^2$$

由《门规》表 4.2.2-36：

风压力：$\qquad \mu_w = -0.176\log 6.75 + 1.18 = 1.03$

$$w_k = 1.5 \times 1.03 \times 1 \times 0.35 = +0.541kN/m^2$$

故取 $w_k = -0.593kN/m^2$ 计算。

设计值：$q_y = 1.5 \times [(-0.593) \times 1.5] = -1.334kN/m$

$$M_x' = \frac{1}{g} \times (-1.334) \times 4.5^2 = -3.38kN \cdot m$$

27. 正确答案是 C，解答如下：

由上一题可知，$q_y = -1.334kN/m$

$$V_{y,max}' = \frac{1}{2} \times (-1.334) \times 4.5 = -3.0kN$$

$$\frac{3V_{y,max}'}{2h_0 t} = \frac{3 \times 3.0 \times 10^3}{2 \times (160 - 2.5 \times 2.5 \times 2) \times 2.5}$$
$$= 12.2N/mm^2$$

28. 正确答案是 D，解答如下：

根据《门规》9.1.5 条、《冷弯规程》5.6 节：

卷边：$\qquad \psi = \frac{\sigma_{min}}{\sigma_{max}} = \frac{y_1}{y_2} = \frac{80 - 20}{80} = 0.75$

$$\alpha = 1.15 - 0.15 \times 0.75 = 1.0375$$

$$\xi = \frac{60}{20}\sqrt{\frac{0.425}{3.0}} = 1.129 > 1.1, \text{则:}$$

$$k_1 = 0.11 + \frac{0.93}{(1.129 - 0.05)^2} = 0.909$$

$$\rho = \sqrt{\frac{205 \times 0.909 \times 0.425}{72.2}} = 1.047$$

$$\frac{a}{t} = \frac{20}{2.5} = 8 < 18\alpha\rho = 18 \times 1.0375 \times 1.047 = 19.6$$

故取 $b_e = b_c = 20mm$。

29. 正确答案是 D，解答如下：

拉条左侧处（或右侧处）为最大剪力值 $V_{x',max}$

$$V_{x',max}=0.625q \cdot \frac{l}{2}=0.625 \times 1.3 \times 0.50 \times \frac{4.5}{2}$$

$$=0.914 \text{kN}$$

$$\frac{3V_{x',max}}{4b_0t}=\frac{3 \times 0.914 \times 10^3}{4 \times (60-2.5 \times 2.5 \times 2) \times 2.5}$$

$$=5.77 \text{N/mm}^2$$

30. 正确答案是 A，解答如下：

根据《砌规》5.2.4 条：

$$A=0.49 \times 0.49=0.2401\text{m}^2<0.3\text{m}^2，故 \gamma_a=0.7+A=0.9401$$

$$f=\gamma_a f=0.9401 \times 2.98=2.80\text{MPa}$$

由规范式（5.2.4-5）：

$$a_0=10\sqrt{h_c/f}=10 \times \sqrt{600/2.80}=146.4\text{mm}$$

$$A_l=300 \times 146.4=43920\text{mm}^2，A_0=490 \times 490=240100\text{mm}^2$$

$$A_0/A_l=240100/43920=5.5>3.0，故取 \psi=0.0$$

$$\gamma=1+0.35\sqrt{\frac{240100}{43920}-1}=1.74<2.0，$$

$$\eta=0.7$$

$$\psi N_0+N_l=0+120=120\text{kN}<\eta\gamma fA_b=0.7 \times 1.74 \times 2.8 \times 43920=149.8\text{kN}$$

31. 正确答案是 B，解答如下：

根据《砌规》5.2.5 条：

$$\sigma_0=\frac{N_0}{A_b}=\frac{65 \times 10^3}{490 \times 490}=0.27\text{N/mm}^2，\sigma_0/f=0.27/2.8=0.096$$

查规范表 5.2.5，$\delta_1=5.54$；取 $f=2.80\text{MPa}$，则：

$$a_0=\delta_1\sqrt{h/f}=5.54 \times \sqrt{600/2.8}=81\text{mm}；0.4a_0=32.4\text{mm}$$

合力偏心距 e：

$$e=\frac{120 \times \left(\frac{490}{2}-32.4\right)}{120+65}=138\text{mm}$$

$$e/h=138/490=0.282，取 \beta \leqslant 3$$

查规范附表 D.0.1-1，取 $\varphi=0.509$

$$A_0=A_b，\gamma=1+0.35\sqrt{\frac{A_0}{A_b}-1}=1，\gamma_1=0.8\gamma=0.8<1.0，故 \gamma_1=1.0$$

$$\varphi\gamma_1 fA=0.509 \times 1.0 \times 2.8 \times 490 \times 490=342\text{kN}$$

【30、31题评析】 30 题、31 题中，运用《砌规》式（5.2.4-5）：$a_0=10\sqrt{h_c/f}$；《砌规》式（5.2.5-4）：$a_0=\delta_1\sqrt{h/f}$，两式中 f 应取 $\gamma_a f$ 进行计算。

32. 正确答案是 C，解答如下：

屋盖 2 类，$s=30\text{m}$，查《砌规》表 4.2.1，属刚弹性方案；查规范表 4.2.4，取空间性能影响系数 $\eta=0.58$。

如图 3-2（a）所示排架计算简图。

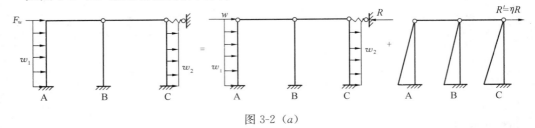

图 3-2（a）

$$R = F_w + \frac{3}{8}(w_1 + w_2)H = 2.38 + \frac{3}{8} \times (2.45 + 1.52) \times 6 = 11.31 \text{kN}$$

$$M_{A1} = \frac{1}{8}w_1 H^2 = \frac{1}{8} \times 2.45 \times 6^2 = 11.025 \text{kN} \cdot \text{m}$$

$$R' = \eta R = 0.58 \times 11.31 = 6.56 \text{kN}$$

A 柱：$\mu_A = \dfrac{EI_1}{2EI_1 + EI_2} = \dfrac{EI_1}{2EI_1 + 2EI_1} = 0.25$

$$M_{A2} = \mu_A R'H = 0.25 \times 6.56 \times 6 = 9.84 \text{kN} \cdot \text{m}$$

$$M_A = M_{A1} + M_{A2} = 20.865 \text{kN} \cdot \text{m}$$

33. 正确答案是 B，解答如下：

根据《砌规》5.2.6 条：

查规范表 3.2.1-1，表 3.2.5-1，取 $f = 1.5$ MPa，$E = 1600f = 2400$ N/mm² $= 2.4 \times 10^3$ N/mm²

由规范式（5.2.6-3）：

$$h_0 = 2\sqrt[3]{\frac{E_b I_b}{Eh}} = 2 \times \sqrt[3]{\frac{25.5 \times \frac{1}{12} \times 240 \times 180^3 \times 10^3}{2.4 \times 240 \times 10^3}} = 346 \text{mm}$$

$\pi h_0 = 1086$ mm，故垫梁最小长度应大于 1086mm。

34. 正确答案是 B，解答如下：

根据《砌规》5.2.6 条：

$$\sigma_0 = \frac{107 \times 10^3}{1200 \times 240 + 130 \times 370} = 0.318 \text{N/mm}^2$$

$$N_0 = \frac{1}{2}\pi b_b h_0 \sigma_0 = \frac{1}{2} \times 3.14 \times 240 \times 360 \times 0.318 = 43.1 \text{kN}$$

$$N_0 + N_l = 43.1 + 120 = 163.1 \text{kN}$$

$$2.4\delta_2 b_b h_0 f = 2.4 \times 0.8 \times 240 \times 360 \times 1.5 = 248.83 \text{kN}$$

35. 正确答案是 C，解答如下：

取沿池壁竖向 1m 宽的板带计算：

$$M = \gamma_w \frac{1}{6}\gamma H^3 = 1.5 \times \frac{1}{6} \times 10 \times 1.5^3 = 8.44 \text{kN} \cdot \text{m/m}$$

$$V = \gamma_w \frac{1}{2}\gamma H^2 = 1.5 \times \frac{1}{2} \times 10 \times 1.5^2 = 16.88 \text{kN/m}$$

查《砌规》表 3.2.2，取 $f_{tm} = 0.14$ N/mm²，$f_v = 0.14$ N/mm²；M7.5 水泥砂浆，对 f_{tm} 和 f_v 不调整。

由《砌规》5.4.2 条，取 $z = \frac{2}{3}h$：

$$V = 16.88\text{kN/m} < bzf_v = b \times \frac{2h}{3} \times f_v = 1000 \times \frac{2 \times 620}{3} \times 0.14$$

$$= 57.87\text{kN/m}$$

36. 正确答案是 C，解答如下：

由《砌规》5.4.1 条：

$$M = 8.44\text{kN} \cdot \text{m/m} < f_{tm}W = f_{tm}\frac{bh^2}{6} = 0.14 \times \frac{1000 \times 620^2}{6}$$

$$= 8.97\text{kN} \cdot \text{m/m}$$

37. 正确答案是 C，解答如下：

根据《砌规》10.5.4 条、10.5.2 条：

$$\lambda = \frac{M}{Vh_0} = \frac{1177}{245 \times 5.1} = 0.942 < 1.5，取 \lambda = 1.5$$

$$f_{vg} = 0.2f_g^{0.55} = 0.2 \times 6.98^{0.55} = 0.582\text{N/mm}^2$$

$$N = 1167\text{kN} < 0.2f_gbh = 0.2 \times 6.98 \times 190 \times 5400 = 1432.3\text{kN}$$

故取 $\quad N = 1167\text{kN}$

$$V_w = 1.4 \times 245 = 343\text{kN}，\gamma_{RE} = 0.85$$

由规范式（10.5.4-1）：

$$V_w \leqslant \frac{1}{\gamma_{RE}}\left[\frac{1}{\lambda - 0.5}\left(0.48f_{vg}bh_0 + 0.10N\frac{A_w}{A}\right) + 0.72f_{yh}\frac{A_{sh}}{s}h_0\right]$$

$$343 \times 10^3 \leqslant \frac{1}{0.85} \times \left[\frac{1}{1.5 - 0.5} \times (0.48 \times 0.582 \times 190 \times 5100 + 0.10 \times 1167000 \times 1)\right.$$

$$\left. + 0.72 \times 300\frac{A_{sh}}{s} \times 5100\right]$$

解之得：$A_{sh}/s < 0$，故按构造配置水平分布筋。

查《砌规》表 10.5.9-1 及注 1，抗震二级，底部加强区，取 $\rho_{sh} \geqslant 0.13\%$，选 2 Φ 8@400，则 $\rho_{sh} = \frac{2 \times 50.3}{190 \times 400} = 0.132\% > 0.13\%$，满足。

38. 正确答案是 B，解答如下：

当 $N = 1288\text{kN}$（拉力）时，根据《砌规》10.5.5 条：

$$V_w \leqslant \frac{1}{\gamma_{RE}}\left[\frac{1}{\lambda - 0.5}\left(0.48f_{vg}bh_0 - 0.17N\frac{A_w}{A}\right) + 0.72f_{yh}\frac{A_{sh}}{s}h_0\right]$$

$$343 \times 10^3 \leqslant \frac{1}{0.85} \times \left[\frac{1}{1.5 - 0.5} \times (0.48 \times 0.582 \times 190 \times 5100 - 0.17 \times 1288000 \times 1)\right.$$

$$\left. + 0.72 \times 300 \times \frac{A_{sh}}{s} \times 5100\right]$$

即：$291.55 \times 10^3 \leqslant 270699.84 - 218960 + 0.72 \times 300 \times \frac{A_{sh}}{s} \times 5100$

解之得：$A_{sh}/s \geqslant 0.218\text{mm}^2/\text{mm}$

选 2 Φ 10@400，$A_{sh}/s = 2 \times 78.5/400 = 0.393\text{mm}^2/\text{mm} > 0.218\text{mm}^2/\text{mm}$；$\rho_{sh} =$

$\dfrac{2 \times 78.5}{190 \times 400} = 0.21\%$；查《砌规》表 10.5.9-1 及注 1，$\rho_{sh} \geqslant 0.13\%$，满足。

【37、38 题评析】 37 题，当 $N > 0.2 f_g bh$ 时，取 $N = 0.2 f_g bh$，但 38 题中，N 直接代入公式计算，但注意《砌规》10.5.5 条注的规定，因本题目满足 $0.48 f_{vg} bh_0 - 0.17 N \dfrac{A_w}{A}$

> 0，否则，取 $0.48 f_{vg} bh_0 - 0.17 N \dfrac{A_w}{A} = 0$。

39. 正确答案是 B，解答如下：

根据《木标》6.2.7 条、6.2.6 条：

$$R_e = \frac{f_{em}}{f_{es}} = 1$$

$$k_{sN} = \frac{16}{150} \sqrt{\frac{1.647 \times 1 \times 1 \times 235}{3 \times (1+1) \times 17.73}} = 0.203$$

$$k_N = 0.203/1.88 = 0.108$$

$$k_{min} = \min(0.228, 0.125, 0.168, 0.108) = 0.108$$

$$Z = 0.108 \times 150 \times 16 \times 17.73 = 4.6 \text{kN}$$

40. 正确答案是 D，解答如下：

根据《木标》6.1.4 条条文说明，应选（D）项。

<h1 style="text-align:center">（下午卷）</h1>

41. 正确答案是 C，解答如下：

根据《既有地规》6.3.2 条，应选（C）项。

42. 正确答案是 C，解答如下：

根据《边坡规范》附录 A.0.3 条：

$$P_n = 0$$

$$P_i = P_{i-1} \psi_{i-1} + T_i - \frac{R_i}{F_{st}} = 1150 \times 0.8 + 6000 - \frac{6600 + F}{1.35} = 0$$

解之得：$F = 2742 \text{kN/m}$

$$M = FLd\cos\alpha = 2742 \times 4 \times 4\cos 15° = 42377 \text{kN} \cdot \text{m}$$

43. 正确答案是 D，解答如下：

根据《地规》5.2.1 条：

$$p_k = \frac{F_k + G_k}{b} \leqslant f_a$$

$$f_a \geqslant \frac{300 + 136}{2} + 20 \times \frac{(1.5 + 1.7)}{2} = 250 \text{kPa}$$

44. 正确答案是 A，解答如下：

根据《可靠性标准》8.2.4 条：

地基净反力：$p_j = (1.3 \times 300 + 1.5 \times 136)/2 = 297 \text{kPa}$

$$V = p_j l = 297 \times \frac{2 - 0.37}{2} = 242.1 \text{kN}$$

$$M = \frac{1}{2} p_j l^2 = \frac{1}{2} \times 297 \times \left(\frac{2-0.37}{2}\right)^2 = 98.6 \text{kN} \cdot \text{m}$$

45. 正确答案是 B，解答如下：

根据《地规》8.2.1 条第 1 款，$h_1 \geqslant 200 \text{mm}$，应选（B）项。

46. 正确答案是 C，解答如下：

根据《地规》8.2.10 条、8.2.9 条：

$$h_0 = h - a_s = 500 - 45 = 455 \text{mm}, \beta_{hs} = 1.0$$
$$0.7 \beta_{hs} f_t b h_0 = 0.7 \times 1.0 \times 1.1 \times 1000 \times 455 = 350.4 \text{kN/m}$$

47. 正确答案是 C，解答如下：

根据《地规》8.2.14 条：

$$A_s = \frac{M}{0.9 f_y h_0} = \frac{96 \times 10^6}{0.9 \times 360 \times 455} = 651 \text{mm}^2$$

$A_{s,\min} = 0.15\% \times 1000 \times 500 = 750 \text{mm}^2$

根据《地规》8.2.1 条第 3 款：

板主筋：直径 $\geqslant 10 \text{mm}$，间距 s：$100 \text{mm} \leqslant s \leqslant 200 \text{mm}$，故（A）项不对。

板分布筋：直径 $\geqslant 8 \text{mm}$，间距 s：$s \leqslant 300 \text{mm}$，且每延米分布筋的面积应不小于主筋面积的 15%，故（D）项不对。

$\Phi 10@100$，$A_s = \frac{1000}{100} \times 78.5 = 785 \text{mm}^2$，主筋满足

$\Phi 12@150$，$A_s = \frac{1000}{150} \times 113.1 = 754 \text{mm}^2$，主筋满足，且较小

分布筋 $\Phi 8@300$，$A_s = \frac{1000}{300} \times 50.3 = 168 \text{mm}^2 > 15\% \times 754 = 113.1 \text{mm}^2$

故选 $12 \Phi@150 / \Phi 8@300$。

【43～47 题评析】 43 题，计算 G_k 时，应取 $d = \frac{1.5+1.7}{2} = 1.6 \text{m}$。

48. 正确答案是 B，解答如下：

各柱的竖向力合力距柱 A 中心的距离 x 为：

$$x = \frac{960 \times 14.4 + 1854 \times 9.9 + 1840 \times 4.2}{570 + 960 + 1854 + 1840} = 7.64 \text{m}$$

合力位于基础中心时，基底反力均匀分布：

$$2(x + x_1) = x_1 + 14.4 + x_2$$

故 $\quad x_2 = 2x + x_1 - 14.4 = 2 \times 7.64 + 0.6 - 14.4 = 1.48 \text{m}$

49. 正确答案是 C，解答如下：

$$p_j = \frac{\sum F}{l} = \frac{570 + 1840 + 1854 + 960}{0.6 + 14.4 + 1.48} = 317 \text{kN/m}$$

50. 正确答案是 A，解答如下：

基础 C 左端：$V_C^l = p_j (4.5 + 1.48) - (960 + 1854)$

$\quad = 317.0 \times (4.5 + 1.48) - (960 + 1854) = -918.34 \text{kN}$

右端： $V_C^r = 317.0 \times (4.5 + 1.48) - 960 = 935.66 \text{kN}$

基础 B 右端： $V_B^r = p_j (x_1 + 4.2) - (570 + 1840)$

$$= 317.0 \times (0.6 + 4.2) - (570 + 1840) = -888.4 \text{kN}$$

左端： $V_B^l = p_j \times (0.6 + 4.2) - 570$

$$= 317.0 \times (0.6 + 4.2) - 570 = 951.6 \text{kN}$$

上述值取最大值，$V_{max} = 951.6 \text{kN}$。

51. 正确答案是 D，解答如下：

剪力为零处的截面，其弯矩值最大，则设剪力为零点距柱 A 形心为 x：

$$p_j (x + x_1) = 570，故 \ x = \frac{570}{317} - 0.6 = 1.198 \text{m}$$

$$M_{max} = \frac{1}{2} p_j (x_1 + x)^2 - F_A x$$

$$= \frac{1}{2} \times 317 \times (0.6 + 1.198)^2 - 570 \times 1.198$$

$$= -170.46 \text{kN} \cdot \text{m}$$

52. 正确答案是 A，解答如下：

根据《地处规》4.1.4 条，换填垫层厚度 z，$0.5\text{m} \leqslant z \leqslant 3\text{m}$，图中基底下 0.5m 处为地下水位，故素土、灰土均不宜，选用砂石垫层，选（A）项。

53. 正确答案是 B，解答如下：

淤泥质土，查《地规》表 5.2.4，取 $\eta_b = 0.0$，$\eta_d = 1.0$。

由规范式 (5.2.4)：

$$f_a = f_{ak} + \eta_b \gamma (b - 3) + \eta_d \gamma_m (d - 0.5)$$

$$= 80 + 0 + 1.0 \times 17 \times (2 - 0.5) = 105.5 \text{kPa}$$

54. 正确答案是 B，解答如下：

根据《地处规》4.2.2 条：

$z/b = 2.0/3.6 = 0.56 > 0.5$，查规范表 4.2.1，取 $\theta = 30°$

$$p_c = \gamma d = 17 \times 2 = 34 \text{kPa}$$

由规范式 (4.2.2-2)：

$$p_z = \frac{b(p_k - p_c)}{b + 2z\tan\theta} = \frac{3.6 \times (280 - 34)}{3.6 + 2 \times 2\tan30°} = 149.9 \text{kPa}$$

55. 正确答案是 D，解答如下：

$$p_{cz} = 17 \times 2 + 18 \times 0.5 + (18 - 10) \times 1.5 = 55 \text{kPa}$$

56. 正确答案是 B，解答如下：

垫层 $z = 2\text{m}$ 处，$e = 0.82$，$I_L = 0.8$，黏土，查《地规》表 5.2.4，取 $\eta_d = 1.6$。

$$f_a = f_{ak} + \eta_d \gamma_m (d - 0.5)$$

$$= 150 + 1.6 \times \frac{17 \times 2.5 + 7 \times 0.5 + 9 \times 1.0}{4} \times (4 - 0.5)$$

$$= 227 \text{kPa}$$

【52～56题评析】 55 题，计算 p_{cz} 时，垫层范围内取垫层材料重度，有地下水时，取垫层材料的浮重度。

56题，计算 γ_m 时，按原土层分布情况计算，有地下水时，取土的有效重度。

57. 正确答案是 A，解答如下：

根据《烟规》5.2.4条：

$$d=4+50\times2\%\times2=6m$$

B类、150m，查《荷规》表8.2.1，取 $\mu_H=2.25$

$$v_H=40\sqrt{2.25\times0.4}=37.947m/s$$

$$v_{cr,1}=\frac{6}{0.2\times1.20}=25m/s$$

$$H_1=150\times\left(\frac{25}{1.2\times37.947}\right)^{\frac{1}{0.15}}=2.75m$$

58. 正确答案是 C，解答如下：

根据《高规》4.2.2条、5.6.1条及其条文说明：

$H=90m>60m$，取 $w_0=1.1\times0.5=0.55kN/m^2$

B类地面，根据《荷规》8.4.4条：

$$x_1=\frac{30/1.6}{\sqrt{1.0\times0.55}}=25.28$$

$$R=\sqrt{\frac{\pi}{6\times0.05}\cdot\frac{25.28^2}{(1+25.28^2)^{4/3}}}=1.101$$

59. 正确答案是 C，解答如下：

粗糙度B类，根据《荷规》表8.2.1，取 $\mu_z=1.93$，根据《高规》4.2.3条第1款，取 $\mu_s=0.8$

由《高规》式（4.2.1），同上，取 $w_0=0.55kN/m^2$：

$$w_k=\beta_z\mu_z\mu_s w_0=1.68\times1.93\times0.8\times0.55=1.427kN/m^2$$

60. 正确答案是 A，解答如下：

如图3-3（a）所示，$q_k=1.50\times26=39kN/m$

$$q_{30}=\frac{30}{90}\times39=13kN/m$$

$$M_k=600\times60+13\times60\times\frac{60}{2}+\frac{1}{2}\times$$

$$(39-13)\times60\times\frac{2}{3}\times60=90600kN\cdot m$$

$$M=1.5M_k=135900kN\cdot m$$

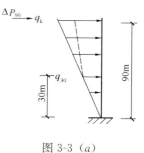

图 3-3（a）

61. 正确答案是 B，解答如下：

$$N=1.2\times(2000+0.5\times500)\times3=8100kN$$

根据《高规》表7.2.13：

$$\mu_N=\frac{N}{f_c A}\leqslant0.5,\quad A=th_w$$

故

$$t\geqslant\frac{N}{0.5f_c h_w}=\frac{8100\times10^3}{0.5\times19.1\times3000}=283mm$$

$\frac{h_w}{t}=\frac{3000}{283}=10.6>8$，由高层规程7.1.8注1规定，不属于短肢剪力墙，故轴压比不

调整。所以最终取 $t \geqslant 283\text{mm}$。

62. 正确答案是 C，解答如下：

根据《高规》附录 D.0.2 条、D.0.3 条：

取 $\beta = 1.0$，$l_0 = \beta h = 1.0 \times 5000 = 5000\text{mm}$

由规程式（D.0.1）：

$$q \leqslant \frac{E_c t^3}{10 l_0^2}, \quad 则：$$

$$t \geqslant \sqrt[3]{10 q l_0^2 / E_c} = \sqrt[3]{\frac{10 \times 4000 \times 5000^2}{3.25 \times 10^4}} = 313\text{mm}$$

【61、62 题评析】 61 题，墙肢的轴压比计算，《高规》7.2.13 条表 7.2.13 注的规定，轴压力设计值 N 不考虑地震作用组合；当为短肢剪力墙时，由《高规》7.2.2 条，其轴压比减小。

62 题，单片独立墙肢属于两边支承，其他情况的墙肢，《高规》附录 D.0.3 条作了规定。

63. 正确答案是 D，解答如下：

$l_n / h_b = 3500 / 600 = 5.8 > 5$，根据《高规》7.1.3 条，该连梁按框架梁计算。

抗震二级，由规程 6.3.5 条：$\rho_{sv} \geqslant 0.28 f_t / f_{yv} = 0.28 \times 1.71 / 270 = 0.177\%$

由规程表 6.3.2-2，加密区箍筋间距 s 为：

$$s = \min\left(\frac{h_b}{4}, 8d, 100\right) = \min\left(\frac{600}{4}, 8 \times 25, 100\right) = 100\text{mm}$$

由规程 6.3.4 条，非加密区箍筋间距 s 为：$s_1 \leqslant 2 \times s = 200\text{mm}$

$$\rho_{sv} = \frac{A_{sv}}{b s_1} \geqslant \rho_{sv,\min} = 0.177\%$$

取 $\Phi 8$，$A_{sv} = 2 \times 50.3 = 100.6\text{mm}^2$，$s_1 \leqslant \frac{100.6}{250 \times 0.177\%} = 227\text{mm}$

故非加密区配置 $\Phi 8@200$，满足。

64. 正确答案是 A，解答如下：

$l_n / h_b = 2200 / 950 = 2.32 < 5.0$，按连梁计算。

根据《高规》7.2.27 条第 4 款：

$$l_n / h_b = 2.32 < 2.5，则：$$
$$h_w = h_0 - h_f' = 950 - 30 - 120 = 800\text{mm}$$

每侧腰筋：$A_s = \frac{1}{2} \times 0.3\% \times 300 \times 800 = 360\text{mm}^2$

每侧根数：$n \geqslant \frac{950 - 30 - 120}{200} - 1 = 3$，至少取 3 根。

选 $4 \Phi 12$（$A_s = 452\text{mm}^2$），满足。

【63、64 题评析】 高层建筑中连梁的计算及配筋，首先应计算连梁跨高比 l_n / h_b 值，再分为框架梁、连梁进行计算、配筋。

65. 正确答案是 B，解答如下：

该建筑物为板柱-剪力墙结构，$H = 30\text{m}$，属于高层建筑。

根据《高规》3.9.1条，7度（0.1g），I_1类场地、丙类建筑，故可按6度考虑抗震构造措施的抗震等级。

查规程表3.9.3，板柱抗震构造措施的抗震等级为三级，剪力墙抗震构造措施的抗震等级为二级。

66. 正确答案是D，解答如下：

根据《高规》8.1.9条：

查规程表8.1.9，$h \geqslant \dfrac{6000}{40} = 150\text{m}$，且$h \geqslant 200\text{mm}$

故取$h \geqslant 200\text{m}$。

67. 正确答案是B，解答如下：

根据《高规》8.2.3条：

每一方向通过柱截面的板底连续钢筋截面面积A_s：

$$A_s \geqslant \frac{1}{2} \cdot \frac{N_G}{f_y} = \frac{1}{2} \times \frac{620 \times 10^3}{360} = 861\text{mm}^2$$

由《高规》8.2.4条：

A_{s1}：$3600 \times 50\% = 1800\text{mm}^2 < 1809\text{mm}^2$（9$\Phi$16）

$$A_{s2} \geqslant \frac{1}{2} A_{s1} = \frac{1}{2} \times 1800 = 900\text{mm}^2$$

暗梁：柱截面范围的板底钢筋$= \max\left(861, 900 \times \dfrac{600}{1000}\right) = 861\text{mm}^2$

暗梁：板底总钢筋$= 861 + 900 \times \dfrac{400}{1000} = 1221\text{mm}^2$

选9Φ14（$A_{s2} = 1385\text{mm}^2$），满足。

68. 正确答案是C，解答如下：

根据《高规》8.1.10条：

$$V_w = F_{Ek} = 2600\text{kN}$$

$$V_c \geqslant 20\% V_w = 20\% \times 2600 = 520\text{kN}$$

69. 正确答案是C，解答如下：

由前述结果，可知剪力墙抗震构造措施的抗震等级为二级；根据《高规》7.2.14条，$\mu_N = 0.35 > 0.3$，该底层墙体应设置约束边缘构件。根据规程7.2.15条：

$$A_s \geqslant A_c \times 1.0\% = (300 + 600) \times 300 \times 1.0\% = 2700\text{mm}^2$$

取12Φ18（$A_s = 3054\text{mm}^2$），满足。

70. 正确答案是B，解答如下：

根据《高规》7.2.6条、7.2.10条：

$$V = \eta_{vw} V_w = 1.4 \times 500 = 700\text{kN}$$

$$\lambda = \frac{M^c}{V^c h_{w0}} = \frac{2475}{500 \times 2.25} = 2.2 < 3.0$$

$$N = 2100\text{kN} > 0.2 f_c b_w h_w = 1931\text{kN}，故取 N = 1931\text{kN}$$

$$A_w = 2250 \times 300，h_{w0} = 2250mm$$

由《高规》式（7.2.10-2）：

$$V \leqslant \frac{1}{\gamma_{RE}} \left[\frac{1}{\lambda - 0.5} \left(0.4 f_t b_w h_{w0} + 0.1 N \frac{A_w}{A} \right) + 0.8 f_{yh} \frac{A_{sh}}{s} h_{w0} \right]$$

$$700 \times 10^3 \leqslant \frac{1}{0.85} \times \left[\frac{1}{2.2 - 0.5} \times \left(0.4 \times 1.43 \times 300 \times 2250 + 0.1 \times 1931000 \times \frac{2250 \times 300}{1.215 \times 10^6} \right) \right.$$
$$\left. + 0.8 \times 270 \times \frac{A_{sh}}{s} \times 2250 \right]$$

解之得：$A_{sh}/s \geqslant 0.627 mm^2/mm$

双肢箍，箍筋间距为 200，单肢箍筋面积：$A_{s1} \geqslant \dfrac{0.627 \times 200}{2} = 62.7 mm^2$

选用 $\Phi 10$（$A_{s1} = 78.5 mm^2$），$2 \Phi 10@200$，$\rho_{sh} = \dfrac{2 \times 78.5}{300 \times 200} = 0.262\% > 0.25\%$，满足规程 8.2.1 条规定。

【65～70题评析】 65 题，关键是判别该建筑物为板柱-剪力墙结构。

68 题，《高规》8.1.10 条及条文说明，板柱-剪力墙结构中各层横向及纵向剪力墙应能承担相应方向该层的全部地震剪力；板柱部分作为第二道抗震防线，应承担不少于该层相应方向 20% 的地震剪力。

70 题，应注意的是，本题目中 $A_w \neq A$。

71. 正确答案是 A，解答如下：

根据《高钢规》表 7.4.1 及注：

$$\frac{h_0}{t_w} = \frac{500 - 2 \times 16}{10} = 46.8 < 80 - 110 \times \frac{432000}{11080 \times 215} = 60.0$$
$$< 70$$

满足。

72. 正确答案是 B，解答如下：

根据《高钢规》8.5.2 条、8.5.3 条及 8.1.5 条：

$$\frac{N}{N_y} = \frac{432000}{11080 \times 235} = 0.166 > 0.13$$

$$M_j = 0.5 \times [1.15 \times (1 - 0.166) \times 2096360 \times 235]$$
$$= 236.25 kN \cdot m$$

$$M_w \geqslant 0.4 \times \frac{8542 \times 10^4}{8542 \times 10^4 + 37481 \times 10^4} \times 236.25 = 17.5 kN \cdot m$$

73. 正确答案是 A，解答如下：

作出 1 号、2 号板的横向影响线如图 3-4（a）所示。

对于 1 号板：

$$\eta_1 = \frac{900 + 1150 + 1150/2 - 1500 - 500}{1150} \times 1 = 0.543$$

$$m_{0q1} = \frac{1}{2} \sum \eta = \frac{1}{2} \times 0.543 = 0.272$$

对于 2 号板：

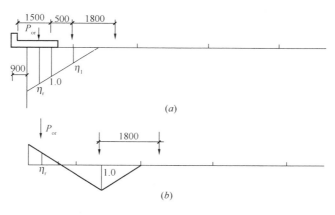

图 3-4 (a)

(a) 1 号板；(b) 2 号板

$$\eta_1 = 1.0$$

$$m_{0q2} = \frac{1}{2}\sum\eta = 0.5$$

74. 正确答案是 A，解答如下：

人群荷载，求 $P_{or} = p_r a$ 相对应的影响线竖坐标 η_r，如图 3-4 (a) 所示。

1 号板：

$$m_{0r1} = \sum\eta_r = \frac{900 + 1150 + 1150/2 - 1500/2}{1150}\times 1 = 1.630$$

2 号板：

$$m_{0r2} = \sum\eta_r = -\frac{900 + 1150/2 - 1500/2}{1150}\times 1 = -0.630$$

75. 正确答案是 A，解答如下：

根据《公桥通规》4.3.1 条：

公路-Ⅱ级，$q_k = 0.75\times 10.5 = 7.875\text{kN/m}$

$$P_k = 0.75\times 2\times(15.5 + 130) = 218.25\text{kN}$$

桥面净宽 7m，双向行驶，查通用规范表 4.3.1-4，设计车道数为 2，故取 $\xi = 1.0$。

跨中截面的弯矩影响线竖坐标：$y_k = \dfrac{l_0}{4} = \dfrac{15.5}{4} = 3.875\text{m}$

$$\Omega = \frac{l_0^2}{8} = \frac{15.5^2}{8} = 30.031\text{m}^2$$

（或 $\Omega = \dfrac{1}{2}\times l_0\times y_k = \dfrac{1}{2}\times 15.5\times 3.875 = 30.031\text{m}^2$）

$$M_{2k} = (1+\mu)\xi m_{cq}(P_k y_k + q_k\Omega)$$

$$= 1.245\times 1.0\times 0.66\times(218.25\times 3.875 + 7.875\times 30.031)$$

$$= 889.3\text{kN}\cdot\text{m}$$

76. 正确答案是 D，解答如下：

(1) 集中荷载 $1.2P_k$ 产生的剪力

设 $1.2P_k$ 作用点距左支点距离为 x，则：

$$V_{1.2P_k} = (1+\mu)\xi m_c(x) \times 1.2P_k \cdot y_k(x)$$

$$= (1+\mu)\xi \cdot 1.2P_k \cdot \left[m_{0q} + \frac{x}{a}(m_{cq} - m_{0q})\right] \cdot \frac{l-x}{l}$$

$$= 1.245 \times 1 \times 1.2 \times 218.25 \times \left[0.36 + \frac{x}{15.5/4} \cdot (0.66 - 0.36)\right] \cdot \frac{15.5-x}{15.5}$$

令 $\dfrac{\mathrm{d}V_{1.2P_k}}{\mathrm{d}x} = 0$

求得：$x = 5.424\text{m} > a = l/4 = 15.5/4 = 3.875\text{m}$

故取 $x = 3.875\text{m}$ 计算 $V_{1.2P_k}$。

$$V_{1.2P_k} = 1.245 \times 1.2 \times 218.25 \times \left[0.36 + \frac{3.875}{15.5/4} \cdot (0.66 - 0.36)\right] \cdot \frac{15.5 - 3.875}{15.5}$$

$$= 161.4\text{kN}$$

(2) 均布荷载 q_k 产生的剪力

$$V_{qk} = (1+\mu)\xi \cdot \left[m_{cq}q_k \frac{l}{2} + \frac{a}{2}(m_{0q} - m_{cq})q_k \overline{y}\right]$$

$$= 1.245 \times 1.0 \times \left[0.66 \times 7.875 \times \frac{15.5}{2} + \frac{3.875}{2} \times (0.36 - 0.66) \times 7.875 \times \frac{11}{12}\right]$$

$$= 44.925\text{kN}$$

$$V_q = V_{qk} + V_{1.2P_k} = 206.3\text{kN}$$

77. 正确答案是 D，解答如下：

$$a = l_0/4 = 15.5/4 = 3.875\text{m}$$

$$V_r = m_{cr}q_r \frac{l_0}{2} + \frac{a}{2}(m_{0r} - m_{cr})q_r \cdot \overline{y}$$

$$= 0.54 \times 2.25 \times \frac{15.5}{2} + \frac{3.875}{2} \times (1.26 - 0.54) \times 2.25 \times \frac{11}{12}$$

$$= 12.293\text{kN}$$

78. 正确答案是 C，解答如下：

$L_K = 16\text{m}$，按单孔跨径查《公桥通规》表 1.0.5，该桥属小桥；查通《公桥通规》表 4.1.5-1，安全等级为一级，故取 $\gamma_0 = 1.1$

$$\gamma_0 M = \gamma_0(\gamma_G M_{Gk} + \gamma_{Q1}M_{0q} + \psi_c\gamma_{Q2}M_{0r})$$

$$= 1.1 \times (1.2 \times 900 + 1.4 \times 1200 + 0.75 \times 1.4 \times 40)$$

$$= 3082.2\text{kN} \cdot \text{m}$$

【75～78题评析】 76题，由于汽车荷载中的集中荷载 $1.2P_k$ 产生的剪力不能直接用图乘法计算，故转化为 $m_c(x) \cdot y_k(x)$ 的函数极值计算；对于汽车荷载中的均布荷载 q_k 产生的剪力则直接采用了图乘法，同样，77题，均布人群荷载 q_r 产生的剪力也采用了图乘法。

79. 正确答案是 A，解答如下：

根据《公桥混规》5.2.1条、5.2.2条。

安全等级三级，取 $\gamma_0 = 0.9$，$f_{td} = 1.52\text{MPa}$，$f_{cd} = 16.1\text{MPa}$，则：$f_{sd} = 330\text{MPa}$，$\xi_b = 0.53$，$h_0 = h - a_s = 620\text{mm}$

$\gamma_0 M_0 = f_{cd} bx \left(h_0 - \dfrac{x}{2} \right)$，则：

$$x = h_0 - \sqrt{h_0^2 - \dfrac{2\gamma_0 M_0}{b f_{cd}}}$$

$$= 620 - \sqrt{620^2 - \dfrac{2 \times 0.9 \times 320 \times 10^6}{250 \times 16.1}}$$

$$= 129\text{mm} < \xi_b h_0 = 328.6\text{mm}$$

$$A_s = \dfrac{f_{cd} bx}{f_{sd}} = \dfrac{16.1 \times 250 \times 129}{330} = 1573\text{mm}^2$$

$$\rho_{min} = 0.45 f_{td}/f_{sd} = 0.45 \times 1.52/330 = 0.207\% > 0.2\%$$

故 $\qquad A_{s,min} = 0.207\% \times 250 \times 620 = 321\text{mm}^2 < 1573\text{mm}^2$

所以取 $\quad A_s = 1573\text{mm}^2$。

80. 正确答案是 C，解答如下：

根据《公桥混规》9.3.9 条；

支点处主筋根数：$n \geqslant 2$，且 $n \geqslant 16/5 = 3.2$，故取 $n = 4$ 根。

实战训练试题（四）解答与评析

（上午卷）

1. 正确答案是 A，解答如下：

AB 梁线刚度：
$$i_{BA} = \frac{EI}{l} = \frac{EI}{6}$$

BC 梁线刚度：
$$i_{BC} = \frac{EI}{8}$$

$$\mu_{BA} = \frac{3i_{BA}}{3i_{BA} + 4i_{BC}} = \frac{3 \times \frac{1}{6}}{3 \times \frac{1}{6} + 4 \times \frac{1}{8}} = 0.5$$

$$M_{BA} = \frac{1}{8}ql^2 = \frac{1}{8} \times 25 \times 6^2 = 112.5 \text{kN} \cdot \text{m}$$

$$M_{BC} = \frac{1}{12}ql^2 = \frac{1}{12} \times 25 \times 8^2 = 133.3 \text{kN} \cdot \text{m}$$

不平衡弯矩：$\Delta M = 133.3 - 112.5 = 20.8 \text{kN} \cdot \text{m}$

2. 正确答案是 D，解答如下：
$$M_B = M_C = 0.7 \times 140 = 98 \text{kN} \cdot \text{m}$$

调幅前，跨中弯矩：$M_{中,前} = \frac{1}{8}ql^2 - \frac{1}{2} \times (140 + 140)$

$$= \frac{1}{8} \times 25 \times 8^2 - 140 = 60 \text{kN} \cdot \text{m}$$

调幅后，跨中弯矩：$M_{中,后} = 60 + \frac{1}{2} \times (1 - 0.7) \times (140 + 140) = 102 \text{kN} \cdot \text{m}$

$$x = h_0 - \sqrt{h_0^2 - \frac{2\gamma_0 M_{跨中}}{\alpha_1 f_c b}} = 465 - \sqrt{465^2 - \frac{2 \times 1 \times 102 \times 10^6}{1 \times 14.3 \times 200}}$$

$$= 84.3 \text{mm}$$

$$A_s = \frac{\alpha_1 f_c b x}{f_y} = \frac{1 \times 14.3 \times 200 \times 84.3}{360} = 670 \text{mm}^2$$

复核最小配筋率，查《混规》表 8.5.1

$$\rho_{min} = \max(0.2\%, 0.45 f_t / f_y) = \max(0.2\%, 0.45 \times 1.43/360)$$
$$= 0.2\%$$

$$A_{s,min} = 0.2\% \times 200 \times 500 = 200 \text{mm}^2 < 670 \text{mm}^2，满足$$

3. 正确答案是 A，解答如下：

AB 跨跨中最大弯矩值，将恒载满跨布置：

$$M_1 = 0.077 \times ql^2 = 0.077 \times 1.2 \times 20 \times 6^2 = 66.528 \text{kN} \cdot \text{m}$$

将活荷载隔跨布置：$M_2 = 0.1 \times ql^2 = 0.1 \times 1.4 \times 25 \times 6^2 = 126 \text{kN} \cdot \text{m}$

$$M_{AB} = M_1 + M_2 = 192.528 \text{kN} \cdot \text{m}$$

4. 正确答案是 C，解答如下：

$$h_0 = h - a_s = 500 - 40 = 460 \text{mm}$$

$$M_1 = f'_y A'_s (h_0 - a'_s) = 360 \times 628 \times (460 - 40) = 94.95 \text{kN} \cdot \text{m}$$

$$M_2 = \gamma_0 M - M_1 = 1.0 \times 280 - 94.95 = 185.05 \text{kN} \cdot \text{m}$$

根据《混规》式（6.2.10-1）：

$$x = h_0 - \sqrt{h_0^2 - \frac{2M_2}{\alpha_1 f_c b}} = 460 - \sqrt{460^2 - \frac{2 \times 185.05 \times 10^6}{1 \times 14.3 \times 250}}$$

$$= 131.25 \text{mm} < \xi_0 h_0 = 0.518 \times 460 = 238 \text{mm}$$

$$> 2a'_s = 80 \text{mm}$$

$$A_s = \frac{\alpha_1 f_c bx}{f_y} + A'_s = \frac{1 \times 14.3 \times 250 \times 131.25}{360} + 628 = 1931 \text{mm}^2$$

复核最小配筋率，查《混规》表8.5.1：

$$\rho_{\min} = \max(0.2\%, 0.45 f_t / f_y) = \max(0.2\%, 0.45 \times 1.43 / 360) = 0.2\%$$

$$A_{s,\min} = 0.2\% \times 250 \times 500 = 250 \text{mm}^2 < 1931 \text{mm}^2，满足。$$

5. 正确答案是 A，解答如下：

$$\alpha_1 f_c b'_f h'_f \left(h_0 - \frac{h'_f}{2} \right) = 1 \times 14.3 \times 850 \times 100 \times (460 - 50)$$

$$= 498.36 \text{kN} \cdot \text{m} > M = 200 \text{kN} \cdot \text{m}$$

故属于第一类 T 形截面，取 $b'_f \times h = 850 \times 500$ 计算

$$x = h_0 - \sqrt{h_0^2 - \frac{2\gamma_0 M}{\alpha_1 f_c b'_f}} = 460 - \sqrt{460^2 - \frac{2 \times 1 \times 200 \times 10^6}{1 \times 14.3 \times 850}}$$

$$= 37.3 \text{mm}$$

$$A_s = \frac{\alpha_1 f_c b'_f x}{f_y} = \frac{1 \times 14.3 \times 850 \times 37.3}{360} = 1259 \text{mm}^2$$

6. 正确答案是 D，解答如下：

根据《混规》7.1.2 条：

边跨 AB 跨中荷载的准永久组合应为：荷载组合①＋②×0.5：

$$M_q = 0.077 \times 20 \times 6^2 + 0.100 \times 25 \times 6^2 \times 0.5 = 100.44 \text{kN} \cdot \text{m}$$

$$\sigma_{sq} = \frac{M_q}{0.87 h_0 A_s} = \frac{100.44 \times 10^6}{0.87 \times 460 \times 1723} = 145.7 \text{N/mm}^2$$

$$\rho_{te} = \frac{A_s}{A_{te}} = \frac{1723}{0.5 \times 250 \times 500} = 0.0276 > 0.01$$

$$\psi = 1.1 - 0.65 \frac{f_{tk}}{\rho_{te} \sigma_{sq}} = 1.1 - 0.65 \times \frac{2.01}{0.0276 \times 145.7} = 0.775 \quad \begin{matrix} < 1.0 \\ > 0.2 \end{matrix}$$

$$d_{eq} = \frac{\sum n_i d_i^2}{\sum n_i v_i d_i} = \frac{1 \times 25^2 + 2 \times 28^2}{1 \times 1 \times 25 + 2 \times 1 \times 28} = 27.07 \text{mm}$$

$$w_{max} = \alpha_{cr}\psi\frac{\sigma_{sq}}{E_s}\left(1.9c_s + 0.08\frac{d_{eq}}{\rho_{te}}\right)$$

$$= 1.9 \times 0.775 \times \frac{145.7}{2 \times 10^5} \times \left(1.9 \times 30 + 0.08 \times \frac{27.07}{0.0276}\right)$$

$$= 0.145mm$$

【3～6题评析】 3题、6题，关键是确定活荷载最不利布置。

5题，关键是判别 T 形梁属于哪一类 T 形截面。对第一类 T 形截面，按 $b_f' \times h$ 计算。

7. 正确答案是 D，解答如下：

根据《混规》6.2.21条及 6.2.15 条：

$$N_{u0} = f_c A + f_y' A_s'$$

$$\rho = \frac{A_s'}{b \times h_0} = \frac{4926}{500 \times 500} = 1.97\% < 3\%$$

故 $N_{u0} = 14.3 \times 500 \times 500 + 4926 \times 360 = 5348.36kN$

8. 正确答案是 A，解答如下：

根据《混规》6.2.17 条：

$$h_0 = h - a_s = 500 - 45 = 455mm$$

$$e_{0x} = \frac{M_{0x}}{N} = \frac{136.4}{243} = 0.561m$$

$$e_a = \max\left(20, \frac{500}{30}\right) = 20mm$$

$$e_{ix} = e_{0x} + e_a = 581mm$$

$$e = e_{ix} + \frac{h}{2} - a_s = 581 + \frac{500}{2} - 45 = 786mm$$

假定为大偏压，由《混规》式（6.2.17-1）、式（6.2.17-2）：

$$N_{ux} = \alpha_1 f_c bx; N_{ux}e = \alpha_1 f_c bx\left(h_0 - \frac{x}{2}\right) + f_y' A_s'(h_0 - a_s')，则：$$

$$x = N_{ux}/(\alpha_1 f_c b)$$

$$N_{ux}e = N_{ux}\left(h_0 - \frac{x}{2}\right) + 360 \times 1847 \times (455 - 45)$$

$$= N_{ux}\left(455 - \frac{N_{ux}}{2 \times 1 \times 14.3 \times 500}\right) + 272.617 \times 10^6$$

$$N_{ux}^2 + 4.73 \times 10^6 N_{ux} - 3.9 \times 10^{12} = 0$$

解之得： $N_{ux} = 0.716 \times 10^6 N = 716kN$

复核： $x = \frac{716 \times 10^3}{1 \times 14.3 \times 500} = 100mm < \xi_0 h_0 = 0.518 \times 455 = 236mm$

$$> 2a_s' = 2 \times 45 = 90mm$$

满足，故假定正确。

9. 正确答案是 B，解答如下：

$$N(1/N_{ux} + 1/N_{uy} - 1/N_{u0}) = 243 \times (1/480 + 1/800 - 1/5348.36)$$

$$= 0.765 < 1.0$$

【7～9题评析】 7题、8题、9题主要考核双向偏心受压构件，其正截面受压承载力计算。

10. 正确答案是 B，解答如下：

根据《混规》9.2.12 条：

$$4 \underline{\Phi} 18(A_s = 1017\text{mm})$$

$$N_{s1} = 2f_y A_{s1} \cos\frac{\alpha}{2} = 0.0$$

$$N_{s2} = 0.7f_y A_s \cos\frac{\alpha}{2} = 0.7 \times 360 \times 1017\cos\frac{120°}{2} = 128142\text{N}$$

故取

$$N_s = N_{s2} = 128142\text{N}$$

箍筋面积：$A_{sv} = \dfrac{N_s}{f_{yv}\sin\dfrac{120°}{2}} = \dfrac{128142}{270 \times \sin60°} = 548\text{mm}^2$

11. 正确答案是 A，解答如下：

$4 \underline{\Phi} 18$（$A_s = 1017\text{mm}^2$），$2 \underline{\Phi} 18$（$A_s = 509\text{mm}^2$）

根据《混规》9.2.12 条：

$$N_{s1} = 2f_y A_{s1} \cos\frac{\alpha}{2} = 2 \times 360 \times 509 \times \cos\frac{130°}{2} = 154881\text{N}$$

$$N_{s2} = 0.7f_y A_s \cos\frac{\alpha}{2} = 0.7 \times 360 \times 1017 \times \cos\frac{130°}{2} = 108310\text{N}$$

$$\text{故 } N_s = \max(N_{s1}, N_{s2}) = 154881\text{N}$$

箍筋面积：$A_{sv} = \dfrac{N_s}{f_{yv}\sin\dfrac{130°}{2}} = \dfrac{154881}{270 \times \sin65°} = 633\text{mm}^2$

箍筋范围：$h = \dfrac{H}{\sin\dfrac{\alpha}{2}} = \dfrac{500}{\sin65°} = 552\text{mm}$

$$s = h\tan\left(\frac{3\alpha}{8}\right) = 552\tan\left(\frac{3 \times 130°}{8}\right) = 629\text{mm}$$

每侧各配置 $3 \times 2 \underline{\Phi} 10@100$，$A_{sv} = 2 \times 6 \times 78.5 = 942\text{mm}^2 > 633\text{mm}^2$

12. 正确答案是 A，解答如下：

（1）根据《混规》9.3.8 条：

C30＜C50，由规范 6.3.1 条规定，取 $\beta_c = 1.0$

$$h_0 \geqslant \frac{f_y A_s}{0.35\beta_c f_c b} = \frac{360 \times 1473}{0.35 \times 1 \times 14.3 \times 300} = 353.2\text{mm}$$

$$h = h_0 + a_s = 393.2\text{mm}$$

（2）根据《混规》9.3.6 条，柱纵筋弯折后的竖直投影长度$\geqslant 0.5l_{ab}$；又由规范 8.3.1 条计算 l_{ab}，则：

$$h_0 = 0.5l_{ab} = 0.5 \times \alpha\frac{f_y}{f_t}d = 0.5 \times 0.14 \times \frac{360}{1.43} \times 25 = 440.6\text{mm}$$

$$h = h_0 + a_s = 480.6\text{mm}$$

故取 $h \geqslant 480.6\text{mm}$

13. 正确答案是 C，解答如下：

根据《抗规》附录 C.0.7 条第 3 款，（A）项正确；附录 C.0.8 条，（C）项不妥；

根据《混规》10.1.2条，（B）项正确；11.8.4条及条文说明，（D）项正确。

14. 正确答案是 C，解答如下：

根据《混加规》9.2.8条：

$$h_0 = 600 - 35 = 565 \text{mm}$$

由提示为第 2 类 T 形梁，由《混加规》式（9.2.3-1），并计入有效受压翼缘：

$$M' = M - f'_{y0} \times 0 \times (h - a') + f_{y0} A_{s0} (h - h_0) - \alpha_1 f_{c0} (b'_f - b) h'_f \cdot \left(h - \frac{h'_f}{2} \right)$$

$$= 380 \times 10^6 - 0 + 300 \times 1964 \times (600 - 565) - 1 \times 9.6$$

$$\times (600 - 250) \times 100 \times \left(600 - \frac{100}{2} \right)$$

$$= 215822000 \text{N} \cdot \text{mm}$$

$$x = h - \sqrt{h^2 - \frac{2M'}{\alpha_1 f_{c0} b}} = 600 - \sqrt{600^2 - \frac{2 \times 21582200}{1 \times 9.6 \times 250}}$$

$$= 175.6 \text{mm} < 0.85 \xi_b h_0 = 0.85 \times 0.550 \times 565 = 264 \text{mm}$$

查表 9.2.9 及注的规定：

$$\sigma_{s0} = \frac{M_{0k}}{0.85 h_0 A_s} = \frac{120 \times 10^6}{0.85 \times 565 \times 1964} = 127 \text{N/mm}^2 < 150 \text{N/mm}^2$$

$$\alpha_{sp} = 0.9 \times \left[1.15 + \frac{0.026 - 0.020}{0.030 - 0.020} \times (1.20 - 1.15) \right] = 1.062$$

$$\varepsilon_{sp,0} = \frac{1.062 \times 120 \times 10^6}{2 \times 10^5 \times 1964 \times 565} = 0.0006$$

$$\psi_{sp} = \frac{0.8 \times 0.0033 \times 600/175.6 - 0.0033 - 0.0006}{215/206000}$$

$$= 4.91$$

15. 正确答案是 D，解答如下：

由《混加规》式（9.2.3-2），并计入有效受压翼缘：

$$A_{sp} = \frac{\alpha_1 f_{c0} bx + \alpha_1 f_{c0} (b'_f - b) h'_f - f_{y0} A_{s0}}{\psi_{sp} f_{sp}}$$

$$= \frac{1 \times 9.6 \times 250 \times 180 + 1 \times 9.6 \times (600 - 250) \times 100 - 300 \times 1964}{1 \times 215}$$

$$= 832 \text{mm}^2$$

16. 正确答案是 C，解答如下：

平面内，$l_{0x} = 6\text{m}$，$\lambda_x = \dfrac{l_{0x}}{i_x} = \dfrac{6000}{151} = 39.7$

平面外：$l_{0y} = 3\text{m}$，$\lambda_y = \dfrac{l_{0y}}{i_y} = \dfrac{3000}{87.8} = 34.2$

热轧 H 型钢，$b/h = 344/348 = 0.99 > 0.8$，查《钢标》表 7.2.1-1 及注，$x$ 轴，属 b 类；y 轴，属 c 类。取 $\lambda_x = 39.7$，查附表 D.0.2，取 $\varphi_x = 0.90$；$\lambda_y = 34.2$，查附表 D.0.3，取 $\varphi_y = 0.876$

故取 $\varphi = 0.876$

$$\frac{N}{\varphi A} = \frac{2179.2 \times 10^3}{0.876 \times 14600} = 170.4 \text{N/mm}^2$$

17. 正确答案是 A，解答如下：

根据《钢标》8.1.1条：

拉弯构件的截面等级可按受弯构件的截面等级确定原则进行确定。

H 型钢，Q235 钢，其截面等级满足 S3 级，故取 $\gamma_x = 1.05$

$$\frac{N}{A_n} + \frac{M_x}{\gamma_x W_{nx}} = \frac{2117.4 \times 10^3}{17390} + \frac{66.6 \times 10^6}{1.05 \times 2300 \times 10^3} = 149.3 \text{N/mm}^2$$

18. 正确答案是 A，解答如下：

顶排螺栓受力最大：$M = Ve = 250 \times 0.12 = 30 \text{kN} \cdot \text{m}$

$$N_{t1} = \frac{My_1}{2 \sum y_i^2} = \frac{30 \times 10^3 \times 400}{2 \times (100^2 + 200^2 + 300^2 + 400^2)} = 20.0 \text{kN}$$

19. 正确答案是 B，解答如下：

根据《钢标》11.4.1条：

$$N_v^b = n_v \frac{\pi d^2}{4} f_v^b = 1 \times \frac{3.14 \times 20^2}{4} \times 140 = 43.96 \text{kN}$$

$$N_c^b = d \sum t \cdot f_c^b = 20 \times 20 \times 305 = 122.0 \text{kN}$$

$$N_t^b = f_t^b \cdot A_e = 170 \times 244.8 = 41.62 \text{kN}$$

螺栓连接长度：$l_1 = 4 \times 100 = 400 \text{mm} > 15d_0 = 15 \times 21.5 = 322.5 \text{mm}$

根据11.4.5条：

折减系数：$\eta = 1.1 - \frac{l_1}{150d_0} = 1.1 - \frac{400}{150 \times 21.5} = 0.976 > 0.7$

故 $N_v^b = 43.96 \times 0.976 = 42.90 \text{kN}$

由上题可知，顶排螺栓受力最大，$N_t = 20 \text{kN}$

每个螺栓分担剪力：$N_v = \frac{V}{n} = \frac{250}{10} = 25$

$$\sqrt{\left(\frac{N_v}{N_v^b}\right)^2 + \left(\frac{N_t}{N_t^b}\right)^2} = \sqrt{\left(\frac{25}{42.90}\right)^2 + \left(\frac{20}{41.62}\right)^2} = 0.76 < 1.0$$

20. 正确答案是 A，解答如下：

弯矩平面内：$l_{0x} = 2 \times 800 = 1600 \text{cm}$

$$\lambda_x = \frac{l_{0x}}{i_x} = \frac{1600}{39.6} = 40.4$$

换算长细比：$\lambda_{0x} = \sqrt{\lambda_x^2 + 27\frac{A}{A_{1x}}} = \sqrt{40.4^2 + 27 \times \frac{177.05}{2 \times 8.367}} = 43.8$

查《钢标》表 7.2.1-1，均属 b 类截面，查附表 D.0.2，取 $\varphi_x = 0.883$

21. 正确答案是 B，解答如下：

已知 $\varphi_x = 0.90$，$\beta_{mx} = 1.0$

$$N'_{Ex} = \frac{\pi^2 EA}{1.1\lambda_{0x}^2} = \frac{3.14^2 \times 206000 \times 17705}{1.1 \times 43.8^2} = 17040 \text{kN}$$

$$W_{1x} = \frac{I_x}{y_0} = \frac{278000 \times 10^4}{800 - 461} = 8.20 \times 10^6 \text{mm}^3$$

根据《钢标》8.2.3条：

$$\frac{N}{\varphi_x A} + \frac{\beta_{mx} M_x}{W_{1x} \times \left(1 - \frac{N}{N'_{Ex}}\right)} = \frac{1990 \times 10^3}{0.9 \times 17705} + \frac{1.0 \times 696.5 \times 10^6}{8.2 \times 10^6 \times \left(1 - \frac{1990}{17040}\right)}$$
$$= 221.1 \text{N/mm}^2$$

22. 正确答案是 C，解答如下：

右肢受力 N_1：

$$N_1 = \frac{N \times 461 + M_x}{h} = \frac{1990 \times 10^3 \times 461 + 696.5 \times 10^6}{800}$$
$$= 2017 \text{kN}$$

右肢平面内：$\lambda_{1x} = \dfrac{l_{x1}}{i_{x1}} = \dfrac{800}{26.5} = 30.2$

右肢平面外：$\lambda_{1y} = \dfrac{l_{y1}}{i_{y1}} = \dfrac{4000}{152} = 26.3$

轧制工字型钢，$b/h = 146/400 = 0.365 < 0.8$，查《钢标》表 7.2.1-1，对 x_1 轴属 b 类，对 y_1 轴属 a 类；查附表 D.0.2，$\varphi_x = 0.935$；查附表 D.0.1，$\varphi_y = 0.970$，故取 $\varphi_{min} = 0.935$。

$$\frac{N}{\varphi_{min} A_1} = \frac{2017 \times 10^3}{0.935 \times 10200} = 211.5 \text{N/mm}^2$$

23. 正确答案是 A，解答如下：

斜缀条与柱的连接无节板，查《钢标》表 7.4.1-1，取 $l_0 = l = 800/\cos 45° = 1131 \text{mm}$

由《钢标》7.6.1 条：

$$\lambda = \frac{l_0}{i_{min}} = \frac{1131}{10.9} = 103.8$$

由《钢标》表 7.2.1-1 及注，b 类截面，查《钢标》附表 D.0.2，取 $\varphi = 0.530$

$\eta = 0.6 + 0.0015\lambda = 0.6 + 0.0015 \times 103.8 = 0.756$

$$N_u = \eta \varphi A f = 0.756 \times 0.530 \times 836.7 \times 215 = 72.08 \text{kN}$$

由《钢标》7.6.3 条：

$$\frac{w}{t} = \frac{56 - 8 \times 2}{8} = 5 < 14\varepsilon_k = 14，不考虑折减$$

故取 $N_u = 72.08 \text{kN}$

【20～23 题评析】20 题，悬臂柱，其平面内计算长度 $l_{0x} = 2l = 2 \times 800 = 1600 \text{cm}$。

21 题，关键是计算 N'_{Ex} 要用换算长细比 λ_{0x}；W_{1x} 为右肢的截面模量，故 $y_0 = 800 - 461 = 339 \text{mm}$。

22 题，轧制工字形钢、轧制 H 型钢，首先确定 b/h 值，查《钢标》表 7.2.1-1，确定截面类型。

24. 正确答案是 D，解答如下：

柱 B：柱顶，$K_1 = \dfrac{\sum i_b}{\sum i_c} = \dfrac{1}{1} = 1.0$

柱底，$K_2 = 0$

有侧移框架，查《钢标》附录表 E.0.2，取 $\mu = 2.33$

附有摇摆柱，由《钢标》式 (8.3.1-2)：

$$\eta = \sqrt{1 + \frac{\Sigma(N_1/H_1)}{\Sigma(N_f/H_f)}}$$

$$= \sqrt{1 + \frac{2 \times \dfrac{P}{2} \times \dfrac{1}{6}}{2 \times P \times \dfrac{1}{6}}} = 1.22$$

$$l_{0x} = \eta\mu l = 1.22 \times 2.33 \times 6 = 17.06\text{m}$$

25. 正确答案是 A，解答如下：

根据《可靠性标准》8.2.4 条：

$q = 8\text{kN/m}^2$

$$q = 1.3 \times (3.2 \times 3 + 0.663) + 1.5 \times 8 \times 3 = 49.34\text{kN/m}$$

$$M = \frac{1}{8}ql^2 = \frac{1}{8} \times 49.34 \times 5^2 = 154.19\text{kN} \cdot \text{m}$$

查《钢标》附录表 C.0.2，项次 3，自由长度 5m，故取 $\varphi_b = 0.73 > 0.6$

$$\varphi'_b = 1.07 - \frac{0.282}{\varphi_b} = 1.07 - \frac{0.282}{0.73} = 0.684$$

$$\frac{M_x}{\varphi'_b W_x} = \frac{154.19 \times 10^6}{0.684 \times 1090 \times 10^3} = 206.8\text{N/mm}^2$$

【25 题评析】 本题求次梁的弯矩，故《钢标》3.3.4 条不适用。

26. 正确答案是 C，解答如下：

$\theta = \alpha = 5.71°$，由《门规》表 4.2.2-4b，4.2.3 条：

$$c = \max\left(\frac{1.5 + 1.5}{2}, \frac{6}{3}\right) = 2\text{m}$$

$$A = 6 \times 2 = 12\text{m}^2 > 10\text{m}^2$$

中间区，$\mu_w = +0.38$

$\mu_z = 1.0$，由 4.2.1 条：

$$w_k = 1.5 \times 0.38 \times 1 \times 0.35 = +0.1995\text{kN/m}^2$$

$$q'_y = 1.3 \times (0.2 \times 1.5\cos5.71° \cdot \cos5.71°)$$
$$+ 1.5 \times (0.5 \times 1.5\cos5.71° \cdot \cos5.71°)$$
$$+ 1.5 \times 0.6 \times (0.1995 \times 1.5)$$
$$= 1.769\text{kN/m}$$

$$M_{x'} = \frac{1}{8} \times 1.769 \times 6^2 = 7.96\text{kN} \cdot \text{m}$$

27. 正确答案是 A，解答如下：

根据《门规》表 4.2.2-4a，4.2.3 条：

$A = 12\text{m}^2$，中间区，则：

$$\mu_w = -1.08$$

$$w_k = 1.5 \times (-1.08) \times 1 \times 0.35 = -0.567\text{kN/m}^2$$

$$q_y = 1.0 \times (0.2 \times 1.5\cos5.71° \cdot \cos5.71°) + 1.5 \times (-0.567) \times 1.5 = -0.979\text{kN/m}$$

$$M_{x'} = \frac{1}{8} \times (-0.979) \times 6^2 = -4.41\text{kN} \cdot \text{m}$$

28. 正确答案是 B，解答如下：

$$V_{y'\max} = \frac{1}{2} \times 1.78 \times 6 = 5.34\text{kN}$$

$$\frac{3V_{y'\max}}{2h_0 t} = \frac{3 \times 5.34 \times 10^3}{2 \times (220 - 2.5 \times 2 \times 2) \times 2} = 19.1\text{N/mm}^2$$

29. 正确答案是 C，解答如下：

根据《门规》9.1.5 条、《冷弯规程》5.6 节：

$$\psi = \frac{210.6}{210.6} = 1, \ \alpha = 1.0, \ b_c = b = 75\text{mm}$$

$$\xi = \frac{220}{75}\sqrt{\frac{3.0}{23.9}} = 1.039 < 1.1$$

$$k_1 = \frac{1}{\sqrt{1.039}} = 0.981$$

$$\rho = \sqrt{\frac{205 \times 0.981 \times 3.0}{210.6}} = 1.69$$

$$\frac{b}{t} = \frac{75}{2} = 37.5 > 18\alpha\rho = 18 \times 1 \times 1.69 = 30.42$$

$$< 38\alpha\rho = 38 \times 1 \times 1.69 = 64.22$$

$$b_e = \left(\sqrt{\frac{21.8 \times 1 \times 1.69}{75/2}} - 0.1 \right) \times 75 = 66.8\text{mm}$$

30. 正确答案是 A，解答如下：

$$H = 4.5 + 0.4 = 4.9\text{m}，查《砌规》表 5.1.3：$$

弹性方案，垂直排架方向，$H_0 = 1.0H = 4.9\text{m}$

$$\beta = \gamma_\beta \frac{H_0}{h} = 1 \times \frac{1.0 \times 4.9}{0.49} = 10$$

$e/h = 0$，查规范附录表 D.0.1-1，取 $\varphi = 0.87$

31. 正确答案是 B，解答如下：

M5 水泥砂浆，对 f 不调整。

$$A = 0.49 \times 0.49 = 0.2401\text{m}^2 < 0.3\text{m}^2，\ \gamma_a = 0.7 + A = 0.9401$$

故　　　　　　　　$f = 0.9401 \times 1.50 = 1.410\text{N/mm}^2$

排架方向，查《砌规》表 5.1.3：

$$H_0 = 1.5H = 1.5 \times 4.9 = 7.35\text{m}$$

$$\beta = \gamma_\beta \frac{H_0}{h} = 1.0 \times \frac{7.35}{0.49} = 15$$

$e/h = 0$，查《砌规》附表 D.0.1-1，取 $\varphi = 0.745$

$$\varphi fA = 0.745 \times 1.410 \times 490 \times 490 = 252.2\text{kN}$$

32. 正确答案是 C，解答如下：

配筋砌体，$A = 0.49 \times 0.49 = 0.2401\text{m}^2 > 0.2\text{m}^2$，故取 $f = 1.50\text{MPa}$

取 $f_y = 320\text{N/mm}^2$，$e = 0$

根据《砌规》8.1.2 条：

$$f_n = f + 2\left(1 - \frac{2e}{y}\right)\rho f_y$$

$$= 1.50 + 2 \times \rho \times 320$$

又

$$\beta = \gamma_\beta \frac{H_0}{h} = 1.0 \times \frac{7.35}{0.49} = 15.0, \quad e/h = 0$$

对于（C）项，$a = 80\text{mm}$，$\rho = \dfrac{(a+b)\,A_s}{a s_n} = \dfrac{(80+80)\times 12.57}{80 \times 80 \times 260} = 0.121\%$，满足 8.1.3 条。

故

$$f_n = 1.50 + 2 \times 0.121\% \times 320 = 2.274\text{N/mm}^2$$

$$\varphi_n = \varphi_{on} = \frac{1}{1 + (0.0015 + 0.45 \times 0.121\%) \times 15^2} = 0.685$$

$$\varphi_n f_n A = 0.685 \times 2.274 \times 490 \times 490 = 374\text{kN} > 360\text{kN}，满足。$$

33. 正确答案是 B，解答如下：

根据《砌规》7.1.5 条第 3 款，圈梁高度 $h \geq 120\text{mm}$；

又由规范 6.1.2 条第 3 款，$b/s \geq 1/30$ 时，视为不动铰支点。

$b = 190\text{mm} < \dfrac{1}{30} \times 6000 = 200\text{mm}$，故需增大圈梁高度。

$$I = \frac{120 \times 200^3}{12} = \frac{h \times 190^3}{12}$$

故 $h = 140\text{mm}$，取 150mm，即 $b \times h = 190\text{mm} \times 150\text{mm}$。

34. 正确答案是 A，解答如下：

根据《砌规》7.4.2 条的规定：

$$l_1 = 1.6 + 0.9 + 0.3 = 2.8\text{m} > 2.2h_b = 2.2 \times 0.3 = 0.66\text{m}$$

$$x_0 = 0.3h_b = 0.3 \times 0.3 = 0.09\text{m} < 0.13l_1 = 0.13 \times 2.8 = 0.364\text{m}$$

有构造柱，取 $x_0 = \dfrac{0.09}{2} = 0.045\text{m}$

由《可靠性标准》8.2.4 条：

$$M_{ov} = 1.3 \times 4.5 \times (1.5 + 0.045) + [1.5 \times 8.52 + 1.3$$
$$\times (1.56 + 17.75)] \times 1.5 \times \left(\frac{1.5}{2} + 0.045\right)$$
$$= 54.21\text{kN} \cdot \text{m}$$

35. 正确答案是 A，解答如下：

根据《砌规》7.4.3 条及图 7.4.3（c），$300\text{mm} < 370\text{mm}$，故不考虑挑梁尾端上部 45°扩展角范围的墙重。

墙体的抗倾覆力矩 M_{r1}：

$$M_{r1} = 0.8 \times 0.24 \times 19 \times [2.8 \times (2.8 - 0.3) \times (2.8/2 - 0.045)$$
$$- 0.9 \times 2.1 \times \left(1.6 + \frac{0.9}{2} - 0.045\right)]$$
$$= 20.78\text{kN} \cdot \text{m}$$

楼板的抗倾覆力矩 M_{r2}：

$$M_{r2} = 0.8 \times \frac{1}{2} \times (10 + 1.98) \times (2.8 - 0.045)^2 = 36.37\text{kN} \cdot \text{m}$$

$$M_r = M_{r1} + M_{r2} = 57.15\text{kN} \cdot \text{m}$$

【34、35 题评析】 35 题，应注意的是，挑梁尾端长度 0.3m＜0.37m，根据《砌规》图 7.4.3（c）知，不计尾端上部 45°扩展角范围内的墙体自重。

36. 正确答案是 A，解答如下：

根据《砌规》9.2.4 条、8.2.4 条：

$$e = \frac{M}{N} = \frac{1770 \times 10^3}{1935} = 914.7 \text{mm}$$

$$\beta = \gamma_\beta \frac{H_0}{h} = 1 \times \frac{4.4}{5.5} = 0.8$$

$$e_a = \frac{\beta^2 h}{2200}(1 - 0.022\beta) = \frac{0.8^2 \times 5500}{2200} \times (1 - 0.022 \times 0.8)$$
$$= 1.57 \text{mm}$$

$$e_N = e + e_a + \frac{h}{2} - a_s = 914.7 + 1.57 + \frac{5500}{2} - 300 = 3366.3 \text{mm}$$

$$h_0 = h - a'_s = 5200 \text{mm}$$

由规范式（9.2.4-1），及提示知，$\sum f_{si}A_{si} = f_{yw}\rho_w (h_0 - 1.5x) b$。假定为大偏压，可得：

$$x = \frac{N + f_{yw}\rho_w b h_0}{(f_g + 1.5 f_{yw}\rho_w) b} = \frac{1935000 + 360 \times 0.135\% \times 190 \times 5200}{(6.95 + 1.5 \times 360 \times 0.135\%) \times 190}$$

$$= 1655 \text{mm} \begin{array}{l} < \xi_b h_0 = 0.52 \times 5200 = 2704 \text{mm} \\ > 2a'_s = 2 \times 300 = 600 \text{mm} \end{array}$$

故假定成立，属于大偏压。

由规范式（9.2.4-2），及提示，$\sum f_{si}S_{si} = 0.5 f_{yw}\rho_w b (h_0 - 1.5x)^2$：

$$Ne_N = 1935 \times 3366.3 = 6513.8 \text{kN} \cdot \text{m}$$

$$f_g b x \left(h_0 - \frac{x}{2}\right) = 6.95 \times 190 \times 1655 \times \left(5200 - \frac{1655}{2}\right) = 9556 \text{kN} \cdot \text{m}$$

$$0.5 f_{yw}\rho_w b (h_0 - 1.5x)^2 = 0.5 \times 360 \times 0.135\% \times 190 \times (5200 - 1.5 \times 1655)^2$$

$$= 341 \text{kN} \cdot \text{m}$$

代入规范式（9.2.4-2）计算，可知：$A'_s < 0$，按构造配置钢筋。

根据《砌规》9.4.10 条第 1 款，应选（A）项。

37. 正确答案是 B，解答如下：

根据《砌规》9.3.1 条：

$$\lambda = \frac{M}{Vh_0} = \frac{1770 \times 10^3}{400 \times 5200} = 0.85 < 1.5, 取 \lambda = 1.5$$

$$N = 1935 \text{kN} > 0.25 f_g b h = 1820.9 \text{kN}, 取 N = 1820.9 \text{kN}$$

由规范式（9.3.1-2）：

$$\frac{A_{sh}}{s} = \frac{V - (0.6 f_{vg} b h_0 + 0.12N) \cdot \dfrac{1}{\lambda - 0.5}}{0.9 f_{yh} h_0}$$

$$=\frac{400\times10^3-(0.6\times0.581\times190\times5200+0.12\times1820.9\times10^3)\times1}{0.9\times270\times5200}<0$$

按构造配筋，根据《砌规》9.4.8条第5款，$\rho_{sh}\geq0.07\%$；

（A）项：$\rho_{sh}=\frac{2\times50.3}{800\times190}=0.066\%$，不满足

（B）项：$\rho_{sh}=\frac{2\times78.5}{800\times190}=0.103\%$，满足

【36、37题评析】 36题，提供一种简化方法计算受压区高度 x，即取 $\sum f_{si}A_{si}=f_{yw}\rho_w$
$(h_0-1.5x)b$。

38. 正确答案是 B，解答如下：

根据《砌规》4.3.5条，应选用水泥砂浆，故排除（A）项；由规范 5.2.1 条、
5.2.2 条：

$$A_l=200\times200=40000\text{mm}^2$$

$$A_0=(370+200+85)^2-(370+200+85-370)^2=347800\text{mm}^2$$

$$\gamma=1+0.35\sqrt{\frac{A_0}{A_l}-1}=1.971<2.5$$

安全等级为一级，$\gamma_0=1.1$，由规范式（5.2.1）：

$$1.1\times215\times10^3\leq f\cdot\gamma A_l$$

故

$$f\geq\frac{1.1\times215\times10^3}{1.971\times40000}=3.00\text{N/mm}^2$$

查《砌规》表 3.2.1-1，取 M15 水泥砂浆，MU25 烧结普通砖，$f=3.60\text{N/mm}^2$。
复核，查规范表 4.3.5 及注 2，选用 M15 水泥砂浆满足要求。

39. 正确答案是 D，解答如下：

水曲柳（TB15），$f_c=14\text{N/mm}^2$，$f_{c,90}=4.7\text{N/mm}^2$

根据《木标》4.3.2条第2款，强度设计值提高10%：

$$f_c=1.1\times14=15.4\text{N/mm}^2，\quad f_{c,90}=1.1\times4.7=5.17\text{N/mm}^2$$

$\alpha=26°34'>10°$，由标准式（4.3.3-2）：

$$f_{c\alpha}=\frac{f_c}{1+\left(\frac{f_c}{f_{c,90}}-1\right)\frac{\alpha-10°}{80°}\sin\alpha}$$

$$=\frac{15.4}{1+\left(\frac{15.4}{5.17}-1\right)\times\frac{26.6°-10°}{80°}\times\sin26.6°}=13.0\text{N/mm}^2$$

承压面积 A_c：

$$A_c=\frac{bh_c}{\cos\alpha}=\frac{N}{f_{c\alpha}}$$

$h_c=\frac{120\times10^3}{13}\cdot\frac{\cos26.6°}{200}=41.3\text{mm}$，并且满足 6.1.1 条规定，$h_c\geq20\text{mm}$，$h_c\leq\frac{h}{3}=$
$\frac{250}{3}=83.3\text{mm}$。

40. 正确答案是 C，解答如下：

由《木标》式（6.1.5）：

$$N_b = N\tan(60° - \alpha) = 120000\tan(60° - 26.6°) = 79125N$$

查《钢标》表 4.4.6，C 级普通螺栓，$f_t^b = 170N/mm^2$

由《木标》6.1.5 条：

$$A_e = \frac{N_b}{1.25f_t^b} = \frac{79125}{1.25 \times 170} = 372.4mm^2$$

选 M27（$A_e = 459mm^2$），满足；而 M24（$A_e = 353mm^2$），不满足。

【39、40 题评析】 39 题，刻槽深度 h_c 除应满足计算要求外，还应满足《木标》的构造要求。

40 题，根据《木标》6.1.5 条规定，保险螺栓的强度设计值应乘以 1.25 的系数。

（下午卷）

41. 正确答案是 C，解答如下：

根据《既有地规》附录 A.0.7 条，应选（C）项。

42. 正确答案是 B，解答如下：

根据《边坡规范》附录 A.0.2 条：

$$V = \frac{1}{2}\gamma_w h_w^2 = \frac{1}{2} \times 10 \times 12^2 = 720kN/m$$

$$U = \frac{1}{2}\gamma_w h_w L = \frac{1}{2} \times 10 \times 12 \times 50 = 3000kN/m$$

$$\begin{aligned}R &= [G\cos\theta - V\sin\theta - U]\tan\varphi + cL \\ &= [15500\cos28° - 720\sin28° - 3000]\tan25° + 50 \times 50 \\ &= 7325.2kN/m\end{aligned}$$

$$\begin{aligned}T &= G\sin\theta + V\cos\theta \\ &= 15500\sin28° + 720\cos28° = 7912.53kN/m\end{aligned}$$

$$F_s = \frac{R}{T} = \frac{7325.25}{7912.53} = 0.93$$

43. 正确答案是 A，解答如下：

粉土 $\rho_c < 10\%$，查《地规》表 5.2.4，取 $\eta_b = 0.5$，$\eta_d = 2.0$：

$$\begin{aligned}f_a &= f_{ak} + \eta_b\gamma(b - 3) + \eta_d\gamma_m(d - 0.5) \\ &= 230 + 0 + 2.0 \times 17.5 \times (1.5 - 0.5) = 265kPa\end{aligned}$$

44. 正确答案是 B，解答如下：

根据《地规》5.2.2 条：

$$M_k = 200 + 150 \times 1 = 350kN \cdot m$$

$$F_k + G_k = 600 + 20 \times 1.5 \times 2.5 \times 2.5 = 787.5kN$$

$$e = \frac{M_k}{F_k + G_k} = \frac{350}{787.5} = 0.44\text{m} > \frac{b}{6} = \frac{2.5}{6} = 0.42\text{m}$$

故基底反力呈三角形分布。

$$a = \frac{b}{2} - e = \frac{2.5}{2} - 0.44 = 0.81\text{m}$$

由规范式（5.2.2-4）：

$$p_{kmax} = \frac{2(F_k + G_k)}{3la} = \frac{2 \times 787.5}{3 \times 2.5 \times 0.81} = 259.3\text{kPa}$$

45. 正确答案是 A，解答如下：

150kPa$<f_{ak}=$230kPa$<$300kPa，粉土，查《抗规》表 4.2.3，取 $\zeta_a = 1.3$。

$$f_{aE} = \zeta_a f_a = 1.3 \times 265 = 344.5\text{kPa}$$

46. 正确答案是 C，解答如下：

$$M_k = 200 + 100 \times 1 = 300\text{kN} \cdot \text{m}$$

$$F_k + G_k = 1600 + 20 \times 1.5 \times 2.5 \times 2.5 = 1787.5\text{kN}$$

$$e = \frac{M_k}{F_k + G_k} = \frac{300}{1787.5} = 0.167\text{m} < \frac{b}{6} = \frac{2.5}{6} = 0.417\text{m}$$

故基底反力呈梯形分布。

$$p_{max} = \frac{F_k + G_k}{A} + \frac{6M_k}{bl^2} = \frac{1787.5}{2.5 \times 2.5} + \frac{6 \times 300}{2.5 \times 2.5^2} = 401.2\text{kPa}$$

$$p = \frac{F_k + G_k}{A} = \frac{1787.5}{2.5 \times 2.5} = 286\text{kPa}$$

根据《抗规》4.2.4 条：

$$p \leqslant f_{aE}，即：p = 286\text{kPa} < 344.5\text{kPa}$$

$$p_{max} \leqslant 1.2f_{aE}，即：p_{max} = 401.2\text{kPa} < 1.2f_{aE} = 1.2 \times 344.5 = 413.4\text{kPa}$$

【43～46 题评析】 44 题、46 题，求基底反力时，首先应判定基底反力图形，故需计算 e 值。

47. 正确答案是 B，解答如下：

根据《地规》6.7.3 条，

挡土墙高度为 5.5m，取 $\psi_c = 1.1$；$k_a = \tan^2\left(45° - \frac{30°}{2}\right) = 0.333$

如图 4-1（a）所示，挡土墙墙身总压力包括土压力和水压力。

$$\sigma_{a1} = 18.2 \times 4k_a = 24.24\text{kPa}$$

$$\sigma_{a2} = [18.2 \times 4 + (20 - 10) \times 1.5]k_a = 29.24\text{kPa}$$

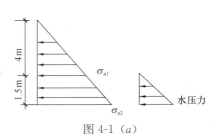

图 4-1（a）

$$E_{a1} = \psi_c \times \frac{1}{2} \times 29.24 \times 4 = 53.33 \text{kN/m}$$

$$E_{a2} = 1.1 \times \frac{1}{2} \times (24.24 + 29.24) \times 1.5 = 44.12 \text{kN/m}$$

$$E_w = 1.1 \times \frac{1}{2} \times (1.5 \times 10) \times 1.5 = 12.375 \text{kN/m}$$

$$E_a = E_{a1} + E_{a2} + E_w = 109.8 \text{kN/m}$$

48. 正确答案是 A，解答如下：

将填土表面均布荷载换算为当量土层厚度：

$$h_1 = \frac{q}{\gamma} = \frac{18}{18.2} = 0.989 \text{m}，此时挡土墙高度仍为 } 5.5 \text{m}，$$

取 $\psi_c = 1.1$。

$$E_a = \psi_c \times \left[q k_a \cdot h + \frac{1}{2} \times \gamma h k_a \cdot h \right]$$

$$= 1.1 \times \left[18 \times 0.333 \times 5.5 + \frac{1}{2} \times 18.2 \times 5.5 \times 0.333 \times 5.5 \right]$$

$$= 137.1 \text{kN/m}$$

49. 正确答案是 C，解答如下：

根据《地规》6.7.3 条

$$\sigma_{a1} = q k_a - 2c \cdot \tan\left(45° - \frac{\varphi}{2} \right)$$

$$= 18 \times 0.4903 - 2 \times 10 \times \tan\left(45° - \frac{20°}{2} \right)$$

$$= -5.18 \text{kPa（拉应力）}$$

50. 正确答案是 A，解答如下：

均布荷载换算为当量土厚度：$h_1 = \frac{q}{\gamma} = \frac{12}{17} = 0.71 \text{m}$，此时挡土墙高度仍为 5.5m，取 $\psi_c = 1.1$。

设主动土压力为零处至墙底面的距离为 x：

$$\frac{x}{5.5 - x} = \frac{30.08}{7.87}，故 } x = 4.36 \text{m}$$

由《地规》6.7.3 条：

$$E_a = 1.1 \times \frac{1}{2} \times 4.36 \times 30.08 = 72.13 \text{kN/m}$$

【49、50 题评析】 49 题、50 题，当将填土表面均布荷载 q 换算为当量土层厚度 (q/γ) 后，挡土墙高度仍为 5.5m，由《地规》6.7.3 条规定，取 $\psi_c = 1.1$。

51. 正确答案是 A，解答如下：

根据《桩规》表 5.4.4-2，中性点深度比 $l_n/l_0 = 1.0$，

故取中性点深度 $l_n = l_0 = 15 \text{m}$

由规范式 (5.4.4-2)：

$$\sigma'_1 = p + \sigma'_{\gamma i} = 60 + \frac{1}{2} \times (18 - 10) \times 8 = 92 \text{kPa}$$

$$\sigma'_2 = p + \sum_{e=1}^{i-1} \gamma_e \Delta z_e + \frac{1}{2} \gamma_i \Delta z_i = 60 + (18-10) \times 8 + \frac{1}{2} \times (20-10) \times 7 = 159 \text{kPa}$$

由规范式（5.4.4-1）

$$q_{s1}^n = \xi_{n1} \cdot \sigma'_1 = 0.25 \times 92 = 23 \text{kPa} < q_{s1k} = 40 \text{kPa}$$

$$q_{s2}^n = \xi_{n2} \cdot \sigma'_2 = 0.30 \times 159 = 47.7 \text{kPa} < q_{s2k} = 50 \text{kPa}$$

由规范式（5.4.4-3）：

$$Q_g^n = \eta_n \cdot u \sum_{i=1}^n q_{si}^n l_i = 1 \times 3.14 \times 1.0 \times (23 \times 8 + 47.7 \times 7)$$

$$= 1626.2 \text{kN}$$

52. 正确答案是 B，解答如下：

根据《抗规》表 4.3.4，取 $N_0 = 12$；砂土，$\rho_c = 3$；$d_w = 2.0 \text{m}$

设计地震第一组，取 $\beta = 0.80$

测点 1：$N_{cr1} = N_0 \beta [\ln(0.6 d_s + 1.5) - 0.1 d_w] \sqrt{3/\rho_c}$

$$= 12 \times 0.80 \times [\ln(0.6 \times 9 + 1.5) - 0.1 \times 2] \sqrt{3/3}$$

$$= 16.6 > N_1 = 10，液化$$

$N_1/N_{cr1} = 11/16 = 0.66$，查《抗规》表 4.4.3，粉细砂层 8～10m，取折减系数为 1/3。

测点 2：$N_{cr2} = 12 \times 0.80 \times [\ln(0.6 \times 11 + 1.5) - 0.1 \times 2] \sqrt{3/3} = 18.16 > N_2 = 15$，液化

$N_2/N_{cr2} = 15/18.16 = 0.826$，查《抗规》表 4.4.3，粉细砂层 10～12m，取折减系数为 1。

$$R_a = \pi \times 0.5 \times (50 \times 3 + 40 \times 3 + 60 \times 2 \times 1/3 +$$

$$60 \times 2 \times 1 + 65 \times 2) + \frac{\pi}{4} \times 0.5^2 \times 1500$$

$$= 1173.575 \text{kN}$$

$$R_{aE} = 1.25 R_a = 1466.97 \text{kN}$$

53. 正确答案是 C，解答如下：

由上题计算结果，测点 1：$N_{cr1} = 16.6 < N_1 = 19$，不会液化

测点 2：$N_{cr2} = 18.16 > N_2 = 12$，液化，2 点液化土层厚度为：

$$d_2 = \frac{3-1}{2} + 1 = 2 \text{m}, \quad \frac{N_2}{N_{cr2}} = \frac{12}{18.16} = 0.66，查《抗规》表 4.4.3，取粉细砂层 10～$$

12m，其折减系数为 $\frac{2}{3}$。

$$R_a = \pi \times 0.5 \times \left(50 \times 3 + 40 \times 3 + 60 \times 2 + 60 \times 2 \times \frac{2}{3} + 65 \times 2\right) +$$

$$\frac{\pi}{4} \times 0.5^2 \times 1500$$

$$= 1236.375 \text{kN}$$

$$R_{aE} = 1.25 R_a = 1545.47 \text{kN}$$

54. 正确答案是 B，解答如下：

根据《抗规》4.4.3 条第 2 款：

$$R_a = \pi \times 0.5 \times (2 \times 0 + 1 \times 50 + 3 \times 40 + 4 \times 0 + 2 \times 65)$$

$$+ \frac{\pi}{4} \times 0.5^2 \times 1500$$

$$= 765.375\text{kN}$$

$$R_{aE} = 1.25R_a = 956.72\text{kN}$$

【52～54 题评析】 52 题，53 题，根据《抗规》表 4.4.3，取土层液化影响折减系数，液化土的桩周摩阻力再乘以该折减系数。

55. 正确答案是 C，解答如下：

根据《地处规》8.2.3 条：

$$l = 4.8 - 1.4 = 3.4\text{m}$$

$$n = \frac{e}{1+e} = \frac{1.1}{1+1.1} = 0.523$$

$$r = 0.6\sqrt{\frac{v}{nl \times 10^3}} = 0.6 \times \sqrt{\frac{960}{0.523 \times 3.4 \times 10^3}} = 0.44$$

加固土层厚度 h 为：

$$h = l + r = 3.4 + 0.44 = 3.84\text{m}$$

56. 正确答案是 D，解答如下：

根据《地规》表 6.3.7 注 2 的规定，（D）项不妥。

57. 正确答案是 D，解答如下：

根据《高规》3.12.2 条第 5 款，应选（D）项。

58. 正确答案是 C，解答如下：

由于不考虑风振系数变化，则：

$$\frac{w_B}{w_A} = \frac{\beta \mu_s \mu_{zb} \omega_0}{\beta \mu_s \mu_{za} \omega_0} = \frac{\mu_{zb}}{\mu_{za}} = \eta_B$$

根据《荷规》8.2.2 条：

$$\tan 45° = 1 > 0.3, \text{取} \tan \alpha = 0.3; K = 1.4$$

$$z = 30\text{m} < 2.5H = 2.5 \times 20 = 50\text{m}, \text{取} z = 30\text{m}$$

$$\eta_0 = \left[1 + K\tan\alpha \left(1 - \frac{z}{2.5H} \right) \right]^2$$

$$= \left[1 + 1.4 \times 0.3 \times \left(1 - \frac{30}{2.5 \times 20} \right) \right]^2 = 1.36$$

B 处修正后：

$$\eta_B = 1 + (1.36 - 1) \times \frac{3d}{4d} = 1.27$$

59. 正确答案是 A，解答如下：

（1）根据《高规》3.3.2 条：

方案（c），高宽比 $\frac{H}{B} = \frac{72}{14} = 5.1 > 5$，不满足。

（2）根据规程 3.5.5 条：

方案（b），$B_1=12\text{m}<0.75B=0.75\times18=13.5\text{m}$，不满足。

方案（a），$B_1=14\text{m}>0.75B=0.75\times18=13.5\text{m}$，满足；$\dfrac{H}{B}=\dfrac{72}{18}=4<5$，满足。

故选方案（a）合理。

60. 正确答案是 B，解答如下：

底层边柱：
$$\overline{k}_\text{边}=\frac{i_\text{b}}{i_\text{c}}=\frac{4}{2.6}=1.54$$

$$\alpha_\text{边}=\frac{0.5+\overline{k}_\text{边}}{2+\overline{k}_\text{边}}=\frac{0.5+1.54}{2+1.54}=0.58$$

$$V_\text{边}=\frac{D_\text{边}}{\sum D_i}V_1=\frac{0.58\times2.6}{2\times(0.58\times2.6+0.7\times4.1)}\times(10\times10)$$
$$=17.22\text{kN}$$

61. 正确答案是 A，解答如下：

$$\sum_{i=1}^{4}D_i=\frac{12}{h^2}(2\alpha_\text{边}\,i_\text{边c}+2\alpha_\text{中}\,i_\text{中c})$$

$$=\frac{12}{6000^2}\times(2\times0.58\times2.6+2\times0.7\times4.1)\times10^{10}$$

$$=2.92\times10^4\text{N/mm}$$

$$\delta_1=\frac{V_1}{\sum\limits_{i=1}^{4}D_i}=\frac{10\times10\times10^3}{2.92\times10^4}=3.42\text{mm}$$

62. 正确答案是 A，解答如下：

7 度、丙类，$H=82\text{m}$，查《高规》表 3.9.3，剪力墙抗震等级为二级。

$\dfrac{h_\text{w}}{b_\text{w}}=\dfrac{2000}{300}=6.7\begin{array}{l}<8\\>4\end{array}$，根据《高规》7.1.8 条，该墙肢属于短肢剪力墙。

$\mu_\text{N}=0.35>0.3$，根据规程 7.2.14 条，该底层墙肢应设置约束边缘构件。

根据规程 7.2.15 条，纵筋配筋率不小于 1.0%；又根据规程 7.2.2 条第 5 款，该墙底层全截面纵筋配筋率不宜小于 1.2%，则：
$$A_\text{s}=1.2\%\times(300\times2000+2\times200\times300)=8640\text{mm}^2$$

当竖向纵筋间距 200mm 时，竖向纵筋总根数：$n=8+2\times\dfrac{1700-35}{200}=24.65$，取 $n=26$

$A_\text{sl}=A_\text{s}/n=8640/26=332.3\text{mm}^2$，选用 $\Phi\,22$（$A_\text{sl}=380.1\text{mm}^2$）。

63. 正确答案是 A，解答如下：

根据《高规》表 7.2.15 注 2：
$$200+300+200=700\text{mm}<3\times300=900\text{mm},\text{应视为无翼墙}$$

又根据规程附录 D.0.2 条、D.0.3 条
$$l_0=\beta h=1.0\times4.8=4800\text{mm}$$

由规程式（D.0.1）：
$$q\leqslant\frac{E_c t^3}{10 l_0^2}=\frac{3.25\times10^4\times300^3}{10\times4800^2}=3808.6\text{N/mm}=3808.6\text{kN/m}$$

【62、63 题评析】 62 题，该墙肢 $h_\text{w}/b_\text{w}=6.7$，属于短肢剪力墙，其抗震设计规定更

严,《高规》7.2.2条作了具体规定。

63题,《高规》表7.2.15注2规定,翼墙长度小于其厚度3倍或者端柱截面边长小于墙厚的2倍时,视为无翼墙或无端柱。

64. 正确答案是C,解答如下:

根据《高规》12.2.1条:

$1.1A_{s\text{计}} = 1.1 \times 985 = 1084\text{mm}^2$

$1.1A_{s\text{实}} = 1.1 \times 1017 = 1119\text{mm}^2$

选 4Φ20($A_s = 1256\text{mm}^2$),满足。

故选用 12Φ20($A_s = 3770\text{mm}^2$)。

65. 正确答案是B,解答如下:

根据《高规》6.3.2条:

$$\rho = \frac{A_s}{bh} = \frac{3 \times 314.2}{250 \times 610} = 0.62\% < 2.0\%$$

查规程表 6.3.2-2,箍筋最小直径为 8mm,故(A)项不对,又箍筋最大间距 s 为:

$$s = \min(h_b/4, 8d, 100) = \min(650/4, 8 \times 20, 100) = 100\text{mm}$$

由规程式(6.3.4-2):

$$\rho_{sv,min} = 0.28f_t/f_{yv} = 0.28 \times 1.57/270 = 0.16\%$$

故 $\rho_{sv} = \dfrac{A_{sv}}{sb} \geqslant \rho_{sv,min} = 0.16\%$

当 $s = 100\text{mm}$ 时,用双肢箍,其单肢箍筋截面面积为:

$$A_{sv1} \geqslant 0.16\%bs/2 = 0.16\% \times 250 \times 100/2 = 20\text{mm}^2$$

选Φ8($A_{sv1} = 50.3\text{mm}^2$),满足,配置$\Phi$8@100。

【64、65题评析】 65题,复核梁端纵筋配筋率 ρ 是否大于2.0%是本题的关键。

66. 正确答案是B,解答如下:

根据《高规》4.3.4条,(A)项不正确;

根据《高规》4.3.5条第1款及条文说明,(B)项正确,(C)项不正确;

根据《高规》4.3.5条第4款,(D)项不正确。

67. 正确答案是B,解答如下:

$\mu_N = 0.40 > 0.2$,由《高规》7.2.14条,应设约束边缘构件。

根据《高规》表 7.2.15,抗震一级:

$$l_c = \max(0.20h_w, b_w, 400) = \max(0.20 \times 2200, 200, 400) = 440\text{mm}$$

$$h_c = \max(b_w, l_c/2, 400) = \max(200, 440/2, 400) = 400\text{mm}$$

暗柱:$a_s = a_s' = \dfrac{h_c}{2} = 200\text{mm}$;$h_0 = h - a_s = 2200 - 200 = 2000\text{mm}$

已知大偏压,$x < \xi_b h_0$,由规程式(7.2.8-1)、式(7.2.8-8):

$$\gamma_{RE}N = N_c - N_{sw} = \alpha_1 f_c b_w x - (h_{w0} - 1.5x)b_w f_{yw}\rho_w$$

$$x = \frac{\gamma_{RE}N + f_{yw}b_w h_{w0}\rho_w}{\alpha_1 f_c b_w + 1.5f_{yw}b_w\rho_w}$$

$$= \frac{0.85 \times 465700 + 300 \times 200 \times 2000 \times 0.314\%}{1 \times 11.9 \times 200 + 1.5 \times 300 \times 200 \times 0.314\%}$$

$$= 290.2\text{mm}$$

68. 正确答案是 C，解答如下：

根据《高规》7.2.8条：

$$\gamma_{RE} N\left(e_0 + h_{w0} - \frac{h_w}{2}\right) = A'_s f'_y(h_{w0} - a'_s) - M_{sw} + M_c$$

$$A'_s = \frac{\gamma_{RE}(M + N h_{w0} - 0.5 N h_w) + M_{sw} - M_c}{f'_y(h_{w0} - a'_s)}$$

$$= \frac{0.85 \times (414 \times 10^6 + 465700 \times 2000 - 0.5 \times 465700 \times 2200) + 153.7 \times 10^6 - 1097 \times 10^6}{360 \times (2000 - 200)}$$

$$< 0$$

故按构造配筋，由规程7.2.15条：

$$A_{s,min} = 1.2\% \times (200 \times 400) = 960\text{mm}^2 < 1608\text{mm}^2(8\,\Phi\,16)$$

故取 $A'_s = A_{s,min} = 1608\text{mm}^2$

69. 正确答案是 B，解答如下：

$$\lambda = \frac{M}{V_w h_{w0}} = \frac{414}{262.4 \times 2} = 0.79 < 1.5,\text{取}\ \lambda = 1.5$$

$$V = 1.6 V_w = 1.6 \times 262.4 = 419.84\text{kN}$$

$$N = 465.7\text{kN} < 0.2 f_c b_w h_w = 1047.2\text{kN},\text{取}\ N = 465.7\text{kN}$$

由《高规》式（7.2.10-2）：

$$\frac{A_{sh}}{s} \geq \frac{\gamma_{RE} V - \dfrac{1}{\lambda - 0.5}(0.4 f_t b_w h_{w0} + 0.1 N)}{0.8 f_{yh} \cdot h_{w0}}$$

$$= \frac{0.85 \times 419840 - \dfrac{1}{1.5 - 0.5} \times (0.4 \times 1.27 \times 200 \times 2000 + 0.1 \times 465700)}{0.8 \times 300 \times 2000}$$

$$= 0.223\text{mm}^2/\text{mm}$$

当 $s = 200\text{mm}$，$A_{sh} \geq 0.223 \times 200 = 44.6\text{mm}^2$

根据规程7.2.17条第1款：$\rho_{sh,min} = 0.25\%$

$$A_{sh,min} = 0.25\% \times 200 \times 200 = 100\text{mm}^2$$

故取 $A_{sh} = 100\text{mm}^2$。

70. 正确答案是 C，解答如下：

墙肢竖向分布筋的长度范围：$2200 - 2 \times 400 = 1400\text{mm}$

根据《高规》7.2.12条：

$$\frac{1}{\gamma_{RE}}(0.6 f_y A_s + 0.8 N)$$

$$= \frac{1}{0.85} \times \left\{0.6 \times \left[300 \times \left(\frac{1400}{200} - 1\right) \times 78.5 \times 2 + 12 \times 201.1 \times 360\right] + 0.8 \times 465700\right\}$$

$$= 1251\text{kN}$$

【67~70 题评析】 67 题，应掌握剪力墙墙肢 h_0、a_s 的计算方法。

68 题，剪力墙端部暗柱配筋应满足最小配筋率要求，即规程 7.2.15 条。

69 题，关键是确定 λ、N 值；剪力设计值取内力调整后的设计值。

71. 正确答案是 C，解答如下：

根据《高钢规》表 4.2.1、8.2.4 条：

$$f_{yw} = 345 \text{N/mm}^2, \quad f_{yc} = 335 \text{N/mm}^2$$

$$m = \min\left\{1, 4 \times \frac{26}{650 - 2 \times 20} \cdot \sqrt{\frac{(500 - 2 \times 26) \times 335}{12 \times 345}}\right\}$$

$$= \min\{1, 1.03\} = 1$$

$$W_{wpe} = \frac{1}{4} \times (650 - 2 \times 18 - 2 \times 35)^2 \times 12 = 887808 \text{mm}^3$$

$$M_{uw}^j = m \cdot W_{wpe} \cdot f_{yw}$$

$$= 1 \times 887808 \times 345 = 306.3 \text{kN} \cdot \text{m}$$

72. 正确答案是 A，解答如下：

根据《高钢规》8.2.1 条、8.1.3 条：

$$\alpha = 1.40$$

$$W_p = 2 \times \left(250 \times 18 \times 316 + 307 \times 12 \times \frac{307}{2}\right) = 3974988 \text{mm}^3$$

$$\alpha(\textstyle\sum M_p/l_n) + V_{Gb} = 1.40 \times \frac{2 \times 3974988 \times 335}{6200} + 50 \times 10^3$$

$$= 651 \text{kN}$$

73. 正确答案是 D，解答如下：

1、2 号中墩的组合抗推刚度相等，$K_{Z1} = K_{Z2}$

1 号中墩墩柱的抗推刚度为：

$$K_1 = \frac{3EI}{l_1^3} = \frac{3 \times 3 \times 10^7 \times \frac{1}{12} \times 3 \times 1.2^3}{6^3} = 1.8 \times 10^5 \text{kN/m}$$

1 号中墩上橡胶支座的抗推刚度 $K_{支}$（4 块）：

$$K_{支} = \frac{nG_eA_g}{t_e} = \frac{4 \times 1.0 \times 180 \times 250}{39} = 4615 \text{kN/m}$$

桥台上橡胶支座的抗推刚度 $K_{支0}$（2 块）：

$$K_{支0} = K_{支}/2 = 2307.5 \text{kN/m}$$

1 号中墩的组合抗推刚度（或集成后的抗推刚度）为：

$$K_{Z1} = \frac{1}{\frac{1}{K_1} + \frac{1}{K_{支}}} = \frac{1}{\frac{1}{1.8 \times 10^5} + \frac{1}{4615}} = 4499.6 \text{kN/m}$$

桥台的组合抗推刚度 K_{Z0}：

$$K_{Z0} = K_{支0} = 2307.5 \text{kN/m}$$

故 $\sum K_{Zi} = 13614.2 \text{kN/m}$

双向行驶，车行道净宽 7m，查《公桥通规》表 4.3.1-4，为 2 条设计车道。由《公桥通规》4.3.5 条，汽车制动力按一条车道荷载计算。又由规范 4.3.1 条第 7 款表 4.3.1-5，取车道荷载提高系数 1.2。

公路—Ⅰ级：$q_k = 10.5 \text{kN/m}$，$P_k = 2 \times (19.5 + 130) = 299 \text{kN}$

$F_{bk} = 1.2 \times (10.5 \times 59.5 + 299) \times 10\% = 1.2 \times 92.4 \text{kN} = 111 \text{kN} < 165 \text{kN}$

故取 $F_{bk} = 165 \text{kN}$

1 号中墩：$\quad F_{1bk} = \dfrac{K_{Z1}}{\sum K_{Zi}} \cdot F_{bk} = \dfrac{4499.6}{13614.2} \times 165 = 54.53 \text{kN}$

74. 正确答案是 A，解答如下：

由于跨中截面两侧墩台抗推刚度相等，温度作用是自平衡的，故零点位置位于桥对称截面位置，即 1、2 号桥墩中点，故：

$$x_0 = 19.5 + 0.5 + \frac{19.5}{2} = 29.75 \text{m}$$

75. 正确答案是 A，解答如下：

1 号墩距零点位置的距离为：$x_1 = -10.0 \text{m}$

升温时：$\Delta_{1t} = \alpha_t x_1 = 1 \times 10^{-5} \times (40 - 15) \times (-10) = -2.5 \times 10^{-3} \text{m} = -2.5 \text{mm}$

降温时：$\Delta_{1t0} = \alpha_t x_1 = 1 \times 10^{-5} \times (-5 - 15) \times (-10) = 2.0 \times 10^{-3} \text{m} = 2.0 \text{mm}$

76. 正确答案是 D，解答如下：

（1）确定支座 1 的汽车荷载横向分布系数，用杠杆法计算，如图 4-2（a）所示。

$$\eta_1 = \frac{3.4 + 2.55 - 0.75 - 0.5}{3.4} \times 1 = 1.382$$

$$\eta_2 = \frac{5.95 - 0.75 - 0.5 - 1.8}{3.4} \times 1 = 0.853$$

$$\eta_3 = \frac{5.95 - 0.75 - 0.5 - 1.8 - 1.3}{3.4} \times 1 = 0.471$$

$$\eta_4 = \frac{5.95 - 0.75 - 0.5 - 1.8 - 1.3 - 1.8}{3.4} \times 1 = -0.059$$

$$m_{cq} = \frac{1}{2} \sum \eta_i = 1.3235$$

（2）桥面车行道净宽 7.0m，双向行驶，查《公桥通规》表 4.3.1-4，为 2 个设计车道，故取 $\xi = 1.0$。

1 号中墩汽车加载如图 4-3（a）所示。

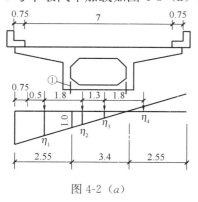

图 4-2（a）

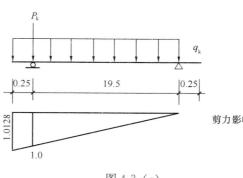

图 4-3（a）

$$y_k = 1.0128, \quad \Omega = \frac{1}{2} l_0 y_k = \frac{1}{2} \times 19.75 \times 1.0128 = 10.0014 \text{m}$$

$$\begin{aligned} R_{1k} &= (1+\mu) \xi n_{cq}(P_k y_k + q_k \Omega) \\ &= 1.256 \times 1.0 \times 1.3235 \times (299 \times 1.0128 + 10.5 \times 10.0014) \\ &= 678 \text{kN} \end{aligned}$$

【73～76题评析】 73题，掌握柔性墩的组合抗推刚度的计算；计算汽车制动力 F_{bk} 时，应满足规范最小值要求。

76题，本题目求主梁一侧单个橡胶支座的最大压力值，故取汽车加载长度为单孔。

77. 正确答案是 A，解答如下：

每米宽板上的永久荷载集度：

沥青混凝土面层：$g_1 = 0.02 \times 1 \times 23 = 0.46 \text{kN/m}$

混凝土垫层：$g_2 = 0.09 \times 1 \times 24 = 2.16 \text{kN/m}$

T 梁翼板自重：$g_3 = \dfrac{0.08 + 0.14}{2} \times 1 \times 25 = 2.75 \text{kN/m}$

合计：$g = 5.37 \text{kN/m}$

每米宽板条的永久荷载在板的根部产生的弯矩标准值：

$$M_{Ag} = -\frac{1}{2} g l_0^2 = -\frac{1}{2} \times 5.37 \times \left(\frac{1.42}{2}\right)^2 = -1.354 \text{kN} \cdot \text{m}$$

78. 正确答案是 A，解答如下：

查《公桥通规》表 4.3.1-3，后车轮着地长度 $a_1 = 0.2 \text{m}$，着地宽度 $b_1 = 0.6 \text{m}$。

$$a = a_1 + 2h = 0.2 + 2 \times 0.11 = 0.42 \text{m}$$

$$b = b_1 + 2h = 0.6 + 2 \times 0.11 = 0.82 \text{m}$$

由《公桥混规》4.2.5 条，单个车轮：$a = a_1 + 2h + 2l_c = 0.42 + 2 \times \dfrac{1.42}{2} = 1.84 \text{m} > d = 1.4 \text{m}$

故后车轮的有效分布宽度有重叠，则：

$$a = a_1 + 2h + d + 2l_c = 0.42 + 1.4 + 2 \times \frac{1.42}{2} = 3.24 \text{m}$$

故作用于每米宽板条上的弯矩标准值、剪力标准值，按 2 个车轮轴重计算。

$$\begin{aligned} M_{Aq} &= -(1+\mu) \frac{2 \times P}{4a}\left(l_0 - \frac{b}{4}\right) \\ &= -1.3 \times \frac{2 \times 140}{4 \times 3.24} \times \left(0.71 - \frac{0.82}{4}\right) = -14.184 \text{kN} \cdot \text{m} \end{aligned}$$

$$V_{Aq} = (1+\mu) \frac{2P}{4a} = 1.3 \times \frac{2 \times 140}{4 \times 3.24} = 28.086 \text{kN}$$

79. 正确答案是 D，解答如下：

$$\begin{aligned} \gamma_0 M_A &= \gamma_0(\gamma_G M_{Ag} + \gamma_{Q1} M_{Aq}) \\ &= -1.0 \times (1.2 \times 1.354 + 1.8 \times 14.184) = -27.16 \text{kN} \cdot \text{m} \end{aligned}$$

80. 正确答案是 A，解答如下：

根据《公桥通规》4.1.6 条：

$$M_{fd} = M_{Ag} + \psi_{f1} M_{Aq}$$

$$= -\left(1.354 + 0.7 \times \frac{14.184}{1+0.3}\right) = -8.99\text{kN} \cdot \text{m}$$

【77～80 题评析】 78 题，须判断后车轮的有效分布宽度是否有重叠，当单个车轮，$a = a_1 + 2h + 2l_c > d = 1.4\text{m}$ 时，必重叠。

实战训练试题（五）解答与评析

（上午卷）

1. 正确答案是 C，解答如下：

根据《荷规》3.2.6 条条文说明，（C）项不妥。

2. 正确答案是 B，解答如下：

根据《可靠性标准》8.2.4 条

根据《混规》6.5.1 条规定：

$$q = 1.3 \times 20 + 1.5 \times 3 = 30.5\text{kN/m}^2$$

$$b = 1500 + 2h_0 = 1500 + 2 \times 220 = 1940\text{mm}$$

$$F_l = 30.5 \times (6 \times 6 - 1.94 \times 1.94) = 983.2\text{kN}$$

3. 正确答案是 A，解答如下：

根据《荷规》附录 C.0.5 条规定：

$$l = 3.0\text{m}, b_{cx} = b_{tx} + 2s + h = 0.6 + 2 \times 0.2 + 0.1 = 1.1\text{m}$$

$$b_{cy} = b_{ty} + 2s + h = 1.5 + 2 \times 0.2 + 0.1 = 2.0\text{m}$$

又 $b_{cx} < b_{cy}$；$b_{cy} < 2.2l = 2.2 \times 3 = 6.6\text{m}$；

$b_{cx} < l$，由《荷规》式（C.0.5-3）：

$$b = \frac{2}{3}b_{cy} + 0.73l = \frac{2}{3} \times 2.0 + 0.73 \times 3 = 3.523\text{m}$$

由于设备中心至非支承边的距离 d：

$$d = 0.8 + 0.75 = 1.55\text{m} < \frac{b}{2} = 1.76\text{m}$$

故有效分布宽度 b 应折减，由《荷规》式（C.0.5-5）：

$$b' = \frac{1}{2}b + d = \frac{3.523}{2} + 1.55 = 3.31\text{m}$$

4. 正确答案是 A，解答如下：

板的计算简图如图 5-1（a）。

$$b_{cx} = 1.1\text{m}$$

操作荷载产生的均布线荷载 q_1：

$$q_1 = 2.0 \times b' = 2.0 \times 3.31 = 6.62\text{kN/m}$$

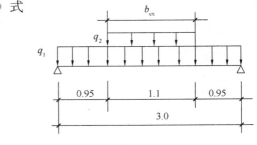

图 5-1（a）

设备荷载扣除相应操作荷载后产生的沿板跨均布线荷载 q_2。

$$q_2 = (10 \times 1.1 - 2 \times 0.6 \times 1.5)/1.1 = 8.36\text{kN/m}$$

故： $M_{\max} = \dfrac{1}{2}q_1 l^2 + \dfrac{1}{2}q_2 b_{cx}\dfrac{l}{2} - \dfrac{1}{2}q_2 b_{cx}\dfrac{b_{cx}}{4}$

$$= \dfrac{1}{8}\times 6.62\times 3^2 + \dfrac{1}{2}\times 8.36\times 1.1\times\dfrac{3}{2} - \dfrac{1}{2}\times 8.36\times 1.1\times\dfrac{1.1}{4}$$

$$= 13.08\text{kN}\cdot\text{m}$$

由《荷规》附录式（C.0.4-1）：

$$q_e = \dfrac{8M_{\max}}{bl^2} = \dfrac{8\times 13.08}{3.31\times 3^2} = 3.513\text{kN/m}^2$$

5. 正确答案是 B，解答如下：

梁端内力值： $V = R = P = 400\times 10^3\text{N}$ ， $M = Ra = 400\times 2.0 = 800\text{kN}\cdot\text{m}$

$$h_0 = h - a_s = 820 + 100 + 80 - 45 = 955\text{mm}$$

根据《混规》6.3.8 条：

$$c = h_0 = 955\text{mm}, \quad z = 0.9h_0 = 859.5\text{mm}$$

$$\lambda = a/h_0 = 2000/955 = 2.09$$

由规范式（6.3.4-2），取箍筋间距 $s = 150\text{mm}$ ：

$$V_{cs} = \dfrac{1.75}{\lambda + 1}f_t b h_0 + f_{yv}\dfrac{A_{sv}}{s}h_0$$

$$= \dfrac{1.75}{2.09 + 1.0}\times 1.27\times 160\times 955 + 270\times\dfrac{A_{sv}}{150}\times 955$$

$$= 109.9\times 10^3 + 1719A_{sv}$$

由规范式（6.3.8-2）：

$$V_{sp} = \dfrac{M - 0.8\Sigma f_{yv}A_{sv}z_{sv}}{z + c\tan\beta}\tan\beta$$

$$= \dfrac{800\times 10^6 - 0.8\times 270\times\dfrac{955}{150}A_{sv}\times 480}{859.5 + 955\times\tan 20°}\times\tan 20°$$

$$= 241.22\times 10^3 - 199A_{sv}$$

将上述结果代入规范式（6.3.8-1）：

$$V\leqslant V_{cs} + V_{sp} + 0.0 = 109.9\times 10^3 + 1719A_{sv} + 241.22\times 10^3 - 199A_{sv}$$

解之得： $A_{sv}\geqslant 32\text{mm}^2$

由规范 9.2.9 条第 2 款，选双肢箍筋 2 Φ 8， $A_{sv} = 2\times 50.3 = 100.6\text{mm}^2$ ， $\rho = \dfrac{A_{sv}}{bs} = \dfrac{100.6}{160\times 150} = 0.42\%$

复核最小配箍率，《混规》9.2.9 条：

$$\rho_{sv,\min} = 0.24f_t/f_{yv} = 0.24\times 1.27/270 = 0.11\% < 0.42\%,\text{满足}$$

【5 题评析】 5 题中 z_{sv} 按下式计算得到：

$$z_{sv} = \dfrac{c}{2} = \dfrac{955}{2} = 477.5\text{mm}$$

6. 正确答案是 D，解答如下：

根据《混规》式（6.2.10-1），且 $\gamma_{RE} = 0.75$ ：

$$x = h_0 - \sqrt{h_0^2 - \frac{2\gamma_{RE}M}{\alpha_1 f_c b}}$$

$$= 565 - \sqrt{565^2 - \frac{2 \times 0.75 \times 180 \times 10^6}{1 \times 11.9 \times 250}}$$

$$= 87\text{mm} < 0.35h_0 = 198\text{mm}$$

$$< \xi_b h_0 = 0.518 \times 565 = 293\text{mm}$$

$$A_s = \frac{\alpha_1 f_c bx}{f_y} = \frac{1 \times 11.9 \times 250 \times 87}{360} = 719\text{mm}^2, \rho = \frac{719}{250 \times 600}$$

$$= 0.48\% < 2.5\%$$

抗震二级，由《混规》表 11.3.6-1：

$$\rho_{\min} = \max(0.25\%, 0.55f_t/f_y) = \max(0.25\%, 0.55 \times 1.27/360)$$

$$= 0.25\%$$

$$A_{s,\min} = 0.25\% \times 250 \times 600 = 375\text{mm}^2 < A_s = 719\text{mm}^2, 满足$$

7. 正确答案是 D，解答如下：

$$M_1 = f_y A_s(h_0 - a'_s) = 360 \times 982 \times (565 - 35) = 187.37\text{kN} \cdot \text{m}$$

$$\frac{f_y A_s(h_0 - a'_s)}{\gamma_{RE}} = \frac{187.37}{0.75} = 249.83\text{kN} \cdot \text{m} > 200\text{kN} \cdot \text{m}, 满足$$

$$M_2 = \gamma_{RE}M - M_1 = 0.75 \times 410 - 187.37 = 120.13\text{kN} \cdot \text{m}$$

根据《混规》式（7.2.1-1）：

$$x = h_0 - \sqrt{h_0^2 - \frac{2M_2}{\alpha_1 f_c b}} = 565 - \sqrt{565^2 - \frac{2 \times 120.13 \times 10^6}{1 \times 11.9 \times 250}}$$

$$= 77\text{mm} < 0.35h_0 = 198\text{mm}, 且 > 2a'_s = 70\text{mm}$$

$$A_s = \frac{\alpha_1 f_c bx}{f_y} + A'_s = \frac{1 \times 11.9 \times 250 \times 77}{360} + 982 = 1618\text{mm}^2$$

$$\rho = \frac{A_s}{bh} = \frac{1618}{250 \times 600} = 1.08\%$$

复核最小配筋率，查《混规》表 11.3.6-1，则：

$$\rho_{\min} = \max(0.3\%, 0.65f_t/f_y) = \max(0.3\%, 0.65 \times 1.27/360)$$

$$= 0.3\% < 1.08\%, 满足$$

$$A'_s/A_s = 982/1618 = 0.61 > 0.3, 满足规范 11.3.6 条第 2 款规定。$$

8. 正确答案是 B，解答如下：

根据《混规》6.2.10 条：

$$x = \frac{f_y A_s - f'_y A'_s}{\alpha_1 f_c b} = \frac{360 \times 1520 - 360 \times 628}{1.0 \times 11.9 \times 250}$$

$$= 108\text{mm} < \xi_b h_0 = 0.518 \times 565 = 293\text{mm}$$

$$> 2a'_s = 70\text{mm}$$

由规范式（6.2.10-1）：

$$M = \frac{1}{\gamma_{RE}}\left[\alpha_1 f_c bx\left(h_0 - \frac{x}{2}\right) + f'_y A'_s(h_0 - a'_s)\right]$$

$$= \frac{1}{0.75} \times \left[1 \times 11.9 \times 250 \times 108 \times \left(565 - \frac{108}{2}\right) + 360 \times 628 \times (565 - 35)\right]$$

$$=378.68\text{kN}\cdot\text{m}$$

9. 正确答案是 A，解答如下：

$$V_{\text{Gb}}=1.2\times43.4\times\frac{l_{\text{n}}}{2}=1.2\times43.4\times\frac{6-0.5}{2}=143.2\text{kN}$$

根据《混规》11.3.2 条：

顺时针方向：$M_{\text{b}}^l+M_{\text{b}}^r=200+360=560\text{kN}\cdot\text{m}$

逆时针方向：$M_{\text{b}}^l+M_{\text{b}}^r=410+170=580\text{kN}\cdot\text{m}$，

故取逆时针方向弯矩值计算

$$V_{\text{b}}=1.2\frac{M_{\text{b}}^l+M_{\text{b}}^r}{l_{\text{n}}}+V_{\text{Gb}}=1.2\times\frac{580}{6-0.5}+143.2=269.75\text{kN}$$

由规范式（11.3.4）：

$$V_{\text{b}}\leqslant\frac{1}{\gamma_{\text{RE}}}\left(0.6\alpha_{\text{cv}}f_{\text{t}}bh_0+f_{\text{yv}}\frac{A_{\text{sv}}}{s}h_0\right)$$

$$\frac{A_{\text{sv}}}{s}\geqslant\frac{\gamma_{\text{RE}}V_{\text{b}}-0.6\alpha_{\text{cv}}f_{\text{t}}bh_0}{f_{\text{yv}}h_0}$$

$$=\frac{0.85\times269.75\times10^3-0.6\times0.7\times1.27\times250\times565}{270\times565}$$

$$=1.01\text{mm}^2/\text{mm}$$

复核箍筋构造要求，框架梁，抗震二级，查规范表 11.3.6-2，取箍筋直径 $d=8\text{mm}$，其最大间距 $s=\min$（100，$h/4$）$=\min$（100，500/4）$=100\text{mm}$，故为 $2\Phi8@100$，则：

$$\frac{A_{\text{sv}}}{s}=\frac{2\times50.3}{100}=1.006\text{mm}^2/\text{mm}<1.01\text{mm}^2/\text{mm}，满足$$

$$\rho_{\text{sv}}=\frac{A_{\text{sv}}}{bs}=\frac{1.01}{250}=0.404\%>0.28f_{\text{t}}/f_{\text{y}}=0.28\times1.27/270=0.132\%，满足$$

【6～9题评析】 6题、7题，均应复核纵向钢筋配筋率是否满足最小配筋率要求。

9题，箍筋配置，应复核其配箍率是否满足最小配箍率要求，箍筋直径、间距是否满足构造要求。

10. 正确答案是 C，解答如下：

根据《抗规》5.1.1 条第 4 款，（A）项正确；

根据《抗规》6.2.14 条第 1 款，（B）项正确；

根据《抗规》6.3.9 条第 1 款，（D）项正确；

（C）项不妥，这是因为地震作用具有双向性，故不能用弯起钢筋抗剪。

11. 正确答案是 B，解答如下：

$$\sigma_{\text{p0}}'=\sigma_{\text{con}}'-\sigma_l'=735-130=605\text{N/mm}^2$$

根据《混规》式（6.2.10-2）：

$$x=\frac{f_{\text{py}}A_{\text{p}}+(\sigma_{\text{p0}}'-f_{\text{py}}')A_{\text{p}}'}{\alpha_1f_{\text{c}}b_{\text{f}}'}=\frac{900\times628+(605-410)\times157}{1.0\times19.1\times360}$$

$$=86.7\text{mm}<h_{\text{f}}'=105\text{mm}，>2a_{\text{p}}'=50\text{mm}$$

已知截面的中和轴通过翼缘，属于第一类 T 形截面，由式（6.2.10-1）：

$$M_u = \alpha_1 f_c b'_f x \left(h_0 - \frac{x}{2} \right) - (\sigma'_{p0} - f'_{py}) A'_p (h_0 - a'_p)$$

$$= 1 \times 19.1 \times 360 \times 86.7 \times \left(757 - \frac{86.7}{2} \right) - (605 - 410) \times 157 \times (757 - 25)$$

$$= 402.8 \text{kN} \cdot \text{m}$$

12. 正确答案是 D，解答如下：

$$\sigma'_{p0} = \sigma'_{con} - \sigma'_l = 735 - 130 = 605 \text{N/mm}^2$$

$$\sigma_{p0} = \sigma_{con} - \sigma_l = 972 - 189 = 783 \text{N/mm}^2$$

$$y_p = y_{max} - a_p = 451 - 43 = 408 \text{mm}$$

$$y'_p = y'_{max} - a'_p = 349 - 25 = 324 \text{mm}$$

根据《混规》式（10.1.7-1），预应力钢筋的合力为：

$$N_{p0} = \sigma_{p0} A_p + \sigma'_{p0} A'_p = 783 \times 628 + 605 \times 157 = 586.71 \text{kN}$$

由规范式（10.1.7-2），预应力钢筋合力作用点至换算截面重心的距离为：

$$e_{p0} = \frac{\sigma_{p0} A_p y_p - \sigma'_{p0} A'_p y'_p}{N_{p0}}$$

$$= \frac{783 \times 628 \times 408 - 605 \times 157 \times 324}{586.71 \times 10^3} = 289.5 \text{mm}$$

由规范式（10.1.6-1），求 σ_{pc}：

$$\sigma_{pc} = \frac{N_{p0}}{A_0} + \frac{\sigma_{p0} e_{p0}}{I_0} y_{max}$$

$$= \frac{586.71 \times 10^3}{98.52 \times 10^3} + \frac{586.71 \times 10^3 \times 289.5 \times 451}{8.363 \times 10^9}$$

$$= 15.11 \text{N/mm}^2$$

13. 正确答案是 D，解答如下：

根据《混规》式（10.1.6-1）：

截面上边缘的混凝土预应力为：

$$\sigma'_{pc I} = \frac{N_{p0 I}}{A_0} - \frac{N_{p0 I} e_{p0 I}}{I_0} y'_{max}$$

$$= \frac{684.31 \times 10^3}{98.52 \times 10^3} - \frac{684.31 \times 10^3 \times 299.6}{8.363 \times 10^9} \times 349$$

$$= -1.61 \text{N/mm}^2 （拉应力）$$

截面下边缘的混凝土预应力为：

$$\sigma_{pc I} = \frac{N_{p0 I}}{A_0} + \frac{N_{p0 I} e_{p0 I}}{I_0} y_{max}$$

$$= \frac{684.31 \times 10^3}{98.52 \times 10^3} + \frac{684.31 \times 10^3 \times 299.6}{8.363 \times 10^9} \times 451$$

$$= 18.0 \text{N/mm}^2 （压应力）$$

14. 正确答案是 C，解答如下：

梁自重在吊点处产生的弯矩：$M_b = \frac{1}{2} \times 2.36 \times 0.7^2 \times 1.5 = 0.8673 \text{kN} \cdot \text{m}$

吊装时在梁吊点处截面的上下边缘混凝土应力为：

上边缘：$\sigma'_c = -2.0 - \dfrac{M_b}{I_0}y'_{max} = -2.0 - \dfrac{0.8673\times10^6}{8.363\times10^9}\times349$

$$= -2.0 - 0.036 = -2.036 \text{N/mm}^2$$

下边缘：$\sigma_c = 20.6 + \dfrac{M_b}{I_0}y_{max} = 20.6 + \dfrac{0.8673\times10^6}{8.363\times10^9}\times451$

$$= 20.6 + 0.05 = 20.65 \text{N/mm}^2$$

【11～14 题评析】 12 题、13 题，注意不同阶段预应力钢筋合力的计算，及相应的 A_0、I_0 取值。

15. 正确答案是 B，解答如下：

根据《混加规》10.5.2 条：

查表 10.5.2，$\lambda = \dfrac{H_n}{2h_0} = \dfrac{4500}{2\times460} = 4.9 > 3$

取 $\psi_{vc} = 0.72$

查 4.3.4-1，重要构件，$f_f = 1600 \text{MPa}$，故取 $f_f = 0.5\times1600 = 800 \text{MPa}$

$$b_f \geq \dfrac{V_{cf}s_f}{\psi_{vc}f_f \cdot h \cdot 2n_f t_f} = \dfrac{(550\times10^3 - 370\times10^3)\times300}{0.72\times800\times500\times2\times3\times0.167}$$

$$= 187 \text{mm}$$

取 $b_f = 200 \text{mm}$，满足，故选（B）项。

16. 正确答案是 A，解答如下：

由《荷规》附录 F.1.1 条：

$$T_1 = (0.007\sim0.013)H = (0.007\sim0.013)\times42 = 0.294\sim0.546\text{s}$$

17. 正确答案是 C，解答如下：

根据《可靠性标准》8.2.4 条：

风荷载控制，风载，$\gamma_Q = 1.5$；活荷载，有利，$\gamma_Q = 0.0$；恒载，有利，$\gamma_G = 1.0$

$$N_t = -\gamma_G(F_{G1}+F_{G2})\times\dfrac{7.2}{2}\times\dfrac{1}{7.2\times2} + \gamma_Q F_3 H \cdot \dfrac{1}{7.2\times2}$$

$$= -1.0\times(1100+440)\times\dfrac{1}{4} + 1.5\times500\times45\times\dfrac{1}{7.2\times2}$$

$$= 1958.75 \text{kN}$$

18. 正确答案是 B，解答如下：

$$l_{0x} = l_{0y} = 7\text{m}$$

热轧 H 型钢，$b/h = 398/394 = 1.01 > 0.8$，查《钢标》表 7.2.1-1，x 轴，属 b 类；y 轴，属 c 类。

$\lambda_x = \dfrac{l_{0x}}{i_x} = \dfrac{7000}{173} = 40.5$，查附录表 D.0.2，取 $\varphi_x = 0.897$

$\lambda_y = \dfrac{l_{0y}}{i_y} = \dfrac{7000}{100} = 70$，查附表 D.0.3，取 $\varphi_y = 0.642$。

故取 $\varphi = 0.642$

$\dfrac{N}{\varphi_y A} = \dfrac{2143\times10^3}{0.642\times18760} = 178 \text{N/mm}^2$

19. 正确答案是 D，解答如下：

板厚 $t=10$mm，查《钢标》表7.2.1-1，属b类截面。

$$\lambda = \frac{l_0}{i} = \frac{7000}{173} = 40.5$$

查附表D.0.2，取 $\varphi=0.897$

$$\frac{N}{\varphi A} = \frac{2143 \times 10^3}{0.897 \times 15400} = 155\text{N/mm}^2$$

20. 正确答案是C，解答如下：

由题目条件，支架的交叉腹杆按单杆受拉考虑，故可将cd杆视为横缀条，其分担水平剪力的1/2：

$$N = -1.5 \times 500 \times \frac{1}{2} = -375\text{kN（压力）}$$

$$\lambda = l_0/i = 7200/69 = 104.3$$

查《钢标》表7.2.1-1，b类截面，查附表D.0.2，取 $\varphi=0.527$

$$\frac{N}{\varphi A} = \frac{375 \times 10^3}{0.527 \times 3656.8} = 194.6\text{N/mm}^2$$

21. 正确答案是B，解答如下：

交叉缀条按拉杆设计，则：

$$\alpha = \arctan\frac{7}{7.2} = 44.19°, \cos\alpha = 0.717$$

$$N = \frac{F_3}{2\cos\alpha} = \frac{1.5 \times 500}{2 \times 0.717} = 523\text{kN}$$

根据《钢标》11.4.2条：

$$N_v^b = 0.9kn_f\mu P = 0.9 \times 1 \times 2 \times 0.45 \times 190 = 153.9\text{kN}$$

螺栓数目：$n \geqslant \dfrac{N}{N_v^b} = \dfrac{523}{153.9} = 3.4$

【16～21题评析】 17题，考虑各类荷载作用的效应时，当恒载有利时，取 $\gamma_G=1.0$；活荷载有利时取 $\gamma_Q=0.0$。

20题，求cd杆内力N，也可采用取隔离体进行计算。

22. 正确答案是A，解答如下：

平面内：$l_{0x}=1507$mm，$\lambda_x = \dfrac{l_{0x}}{i_x} = \dfrac{1507}{17.2} = 87.6$

平面外：$l_{0y}=2964$mm，$\lambda_y = \dfrac{l_{0y}}{i_y} = \dfrac{2964}{25.4} = 116.7$

由《钢标》7.2.2条：

$$\lambda_z = 3.9\frac{b}{t} = 3.9 \times \frac{56}{5} = 43.68 < \lambda_y，则：$$

$$\lambda_{yz} = 116.7 \times \left[1 + 0.16 \times \left(\frac{43.68}{116.7}\right)^2\right] = 119.3$$

查表7.2.1-1，属b类截面；查附录D.0.2，取 $\varphi_{yz}=0.440$

$$\frac{N}{\varphi_{yz}A} = \frac{7.94 \times 10^3}{0.440 \times 10.83 \times 10^2} = 16.7\text{N/mm}^2$$

23. 正确答案是 B，解答如下：

平面内：$l_{0x}=1852mm$，$\lambda_x=\dfrac{l_{0x}}{i_x}=\dfrac{1852}{17.2}=107.7$

平面外：$l_{0y}=l_1\left(0.75+0.25\dfrac{N_2}{N_1}\right)=3768\times\left(0.75+0.25\times\dfrac{8.05}{17.78}\right)=3252mm$

$$\lambda_y=\dfrac{l_{0y}}{i_y}=\dfrac{3252}{25.4}=128.0$$

由《钢标》7.2.2 条：

$$\lambda_z=3.9\dfrac{b}{t}=3.9\times\dfrac{56}{5}=43.68<\lambda_y,则：$$

$$\lambda_{yz}=128\times\left[1+0.16\times\left(\dfrac{43.68}{128}\right)^2\right]=130.4$$

均属 b 类截面，查附表 D.0.2，取 $\varphi_{yz}=0.385$

$$\dfrac{N}{\varphi_{yz}A}=\dfrac{17.78\times10^3}{0.385\times10.83\times10^2}=42.6N/mm^2$$

24. 正确答案是 A，解答如下：

根据《钢标》7.6.1 条：

$$\lambda=\dfrac{l_0}{i_{\min}}=\dfrac{0.9\times1705}{11.0}=139.5$$

由表 7.2.1-1 及注，b 类截面，查附表 D.0.2，取 $\varphi=0.346$；

$$\eta=0.6+0.0015\lambda=0.6+0.0015\times139.5=0.809$$

$$N_u=\eta\varphi Af=0.809\times0.346\times5.42\times10^2\times215=32.6kN$$

由《钢标》7.6.3 条：

$$\dfrac{w}{t}=\dfrac{56-5\times2}{5}=9.2<14\varepsilon_k=14,不考虑折减$$

故最终取 $N_u=32.6kN$

25. 正确答案是 A，解答如下：

根据《钢标》8.2.1 条：

$$\dfrac{b}{t}\approx\dfrac{63-5}{5}=11.6<13\varepsilon_k=13$$

$$\dfrac{h_0}{t_w}\approx\dfrac{63-5}{2\times5}=5.8<40\varepsilon_k=40$$

截面等级满足 S3 级。

$$l_{0x}=l_{0y}=2050mm$$

$$\lambda_x=\dfrac{l_{0x}}{i_x}=\dfrac{2050}{19.4}=105.7$$

b 类截面，查附表 D.0.2，取 $\varphi_x=0.519$；

最不利情况，取 $W_{1x}=W_{x\min}=10.16\times10^3mm^3$，$\gamma_x=1.2$

$$\dfrac{N}{\varphi_xA}+\dfrac{\beta_{mx}M_x}{\gamma_xW_{1x}\times\left(1-0.8\dfrac{N}{N'_{Ex}}\right)}=\dfrac{7.65\times10^3}{0.519\times1229}+\dfrac{1.0\times1.96\times10^6}{1.2\times10.16\times10^3\times\left(1-0.8\times\dfrac{7.65}{203.3}\right)}$$

$$=177.7N/mm^2$$

26. 正确答案是 A，解答如下：

根据《钢标》8.2.1 条：

$$\lambda_y = \frac{l_{0y}}{i_y} = \frac{2050}{28.2} = 72.7$$

由《钢标》7.2.2 条：

$$\lambda_z = 3.9 \times \frac{63}{5} = 49.14 < \lambda_y，则：$$

$$\lambda_{yz} = 72.7 \times \left[1 + 0.16 \times \left(\frac{49.14}{72.7}\right)^2\right]$$

$$= 78.0$$

b 类截面，查附表 D.0.2，取 $\varphi_{yz} = 0.701$

根据翼缘受拉，附录 C.0.5 条：

$$\varphi_b = 1 - 0.005\lambda_y/\varepsilon_k = 1 - 0.005 \times 72.7/1 = 0.964$$

$$\frac{N}{\varphi_y A} + \eta \frac{\beta_{tx} M_x}{\varphi_b W_{1x}} = \frac{7.65 \times 10^3}{0.701 \times 12.29 \times 10^2} + 1.0 \times \frac{1.0 \times 1.96 \times 10^6}{0.964 \times 10.16 \times 10^3}$$

$$= 209.0 \text{N/mm}^2$$

【22～26 题评析】 22 题、23 题，应考虑单轴对称截面的扭转效应，用 λ_{yz} 代替 λ_y。
25 题，由于背风面的侧柱最不利，故取 $W_{1x} = W_{x\,min}$。

27. 正确答案是 A，解答如下：

三级对接焊缝，查《钢标》表 4.4.5，取 $f_t^w = 185 \text{N/mm}^2$

$$\frac{M_x}{W_x} \leqslant \sigma_{max}，M_x = \frac{1}{2}qlx - \frac{1}{2}qx^2$$

按对接焊缝抗弯刚度要求，该处梁截面所能承受的边缘纤维弯曲拉应力为：

$$\sigma_{max} = \frac{f_t^w h/2}{h_0/2} = \frac{185 \times 1032}{1000} = 190.9 \text{N/mm}^2$$

所以，$M_x \leqslant \sigma_{max} W_x = 190.9 \times \frac{2898 \times 10^6}{516} = 1072.1 \text{kN} \cdot \text{m}$

即：

$$\frac{1}{2}qlx - \frac{1}{2}qx^2 \leqslant 1072.1$$

解之得：

$$x \leqslant 2.97 \text{m}$$

28. 正确答案是 A，解答如下：

$$V = \frac{1}{2}ql - qx = \frac{1}{2} \times 80 \times 12 - 80 \times 3 = 240 \text{kN}$$

$$\tau_1 = \frac{VS_x}{I_x t_w} = \frac{240 \times 10^3 \times (250 \times 16 \times 508)}{2898 \times 10^6 \times 10} = 16.8 \text{N/mm}^2$$

$$\sigma_1 = f_t^w = 185 \text{N/mm}^2$$

由《钢标》式（6.1.5-1），$\sigma_c = 0$，则：

$$\sqrt{\sigma_1^2 + 3\tau^2} = \sqrt{185^2 + 3 \times 16.8^2} = 187.3 \text{N/mm}^2$$

29. 正确答案是 C，解答如下：

根据《钢标》4.3.3 条，结构工作温度（-27℃）不高于-20℃时，Q345 钢应具有
-20℃冲击韧性的合格保证，故选 Q345D。

30. 正确答案是 B，解答如下：

$$A = 1.2 \times 0.37 = 0.444 \text{m}^2 > 0.3 \text{m}^2$$

根据《砌规》5.2.5 条：

$\sigma_0/f = 0.60/1.5 = 0.40$，查规范表 5.2.5，$\delta_1 = 6.0$

$$a_0 = \delta_1 \sqrt{h/f} = 6.0 \times \sqrt{500/1.5} = 110 \text{mm} < 370 \text{mm}$$

$$N_0 = \sigma_0 A_b = 0.6 \times 550 \times 370 = 122.1 \text{kN}$$

合力偏心距：$e = \dfrac{M}{N_l + N_0} = \dfrac{80 \times 10^3 \times \left(\dfrac{370}{2} - 0.4 \times 110\right)}{80 \times 10^3 + 122.1 \times 10^3} = 55.8 \text{mm}$

$$e/h = 55.8/370 = 0.151$$

按 $\beta \leqslant 3$，由规范附录式（D.0.1-1）：

$$\varphi = \frac{1}{1 + 12(e/h)^2} = \frac{1}{1 + 12 \times 0.151^2} = 0.785$$

31. 正确答案是 D，解答如下：

$$b + 2h = 550 + 2 \times 370 = 1290 \text{mm} > 1200 \text{mm}(\text{窗间墙长度})$$

故取 $\quad b + 2h = 1200 \text{mm}, \quad A_0 = (b + 2h)h = 1200 \times 370$

$$\gamma = 1 + 0.35 \sqrt{\frac{A_0}{A_b} - 1} = 1 + 0.35 \sqrt{\frac{1200 \times 370}{550 \times 370} - 1} = 1.38$$

多孔砖未灌实，故取 $\gamma = 1.0$

$$\gamma_1 = 0.8\gamma = 0.8 < 1.0，故取 \gamma_1 = 1.0$$

由《砌规》式（5.2.5-1）：

$$\varphi \gamma_1 f A_b = 0.836 \times 1.0 \times 1.5 \times 550 \times 370 = 255.2 \text{kN}$$

【30、31题评析】 30 题，由于 $A = 0.444 \text{m}^2 > 0.3 \text{m}^2$，不调整 f，否则，当 $A < 0.3 \text{m}^2$ 时，计算 $a_0 = \delta_1 \sqrt{h_c/f}$ 中 f 应进行调整。

31 题，首先应判别 $b + 2h$ 是否大于 1200mm，故取 $b + 2h = 1200 \text{mm}$。

32. 正确答案是 B，解答如下：

横墙高：$H = 4.5 + 0.3 = 4.8 \text{m}$，$\dfrac{h}{H} = \dfrac{0.9}{4.8} = 0.188 < 0.2$

根据《砌规》6.1.4 条，取 $\mu_2 = 1.0$

33. 正确答案是 D，解答如下：

根据《砌规》7.4.4 条，$\eta = 0.7$；$\gamma = 1.5$：

$$A_l = 1.2bh_b = 1.2 \times 240 \times 400 = 115200 \text{mm}^2$$

$$\eta \gamma f A_l = 0.7 \times 1.5 \times 1.5 \times 115200 = 181.4 \text{kN}$$

【32、33题评析】 有洞口墙，求修正系数 μ_2 时，应判别洞口高度与墙高之比。

34. 正确答案是 D，解答如下：

查《砌规》表 3.2.2，M10，$f_t = 0.19 \text{MPa}$

M10 水泥砂浆，不考虑 f_t 的调整。

$$N_{t.u} = f_t bh = 0.19 \times 370 \times 2000 = 140.6 \text{kN}$$

35. 正确答案是 B，解答如下：

$q_1 = 1.5 \times 10 \times 1 = 15 \text{kN/m}^2$，$q_2 = 1.5 \times 10 \times 2 = 30 \text{kN/m}^2$

$$N_t = \frac{15+30}{2} \times D \times 1, \; N_{t,u} = 0.19 \times 370 \times 1000 = 70.3 \text{kN}$$

$N_t = 2N_{t,u}$，则 $D = 3.12$m

36. 正确答案是 A，解答如下：

根据《砌规》9.2.2 条注 2：

平面内：$H_0 = 1.0H = 1.0 \times 8 = 8$m，$\beta = \dfrac{H_0}{h} = \dfrac{8}{0.6} = 13.3$

平面外：$H_0 = 1.0H = 8$m，$\beta = \dfrac{H_0}{h} = \dfrac{8}{0.4} = 20$

37. 正确答案是 B，解答如下：

根据《砌规》9.2.4 条、8.2.4 条：

$$\beta = \gamma_\beta \frac{H_0}{h} = 1 \times \frac{8}{0.6} = 13.3$$

$$e_a = \frac{\beta^2 h}{2200}(1 - 0.022\beta) = \frac{13.3^2 \times 600}{2200} \times (1 - 0.022 \times 13.3) = 34 \text{mm}$$

$$e_N = e + e_a + \frac{h}{2} - a_s = 665 + 34 + \frac{600}{2} - 50 = 949 \text{mm}$$

假定为大偏压，受压区高度 x：

$$x = \frac{N}{bf_g} = \frac{331000}{400 \times 5.44} = 152.1 \text{mm} \quad \begin{array}{l} < \xi_b h_0 = 286\text{mm} \\ > 2a'_s = 100\text{mm} \end{array}$$

故假定正确，则 A'_s：

$$A'_s = \frac{Ne_N - f_g bx\left(h_0 - \dfrac{x}{2}\right)}{f'_y(h_0 - a'_s)}$$

$$= \frac{331000 \times 949 - 5.44 \times 400 \times 152.1 \times \left(550 - \dfrac{152.1}{2}\right)}{360 \times (550 - 50)}$$

$$= 873 \text{mm}^2$$

选用 4 ⚌ 18（$A'_s = 1017\text{mm}^2$），满足。

38. 正确答案是 C，解答如下：

由提示知，根据《砌规》9.2.2 条：

$$\beta = \gamma_\beta \frac{H_0}{h} = 1 \times \frac{8}{0.4} = 20$$

$$\varphi_{0g} = \frac{1}{1 + 0.001\beta^2} = \frac{1}{1 + 0.001 \times 20^2} = 0.71$$

$$\varphi_{0g}(f_g A + 0.8 f'_y A'_s) = 0.71 \times (5.44 \times 400 \times 600 + 0.8 \times 360 \times 2513)$$

$$= 1441 \text{kN}$$

【36～38 题评析】 37 题，计算 x、A'_s 与混凝土结构大偏压计算方法是一致。

39. 正确答案是 B，解答如下：

TC13B，根据《木标》表 4.3.1-3，取 $f_c = 10$MPa；恒载作用，查表 4.3.9-1，取调整系数为 0.8。

原木端部有切削，不考虑强度设计值调整，故取 $f_c = 0.8 \times 10 = 8$MPa

$$f_cA_n = 8 \times \frac{\pi}{4} \times 100^2 = 62.8 \text{kN}$$

40. 正确答案是 C，解答如下：

根据《木标》4.3.18 条：$d = 100 + \frac{2828}{2} \times \frac{9}{1000} = 112.7 \text{mm}$

由《木标》5.1.4 条：

$$i = \frac{d}{4} = \frac{112.7}{4} = 28.18 \text{mm}$$

$$\lambda = \frac{l_0}{i} = \frac{2828}{28.18} = 100.35$$

$$\lambda_c = 5.28\sqrt{1 \times 300} = 91.5 < \lambda，则：$$

$$\varphi = \frac{0.95\pi^2 \times 300}{100.35^2} = 0.279$$

$$\frac{N}{\varphi A_0} = \frac{25.98 \times 10^3}{0.279 \times \frac{\pi}{4} \times 112.7^2} = 9.3 \text{MPa}$$

【39、40 题评析】 39 题，当原木端部有切削时，不考虑原木的强度设计值的提高。40 题，验算原木稳定时，取原木中点位置，《木标》4.3.18 条作了规定。

（下午卷）

41. 正确答案是 B，解答如下：

根据《抗规》4.3.4 条、4.4.3 条：

$$N_1 = N_{cr} = N_0\beta[\ln(0.6d_s + 1.5) - 0.1d_w]\sqrt{3/\rho_c}$$

$$= 10 \times 0.80 \times [\ln(0.6 \times 9 + 1.5) - 0.1 \times 2] \times \sqrt{3/3} = 13.85$$

又由：$N_1 = N_p + 100\rho(1 - e^{-0.3N_p})$

即：
$$13.85 = 7 + 100\rho(1 - e^{-0.3 \times 7})$$

解之得：$\rho = 0.0781$

$$\rho = \frac{b \times b}{s^2} = 0.0781，则：s = \frac{300}{\sqrt{0.0781}} = 1073.5 \text{mm}$$

42. 正确答案是 D，解答如下：

根据《既有地规》附录 B.0.3 条，应选 (D) 项。

43. 正确答案是 B，解答如下：

根据《地规》附录 P 规定：

内柱与弯矩作用方向一致的冲切临界截面的边长 c_1：

$$c_1 = h_c + h_0 = 1.65 + 1.75 = 3.4 \text{m}$$

$$c_2 = b_c + h_0 = 0.6 + 1.75 = 2.35 \text{m}$$

$$u_m = 2(c_1 + c_2) = 2 \times (3.4 + 2.35) = 11.5 \text{m}；c_{AB} = \frac{c_1}{2} = \frac{3.4}{2} = 1.7 \text{m}$$

由规范 8.4.7 条：

$$F_l = N - p(h_c + 2h_0)(b_c + 2h_0)$$

$$= 21600 - 326.7 \times (1.65 + 2 \times 1.75) \times (0.6 + 2 \times 1.75) = 14702kN$$

由规范8.4.7条条文说明：$M_{unb} = 270kN \cdot m$

由规范式（8.4.7-1）：

$$\tau_{max} = \frac{F_l}{u_m h_0} + \frac{\alpha_s M_{unb} c_{AB}}{I_s}$$

$$= \frac{14702}{11.5 \times 1.75} + \frac{0.445 \times 270 \times 1.7}{38.27} = 735.9kPa$$

44. 正确答案是C，解答如下：

根据《地规》8.4.7条：

$$\beta_s = \frac{h_c}{b_c} = \frac{1.65}{0.6} = 2.75 \begin{array}{l} < 4 \\ > 2 \end{array}$$

$$\beta_{hp} = 1 - \frac{1800 - 800}{2000 - 800} \times (1 - 0.9) = 0.917$$

$$0.7\left(0.4 + \frac{1.2}{\beta_s}\right)\beta_{hp} f_t = 0.7 \times \left(0.4 + \frac{1.2}{2.75}\right) \times 0.917 \times 1.43$$

$$= 0.7677N/mm^2 = 767.7kPa$$

45. 正确答案是B，解答如下：

根据《地规》8.4.7条，筏板变厚度处忽略弯矩影响。

$$\tau_{max} = \frac{F_l}{u_m h_0}$$

筏板变厚度台阶水平截面的两个边长分别为$a = 2.4m$，$b = 4.0m$，$h_0 = 1.15m$

$$u_m = 2(a + b + 2h_0) = 2 \times (2.4 + 4.0 + 2 \times 1.15) = 17.4m$$

$$F_l = N - p(a + 2h_0)(b + 2h_0)$$

$$= 21600 - 326.7 \times (2.4 + 2 \times 1.15) \times (4.0 + 2 \times 1.15)$$

$$= 11926kN$$

$$\tau_{max} = \frac{11926}{17.4 \times 1.15} = 596kPa$$

46. 正确答案是A，解答如下：

根据《地规》8.4.7条：

筏板变厚度台阶处：$\beta_s = \frac{b}{a} = \frac{4.0}{2.4} = 1.67 < 2$，取$\beta_s = 2.0$

$$\beta_{hp} = 1 - \frac{1200 - 800}{2000 - 800} \times (1 - 0.9) = 0.967$$

$$0.7\left(0.4 + \frac{1.2}{\beta_s}\right)\beta_{hp} f_t = 0.7 \times \left(0.4 + \frac{1.2}{2}\right) \times 0.967 \times 1.43$$

$$= 0.968N/mm^2 = 968kPa$$

47. 正确答案是A，解答如下：

根据《地规》8.4.10条及其条文说明：

$$V_s = 326.7 \times \frac{9.45 - 4.0 - 2 \times 1.15}{2} = 514.55kN/m$$

48. 正确答案是 D，解答如下：

根据《地规》8.4.10 条：

$$\beta_{hs} = \left(\frac{800}{h_0}\right)1/4 = \left(\frac{800}{1150}\right)^{1/4} = 0.913$$

$$0.7\beta_{hs}f_t b_w h_0 = 0.7 \times 0.913 \times 1.43 \times 1000 \times 1150 = 1051.0 \times 10^3 \text{N/m}$$
$$= 1051\text{kN/m}$$

【43~48题评析】 43题，考核作用在冲切临界面重心上的不平衡弯矩产生的附加剪力，地基规范附录 P 规定了其计算参数的计算。

43题、45题，其各自的冲切临界截面的周长 u_m，《地规》附录 P 规定了其计算方法。

49. 正确答案是 C，解答如下：

根据《地规》8.2.10 条

抗剪截面位置为： $b_1 = \dfrac{2600 - 370 - 2 \times 60}{2} = 1055\text{mm}$

$$p_{j1} = 102.31 + \frac{2600 - 1055}{2600} \times (120.77 - 102.31) = 113.28\text{kPa}$$

$$V = \frac{1}{2}(p_{j\max} + p_{j1}) \cdot l \cdot b_1$$

$$= \frac{1}{2} \times (120.77 + 113.28) \times 1 \times 1.055 = 123.5\text{kN/m}$$

50. 正确答案是 B，解答如下：

由《地规》8.2.10 条：

$$0.7\beta_{hs}f_t b h_0 = 0.7 \times 1.0 \times 1.1 \times 1000 \times (350 - 50) = 231\text{kN/m}$$

51. 正确答案是 A，解答如下：

根据《地规》8.2.14 条：

弯矩计算位置为：

$$a_1 = b_1 + \frac{1}{4} \text{砖长}$$

$$= 1055 + \frac{1}{4} \times 240 = 1115\text{mm}$$

$$p_{j1} = 102.31 + \frac{2.6 - 1.115}{2.6} \times (120.77 - 102.31) = 112.85\text{kPa}$$

$$M = \frac{1}{6}(2p_{j\max} + p_{j1})b_1^2 = \frac{1}{6} \times (2 \times 120.77 + 112.85) \times 1.115^2$$

$$= 73.43\text{kN} \cdot \text{m/m}$$

52. 正确答案是 A，解答如下：

根据《桩规》5.7.5 条：

$$d = 2\text{m} > 1\text{m}, b_0 = 0.9(d+1) = 0.9 \times (2+1) = 2.7\text{m}$$

$$\alpha = \sqrt[5]{\frac{mb_0}{EI}} = \sqrt[5]{\frac{25 \times 10^3 \times 2.7}{2.149 \times 10^7}} = 0.3158\text{m}^{-1}$$

$\alpha h = 0.3158 \times 25 = 7.895 > 4.0$，查规范表 5.7.2，取 $\nu_x = 2.441$

由规范式 (5.7.2-2)：

$$R_{ha} = 0.75 \frac{\alpha^3 EI}{\nu_x} \chi_{0a} = 0.75 \times \frac{0.3158^3 \times 2.149 \times 10^7}{2.441} \times 0.005$$

$$= 1039.76 \text{kN}$$

53. 正确答案是 C，解答如下：

根据《地规》5.3.6 条规定：

$$\overline{E}_s = \frac{\Sigma A_i}{\Sigma \dfrac{A_i}{E_{si}}} = \frac{493.6 + 1722.32 + 52.08}{\dfrac{493.6}{4.5} + \dfrac{1722.32}{5.1} + \dfrac{52.08}{5.1}} = 4.956 \text{MPa}$$

$$p_0 = \frac{F+G}{A} - p_{cz} = \frac{1100 + 20 \times 2 \times 4 \times 1.5}{2 \times 4} - 19.5 \times 1.5 = 138.25 \text{kPa}$$

$p_0 > f_{ak} = 130 \text{kPa}$，查规范表 5.3.5，则：

$$\psi_s = 1.3 - \frac{4.956 - 4}{7 - 4} \times (1.3 - 1.0) = 1.204$$

54. 正确答案是 A，解答如下：

$$0 \sim 0.5 \text{m：} \Delta s'_1 = \frac{p_0}{E_{si}} (z_i \overline{\alpha}_i - z_{i-1} \overline{\alpha}_{i-1}) = \frac{138.25}{4500} \times 493.6 = 15.16 \text{mm}$$

$$0.5 \sim 4.2 \text{m：} \Delta s'_2 = \frac{138.25}{5100} \times 1722.32 = 46.69$$

$$4.2 \sim 4.5 \text{m：} \Delta s'_3 = \frac{138.25}{5100} \times 52.08 = 1.41$$

$$s' = \Sigma \Delta s'_i = 15.16 + 46.69 + 1.41 = 63.26$$

$$s = \psi_s s' = 1.1 \times 63.26 = 69.59 \text{mm}$$

【53、54 题评析】 53 题，掌握 $\overline{E}_s$ 的计算方法。

54 题，本题目表 5-1 中的 $\overline{\alpha}_i$ 值已考虑了系数 4，即 4 个小矩形平均附加应力系数之和。

55. 正确答案是 C，解答如下：

根据《地处规》8.2.3 条、8.3.3 条：

$$M = 100g/L, \quad G_3 = 1000M/P = 1000 \times 100/82\% = 122 \times 10^3 g$$

$$V = \alpha\beta\pi\gamma^2(l+\gamma)n$$

$$= 0.65 \times 1.1 \times 3.14 \times 0.4^2 \times (12 + 0.4) \times 0.56 = 2.49 \text{m}^3$$

每孔需固体烧碱量为：

$$m = G_s V = 122 \times 10^3 \times 2.49 = 303.78 \times 10^3 g = 303.78 \text{kg}$$

56. 正确答案是 C，解答如下：

根据《抗规》4.1.4 条第 2 款：

$v_4/v_3 = 470/180 = 2.61 > 2.5$，卵石层底 22.0m > 5.0m，$v_4 \geqslant 400 \text{m/s}$，$v_5 \geqslant 400 \text{m/s}$，故取覆盖层厚度 $d_{0v} = 16.0 \text{m}$。

由规范 4.1.5 条：$d_0 = \min(d_{0v}, z_0) = \min(16, 20) = 16 \text{m}$

$$v_{se} = \frac{16}{\dfrac{5}{120} + \dfrac{5}{90} + \dfrac{6}{180}} = 122.55 \text{m/s}$$

查《抗规》表 4.1.6，可知该场地属Ⅲ类场地。

57. 正确答案是 A，解答如下：

根据《高规》4.2.2 条、5.6.1 条及其条文说明：

设计使用年限为 100 年，$H=58\text{m}<60\text{m}$，按承载能力设计时，取 $w_0=0.70\text{kN/m}^2$

$z=58\text{m}$，B 类地面，查《荷规》表 8.2.1，取 $\mu_z=1.692$；$z/H=1.0$，查《荷规》附录表 G.0.3，取 $\phi_1(z)=1.00$。

根据《荷规》8.4.5 条、8.4.6 条、8.4.3 条：

$$\rho_z=\frac{10\sqrt{58+60e^{-58/60}-60}}{58}=0.787$$

$$\rho_x=\frac{10\sqrt{21.32+50e^{-21.32/50}-50}}{21.32}=0.934$$

$$B_z=0.670\times58^{0.187}\times0.934\times0.787\times\frac{1.00}{1.692}=0.622$$

$$\beta_z=1+2\times2.5\times0.14\times0.622\times\sqrt{1+1.06^2}=1.634$$

58. 正确答案是 B，解答如下：

根据《高规》附录 B.0.1 条，Y 形风荷载体型系数分别为 -0.5，-0.55，-0.5，-0.7，1.0，已标于图上。

查《荷规》表 8.2.1，30m，$\mu_z=1.39$；由 58 题可知，$w_0=0.70\text{kN/m}^2$

$$\sum_{i=1}^n\beta_z\mu_z\mu_{si}\beta_iw_0=1.26\times1.39\times0.70\times2\times(1.0\times7.69\cos30°-$$
$$0.7\times8\cos60°+0.5\times7.69\cos30°+0+0.5\times4)$$
$$=22.53\text{kN/m}$$

59. 正确答案是 A，解答如下：

$$q_{20}=\frac{20}{58}\cdot q_k=\frac{20}{58}\times29.05=10.02\text{kN/m}$$

$$V=\frac{1}{2}\times(q_k+q_{20})\times(58-20)=\frac{1}{2}\times(29.05+10.02)\times38$$

$$=742.33\text{kN}$$

【57～59 题评析】　57 题，运用《荷规》8.4.6 条时，B 为迎风面宽度，本题目 $B=21.32\text{m}$。

57 题和 58 题，因为 $H=58\text{m}<60\text{m}$，根据《高规》4.2.2 条及 5.6.1 条条文说明，取 $w_0=0.70\text{kN/m}^2$。

60. 正确答案是 B，解答如下：

根据《高规》5.3.4 条：

$$l_b=a-0.25h_b=800-0.25\times1200=500\text{mm}$$
$$l_c=c-0.25b_c=600-0.25\times1600=200\text{mm}$$

61. 正确答案是 A，解答如下：

底层墙肢 1，其轴压比大于 0.40，根据《高规》7.2.14 条，其墙肢端部应设约束边缘构件；查规程表 7.2.15，抗震二级：

$$l_c = \max(0.20h_w, b_w, 400) = \max(0.20 \times 1700, 200, 400)$$
$$= 400mm$$

暗柱长度：$h_c = \max(b_w, l_c/2, 400) = \max(200, 400/2, 400) = 400mm$

$$a_s = a'_s = h_c/2 = 200mm$$

由规程 7.2.8 条，$h_{w0} = h_w - a_s = 1500mm$

$$\gamma_{RE}N = \alpha_1 f_c bx - (h_{w0} - 1.5x)b_w f_{yw}\rho_w$$

$$x = \frac{0.85 \times 2200 \times 10^3 + 1500 \times 200 \times 300 \times 0.565\%}{1.0 \times 14.3 \times 200 + 1.5 \times 200 \times 300 \times 0.565\%} = 706mm$$

62. 正确答案是 A，解答如下：

墙肢 2 轴压比大于 0.40，由《高规》7.2.14 条，其应设为约束边缘构件。

墙肢 2 分为两条简单墙肢考虑，由《高规》7.2.15 条 T 形墙部位的翼柱沿翼缘、腹板方向的长度分别为：

$$h_{c1} = \max(b_w + 2b_f, b_w + 2 \times 300)$$
$$= \max(200 + 2 \times 200, 200 + 2 \times 300) = 800mm$$

$$h_{c2} = \max(b_f + b_w, b_f + 300) = \max(200 + 200, 200 + 300) = 500mm$$

翼缘墙肢端部应设置约束边缘构件，其长度 l_c。

$$l_c = \max(0.2h_w, b_w, 400)$$
$$= \max(0.2 \times 1200, 200, 400) = 400mm$$

暗柱长度 h_c：$h_c = \max(b_w, l_c/2, 400) = \max(200, 400/2, 400) = 400mm$

翼墙内纵筋配筋范围的最小长度为：

$$l = h_{c1} + 2h_c = 800 + 2 \times 400 = 1600mm > h_w = 1200mm$$

故取 $l = 1200mm$，$A_1 = lb_f = 1200 \times 200 = 2.4 \times 10^5 mm^2$

$$A = A_1 + 300 \times 200 = 2.4 \times 10^5 + 0.6 \times 10^5 = 3.0 \times 10^5 mm^2$$

63. 正确答案是 B，解答如下：

$l_n/h_b = 1.52/0.6 = 2.53$，根据《高规》7.1.3 条，按连梁计算。

复核连梁截面条件，$V_b = 300kN < \dfrac{1}{\gamma_{RE}}(0.20\beta_c f_c b_b h_{b0}) = \dfrac{1}{0.85}(0.20 \times 1 \times 14.3 \times 200 \times 560) = 377kN$，满足

取 Φ10@100，由《高规》式（7.2.23-2）：

$$\frac{1}{\gamma_{RE}}\left(0.42f_t b_b h_{b0} + f_{yv}\frac{A_{sv}}{s}h_{b0}\right)$$

$$= \frac{1}{0.85} \times \left(0.42 \times 1.43 \times 200 \times 560 + 270 \times \frac{2 \times 78.5}{100} \times 560\right)$$

$$= 358.4kN > V_b = 300kN，满足抗剪，选（B）项。$$

【61~63 题评析】 63 题，墙肢 2 的 T 端，其翼墙内纵筋配置范围最小长度 $l > 1200mm$，故实际取 $l = 1200mm$，同时，还应考虑翼柱的纵筋配置，见《高规》图 7.2.15 (b) 所示。

64. 正确答案是 C，解答如下：

根据《混规》6.2.10 条：

双筋梁，$\gamma_{RE}M = \alpha_1 f_c x\left(h_0 - \dfrac{x}{2}\right) + f'_y A'_s(h_0 - a'_s)$，则：

$$x = h_0 - \sqrt{h_0^2 - \frac{2\left[\gamma_{RE}M - f'_y A'_s(h_0 - a'_s)\right]}{\alpha_1 f_c b}}$$

$$= 565 - \sqrt{565^2 - \frac{2 \times \left[0.75 \times 180 \times 10^6 - 360 \times 628 \times (565 - 35)\right]}{1 \times 14.3 \times 250}}$$

$$= 7.6\text{mm} < 2a'_s = 70\text{mm}$$

由《混规》式（6.2.14）：

$$A_s = \frac{\gamma_{RE}M}{f_y(h - a_s - a'_s)} = \frac{0.75 \times 180 \times 10^6}{360 \times (600 - 35 - 35)}$$

$$= 708\text{mm}^2$$

65. 正确答案是 B，解答如下：

根据《混规》7.2.1 条：

$$M_1 = f'_y A'_s(h_0 - a'_s) = 360 \times 982 \times (565 - 35) = 187.366\text{kN} \cdot \text{m}$$

$$x = h_0 - \sqrt{h_0^2 - \frac{2(\gamma_{RE}M - M_1)}{\alpha_1 f_c b}}$$

$$= 565 - \sqrt{565^2 - \frac{2 \times (0.75 \times 440 \times 10^6 - 187.366 \times 10^6)}{1 \times 14.3 \times 250}}$$

$$= 75.7\text{mm} < \xi_b h_0 = 293\text{mm}$$

$$> 2a'_s = 70\text{mm}$$

$$A_s = \frac{\alpha_1 f_c bx}{f_y} + a'_s = \frac{1 \times 14.3 \times 250 \times 75.7}{360} + 982 = 1734\text{mm}^2$$

$A'_s / A_s = 982/1734 = 0.57 > 0.3$，满足《高规》6.3.2 条第 3 款规定。

复核最小配筋率，由《高规》表 6.3.2-1：

$$\rho_{min} = \max(0.30\%, \ 0.65 f_t/f_y) = \max(0.30\%, \ 0.65 \times 1.43/360) = 0.30\%$$

$A_{s,min} = \rho_{min} bh = 0.30\% \times 250 \times 600 = 450\text{mm}^2 < 1734\text{mm}^2$，满足

66. 正确答案是 D，解答如下：

顺时针： $\quad M_b^l + M_b^r = 200 + 360 = 560\text{kN} \cdot \text{m}$

逆时针： $\quad M_b^l + M_b^r = 440 + 175 = 615\text{kN} \cdot \text{m}$

故取 $\quad M_b^l + M_b^r = 615\text{kN} \cdot \text{m}$

由《高规》6.2.5 条：

$$V = \eta_{vb} \frac{M_b^l + M_b^r}{l_n} + V_{Gb}$$

$$= 1.2 \times \frac{615}{5.7 - 0.5} + 130.4 = 272.32\text{kN}$$

【64~66 题评析】 65 题应复核纵筋配筋率是否满足最小配筋率要求。

67. 正确答案是 A，解答如下：

查《高规》表 4.3.7-1，9 度，多遇地震，取 $\alpha_{max} = 0.32$；由规程 4.3.13 条：

$$\alpha_{\text{vmax}} = 0.65\alpha_{\text{max}} = 0.65 \times 0.32 = 0.208$$

$$G_{\text{eq}} = 0.75G_{\text{E}}$$

$$F_{\text{Evk}} = \alpha_{\text{vmax}}G_{\text{eq}} = 0.208 \times 0.75 \times [(13050 + 0 \times 2000) + 9 \times (12500 + 0.5 \times 2100)]$$
$$= 21060\text{kN}$$

底层竖向地震作用产生的 N_{Evk1} 为：$N_{\text{Evk1}} = \sum_{i=1}^{10} F_{\text{vik}} = F_{\text{Evk}} = 21060\text{kN}$

由《高规》4.3.13 条第 3 款规定，构件的竖向地震作用效应，宜乘增大系数 1.5；又底层中柱 A 的竖向地震作用产生的轴向力标准值可按柱 A 分担的面积比例分配，即：

$$N_A = \frac{5.1 \times 7.2}{51 \times 21.6} \times 1.5 \times 21060 = 1053\text{kN}$$

【67 题评析】 计算构件的竖向地震作用效应，宜乘增大系数 1.5，《高规》4.3.13 条第 3 款规定；《抗规》5.3.1 条也作了同样的规定。

68. 正确答案是 D，解答如下：

连梁跨高比 $l_{\text{n}}/h_{\text{b}} = 900/900 = 1 < 5$，根据《高规》7.1.3 条，按连梁计算。

连梁弯矩：$M_{\text{b}} = V\dfrac{l_{\text{n}}}{2} = 160 \times \dfrac{0.9}{2} = 72\text{kN} \cdot \text{m}$

由于对称配筋，由《混规》11.7.7 条：

$$A_{\text{s}} = \frac{\gamma_{\text{RE}}M_{\text{b}}}{f_{\text{y}}(h_0 - a'_{\text{s}})} = \frac{0.75 \times 72 \times 10^6}{360 \times (900 - 35 - 35)} = 181\text{mm}^2$$

复核最小配筋率，由《高规》7.2.24 条：

$$\rho_{\text{min}} = \max(0.25\%, 0.55f_{\text{t}}/f_{\text{y}}) = \max(0.25\%, 0.55 \times 1.43/360)$$
$$= 0.25\%$$

$$A_{\text{s,min}} = \rho_{\text{min}}bh = 0.25\% \times 160 \times 900 = 360\text{mm}^2$$

所以取 $A_{\text{s}} = 360\text{mm}^2$

69. 正确答案是 B，解答如下：

$$V_{\text{b}} = \frac{1.2 \times (M_{\text{b}}^l + M_{\text{b}}^r)}{l_{\text{n}}} + V_{\text{Gb}} = \frac{1.2 \times (72 + 72)}{0.9} + 0 = 192\text{kN}$$

$$l_{\text{n}}/h_{\text{b}} = 900/900 = 1.0 < 2.5$$

由《高规》7.2.23 条：

$$\frac{A_{\text{sv}}}{s} \geqslant \frac{\gamma_{\text{RE}}V_{\text{b}} - 0.38f_{\text{t}}b_{\text{b}}h_{\text{b0}}}{0.9f_{\text{yv}}h_{\text{b0}}}$$

$$= \frac{0.85 \times 192000 - 0.38 \times 1.43 \times 160 \times 865}{0.9 \times 210 \times 865}$$

$$= 0.419\text{mm}^2/\text{mm}$$

根据《高规》7.2.27 条第 2 款，查规程表 6.3.2-2，箍筋最小直径≥8mm，其最大间距 s 为：

$$s = \min(h_{\text{b}}/4, 100) = \min(900/4, 100) = 100\text{mm}$$

$$\frac{A_{\text{sv,min}}}{s} = \frac{2 \times 50.3}{100} = 1.006\text{mm}^2/\text{mm} > 0.419\text{mm}^2/\text{mm},$$

$$故最终取 A_{sv}/s \geq 1.006 \text{mm}^2/\text{mm}。$$

【68、69题评析】 68题，本题目求下部钢筋截面面积，应复核最小配筋率。

69题，复核抗剪箍筋配置是否满足构造要求（最小配箍率要求）。

70. 正确答案是C，解答如下：

根据《网格规程》3.3.4条，可取短向跨度的1/20～1/50，所以应选（C）项。

71. 正确答案是B，解答如下：

根据《高钢规》8.7.2条：
$$l_{0x} = 8.6/2 = 4.3\text{m}, l_{0y} = 0.7 \times 8.6 = 6.02\text{m}$$

$$\lambda_x = \frac{4300}{49.9} = 86.2$$

$$\lambda_y = \frac{6020}{86.1} = 69.9$$

72. 正确答案是A，解答如下：

抗震四级，由《高钢规》表7.5.3：
$$\frac{b}{t} = \frac{200 - 8}{2 \times 12} = 8 < 13\sqrt{235/345} = 10.7$$

$$\frac{h_0}{t_w} = \frac{200 - 2 \times 12}{8} = 22 < 33\sqrt{235/345} = 27.2$$

均满足。

73. 正确答案是B，解答如下：

2号桥墩两孔单行汽车加载如图5-2（a）所示。

$$y_k = \frac{29.5 + 0.25}{29.5} \times 1.0 = 1.0085$$

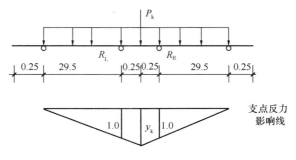

$$\Omega_L = \Omega_R = \frac{1}{2} l_0 y_k$$

$$= \frac{1}{2} \times 29.75 \times 1.0085$$

$$= 15.001\text{m}$$

图5-2（a）

公路-Ⅰ级：$q_k = 10.5\text{kN/m}$，$P_k = 2 \times (29.5 + 130) = 319\text{kN}$

重力式桥墩，不计汽车冲击系数，桥面车行道净宽8m，双向行驶，查《公桥通规》表4.3.1-4，设计车道数为2；现单向行驶，故设计车道数为1，查《公桥通规》表4.3.1-5，取$\xi = 1.2$。

$$R_R = P_k y_k + q_k \Omega_R = 319 \times 1.0085 + 10.5 \times 15.001 = 479.2\text{kN}$$

$$R_L = q_k \Omega_L = 10.5 \times 15.001 = 157.5\text{kN}$$

$$R = R_R + R_L = 636.7\text{kN}$$

单列车：$\xi R = 1.2 \times 637.7 = 765.2\text{kN}$

74. 正确答案是C，解答如下：

单行汽车横向加载如图5-3（a）所示。

$$x_1 = 4 - 0.5 - \frac{1.8}{2} = 2.6\text{m}$$

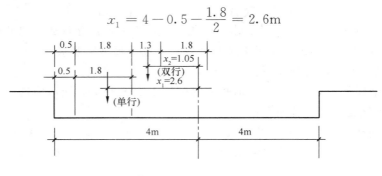

图 5-3（a）

双孔单向行驶汽车荷载：

由上一题，$\qquad \xi R = 1.2 \times 637.7 = 765.2\text{kN}$

$$M_1 = \xi R \cdot x_1 = 765.2 \times 2.6 = 1989.5\text{kN} \cdot \text{m}$$

75. 正确答案是 B，解答如下：

双孔双向行驶汽车荷载合力 R_2，如图 10-3 所示，双行汽车荷载横桥向加载。

$$x_2 = 4 - 0.5 - 1.8 - \frac{1.3}{2} = 1.05\text{m}；双行汽车，取 \xi = 1.0$$

$$R_2 = 2 \times \xi(R_R + R_L) = 2 \times 1.0 \times 636.7 = 1273.4\text{kN}$$

$$M_2 = R_2 x_2 = 1273.4 \times 1.05 = 1337.1\text{kN} \cdot \text{m}$$

76. 正确答案是 D，解答如下：

由 73 题可知，双向行驶，设计车道数为 2 条。

由《公桥通规》4.3.5 条，4.3.1 条表 4.3.1-5，取 1 条车道荷载计算汽车制动力，并且车道荷载提高 1.2。

取汽车荷载加载长度为：$5 \times 30 = 150\text{m}$

$$F_{bk} = 1.2 \times (150 q_k + P_k) \times 10\% = 1.2 \times (150 \times 10.5 + 319) \times 10\%$$
$$= 1.2 \times 189.4\text{kN} = 227.3\text{kN} > 165\text{kN}$$

故取 $F_{bk} = 227.3\text{kN}$。

【73～76 题评析】 73～75 题，由于为重力式桥墩，不考虑汽车荷载冲击系数。

77. 正确答案是 D，解答如下：

根据《公桥混规》4.3.2 条：

$$b'_f = l/3 = \frac{14500}{3} = 4833\text{mm}$$

$$b'_f = 1600\text{mm}$$

$$b'_f = b + 2b_h + 12h'_f = 400 + 0 + 12 \times 110 = 1720\text{mm}$$

故取 $b'_f = 1600\text{mm}$

78. 正确答案是 B，解答如下：

$L_k = 15.0$，按单孔跨径查《公桥通规》表 1.0.5，属小桥；查通《公桥通规》表 4.1.5-1，结构安全等级为一级，故取 $\gamma_0 = 1.1$。

$$\gamma_0 M_d = \gamma_0 (\gamma_G M_{Gk} + \gamma_{Q1} M_{qk} + \psi_c \gamma_{Q2} M_{rk})$$

$$=1.1\times(1.2\times600+1.4\times280+0.75\times1.4\times30)=1257.85\text{kN}\cdot\text{m}$$

$$f_{cd}b'_f h'_f\left(h_0-\frac{h'_f}{2}\right)=13.8\times1600\times110\times\left(675-\frac{110}{2}\right)$$

$$=1505.86\text{kN}\cdot\text{m}>1257.85\text{kN}\cdot\text{m}$$

故属第一类 T 形截面。

$$x=h_0-\sqrt{h_0^2-\frac{2\gamma_0 M_d}{f_{cd}b'_f}}$$

$$=675-\sqrt{675^2-\frac{2\times1257.85\times10^6}{13.8\times1600}}$$

$$=90\text{mm}<h'_f=110\text{mm},\text{且}<\xi_b h_0=0.53\times675=357.75\text{mm}$$

$$A_s=\frac{f_{cd}b'_f x}{f_{sd}}=\frac{13.8\times1600\times90}{330}=6022\text{mm}^2$$

由《公桥通规》9.1.12 条：

$$\rho_{min}=\max(0.2\%,0.45f_{td}/f_{sd})=\max(0.2\%,0.45\times1.39/330)=0.2\%$$

$$A_{s,min}=\rho_{min}bh_0=0.2\%\times400\times675=540\text{mm}^2<6022\text{mm}^2,\text{满足}$$

79. 正确答案是 C，解答如下：

根据《公桥混规》5.2.12 条：

$$\gamma_0 V_d\leqslant0.50\times10^{-3}\alpha_2 f_{td}bh_0，\text{则：}$$

$$\gamma_0 V_d\leqslant0.50\times10^{-3}\times1.0\times1.39\times400\times675=187.65\text{kN}$$

【77～79 题评析】 78 题，关键是确定结构重要性系数 γ_0，并复核最小配筋率。

80. 正确答案是 B，解答如下：

根据《公桥混规》8.1.15 条，取 $\eta_0=1.75$。

实战训练试题（六）解答与评析

（上午卷）

1. 正确答案是 C，解答如下：

由《可靠性标准》8.2.4 条：

取 1m 计算，$g_k = 4 \times 1 = 4kN/m$，$q_k = 2 \times 1 = 2kN/m$

$$g = 1.3 \times 4 = 5.2kN/m, \quad q = 1.5 \times 2 = 3kN/m$$

$\sum M_B = 0$，则

$$R_A = \frac{\frac{1}{2} \times (5.2 + 3) \times 3.6^2 - \frac{1}{2} \times 5.2 \times 1.5^2}{3.6} = 13.135kN$$

$$x = \frac{13.135}{5.2 + 3} = \frac{13.135}{8.2} = 1.60m$$

$$M_{max} = 13.135 \times 1.60 - \frac{1}{2} \times 8.2 \times 1.60^2 = 10.52kN \cdot m$$

【1题评析】假定无题目提示，则悬臂跨 = 1.0 × 4 = 4kN/m

$\sum M_B = 0$，则：

$$R_A = \frac{\frac{1}{2} \times (5.2 + 3) \times 3.6^2 - \frac{1}{2} \times 4 \times 1.5^2}{3.6} = 13.51kN$$

$$x = \frac{13.51}{8.2} = 1.65m$$

$$M_{max} = 13.51 \times 1.65 - \frac{1}{2} \times 8.2 \times 1.65^2 = 11.13kN \cdot m$$

2. 正确答案是 C，解答如下：

根据《混规》6.3.15 条、6.3.12 条：

$$b = 1.76r = 1.76 \times 250 = 440mm, \quad h_0 = 1.6r = 1.6 \times 250 = 400mm$$

$$\lambda = \frac{M}{Vh_0} = \frac{115}{400 \times 0.4} = 0.718 < 1.0, \quad 取 \lambda = 1.0$$

$$N = 900kN > 0.3f_cA = 0.3 \times 14.3 \times \frac{\pi}{4} \times 500^2 = 841.9kN$$

故取 $\qquad N = 841.9kN$

由规范式（6.3.12）：

$$V \leqslant \frac{1.75}{\lambda + 1} f_t bh_0 + f_{yv} \frac{A_{sv}}{s} h_0 + 0.07N$$

$$\frac{A_{sv}}{s} \geqslant \frac{V - \frac{1.75}{\lambda + 1} f_t bh_0 - 0.07N}{f_{yv} h_0}$$

$$= \frac{400 \times 10^3 - \frac{1.75}{1+1} \times 1.43 \times 440 \times 400 - 0.07 \times 841.9 \times 10^3}{270 \times 400}$$

$$= 1.12\text{mm}^2/\text{mm}$$

选用 $2\Phi 10@100$，$A_{sv}/s = 2 \times 78.5/100 = 1.57\text{mm}^2/\text{mm}$，满足

【2题评析】 本题考核圆形截面柱的抗剪计算，应注意 λ、N 的取值。

3. 正确答案是 D，解答如下：

根据《混规》6.4.8 条及 6.4.9 条：

$$\beta_t = \frac{1.5}{1+0.5\frac{VW_t}{Tbh_0}} = \frac{1.5}{1 + \frac{0.5 \times 80 \times 10^3 \times 0.98}{250 \times 465}} = 1.12 > 1.0$$

故取

$$\beta_t = 1.0$$

由规范式 (6.4.8-1)：

$$V \leqslant (1.5 - \beta_t) \times 0.7 f_t b h_0 + f_{yv}\frac{A_{sv}}{s}h_0$$

$$80 \times 10^3 \leqslant (1.5 - 1.0) \times 0.7 \times 1.43 \times 250 \times 465 + 270 \times \frac{A_{sv}}{100} \times 465$$

解之得：$A_{sv} \geqslant 17.4\text{mm}^2$

4. 正确答案是 B，解答如下：

根据《混规》9.2.10 条：

$$\rho_{sv,min} = 0.28 f_t / f_{yv} = 0.28 \times 1.43/270 = 0.15\%$$

$$A_{sv,min} = \rho_{sv,min}(b'_f - b)s = 0.15\% \times (400 - 250) \times 150 = 33.75\text{mm}^2$$

又根据《混规》式 (9.2.5)：

$$\rho_{tl,min} = 0.6\sqrt{\frac{T}{Vb}}\frac{f_t}{f_y} = 0.6 \times \sqrt{\frac{200}{250}} \times \frac{1.43}{360} = 0.213\%$$

$$A_{st,min} = \rho_{tl,min}h'_f(b'_f - b) = 0.213\% \times 150 \times (400 - 250) = 47.93\text{mm}^2$$

【3、4题评析】 3题，T形截面腹板抗剪箍筋面积计算，《混规》6.4.9 条作了具体规定。

5. 正确答案是 D，解答如下：

$$4\Phi 25(A_s = 1964\text{mm}^2), \quad 4\Phi 22(A_s = 1520\text{mm}^2), \quad f_{yk} = 400\text{N/mm}^2$$

$$h_0 = 600 - 35 = 565\text{mm}_\circ$$

根据《混规》11.3.2 条：

逆时针：

$$M^l_{bua} = \frac{1}{\gamma_{RE}}f_{yk}A^l_s(h_0 - a'_s) = \frac{1}{0.75} \times 400 \times 1964 \times (565 - 35) = 555.16\text{kN} \cdot \text{m}$$

$$M^r_{bua} = \frac{1}{\gamma_{RE}}f_{yk}A^r_s(h_0 - a'_s) = \frac{1}{0.75} \times 400 \times 1520 \times (565 - 35) = 429.65\text{kN} \cdot \text{m}$$

$$M^l_{bua} + M^r_{bua} = 555.16 + 429.65 = 984.81\text{kN} \cdot \text{m}$$

顺时针，同理，$M^l_{bua} + M^r_{bua} = 429.65 + 555.16 = 984.81\text{kN} \cdot \text{m}$

$$V_b = 1.1\frac{M^l_{bua} + M^r_{bua}}{l_n} + V_{Gb} = 1.1 \times \frac{984.81}{5.2} + 1.2 \times 112.7 = 343.57\text{kN}$$

6. 正确答案是 B，解答如下：

根据《混规》式（11.3.4）：

$$\frac{A_{sv}}{s} \geqslant \frac{\gamma_{RE}V_b - 0.6\alpha_{cv}f_t b h_0}{f_{yv}h_0} = \frac{0.85 \times 285 \times 10^3 - 0.6 \times 0.7 \times 1.43 \times 250 \times 565}{270 \times 565} = 1.03\,\mathrm{mm^2/mm}$$

双肢箍，$s = 100\mathrm{mm}$，则：$A_{sv1} \geqslant 1.03 \times 100/2 = 51.5\mathrm{mm^2}$

选用Φ10（$A_{s1} = 78.5\mathrm{mm^2}$），配置 2Φ10@100，$\rho_{sv} = \dfrac{A_{sv}}{bs} = \dfrac{2 \times 78.5}{250 \times 100} = 0.628\%$

复核箍筋配置，查《混规》表 11.3.6-2：

箍筋最小直径为 10mm，最大间距 $s = \min(6d,\ h/4,\ 100) = \min(6 \times 25,\ 600/4,\ 100) = 100\mathrm{mm}$，故（A）项不对。

抗震一级，由规范式（11.3.9-1）：

$$\rho_{sv,min} = 0.30 f_t/f_{yv} = 0.30 \times 1.43/270 = 0.159\% < 0.628\%，满足。$$

所以选 2Φ10@100。

【5、6题评析】 5题，应注意的是，应计算逆时针、顺时针两种情况，当两端配筋不同时，其逆时针方向弯矩值与顺时针方向弯矩值是不同的。

7. 正确答案是 B，解答如下：

根据《混规》6.6.3 条：

$$A_l = A_{ln} = \frac{\pi}{4}d^2 = \frac{\pi \times 250^2}{4} = 49063\mathrm{mm^2}$$

$$A_{cor} = \frac{\pi}{4}d_{cor}^2 = \frac{\pi \times 450^2}{4} = 158963\mathrm{mm^2}$$

$$A_b = \frac{\pi(3d)^2}{4} = \frac{\pi}{4} \times (3 \times 250)^2 = 441563\mathrm{mm^2}$$

因 $A_{cor} < A_b$，故 $\beta_{cor} = \sqrt{\dfrac{A_{cor}}{A_l}} = \sqrt{\dfrac{158963}{49063}} = 1.80$

8. 正确答案是 B，解答如下：

根据《混规》式（6.6.3-1）：

$$\beta_l = \sqrt{\frac{A_b}{A_l}} = \sqrt{\frac{441563}{49063}} = 3.0$$

$$\beta_c = 1.0, \alpha = 1.0$$

$$\rho_v = \frac{4A_{ss1}}{d_{cor}s} = \frac{4 \times 28.3}{450 \times 50} = 0.00503$$

$$N = 0.9(\beta_c\beta_l f_c + 2\alpha\rho_v\beta_{cor}f_y)A_{ln}$$
$$= 0.9 \times (1 \times 3 \times 11.9 + 2 \times 1 \times 0.00503 \times 1.8 \times 300) \times 49063$$
$$= 1816.27\mathrm{kN}$$

验算截面条件，由《混规》式（6.6.1-1）：

$$N_u = 1.35\beta_c\beta_l f_c A_{ln} = 1.35 \times 1 \times 3 \times 11.9 \times 49063 = 2364.59\mathrm{kN} > 1816.27\mathrm{kN}$$

【7、8题评析】 7题，应注意的是，当 $A_{cor} > A_b$ 时，$\beta_{cor} = \sqrt{\dfrac{A_b}{A_l}}$。

8题，应复核截面条件，计算局部受压区的截面最大承载力 N_u，若 $N \geqslant N_u$，取 $N = N_u$。

9. 正确答案是 A，解答如下：

根据已知条件，如图 6-1 (a) 所示，底层柱上端节点弯矩值为：

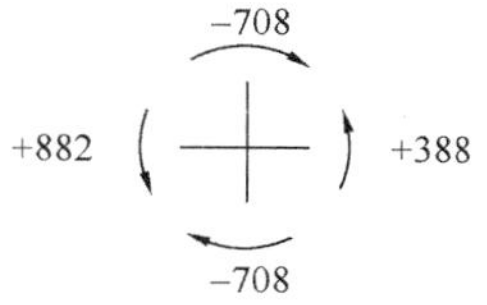

图 6-1 (a)　逆时针为正

根据《混规》11.4.1 条：

$$\Sigma M_c = 1.5\Sigma M_b = 1.5 \times (882 + 388) = 1905 \text{kN} \cdot \text{m}$$

$\Sigma M_c = 708 + 708 = 1416 \text{kN} \cdot \text{m}$，故取 $\Sigma M_c = 1905 \text{kN} \cdot \text{m}$

底层柱上端弯矩值：

$$M_c^t = 1905 \times \frac{708}{708 + 708} = 952.5 \text{kN} \cdot \text{m}$$

10. 正确答案是 A，解答如下：

$$H = 5.3\text{m}, \quad H_n = 5.3 - 0.6 = 4.7\text{m}$$

根据《混规》11.4.2 条，该底层中柱柱下端 M_c^b：

$$M_c^b = 1.5 \times 810 = 1215 \text{kN} \cdot \text{m}$$

由规范式 (11.4.3-2)：

$$V_c = 1.3 \frac{(M_c^t + M_c^b)}{H_n} = 1.3 \times \frac{(952.5 + 1215)}{4.7} = 599.5 \text{kN}$$

由规范式 (11.4.7)：

$$\lambda = \frac{H_n}{2h_0} = \frac{4.7}{2 \times 0.56} = 4.2 > 3.0, \quad 取 \lambda = 3.0$$

$$N = 2200 \text{kN} > 0.3 f_c A = 1544.4 \text{kN}, 故取 N = 1544.4 \text{kN}$$

$$V_c \leqslant \frac{1}{\gamma_{RE}} \left(\frac{1.05}{\lambda + 1} f_t b h_0 + f_{yv} \frac{A_{sv}}{s} h_0 + 0.056N \right)$$

$$\frac{A_{sv}}{s} \geqslant \frac{0.85 \times 599.5 \times 10^3 - \dfrac{1.05}{3+1} \times 1.43 \times 600 \times 560 - 0.056 \times 1544.4 \times 10^3}{300 \times 560}$$

$$= 1.77 \text{mm}^2/\text{mm}$$

选用四肢箍，$s = 100$，则：$A_{sv1} = 1.77 \times 100/4 = 44.25 \text{mm}^2$

选用 4Φ8@100（$A_{sv1} = 50.3 \text{mm}^2$），$\dfrac{A_{sv}}{s} = \dfrac{4 \times 50.3}{100} = 2.012 \text{mm}^2/\text{mm} > 1.77 \text{mm}^2/\text{mm}$

复核，查规范表 11.4.12-2，箍筋直径 $\geqslant 8\text{mm}$，$s = \min(8d, 100) = 100\text{mm}$，满足

11. 正确答案是 A，解答如下：

柱箍筋加密区外，柱剪力不需调整：

$$V_c = \frac{M_c^t + M_c^b}{H_n} = \frac{952.5 + 1215}{4.7} = 461.17 \text{kN}$$

同上一题，取 $N = 1544.4 \text{kN}$；$\lambda = 3.0$，由《混砼》式 (11.4.7)：

$$V_c \leqslant \frac{1}{\gamma_{RE}} \left(\frac{1.05}{\lambda + 1} f_t b h_0 + f_{yv} \frac{A_{sv}}{s} h_0 + 0.056N \right)$$

$$\frac{A_{sv}}{s} \geqslant \frac{0.85 \times 461.17 \times 10^3 - \frac{1.05}{4} \times 1.43 \times 600 \times 560 - 0.056 \times 1544.4 \times 10^3}{300 \times 560}$$

$$= 1.07 \text{mm}^2/\text{mm}$$

选用四肢箍，$s=150\text{mm}$，则：$A_{sv1} = 1.07 \times 150/4 = 40.1 \text{mm}^2$

故选用 4Φ8@150（$A_{sv1} = 50.3\text{mm}^2$），$\dfrac{A_{sv}}{s} = \dfrac{4 \times 50.3}{150} = 1.34\text{mm}^2/\text{mm} > 1.07\text{mm}^2/\text{mm}$

12. 正确答案是 D，解答如下：

查《混规》表 10.2.2，取 $a=5\text{mm}$

由规范式（10.2.2）：

$$\sigma_{l1} = \frac{a}{l} E_s = \frac{5}{18 \times 10^3} \times 1.95 \times 10^5 = 54.167 \text{N/mm}^2$$

$$\sigma_{con} = 0.65 f_{ptk} = 0.65 \times 1720 = 1118 \text{N/mm}^2$$

查《混规》表 10.2.4，取 $\kappa = 0.0015$；$\mu\theta = 0.0$

$$\kappa x + \mu\theta = 0.0015 \times 18 = 0.027 < 0.3, \text{则：}$$

$$\sigma_{l2} = (\kappa x + \mu\theta)\sigma_{con} = 0.027 \times 1118 = 30.186 \text{N/mm}^2$$

故　　　　　$$\sigma_{lI} = \sigma_{l1} + \sigma_{l2} = 54.167 + 30.186 = 84.353 \text{N/mm}^2$$

13. 正确答案是 D，解答如下：

首先计算 A_n，根据《混规》10.1.6 条：

$$\alpha_E = \frac{E_{s2}}{E_c} = \frac{2.0 \times 10^5}{3.35 \times 10^4} = 5.97$$

$$A_n = A - 2 \times \frac{\pi}{4} d^2 + (\alpha_E - 1) \times A_s$$

$$= 240 \times 220 - 2 \times \frac{\pi}{4} \times 48^2 + (5.97 - 1) \times 452 = 51429 \text{mm}^2$$

超张拉，查规范表 10.2.1，低松弛，$\sigma_{con} = 0.65 f_{ptk} \leqslant 0.7 f_{ptk}$，则：

$$\sigma_{l4} = 0.125 \times \left(\frac{\sigma_{con}}{f_{ptk}} - 0.5 \right)\sigma_{con}$$

$$= 0.125 \times (0.65 - 0.5) \times 1118 = 20.96 \text{N/mm}^2$$

张拉终止后混凝土的预压应力 σ_{pcI}：

$$\sigma_{pcI} = \frac{(\sigma_{con} - \sigma_{lI})A_p}{A_n} = \frac{(1118 - 84.353) \times 840}{51429} = 16.88 \text{N/mm}^2$$

$$\frac{\sigma_{pcI}}{f'_{cu}} = \frac{16.88}{40} = 0.42 < 0.5, \text{可以按规范式(10.2.5-3)计算 } \sigma_{l5}：$$

$$\rho = \frac{A_p + A_s}{2A_n} = \frac{840 + 452}{2 \times 51429} = 0.0126$$

$$\sigma_{l5} = \frac{55 + 300\sigma_{pcI}/f'_{cu}}{1 + 15\rho} = \frac{55 + 300 \times 0.42}{1 + 15 \times 0.0126} = 152.22 \text{N/mm}^2$$

所以　　　　　$$\sigma_{lII} = \sigma_{l4} + \sigma_{l5} = 20.96 + 152.22 = 173.18 \text{N/mm}^2$$

【12、13题评析】 当 $\sigma_{pcI}/f'_{cu} \leqslant 0.5$ 时，《混规》式（10.2.5-1）、式（10.2.5-3）才适用；当结构处于年平均相对湿度低于 40% 的环境下，σ_{l5} 及 σ'_{l5} 值应增加 30%。

14. 正确答案是 D，解答如下：

根据《抗规》13.3.4条，8度，取全长 4000mm，应选（D）项。

15. 正确答案是 B，解答如下：

$$h_0 = h - a = 600 - 40 = 560mm, \quad h - h_0 = a = 40mm$$

根据《混加规》10.6.2条，所有外力对纤维复合材取力矩平衡，$A'_{s0} = A_{s0}$，则：

$$N(e+a) \leqslant \alpha_1 f_{c0} bx \left(h_0 - \frac{x}{2} + a \right) + f'_{y0} A'_{s0} (h - a') - f_{y0} A_{s0} \cdot a$$

即：

$$N(e+a) \leqslant \alpha_1 f_{c0} bx \left(h - \frac{x}{2} \right) + f'_{y0} A'_{s0} (h - a' - a)$$

$$x = h - \sqrt{h^2 - 2x \frac{N(e+a) - f'_{y0} A'_{s0} (h - a' - a)}{\alpha_1 f_{c0}}}$$

$$= 600 - \sqrt{600^2 - 2 \times \frac{900 \times 10^3 \times (88.5 + 40) - 300 \times 1520 \times (600 - 40 - 40)}{1 \times 14.3 \times 400}}$$

$$= 210.4mm$$

查表 4.3.4-1，重要构件，取 $f_f = 1600MPa$。

由式（10.6.2-1）：

$$A_f = \frac{1 \times 14.3 \times 400 \times 210.4 - 900 \times 10^3}{1600} = 189.7mm^2$$

故选（B）项。

16. 正确答案是 B，解答如下：

根据《钢标》6.1.1条、6.1.3条：

$$\frac{b}{t} = \frac{250 - 8}{2 \times 12} = 10 < 13\varepsilon_k = 13$$

$$\frac{h_0}{t_w} = \frac{454 - 2 \times 12}{8} = 53.75 < 93\varepsilon_k = 93$$

截面等级满足 S3 级，取 $\gamma_x = 1.05$。

$$\frac{M_x}{\gamma_x W_{nx}} = \frac{279.1 \times 10^6}{1.05 \times 1525 \times 10^3} = 174.3N/mm^2$$

17. 正确答案是 A，解答如下：

$$M_B = -V_c l + \frac{1}{2} q l^2 \quad 即：V_c = \left(\frac{1}{2} q l^2 - M_B \right) \cdot \frac{1}{l}$$

$$V_c = \frac{\frac{1}{2} \times 45 \times 8^2 - 172.1}{8} = 158.5kN$$

$$V_B = ql - V_c = 45 \times 8 - 158.5 = 201.5kN$$

由《钢标》式（6.1.3）：

$$\tau = \frac{VS}{I t_w} = \frac{201.5 \times 10^3 \times 848 \times 10^3}{34610 \times 10^4 \times 8} = 61.7N/mm^2$$

18. 正确答案是 D，解答如下：

柱顶：$K_1 = \dfrac{\Sigma i_b}{\Sigma i_c} = \dfrac{1.5 \times 34610/8}{13850/3.5} = 1.64$

柱底：$K_2 = 0.0$

无侧移框架柱，查《钢标》附录表 E.0.1，$\mu = 0.84$

$$l_{0x} = \mu l = 0.84 \times 3.5 = 2.94\text{m}$$

19. 正确答案是 A，解答如下：

平面外：$l_{0y} = 3.5\text{m}$，$\lambda_y = \dfrac{l_{0y}}{i_y} = \dfrac{3500}{61.7} = 56.7$

焊接 H 形截面、剪切边，查《钢标》表 7.2.1-1，对 y 轴属 c 类截面，$\lambda_y/\varepsilon_k = 56.7$，查附表 D.0.3，$\varphi_y = 0.730$

由《钢标》8.2.1 条：

$$\beta_{tx} = 0.65 + 0.35 \frac{M_2}{M_1} = 0.65 + 0.35 \times \frac{0}{172.1} = 0.65$$

$$\varphi_b = 1.07 - \frac{\lambda_y^2}{44000\varepsilon_k^2} = 1.07 - \frac{56.7^2}{44000 \times 1} = 0.997$$

柱 AB 承受的压力，节点 B 有：$\Sigma Y = 0$

$$N_{AB} = P + V_B = 93 + 201.5 = 294.5\text{kN}$$

$$\frac{b}{t} = \frac{250 - 8}{2 \times 12} = 10.08 < 13\varepsilon_K = 13$$

$$\frac{h_0}{t_w} = \frac{300 - 2 \times 12}{8} = 34.5 < 40\varepsilon_k = 40$$

截面等级满足 S3 级，取全截面计算。

$$\frac{N_{AB}}{\varphi_y A} + \eta \frac{\beta_{tx} M_x}{\varphi_b W_{1x}} = \frac{294.5 \times 10^3}{0.730 \times 8208} + 1.0 \times \frac{0.65 \times 172.1 \times 10^6}{0.997 \times 923 \times 10^3}$$

$$= 170.7\text{N/mm}^2$$

【16～19 题评析】19 题，焊接 H 形截面，剪切边，查《钢标》表 7.2.1-1 知，对 y 轴属 c 类截面。

20. 正确答案是 B，解答如下：

如图 6-2（a）所示，支座 A 处剪力最大。

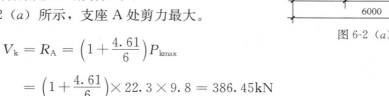

图 6-2（a）

$$V_k = R_A = \left(1 + \frac{4.61}{6}\right) P_{kmax}$$

$$= \left(1 + \frac{4.61}{6}\right) \times 22.3 \times 9.8 = 386.45\text{kN}$$

根据《荷规》6.3.1 条，中级工作制，动力系数为 1.05；根据《可靠性标准》8.2.4 条，吊车荷载分项系数 1.5。

$$V = 1.05 \times 1.5 \times V_k = 1.05 \times 1.5 \times 386.45 = 608.66\text{kN}$$

由《钢标》式（6.1.3）：

$$\tau = \frac{VS_x}{It_w} = \frac{608.66 \times 10^3 \times 2.41 \times 10^6}{163 \times 10^7 \times 8} = 112.5\text{N/mm}^2$$

21. 正确答案是 C，解答如下：

根据《钢标》6.1.4 条：

$$l_z = a + 5h_y + 2h_R = 50 + 5 \times 16 + 2 \times 140 = 410\text{mm}$$

取 $\psi = 1.0$，$F = P = 1.5 \times 1.05 \times 22.3 \times 9.8 = 344.2\text{kN}$

$$\sigma_c = \frac{\psi F}{l_z t_w} = \frac{1.0 \times 344.2 \times 10^3}{410 \times 8} = 105\text{N/mm}^2$$

22. 正确答案是 D，解答如下：

根据《钢标》附录 C.0.1 条：

$$\xi = \frac{l_1 t}{b_1 h} = \frac{6000 \times 16}{420 \times 750} = 0.305 < 2.0，则：$$

$$\beta_b = 0.73 + 0.18\xi = 0.73 + 0.18 \times 0.305 = 0.785$$

由提示知：$I_1 = 9878\text{cm}^4$，$I_2 = 2083\text{cm}^4$

$$\alpha_b = \frac{I_1}{I_1 + I_2} = \frac{9878}{9878 + 2083} = 0.826 > 0.8$$

根据附表 C.0.1 注 6：

项次 3，$\xi = 0.305 < 0.5$，$\beta_b = 0.9\beta_b = 0.9 \times 0.785 = 0.707$

$$\eta_b = 0.8(2\alpha_b - 1) = 0.8 \times (2 \times 0.826 - 1) = 0.522$$

$$\lambda_y = \frac{l_0}{i_y} = \frac{6000}{85.2} = 70.4$$

由附录公式（C.0.1-1）：

$$\varphi_b = \beta_b \frac{4320}{\lambda_y^2} \cdot \frac{Ah}{W_x} \cdot \left[\sqrt{1 + \left(\frac{\lambda_y t_1}{4.4h}\right)^2} + \eta_b \right] \varepsilon_k^2$$

$$= 0.707 \times \frac{4320}{(70.4)^2} \cdot \frac{137.44 \times 10^2 \times 750}{3.53 \times 10^3 \times 10^3} \cdot \left[\sqrt{1 + \left(\frac{70.4 \times 16}{4.4 \times 750}\right)^2} + 0.522 \right] \frac{235}{235}$$

$$= 2.84 > 0.6$$

所以 $\varphi_b' = 1.07 - \frac{0.282}{\varphi_b} = 1.07 - \frac{0.282}{2.84} = 0.97$

23. 正确答案是 A，解答如下：

根据《钢标》6.3.3 条：

$a/h_0 = 1000/718 = 1.393 > 1.0$

$$\lambda_{n,s} = \frac{h_0/t_w}{37\eta\sqrt{5.34 + 4(h_0/a)^2}} \cdot \frac{1}{\varepsilon_k} = \frac{718/8}{37 \times 1.11 \times \sqrt{5.34 + 4 \times \left(\frac{718}{1000}\right)^2}} \cdot \frac{1}{1}$$

$$= 0.803 > 0.8，且 < 1.2$$

$$\tau_{cr} = [1 - 0.59(\lambda_s - 0.8)]f_v$$

$$= [1 - 0.59 \times (0.803 - 0.8)] \times 125 = 124.8\text{N/mm}^2$$

$$\left(\frac{\sigma}{\sigma_{cr}}\right)^2 + \left(\frac{\tau}{\tau_{cr}}\right)^2 + \frac{\sigma_c}{\sigma_{c,cr}} = \left(\frac{140}{215}\right)^2 + \left(\frac{51}{124.8}\right)^2 + \frac{100}{211} = 1.07$$

24. 正确答案是 B，解答如下：

如图 6-3（a）所示，根据《钢标》6.3.7 条：

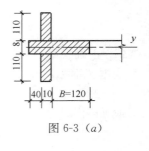

图 6-3（a）

$$B = 15t_w\varepsilon_k = 15 \times 8 \times \sqrt{235/235} = 120\text{mm}$$

$$A = (40 + 10 + 120) \times 8 + 2 \times 110 \times 10 = 3560\text{mm}^2$$

$$I_y \approx \frac{1}{12} \times 10 \times (2 \times 110 + 8)^3 = 9.88 \times 10^6\text{mm}^4$$

$$i_y = \sqrt{I_y/A} = 52.68\text{mm}, \lambda_y = \frac{h_0}{i_y} = \frac{718}{52.68} = 13.6$$

焊接、焰切边的十字形，查表 7.2.1-1，均属 b 类截面；查附表 D.0.2，取 $\varphi = 0.986$。

$$\frac{N}{\varphi A} = \frac{550 \times 10^3}{0.986 \times 3560} = 156.69\text{N/mm}^2$$

25. 正确答案是 B，解答如下：

根据《钢标》11.2.7 条：

$$h_f \geqslant \frac{1}{2 \times 0.7f_f^w}\sqrt{\left(\frac{VS_1}{I}\right)^2 + \left(\frac{\psi F}{\beta_f l_z}\right)^2}$$

取 $\beta_f = 1.0, l_z = 410\text{mm}, \psi F = 1.0 \times 1.5 \times 1.05 \times 22.3 \times 9.8 = 344.2\text{kN}$，则：

$$h_f \geqslant \frac{1}{2 \times 0.7 \times 160} \times \sqrt{\left[\frac{600 \times 10^3 \times 420 \times 16 \times (750 - 436 - 8)}{163 \times 10^3 \times 10^4}\right]^2 + \left(\frac{1 \times 344.2 \times 10^3}{410}\right)^2}$$

$$= 5.05\text{mm}$$

由《钢标》11.3.5 条，取 $h_f \geqslant 6\text{mm}$

最终取 $h_f \geqslant 6\text{mm}$

【20～25 题评析】 20 题、21 题，关键是动力系数的取值，《荷规》6.3.1 条作了具体规定。

22 题，关键是《钢标》附录表 C.0.1 注 6 的规定，应考虑折减系数。由《钢标》附录式（C.0.1-1）求得的 $\varphi_b > 0.6$ 时，还需用规范附录式（C.0.1-7）转化为求 φ_b'。

25 题，关键是确定绕 y 轴时，T 形截面为哪一类截面。

26. 正确答案是 A，解答如下：

上弦杆肢尖与节点板间的角焊缝传递弦杆两端内力差 ΔN 及其偏心力矩 $M = \Delta N \cdot e$。

$$\Delta N = N_1 - N_2 = 480 - 110 = 370\text{kN}$$

$$M = \Delta N \cdot e = 370 \times (90 - 20) \times 10^{-3} = 25.9\text{kN} \cdot \text{m}$$

$$l_w = l - 2h_f = (190 + 170) - 2 \times 8 = 344\text{mm}$$

根据《钢标》11.2.2 条：

$$\sigma_f = \frac{6M}{2 \times 0.7h_f l_w^2} = \frac{6 \times 25.9 \times 10^6}{2 \times 0.7 \times 8 \times 344^2} = 117.25\text{N/mm}^2$$

$$\tau_f = \frac{\Delta N}{2 \times 0.7h_f l_w} = \frac{370 \times 10^3}{2 \times 0.7 \times 8 \times 344} = 96.03\text{N/mm}^2$$

所以：
$$\sqrt{\left(\frac{\sigma_\mathrm{f}}{\beta_\mathrm{f}}\right)^2 + (\tau_\mathrm{f})^2} = \sqrt{\left(\frac{117.25}{1.22}\right)^2 + 96.03^2} = 135.86\mathrm{N/mm^2}$$

27. 正确答案是 C，解答如下：

根据《门规》附录 A 规定：

$$K = \frac{1.233 \times 10^5 E}{\dfrac{6 \times 5.1645 \times 10^8 E}{7500}} \cdot \left(\frac{5.1645}{0.7773}\right)^{0.29}$$

$$= 0.517$$

$$\mu = 2 \times \left(\frac{5.1645}{0.773}\right)^{0.145} \cdot \sqrt{1 + \frac{0.38}{0.517}} = 3.47$$

$$l_\mathrm{ox} = 3.47 \times 7.5 = 26.025\mathrm{m}$$

28. 正确答案是 B，解答如下：

根据《门规》7.1.1 条：

$$\alpha = 3, \quad \omega_1 = 0.41 - 0.897 \times 3 + 0.363 \times 3^2 - 0.041 \times 3^2 = -0.121$$

$$\gamma_\mathrm{p} = \frac{684}{588 - 2 \times 8} - 1 = 0.196$$

$$\eta_\mathrm{s} = 1 - (-0.121)\sqrt{0.196} = 1.05$$

$$k_\tau = 1.05 \times \left(5.34 + \frac{4}{3^2}\right) = 6.07$$

$$\lambda_\mathrm{s} = \frac{684/5}{37\sqrt{6.07}\sqrt{235/235}} = 1.50$$

$$\varphi_\mathrm{ps} = \frac{1}{(0.51 + 1.50^{3.2})^{1/2.6}} = 0.577$$

$$V_\mathrm{d} = 0.85 \times 0.577 \times 684 \times 5 \times 125 = 210\mathrm{kN} < 358\mathrm{kN}$$

故取 $V_\mathrm{d} = 210\mathrm{kN}$。

29. 正确答案是 D，解答如下：

根据《门规》7.1.1 条：

$$k_\sigma = \frac{16}{\sqrt{(1 - 0.74)^2 + 0.112 \times (1 + 0.74)^2} + (1 - 0.74)} = 17.82$$

$$\lambda_\mathrm{p} = \frac{684/5}{28.1\sqrt{17.82} \cdot \sqrt{\dfrac{235}{1.1 \times 91.6}}} = 0.75$$

$$\rho = \frac{1}{(0.243 + 0.75^{1.25})^{0.9}} = 1.06 > 1.0$$

故 $\rho = 1$，即全截面有效。

由 7.1.2 条：

$V = 30\mathrm{kN} < 0.5V_\mathrm{d} = 0.5 \times 200 = 100\mathrm{kN}$，则：

$$\frac{N}{A_\mathrm{e}} + \frac{M}{W_\mathrm{e}} = \frac{80 \times 10^3}{6620} + \frac{120 \times 10^6}{1.4756 \times 10^6} = 93.4\mathrm{N/mm^2}$$

30. 正确答案是 D，解答如下：

查《砌规》表 3.2.1-1，$f = 2.07\mathrm{MPa}$。

$A = 0.37 \times 0.49 = 0.181 \text{m}^2 < 0.2 \text{m}^2$，取 $\gamma_a = A + 0.8 = 0.981$，故 $f = 0.981 \times 2.07 = 2.03 \text{MPa}$

根据《砌规》8.1.2 条：

$$\rho = \frac{(a+b)\,A_s}{abs_n} = \frac{(50+50)\times 12.6}{50\times 50\times 195} = 0.258\% \begin{matrix} <1.0\% \\ >0.1\% \end{matrix}，满足$$

$$e = \frac{M}{N} = \frac{15}{190} = 0.08 \text{m}$$

$$f_n = f + 2\left(1 - \frac{2e}{y}\right)\rho f_y$$

$$= 2.03 + 2\times\left(1 - \frac{2\times 0.08}{0.49/2}\right)\times 0.258\% \times 320 = 2.60 \text{MPa}$$

$$\varphi_n f_n A = 2.60\times 370\times 490\varphi_n \times 10^{-3} = 471.4\varphi_n(\text{kN})$$

【30 题评析】 本题目的关键是确定 γ_a 值，$A < 0.2 \text{m}^2$，取 $\gamma_a = A + 0.8$；M7.5 水泥砂浆对 f 不调整。

31. 正确答案是 A，解答如下：

壁柱高度 H：$H = 6.2 + 0.5 = 6.7 \text{m}$，刚性方案，$s = 15 \text{m} > 2H = 13.4 \text{m}$，查规范表 5.1.3，取 $H_0 = 1.0H = 6.7 \text{m}$

由《砌规》4.2.8 条：

$$b_f = 0.49 + \frac{2}{3}\times 6.7 = 4.96 \text{m},$$

$$b_f = 2.5 + \frac{5-2}{2} = 4.0 \text{m}，故取 b_f = 4.0 \text{m}$$

$$A = 4000\times 240 + 490\times 130 = 1023700 \text{mm}^2$$

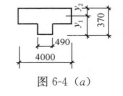

图 6-4（a）

如图 6-4(a)，$y_1 = \dfrac{4000\times 240\times(120+130) + 490\times 130\times 65}{1023700}$

$$= 238.5 \text{mm}$$

$$y_2 = 370 - y_1 = 131.5 \text{mm}$$

$$I = \frac{1}{12}\times 4000\times 240^3 + 4000\times 240\times(131.5-120)^2 + \frac{1}{12}\times 490\times 130^3$$

$$+ 490\times 130\times(238.5-65)^2 = 6.74\times 10^9 \text{mm}^4$$

$$i = \sqrt{I/A} = 81.1 \text{mm}$$

$$h_T = 3.5i = 284 \text{mm}$$

32. 正确答案是 C，解答如下：

由上一题知 $H_0 = 6.7 \text{m}$，$\beta = \dfrac{H_0}{h_T} = \dfrac{6700}{284} = 23.6$

$\mu_1 = 1.0$，$\dfrac{h}{H} = \dfrac{1.2}{6.7} = 0.179 < 0.2$，根据《砌规》6.1.4 条，取 $\mu_2 = 1.0$

$$\mu_1\mu_2[\beta] = 1\times 1\times 24 = 24$$

33. 正确答案是 A，解答如下：

$H = \dfrac{6.95 + 6.2}{2} + 0.5 = 7.075\text{m} > s = 5\text{m}$，刚性方案，查《砌规》表 5.1.3，取 $H_0 = 0.6s =$
$0.6 \times 5 = 3.0\text{m}$

$$\beta = \frac{H_0}{h} = \frac{3000}{240} = 12.5$$

$\mu_1 = 1.0$，同理，$\mu_2 = 1.0$，则：$\mu_1 \mu_2 [\beta] = 1 \times 1 \times 24 = 24$

【31～33 题评析】 32 题、33 题，关键是确定 μ_2 值。

34. 正确答案是 A，解答如下：

$$H = 5.4 + 0.5 = 5.9\text{m}, \quad s = 12.5\text{m} > 2H = 11.8\text{m},$$

查《砌规》表 5.1.3，刚性方案，$H_0 = 1.0H = 5.9\text{m}$，

$$\beta = \frac{H_0}{h} = \frac{5900}{240} = 24.6$$

35. 正确答案是 C，解答如下：

根据《砌规》8.2.7 条：

取中间单元长度 2.5m 计算，$A_n = 240 \times (2500 - 240) = 542400\text{mm}^2$

$$A_c = 240 \times 240 = 57600\text{mm}^2$$

$$\rho = \frac{A'_s}{bh} = \frac{615}{240 \times 2500} = 0.103\%$$

$$\beta = r_\beta \frac{H_0}{h} = 1 \times \frac{5900}{240} = 24.6$$

$\beta = 24.6$，查规范表 8.2.3，$\varphi_{com} = 0.542$

$$\eta = \left[\frac{1}{\dfrac{l}{b_c} - 3} \right]^{1/4} = \left[\frac{1}{\dfrac{2.5}{0.24} - 3} \right]^{1/4} = 0.606$$

由规范式（8.2.7-1）：

$$N = \varphi_{com} [fA_n + \eta(f_c A_c + f'_y A'_s)]$$
$$= 0.542 \times [1.69 \times 542400 + 0.606 \times (57600 \times 9.6 + 300 \times 615)]$$
$$= 739.05\text{kN}$$

每延米为：$739.05/2.5 = 295.6\text{kN/m}$

36. 正确答案是 C，解答如下：

根据《抗规》7.3.1 条表 7.3.1，应在楼梯间四角、楼梯斜样段上下端对应的墙体处，设构造柱共需 8 个。

37. 正确答案是 B，解答如下：

外纵墙的横墙最大间距 $s = 7.2\text{m}$，第 1 类楼盖，查《砌规》表 4.2.1，故刚性方案。

第二层，$H = 3.0\text{m}$，$s = 7.2\text{m}$，$s = 7.2\text{m} > 2H = 6\text{m}$，刚性方案，查《砌规》表 5.1.3，取 $H_0 = 1.0H = 3\text{m}$

$$\beta = \frac{H_0}{h} = \frac{3}{0.24} = 12.5$$

查规范表 6.1.1，取 $[\beta]=26$，$\mu_1=1.0$，$\mu_2=1-0.4\times\dfrac{3.6}{7.2}=0.8>0.7$

$$\mu_1\mu_2[\beta]=1\times0.8\times26=20.8$$

38. 正确答案是 B，解答如下：

根据《抗规》7.2.3 条：①、⑥轴线墙体等效侧向刚度：$h/b=3/(6+6+2.4+0.24)=0.205<1$，可只计算剪切变形，$K=\dfrac{EA}{3h}=\dfrac{Et\times14640}{3\times3000}=1.627Et$

②～⑤轴线墙体等效侧向刚度：

$h/b=\dfrac{3}{6.24}=0.48<1.0$，则：

$$K=\frac{EA}{3h}=\frac{Et\times6240}{3\times3000}=0.693Et$$

由《抗规》5.2.6 条：

$$V_{Q1k}=\frac{0.4Et\times1500}{(2\times1.627+6\times0.693+0.4)Et}=76.8\text{kN}$$

$$V_{Q1}=76.8\times1.3=99.84\text{kN}$$

39. 正确答案是 C，解答如下：

根据《木标》5.3.2 条、5.1.4 条、冷杉 TC11B：

$$i_x=\frac{h}{\sqrt{12}}=\frac{150}{\sqrt{12}}=43.30\text{mm}$$

$$\lambda_x=\frac{l_0}{i_x}=\frac{2310}{43.3}=53.35$$

$$\lambda_c=5.28\sqrt{1\times300}=91.45>\lambda_x，则：$$

$$\varphi=\frac{1}{1+\dfrac{53.35^2}{1.43\pi^2\times1\times300}}=0.598$$

40. 正确答案是 B，解答如下：

冷杉（TC11B），查《木标》表 4.3.1-3，$f_c=10\text{MPa}$，$f_m=11\text{MPa}$

由《木标》5.3.2 条：

$$e_0=0.05\times150=7.5\text{mm}$$

$$W=\frac{1}{6}\times120\times150^2=450\times10^3\text{mm}^3，A=120\times150$$

$$k=\frac{Ne_0+M_0}{Wf_m\left(1+\sqrt{\dfrac{N}{Af_c}}\right)}=\frac{50000\times7.5+2.5\times10^6}{450\times10^3\times11\times\left(1+\sqrt{\dfrac{50\times10^3}{120\times150\times10}}\right)}$$

$$=0.38$$

$$\varphi_m=(1-k)^2(1-k_0)=(1-0.38)^2\times(1-0.05)=0.365$$

（下午卷）

41. 正确答案是 D，解答如下：

根据《抗规》14.1.4 条，（D）项错误，应选（D）项。

42. 正确答案是 C，解答如下：

根据《边坡规范》附录 F.0.4 条：

$$K_a = \tan^2\left(45° - \frac{20°}{2}\right) = 0.49, K_p = \tan^2\left(45° + \frac{20°}{2}\right) = 2.04$$

$$e_{ak} = qK_a + \gamma hK_a - 2c\sqrt{K_a}$$

$$= 20 \times 0.49 + 18 \times (6 + Y_n) \times 0.49 - 2 \times 10 \times \sqrt{0.49} = 8.82Y_n + 48.72$$

$$e_{pk} = \gamma hK_p + 2c\sqrt{K_p}$$

$$= 18 \times Y_n \times 2.04 + 2 \times 10 \times \sqrt{2.04} = 36.72Y_n + 28.57$$

由 $e_{ak} = e_{pk}$，则：

$$8.82Y_n + 48.72 = 36.72Y_n + 28.57$$

解之得：$Y_n = 0.72$m

43. 正确答案是 C，解答如下：

根据《桩规》3.4.3 条，应选（C）项。

44. 正确答案是 A，解答如下：

欲使基底均匀受压，应使上部结构传来的合力位于基础形心处。

上部结构传来的合力距柱 1 形心的距离 x：

$$x = \frac{350 \times 3 + 10 - 45}{350 + 250} = 1.69\text{m}; \quad l_0 = 0.2\text{m}$$

$$2(l_0 + x) = l_0 + 3 + l_2$$

$$l_2 = 2 \times (0.2 + 1.69) - 0.2 - 0.3 = 0.58\text{m}$$

45. 正确答案是 C，解答如下：

设剪力为零处距基础左端为 x：

基底均匀受压，基础长度 $l = 3.78$m；$x = \frac{F_1}{q_j}$；$q_j = \frac{F_1 + F_2}{l} = \frac{250 + 350}{3.78} = 158.7\text{kN/m}$

$$x = \frac{250}{158.7} = 1.58\text{m}$$

$$M_{max} = \frac{1}{2}q_j x^2 - F_1(x - l_0) - M_1$$

$$= \frac{1}{2} \times 158.7 \times 1.58^2 - 250 \times (1.58 - 0.20) - 45$$

$$= -191.9\text{kN} \cdot \text{m}$$

46. 正确答案是 C，解答如下：

如图 6-5（a）所示：

$$A_l = 0.4 \times 0.4 = 0.16\text{m}^2$$

$$A_b = (0.38 + 0.4 + 0.38) \times 1 = 1.16\text{m}^2$$

$$\beta_l = \sqrt{\frac{A_b}{A_l}} = \sqrt{\frac{1.16}{0.16}} = 2.69, \quad f_{cc} = 0.85 f_c = 0.85 \times 9.6 = 8.16 \text{N/mm}^2$$

$\omega = 1.0$，由《混规》式（D.5.1-1）：

$$\omega \beta_l f_{cc} A_l = 1.0 \times 2.69 \times 8.16 \times 0.16 \times 10^6 = 3512 \text{kN}$$

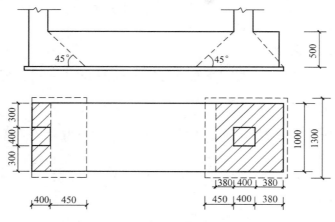

图 6-5（a）

【44～46题评析】 46题，A_b 的计算应按"同心、对称"的原则。

47. 正确答案是A，解答如下：

$$M = M_1 + F_2 \times 0.4 + V_1 \times 0.85 = 90 + 150 \times 0.4 + 10 \times 0.85 = 158.5 \text{kN} \cdot \text{m}$$

$$F = F_1 + F_2 = 300 + 150 = 450 \text{kN}$$

$$e_j = \frac{M}{F} = \frac{158.5}{450} = 0.35 \text{m} < \frac{b}{6} = \frac{3.0}{6} = 0.5 \text{m}, \text{ 则：}$$

地基土净反力呈梯形分布。

$$p_{j\max} = \frac{F}{A} + \frac{6M}{b^2 l} = \frac{450}{3 \times 1.8} + \frac{6 \times 158.5}{3^2 \times 1.8} = 142.04 \text{kPa}$$

48. 正确答案是B，解答如下：

根据《地规》8.2.9条、附录U：

$$h_0 = 550 - 50 = 500 \text{mm}, \quad h_1 = 300$$

$$b_{y0} = \left[1 - 0.5 \times \frac{300}{500} \times \left(1 - \frac{950}{1800}\right)\right] \times 1800 = 1545 \text{mm}$$

$$V_u = 0.7 \beta h_s f_t A_0 = 0.7 \times 1.0 \times 1.1 \times 1545 \times 500 = 594.8 \text{kN}$$

49. 正确答案是A，解答如下：

由上一题 $e_j = 0.35 \text{m} < \frac{b}{6} = 0.5 \text{m}$，故基底净反力呈梯形分布，所以基底反力也呈梯形分布。

地基土反力：
$$p = \frac{F + G}{A} \pm \frac{6M}{b^2 l}$$

$$p_{\min}^{\max} = \frac{450 + 1.3 \times 20 \times 3 \times 1.8 \times (1.2 + 0.15/2)}{3 \times 1.8} \pm \frac{6 \times 158.5}{3^2 \times 1.8}$$

$$=116.483 \pm 58.704 = \genfrac{}{}{0pt}{}{175.19\text{kPa}}{57.78\text{kPa}}$$

柱边 I-I 截面处的地基反力 p_{I}：

$$p_{\text{I}} = p_{\min} + \frac{b-a_1}{b}(p_{\max} - p_{\min})$$

$$= 57.78 + \frac{3-1.2}{3} \times (175.19 - 57.78) = 128.23\text{kPa}$$

基础及其上土的自重，取 $\overline{d} = \frac{1.2+1.35}{2} = 1.275\text{m}$

由《地规》式（8.2.11-1）：

$$M_{\text{I}} = \frac{1}{12} \times 1.2^2 \times [(2 \times 1.8 + 0.4) \times (175.19 + 128.23 - 2 \times 1.3 \times 20 \times 1.275)$$

$$+ (175.19 - 128.23) \times 1.8]$$

$$= 123.96\text{kN} \cdot \text{m}$$

【47～49 题评析】49 题，当按《地规》8.2.11 条计算时，取地基反力 p 进行计算。

50. 正确答案是 B，解答如下：

位移控制，$\alpha h \geqslant 4.0$，查《桩规》表 5.7.3-1：

$$\eta_{\text{r}} = 2.05$$

由规范式（5.7.3-3）

$$\eta_i = \frac{\left(\frac{s_a}{d}\right)^{0.015n_2+0.45}}{0.15n_1 + 0.10n_2 + 1.9} = \frac{3^{0.015 \times 4 + 0.45}}{0.15 \times 3 + 0.10 \times 4 + 1.9} = 0.6368$$

承台底位于地面上，故 $P_{\text{c}} = 0$，所以：$\eta_{\text{b}} = 0.0$，$\eta_l = 0.0$

由规范式（5.7.3-6）：

$$\eta_{\text{h}} = \eta_i \eta_{\text{r}} + \eta_l + \eta_{\text{b}} = 0.6368 \times 2.05 + 0 + 0 = 1.30544$$

$$R_{\text{h}} = \eta_{\text{h}} R_{\text{ha}} = 1.30544 \times 50 = 65.272\text{kN}$$

51. 正确答案是 B，解答如下：

根据《桩规》5.8.2 条：

$$\psi_{\text{c}} f_{\text{c}} A_{\text{ps}} + 0.9 f_{\text{y}}' A_{\text{s}}' = 0.7 \times 11.9 \times \pi \times 300^2 + 0.9$$

$$\times 360 \times 314.2 \times 8$$

$$= 3168\text{kN}$$

52. 正确答案是 A，解答如下：

根据《地处规》7.7.2 条、7.1.7 条，取 $f_{\text{ak}} = 140\text{kPa}$

$$\zeta = \frac{f_{\text{spk}}}{f_{\text{ak}}} = \frac{336}{140} = 2.4$$

$$E_{\text{s1}} = 6.0 \times 2.4 = 14.4\text{MPa}, \quad E_{\text{s2}} = 12 \times 2.4 = 28.8\text{MPa}$$

53. 正确答案是 D，解答如下：

根据《地处规》7.1.8 条表 7.1.8 注的规定：

$$\overline{E}_{\text{s}} = \frac{\sum A_i}{\sum \frac{A_i}{E_{\text{s}i}}} = \frac{4 \times (3207.4 + 1106 + 692.4 + 95.8)}{4 \times \left(\frac{3207.4}{14.4} + \frac{1106}{28.8} + \frac{692.4}{12} + \frac{95.8}{12}\right)} = 15.6\text{MPa}$$

查规范表 7.1.8：

$$\psi_s = 0.4 - \frac{15.6 - 15}{20 - 15} \times (0.4 - 0.25) = 0.382$$

54. 正确答案是 D，解答如下：

$z_i = 0 \sim 14\text{m}$：　$\Delta s_1' = \frac{4p_0}{\zeta E_{si}}(z_i \bar{\alpha}_i - z_{i-1} \bar{\alpha}_{i-1}) = \frac{4 \times 300}{14400} \times 3207.4 = 267.28\text{mm}$

$z_i = 14 \sim 21\text{m}$：　$\Delta s_2' = \frac{4 \times 300}{28800} \times 1106.0 = 46.08\text{mm}$

$z_i = 21 \sim 27\text{m}$：　$\Delta s_3' = \frac{4 \times 300}{12000} \times 692.4 = 69.24\text{mm}$

$z_i = 27 \sim 28\text{m}$：　$\Delta s_4' = \frac{4 \times 300}{12000} \times 95.8 = 9.58\text{mm}$

$$s = \psi_s s' = \psi_s \Sigma \Delta s_i' = 0.30 \times (267.28 + 46.08 + 69.24 + 9.58) = 117.7\text{mm}$$

【52～54题评析】 53题、54题，本题目表 6-2 中所给沉降计算数据是小矩形 $b \times l = 14\text{m} \times 16.8\text{m}$，所以 53 题、54 题中应乘以系数 4。

55. 正确答案是 C，解答如下：

根据《桩规》5.3.3 条：

$$p_{sk1} = \frac{3.5 + 6.5}{2} = 5\text{MPa}, \quad p_{sk2} = 6.5\text{MPa}$$

$$p_{sk1} < p_{sk2}, p_{sk} = \frac{1}{2}(p_{sk1} + \beta \cdot p_{sk2})$$

$\frac{p_{sk2}}{p_{sk1}} = \frac{6.5}{5} = 1.3 < 5$，查规范表 5.3.3-3，$\beta = 1$

$$p_{sk} = \frac{1}{2} \times (5 + 6.5) = 5.75\text{MPa} = 5750\text{kPa}$$

$Q_{uk} = Q_{sk} + Q_{pk} = u\Sigma q_{sik} l_i + \alpha p_{sk} A_p$

$\quad = 3.14 \times 0.5 \times (14 \times 25 + 2 \times 50 + 2 \times 100) + 0.8 \times 5750 \times 0.25$

$\quad \times 3.14 \times 0.5^2$

$\quad = 1020.5 + 902.8 = 1923.3\text{kN}$

56. 正确答案是 A，解答如下：

根据《桩规》5.6.2 条：

$A_c = 2 \times 2 - 4 \times 0.2 \times 0.2 = 3.84\text{m}^2$；黏土，取 $\eta_p = 1.30$

$$p_0 = \eta_p \frac{F - nR_a}{A_c} = 1.30 \times \frac{360 - 4 \times 80}{3.84} = 13.54\text{kPa}$$

承台等效宽度 B_c：

$$B_c = B\sqrt{A_c}/L = 2\sqrt{3.84}/2 = 1.96\text{m}$$

$$L_c = 3.84/1.96 = 1.96\text{m}$$

将承台等效矩形划分为 4 个小矩形：$a = 1.96/2 = 1.0\text{m}$，$b = 1.96/2 = 1.0\text{m}$，列表 6-1（a）计算沉降量。

表 6-1（a）

z_i (m)	l/b	z/b	$\bar{\alpha}_i$	$z_i\bar{\alpha}_i$ (m)	$z_i\bar{\alpha}_i - z_{i-1}\bar{\alpha}_{i-1}$ (m)	E_{si} (MPa)	s_s (mm)
0	1	0	0.2500	0	—	—	—
3	1	3	0.1369	0.4107	0.4107	1.5	14.83

57. 正确答案是 D，解答如下：

根据《高规》4.2.1 条：

$w_k = \beta_z \mu_s \mu_z w_0$，两个方案中的 μ_z、w_0 相同，又由《荷规》8.4.3 条～8.4.6 条，故 β_z 也相同，所以仅 μ_s 不同。

根据《高规》4.2.3 条：$H/B = 59/14 = 4.214$，$L/B = 14/14 = 1 < 1.5$

$$\mu_{sa} = 1.4$$

$$\mu_{sb} = 0.8 + 1.2/\sqrt{n} = 0.8 + 1.2/\sqrt{8} = 1.224$$

故：
$$\frac{w_{ka}}{w_{kb}} = \frac{\mu_{sa}}{\mu_{sb}} = \frac{1.4}{1.224} = \frac{1.144}{1}$$

58. 正确答案是 C，解答如下：

根据《荷规》8.1.1 条：

$w_k = \beta_{gz} \mu_{sl} \mu_z w_0$，两个方案 β_{gz}、μ_z、w_0 均相同。

方案（a）：矩形平面，根据《荷规》8.3.3 条第 1 款、8.3.5 条，取 $\mu_{sla} = 1.0 - (-0.2) = 1.2$

方案（b）：正多边形平面，根据《荷规》8.3.3 条第 3 款、8.3.5 条，取 $\mu_{slb} = 0.8 \times 1.25 - (-0.2) = 1.2$

则：
$$\frac{w_{ka}}{w_{kb}} = \frac{1.2}{1.2} = \frac{1}{1}$$

59. 正确答案是 C，解答如下：

根据《高规》3.3.2 条、3.4.3 条：

（a）方案，$H/B = 68/13 = 5.23 > 5$，不满足

（b）方案，$H/B = 68/15 = 4.53 < 5$，$L/b = 5/3 = 1.67 > 1.5$，不满足

（c）方案，$H/B = 68/15 = 4.53 < 5$，$L/B = 50/15 = 3.3 < 5$，
$L/B_{max} = 5/20 = 0.25 < 0.3$，$l/b = 5/6 = 0.83 < 1.5$，满足

（d）方案，《高规》3.4.3 条条文说明，属于对抗震不利的方案。

60. 正确答案是 C，解答如下：

（1）非抗震设计时，$\gamma_0 = 1.0$，$\gamma_0 M = 54.6 \text{kN} \cdot \text{m}$

对称配筋，$x = 0 < 2a'_s = 70\text{mm}$，由《混规》6.2.14 条：

$$A_s = \frac{\gamma_0 M}{f_y(h - a_s - a'_s)} = \frac{54.6 \times 10^6}{360 \times (500 - 35 - 35)} = 353\text{mm}^2$$

（2）抗震设计时，$\gamma_{RE} = 0.75$

$$x = 0 < 2a'_s = 70\text{mm}$$

$$A_s = \frac{\gamma_{RE} M}{f_y(h - a_s - a'_s)} = \frac{0.75 \times 57.8 \times 10^6}{360 \times (500 - 35 - 35)} = 280\text{mm}^2$$

$l_n/h_b = 2.6/0.5 = 5.2 > 5.0$，由《高规》7.1.3 条，应按框架梁计算；查规程表 6.3.2-1：

$$\rho_{min} = \max(0.25\%, \ 0.55 f_t/f_y) = \max(0.25\%, \ 0.55 \times 1.43/360) = 0.25\%$$
$$A_{s,min} = 0.25\% \times 200 \times 500 = 250 mm^2 < 353 mm^2$$

所以最终取 $A_s = 353 mm^2$。

61. 正确答案是 C，解答如下：

组合 1：$M_b^l + M_b^r = 110 + 160 = 270 kN \cdot m$

组合 2：$M_b^l + M_b^r = 210 + 75 = 285 kN \cdot m$

故取 $M_b^l + M_b^r = 285 kN \cdot m$

由《高规》7.2.21 条：

$$V_b = \eta_{vb} \frac{(M_b^l + M_b^r)}{l_n} + V_{Gb}$$
$$= 1.2 \times \frac{285}{2.6} + 85 = 216.54 kN$$

$l_n/h_b = 2.6/0.5 = 5.2 > 5.0$，由规程 7.1.3 条规定，应按框架梁计算。

由《混规》式（11.3.4）：

$$A_{sv}/s \geq \frac{\gamma_{RE} V_b - 0.6 \alpha_{cv} f_t b h_{b0}}{f_{yv} h_{b0}}$$
$$= \frac{0.85 \times 216.540 \times 10^3 - 0.6 \times 0.7 \times 1.43 \times 200 \times 465}{270 \times 465}$$
$$= 1.021 mm^2/mm$$

最小配箍率，查《高规》表 6.3.2-2，取 $\Phi 8@100$，则：

$$\frac{A_{sv}}{s} = \frac{2 \times 50.3}{100} = 1.006 mm^2/mm < 1.021 mm^2/mm$$

故取 $1.021 mm^2/mm$。

【60、61 题评析】 60 题，应复核纵向钢筋的最小配筋率。

61 题，首先应判别连梁的跨高比，其次，应复核该框架梁箍筋的最小构造要求。

62. 正确答案是 A，解答如下：

根据《高规》6.2.7 条，由《混规》11.6.2 条：

取 $\eta_j = 1.5$；$b_j = b_c = 600 mm$，$h_j = h_c = 600 mm$

$$\frac{1}{\gamma_{RE}}(0.30\eta_j \beta_c f_c b_j h_j) = \frac{1}{0.85} \times (0.30 \times 1.5 \times 1.0 \times 14.3 \times 600 \times 600)$$
$$= 2725.41 kN$$

63. 正确答案是 B，解答如下：

根据《混规》11.6.4 条：

$$\eta_j = 1.5, \ b_j = 600 mm, \ h_j = 600 mm$$
$$h_{b0} = \frac{800 + 600}{2} - 60 = 640 mm$$

$N = 3400 kN > 0.5 f_c b_c h_c = 0.5 \times 14.3 \times 600 \times 600 = 2574 kN$，故取 $N = 2574 kN$

由《混规》式（11.6.4-2）：

$$\frac{A_{svj}}{s} = \frac{\gamma_{RE}V_j - 1.1\eta_i f_t b_j h_j - 0.05\eta_j N \dfrac{b_j}{b_c}}{f_{yv}(h_{b0} - a'_s)}$$

$$= \frac{0.85 \times 1183000 - 1.1 \times 1.5 \times 1.43 \times 600 \times 600 - 0.05 \times 1.5 \times 2574000 \times 1}{270 \times (640 - 60)}$$

$$< 0.0$$

按构造配置箍筋，由《高规》6.4.10 条第 2 款，$\rho_v \geqslant 0.5\%$；查《高规》表 6.4.3-2，箍筋直径 $\geqslant 8$mm，间距 $s \leqslant 100$mm，故（A）项不对。

$$\rho_v \geqslant \lambda_v f_c / f_{yv} = 0.10 \times 16.7 / 270 = 0.619\%$$

故 $\rho_v \geqslant 0.619\%$。

取 $s = 100$mm，四肢箍，假定箍筋直径为 8mm，则：

$$\rho_v = \frac{2 \times 4 \times A_{sv1} \times 552}{544 \times 544 \times 100} \geqslant 0.619\%，即：A_{sv1} \geqslant 41 \text{mm}^2$$

故选 Φ8（$A_{sv1} = 50.3$mm^2），原假定正确，配置双向 4 肢 Φ8@100。

64. 正确答案是 D，解答如下：

剪力墙底部总弯矩设计值：

$$M_0 = \gamma_w \sum_{i=1}^{4} F_{ki}H_i$$

$$= 1.5 \times 21 \times (4.4 \times 10.5 + 5.8 \times 31.5 + 7.4 \times 52.5 + 8.7 \times 73.5)$$

$$= 39591 \text{kN} \cdot \text{m}$$

剪力墙底部轴力设计值 N_0：$M_0 = N_0 L$，$L = 18.1 - 7.8 = 10.3$m

故：

$$N_0 = \frac{M_0}{L} = \frac{39591}{10.3} = 3844 \text{kN}$$

剪力墙受到的轴力即为连梁受到的剪力，则每根连梁平均剪力设计值为：

$$V_b = \frac{N_0}{28} = \frac{3844}{28} = 137.29 \text{kN}，则：$$

$$M_b = V_b \cdot \frac{l_n}{2} = 137.29 \times \frac{2.5}{2} = 171.6 \text{kN} \cdot \text{m}$$

65. 正确答案是 C，解答如下：

$l_n / h_b = 2500 / 500 = 5$，由《高规》7.1.3 条，按框架梁计算。

非抗震设计，由《高规》7.2.23 条：

$$A_{sv}/s \geqslant \frac{V_b - 0.7 f_t b h_{b0}}{f_{yv} h_{b0}}$$

$$= \frac{155000 - 0.7 \times 1.43 \times 250 \times 465}{270 \times 465}$$

$$= 0.308 \text{mm}^2 / \text{mm}$$

根据《高规》6.3.4 条表 6.3.4，箍筋最大间距 $s \leqslant 200$mm；

$$\rho_{sv} \geqslant 0.24 f_t / f_{yv} = 0.24 \times 1.43 / 270 = 0.127\%$$

用双肢箍，箍筋间距 $s = 150$mm 时，单肢箍截面面积为：

$A_{sv1} \geqslant 0.308 \times 150 / 2 = 23.1 \text{mm}^2$。

$\Phi 6@200$：$\rho_{sv} = \dfrac{2 \times 28.3}{250 \times 200} = 0.11\%$，不满足，（A）、（B）不对；

$\Phi 8@200$：$\rho_{sv} = \dfrac{2 \times 50.3}{250 \times 200} = 0.201\%$，满足，（C）项正确；

对于（D）项，由题目图中（d）可知，伸入剪力墙内的框架梁部分不需要配置箍筋，故（D）项不对。

【64、65 题评析】 剪力墙连梁的配筋，《高规》7.2.27 条作了较严的规定。

66. 正确答案是 C，解答如下：

$$\mu_N = \frac{7500 \times 10^3}{14.3 \times 250 \times 6000} = 0.35 > 0.3$$

由《高规》7.2.14 条，底层墙肢应设约束边缘构件。

由《高规》7.2.15 条，查表 7.2.15，抗震二级，$\mu_N = 0.35 < 0.4$，取 $\lambda_v = 0.12$，由《高规》式（7.2.15）：

$$\rho_v = \lambda_v \frac{f_c}{f_{yv}} = 0.12 \times \frac{16.7}{300} = 0.668\%$$

67. 正确答案是 D，解答如下：

根据《高规》7.2.7 条：

$$\lambda = \frac{M}{V h_{w0}} = \frac{18000}{2500 \times (6 - 0.3)} = 1.26 < 2.5$$

由《高规》式（7.2.7-3）：

$$\frac{1}{\gamma_{RE}}(0.15\beta_c f_c b_w h_{w0}) = \frac{1}{0.85} \times (0.15 \times 1.0 \times 14.3 \times 250 \times 5700)$$
$$= 3596 \text{kN}$$

68. 正确答案是 D，解答如下：

剪力设计值，由《高规》7.1.4 条：

底部加强部位高度：$\dfrac{H}{10} = \dfrac{50}{10} = 5\text{m} > 0.5 h_{w0} = 0.5 \times 5.7 = 2.85\text{m}$

故所计算墙肢截面处属于底部加强部位范围，由规程 7.2.6 条：

$$V = \eta_{vw} V_w = 1.4 \times 2500 = 3500 \text{kN}$$

由上一题可知，$\lambda = 1.26 < 1.5$，取 $\lambda = 1.5$

$$N = 3200\text{kN} < 0.2 f_c b_w h_w = 4290\text{kN}$$

故取 $N = 3200$kN

由规程式（7.2.10-2）：

$$\frac{A_{sh}}{s} \geqslant \frac{\gamma_{RE} V - \dfrac{1}{\lambda - 0.5}\left(0.4 f_t b_w h_{w0} + 0.1 N \dfrac{A_w}{A}\right)}{0.8 f_{yh} h_{w0}}$$

$$= \frac{0.85 \times 3500 \times 10^3 - \dfrac{1}{1.5 - 0.5} \times (0.4 \times 1.43 \times 250 \times 5700 + 0.1 \times 3200 \times 10^3 \times 1)}{0.8 \times 300 \times 5700}$$

$$= 1.345 \text{mm}^2/\text{mm}$$

双肢箍，$s = 100$mm，单肢箍筋截面面积：$A_{sv1} = \dfrac{1.345 \times 100}{2} = 67.25 \text{mm}^2$

选 $\Phi 10$（$A_{sv1}=78.5\text{mm}^2$），配置 $\Phi 10@100$，$\rho_{sh}=\dfrac{2\times78.5}{250\times100}=0.628\%>0.25\%$

满足规程 7.2.17 条规定。

69. 正确答案是 D，解答如下：

（1）根据《高规》4.3.2 条，（A）项正确；

（2）根据《高规》4.3.2 条及其条文说明，（B）项正确；

（3）根据《高规》10.5.2 条，（C）项正确；

（4）《高规》未对（D）项作出规定，故不妥。

70. 正确答案是 C，解答如下：

根据《网格规程》4.4.2 条，应选（C）项。

71. 正确答案是 D，解答如下：

Ⅰ. 根据《高钢规》6.2.2 条，错误，排除（A）、（C）项。

Ⅲ. 根据《高钢规》8.6.1 条，错误，故选（D）项。

【71题评析】Ⅱ. 根据《高钢规》6.4.6 条，正确。

Ⅳ. 根据《高钢规》8.3.3 条，错误。

Ⅴ. 根据《高钢规》9.6.11 条，正确。

72. 正确答案是 B，解答如下：

根据《高钢规》8.4.2 条：

角部组装焊缝厚度 $\geqslant\dfrac{1}{2}\times40=20\text{mm}$，$\geqslant16\text{mm}$，故选（B）项。

73. 正确答案是 D，解答如下：

$l_a/l_b=4.8/2.4=2.0\geqslant2.0$，故行车道板可按单向板计算。计算弯矩时，板的计算跨径 l_0，根据《公桥混规》4.2.2 条：

$$l_0=2.4-0.2+t=2.2+t\ (t\ \text{为板厚})$$

由图示可知，$t=\dfrac{0.15\times1.1+\dfrac{1}{2}\times0.4\times0.05}{1.1}=0.16\text{m}$

故 $l_0=2.2+t=2.2+0.16=2.36\text{m}<l_c=2.4\text{m}$，故取 $l_0=2.36\text{m}$

铺装层自重：$g_1=1\times0.08\times23=1.84\text{kN/m}$

板自重 $\quad g_2=1\times0.16\times25=4.0\text{kN/m}$

合计：$\quad g=g_1+g_2=5.84\text{kN/m}$

$$M_{0g}=\dfrac{1}{8}gl_0^2=\dfrac{1}{8}\times5.84\times2.36^2=4.07\text{kN}\cdot\text{m}$$

74. 正确答案是 A，解答如下：

查《公桥通规》表 4.3.1-3，后车轮：$a_1=0.2\text{m}$，$b_1=0.6\text{m}$

$$a=a_1+2h=0.2+2\times0.08=0.36\text{m}$$

$$b=b_1+2h=0.6+2\times0.08=0.76\text{m}$$

一个车轮位于板的跨中时，由《公桥混规》4.2.3 条：

$$a=a_1+2h+\dfrac{l}{3}=0.36+\dfrac{2.36}{3}=1.147\text{m}<\dfrac{2l}{3}=\dfrac{2\times2.36}{3}=1.573\text{m}$$

取 $a=1.573\text{m}>d=1.4\text{m}$，故后车轮有重叠，由《公桥混规》4.1.3条。

$$a=a_1+2h+d+\frac{l}{3}=0.36+1.4+\frac{2.36}{3}=2.547\text{m}<\frac{2l}{3}+d=2.973\text{m}。$$

故取 $a=2.973\text{m}$。

75. 正确答案是C，解答如下：

由上述知，取2个后车轮进行计算。

$$M_{0p}=(1+\mu)\frac{2\times P}{4a}\left(\frac{l}{2}-\frac{b}{4}\right)$$

$$=1.3\times\frac{2\times140}{4\times2.973}\times\left(\frac{2.36}{2}-\frac{0.76}{4}\right)$$

$$=30.30\text{kN}\cdot\text{m}$$

$L_k=18\text{m}$，按单孔跨径查《公桥通规》表1.0.5，属小桥；查《公桥通规》表4.1.5-1，三级公路上小桥，结构安全等级为二级，取 $\gamma_0=1.0$。

$$\gamma_0 M_0=\gamma_0(\gamma_G M_{0g}+\gamma_{Q1}M_{0p})$$

$$=1.0\times(1.2\times3.5+1.8\times30.30)$$

$$=58.74\text{kN}\cdot\text{m}$$

因板厚与梁高之比：$t/h_b=0.16/1.3=\dfrac{1}{8.125}<\dfrac{1}{4}$，故根据《公桥混规》4.2.2条：

$$\gamma_0 M_{中}=0.5\gamma_0 M_0=0.5\times58.74=29.4\text{kN}\cdot\text{m}$$

【73～75题评析】 74题，首先判断后车轮的有效分布宽度是否有重叠。当 $a>1.4\text{m}$ 时，必重叠。

75题，关键是确定结构重要性系数 γ_0 值。

76. 正确答案是B，解答如下：

两行汽车荷载横向分如图6-6（a）所示。

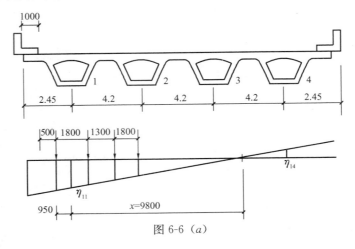

图6-6（a）

$$\eta_{11} = \frac{1}{n} + \frac{e_1 a_1}{\sum\limits_{i=1}^{n} a_i^2} = \frac{1}{4} + \frac{6.3 \times 6.3}{2 \times (2.1^2 + 6.3^2)} = 0.7$$

$$\eta_{14} = \frac{1}{4} - \frac{6.3 \times 6.3}{2 \times (2.1^2 + 6.3^2)} = -0.2$$

零点位置距1号梁位的距离 x： $x = \frac{0.7}{0.7 + 0.2} \times (4.2 \times 3) = 9.8\text{m}$

$$m_{cq} = \frac{1}{2} \Sigma \eta_q = \frac{1}{2} \times 0.7 \times \frac{1}{9.8} \times (9.8 + 0.95 + 9.8 - 0.85$$

$$+ 9.8 - 2.15 + 9.8 - 3.95)$$

$$= 1.1857$$

77. 正确答案是 A，解答如下：

$L/4$ 处截面的弯矩影响线竖坐标： $y_k = \frac{L}{4} \cdot \frac{3L}{4} \cdot \frac{1}{L} = \frac{3L}{16} = \frac{3 \times 24.5}{16} = 4.594\text{m}$

$$\Omega = \frac{1}{2} L y_k = \frac{1}{2} \times 24.5 \times 4.594 = 56.277\text{m}^2$$

公路-Ⅰ级， $q_k = 10.5\text{kN/m}$， $P_k = 12 \times (24.5 + 130) = 309\text{kN}$

查《公桥通规》表4.3.1-5，取二车道， $\xi = 1.0$；三车道 $\xi = 0.78$；四车道， $\xi = 0.67$。

二列汽车， $\xi m_{cq} = 1.0 \times 1.20 = 1.200$

三列汽车， $\xi m_{cq} = 0.78 \times 1.356 = 1.058$

四列汽车， $\xi m_{cq} = 0.67 \times 1.486 = 0.9956$

取较大者，故取 $\xi m_{cq} = 1.200$。

$$M_q = (1 + \mu) \xi m_{cq} (P_k y_k + q_k \Omega)$$

$$= 1.166 \times 1.200 \times (309 \times 4.594 + 10.5 \times 56.277)$$

$$= 2813\text{kN} \cdot \text{m}$$

78. 正确答案是 C，解答如下：

$L_k = 25\text{m}$，按单孔跨径查《公桥通规》表1.0.5，属中桥；查《公桥通规》表4.1.5-1，其安全等级为一级，取 $\gamma_0 = 1.1$。

$$\gamma_0 M_{ud} = \gamma_0 (\gamma_G M_g + \gamma_{Q1} M_q + \psi_c \gamma_{Q2} M_r)$$

$$= 1.1 \times (1.2 \times 2100 + 1.4 \times 4000 + 0.75 \times 1.4 \times 90)$$

$$= 9036\text{kN} \cdot \text{m}$$

【76～78题评析】 77题，需判别二列、三列、四列汽车时，考虑多车道横向车道布载系数后，取 ξm_{cq} 值最大者进行计算。

78题，注意确定结构重要性系数 γ_0 值。

79. 正确答案是 B，解答如下：

$$f_{cd} b'_f h'_f \left(h_0 - \frac{h'_f}{2} \right) = 13.8 \times 600 \times 120 \times \left(630 - \frac{120}{2} \right)$$

$$= 566.35\text{kN} \cdot \text{m} < \gamma_0 M_d = 585\text{kN} \cdot \text{m}$$

故属第二类 T 形截面。

$$M = \gamma_0 M_d - f_{cd}(b_f' - b)h_f'\left(h_0 - \frac{b_f'}{2}\right)$$

$$= 585 \times 10^6 - 13.8 \times (600 - 300) \times 120 \times \left(630 - \frac{120}{2}\right)$$

$$= 301.824 \text{kN} \cdot \text{m}$$

$$x = h_0 - \sqrt{h_0^2 - \frac{2M}{f_{cd}b}} = 630 - \sqrt{630^2 - \frac{2 \times 301.824 \times 10^6}{13.8 \times 300}}$$

$$= 129\text{mm} > h_f' = 120\text{mm}, \ \text{且} < \xi_b h_0 = 0.53 \times 630 = 334\text{mm}$$

由《公桥混规》式（5.2.3-3）：

$$A_s = \frac{f_{cd}\left[bx + (b_f' - b)h_f'\right]}{f_{sd}}$$

$$= \frac{13.8 \times \left[300 \times 129 + (600 - 300) \times 120\right]}{330}$$

$$= 3124\text{mm}^2$$

$$\rho_{\min} = \max(0.2\%, \ 0.45 f_{td}/f_{sd}) = \max(0.2\%, 0.45 \times 1.39/330)$$

$$= 0.2\%$$

$$A_{s,\min} = 0.2\% bh_0 = 0.2\% \times 300 \times 630 = 378\text{mm}^2 < 3124\text{mm}^2, \ \text{满足。}$$

【79 题评析】 复核最小配筋率。

80. 正确答案是 B，解答如下：

根据《公桥混规》9.6.5 条，≥C25，选（B）项。

实战训练试题（七）解答与评析

（上午卷）

1. 正确答案是 B，解答如下：

根据《可靠性标准》8.2.4 条：

计算跨度：$l_0 = L + \dfrac{h}{2} = 2.1 + \dfrac{0.12}{2} = 2.16\text{m}$

按板宽 0.49m 计算，求 p：

$p = 1.3 \times (0.12 \times 0.49 \times 25 + 1.5 \times 0.49 \times 18) + 1.5 \times 5 \times 0.49 = 22.785\text{kN/m}$

$M = \dfrac{1}{8} pl_0^2 = \dfrac{1}{8} \times 22.785 \times 2.16^2 = 13.29\text{kN} \cdot \text{m}$

南方地区地沟，查《混规》表 3.5.2，属二 a 类环境；查规范表 8.2.1 及注 1 的规定，取纵向受力筋的混凝土保护层厚度 $c = 20 + 5 = 25\text{mm}$，假定纵向受力筋直径 $d = 16\text{mm}$，$a_s = 25 + 16/2 = 33\text{mm}$。

$$h_0 = h - a_s = 120 - 33 = 87\text{mm}$$

$$x = h_0 - \sqrt{h_0^2 - \dfrac{2\gamma_0 M}{\alpha_1 f_c b}} = 87 - \sqrt{87^2 - \dfrac{2 \times 1.0 \times 13.29 \times 10^6}{1.0 \times 11.9 \times 490}} = 32\text{mm}$$

$$A_s = \dfrac{\alpha_1 f_c b x}{f_y} = \dfrac{1 \times 11.9 \times 490 \times 32}{360} = 518\text{mm}^2$$

宽 490mm 盖板，选用 $\underline{\Phi}$ 14@100（$A_s = 754\text{mm}^2$）满足；选用 $\underline{\Phi}$ 10@100（$A_s = 385\text{mm}^2$），不满足。

选用 $\underline{\Phi}$ 12@100（$A_s = 554\text{mm}^2$），满足。

由《混规》表 8.5.1 注 2：

最小配筋率：$\rho_{\min} = \max(0.15\%, 0.45 f_t / f_y) = \max(0.15\%, 0.45 \times 1.27/360) = 0.159\%$

$A_{s,\min} = 0.159\% \times 120 \times 490 = 93\text{mm}^2$，故选用 $\underline{\Phi}$ 12@100，满足。

2. 正确答案是 A，解答如下：

根据《混规》9.7.6 条：

盖板自重标准值：

$$0.49 \times 2.4 \times 0.12 \times 25 = 3.53\text{kN}$$

$$A_s \geqslant \dfrac{3.53 \times 10^3}{2 \times 65 \times 3} = 9.1\text{mm}^2$$

故选 $\Phi 6$（$A_s = 28.3\text{mm}^2$），配置 $4\Phi 6$。

【1、2 题评析】 1 题中，计算永久荷载时应包括土压力 $1.5 \times 1.0 \times 18\text{kN/m}$；南方地

区的地沟，查《混规》表 3.5.2 知，属于二 a 类环境，故钢筋的混凝土保护层厚度加大。

3. 正确答案是 C，解答如下：

根据《混规》表 8.5.1：

$$\rho_{min} = \max(0.2\%, 0.45 f_t / f_y) = \max(0.2\%, 0.45 \times 1.27/360) = 0.20\%$$

剪扭构件，根据《混规》式（9.2.5），图示的跨中，$V=0$，取 $\dfrac{T}{Vb}=2.0$，则：

$$\rho_{tl} \geq 0.6 \sqrt{\frac{T}{Vb}} \frac{f_t}{f_y} = 0.6 \times \sqrt{2.0} \times \frac{1.27}{360} = 0.299\%$$

抗扭纵筋沿周边均匀分置，取 $\dfrac{1}{4}\rho_{tl,min}$。

故 $\rho_{min} \geq 0.20\% + 0.299\%/4 = 0.275\%$

4. 正确答案是 A，解答如下：

$$\lambda = \frac{a}{h_0} = \frac{2100}{500-35} = 4.52 > 3，取 \lambda = 3.0$$

根据《混规》6.4.2 条：

$$\frac{V}{bh_0} + \frac{T}{W_t} = \frac{153350}{500 \times 465} + \frac{50 \times 10^6}{41666667} = 1.86\text{N/mm}^2 > 0.7f_t = 0.89\text{N/mm}^2$$

故应进行剪扭计算。

又由规范 6.4.12 条：

$$V = 153350\text{N} > \frac{0.875 f_t bh_0}{\lambda + 1} = \frac{0.875 \times 1.27 \times 500 \times 465}{3+1} = 64591\text{N},\text{故需考虑剪力影}$$

响

由提示知，应按规范式（6.4.8-5）计算 β_t：

$$\beta_t = \frac{1.5}{1 + 0.2(\lambda+1)\dfrac{VW}{Tbh_0}} = \frac{1.5}{1 + 0.2 \times (3+1) \times \dfrac{153350 \times 41666667}{50 \times 10^6 \times 500 \times 465}}$$

$$= 1.04 > 1.0$$

故取 $\beta_t = 1.0$

抗剪箍筋计算，由规范式（6.4.8-4）：

$$A_{sv} \geq [V - 1.75 \times (1.5 - \beta_t) f_t bh_0 / (\lambda+1)] \cdot s / (f_{yv} h_0)$$

$$= [153350 - 1.75 \times (1.5-1) \times 1.27 \times 500 \times 465/(3+1)] \times 100/(270 \times 465)$$

$$= 71\text{mm}^2$$

复核配箍率，由规范 9.2.10 条：

$$\rho_{sv} = \frac{A_{sv}}{bs} = \frac{71}{100 \times 500} = 0.142\% > 0.28 f_t / f_{yv} = 0.28 \times 1.27/270 = 0.131\%，满足。$$

5. 正确答案是 D，解答如下：

根据《混规》6.4.12 条：

$$T = 50\text{kN} \cdot \text{m} > 0.175 f_t W_t = 0.175 \times 1.27 \times 41666667 = 9.26\text{kN} \cdot \text{m}$$

故应进行受扭承载力计算

由规范式（6.4.8-3）：

$$A_{st1} \geqslant \frac{(T - 0.35\beta_t W_t f_t)s}{1.2\sqrt{\xi}f_{yv}A_{cor}} = \frac{(50 \times 10^6 - 0.35 \times 1 \times 1.27 \times 41666667) \times 100}{1.2 \times \sqrt{1.2} \times 270 \times 202500}$$

$$= 44mm^2$$

在 $s = 100mm$ 范围内，箍筋总计算配筋面积：$\Sigma A_{sv} = A_{sv} + 2A_{st1} = 0.6 \times 100 + 2 \times$

$44 = 148mm^2$

复核最小配箍率：$\rho_{sv} = \dfrac{\Sigma A_{sv}}{bs} = \dfrac{148}{500 \times 100} = 0.296\% > 0.28f_t/f_{yv} = 0.28 \times 1.27/270 =$

0.132%，故取 $\Sigma A_{sv} = 148mm^2$，满足

【3~5题评析】 弯剪扭构件计算时，应首先根据《混规》6.4.2条，6.4.12条进行判别，属于何类型构件，严格区分 A_{st1}、A_{stl}；集中荷载作用下的独立剪扭构件，其受扭承载力，与一般剪扭构件的受扭承载力计算公式一致，但是 β_t 计算公式不同，须特别注意。

一般集中抗剪箍筋最小配筋率：$\rho_{sv} \geqslant 0.24f_t/f_{yv}$；

弯剪扭梁中箍筋最小配筋率：$\rho_{sv} \geqslant 0.28f_t/f_{yv}$。

6. 正确答案是 C，解答如下：

$T_1 = 3.8s$，8度（0.2g），查《抗规》表5.2.5及注1，取 $\lambda = 0.0304$。

首层为薄弱层，由规范式（5.2.5），以及《抗规》3.4.4条第2款：

$$V_{Ek1} = 1.15 \times 1600 = 1840kN < \lambda\sum_{i=1}^{6}G_i = 1.15 \times 0.0304 \times (14000 + 10000 \times 4 + 6000) =$$

$2097.6kN$，故取 $V_{EK1} = 2097.6kN$。

7. 正确答案是 A，解答如下：

I_1 类场地、第一组，根据《抗规》5.1.4条，取 $T_g = 0.25s$

$5T_g < T_1 = 3.80s < 6.0s$，故位于反应谱的位移控制段。

由《抗规》5.2.5条条文说明：

底部的剪力系数，调整前 $\lambda_{前}$ 和调整后 $\lambda_{后}$ 分别为：

$$\lambda_{前} = \frac{1.15 \times 1600}{14000 + 4 \times 10000 + 6000} = 0.03067$$

$$\lambda_{后} = 1.15 \times 0.0304 = 0.03496$$

$$\Delta\lambda_0 = 0.03496 - 0.03067 = 0.00429$$

第六层调整后的剪力值：$V_6 = 400 + 0.00429 \times 6000 = 425.74kN$

第二层调整后的剪力值：$V_2 = 1500 + 0.00429 \times (6000 + 4 \times 10000) = 1697.34kN$

【6、7题评析】 6题，楼层剪力首先应满足楼层最小地震剪力要求。

7题，当楼层中第一楼层剪力不满足楼层最小地震剪力时，根据《抗规》5.2.5条及其条文说明，应调整该楼层的楼层最小地震剪力，同时，其上部各楼层的地震剪力也应相应调整。

8. 正确答案是 C，解答如下：

根据《混规》2.1.12条，

$l_c = 6000mm$，$1.15l_n = 1.15 \times 5300 = 6095mm$，故取 $l_0 = 6000mm$

$l_0/h = 6000/4000 = 1.5$，属深梁。

又根据《混规》附录 G.0.2 条，取 $a_s=0.1h=400\text{mm}$，$h_0=4000-400=3600\text{mm}$

由规范式（G.0.2-3）：

$$\alpha_d=0.8+0.04\frac{l_0}{h}=0.8+0.04\times1.5=0.86$$

假定 $x=0.2h_0=720\text{mm}$，由规范式（G.0.2-2）：

$$z=\alpha_d(h_0-0.5x)=0.86\times(3600-0.5\times720)=2786.4\text{mm}$$

由规范式（G.0.2-1）：

$$A_s=\frac{M}{f_yz}=\frac{3770\times10^6}{360\times2786.4}=3758\text{mm}^2$$

将 A_s 代入规范式（6.2.10-2）求 x：

$$x=\frac{f_yA_s}{\alpha_1f_cb}=\frac{360\times3758}{1\times14.3\times250}=378\text{mm}<0.2h_0=720\text{mm}$$

故原假定成立。

$$\rho=\frac{A_s}{bh}=\frac{3758}{250\times4000}=0.38\%>0.2\%\text{（查规范附录表 G.0.12），满足。}$$

9. 正确答案是 D，解答如下：

根据《混规》G.0.9 条，及 8.3.1 条：

$$l_a=1.1\times\xi_a\alpha\frac{f_y}{f_t}d=1.1\times1.0\times0.14\times\frac{360}{1.43}\times18=698\text{mm}>200\text{mm}$$

10. 正确答案是 B，解答如下：

根据《混规》G.0.4 条：

由于 $l_0/h=1.5$，取 $\lambda=0.25$；当 $l_0/h=1.5<2$，取 $l_0/h=2.0$；支座处，取 $a_s=0.2h$，$h_0=0.8h=3200\text{mm}$

$$V\leqslant\frac{1.75}{\lambda+1}f_tbh_0+\frac{(l_0/h-2)}{3}f_{yv}\frac{A_{sv}}{s_h}h_0+\frac{(5-l_0/h)}{6}f_{yh}\frac{A_{sh}}{s_v}h_0$$

$$1750\times10^3\leqslant\frac{1.75}{0.25+1}\times1.43\times250\times3200+0+\frac{(5-2)}{6}\times270\times\frac{A_{sh}}{s_v}\times3200$$

解之得：$\dfrac{A_{sh}}{s_v}\geqslant0.344\text{mm}^2/\text{mm}$，查规范表 G.0.12，取 $\rho_{sh,min}=0.25\%$。

选 2Φ8@150，$\rho_{sh}=\dfrac{A_{sh}}{b}=0.27\%>0.25\%$，$A_{sh}/s_v=2\times50.3/150=0.67\text{mm}^2/\text{mm}$，满足。

【8~10 题评析】 8 题，深受弯构件的计算长度 $l_0=\min\{l_c,1.15l_n\}$，l_c 为支座中心线的距离。10 题，当 $l_0/h<2.0$ 时，根据《混规》式（G.0.4-1）、式（G.0.4-2），可知竖向分布筋按构造要求配置，应满足《混规》G.0.10 条、G.0.12 条规定。

11. 正确答案是 C，解答如下：

多层，规则框架，根据《抗规》5.2.3 条，平行于长边的边榀框架，跨中弯矩则为：

$$M=1.3\times1.05\times240+1.2\times110=459.6\text{kN}\cdot\text{m}$$

由提示知，$x<2a_s'$，根据《混规》6.2.14 条：

$$A_s\geqslant\frac{\gamma_{RE}M}{f_y(h-a_s-a_s')}=\frac{0.75\times459.6\times10^6}{360\times(800-40-40)}=1330\text{mm}^2$$

选用 3 Φ 25（$A_s = 1473\text{mm}^2$），$\rho = \dfrac{1473}{400 \times 800} = 0.46\%$

框架梁、抗震二级，查《混规》表 11.3.6-1：

$$\rho_{\min} = \max(0.25\%, 0.55 f_t/f_y) = \max(0.25\%, 0.55 \times 1.43/360)$$

$$= 0.25\% < \rho = 0.46\%, 满足。$$

12. 正确答案是 C，解答如下：

根据《抗规》5.2.3 条：

梁左端：$M_{b1}^l = 1.3 \times 1.05 \times 350 + 1.2 \times 320 = 861.75\text{kN} \cdot \text{m}$

由《混规》6.2.10 条，梁上部双排布筋 $a_s = 60\text{mm}$；

$$M_1 = f_y' A_s' (h_0 - a_s') = 360 \times 1140 \times (760 - 60) = 287.28\text{kN} \cdot \text{m}$$

梁下部单排布筋　$M_2 = \gamma_{RE} M_{b1}^l - M_1 = 0.75 \times 861.75 - 287.28 = 359.03\text{kN} \cdot \text{m}$

$$x = h_0 - \sqrt{h_0^2 - \frac{2M_2}{\alpha_1 f_c b}}$$

$$= 740 - \sqrt{740^2 - \frac{2 \times 359.03 \times 10^6}{1 \times 14.3 \times 400}}$$

$$= 90.3\text{mm} < 0.35 h_0 = 259\text{mm}, 并且 < \xi_b h_0 = 0.518 \times 740 = 383.3\text{mm}$$

$$> 2a_s' = 2 \times 40 = 80\text{mm}$$

$$A_s = \frac{\alpha_1 f_c b x}{f_y} + A_s' = \frac{1 \times 14.3 \times 400 \times 90.3}{360} + 1140 = 2575\text{mm}^2$$

选用 6 Φ 25（$A_s = 2945\text{mm}^2$）

$$\rho = \frac{A_s}{bh} = \frac{2945}{400 \times 800} = 0.92\%$$

框架梁、抗震二级，查混凝土规范表 11.3.6-1：

$$\rho_{\min} = \max(0.3\%, 0.65 f_t/f_y) = \max(0.3\%, 0.65 \times 1.43/360) = 0.3\% < \rho, 满足。$$

由《混规》11.3.6 条第 2 款：

$$\frac{A_{s,底}}{A_{s,顶}} = \frac{1140}{2945} = 0.39 > 0.3, 满足。$$

13. 正确答案是 A，解答如下：

由上题知：$M_{b1}^l = 861.75\text{kN} \cdot \text{m}$

梁右端：$M_{b1}^r = 1.3 \times 1.05 \times 743 - 1.2 \times 195 = 780\text{kN} \cdot \text{m}$

由《混规》11.3.2 条，抗震二级，则：

$$V_b = 1.2 \times \frac{(M_{b1}^l + M_{b1}^r)}{l_n} + V_{Gb}$$

$$= 1.2 \times \frac{(861.75 + 780)}{6.3} + 1.2 \times \left(220 + \frac{1}{2} \times 10 \times 6.3\right)$$

$$= 614.5\text{kN}$$

由《混规》11.3.4 条规定，本题目框架梁不是独立梁，则取 $\alpha_{cv} = 0.7$：

$$V_b \leqslant \frac{1}{\gamma_{RE}} \left[0.6 \alpha_{cv} f_t b h_0 + f_{yv} \frac{A_{sv}}{s} h_0\right]$$

$$614.5 \times 10^3 \leqslant \frac{1}{0.85} \times \left[0.6 \times 0.7 \times 1.43 \times 400 \times 740 + 300 \times \frac{A_{sv}}{s} \times 740\right]$$

解之得： $$\frac{A_{sv}}{s} \geqslant 1.55 \text{mm}^2/\text{mm}$$

选用 4 肢箍 Φ 8@100，$\dfrac{A_{sv}}{s} = \dfrac{4 \times 50.3}{100} = 2.01 \text{mm}^2/\text{mm} > 1.55 \text{mm}^2/\text{mm}$，并且 $\rho = 0.92\% < 2\%$，故满足规范表 11.3.6-2 的构造要求。

14. 正确答案是 B，解答如下：

非加密区计算，应取加密区端点处的剪力值，且无需对剪力进行调整。查《混凝土结构设计规范》表 11.3.6-2，加密区长度：$l = \max(1.5h，500) = \max(1.5 \times 800，500) = 1200 \text{mm}$

$$V = \frac{M_{b1}^r + M_{b2}^l}{l_n} + V_G' = \frac{861.75 + 780}{6.3}$$
$$+ \left[1.2 \times \left(220 + \frac{1}{2} \times 10 \times 6.3 \right) - 1.2 \times 10 \times 1.2 \right]$$
$$= 260.595 + 287.4 = 548.0 \text{kN}$$

由《混规》11.3.4 条：

$$548.0 \times 10^3 \leqslant \frac{1}{0.85} \times \left[0.6 \times 0.7 \times 1.43 \times 400 \times 740 + 300 \times \frac{A_{sv}}{s} \times 740 \right]$$

解之得：$\dfrac{A_{sv}}{s} \geqslant 1.30 \text{mm}^2/\text{mm}$

4 Φ 8@200，$\dfrac{A_{sv}}{s} = \dfrac{4 \times 50.3}{200} = 1.006 \text{mm}^2/\text{mm}$，不满足

4 Φ 8@150，$\dfrac{A_{sv}}{s} = 1.34 \text{mm}^2/\text{mm}$，满足，且最接近

4 Φ 10@200，$\dfrac{A_{sv}}{s} = \dfrac{4 \times 78.5}{200} = 1.57 \text{mm}^2/\text{mm}$，满足

4 Φ 10@150，$\dfrac{A_{sv}}{s} = \dfrac{4 \times 78.5}{150} = 2.09 \text{mm}^2/\text{mm}$，满足

【11~14 题评析】14 题，非加密区抗剪箍筋计算时，不需对梁端剪力进行调整，按一般梁计算地震作用产生的剪力和重力荷载作用产生的剪力。

15. 正确答案是 C，解答如下：

根据《抗规》5.4.3 条规定，当仅计算竖向地震作用，即单独计算竖向地震作用，本题目中缺"仅"，故不妥。

此外，（A）项，根据《抗规》3.9.6 条，正确；（B）项，根据《抗规》3.9.2 条第 2 款，正确；（D）项，根据《抗规》6.2.13 条第 2 款条文说明，正确。

16. 正确答案是 C，解答如下：

根据题目图 7-6(a) 所示：

平面内柱高度：$H_2 = 6900 \text{mm}$；

平面外柱计算高度：由《钢标》8.3.5 条，取侧向支撑点距离，$H_{02}' = 5480 \text{mm}$

17. 正确答案是 A，解答如下：

上段柱：$I_{1x} = 396442 \text{km}^4$；中段柱：$I_{2x} = 3420021 \text{cm}^4$

令 $I_{1x} = 1.0$，则 $I_{2x}/I_{1x} = 3420021 \times 0.9/396442 = 7.76$（0.9 为折减系数）

$I_{3x}/I_{1x}=12090700\times0.9/396442=27.45$（0.9 为折减系数）

根据《钢标》附录表 E.0.6：

$$K_1 = \frac{I_{1x}}{I_{3x}} \cdot \frac{H_3}{H_1} = \frac{1}{27.45} \cdot \frac{15800}{7100} = 0.081 \approx 0.1$$

$$K_2 = \frac{I_{2x}}{I_{3x}} \cdot \frac{H_3}{H_2} = \frac{7.76}{27.45} \cdot \frac{15800}{6900} = 0.647 \approx 0.6$$

$$\eta_1 = \frac{H_1}{H_3}\sqrt{\frac{N_1}{N_3} \cdot \frac{I_{3x}}{I_{1x}}} = \frac{7100}{15800} \cdot \sqrt{\frac{1033}{6163} \cdot \frac{27.45}{1}} = 0.96 \approx 1.0$$

$$\eta_2 = \frac{H_2}{H_3}\sqrt{\frac{N_2}{N_3} \cdot \frac{I_{3x}}{I_{2x}}} = \frac{6900}{15800} \cdot \sqrt{\frac{6073}{6163} \cdot \frac{27.45}{7.76}} = 0.82 \approx 0.8$$

查附录表 E.0.6，取 $\mu_3 = 2.81$

根据《钢标》8.3.3 条，取折减系数为 0.8：

$$\mu_3 = 0.8 \times 2.81 = 2.248$$

$$\mu_2 = \frac{\mu_3}{\eta_2} = \frac{2.248}{0.8} = 2.81$$

18. 正确答案是 B，解答如下：

上段柱：$H'_{01}=5140\text{mm}$，$\lambda_y = \frac{H'_{01}}{i_y} = \frac{5140}{98.7} = 52$

焊接工字钢，焰切边，查《钢标》表 7.2.1-1，均属于 b 类截面，查附表 D.0.2，取 $\varphi_y = 0.847$

由《钢标》附录 C.0.5 条：

$$\varphi_b = 1.07 - \frac{\lambda_y^2}{44000\varepsilon_k^2} = 1.07 - \frac{52^2}{44000 \times 1} = 1.0$$

根据《钢标》8.2.1 条：

$$\frac{N}{\varphi_y A} + \eta\frac{\beta_{tx}M_x}{\varphi_b W_x} = \frac{1018 \times 10^3}{0.847 \times 32880} + \frac{1 \times 1 \times 1439 \times 10^6}{1.0 \times 9.911 \times 10^6}$$
$$= 181.75\text{N/mm}^2$$

19. 正确答案是 B，解答如下：

$$\sigma = \frac{N}{A} \pm \frac{M_x}{I_x}y_1 = \frac{1018 \times 10^3}{32880} \pm \frac{1439 \times 10^6}{3.964 \times 10^9} \times (400 - 30)$$

$$= 31.0 \pm 134 = \begin{array}{l} 165.0\text{N/mm}^2 \\ -103.0\text{N/mm}^2 \end{array}$$

$$\alpha_0 = \frac{\sigma_{max} - \sigma_{min}}{\sigma_{max}} = \frac{165 + 103}{165} = 1.62$$

$$\frac{h_0}{t_w} = \frac{740}{12} = 61.7 < (38 + 13 \times 1.62^{1.39})\varepsilon_k = 63.4$$

20. 正确答案是 C，解答如下：

$$H_{02} = 1953\text{cm}, \quad \lambda_x = \frac{H_{02}}{i_{2x}} = \frac{1953}{75.78} = 25.8$$

格构柱斜缀条 L140×90×10，计算换算长细比 λ_{0x}，由《钢标》式（7.2.3-2）：

$$\lambda_{0x} = \sqrt{\lambda_x^2 + 27\frac{A}{A_{1x}}} = \sqrt{25.8^2 + 27 \times \frac{595.48}{2 \times 22.26}} = 32$$

中柱段，查《钢标》表7.2.1-1，均属b类截面；查附表D.0.2，取 $\varphi_x = 0.929$。由《钢标》8.2.2条：

$$W_{1x} = \frac{I_{2x}}{y_0} = \frac{3420021}{73.7} = 46404.6 \approx 46405\text{cm}^3$$

$$\frac{N}{\varphi_x A} + \frac{\beta_{mx} M_x}{W_{1x}\left(1 - \frac{N}{N'_{Ex}}\right)} = \frac{6073 \times 10^3}{0.929 \times 59548} + \frac{1 \times 3560 \times 10^6}{46.4 \times 10^6 \times \left(1 - \frac{6073}{107.37 \times 10^3}\right)}$$

$$= 191.1\text{N/mm}^2$$

21. 正确答案是A，解答如下：

吊车肢内力：
$$N_2 = \frac{Ny_1}{h} + \frac{M_x}{h} = \frac{6073 \times 770}{1507} + \frac{3560 \times 10^3}{1507}$$
$$= 5465\text{kN}$$

平面内：$l_{0x} = 155\text{cm}$，$\lambda_{dx} = \frac{l_{0x}}{i_{dx}} = \frac{155}{10.3} = 15$（b类截面）

平面外：$l_{0y} = 548\text{cm}$，$\lambda_{dy} = \frac{l_{0y}}{i_{dy}} = \frac{548}{30.9} = 17.7$（b类截面）

查《钢标》附录表D.0.2，取 $\varphi_y = 0.977$，则：

$$\frac{N}{\varphi_y A_d} = \frac{5465 \times 10^3}{0.977 \times 30400} = 184.0\text{N/mm}^2$$

22. 正确答案是B，解答如下：

根据《钢标》7.2.7条：

$$V = \frac{Af}{85\varepsilon_k} = \frac{595.48 \times 10^2 \times 205}{85 \times 1} = 143.62\text{kN}$$

已知 $V_{max} = 316\text{kN}$，故取 $V = 316\text{kN}$

横缀条内力：$N = \frac{V}{2} = \frac{316}{2} = 158\text{kN}$

23. 正确答案是D，解答如下：

$$\cos\theta = \frac{150.7}{216.2} = 0.697, N = \frac{316}{2\cos\theta} = \frac{316}{2 \times 0.697} = 226.7\text{kN}$$

【16～23题评析】 上段柱的计算，如18题、19题，按一般实腹式构件进行计算；20题属于格构式构件计算，提示中 N'_{EX} 如下计算得到：

$$N'_{EX} = \frac{\pi^2 EA}{1.1\lambda_{0x}^2} = \frac{3.14^2 \times 206 \times 10^3 \times 595.48 \times 10^2}{1.1 \times 32^2} = 107.37 \times 10^6\text{N}$$

24. 正确答案是A，解答如下：

根据《抗规》9.2.10条：压杆卸荷系数：$\psi_c = 0.30$

25. 正确答案是C，解答如下：

柱间的净距：
$$s_c = 6000 - 400 = 5600\text{mm}$$

根据《钢标》7.4.2条：

平面内：$l_{02} = 0.5l_2 = 0.5 \times 6.31 = 3.155\text{m}$

$$\lambda_2 = \frac{l_{02}}{i_{min}} = \frac{3155}{21.7} = 145 < 200$$

由《钢标》表7.2.1-1及注，b类截面，查附录表D.0.2，取 $\varphi_2 = 0.325$

由《抗规》附录式（K.2.2）：

$$N_t = \frac{l_2}{(1+\psi_c\varphi_2)s_c}V_{b1} = \frac{6310}{(1+0.30\times0.325)\times5600} \times$$

$$\frac{1.3\times146}{3} = 65kN$$

26. 正确答案是 D，解答如下：

根据《抗规》9.2.10条：

压杆卸荷系数：$\psi_c = 0.30$

27. 正确答案是 B，解答如下：

平面内：$l_{01} = 0.5l_1 = 0.5 \times 9.12 = 4.56m$

$$\lambda_1 = \frac{l_{01}}{i_{min}} = \frac{4560}{31.5} = 145 < 200$$

由《钢标》表7.2.1-1及注，b类截面，查附录表D.0.2，取 $\varphi_1 = 0.325$

$$s_c = 6000 - 400 = 5600mm$$

由《抗规》附录式（K.2.2）：

$$N_t = \frac{l_1}{(1+\psi_c\varphi_1)s_c}V_{b2} = \frac{9120}{(1+0.30\times0.325)\times5600} \times 1.3 \times (146+82)$$

$$= 439.8kN$$

$$N_t = 439.8kN < fA_n/\gamma_{RE} = 215 \times 2048/0.75 = 587.1kN$$

【24～27题评析】 本题考核钢结构柱间支撑地震作用效应计算，《抗规》附录K.2.2条规定，斜杆长细比≤200的钢支撑计算应考虑压杆卸载影响。

28. 正确答案是 C，解答如下：

根据《钢标》10.4.5条：

$$M \geqslant 1.1 \times 900 = 990kN \cdot m$$

$$M \geqslant 0.5\gamma_x W_x f = 0.5 \times 1.05 \times 10 \times 10^6 \times 215 = 1129kN \cdot m$$

取上述较大者，故取 $M = 1129kN \cdot m$

29. 正确答案是 C，解答如下：

根据《钢标》6.3.1条，①项正确；②项不对；故排除（B）、（D）；又根据《钢标》6.3.6条，③项不对；④项正确，故选（C）项。

30. 正确答案是 A，解答如下：

根据《砌规》5.2.4条：

深梁，取 $\eta = 1.0$

$$A_l = a_0 b = 250 \times 240$$

$$A_0 = (250 + 2 \times 240) \times 240 = 730 \times 240$$

$$\gamma = 1 + 0.35\sqrt{\frac{A_0}{A_l} - 1} = 1 + 0.35\sqrt{\frac{730\times240}{250\times240} - 1} = 1.485 < 2.0$$

M10 水泥砂浆，故不调整 f，则：

$$f = 2.98MPa$$

$$\eta\gamma fA_l = 1.0 \times 1.485 \times 2.98 \times 250 \times 240 = 265.5kN$$

31. 正确答案是 D，解答如下：

根据《砌规》5.2.5 条：

$$A_b = a_b b_b = 240 \times 610 = 146400 \text{mm}^2$$

$$N_0 = 0.8 \times A_b = 117.12 \text{kN}$$

$$A_0 = 240 \times (610 + 2 \times 240) = 261600 \text{mm}^2$$

$$\gamma = 1 + 0.35 \sqrt{\frac{A_0}{A_b} - 1} = 1 + 0.35 \sqrt{\frac{261600}{146400} - 1} = 1.310$$

$$\gamma_1 = 0.8\gamma = 1.048 > 1.0$$

由上题知 $f = 2.98 \text{MPa}$。

$\beta \leqslant 3$，且 $e/h = 0$，查《砌规》附表 D.0.1-1，取 $\varphi = 1.0$

$$N_0 + N_l = 280 + 117.12 = 397.12 \text{kN} < \varphi \gamma_1 f A_b$$

$$= 1 \times 1.048 \times 2.98 \times 146400 = 457.2 \text{kN}$$

【30、31 题评析】 关键是 M10 水泥砂浆对强度设计值不调整。深梁，其抗弯刚度无穷大，其局部均匀受压，故 $e = 0$。

32. 正确答案是 A，解答如下。

MU10、M2.5 混合砂浆，查《砌规》表 3.2.1-1，取 $f = 1.3 \text{MPa}$

1-1 截面处于偏心受压，根据《砌规》4.2.5 条和 5.2.5 条：

$$\sigma_0 = \frac{128.88 \times 10^3}{495700} = 0.26 \text{MPa}, \sigma_0/f = 0.26/1.3 = 0.2$$

查规范表 5.2.5，取 $\delta_1 = 5.7$，$a_0 = \delta_1 \sqrt{h_c/f} = 5.7 \times \sqrt{500/1.3} = 111.8 \text{mm}$

$$N_0 = \sigma_0 A_b = 0.26 \times 370 \times 490 = 47.138 \text{kN}$$

合力偏心矩：$e = \dfrac{95.16 \times (370/2 - 0.4 a_0)}{95.16 + 47.138} = \dfrac{95.16 \times (185 - 0.4 \times 111.8)}{95.16 + 47.138}$

$$= 93.8 \text{mm} < 0.6 y_2 = 135.6 \text{mm}$$

$$e/a_b = 93.8/370 = 0.2535$$

由规范附录 D.0.1 条，当 $\beta \leqslant 3$ 时，$\varphi = \dfrac{1}{1 + 12 \ (e/h)^2} = \dfrac{1}{1 + 12 \times 0.2535^2} = 0.5646$

33. 正确答案是 A，解答如下：

$H = 3.4 + 0.6 + 0.5 = 4.5 \text{m}, s = 3.6 \times 3 = 10.8 \text{m} > 2H = 9 \text{m}$, 刚性方案，查《砌规》表 5.1.3，取：$H_0 = 1.0H = 1 \times 4.5 = 4.5 \text{m}$

2-2 截面处于轴心受压，根据《砌规》5.1.1 条：

$$\beta = \gamma_\beta \frac{H_0}{h_T} = 1 \times \frac{4500}{316.9} = 14.2, e/h_T = 0.0$$

查规范附表 D.0.1-1，取 $\varphi = 0.765$

M10 烧结普通砖，M7.5 水泥砂浆，取 $f = 1.69 \text{N/mm}^2$

$$\varphi f A = 0.765 \times 1.69 \times 495700 = 640.9 \text{kN}$$

【32、33 题评析】 32 题，关键是确定合力偏心距 e 值，《砌规》4.2.5 条作了规定。

33 题，应注意 M7.5 水泥砂浆对强度设计值不调整。

34. 正确答案是 B，解答如下：

（1）确定顶层各横向抗震墙侧向刚度

已知③轴：$K_3 = 1.106Et$；①轴：
$K_1 = 1.138Et$

②轴横墙开洞情况分成 A、B 二个墙段，
如图 7-1（a）所示。

墙段 A：$h/b = 3/5.340 = 0.56 < 1.0$，则：

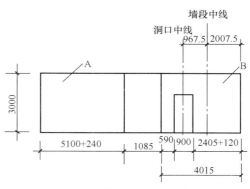

$$K_A = \frac{EA}{3h} = \frac{Etb}{3h} = \frac{Et \times 5340}{3 \times 3000} = 0.593Et$$

墙段 B：$h/b = 3/4.015 = 0.75 < 1.0$，则根
据《抗规》表 7.2.3 注 1 的规定：

图 7-1(a)

开洞率为 $\dfrac{0.24 \times 0.9}{0.24 \times (0.59 + 0.9 + 2.405 + 0.12)} = 0.224$，查《抗规》表 7.2.3，取洞口影

响系数 $\rho = 0.9256$，又根据《抗规》表 7.2.3 注 2 的规定：

洞口中线：$\qquad\qquad\qquad 967.5/4015 = 0.241 < 0.25$

故取 $\qquad\qquad\qquad\qquad \rho = 0.9256$

$$K_B = \rho \frac{EA}{3h} = 0.9256 \times \frac{Et \times 4015}{3 \times 3000} = 0.413Et$$

所以 $\qquad\qquad\qquad\qquad K_2 = K_A + K_B = 1.006Et$

（2）确定②轴横墙 $F_{6.2k}$ 值

根据《抗规》5.2.6 条：

$$F_{6.2k} = \frac{1.006Et}{2 \times (1.006 + 1.138 + 1.106)Et} \times 224 = 34.67\text{kN}$$

35. 正确答案是 B，解答如下：

根据《砌规》表 10.2.1：

$$f_v = 0.14\text{N/mm}^2, \sigma_0/f = 0.35/0.14 = 2.5, 取\ \xi_N = 1.185$$

$$f_{vE} = \xi_N f_v = 1.185 \times 0.14 = 0.1659\text{N/mm}^2$$

有 $\qquad\qquad A = (10200 + 240 - 900 - 1085) \times 240 = 2029200\text{mm}^2$

查《砌规》表 10.1.5，两端有构造柱的砖墙，$\gamma_{RE} = 0.9$

$$f_{vE}A/\gamma_{RE} = 0.1659 \times 2029200/0.9 = 374.0\text{kN}$$

$$V = 1.3V_k = 1.3 \times 50 = 65\text{kN} < 374.0\text{kN}, 满足$$

【34、35 题评析】 34 题，考核砌体墙段的层间等效侧面刚度，《抗规》7.2.3 条作了
规定，须注意该条中注的规定。

①轴等效侧向刚度计算如下：

$$h/b = 3/10.44 = 0.287 < 1.0, K_1 = \frac{EA}{3h} = \frac{Etb}{3h} = \frac{Et \times 102400}{3 \times 3000} = 1.138Et$$

35 题，关键是确定 γ_{RE} 值，《砌规》表 10.1.5 条作了具体规定。

36. 正确答案是 A，解答如下：

如图 7-2（a）所示，求框架柱附加轴力用偏心受压法，柱截面 $A_i = 0.4 \times 0.4 = 0.16\text{m}^2$

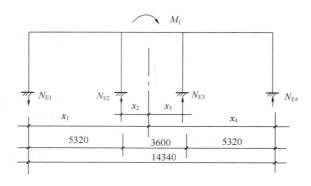

图 7-2(a)

$$x_1 = \frac{A_i(14.34 + 8.92 + 5.32)}{4A_i} = 7.145\text{m}$$

$$x_2 = x_1 - 5.32 = 1.825\text{m},$$

$$x_3 = 3.6 - x_2 = 1.775\text{m}, x_4 = 14.34 - 7.145 = 7.195\text{m}$$

$$N_{\text{E1}} = \pm\frac{M_\text{f}x_iA_i}{\Sigma A_ix_i^2} = \pm\frac{910 \times 7.145 \times A_i}{A_i(7.145^2 + 1.825^2 + 1.775^2 + 7.195^2)}$$

$$= \pm 59.5\text{kN}$$

37. 正确答案是 C，解答如下：

根据《砌规》7.3.7 条及其条文说明：

$$M_{\text{A,max}} = M_{\text{1CE}} + M_{\text{2CE}} + M_{\text{Eh}}$$

$$= 1.2 \times 10.87 + 1.2 \times 75.88 + 1.3 \times 56.32$$

$$= 177.316\text{kN} \cdot \text{m}$$

根据《砌规》10.4.3 条第 1 款，抗震二级，取增大系数 1.25：

$$M_{\text{A,max}} = 1.25 \times 177.316 = 221.65\text{kN} \cdot \text{m}$$

38. 正确答案是 D，解答如下：

由提示知柱上端为大偏压，取 $\eta_\text{N} = 1.0$，$\gamma_\text{G} = 1.0$，则：

$$N_{\text{A,min}} = N_{\text{1CE}} + \eta_\text{N}N_{\text{2CE}} + N_{\text{AE}} - N_{\text{E1}} - N_{\text{E2}}$$

$$= 1.0 \times 48.2 + 1.0 \times 1.0 \times 343.74 + 320 - 1.3 \times 50 - 1.3$$

$$\times \frac{(56.32 + 22.53)}{5.32}$$

$$= 627.7\text{kN}$$

【36~38 题评析】 38 题，假若 A 柱柱顶截面为小偏压，此时，根据《砌规》7.3.7 条，取 $\eta_\text{N} = 1.2$，最不利值为：

$$N_{\text{CE}} = N_{\text{1CE}} + \eta_\text{N}N_{\text{2CE}} + N_{\text{AE}} + N_{\text{E1}} + N_{\text{E2}}$$

$$= 1.2 \times 48.2 + 1.2 \times 1.2 \times 343.74 + 320 + 1.3 \times 50 + 1.3 \times \frac{(56.32 + 22.53)}{5.32}$$

$$= 957.1\text{kN}$$

39. 正确答案是 B，解答如下：

根据《木标》5.1.2 条、5.1.4 条，云杉 TC15B

$$i = \sqrt{I/A} = \frac{D}{4} = \frac{154.85}{4} = 38.71\text{mm}$$

$$\lambda = \frac{l_0}{i} = \frac{3300 \times 0.8}{38.71} = 68.20$$

$\lambda_c = 4.13\sqrt{1 \times 330} = 75.0 > \lambda$，则：

$$\varphi = \frac{1}{1 + \dfrac{68.2^2}{1.96\pi^2 \times 1 \times 330}} = 0.578$$

$$\frac{N}{\varphi A_0} = \frac{65 \times 10^3}{0.578 \times \dfrac{1}{4} \times 3.14 \times 154.85^2} = 5.97\text{N/mm}^2$$

【39 题评析】 39 题，《木标》4.3.18 条对原来的挠度、稳定计算、抗弯强度计算所取位置作了规定；《木标》5.1.3 条第 5 款，稳定计算时，螺栓孔可不作为缺口考虑。

40. 正确答案是 B，解答如下：

根据《木标》6.2.7 条、6.2.6 条：

$$R_e = \frac{f_{em}}{f_{es}} = 1, \quad R_t = \frac{t_m}{t_s} = \frac{140}{80} = 1.75$$

$R_e R_t = 1 \times 1.75 = 1.75 < 2$，则：

双剪，$k_I = \dfrac{1.75}{2 \times 4.38} = 0.20$

$$Z = 0.20 \times 80 \times 16 \times 32.3 = 8.3\text{kN}$$

（下午卷）

41. 正确答案是 C，解答如下：

根据《既有地规》11.4 节、11.5 节、11.6 节，应选（C）项。

42. 正确答案是 C，解答如下：

根据《桩规》5.9.7 条：

$h_0 = 900$，$\beta_{hp} = 1 - \dfrac{1000 - 800}{2000 - 800} \times (1 - 0.9) = 0.9833$，$b_c = 600\text{mm}$，$h_c = 1350\text{mm}$

$a_{0y} = 600\text{mm}$，$a_{0x} = 425\text{mm}$，$f_t = 1.43\text{N/mm}^2$

$\lambda_{0x} = \dfrac{a_{0x}}{h_0} = 0.472$，$\lambda_{0y} = \dfrac{a_{0y}}{h_0} = 0.667$

$\beta_{0x} = \dfrac{0.84}{\lambda_{0x} + 0.2} = 1.25$，$\beta_{0y} = \dfrac{0.4}{\lambda_{0y} + 0.2} = 0.969$

$F_{lu} = 2 \times [1.25 \times (600 + 600) + 0.969 \times (1350 + 425)] \times 0.9833 \times 1.43 \times 900 \times 10^{-3}$

$\quad = 8149.80\text{kN}$

43. 正确答案是 A，解答如下：

根据《地规》8.5.6 条：

$$R_a = q_{pq}A_p + u_p \Sigma q_{sia}l_i$$
$$= 1120 \times \frac{3.14 \times 0.426^2}{4} + 3.14 \times 0.426 \times (15 \times 0.7 + 10 \times 18 + 30 \times 2.12)$$
$$= 499.4\text{kN}$$

44. 正确答案是 C，解答如下：

根据《地规》附录 Q.0.10 条、Q.0.11 条：

$$\overline{Q} = \frac{1}{3}(Q_1 + Q_2 + Q_3) = \frac{1}{3} \times (1020 + 1120 + 1210) = 1116.67\text{kN}$$

极差：$1210 - 1020 = 190\text{kN} < 1116.67 \times 30\% = 335\text{kN}$

故取
$$R_u = \overline{Q} = 1116.67\text{kN}$$

$$R_a = \frac{R_u}{2} = 558.33\text{kN}$$

根据《抗规》4.4.2 条：
$$R_{aE} = 1.25R_a = 1.25 \times 558.33 = 697.9\text{kN}$$

45. 正确答案是 D，解答如下：

根据《地规》8.5.4 条：
$$M_{yk} = 570 + 310 \times 1 = 880\text{kN} \cdot \text{m}$$
$$G_k = 20 \times 3.9 \times 2.7 \times 1.5 = 315.9\text{kN}$$

由规范式（8.5.4-2）：

$$Q_{k,max} = \frac{F_k + G_k}{n} + \frac{M_{yk}x_i}{\Sigma x_i^2}$$

$$= \frac{3300 + 315.9}{6} + \frac{880 \times 1.5}{4 \times 1.5^2} = 749.32\text{kN}$$

46. 正确答案是 A，解答如下：

根据《地规》8.5.18 条：

$$N_i = \frac{F}{6} = 505\text{kN}$$

$$M_y = \Sigma N_i x_i = 2 \times 505 \times (1.5 - 0.25) = 1262.5\text{kN} \cdot \text{m}$$
$$M_x = \Sigma N_i y_i = 3 \times 505 \times (0.9 - 0.2) = 1060.5\text{kN} \cdot \text{m}$$

故取 $M_{max} = 1262.5\text{kN} \cdot \text{m}$

47. 正确答案是 B，解答如下：

根据《地规》8.5.19 条：
$$h_0 = h - a_s = 1000 - 60 = 940\text{mm}$$
$$a_{0x} = 1.07\text{m} > h_0 = 0.94\text{m}，取 a_{0x} = h_0$$

故
$$\lambda_{0x} = \frac{a_{0x}}{h_0} = 1.0$$

$$a_{0y} = 0.52\text{m} < h_0 = 0.94\text{m}，且 > 0.25h_0 = 0.235\text{m}$$

故
$$\lambda_{0y} = \frac{a_{0y}}{h_0} = \frac{0.52}{0.94} = 0.553$$

48. 正确答案是 C，解答如下：

圆桩换成方桩，$b = 0.8d = 0.8 \times 426 = 341\text{mm}$

$$h_0 = h - a_s = 1000 - 60 = 940\text{mm}$$

$$a_{0x} = 1.5 - \frac{0.5}{2} - \frac{0.341}{2} = 1.0795\text{m}, a_{0x} > h_0, \text{故取}\, a_{0x} = h_0, \lambda_{0x} = \frac{a_{0x}}{h_0} = \frac{h_0}{h_0} = 1.0,$$

$$a_{0y} = 0.9 - \frac{0.4}{2} - 0.341 = 0.5295\text{m}, \quad a_{0y} < h_0, \lambda_{0y} = \frac{a_{0y}}{h_0} = \frac{0.5295}{0.94} = 0.563$$

$$\alpha_{0x} = \frac{0.84}{\lambda_{0x} + 0.2} = \frac{0.84}{1 + 0.2} = 0.70$$

$$\alpha_{0y} = \frac{0.84}{\lambda_{0y} + 0.2} = \frac{0.84}{0.563 + 0.2} = 1.10$$

由《地规》式（8.5.19-1）：

$$2[\alpha_{0x}(b_c + a_{0y}) + \alpha_{0y}(h_c + a_{0x})]\beta_{hp}f_t h_0$$
$$= 2 \times [0.70 \times (400 + 529.5) + 1.10 \times (500 + 940)] \times 0.983 \times 1.27 \times 940$$
$$= 5244.7\text{kN}$$

【43～48题评析】 47题、48题，需注意的是，在计算冲跨比 λ_{0x}（或 λ_{0y}）、角桩冲跨比 λ_{1x}（或 λ_{1y}）时，《地规》8.5.19条分别作了规定，λ_{0x}、λ_{0y} 满足0.25～1.0；λ_{1x}、λ_{1y} 满足 0.25～1.0。

《桩规》5.9.7条、5.9.8条也作相应规定，《桩规》规定 λ_{0x}、λ_{0y} 满足0.25～1.0；λ_{1x}、λ_{1y} 满足0.25～1.0。

49. 正确答案是D，解答如下：

根据《桩规》5.3.5条和5.2.2条：

$$Q_{uk} = u\Sigma q_{sik}l_i + q_{pk}A_p$$
$$= 3.14 \times 0.6 \times (55 \times 1.36 + 50 \times 0.7 + 55 \times 7.7 + 60 \times 5.24 +$$
$$1.5 \times 70) + 1300 \times \frac{\pi}{4} \times 0.6^2$$
$$= 1794.89 + 367.38$$
$$= 2162.27\text{kN}$$

$$R_a = \frac{Q_{uk}}{2} = 1081.1\text{kN}$$

50. 正确答案是A，解答如下：

根据《桩规》5.2.5条：

桩中心距：$s_a = \sqrt{A/n} = \sqrt{5.4 \times 4.86/8} = 1.811\text{m}$

$$s_a/d = 1.811/0.6 = 3.02, B_c/l = 4.86/16.5 = 0.2945$$

由提示知，取低值，查表5.2.5，取承台效应系数 $\eta_c = 0.06$

不考虑地震作用，由《桩规》式（5.2.5-1）：

$$f_{ak} = \left[1.36 \times 160 + 0.7 \times 170 + \left(\frac{4.86}{2} - 1.36 - 0.7\right) \times 160\right]/2.43$$
$$= 162.88\text{kPa}$$

$$A_c = (A - nA_{ps})/n = \left(5.4 \times 4.86 - 8 \times \frac{\pi}{4} \times 0.6^2\right)/8 = 2.998\text{m}^2$$

$$R = R_a + \eta_c f_{ak} A_c = 1081.1 + 0.06 \times 162.88 \times 2.998 = 1110.40\text{kN}$$

51. 正确答案是A，解答如下：

$150\text{kPa} < f_{ak} < 300\text{kPa}$，查《抗规》表 4.2.3：

取 $\xi_a = 1.3$

由《桩规》式（5.2.5-2）：

$$R = R_a + \frac{\xi_a}{1.25}\eta_c f_{ak} A_c = 1081.1 + \frac{1.3}{1.25} \times 0.06 \times 162.88 \times 2.998 = 1111.57\text{kN}$$

52. 正确答案是 A，解答如下：

根据《桩规》5.3.7 条：

$$d_e = d/\sqrt{n} = 0.6/\sqrt{2} = 0.424\text{m}$$

$h_b/d_e = 1.5/0.424 = 3.538 < 5$，则由规范式（5.3.7-2）：

$$\lambda_p = 0.16h_b/d_e = 0.16 \times 3.538 = 0.566$$

由规范式（5.3.7-1）：

$$\begin{aligned}
Q_{uk} &= u\Sigma q_{sik}l_i + \lambda_p q_{pk} A_p \\
&= 1794.89 + 0.566 \times 1300 \times \frac{\pi}{4} \times 0.6^2 \\
&= 2002.82\text{kN}
\end{aligned}$$

由《桩规》5.2.2 条：

$$R_a = \frac{Q_{ak}}{2} = 1001.41\text{kN}$$

53. 正确答案是 D，解答如下：

根据《桩规》5.3.8 条：

$$A_j = \frac{\pi}{4}(d^2 - d_1^2) = \frac{\pi}{4} \times (0.6^2 - 0.34^2) = 0.192\text{m}^2$$

$$A_{p1} = \frac{\pi}{4}d_1^2 = \frac{\pi}{4} \times 0.34^2 = 0.091\text{m}^2$$

$h_b/d_1 = 1.5/0.34 = 4.41 < 5$，则由规范式（5.3.8-2）：

$$\lambda_p = 0.16h_b/d_1 = 0.16 \times 4.41 = 0.7056$$

由规范式（5.3.8-1）：

$$\begin{aligned}
Q_{uk} &= u\Sigma q_{sik}l_i + q_{pk}(A_j + \lambda_p A_{p1}) \\
&= 1794.89 + 1300 \times (0.192 + 0.7056 \times 0.091) \\
&= 2127.96\text{kN}
\end{aligned}$$

由《桩规》5.2.2 条：

$$R_a = \frac{Q_{uk}}{2} = 1063.98\text{kN}$$

【49～53 题评析】 50 题、51 题，关键是 f_{ak} 值的计算，《桩规》5.2.5 条作了具体规定。

52 题，计算 λ_p 时，应用 d_e 代替 d 进行计算。

53 题，须注意，《桩规》式（5.3.8-2）、（5.3.8-3）中，应用 d_1 代替 d。

54. 正确答案是 C，解答如下：

根据《地处规》7.5.1 条：

$$\bar{\eta}_c \rho_{d\max} = \bar{\rho}_{d1} = 1.57\text{t/m}^3$$

$$s = 0.95d\sqrt{\frac{\overline{\eta_c \rho_{dmax}}}{\eta_c \rho_{dmax} - \rho_d}} = 0.95 \times 0.4 \times \sqrt{\frac{1.57}{1.57 - 1.33}} = 0.97m$$

由规范 7.5.1 条第 3 款, $s = (2.0 \sim 3.0) \times 0.4 = 0.8 \sim 1.2m$

故取 $s = 1.0m$

55. 正确答案是 C,解答如下:

根据《地处规》7.5.2 条、7.1.5 条:

$$d_e = 1.13s = 1.13 \times 0.9 = 1.017m$$

$$A_e = \frac{\pi d_e^2}{4} = 0.812m^2$$

地基整片处理,故 $A = (46 + 2 \times 2) \times (12.8 + 2 \times 2) = 840m^2$

$$n = \frac{A}{A_e} = \frac{840}{0.812} = 1035 \text{ 根}$$

56. 正确答案是 C,解答如下:

根据《边坡规范》3.2.3 条:

$$\theta = 45° + \varphi/2 = 45° + \frac{14°}{2} = 52°, H = 8m$$

$$L = \frac{H}{\tan\theta} = \frac{8}{\tan52°} = 6.25m$$

57. 正确答案是 C,解答如下:

根据《荷规》8.2.1 条,地面粗糙度为 B 类。根据《荷规》8.4.4 条、8.4.3 条:

$$x_1 = \frac{30/1.2}{\sqrt{1.0 \times 0.60}} = 32.275$$

$$R = \sqrt{\frac{\pi}{6 \times 0.05} \cdot \frac{32.275^2}{(1 + 32.275^2)^{4/3}}} = 1.016$$

$$\beta_z = 1 + 2gI_{10}B_z\sqrt{1 + R^2} = 1 + 2 \times 2.5 \times 0.14 \times 0.591 \times \sqrt{1 + 1.016^2}$$
$$= 1.590$$

58. 正确答案是 B,解答如下:

$H = 34.7m < 60m$,根据《高规》5.6.4 条,风荷载不参与组合,由规程 5.6.3 条:

$$M_A = -[1.2 \times (90 + 0.5 \times 50) + 1.3 \times 40] = -190kN \cdot m$$

59. 正确答案是 B,解答如下:

根据《高规》5.6.3 条、5.6.4 条:

$$N = (3100 + 0.5 \times 550) \times 1.2 + 1.3 \times 950 = 5285kN$$

60. 正确答案是 D,解答如下:

$$M = -[(25 + 0.5 \times 15) \times 1.2 + 1.3 \times 270] = -390kN \cdot m$$

丙类建筑,8 度设防,Ⅱ类场地,查高规表 3.9.3,框架抗震等级为一级。

底层角柱,根据《高规》6.2.2 条、6.2.4 条。

$$M = -390 \times 1.7 \times 1.1 = -729.3kN \cdot m$$

61. 正确答案是 D,解答如下:

由上题可知,框架抗震等级一级。

根据《高规》6.2.3 条:

$$V = 1.2 \times \frac{(M_{cua}^t + M_{cua}^b)}{H_n} = 1.2 \times \frac{(725 + 725)}{4.5} = 386.7\text{kN}$$

根据《高规》6.2.4 条：

$$V = 1.1 \times 386.7 = 425\text{kN}$$

62. 正确答案是 A，解答如下：

由上述结果知，框架抗震等级为一级，根据《高规》6.2.7 条规定，由《混规》11.6.2 条：

$$h_{b0} = h - a_s = 600 - 40 = 560\text{mm}$$

$$V_j = \frac{1.15 \Sigma M_{bua}}{h_{b0} - a_s'} \left(1 - \frac{h_{b0} - a_s'}{H_c - h_b}\right)$$

$$= \frac{1.15 \times 920 \times 10^6}{560 - 40} \times \left(1 - \frac{560 - 40}{3400 - 600}\right)$$

$$= 1656.8\text{kN}$$

63. 正确答案是 B，解答如下：

根据《混规》11.6.3 条：

$$\eta_j = 1.5, \quad b_j = 550\text{mm}, h_j = 550\text{mm}, \quad \beta_c = 1.0$$

$$V_j \leqslant \frac{1}{\gamma_{RE}}(0.30\eta_j\beta_c f_c b_j h_j)$$

$$f_c \geqslant \frac{0.85 \times 1900 \times 10^3}{0.30 \times 1.5 \times 1 \times 550 \times 550} = 11.86\text{N/mm}^2$$

框架抗震一级，由《混规》11.2.1 条，混凝土强度等级应不小于 C30（$f_c = 14.3\text{N/}$mm^2）。

故最终取 $f_c = 14.3\text{N/mm}^2$

64. 正确答案是 D，解答如下：

根据《高规》3.9.5 条和 12.2.1 条，(2)、(4) 正确，应选（D）项。

【58～64 题评析】 60 题、61 题，本题目中柱 CA 为边框框架角柱，故 M、V 最后调整值应乘增大系数 1.1。

63 题，假定本题目是求混凝土 f_c 的计算值，则取 $f_c \geqslant 11.86\text{N/mm}^2$。

65. 正确答案是 A，解答如下：

由提示轴压比大于 0.15，则：

查《高规》表 3.8.2，取 $\gamma_{RE} = 0.80$；$f_y = f_y' = 360\text{N/mm}^2$

取柱下端的左震下轴力：

$$x = \frac{0.80 \times 13495.52 \times 10^3}{1 \times 23.1 \times 800} = 584\text{mm} < \xi_b h_0 = 0.518 \times 1310 = 679\text{mm}$$

按大偏压计算；又由于 $N_{左震} < N_{右震}$ 的内力组合对大偏压最不利，故取左震的内力值进行配筋计算。

抗震一级，底层中柱，根据《高规》10.2.11 条第 3 款：

$$M_{下} = -1.5 \times 4508.38 = -6762.57\text{kN} \cdot \text{m}$$

$$N_{下} = 13495.52\text{kN}$$

66. 正确答案是 C，解答如下：

根据《混规》6.2.17条：

$$e_0 = \frac{M}{N} = \frac{6762.57}{13495.52} = 0.501\text{m} = 501\text{mm}$$

$$e_a = \max\left(20, \frac{1350}{30}\right) = 45\text{mm}$$

$$e_i = e_0 + e_a = 546\text{mm}$$

$$e = e_i + \frac{h}{2} - a_s = 546 + \frac{1350}{2} - 40 = 1181\text{mm}$$

$$x = 584\text{mm} < \zeta_b h_0 = 678.6\text{mm}$$
$$> 2a'_s = 80\text{mm}$$

故为大偏压

由《混规》式（6.2.17-2），且 $\gamma_{RE} = 0.8$：

$$A_s = A'_s \geqslant \frac{0.8 \times 13495.52 \times 10^3 \times 1181 - 1.0 \times 23.1 \times 800 \times 584 \times (1310 - 584/2)}{360 \times (1310 - 40)}$$
$$= 3858\text{mm}^2$$

$$A_s + A'_s \geqslant 7716\text{mm}^2$$

复核最小配筋率，查《高规》表6.4.3-1及注2：

$$\rho_{min} = 1.1\% + 0.05\% = 1.15\%$$

$$A_{s,min} = 1.15\% \times 800 \times 1350 = 12420\text{mm}^2,\text{故取} A_s + A'_s \geqslant 12420\text{mm}^2$$

67. 正确答案是 B，解答如下：

柱上端弯矩值，根据《高规》10.2.11条第3款：

$$M_上 = 1.5 \times 3940.66 = 5910.99\text{kN} \cdot \text{m}$$

由《高规》式（6.2.3-2）：

$$V = \eta_{vc}\frac{M_c^t + M_c^b}{H_n} = 1.4 \times \frac{5910.99 + 6762.57}{7 - 1.6} = 3285.74\text{kN} > 2216.28\text{kN}$$

故取 $V = 3285.7\text{kN}$。

已知 $\lambda = 2.061$，由《高规》式（6.2.8-2）：

$$N = 13495.52\text{kN} > 0.3f_c A = 7484.4\text{kN}，取 N = 7484.4\text{kN}$$

$$\frac{A_{sv}}{s} \geqslant \frac{\gamma_{RE}V - \frac{1.05}{\lambda+1}f_t bh_0 - 0.056N}{f_{yv}h_0}$$

$$= \frac{0.85 \times 3285.7 \times 10^3 - \frac{1.05}{2.061+1} \times 1.89 \times 800 \times 1310 - 0.056 \times 7484400}{300 \times 1310}$$

$$= 4.311\text{mm}^2/\text{mm}$$

68. 正确答案是 A，解答如下：

$$l_1 = 1350 - 2 \times 20 - 2 \times \frac{12}{2} = 1298\text{mm}$$

$$l_2 = 800 - 2 \times 20 - 2 \times \frac{12}{2} = 748\text{mm}$$

$$\rho_v = \frac{113.1 \times (6 \times 1298 + 8 \times 748)}{1286 \times 736 \times 100} = 1.65\%$$

由提示 $\mu_N=0.6$，查《高规》表 6.4.7，取 $\lambda_v=0.15$，并由规程 10.2.10 条第 3 款，增加 0.02，故取 $\lambda_v=0.15+0.02=0.17$

由《高规》式（6.4.7）

$$[\rho_v]=\lambda_v f_c/f_{yv}=0.17\times 23.1/300=1.309\%$$

根据《高规》10.2.10 条第 3 款：取 $[\rho_v]\geqslant 1.5\%$，故最终取 $[\rho_v]=1.5\%$

$$\frac{\rho_v}{[\rho_v]}=\frac{1.65\%}{1.5\%}=1.1$$

【65～68 题评析】 66 题，计算柱底截面配筋的内力设计值应采用内力调整后的设计值，同时，应复核纵筋的最小配筋率。

67 题，柱剪力值应取内力调整后的 M_c^t、M_c^b 进行计算，并乘以剪力增大系数 η_{vc}。

69. 正确答案是 C，解答如下：

各段重力荷载代表值为：

$$G_6=2500\text{kN},\ G_5=\frac{5000+5600}{2}=5300\text{kN},\ G_4=\frac{5600+6000}{2}=5800\text{kN}$$

$$G_3=\frac{6000+6600}{2}=6300\text{kN},\ G_2=\frac{6600+7000}{2}=6800\text{kN}$$

$$G_1=\frac{7000+7800}{2}=7400\text{kN}$$

根据《抗规》5.2.2 条：

$$\sum_{i=1}^{6}x_{ji}G_i=1\times 2500+0.10\times 5300+(-0.38)\times 5800+(-0.30)\times 6300+(-0.20)\times$$
$$6800+(-0.04)\times 7400=-2720$$

$$\sum_{i=1}^{6}x_{ji}^2G_i=1^2\times 2500+0.10^2\times 5300+(-0.38)^2\times 5800+(-0.30)^2\times 6300+$$
$$(-0.20)^2\times 6800+(-0.04)^2\times 7400=4241.36$$

$$\gamma_2=\sum_{i=1}^{6}x_{ji}G_i/\sum_{i=1}^{6}x_{ji}^2G_i=-2720/4241.36=-0.64$$

$$F_{21}=\alpha_2\gamma_2 x_{21}G_1=0.0609\times(-0.64)\times(-0.04)\times 7400=11.54\text{kN}$$

70. 正确答案是 C，解答如下：

根据《抗规》式（5.2.2-3）：

$$V_{Ek}=\sqrt{\sum V_j^2}=\sqrt{650^2+(-730)^2+610^2}=1152.3\text{kN}$$

【69、70 题评析】 本题目中，提示给出了 $\alpha_2=0.0609$；若求 α_1、α_2、α_3 时，应注意 α_{max} 取值，本题中 7 度（0.15g），查《抗规》表 5.1.4-1 及注，取 $\alpha_{max}=0.12$。

71. 正确答案是 B，解答如下：

根据《钢标》11.4.2 条：

$N_v^b=0.9kn_f\mu P=0.9\times 1\times 2\times 0.45\times 190=153.9\text{kN}$

螺栓数 n 为：

$$n=\frac{A_w f}{N_v^b}=\frac{256\times 16\times 305}{153900}=8.1$$

取 $n=9$ 个

72. 正确答案是 A，解答如下：

根据《高钢规》附录 F.1.1 条、表 4.2.5：

$$N_{vu}^b = 0.58 n_f A_e^b f_u^b = 0.58 \times 2 \times 303 \times 1040 = 365.54 \text{kN}$$

$$N_{cu}^b = 22 \times 16 \times (1.5 \times 470) = 248.16 \text{kN}$$

上述取较小值，10 个螺栓 $= 10 \times 248.16 = 2481.6 \text{kN}$

由《高钢规》表 8.1.3，取 $\alpha_1 = 1.25$，$\alpha_2 = 1.20$

$$N_w^j / \alpha_1 = 2481.6 / 1.25 = 1985.28 \text{kN}$$

$$N_f^j / \alpha_2 = 22 \times 300 \times 2 \times 470 / 1.20 = 5170 \text{kN}$$

$$N_w^j / \alpha_1 + N_f^j / \alpha_2 = 7155.28 \text{kN}$$

$$A_{br} f_y = 17296 \times 335 = 5794.16 \text{kN} < 7155.28 \text{kN}$$

73. 正确答案是 B，解答如下：

$$h_0 = h - a_s = 1300 - 70 = 1230 \text{mm}$$

$$\alpha_{Es} = \frac{E_s}{E_c} = \frac{2 \times 10^5}{2.8 \times 10^4} = 7.143$$

计算截面混凝土受压区高度 x，由 $S_{0c} = S_{0t}$，则：

$$\frac{1}{2} b_f' x^2 = \alpha_{Es} A_s (h_0 - x)$$

$$\frac{1}{2} \times 1500 x^2 = 7.143 \times 1206 \times (1230 - x)$$

解之得：$x = 113 \text{mm} < h_f' = 120 \text{mm}$，故属第一类 T 形截面。

$$I_{cr} = \frac{1}{3} b_f' x^3 + \alpha_{Es} A_s (h_0 - x)^2$$

$$= \frac{1}{3} \times 1500 \times 113^3 + 7.143 \times 1206 \times (1230 - 113)^2$$

$$= 11469.6 \times 10^6 \text{mm}^4$$

74. 正确答案是 A，解答如下：

$h_0 = h - a_s = 1300 - 110 = 1190 \text{mm}$，由 $S_{0c} = S_{0t}$，则：

$$\frac{1}{2} b_f' x^2 = \alpha_{Es} A_s (h_0 - x)$$

$$\frac{1}{2} \times 1500 x^2 = 7.143 \times 6836 \times (1190 - x)$$

解之得：$x = 247.7 \text{mm} > h_f' = 120 \text{mm}$，故属于第二类 T 形截面

由提示可知：

$$A = \frac{\alpha_{Es} A_s + h_f'(b_f' - b)}{b} = \frac{7.143 \times 6836 + 120 \times (1500 - 180)}{180} = 1151$$

$$B = \frac{2 \alpha_{Es} A_s h_0 + (b_f' - b) h_f'^2}{b} = \frac{2 \times 7.143 \times 6836 \times 1190 + (1500 - 180) \times 120^2}{180}$$

$$= 751235$$

故 $x = \sqrt{A^2 + B} - A$

$$=\sqrt{1151^2+751235}-1151=289.8\text{mm}\approx290\text{mm}$$

$$I_{cr}=\frac{b'_f x^3}{3}-\frac{(b'_f-b)(x-h'_f)^3}{3}+\alpha_{Es}A_s(h_0-x)^2$$

$$=\frac{1500\times290^3}{3}-\frac{(1500-180)\times(290-120)^3}{3}+7.143\times6836\times(1190-290)^2$$

$$=49584.7\times10^6\text{mm}^4$$

75. 正确答案是C，解答如下：

根据《公桥混规》7.2.4条：

动力系数为1.2，$M_k=1.2M_{GK}=1.2\times505.69=606.828\text{kN}\cdot\text{m}$；$x_0=x=290\text{mm}$

$$\sigma^t_{cc}=\frac{M^t_k x_0}{I_{cr}}=\frac{606.828\times10^6\times290}{50000\times10^6}=3.52\text{MPa}$$

76. 正确答案是C，解答如下：

根据《公桥混规》7.2.4条：

$$h_{01}=h-\left(\frac{d}{2}+c\right)=1300-\left(\frac{32}{2}+35\right)=1249\text{mm}$$

$$\sigma_s=\alpha_{Es}\frac{M^t_k(h_{01}-x_0)}{I_{cr}}$$

$$=7.143\times\frac{606.828\times10^6\times(1249-290)}{50000\times10^6}=83.14\text{MPa}$$

【73～76题评析】 73题、74题，求开裂截面换算截面的惯性矩 I_{cr}，截面为T形时，分为第一类T形截面、第二类T形截面，上述 I_{cr} 的求解公式同样适用于其他矩形、T形截面。

75题、76题，在施工阶段，应考虑吊装动力系数。

77. 正确答案是B，解答如下：

由《公桥混规》4.3.4条：

$$b_i=2.7\text{m},\ h_i=3\text{m}<\frac{2.7}{0.3}=9\text{m}$$

$$l_i=0.2\times(40+60)=20\text{m}$$

由规范式（4.3.4-4）：

$$\rho_s=21.86\times\left(\frac{2.7}{20}\right)^4-38.01\times\left(\frac{2.7}{20}\right)^3+24.57\times\left(\frac{2.7}{20}\right)^2-7.67\times\frac{2.7}{20}+1.27$$

$$=0.596$$

$$b_{m1}=\rho_s b_i=0.596\times2.7=1.61\text{m}$$

78. 正确答案是B，解答如下：

由《公桥混规》4.3.4条：

$$b_i=\frac{7.6}{2}-0.35=3.45\text{m}$$

$$h_i = 1.6\text{m} < \frac{3.45}{0.3} = 11.5\text{m}$$

$l_i = 0.6 \times 60 = 36\text{m}$

由规范式（4.3.4-2）：

$$\rho_f = -6.44 \times \left(\frac{3.45}{36}\right)^4 + 10.10 \times \left(\frac{3.45}{36}\right)^3 - 3.56 \times \left(\frac{3.45}{36}\right)^2 - 1.44 \times \frac{3.45}{36} + 1.08$$

$$= 0.917$$

$$b_{m2} = \rho_f b_i = 0.917 \times 3.45 = 3.17\text{m}$$

【77、78 题评析】 须注意的是，《公桥混规》4.3.3 条中规定，"当梁高 $h \geq b_i/0.3$ 时，翼缘有效宽度应采用翼缘实际宽度"，本题目中，$h = 1.6\text{m} < b_i/0.3 = 2.7/0.3 = 9\text{m}$，$h = 3.0\text{m} < b_i/0.3 = 9\text{m}$，故不受此条限制。

79. 正确答案是 B，解答如下：

根据《公桥混规》6.3.1 条、6.3.2 条：

A 类预应力混凝土：$\sigma_{st} - \sigma_{pc} \leq 0.7 f_{tk}$；$\sigma_{lt} - \sigma_{pc} \leq 0$

$$\sigma_{st} = \frac{M_s}{W_0} = \frac{M_s}{I_0} y_0 = \frac{75000}{7.75} \times 1.3 = 12580.6\text{kN/m}^2$$

$$\sigma_{pc} = \frac{N_p}{A_n} + \frac{N_p e_{pn}}{I_n} = N_p \cdot \left(\frac{1}{A_n} + \frac{e_{pn}}{I_n} \cdot y_n\right)$$

$$= N_p \times \left[\frac{1}{8.8} + \frac{(1.15 - 0.3) \times 1.15}{5.25}\right] = 0.2998 N_p$$

$$\sigma_{lt} = \frac{M_l}{I_0} y_0 = \frac{65000}{7.75} \times 1.3 = 10903.2\text{kN/m}^2$$

$$\sigma_{st} - \sigma_{pc} = 12580.6 - 0.2998 N_p \leq 0.7 f_{tk} = 0.7 \times 2.65 \times 10^3$$

$$\text{解之得：} N_p \geq 35776\text{kN}$$

$$\sigma_{lt} - \sigma_{pc} = 10903.2 - 0.2998 N_p \leq 0，\text{解之得：} N_p \geq 36368\text{kN}$$

所以取 $N_p \geq 36368\text{kN}$。

【79 题评析】 假若本题已知永久有效预应力值 N_p，则可以复核该 A 类预应力混凝土是否满足抗裂要求。

80. 正确答案是 C，解答如下：

根据《公桥混规》9.3.15 条，不应超过 3 个月。

实战训练试题（八）解答与评析

（上午卷）

1. 正确答案是 D，解答如下：

对于（A）项，根据《设防分类标准》6.0.5 条条文说明，（A）项正确；

对于（B）项，根据《设防分类标准》6.0.8 条，（B）项正确；

对于（C）项，根据《设防分类标准》6.0.11 条，（C）项正确；

对于（D）项，根据《设防分类标准》4.0.3 条，未包括二级医院，故（D）项错误。

2. 正确答案是 A，解答如下：

根据《混规》6.2.7 条及注的规定，C30 混凝土，HRB500 级钢筋，$\xi_b = 0.482$；HRB400 级钢筋，$\xi_b = 0.518$。当同一截面内配置有不同种类的钢筋时，ξ_b 应取较小值，故取 $\xi_b = 0.482$ 进行计算。

$$h_0 = h - a_s = 600 - 40 = 560\text{mm}$$

单筋梁，由规范式（6.2.10-1）；

$$M_u = \alpha_1 f_c b h_0^2 \xi_b (1 - 0.5\xi_b) = 1 \times 14.3 \times 250 \times 560^2 \times 0.482 \times (1 - 0.5 \times 0.482)$$
$$= 410.1\text{kN} \cdot \text{m}$$

3. 正确答案是 B，解答如下：

3 Φ 28（$A_s = 1847\text{mm}^2$），2 Φ 25（$A_s = 982\text{mm}^2$），查《混规》表 8.2.1，C30，梁，室内环境，取箍筋的混凝土保护层厚度 $c = 20\text{mm}$，箍筋直径为 8mm，则纵筋的 $c = 20 + 8 = 28\text{mm}$；又 $d = 28$，故最终取纵筋的 $c = 28\text{mm}$。钢筋合力点到梁底距离为：

$$a_s = \frac{1847 \times (28 + 0.5 \times 28) \times 360 + 982 \times (28 + 28 + 28 + 0.5 \times 25) \times 435}{1847 \times 360 + 982 \times 435}$$

$$= 63.3\text{mm}$$

$$h_0 = h - a_s = 750 - 63.3 = 686.7\text{mm}$$

$$x = \frac{f_y A_s}{\alpha_1 f_c b} = \frac{435 \times 982 + 360 \times 1847}{1 \times 14.3 \times 250} = 305.5\text{mm}$$

$$< \xi_b h_0 = 0.482 \times 686.7 = 331\text{mm}$$

故 $M_u = \alpha_1 f_c b x (h_0 - x/2) = 1 \times 14.3 \times 250 \times 305.5 \times \left(686.7 - \frac{305.5}{2}\right)$

$$= 583.2\text{kN} \cdot \text{m}$$

【2、3题评析】 2 题、3 题，关键是确定 ξ_b 值，即当同一截面内配置有不同种类的钢筋时，ξ_b 应取较小值；关于梁纵向钢筋的构造规定，《混规》9.2.1 条作了规定。

4. 正确答案是 C，解答如下：

$$V_x = V\cos\theta = 210 \times \cos 30° = 181.9\text{kN}, V_y = V\sin\theta = 210 \times \sin 30° = 105\text{kN}$$

根据《混规》6.3.17 条，且 $V_{ux}=V_{uy}$，则：

$$V_x \leqslant \frac{V_{ux}}{\sqrt{1+\left(\dfrac{V_{ux}\tan\theta}{V_{uy}}\right)^2}} = \frac{V_{ux}}{\sqrt{1+(\tan30°)^2}} = 0.866V_{ux}$$

即：$V_{ux} \geqslant 1.155V_x = 1.155 \times 181.9 = 210\text{kN}$

取：$V_{uy}=V_{ux}=210\text{kN}$

$\lambda_x = \dfrac{H_n}{2h_0} = \dfrac{3500}{2\times(450-40)} = 4.27 > 3$，取 $\lambda_x = 3.0$

$\lambda_y = \dfrac{H_n}{2b_0} = \dfrac{3500}{2\times(400-40)} = 4.86 > 3$，取 $\lambda_y = 3.0$

根据规范式（6.3.17-3）、式（6.3.17-4）：

$N = 890\text{kN} > 0.3f_cA = 772.2\text{kN}$，故取 $N = 772.2\text{kN}$

$$V_{ux} = \frac{1.75}{\lambda_x+1}f_tbh_0 + f_{yv}\frac{A_{svx}}{s}h_0 + 0.07N$$

$$\frac{A_{svx}}{s} = \frac{210\times10^3 - \dfrac{1.75}{3+1}\times1.43\times400\times410 - 0.07\times772.2\times10^3}{270\times410}$$

$$= 0.482\text{mm}^2/\text{mm}$$

采用双肢箍 $\Phi 8$，则：$s = \dfrac{50.3\times2}{0.482} = 209\text{mm}$

同理，$\dfrac{A_{svy}}{s} = \dfrac{210\times10^3 - \dfrac{1.75}{3+1}\times1.43\times450\times360 - 0.07\times772.2\times10^3}{270\times360}$

$$= 0.562\text{mm}^2/\text{mm}$$

已采用 $2\Phi8$，则 $s = \dfrac{2\times50.3}{0.562} = 179\text{mm}$

故最终选用 $2\Phi8@150$，根据《混规》9.3.2 条复核如下：

纵筋配筋率：$\rho = \dfrac{8\times490.9}{400\times450} = 2.18\% < 3\%$

箍筋直径：$d \geqslant d_1/4 = 25/4 = 6.25\text{mm}$，$d \geqslant 6\text{mm}$，满足

箍筋间距 s：$s = 150\text{mm} < 400\text{mm}$，$s < 15d_1 = 375\text{mm}$，满足

故选用 $2\Phi8@150$。

【4 题评析】 计算纵筋配筋率 ρ，若 $\rho > 3\%$，箍筋直径、间距还应满足《混规》9.3.2 条第 5 款规定。

5. 正确答案是 A，解答如下：

$l_0/d = 5200/550 = 9.45$，查《混规》表 6.2.15，取 $\varphi = 0.966$

$A = \dfrac{\pi d^2}{4} = \dfrac{3.14\times550^2}{4} = 2.375\times10^5\text{mm}^2$

假定 $\rho < 3\%$，由规范式（6.2.15）

$$A'_s = \left(\frac{N}{0.9\varphi} - f_cA\right)/f'_y = \left(\frac{5700\times10^3}{0.9\times0.966} - 14.3\times2.375\times10^5\right)/360$$

$$= 8778\text{mm}^2$$

$$\rho = A'_s/A = 8778/(2.375\times10^5) = 3.70\% > 3\%$$

故由规范式（6.2.15），且 $A = A - A'_s$：

$$A'_s = \left(\frac{N}{0.9\varphi} - f_c A\right)/(f'_y - f_c)$$

$$= \left(\frac{5700 \times 10^3}{0.9 \times 0.966} - 14.3 \times 2.375 \times 10^5\right)/(360 - 14.3)$$

$$= 9141 \text{mm}^2$$

$$\rho = A'_s/A = 3.85\% < 5\%, \text{满足构造要求}$$

6. 正确答案是 A，解答如下：

$$d_{cor} = D - 2c - 2 \times d = 550 - 2 \times 20 - 2 \times 10 = 490 \text{mm}, A_{cor} = \frac{\pi d_{cor}^2}{4} = 1.885 \times 10^5 \text{mm}^2$$

根据《混规》式（6.2.16-1），取 $\alpha = 1.0$：

$$A_{ss0} = \frac{5700 \times 10^3/0.9 - 14.3 \times 1.885 \times 10^5 - 360 \times 6082}{2 \times 1.0 \times 270}$$

$$= 2682 \text{mm}^2 > 0.25 A'_s = 0.25 \times 6082 = 1521 \text{mm}^2, \text{满足构造要求}$$

由规范式（6.2.16-2）：

$$s = \frac{\pi d_{cor} A_{ss1}}{A_{ss0}} = \frac{3.14 \times 490 \times 78.5}{2682} = 45 \text{mm}$$

7. 正确答案是 C，解答如下：

根据《混规》6.2.16 条、6.2.15 条：

$$A_{ss0} = \frac{\pi d_{cor} A_{ss1}}{s} = \frac{3.14 \times 490 \times 78.5}{40} = 3020 \text{mm}^2 > 0.25 A'_s = 1521 \text{mm}^2, \text{满足}$$

配螺旋箍时，$N_{u1} = 0.9(f_c A_{cor} + f'_y A'_s + 2\alpha f_y A_{ss0})$

$$= 0.9 \times (14.3 \times 188500 + 360 \times 6082 + 2 \times 1.0 \times 270 \times 3020)$$

$$= 5864 \text{kN}$$

配普通箍时，$\rho = A'_s/A = 6082/237500 = 2.56\% < 3\%$

故 $N_{u2} = 0.9\varphi(f_c A + f'_y A'_s)$

$$= 0.9 \times 0.966 \times (14.3 \times 237500 + 360 \times 6082)$$

$$= 4856 \text{kN}$$

$1.5 N_{u2} = 7284 \text{kN} > N_{u1} = 5864 \text{kN}$，满足。

根据规范 6.2.16 条及注的规定，取 $N_{u1} = 5864 \text{kN}$。

【5～7题评析】 5题、7题中，运用《混规》式（6.2.15）时，首先应判别 $\rho \leq 3\%$ 或 $\rho > 3\%$，当 $\rho > 3\%$，A 应改用 $(A - A'_s)$ 代替。

运用《混规》6.2.16 条，须注意该条的注1、2规定。

8. 正确答案是 A，解答如下：

根据《设防分类标准》6.0.5 条及条文说明，营业面积 $8000 \text{m}^2 > 7000 \text{m}^2$，属乙类建筑。

乙类建筑，7 度，Ⅱ类场地，根据《设防分类标准》3.0.3 条，应按 8 度考虑抗震等级；

查《混规》表 11.1.3，$H=28\text{m}$，8 度，框架结构，故其抗震等级一级。

9. 正确答案是 C，解答如下：

多层框架结构，查《混规》表 11.4.12-1 及注的规定：

抗震二级，角柱，HRB400 级钢筋：$\rho_{s,\min}=0.9\%+0.05\%=0.95\%$

$$A_{s,\min}=\rho_{s,\min}bh=0.95\%\times700\times700=4655\text{mm}^2$$

14 根纵筋，单根 A_{s1}：$A_{s1}=4655/14=332.5\text{mm}^2$

故选 $\Phi22$（$A_s=380.1\text{mm}^2$），配置为 $14\Phi22$。

【9 题评析】 假定本题目为 45m 框架结构，建于 Ⅳ 类场地上，其他条件不变，仍确定纵筋配置。

此时，45m 框架结构，根据《高规》1.0.2 条，属于高层建筑，查《高规》表 6.4.3-1 时，Ⅳ 类场地上较高的高层建筑，表 6.4.3-1 中数值应增加 0.1%，即：

$$\rho_{s,\min}=(0.9+0.05+0.1)\%=1.05\%$$

10. 正确答案是 B，解答如下：

北京地区露天环境，查《混规》表 3.5.2，属二 b 类环境；查规范表 8.2.1，取纵筋的混凝土保护层厚度为 25mm，假定纵筋直径为 $\Phi12$，则取 $a_s=31\text{mm}$。

$$h_0=h-a_s=300-31=269\text{mm}$$

$$x=h_0-\sqrt{h_0^2-\frac{2M\gamma_0}{\alpha_1 f_c b}}$$

$$=269-\sqrt{269^2-\frac{2\times20\times10^6\times1.0}{1\times14.3\times1000}}$$

$$=5.25\text{mm}$$

$$A_s=\frac{\alpha_1 f_c bx}{f_y}=\frac{1\times14.3\times1000\times5.25}{360}=209\text{mm}^2/\text{m}$$

复核最小配筋率：

查《混规》表 8.5.1：

$$\rho_{\min}=\max(0.2\%,0.45f_t/f_y)=\max(0.2\%,0.45\times1.43/360)$$

$$=0.2\%$$

$$A_{s,\min}=\rho_{\min}bh=0.2\%\times1000\times300=600\text{mm}^2>209\text{mm}^2$$

选用 $\Phi12@150$（$A_s=754\text{mm}^2$），满足。

11. 正确答案是 A，解答如下：

$$M_q=12.55\text{kN}\cdot\text{m}/\text{m},h_0=300-(25+6)=269\text{mm}$$

根据《混规》7.1.2 条：

$$\alpha_{cr}=1.9,\Phi12@125(A_s=904.8\text{mm}^2),$$

$$\rho_{te}=\frac{A_s}{0.5bh}=\frac{8\times113.1}{0.5\times1000\times300}=0.0060<0.01,\text{取}\ \rho_{te}=0.01$$

$$\sigma_{sq}=\frac{M_q}{0.87h_0 A_s}=\frac{12.55\times10^6}{0.87\times269\times904.8}=59.27\text{N}/\text{mm}^2$$

$$\psi = 1.1 - 0.65 \frac{f_{tk}}{\rho_{te}\sigma_{sq}} = 1.1 - 0.65 \times \frac{2.01}{0.01 \times 59.27} = -1.1, 取 \psi = 0.2$$

所以 $w_{max} = 1.9 \times 0.2 \times \dfrac{59.27}{2.0 \times 10^5} \times \left(1.9 \times 25 + 0.08 \times \dfrac{12}{0.01}\right)$

$$= 0.0162\text{mm}$$

【10、11题评析】 10题，建造于北京地区露天环境水槽，查表知，属二b类环境，故取最外层纵筋的 $c = 25\text{mm}$，同时，应注意配筋复核，满足最小配筋率要求。

11题，运用《混规》式（7.1.2-1）、式（7.1.2-2）、式（7.1.2-4）时，应注意各计算系数的取值范围。

12. 正确答案是 B，解答如下：

根据《混规》3.4.5条规定，二 a 类环境，空心圆孔板为一般构件，其裂缝控制等级为三级；又根据规范7.1.1条，三级属于可出现裂缝的构件

$$\sigma_{pc} = \frac{N_{p0}}{A_0} + \frac{N_{p0}e_{p0}}{I_0} y_0 = N_{p0}\left(\frac{1}{A_0} + \frac{e_{p0}}{I_0} y_0\right)$$

$$= A_p(\sigma_{con} - \sigma_l)\left(\frac{1}{A_0} + \frac{e_{p0}}{I_0} y_0\right) = (\sigma_{con} - 319) \times \left(\frac{1}{89783} + \frac{46.33 \times 63.33}{1.7949 \times 10^8}\right)$$

$$= A_p(\sigma_{con} - 319) \times 2.748 \times 10^{-5}$$

$$\sigma_{cq} = \frac{M_q}{I_0} y_0 = \frac{11.3 \times 10^6}{1.7949 \times 10^8} \times 63.33 = 3.99\text{N/mm}^2$$

由规范式（7.1.1-4）：$\sigma_{cq} - \sigma_{pc} = 3.99 - (\sigma_{con} - 319) \times 176.67 \times 2.748 \times 10^{-5} \leqslant f_{tk} = 2.01\text{N/mm}^2$

故 $\sigma_{con} \geqslant 726.8\text{N/mm}^2$

13. 正确答案是 D，解答如下：

由于构件在使用阶段不出现裂缝，根据《混规》7.2.3条、7.2.2条：

$$B_s = 0.85E_c I_0 = 0.85 \times 3.0 \times 10^4 \times 1.7949 \times 10^8 = 4.577 \times 10^{12}\text{N} \cdot \text{mm}^2$$

取 $\theta = 2.0$。

$$B = \frac{M_k}{M_q(\theta - 1) + M_k} B_s$$

$$= \frac{14.71 \times 10^6}{11.3 \times 10^6 \times (2 - 1) + 14.71 \times 10^6} \times 4.577 \times 10^{12}$$

$$= 2.589 \times 10^{12}\text{N} \cdot \text{mm}^2$$

所以 $f_1 = \dfrac{5}{384} \cdot \dfrac{q l_0^4}{B} = \dfrac{5}{48} \cdot \dfrac{M_k l_0^2}{B} = \dfrac{5}{48} \times \dfrac{14.71 \times 10^6 \times 3.77^2 \times 10^6}{2.589 \times 10^{12}} = 8.41\text{mm}$

14. 正确答案是 C，解答如下：

根据《混规》9.7.2条、11.1.6 条表 11.1.6 注的规定，取 $\gamma_{RE} = 1.0$；取 $f_y = 300\text{N/mm}^2$

由规范式（9.7.2-5）：

$$\alpha_v = (4.0 - 0.08d)\sqrt{f_c/f_y} = (4.0 - 0.08 \times 22)\sqrt{11.9/300} = 0.446 < 0.7$$

假设锚筋为二层，则 $\alpha_r = 1.0$，则：

$$A_s = \frac{\gamma_{RE} V}{\alpha_r \alpha_v f_y} = \frac{1.0 \times 210 \times 10^3}{1.0 \times 0.446 \times 300} = 1570 \text{mm}^2 > A_s = 1520 \text{mm}^2 (4 \oplus 22)$$

故不满足

假设锚筋为三层，则 $\alpha_r = 0.9$，则：

$$A_s = \frac{1.0 \times 210 \times 10^3}{0.9 \times 0.446 \times 300} = 1744 \text{mm}^2$$

由《混规》11.1.9条：

$$A_s = 1744 \times (1 + 25\%) = 2180 \text{mm}^2 < A_s = 2281 \text{mm}^2 (6 \oplus 22)$$

取三层，6 $\oplus$ 22，满足。

【14题评析】 本题须注意，当 $f_y \geqslant 300 \text{N/mm}^2$，取 $f_y = 300 \text{N/mm}^2$ 进行计算；抗震设计，取 $\gamma_{RE} = 1.0$。

15. 正确答案是 D，解答如下：

根据《混凝土结构耐久性设计规范》GB/T 50476—2008 第3.4.3条条文说明，（D）项不妥。

16. 正确答案是 A，解答如下：

根据《钢标》8.1.1条：

由已知条件，满足 S3 级，取 $\gamma_x = 1.05$

$$\frac{N}{A_n} + \frac{M_x}{\gamma_x W_{nx}} = \frac{1200 \times 10^3}{21600} + \frac{1200 \times 10^3 \times 500}{1.05 \times 4.975 \times 10^6} = 170.4 \text{N/mm}^2$$

17. 正确答案是 C，解答如下：

根据《钢标》8.2.1条：

$$H_{0x} = 6500 \times 2 = 13000 \text{mm}, \lambda_x = \frac{H_{0x}}{i_x} = \frac{13000}{262.9} = 49.4$$

查表 7.2.1-1，均为 b 类截面，查附表 D.0.2，取 $\varphi_x = 0.859$

$$\frac{N}{\varphi_x A} + \frac{\beta_{mx} M_x}{\gamma_x W_x (1 - 0.8 N/N'_{EX})}$$

$$= \frac{1200 \times 10^3}{0.859 \times 21600} + \frac{1.0 \times 1200 \times 10^3 \times 500}{1.05 \times 4.975 \times 10^6 \times (1 - 0.8 \times 1200/16360)}$$

$$= 64.67 + 122.02 = 186.69 \text{N/mm}^2$$

18. 正确答案是 C，解答如下：

$$H_{0y} = 6500 \text{mm}, \lambda_y = \frac{H_{0y}}{i_y} = \frac{6500}{99.4} = 65.4$$

b 类截面，查《钢标》附表 D.0.2，取 $\varphi_y = 0.778$

由附录 C.0.5 条：

$$\varphi_b = 1.07 - \frac{\lambda_y^2}{44000 \varepsilon_k^2} = 1.07 - \frac{65.4^2}{44000 \times 1} = 0.973$$

根据《钢标》8.2.1条：

取 $\eta = 1.0$

$$\frac{N}{\varphi_y A} + \eta \frac{\beta_{tx} M_x}{\varphi_b W_x} = \frac{1200 \times 10^3}{0.778 \times 21600} + 1.0 \times \frac{1.0 \times 1200 \times 10^3 \times 500}{0.973 \times 4.975 \times 10^6} = 195.36 \text{N/mm}^2$$

19. 正确答案是 B，解答如下：

根据《钢标》8.4.1 条、3.5.1 条：

$$\sigma = \frac{N}{A} \pm \frac{M_x}{I_x} \cdot \frac{h_0}{2} = \frac{1200 \times 10^3}{21600} \pm \frac{1200 \times 10^3 \times 500}{1.492 \times 10^9} \cdot \frac{560}{2}$$

$$= 55.6 \pm 112.6 = \frac{168.2 \text{N/mm}^2}{-57.0 \text{N/mm}^2}$$

$$\alpha_0 = \frac{\sigma_{max} - \sigma_{min}}{\sigma_{max}} = \frac{168.2 - (-57.0)}{168.2} = 1.34$$

故 $\dfrac{h_0}{t_w} = \dfrac{560}{10} = 56 < (38 + 13 \times 1.34^{1.39})\varepsilon_k = 57.5$

【16～19 题评析】17 题，由于为悬臂柱，故平面内计算长度 $l_{0x} = 2l = 2 \times 6500$。

20. 正确答案是 B，解答如下：

由《可靠性标准》8.2.4 条：

$$q_1 = 1.3 \times 3.3 + 1.5 \times 0.5 = 5.04 \text{kN/m}^2$$

托架支座反力：

$$R_A = R_B = \frac{F}{2} = \frac{1}{2} \times (5.04 \times 15 \times 2 \times 6 + 25) = 466.1 \text{kN}$$

21. 正确答案是 A，解答如下：

由于 $N_{1-2} = 0$，过 2-3 杆、2-5 杆作切割线，对 5 点取矩，$\sum M_5 = 0$，则：

$$N_{2-3} = -\frac{R_A \times 4000}{2000} = -2R_A = -2 \times 462.5 = -925 \text{kN（压）}$$

故 $N_{3-4} = N_{2-3} = -925 \text{kN}$

22. 正确答案是 A，解答如下：

过 3-4 杆、5-4 杆、5-6 杆作切割线，对 4 点取矩，$\sum M_4 = 0$，则：

$$N_{5-6} = \frac{R_A \times 6000}{2000} = 3R_A = 3 \times 462.5 = 1387.5 \text{kN（拉）}$$

23. 正确答案是 A，解答如下：

平面内：$\lambda_x = \dfrac{l_{0x}}{i_x} = \dfrac{200}{3.11} = 64.3$，

平面外：$\lambda_y = \dfrac{l_{0y}}{i_y} = \dfrac{600}{8.75} = 68.6$

查《钢标》表 7.2.1-1，均属 b 类截面。

根据《钢标》7.2.2 条

$$\lambda_z = 3.7 \frac{b_1}{t} = 3.7 \times \frac{180}{12} = 55.5 < \lambda_y，则：$$

$$\lambda_y = 68.6 \times \left[1 + 0.06 \times \left(\frac{55.5}{68.6}\right)^2\right] = 71.3$$

故取 $\lambda_{yz} = 71.3$，查附表 D.0.2，取 $\varphi_{yz} = 0.743$

$$\frac{N}{\varphi_{yz} A} = \frac{850 \times 10^3}{0.743 \times 67.42 \times 10^2} = 170 \text{N/mm}^2$$

24. 正确答案是 B，解答如下：

根据《钢标》7.2.2条：

平面内：$\lambda_x = \dfrac{l_{0x}}{i_x} = \dfrac{282.8}{4.44} = 63.7$（b类截面）

平面外：$\lambda_y = \dfrac{l_{0y}}{i_y} = \dfrac{282.8}{3.77} = 75.0$（b类截面）

$$\lambda_z = 5.1\,\frac{b_2}{t} = 5.1 \times \frac{90}{12} = 38.25 < \lambda_y，则：$$

$$\lambda_{yz} = 75 \times \left[1 + 0.25 \times \left(\frac{38.25}{75}\right)^2\right] = 79.9$$

查附表 D.0.2，取 $\varphi_{yz} = 0.688$

$$\frac{N}{\varphi_{yz}A} = \frac{654 \times 10^3}{0.688 \times 52.80 \times 10^2} = 180\text{N/mm}^2$$

25. 正确答案是 A，解答如下：

根据《钢标》表 7.4.1-1：

平面内：$\lambda_x = \dfrac{l_{0x}}{i_x} = \dfrac{0.8 \times 282.8}{3.08} = 73.5$

平面外：$\lambda_y = \dfrac{l_{0y}}{i_y} = \dfrac{282.8}{4.55} = 62.2$

26. 正确答案是 B，解答如下：

根据《钢标》7.5.1条：

$$N_{3-5} = F_b = N/60 = 925/60 = 15.42\text{kN}$$

27. 正确答案是 C，解答如下：

由《钢标》7.4.1条、7.2.2条：

$$l_{0x} = 0.8l = 0.8 \times 200 = 160\text{cm}；\quad l_{0y} = 200\text{cm}$$

平面内：$\lambda_x = \dfrac{l_{0x}}{i_x} = \dfrac{160}{1.93} = 82.9$

平面外：$\lambda_y = \dfrac{l_{0y}}{i_y} = \dfrac{200}{3.06} = 65.4$

$\lambda_z = 3.9 \times \dfrac{63}{6} = 40.95 < \lambda_y，则：$

$$\lambda_{yz} = 65.4 \times \left[1 + 0.16 \times \left(\frac{40.95}{65.4}\right)^2\right] = 69.5$$

均属于 b 类截面，故取 $\lambda_x = 82.9$，查附表 D.0.2，取 $\varphi_x = 0.669$

$$\frac{N}{\varphi_x A} = \frac{18.0 \times 10^3}{0.669 \times 14.58 \times 10^2} = 18.45\text{N/mm}^2$$

【20～27题评析】 20题、21题、22题属于结构力学计算。

23题、24题，对单轴对称的构件，绕对称轴应考虑扭转效应，即应计算 λ_{yz} 值。

26题，竖杆 3-5 内力属于支撑力计算，《钢标》7.5.1条作了规定。

28. 正确答案是 C，解答如下：

根据《抗规》8.1.6条第3款，框架-中心支撑不宜采用 K 形支撑，故（C）项不妥。

29. 正确答案是 A，解答如下：

根据《钢标》18.3.3条，$\geqslant100^\circ\mathrm{C}$，故选（A）项。

【28、29题评析】 28题、29题考核钢结构抗震设计、防火的基本构造规定。

30. 正确答案是B，解答如下：

$A=1.2\times0.24=0.288\mathrm{m}^2<0.3\mathrm{m}^3$，由《砌规》3.2.3条第1款：$f=\gamma_\mathrm{a}f=(0.288+0.7)\times1.5=1.482\mathrm{N/mm}^2$

$$\sigma_0=\frac{N_0}{A_b}=\frac{25\times10^3}{650\times240}=0.160\mathrm{N/mm}^2$$

$\sigma_0/f=0.16/1.482=0.108$，查《砌规》表5.2.5，

取 $\delta_1=5.4+\dfrac{0.108-0}{0.2-0}\times(5.7-5.4)=5.562$

由规范式(5.2.5-4)

$$a_0=\delta_1\sqrt{h/f}=5.562\times\sqrt{600/1.482}=111.9\mathrm{mm}<a=240\mathrm{mm}$$

$$e=\frac{N_l\left(\dfrac{a_b}{2}-0.4a_0\right)}{N_l+N_0}$$

$$=\frac{80\times\left(\dfrac{240}{2}-0.4\times111.9\right)}{80+25}=57.3\mathrm{mm}$$

31. 正确答案是B，解答如下：

根据《砌规》5.2.5条：

$$A_b=a_bb_b=0.24\times0.65=0.156\mathrm{m}^2$$

$$b+2h=0.65+2\times0.24=1.13\mathrm{m}<1.2\mathrm{m}\text{（窗间墙长度）}$$

故 $A_0=(b+2h)h=1.13\times0.24=0.27\mathrm{m}^2$

$$\frac{A_0}{A_b}=\frac{0.27}{0.156}=1.73$$

$$\gamma=1+0.35\sqrt{\frac{A_0}{A_b}-1}=1+0.35\times\sqrt{1.73-1}=1.3$$

$$\gamma_1=0.8\gamma=1.04>1.0$$

【30、31题评析】 30题，由于砌体面积$A<0.3\mathrm{m}^2$，故f应调整，$f=\gamma_\mathrm{a}f$。

31题，由于$b+2h=1.13\mathrm{m}<1.2\mathrm{m}$（窗间墙长度），故$A_0=(b+2h)h$。

32. 正确答案是C，解答如下：

根据《砌规》表3.2.1-4及注1，考虑独立柱对f的影响，取 $f=0.7\times4.95=3.465\mathrm{MPa}$

根据《砌规》3.2.3条：

$A=0.6\times0.8=0.48\mathrm{m}^2>0.3\mathrm{m}^2$，故对$f$不调整。

由规范式（3.2.1-1）、式（3.2.1-2）：

$$f_\mathrm{g}=f+0.6\alpha f_\mathrm{c}=3.465+0.6\times0.3\times11.9$$

$$=5.607\mathrm{N/mm}^2<2f=2\times3.465=6.93\mathrm{N/mm}^2$$

$$\text{故取}\ f_\mathrm{g}=5.607\mathrm{N/mm}^2$$

根据《砌规》5.1.3条：

$$H = 5.04 + 0.3 = 5.34 \text{m}$$

弹性方案，查规范表5.1.3：

排架方向，$H_0 = 1.5H = 8.01 \text{m}$；又由规范表5.1.2及注的规定，$\gamma_\beta = 1.0$：

$$\beta = \gamma_\beta \frac{H_0}{h} = 1.0 \times \frac{8.01}{0.8} = 10.01$$

$e/h = 220/800 = 0.275$，查规范附表D.0.1-1，取 $\varphi = 0.36$

$$N_u = \varphi f_g A = 0.36 \times 5.607 \times 480000 = 968.9 \text{kN}$$

【32题评析】 本题考核关键是 f 值的调整，由《砌规》3.2.3条，需判别柱截面面积 A 是否大于 0.3m^2，若小于 0.3m^2，需乘以 γ_a 值。

33. 正确答案是A，解答如下：

$$A = 0.25 \times 0.37 = 0.0925\text{m}^2 < 0.2\text{m}^2$$

根据《砌规》3.2.3条第2款，$\gamma_a = 0.8 + A = 0.893$

$$\beta = \gamma_\beta \frac{H_0}{h} = 1 \times \frac{5.7}{0.37} = 15.4$$

$$\rho = \frac{A_s}{bh} = \frac{2 \times 615}{370 \times 490} = 0.68\%$$

查《砌规》表8.2.3，取 $\varphi_{com} = 0.837$

由规范式（8.2.3）：

$$A'_s = 2 \times 615 = 1230\text{mm}^2, \quad \eta_s = 1.0$$

$$\varphi_{com}(fA + f_c A_c + \eta_s f'_y A'_s) = 0.837 \times (1.69 \times 0.893 \times 92500$$
$$+ 9.6 \times 2 \times 120 \times 370 + 1.0 \times 300 \times 1230)$$
$$= 1139.2 \text{kN}$$

34. 正确答案是C，解答如下：

$$h_0 = h - a_s = 5400 - 300 = 5100\text{mm}$$

$$e_0 = \frac{M}{N} = \frac{1170}{1280} = 914\text{mm}, \quad \beta = \gamma_\beta \frac{H_0}{h} = 1 \times \frac{4400}{5400} = 0.815$$

根据《砌规》9.2.4条、8.2.4条：

$$e_a = \frac{\beta^2 h}{2200}(1 - 0.022\beta) = \frac{0.815^2 \times 5400}{2200} \times (1 - 0.022 \times 0.815)$$

$$= 1.60\text{mm}$$

$$e_N = e_0 + e_a + \frac{h}{2} - a_s = 914 + 1.60 + \frac{5400}{2} - 300 = 3316\text{mm}$$

假定为大偏压，对称配筋，且在确定受压区高度时，忽略分布筋的影响，则由规范式（9.2.4-1）：

$$x = \frac{\gamma_{RE} N}{f_g b} = \frac{0.85 \times 1280 \times 10^3}{8.33 \times 190} = 687\text{mm} < \xi_b h_0 = 0.52 \times 5100 = 2652\text{mm}$$

故为大偏压。
由规范式（9.2.4-2）：

$$Ne_N \leq \left[f_g bx(h_0 - x/2) + f'_y A'_s(h_0 - a'_s) - \sum f_{si} S_{si} \right] \frac{1}{\gamma_{RE}}$$

$$0.85 \times 1280 \times 10^3 \times 3316 \leqslant 8.33 \times 190 \times 687$$
$$\times (5100 - 687/2) + 360 \times A'_s (5100 - 300) - 748.092 \times 10^6$$

解之得：$A'_s < 0$

故墙肢竖向受压主筋按构造配筋，根据《砌规》10.5.10条：

底部加强部，查《砌规》表10.5.10，抗震二级，选3Φ18。

35. 正确答案是A，解答如下：

根据《砌规》10.5.4条：

$$\lambda = \frac{M}{Vh_0} = \frac{1170 \times 10^6}{190 \times 10^3 \times 5100} = 1.207 < 1.5, \text{取} \lambda = 1.5$$

$$f_{vg} = 0.2 f_g^{0.55} = 0.642 \text{N/mm}^2$$

$$N = 1280 \text{kN} < 0.2 f_g bh = 1709.32 \text{kN}, \text{取} N = 1280 \text{kN}$$

$$V_w = 1.4 \times 190 = 266 \text{kN}$$

由规范式（10.5.4-1）：

$$V_w \leqslant \frac{1}{\gamma_{RE}} \left[\frac{1}{\lambda - 0.5} \left(0.48 f_{vg} bh_0 + 0.10 N \frac{A_w}{A} \right) + 0.72 f_{yh} \frac{A_{sh}}{s} h_0 \right]$$

$$266 \times 10^3 \leqslant \frac{1}{0.85} \times \left[\frac{1}{1.5 - 0.5} \times (0.48 \times 0.642 \times 190 \times 5100 \right.$$

$$\left. + 0.10 \times 1280000 \times 1) + 0.72 \times 360 \times \frac{A_{sh}}{s} \times 5100 \right]$$

解之得：$A_{sh}/s < 0$，故按构造配筋。

抗震二级，查《砌规》表10.5.9-1及注1，底部加强部位，$\rho_{sh} \geqslant 0.13\%$，间距$\leqslant$ 400mm，直径$d \geqslant 8$mm，选2Φ8@400，$\rho_{sh} = \frac{A_s}{bs_v} = \frac{2 \times 50.3}{190 \times 400} = 0.132\%$，满足最小配筋率。

【34、35题评析】 35题，计算λ值时取用未调整的剪力值V，而V_w应按《砌规》10.5.2条进行调整，二级抗震，$V_w = 1.4V$。此外，还需注意轴压力N的取值。

36. 正确答案是A，解答如下：

根据《砌规》7.3.6条：

$$\psi_M = 3.8 - \frac{8a_i}{l_{0i}} = 3.8 - \frac{8 \times 0.5}{7.12} = 3.238$$

$$\alpha_m = \psi_m \left(2.7 \frac{h_b}{l_{0i}} - 0.08 \right) = 3.238 \times \left(2.7 \times \frac{0.85}{7.12} - 0.08 \right) = 0.785$$

$$\eta_n = 0.8 + 2.6 \frac{h_w}{l_{0i}} = 0.8 + 2.6 \times \frac{2.8}{7.12} = 1.822$$

$$H_0 = h_w + \frac{h_b}{2} = 2.8 + \frac{0.85}{2} = 3.225 \text{m}$$

$$M_b = M_{11} + \alpha_m M_{21} = 156.84 + 0.785 \times 862.98 = 834.28 \text{kN}$$

$$N_{bt} = \eta_n \frac{M_{21}}{H_0} = 1.822 \times \frac{862.98}{3.225} = 487.55 \text{kN}$$

37. 正确答案是B，解答如下：

根据《砌规》7.3.8条：

如图 8-1（a）所示，取柱边剪力计算。

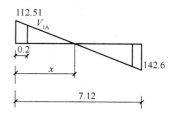

图 8-1（a）

$$x = 7.12 \times \frac{112.51}{112.51 + 142.6} = 3.14\text{m}$$

$$V_{1A} = \frac{3.14 - 0.2}{3.14} \times 112.51$$

同理，$V_{2A} = \dfrac{3.14 - 0.2}{3.14} \times 616.6$。由《砌规》7.3.8条：

$$V_{bA} = V_{1A} + \beta_v V_{2A}$$

$$= \frac{3.14 - 0.2}{3.14} \times 112.51 + 0.7 \times \frac{3.14 - 0.2}{3.14} \times 616.6$$

$$= 509.47\text{kN}$$

根据《混规》6.3.4条，均布荷载，取 $\lambda = 1.5$，则：

$$\frac{A_{sv}}{s} \geqslant \frac{V_{bA} - 0.7 f_t b h_0}{f_{yv} h_0} = \frac{509470 - 0.7 \times 1.43 \times 350 \times 790}{270 \times 790}$$

$$= 1.09\text{mm}^2/\text{mm}$$

选 4 肢箍 Φ8@200，$A_{sv}/s = 1.006\text{mm}^2/\text{mm}$，不满足

选 4 肢箍 Φ10@200，$A_{sv}/s = 1.57\text{mm}^2/\text{mm}$，满足。

故应选（B）项。

38. 正确答案是 A，解答如下：

根据《砌规》7.3.7条及其条文说明，边柱，且为小偏压，取 $\eta = 1.2$：

$$M_c = M_{1c} + M_{2c} = 19.79 + 104.58 = 124.4\text{kN}$$

$$N_c = N_{1c} + \eta N_{2c} + N_A = 112.51 + 1.2 \times 616.6 + 350 = 1202.43\text{kN}$$

【36～38 题评析】 37 题，题目图中剪力值为柱中心线值，而托梁支座边的箍筋配置应按柱边剪力值进行计算。

38 题，根据《砌规》7.3.7条及其条文说明，边柱，当为小偏心受压时，轴压力 N 越大越不利，故应乘以增大系数 $\eta = 1.2$；当为大偏心受压时，轴压力 N 越小越不利，此时不考虑增大系数，取 $\eta = 1.0$。

39. 正确答案是 D，解答如下：

东北落叶松 TC17B，$f_m = 17\text{N/mm}^2$

查《木标》表 4.3.9-2，25 年，取调整系数 1.05；

短边尺寸为 150mm，根据《木标》4.3.2条第 2 款，取调整系数 1.1。

$$f_m = 1.1 \times 1.05 \times 17 = 19.635\text{N/mm}^2$$

由《木标》5.2.1条：

$$\frac{\gamma_0 M}{W_n} \leqslant f_m$$

$$M \leqslant \frac{f_m W_n}{\gamma_0} = \frac{1}{\gamma_0} f_m \frac{1}{6} b h^2 = \frac{1}{0.95} \times 19.635 \times \frac{1}{6} \times 150 \times 300^2$$

$$= 46.50\text{kN} \cdot \text{m}$$

40. 正确答案是 D，解答如下：

查《木标》表4.3.1-3，$f_v = 1.6 \text{N/mm}^2$

查《木标》表4.3.9-2，25年，取调整系数1.05；短边尺寸为150mm，根据《木标》4.3.2条第2款，取调整系数1.1。

$$f_v = 1.1 \times 1.05 \times 1.6 = 1.848 \text{N/mm}^2$$

由《木标》5.2.4条：

$$\frac{\gamma_0 V S}{I b} \leqslant f_v，又 S = \frac{1}{2} bh \cdot \frac{h}{4}，I = \frac{1}{12} bh^3，则：$$

$$V \leqslant \frac{f_v I b}{\gamma_0 S} = \frac{f_v \cdot \frac{1}{12} bh^3 b}{\gamma_0 \cdot \frac{1}{8} bh^2} = \frac{2}{3\gamma_0} f_v bh$$

$$= \frac{2}{3 \times 0.95} \times 1.848 \times 150 \times 300 = 58.36 \text{kN}$$

【39、40题评析】 关键是《木标》式（5.2.1-1）、式（5.2.4）中应考虑结构重要性系数 γ_0。

（下午卷）

41. 正确答案是C，解答如下：

根据《边坡规范》8.2.1条：

$$N_{ak} = \frac{H_{tk}}{\cos\alpha} = \frac{1200}{\cos 15°} = 1242.3 \text{kN}$$

由规范8.2.3条，二级边坡，查规范表8.2.3-1，取 $K = 2.4$，则：

$$l_a \geqslant \frac{K N_{ak}}{\pi D f_{rbk}} = \frac{2.4 \times 1242.3}{3.14 \times 0.15 \times 1200} = 5.3 \text{m}$$

根据规范8.4.1条第2款：

$$l_a = \max(5.3, 4.2) = 5.3 \text{m}$$

复核构造要求：$l_a \geqslant 3.0 \text{m}$；$l_a \leqslant 45D = 45 \times 0.15 = 6.75 \text{m}$，$l_a \leqslant 6.5 \text{m}$

故锚固长度5.3m满足构造要求，应取锚固长度为5.3m。

42. 正确答案是C，解答如下：

根据《桩规》5.3.10条：

$$Q_{uk} = u \Sigma q_{sjk} l_j + u \Sigma \beta_{si} q_{sik} l_{gi} + \beta_p q_{pk} A_p$$

$$= 3.14 \times 0.6 \times 50 \times 12 + 3.14 \times 0.6 \times (1.4 \times 36 \times 11 + 1.6 \times 60 \times 1) + 2.4$$

$$\times 1200 \times 3.14 \times 0.3^2$$

$$= 1130 + 1225 + 814 = 3169 \text{kN}$$

$$R_a = \frac{Q_{uk}}{2} = \frac{3169}{2} = 1585 \text{kN}$$

43. 正确答案是B，解答如下：

由于桩身配箍不满足《桩规》5.8.2第1款的条件，则：

$$f_c = \frac{N}{\psi_c A_{ps}} = \frac{1980 \times 1000}{0.75 \times 3.14 \times 300^2} = 9.34 \text{kN/mm}^2，可选 C20$$

桩基环境类别为二 a，根据《桩规》3.5.2 条，桩身混凝土强度等级不得小于 C25。根据计算及构造要求，应选（B）项。

44. 正确答案是 B，解答如下：

根据《桩规》5.5.11 条及表 5.5.11，不考虑后注浆时：

$$\psi = 0.65 + \frac{(20-18)}{(20-15)}(0.9-0.65) = 0.65 + 0.1 = 0.75$$

因后注浆，对桩端持力层为细砂层应再乘以 0.7～0.8 的折减系数，则：

$$\psi = 0.75 \times 0.7 = 0.525, \psi = 0.75 \times 0.8 = 0.60$$

故：ψ 为 0.525～0.60。

45. 正确答案是 A，解答如下：

根据《混规》3.5.2 条，桩处于三 a 类环境。

由《桩规》3.5.3 条，其裂缝控制等级为一级，（A）项错误，应选（A）项。

46. 正确答案是 C，解答如下：

根据《地规》5.2.2 条：

$$M_k = 250 + 102 \times 1 = 352 \text{kN} \cdot \text{m}$$

$$F_k + G_k = 605 + 150 = 755 \text{kN}$$

$$e = \frac{M_k}{F_k + G_k} = \frac{352}{755} = 0.466 \text{m} > \frac{b}{6} = \frac{2.5}{6} = 0.417 \text{m}$$

故基底反力呈三角形分布。

$$a = \frac{b}{2} - e = \frac{2.5}{2} - 0.466 = 0.784 \text{m}$$

$$p_{kmax} = \frac{2(F_k + G_k)}{3la} = \frac{2 \times 755}{3 \times 2 \times 0.784} = 321.0 \text{kPa}$$

47. 正确答案是 A，解答如下：

根据《地规》5.2.7 条：

$$E_{s1}/E_{s2} = 8/2 = 4, z/b = 1.6/2 = 0.8 > 0.50$$

查规范表 5.2.7，取压力扩散角 $\theta = 24°$

$$p_k = \frac{F_k + G_k}{A} = \frac{905 + 150}{2.5 \times 2} = 211 \text{kPa}$$

$$p_c = \gamma d = 17.5 \times 1.5 = 26.25 \text{kPa}$$

由规范式（5.2.7-3）：

$$p_z = \frac{lb(p_k - p_c)}{(b + 2z\tan\theta) \cdot (l + 2z\tan\theta)}$$

$$= \frac{2.5 \times 2 \times (211 - 26.25)}{(2 + 2 \times 1.6\tan24°) \times (2.5 + 2 \times 1.6\tan24°)}$$

$$= 68.73 \text{kPa}$$

$$p_{cz} = 17.5 \times (1.5 + 1.6) = 54.25 \text{kPa}$$

$$p_z + p_{cz} = 122.98 \text{kPa}$$

48. 正确答案是 B，解答如下：

查《地规》表 5.2.4，淤泥质土，$\eta_d = 1.0$

由规范式（5.2.4）：
$$f_{az} = f_{ak} + \eta_d \gamma_m (d - 0.5)$$
$$= 80 + 1.0 \times 17.5 \times (3.1 - 0.5) = 125.5 \text{kPa}$$

【46～48题评析】 46题，首先应判别地基反力分布图形：矩形、三角形或梯形。

49. 正确答案是 A，解答如下：

根据《地规》6.7.3条，挡土墙高度4.8m小于5m，取 $\psi_a = 1.0$；查规范附录 L.0.2 条，填土为中密碎石土，其干密度 $\rho_d = 2.0 \text{t/m}^3$，属 I 类填土；查图 L.0.2（a），$\beta = 0$，$q = 0$，$\alpha = 90°$，

取 $k_a = 0.2$，则：

$$E_a = \psi_a \frac{1}{2} \gamma h^2 k_a = 1.0 \times \frac{1}{2} \times 20 \times 4.8^2 \times 0.2 = 46.08 \text{kN/m}$$

50. 正确答案是 A，解答如下：

根据《地规》6.7.5条第1款：

$$E_{at} = E_a \sin(\alpha - \alpha_0 - \delta) = 50 \sin(90° - 15°) = 48.30 \text{kN/m}$$
$$E_{an} = E_a \cos(\alpha - \alpha_0 - \delta) = 50 \cos(90° - 15°) = 12.94 \text{kN/m}$$
$$G_n = G = 1 \times 4.8 \times 22 + \frac{1}{2} \times 1 \times 4.2 \times 22 + 1.2 \times 0.6 \times 22$$
$$= 167.64 \text{kN/m}$$
$$G_t = 0$$

由规范式（6.7.5-1）：

$$k_s = \frac{(G_n + E_{an})\mu}{E_{at} - G_t} = \frac{(167.64 + 12.94) \times 0.4}{48.30 - 0} = 1.495$$

51. 正确答案是 B，解答如下：

如图 8-2（a）所示，根据《地规》6.7.5条第2款：

$$G x_0 = G_1 x_1 + G_2 x_2 + G_3 x_3$$
$$= 1 \times 4.8 \times 22 \times 1.7 + \frac{1}{2} \times 1 \times 4.2 \times 22 \times 0.87$$
$$+ 1.2 \times 0.6 \times 22 \times 0.6$$
$$= 229.22 \text{kN} \cdot \text{m/m}$$

$$E_{ax} = E_a \sin(\alpha - \delta) = 50 \sin(90° - 15°) = 48.30 \text{kN/m}$$
$$E_{az} = E_a \cos(\alpha - \delta) = 50 \cos(90° - 15°) = 12.94 \text{kN/m}$$
$$x_f = 2.2 \text{m}, z = \frac{1}{3} \times 4.8 = 1.6 \text{m}, z_f = z = 1.6 \text{m}$$

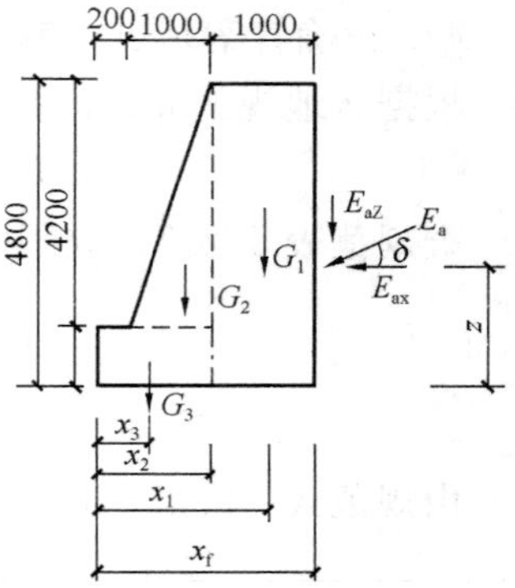

由规范式（6.7.5-6）

图 8-2(a)

$$K_t = \frac{G x_0 + E_{az} x_f}{E_{ax} z_f} = \frac{229.22 + 12.94 \times 2.2}{48.30 \times 1.60} = 3.33$$

【49～51题评析】 49题，本题目中土坡高度为3.6m，挡土墙高度为4.8m，可见，土坡高度与挡土墙高度的概念是不同的。《地规》6.7.3条，ψ_a 的取值是根据挡土墙高度来确定的，故取 $\psi_a = 1.0$。

52. 正确答案是 A，解答如下：

根据《桩规》5.4.1条：

$t=3.76-1.5=2.26\text{m}$，$t=2.26\text{m}>0.50B_0=0.5\times4.26=2.13\text{m}$

$E_{s1}/E_{s2}=35/4.4=7.95$

查《桩规》表 5.4.1：$\theta=25°+\dfrac{7.95-5}{10-5}\times(30°-25°)=27.95°$

$$\Sigma q_{sik}l_i=55\times5.16+50\times7.7+60\times2.14+70\times1.5=902.2\text{kN/m}$$

由《桩规》式（5.4.1-2）：

$$\sigma_z=\frac{(F_k+G_k)-\dfrac{3}{2}(A_0+B_0)\cdot\Sigma q_{sik}l_i}{(A_0+2t\cdot\tan\theta)(B_0+2t\cdot\tan\theta)}$$

$$=\frac{(5500+2400)-\dfrac{3}{2}\times(4.8+4.26)\times902.2}{(4.8+2\times2.26\tan27.95°)\times(4.26+2\times2.26\tan27.95°)}$$

$$=\frac{7900-\dfrac{3}{2}\times8173.932}{7.2\times6.66}$$

$$=-90.94\text{kPa}$$

53. 正确答案是 D，解答如下：

根据《桩规》5.4.1条及其条文说明：$z=25.4-6.64=18.76\text{m}$

$\gamma_m=[(19.8-10)\times5.16+(19-10)\times7.7+(20-10)\times(2.14+3.76)]/18.76$

$\quad\quad=9.535\text{kN/m}^3$

故 $\sigma_z+\gamma_m z=0+9.535\times18.76=178.87\text{kPa}$

54. 正确答案是 B，解答如下：

查《地规》表 5.2.4，$I_L=0.89>0.85$，黏性土，取 $\eta_d=1.0$

根据《桩规》5.4.1条及其条文说明：$z=25.4-6.64=18.76\text{m}$，取 $d=z=18.76\text{m}$

$\quad\quad f_a=f_{ak}+\eta_d\gamma_m(d-0.5)=100+1.0\times10\times(18.76-0.5)$

$\quad\quad\quad=282.6\text{kPa}$

【52～54 题评析】 53题，求 γ_m 时，地下水位以下土的重度取浮重度，$\gamma'=\gamma_{sat}-10$。

55. 正确答案是 B，解答如下：

根据《地处规》7.2.2条：

$$e_1=e_{max}-D_{r1}(e_{max}-e_{min})=0.8-0.85\times(0.8-0.64)=0.664$$

不考虑振动下沉密实作用，取 $\xi=1.0$。

正方形布桩，由规范式（7.2.2-2）：

$$s=0.89\xi d\sqrt{\frac{1+e_0}{e_0-e_1}}=0.89\times1.0\times0.6\times\sqrt{\frac{1+0.78}{0.78-0.664}}=2.09\text{m}$$

56. 正确答案是 C，解答如下：

根据《地规》表 3.0.3，双跨，吊车额定起重量为 20～30t，故选（C）项。

57. 正确答案是 A，解答如下：

根据《高规》4.2.2 条及条文说明，$H=80\text{m}>60\text{m}$，取 $w_0=1.1\times0.60=0.66\text{kN/m}^2$

$H=80\text{m}$，C 类粗糙度，查《荷规》表 8.2.1，取 $\mu_z=1.36$。

由《荷规》附录表 G.0.3，$\varphi_z=1.0$。

根据《荷规》8.4.5 条、8.4.6 条、8.4.3 条：

$$\rho_z=\frac{10\sqrt{80+60e^{-80/60}-60}}{80}=0.748$$

$$\rho_x=\frac{10\sqrt{50+50e^{-50/50}-50}}{50}=0.858$$

$$B_z=0.295\times80^{0.261}\times0.858\times0.748\times\frac{1.00}{1.36}=0.437$$

$$\beta_z=1+2\times2.5\times0.23\times0.437\times\sqrt{1+1.00^2}=1.711$$

$$w_k=\beta_z\mu_s\mu_zw_0=1.711\times\mu_s\times1.36\times0.66=1.536\mu_s(\text{kN/m}^2)$$

58. 正确答案是 D，解答如下：

根据《高规》附录 B：

$w_k=1.50\times[(10+10)\times0.3+30\times0.9+(10+10+30)\times0.6]=94.5\text{kN/m}$

$F_w=94.5\times3.6=340.2\text{kN}$

59. 正确答案是 C，解答如下：

根据《荷规》8.6.1 条表 8.6.1，取 $\beta_{gz}=1.73$；荷载规范 8.1.2 条条文说明，取 $w_0=0.60\text{kN/m}^2$

根据《高规》附录 B，取外表面 $\mu_s=0.9$。

又根据《荷规》8.3.3 条第 3 款，取 $\mu_s=0.9\times1.25=1.125$

由《荷规》8.3.5 条规定，内表面取为 0.2。

幕墙骨架围护结构的从属面积 $>25\text{m}^2$，应乘折减系数 0.8，则：

$$\mu_{sl}=1.125\times0.8+0.2=1.1$$

$$\mu_z=1.36，w_k=\beta_{gz}\mu_{sl}\mu_zw_0=1.73\times1.1\times1.36\times0.60=1.55\text{kN/m}^2$$

【57～59 题评析】 57 题，由于本题目 $H=80\text{m}>60\text{m}$，根据《高规》4.2.2 条条文说明，设计使用年限为 50 年，按承载能力设计时，故取 $w_0=1.1\times0.60=0.66\text{kN/m}^2$。

59 题，本题中应注意 w_0 的取值，根据《荷规》8.1.2 条条文说明，可取 50 年一遇的基本风压，当计算承载能力，且 $H>60\text{m}$ 时，仍取为 w_0，不考虑增大系数 1.1。μ_{sl} 的取值，应考虑建筑物迎风面的外表面、内表面的取值，以及幕墙骨架的折减系数。

60. 正确答案是 A，解答如下：

根据《高规》4.3.7 条：

7 度（0.15g），罕遇地震，查《高规》表 4.3.7-1，取 $\alpha_{max}=0.72$

场地 II 类，第一组，查《高规》表 4.3.7-2，取 $T_g=0.35\text{s}$；罕遇地震，故取 $T_g=0.35+0.05=0.40\text{s}$。

$$T = 0.7 \times 1.0 = 0.70s, \quad T_g = 0.4s < T = 0.70s < 5T_g = 2.0s, \quad \text{则：}$$

$$\alpha = \left(\frac{T_g}{T}\right)^{\gamma} \eta_2 \alpha_{max} = \left(\frac{0.4}{0.7}\right)^{0.9} \times 1 \times 0.72 = 0.435$$

61. 正确答案是 A，解答如下：

根据《高规》3.7.5 条：

$$\Delta u_p \leqslant [\theta_p] h = \frac{1}{50} \times 6000 = 120mm$$

根据规程 5.5.3 条表 5.5.3：

当 $\xi_{y1} < 0.5\xi_{y2}$，$\eta_p = 1.5 \times \frac{1}{2} \times (1.8 + 2.0) = 2.85$；

当 $\xi_{y2} > 0.8\xi_{y2}$，$\eta_p = \frac{1}{2} \times (1.8 + 2.0) = 1.9$

$\xi_{y1} = 0.55\xi_{y2}$，线性内插，取 $\eta_p = 2.69$

由规程式（5.5.3-1）：

$$\Delta u_p = \eta_p \Delta u_e$$

故：

$$\Delta u_e = \frac{\Delta u_p}{\eta_p} = \frac{120}{2.69} = 44.6mm$$

62. 正确答案是 C，解答如下：

因为 $20\sum\limits_{j=1}^{10} G_j / H_j > D_1 = 15\sum\limits_{j=1}^{10} G_j / H_i > 10\sum\limits_{j=1}^{10} G_j / H_j$

根据《高规》5.4.1 条、5.4.4 条，应考虑重力二阶效应的不利影响；又根据规程 5.4.3 条规定：

$$F_{11} = \cfrac{1}{1 - \cfrac{\sum\limits_{j=1}^{10} G_j}{D_1 h_1}} = \cfrac{1}{1 - \cfrac{\sum\limits_{j=1}^{10} G_j}{\left(15\sum\limits_{j=1}^{10} G_j / h_i\right) \cdot h_1}} = \cfrac{1}{1 - \cfrac{1}{15}} = 1.071$$

【60～62 题评析】 60 题，本题为计算罕遇地震作用，故 $T_g = 0.35 + 0.05 = 0.40s$。62 题，首先判别是否应考虑重力二阶效应的不利影响，《高规》5.4.3 条作了近似计算规定。

63. 正确答案是 C，解答如下：

跨中：$e_0 = \dfrac{M}{N} = \dfrac{1558}{4592.6} = 339mm < \dfrac{h}{2} - a_s = \dfrac{2600}{2} - 70 = 1230mm$

故属小偏拉，根据《混规》6.2.23 条：

$$e' = e_0 + \frac{h}{2} - a'_s = 339 + \frac{2600}{2} - 70 = 1569mm$$

由规范式（6.2.23-2）：

$$A_s = \frac{\gamma_{RE} N e'}{f_y (h'_0 - a_s)} = \frac{0.85 \times 4592.6 \times 10^3 \times 1569}{360 \times (2600 - 70 - 70)} = 6916mm^2$$

复核最小配筋率，根据《高规》10.2.7 条：

$$A_{s,min} = 0.5\% \times 900 \times 2600 = 11700 \text{mm}^2$$

故取 $A_s = 11700 \text{mm}^2$

64. 正确答案是 B，解答如下：

支座处：$e_0 = \dfrac{M}{N} = \dfrac{5906}{4592.6} = 1286 \text{mm} > \dfrac{h}{2} - a_s = \dfrac{2600}{2} - 70 = 1230 \text{mm}$

故属大偏拉，根据《混规》6.2.23 条：

$$e = e_0 - \frac{h}{2} + a_s = 1286 - \frac{2600}{2} + 70 = 56 \text{mm}$$

$$e' = e_0 + \frac{h}{2} - a'_s = 1286 + 1300 - 70 = 2516 \text{mm}$$

由规范式（6.2.23-4），$h_0 = h - a_s = 2600 - 70 = 2530 \text{mm}$

$$x = h_0 - \sqrt{h_0^2 - \frac{2\left[\gamma_{RE} Ne - f'_y A'_s (h_0 - a'_s)\right]}{\alpha_1 f_c b}}$$

$$= 2530 - \sqrt{2530^2 - \frac{2 \times \left[0.85 \times 4592.6 \times 10^3 \times 56 - 360 \times 12316 \times (2530 - 70)\right]}{1 \times 19.1 \times 900}}$$

$$< 0$$

故由规范式（6.2.23-2）计算 A_s：

$$A_s \geqslant \frac{\gamma_{RE} Ne'}{f_y(h'_0 - a_s)} = \frac{0.85 \times 4592.6 \times 10^3 \times 2516}{360 \times (2530 - 70)} = 11090 \text{mm}^2$$

复核最小配筋率，根据《高规》10.2.7 条：

$$A_{s,min} = 0.5\% \times 900 \times 2600 = 11700 \text{mm}^2$$

最终取 $A_s = 11700 \text{mm}^2$

65. 正确答案是 B，解答如下：

根据《高规》10.2.7 条，抗震一级。

对于（A）项，$\rho_{sv} = \dfrac{6 \times 78.5}{900 \times 100} = 0.523\% < \rho_{sv,min} = 1.2 f_t / f_{yv} = 1.2 \times 1.71 / 360 = 0.57\%$，不满足

对于（B）项，$\rho_{sv} = \dfrac{6 \times 113.1}{900 \times 100} = 0.754\% > \rho_{sv,min} = 0.57\%$，

相应箍筋肢距为：$\dfrac{900 - 2 \times 30}{5} = 168 \text{mm} < 200 \text{mm}$

根据《高规》6.3.5 条，箍筋肢距满足。

66. 正确答案是 A，解答如下：

根据《混规》9.2.13 条，

$$h_w = 2600 - 200 - 70 = 2330$$

每侧腰筋面积：$A_s = 0.1\% b h_w = 0.1\% \times 900 \times 2330 = 2097 \text{mm}^2$

又根据《高规》10.2.7 条第 3 款规定，腰筋直径 $\geqslant 16 \text{mm}$，间距 $s \leqslant 200 \text{mm}$，则：

每侧根数：$\dfrac{2600 - 200 - 70}{200} - 1 = 10.65$，故至少 11 根。

对于（A）项，11 Φ 16，$A_s = 11 \times 201 = 2211 \text{mm}^2 > A_s = 2160 \text{mm}^2$，满足

67. 正确答案是 D，解答如下：

（1）根据《高规》5.4.4条及条文说明，（A）项不正确；

（2）根据《高规》5.4.1条，（B）项不正确；

（3）根据《高规》3.5.2条，（C）项不正确；

（4）根据《高规》附录 E.0.2 条，（D）项正确。

68. 正确答案是 D，解答如下：

连梁跨高比：$l_n/h_b=2.7/0.5=5.4>5.0$，根据《高规》7.1.3条，该连梁应按框架梁计算。

$x<2a'_s$，无地震组合时，由《混规》6.2.14条：

$$h_0 = h - a_s = 500 - 35 = 465\text{mm}$$

$$A_s = A'_s = \frac{\gamma_0 M_b}{f_y(h_0 - a_s - a'_s)} = \frac{1.0 \times 43.5 \times 10^6}{360 \times (465 - 35)} = 281\text{mm}^2$$

有地震组合时，取 $\gamma_{RE}=0.75$：

$$A_s = A'_s = \frac{\gamma_{RE} M_b}{f_y(h - a_s - a'_s)} = \frac{0.75 \times 66.1 \times 10^6}{360 \times (465 - 35)} = 320\text{mm}^2$$

最小配筋率，抗震二级，框架梁，查《高规》表 6.3.2-1：

$$\rho_{min} = \max(0.25\%, 0.55f_t/f_y) = \max(0.25\%, 0.55 \times 1.57/360) = 0.25\%$$

$$A_{s,min} = \rho_{min}bh = 0.25\% \times 220 \times 500 = 275\text{mm}^2$$

所以最终取 $A_s=320\text{mm}^2$

69. 正确答案是 B，解答如下：

$l_n/h_b=5.4>5.0$，按框架梁计算。

根据《高规》6.2.5条：

$$V_b = \eta_{vb} \frac{M_b^l + M_b^r}{l_n} + V_{Gb}$$

$$= 1.2 \times \frac{32.65 + 32.65}{2.7} + 41.32 = 70.34\text{kN}$$

根据《高规》6.2.10条，由《混规》11.3.4条：

$$\frac{A_{sv}}{s} \geq \frac{\gamma_{RE}V_b - 0.6\alpha_{cv}f_t b_b h_{b0}}{f_{yv}h_{b0}}$$

$$= \frac{0.85 \times 70.34 \times 10^3 - 0.6 \times 0.7 \times 1.57 \times 220 \times 465}{300 \times 465} < 0$$

故按构造配筋；选用 $2\Phi 8@100$，满足《高规》6.3.2条表 6.3.2-2 的要求。

【68、69题评析】 68题，由于连梁跨高比>5，故根据《高规》7.1.3条规定，应按框架梁计算，并应考虑非抗震设计、抗震设计两种情况，同时，配筋应满足抗震框架梁的构造要求。

69题，框架梁的箍筋配置，根据《高规》6.3.2条及6.3.5条规定，应按框架梁梁端加密区箍筋的构造要求采用。

70. 正确答案是 A，解答如下：

根据《高规》11.2.2条～11.2.7条，应选（A）项。

71. 正确答案是 B，解答如下：

根据《高钢规》7.3.5条：

$$V_p = h_{b1} h_{c1} t_p = (472 + 14) \times (456 + 22) \times 14$$
$$= 3252312 mm^3$$

$$\frac{M_{b1} + M_{b2}}{V_p} = \frac{142 \times 10^6 + 156 \times 10^6}{3252312} = 91.6 N/mm^2$$

72. 正确答案是 A，解答如下：

根据《高钢规》7.3.8 条：

同 71 题，$V_p = 3252312 mm^3$
$$W_{pb1} = W_{pb2} = 2 \times (260 \times 14 \times 243 + 236 \times 8 \times 118)$$
$$= 2214608 mm^3$$

由《高钢规》表 4.2.1，取 $f_{yb} = 235 N/mm^2$
$$\frac{\psi(M_{pb1} + M_{pb2})}{V_p} = \frac{0.75 \times (2214608 \times 235 \times 2)}{3252312}$$
$$= 240 N/mm^2$$

73. 正确答案是 A，解答如下：

根据《公桥混规》附录 C 规定：
$$A = 14 \times 0.25 + 7 \times 0.22 + 2 \times 0.3 \times (2.5 - 0.25 - 0.22) = 6.258 m^2$$
$$u = 2 \times (14 + 2.5) + 2 \times (7 - 2 \times 0.3 + 2.5 - 0.25 - 0.22) = 49.86 m$$

理论厚度：$h = \dfrac{2A}{u} = \dfrac{2 \times 6.258}{49.86} = 251 mm$

由规范式（C.2.1-3）：
$$\phi_{RH} = 1 + \frac{1 - 65/100}{0.46 \times (251/100)^{1/3}} = 1.55987$$
$$f_{cu,k} = 40 MPa, f_{cm} = 0.8 \times 40 + 8 = 40 MPa$$
$$\beta(f_{cm}) = \frac{5.3}{(40/10)^{0.5}} = 2.65$$
$$\beta(t_0) = \frac{1}{0.1 + (7/1)^{0.2}} = 0.63461$$

故 $\phi_0 = \phi_{RH} \cdot \beta(f_{cm}) \cdot \beta(t_0) = 1.55987 \times 2.65 \times 0.63461 = 2.6233$

74. 正确答案是 B，解答如下：

由《公桥混规》附录 C 规定：

由规范式（C.2.1-7）：
$$\beta_H = 150 \times \left[1 + \left(1.2 \times \frac{65}{100} \right)^{18} \right] \frac{251}{100} + 250 = 630.80 < 1500$$
$$\beta_c(t - t_0) = \beta_c(17 - 7) = \left[\frac{(17-7)/1}{630.80 + (17-7)/1} \right]^{0.3} = 0.2871$$

故 $\phi(17,7) = \phi_0 \cdot \beta_c(t - t_0)$
$$= 2.63 \times 0.2871 = 0.75507$$

75. 正确答案是 A，解答如下：

选取跨中断开的两跨简支梁作为基本结构，由于合龙时，该截面的弯矩和剪力均为零，即 $X_1 = X_2 = 0$，如图 8-3（a）所示。

在赘余联系处仅施加下一个赘余力，即随时间 t 变化的待定徐变次内力 M_t，如图 8-3（a）所示。

左半跨老化系数：

$$\rho_1(\infty, t_0) = \frac{1}{1 - e^{-\phi_1}} - \frac{1}{\phi_1} = \frac{1}{1 - e^{-1}} - \frac{1}{1} = 0.582$$

故：$E_{\phi_1} = \dfrac{E}{\phi_1(\infty, t_0)} = \dfrac{E}{1} = 1.0E$

$$E_{\rho\phi_1} = \frac{E}{1 + \rho_1(\infty, t_0)\phi_1(\infty, t_0)}$$

$$= \frac{E}{1 + 0.582 \times 1} = 0.632E$$

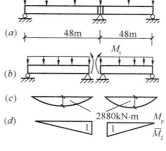

图 8-3(a)

76. 正确答案是 D，解答如下：

先计算常变位和载变位，用图乘法：

$$\delta_{22t}^{\oplus} = \frac{1}{E_{\rho\phi_1}I}\left[\frac{1}{2} \times 1 \times 48 \times \frac{2}{3}\right] + \frac{1}{E_{\rho p2}I}\left[\frac{1}{2} \times 1 \times 48 \times \frac{2}{3}\right] = \frac{62.35}{EI}$$

$$\Delta_{2p}^{\oplus} = \frac{1}{E_{\phi_1}I}\left[\frac{2}{3} \times 48 \times 2880 \times \frac{1}{2}\right] + \frac{1}{E_{\phi2}I}\left[\frac{2}{3} \times 48 \times 2880 \times \frac{1}{2}\right] = \frac{138240}{EI}$$

由力法方程：

$$\delta_{22t}^{\oplus}M_t + \Delta_{2p}^{\oplus} = 0$$

代入上述数值，解之得：$M_t = -2217\text{kN} \cdot \text{m}$

【75、76 题评析】 75 题，老化系数 $\rho(t, t_0)$、换算弹性模量的计算公式如下：

$$\rho(t, t_0) = \frac{1}{1 - e^{-\phi}} - \frac{1}{\phi}$$

式中，ϕ 为徐变系数 $\phi(t, t_0)$ 的简化表示符号。

$$E_\phi = \frac{E}{\phi(t, t_0)}$$

$$E_{\rho\phi} = \frac{E}{1 + \rho(t, t_0)\phi(t, t_0)}$$

式中 E_ϕ 为应用在不随时间 t 变化的荷载作用下的换算弹性模量；

$E_{\rho\phi}$ 为应用在随时间 t 变化的荷载作用下的换算弹性模量。

77. 正确答案是 B，解答如下：

根据《公桥混规》6.4.3 条、6.4.4 条、6.4.5 条：

$$\sigma_{ss} = \frac{M_s}{0.87 A_s h_0} = \frac{950 \times 10^6}{0.87 \times 4909 \times 1200} = 185.4\text{MPa}$$

$$\rho_{te} = \frac{A_s}{2a_s b} = \frac{4909}{2 \times 100 \times 180} = 0.136 > 0.1, \text{取} \rho = 0.1$$

焊接钢筋骨架：

$$d_e = 1.3 \times \frac{\sum n_i d_i^2}{\sum n_i d_i} = 1.3 \times 25 = 32.5\text{mm}$$

带肋钢筋：$C_1 = 1.0$；$C_2 = 1 + 0.5\dfrac{M_L}{M_s} = 1 + 0.5 \times \dfrac{650}{950} = 1.342$，$C_3 = 1.0$

由规范式（6.4.3）：

$$W_{cr} = C_1 C_2 C_3 \frac{\sigma_{ss}}{E_s}\left(\frac{c+d}{0.36+1.7\rho_{te}}\right)$$

$$= 1.0 \times 1.342 \times 1.0 \times \frac{185.4}{2 \times 10^5} \times \left(\frac{40+32.5}{0.36+1.7 \times 0.1}\right)$$

$$= 0.17\text{mm}$$

78. 正确答案是 D，解答如下：

根据《公桥混规》6.4.2条：

哈尔滨市属于Ⅱ类环境，$[W_{cr}] = 0.20$mm，应选（D）项。

【77、78题评析】 77题，题目中采用焊接钢筋骨架，故 d_e 应考虑系数1.3；此外，注意 ρ_{te} 的取值。

79. 正确答案是 B，解答如下：

根据《公桥混规》7.1.1条、7.1.2条、7.1.3条：

$$M_k = 11000 + 5000 + 500 = 16500\text{kN} \cdot \text{m}$$

$$\sigma_{kt} = -\frac{M_k}{I}y = -\frac{16500}{1.5} \times 1.15 = -12650\text{kN/m}^2（拉应力）$$

$$\sigma_{pc} = \frac{N_p}{A_n} + \frac{N_p e_{pn}}{I_n}y = N_p\left(\frac{1}{5.3} + \frac{1.0}{1.5} \times 1.15\right) = 0.955N_p$$

$\sigma_{cc} = \sigma_{kt} + \sigma_{pc} = 0$，则：

$$N_p = -\sigma_{kc}/0.955 = 12650/0.955 = 13246.07\text{kN}$$

【79题评析】 本题目中 $\sigma_{cc} = 0.0$，假若 $\sigma_{cc} \neq 0.0$，根据上述推导过程可求出相应的永久有效预加力值。

80. 正确答案是 B，解答如下：

根据《公桥混规》4.4.1条，均应乘以折减系数0.7，应选（B）项。

实战训练试题（九）解答与评析

（上午卷）

1. 正确答案是 A，解答如下：

第一层剪力：$V_1 = 20 + 15 + 8 + 2 = 45\text{kN}$

第二层剪力：$V_2 = 15 + 8 + 2 = 25\text{kN}$

如图 9-1 (a) 所示，节点 D 处弯矩，柱 DG 剪力：$V_{DG} = \dfrac{3}{3+4+2} V_2 = \dfrac{3}{9} \times 25 = 8.33\text{kN}$

柱 DA 剪力：$V_{DA} = \dfrac{5}{5+6+4} V_1 = \dfrac{5}{15} \times 45 = 15\text{kN}$

$$M_{DG} = V_{DG} \cdot \frac{h_2}{2} = 8.33 \times \frac{5}{2}$$
$$= 20.83\text{kN} \cdot \text{m}$$

$$M_{DA} = V_{DA} \cdot \frac{h_1}{3} = 15 \times \frac{6}{3}$$
$$= 30\text{kN} \cdot \text{m}$$

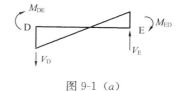

图 9-1 (a)

由节点平衡知，$M_{DE} = M_{DG} + M_{DA} = 20.83 + 30 = 50.83\text{kN} \cdot \text{m}$

$$V_D = \frac{M_{DE} + M_{ED}}{l}$$

$$= \frac{50.83 + 24.5}{8} = 9.42\text{kN}$$

2. 正确答案是 D，解答如下：

节点 E 处的剪力，$V_{EH} = \dfrac{4}{3+4+2} V_2 = \dfrac{4}{9} \times 25 = 11.11\text{kN}$

$$V_{EB} = \frac{6}{5+6+4} V_1 = \frac{6}{15} \times 45 = 18\text{kN}$$

节点 E 处的弯矩，$M_{EH} = V_{EH} \cdot \dfrac{h_2}{2} = 11.11 \times \dfrac{5}{2} = 27.78\text{kN} \cdot \text{m}$

$$M_{EB} = V_{EB} \cdot \frac{h_1}{3} = 18 \times \frac{6}{3} = 36\text{kN} \cdot \text{m}$$

节点平衡关系：$M_{ED} + M_{EF} = M_{EH} + M_{EB} = 63.78\text{kN}$

梁 ED、EF 在节点 E 处的弯矩按梁刚度分配：

$$M_{EF} = \frac{16}{10 + 16} \cdot (M_{ED} + M_{EF}) = 39.25\text{kN}$$

【1、2题评析】 本题主要考核结构静力计算方法——反弯点法的运用。反弯点法的计算前提条件是：梁的线刚度（i_b）与柱的线刚度（i_c）之比大于3。此时，除底层柱外，柱的反弯点都在柱高中点，底层柱则取离柱底2/3柱高处。

3. 正确答案是D，解答如下。

根据《可靠性标准》8.2.4条：

取永久荷载、左风参与组合：

$$N_{min} = 1.0 \times 56.5 + 1.5 \times (-18.7) = 28.45kN$$

相应的M为：

$$M = 1.0 \times (-23.2) + 1.5 \times 35.3 = 29.75kN \cdot m$$

4. 正确答案是B，解答如下：

根据《可靠性标准》8.2.4条：

$$M_{max} = 1.3 \times (-23.2) + 1.5 \times (-40.3) + 1.5 \times 0.7 \times (-18.5)$$

$$= -110.04kN \cdot m$$

此时，$N = 1.3 \times 56.5 + 1.5 \times 16.3 + 1.5 \times 0.7 \times 24.6 = 123.73kN$

5. 正确答案是B，解答如下：

因为是一般结构，根据《抗规》5.4.1条，取风荷载的$\psi_w = 0.0$，取右地震参与组合。

$$M = 1.2 \times (32.5 + 0.5 \times 21.5) + 1.3 \times 47.6 = 113.78kN \cdot m$$

内力调整，根据《混规》11.4.2条规定，底层框架边柱的柱底端弯矩应乘以1.5的系数，则：

$$M = 1.5 \times 113.78 = 170.67kN$$

【5题评析】 需注意题目给定的条件：一般结构、抗震等级为二级、框架结构的底层边柱。一般结构，故可根据《混规》或《抗规》进行计算，两者的计算结果是相同的。

对于60m以上的高层建筑，当考虑荷载和地震作用的地震组合时，根据《高规》5.6.3条规定，应考虑风荷载参与组合。

6. 正确答案是A，解答如下：

(1) 多层框架-剪力墙结构，故根据《混规》11.4.17条规定：

$\mu_N = 0.6$，抗震等级二级，查规范表11.4.17，取$\lambda_v = 0.13$

由规范式（11.4.17），C30＜C35，取C35混凝土进行计算，$f_c = 16.7N/mm^2$

$[\rho_v] = \lambda_v f_c / f_{yv} = 0.13 \times 16.7 / 270 = 0.804\% ＞ 0.6\%$

(2) 计算ρ_v，$l_1 = l_2 = 600 - 2 \times 20 - 2 \times 5 = 550mm$，$n_1 = n_2 = 4$

$$\rho_v = \frac{n_1 A_{s1} l_1 + n_2 A_{s2} l_2}{A_{cor} \cdot s} = \frac{2 \times 4 \times 78.5 \times 550}{(600 - 2 \times 30) \times (600 - 2 \times 30) \times 100} = 1.184\%$$

(3) $[\rho_v] / \rho_v = 0.804\% / 1.184\% = 0.679$

【6题评析】 根据《混规》式（11.4.17）进行计算$[\rho_v]$时，应注意f_c的取值，即：$f_c \geq 16.7N/mm^2$；查表11.4.17时，应注意表11.4.17注2、3的规定。

7. 正确答案是C，解答如下：

(1) 求μ_N，多层框架-剪力墙结构，根据《混规》11.7.16条表11.7.16中注的规定：

$$\mu_N = \frac{N}{f_c A} = \frac{5880.5 \times 10^3}{19.1 \times (2000 \times 300 + 1700 \times 300)} = 0.277$$

（2）求 μ_{Nmax}，允许设置构造边缘构件，根据《混规》表 11.7.17 规定，抗震等级二级，取 $\mu_{Nmax} = 0.3$。

（3）$\mu_{Nmax}/\mu_N = 0.3/0.277 = 1.08$

8. 正确答案是 C，解答如下：

$$\mu_N = \frac{N}{f_c A} = \frac{8480.4 \times 10^3}{19.1 \times (2000 \times 300 + 1700 \times 300)} = 0.4 \begin{matrix} \leqslant 0.4 \\ > 0.3 \end{matrix}$$

故应设置约束边缘构件。

根据《混规》表 11.7.18 及注 2 的规定：

$$l_c = \max\{0.10h_w, b_w, 400, b_w + 300\}$$
$$= \max\{0.10 \times 2000, 300, 400, 300 + 300\} = 600\text{mm}$$

【7、8题评析】 剪力墙设置构造边缘构件的最大轴压比，《混规》、《抗规》、《高规》三者是一致的。

本题为 L 形转角墙，故计算约束边缘构件沿墙肢的长度 l_c 时，应注意《混规》表 11.7.18 中注 1、2 的规定。

9. 正确答案是 A，解答如下：

根据《混规》6.2.1 条规定：

$$\varepsilon_{cu} = 0.0033 - (f_{cu,k} - 50) \times 10^{-5} = 0.0033 - (60 - 50) \times 10^{-5} = 0.0032 < 0.0033$$

由规范 6.2.6 条规定，C60 时的 β_1：

$$\beta_1 = 0.8 - \frac{60 - 50}{80 - 50} \times (0.8 - 0.74) = 0.78$$

由规范 6.2.7 条规定，求 ξ_b：

$$\xi_b = \frac{\beta_1}{1 + \dfrac{f_y}{E_s \varepsilon_{cu}}} = \frac{0.78}{1 + \dfrac{360}{2 \times 10^5 \times 0.0032}} = 0.4992$$

【9题评析】 根据《混规》6.2.7 条计算相对界限受压区高度 ξ_b 时，应正确计算 β_1 和 ε_{cu} 值。

10. 正确答案是 B，解答如下：

根据《混规》8.3.1 条规定，C45＜C60，取 C45 计算，$f_t = 1.80\text{N/mm}^2$；直径大于 25mm，则：

基本锚固长度 l_{ab}：$l_{ab} = \alpha \dfrac{f_y}{f_t} d = 0.14 \times \dfrac{360}{1.80} \times 28 = 784\text{mm}$

由规范 11.6.7 条和 11.1.7 条规定，抗震等级二级：

$$l_{abE} = 1.15 l_{ab} = 1.15 \times 784 = 902\text{mm}$$

根据规范 11.6.7 条的图 11.6.7，则：

$l_1 \geqslant 0.4 l_{abE} = 0.4 \times 902 = 361\text{mm} < 450 - 40 = 410\text{mm}$，构造上可行；$l_2 = 15d = 15 \times 28 = 420\text{mm}$

故 $\qquad\qquad\qquad l_1 + l_2 \geqslant 410 + 420 = 830\text{mm}$

【10题评析】 正确计算 l_{abE} 是本题的关键，《混规》11.6.7 条式（11.6.7）有明确规

定，取基本锚固长度 l_{ab} 进行计算。

11. 正确答案是 C，解答如下：

北京地区露天环境，根据《混规》3.5.2 条规定，应为二 b 类环境，查表 8.2.1，取箍筋的混凝土保护层厚度 $c=35$mm，箍筋直径为 10mm，则纵向钢筋的 $c=35+10=45$mm。

$$h_0 = h - a_s = 500 - (45 + 20/2) = 445\text{mm}$$

由规范式（6.2.10-1），$x = \xi h_0$，且安全等级为二级，取 $\gamma_0 = 1.0$

$$\gamma_0 M = \alpha_1 f_c b h_0^2 \xi (1 - 0.5\xi)$$

$$M = 1 \times 14.3 \times 250 \times 445^2 \times 0.2842 \times (1 - 0.5 \times 0.2842)/1.0$$

$$= 172.61\text{kN} \cdot \text{m}$$

【11题评析】 正确确定 h_0 是本题的关键。题目给定的条件，北京地区露天环境表明其环境类别不属于一类环境，应根据《混规》3.5.2 条规定进行判别。此外，还需注意安全等级及其相应的重要性系数 γ_0 的取值。

12. 正确答案是 D，解答如下：

$P/R_A = 108/140.25 = 77\% > 75\%$，故按集中荷载作用下计算。

由《混规》式（6.3.4-2）：

$$\lambda = 2.0/h_0 = 2.0/(0.5 - 0.035) = 4.3，故取 \lambda = 3；h_0 = 465\text{mm}$$

$$V \leqslant \alpha_{cv} f_t b h_0 + f_{yv} \frac{A_{sv}}{s} h_0$$

$$\frac{A_{sv}}{s} \geqslant \frac{140.25 \times 10^3 - 1.75/(3+1) \times 1.43 \times 200 \times 465}{270 \times 465} = 0.654$$

双肢箍，$\dfrac{A_{sv1}}{s} \geqslant 0.654/2 = 0.327\text{mm}^2/\text{mm}$

取箍筋直径 $\Phi 8$，$A_{sv1} = 50.3\text{mm}^2$，故 $s \leqslant 154\text{mm}$，所以配置 $\Phi 8@150$。

13. 正确答案是 C，解答如下：

由上一题知，$\lambda = 3$

由《混规》式（6.3.4-2）：

$$V_A \leqslant \alpha_{cv} f_t b h_0 + f_{yv} \frac{A_{sv}}{s} h_0$$

$$= \frac{1.75}{3+1} \times 1.43 \times 200 \times 465 + 270 \times \frac{2 \times 50.3}{150} \times 465 = 142.39\text{kN}$$

$$V_A = \frac{1}{2} ql + P，则：P = V_A - \frac{1}{2} ql$$

$$P = 142.39 - \frac{1}{2} \times 10.0 \times 6 = 112.39\text{kN}$$

【12、13题评析】 对集中荷载作用下（$V_{集中}/V > 75\%$）的独立梁，根据《混规》式（6.3.4-2）进行计算时，应注意 λ 的取值。

对于 12 题，假若已知集中荷载 P，欲求梁所能承受的最大均布荷载设计值 q，由 $V_A = \frac{1}{2} ql + P$，则有：

672

$$q = \frac{2(V_A - P)}{l}$$

14. 正确答案是 A，解答如下：

轴心受压构件中，混凝土与钢筋均处于受压状态。根据平截面假定，由于混凝土的徐变使构件缩短，迫使钢筋缩短，从而使钢筋应力增大，而钢筋增大的应力反向作用在混凝土上，从而使混凝土应力减小。

15. 正确答案是 C，解答如下：

根据《混规》表 8.2.1 注 1 的规定，C25，二 a 类环境类别，最外层钢筋的混凝土保护层厚度为：25+5=30mm。

【15 题评析】 关于《混规》GB 50010—2010（2015 年版）与老规范的区别，在规范的条文说明中一般均作出了解释，故复习时一定要结合条文说明进行复习、解题。

16. 正确答案是 D，解答如下：

根据《可靠性标准》8.2.4 条：

在题目图 9-7 中，对 A 点取矩，$\Sigma M_A = 0$，则：

$$3V_B = 1.3 \times (1.6G_2 + 1.0 \times G_3) + 1.5 \times 15.8T$$

$$V_B = [1.3 \times (1.6 \times 20 + 1.0 \times 50) + 1.5 \times 15.8 \times 18.1]/3 = 178.52\text{kN}$$

利用节点法求 BD 杆最大压力设计值 N_{BD}，设 BD 杆与水平线夹角为 θ：

$$\tan\theta = \frac{14}{3 - 1.6} = 10, \sin\theta = 0.995$$

由 $\Sigma Y_B = 0$，则：$N_{BD}\sin\theta = V_B$

$$N_{BD} = \frac{V_B}{\sin\theta} = \frac{178.52}{0.995} = 179.42\text{kN}$$

17. 正确答案是 D，解答如下：

在 DC 面以下作水平截断线，取截断线以上为隔离体，$\Sigma M_D = 0$，则：

$$2.7N_{AC} = 1.3 \times (2.7G_1 + 1.1G_2 + 1.7G_3) + 1.5 \times (15.8 - 3)T + 1.5 \times 2.7P$$
$$= 1.3 \times (2.7 \times 40 + 1.1 \times 20 + 1.7 \times 50) + 1.5 \times 12.8 \times 18.1 + 1.5 \times$$
$$2.7 \times 583.4 = 2989.79\text{kN}$$

故 $N_{AC} = 1107.3\text{kN}$

18. 正确答案是 B，解答如下：

(1) 求 A 点的支座反力 V_A，由 $\Sigma M_B = 0$：

$$3V_A = 1.3 \times (3G_1 + 1.5G_2 + 2G_3) + 1.5 \times 3P + 1.5 \times 15.8T$$
$$= 1.3 \times (3 \times 40 + 1.4 \times 20 + 2 \times 50) + 1.5 \times 3 \times 583.4 + 1.5 \times 15.8 \times 18.1$$
$$= 3376.67\text{kN}$$

故 $V_A = 1125.6\text{kN}$（↑）

(2) 利用节点法求 AD 杆最大压力

由上题可知，$N_{AC} = 1107.3\text{kN}$

设 AD 杆与水平段夹角为 θ，则：$\sin\theta = 3000/4036 = 0.743$

对节点 A，$\Sigma Y_A = 0$，则：

$$V_A - N_{AD}\sin\theta - N_{AC} = 0$$

$$N_{AD} = \frac{V_A - N_{AC}}{\sin\theta} = \frac{1125.6 - 1107.3}{0.743} = 24.6\text{kN}$$

19. 正确答案是 C，解答如下：

查《钢标》表 7.4.1-1，腹杆 DE 的计算长度，取斜平面：

$$l_0 = 0.9l = 0.9 \times 4036 = 3632\text{mm}$$

$$\lambda = \frac{l_0}{i_{\min}} = \frac{3632}{25} = 145.3$$

又根据《钢标》7.6.1 条：

$\eta = 0.6 + 0.0015\lambda = 0.6 + 0.0015 \times 145.3 = 0.818$

20. 正确答案是 D，解答如下：

查《钢标》表 7.4.1-1，腹杆 DE 的计算长度：

$$l_0 = 0.8l = 0.8 \times 4036 = 3229\text{mm}$$

由于腹杆 DE 在中间有缀条连系，即在平面外有支撑，故其平面外的计算长度一定小于 $0.8l$，故仅考虑平面内情况：

$$\lambda = \frac{l_0}{i_x} = \frac{3229}{23.1} = 139.8$$

根据《钢标》7.6.1 条：

$\eta = 0.6 + 0.0015\lambda = 0.6 + 0.0015 \times 139.8 = 0.810$

21. 正确答案是 D，解答如下：

查《钢标》表 7.4.6，腹杆 CD 的容许长细比 $[\lambda] = 200$。

CD 杆在斜平面屈曲，其计算长度：

$$l_0 = 0.9l = 0.9 \times 2700 = 2430\text{mm}$$

$i_{\min} = l_0/[\lambda] = 2430/200 = 12.2\text{mm}$，故选 L63×6（$i_{\min} = 12.4\text{mm}$）

22. 正确答案是 B，解答如下：

$$2 \text{ 个 } M30，A_e = 2 \times 561 = 1122\text{mm}^2$$

$$\sigma = \frac{V_B}{A_e} = \frac{108 \times 10^3}{1122} = 96.3\text{N/mm}^2$$

23. 正确答案是 C，解答如下：

由题目图示可知，为轧制 H 型钢，查《钢标》表 7.2.1-1，绕强轴为 a 类；绕弱轴为 b 类。

平面内：$l_{0y} = 3\text{m}$，$\lambda_y = \dfrac{l_{0y}}{i_y} = \dfrac{3000}{45.4} = 66.1$（b 类截面）

平面外：$l_{0x} = 14\text{m}$，$\lambda_x = \dfrac{l_{0x}}{i_x} = \dfrac{14000}{168} = 83.3$（a 类截面）

根据 $\lambda_y = 66.1$，查《钢标》附表 D.0.2，取 $\varphi_y = 0.773$
根据 $\lambda_x = 83.3$，查《钢标》附表 D.0.1，取 $\varphi_x = 0.761$
故取 $\varphi = 0.763$

$$\sigma = \frac{N_{AE}}{\varphi A} = \frac{1204 \times 10^3}{0.761 \times 8412} = 188.08\text{N/mm}^2$$

【16～23 题评析】 16～18 题，属于结构力学计算。注意的是：①本题目中可变荷载仅仅只有吊车荷载，荷载组合时，当可变荷载控制时，吊车水平荷载、吊车竖向荷载不考

674

虑组合值条款；②假若题目中可变荷载包括吊车荷载和其他可变荷载，荷载组合时，当可变荷载控制时，吊车水平荷载、吊车竖向荷载应考虑组合值系数。此外，吊车荷载 T 的方向可向左，或向右。

19～21题，考核腹杆的计算长度，中间无联系的等边角钢，其截面两主轴均不在桁架平面内，属于斜平面，查《钢标》表 7.4.1-1，取 $l_0 = 0.9l$。

20题，腹杆 DE 在中间有缀条连系（也称附加缀条），其示意图如图 9-2（a）所示。

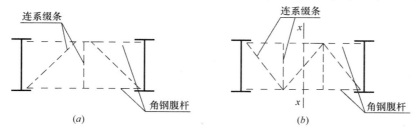

图 9-2（a）

23题，关键是正确确定平面内、平面外的计算长度及各自所属截面类型（如 a 类、b 类等）。

24. 正确答案是 A，解答如下：

根据《抗规》8.2.5 条第 3 款：

$$t_w \geqslant \frac{h_{cl} + h_{bl}}{90} = \frac{2700 + 450}{90} = 35mm$$

25. 正确答案是 C，解答如下：

M22（8.8 级），查《钢标》表 11.4.2-2，取 $P = 150kN$

$$N_t^b = 0.8P = 0.8 \times 150 = 120kN$$

$$n = \frac{N}{N_t^b} = \frac{1050}{120} = 8.75 \text{ 个，取 } n = 10 \text{ 个}$$

26. 正确答案是 B，解答如下：

Q235，E43 焊条，查《钢标》表 4.4.5，取 $f_f^w = 160N/mm^2$

根据《钢标》12.7.3 条：

$$V_1 = 0.15N_{max} = 0.15 \times 4000 = 600kN$$

$$V_2 = \frac{A_f}{85\varepsilon_k} = \frac{[400 \times 16 \times 2 + (400 - 16 \times 2) \times 16 \times 2] \times 215}{85 \times 1} = 62.2kN$$

故取

$$V = \max\{V_1, V_2\} = 600kN$$

$$\tau_f = \frac{V}{0.7h_f l_w} \leqslant f_f^w$$

$$h_f \geqslant \frac{600 \times 10^3}{0.7 \times (4 \times 400) \times 160} = 3.3mm$$

由《钢标》11.3.5 条：

$$h_{fmin} \geqslant 6mm$$

故最终取 $\qquad h_f \geqslant 6mm$

【26题评析】 角焊缝焊脚尺寸应满足：受力要求；构造要求。

27. 正确答案是 D，解答如下：

M24(10.9级)，查《钢标》表11.4.2-2，取 $P=225kN$

由《钢标》表11.5.2注3，$d_c = max(24+4, 2b) = 28mm$

由《钢标》7.1.1条：

净截面处：$N = 0.7f_u A_n = 0.7 \times 520 \times (1050 - 10 \times 28) \times 100 = 28028kN$

毛截面处：$N = fA = 305 \times 1050 \times 100 = 32025kN$

故取 $N = 32025kN$

设连接螺栓的个数为 n，由《钢标》式（7.1.1-3）：

$$N(1 - 0.5n_1/n) = N(1 - 0.5 \times 10/n) = N(1 - 5/n)$$

单个螺栓抗剪承载力：$N_v^b = 0.9kn_f \mu P = 0.9 \times 1 \times 2 \times 0.4 \times 225 = 162kN$

构件承受的拉力：$N = nN_v^b = 162 \times 10^3 n$，则：

$$N(1 - 5/n) = 162 \times 10^3 n(1 - 5/n) = 32025 \times 10^3$$

解之得： $\qquad n = 202.7$ 个

取220个，22排，根据《钢标》11.4.5条：

折减系数 η，$\eta = 1.1 - \dfrac{l_1}{150d_0} = 1.1 - \dfrac{(22-1) \times 90}{150 \times 26} = 0.62 < 0.7$，取 $\eta = 0.7$

故螺栓数目：$n = \dfrac{202.7}{0.7} = 290$ 个，取 n 为310个。

复核：$\eta = 1.1 - \dfrac{(31-1) \times 90}{150 \times 26} = 0.41 < 0.7$

取 $\eta = 0.7$

$n\eta N_v^b = 310 \times 0.7 \times 162 = 35154kN$，满足。

【27题评析】 本题关键是超长连接螺栓（普通螺栓和高强度螺栓均应考虑），其连接长度 $l_1 > 15d_0$ 时，应将其承载力设计值乘以折减系数 $\left(1.1 - \dfrac{l_1}{150d_0}\right)$；

当 $l_1 > 60d_0$ 时，折减系数为0.7。因此，折减系数应不低于0.7。

同时，《钢结构高强度螺栓连接技术规范》5.1.3条规定，应取毛截面、净截面破坏的较大者计算螺栓数目。

28. 正确答案是 D，解答如下：

平面内：$l_{0x} = 6m$

平面外：$l_{0y} = 12m$

按等稳定原则，$\lambda_x = \dfrac{l_{0x}}{i_x} \approx \lambda_y = \dfrac{l_{0y}}{i_y}$，即：$i_y = 2i_x$

29. 正确答案是 D，解答如下：

根据《钢标》式（7.1.1-3）：

由《钢标》表11.5.2注3，$d_c = max(20+4, 22) = 24mm$

$\left(1 - 0.5\dfrac{n_1}{n}\right)\dfrac{N}{A_n} \leqslant 0.7f_u$，则：

$$N \leqslant \frac{0.7 A_n f_u}{1 - 0.5 n_1 / n}$$

对于（A）项，$A_n = 22 \times (400 - 4 \times 24) = 6688 mm^2$，$1 - 0.5 n_1/n = 0.9286$

对于（C）项，$A_n = 22 \times (400 - 4 \times 24) = 6688 mm^2$，$1 - 0.5 n_1/n = 0.875$

对于（B）项，$A_n = 22 \times (400 - 2 \times 24) = 7744 mm^2$，$1 - 0.5 n_1/n = 0.9643$

对于（D）项，$A_n = 22 \times (400 - 2 \times 24) = 7744 mm^2$，$1 - 0.5 n_1/n = 0.9444$

显然，（A）、（C）项中，排除（A）项；（B）、（D）项中，排除（B）项；

对（C）、（D）项，代入上式验算：

$$N_C \leqslant 6688 \times 0.7 f_u / 0.875 = 5350 f_u$$
$$N_D \leqslant 7744 \times 0.7 f_u / 0.9444 = 5740 f_u$$

故（D）项，板件承载力最大。

【29 题评析】 当题目要求同时考虑毛截面屈服、净截面断裂时，构件的受拉承载力何项最高时，应采用"双控"原则进行分析计算，即：

（A）项：$N = Af = 400 \times 22 \times 205 = 16400 kN$

$$N = \frac{0.7 f_u A_n}{1 - 0.5 n_1 / n} = \frac{0.7 \times 370 \times 6688}{0.9286} = 1865 kN$$

（C）项：$N = Af = 16400 kN$

$$N = \frac{0.7 \times 370 \times 6688}{0.875} = 1979.6 kN$$

（B）项：$N = Af = 16400 kN$

最左侧第一排螺栓处：

$$N = \frac{0.7 \times 370 \times 7744}{0.9643} = 2080 kN$$

最左侧第二排螺栓处：

$$N = \frac{0.7 \times 370 \times (400 - 4 \times 24) \times 22}{1 - \frac{2}{28} - \frac{0.5 \times 4}{28}} = 2021 kN$$

（D）项：$N = Af = 16400 kN$

最左侧第一排螺栓处：

$$N = \frac{0.7 \times 370 \times 7744}{0.9444} = 2124 kN$$

最左侧第二排螺栓处：

$$N = \frac{0.7 \times 370 \times (400 - 4 \times 24) \times 22}{1 - \frac{2}{14} - \frac{0.5 \times 4}{14}} = 2425 kN$$

可知，四个选项均由毛截面屈服控制 N，故受拉承载力均相同。

30. 正确答案是 B，解答如下：

（1）带壁柱山墙高度，根据《砌规》5.1.3 条：

$$H = 5.633 + 0.5 = 6.133 m$$

带壁柱墙 $b_f = 0.5 + \frac{4}{2} = 2.5 m$，故可知 $h_T = 507 mm$；屋盖为第 1 类、房屋横墙间距

为 12m，查规范表 4.2.1，属刚性方案。山墙的两横墙间距 $s=12$m，刚性方案，查规范表 5.1.3：

$$2H = 12.266\text{m} > s = 12\text{m} > H = 6.133\text{m}$$

故 $\qquad H_0 = 0.4s + 0.2H = 0.4 \times 12 + 0.2 \times 6.133 = 6.027\text{m}$

$$\beta = \frac{H_0}{h_{\mathrm{T}}} = \frac{6.027}{0.507} = 11.89$$

(2) 查《砌规》表 6.1.1，M5 砂浆，墙的 $[\beta] = 24$

承重墙 $\mu_1 = 1.0$；$\mu_2 = 1 - 0.4\dfrac{b_{\mathrm{s}}}{s} = 1 - 0.4 \times \dfrac{3}{12} = 0.9$

$$\mu_1\mu_2[\beta] = 1.0 \times 0.9 \times 24 = 21.6$$

31. 正确答案是 C，解答如下：

(1) 刚性方案，$H = [4.3 + (5.633 - 4.3)/2] + 0.5 = 5.47\text{m}$（墙平均高度）；$H = 5.47\text{m} > s = 4\text{m}$，查《砌规》表 5.1.3，取 $H_0 = 0.6s = 0.6 \times 4 = 2.4\text{m}$

$$\beta = \frac{H_0}{h} = \frac{2.4}{0.24} = 10$$

(2) $\mu_1 = 1$，$\mu_2 = 1$，$[\beta] = 24$

$$\mu_1\mu_2[\beta] = 1 \times 1 \times 24 = 24$$

32. 正确答案是 C，解答如下：

(1) 山墙平均高度：$H = (4.0 + 6.3)/2 + 0.5 = 5.65\text{m}$

$2H = 2 \times 5.65 = 11.3\text{m} < s = 12\text{m}$，查《砌规》表 5.1.3，刚性方案，$H_0 = 1.0H = 5.65\text{m}$

$$\beta = \frac{H_0}{h} = \frac{5.65}{0.24} = 23.54$$

(2) 根据《砌规》6.1.2 条第 2 款：$\dfrac{b_{\mathrm{c}}}{l} = \dfrac{0.24}{4} = 0.06 \begin{matrix} < 0.25 \\ > 0.05 \end{matrix}$

$$\mu_{\mathrm{c}} = 1 + \gamma\frac{b_{\mathrm{c}}}{l} = 1 + 1.5 \times 0.06 = 1.09$$

$\mu_1 = 1$，$\mu_2 = 1$，$[\beta] = 24$，则：

$$\mu_1\mu_2\mu_{\mathrm{c}}[\beta] = 1 \times 1 \times 1.09 \times 24 = 26.16$$

33. 正确答案是 B，解答如下：

屋架受力计算面积为：$4 \times (12 + 0.8 \times 2) = 54.4\text{m}^2$

根据《可靠性标准》8.2.4 条：

$$S = (1.3 \times 2.2 \times 54.4 + 1.5 \times 0.5 \times 54.4)/2 = 98.19\text{kN}$$

34. 正确答案是 B，解答如下：

屋类属第 1 类屋类，房屋横墙间距 $s=20$m，查《砌规》表 4.2.1 知，属刚性方案。

刚性方案，$s = 20\text{m} > 2H = 2 \times 4.5 = 9\text{m}$，查《砌规》表 5.1.3，取 $H_0 = 1.0H = 1.0 \times (4.0 + 0.5) = 4.5\text{m}$

$$\beta = \gamma_\beta\frac{H_0}{h_{\mathrm{T}}} = 1.2 \times \frac{4.5}{0.493} = 10.95$$

$e=0$，查规范附表 D.0.1-1，取 $\varphi=0.848$

根据《砌规》表 3.2.1-3，取 $f=1.83\text{MPa}$

$$N=\varphi fA=0.848\times1.83\times812600=1261.03\text{kN}$$

35. 正确答案是 B，解答如下：

$$e=\frac{M}{N}=\frac{8.58\times10^6}{232\times10^3}=37\text{mm}<0.6y_2=0.6\times446=267.6\text{mm}$$

$\dfrac{e}{h_\text{T}}=\dfrac{37}{493}=0.075$；查《砌规》表 5.1.2，取 $\gamma_\beta=1.2$；由上一题知，$H_0=4.5\text{m}$

$$\beta=\gamma_\beta\frac{H_0}{h_\text{T}}=1.2\times\frac{4.5}{0.493}=10.95$$

查《砌规》附表 D.0.1-1，取 $\varphi=0.682$

同理，取 $f=1.83\text{MPa}$

$$N=232\text{kN}<\varphi fA=0.682\times1.83\times812600=1014.17\text{kN}$$

【30～35 题评析】 30～34 题，在计算构件高度时，由于基础埋置较深且设有刚性地坪，故根据《砌规》5.1.3 条第 1 款规定，构件下端支点位置，取室外地面下 500mm。

30 题，$\mu_2=1-0.4\dfrac{b_\text{s}}{s}$，式中 s 应取相邻横墙或壁柱之间的距离。

34 题，当验算外纵墙壁柱的高厚比时，应注意：

(1) 窗洞高度 $800\text{mm}<\dfrac{1}{5}\times(4000+500)=900\text{mm}$（墙高的 1/5），根据《砌规》6.1.4 条，取 $\mu_2=1.0$。

$\mu_1=1.0$，$[\beta]=24$，则：$\mu_1\mu_2[\beta]=1\times1\times24=24$

(2) 横墙间距 $s=20\text{m}>2H=2\times4.5=9\text{m}$，刚性方案，查《砌规》表 5.1.3：

$$H_0=1.0H=1.0\times(4.0+0.5)=4.5\text{m}$$

$$\beta=\frac{H_0}{h_\text{T}}=\frac{4.5}{0.493}=9.13<\mu_1\mu_2[\beta]=24$$

36. 正确答案是 C，解答如下：

查《砌规》表 3.2.1-1，MU10 砖、M5 砂浆，取 $f=1.5\text{MPa}$（地上）；MU10、M10 水泥砂浆，取 $f=1.89\text{MPa}$

墙高 $H=3.2+1.0=4.2\text{m}$，$s=6.6\text{m}$，为第 1 类楼盖，查《砌规》表 4.2.1，属刚性方案

$2H=8.4\text{m}>s=6.6\text{m}>H=4.2\text{m}$，查《砌规》表 5.1.3：

$$H_0=0.4s+0.2H=0.4\times6.6+0.2\times4.2=3.48\text{m}$$

$$\beta=\gamma_\beta\frac{H_0}{h}=1.0\times\frac{3.48}{0.24}=14.5，e=0$$

查《砌规》附录表 D.0.1-1，取 $\varphi=0.77-\dfrac{14.5-14}{16-14}\times(0.77-0.72)=0.758$

$$N=\varphi fA=0.758\times1.89\times240\times1000=343.8\text{kN/m}$$

37. 正确答案是 C，解答如下：

$$A_\text{n}=(2200-240)\times240=470400\text{mm}^2，A_\text{c}=240\times240=57600\text{mm}^2$$

$$A'_s = 615.8\text{mm}^2, \ l = 2.2\text{m}, \ b_c = 0.24\text{m}$$

根据《砌规》8.2.7条：$l/b_c = 2.2/0.24 = 9.17 > 4.0$

$$\eta = \left[\frac{1}{\dfrac{l}{b_c} - 3}\right]^{1/4} = \left[\frac{1}{\dfrac{2.2}{0.24} - 3}\right]^{1/4} = 0.635$$

由规范式（8.2.7-1）：

$$\begin{aligned} N &= \varphi_{com}[fA_n + \eta(f_c A_c + f'_y A'_s)] \\ &= 0.804 \times [1.89 \times 470400 + 0.635 \times (11.9 \times 57600 + 300 \times 615.8)] \\ &= 1159.06\text{kN} \end{aligned}$$

单位长度承载力：

$$\frac{N}{2.2} = \frac{1159.06}{2.2} = 526.8\text{kN/m}$$

【36、37题评析】 36题，本题中横墙±0.00标高处虽设有圈梁QL（240×240），但其刚度尚不足以视为受压承载力计算竖向杆件不动铰支点，故构件高度取为 $H = 3.2 + 1.0 = 4.2\text{m}$。

37题，组合砖墙的 f 值取为 1.89N/mm^2。

38. 正确答案是 A，解答如下：

根据《砌规》7.4.2条：

$$x_0 = 0.3h_b = 0.3 \times 300 = 90\text{mm}$$

由规范7.4.1条、7.4.3条：$M_{0v} \leqslant M_r$

$$28.16 \times \frac{(1.38 + 0.09)^2}{2} \leqslant 0.8 \times 16 \times \frac{(l_1 - 0.09)^2}{2}$$

解之得：

$$l_1 \geqslant 2.27\text{m}$$

根据《砌规》7.4.6条：

$$l_1 > 2 \times 1.38 = 2.76\text{m}$$

故最终取 $l_1 > 2.76\text{m}$。

39. 正确答案是 D，解答如下：

根据《砌规》7.4.4条：

由《可靠性标准》8.2.4条：

$$\eta = 0.7, \ \gamma = 1.5, \ A_l = 1.2bh = 1.2 \times 240 \times 300 = 86400\text{mm}^2$$

$$\eta\gamma f A_l = 0.7 \times 1.5 \times 1.5 \times 86400 = 136.08\text{kN}$$

$$R_1 = (1.3 \times 16 + 1.5 \times 6.4) \times (1.38 + 0.09) = 44.688\text{kN}$$

$$N_l = 2R_1 = 89.376\text{kN} < 136.08\text{kN}$$

40. 正确答案是 B，解答如下：

根据《砌规》7.3.5条，自承重墙梁可不验算墙体受剪承载力和砌体局部受压承载力。

（下午卷）

41. 正确答案是 B，解答如下：

根据《砌规》6.5.1条、6.5.2条，砌体结构的温度应力与多种因素有关。

42. 正确答案是 A，解答如下：

西北云杉 TC 11-A，查《木标》表4.3.1-3：
$$f_c = 10\text{N/mm}^2，f_t = 7.5\text{N/mm}^2$$
$$N \leqslant f_t A_n = 7.5 \times (140 \times 160 - 2 \times 16 \times 140) = 134.4\text{kN}$$

43. 正确答案是 C，解答如下：

根据《木标》6.2.6条、6.2.7条，6.2.5条：
$$R_e = \frac{f_{em}}{f_{es}} = 1$$
$$k_{s\text{III}} = \frac{1}{2+1}\left[\sqrt{\frac{2 \times (1+1)}{1} + \frac{1.647 \times (1+2 \times 1) \times 1 \times 235 \times 16^2}{3 \times 1 \times 15 \times 100^2}} - 1\right]$$
$$= 0.386$$
$$k_{\text{III}} = \frac{0.386}{2.22} = 0.174，Z = 0.174 \times 100 \times 16 \times 15 = 4.176\text{kN}$$
$$Z_d = 1 \times 1 \times 1 \times 0.98 \times 4.176 = 4.09\text{kN}$$
$$N_u = 2 \times 4.09 \times 10 = 81.8\text{kN}$$

44. 正确答案是 C，解答如下：
$$\alpha_{1-2} = \frac{e_1 - e_2}{p_2 - p_1} = \frac{0.83 - 0.81}{200 - 100} = 0.2 \times 10^{-3}\text{kPa}^{-1} = 0.2\text{MPa}^{-1}$$

根据《地规》4.2.6条：

$0.1\text{MPa}^{-1} < \alpha_{1-2} = 0.2\text{MPa}^{-1} < 0.5\text{MPa}^{-1}$，属中压缩性土

45. 正确答案是 D，解答如下：

欲使基底反力呈矩形均匀分布，则所有外力对基底中心线的力矩为零：

$M_k + F_k\left(x - \dfrac{b}{2}\right) = 0$，则：
$$x = \frac{b}{2} - \frac{M_k}{F_k}$$

46. 正确答案是 B，解答如下：

$e = 0.84 < 0.85$，$I_L = 0.83 < 0.85$，查《地规》表5.2.4，取 $\eta_b = 0.3$，$\eta_d = 1.6$。

根据提示知，$b < 3\text{m}$，故不考虑宽度修正。
$$\gamma_m = \frac{17 \times 0.8 + 19 \times 0.4}{1.2} = 17.67\text{kN/m}^3$$

由规范式（5.2.4）：
$$f_a = f_{ak} + \eta_d \gamma_m (d - 0.5) = 150 + 1.6 \times 17.67 \times (1.2 - 0.5)$$
$$= 169.8\text{kPa}$$

47. 正确答案是 B，解答如下：

基底反力呈矩形均匀分布，则：
$$p_k = \frac{F_k + G_k}{b} \leqslant f_a$$

即：
$$b \geqslant \frac{F_k}{f_a - \gamma_G d} = \frac{300}{165 - 20 \times 1.2} = 2.13\text{m}$$

48. 正确答案是 C，解答如下：

地基净反力 p_j：

$$p_j = \frac{F}{b} = \frac{405}{2.2} = 184.09\text{kPa}，取 1\text{m} 计算，p_{j0} = 184.09\text{kN/m}$$

$$m = \frac{1}{2}p_{j0}a_1^2 = \frac{1}{2} \times 184.09 \times \left(\frac{2.2-0.3}{2}\right)^2 = 83.07\text{kN} \cdot \text{m/m}$$

49. 正确答案是 D，解答如下：

$$\frac{E_{s1}}{E_{s2}} = \frac{6}{2} = 3，\quad \frac{z}{b} = \frac{3-0.4}{2.2} = 1.18 > 0.5$$

查《地规》表 5.2.7，取 $\theta = 23°$

$$p_c = 17 \times 0.8 + 19 \times 0.4 = 21.2\text{kPa}$$

由规范式（5.2.7-2）：

$$p_z = \frac{b(p_k - p_c)}{b + 2z\tan\theta} = \frac{2.2 \times (160.36 - 21.2)}{2.2 + 2 \times 2.6 \times \tan23°} = 69.47\text{kPa}$$

50. 正确答案是 A，解答如下：

$$p_{cz} = 17 \times 0.8 + 19 \times 3 = 70.6\text{kPa}$$

查《地规》表 5.2.4，取 $\eta_d = 1.0$

$$f_{az} = f_{ak} + \eta_d\gamma_m(d - 0.5)$$
$$= 80 + 1.0 \times \frac{17 \times 0.8 + 19 \times 3}{3.8} \times (3.8 - 0.5)$$
$$= 141.3\text{kPa}$$

【44～50题评析】 45题，当基底反力呈矩形均匀分布状态时，其所有外力对基底中心线的力矩之和必为零。由于基础自重 G_k 位于基底中心线上，不产生力矩。

48题，计算时采用地基净反力 p_j 进行计算翼板根部处截面的弯矩值、剪力值较为方便，须注意 p_j 单位为 kPa（或 kN/m²），求弯矩值、剪力值时一般取单位长度（1m）进行计算，故 p_{j0} 单位为 kN/m。

49题、50题，计算 p_c、p_{cz}、γ_m 时，须注意是否有地下水。

51. 正确答案是 C，解答如下：

由已知条件知，z/b 相同，l/b 不同，查《地规》附录表 K.0.1-2 知，条形基础（$l/b \geq 10$）的平均附加应力系数 $\bar{\alpha}$ 比独立基础的 $\bar{\alpha}$ 值大；又两者 p_0 相同，由《地规》式（5.3.5）可知：条形基础的最终变形量 $s_2 >$ 独立基础的 s_1。

52. 正确答案是 B，解答如下：

挡土墙高度为：5.5m，根据《地规》6.7.3条，取 $\psi_c = 1.1$；由规范式（6.7.3-1）：

$$E_a = \frac{1}{2}\psi_a\gamma h^2 k_a = \frac{1}{2} \times 1.1 \times 20 \times 5.5^2 \times 0.2 = 66.55\text{kN/m}$$

53. 正确答案是 A，解答如下：

同上，$\psi_a = 1.1$

$$E_a = \psi_a q H k_a = 1.1 \times 20 \times 5.5 \times 0.2 = 24.2\text{kN/m}$$

54. 正确答案是 B，解答如下：

$$G = \frac{1}{2} \times (1.2 + 2.7) \times 5.5 \times 24 = 257.4\text{kN/m}$$

$$G_n = G = 257.4 \text{kN/m}, \ G_t = 0$$

根据《地规》6.7.5条第1款：

$$K_1 = \frac{(G + E_a \sin\delta) \cdot \mu}{E_a \cos\delta} = \frac{(257.4 + 93 \times \sin 10°) \times 0.45}{93 \times \cos 10°} = 1.344$$

55. 正确答案是C，解答如下：

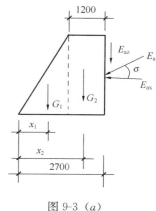

图9-3（a）

如图9-3（a）所示：$G_1 = \frac{1}{2} \times 5.5 \times (2.7 - 1.2) \times 24 = 99 \text{kN/m}$

$$G_2 = 1.2 \times 5.5 \times 24 = 158.4 \text{kN/m}$$

$$x_1 = \frac{2}{3} \times 1.5 = 1.0\text{m}, \ x_2 = 1.5 + \frac{1.2}{2} = 2.1\text{m}$$

$$E_{ax} = E_a \sin(90° - 10°) = 93 \sin 80° = 91.59 \text{kN/m}$$

$$E_{az} = 93 \cos 80° = 16.15 \text{kN/m}$$

由《地规》6.7.5条第2款：

$$K_2 = \frac{G x_0 + E_{az} x_f}{E_{ax} z_f} = \frac{99 \times 1 + 158.4 \times 2.1 + 16.15 \times 2.7}{91.59 \times 2.1}$$

$$= 2.47$$

56. 正确答案是D，解答如下：

首先确定所有力对基底形心的弯矩M_k，重心G在基底形心轴的右侧：

$$M_k = G \cdot \left(x_0 - \frac{2.7}{2}\right) + E_{az} \times \frac{2.7}{2} - E_{ax} \times 2.1$$

$$= 257.4 \times (1.677 - 1.35) + 16.15 \times 1.35$$

$$- 91.59 \times 2.1$$

$$= -86.367 \text{kN} \cdot \text{m/m}, \text{左侧受压最大}$$

由上一题知$E_{az} = 16.15 \text{kN/m}$

$$e = \frac{M_k}{G + E_{az}} = \frac{86.367}{257.4 + 16.15} = 0.316\text{m} < \frac{b}{6} = \frac{2.7}{6} = 0.45$$

故基底反力呈梯形分布，则：

$$p_{kmax} = \frac{G + E_{az}}{b} + \frac{M_k}{W}$$

$$= \frac{257.4 + 16.15}{2.7} + \frac{86.367}{1.215} = 172.40 \text{kPa}$$

【52～56题评析】 52题、53题，由于挡土墙高度为5.5m，根据《地规》6.7.3条，取$\psi_a = 1.1$。土坡高度、挡土墙高度是不同概念，如图9-4（a）所示。

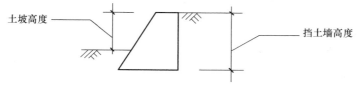

图9-4（a）

55题，由于$\delta \neq 0°$，故$E_{az} \neq 0$，对基底形心轴产生力矩。

56 题，由于 $e{\leqslant}b/6$，故基底反力呈梯形分布；若 $e{>}b/6$，则基底反力将呈三角形分布；同时，均应满足 $e{<}b/4$；即《地规》6.7.5 条第 4 款规定。

57. 正确答案是 C，解答如下：

根据《地规》8.5.3 条第 8 款规定：8 度及 8 度以上地震区的桩应通长配筋，故（C）项不妥。

58. 正确答案是 D，解答如下：

根据《高规》4.2.2 条及其条文说明：

$H=100\text{m}{>}60\text{m}$，$w_0=1.1{\times}0.50=0.55\text{kN/m}^2$

根据《荷规》8.2.1 条：

B 类粗糙度，$z=80\text{m}$，$\mu_z=1.87$；$z/H=0.8$，查《荷规》附表 G.0.3，取 $\phi_1(z)=0.74$

根据《荷规》8.4.5 条、8.4.6 条、8.4.3 条：

$$\rho_z=\frac{10\sqrt{100+60\text{e}^{-100/60}-60}}{100}=0.716$$

$$\rho_x=\frac{10\sqrt{25+50\text{e}^{-25/50}-50}}{25}=0.923$$

$$B_z=0.670{\times}100^{0.187}{\times}0.923{\times}0.716{\times}\frac{0.74}{1.87}=0.415$$

$$\beta_z=1+2{\times}2.5{\times}0.14{\times}0.415{\times}\sqrt{1+1.145^2}=1.442$$

59. 正确答案是 B，解答如下：

查《荷规》表 8.6.1，取 $\beta_{gz}=1.50$

$H=100\text{m}$，查《荷规》表 8.2.1，取 $\mu_z=2.00$；μ_{sl} 取值：外表面为 1.0，内表面为 -0.2，幕墙骨架围护面积 40m^2 大于 25m^2，取 $\mu_{sl}=1.0{\times}0.8-(-0.2)=1.0$

又根据《荷规》8.1.2 条条文说明，取 $w_0=0.50\text{kN/m}^2$。

$$w=\beta_{gz}\mu_{sl}\mu_z w_0=1.50{\times}1.0{\times}2.00{\times}0.50=1.50\text{kN/m}^2$$

60. 正确答案是 D，解答如下：

$$M_k=2000+500{\times}100+\frac{1}{2}{\times}50{\times}100{\times}\frac{2}{3}{\times}100=218666.7\text{kN}\cdot\text{m}$$

$$M=1.5M_k=328000\text{kN}\cdot\text{m}$$

61. 正确答案是 A，解答如下：

根据《荷规》8.2.2 条：

$\tan\alpha=0.45{>}0.3$，取 $\tan\alpha=0.3$；$k=1.4$

$$z/H=100/45=2.22{<}2.5$$

$$\eta_B=\left[1+1.4{\times}0.3{\times}\left(1-\frac{100}{2.5{\times}45}\right)\right]^2=1.0955$$

D 点的 μ_z 为：$\qquad\mu_z=1.0955{\times}2.00=2.191$

【58～61 题评析】 58 题，运用《荷规》8.4.3 条时，须注意 I_{10} 的取值。

59 题，确定局部风压体型系数 μ_{sl} 时，应注意区分迎风面和背风面，以及外表面、内表面取值。

62. 正确答案是 C，解答如下：

多遇地震、8 度（0.2g），查《抗规》表 5.1.4-1，取 $\alpha_{max}=0.16$

Ⅲ类场地，设计分组第二组，查《抗规》表5.1.4-2，取$T_g=0.55s$
$$T_g = 0.55s < T_1 = 0.7s < 5T_g = 2.75s$$
故
$$\alpha_1 = \left(\frac{T_g}{T_1}\right)^\gamma \eta_2 \alpha_{max} = \left(\frac{0.55}{0.7}\right)^{0.9} \times 1 \times 0.16 = 0.1288$$
$$F_{Ek} = \alpha_1 G_{eq} = 0.1288 \times 0.85 \times (7000 + 4 \times 6000 + 4800)$$
$$= 3919.4kN$$

63. 正确答案是B，解答如下：

根据《抗规》5.2.1条：

$T_1 = 0.8s > 1.4T_g = 0.77s$，$T_g = 0.55s$，查规范表5.2.1，则：
$$\delta_n = 0.08T_1 + 0.01 = 0.074$$
故
$$\Delta F_6 = \delta_n F_{Ek} = 0.074 \times 3475 = 257.15kN$$

64. 正确答案是B，解答如下：

$$\sum_{j=1}^{6} G_j H_j = 7000 \times 5 + 6000 \times (8.6 + 12.2 + 15.8 + 19.4) + 4800 \times 23$$
$$= 481400$$

由《抗规》式（5.2.1-2）：

$$F_5 = \frac{G_5 H_5}{\sum\limits_{j=1}^{6} G_j H_j}(1 - \delta_n)F_{Ek} = \frac{G_5 H_5}{\sum\limits_{j=1}^{6} G_j H_j}(F_{Ek} - \Delta F_6)$$

$$= \frac{6000 \times 19.4}{481400} \times (3126 - 256) = 694.0kN$$

65. 正确答案是B，解答如下：

$$T_g = 0.55s < T_1 = 1.2s < 5T_g = 2.75s$$

根据《抗规》5.1.5条：

$$\gamma = 0.9 + \frac{0.05 - 0.04}{0.3 + 6 \times 0.04} = 0.9185, \quad \eta_2 = 1 + \frac{0.05 - 0.04}{0.08 + 1.6 \times 0.04} = 1.0694$$

故
$$\alpha_1 = \left(\frac{T_g}{T_1}\right)^\gamma \eta_2 \alpha_{max}$$

$$= \left(\frac{0.55}{1.2}\right)^{0.9185} \times 1.0694 \times 0.16 = 0.0836$$

$$F_{Ek} = \alpha_1 G_{eq} = 0.0836 \times 0.85 \times (7000 + 4 \times 6000 + 4800) = 2544kN$$

【62~65题评析】 62题、65题，在计算地震影响系数α_1时，应首先判别T_1与T_g、$5T_g$的关系，再确定相应的计算公式。

65题，计算η_1、η_2时须注意的是，$\eta_1 \geqslant 0.0$，$\eta_2 \geqslant 0.55$。

66. 正确答案是D，解答如下：

根据《高规》6.2.1条，钢筋混凝土框架结构：

抗震等级二级，$\eta_c = 1.5$
$$\Sigma M_c = \eta_c \Sigma M_b = 1.5 \times (495 + 105) = 900kN \cdot m$$

$$M_{BD} = \frac{345}{345 + 255} \times 900 = 517.5kN \cdot m$$

67. 正确答案是D，解答如下：

根据《高规》6.2.3 条：

$$V = \eta_{vc}(M_c^t + M_c^b)/H_n$$
$$= 1.3 \times (298 + 306)/(4.5 - 0.6) = 201.3\text{kN}$$

68. 正确答案是 C，解答如下：

根据《高规》6.2.5 条：

$$V_b = \eta_{vb}(M_b^r + M_b^l)/l_n + V_{Gb}$$
$$= 1.2 \times \frac{105 + 305}{7.5 - 0.6} + 135 = 206.3\text{kN}$$

69. 正确答案是 A，解答如下：

根据《高规》6.3.5 条第 1 款：

$$\rho_{sv} \geqslant 0.28 f_t/f_{yv} = 0.28 \times 1.71/270 = 0.177\%$$

70. 正确答案是 C，解答如下：

根据《高规》5.4.1 条：

$$EJ_D \geqslant 2.7H^2 \sum_{i=1}^{n} G_i = 2.7 \times 75^2 \times (7300 + 6500 \times 18 + 5100)$$
$$= 1965262500\text{kN} \cdot \text{m}^2$$

71. 正确答案是 D，解答如下：

根据《高规》3.7.3 条：

(A) 项：$[\Delta u/h] = \dfrac{1}{550}$

(B) 项：$[\Delta u/h] = \dfrac{1}{1000} + \dfrac{180 - 150}{250 - 150} \times \left(\dfrac{1}{500} - \dfrac{1}{1000}\right) = \dfrac{1}{769}$

(C) 项：$[\Delta u/h] = \dfrac{1}{800} + \dfrac{160 - 150}{250 - 150} \times \left(\dfrac{1}{500} - \dfrac{1}{800}\right) = \dfrac{1}{755}$

(D) 项：$[\Delta u/h] = \dfrac{1}{1000} + \dfrac{175 - 150}{250 - 150} \times \left(\dfrac{1}{500} - \dfrac{1}{1000}\right) = \dfrac{1}{800}$

所以应选（D）项。

72. 正确答案是 D，解答如下：

根据《高规》10.2.2 条：

底部加强部位的高度 h：$h = \max\left(\dfrac{95.4}{10}, 5.4 + 3.6 \times 2\right) = 12.6\text{m}$

又根据《高规》10.2.20 条、7.2.14 条规定：

剪力墙的约束边缘构件范围为：$12.6 + 3.6 = 16.2\text{m}$

73. 正确答案是 A，解答如下：

偏心受压法：

$$\eta_q = \frac{1}{n} \pm \frac{ea_i}{\sum_{i=1}^{n} a_i^2}$$

$$\sum_{1}^{4} a_i^2 = a_1^2 + a_2^2 + a_3^2 + a_4^2 = 2 \times (2^2 + 4^2) = 40\text{m}^2$$

当 $P = 1$ 作用于 1 号梁上时，$e_1 = 4\text{m}$，$a_1 = 4\text{m}$

1 号梁反力 η_{11}：$\eta_{11} = \dfrac{1}{5} + \dfrac{4 \times 4}{40} = 0.60$

当 $P=1$ 作用于 5 号梁上时，$e_1 = -4m$，$a_1 = 4m$

1 号梁反力 η_{15}：$\eta_{15} = \dfrac{1}{5} - \dfrac{4 \times 4}{40} = -0.20$

根据 η_{11}、η_{15} 作出 1 号梁的横向影响线，如图 9-5（a）所示，设零点至 1 号梁位的距离为 x：

$$x = \frac{0.60}{0.60 + 0.20} \times 4 \times 2 = 6.0m$$

将车辆荷载横向最不利布置如图 9-5（a）所示：

1 号梁：$m_{cq} = \dfrac{1}{2}\Sigma\eta_q = \dfrac{1}{2} \times \eta_{11} \cdot \dfrac{1}{x}(x_{q1} + x_{q2} + x_{q3} + x_{q4})$

$$= \frac{1}{2} \times 0.60 \times \frac{1}{6} \times (6-1+6-2.8+6-4.1+6-5.9)$$

$$= 0.51$$

74. 正确答案是 B，解答如下：

人群荷载等效集中力 P_{0r} 的位置如图 9-5（a）所示，则：

$$m_{cr} = \eta_r = \frac{6 + 0.25}{6} \times 0.6 = 0.625$$

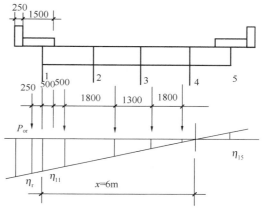

图 9-5（a）

75. 正确答案是 A，解答如下：

公路-Ⅰ 级：$q_k = 10.5kN/m$，$P_k = 2 \times (19.5 + 130) = 299kN$

桥面净宽 $W = 7.0m$，查《公桥通规》表 4.3.1-4，取设计车道数为 2，故 $\xi = 1.0$

跨中截面弯矩影响线的纵坐标值，见图 9-6（a）：

$$y_k = \frac{l_0}{4} = \frac{19.5}{4} = 4.875m$$

$$\Omega = \frac{l_0^2}{8} = \frac{19.5^2}{8} = 47.531m^2$$

$M_q = (1+\mu)\xi m_{cq}(P_k y_k + q_k \Omega)$

$$= 1.21 \times 1.0 \times 0.56 \times (299 \times 4.875 + 10.5 \times 47.531)$$

$$= 1325.9kN \cdot m$$

76. 正确答案是 B，解答如下：

$\dfrac{l_0}{4}$ 处截面弯矩影响线的纵坐标，见图 9-7（a）：

$$y_k = \frac{\dfrac{l_0}{4} \times \dfrac{3l_0}{4}}{l_0} = \frac{3l_0}{16} = \frac{3 \times 19.5}{16} = 3.656$$

$$\Omega = \frac{1}{2}l_0 y_k = \frac{1}{2} \times 19.5 \times 3.656 = 35.646$$

$$\begin{aligned}M_2 &= (1+\mu)\xi n_{cq}(P_k y_k + q_k \Omega)\\ &= 1.21 \times 1.0 \times 0.560 \times (299 \times 3.656 + 10.5 \times 35.646)\\ &= 994.3\text{kN} \cdot \text{m}\end{aligned}$$

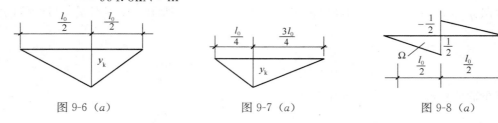

图 9-6（a）　　　　　　图 9-7（a）　　　　　　图 9-8（a）

77. 正确答案是 A，解答如下：

跨中截面剪力影响线的纵坐标如图 9-8（a）所示：

$$y_k = \frac{1}{2}$$

$$\Omega = \frac{1}{2} \times \frac{l_0}{2} \cdot \frac{1}{2} = \frac{19.5}{8} = 2.4375\text{m}$$

由汽车荷载产生的剪力标准值：

$$\begin{aligned}V &= (1+\mu)\xi n_{cq}(1.2 P_k y_k + q_k \Omega)\\ &= 1.21 \times 1.0 \times 0.56 \times \left(1.2 \times 299 \times \frac{1}{2} + 10.5 \times 2.4375\right)\\ &= 138.9\text{kN}\end{aligned}$$

【73～77 题评析】　75 题、76 题中，Ω 值按梁的 l_0 计算。

77 题中，Ω 值按梁的 $\frac{l_0}{2}$ 计算。

汽车荷载产生的剪力值，当为集中荷载时应取 $1.2P_k$ 进行剪力计算。

78. 正确答案是 A，解答如下：

$L_k = 15\text{m}$，按单孔跨径查《公桥通规》表 1.0.5，属小桥；查《公桥通规》表 4.1.5-1，其设计安全等级为二级，故取 $\gamma_0 = 1.0$。

$$\begin{aligned}\gamma_0 V_d &= \gamma_0 (\gamma_G M_{Gk} + \gamma_{Q1} M_{qk} + \psi_c \gamma_{Q2} M_{Q2k})\\ &= 1.0 \times (1.2 \times 250 + 1.4 \times 180 + 0.75 \times 1.4 \times 20)\\ &= 573\text{kN}\end{aligned}$$

79. 正确答案是 B，解答如下：

根据《公桥混规》5.2.11 条：

$$\gamma_0 V_d \leqslant 0.51 \times 10^{-3} \sqrt{f_{cu,k}} b h_0$$

$$1.0 \times 650 \leqslant 0.51 \times 10^{-3} \times \sqrt{30} \times b \times 1200$$

故 $b \geqslant 194\text{mm}$

80. 正确答案是 A，解答如下：

根据《公桥混规》5.2.12条：

$$\gamma_0 V_d \leqslant 0.5 \times 10^{-3} \alpha_2 f_{td} b h_0$$

$$\gamma_0 V_d \leqslant 0.5 \times 10^{-3} \times 1.0 \times 1.39 \times 200 \times 1200 = 166.8\text{kN}$$

【78～80题评析】 78题、79题、80题，关键是结构重要性系数 γ_0 的取值，《公桥通规》4.1.5条对 γ_0 的取值作了规定。

实战训练试题（十）解答与评析

（上午卷）

1. 正确答案是 A，解答如下：

BC 跨，计算单元 $\dfrac{l_{01}}{l_{02}} = \dfrac{8}{4} = 2$，按单向板传导荷载；无库房区，取活荷载组合值系数为 0.7，但本题目仅一种活荷载，由荷载的标准组合值：

$$q_1 = (5.0 + 2.5) \times 4 + 4.375 + 2.0 = 36.375 \text{kN/m}$$

AB 跨，计算单元 $\dfrac{l_{01}}{l_{02}} = \dfrac{4}{4} = 1$，按双向板传导荷载；同上，取 $\psi_c = 0.7$：

$$q_3 = (5.0 + 2.5) \times 4 = 30 \text{kN/m}$$

2. 正确答案是 C，解答如下：

$$P_1 = (3.125 + 2.0) \times 4 = 20.5 \text{kN}$$

$$P_2 = (3.125 + 2.0) \times 4 + 5.0 \times 2 \times 4/2 + 2.5 \times 2 \times 4/2$$
$$= 50.5 \text{kN}$$

3. 正确答案是 D，解答如下：

永久荷载标准值，均布恒载：$5.0 \times 4 \times 6 \times 5 + 7.0 \times 4 \times 6 = 768 \text{kN}$

梁自重：$4.375 \times 6 \times 6 + 3.125 \times 4 \times 6 = 232.5 \text{kN}$

填充墙自重：$2.0 \times 6 \times 5 + 2.0 \times 4 \times 5 = 100.0 \text{kN}$

活荷载标准值，楼面活载：$2.5 \times 4 \times 6 \times 5 = 300 \text{kN}$

屋面活载：$0.7 \times 4 \times 6 = 16.8 \text{kN}$

荷载标准组合值，取楼面活载的组合值系数为 0.7，屋面活载的组合值系数为 0.7（不上人屋面，查《荷规》表 5.3.1），则：

$$N = (768 + 232.5 + 100.0) + 300 + 0.7 \times 16.8$$
$$= 1412.26 \text{kN}$$

4. 正确答案是 B，解答如下：

根据《可靠性标准》8.2.4 条：

$$q = 1.3 \times 5 \times 1 + 1.5 \times 2.5 \times 1 = 10.25 \text{kN/m}$$

$$M = \frac{1}{10} q l^2 = \frac{1}{10} \times 10.25 \times 4^2 = 16.4 \text{kN} \cdot \text{m}$$

5. 正确答案是 C，解答如下：

中间榀框架，现浇楼板，梁的刚度应乘增大系数 2.0，则：

梁线刚度：$i_{BA} = 2EI_b/l = \dfrac{2}{12} \times 250 \times 700^3 \cdot E \cdot \dfrac{1}{4000}$

$$i_{BC} = 2EI_b/l = \frac{2}{12} \times 250 \times 700^3 \cdot E \cdot \frac{1}{8000}$$

令 $i_{BA}=2$，则 $i_{BC}=1.0$

分层法，柱的线刚度应乘以 0.9，则：

$$i_{BD}=0.9EI_c/l=\frac{0.9}{12}\times 500\times 600^3 \cdot E \cdot \frac{1}{4000}$$

$$i_{BD}/i_{BC}=\frac{0.9}{2}\times\frac{500}{250}\times\left(\frac{6}{7}\right)^3\times\frac{8000}{4000}=1.1335$$

$$\mu_{BA}=\frac{2}{2+1+1.1335}=0.484$$

$$\mu_{BC}=\frac{1}{2+1+1.1335}=0.242$$

6. 正确答案是 B，解答如下：

第一层的侧向刚度：$K_1=GA_1/h_1=G\times 2.5\times\left(\frac{h_{c1}}{h_1}\right)^2\times A_{c1}\times\frac{1}{h_1}=2.5Gh_{c1}^2A_{c1}\times\frac{1}{h_1^3}$

同理，第二层的侧向刚度：$K_2=2.5Gh_{c2}^2A_{c2}\times\frac{1}{h_2^3}$

又已知 $1\sim 6$ 层所有柱截面均相同，均为 C40，故 $h_{c1}=h_{c2}$，$A_{c1}=A_{c2}$，则由《抗规》表 3.4.2-2：

$$K_1/K_2=h_2^3/h_1^3=4^3/6^3=30\%<70\%$$

又 $K_2=K_3=K_4$，则：

$$\frac{K_1}{(K_2+K_3+K_4)/3}=\frac{K_1}{3K_2/3}=K_1/K_2=30\%<80\%$$

故第 1 层为薄弱层。

【1～6 题评析】 1～3 题解题的关键是荷载的标准组合及其相应的组合值系数的取值，需注意楼面永久荷载（或恒载）标准值、楼面活荷载标准值不能直接相加，应考虑荷载组合的情况；同理，屋面永久荷载标准值，屋面活荷载标准值不能直接相加；也不能与楼面永久荷载标准值、楼面活荷载标准值直接相加。

5 题计算时，应注意：第一，现浇结构，中间榀框架梁的刚度应乘以增大系数 2.0，若为边榀框架梁，其刚度应乘以增大系数 1.5，具体见《高规》5.2.2 条规定；第二，分层法计算，除底层柱外，其他各层柱的线刚度应乘以折减系数 0.9，其弯矩传递系数取为 1/3；底层柱的线刚度不折减，其弯矩传递系数取为 1/2。

7. 正确答案是 B，解答如下：

根据《混规》9.2.10 条：

$$\rho_{sv}=\frac{A_{sv}}{bs}=\frac{101}{300\times 200}=0.168\%<0.28f_t/f_{yv}=0.28\times 1.71/270=0.177\%$$

故不满足。

【7 题评析】 边榀框架梁常受扭矩作用，其钢筋应配置抗扭纵筋、抗扭箍筋，这与一般的框架梁是有区别的，《混规》9.2.5 条、9.2.10 条分别规定了抗扭纵筋、抗扭箍筋的构造规定。

8. 正确答案是 B，解答如下：

根据《抗规》5.1.1 条条文说明，8 度，2.5m 挑梁为长悬臂挑梁；又根据规范 5.3.3 条规定：

$$S = \gamma_G S_{GE} + \gamma_{EV} S_{EK}$$

$$= 1.2 \times \frac{1}{2} \times 20 \times 2.5^2 + 1.3 \times 10\% \times 20 \times \frac{1}{2} \times 2.5^2$$

$$= 83.125 \text{kN} \cdot \text{m}$$

【8题评析】 对于长悬臂和大跨度结构的竖向地震作用标准值的取值，《抗规》5.3.3条作了规定，如何判定是否为长悬臂和大跨度结构，规范5.1.1条条文说明作出了具体规定。

9. 正确答案是 A，解答如下：

多层框架结构的角柱，查《混规》表 11.4.12-1 及注 2 的规定，抗震等级二级，角柱；$\rho_{min} = 0.95\%$，$\rho_{max} = 5\%$。

由已知条件，$4 \, \Phi \, 14 + 6 \, \Phi \, 18$，$A_s = 615 + 1527 = 2142 \text{mm}^2$

（1）纵筋配筋率：$\rho = \dfrac{A_s}{A} = \dfrac{2142}{400 \times 600} = 0.89\% < 0.95\%$，违规

（2）一侧配筋：$3 \, \Phi \, 18$，$A_s = 763 \text{mm}^2$

$$\rho = \frac{763}{400 \times 600} = 0.318\% > 0.2\%，不违规$$

（3）查规范表 11.4.17，$\mu_N \leqslant 0.3$，抗震等级二级，取 $\lambda_v = 0.08$

$$\rho_v \geqslant \lambda_v f_c / f_{yv} = 0.08 \times 16.7 / 270 = 0.495\%$$

查规范表 8.2.1，箍筋保护层厚度为 20mm，则 $l_1 = 600 - 2 \times 20 - 2 \times 8/2 = 552 \text{mm}$，$l_2 = 400 - 2 \times 20 - 2 \times 8/2 = 352 \text{mm}$

实配 ρ_v：$\rho_v = \dfrac{n_1 A_{s1} l_1 + n_2 A_{s2} l_2}{A_{cor} \cdot s}$

$$= \frac{3 \times 50.3 \times 552 + 4 \times 50.3 \times 352}{(600 - 2 \times 28) \times (400 - 2 \times 28) \times 100}$$

$$= 0.834\% > 0.495\%，且 > 0.6\%，不违规$$

（4）查《混规》表 11.4.12-2，抗震等级二级：

箍筋最大间距：$s = \min(8d, 100) = \min(8 \times 14, 100) = 100 \text{mm}$，不违规

由规范 11.4.15 条规定，箍筋肢距 b 为：

$$b = \max(250, 20d) = \min(250, 20 \times 8) = 250 \text{mm}$$

实际肢距为：$552/3 = 184 \text{mm} < 250 \text{mm}$，不违规

（5）角柱、抗震二级，根据《混规》11.4.14 条，应沿柱全高加密，违规。

10. 正确答案是 A，解答如下：

查《混规》表 11.4.16，取 $[\mu_N] = 0.75$

$$\mu_N = \frac{N}{f_c A} = \frac{1.2 \times (860 + 0.5 \times 580) \times 10^3 + 1.3 \times 480 \times 10^3}{16.7 \times 400 \times 600} = 0.5$$

$$\lambda = \frac{\mu_N}{[\mu_N]} = \frac{0.5}{0.75} = 0.667$$

【9、10题评析】 柱的配筋复核，包括：柱全部纵向钢筋和一侧纵向钢筋；纵向钢筋间距；柱加密区箍筋的体积配箍率；柱加密区箍筋的间距和肢距；柱非加密区的箍筋体积

配箍率、箍筋间距。

11. 正确答案是 A，解答如下：

（1）翼柱尺寸复核，根据《混规》11.7.18 条及图 11.7.18：
$$\max(b_f + b_w, b_f + 300) = \max(600, 600) = 600\text{mm}$$
$$\max(b_w + 2b_f, b_w + 2 \times 300) = \max(300 + 2 \times 300, 300 + 600) = 900\text{mm}$$
故满足。

（2）已知非阴影部分无问题，对于阴影部分配箍率：

查《混规》表 11.7.18，抗震二级，$\mu_N = 0.45 > 0.4$，取 $\lambda_v = 0.2$
$$\rho_v \geqslant \lambda_v f_c / f_{yv} = 0.2 \times 19.1 / 270 = 1.415\%$$

墙，一类环境，查表 8.2.1，C40，取箍筋和分布筋的混凝土保护层厚度为 15mm：
$$\rho_v = \frac{(6 \times 260 + 575 \times 2 + 890 \times 2) \times 78.5}{(250 \times 880 + 315 \times 250) \times 100}$$
$$= 1.18\% < 1.415\%，违规$$

（3）箍筋直径和间距，根据规范表 11.7.19、11.7.18 条第 3 款的规定，直径 $d \geqslant 8\text{mm}$，间距 $s \leqslant 150\text{mm}$，实配 Φ10@100，满足。

（4）纵筋的配筋率，$A_s = 4020\text{mm}^2$（20 Φ 16）
$$\rho = \frac{A_s}{bh} = \frac{4020}{300 \times (300 + 900)} = 1.117\%$$

规范 11.7.18 条第 2 款，抗震二级，$\rho_{min} = 1.0\% < 1.117\%$，满足

【11题评析】 有翼墙的剪力墙约束边缘构件，需注意《混规》图 11.7.18 的规定，对于规范式（11.7.18）中 f_c 的取值规定与规范式（11.4.17）中 f_c 的取值规定是相同的。

12. 正确的答案是 B，解答如下：

根据《混规》附录 B.0.1 条、B.0.2 条、B.0.5 条：
$$\eta_{s,2} = \frac{1}{1 - \frac{\sum N_i}{DH_0}} = \frac{1}{1 - \frac{40000}{0.6 \times 4.2 \times 10^5 \times 4}} = 1.041$$

$$\eta_{s,1} = \frac{1}{1 - \frac{45000}{0.6 \times 1.5 \times 10^5 \times 5}} = 1.111$$

$$\eta_B = \frac{1}{2}(\eta_{s,2} + \eta_{s,1}) = 1.077 \approx 1.08$$

13. 正确答案是 C，解答如下：

一类环境，C30 的梁，查《混规》表 8.2.1，取箍筋的混凝土保护层厚度为 20mm，箍筋直径 10mm，选用 Φ20，则 $a_s = 40\text{mm}$，则梁两边纵筋的垂直距离 $h_1 = 250 - 2 \times 40 = 170\text{mm}$，故 $h_1 / 2 = 170 / 2 = 85\text{mm}$

纵向钢筋所在处弦长：$l = 2\sqrt{(D/2)^2 - 85^2} = 2\sqrt{(450/2)^2 - 85^2} = 417\text{mm}$

根据规范 11.6.7 条第 1 款规定：

纵面钢筋直径：$d \leqslant \frac{1}{20}l = \frac{1}{20} \times 417 = 20.9\text{m}$

选 3 Φ 20，梁端受拉钢筋配筋率：

$$\rho = \frac{A_s}{bh} = \frac{942}{250 \times 400} = 0.942\%$$

$\rho_{min} = \max(0.3\%, 0.65 f_t / f_y) = \max(0.3\%, 0.65 \times 1.43/360) = 0.26\% < 0.942\%$，满足

选用 3 Φ 20，满足。

【13 题评析】 上述解答过程中，应注意弦长的计算，也可如下计算：

$$l = \sqrt{D^2 - 180^2} = \sqrt{450^2 - 170^2} = 417mm$$

14. 正确答案是 C，解答如下：

根据《混规》8.1.1 条表 8.1.1 及注的规定，以及 8.1.2 条规定，（A）项、（B）项、（D）项均不对；（C）项正确。

【14 题评析】 对于钢筋混凝土结构伸缩缝的间距及其设置规定，《混规》8.1.1～8.1.4 条作了明确规定；同时，《混规》8.1.1～8.1.4 条的条文说明进行解释和补充。应注意施工后浇带与施工缝是不同的概念。

15. 正确答案是 C，解答如下：

根据《组合规范》5.5.13 条，（C）项错误，应选（C）项。

另：根据《组合规范》1.0.2 条、1.0.3 条其条文说明，（A）项、（B）项正确。

根据《组合规范》6.1.5 条，（D）项正确。

16. 正确答案是 B，解答如下：

檩条上的线荷载设计值为：$q = 5 \times 1.5 = 7.5kN/m$

多跨连续檩条支座最大弯矩设计值为：

$$M = 0.105 q l^2 = 0.105 \times 7.5 \times 10^2 = 78.75kN \cdot m$$

17. 正确答案是 B，解答如下：

根据《钢标》6.1.1 条、6.1.2 条：

$$\frac{b_1}{t} = \frac{350 - 12}{2 \times 16} = 10.6 < 13\varepsilon_k = 13，翼缘为 S3 级$$

腹板满足 S4 级，故截面等级为 S4 级，取 $\gamma_x = 1.0$，按全截面计算。

$$\sigma = \frac{M_x}{\gamma_x W_{nx}} = \frac{2450 \times 10^6}{1.0 \times 12810 \times 10^3} = 191.3N/mm^2$$

18. 正确答案是 C，解答如下：

$$R_A = R_B = \frac{1}{2}(4F_2 + F_1) = \frac{1}{2} \times (4 \times 15 + 700) = 380kN$$

19. 正确答案是 D，解答如下：

平面内：$l_{0x} = 5m$，$\lambda_x = \frac{l_{0x}}{i_x} = \frac{5000}{53.9} = 92.8$

平面外：$l_{0y} = 10m$，$\lambda_y = \frac{l_{0y}}{i_y} = \frac{1000}{97.3} = 102.8$

查《钢标》表 7.2.1-1，均属于 b 类截面，$\lambda_y = 102.8$，查附表 D.0.2，取 $\varphi_{min} = \varphi_y$ $= 0.536$

$$\frac{N}{\varphi_{\min}A}=\frac{1217\times10^3}{0.536\times12570}=180.6\text{N/mm}^2$$

20. 正确答案是 D，解答如下：

T 形杆翼缘由角焊缝传力，拼接板与节点板之间传递的内力为 N：

$$N=A_n f=100\times12\times215=258\text{kN}$$

拼接板与节点板之间采用角焊缝连接，由《钢标》式（11.2.2-2）：

$$\tau_f=\frac{N}{h_e l_w}\leqslant f_f^w$$

$$l_w=\frac{N}{h_e f_f^w}=\frac{258\times10^3}{2\times0.7\times6\times160}=192\text{mm}$$

$$l_1=l_w+2h_f=192+2\times6=204\text{mm}，取\,l_1=210\text{mm}$$

21. 正确答案是 C，解答如下：

利用节点法，$\Sigma Y_A=0$，则：

$$\frac{3.5}{\sqrt{3.5^2+5^2}}D_1=R_A-0.5F_2$$

$$D_1=(1930-0.5\times30)\times1.744=3339.76\text{kN}$$

22. 正确答案是 D，解答如下：

将托架整体视为受弯构件，则其跨中弯矩最大，跨中下弦杆拉力也最大。

取隔离体如图 10-1（a）所示，对 O 点取矩，$\Sigma M_0=0$：

$$4N_l=1930\times25-(15\times25+30\times20+730\times15+30\times10+730\times5)$$

解之得：$N_l=8093.75\text{kN}$

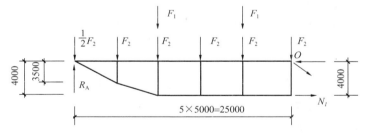

图 10-1（a）

23. 正确答案是 B，解答如下：

上弦杆平面内：$l_{0y}=5\text{m}$，$\lambda_y=\dfrac{l_{0y}}{i_y}=\dfrac{5000}{104}=48.1$

上弦杆平面外：$l_{0x}=10\text{m}$，$\lambda_x=\dfrac{l_{0x}}{i_x}=\dfrac{10000}{182}=55.0$

轧制，$b/h=407/428=0.95>0.8$，查《钢标》表 7.2.1-1 及注 1，x 轴，为 a 类；y 轴为 b 类。

$\lambda_x/\varepsilon_k=55/\sqrt{235/345}=66.6$，查附表 D.0.1，取 $\varphi_x=0.856$

$\lambda_y/\varepsilon_k=48.1/\sqrt{235/345}=58.3$，查附录 D.0.2，取 $\varphi_y=0.816$

$$\frac{N}{\varphi A}=\frac{8550\times10^3}{0.816\times36140}=290\text{N/mm}^2$$

24. 正确答案是 A，解答如下：

腹杆平面内：$l_{0y}=0.8l=0.8\times4=3.2\text{m}$，$\lambda_y=\dfrac{l_{0y}}{i_y}=\dfrac{3200}{72.6}=44.1$

腹杆平面外：$l_{0x}=l=4\text{m}$，$\lambda_x=\dfrac{l_{0x}}{i_x}=\dfrac{4000}{169}=23.7$

热轧 H 型钢，$b/h=300/390=0.77<0.8$，查《钢标》表 7.2.1-1，对 x 轴属 a 类截面，对 y 轴属 b 类截面；又由于 λ_y 远远大于 λ_x，则：

$\lambda_y/\varepsilon_k=44.1/\sqrt{235/345}=53.4$，查附表 D.0.2，取 $\varphi_y=0.84$

$$\frac{N}{\varphi_y A}=\frac{1855\times10^3}{0.84\times13670}=161.5\text{N/mm}^2$$

25. 正确答案是 B，解答如下：

拼接板与节点板之间的两条焊缝承担的剪力应取拼接板受力 N_1 和节点板受力（即腹杆翼缘受力）N_2 中的最小值：

$$N_1=A_n f=358\times10\times305=1091900\text{N}$$
$$N_2=A_n f=2\times300\times16\times305=2928000\text{N}$$

故取 $N=N_1=1091900\text{N}$

根据《钢标》11.2.1 条：

$$l_w=\frac{N}{2h_e f_v^w}=\frac{1091900}{2\times10\times175}=312\text{mm}$$

$$l=l_w+2t=312+2\times10=332\text{mm}，取 l=335\text{mm}$$

【16～25 题评析】 16 题、18 题、21 题、22 题属于结构力学计算。

17 题，首先应判别截面等级，确定 γ_x 值。对 Q235，轧制工字形钢，受弯构件，一般地，直接取 $\gamma_x=1.05$；同时，《钢标》6.1.2 条规定，对需要计算疲劳的梁，宜取 $\gamma_x=\gamma_y=1.0$。

19 题、23 题、24 题，关键是确定杆件平面内、平面外的计算长度，其判别方法是：将桁架垂直放置，再将构件（T 形钢、H 形钢）按题目给定条件放置。

26. 正确答案是 D，解答如下：

根据《抗规》8.1.6 条第 3 款规定，不宜选用 K 形支撑。

27. 正确答案是 D，解答如下：

加劲板与腹板之间有 4 条角焊缝承担 F：

$$l_1=\frac{F}{4\times0.7h_f f_f^w}+2h_f=\frac{2500\times10^3}{4\times0.7\times16\times160}+2\times16=381\text{mm}$$

腹板抗剪验算，剪切面为 2 个：

$$A_v=2t_w l_1,\quad \frac{F}{A_v}\leqslant f_v$$

$$l_1\geqslant\frac{F}{2t_w f_v}=\frac{2500\times10^3}{2\times16\times125}=625\text{mm}$$

取较大者，取 $l_1=625\text{mm}$。

28. 正确答案是 D，解答如下：

根据《钢标》6.3.7条，取受压构件截面如图 10-2(a) 所示：

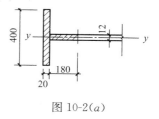

图 10-2(a)

$$b = 15t_w\varepsilon_k = 15 \times 12 \times \sqrt{235/235} = 180\text{mm}$$

$$I_y = \frac{1}{12} \times 20 \times 400^3 = 1.067 \times 10^8 \text{mm}^4$$

$$A = 20 \times 400 + 12 \times 180 = 10160\text{mm}^2$$

$$i_y = \sqrt{I/A} = \sqrt{1.067 \times 10^8/10160} = 102.5\text{mm}$$

$$\lambda_y = \frac{l_0}{i_y} = \frac{h_0}{i_y} = \frac{1300}{102.5} = 12.7$$

T 形截面，焰切边，查《钢标》表 7.2.1-1，绕 y 轴按 b 类截面，查附表 D.0.2，取 $\varphi_y = 0.988$。

$$\frac{N}{\varphi_y A} = \frac{1005 \times 10^3}{0.988 \times 10160} = 100.1\text{N/mm}^2$$

【28题评析】 T 形截面，查《钢标》表 7.2.1-1 时，应注意翼缘为焰切边，或剪切边，或轧制，各自属于不同的截面类型。

29. 正确答案是 C，解答如下：

根据《钢标》13.2.1 条第 1 款规定，在支管与主管连接处，不得将支管插入主管内。

30. 正确答案是 B，解答如下：

$A = 0.24 \times 1 + 0.25 \times 0.24 = 0.3\text{m}^2$

$I = \frac{1}{3} \times 1.0 \times 0.169^3 + \frac{1}{3} \times (1.0 - 0.24) \times (0.24 - 0.169)^3 + \frac{1}{3} \times 0.24 \times (0.49 - 0.169)^3$

$= 0.004346\text{m}^4$

$i = \sqrt{I/A} = 0.12\text{m}, h_T = 3.5i = 0.42\text{m}$

查《砌规》表 5.1.3，刚性方案，$s = 9\text{m} > 2H = 7.2\text{m}$

$$H_0 = 1.0H = 3.6\text{m}$$

$$\beta = \frac{H_0}{h_T} = \frac{3.6}{0.42} = 8.57$$

31. 正确答案是 D，解答如下：

首层，$H = 3.6 + 0.3 + 0.5 = 4.4\text{m}$

查《砌规》表 5.1.3，刚性方案，$s = 9\text{m} > 2H = 8.8\text{m}$：

$$H_0 = 1.0H = 4.4\text{m}, \quad \frac{H_0}{h} = \frac{4.4}{0.24} = 18.33$$

$$\mu_1 = 1.0, \quad \mu_2 = 1 - 0.4 \times \frac{3 \times 1}{9} = 0.867$$

$$\frac{H_0}{h} = 18.33 < \mu_1 \mu_2 [\beta] = 1 \times 0.867 \times 24 = 20.8$$

32. 正确答案是 C，解答如下：

根据《砌规》3.2.3 条：

砌体施工质量控制等级为 C 级，$f = \gamma_a f = 0.89 \times 1.83 = 1.6287\text{MPa}$；

$$A = 0.24 \times 1 = 0.24\text{m}^2 < 0.3\text{m}^2, \quad \gamma_a = 0.7 + A = 0.94,$$

$$f = 1.6287 \times 0.94 = 1.531$$

$$\beta = \gamma_\beta \frac{H_0}{h} = 1.2 \times \frac{3.6}{0.24} = 18 \quad （H_0 = 3.6\text{m 由 } 30 \text{ 题得到）}$$

$e=0$，查《砌规》附表 D.0.1-1，取 $\varphi=0.67$

$$N=\varphi f A=0.67\times1.531\times240\times1000=246.18\text{kN/m}$$

【30~32 题评析】 应注意的是，构件高度与楼层位置有关，如第一层、第二层等。

32 题中，蒸压灰砂普通砖，根据《砌规》5.1.2 条，取 $\gamma_\beta=1.2$；由于内墙 C 截面尺寸面积 $<0.3\text{m}^2$，故需乘以 γ_a：$\gamma_a=0.7+A=0.7+0.24=0.94$。

33. 正确答案是 D，解答如下：

根据《砌规》7.4.2 条：

$$l_1=1.5\text{m}>2.2h_b=0.66\text{m}$$
$$x_0=0.3h_b=0.09\text{m}<0.13l_1=0.195\text{m}$$

由规范 7.4.1 条、《可靠性标准》8.2.4 条：

$$M_{ov}=[1.3\times(15.5+1.35)+1.5\times5]\times1.5\times(1.5/2+0.09)=37.05\text{kN}\cdot\text{m}$$

34. 正确答案是 B，解答如下：

根据《砌规》7.4.6 条：

$$l<l_1/2=3.0/2=1.5\text{m}$$

由前述结果可知，$x_0=0.09\text{m}$

$$28\times l\times\left(\frac{l}{2}+0.09\right)\leqslant0.8\times\frac{(10+1.35)\times(3-0.09)^2}{2}$$

解之得：$l\leqslant1.56\text{m}$

故最终取：$l<1.5\text{m}$。

35. 正确答案是 D，解答如下：

根据《砌规》7.4.4 条：

$$f=1.5\text{N/mm}^2,\ \eta=0.7,\ \gamma=1.5$$
$$A_l=1.2bh_b=1.2\times240\times300=86400\text{mm}^2$$
$$\eta\gamma f A_l=0.7\times1.5\times1.5\times86400=136.08\text{kN}$$

【33~35 题评析】 35 题，应注意 M5 水泥砂浆对强度设计值不调整。

36. 正确答案是 A，解答如下：

M5 水泥砂浆，故取 $f=1.5\text{MPa}$

顶层，$\sigma_0=0$，查《砌规》表 5.2.5，取 $\delta_1=5.4$

由规范式（5.2.5-4）：

$$a_0=\delta_1\sqrt{\frac{h_c}{f}}=5.4\times\sqrt{\frac{800}{1.5}}=124.71\text{mm}$$

37. 正确答案是 D，解答如下：

根据《可靠性标准》8.2.4 条：

$$N=1.3\times(3.75\times4+4.2)\times\frac{8}{2}+1.5\times4.25\times4\times\frac{8}{2}=201.84\text{kN}$$

$$M=201.84\times(0.3304-0.4a_0)=201.84\times(0.3304-0.4\times0.15)$$
$$=54.58\text{kN}\cdot\text{m}$$

【36、37 题评析】 36 题，《砌规》式（5.2.5-4）：$a_0=\delta_1\sqrt{\frac{h}{f}}$，式中 f 应根据 M2.5 水

泥砂浆、砌体施工质量控制等级等进行 f 的调整。

37 题，规范 5.2.5 条规定，垫块上 N_l 作用点的位置可取 $0.4a_0$ 处。

38. 正确答案是 A，解答如下：

$$l_n = 5m，1.1l_n = 5.5m，l_c = 5 + 2 \times \frac{0.3}{2} = 5.3m，故取 l_0 = 5.3m$$

根据《砌规》7.3.3 条：

$$h_w = 15m > l_0 = 5.3m，取 h_w = 5.3m$$
$$H_0 = h_w + 0.5h_b = 5.3 + 0.5 \times 0.5 = 5.55m$$

39. 正确答案是 B，解答如下：

根据《砌规》7.3.8 条：

自承重墙梁，无洞口，取 $\beta_v = 0.45$；净跨度 $l_n = 5.0m$

$$V_{bj} = V_{1j} + \beta_v V_{2j} = 0 + 0.45 \times (10.5 \times 15 + 6.2) \times \frac{5}{2} = 184.2kN$$

40. 正确答案是 C，解答如下：

根据《砌规》6.5.2 条、6.5.3 条，(C) 项不妥。

（下午卷）

41. 正确答案是 D，解答如下：

根据《砌规》6.4.5 条及其条文说明，(D) 项不妥。

42. 正确答案是 B，解答如下：

西南云杉（TC15-B），查《木标》表 4.3.1-3，取 $f_c = 12N/mm^2$，$f_t = 9.0N/mm^2$，$f_v = 1.5N/mm^2$，$f_{c,90} = 3.1N/mm^2$

(1) 承压要求：$f_{c\alpha} = \dfrac{f_c}{1 + \left(\dfrac{f_c}{f_{c,90}} - 1\right)\dfrac{\alpha - 10°}{80°}\sin 30°}$

$$= \frac{12}{1 + \left(\dfrac{12}{3.1} - 1\right)\dfrac{30 - 10}{80} \times 0.5} = 8.83N/mm^2$$

$$N_1 = A_c f_{c\alpha} = \frac{h_c b_v}{\cos\alpha} f_{c\alpha} = \frac{30 \times 140}{\cos 30°} \times 8.83 = 42.8kN$$

(2) 抗剪要求：$V = N_2 \cos 30°$

$$\frac{l_v}{h_c} = \frac{240}{30} = 8，查表 6.1.2，取 \psi_v = 0.64$$

$\dfrac{N_2 \cos 30°}{l_v b_v} = \psi_v f_v$，则：

$$N_2 = \frac{l_v b_v \psi_v f_v}{\cos 30°} = \frac{240 \times 140 \times 0.64 \times 1.5}{0.866} = 37.2kN$$

取上述较小者，$N = 37.2kN$

43. 正确答案是 B，解答如下：

根据《木标》6.2.6 条、6.2.7 条：

查《钢标》表4.4.6，$f_c^b = 305 \text{N/mm}^2$

由6.2.8条，$f_{es} = 1.1 f_c^b = 1.1 \times 305 = 335.5 \text{N/mm}^2$

$$R_e = \frac{f_{em}}{f_{es}} = \frac{14.2}{335.5} = 0.04$$

$$k_{s\text{III}} = \frac{0.04}{2.04}\left[\sqrt{\frac{2 \times (1+0.04)}{0.04} + \frac{1.647 \times (1+2 \times 0.04) \times 1 \times 235 \times 20^2}{3 \times 0.04 \times 335.5 \times 10^2}} - 1\right]$$

$$= 0.17$$

$$k_{\text{III}} = \frac{0.17}{2.22} = 0.077$$

$$Z = 0.077 \times 10 \times 20 \times 335.5 = 5.17 \text{kN}$$

由6.2.5条，$Z_d = 1 \times 1 \times 1 \times 0.96 \times 5.17 = 4.96 \text{kN}$

$$T_u = 2 \times 4.96 \times 8 = 79.36 \text{kN}$$

【42、43题评析】假定方木截面为$150 \text{mm} \times 150 \text{mm}$，根据《木规》4.2.3条第2款规定，其强度设计值可提高10%，此时，对于42题，$f_v = 1.5 \times 1.1$，$f_{c,90} = 3.1 \times 1.1$，然后再计算$f_{c\alpha}$值。

44. 正确答案是B，解答如下：

根据《地处规》附录C.0.11条：

$$R_a = Q_u/2 = 1500/2 = 750 \text{kN}$$

45. 正确答案是B，解答如下：

根据《地处规》7.7.2条、7.1.5条：

$$R_a = u_p \sum_{i=1}^{n} q_{si} l_{qi} + \alpha_p q_p A_p$$

$$= 0.4 \times 3.14 \times (35 \times 3 + 40 \times 2 + 45 \times 1) + \frac{1.0 \times 3.14 \times 0.4^2}{4} \times 1600$$

$$= 489.84 \text{kN}$$

46. 正确答案是D，解答如下：

根据《地处规》3.0.4条，取$\eta_d = 1.0$：

$$f_{sp} = f_{spk} + \eta_d \gamma_m (d - 0.5) \geqslant p_k$$

即：

$$390 \leqslant f_{spk} + 1.0 \times 16 \times (4 - 0.5)$$

$$f_{spk} \geqslant 334 \text{kPa}$$

47. 正确答案是B，解答如下：

根据《地处规》7.7.2条、7.1.5条：

$f_{spk} = \lambda m \dfrac{R_a}{A_p} + \beta (1 - m) f_{sk}$，取$f_{sk} = f_k = 120 \text{kPa}$，则：

$$m = \frac{f_{spk} - \beta f_{sk}}{\dfrac{\lambda R_a}{A_p} - \beta f_{sk}} = \frac{248 - 0.8 \times 120}{\dfrac{0.9 \times 450}{3.14 \times 0.2^2} - 0.8 \times 120} = 4.86\%$$

48. 正确答案是D，解答如下：

根据《地处规》7.1.6条：

$$f_{cu} \geqslant 4 \frac{\lambda R_a}{A_p} = 4 \times \frac{0.9 \times 450}{3.14 \times 0.2^2} = 12.9 \text{MPa}$$

49. 正确答案是 B，解答如下：

根据《地处规》7.1.5条：

$$m = d^2 / d_e^3，等边三角形布置，d_e = 1.05s$$

$$s = \frac{d_e}{1.05} = \frac{d}{1.05\sqrt{m}} = \frac{0.4}{1.05 \times \sqrt{0.05}} = 1.70\text{m}$$

【44～49题评析】 46题，根据《地处规》3.0.4条规定，经处理后的地基，其 f_{spk} 值应进行深度修正，取 $\eta_d = 1.0$；而宽度修正取 $\eta_b = 0.0$。f_{spk} 修正后值 f_{ap} 应满足地基承载力要求：$f_{spa} \leqslant p_k$。

50. 正确答案是 B，解答如下：

$e = 0.78 < 0.85$，$I_L = 0.88 > 0.85$，查《地规》表5.2.4，取 $\eta_b = 0.0$，$\eta_d = 1.0$

由规范式（5.2.4）：

$$f_a = f_{ak} + \eta_b \gamma (b-3) + \eta_d \gamma_m (d-0.5)$$
$$= 125 + 0 + 1 \times 18 \times (1.5 - 0.5) = 143\text{kPa}$$

51. 正确答案是 D，解答如下：

根据《地规》5.2.2条：

$$M_k = H_k d = 70 \times 1.9 = 133\text{kN} \cdot \text{m}$$

$$F_k + G_k = 200 + 20 \times 1.6 \times 2.4 \times \frac{(1.7 + 1.5)}{2} = 322.88\text{kN}$$

$$e = \frac{M_k}{F_k + G_k} = \frac{133}{322.88} = 0.41\text{m} > \frac{b}{6} = \frac{2.4}{6} = 0.4\text{m}$$

故基底反力呈三角形分布，$a = \frac{b}{2} - e = \frac{2.4}{2} - 0.41 = 0.79\text{m}$

由规范式（5.2.2-4）：

$$p_{kmax} = \frac{2(F_k + G_k)}{3la} = \frac{2 \times 322.88}{3 \times 1.6 \times 0.79} = 170.3\text{kPa}$$

52. 正确答案是 A，解答如下：

根据《地规》式（8.2.8-1）、式（8.2.8-2）：

$$a_b = a_t + 2h_0 = 500 + 2 \times 450 = 1400\text{mm} < l = 1600\text{mm}$$

即冲切破坏锥的底面在 l 方向落在基底面以内

$$a_m = (a_t + a_b)/2 = (500 + 1400)/2 = 950\text{mm}$$

$0.7\beta_{hp} f_t a_m h_0 = 0.7 \times 1 \times 1.27 \times 950 \times 450 = 380.05\text{kN}$

53. 正确答案是 C，解答如下：

根据《地规》式（8.2.8-3）：

$$F_l = p_j A_l = (p_{max} - 1.3\gamma_G \bar{d}) A_l$$
$$= (260 - 1.3 \times 20 \times 1.6) \times 0.609 = 133\text{kN}$$

54. 正确答案是 C，解答如下：

根据《地规》5.2.2条：

$$M_k = H_k d = 50 \times 1.9 = 95\text{kN} \cdot \text{m}$$

$$F_k + G_k = 200 + 20 \times 3.52 \times 1.6 = 312.64\text{kN}$$

$$e=\frac{M_k}{F_k+G_k}=\frac{95}{312.64}=0.303\text{m}<\frac{b}{6}=\frac{2.2}{6}=0.37\text{m}$$

故基底反力呈梯形分布，由规范式（5.2.2-2）：

$$p_{kmax}=\frac{F_k+G_k}{A}+\frac{M_k}{W}=\frac{312.64}{3.52}+\frac{95}{1.29}=162\text{kPa}$$

55. 正确答案是 D，解答如下：

根据《地规》8.2.11 条：$a_1=\frac{2.2-0.5}{2}=0.85\text{m}$

$$p=20.5+\frac{2.2-0.85}{2.2}\times(219.3-20.5)=142.5\text{kPa}$$

$$M_{\text{I-I}}=\frac{1}{12}a_1^2\Big[(2l+a')\Big(p_{max}+p-\frac{2G}{A}\Big)+(p_{max}-p)l\Big]$$

$$=\frac{1}{12}\times0.85^2\times\Big[(2\times1.6+0.5)\times\Big(219.3+142.5-\frac{2\times1.3\times20\times1.6\cdot A}{A}\Big)+$$

$$(219.3-142.5)\times1.6\Big]$$

$$=69.5\text{kPa}$$

【50～55题评析】 50 题，地基承载力修正时，基础埋深 d 的取值，根据《地规》5.2.4 条规定，宜自室外地面标高算起。

51 题，计算基础及其上土的自重时，取 $\bar{d}$ =（1.7+1.5）/2=1.6m。

52 题，首先应判断冲切破坏锥的底面在 l 方向是否落在基础底面以内。

56. 正确答案是 C，解答如下：

根据《地处规》7.1.3 条，应选（C）项。

57. 正确答案是 B，解答如下：

根据《地规》8.5.6 条第 6 款：

$$3d=3\times1.65=4.95\text{m}，并且}\geq5\text{m}$$

故取 5m，应选（B）项。

58. 正确答案是 B，解答如下：

6 层，高度 H=3.6×5+5+0.45=23.45m，属于多层结构。

根据《抗规》6.1.14 条规定：

$$K_1/K_{-1}=1/1.8=0.556>0.5；K_{-1}/K_{-2}=1/2.5=0.4<0.5$$

楼板厚度 250mm＞180mm，$\oplus$ 20 双向钢筋，故取地下 1 层板底（－4.000）作为上部结构的嵌固端。

【58题评析】 本题 6 层、高度为 23.45m，不属于高层建筑，故应根据《抗规》作答；若本题属于高层建筑，应根据《高规》5.3.7 条、12.2.1 条作答。

59. 正确答案是 B，解答如下：

根据《高规》4.2.2 条：

H=88m＞60m，则：

$$w_0=1.1\times0.55=0.605\text{kN/m}^2$$

根据《荷规》8.4.4 条，C 类地面：

$$x_1 = \frac{30/2.9}{\sqrt{0.54 \times 0.605}} = 18.099$$

$$R = \sqrt{\frac{\pi}{6 \times 0.05} \cdot \frac{18.0992}{(1+18.0992)^{4/3}}} = 1.23$$

60. 正确答案是 D，解答如下：

屋面处迎风面宽度：$B = 32 + 2 \times 12\cos 60° = 44\text{m}$，

C 类地面，$z = 88\text{m}$，查《荷规》表 8.2.1，取 $\mu_z = 1.416$；$z/H = 1.0$，查《荷规》附录表 G.0.3，取 $\phi_1(z) = 1.00$

根据《荷规》8.4.5 条、8.4.6 条：

$$\rho_z = \frac{10\sqrt{88+60e^{-88/60}-60}}{88} = 0.735$$

$$\rho_x = \frac{10\sqrt{44+50e^{-44/50}-50}}{44} = 0.873$$

$$B_z = 0.295 \times 88^{0.261} \times 0.873 \times 0.735 \times \frac{1.00}{1.416} = 0.430$$

61. 正确答案是 B，解答如下：

根据《荷规》表 8.3.1 第 30 项：

$$\sum_{i=1}^{6} \mu_i B_i = 0.8 \times 32 + 2 \times 0.45 \times 12\cos 120° + 2 \times 0.5 \times 32\cos 60° + 0.5 \times 12$$
$$= 42.2$$

62. 正确答案是 C，解答如下：

根据《高规》附录 E.0.1 条、5.3.7 条：

$$\gamma = \frac{K_{-1}}{K_1} = \frac{G_0 A_0}{G_1 A_1} \cdot \frac{h_1}{h_0} = \frac{19.76 \times 10^6}{17.17 \times 10^6} \times \frac{5.2}{3.5} = 1.71 < 2$$

故应以地下室底板为嵌固端。

$$M = \frac{1}{2}qH \times \left(3.5 + \frac{2H}{3}\right) = \frac{1}{2} \times 134.7 \times 88 \times \left(3.5 + \frac{2}{3} \times 88\right)$$
$$= 368449.4\text{kN} \cdot \text{m}$$

63. 正确答案是 D，解答如下：

根据《高规》10.2.2 条：

剪力墙底部加强部位的高度：$H = \max\left(\dfrac{88}{10}, 5.2 + 4.8 + 3.0\right) = 13.0\text{m}$

【59~63 题评析】59 题，《高规》4.2.2 条条文说明及 5.6.1 条条文说明。

62 题，关键是判断结构的嵌固端位置。

64. 正确答案是 A，解答如下：

根据《高规》6.3.2 条第 3 款：

$A_{s底}/A_{s顶} \geq 0.3$，则（B）、（C）项不满足

根据规程 6.3.3 条第 1 款：$\rho \leq 2.75\%$，且不宜大于 2.5%

对于（A）项，$\rho = \dfrac{3927}{300 \times 530} = 2.47\%$，满足

对于（D）项，$\rho=\dfrac{4926}{300\times530}=3.1\%$，不满足

65. 正确答案是 A，解答如下：

根据《高规》表 6.3.2-2：

梁端加密区箍筋最大间距：$s=\min\,(h_b/4,\,8d,\,100)$

$s=\min\,(650/4,\,8\times25,\,100)=100$mm，故（B）、（D）项不对

梁端顶面受拉钢筋配筋率：$\rho=\dfrac{3927}{300\times530}=2.47\%>2\%$

故根据规程 6.3.2 条第 4 款规定，箍筋最小直径应增大 2mm，即 $8+2=10$mm，故（C）项不对。

66. 正确答案是 D，解答如下：

根据《高规》6.4.3 条第 1 款，$H=66$m>60m，Ⅳ类场地上的较高高层建筑：
$$\rho_{\min}=0.9\%+0.1\%+0.05\%=1.05\%$$

故：$A_s\geqslant1.05\%\times350\times600=2205$mm^2，所以排除（A）、（B）项。

又由规程 6.4.4 条第 5 款，小偏心受拉的角柱：
$$A_s\geqslant1.25\times2100=2625\text{mm}^2$$

故排除（C）项。

所以选 10 Φ 20（$A_s=3142$mm^2）

【64～66题评析】65 题，一、二级抗震框架梁，根据《高规》表 6.3.2-2，箍筋加密区间距 $s\leqslant100$mm，故（B）、（D）项可先排除。当梁端纵向钢筋较多时，一般地应复核其受拉纵筋配筋率，并且满足最大配筋率要求。

67. 正确答案是 B，解答如下：

根据《高钢规》5.4.3 条：
$$F_{Ek}=\alpha_1G_{eq}=0.12\times0.85\times\big[(4300+0.5\times160)+10\times(4100+0.5\times550)\big]$$
$$=4909\text{kN}$$

68. 正确答案是 C，解答如下：

根据《高钢规》5.4.3 条：

$T_1=1.1$s$>1.4T_g=1.4\times0.4=0.56$s

则：$\delta_n=0.08T_1+0.01=0.08\times1.1+0.01=0.098$

$G_1=4100+0.5\times550=4375$kN，$G_{11}=4300+0.5\times160=4380$kN
$$G_{2\sim10}=G_1=4375\text{kN}$$

$$\sum_{j=1}^{11}G_jH_j=4375\times2.8\times(1+2+3+4+5+6+7+8+9+10)+4380\times2.8\times11$$
$$=808654$$

$$F_{11}=\dfrac{G_{11}H_{11}}{\displaystyle\sum_{j=1}^{11}G_jH_j}\cdot F_{Ek}(1-\delta_n)=\dfrac{4380\times2.8\times11}{808654}\times6000\times(1-0.098)$$
$$=903\text{kN}$$

$$\Delta F_n=\delta_n\cdot F_{Ek}=0.098\times6000=588\text{kN}$$
$$\Sigma F_{11}=F_{11}+\Delta F_n=903+588=1491\text{kN}$$

69. 正确答案是 B，解答如下：

根据《高钢规》7.3.7 条：

$$t_{wc} \geqslant \frac{h_{0b} + h_{0c}}{90} = \frac{400 + 500}{90} = 10\text{mm}$$

抗震等级三级，由《高钢规》7.4.1 条：

$$\frac{h_c}{t_{wc}} \leqslant 48\sqrt{235/345}，则：t_{wc} \geqslant 12.6\text{mm}$$

最终取 $t_{wc} \geqslant 12.6\text{mm}$。

【67～69 题评析】69 题，若根据《抗规》8.2.5 条的规定，计算公式是相同的。

70. 正确答案是 D，解答如下：

$H = 130\text{m}$，7 度，由《高规》3.3.1 条，属于 B 级高度。

查《高规》表 3.9.4：

框架抗震等级为一级，剪力墙抗震等级为一级。

71. 正确答案是 B，解答如下：

根据《荷规》附录 F.1.2 条：

$$T_1 = 0.41 + 0.10 \times 10^{-2} H^2/d = 0.41 + \frac{0.0010 \times 70^2}{(4.5 + 7.3)/2} = 1.2405\text{s}$$

8 度（0.2g），查《抗规》表 5.1.4-1，取 $\alpha_{max} = 0.16$

Ⅱ类场地，第一组，查表 5.1.4-2，取 $T_g = 0.35\text{s}$

$T_s = 0.35\text{s} < T_1 = 1.2405\text{s} < 5T_g = 1.75\text{s}$，则：

$$\alpha_1 = \left(\frac{T_g}{T_1}\right)^{\gamma} \eta_2 \alpha_{max} = \left(\frac{0.35}{1.2405}\right)^{0.9} \times 1 \times 0.16 = 0.051$$

72. 正确答案是 B，解答如下：

根据《高规》附录 D.0.1 条、D.0.2 条、D.0.3 条：

一字墙，$\beta = 1.0$，故 $l_0 = \beta h = 1.0 \times 5000 = 5000\text{mm}$

$q \leqslant \dfrac{E_c t^3}{10 l_0^2}$，则：

$$t \geqslant \sqrt[3]{\frac{10 l_0^2 q}{E_c}} = \sqrt[3]{\frac{10 \times 5000^2 \times 3400}{3.15 \times 10^4}} = 299.94\text{mm}$$

73. 正确答案是 B，解答如下：

确定支座 1 的荷载横向分布系数，用杠杆法计算，如图 10-3（a）所示。

$$\eta_1 = \frac{3.4 + 2.55 - 0.75 - 0.5}{3.4} \times 1$$

$$= 1.382$$

$$\eta_2 = \frac{5.95 - 0.75 - 0.5 - 1.8}{3.4} \times 1$$

$$= 0.853$$

$$\eta_3 = \frac{5.95 - 0.75 - 0.5 - 1.8 - 1.3}{3.4} \times 1$$

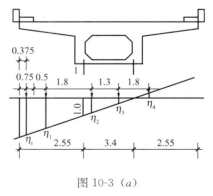

图 10-3（a）

$$=0.471$$

$$\eta_4 = \frac{5.95 - 0.75 - 0.5 - 1.8 - 1.3 - 1.8}{3.4} \times 1$$

$$= -0.059$$

$$m_{cq} = \frac{1}{2}\sum_{i=1}^{4}\eta_q = 1.3235$$

桥面行车道净宽7.0m，双向行驶，查《公桥通规》表4.3.1-4，设计车道数为2，故取$\xi = 1.0$。

1号中墩汽车加载如图10-4（a）所示。

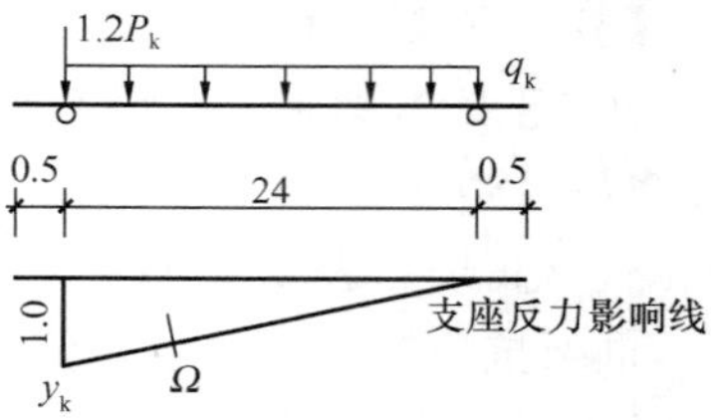

公路-Ⅰ级：$q_k = 10.5\text{kN/m}$

$$P_k = 2 \times (24 + 130) = 308\text{kN}$$

$$\Omega = \frac{1}{2} \times 24 \times 1 = 12\text{m}^2$$

图10-4（a）

$$R_{1k} = (1 + \mu)\xi m_{cq}(P_k y_k + q_k\Omega)$$

$$= 1.215 \times 1.0 \times 1.3235 \times (308 \times 1 + 10.5 \times 12)$$

$$= 697.9\text{kN}$$

74. 正确答案是A，解答如下：

恒载平分到四个支座：$R_1 = \dfrac{4500}{4} = 1125\text{kN}$

75. 正确答案是C，解答如下：

根据《公桥混规》8.7.3条：

$$\frac{R_{ck}}{A_e} = \frac{2000 \times 10^3}{(400 - 2 \times 5)(b - 2 \times 5)} \leqslant \sigma_c = 10$$

解之得：$b \geqslant 523\text{mm}$

76. 正确答案是C，解答如下：

$$M_k = (750 + 750) \times 1 = 1500\text{kN} \cdot \text{m}$$

77. 正确答案是B，解答如下：

如图10-3（a）所示，人群等效荷载集中力P_{0r}，其对应的η_r为：

$$\eta_r = \frac{3.4 + 2.55 - \dfrac{0.75}{2}}{3.4} \times 1 = 1.6397, \quad m_{cr} = \eta_r = 1.6397$$

$$q_{rk} = 3.0 \times 0.75 = 2.25\text{kN/m}$$

支座反力影响线同图10-4（a）：$y_k = 1.0$，$\Omega = 12\text{m}^2$

$$R_{1k,r} = m_{cr} \cdot q_{rk}\Omega = 1.6397 \times 2.25 \times 12 = 44.27\text{kN}$$

78. 正确答案是D，解答如下：

$L_k = 25\text{m}$，按单孔跨径查《公桥通规》表1.0.5，属中桥；查《公桥通规》表4.1.5-1，该桥设计安全等级为一级，故取$\gamma_0 = 1.1$。

$$\gamma_0 S_{ud} = \gamma_0(\gamma_G S_{GK} + \gamma_{Q1} S_{Q1K} + \psi_c \gamma_{Q2} S_{Q2K})$$

$$= 1.1 \times [1.2 \times 700 + 1.4 \times 600 \times (1 + 0.215) + 0.75 \times 1.4 \times 40]$$

$$= 2093\text{kN}$$

79. 正确答案是 A，解答如下：

$$S_{sd} = 700 + 0.4 \times 600 + 0.4 \times 40 = 956$$

【73～79题评析】73题，本题目求箱梁支座1的最大压力值，故按单孔长度即24m加载；假若求中间桥墩墩顶的最大压力值，应按双孔长度即$24 \times 2 = 48$m加载。

80. 正确答案是 C，解答如下：

根据弯梁桥的受力特点，即：对于两端均有抗扭支座的，其外弧侧的支座反力一般大于内弧侧；曲率半径 R 较小时，内弧侧还可能出现负反力。所以 $A_2 > A_1$，$D_2 > D_1$。

实战训练试题（十一）解答与评析

（上午卷）

1. 正确答案是 C，解答如下：

C25，HRB400 级钢筋，取 $\xi_b = 0.518$

或根据《混规》6.2.7 条：

$$\xi_b = \frac{\beta_1}{1 + \dfrac{f_y}{E_s \varepsilon_{cu}}} = \frac{0.8}{1 + \dfrac{360}{2 \times 10^5 \times 0.0033}} = 0.518$$

$h_0 = h - a_s = 535\text{mm}$，$x_b = \xi_b h_0 = 0.518 \times 535 = 277\text{mm} > h_f = 120\text{mm}$

根据规范 6.2.10 条，安全等级二级，取 $\gamma_0 = 1.0$：

$$M = \alpha_1 f_c b x_b \left(h_0 - \frac{x_b}{2} \right) + \alpha_1 f_c (b'_f - b) h'_f \left(h_0 - \frac{h'_f}{2} \right)$$

$$= 1.0 \times 11.9 \times 250 \times 277 \times \left(535 - \frac{277}{2} \right)$$

$$+ 1.0 \times 11.9 \times 500 \times 120 \times \left(535 - \frac{120}{2} \right)$$

$$= 665.9\text{kN} \cdot \text{m}$$

2. 正确答案是 A，解答如下：

根据《可靠性标准》8.2.4 条：

支座截面剪力设计值 V：

$$V = 1.3 \times 40 + 1.5 \times 40 + (1.3 \times 4 + 1.5 \times 4) \times \frac{6}{2} = 145.6\text{kN}$$

独立梁，集中荷载产生的剪力占总剪力之比：

$$\frac{1.3 \times 40 + 1.5 \times 40}{145.6} = 76.9\% > 75\%$$

根据《混规》式（6.3.4-2）：

$$\lambda = \frac{2000}{600 - 65} = 3.74，故取 \lambda = 3$$

$$V \leqslant \alpha_{cv} f_t b h_0 + f_{yv} \frac{A_{sv}}{s} h_0$$

$$A_{sv} \geqslant \left(145.6 \times 10^3 - \frac{1.75}{3 + 1} \times 1.27 \times 250 \times 535 \right) \times \frac{200}{270 \times 535}$$

$$= 99\text{mm}^2$$

双肢箍，$A_{sv1} = A_{sv}/2 = 49.5\text{mm}^2$

3. 正确答案是 A，解答如下：

根据《可靠性标准》8.2.4 条：

$$\lambda = \frac{2000}{600-35} = 3.74, 故取 \lambda = 3$$

$$V = 1.3 \times 58 + 1.5 \times 58 = 162.4 \text{kN}$$

$$T_w = \frac{W_{tw}}{W_{tw} + W_{tf}} T = \frac{16.15 \times 10^6}{16.15 \times 10^6 + 3.6 \times 10^6} \times 12$$
$$= 9.81 \text{kN} \cdot \text{m}$$

根据《混规》6.4.8条规定：

$$\beta_t = \frac{1.5}{1 + 0.2(\lambda + 1)\dfrac{VW_{tw}}{T_w b h_0}}$$

$$= \frac{1.5}{1 + 0.2 \times (3+1) \times \dfrac{162.4 \times 10^3 \times 16.15 \times 10^6}{9.81 \times 10^6 \times 250 \times 535}}$$

$$= 0.58$$

4. 正确答案是 B，解答如下：

根据《混规》7.1.2条：

$$\rho_{te} = \frac{A_s}{A_{te}} = \frac{1520}{0.5 \times 250 \times 600} = 0.02 > 0.01$$

$$\psi = 1.1 - 0.65 \frac{f_{tk}}{\rho_{te}\sigma_{sq}} = 1.1 - 0.65 \times \frac{1.78}{0.02 \times 268} = 0.884 \begin{matrix} < 1 \\ > 0.2 \end{matrix}$$

$$w_{max} = \alpha_{cr}\psi\frac{\sigma_{sq}}{E_s}\left(1.9c_s + 0.08\frac{d_{eq}}{\rho_{te}}\right)$$

$$= 1.9 \times 0.884 \times \frac{268}{2 \times 10^5} \times \left(1.9 \times 25 + 0.08 \times \frac{22}{0.02}\right)$$

$$= 0.305 \text{mm}$$

【1～4题评析】 1题，ξ_b 的取值，当混凝土强度等级≤C50，钢筋为 HPB300 时，$\xi_b = 0.576$；当为 HRB335 时，$\xi_b = 0.550$；当为 HRB400 时，$\xi_b = 0.518$；当为 HRB500 时，$\xi_b = 0.482$。

2题、3题，应注意剪跨比 λ 的取值，当 $\lambda < 1.5$ 时，取 $\lambda = 1.5$；当 $\lambda > 3$ 时，取 $\lambda = 3$，具体见规范 7.5.4 条。

4题，应注意 ρ_{te} 的计算及其取值范围；ψ 的取值范围。

5. 正确答案是 B，解答如下：

根据《荷规》6.1.2条第1款规定，一台四轮桥式吊车每侧的刹车轮数为1，又根据荷载规范 6.2.1 条、6.2.2 条规定，参与组合的吊车台数不应多于 2 台，且查规范表 6.2.2，A_5 工作制取折减系数 0.9，则：

$$F = 0.9 \times (10\% \times 178 \times 2) = 32 \text{kN}$$

6. 正确答案是 C，解答如下：

根据《荷规》6.2.1条规定，对于边柱应考虑两台吊车；吊车梁支座反力影响线见图 11-1 (a) 所示。

$$\Sigma y_i = 1 + \frac{2000}{6000} + \frac{60}{6000} + \frac{4060}{6000} = 2.02$$

又根据荷载规范 6.2.2 条，荷载折减系数

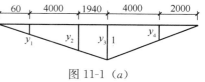

图 11-1 (a)

取 0.9：

$$D_{max}=0.9\times178\Sigma y_i=0.9\times178\times2.02=324kN$$

$$D_{min}=0.9\times43.7\times2.02=79.4kN$$

7. 正确答案是 C，解答如下：

根据《荷规》6.2.1 条规定，仅有 2 台吊车参与组合；当 AB 跨、BC 跨各有一台吊车同时在同一方向刹车时，参见图 11-1 影响线图，且根据规范 6.2.2 条，荷载折减系数取为 0.9：

$$H=0.9\times\left(1+\frac{2000}{6000}\right)T_Q\times2=2.4T_Q$$

8. 正确答案是 D，解答如下：

根据《可靠性标准》8.2.4 条：

根据《荷规》5.3.3 条，不上人的屋面均布活荷载，可不与雪荷载和风荷载同时组合；又吊车荷载产生的弯矩值较大，作为主导可变荷载（或第 1 可变荷载）进行计算，则：

$$M=1.3\times19.3+1.5\times58.5+1.5\times0.70\times18.8+1.5\times0.7\times3.8+1.5\times0.6\times20.3$$
$$=154.84kN\cdot m$$

9. 正确答案是 D，解答如下：

根据《混规》6.2.20 条及表 6.2.20-1：

上柱：$l_0=2.0H_u=2.0\times3.3=6.6m$

下柱：$l_0=1.0H_l=1.0\times8.45=8.45m$

10. 正确答案是 D，解答如下：

根据《混规》9.3.11 条、9.3.10 条：

当考虑安装偏差 20mm，$a=100+20=120mm<0.3h_0=0.3\times800=240mm$

故取 $a=0.3h_0=240mm$

$$A_s=\frac{F_v a}{0.85f_y h_0}+1.2\frac{F_h}{f_y}=\frac{300\times10^3\times240}{0.85\times360\times800}+1.2\times\frac{60\times10^3}{360}$$

$$=294+200=494mm^2$$

根据规范 9.3.12 条：

$$\rho_{min}=\max(0.2\%,0.45f_t/f_y)=\max(0.2\%,0.45\times1.71/360)$$
$$=0.214\%$$

$$A_{s,min}=\rho_{min}bh=0.214\%\times400\times850=728mm^2>294mm^2$$

故取 $A_s=A_{s,min}+200=728+200=928mm^2$

11. 正确答案是 C，解答如下：

根据《混规》9.6.2 条，动力系数取为 1.5；根据规范 7.1.4 条，取标准组合值，则：

$$\sigma_{sk}=\frac{1.5M_k}{0.87h_0 A_s}=\frac{1.5\times27.2\times10^6}{0.87\times465\times509}=198N/mm^2$$

【5～11题评析】 5～6 题考核有吊车荷载的排架计算，应注意《荷规》6.2.2 条中，水平荷载包括横向水平荷载、纵向水平荷载，当参与组合的吊车台数≥2 时，应取荷载折

减系数。

9 题，查《混规》表 6.2.20-1，计算柱的计算长度时，应注意表 6.2.20-1 中注 1、2、3 的规定。对于 9 题，题目隐含了 $H_u/H_l \geqslant 0.3$，否则，应对上柱的计算长度进行修正。

10 题，关键是复核承受竖向力所需的纵向钢筋的最小配筋率，见《混规》9.3.12 条的构造规定。

12. 正确答案是 D，解答如下：

根据《混规》11.4.3 条、11.4.5 条：

$$V_c = 1.3 \times \frac{(M_c^t + M_c^b)}{H_n} \times 1.1 = 1.3 \times \frac{(180 + 320)}{4} \times 1.1 = 178.75 \text{kN} \cdot \text{m}$$

13. 正确答案是 A，解答如下：

根据《混规》11.4.7 条：

$$\lambda = \frac{H_n}{2h_0} = \frac{4000}{2 \times 550} = 3.64 > 3，取 \lambda = 3.0$$

$$0.3 f_c A = 0.3 \times 19.1 \times 600^2 = 2062.8 \text{kN} < N = 3500 \text{kN}$$

故取 $$N = 2062.8 \text{kN}$$

非加密区，由规范式（11.4.7）：

$$V = \frac{1}{\gamma_{RE}} \left(\frac{1.05}{\lambda + 1} f_t b h_0 + f_{yv} \frac{A_{sv}}{s} h_0 + 0.056N \right)$$

$$= \frac{1}{0.85} \times \left(\frac{1.05}{3+1} \times 1.71 \times 600 \times 550 + 300 \times \frac{314}{200} \times 550 + 0.056 \times 2062.8 \times 10^3 \right)$$

$$= 615 \text{kN}$$

【12、13 题评析】 12 题给定条件为中间层角柱，角柱受力复杂，震害严重，故其弯矩、剪力设计值应取经调整后的弯矩、剪力值乘以不小于 1.1 的系数。

13 题，关键是确定 λ、N 的取值；其次，题目条件是求非加密区斜截面抗剪承载力。

14. 正确答案是 B，解答如下：

根据《混规》11.8.1 条，（B）项正确。

15. 正确答案是 B：解答如下：

根据《混规》4.2.3 条，取 $f_{py} = 1320 \text{N/mm}^2$。

$$A_s = 12 \times 615.8 = 7389.6 \text{mm}^2, A_p = 28 \times 140 = 3920 \text{mm}^2（查《混规》附表 A.0.2）$$

$$\lambda = \frac{A_p f_{py}}{A_p f_{py} + A_s f_y} = \frac{3920 \times 1320}{3920 \times 1320 + 7389.6 \times 360} = 0.66$$

【15 题评析】 预应力强度比 λ 的计算，《混规》和《抗规》是一致的；不同的是，预应力混凝土框架柱的构造规定，《抗规》附录 C.2.3 作了规定。

16. 正确答案是 B，解答如下：

横梁 B1 为单跨简支外伸梁，其最大弯矩设计值：

$$M = F_2 \times 2.5 = 305 \times 2.5 = 762.5 \text{kN} \cdot \text{m}$$

17. 正确答案是 B，解答如下：

查《钢标》表 4.4.8，取 $E = 206 \times 10^3 \text{N/mm}^2$

$$f = \frac{5q_k l^4}{384EI} = \frac{5M_k l^2}{48EI} = \frac{5 \times 135 \times 10^6 \times 12000^2}{48 \times 206 \times 10^3 \times 23700 \times 10^4} = 41.5\text{mm}$$

18. 正确答案是 C，解答如下：

根据《钢标》6.1.1 条、6.1.2 条：

轧制 H 型钢，Q235 钢，故取 $\gamma_x = 1.05$

$$\frac{M_x}{\gamma_x W_{nx}} = \frac{450 \times 10^6}{1.05 \times 2610 \times 10^3} = 164.2\text{N/mm}^2$$

19. 正确答案是 B，解答如下：

根据《钢标》7.1.1 条、表 11.5.2 注 3：

由 7.1.3 条，取 $\eta = 0.70$

$$\sigma = \frac{N}{\eta A} = \frac{520 \times 10^3}{0.7 \times 4390} = 169.2\text{N/mm}^2$$

$$d_c = \max(20+4,22) = 24\text{mm}$$

$$\sigma = \frac{N}{\eta A_n}\left(1-0.5\frac{n_1}{n}\right) = \frac{520 \times 10^3}{0.7 \times (4390-4 \times 6.5 \times 24)} \times \left(1-0.5 \times \frac{2}{6}\right)$$

$$= 164.4\text{N/mm}^2$$

故取 $\sigma = 169.2\text{N/mm}^2$

20. 正确答案是 A，解答如下：

根据《钢标》11.2.2 条规定：

$$l_1 = \frac{N}{\Sigma h_e \cdot f_f^w} + 2h_f = \frac{520 \times 10^3}{4 \times 0.7 \times 6 \times 160} + 2 \times 6$$

$$= 205.5\text{mm} > 8h_f = 8 \times 6 = 48\text{mm}$$

取 $l_1 = 220\text{mm}$。

21. 正确答案是 B，解答如下：

角焊缝 l_2 为正面角焊缝，其实际长度为：

$$l_2 = \frac{N}{2h_e\beta_f f_f^w} + 2h_f = \frac{520 \times 10^3}{2 \times 0.7 \times 10 \times 1.22 \times 160} + 2 \times 10 = 210\text{mm}$$

焊缝处截面按受拉强度计算所需长度：

$$l_2 = \frac{N}{tf} = \frac{520 \times 10^3}{10 \times 215} = 242\text{mm}$$

故取 $l_2 = 242\text{mm}$

所以应选（B）项。

22. 正确答案是 B，解答如下：

Q235、Ⅱ 类孔，BL3 铆钉，查《钢标》表 4.4.7，取 $f_v^r = 155\text{N/mm}^2$，$f_c^r = 365\text{N/mm}^2$

由《钢标》11.4.1 条：

$$N_v^r = n_v \frac{\pi d_0^2}{4} f_v^r = 2 \times \frac{\pi \times 21^2}{4} \times 155 = 107.37\text{kN}$$

$$N_v^r = d_0 \Sigma t \cdot f_c^r = 21 \times 10 \times 365 = 76.65\text{kN}$$

故取 $N_v = 76.65\text{kN}$

铆钉数目：$n = \dfrac{N}{N_v} = \dfrac{520}{76.65} = 6.8$ 个，取 $n = 8$ 个

铆钉布置两排，每排铆钉连接长度 $l_1 = (4-1) \times 3d_0 = 9d_0 < 15d_0$

故不考虑超长折减，取 $n = 8$ 个，满足。

23. 正确答案是 D，解答如下：

根据《钢标》11.5.4 条，高强度螺栓承压型连接不用于直接承受动荷载的结构中。

【16～23 题评析】 18 题，当梁承受动荷载时，《钢标》6.1.1 条条文说明中指出，直接承受动力荷载的梁也可以考虑塑性发展。

21 题，横梁 B1 所受到的力是由轨道梁 B3 传来，故横梁 B1 为间接承受动力荷载。

22 题，复核铆钉连接长度是否为超长连接。

24. 正确答案是 C，解答如下：

椽条坡向长度 5m，其水平投影长度 4m，则：

$$q = 4 \times 1.2 = 4.8\text{kN/m}$$

$$M = \frac{1}{8}ql^2 = \frac{1}{8} \times 4.8 \times 4^2 = 9.6\text{kN} \cdot \text{m}$$

25. 正确答案是 C，解答如下：

由椽条传来的沿屋面坡向的荷载设计值为：

$$F = 1.2 \times 4 \times \frac{24}{2} \times \frac{3}{5} = 34.6\text{kN}, \cos\alpha = \frac{5}{\sqrt{5^2 + 4^2}} = 0.781$$

故

$$N = \frac{F}{\cos\alpha} = \frac{34.6}{0.781} = 44.3\text{kN}$$

26. 正确答案是 C，解答如下：

山墙面积：$A = 48 \times \dfrac{18}{2} + 7.5 \times 48 = 792\text{m}^2$

风荷载传递给每侧刚架柱顶和刚架柱基，各分担 1/4，则：

$$W_1 = 792 \times 0.55 \times \frac{1}{4} = 108.9\text{kN}$$

27. 正确答案是 D，解答如下：

平面内：$l_{0y} = 1.0\text{m}$，$\lambda_y = \dfrac{l_{0y}}{i_y} = \dfrac{1000}{14.1} = 71$

平面外：$l_{0x} = 4.0\text{m}$，$\lambda_x = \dfrac{l_{0x}}{i_x} = \dfrac{4000}{39.5} = 101$

查《钢标》表 7.2.1-1，均属 b 类截面。

$\lambda_x = 101$，查附表 D.0.2，取 $\varphi_x = 0.548$

$$\frac{N}{\varphi_x A} = \frac{120 \times 10^3}{0.548 \times 1274} = 171.9\text{N/mm}^2$$

28. 正确答案是 C，解答如下：

根据《钢标》3.5.1 条：

$$\frac{b}{t} = \frac{400-12}{2\times25} = 7.8 < 13\varepsilon_k = 13\sqrt{235/345} = 10.7，翼缘为 S3 级$$

腹板满足 S4 级，故截面等级为 S4 级，取全截面计算。

根据《钢标》附录 C.0.5 条：

$$\varphi_b = 1.07 - \frac{\lambda_y^2}{44000\varepsilon_k^2} = 1.07 - \frac{60^2}{44000\times235/345} = 0.95$$

$$\frac{M_x}{\varphi_b W_x} = \frac{5100\times10^6}{0.95\times19360\times10^3} = 277.3\text{N/mm}^2$$

29. 正确答案是 B，解答如下：

根据《钢标》3.5.1 条：

$$\frac{b}{t} = \frac{400-12}{2\times25} = 7.8 < 13\varepsilon_k = 13\sqrt{235/345} = 10.7，翼缘满足 S3 级$$

$$\begin{array}{c}\sigma_{max}\\\sigma_{min}\end{array} = \frac{920\times10^3}{38000} \pm \frac{5100\times10^6\times750}{1.50\times10^{10}} = 24.2\pm255 = \begin{array}{c}+279.2\text{N/mm}^2\\-230.8\text{N/mm}^2\end{array}$$

$$\alpha_0 = \frac{279.2-(-230.8)}{279.2} = 1.827$$

$$\frac{h_0}{t_w} = \frac{1500}{12} = 125 > (45+25\times1.827^{1.66})\times\sqrt{235/345} = 93.3$$

$$< 250$$

腹板满足 S5 级；由《钢标》8.4.2 条：

$$k_\sigma = \frac{16}{2-1.827+\sqrt{(2-1.827)^2+0.112\times1.827^2}} = 19.79$$

$$\lambda_{n,p} = \frac{1500/12}{28.1\sqrt{19.79}} \cdot \frac{1}{\sqrt{235/345}} = 1.21 > 0.75$$

$$\rho = \frac{1}{1.21}\left(1-\frac{0.19}{1.21}\right) = 0.70$$

$$h_c = \frac{279.2}{279.2-(-230.8)}\times1500 = 821\text{mm}$$

$$h_e = \rho h_c = 0.70\times821 = 575\text{mm}$$

$$h_{e1} = 0.4h_e = 230\text{mm},$$

$$h_{e2} = 0.6h_e = 345\text{mm}$$

退出工作的腹板高度 $=821-575=246$mm

$A_e = A - 246\times12 = 38000-246\times12 = 35048\text{mm}^2$

如图 11-2(a)所示，退出工作的腹板部分形心到受压翼缘上边缘的距离 $=25+230+\dfrac{246}{2}$

$=378$mm

有效截面形心性轴到受压翼缘上边缘的距离 y_e 为：

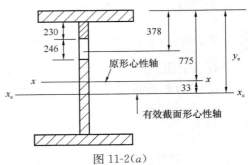

图 11-2(a)

714

$$y_e = \frac{38000 \times 775 - 246 \times 12 \times 378}{38000 - 246 \times 12}$$

$$= 808 \text{mm}$$

$$e = 808 - 775 = 33 \text{mm}$$

由平行移轴公式：

$$I_{elx} = I_x + Ae^2 - \left[\frac{1}{12} \times 12 \times 246^3 + 246 \times 12 \times (808 - 378)^2 \right]$$

$$= 1.50 \times 10^{10} + 38000 \times 33^2 - (246^3 + 246 \times 12 \times 430^2)$$

$$= 1.448 \times 10^{10} \text{mm}^4$$

$$W_{elx} = \frac{I_{elx}}{y_e} = 1.792 \times 10^7 \text{mm}^3$$

由题目条件，取 $l_{0y} = 6\text{m}$。

$\lambda_y = \frac{l_{0y}}{i_y} = \frac{6000}{83.3} = 72$，查《钢标》表 7.2.1-1，均属 b 类，$\lambda_y / \varepsilon_k = 72 / \sqrt{235/345} = 87.2$，查附表 D.0.2，取 $\varphi_y = 0.640$

$$\varphi_b = 1.07 - \frac{72^2}{44000 \times 235/345} = 0.90$$

由《钢标》8.4.2 条第 2 款：

$$\frac{N}{\varphi_y A_e} + \eta \frac{\beta_{tx} M_x + Ne}{\varphi_b W_{elx}}$$

$$= \frac{920 \times 10^3}{0.640 \times 35048} + 1.0 \times \frac{0.65 \times 5100 \times 10^6 + 920 \times 10^3 \times 33}{0.90 \times 1.792 \times 10^7}$$

$$= 41.015 + 207.426$$

$$= 248.44 \text{N/mm}^2$$

30. 正确答案是 A，解答如下：

根据《可靠性标准》8.2.4 条、《砌规》4.1.6 条：

$$\frac{\gamma_0 S_1}{S_2} = \frac{1.0 \times 1.5 \times 1 \times (4-1) \times 10}{50} = 0.9 > 0.8$$

31. 正确答案是 A，解答如下：

根据《抗规》7.2.3 条：窗洞高度 1.2m < 3.0 × 50% = 1.5m，按窗洞考虑。

$$\rho = \frac{A_n}{A} = \frac{0.37 \times 2 \times 0.9}{0.37 \times 6} = 0.3, \text{查规范表 7.2.3, 取影响系数为 0.88。}$$

$$\frac{h}{l} = \frac{3}{6} = 0.5 < 1, \text{ 不考虑弯曲变形}$$

$$K = \frac{0.88GA}{\xi H} = \frac{0.88 \times 0.4E \times 370 \times 6000}{1.2 \times 3000} = 217.07E$$

【30、31 题评析】 31 题，由于窗洞 1.5m 未大于层高的 50%，故根据《抗规》表 7.2.3 注的规定，按窗洞考虑；否则，应按门洞处理。此外，本题目洞口中线偏离墙段中线的距离为 1500mm，不大于墙段长度的 1/4，即：

6000 × 1/4 = 1500mm，故不考虑影响系数的折减。

32. 正确答案是 C，解答如下：

根据《砌规》4.2.6条：

$$M = -\frac{wH_i^2}{12} = -\frac{1.5 \times 0.5 \times 3^2}{12} = -0.563 \text{kN} \cdot \text{m}$$

33. 正确答案是 B，解答如下：

根据《砌规》5.2.4条：

$$a_0 = 10\sqrt{\frac{h_c}{f}} = 10\sqrt{\frac{500}{1.5}} = 182.6\text{mm} < 240\text{mm}$$

$$A_0 = 370 \times (370 \times 2 + 200) = 347800\text{mm}^2$$

$$A_l = 182.6 \times 200 = 36520\text{mm}^2$$

$$\gamma = 1 + 0.35\sqrt{\frac{347800}{36520} - 1} = 2.02 > 2, \text{取} \gamma = 2$$

$$\eta\gamma fA_l = 0.7 \times 2 \times 1.5 \times 36520 = 76.7\text{kN}$$

34. 正确答案是 B，解答如下：

根据《砌规》5.2.6条、3.2.5条：

$$E_b = 2.55 \times 10^4 \text{MPa}, I_b = \frac{1}{12} \times 240 \times 180^3 = 116.64 \times 10^6 \text{mm}^4$$

$$E = 1600f = 1600 \times 1.5 = 2400\text{MPa}, h = 370\text{mm}$$

$$h_0 = 2 \times \sqrt[3]{\frac{2.55 \times 10^4 \times 116.64 \times 10^6}{2400 \times 370}} = 299.24\text{mm}, \delta_2 = 0.8$$

$$2.4\delta_2 fb_b h_0 = 2.4 \times 0.8 \times 1.5 \times 240 \times 299.24 = 206.83\text{kN}$$

【33、34题评析】 33题中，γ 的取值应满足《砌规》5.2.2条规定。

35. 正确答案是 C，解答如下：

根据《砌规》8.1.2条、8.1.3条：

$$\rho = \frac{(a+b)A_s}{abs_n} = \frac{(60+60) \times 12.57}{60 \times 60 \times 325} = 0.129\% \begin{matrix} < 1.0\% \\ > 0.1\% \end{matrix}$$

M10 水泥砂浆，故取 $f = 1.89\text{MPa}, f_y = 320\text{N/mm}^2$

$$f_n = 1.89 + 2 \times \left(1 - 2 \times \frac{0.1h}{0.5h}\right) \times 0.129\% \times 320 = 2.385\text{N/mm}^2$$

$$\varphi_n f_n A = 2.385 \times 370 \times 800\varphi_n(\text{N}) = 706\varphi_n(\text{kN})$$

36. 正确答案是 A，解答如下：

根据《砌规》10.2.2条：

$\zeta_c = 0.5$, $f_t = 1.1\text{MPa}$, $A = 240 \times 4240 = 1017600\text{mm}^2$, $A_c = 240 \times 240 = 57600\text{mm}^2$
内纵墙，$A_c = 57600\text{mm}^2 < 0.15A = 152640\text{mm}^2$，取 $A_c = 57600\text{mm}^2$, $\eta_c = 1.1$；取 $\xi_s = 0.0$。

$$\frac{A_s}{A_c} = \frac{4 \times 153.9}{57600} = 1.07\% \begin{matrix} < 1.4\% \\ > 0.6\% \end{matrix}$$

由规范式 (10.2.2)：

$$V = \frac{1}{0.9} \times [1.1 \times 0.225 \times (1017600 - 57600) + 0.5 \times 1.1 \times$$

$$57600 + 0.08 \times 300 \times 615.6 + 0.0]$$

$$= 315.62\text{kN}$$

37. 正确答案是 D，解答如下：

根据《砌规》6.1.1条：

$$\mu_1 = 1.0, \mu_2 = 1.0, [\beta] = 26$$

$$s = 4.5\text{m} < \mu_1\mu_2[\beta]h = 1 \times 1 \times 26 \times 0.24 = 6.24\text{m}$$

故外墙的高度可不受高厚比限制。

38. 正确答案是 D，解答如下：

$s = 9\text{m}$，为第 1 类楼盖，查《砌规》表 4.2.1，属刚性方案；$H = 4.5\text{m}$，刚性方案，$H = 4.5\text{m} < s = 9\text{m} \leqslant 2H = 9\text{m}$，查规范表 5.1.3：

$$H_0 = 0.4s + 0.2H = 0.4 \times 9 + 0.2 \times 4.5 = 4.5\text{m}$$

$$\mu_1 = 1, \mu_2 = 1 - 0.4 \times \frac{b_s}{9}$$

$$\beta = \frac{H_0}{h} = \frac{4.5}{0.24} \leqslant \mu_1\mu_2[\beta] = 1 \times \left(1 - 0.4 \times \frac{b_s}{9}\right) \times 26$$

解之得：$b_s \leqslant 6.27\text{m}$

【35~38 题评析】 35 题，应注意冷拔低碳钢丝的 $f_y = 320\text{MPa}$ 进行计算，按《砌规》8.1.2 条规定。

36 题，应注意中部构造柱截面面积 A_c 的取值，当 $A_c > 0.15A$，取 $0.15A$（对横墙和内纵墙）；当 $A_c > 0.25A$，取 $0.25A$（对外纵墙）。

38 题，窗洞高 $1\text{m} > \frac{1}{5} \times 4.5 = 0.9\text{m}$，应考虑修正系数 μ_2。

39. 正确答案是 C，解答如下：

根据《砌规》10.5.9 条：

剪力墙底部加强区的高度：$h = \max\left\{\frac{50}{6}, 3.5 + 4 + 0.45\right\} = 8.33\text{mm}$

故 I 不对，排除（A）、（B）、（D）项。

40. 正确答案是 B，解答如下：

根据《砌规》附录 A.0.2 条规定，（B）项不对。

（下午卷）

41. 正确答案是 D，解答如下：
根据《抗规》7.5.9 条第 2 款规定，（D）项不妥，应选（D）项。

42. 正确答案是 A，解答如下：
根据《木标》4.3.1 条、4.3.9 条：
露天环境、设计使用年限 25 年，$f_c = 0.9 \times 1.05 \times 16 = 15.12\text{MPa}$

$$f_c A_n = 15.12 \times (100 \times 100 - 100 \times 30) = 105.84\text{kN}$$

43. 正确答案是 B，解答如下：
根据《木标》5.1.3 条：$A_0 = 0.9A = 0.9 \times 100^2 = 9000\text{mm}^2$

$$\lambda = \frac{l_0}{i} = \frac{3000}{28.87} = 104$$

$\lambda_c = 4.13\sqrt{1 \times 330} = 75 < \lambda$，则：

$$\varphi = \frac{0.92\pi^2 \times 1 \times 330}{104^2} = 0.277$$

由上一题可得：$f_c = 15.12\text{MPa}$

$$\varphi A f_c = 0.277 \times 9000 \times 15.12 = 37.69\text{kN}$$

【42、43题评析】 应注意的是，f_c 的调整系数的取值。

44. 正确答案是 C，解答如下：

挡土墙高度为 5.0m，取 $\psi_a = 1.1$

粉质黏土，$\rho_c = 1650\text{kg/m}^3$，查《地规》附录图 L.0.2，查 $\alpha = 90°$，取 $k_a = 0.26$

由规范式（6.7.3-1）：

$$E_a = 1.1 \times \frac{1}{2} \times 19 \times 5^2 \times 0.26 = 67.93\text{kN/m}$$

45. 正确答案是 B，解答如下：

根据《地规》6.7.5 条：

$$G_n = G\cos\alpha_0 = 209.22 \times \cos0° = 209.22\text{kN/m}$$

$$G_t = G \times \sin0° = 0$$

$$E_{an} = E_a\cos(\alpha - \alpha_0 - \delta) = 70 \times \cos(90 - 0 - 13)° = 70\cos77° = 15.75\text{kN/m}$$

$$E_{at} = E_a\sin(\alpha - \alpha_0 - \delta) = 70\sin77° = 68.21\text{kN/m}$$

$$K_s = \frac{(G_n + E_{an})\mu}{E_{at} + G_t} = \frac{(209.22 + 15.75) \times 0.4}{68.21 + 0} = 1.32$$

46. 正确答案是 C，解答如下：

由上一题可知：$G = 209.22\text{kN/m}$，$E_a = 70\text{kN/m}$。

根据《地规》6.7.5 条第 2 款：

$$E_{ax} = E_a\sin(\alpha - \delta) = 70 \times \sin(90 - 13)° = 68.21\text{kN/m}$$

$$E_{aE} = E_a\cos(\alpha - \delta) = 70 \times \cos77° = 15.75\text{kN/m}$$

$$z = 5/3 = 1.67\text{m}$$

$$x_f = b - z\cot\alpha = 2.7 - 1.67\cot90° = 2.7\text{m}$$

$$z_f = z - b\tan\alpha_0 = 1.67 - 2.7\tan0° = 1.67\text{m}$$

$$K_t = \frac{Gx_0 + E_{az}x_f}{E_{ax}z_f} = \frac{209.22 \times 1.68 + 15.75 \times 2.7}{68.21 \times 1.67} = 3.46$$

47. 正确答案是 A，解答如下：

如图 11-3(a) 所示，重心 G 在形心轴的右侧，$\delta = 0$，则：

$$M_k = G\left(x_0 - \frac{b}{2}\right) - E_a \cdot \frac{H}{3}$$

$$= 209.22 \times \left(1.68 - \frac{2.7}{2}\right) - 70 \times \frac{5}{3}$$

$$= -47.62\text{kN} \cdot \text{m/m}, \text{左侧受压最大}$$

$$e = \frac{M_k}{G_k} = \frac{47.62}{209.22} = 0.228\text{m} < \frac{b}{6} = \frac{2.7}{6} = 0.45\text{m}$$

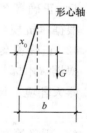

图 11-3(a)

故基底反力呈梯形分布。

$$p_{kmax} = \frac{G_k}{b} + \frac{6M_k}{b^2 l} = \frac{209.22}{2.7} + \frac{6 \times 47.62}{2.7^2 \times 1} = 116.68\text{kN/m}^2$$

48. 正确答案是 B，解答如下：

墙背顶面 0 处的土压力强度：$\sigma_{a0} = q k_a + 0 = 15 \times 0.23 = 3.45 \text{kPa}$

墙底面处的土压力强度：$\sigma_{a1} = (q + \gamma h) k_a = (15 + 18 \times 5) \times 0.23 = 24.15 \text{kPa}$

挡土墙高度为 5m，取 $\psi_a = 1.1$，则：

$$E_a = \psi_a \frac{1}{2} (\sigma_{a0} + \sigma_{a1}) H = 1.1 \times \frac{1}{2} \times (3.45 + 24.15) \times 5 = 75.9 \text{kN/m}$$

49. 正确答案是 B，解答如下：

根据梯形图形形心位置求解公式：

$$z = \frac{(2\sigma_1 + \sigma_2) H}{3 (\sigma_1 + \sigma_2)} = \frac{(2 \times 3.8 + 27.83) \times 5}{3 \times (3.8 + 27.83)} = 1.87 \text{m}$$

50. 正确答案是 D，解答如下：

根据《地规》6.7.5 条第 4 款规定：$e \leqslant 0.25b$

【44～50 题评析】 46 题，题目条件已求得挡土墙重心与墙趾的水平距离 $x_0 = 1.68\text{m}$，假若 x_0 已知，欲求挡土墙倾覆稳定安全度 K_t，则可如图 11-4(a) 所示，将挡土墙划分为三角形和矩形，求得 x_1、x_2，再求 $x_1 G_1$、$x_2 G_2$。

49 题，梯形图形形心位置求解公式，如图 11-5(a) 所示：

$$z = \frac{(2b_1 + b_2) H}{3 (b_1 + b_2)}$$

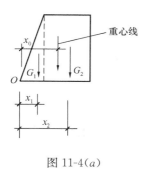

图 11-4(a)

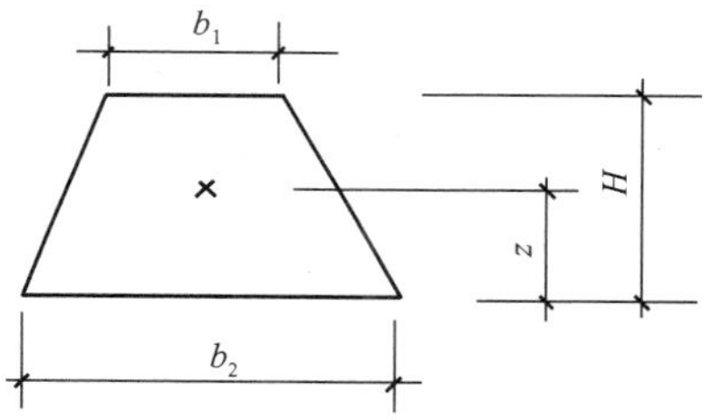

图 11-5(a)

51. 正确答案是 C，解答如下：

根据《抗规》4.1.5 条，$d_0 = \min (51.4, 20) = 20\text{m}$

$$v_{se} = \frac{d_0}{\sum_{i=1}^{n} \left(\dfrac{d_i}{v_{si}}\right)} = \frac{20}{\dfrac{1.2}{116} + \dfrac{10.5}{135} + \dfrac{8.3}{158}} = 142.19 \text{m/s} \begin{array}{l} < 250\text{m/s} \\ > 140\text{m/s} \end{array}$$

覆盖层厚度 51.4m，查规范表 4.1.6 知，该场地属于 III 类场地。

52. 正确答案是 D，解答如下：

根据《抗规》4.1.7 条规定，(D) 项不对。

53. 正确答案是 B，解答如下：

根据《地规》8.5.6 条第 4 款：

$$u_p = 0.426\pi = 1.338\text{m}, \quad A_p = \frac{\pi \times 0.426^2}{4} = 0.1425 \text{m}^2$$

$$R_a = q_{pa}A_p + u_p \Sigma q_{sia}l_i$$
$$= 1600 \times 0.1425 + 1.338 \times (14 \times 5.5 + 18 \times 7 + 7 \times 10 + 26 \times 1.5) = 645.46\text{kN}$$

54. 正确答案是 D，解答如下：

根据《地规》8.5.4 条：

$$M_{yk} = 160 + 45 \times 0.95 = 202.75\text{kN} \cdot \text{m}$$

$$Q_k = \frac{F_k + G_k}{n} + \frac{M_{yk}x_1}{x_1^2 + 2 \times x_2^2}$$

$$= \frac{1400 + 87.34}{3} + \frac{202.75 \times 0.924}{0.924^2 + 2 \times 0.462^2} = 642.06\text{kN}$$

55. 正确答案是 C，解答如下：

$$N_{max} = 825 - \frac{1.3 \times 87.34}{3} = 787.2\text{kN}$$

$$s = 1.6\text{m}, c = 0.4\text{m}$$

根据《地规》式 (8.5.18-3)：

$$M = \frac{N_{max}}{3}\left(s - \frac{\sqrt{3}}{4}c\right) = \frac{787.2}{3} \times \left(1.6 - \frac{\sqrt{3}}{4} \times 0.4\right) = 374.4\text{kN} \cdot \text{m}$$

56. 正确答案是 D，解答如下：

根据《地规》8.5.19 条第 2 款：

已知顶部角桩：$c_2 = 939\text{mm}$，$\lambda_{12} = 0.525$，则：

$$\alpha_{12} = \frac{0.56}{\lambda_{12} + 0.2} = \frac{0.56}{0.525 + 0.2} = 0.772$$

由规范 8.2.7 条：$\beta_{hp} = 1 - \frac{950 - 800}{2000 - 800} \times (1 - 0.9) = 0.9875$

$$\alpha_{12}(2c_2 + a_{12})\tan\frac{\theta_2}{2}\beta_{hp}f_t h_0$$

$$= 0.772 \times (2 \times 939 + 467) \times \tan\frac{60°}{2} \times 0.9875 \times 1.27 \times 890$$

$$= 1166.6\text{kN}$$

57. 正确答案是 C，解答如下：

根据《地规》8.5.21 条：

$$\lambda_x = a_x/h_0 = 0.087 < 0.25, 取 \lambda_x = 0.25$$

$$\beta = \frac{1.75}{\lambda_x + 1.0} = \frac{1.75}{0.25 + 1.0} = 1.4$$

$$\beta_{hs} = (800/h_0)^{1/4} = (800/890)^{1/4} = 0.974$$

$$\beta_{hs}\beta f_t b_0 h_0 = 0.974 \times 1.4 \times 1.27 \times 2350 \times 890 = 3622\text{kN}$$

58. 正确答案是 B，解答如下：

根据《烟规》5.5.1 条，取阻尼比为 0.05。

Ⅱ类场地，设计地震分组第一组，查《抗规》表 5.1.4-2，取 $T_g = 0.35\text{s}$；查表 5.1.4-1，取 $\alpha_{max} = 0.16$。

$$5T_g = 1.75\text{s} < T = 2\text{s} < 6\text{s}$$

$$\alpha = [1 \times 0.2^{0.9} - 0.02 \times (2 - 1.75)] \times 0.16 = 0.0368$$

59. 正确答案是 B，解答如下：

根据《高规》3.3.2 条条文说明：

$$该主楼的高宽比为：58/26=2.23$$

60. 正确答案是 A，解答如下：

（1）根据《高规》3.9.1 条第 1 款，乙类建筑，7 度，Ⅱ类场地，按 8 度考虑抗震措施的抗震等级。

（2）根据规程 3.9.6 条，裙房抗震等级不应低于主楼抗震等级。

（3）查规程表 3.9.3，主楼，8 度，$H=88m$，框筒结构，故其抗震等级为一级；

裙房，8 度，$H=30m$ 的框架结构，抗震等级为一级；

由（2）可知，最终裙房的抗震措施的抗震等级为一级。

61. 正确答案是 C，解答如下：

根据《高规》9.2.2 条，该核心筒角部边缘构件应按规程 7.2.15 条的规定设置约束边缘构件。

丙类，7 度，Ⅱ类场地，$H=88m$ 的框筒结构，查规程表 3.9.3 可知，核心筒抗震等级为二级；再由规程 7.2.15 条及图 7.2.15（a）：

纵筋截面面积：$A_s \geq 1.0\% \times (250+2 \times 300) \times 250 = 2125mm^2$

选用 12 根，单根钢筋截面面积：$A_{s1}=2125/12=177.1mm^2$

选 $\Phi 16$（$A_s=201.1mm^2$），满足，故选用 12 Φ 16。

62. 正确答案是 C，解答如下：

主楼为丙类建筑，由上一题可知，框筒结构，框架及核心筒的抗震等级均为二级。

商场营业面积 $8000mm^2 > 7000mm^2$，根据《设防分类标准》6.0.5 条及其条文说明，该裙房建筑为乙类建筑。

$H=30m$，高层框架结构，按 8 度考虑，根据《高规》表 3.9.3，裙房抗震等级一级，所以裙房最终抗震等级为一级；再由《高规》表 6.4.3-1 及注 2 的规定：

角柱：HRB400 级钢筋：$\rho_{min}=1.1\%+0.05\%=1.15\%$

$$A_s \geq 1.15\% bh = 1.15\% \times 500 \times 500 = 2875mm^2$$

选用 12 根纵筋，单根钢筋截面面积：$A_{s1}=2875/12=240mm^2$

选用 $\Phi 18$（$A_s=254.5mm^2$），满足，故选用 12 Φ 18。

63. 正确答案是 C，解答如下：

$H=30m$，抗震等级一级、复合箍，$\mu_N=0.70$，查《高规》表 6.4.7，取 $\lambda_v=0.17$，由《高规》式（6.4.7）：

$$\rho_v \geq \lambda_v f_c/f_{yv} = 0.17 \times 16.7/270 = 1.051\%$$

假定箍筋直径为 10mm：

$$\rho_v = \frac{\sum n_i A_{si} l_i}{A_{cor} s} = \frac{2 \times 4 \times A_{si} \times (500-2 \times 25)}{(500-2 \times 30)^2 \times s} \geq 1.051\%$$

若取 $s=100mm$，则：$A_{si} \geq 56.5mm^2$，取 $\Phi 10$（$A_s=78.5mm^2$）。

$\mu_N=0.70$，查高层规程表 6.4.2，一级，$[\mu_N]=0.65$，故根据表 6.4.2 注 4，箍筋直径 $\phi \geq 12mm$，间距 $\leq 100mm$，故配置 $\Phi 12@100$。

所以应选（C）项。

【59～63题评析】 60题、62题，尽管为5层框架结构，但其高度$H=30.0$m，根据《高规》1.0.2条及条文说明，$H=30.0$m>28.0m，故属于《高规》的适用范围。

62题，查《高规》表6.4.3-1时，应注意表6.4.3-1中注1、2的规定。裙房抗震等级为一级，框筒结构底部抗震等级提高到一级，其30m以上部分抗震等级仍为二级，这是依据《设防分类标准》6.0.5条条文说明。

64. 正确答案是D，解答如下：

根据《高规》6.3.2条第3款：

抗震一级，$A_{s底}/A_{s顶}\geqslant0.5$

(A) 项：$A_{s底}/A_{s顶}=1140/2454=0.46$，不满足

(B) 项：$A_{s底}/A_{s顶}=1140/(1473+942)=0.47$，不满足

又根据《高规》6.3.2条第1款：

抗震一级，$\xi\leqslant0.25$

(C) 项：$\xi=\dfrac{f_yA_s-f'_yA'_s}{\alpha_1f_cbh_0}=\dfrac{360\times(2280-1140)}{1\times14.3\times250\times340}=0.34$，不满足。

故应选(D)项。

65. 正确答案是A，解答如下：

$$D_{2边}=\alpha_{2边}\cdot\frac{12i_c}{h^2}=0.38\times2.2\times\frac{12}{h^2}\times10^{10}\text{N/mm}=0.836\times\frac{12}{h^2}\times10^7\text{kN/mm}$$

$$V_{2边}=\frac{D_{2边}}{\Sigma D_{2i}}\cdot\Sigma P_n$$

$$=\frac{0.836\times\dfrac{12}{h^2}\times10^7}{2\times(0.836+2.108)\times\dfrac{12}{h^2}\times10^7}\times5P=0.7099P$$

66. 正确答案是D，解答如下：

$$\delta_6=\sum_{i=1}^{6}\Delta_i=\Delta_6+2\Delta_6+3\Delta_6+4\Delta_6+5\Delta_6+\Delta_1$$

$$=\frac{P}{\Sigma D_6}(1+2+3+4+5)+\frac{6P}{\Sigma D_1}$$

$$=15\Delta_6+\frac{6P}{\Sigma D_1}=15\times0.0127P+\frac{6P}{102.84}$$

$$=0.2488P$$

【65、66题评析】 65题中，第二层$\alpha_{2边}=0.38$值按下式求解得到：

$$\bar{k}_{2边}=\frac{i_{b1}+i_{b1}}{2i_c}=\frac{i_{b1}}{i_c}=\frac{2.7}{2.2}=1.227$$

$$\alpha_{2边}=\frac{\bar{k}_{2边}}{2+\bar{k}_{2边}}=\frac{1.227}{2+1.227}=0.38$$

$D_{2中}$的$\alpha_{2中}$值按下式计算：

$$\bar{k}_{2中}=\frac{i_{b1}+i_{b1}+i_{b2}+i_{b2}}{2i_c}=\frac{i_{b1}+i_{b2}}{i_c}=\frac{2.7+5.4}{4.4}=1.8409$$

$$\alpha_{2中}=\frac{\bar{k}_{2中}}{2+\bar{k}_{2中}}=\frac{1.8409}{2+1.8409}=0.479$$

故 $D_{2\phi} = \alpha_{2\phi} \cdot \dfrac{12i_c}{h^2} = 0.479 \times 4.4 \times \dfrac{12}{h^2} \times 10^7 \text{kN/mm} = 2.108 \times \dfrac{12}{h^2} \times 10^7 \text{kN/mm}$

67. 正确答案是 C，解答如下：

根据《高规》10.2.2 条：

剪力墙底部加强部位的高度：$H = \max\left(\dfrac{48+6}{10}, 6+2 \times 3.2\right) = 12.4\text{m}$

故第 3 层剪力墙属于底部加强部位。

又根据规程表 3.9.3，丙类建筑，7 度，Ⅱ类场地，$H = 54\text{m}$，框支剪力墙结构，故底部加强部位剪力墙的抗震等级为二级。

由规程 7.2.1 条第 2 款及其条文说明规定，取 $h_3 = 3200\text{mm}$ 计算，抗震等级二级，则：

$$b_w \geqslant \frac{1}{16}h_3 = 200\text{mm}; \quad \text{又 } b_w \geqslant 200\text{mm}$$

故取 $b_w \geqslant 200\text{mm}$

68. 正确答案是 C，解答如下：

根据《高规》附录 E.0.1-1 条：

已知 $G_1/G_2 = 1.15$，$C_1 = 0.056$，$A_{w2} = 22.96$

$$\gamma = \frac{G_2 A_2}{G_1 A_1} \cdot \frac{h_1}{h_2} = \frac{22.96 \times 6}{1.15 \times (A_{w1} + 0.056 \times 16 \times 0.8 \times 0.8) \times 3.2} \leqslant 2$$

解之得：$A_{w1} \geqslant 18.14\text{m}^2$

故 $b_w \geqslant \dfrac{18.14}{6 \times 8.2} = 0.369\text{m}$

69. 正确答案是 D，解答如下：

7 度（0.15g）、$T_1 = 1\text{s}$，查《高规》表 4.3.12，取 $\lambda = 0.024$；高层规程 3.5.8，取薄弱层的增大系数 1.25，则：

$$V_{Ek1} \geqslant \lambda \sum_{j=1}^{16} G_j = 0.024 \times 1.15 \times 23100 = 638\text{kN}$$
$$V_{Ek1} = 1.25 \times 5000 = 6250\text{kN}$$

故取 $V_{Ek1,j} = 6250\text{kN}$

又根据《高规》10.2.17 条：

$$V_{ck} = 20\% \times 6250 = 1250\text{kN}$$

70. 正确答案是 B，解答如下：

丙类、7 度（0.15g）、Ⅱ类场地，$H = 54\text{m}$，框支剪力墙结构，查《高规》表 3.9.3 可知，框支柱抗震等级二级。

$$\mu_N = \frac{11827.2 \times 10^3}{23.1 \times 800 \times 800} = 0.8$$

由《高规》10.2.10 条及查规程表 6.4.7：$\lambda_v = 0.15 + 0.02 = 0.17$

71. 正确答案是 A，解答如下：

根据《抗规》6.1.14 条以及题目的提示条件：

已知 $G_0 = G_1$，$A_0/A_1 = n$

$$\gamma = \frac{G_1 A_1}{h_1} \cdot \frac{h_0}{G_0 A_0} \leqslant 0.5, \text{则：}$$

$$h_0 \leqslant 3n$$

【67~71题评析】 69题，查《高规》表4.3.12时，应注意表4.3.12中注的规定；《高规》4.3.12条中，λ值，对于竖向不规则结构的薄弱层，还应乘以1.15的增大系数，同时，根据《高规》3.5.8条，对于确定后的V_{Eki}还应乘以1.25的增大系数。

71题，《抗规》6.1.14条规定，楼层侧向刚度比$\gamma \leqslant 0.5$，在《高规》5.3.7条也作了明确规定。

72. 正确答案是B，解答如下：

根据《高钢规》7.5.3条，抗震等级二级：

$$h_w / t_w = 540 / t_w \leqslant 26\sqrt{235/f_y} = 26\sqrt{235/335}, \text{则：}$$

故　$t_w \geqslant 24.8\text{mm}$

73. 正确答案是C，解答如下：

根据《公桥通规》4.3.2条条文说明：

$$m_c = G/g = 5.3 \times 25 \times 1000/10 = 13250\text{Ns}^2/\text{m}^2$$

$$f_1 = \frac{\pi}{2l^2}\sqrt{\frac{E_c I_c}{m_c}} = \frac{\pi}{2 \times 24^2} \times \sqrt{\frac{3.25 \times 1.5 \times 10^{10}}{13250}} = 5.231\text{Hz}$$

由《公桥通规》式（4.3.2）：

$$\mu = 0.1767\ln f_1 - 0.0157 = 0.277$$

74. 正确答案是B，解答如下：

根据《公桥通规》4.3.1条，公路-Ⅰ级：

$$q_k = 10.5\text{kN/m}, P_k = 2 \times (24 + 130) = 308\text{kN}$$

$W = 8.0\text{m}$，查通用规范表4.3.1-4，双向行驶，取设计车道数为2。

查《公桥通规》表4.3.1-5，取$\xi = 1.0$

$$M_{Qik} = 2\xi(1+\mu)\left(\frac{1}{8}q_k l_0^2 + \frac{1}{4}P_k l_0\right)$$

$$= 2 \times 1.0 \times (1+0.2) \times \left(\frac{1}{8} \times 10.5 \times 24^2 + \frac{1}{4} \times 308 \times 24\right)$$

$$= 6249.6\text{kN} \cdot \text{m}$$

75. 正确答案是B，解答如下：

根据《公桥通规》4.3.1条，集中荷载取为$1.2P_k$：

$$V_{Qik} = 2\xi(1+\mu)\left(\frac{1}{2}q_k l_0 + 1.2P_k\right)$$

$$= 2 \times 1 \times (1+0.2) \times \left(\frac{1}{2} \times 10.5 \times 24 + 1.2 \times 308\right)$$

$$= 1189.4\text{kN}$$

76. 正确答案是C，解答如下：

$l_k = 25\text{m}$，按单孔跨径查《公桥通规》表1.0.5，属于中桥；再查《公桥通规》表

4.1.5-1，安全等级一级，故取 $\gamma_0 = 1.1$。

由通用规范 4.1.6 条：

$$\gamma_0 V_d = \gamma_0 (\Sigma \gamma_{Gi} V_{Gik} + \gamma_{Q1} V_{Q1k} + \psi_c \gamma_{Qjk} V_{Qjk})$$
$$= 1.1 \times (1.2 \times 2000 + 1.4 \times 800 + 0.75 \times 1.4 \times 150)$$
$$= 4045.3 \text{kN}$$

77. 正确答案是 A，解答如下：

根据《公桥通规》4.1.7 条：

$$M_{qd} = M_{Gik} + \Sigma \psi_{qj} M_{Qjk}$$
$$= 11000 + 0.4 \times \frac{5000}{1+0.2} + 0.4 \times 500$$
$$= 12866.7 \text{kN} \cdot \text{m}$$

78. 正确答案是 D，解答如下：

根据《公桥混规》7.1.1 条、7.1.2 条及 7.1.3 条：

（1）使用阶段主梁跨中截面下缘的法向应力：

$$\sigma_{kc} = -\frac{M_k}{I} y = -\frac{11000 + 5000 + 500}{1.5} \times 1.15 = -12650 \text{kN/m}^2$$
$$= -12.65 \text{MPa（拉应力）}$$

（2）永久有效预加力产生的主梁跨中截面下缘的法向应力：

$$\sigma_{pc} = \frac{N_p}{A_n} + \frac{N_p e_{pn}}{I_n} y = \frac{15000}{5.3} + \frac{15000 \times 1.0}{1.5} \times 1.15 = 14330 \text{kN/m}^2$$
$$= 14.33 \text{MPa（压应力）}$$

故 $\sigma_c = \sigma_{pc} + \sigma_{kc} = 14.33 - 12.65 = 1.68 \text{MPa（压应力）}$

【73～78 题评析】 76 题，按承载能力极限状态计算梁的内力设计值时，应注意 γ_0 的取值。

78 题，假若已知 σ_{pc} 值，反过来，由上述公式可计算出永久有效预加力 N_p 值。

79. 正确答案是 A，解答如下：

根据《公桥混规》5.1.2 条及其条文说明，汽车车道荷载冲击系数和预应力次效应应计入。

80. 正确答案是 A，解答如下：

根据《公桥混规》6.1.8 条，查表 6.1.8，C50，1×7 钢绞线，取 $l_{tr} = 60d$。

【80 题评析】 《公桥混规》6.1.8 条条文说明，指出 l_{tr} 的计算公式为：

$$l_{tr} = \beta \frac{\sigma_{pe}}{f_{tk}} d$$

C50，$f_{tk} = 2.65$，$\beta = 0.16$ 代入，则：$l_{tr} = 0.16 \times \frac{1000}{2.65} = 60.38d \approx 60d$

实战训练试题（十二）解答与评析

（上午卷）

1. 正确答案是 D，解答如下：

根据《可靠性标准》8.2.4 条：

$$q=1.3 \times (1.5+0.12 \times 25)+1.5 \times 6=14.85 \text{kN/m}$$

两跨连续板中间支座负弯矩为：

$$M=\frac{1}{8}ql^2=\frac{1}{8} \times 14.85 \times 3^2=16.71 \text{kN} \cdot \text{m}$$

2. 正确答案是 B，解答如下：

根据《荷规》附录 C 规定，荷载作用面的长边垂直于板跨：

$$b_{cx}=0.6+0+0.12=0.72\text{m}, \quad b_{cy}=0.8+0+0.12=0.92\text{m}$$

故 $b_{cx}<b_{cy}$，$b_{cy}<2.2l=2.2 \times 3=6.6\text{m}$，$b_{cx}<l=3.0\text{m}$

由附录式（C.0.5-3）：

$$b=\frac{2}{3}b_{cy}+0.73l=\frac{2}{3} \times 0.92+0.73 \times 3.0=2.8\text{m}$$

又因局部荷载作用在板的非支承边附近，$d_1=0.8\text{m}$

$$d=0.8+\frac{1}{2} \times 0.8=1.2\text{m}<b/2=1.4\text{m}$$

故荷载的有效分布宽度应予以折减：

$$b'=\frac{b}{2}+d=\frac{1}{2} \times 2.8+1.2=2.6\text{m}$$

【1、2题评析】 1题，关键是掌握两跨连续板（或梁）中间支座负弯矩，对于三跨、四跨、五跨情况，可查结构静力计算表格。

2题，考核楼面等效均布活荷载的确定，应根据《荷规》附录 C 的规定进行计算。

3. 正确答案是 C，解答如下：

C30，$E_c=3 \times 10^4 \text{N/mm}^2$，HRB400 钢筋，$E_s=2 \times 10^5 \text{N/mm}^2$

$$A_s=\rho bh_0=0.992\% \times 300 \times 660=1964\text{mm}^2$$

$$\alpha_E=E_s/E_c=\frac{2 \times 10^5}{3 \times 10^4}=6.667$$

根据《混规》式（7.1.2-2）：

$$\psi=1.1-0.65\frac{f_{tk}}{\rho_{te}\sigma_{sq}}=1.1-0.65 \times \frac{2.01}{0.0187 \times 220}=0.782 \begin{array}{l} <1 \\ >0.2 \end{array}$$

由《混规》式（7.2.3-1），矩形截面取 $\gamma_f'=0.0$

$$B_s = \frac{E_s A_s h_0^2}{1.15\psi + 0.2 + \frac{6\alpha_E \rho}{1 + 3.5\gamma_f'}}$$

$$= \frac{2 \times 10^5 \times 1964 \times 660^2}{1.15 \times 0.782 + 0.2 + \frac{6 \times 6.667 \times 0.992\%}{1 + 3.5 \times 0.0}}$$

$$= 1.143 \times 10^{14}$$

4. 正确答案是 B，解答如下：

根据《混规》7.2.1 条规定：

$$B_2 < 2B_1，且\ B_2 > \frac{1}{2}B_1$$

故 AB 跨按等刚度计算，取 $B = B_1 = 8.4 \times 10^{13}$

当永久荷载全跨布置、活荷载隔跨布置时，AB 跨中点挠度最大：

$$f = \frac{0.644gl^4}{100B} + \frac{0.973ql^4 \times 0.6}{100B}$$

$$= \frac{(0.644 \times 15 + 0.973 \times 30 \times 0.6) \times 9^4 \times 10^{12}}{100 \times 8.4 \times 10^{13}} = 21.22\text{mm}$$

【3、4 题评析】 3 题中，A_s 的计算，应根据《混规》7.2.3 条规定，即：$A_s = \rho b h_0$；对于矩形截面，$\gamma_f' = 0.0$，其他情况时 γ_f' 的计算，见《混规》式（7.1.4-7）。

4 题，考核活荷载的最不利布置。

5. 正确答案是 D，解答如下：

根据《抗规》5.1.1 条，（1）项是错误；

根据《抗规》5.1.2 条，（2）项是错误的；

根据《抗规》3.9.2 条，（3）项是正确的；

根据《抗规》6.3.9 条，（4）项是正确的。

6. 正确答案是 A，解答如下：

根据《混规》式（8.4.4）、式（8.3.1-3）、式（8.3.1-1），取锚固长度修正系数 ξ_a 为 1.0：

假定接头截面面积百分率为 25%，则：

$$l_1 = \xi_l l_a = 1.2 \times \xi_a \alpha \frac{f_y}{f_t} d = 1.2 \times 1.0 \times 0.14 \times \frac{360}{1.43} \times 20 = 846\text{mm}$$

接头连接区段的长度为：

$$1.3l_1 = 1.3 \times 846 = 1100\text{mm} < 1200\text{mm}$$

故原假定接头百分率 25% 正确，所以钢筋最小搭接长度为 846mm。

【6 题评析】 粗、细钢筋搭接时，计算钢筋搭接长度是按细钢筋直径进行计算，《混规》8.4.3 条及其条文说明对此作出了规定，同时，并规定，按细钢筋截面面积计算接头面积百分率。

7. 正确答案是 A，解答如下：

节点上层柱反弯点距节点距离：$H_1 = \frac{400 \times 4.8}{400 + 450} = 2.259\text{m}$

节点下层柱反弯点距节点距离：$H_2 = \frac{450 \times 4.8}{450 + 600} = 2.057\text{m}$

$$故\ H_c = H_1 + H_2 = 4.316m$$

8. 正确答案是 C，解答如下：

多层框架结构，根据《混规》11.6.2 条规定：

由《混规》式（11.6.2-3）及规范 11.3.2 条条文说明：

$$M_{bua} = \frac{1}{\gamma_{RE}} f_{yk} A_s^a (h_0 - a'_s) = \frac{1}{0.75} \times 400 \times 2454 \times (0.76 - 0.04)$$

$$= 942.34kN$$

$$V_j = 1.15 \frac{M_{bua}^l + M_{bua}^r}{h_{b0} - a'_s} \left(1 - \frac{h_{b0} - a'_s}{H_c - h_b} \right)$$

$$= 1.15 \times \frac{942.34 + 0.0}{0.8 - 0.04 - 0.04} \times \left(1 - \frac{0.8 - 0.04 - 0.04}{4.6 - 0.8} \right)$$

$$= 1219.9kN$$

9. 正确答案是 B，解答如下：

$$b_j = b_c = 600mm; h_j = h_c = 600mm, \eta_j = 1.0, \gamma_{RE} = 0.85$$

由《混规》式（11.6.4-1）：

$$V_j \leqslant \frac{1}{\gamma_{RE}} \left(0.9 \eta_j f_t b_j h_j + f_{yv} A_{svj} \frac{h_{b0} - a'_s}{s} \right)$$

$$1300 \times 10^3 \leqslant \frac{1}{0.85} \times \left(0.9 \times 1 \times 1.43 \times 600 \times 600 + 300 \times A_{svj} \times \frac{760 - 40}{100} \right)$$

解之得： $A_{svj} \geqslant 297mm^2$

采用四肢箍： $A_{sv1} = A_{svj}/4 = 74.3mm^2$

初选 $\Phi 10@100$（ $A_{sv1} = 78.5mm^2$）

最小体积配箍率，规范 11.6.8 条： $\rho_{v,min} = 0.78\% > 0.6\%$，满足

$$\rho_v = \frac{2 \times 4 A_{sv1} l}{A_{cor} s} = \frac{2 \times 4 \times A_{sv1} \times 550}{(600 - 2 \times 30)^2 \times 100} \geqslant 0.78\%$$

$$A_{sv1} \geqslant 52mm^2$$

$$d \geqslant \sqrt{\frac{4 A_{sv1}}{\pi}} = \sqrt{\frac{4 \times 52}{\pi}} = 8.1mm$$

故取 $\Phi 10@100$。

【7~9 题评析】 8 题，抗震设计的框架梁，梁端上部、下部对称配筋时， $x = 0 < 2a'_s$，故： $M_{bua} = \frac{1}{\gamma_{RE}} f_{yk} A_s^a (h_0 - a'_s)$，或 $M_b = \frac{1}{\gamma_{RE}} f_y A_s (h_0 - a'_s)$。

9 题，关键是应复核节点核心区箍筋的最小体积配箍率，《混规》11.6.8 条作了规定。

10. 正确答案是 A，解答如下：

根据《混规》10.1.8 条， $\xi > 0.3$ 时，不应考虑内力重分布，故（A）项不对；《混规》10.1.2 条，（C）项正确；《混规》10.1.2 条，（B）项正确；《混规》11.8.4 条，（D）项正确。

【10 题评析】 预应力框架柱的抗震构造要求，《抗规》附录 C 也作了具体规定。

11. 正确答案是 B，解答如下：

梁端纵向钢筋为两排布置， $a_s = a'_s = 65mm$

$$h_0 = h - a_s = 585\text{mm}$$

梁端配置纵筋最多的截面为 $8 \oplus 25$，$A_s = 3927\text{mm}^2$

$$\rho = \frac{A_s}{bh_0} = \frac{3927}{300 \times 585} = 2.24\% \genfrac{}{}{0pt}{}{< 2.5\%}{> 2\%}$$

根据《混规》11.3.6 条，箍筋最小直径为：

$$d_{\min} = 8 + 2 = 10\text{mm}，违规$$

$$\frac{A_{s底}}{A_{s顶}} = \frac{6 \times 490.9}{8 \times 490.9} = 0.75 > 0.3，满足$$

【11题评析】 《混规》11.3.6 条第 3 款规定，当梁端纵向受拉钢筋配筋率大于 2% 时，表 11.3.6-2 中箍筋最小直径应增大 2mm。

12. 正确答案是 D，解答如下：

多层建筑，抗扭刚度大，根据《抗规》5.2.3 条第 1 款规定，规则框架，不进行扭转耦联计算时，短边边榀框架地震作用效应应放大 1.15 倍。

$$M_{b1}^l = 1.2 \times 260 + 1.15 \times 1.3 \times 390 = 895.05\text{kN} \cdot \text{m}(\curvearrowright)$$

$$M_{b1}^r = -1.2 \times 150 + 1.15 \times 1.3 \times 300 = 268.5\text{kN} \cdot \text{m}(\curvearrowright)$$

$$V_{Gb} = 1.2P_k + 1.2 \times \frac{1}{2}q_k l_n = 1.2 \times 180 + 1.2 \times \frac{1}{2} \times 25 \times (8.4 - 0.6) = 333\text{kN}$$

根据《抗规》式（6.2.4-1），抗震二级，取 $\eta_{vb} = 1.2$：

$$V = \eta_{vb}(M_{b1}^r + M_{b1}^l)/l_n + V_{Gb}$$

$$= 1.2 \times (895.05 + 268.5)/7.8 + 333 = 512.0\text{kN}$$

13. 正确答案是 C，解答如下：

根据《混规》11.4.17 条，C30 < C35，按 C35 计算，取 $f_c = 16.7\text{N/mm}^2$ 计算 ρ_v。

$$\mu_N = \frac{N}{f_c A} = \frac{3600 \times 10^3}{14.3 \times 600 \times 600} = 0.7$$

查规范表 11.4.17，抗震二级，取 $\lambda_v = 0.15$

由规范式（11.4.17）：

$$[\rho_v] = \lambda_v f_c / f_{yv} = 0.15 \times 16.7/300 = 0.84\% > 0.6\%$$

$$\rho_v = \frac{\sum n_i A_{si} l_i}{A_{cor} s} = \frac{2 \times 4 \times 78.5 \times 550}{(600 - 2 \times 20 - 2 \times 10)^2 \times 100} = 1.18\%$$

$$\frac{\rho_v}{[\rho_v]} = \frac{1.18\%}{0.84\%} = 1.40$$

14. 正确答案是 B，解答如下：

$$6 \oplus 25(A_s = 2945\text{mm}^2), 4 \oplus 25(A_s' = 1964\text{mm}^2)$$

$$\alpha_1 f_c bx = f_y A_s - f_y' A_s'$$

$$x = \frac{f_y A_s - f_y' A_s'}{\alpha_1 f_c b} = \frac{360 \times (2945 - 1964)}{1.0 \times 14.3 \times 400}$$

$$= 61.7\text{mm} < 0.35h_0 = 0.35 \times 765 = 267.8\text{mm}$$

$$< 2a_s' = 2 \times 35 = 70.0\text{mm}$$

根据《混规》6.2.14 条：

$$M = \frac{1}{\gamma_{RE}} f_y A_s (h - a_s - a_s')$$

$$= \frac{1}{0.75} \times 360 \times 2945 \times (800 - 60 - 35)$$

$$= 996.6\text{kN} \cdot \text{m}$$

15. 正确答案是 D，解答如下：

查《混规》表 11.4.16，抗震二级，$[\mu_N] = 0.75$

根据《抗规》5.2.3 条第 1 款规定，短边边榀框架，且为角柱，其地震作用效应增大系数为：1.15×1.05。

$$\mu_N = \frac{(1.2 \times 1150 + 1.15 \times 1.05 \times 1.3 \times 480) \times 10^3}{14.3 \times 600 \times 600} = 0.414$$

$$\lambda = \frac{\mu_N}{[\mu_N]} = \frac{0.414}{0.75} = 0.552$$

【12～15 题评析】 12 题、15 题，在计算多层规则结构，当有地震作用效应时，《抗规》5.2.3 条规定，不进行扭转耦联计算时，平行于地震作用的两个边榀，其地震作用效应应乘以增大系数。一般情况下，短边可按 1.15 采用，长边可按 1.05 采用；当扭转刚度较小时，宜按不小于 1.3 采用。角部构件宜同时乘以两个方向各自的增大系数。

14 题，若 $x < 0.35h_0$，且 $x > 2a'_s$，则：

$$M = \frac{1}{\gamma_{RE}} \left[f_y A_s \left(h_0 - \frac{x}{2} \right) + f'_y A'_s (h_0 - a'_s) \right]$$

16. 正确答案是 B，解答如下：

根据《荷规》6.1.2 条：

$$T_k = 0.1 \times (Q + g)/4 = 0.1 \times (25 \times 9.8 + 73.5)/4 = 7.96\text{kN}$$

17. 正确答案是 C，解答如下：

重级工作制软钩吊车，根据《钢标》3.3.2 条：

$$H_k = 0.1 P_{\text{kmax}} = 0.1 \times 279.7 = 27.97\text{kN} > T_k = 7.96\text{kN}$$

$$\text{故取 } H_k = 27.97\text{kN}$$

18. 正确答案是 C，解答如下：

根据《钢标》6.1.4 条：

中级工作制软钩吊车，取 $\psi = 1.0$；又根据《荷规》6.3.1 条，取动力系数为 1.05；取吊车荷载分项系数为 1.4。

$$l_z = a + 5h_y + 2h_R = 50 + 5 \times 18 + 2 \times 130 = 400\text{mm}$$

由《钢标》式（6.1.4-3）、《可靠性标准》8.2.4 条：

$$\sigma_c = \frac{\psi F}{t_w l_z} = \frac{1.5 \times 1.0 \times 1.05 \times 279.7 \times 10^3}{12 \times 400} = 91.8\text{N/mm}^2$$

19. 正确答案是 A，解答如下：

根据《钢标》11.2.7 条，吊车梁上翼缘焊缝强度与 V、P 有关。

【16～19 题评析】 17 题，对于重级工作制吊车，车轮处的横向水平荷载标准值，应取《钢标》3.3.2 条规定的横向水平力与《荷规》6.1.2 条规定的横向水平力的较大者。

18 题，应注意 ψ 的取值；动力系数的取值。

20. 正确答案是 B，解答如下：

一个螺栓承载力：$N_v^b = 0.9 k n_f \mu P = 0.9 \times 1 \times 1 \times 0.4 \times 290 = 104.4\text{kN}$

前后有两个翼缘，故需要的每排螺栓数目为：

$$n = \frac{12700}{4 \times 2 \times 104.4} = 16$$

顺内力方向的每排螺栓连接长度 l_1：

$$l_1 = (16-1) \times 90 = 1350\text{mm} > 15d_0 = 15 \times 28.5 = 427.5\text{mm}$$

根据《钢标》11.4.5条，应考虑超长折减：

$$\eta = 1.1 - \frac{l_1}{150d_0} = 1.1 - \frac{1350}{150 \times 28.5} = 0.784$$

螺栓数目 n'：$n' = \dfrac{12700}{0.784 \times 4 \times 2 \times 104.4} = 19.4$，取 $n' = 20$

又　　　　$l'_1 = (20-1) \times 90 = 1710\text{mm} = 60d_0 = 60 \times 28.5 = 1710\text{mm}$

故取 $\eta = 0.7$

故最终每排螺栓数目 n''：$n'' = \dfrac{12700}{0.7 \times 4 \times 2 \times 104.4} = 21.7$，取 22 个。

21. 正确答案是 C，解答如下：

钢板厚 52.6mm＞50mm，取 $f = 290\text{N/mm}^2$

$$N_u = Af = [52.6 \times 409.2 \times 2 + (425.2 - 2 \times 52.6) \times 32.8] \times 290 = 15528\text{kN}$$

$$N = 12700\text{kN} < N_u$$

故取 $N = 12700\text{kN}$，两块节点板，取 $N_0 = N/2$

根据《钢标》12.2.1条：

$$\sigma = \frac{N_0}{\Sigma(\eta_i A_i)} = \frac{12700 \times 10^3 / 2}{60 \times (0.7 \times 400 \times 2 + 1.0 \times 33)}$$

$$= 178.5\text{N/mm}^2$$

【20、21 题评析】　20 题，螺栓连接长度 $l_1 > 15d_0$，应考虑超长折减，即：$\left(1.1 - \dfrac{l_1}{150d_0}\right)$；当 $l_1 > 60d_0$，取折减系数为 0.7，具体见《钢标》11.4.5条规定。

22. 正确答案是 C，解答如下：

由竖向力平衡：$R_v = 4F_1 + F_2 = 4 \times 4.8 + 8.0 = 27.2\text{kN}$

取天窗左半部分为研究对象，$\Sigma M_C = 0$，则：

$$4F_1 \times 2 + 8 \times 4 + R_H \times 7 = 4 \times R_v$$

$$R_H = \frac{4 \times 27.2 - 4 \times 4.8 \times 2 - 8 \times 4}{7} = 5.49\text{kN}$$

23. 正确答案是 D，解答如下：

平面内：$l_{0x} = 4.031\text{m}$，$\lambda_x = \dfrac{l_{0x}}{i_x} = \dfrac{4031}{31} = 130.0$

平面外：$l_{0y} = \sqrt{4^2 + 7^2} = 8.062\text{m}$，$\lambda_y = \dfrac{l_{0y}}{i_y} = \dfrac{8062}{43} = 187.5$

由《钢标》7.2.2条：

$$\lambda_z = 3.9\frac{b}{t} = 3.9 \times \frac{100}{6} = 65 < \lambda_y，则：$$

$$\lambda_{yz} = 187.5 \times \left[1 + 0.16 \times \left(\frac{65}{187.5}\right)^2\right] = 191.1$$

查《钢标》表 7.2.1-1，均属 b 类截面，查附表 D.0.2，$\varphi_{min} = \varphi_{yz} = 0.202$

$$\frac{N}{\varphi_{yz}A} = \frac{12 \times 10^3}{0.202 \times 2386} = 24.898 \text{N/mm}^2$$

24. 正确答案是 A，解答如下：

水平力全部由斜杆 DF 承担：$N\cos\alpha = 2W_1$，$\cos\alpha = \dfrac{2}{\sqrt{2^2 + 2.5^2}} = 0.625$

$$N = \frac{2 \times 2.5}{0.625} = 8.0 \text{kN}$$

25. 正确答案是 B，解答如下：

查《钢标》表 7.4.6，$[\lambda] = 200$

$$i_{min} \geqslant \frac{0.9 \times 4000}{[\lambda]} = \frac{0.9 \times 4000}{200} = 18 \text{mm}$$

26. 正确答案是 C，解答如下：

由提示，

$$\lambda_y = \frac{l_{0y}}{i_y} = \frac{2500}{22.1} = 113.1$$

根据《钢标》附录 C.0.5 条：

$$\varphi_b = 1.07 - \frac{\lambda_y^2}{44000\varepsilon_k^2} = 1.07 - \frac{113.1^2}{44000 \times 1} = 0.78$$

$$\frac{M_x}{\varphi_b W_x} = \frac{30.2 \times 10^6}{0.78 \times 188 \times 10^3} = 205.95 \text{N/mm}^2$$

27. 正确答案是 D，解答如下：

$$\frac{b}{t} \approx \frac{150-6}{2 \times 9} = 8 < 13\varepsilon_k = 13$$

$$\frac{h_0}{t_w} \approx \frac{194 - 2 \times 9}{6} = 29.3 < 40\varepsilon_k = 40$$

截面等级满足 S3 级。

立柱平面外：$l_{0y} = 4\text{m}$，$\lambda_y = \dfrac{l_{0y}}{i_y} = \dfrac{4000}{35.7} = 112.0$

热轧 H 型钢，$b/h = 150/194 = 0.77 < 0.8$，查表 7.2.1-1，绕 y 轴属 b 类截面，查附表 D.0.2，取 $\varphi_y = 0.481$。

$$\varphi_b = 1.07 - \frac{\lambda_y^2}{44000\varepsilon_k^2} = 1.07 - \frac{112.0^2}{44000 \times 1} = 0.785$$

由《钢标》8.2.1 条：

$$\frac{N}{\varphi_y A} + \eta\frac{\beta_{tx}M_x}{\varphi_b W_x} = \frac{29.6 \times 10^3}{0.481 \times 3976} + 1 \times \frac{1.0 \times 30.2 \times 10^6}{0.785 \times 283 \times 10^3}$$

$$= 15.48 + 135.94 = 151.42 \text{N/mm}^2$$

【22~27 题评析】 23 题，对于单轴对称的构件（如 ⊤、T 形等），绕对称轴应取计及扭转效应的换算长细比 λ_{yz} 代替 λ_y。

28. 正确答案是 C，解答如下：

根据《钢标》6.1.1 条，构件抗弯强度计算按净截面计算；而构件变形、整体稳定和抗剪强度计算均按毛截面计算，不考虑截面削弱。

29. 正确答案是 D，解答如下：

塔架的竖向分肢要求在两个方向截面惯性矩相近，则在两个方向刚度接近并较节省钢材，（D）项截面两个方向差异大，不宜选用。

30. 正确答案是 B，解答如下：

根据《抗规》5.2.6 条：

$$V_{E3k} = \frac{0.01 \times 300}{0.0025 \times 4 + 0.005 \times 2 + 0.01 + 0.15 \times 2} = 9.1\text{kN}$$

31. 正确答案是 C，解答如下：

根据《抗规》5.2.1 条：

$$G_{eq} = 0.85 \times (4920 + 4300 \times 3 + 2300) = 17102\text{kN}$$

多层砌体房屋，取 $\alpha_1 = \alpha_{max}$

查规范表 5.1.4-1，7 度、多遇地震，$\alpha_{max} = 0.08$

$$F_{Ek} = \alpha_1 G_{eq} = 0.08 \times 17102 = 1368.16\text{kN}$$

32. 正确答案是 B，解答如下：

根据《抗规》5.2.1 条，取 $\delta_n = 0.0$：

$$F_{5k} = \frac{G_5 H_5}{\sum\limits_{j=1}^{5} G_j H_j} F_{Ek}(1 - \delta_n)$$
$$= \frac{2300 \times 16}{4920 \times 4.8 + 4300 \times (7.6 + 10.4 + 13.2) + 2300 \times 16} \times 2000 \times (1 - 0)$$
$$= 378.3\text{kN}$$

【31、32 题评析】　多层砌体房屋抗震设计时，根据《抗规》5.2.1 条，取 $\alpha_1 = \alpha_{max}$，$\delta_n = 0.0$。

33. 正确答案是 B，解答如下：

$\dfrac{\sigma_0}{f_v} = \dfrac{0.3}{0.14} = 2.14$，查《砌规》表 10.2.1，取 $\xi_N = 1.1382$

$$f_{vE} = 1.1382 \times 0.14 = 0.159\text{N/mm}^2$$

查《砌规》表 10.1.5，取 $\gamma_{RE} = 0.9$

$$V = \frac{f_{vE}A}{\gamma_{RE}} = \frac{0.159 \times 240 \times 4000}{0.9} = 169.6\text{kN}$$

34. 正确答案是 B，解答如下：

横墙，$\dfrac{A_c}{A} = \dfrac{240 \times 240}{240 \times 4000} = 0.06 < 0.15$，取 $A_c = 240 \times 240\text{mm}^2$

$$\eta_c = 1.1, \zeta = 0.5, \gamma_{RE} = 0.9$$

根据《砌规》式（10.2.2）：

$$V = \frac{1}{0.9} \times [1.1 \times 0.2 \times (4000 \times 240 - 240 \times 240)$$
$$+ 0.5 \times 1.1 \times 240 \times 240 + 0.08 \times 300 \times 616 + 0.0]$$
$$= 272.2\text{kN}$$

35. 正确答案是 A，解答如下：

根据《抗规》表 7.2.3 条注 1、2 的规定：

洞口高度 1.5m≤3.0×50%＝1.5m（层高的 50%），按窗洞处理

开洞率：$\rho=\dfrac{0.24\times1.2}{0.24\times4}=0.3$，查规范表 7.2.3，取洞口影响系数为 0.88

36. 正确答案是 D，解答如下：

根据《砌规》5.1.2 条，取 $\gamma_\beta=1.2$

$H=3.3+0.3+0.5=4.1\text{m}$，刚性方案，无吊车，查规范表 5.1.3，排架方向或垂直排架方向，均取 $H_0=1.0H=4.1\text{m}$

垂直排架方向，轴心受压：$\beta=\gamma_\beta\dfrac{H_0}{h}=1.2\times\dfrac{4.1}{0.37}=13.3,e=0$

查《砌规》附表 D.0.1-1，取 $\varphi=0.788$

37. 正确答案是 A，解答如下：

$A=0.37\times0.49=0.1813\text{m}^2<0.3\text{m}^2$，取 $\gamma_a=0.7+A=0.8813$

$$\varphi fA=0.9\times(0.8813\times2.07)\times370\times490=297.7\text{kN}$$

【36、37 题评析】 36 题，在确定独立砖柱的计算高度 H_0 时，应注意《砌规》表 5.1.3 注 3 的规定。

37 题，当砖柱截面面积小于 0.3m^2，根据《砌规》3.2.3 条第 2 款规定，γ_a 取截面面积加 0.7，对配筋砖柱截面面积小于 0.2m^2，γ_a 取截面面积加 0.8。

38. 正确答案是 C，解答如下：

根据《抗规》7.2.9 条第 1 款：
$$V_f=V_w=\max(100,150)=150$$
$$N_f=V_wH_f/l=150\times4.5/6=112.5\text{kN}$$

39. 正确答案是 A，解答如下：

由《砌规》5.1.3 条第 3 款：

$$H=3+0.5+\frac{1}{2}\times2=4.5\text{m}$$

$H=4.5\text{m}<s=9\text{m}\leqslant2H=9\text{m}$，刚性方案，查《砌规》表 5.1.3：

$$H_0=0.4s+0.2H=0.4\times9+0.2\times4.5=4.5\text{m}$$

$$\beta=\gamma_\beta\frac{H_0}{h}=1.2\times\frac{4.5}{0.24}=22.5，e/h=12/240=0.05$$

查规范附录表 D.0.1-1，$\varphi=0.48$

40. 正确答案是 C，解答如下：

根据《抗规》7.2.2 条，应选（C）项。

（下午卷）

41. 正确答案是 B，解答如下：

根据《砌规》10.1.8 条，应选（B）项。

42. 正确答案是 A，解答如下：

油松木（TC13-A），查《木标》表 4.3.1-3，取 $f_t=8.5\text{N/mm}^2$

螺栓纵向中距为：$9d=180\text{mm}>150\text{mm}$，由 5.1.1 条：

$$N=A_nf_t=(200-2\times20)\times120\times8.5=163.2\text{kN}$$

43. 正确答案是 B，解答如下：

根据《木标》6.2.5 条：

$$Z_d = 0.8 \times 1 \times 1 \times 0.96 \times 8.3 = 6.374 \text{kN}$$

$$n = \frac{130}{2 \times 6.374} = 10.2 \text{个，取 12 个。}$$

【42、43题评析】 42题，运用《木标》式（5.1.1）：$N \leqslant A_n f_t$，应注意 A_n 的取值，应扣除分布在 150mm 长度上的缺孔投影面积。

44. 正确答案是 D，解答如下：

根据《地规》5.4.2 条：

$$a \geqslant 3.5b - \frac{d}{\tan\beta} = 3.5 \times 1.6 - \frac{2}{\tan 45°} = 3.6 \text{m}$$

$$a \geqslant 2.5 \text{m，故最终取 } a \geqslant 3.6 \text{m。}$$

45. 正确答案是 C，解答如下：

根据《地规》3.0.2 条、3.0.3 条，（C）项正确。

46. 正确答案是 B，解答如下：

根据《地处规》7.3.3 条、7.1.5 条，取 $q_p = f_{ak} = 150 \text{kN/mm}^2$

$$R_a = u_p \sum_{i=1}^{n} q_{si} l_{pi} + \alpha_p q_p A_p$$

$$= 3.14 \times 0.6 \times (12 \times 1.2 + 5 \times 5 + 18 \times 0.3) + 0.5 \times 150 \times 3.14 \times 0.3^2$$

$$= 105.6 \text{kN}$$

47. 正确答案是 C，解答如下：

根据《地处规》7.3.3 条及 7.1.5 条：

$$f_{spk} \leqslant \lambda m \frac{R_a}{A_p} + \beta(1-m) f_{sk}$$

$$100 \leqslant 1.0 \times m \times \frac{4 \times 155}{3.14 \times 0.6^2} + 0.3 \times (1-m) \times 60$$

即：

$$m \geqslant 0.155$$

48. 正确答案是 D，解答如下：

根据《地规》8.4.12 条：

筏板厚度 $h \geqslant l/14 = 4500/14 = 321.43 \text{mm}$

$$h \geqslant 400 \text{mm}$$

故取 $h = 400 \text{mm}$。

49. 正确答案是 A，解答如下：

根据《地规》8.4.12 条及其图 8.4.12-1：

$$h_0 = 450 - 60 = 390 \text{mm}$$

$$F_l = p_j A = 280 \times (4.5 - 2 \times 0.39) \times (6 - 2 \times 0.39) = 5437.15 \text{kN}$$

50. 正确答案是 B，解答如下：

根据《地规》式（8.4.12-1）：

$$h \leqslant 800 \text{mm，取 } \beta_{hp} = 1.0$$

$$0.7\beta_{hp}f_t u_m h_0 = 0.7 \times 1.0 \times 1.57 \times (2 \times 4500 + 2 \times 6000 - 4 \times 390) \times 390$$
$$= 8332.18\text{kN}$$

51. 正确答案是 A，解答如下：

根据《地规》8.4.12 条及图 8.4.12-2：

$$V_s = \frac{1}{2}[(l_{n2} - l_{n1}) + (l_{n2} - 2h_0)] \cdot \left(\frac{l_{n1}}{2} - h_0\right)p_j$$
$$= \frac{1}{2} \times [(6000 - 4500) + (6000 - 2 \times 390)] \times \left(\frac{4500}{2} - 390\right) \times 280$$
$$= 1749.89\text{kN}$$

52. 正确答案是 A，解答如下：

根据《地规》式（8.4.12-3）：

$$h_0 < 800\text{mm}, \text{取}\ \beta_{hs} = 1.0$$
$$0.7\beta_{hs}f_t(l_{n2} - 2h_0)h_0 = 0.7 \times 1.0 \times 1.57 \times (6000 - 2 \times 390) \times 390$$
$$= 2237.34\text{kN}$$

53. 正确答案是 D，解答如下：

根据《地规》8.4.15 条，筏板底部贯通钢筋的配筋率 $\geqslant 0.15\%$：

$$A_s = \frac{M}{0.9f_y h_0} = \frac{240 \times 10^6}{0.9 \times 360 \times (850 - 60)} = 938\text{mm}^2/\text{m}$$
$$A_{s,min} = 0.15\%bh = 0.15\% \times 1000 \times 850 = 1275\text{mm}^2/\text{m}$$

对于（A）项，$\Phi 12@200$ 通长筋：$A_s = \frac{2 \times 1000}{200} \times \frac{\pi \times 12^2}{4} = 1132\text{mm}^2$，不满足

对于（B）项，$\Phi 12@100$ 通长筋：$A_s = \frac{1000}{100} \times \frac{\pi \times 12^2}{4} = 1130\text{mm}^2$，不满足

对于（C）项，$\Phi 12@200$ 通长筋：$A_s = 1132\text{mm}^2$，不满足

对于（D）项，$\Phi 14@100$ 通长筋：$A_s = \frac{1000}{100} \times \frac{\pi \times 14^2}{4} = 1539\text{mm}^2$，满足

【48~53 题评析】 49 题、50 题、51 题，关键是确定 A_l、u_m 及《地规》图 8.4.12-2 中阴影面积 $A_{阴}$，可整理如下：

$$A_l = (l_{n1} - 2h_0) \cdot (l_{n2} - 2h_0)$$
$$u_m = 2 \times \left(l_{n1} - 2 \times \frac{h_0}{2} + l_{n2} - 2 \times \frac{h_0}{2}\right) = 2 \times (l_{n1} - h_0 + l_{n2} - h_0)$$
$$A_{阴} = A_{梯形} = \frac{1}{2}[(l_{n2} - l_{n1}) + (l_{n2} - 2h_0)] \cdot \left(\frac{l_{n1}}{2} - h_0\right)$$

54. 正确答案是 B，解答如下：

根据提示，按《地规》5.3.8 条计算 z_n：

由《地规》附录 R：

实体深基础宽度 $b = 28 + 2 \times 36\tan\frac{20°}{4} = 34.3\text{m}$

$z_n = b(2.5 - 0.4\ln b) = 34.3 \times (2.5 - 0.4\ln 34.3) = 37.3\text{m}$

55. 正确答案是 D，解答如下：

根据《地规》附录 R.0.3 条：

$$A = \left(a_0 + 2l_0 \tan \frac{\varphi}{4}\right) \cdot \left(b_0 + 2l_0 \tan \frac{\varphi}{4}\right)$$
$$= \left(28 + 2 \times 36 \times \tan \frac{20°}{4}\right) \times \left(50.4 + 2 \times 36 \times \tan \frac{20°}{4}\right)$$
$$= 34.3 \times 56.7$$
$$= 1944.8 \text{m}^2$$

56. 正确答案是 B，解答如下：
$$p_0 = p - \gamma_d d$$
$$p = \frac{600 \times 28.8 \times 51.2 + 20 \times 2000 \times (36 + 0.8)}{2000} = 1178.37 \text{kPa}$$
$$p_0 = 1178.37 - 18 \times (36 + 0.8) = 515.97 \text{kPa}$$

57. 正确答案是 C，解答如下：

根据《地规》5.3.5 条：
$$s = \psi_s \cdot s' = \psi_s \Sigma \frac{4p_0}{E_{si}} (z_i \bar{\alpha}_i - z_{i-1} \bar{\alpha}_{i-1})$$
$$= 0.2 \times \frac{4 \times 750}{34} \times (0.237 \times 30 - 0.25 \times 0)$$
$$= 125.5 \text{mm}$$

【54～57 题评析】 54 题，假定无提示，可用验证法，对于（A）项：33m，取 $b = 34.3$m，$l = 54.7$m，分别取 $z_n = 33$m，$z_{n-1} = 32$m，求出 $\bar{\alpha}_i$、$\bar{\alpha}_{i-1}$ 值，再按《地规》5.3.7 条验算，可得：$z_n = 33$m，满足要求。

56 题，计算实体深基础自重时应考虑筏板厚度 800mm，计算土自重产生的自重应力 $\gamma_d d$ 时，d 应从基础顶面开始计算，即 $36 + 0.8 = 36.8$m。

58. 正确答案是 C，解答如下：

根据《高规》4.3.2 条条文说明，（A）项正确；

根据规程 5.4.1 条，（B）项正确；

根据规程 3.4.1 条、3.5.1 条，应避免平面、竖向结构布置不规则，（D）项正确：

（C）项，水平力产生的顶点位移与高度 4 次方成正比，故（C）项不妥。

59. 正确答案是 D，解答如下：

根据《高规》8.2.2 条第 3 款：

暗梁截面高度可取墙厚的 2 倍，$b \times h = 250 \text{mm} \times 500 \text{mm}$

抗震一级，查规程表 6.3.2-1：
$$\rho_{min} = 0.80 f_t / f_y = 0.80 \times 1.57 / 360 = 0.35\% < 0.4\%$$
故 $A_s = \rho_{min} bh = 0.4\% \times 250 \times 500 = 500 \text{mm}^2$

（C）项 $2 \oplus 18$（$A_s = 509 \text{mm}^2$），满足

60. 正确答案是 A，解答如下：

根据《高规》6.4.10 条第 2 款：

抗震二级，$\lambda_v = 0.1$，$\rho_v \geqslant 0.5\%$
$$\rho_v \geqslant \lambda_v f_c / f_{yv} = 0.1 \times 19.1 / 270 = 0.71\% > 0.5\%$$
（A）项：$\rho_v = \frac{8 \times (650 - 2 \times 20 - 10) \times 78.5}{(650 - 2 \times 20 - 2 \times 10)^2 \times 150} = 0.72\%$，满足

（D）项：$\rho_v = \frac{8 \times (650 - 2 \times 20 - 8) \times 50.3}{(650 - 2 \times 20 - 2 \times 8) \times 80} = 0.86\%$，满足

故选（A）项

【60题评析】 框架节点核心区水平箍筋的配箍率应满足《高规》6.4.10条规定，应注意的是，柱剪跨比 $\lambda < 2$ 的情况。

61. 正确答案是D，解答如下：

根据《高规》10.2.7条，抗震一级：

$$\rho_{sv,min} = 1.2 f_t / f_{yv} = 1.2 \times 1.71 / 300 = 0.684\%$$

图示为4肢箍，单肢箍筋面积 A_{sv1}：

$$A_{sv1} = \rho_{sv,min} bs / 4 = 0.684\% \times 500 \times 100 / 4 = 85.5 mm^2$$

$$d \geqslant \sqrt{4 A_{sv1} / 3.14} = 10.4 mm，故取 4 \text{Φ} 12 @ 100$$

跨中的箍筋，根据规程10.2.8条第7款，仍取 4 Φ 12 @ 100。

62. 正确答案是C，解答如下：

根据《高规》10.2.10条第1款、6.4.3条第1款：

抗震一级，框支柱：$\rho_{min} = 1.1\%$，$\rho_{max} = 4\%$（根据10.2.11条第7款）

$$A_s \geqslant \rho_{min} bh = 1.1\% \times 600 \times 600 = 3960 mm^2$$

选用24根，单根截面面积 $A_s \geqslant 165 mm^2$，对应直径为14.5mm。

（C）项，$\rho = \dfrac{A_s}{bh} = \dfrac{24 \times 490.9}{600 \times 600} = 3.27\% < 4\%$，满足

（A）项，$\rho = \dfrac{A_s}{bh} = \dfrac{24 \times 615.8}{600 \times 600} = 4.1\% > 4\%$，不满足

（B）项，28 Φ 25，根据规程10.2.11条第7款，纵筋间距不满足。

63. 正确答案是B，解答如下：

根据《高规》5.4.1条第1款及条文说明：

$$EJ_d \geqslant 2.7 H^2 \sum_{i=1}^{20} G_i = 2.7 \times 70^2 \times (0.8 + 19 \times 1.2) \times 10^4 = 3.12 \times 10^9 kN \cdot m^2$$

$$EJ_d = \frac{11 q H^4}{120 u}，则：$$

$$u = \frac{11 q H^4}{120 EJ_d} = \frac{11 \times 85 \times 70^4}{120 \times 3.12 \times 10^9} = 59.96 mm$$

64. 正确答案是A，解答如下：

已知条件，$EJ_d = 3.5 \times 10^9 kN \cdot m^2 > 3.12 \times 10^9 kN \cdot m^2$

根据《高规》5.4.1条规定，不考虑重力二阶效应的不利影响，故不需调整内力。

65. 正确答案是A，解答如下：

查《高规》表3.7.3，框架-剪力墙结构，$\left[\dfrac{\Delta u}{h}\right] = \dfrac{1}{800}$

由规程式（5.4.3-3），位移增大系数为 F_1，设 EJ_d 值增大到 α 倍，外部水平荷载不变，相应地相对侧移变为 $\dfrac{1}{850 \alpha}$；由提示知，$0.14 H^2 \sum_{i=1}^{n} G_i = 1.62 \times 10^8 kN \cdot m^2$

$$F_1 = \frac{1}{1 - 0.14 H^2 \sum_{i=1}^{n} G_i / (\alpha EJ_d)} = \frac{1}{1 - \dfrac{0.162}{1.8 \alpha}}$$

又 $\dfrac{\Delta u}{h} = F_1 \cdot \dfrac{1}{850\alpha} \leqslant \left[\dfrac{\Delta u}{h}\right] = \dfrac{1}{800}$，则：

$F_1 \leqslant \dfrac{850\alpha}{800}$，代入前式：

$$\dfrac{1}{1-\dfrac{0.162}{1.8\alpha}} \leqslant \dfrac{850\alpha}{800}，解之得：\alpha \geqslant 1.03$$

【63～65 题评析】 64 题，假定结构纵向主轴方向的弹性等效抗侧刚度 $EJ_d = 2.80 \times 10^9 \text{kN} \cdot \text{m}^2$，其他条件不变，仍确定该柱的水平剪力标准值：

由于 $EJ_d = 2.80 \times 10^9 \text{kN} \cdot \text{m}^2 < 3.12 \times 10^9 \text{kN} \cdot \text{m}^2$，故需调整内力

根据《高规》5.4.3 条第 2 款：

$$F_2 = \dfrac{1}{1 - 0.28H^2 \sum\limits_{i=1}^{n} G_i/(EJ_d)} = \dfrac{1}{1 - 0.28 \times 70^2 \times \dfrac{(0.8 + 19 \times 1.2) \times 10^4}{2.80 \times 10^9}}$$

$$= 1.13$$

$$V_c = F_2 \times 160 = 1.13 \times 160 = 180.8 \text{kN}$$

66. 正确答案是 B，解答如下：

根据《高钢规》7.3.9 条规定，$h = l_0$，抗震等级一级：

$$\lambda = \dfrac{l_0}{i_x} = \dfrac{h}{173} \leqslant 60\sqrt{235/f_y} = 60\sqrt{235/345}$$

$$即：h \leqslant 8567 \text{mm}$$

67. 正确答案是 A，解答如下：

根据《高规》11.1.1 条，该结构为混合结构；由规程 11.3.5 条，取多遇地震下的阻尼比 $\zeta = 0.04$。

查规程表 4.3.7-1，7 度，取 $\alpha_{max} = 0.08$

查规程表 4.3.7-2，Ⅱ类场地，第一组，取 $T_g = 0.35\text{s}$

$$\gamma = 0.9 + \dfrac{0.05 - 0.04}{0.3 + 6 \times 0.04} = 0.9185$$

$$T_1 = 0.8 \times 3 = 2.4s > 5T_g = 1.75s，则：$$

$$\alpha = [0.2^{\gamma}\eta_2 - \eta_1(T_1 - 5T_g)]\alpha_{max}$$

$$= [0.2^{0.9185} \times 1.078 - 0.021 \times (2.4 - 1.75)] \times 0.08 = 0.0186$$

68. 正确答案是 C，解答如下：

根据《高规》4.3.12 条及表 4.3.12：

7 度，$T_1 < 3.5s$，取 $\lambda = 0.016$，则：$\lambda \Sigma G_j = 0.016 \times 6 \times 10^5 = 9600\text{kN} > 8600\text{kN}$，故取 $V_0 = 9600\text{kN}$

故调整系数 $= 9600/8600 = 1.116$

根据《高规》11.1.6 条及 9.1.11 条：

$$V_{f,max} = 1.116 \times 1500 = 1674\text{kN} > 10\%V_0 = 10\% \times 9600 = 960\text{kN}$$

$$V_{f,max} = 1.116 \times 1500 = 1674\text{kN} < 20\%V_0 = 20\% \times 1674 = 1920\text{kN}$$

故取 V：$V = \min(0.2V_0, 1.5V_{f,max}) = \min(0.2 \times 9600, 1.5 \times 1674) = 1920\text{kN}$

69. 正确答案是 D，解答如下：

查《高规》表 11.1.4，7 度，132m，丙类建筑，钢筋混凝土筒体抗震等级一级、型钢混凝土框架抗震等级一级；又根据规程 11.4.18 条、9.1.7 条、7.2.15 条，应设约束边缘构件，其纵筋截面积：

$$A_{s,min}=(800+400)\times400\times1.2\%=5760mm^2$$

选 14 根纵筋，单根钢筋截面面积为：5760/14＝411.4mm²，其相应直径为 22.9mm，故（A）、（B）、（C）项均不满足。

70. 正确答案是 D，解答如下：

根据《高规》11.4.4 条：

由 69 题可知，型钢混凝土柱抗震一级，$[\mu_N]=0.7$：

$$\mu_N=\frac{N}{f_cA+f_aA_a}\leqslant0.7$$

$$\frac{18000\times10^3}{700\times700\times23.1-A_a\times23.1+295\times A_a}\leqslant0.7$$

即：$A_a=52943.3mm^2$，且 $A_a/700^2=10.8\%>4\%$，满足高层规程 11.4.5 条。

71. 正确答案是 D，解答如下：

型钢混凝土柱抗震一级，$\mu_N=0.60$，根据《高规》11.4.6，假定箍筋直径为 12mm：

$$\rho_v=\frac{\Sigma n_iA_{si}l_i}{A_{cor}s}=\frac{2\times4\times A_{si}\times648}{636^2\times100}$$

$$\geqslant0.85\lambda_vf_c/f_y=0.85\times0.15\times23.1/270=1.091\%$$

$A_{si}\geqslant85mm^2$，相应直径 $d\geqslant11mm$，原假定正确，故取 4Φ12@100

又根据规程 11.4.5 条第 2 款规定：$\rho_{min}=0.8\%$

$$\rho=\frac{A_s}{bh}=\frac{12A_{sl}}{700\times700}\geqslant0.8\%$$

$A_{sl}\geqslant327mm^2$，相应直径 $d\geqslant20.4mm$，故最终取 12Φ22

72. 正确答案是 C，解答如下：

由 69 题可知，核心筒抗震等级为一级。

抗震一级，根据《高规》7.2.21 条：

$$V_b=\eta_{vb}\frac{(M_b^r+M_b^l)}{l_n}+V_{Gb}=1.0\times\frac{(0+1400)}{2}+60=760kN>620kN$$

又由《高规》式（9.3.8-2）：

$$A_s\geqslant\frac{\gamma_{RE}V_b}{2f_y\sin\alpha}=\frac{0.85\times760\times10^3}{2\times360\times\sin37°}=1491mm^2$$

选用 4Φ22（$A_s=1520mm^2$），满足。

【67～72 题评析】 68 题，应注意的是，楼层最小地震剪力应满足剪重比，见《高规》4.3.12 条；其次，《高规》11.1.6 条中，混合结构中框架所承担的地震剪力与钢筋混凝土框筒结构中框架所承担的地震剪力，两者计算方法一致。

73. 正确答案是 C，解答如下：

双向行驶，桥面宽 15.25m，查《公桥通规》表 4.3.1-4，取设计车道数为 4。

74. 正确答案是 B，解答如下：

公路-Ⅰ级：$q_k=10.5kN/m$，$P_k=2\times(40+130)=340kN$

$$M_{QiK} = 4\xi(1+\mu)K\left(\frac{1}{8}q_k l_0^2 + \frac{1}{4}P_k l_0\right)$$

$$= 4 \times 0.67 \times 1.215 \times 1.2 \times \left(\frac{1}{8} \times 10.5 \times 40^2 + \frac{1}{4} \times 340 \times 40\right)$$

$$= 21491 \text{kN} \cdot \text{m}$$

75. 正确答案是 C，解答如下：

根据《公桥混规》6.3.1 条：

全预应力混凝土构件：$\sigma_{st} - 0.85\sigma_{pc} \leq 0$

$$\sigma_{st} = \frac{M_s}{I_0}y_0 = \frac{85000}{7.75} \times 1.3 = 14258.1 \text{kN/m}^2 (拉应力)$$

$$\sigma_{pc} = \frac{N_p}{A_n} + \frac{N_p e_{pn}}{I_n}y_n = N_p\left(\frac{1}{9.6} + \frac{1.3-0.3}{7.75} \times 1.3\right) = 0.2719 N_p (压应力)$$

故 $N_p \geq \dfrac{14258.1}{0.85 \times 0.2719} = 61693 \text{kN}$

76. 正确答案是 D，解答如下：

单孔标准跨径大于 40m，按单孔跨径查《公桥通规》表 1.0.5，为大桥；查《公桥通规》表 4.1.5-1，其安全等级为一级，故取 $\gamma_0 = 1.1$。

根据《公桥通规》4.1.5 条：

$$\gamma_0 M_{ud} = \gamma_0 (M_{Gid} + M_{Q1d} + \Sigma M_{Qjd})$$

$$= 1.1 \times (65000 + 25000 + 9600)$$

$$= 109560 \text{kN} \cdot \text{m}$$

77. 正确答案是 D，解答如下：

根据《公桥混规》6.5.5 条第 2 款：

预拱度：$f = f_1 - f_2 = 10 - 30 = -20 \text{mm} < 0$

故预拱度向上为 0.0。

【73～77 题评析】 74 题，多车道横向车道布载系数 0.67，可通过查《公桥通规》表 4.3.1-5，设计车道数为 4 条，故取 $\xi = 0.67$。

76 题，应注意 γ_0 的取值。

78. 正确答案是 D，解答如下：

根据《公桥通规》1.0.3 条，取 100 年。

79. 正确答案是 A，解答如下：

单孔跨径 L_k：$40\text{m} < L_k < 150\text{m}$，按单孔跨径查《公桥通规》表 1.0.5，属于大桥；查《公桥通规》表 4.1.5-1，其结构安全等级为一级。

80. 正确答案是 A，解答如下：

当荷载作用在支座处时，其弯矩值应为零，故只有（A）项正确。

实战训练试题（十三）解答与评析

（上午卷）

1. 正确答案是 C，解答如下：

$$h_0 = 2400 - 70 = 2330\text{mm}, \quad h_w = 2330 - 200 = 2130\text{mm}, \quad b = 800\text{mm}$$

根据《混规》9.2.13 条：

$A_{s构} \geqslant 0.1\% bh_w$，且其间距 $s \leqslant 200\text{mm}$

$A_{s构} \geqslant 0.1\% \times 800 \times 2130 = 1704\text{mm}^2$

每侧根数：$n = （2400 - 70 - 200）/200 - 1 = 9.7$ 根，取 10 根

（A）项，$A_{s构} = 1131\text{mm}^2$，不满足。

（B）项，$A_{s构} = 1539\text{mm}^2$，不满足。

（C）项，$A_{s构} = 2212\text{mm}^2 > 1704\text{mm}^2$，满足。

（D）项，$A_{s构} = 2800\text{mm}^2 > 1704\text{mm}^2$，满足。

故（C）项满足，并且为最小配置量。

2. 正确答案是 C，解答如下：

$$h_0 = 2400 - 70 = 2330\text{mm}, h_0' = h_0 = 2330\text{mm}$$

$$e_0 = \frac{M}{N} = \frac{1460}{3800} = 384.2\text{mm} < \frac{h}{2} - a_s = \frac{2400}{2} - 70 = 1130\text{mm}$$

故属于小偏拉。

$$e' = e_0 + \frac{h}{2} - a_s' = 384.2 + \frac{2400}{2} - 70 = 1514.2\text{mm}$$

根据《混规》式（6.2.23-2）：

$$A_s = \frac{Ne'}{f_y(h_0' - a_s)} = \frac{3800 \times 10^3 \times 1514.2}{360 \times (2330 - 70)} = 7072\text{mm}^2$$

3. 正确答案是 C，解答如下：

根据《混规》式（6.3.14）：

$$f_{yv}\frac{A_{sv}}{s}h_0 = V - \left(\frac{1.75}{\lambda + 1}f_t bh_0 - 0.2N\right)$$

$$= 5760 \times 10^3 - \left(\frac{1.75}{1.5 + 1} \times 1.71 \times 800 \times 2330 - 0.2 \times 3800 \times 10^3\right)$$

$$= 4288792\text{N} > 0.36f_t bh_0 = 0.36 \times 1.71 \times 800 \times 2330 = 1247478\text{N}$$

$$\frac{A_{sv}}{s} = \frac{4288792}{300 \times 2330} = 6.14\text{mm}^2/\text{mm}$$

（A）项，$\dfrac{A_{sv}}{s} = \dfrac{6 \times 78.5}{100} = 4.71\text{mm}^2/\text{mm}$，不满足。

（B）项，$\dfrac{A_{sv}}{s} = \dfrac{6 \times 113.1}{150} = 4.52\text{mm}^2/\text{mm}$，不满足。

(C) 项，$\dfrac{A_{sv}}{s} = \dfrac{6 \times 113.1}{100} = 6.78 \text{mm}^2/\text{mm}$，满足，且最小配置。

(D) 项，$\dfrac{A_{sv}}{s} = \dfrac{6 \times 153.9}{100} = 9.23 \text{mm}^2/\text{mm}$，满足。

【1～3题评析】 1题，构造钢筋截面面积按不小于腹板截面面积 bh_w 的 0.1%。h_w 的计算，《混规》9.2.13条规定应按规范6.3.1条计算。

3题，《混规》6.3.14条规定，规范式（6.3.14）右边的计算值不得小于 $0.36f_t bh_0$，也不得小于 $f_{yv}\dfrac{A_{sv}}{s}h_0$。

4. 正确答案是 A，解答如下：

根据《混规》式（7.2.3-2）：

$$B_s = 0.85E_c I_0 = 0.85 \times 3.25 \times 10^4 \times 3.4 \times 10^{10} = 9.393 \times 10^{14} \text{N} \cdot \text{mm}^2$$

由规范7.2.5条第2款，取 $\theta = 2.0$

由规范式（7.2.2-1）：

$$B = \frac{M_k}{M_q(\theta - 1) + M_k}B_s = \frac{800}{250 \times (2-1) + 800} \times 9.393 \times 10^{14}$$
$$= 4.85 \times 10^{14} \text{N} \cdot \text{mm}^2$$

5. 正确答案是 A，解答如下：

根据《混规》7.2.6条，取增大系数为2.0：

$$f_2 = 2 \times 15.2 = 30.4 \text{mm}$$

由规范3.4.3条注3的规定：$f = f_1 - f_2 = 56.6 - 30.4 = 26.2 \text{mm}$

查规范表3.4.3，$l_0 > 9\text{m}$，对挠度有较高要求，则：

$$[f] = l_0/400 = 17700/400 = 44.25 \text{mm}$$

$$\frac{f}{[f]} = \frac{26.2}{44.25} = 0.59$$

【4、5题评析】 预应力混凝土受弯构件的短期刚度 B_s，分为不出现裂缝的构件和允许出现裂缝的构件，其计算公式是不同的，《混规》7.2.3条第2款作了规定，并且该条注的规定：对预压时预拉区出现裂缝的构件，B_s 应降低 10%。在《混规》7.2.6条中，考虑长期作用的影响，应将计算求得的预加力反拱值乘以增大系数 2.0，而《混规》附录 H.0.12条中，对于预应力混凝土叠合构件，当考虑长期作用影响，可将计算求得的预应力反拱值乘以增大系数 1.75。

6. 正确答案是 A，解答如下：

查《抗规》表5.1.4-1，8度，多遇地震，取 $\alpha_{max} = 0.16$

查规范表5.1.4-2，Ⅲ类场地，第一组，取 $T_g = 0.45\text{s}$

$T_g = 0.45\text{s} < T_1 = 1.1\text{s} < 5T_g = 2.25\text{s}$，则：

$$\alpha_1 = \left(\frac{T_g}{T_1}\right)^r \eta_2 \alpha_{max} = \left(\frac{0.45}{1.1}\right)^{0.9} \times 1.0 \times 0.16 = 0.07$$

$$T_2 = 0.35\text{s} < T_g = 0.45\text{s}$$

$$\alpha_2 = \eta_2 \alpha_{max} = 1.0 \times 0.16 = 0.16$$

7. 正确答案是 C，解答如下：

由已知条件，$V_1 = 50.0$kN，$V_2 = 8.0$kN

根据《抗规》式（5.2.2-3）：

$$V_{Ek} = \sqrt{\Sigma V_j^2} = \sqrt{50.0^2 + 8.0^2} = 50.6\text{kN}$$

8. 正确答案是 D，解答如下：

根据《抗规》式（5.2.2-3）：

$$V = \sqrt{35^2 + (-12)^2} = 37\text{kN}$$

又梁的刚度 $EI = \infty$，故顶层柱反弯点在柱中点：

$$M = V\frac{h}{2} = 37 \times \frac{4.5}{2} = 83.3\text{kN} \cdot \text{m}$$

【6～8题评析】 对于6题，在计算 α_1、α_2 时，应先对 T_1、T_2 与 T_g、$5T_g$ 进行大小判别，以确定其在地震影响系数曲线上的位置，从而确定相应的计算公式。

9. 正确答案是 B，解答如下：

$$h_0 = h - a_s = 565\text{mm}, f_y = 300\text{N/mm}^2$$

根据《混规》11.7.7 条规定：

$$M \leqslant \frac{1}{\gamma_{RE}} f_y A_s (h_0 - a'_s)$$

$$A_s \geqslant \frac{\gamma_{RE} M}{f_y (h_0 - a'_s)} = \frac{0.75 \times 200 \times 10^6}{360 \times (565 - 35)} = 786\text{mm}^2$$

复核最小配筋率，由规范 11.7.11 条：

$A_{s,min} = 0.15\% \times 180 \times 600 = 162\text{mm}^2 < 786\text{mm}^2$

满足，故选用 $2\Phi25$（$A_s = 982\text{mm}^2$）。

10. 正确答案是 C，解答如下：

连梁跨高比 $l_n/h_b = 2.0/0.6 = 3.33 \begin{matrix} <5.0 \\ >2.5 \end{matrix}$，按连梁计算。

根据《混规》11.7.8 条：

$$V_{wb} = 1.2\frac{M_b^l + M_b^r}{l_n} + V_{Gb}$$

$$= 1.2 \times \frac{150 + 150}{2} + 18 = 198\text{kN}$$

$l_n/h_b = 3.33$，由《混规》式（11.7.9-2）：

$$V_{wb} \leqslant \frac{1}{\gamma_{RE}}\left(0.42f_t bh_0 + f_{yv}\frac{A_{sv}}{s}h_0\right)$$

$$198 \times 10^3 \leqslant \frac{1}{0.85} \times \left(0.42 \times 1.43 \times 180 \times 565 + 270 \times \frac{A_{sv}}{s} \times 565\right)$$

解之得：

$$\frac{A_{sv}}{s} \geqslant 0.703\text{mm}^2/\text{mm}$$

双肢箍，取 $s = 100$，$A_{sv1} \geqslant 0.703 \times 100/2 = 35.2\text{mm}^2$

故采用 $\Phi8$（A_{s1}）$= 50.3\text{mm}^2$，满足，所以采用 $2\Phi8@100$。

【9、10题评析】 连梁跨高比 l_n/h_b 是一个重要参数，当 $l_n/h_b < 5.0$ 时，按连梁计算；当 $l_n/h_b > 5.0$ 时，按框架梁计算（依据《高规》7.1.3 条规定）。当 $l_n/h_b < 2.5$ 时，应按

《高规》式（7.2.23-3）计算；当 $5 > l_n/h_b > 2.5$ 时，应按《高规》式（7.2.23-2）计算，这与《混规》是一致的。

11. 正确答案是 B，解答如下：

根据《抗规》表 3.4.2-2 中侧向刚度不规则的定义，即：除顶层或出屋面小建筑外，局部收进的水平向尺寸大于相邻下一层的 25%。

12. 正确答案是 B，解答如下：

上柱轴压比，$\mu_N = \dfrac{N}{f_c A} = \dfrac{200 \times 10^3}{11.9 \times 400 \times 400} = 0.105 < 0.15$

下柱轴压比，$\mu_N = \dfrac{N}{f_c A} = \dfrac{1400 \times 10^3}{11.9 \times 900 \times 400} = 0.33 > 0.15$

根据《混规》表 11.1.6 的规定：

上柱，取 $\gamma_{RE} = 0.75$。下柱，取 $\gamma_{RE} = 0.80$

13. 正确答案是 A，解答如下：

根据《混规》附录 B.0.4 条、6.2.5 条：

$$e_a = \max\left(20, \frac{400}{30}\right) = 20\text{mm}; \quad e_0 = \frac{M_0}{N} = \frac{100}{200} = 0.5\text{m}$$

$$e_i = e_0 + e_a = 520\text{mm}$$

由规范 6.2.20 条及表 6.2.20-1：

$H_u/H_l = 3.6/11.5 = 0.313 > 0.3$，取上柱的计算长度 l_0，$l_0 = 2.0 H_u = 7.2\text{m}$

由规范式（B.0.4-3）、式（B.0.4-2）、式（B.0.4-1）：

$$\xi_c = \frac{0.5 f_c A}{N} = \frac{0.5 \times 11.9 \times 400 \times 400}{200 \times 10^3} = 4.76 > 1.0，取 \xi_c = 1.0$$

$$\eta_s = 1 + \frac{1}{1500 e_i/h_0}\left(\frac{l_0}{h}\right)^2 \xi_c$$

$$= 1 + \frac{1}{1500 \times \frac{520}{360}} \cdot \left(\frac{7200}{400}\right)^2 \times 1.0 = 1.150$$

14. 正确答案是 B，解答如下：

根据《混规》附录 B.0.4 条、6.2.17 条：

$$M = \eta_s M_0 = 1.25 \times 760 = 950\text{kN} \cdot \text{m}, \quad e_0 = \frac{M}{N} = \frac{950 \times 10^6}{1400 \times 10^3} = 678.6\text{mm}$$

$$e_a = \max\left(\frac{900}{30}, 20\right) = 30\text{mm}, \quad e_i = e_0 + e_a = 708.6\text{mm}$$

$$e = e_i + \frac{h}{2} - a_s = 708.6 + \frac{900}{2} - 40 = 1118.6\text{mm}$$

由已知条件，$x = 240\text{mm} < \xi_b h_0 = 445\text{mm}$，且 $> 2a_s' = 80\text{mm}$

$$Ne = \frac{1}{\gamma_{RE}}\left[\alpha_1 f_c bx\left(h_0 - \frac{x}{2}\right) + f_y' A_s'(h_0 - a_s')\right]$$

$$A_s = A_s' \geqslant \frac{\gamma_{RE} Ne - \alpha_1 f_c bx(h_0 - x/2)}{f_y'(h_0 - a_s')}$$

$$= \frac{0.8 \times 1400 \times 10^3 \times 1118.6 - 1.0 \times 11.9 \times 400 \times 240 \times (860 - 240/2)}{360 \times (860 - 40)}$$

$=1380mm^2$

【12～14题评析】 当对偏心受压柱进行抗震设计时，应首先确定γ_{RE}的取值，《混规》表11.1.6作了规定：当$\mu_N<0.15$时，取$\gamma_{RE}=0.75$；当$\mu_N>0.15$时，取$\gamma_{RE}=0.80$。

13题、14题，排架结构柱当考虑结构的二阶效应影响时，应按《混规》附录B.0.4条及其条文说明的规定进行计算，然后，再按规范6.2.17条计算配筋。

15. 正确答案是B，解答如下：

根据《抗规》13.1.2条条文说明，（B）项可不需要进行抗震验算。

16. 正确答案是C，解答如下：

根据《钢标》3.3.2条：

$$H_k=\alpha P_{kmax}=0.1\times470=47kN$$

17. 正确答案是A，解答如下：

重级工作制吊车梁，根据《钢标》16.2.3条，常幅疲劳；根据《钢标》6.1.1条、6.1.2条规定，取$\gamma_x=1.0$。

$$\frac{b}{t}=\frac{500-14}{2\times20}=12.15<15\varepsilon_k=15\sqrt{235/345}=12.4$$，翼缘为S4级

已知腹板满足S4级，故按全截面计算。

$$\frac{M_x}{\gamma_x W_{nx}}=\frac{4302\times10^6}{1.0\times16169\times10^3}=266.06N/mm^2$$

18. 正确答案是B，解答如下：

$$\tau=\frac{1.2V}{ht_w}=\frac{1.2\times1727.8\times10^3}{1500\times14}=98.73N/mm^2$$

19. 正确答案是D，解答如下：

$$f=\frac{M_kL^2}{10EI_x}=\frac{2820.6\times10^6\times12000^2}{10\times206\times10^3\times1348528\times10^4}$$

$$=14.62mm$$

20. 正确答案是A，解答如下：

$$\tau_f=\frac{V}{2\times0.7h_fl_w}=\frac{1727.8\times10^3}{2\times0.7\times8\times(1500-2\times8)}=103.95N/mm^2$$

21. 正确答案是B，解答如下：

当两台吊车如图13-1(a)所示位置时，吊车梁支座处剪力最大，根据剪力影响线，则：

$$R_{Ak}=\left(1+\frac{5.2}{12}+\frac{10.45}{12}\right)\times P_{kmax}=1083.0kN$$

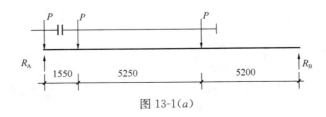

图 13-1(a)

根据《荷规》6.3.1条，动力系数取为1.1，分项系数取为1.5。
$$R_A = 1.5 \times 1.1 R_{Ak} = 1.4 \times 1.1 \times 1083.0 = 1786.95 \text{kN}$$

22. 正确答案是D，解答如下：

吊车车轮合力 $R_合$ 距左边车轮的距离为 x，见图13-2(a)。

$$x = \frac{P \times 5.25 + P \times (5.25 + 1.55)}{3 \times P}$$

$$= 4.017 \text{m}$$

合力 $R_合$ 与第二车轮的距离为 a，见图13-2(a)：

$$a = 5250 - 4017 = 1233 \text{mm}$$

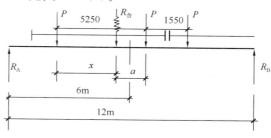

图13-2（a）

将合力 $R_合$ 与第二车轮对称布置在吊车梁中点两侧，如图13-2（a）所示，此时第二车轮处的吊车梁有最大弯矩值：

$$R_{Bk} = \frac{R_合 \times (6 - 1.233/2)}{12} = \frac{3P \times (6 - 1.233/2)}{12} = 632.56 \text{kN}$$

$$M_k = R_{Bk} \times \left(6 - \frac{1.233}{2}\right) - P \times 1.55 = 2676.89 \text{kN} \cdot \text{m}$$

同理，取动力系数为1.1；分项系数为1.5：

$$M = 1.5 \times 1.1 M_k = 4417 \text{kN} \cdot \text{m}$$

【16～22题评析】 17题，重级工作制吊车梁作为常幅疲劳，应验算疲劳，故取 $\gamma_x = 1.0$。

22题，关键是将车轮位置确定正确，一般地，先求出合力 ΣP 及与中间车轮的距离 a，再将合力 ΣP 和中间车轮放置在吊车梁中点两侧。由于 a 已确定，故支座反力 R 可求，然后可求出吊车梁最大弯矩值。

23. 正确答案是B，解答如下：

框架平面内上段柱长度取肩梁顶面至屋架下弦的高度，即10m。

24. 正确答案是C，解答如下：

根据《钢标》附录E.0.4条：

$$K_1 = \frac{I_1}{I_2} \cdot \frac{H_2}{H_1} = \frac{856021 \times 10^4}{20769461 \times 10^4} \cdot \frac{(23 + 2)}{10} = 0.103$$

$$\eta_1 = \frac{H_1}{H_2} \sqrt{\frac{N_1 I_2}{N_2 I_1}} = 1.312$$

查附表E.0.4，取 $\mu_2 = 2.0807$

根据《钢标》表8.3.3，纵向柱子多于6个，屋架下弦设有纵向水平支撑和横向水平支撑，取折减系数0.8。

$$\mu_1 = \frac{\mu_2}{\eta_1} = \frac{2.807 \times 0.8}{1.312} = 1.269$$

25. 正确答案是D，解答如下：

根据《钢标》8.2.1条：

根据《钢标》8.3.5条，上柱段平面外计算长度按侧向支点间的距离，即7m：

$$\lambda_y = \frac{l_{0y}}{i_y} = \frac{7000}{137} = 51.1$$

$$\varphi_b = 1.07 - \frac{\lambda_y^2}{44000\varepsilon_k^2} = 1.07 - \frac{51.1^2}{44000 \times 235/345} = 0.983$$

由《钢标》3.5.1 条：

$$\frac{b}{t} = \frac{600-20}{2 \times 25} = 11.6 < 15\varepsilon_k = 15\sqrt{235/345} = 12.4$$

$$\frac{h_0}{t_w} = \frac{950}{20} = 47.5 < (45+25 \times 1.87^{1.66})\sqrt{235/345} = 95.5$$

截面等级满足 S4 级，按全截面计算。

$$\frac{N}{\varphi_y A} + \eta\frac{\beta_{tx}M_x}{\varphi_y W_x} = \frac{4357 \times 10^3}{0.797 \times 490 \times 10^2} + 1 \times \frac{1 \times 2250 \times 10^6}{0.982 \times 17120 \times 10^3}$$
$$= 245.26\text{kN/mm}^2$$

26. 正确答案是 C，解答如下：

吊车柱肢平面外计算长度为 25m，查《钢标》表 7.2.1-1，焰切边，x、y 轴均属 b 类截面：

$$\lambda_y = \frac{l_{0y}}{i_y} = \frac{l_{0y}}{i_{x1}} = \frac{25000}{412} = 60.7$$

$$\lambda_y/\varepsilon_k = 60.7/\sqrt{235/345} = 73.5$$

查《钢标》附表 D.0.2，取 $\varphi_y = 0.729$

$$\frac{N}{\varphi_y A} = \frac{9759.5 \times 10^3}{0.729 \times 57200} = 234.08\text{N/mm}^2$$

27. 正确答案是 D，解答如下：

非搭接角焊缝，根据《钢标》11.2.6 条及条文说明，$l_w \leqslant 60h_f$，则：

$$l_w = 3000 - 2 \times 16 = 2968\text{mm} > 60 \times 16 = 960\text{mm}$$
$$960\text{mm} < 2000\text{mm}(\text{肩梁高度})$$

故取　$l_w = 960\text{mm}$。

$$\tau_f = \frac{F}{4h_e l_w} = \frac{8210 \times 10^3}{4 \times 0.7 \times 16 \times 960} = 191\text{N/mm}^2$$

28. 正确答案是 C，解答如下：

根据《钢标》7.4.1 条：

斜腹杆平面内：　　$l_{0x} = 0.8l = 0.8 \times \sqrt{3^2 + 2.875^2} = 3.324\text{m}$

$$\lambda_x = \frac{l_{0x}}{i_x} = \frac{3324}{43.4} = 76.6$$

由 7.6.1 条：

$$\eta = 0.6 + 0.0015 \times 76.6 = 0.71$$

Q235 钢，查表 7.2.1-1 及注，x 轴属于 b 类截面；查附表 D.0.2，$\lambda_x/\varepsilon_k = 76.6$，取 $\varphi_x = 0.709$

$$\frac{N}{\eta\varphi Af} = \frac{\frac{709}{2} \times 10^3}{0.71 \times 0.709 \times \frac{5475}{2} \times 215} = 1.197$$

29. 正确答案是 B，解答如下：

Q235 钢，查《钢标》表 4.4.5，取 $f_{\mathrm{f}}^{\mathrm{w}}=160\mathrm{N/mm^2}$

取最不利的角钢肢背计算，其分配系数为 0.7：

$$l=\frac{0.7\times N/2}{0.7\times 10\times 160}+2h_{\mathrm{f}}$$

$$=\frac{0.7\times 837\times 10^3/2}{0.7\times 10\times 160}+2\times 10=282\mathrm{mm}$$

【23～29 题评析】　23 题、24 题，当柱顶与屋架刚接时，上段柱长度在平面内取阶形牛腿顶面（或肩梁上表面）至屋架下弦的高度；当柱顶与屋架铰接时，上段柱长度在平面内取阶形牛腿顶面（或肩梁上表面）至屋架上弦的高度。同时，应考虑阶形柱计算长度的折减系数，见《钢标》表 8.3.3。

25 题、26 题，计算构件平面外的计算长度按侧向支点间的距离确定。

25 题，题目提示 $\alpha_0=1.87$，是如下计算得到：

$$\begin{aligned}\sigma_{\max}&=\frac{N}{A}\pm\frac{M}{I}y=\frac{4357\times 10^3}{49000}\pm\frac{2250\times 10^6}{856021\times 10^4}\times 475\\\sigma_{\min}&\\&=\begin{array}{c}+133.74\mathrm{N/mm^2}\\-115.96\mathrm{N/mm^2}\end{array}\\\alpha_0&=\frac{133.74-(-115.96)}{133.74}=1.87\end{aligned}$$

28 题，斜腹杆的两角钢之间用缀条相连，该缀条实质是指附加缀条（或连系缀条）。

30. 正确答案是 A，解答如下：

根据《砌规》5.1.2 条、5.1.3 条及表 5.1.3，可知（A）项不妥。

31. 正确答案是 C，解答如下：

$A=1.5\times 0.37=0.555\mathrm{m^2}>0.3\mathrm{m^2}$，$f$ 值不调整，取 $f=1.5\mathrm{N/mm^2}$

根据《砌规》5.2.4 条：

$$a_0=10\sqrt{\frac{h_c}{f}}=10\sqrt{\frac{600}{1.5}}=200\mathrm{mm}<370\mathrm{mm}$$

$$A_l=a_0b=200\times 300$$

$$A_0=370\times(370\times 2+300)=370\times 1040$$

$$\gamma=1+0.35\sqrt{\frac{A_0}{A_l}-1}=1+0.35\sqrt{\frac{370\times 1040}{200\times 300}-1}=1.81<2.0$$

烧结多孔砖，全部灌实，根据规范 5.2.2 条第 2 款，故取 $\gamma=1.81$。

32. 正确答案是 A，解答如下：

根据《砌规》5.2.4 条规定：

$$A_0/A_l=5>3，取\ \psi=0.0$$

$$\psi N_0+N_l=0+60=60\mathrm{kN}$$

【31、32 题评析】　31 题中，局部受压面积 A_0 的计算：

$$2h+b=2\times 370+300=1040\mathrm{mm}<1500\mathrm{mm}，即小于窗间墙长度$$

故取　　　　　　　　$A_0=h\times(2h+b)=370\times 1040$

假若 $2h+b$ 大于 1500mm，即大于窗间墙长度，则 $A_0=h\times 1500$。

33. 正确答案是 D，解答如下：

《砌规》5.1.3 条第 3 款：$H=0.3+4+\dfrac{2}{2}=5.3\text{m}$

刚弹性方案，查规范表 5.1.3，取 $H_0=1.2H=1.2\times5.3=6.36\text{m}$

$$\beta=\gamma_\beta\frac{H_0}{h}=1.2\times\frac{6.36}{0.37}=20.63$$

34. 正确答案是 B，解答如下：

由上一题知，$H=5.3\text{m}$

刚性方案，$H=5.3\text{m}<s=9-2\times0.37/2=8.63\text{m}<2H=10.6\text{m}$，查《砌规》表 5.1.3：

$$H_0=0.4s+0.2H=0.4\times8.63+0.2\times5.3=4.512\text{m}$$

35. 正确答案是 B，解答如下：

根据《砌规》6.1.4 条规定：

$$\mu_2=1-0.4\frac{b_s}{s}=1-0.4\times\frac{1.4\times3}{9-0.37}=0.805>0.7$$

$$\mu_1\mu_2\,[\beta]=1\times0.805\times24=19.33$$

【33～35 题评析】 《砌规》6.1.4 条的 s 定义为：相邻横墙或壁柱之间的距离。

36. 正确答案是 A，解答如下：

根据《砌规》8.1.2 条：

$$\rho=\frac{(a+b)}{abs_n}A_s100=\frac{(40+40)\times12.56}{40\times40\times130}=0.48\%\approx0.5\%$$

$H=3.6\text{m}$，$s=9.6\text{m}>2H=7.2\text{m}$，刚性方案，查规范表 5.1.3，取

$$H_0=1.0H=3.6\text{m}$$

$$\beta=\gamma_\beta\frac{H_0}{h}=1.0\times\frac{3.6}{0.24}=15,\quad e/h=24/240=0.1$$

查《砌规》附表 D.0.2，取 $\varphi_n=0.385$

37. 正确答案是 D，解答如下：

由《砌规》式（8.1.2-2）：

$A=1.0\times0.24=0.24\text{m}^2>0.2\text{m}^2$，故 f 不调整。

$$f_n=f+2\left(1-\frac{2e}{y}\right)\rho f_y=1.69+2\times\left(1-\frac{2\times24}{120}\right)\times0.3\%\times320$$

$$=2.842\text{N/mm}^2$$

$$\varphi_n f_n A=2.842\times240\times1000\varphi_n=682\varphi_n(\text{kN})$$

【36、37 题评析】 37 题，因为选项中已含 φ_n，故可不计算出 φ_n 值。若需计算，则：

$$\beta=15,\ e/h=0.1,\ \rho=0.3$$

查《砌规》附表 D.0.2，取 $\varphi_n=\dfrac{0.46+0.41}{2}=0.435$

$$\varphi_n f_n A=0.435\times240\times1000\times2.842=296.7\text{kN}$$

38. 正确答案是 A，解答如下：

根据《抗规》7.2.4 条：

$$V = 1.3 \times 2000 \times 1.35 \times \frac{280}{2 \times 40 + 2 \times 280} = 1535.6 \text{kN}$$

39. 正确答案是 C，解答如下：

根据《抗规》7.2.5 条第 1 款：

总有效侧向刚度：

$$K = [5 \times (33 - 4) + 280 \times 2 \times 0.3 + 40 \times 2 \times 0.2] \times 10^4 = 329 \times 10^4 \text{kN/m}$$

$$V_c = 1.3 \times 1.35 \times 2000 \times \frac{5 \times 10^4}{329 \times 10^4} = 53.3 \text{kN}$$

【38、39 题评析】 对于底部框架-抗震墙房屋的地震作用效应，应根据《抗规》7.2.4 条、7.2.5 条进行调整和分配。

40. 正确答案是 C，解答如下：

根据《砌规》10.5.14 条规定和 9.4.12 条规定，剪力墙连梁水平受力钢筋的含钢率不宜小于 0.2%，故（C）项不妥。

（下午卷）

41. 正确答案是 D，解答如下：

根据《砌规》7.2.1 条，(A)、(B) 项正确；

根据《抗规》7.3.10 条，(C) 项正确；

根据《抗规》7.3.10 条，(D) 项不正确。

42. 正确答案是 B，解答如下：

根据《木标》4.3.2 条，原木未经切削，f_m、f_c、E 均提高 15%：

$$f_m = 17 \times 1.15 = 19.55 \text{N/mm}^2, f_c = 15 \times 1.15 = 17.25 \text{N/mm}^2$$

$$E = 1 \times 1.15 \times 10^4 = 1.15 \times 10^4 \text{N/mm}^2$$

由 4.3.8 条规定： $d = 162 + 2 \times 9 = 180 \text{mm}$

$$W = \frac{\pi d^3}{32}$$

$$M = \frac{1}{8} q l^2，\gamma_0 M \leqslant f_m W，则：$$

$$q \leqslant \frac{\pi d^3 f_m}{\gamma_0 4 l^2} = \frac{\pi \times 180^3 \times 19.55}{1 \times 4 \times 4000^2} = 5.597 \text{N/mm} = 5.597 \text{kN/m}$$

43. 正确答案是 D，解答如下：

$$f = \frac{5 q_k l^4}{384 E I} \leqslant \frac{l}{250}，则：$$

$$q_k \leqslant \frac{384 \times 1.15 \times 10^4}{1250 \times 4^3 \times 10^9} \times \frac{\pi}{64} \times 180^4 = 2.84 \text{N/mm} = 2.84 \text{kN/m}$$

【42、43 题评析】 标注原木直径时，应以小头为准。原木构件计算位置的确定，《木标》4.3.18 条作了规定：验算挠度和稳定时，可取构件的中央截面；验算抗弯强度时，

可取最大弯矩处的截面。

44. 正确答案是 C，解答如下：

根据《地规》3.0.5 条第 1 款，（A）、（B）项正确；

根据《地规》3.0.5 条第 4 款，（D）项正确；根据《地规》3.0.5 条第 2 款，（C）项不对。

45. 正确答案是 D，解答如下：

根据《地规》6.7.4 条第 5 款，（D）项不对。

46. 正确答案是 B，解答如下：

$e=0.82$，$I_L=0.88$，查《地规》表 5.2.4，取 $\eta_b=0$，$\eta_d=1.0$：

$$f_a=f_{ak}+\eta_d\gamma_m\ (d-0.5)=160+1\times18\times\ (1.0-0.5)=169kPa$$

47. 正确答案是 C，解答如下：

由已知条件基底压力值为 300kN，则：

$$p_k=\frac{300}{b}\leqslant f_a$$

即：

$$b\geqslant\frac{300}{169}=1.775m$$

取 $b=1800mm$，验算下卧层，根据《地规》5.2.7 条：

$$E_{s1}/E_{s2}=7/2=3.5，z/b=1.0/1.8=0.55，查表 5.2.7，取 \theta=23.5°$$

$$p_z=\frac{b\ (p_k-p_c)}{b+2z\tan\theta}=\frac{1.8\times\left(\frac{300}{1.8\times1}-18\times1\right)}{1.8+2\times1\times\tan23.5°}=100.24kPa$$

$$f_{az}=80+1\times18\times(2-0.5)=107kPa$$

$p_z+p_{cz}=100.24+18\times2=136.24>f_{az}=107kPa$，不满足

若取 $b=2400mm$，$z/b=1/2.4=0.417$，查表 5.2.7，取 $\theta=18.02°$

$$p_z=\frac{1.0\times\left(\frac{300}{2.4\times1}-18\times1\right)}{2.4+2\times1.0\times\tan18.02°}=84.18kPa$$

$p_z+p_{cz}=84.18+18\times2=120.18kPa<f_{az}=107kPa$，不满足

若取 $b=3100mm$，$z/b=1/33.1=0.323$，查表 5.2.7，取 $\theta=11.82°$

$$p_z=\frac{3.1\times\left(\frac{300}{3.1\times1}-18\times1\right)}{3.1+2\times1.0\times\tan11.82°}=69.4kPa$$

$p_z+p_{cz}=69.4+18\times2=105.4kPa<f_{az}=107kPa$，满足

故取 $b=3100mm$。

【46、47 题评析】 47 题，题目给定的是基础底面处相应于作用的标准组合时的平均压力值 300kN/m；由于有淤泥质土，故需验算软弱下卧层。

48. 正确答案是 A，解答如下：

$$q_A=(q+\gamma z)\ K_0=(10+20\times1)\ \times0.5=15kN/m^2$$

49. 正确答案是 B，解答如下：

$$E_a=15\times1\times5\times1+\frac{1}{2}\times20\times5^2\times0.5=200kN/m$$

50. 正确答案是 A，解答如下：

$Z_e=1.8m$，$h=4.7m$，则由提示得：

$$R_A=\frac{E_a Z_e^2 \cdot (3-Z_e/h)}{2h^2}=\frac{180\times1.8^2\times(3-1.8/4.7)}{2\times4.7^2}=34.55kN$$

$$M_{Bk}=E_a Z_e-R_A h=180\times1.8-34.55\times4.7=161.6kN\cdot m$$

51. 正确答案是 C，解答如下

根据《地规》8.5.4 条、8.5.5 条：

$$R_a\geqslant\frac{F_k+G_k}{n}=\frac{6600+20\times4\times4\times3}{9}=840kN$$

$$R_a\geqslant\frac{Q_{imax}}{1.2}=\frac{1}{1.2}\times\left(840+\frac{2\times900\times1.6}{6\times1.6^2}\right)=856.25kN$$

故取 $R_a=856.25kN$

52. 正确答案是 B，解答如下：

根据《地规》8.5.9 条：

$$F_l=F-\Sigma N_i=8910-1\times\frac{8910}{9}=7920kN$$

53. 正确答案是 D，解答如下：

根据《地规》8.5.19 条：

$$a_{0x}=a_{0y}=1200+\frac{400}{2}-\frac{700}{2}=1050mm，\quad h_0=1050mm$$

则：$\lambda_{0x}=a_{0x}/h_0=1.0$，$\lambda_{0y}=a_{0y}/h_0=1.0$

$$\alpha_{0x}=\alpha_{0y}=\frac{0.84}{\lambda_{0x}+0.2}=\frac{0.84}{1.0+0.2}=0.7$$

由规范 8.2.8 条规定：$\beta_{hp}=1.0-\frac{0.1}{1200}\times(1100-800)=0.975$

由规范式(8.5.19-1)：

$$2[\alpha_{0x}(b_c+a_{0y})+\alpha_{0y}(h_c+a_{0x})]\beta_{hp}f_t h_0$$
$$=2\times[0.7\times(700+1050)+0.7\times(700+1050)]\times0.975\times1.71\times1050$$
$$=8578kN$$

54. 正确答案是 D，解答如下：

根据《地规》8.5.19 条第 2 款：

$$a_{1x}=a_{1y}=1050mm，\quad h_0=1050mm$$

则：$\qquad\lambda_{1x}=\lambda_{1y}=\frac{a_{1x}}{h_0}=1.0$，$\alpha_{1x}=\alpha_{1y}=\frac{0.56}{\lambda_{1x}+0.2}=0.467$

由规范式（8.5.19-5）：

$$\left[\alpha_{1x}\left(c_2+\frac{a_{1y}}{2}\right)+\alpha_{1y}\left(c_1+\frac{a_{1x}}{2}\right)\right]\beta_{hp}f_t h_0$$
$$=0.467\times\left(600+\frac{1050}{2}\right)\times2\times0.975\times1.71\times1050$$
$$=1839.5kN$$

55. 正确答案是 A，解答如下：

根据《地规》8.5.21 条：

$$\beta_{hs}=\left(\frac{800}{h_0}\right)^{1/4}=\left(\frac{800}{1050}\right)^{1/4}=0.9343$$

$$\lambda=\frac{a_x}{h_0}=\frac{1200-(350-200)}{1050}=1.0, \quad \beta=\frac{1.75}{\lambda+1}=0.875$$

由规范式（8.5.21-1）：

$$\beta_{hs}\beta f_t b_0 h_0=0.9343\times0.875\times1.71\times4000\times1050=5871\text{kN}$$

【51~55题评析】 52题，《地规》式（8.5.19-2）：$F_l=F-\Sigma N_i$，N_i 系指破坏锥体范围内各桩的净反力设计值之和。对于本题目，破坏锥体范围内只有1根桩。

53题、54题、55题，应注意计算参数的取值范围。

56. 正确答案是 B，解答如下：

根据《地处规》7.7.2 条、7.1.5 条：

$$m=\frac{d^2}{d_e^2}=\frac{0.4^2}{(1.05\times1.5)^2}=0.0645$$

$$f_{spk}=\lambda m\frac{R_a}{A_p}+\beta(1-m)f_{sk}$$

$$=1.0\times0.0645\times\frac{4\times500}{3.14\times0.4^2}+0.8\times(1-0.0645)\times140$$

$$=361.6\text{kPa}$$

57. 正确答案是 B，解答如下：

根据《地规》3.0.5 条：

即： $\quad p=p_{Gk}+\psi_q p_{Qk}=280+0.4\times100=320\text{kPa}$

褥垫层底面外的附加压力值 p_0：

$$p_0=p-\gamma d=320-17\times5=235\text{kPa}$$

58. 正确答案是 B，解答如下：

根据《高规》4.3.3 条条文说明，（B）项不正确。

59. 正确答案是 C，解答如下：

根据《高规》8.1.3 条第 3 款规定，框架部分按框架结构确定抗震等级；

根据规程 3.9.1 条第 1 款，按 7 度考虑抗震等级；

查规程表 3.9.3，$H=60\text{m}$，7 度，故框架部分抗震等级为二级。

60. 正确答案是 D，解答如下：

根据《高规》10.2.2 条：

底部加强部位的高度：$H=\max(4.2+2.8\times2, 40.6/10)=9.8\text{m}$

又由规程 10.2.19 条：$\rho_v\geqslant0.3\%$，且间距 $s\leqslant200\text{mm}$，直径$\geqslant8\text{mm}$：

$$\rho_v=\frac{A_s}{sb_w}=\frac{2\times3.14d^2}{4\times200\times300}\geqslant0.3\%$$

即：$d\geqslant10.7\text{mm}$，故应选（D）项。

61. 正确答案是 B，解答如下：

根据《高规》附录 E.0.1 条：

$$C_1=2.5\left(\frac{h_c}{h_1}\right)^2=2.5\times\left(\frac{0.9}{4.2}\right)^2=0.115, \quad A_{c2}=16.2$$

$$\gamma = \frac{G_2 A_2}{G_1 A_1} \cdot \frac{h_1}{h_2} = \frac{0.4 E_2 A_2}{0.4 E_1 A_1} \cdot \frac{h_1}{h_2} \leqslant 2$$

即:

$$\gamma = \frac{3.0 \times 16.2 \times 4.2}{3.25 \times (A_{w1} + 0.115 \times 5.67) \times 2.8} \leqslant 2$$

解之得:

$$A_{w1} \geqslant 10.56 \text{m}^2$$

【60、61题评析】 61题,根据《混规》4.1.5条,混凝土剪变模量 G: $G = 0.4 E_c$。

62. 正确答案是 D,解答如下:

查《高规》表4.3.7-1及注的规定,表4.3.7-2:

$$\alpha_{\max} = 0.24, \quad T_g = 0.45 \text{s}$$

$$T_g = 0.45 \text{s} < T_1 = 0.885 \text{s} < 5 T_g = 2.25 \text{s}, \quad 则:$$

$$\alpha_1 = \left(\frac{T_g}{T_1}\right)^r \eta_2 \alpha_{\max} = \left(\frac{0.45}{0.885}\right)^{0.9} \times 1 \times 0.24 = 0.1306$$

$$F_{Ek} = \alpha_1 G_{eq} = 0.1306 \times 0.85 \times 98400 = 10923.4 \text{kN}$$

63. 正确答案是 A,解答如下:

Ⅲ类场地,8度(0.3g),根据《高规》3.9.2条,应按9度考虑抗震构造措施的抗震等级;由高层规程8.1.3条第2款,按框架-剪力墙设计。

查规程表3.9.3,$H = 38.8 \text{m}$,故框架抗震等级为一级;

查规程表6.4.2,取 $[\mu_N] = 0.75$;

又由于 $\lambda_c = \frac{H_n}{2 h_0} < \frac{2.9}{2 \times 0.75} = 1.93 < 2$,故由规程表6.4.2注3:

$$[\mu_N] = 0.75 - 0.05 = 0.70$$

【62、63题评析】 62题,查《高规》表4.3.7-1时,应注意该表注的规定,本题目设计基本地震的速度为0.3g,故查表时取 $\alpha_{\max} = 0.24$。

63题,应注意 $\lambda_c = \frac{H_n}{2 h_0}$,式中 H_n 为柱净高,h_0 为柱截面有效高度,见《高规》6.2.6条对此的定义。

64. 正确答案是 C,解答如下:

$$V_{c1} = \frac{D_{c1}}{\sum D_i} \cdot V_f = \frac{27506}{123565} \times 370 = 82.36 \text{kN}$$

$$M_k = V_{c1} \cdot h_y = 82.36 \times 3.8 = 313 \text{kN} \cdot \text{m}$$

65. 正确答案是 C,解答如下:

根据《高规》6.4.10条:

抗震一级,取 $\rho_v \geqslant 0.6\%$;

$\lambda \leqslant 2$,ρ_v 取上、下柱端的较大值,且 $\lambda_v \geqslant 0.12$,由规程6.4.7条第3款,$\rho_v \geqslant 1.2\%$;又查规程表6.4.7,取 $\lambda_v = 0.15$。

由规程式(6.4.7),且取 $f_c = 16.7 \text{N/mm}^2$

$$\rho_v \geqslant \lambda_v f_c / f_{yv} = 0.15 \times 16.7 / 270 = 0.928\% > 0.6\%, \quad 但 < 1.2\%$$

故最终取 $\rho_v \geqslant 1.2\%$

66. 正确答案是 C,解答如下:

根据《高规》8.1.4条:

$$V_f = 1600\text{kN} < 0.2V_0 = 0.2 \times 14000 = 2800\text{kN}，故楼层地震作用需调整$$
$$V_f = \min(0.2V_0, 1.5V_{f,\max}) = \min(0.2 \times 14000, 1.5 \times 2100)$$
$$= 2800\text{kN}$$

故调整系数为：
$$2800/1600 = 1.75$$
$$M' = 1.75M = \pm 495.25\text{kN} \cdot \text{m}$$
$$V' = 1.75V = \pm 130.38\text{kN}$$

67. 正确答案是 D，解答如下：

根据《高规》6.2.7 条，由《混规》11.6.2 条：
$$h_b = \frac{800 + 600}{2} = 700\text{mm}, h_{b0} = 700 - 60 = 640\text{mm}$$
$$V_j = \frac{1.2\Sigma M_b}{h_{b0} - a'_s}\left(1 - \frac{h_{b0} - a'_s}{H_c - h_b}\right)$$
$$= \frac{1.2 \times (474.3 + 260.8)}{0.58} \times \left(1 - \frac{0.58}{4.15 - 0.7}\right)$$
$$= 1265.2\text{kN}$$

68. 正确答案是 D，解答如下：

首层剪力墙属于底部加强部位。

根据《高规》7.2.6 条，取 $\eta_{vw} = 1.6$；

又由规程 7.2.4 条，双肢墙，出现大偏心受拉时，取增大系数 1.25：
$$V_k = 1.25 \times 1.6 \times 500 = 1000\text{kN}$$
$$V = 1.3V_k = 1300\text{kN}$$

69. 正确答案是 B，解答如下：
$$\lambda = \frac{M^c}{V^c h_{w0}} = \frac{21600}{3240 \times 6.2} = 1.0753 < 1.5，取 \lambda = 1.5$$

根据《高规》式（7.2.10-2）：
$$N = 3840\text{kN} < 0.2 f_c b_w h_w = 6207.5\text{kN}，故取 N = 3840\text{kN}$$
$$V_w \leqslant \frac{1}{\gamma_{RE}}\left[\frac{1}{\lambda - 0.5}\left(0.4 f_t b_w h_{w0} + 0.1N\frac{A_w}{A}\right) + 0.8 f_{yh}\frac{A_{sh}}{s}h_{w0}\right]$$
$$5184 \times 10^3 \leqslant \frac{1}{0.85} \times \left[\frac{1}{1.5 - 0.5} \times \left(0.4 \times 1.71 \times 250 \times 6200\right.\right.$$
$$\left.\left. + 0.1 \times 3840 \times 10^3 + 0.8 \times 300\right) \times \frac{A_{sh}}{s} \times 6200\right]$$

解之得：
$$A_{sh}/s \geqslant 1.99\text{mm}^2/\text{mm}$$

70. 正确答案是 A，解答如下：

根据《高规》7.2.14 条，$\mu_N = 0.38 > 0.2$，应设置约束边缘构件

根据《高规》7.2.15 条及图 7.2.15：

已知 $l_c = 1300\text{mm}$
$$a_c = \max(b_w, 400, l_c/2) = \max(250, 400, 1300/2) = 650\text{mm}$$

$\mu_N = 0.38$，根据规程 7.2.15 条，取 $\lambda_v = 0.20$，假定箍筋直径为 $\Phi 10$：
$$\rho_v = \lambda_v f_c / f_{yv} = 0.2 \times \frac{19.1}{f_{yv}} \leqslant \frac{\Sigma n_i A_{si} l_i}{s A_{cor}} = \frac{(4 \times 210 + 2 \times 625) \times 78.5}{100 \times 200 \times 615}$$

解之得：
$$f_{yv} \geqslant 286 \text{N/mm}^2$$

故选 HRB335 级，Φ10@100。

71. 正确答案是 B，解答如下：

连梁跨高比：$l_n/h_b = 1500/700 = 2.14 < 5$，根据《高规》7.1.3 条，按连梁计算。

根据《高规》7.2.27 条第 2 款规定，再查规程表 6.3.2-2，抗震一级，故箍筋最小直径 $d = 10 \text{mm}$，最大间距 s：

$$s = \min(6d, \ h_b/4, \ 100) = \min(6 \times 25, \ 700/4, \ 100) = 100 \text{mm}$$

又 $l_n/h_b = 2.14 < 2.5$，由规程式（7.2.23-3）：

$$V_b \leqslant \frac{1}{\gamma_{RE}} \left(0.38 f_t b_b h_{b0} + 0.9 f_{yv} \frac{A_{sv}}{s} h_0 \right)$$

$$421.2 \times 10^3 \leqslant \frac{1}{0.85} \times \left(0.38 \times 1.71 \times 300 \times 665 + 0.9 \times 270 \times \frac{A_{sv}}{s} \times 665 \right)$$

解之得：
$$A_{sv}/s \geqslant 1.41 \text{mm}^2/\text{mm}$$

双肢箍，取箍筋间距为 100mm，$A_{sv1} \geqslant 1.41 \times 100/2 = 70.5 \text{mm}^2$

故选 Φ10（$A_s = 78.5 \text{mm}^2$），满足，取 Φ10@100。

【66～71 题评析】 69 题，运用《高规》式（7.2.10-2）时，应注意计算参数 λ 值、N 值的取值。

71 题，应首先计算连梁跨高比 $\lambda = \dfrac{l_n}{h_b}$，以判断该连梁是按框架梁计算，还是按一般连梁计算，其各自抗震设计的抗剪承载力计算公式是不同的。

72. 正确答案是 D，解答如下：

根据《高钢规》6.1.4 条，（D）项错误，应选（D）项。

73. 正确答案是 A，解答如下：

单孔标准跨径 40m，按单孔跨径查《公桥通规》表 1.0.51，属大桥；查《公桥通规》表 4.1.5-1，其设计安全等级为一级，故取 $\gamma_0 = 1.1$。

根据通用规范 4.1.5 条：
$$\gamma_0 V_d = \gamma_0 (\gamma_G V_{Gk} + \gamma_{Q1} V_{Q1k} + \psi_c \gamma_{Q2} V_{Q2k})$$
$$= 1.1 \times (1.2 \times 4400 + 1.4 \times 1414 + 0.75 \times 1.4 \times 138)$$
$$= 8144.95 \text{kN}$$

74. 正确答案是 B，解答如下：

根据《公桥通规》4.1.6 条：
$$M_{sd} = M_{Gk} + \psi_{f1} M_{1Q} + \sum_{j=2}^{n} \psi_{qj} M_{Qj}$$
$$= 43000 + 0.7 \times \frac{14700}{1.2} + 0.4 \times 1300$$
$$= 52095 \text{kN} \cdot \text{m}$$

75. 正确答案是 C，解答如下：

《公桥混规》7.1.3 条：

$$\sigma_{kt} = \frac{M_k}{I} y_{\text{下}} = -\frac{(43000+16000)}{5.5} \times 1.5 \times 10^{-3} = 16.09 \text{N/mm}^2 \text{(拉应力)}$$

$$\sigma_{pc} = \frac{N_p}{A} + \frac{N_p e_y}{I} \cdot y_{\text{下}} = \sigma_{pe} A_p \left(\frac{1}{A} + \frac{e_y}{I} y_{\text{下}} \right)$$

$$= \sigma_{pe} A_p \left(\frac{1}{6.5} + \frac{1.3}{5.5} \times 1.5 \right) = 0.50839 \sigma_{pe} A_p \quad \text{(压应力)}$$

$$\sigma_{kt} + \sigma_{pc} = 0, \text{则：}$$

$$A_p = \frac{16.09}{0.50839 \sigma_{pe}} = \frac{16.09}{0.50839 \times 0.5 \times 1860}$$

$$= 0.0340 \text{m}^2 = 340 \text{cm}^2$$

76. 正确答案是 B，解答如下：
$$N_p = \sigma_{pe} \cdot A_p = (\sigma_{con} - \Sigma \sigma_l) \cdot A_p = (0.70 \times 1860 - 300) \times 400 \times 10^2$$
$$= 40080 \times 10^3 \text{N} = 40080 \text{kN}$$

77. 正确答案是 D，解答如下：
查《公桥通规》表 4.3.1-3，取后车轮的着地长度 $a_1 = 0.2\text{m}$。
$$a = a_1 + 2h = 20 + 2 \times 15 = 50 \text{cm}$$

根据《公桥混规》4.2.3 条：

单个车轮：$a = a_1 + 2h + \dfrac{l}{3} = 50 + \dfrac{500}{3} = 216.7 \text{cm} < \dfrac{2l}{3} = \dfrac{2+500}{3} = 333.3 \text{cm}$

$$> d = 140 \text{cm}$$

故后车轮荷载分布宽度有重叠。

双个车轮：$\qquad a = a_1 + 2h + d + \dfrac{l}{3} = 50 + 140 + \dfrac{500}{3} = 356.7 \text{m}$

$$< \frac{2l}{3} + d = \frac{2 \times 500}{3} + 140 = 473.3 \text{cm}$$

故取 $a = 473.3 \text{cm}$

78. 正确答案是 B，解答如下：
双向行驶两列汽车，由《公桥通规》4.3.5 条，4.3.1 条表 4.3.1-5，取 1 条车道荷载计算汽车制动力，并且车道荷载提高 1.2。
$$q_k = 10.5 \text{kN/m}^2, \quad P_k = 2 \times (40+130) = 340 \text{kN}$$
$$F_b = 1.2 \times (10.5 \times 200 + 340) \times 10\% = 1.2 \times 244 \text{kN} = 292.8 \text{kN} > 165 \text{kN}$$
故取 $F_b = 292.8 \text{kN}$

由已知条件可得，每个中墩分配 1/4 汽车制动力：

1 号墩：$F_{b1} = \dfrac{1}{4} \times 292.8 = 73.2 \text{kN}$

79. 正确答案是 B，解答如下：
2 号墩的抗推刚度：
$$K_2 = \frac{3EI}{l^3} = \frac{3 \times 3.0 \times 10^7 \times 2.5 \times 1.5^3/12}{10^3} = 6.328 \times 10^4 \text{kN/m}$$

由提示知，2号墩的组合抗推刚度 $K_{Z2}=K_2=6.328\times10^4\text{kN/m}$

由于结构对称，由温度变化引起的结构位移偏移零点位于2、3号墩的中点位置，故2号墩顶产生的偏移为：

$$\Delta t_2=\alpha t x_2=1\times10^{-5}\times20\times20\times10^3=4\text{mm}$$

$$H_{k2}=K_{Z2}\cdot\Delta t_2=6.328\times10^4\times4\times10^{-3}=253\text{kN}$$

【73～79题评析】 73题，本题的关键是确定结构重要性系数 γ_0 值。

75题，由于题目条件是 $\sigma_{kt}+\sigma_{pc}=0$，故可求出 A_p 值；反之，已知 A_p 值，欲使 $\sigma_{cc}=0$，可求预应力筋的有效预应力 σ_{pe} 值；或未知 A_p，求预应力筋的永久有效预加力 N_p 值。

80. 正确答案是B，解答如下：

根据《公桥混规》6.1.1条规定，抗裂验算、裂缝宽度验算和挠度验算均不计汽车荷载冲击系数，应选（B）项。

实战训练试题（十四）解答与评析

（上午卷）

1. 正确答案是 B，解答如下：

根据《抗规》表 3.4.3-1、表 3.4.3-2 及 3.4.3 条条文说明：$B/B_{max}=\dfrac{2\times7.2}{4\times7.2}=0.5>$

0.3，属于平面凹凸不规则

$$\frac{K_1}{K_2}=\frac{6.39\times10^5}{9.16\times10^5}=0.7$$

$$\frac{K_1}{(K_2+K_3+K_4)/3}=\frac{6.39\times10^5}{(9.16+8.02+8.01)\times10^5/3}=0.761<0.8$$

属于竖向刚度不规则，故应选（B）项。

2. 正确答案是 B，解答如下：

丙类建筑，Ⅱ类场地，8 度，房屋高度 $H=5.2+5\times3.2=21.2m$，查《混规》表 11.1.3，可知，框架抗震等级为二级，轴压比 μ_N：

$$\mu_N=\frac{N}{f_cA}=\frac{2570\times10^3}{14.3\times600\times600}=0.5$$

查《混规》表 11.4.17，抗震二级，取 $\lambda_v=0.11$

由《混规》11.4.17 条，f_c 按 C35 进行计算，则：

$$\rho_v\geq\frac{\lambda_v f_c}{f_{yv}}=\frac{0.11\times16.7}{270}=0.68\%$$

取箍筋间距为 100，假定箍筋直径为 8mm，则：

$$\rho_v=\frac{(600-2\times24)A_{s1}\times8}{(600-2\times28)^2\times100}\geq0.68\%$$

解之得：$A_{s1}\geq46mm^2$，选 Φ 8（$A_{s1}=50.3mm^2$）

Z_1 为底层角柱，抗震二级，由《混规》14.4.14 条规定，应沿全高加密，取 Φ 8 @100。

3. 正确答案是 A，解答如下：

根据《混规》6.2.10 条、8.5.1 条

$$\rho_{min}=\max(0.2\%,0.45f_t/f_y)$$
$$=\max(0.2\%,0.45\times1.43/360)=0.2\%$$

$$x=\frac{f_yA_{s,min}}{\alpha_1 f_cb}=\frac{360\times0.2\%\times250\times600}{1\times14.3\times250}$$

$$=30.2mm$$

$$M_u=\alpha_1 f_cbx\left(h_0-\frac{x}{2}\right)=1\times14.3\times250\times30.2\times\left(560-\frac{30.2}{2}\right)$$

$$= 58.83 \text{kN} \cdot \text{m} > 13.6 \text{kN} \cdot \text{m}$$

故由规范 8.5.3 条。

$$h_{cr} = 1.05 \sqrt{\frac{M}{\rho_{min} f_y b}} = 1.05 \sqrt{\frac{13.6 \times 10^6}{0.2\% \times 360 \times 250}} = 289 \text{mm} < \frac{h}{2} = 300 \text{mm}$$

故取 $h_{cr} = 300 \text{mm}$

$$\rho_s \geqslant \frac{h_{cr}}{h} \rho_{min} = \frac{300}{600} \times 0.2\% = 0.1\%$$

【1～3 题评析】 2 题，计算 ρ_v 时，本题目 C30＜C35，应按 C35 计算；角柱，沿全高加密。

4. 正确答案是 A，解答如下：

根据《混规》G.0.8 条图 G.0.8-2 和图 G.0.8-3：$\frac{l_0}{h} = \frac{6900}{4800} = 1.44$，即：$1 < l_0/h \leqslant 1.5$，故属于规范图 G.0.8-3（b）的情况，所以（C）、（D）项不对。

对于（B）项，水平钢筋（即纵向受拉钢筋）的间距为：

$$s = \frac{1920}{8-1} = 274 \text{mm} > 200 \text{mm}$$，由规范 G.0.10 条，可知，（B）项不对。

所以应选（A）项。

5. 正确答案是 B，解答如下：

根据《混规》G.0.2 条：

$l_0/h = 6900/4800 = 1.44 < 2$，则支座截面：$h_0 = h - a_s = h - 0.2h = 0.8h$

由规范式（G.0.5）：

$$V_k = 1000 \text{kN} < 0.5 f_{tk} b h_0 = 0.5 \times 2.01 \times 300 \times (0.8 \times 4800) = 1157.76 \text{kN}$$

故按构造配筋，由规范 G.0.10 条、G.0.12 条，则：

竖向分布筋，$\rho_{sv,min} = 0.20\%$

取竖向分筋间距 $s_h = 200 \text{mm}$，则：

$$\rho_{sv} = \frac{2A_{s1}}{b s_h} \geqslant \rho_{sv,min} = 0.20\%$$

即：$A_{s1} \geqslant 0.20\% \times 300 \times 200/2 = 60 \text{mm}^2$，故取 $\Phi 10$（$A_{s1} = 78.5 \text{mm}^2$）

所以选用 $\Phi 10@200$。

6. 正确答案是 C，解答如下：

根据《混规》G.0.2 条：

$l_0/h = 1.44 < 2.0$，故跨中截面 a_s 取为 $0.1h$，故 $h_0 = h - a_s = 0.9h$

由规范式（6.2.10-2）：

$$x = \frac{f_y A_s - f_y' A_s'}{\alpha_1 f_c b} = \frac{360 \times 3563 - 0}{1.0 \times 14.3 \times 300} = 299 \text{mm}$$

$$< 0.2h_0 = 0.2 \times 0.9 \times 4800 = 864 \text{mm}$$

故取 $x = 0.2h_0 = 846 \text{mm}$

$$z = \alpha_d (h_0 - 0.5x) = 0.86 \times (0.9 \times 4800 - 0.5 \times 864) = 3344 \text{mm}$$

$$M = f_y A_s z = 360 \times 3563 \times 3344 = 4289 \text{kN} \cdot \text{m}$$

7. 正确答案是 D，解答如下：

根据《混规》G.0.9条，(D)项不对。

【4～7题评析】 4～7题，应注意的是，$l_0/h=1.44<2.5$，属于深梁。特别是$l_0/h=1.44<2.0$时，有关计算参数的取值。

8. 正确答案是 B，解答如下：

根据《混规》6.5.1条：

$$h_0 = h - a_s = 450 - 40 = 410\text{mm}$$

$$u_m = 4 \times (600 \times 2 + 700 + 410) = 9240\text{mm}$$

$h = 450\text{mm} < 800\text{mm}$，取 $\beta_h = 1.0$；方柱，取 $\beta_s = 2.0$

$$\eta_1 = 0.4 + \frac{1.2}{\beta_s} = 0.4 + \frac{1.2}{2.0} = 1.0$$

$$\eta_2 = 0.5 + \frac{\alpha_s h_0}{4u_m} = 0.5 + \frac{40 \times 410}{4 \times 9240} = 0.944$$

取较小值，故取 $\eta = 0.944$

$0.7\beta_h f_t \eta u_m h_0 = 0.7 \times 1.0 \times 1.43 \times 0.944 \times 9240 \times 410 = 3579.83\text{kN}$

9. 正确答案是 A，解答如下：

由《混规》6.5.1条：

冲切破坏锥体面积为：$A_l = (700 + 2 \times 600 + 2h_0)^2 = (700 + 1200 + 2 \times 410)^2 = 2720 \times 2720\text{mm}^2 = 7.3984\text{m}^2$

冲切荷载设计值：$F_l = (7.8 \times 7.8 - A_l)q$

由《可靠性标准》8.2.4条

$$q = 1.3 \times (18H + 0.45 \times 25) + 1.5 \times 4 = 23.4H + 20.625$$

将 q 代入上式，可得：

$$F_l = (7.8 \times 7.8 - 7.3984) \times (23.4H + 20.625) \leqslant 3200$$

解之得：$H \leqslant 1.677\text{m}$

【8、9题评析】 8题，应注意的是，u_m 的计算。

9题，冲切破坏锥面积：$(700 \times 2 \times 600 + h_0 + h_0)^2$，$q$ 值应计入楼体的自重。

10. 正确答案是 C，解答如下：

根据《混规》9.2.12条：

$$N_{s2} = 0.7 f_y A_s \cos\frac{\alpha}{2} = 0.7 \times 360 \times 763 \times \cos\frac{120°}{2} = 96138\text{N}$$

需增设箍筋总截面面积：

$$A_{sv} = \frac{N_{s2}}{f_y \cos\alpha} = \frac{96138}{270 \times \cos(90° - 60°)} = 411\text{mm}^2$$

选用 $\Phi 8$（$A_{s1} = 50.3\text{mm}^2$），则双肢筋的个数 n 为：

$$n = \frac{411}{2 \times 50.3} = 4.1，故选用 6\Phi 8（双肢）。$$

11. 正确答案是 B，解答如下：

根据《混规》H.0.2条：

$$M_{1Gk} = \frac{1}{8} \times 15 \times 6.0^2 = 67.5\text{kN} \cdot \text{m}，M_{2Gk} = \frac{1}{8} \times 12 \times 6.0^2 = 54\text{kN} \cdot \text{m}$$

$$M_{2Qk} = \frac{1}{8} \times 20 \times 6.0^2 = 90kN \cdot m$$

由《可靠性标准》8.2.4条：

$$M = 1.3 \times (67.5 + 54) + 1.5 \times 90 = 292.95kN \cdot m$$

12. 正确答案是 C，解答如下：

根据《混规》H.0.3条：

$$V = V_{1G} + V_{2G} + V_{2Q}$$

由《可靠性标准》8.2.4条：

$$V = 1.3 \times \frac{1}{2} \times (15 + 12) \times 6.0 + 1.5 \times \frac{1}{2} \times 20 \times 6.0 = 195.3kN$$

由《混规》H.0.4条，按 C30 计算，取 $f_t = 1.43N/mm^2$

$$V_u = 1.2 f_t b h_0 + 0.85 f_{yv} \frac{A_{sv}}{s} h_0$$

$$= 1.2 \times 1.43 \times 250 \times 660 + 0.85 \times 270 \times \frac{2 \times 50.3}{150} \times 660$$

$$= 384.73kN$$

$$\frac{V}{V_u} = \frac{195.3}{384.73} = 0.508$$

13. 正确答案是 A，解答如下：

根据《混规》H.0.7条

由 11 题可知，$M_{1Gk} = 67.5kN \cdot m > 0.35 M_u = 0.35 \times 190 = 66.5kN \cdot m$

$$M_{2q} = M_{2Gk} + \psi_q M_{2Qk} = 54 + 0.5 \times 90 = 99kN \cdot m$$

由规范式（H.0.7-4）：

$$\sigma_{s2q} = \frac{0.5\left(1 + \frac{h_1}{h}\right)M_{2q}}{0.87 A_s h_0} = \frac{0.5 \times \left(1 + \frac{500}{700}\right) \times 99 \times 10^6}{0.87 \times 1520 \times 660}$$

$$= 97.23N/mm^2$$

【11～13题评析】 13 题，应注意的是，M_{1Gk} 与 $0.35 M_u$ 的大小的复核。当 $M_{1Gk} < 0.35 M_u$ 时，应将《混规》式（H.0.7-4）中 $0.5(1 + h_1/h)$ 取为 1.0。

14. 正确答案是 D，解答如下：

根据《混规》4.1.4条条文说明，应选D项。

15. 正确答案是 A，解答如下：

对于（B）项，根据《混规》4.2.1条及其条文说明，（B）项正确。

对于（C）项，根据《混规》4.2.1条及其条文说明，（C）项正确。

对于（D）项，根据《混规》4.2.2条，（D）项正确。

可见，应选（A）项。

16. 正确答案是 C，解答如下：

$$\frac{b}{t} = \frac{300 - 10}{2 \times 16} = 9.06 < 13\varepsilon_k = 13\sqrt{235/235} = 13$$

$$\frac{h_0}{t_w} = \frac{600 - 2 \times 16}{10} = 56.8 < 93\varepsilon_k = 93$$

截面等级满足 S3 级。

根据《钢标》6.1.2 条，取 $\gamma_x = 1.05$，则：

$$\frac{M_x}{\gamma_x W_{nx}} = \frac{538.3 \times 10^6}{1.05 \times 0.9 \times 3240 \times 10^3} = 175.8 \text{N/mm}^2$$

17. 正确答案是 B，解答如下：

根据《钢标》6.2.2 条：

$$\lambda_y = \frac{l_{0y}}{i_y} = \frac{6000}{68.7} = 87.336$$

根据《钢标》附录 C.0.5 条：

$$\varphi_b = 1.07 - \frac{\lambda_y^2}{44000\varepsilon_k^2} = 1.07 - \frac{87.336^2}{44000 \times 1} = 0.897$$

$$\frac{M_x}{\varphi_b W_x} = \frac{538.3 \times 10^6}{0.897 \times 3240 \times 10^3} = 185.2 \text{N/mm}^2$$

18. 正确答案是 A，解答如下：

$$g_k + q_k = 2.5 + 1.8 = 4.3 \text{kN/m} = 4.3 \text{N/mm}, \quad G_k + Q_k = 100 \text{kN} = 100 \times 10^3 \text{N}$$

挠度：$v_T = \dfrac{5(g_k + q_k)L^4}{384EI_x} + \dfrac{(G_k + Q_k)L^3}{48EI_x}$

$$\frac{v_T}{L} = \frac{5(g_k + q_k)L^3}{384EI_x} + \frac{(G_k + Q_k)L^2}{48EI_x}$$

$$= \frac{5 \times (2.5 + 1.8) \times 12000^3}{384 \times 206 \times 10^3 \times 97150 \times 10^4} + \frac{100 \times 10^3 \times 12000^2}{48 \times 206 \times 10^3 \times 97150 \times 10^4}$$

$$= \frac{1}{2068.52} + \frac{1}{667.1} = \frac{1}{504.4} \approx \frac{1}{505}$$

19. 正确答案是 C，解答如下：

$$l_{0x} = 9300 \text{mm}, \quad \lambda_x = \frac{l_{0x}}{i_x} = \frac{9300}{129} = 72.0$$

$$l_{0y} = 4650 \text{mm}, \quad \lambda_y = \frac{l_{0y}}{i_y} = \frac{4650}{48.5} = 95.9$$

焊接工字形截面，焰切边，查《钢标》表 7.2.1-1，对 x 轴、y 轴均为 b 类截面，故取 $\lambda_y = 95.9$，查附表 D.0.2，取 $\varphi_y = 0.582$。

$$\frac{N}{\varphi_y A} = \frac{520 \times 10^3}{0.582 \times 56.8 \times 10^2} = 157.3 \text{N/mm}^2$$

20. 正确答案是 B，解答如下：

根据《钢标》7.2.6 条：

按受压构件计算，取 $i = i_y = 23.1 \text{mm}$

填板数量：$n = \dfrac{4200}{40i} - 1 = \dfrac{4200}{40 \times 23.1} - 1 = 3.5$

【16～20 题评析】 16 题，先确定截面等级，再确定 γ_x 的取值。

17 题，稳定性验算，取构件的全截面，即 W_x 进行计算。

20 题，《钢标》7.2.6 条图 7.2.6 规定了截面回转半径 i 的取值。本题目若为十字形组合截面，则 $i = i_y$。

21. 正确答案是 C，解答如下：

剪力设计值产生的每个螺栓竖向剪力 N_v^v：

$$N_v^v = \frac{V}{n} = \frac{1400}{2 \times 16} = 43.75\text{kN}$$

螺栓群中一个螺栓承受的最大剪力 N_v：

$$N_v = \sqrt{(N_v^M)^2 + (N_v^v)^2} = \sqrt{142.2^2 + 43.75^2} = 148.8\text{kN}$$

根据《钢标》11.4.2 条：

$$P = \frac{N_v}{0.9kn_f u} = \frac{148.8}{0.9 \times 1 \times 2 \times 0.5} = 165.3\text{kN}$$

查表 11.4.2-2，选 M22($P=190$kN)，满足。

22. 正确答案是 C，解答如下：

根据《钢标》11.4.2、表 11.5.2 及注 3：

$$N_v^b = 0.9kn_f \mu P = 0.9 \times 1 \times 2 \times 0.50 \times 225 = 202.5\text{kN}$$

$$d_c = \max(24 + 4, 26) = 28\text{mm}$$

上翼缘净截面面积 A_n：$A_n = (650 - 6 \times 28) \times 25 = 12050\text{mm}^2$

由 7.1.1 条：

$$N \leqslant fA = 295 \times 650 \times 25 = 4793.75\text{kN}$$

高强螺栓数目 n：$n \geqslant \dfrac{N}{N_v^b} = \dfrac{4793.75}{202.5} = 23.4$ 个

$$\left(1 - 0.5\frac{n_1}{n}\right)\frac{N}{A_n} \leqslant 0.7f_u，则：$$

$$N \leqslant \frac{0.7f_u A_n}{1 - 0.5\dfrac{n_1}{n}}，又 N \leqslant nN_v^b，则：$$

$$n \geqslant \frac{0.7f_u A_n}{N_v^b\left(1 - 0.5\dfrac{n_1}{n}\right)} = \frac{0.7 \times 470 \times 12050 \times 10^{-3}}{202.5 \times \left(1 - 0.5 \times \dfrac{6}{n}\right)}$$

解之得：$n \geqslant 22.6$ 个

最终取 $n = 24$ 个，但满足题目图示 13-11，一排 6 个，且螺栓群连接长度 $l = (4-1)d_0 = 3d_0 < 15d_0$，不考虑超长折减。

23. 正确答案是 C，解答如下：

$$d_c = \max(24 + 4, 25.5) = 28\text{mm}$$

上翼缘净截面 A_n：$A_n = (650 - 6 \times 28) \times 25 = 12050\text{mm}^2$

盖板净截面 A_n'：$A_n' = (650 - 6 \times 28) \times (16 \times 2) = 15424\text{mm}^2$

故考虑上翼缘。

查《钢标》表 4.4.1，Q345 钢，$t=25$mm，$f=295$N/mm²，$f_u=470$N/mm²，则：

$$N_1 = fA = 295 \times 650 \times 25 = 4793.75\text{kN}$$

$$N_1 = 0.7f_u A_n = 0.7 \times 470 \times 12050 = 3964.45\text{kN}$$

取较小值，$N = N_1 = 3964.45\text{kN}$

$$N_v^b = n_v \frac{\pi d^2}{4} f_v^b = 2 \times \frac{\pi \times 24^2}{4} \times 190 = 172 \text{kN}$$

$$N_c^b = d\Sigma t \cdot f_c^b = 24 \times 25 \times 510 = 306 \text{kN}$$

上述值取较小值，取 $N_v^b = 172 \text{kN}$ 计算，则：

螺栓数目：$n = \dfrac{N}{N_v^b} = \dfrac{3964.45}{172} = 23.05$ 个

由题目所示螺栓排列，每排 6 个，取 $n=24$ 个

又螺栓群连接长度：$l = (4-1)d_0 = 3d_0 < 15d_0$，故不考虑超长折减，最终取 $n=24$ 个。

【21～23题评析】 22题、23题，应注意复核螺栓连接是否为超长连接。

24. 正确答案是 B，解答如下：

柱肢翼缘外侧：$W_{nx} = \dfrac{2I_x}{b} = \dfrac{2 \times 104900 \times 10^4}{800} = 2622.5 \times 10^3 \text{mm}^3$

根据《钢标》8.1.1 条及表 8.1.1，取 $\gamma_x = 1.0$，则：

$$\frac{N}{A_n} + \frac{M_x}{\gamma_x W_{nx}} = \frac{980 \times 10^3}{113.6 \times 10^2} + \frac{230 \times 10^6}{1.0 \times 2622.5 \times 10^3} = 173.97 \text{N/mm}^2$$

25. 正确答案是 C，解答如下：

根据《钢标》7.2.3 条：

$$\lambda_x = \frac{l_{0x}}{i_x} = \frac{17500}{304} = 57.6$$

$$\lambda_{0x} = \sqrt{\lambda_x^2 + 27\frac{A}{A_{1x}}} = \sqrt{57.6^2 + 27 \times \frac{2 \times 56.8 \times 10^2}{2 \times 7.29 \times 10^2}} = 59.4$$

查《钢标》表 7.2.1-1，对 x 轴、y 轴均为 b 类截面；查附表 D.0.2，取 $\varphi_x = 0.810$。
由 8.2.2 条：

$$W_{1x} = \frac{I_x}{b_0/2} = \frac{104900 \times 10^4}{600/2} = 3497 \times 10^3 \text{mm}^2$$

$$\frac{N}{\varphi_x A} + \frac{\beta_{mx} M_x}{W_{1x}\left(1 - \dfrac{N}{N'_{Ex}}\right)} = \frac{980 \times 10^3}{0.810 \times 2 \times 5680} + \frac{1.0 \times 230 \times 10^6}{3497 \times 10^3 \times (1 - 0.162)}$$

$$= 185 \text{N/mm}^2$$

26. 正确答案是 D，解答如下：
分肢承受的最大轴心压力 N_1：

$$N_1 = \frac{N}{2} + \frac{M_x}{b_0} = \frac{980}{2} + \frac{230}{0.6} = 873.33 \text{kN}$$

分肢平面内：$l_{0x1} = 1200 \text{mm}$，$\lambda_{x1} = \dfrac{1200}{48.5} = 24.7$

分肢平面外：$l_{0y1} = 8000 \text{mm}$，$\lambda_{y1} = \dfrac{8000}{129} = 62.0$

焊接 H 形截面，焰切边，查《钢标》表 7.2.1-1，对 x 轴、y 轴均为 b 类截面，取 λ_{y1}
查附表 D.0.2，取 $\varphi_{y1} = 0.796$。

$$\frac{N_1}{\varphi_{y1}A_1} = \frac{873.33 \times 10^3}{0.796 \times 56.8 \times 10^2} = 193.2 \text{N/mm}^2$$

27. 正确答案是 B，解答如下：

根据《钢标》8.2.7 条、7.2.7 条：

$$V = \frac{Af}{85\varepsilon_k} = \frac{2 \times 56.8 \times 215}{85} = 28.7 \text{kN} > 25 \text{kN}$$

故取 $V = 28.7 \text{kN}$

一根缀条承担的压力：$N = \dfrac{V/2}{\cos\alpha} = \dfrac{28.7/2}{\cos 45°} = 20.3 \text{kN}$

缀条长度：$l = 600\sqrt{2} = 848.5 \text{mm}$

由《钢标》7.6.1 条：

$$l_0 = 0.9l = 0.9 \times 848.5 = 763.65 \text{mm}, \lambda = \frac{l_0}{i_{y0}} = \frac{763.65}{12.4} = 61.6$$

查《钢标》表 7.2.1-1 及注，对 x 轴、y 轴均为 b 类截面，查附表 D.0.2，取 $\varphi = 0.798$

由 7.6.1 条，$\eta = 0.6 + 0.0015 \times 61.6 = 0.6924$

$$\frac{N}{\eta\varphi Af} = 0.6924 \times \frac{20.3 \times 10^3}{0.798 \times 7.29 \times 10^2 \times 215} = 0.234$$

【24~27 题评析】 24 题，本题目为计算柱肢翼绝缘外侧最大压应力，故取 $b = 800 \text{mm}$。对比 25 题，取 $b_0 = 600 \text{mm}$，依据是《钢标》8.2.2 条规定。

26 题，区分平面内、平面外的 l_{0x}、l_{0y} 的取值，及相应的 i_{x1}、i_{y1}。

28. 正确答案是 D，解答如下：

根据《钢标》3.1.5 条、3.1.7 条，应选 (D) 项。

29. 正确答案是 D，解答如下：

根据《钢标》4.4.5 条：

折减系数 η：$\eta = 0.90$

30. 正确答案是 C，解答如下：

根据《砌规》5.1.2 条：

$$i = \sqrt{I/A} = \sqrt{\frac{1.044 \times 10^{10}}{190 \times 1500 + 400 \times 400}} = 153.2 \text{mm}$$

$$h_T = 3.5i = 3.5 \times 153.2 = 536.2 \text{mm}$$

根据规范 5.1.3 条，取 $H = 3600 + 600 = 4200 \text{mm}$

横墙间距 $s = 3300 \times 3 = 9900 \text{mm} > 2H = 8400 \text{mm}$，刚性方案，查规范表 5.1.3，取 $H_0 = 1.0H = 4200 \text{mm}$

$$\beta = \frac{H_0}{h_T} = \frac{4200}{536.2} = 7.8$$

31. 正确答案是 B，解答如下：

横墙间距 $s = 9900 \text{mm} > 2H = 2 \times 3600 = 7200 \text{mm}$，刚性方案，查《砌规》表 5.1.3，

取 $H_0=1.0H=3600mm$

由规范 5.1.2 条，$\beta=\gamma_\beta\dfrac{H_0}{h_T}=1.1\times\dfrac{3600}{495}=8$

查规范表 3.2.1-4 及注 2 的规定，T 形截面，取 $f=0.85\times2.50=2.125MPa$

又 $A=0.445m^2>0.3m^2$，故截面面积不影响 f 的调整。

$e/h_T=0$，$\beta=8$，查规范附表 D.0.1-1，取 $\varphi=0.91$

$$N_u=\varphi f A=0.91\times2.125\times4.45\times10^5=860.52kN$$

32. 正确答案是 A，解答如下：

横墙间距 $s=9900mm>2H=2\times3600=7200mm$，刚性方案，查《砌规》表 5.1.3，

取 $H_0=1.0H=3600mm$，$\dfrac{H_0}{h}=\dfrac{3600}{190}=18.9$

门洞高度：$2100/3600=0.583>\dfrac{1}{5}=0.2$，应考虑其影响。

取 $b_s=2\times1200mm$，$s=3\times3300mm$

由规范 6.1.4 条，则：$\mu_2=1-0.4\dfrac{b_s}{s}=1-0.4\times\dfrac{2\times1200}{3\times3300}=0.903>0.7$

承重墙，取 $\mu_1=1.0$；由规范 6.1.1 条，取 $[\beta]=26$，则：

$$\dfrac{H_0}{h}=18.9<\mu_1\mu_2[\beta]=1.0\times0.903\times26=23.48$$

【30～32 题评析】 31 题，本题目墙 A 为 T 形截面，应按《砌规》表 3.2.1-4 注 2 的规定，对 f 乘以 0.85。

33. 正确答案是 D，解答如下：

根据《砌规》7.3.3 条：

$1.1l_n=1.1\times5400=5940mm$，$l_c=5400+2\times\dfrac{300}{2}=5700mm$

上述值取较小值，故取 $l_0=5700mm$

$h_w=3000mm<l_0$，故取 $h_w=3000mm$

$H_0=h_w+0.5h_b=3000+0.5\times600=3300mm$

34. 正确答案是 D，解答如下：

根据《砌规》7.3.4 条第 1 款规定：

由《可靠性标准》8.2.4 条：

$$Q_1=1.3\times5.2=6.76kN/m$$

托梁以上各层墙体自重：$1.3\times4.5\times3.0\times4=70.2kN/m$

墙梁顶面以上各楼（屋）盖的荷载：

$$(1.3\times12.0+1.5\times6.0)\times4=98.4kN/m$$

故：$Q_2=70.2+98.4=168.6kN/m$

35. 正确答案是 B，解答如下：

由 33 题可知，$l_0=5.7m$

根据《砌规》7.3.6 条：

$$M_1=\dfrac{1}{8}Q_1l_0^2=\dfrac{1}{8}\times12\times5.7^2=48.74kN\cdot m$$

$$M_2 = \frac{1}{8} Q_2 l_0^2 = \frac{1}{8} \times 150 \times 5.7^2 = 609.19 \text{kN} \cdot \text{m}$$

$$\frac{h_b}{l_0} = \frac{600}{5700} = \frac{1}{9.5} < \frac{1}{6}, \quad \text{则：}$$

$$\alpha_m = \psi_m \left(1.7 \frac{h_b}{l_0} - 0.03\right) = 1.0 \times \left(1.7 \times \frac{600}{5700} - 0.03\right) = 0.15$$

故：
$$M_b = M_1 + \alpha_m M_2 = 48.74 + 0.15 \times 609.19 = 140.1 \text{kN} \cdot \text{m}$$

36. 正确答案是 A，解答如下：

根据《砌规》7.3.8 条：

$$l_n = 5.40\text{m}, \quad V_1 = \frac{1}{2} Q_1 l_n = \frac{1}{2} \times 12 \times 5.4 = 32.4 \text{kN}$$

$$V_2 = \frac{1}{2} Q_2 l_n = \frac{1}{2} \times 150 \times 5.4 = 405.0 \text{kN}$$

$\beta_v = 0.6$，由规范式（7.3.8）：
$$V_b = V_1 + \beta_v V_2 = 32.4 + 0.6 \times 405.0 = 275.4 \text{kN}$$

37. 正确答案是 B，解答如下：

根据《砌规》7.3.9 条：

$\dfrac{b_f}{h} = \dfrac{1400}{240} = 5.833$，按线性插入取值：

$$\xi_1 = 1.3 + \frac{5.833 - 3}{7 - 3} \times (1.5 - 1.3) = 1.442$$

墙梁无洞口，取 $\xi_2 = 1.0$；查规范表 3.2.1-1，取 $f = 1.89 \text{MPa}$

由 33 题可知，$l_0 = 5.7\text{m}$。

由规范式（7.3.9）：

$$\xi_1 \xi_2 \left(0.2 + \frac{h_b}{l_0} + \frac{h_b}{l_0}\right) f h h_w = 1.442 \times 1.0 \times \left(0.2 + \frac{600}{5700} + \frac{180}{5700}\right) \times 1.89 \times 240 \times 3000$$

$$= 661 \text{kN}$$

【33～37 题评析】 35 题，本题目不是自承重简支墙梁，故 α_M 不考虑乘以 0.8。36 题，注意剪力计算应取净跨径 l_n 进行计算。

38. 正确答案是 C，解答如下：

查《砌规》表 3.2.2，取 $f_{tm} = 0.17 \text{MPa}$

M10 水泥砂浆，对 f_{tm} 不调整。

取池壁中间宽度 $b = 1\text{m}$ 计算，则：$W = \dfrac{1}{6} b h^2 = \dfrac{1}{6} \times 1000 \times 620^2$

$$f_{tm} W = 0.17 \times \frac{1}{6} \times 1000 \times 620^2 \times 10^{-6} \quad (\text{kN} \cdot \text{m})$$

$\gamma_w = 1.5$，水产生的弯矩设计值：$M = \gamma_w \cdot \dfrac{1}{6} \gamma H^3 = 1.5 \times \dfrac{1}{6} \times 10 \times H^3 \quad (\text{kN} \cdot \text{m})$

$$0.17 \times \frac{1}{6} \times 1000 \times 620^2 \times 10^{-6} \geqslant M = 1.5 \times \frac{1}{6} \times 10 \times H^3$$

解之得：$H \leqslant 1.63\text{m}$

39. 正确答案是 A，解答如下：

查《砌规》表 3.2.2，取 $f_v = 0.17\text{MPa}$

M10 水泥砂浆，对 f_v 不调整。

取池壁底部宽度 $b = 1\text{m}$ 计算，由砌体规范 5.4.2 条：

$$f_v b z = f_v b \frac{2}{3} h = \frac{0.17 \times 1000 \times 2 \times 620}{3} \times 10^{-3} \quad (\text{kN})$$

$\gamma_w = 1.5$，水产生的池壁底部截面的剪力设计值：

$$V = \gamma_w \cdot \frac{1}{2} \gamma H^2 = 1.5 \times \frac{1}{2} \times 10 \times H^2 = 7.5 H^2 \quad (\text{kN})$$

故：$\dfrac{0.17 \times 1000 \times 2 \times 620}{3} \times 10^{-3} \geqslant V = 7.5 H^2$

解之得：$H \leqslant 3.06\text{m}$

40. 正确答案是 D，解答如下：

根据上述两题的计算结果，可知，池壁承受水压的能力由池壁的竖向抗弯承载力控制，故采用 D 项措施可有效地提高池壁的抗弯承载力。

【38～40 题评析】 38 题、39 题，M10 水泥砂浆，对砌体的 f_{tm}、f_v 均不调整。

<h1 style="text-align:center">（下午卷）</h1>

41. 正确答案是 B，解答如下：

根据《砌规》8.2.9 条第 7 款，应选 (B) 项。或者根据《抗规》GB 50011—2010 第 3.9.6 条，应选 (B) 项。

42. 正确答案是 B，解答如下：

根据《木标》表 4.3.1-1，红松 TC13B；查表 4.3.1-3，取 $f_t = 8.0\text{MPa}$

根据 5.1.1 条：

$$A_n = 120 \times 200 - 120 \times 14 \times 4$$

$$N_u = f_t A_n = 8.0 \times (120 \times 200 - 120 \times 14 \times 4) = 138.24\text{kN}$$

43. 正确答案是 B，解答如下：

红松 TC13B，查《木标》表 4.3.1-3，取 $f_c = 10\text{MPa}$，$f_{c,90} = 2.9\text{MPa}$

由 4.3.3 条：

$$f_{c\alpha} = \frac{f_c}{1 + \left(\dfrac{f_c}{f_{c,90}} - 1\right) \dfrac{\alpha - 10°}{80°} \sin\alpha} = \frac{10}{1 + \left(\dfrac{10}{2.9} - 1\right) \cdot \dfrac{30° - 10°}{80°} \sin 30°} = 7.66\text{MPa}$$

由 6.1.2 条：

木材承压：$N \leqslant f_{c\alpha} A_c = 7.66 \times \dfrac{140 \times 30}{\cos 30°} = 37.15\text{kN}$

【42、43 题评析】 43 题，当考虑下弦杆齿面的受剪承载力时，$V \leqslant \psi_v f_v l_v b_v$，$V = N\cos\alpha$，代入数据可计算得到：$N \leqslant 32.41\text{kN}$，可见，下弦杆齿面由受剪承载力控制。

44. 正确答案是 B，解答如下：

根据《地规》8.4.7条，及3.0.6条：

$$F_l = F - 182.25 \times (0.9 + 2h_0)^2$$

$$= 12150 - 182.25 \times (0.9 + 2 \times 1.35)^2 = 9788.04 \text{kN}$$

中柱：$M_{\text{unb}} = 202.5 \text{kN} \cdot \text{m}$；$u_m = 4 \times \left(0.9 + 2 \times \dfrac{h_0}{2}\right) = 4 \times (0.9 + 1.35) = 9\text{m}$

$$\tau_{\text{max}} = \frac{F_l}{u_m h_0} + \frac{\alpha_s M_{\text{unb}} c_{\text{AB}}}{I_s} = \frac{9788.04}{9 \times 1.35} + \frac{0.4 \times 202.5 \times 1.13}{11.17} = 813.8 \text{kPa}$$

45. 正确答案是 A，解答如下：

根据《地规》8.4.7条：

$\beta_s = 1.0 < 2$，取 $\beta_s = 2.0$

$$\beta_{\text{hp}} = 1 - \frac{1400 - 800}{2000 - 800} \times (1 - 0.9) = 0.95$$

$$\tau_c = 0.7 \times \left(0.4 + \frac{1.2}{\beta_s}\right)\beta_{\text{hp}} f_t = 0.7 \times \left(0.4 + \frac{1.2}{2.0}\right) \times 0.95 \times 1.43$$

$$= 0.95095 \text{MPa} = 950.95 \text{kPa}$$

46. 正确答案是 B，解答如下：

根据《地规》8.4.8条：

$$u_m = \left(11.2 + 2 \cdot \frac{h_0}{2}\right) \times 2 + \left(11.6 + 2 \cdot \frac{h_0}{2}\right) \times 2$$

$$= (11.2 + 1.35) \times 2 + (11.6 + 1.35) \times 2 = 51\text{m}$$

$$F_l = 54000 - 182.25 \times (11.2 + 2 \times 1.35) \times (11.6 + 2 \times 1.35) = 1774.2 \text{kN}$$

$$\tau_{\text{max}} = \frac{F_l}{u_m h_0} = \frac{17774.2}{51 \times 1.35} = 258.2 \text{kPa}$$

47. 正确答案是 A，解答如下：

根据《地规》8.4.8条：

$$\beta_{\text{hp}} = 1 - \frac{1400 - 800}{2000 - 800} \times (1 - 0.9) = 0.95, \quad \eta = 1.25$$

$$\tau_c = \frac{0.7 \beta_{\text{hp}} f_t}{\eta} = \frac{0.7 \times 0.95 \times 1.43}{1.25} = 0.76076 \text{MPa} = 760.76 \text{kPa}$$

【44～47题评析】 44 题、46 题，对于 u_m 的取值，分别取柱边 $h_0/2$ 处、内筒外表面 $h_0/2$ 处。44 题中，F_l 取地基净反力进行计算。

48. 正确答案是 B，解答如下：

根据《地规》附录 N 的规定及 7.5.5 条条文说明：

因于室外填土荷载与室内填土荷载相等，二者相互抵消，故列表 14-1(a) 计算。

区　段	0	1	2	3	4	5	6	7	8	9	10
$\beta_i \left(\dfrac{a}{5b} = \dfrac{40}{5 \times 3.4} = 2.35 > 1 \right)$	0.3	0.29	0.22	0.15	0.1	0.08	0.06	0.04	0.03	0.02	0.01
堆载 q_i（kPa）	0	0	36	36	36	36	0	0	0	0	0
$\beta_i q_i$（kPa）	0	0	7.92	5.4	3.6	2.88	0	0	0	0	0

$$q_{eq} = 0.8 \left[\sum_{i=0}^{10} \beta_i q_i - \sum_{i=0}^{10} \beta_i p_i \right]$$
$$= 0.8 \times [(7.92 + 5.4 + 3.6 + 2.88) - 0] = 15.84 \text{ kPa}$$

49. 正确答案是 C，解答如下：

根据《地规》表 7.5.5：

$a = 40$m，$b = 3.4$m，则：

$$[s'_g] = 70 + \frac{3.4 - 3}{4 - 3} \times (75 - 70) = 72\text{mm}$$

50. 正确答案是 C，解答如下：

根据《地处规》5.2.11 条：

$$\tau_{ft} = \tau_{f0} + \Delta\sigma_z \cdot U_t \tan\varphi_{cu}$$
$$= 16 + 12 \times 50\% \times \tan 12° = 17.3\text{kPa}$$

51. 正确答案是 B，解答如下：

根据《地处规》7.3.3 条、7.1.7 条：

$$\xi = \frac{f_{spk}}{f_{ak}} = \frac{180}{90} = 2.0$$

第②层土的压缩模量：$E_{sp2} = 2.0 \times 1.8 = 3.6\text{MPa}$

52. 正确答案是 B，解答如下：

根据《地处规》7.3.3 条、7.1.5 条：

$$R_a = \eta f_{cu} A_p = 0.25 \times 2000 \times \frac{\pi}{4} \times 0.6^2 = 141.3\text{kN}$$

$$R_a = u_p \sum_{i=0}^{n} q_{si} l_{pi} + \alpha_p q_p A_p$$

$$= \pi \times 0.6 \times (12 \times 4 + 8 \times 4 + 18 \times 2) + 0.5 \times 120 \times \frac{\pi \times 0.6^2}{4}$$

$$= 235.5\text{kN}$$

上述值取较小值，故 $R_a = 141.3$kN

【48～52 题评析】　48 题，由于室内外填土对柱 1 而言是相同的，故可利用对称荷载，即不计算填土 p_i 值，同时 q_i 计算时不计填土部分。但是，对柱 2 而言，室内外填土不相等，不能利用对称荷载进行计算。

53. 正确答案是 C，解答如下：

根据《地规》8.6.2 条：

$$N_{tmax} = \frac{F_k + G_k}{n} - \frac{M_{xk} y_i}{\sigma \Sigma y_i^2} - \frac{M_{yk} x_i}{\Sigma x_i^2}$$

$$= \frac{-600}{4} - \frac{100 \times 0.6}{4 \times 0.6^2} - \frac{100 \times 0.6}{4 \times 0.6^2} = -233.33 \text{kN}$$

54. 正确答案是 D，解答如下：

根据《地规》8.6.3 条：

$$l \geqslant \frac{R_t}{0.8\pi d_1 f} = \frac{170 \times 10^3}{0.8 \times \pi \times 150 \times 0.42} = 1074 \text{mm}$$

根据规范 8.6.1 条及图 8.6.1，按构造要求 l 为：

$$l > 40d = 40 \times 32 = 1280 \text{mm}$$

故取 $l = 1300 \text{mm}$。

55. 正确答案是 D，解答如下：

根据《地规》附录 M 的规定：

极限承载力平均值 $= \frac{420 + 530 + 480 + 479 + 588 + 503}{6} = 500 \text{kN}$

极差 $= 588 - 420 = 168 \text{kN} > 500 \times 30\% = 150 \text{kN}$

故应增大试验量，应选（D）项。

【53～55 题评析】 53 题，注意本题目给定的竖向力总和－600kN，其方向向上，即受水的浮力所产生。

54 题，锚杆基础中，锚杆的直径、长度应满足规范构造要求。

56. 正确答案是 D，解答如下：

根据《抗规》4.2.4 条，应选（D）项。

或根据《高规》12.1.6 条，应选（D）项。

57. 正确答案是 B，解答如下：

根据《抗规》4.1.4 条第 4 款规定：

覆盖层厚度：$d_{ov} = 2 + 10 + 27 + 5 + 5 = 49 \text{m}$

$$d_0 = \min(49, 20) = 20 \text{m}$$

$$v_{se} = \frac{20}{\frac{2}{180} + \frac{10}{300} + \frac{8}{100}} = 161 \text{m/s}$$

查《抗规》表 4.1.6，可知，该场地为 II 类场地。

58. 正确答案是 D，解答如下：

A 级高度、丙类建筑、7 度、$H = 80 \text{m}$，部分框支剪力墙结构，首层，查《高规》表 3.9.3，其底层剪力墙抗震等级为二级；又根据规程 10.2.6 条及其条文说明，仅抗震构造措施提高一级，但内力调整所采用的抗震等级不提高，故其抗震等级为二级。

根据规程 10.2.18 条、7.2.6 条：

$M = 1.3 \times 2800 = 3640 \text{kN} \cdot \text{m}$

根据规程 7.2.6 条：

$V = \eta_{vw} V_w = 1.4 \times 750 = 1050 \text{kN}$

59. 正确答案是 A，解答如下：

查《高规》表 3.9.3，$H = 80 \text{m}$，7 度，框支框架抗震等级为二级；又由规程 10.2.6

条及其条文说明，内力调整所采用的抗震等级不变，故框支柱抗震等级为二级。

根据《高规》10.2.11条第2款，抗震二级：

$N_{Ek}=1.2\times1100=1320kN$

故：$N=1.2\times N_{Gk}+1.3N_{Ek}=1.2\times1950+1.3\times1320=4056kN$

60. 正确答案是B，解答如下：

转换层为第3层，根据《高规》10.2.2条，第4层为剪力墙底部加强部位。

根据规程10.2.19条，$\rho_{sh,min}=0.3\%$，且不小于Φ8@200。

根据规程10.2.22条第3款规定，取$\gamma_{RE}=0.85$，则：

$A_{sh}=0.2l_nb_w\gamma_{RE}\sigma_{xmax}/f_{yh}$

采用HRB335级钢筋，则：

$A_{sh}=0.2\times6000\times180\times0.85\times1.38/300=845mm^2$

$\rho_{sh}=\dfrac{A_{sh}}{b_wh_w}=\dfrac{845}{180\times1200}=0.391\%>\rho_{sh,min}=0.3\%$，满足。

故选用Φ10@200（$942mm^2/1200mm$）。

【58~60题评析】 58题，对于部分框支剪力墙结构，首先应判别是A级高度，还是B级高度；当转换层位置在3层及其以上时，应按《高规》10.2.6条及其条文说明规定，应调整其抗震构造措施所采用的抗震等级。

60题，《高规》10.2.22条中公式均为非地震作用的计算式，当抗震设计时，其计算式中σ_{01}、σ_{02}、σ_{xmax}均应乘以γ_{RE}（$\gamma_{RE}=0.85$）。

61. 正确答案是C，解答如下：

7度（0.15g），查《高规》表4.3.7-1及注的规定，取$\alpha_{max}=0.12$。

钢框架-钢筋混凝土核心筒结构属于混合结构，根据高层规程11.3.5条，取$\xi=0.04$。

由《高程》4.3.8条：

$\gamma=0.9+\dfrac{0.05-\xi}{0.3+6\xi}=0.9+\dfrac{0.05-0.04}{0.3+6\times0.04}=0.9185$

又$T=1.82s>5T_g=5\times0.35=1.75s$，则：

$\alpha=[0.2^r\eta_2-\eta_1(T-5T_g)]\alpha_{max}$

$=[0.2^{0.9185}\times1.078-0.0213\times(1.82-5\times0.35)]\times0.12=0.0293$

62. 正确答案是B，解答如下：

根据《高规》4.3.10条第3款规定：

$$N_{Ek}=\sqrt{N_{xk}^2+(0.85N_{yk})^2}=\sqrt{4000^2+(0.85\times4200)^2}=5361.4kN$$

$$N_{Ek}=\sqrt{N_{yk}^2+(0.85N_{xk})^2}=\sqrt{4200^2+(0.85\times4000)^2}=5403.7kN$$

上述值取较大值，故$N_{Ek}=5403.7kN$

63. 正确答案是C，解答如下：

8度、I_1类场地、丙类建筑，根据《高规》3.9.1条第2款规定，按7度考虑抗震构造措施。又由规程8.1.3条，属一般的框架—剪力墙结构。

查《高规》表3.9.3，$H=57.3m<60m$，框架抗震等级为三级。

查《高规》表6.4.2，轴压比$\mu_N=0.90$；根据该表6.4.2注4、5、7的规定，$\mu_N\leqslant$

$0.90+1.05=1.05$，$\mu_{\mathrm{N}}\leqslant1.05$，故取最大值 $\mu_{\mathrm{N}}=1.05$。

64. 正确答案是 C，解答如下：

根据《高规》8.1.1 条、7.1.4 条：

底部加强部位高度：$\max\left(\dfrac{1}{10}H,\ 6.0+4.5\right)=\max\left(\dfrac{1}{10}\times57.3,\ 10.5\right)=10.5\mathrm{m}$

根据高层规程 7.2.14 条，可知，第 5 层剪力墙墙肢端部应设置构造边缘构件；根据规程 7.2.16 条第 2 款，该端柱按框架柱构造要求配置钢筋，抗震二级，查高层规程表 6.4.3-1，取 $\rho_{\mathrm{min}}=0.75\%$，则：

$A_{\mathrm{s,min}}=\rho_{\mathrm{min}}bh=0.75\%\times500\times500=1875\mathrm{mm}^2$

又根据规程 6.4.4 条第 5 款；$A_{\mathrm{s}}=1.25\times1800=2250\mathrm{mm}^2>1875\mathrm{mm}^2$

故最终取 $A_{\mathrm{s}}=2250\mathrm{mm}^2$，选用 $4\Phi20+4\Phi18$（$A_{\mathrm{s}}=2275\mathrm{mm}^2$）。

65. 正确答案是 D，解答如下：

（1）对于（A）项，$\rho_{\pm}=2.70\%>2.50\%$，根据《高规》6.3.3 条第 1 款，（A）项不正确。

（2）对于（B）项，$\dfrac{A_{\mathrm{下}}}{A_{\mathrm{上}}}=\dfrac{1017}{3695}=0.276<0.3$，根据《高规》6.3.2 条第 3 款，（B）项不正确。

（3）对于（C）项，$\rho_{\pm}=2.47\%>2.0\%$，根据《高规》6.3.2 条第 4 款及表 6.3.2-2，箍筋直径应为 $8+2=10\mathrm{mm}$，故（C）项不正确。

所以应选（D）项。

【63～65 题评析】 64 题，首先判别第五层剪力墙墙肢端部是设置约束边缘构件，还是设置构造边缘构件；小偏心受拉时，抗震不利，还应按《高规》6.4.4 条第 5 款规定，增大配筋。

65 题，注意复核梁纵向钢筋的配筋率是否大于 2.75%、2.5% 以及大于 2.0%。

66. 正确答案是 D，解答如下：

根据《高规》4.3.5 条第 1 款：

每条时程曲线计算所得的结构底部剪力值 $\geqslant6000\times65\%=3900\mathrm{kN}$

故 P_2 波不满足，则排除（A）、（B）项。

对于（C）项：$\dfrac{5100+4800+4000}{3}=4633.3\mathrm{kN}<6000\times80\%=4800\mathrm{kN}$，不满足

对于（D）项：$\dfrac{5100+5700+4000}{3}=4933.3\mathrm{kN}>6000\times80\%=4800\mathrm{kN}$，满足

所以应选（D）项。

67. 正确答案是 C，解答如下：

根据《高规》附录 E.0.3 条规定，取题目中（a）、（c）进行计算：

$$\gamma_{\mathrm{e}}=\frac{\Delta_1H_2}{\Delta_2H_1}=\frac{7.6\times10^{-10}\times8}{2.8\times10^{-10}\times11}=1.97$$

68. 正确答案是 C，解答如下：

混合结构，根据《高规》11.4.18 条、9.1.7 条、9.1.8 条：

$h_{\mathrm{w}}\geqslant1200\mathrm{mm}$，取 $h_{\mathrm{w}}=1200\mathrm{mm}$

$h_{\mathrm{w}}/b_{\mathrm{w}}=1200/450=2.67<4$，故由高层规程 7.1.7 条，按框架柱设计。

由规程 6.4.3 条表 6.4.3-1，抗震一级，中柱，取 $\rho_{\mathrm{min}}=0.9\%+0.05\%=0.95\%$

$A_{\mathrm{s}}\geqslant 0.95\%h_{\mathrm{w}}b_{\mathrm{w}}=0.95\%\times 1200\times 450=5130\mathrm{mm}^{2}$

故选（C）项（$h_{\mathrm{w}}=1200\mathrm{mm}$，$A_{\mathrm{s}}=5420\mathrm{mm}^{2}$），满足。

69. 正确答案是 B，解答如下：

根据《高规》11.4.5 条规定：

$A_{\mathrm{a}}\geqslant 4\%\times 800\times 800=25600\mathrm{mm}^{2}$，故排除（C）、（D）项。

又由规程 11.4.5 条第 3、4 款规定：

$A_{\mathrm{s}}\geqslant 0.8\%\times 800\times 800=5120\mathrm{mm}^{2}$

$12\text{\textcircled{\small 世}}22$（$A_{\mathrm{s}}=4561.2\mathrm{mm}^{2}$），$12\text{\textcircled{\small 世}}25$（$A_{\mathrm{s}}=5890.8\mathrm{mm}^{2}$），故应选（B）项。

【68、69 题评析】 68 题、69 题，本题目所给条件为混合结构的高层建筑，应按《高规》11.4 节规定进行分析、解答。

70. 正确答案是 D，解答如下：

根据《高规》3.7.3 条及其条文说明，应选（D）项。

71. 正确答案是 C，解答如下：

根据《高规》11.3.6 条及其条文说明，应选（C）项。

72. 正确答案是 C，解答如下：

Ⅰ．根据《烟规》3.1.6 条，错误，故排除（A）、（B）项。

Ⅳ．根据《烟规》5.5.4 条，错误，故排除（D）项。

所以应选（C）项。

73. 正确答案是 D，解答如下：

钢筋混凝土拱桥，根据《公桥混规》4.4.7 条：

无铰拱桥，$0.36L_{\mathrm{a}}=0.36\times 150=54\mathrm{m}$

74. 正确答案是 A，解答如下：

根据《公桥混规》8.8.2 条及附录 C 条文说明表 C-2：

$R_{\mathrm{H}}=55\%$，$h\geqslant 600\mathrm{mm}$，加载龄期 60d，取 $\phi(t_{\mathrm{u}},\ t_{0})=1.58$

梁体缩短量大小：$\Delta l_{\mathrm{c}}^{-}=\dfrac{\sigma_{\mathrm{pc}}}{E_{\mathrm{c}}}\phi(t_{\mathrm{u}},\ t_{0})l=\dfrac{8}{3.25\times 10^{4}}\times 1.58\times(80+60)\times 10^{3}=54.45\mathrm{mm}$

缩短量取负值，即$-54.45\mathrm{mm}$。

75. 正确答案是 A，解答如下：

根据《公桥混规》8.8.2 条第 5 款规定：

$$C^{+}=\beta(\Delta l_{\mathrm{t}}^{+}+\Delta l_{\mathrm{b}}^{+})=1.3\times 55=71.5\mathrm{mm}$$

$$C^{-}=\beta(\Delta l_{\mathrm{t}}^{-}+\Delta l_{\mathrm{s}}^{-}+\Delta l_{\mathrm{c}}^{-}+\Delta l_{\mathrm{s}}^{-})=1.3\times 130=169\mathrm{mm}$$

$$C=C^{+}+C^{-}=71.5+169=240.5\mathrm{mm}$$

【74、75 题评析】 74 题，计算 $\Delta l_{\mathrm{c}}^{-}$ 时，注意 l 的取值，由题图可知，伸缩缝 A 与固定支座的距离为：$80+60=140\mathrm{m}$。此外，徐变系数也可按《公桥混规》附录 C 的规定进行计算得到。

76. 正确答案是 B，解答如下：

刚性墩台上，连续梁的支座设置，应满足梁体适应顺桥向和横桥向随温度变化而变化，即：顺桥向，各墩台中只能在一个桥墩上的两个支座受纵向约束；横桥向，各墩台两个支座中只能有一个受横桥向约束，故排除（C）、（D）项。

城市快路上的桥梁，依据《城桥震规》3.1.1条，属于乙类。

乙类、7度（0.10g），根据《城桥震规》3.1.4条规定，采用8度区抗震措施；连续梁应采取防止横桥向产生较大位移的措施，故（A）项不对，应选（B）项。

77. 正确答案是C，解答如下：

根据《公桥通规》4.3.1条第2款，应选（C）项。

78. 正确答案是D，解答如下：

根据《公桥通规》4.1.4条及表4.1.4，支座摩阻力、流水压力、冰压力不能与汽车制动力同时参与组合，故应选（D）项。

79. 正确答案是C，解答如下：

（1）当竖向单位力$P=1$作用于各支承点时，中孔跨中截面a的弯矩应为零，故（B）、（D）项不对。

（2）当P作用于截面a处时，截面a的正弯矩应在梁轴线上方，且绝对值最大，故（A）项不对。

所以应选（C）项。

80. 正确答案是A，解答如下：

根据《公桥通规》3.5.4条，后背耳墙端部（即后端）深入锥坡顶点内的长度不应小于0.75m：

$$l \geqslant （20+175+15）\times 1.5-40+75=350.0 \text{cm}$$

【80题评析】 对于桥头锥体的构造要求，如锥坡坡度等，《公桥通规》3.5.3条和3.5.4条作了明确规定。

实战训练试题（十五）解答与评析

（上午卷）

1. 正确答案是 A，解答如下：

(1) 根据《设防分类标准》4.0.3 条第 2 款，①为乙类。

(2) 根据《设防分类标准》6.0.5 条及其条文说明，②为乙类。

(3) 根据《设防分类标准》6.0.8 条，③为乙类。

2. 正确答案是 D，解答如下：

根据提示，只进行 X 方向验算：

第 1 层：$\dfrac{K_1}{(K_2+K_3+K_4)/3}=\dfrac{1.0\times10^7}{(1.1+1.9+1.9)\times10^7/3}=0.612<0.8$

第 2 层：$\dfrac{K_2}{K_3}=\dfrac{1.1\times10^7}{1.9\times10^7}=0.579<0.8$

根据《抗规》表 3.4.3-2 规定，属于竖向不规则的类型，第 1 层，第 2 层为薄弱层。

根据《抗规》3.4.4 条第 2 款规定，第 1 层、第 2 层薄弱层的地震剪力应乘以 1.15 的增大系数。

3. 正确答案是 B，解答如下：

X 方向，最大位移/两端平均位移，均小于 1.2。

Y 方向，第 1 层～第 6 层，最大位移/两端平均位移，依次为：

1.3625，1.3325，1.3025，1.3025，1.3542，1.4286

上述值均大于 1.2，根据《抗规》表 3.4.3-1，属于扭转不规则结构。

4. 正确答案是 D，解答如下：

根据《抗规》5.1.3 条，取 $\psi_c=0.5$

根据《抗规》6.2.4 条，5.4.1 条，则：

重力荷载分项系数取为 1.2；

$$V_{Gb}=1.2\times\frac{1}{2}q_G l_n$$

$$=1.2\times\frac{1}{2}l_n(g+0.5q)=1.2(V_{gk}+V_{qk})$$

$$=1.2\times(30+0.5\times20)=48$$

$$V=\eta_{vb}\frac{M_b^l+M_b^r}{l_n}+V_{Gb}=1.2\times\frac{850}{6}+48=218\text{kN}$$

5. 正确答案是 B，解答如下：

根据《抗规》5.1.3 条、5.4.1 条，取 $\psi=0.5$，$\gamma_G=1.2$。

根据《抗规》6.2.3 条，6.2.6 条，底层角柱弯矩设计值应分别乘以 1.5，1.1，则：

$$M_c^b=1.5\times1.1\times[1.2\times(1.5+0.5\times0.6)+1.3\times115]$$

$$=250.239 \text{kN} \cdot \text{m}$$

根据《抗规》6.2.5条、6.2.6条：

$$V = \frac{\eta_{vc}(M_c^b + M_c^t)}{H_n} = \frac{1.3 \times (104.8 + 250.239)}{4.85} = 95.2 \text{kN}$$

【2～5题评析】 4题，由本题目所给定的提示条件，计算重力荷载代表值时，可变荷载的组合值系数为0.5。

5题，应注意的是，底层角柱的弯矩设计值应乘以增大系数1.1，其相应的剪力设计值不再乘以1.1。

6. 正确答案是 D，解答如下：

将箱形截面等效为I形截面计算受弯承载力。

根据《混规》6.2.10条：

$$f_y A_s = 360 \times 1884 = 678240 \text{N}$$

$\alpha_1 f_c b_f' h_f' = 1.0 \times 11.9 \times 600 \times 100 = 714000 \text{N} > 678240 \text{N}$，属于第一类截面

$$x = \frac{f_y A_s}{\alpha_1 f_c b_f'} = \frac{678240}{1.0 \times 11.9 \times 600} = 95 \text{mm} \quad \begin{matrix} > 2a_s' = 70 \text{mm} \\ < \xi_b h_0 = 0.518 \times 765 = 396 \text{mm} \end{matrix}$$

$$M = \alpha_1 f_c b_f' x \left(h_0 - \frac{x}{2}\right) = 1.0 \times 11.9 \times 600 \times 95 \times \left(765 - \frac{95}{2}\right) = 486.7 \text{kN} \cdot \text{m}$$

7. 正确答案是 A，解答如下：

$V = 125 \text{kN} < 0.7 f_t b h_0 = 0.7 \times 1.27 \times (100 + 100) \times 765 \times 10^{-3} = 136 \text{kN}$

根据《混规》6.3.7条，可不进行斜截面的受剪承载力计算。

按构造要求配筋，根据《混规》9.2.9条规定：

箍筋直径 $d \geq 6 \text{mm}$，间距 $s \leq 350 \text{mm}$，故取 $\Phi 6@350$。

8. 正确答案是 C，解答如下：

根据《混规》6.4.12条规定：

$V = 60 \text{kN} < 0.35 f_t b h_0 = 0.35 \times 1.27 \times 200 \times 765 \times 10^{-3} = 68 \text{kN}$

故按纯扭构件计算。

箱形截面，由《混规》6.4.6条，

$$T \leq 0.35 \alpha_h f_t W_t + 1.2 \sqrt{\xi} f_{yv} \frac{A_{st1} A_{cor}}{s}$$

$$65 \times 10^6 \leq 0.35 \times 0.417 \times 1.27 \times 7.1 \times 10^7 + 1.2 \times \sqrt{1.0} \times 270 \times \frac{A_{st1}}{s} \times 4.125 \times 10^5$$

解之得：

$$\frac{A_{st1}}{s} \geq 0.388 \text{mm}^2/\text{mm}$$

选用 $\Phi 10@200$，$\dfrac{A_{st1}}{s} = \dfrac{78.5}{200} = 0.393 \text{mm}^2/\text{mm} > 0.388 \text{mm}^2/\text{mm}$

复核最小配箍率，由《混规》9.2.10条。

$$\rho_{sv} = \frac{A_{sv}}{bs} = \frac{2 \times 78.5}{600 \times 200} = 0.131\%$$

$$\rho_{sv,min} = 0.28 f_t/f_{yv} = 0.28 \times 1.27/270 = 0.13\% < 0.131\%，满足$$

【6～8题评析】 7题，运用《混规》计算时，抗剪计算，b 应取箱形截面的两侧壁厚，即 $2t_w$。8题，取 $b = 600 \text{mm}$。

9. 正确答案是 A，解答如下：

根据《抗规》3.5.4 条第 5 款规定，应选（A）项。

10. 正确答案是 A，解答如下：

根据《混规》附录 D 的规定，根据表 D.2.1 及注的规定：

$$l_0/b = 3500/200 = 17.5$$

$$\varphi = 0.72 - \frac{17.5 - 16}{18 - 16} \times (0.72 - 0.68) = 0.69$$

由规范式（D.2.1-4），取 $e_0 = 0$，则：

$$N_u = \varphi f_{cc} b (h - 2e_0) = 0.69 \times (0.85 \times 14.3) \times 200 \times (2100 - 2 \times 0) = 3522.519\text{kN}$$

$$N_u/N = 3522.519/3000 = 1.174$$

11. 正确答案是 B，解答如下：

根据《混规》11.7.2 条和 11.7.4 条，剪力墙抗震三级：

$V_w = 1.2V$，则 $V^c = V_w/1.2 = 180/1.2 = 150\text{kN}$

$M^c = M_w = 250\text{kN} \cdot \text{m}$

$$\lambda = \frac{M^c}{V^c h_0} = \frac{250}{150 \times (2.1 - 0.2)} = 0.877 < 1.5，取 \lambda = 1.5$$

$0.2 f_c bh = 0.2 \times 14.3 \times 200 \times 2100 = 1201.2\text{kN} < N_w = 2000\text{kN}$，取 $N = 1201.2\text{kN}$

由规范式（11.7.4）：

$$V_w = \frac{1}{\gamma_{RE}} \left[\frac{1}{\lambda - 0.5} \left(0.4 f_t bh_0 + 0.1 N \frac{A_w}{A} \right) + 0.8 f_{yv} \frac{A_{sh}}{s} h_0 \right]$$

$$180 \times 10^3 \leqslant \frac{1}{0.85} \times \left[\frac{1}{1.5 - 0.5} \cdot (0.4 \times 1.43 \times 200 \times 1900 + 0.1 \times 1201.2 \times 10^3 \times 1) \right.$$

$$\left. + 0.8 \times 300 \times \frac{A_{sh}}{s} \times 1900 \right]$$

解之得：$\dfrac{A_{sh}}{s} < 0$，按构造配筋。

根据《混规》11.7.14 条，$\rho_{sh,min} = 0.25\%$，

取 $\Phi 8@200$，则：

$$\rho_{sh} = \frac{A_{sh}}{bs} = \frac{2 \times 50.3}{200 \times 200} = 0.251\% > 0.25\%，满足。$$

【10、11 题评析】 11 题，应注意的是，λ 应按未经调整的组合值 M^c、V^c 进行计算。但是，在《混规》式（11.7.4）中 V_w 应为经内力调整后的剪力设计值。

12. 正确答案是 D，解答如下：

假定大偏压，由《混规》式（6.2.17-1）：

$$x = \frac{N}{\alpha_1 f_c b}$$

$$x = \frac{300 \times 10^3}{1.0 \times 14.3 \times 400} = 52.4\text{mm} < 2a'_s = 2 \times 40 = 80\text{mm}$$

$$< \xi_b h_0 = 0.518 \times 360 = 186\text{mm}$$

故为大偏压。

由规范 6.2.17 条第 2 款、6.2.14 条：

$$M = Ne'_s = f_y A_s (h - a_s - a'_s) = 360 \times 942 \times (400 - 40 - 40)$$

解之得：$e'_s = 361.7\text{mm}$

13. 正确答案是 C，解答如下：

根据《混规》6.2.17 条、6.2.5 条：

$$e_a = \max\left(20, \frac{400}{30}\right) = 20\text{mm}$$

$$e'_s = e_i - \frac{h}{2} + a'_s = e_0 + e_a - \frac{h}{2} + a'_s$$

即：

$$305 = e_0 + 20 - \frac{400}{2} + 40$$

解之得：$e_0 = 445\text{mm} = 0.445\text{m}$

$$M = Ne_0 = 300 \times 0.445 = 133.5\text{kN} \cdot \text{m}$$

【12、13题评析】 12、13 题为非抗震设计，当为抗震设计时，《混规》公式右端项应乘以 $\dfrac{1}{\gamma_{RE}}$。

14. 正确答案是 C，解答如下：

根据《设防分类标准》6.0.5 条，为乙类建筑，应提高一度（即 8 度）采取相应的抗震措施；由《混规》表 11.1.3，$H = 24\text{m}$，框架抗震等级为二级。

$f_{yk} = 500\text{N/mm}^2$，由已知钢筋表可得表 15-1(a)。

钢　筋　表　　　　　　　　　　　　　　　　　　　　　　　　表 15-1(a)

钢　筋	抗拉强度实测值/屈服强度实测值	屈服强度实测值/屈服强度标准值
$\Phi 20$	1.265 > 1.25（√）	1.308 > 1.3（×）
$\Phi 25$	1.377 > 1.25（√）	1.104 < 1.3（√）
$\Phi 20$	1.224 < 1.25（×）	—

由表 15-1(a)，根据《混规》11.2.3 条规定，只有 $\Phi 25$ 满足，即 8 $\Phi 25$。

15. 正确答案是 A，解答如下：

根据《混规》7.2.3 条第 2 款：

不出现裂缝，跨中、支座截面的 B_s 均为：$B_s = 0.85 E_c I$

由规范 7.2.2 条及 7.2.5 条，取 $\theta = 2$：

$$B = \frac{M_k}{M_q(\theta - 1) + M_k} B_s$$

跨中：$B_\text{中} = \dfrac{M_{k1}}{M_{q1}(2-1) + M_{k1}} B_s = \dfrac{B_s}{1.8} = \dfrac{0.85 E_c I_0}{1.8} = 0.47 E_c I_0$

左端支座：$B_\text{左} = \dfrac{M_{k左}}{M_{q左}(2-1) + M_{k左}} = \dfrac{B_s}{1.85} = 0.46 E_c I_0$

右端支座：$B_\text{右} = \dfrac{M_{k右}}{M_{q右}(2-1) + M_{k右}} = \dfrac{B_s}{1.7} = 0.50 E_c I_0$

又由规范 7.2.1 条规定，可按等刚度构件进行计算，故取 $B = B_\text{中} = 0.47 E_c I_0$

16. 正确答案是 D，解答如下：

根据《可靠性标准》8.2.4 条：

$$q = 26.8 + 1.3 \times 0.243 = 27.116 \text{kN/m}$$

$$M = \frac{1}{8}ql^2 = \frac{1}{8} \times 27.116 \times 4.5^2 = 68.64 \text{kN} \cdot \text{m}$$

根据《钢标》6.1.1条：

$$\frac{b}{t} = \frac{150 - 4.5}{2 \times 6} = 12.125 < 13\varepsilon_k = 13\sqrt{235/235} = 13$$

$$\frac{h_0}{t_w} = \frac{300 - 2 \times 6}{4.5} = 64 < 93\varepsilon_k = 93$$

截面等级满足 S3 级，故取 $\gamma_x = 1.05$

$$\frac{M}{\gamma_x W_{nx}} = \frac{68.64 \times 10^6}{1.05 \times 319.06 \times 10^3} = 204.70 \text{N/mm}^2$$

17. 正确答案是 D，解答如下：

$$q_k = 0.243 + 3.0 \times (2.5 + 4.0) = 19.743 \text{kN/m} = 19.743 \text{N/mm}$$

$$\frac{v}{L} = \frac{5q_k L^3}{384EI_x} = \frac{5 \times 19.743 \times 4500^3}{384 \times 206 \times 10^3 \times 4785.96 \times 10^4}$$

$$= \frac{1}{420.9} = \frac{1}{421}$$

18. 正确答案是 B，解答如下：

根据《钢标》6.1.5条、6.1.3条：

$$\sigma_2 = \frac{M}{I_n}y_1 = \frac{M}{W_{nx}} \cdot \frac{y_1}{y} = \frac{1100.5 \times 10^6}{5136.6 \times 10^3} \cdot \frac{434}{450}$$

$$= 206.6 \text{N/mm}^2$$

$$\tau_2 = \frac{VS}{It_w} = \frac{120.3 \times 10^3 \times 2121.6 \times 10^3}{231147.6 \times 10^4 \times 8} = 13.80 \text{N/mm}^2$$

$$\sigma_c = 0.0$$

$$\sqrt{\sigma_2^2 + \sigma_c^2 - \sigma_2\sigma_c + 3\tau_2^2} = \sqrt{206.6^2 + 0 - 0 + 3 \times 13.80^2}$$

$$= 207.98 \text{N/mm}^2$$

19. 正确答案是 D，解答如下：

根据《钢标》11.2.7条：

设置支承加劲肋，取 $F = 0.0$

$$\frac{1}{2h_e}\sqrt{\left(\frac{VS_f}{I}\right)^2 + \left(\frac{\psi F}{\beta_f l_z}\right)^2} = \frac{1}{2h_e}\frac{VS_f}{I} = \frac{1}{2 \times 0.7 \times 6} \cdot \frac{120.3 \times 10^3 \times 2121.6 \times 10^3}{231147.6 \times 10^4}$$

$$= 13.14 \text{N/mm}^2$$

20. 正确答案是 C，解答如下：

非搭接角焊缝，由《钢标》11.2.6条条文说明：

$$l_w = 900 - 2 \times 16 - 2 \times 40 - 2 \times 6 = 776 \text{mm} > 60h_f = 60 \times 6 = 360 \text{mm}$$

故取 $l_w = 360 \text{mm}$

$$\tau_f = \frac{N}{h_e l_w} = \frac{58.7 \times 10^3}{2 \times 0.7 \times 6 \times 360} = 19.4 \text{N/mm}^2$$

21. 正确答案是 B，解答如下：

根据《钢标》11.4.2条：

$$N_v^b=0.9kn_f\mu P=0.9\times1\times1\times0.30\times80=21.6\text{kN}$$

$$n=\frac{1.2F}{N_v^b}=\frac{1.2\times58.7}{21.6}=3.26\text{ 个, 故取 }n=4\text{ 个}$$

22. 正确答案是 D，解答如下：

$$l_{0x}=l_{0y}=5500\text{mm}, \quad \lambda_x=\frac{l_{0x}}{i_x}=\frac{5500}{98.9}=55.6$$

$$i_y=56.6, \quad \lambda_y=\frac{l_{0y}}{i_y}=\frac{5500}{56.6}=97.2$$

焊接 H 形截面，焰切边，查《钢标》表 7.2.1-1，对 x 轴、y 轴均为 b 类截面；取 λ_y = 97.2，查附录 D.0.2，取 $\varphi_y=0.573$。

$$\frac{N}{\varphi_y A}=\frac{390\times10^3}{0.573\times77.6\times10^2}=87.7\text{N/mm}^2$$

23. 正确答案是 B，解答如下：

根据《钢标》14.3.1条：

C20，取 $E_c=2.55\times10^4\text{N/mm}^2$, $f_c=9.6\text{N/mm}^2$

$$N_v^c=0.43A_s\sqrt{E_cf_c}=0.43\times\frac{\pi}{4}\times19^2\times\sqrt{2.55\times10^4\times9.6}=60.29\text{kN}<$$

$$0.7A_sf_u=0.7\times\frac{\pi}{4}\times19^2\times360=71.4\text{kN}$$

故取 $N_v^c=60.29\text{kN}$

又根据《钢标》14.3.2条第 2 款规定：

$$N_v^c=\beta_v\times60.29=0.54\times60.29=32.56\text{kN}$$

次梁半跨所需连接螺栓数目：$n_0=\dfrac{V_s}{N_v^c}=\dfrac{537.3}{32.56}=16.5$, 取 $n_0=17$

次梁全跨所需连接螺栓数目：$n=2n_0=2\times17=34$ 个

【16～23题评析】 16 题，先确定截面等级，再确定 γ_x。

18 题，应注意在计算强度 σ_2 时，应采用 W_{nx}, $W_{nx}=I_{nx}/y$。

20 题，根据本题目主次梁连接构造，次梁传来的集中荷载产生的剪应力沿全长非均匀分布。

21 题，连接偏心的不利影响，《钢标》11.4.4条作了规定。

24. 正确答案是 D，解答如下：

按全截面设计法，梁翼缘所分担的弯矩为：

$$M_f=\frac{M\cdot I_{fx}}{I_x}=\frac{298.7\times37480.96\times10^4}{46022.9\times10^4}=243.3\text{kN·m}$$

翼缘对接焊缝所承受的水平力 N, h 近似取为两翼缘中线间的距离：

$$N=\frac{M_f}{h}=\frac{243.3}{0.5-0.016}=502.686\text{kN}$$

由《钢标》11.2.1条：

$$\sigma=\frac{N}{l_wh_e}=\frac{502.686\times10^3}{200\times16}=157.09\text{N/mm}^2$$

25. 正确答案是 B，解答如下：

梁腹板与柱对接连接焊缝承受弯矩和剪力共同作用：

$$M_w = \frac{M \cdot I_{wx}}{I_x} = \frac{298.7 \times 8541.9 \times 10^4}{46022.9 \times 10^4} = 55.4 \text{kN} \cdot \text{m}$$

$$\sigma = \frac{M_w}{W_{焊缝}} = \frac{55.4 \times 10^6}{365.0 \times 10^3} = 151.8 \text{N/mm}^2$$

$$\tau = \frac{V}{l_w h_e} = \frac{169.5 \times 10^3}{(500 - 2 \times 16 - 2 \times 20) \times 10} = 39.6 \text{N/mm}^2$$

$$\sqrt{\sigma^2 + 3\tau^2} = \sqrt{151.8^2 + 3 \times 39.6^2} = 166.6 \text{N/mm}^2$$

26. 正确答案是 A，解答如下：

根据《钢标》12.3.3 条：

$$V_p = h_{b1} h_{c1} t_w$$

$$\tau = \frac{M_{b1} + M_{b2}}{V_p} = \frac{298.7 \times 10^6}{(500 - 16) \times (390 - 16) \times 10} = 165 \text{N/mm}^2$$

【24～26 题评析】 24 题，全截面设计法中，I_{wx}、I_{fx} 的计算如下：

$$I_{wx} = \frac{1}{12} \times 10 \times (500 - 2 \times 16)^3 = 8541.9 \times 10^4 \text{mm}^4$$

$$I_{fx} = 2 \times 200 \times 16 \times (250 - 8)^2 = 37480.96 \times 10^4 \text{mm}^4$$

25 题，对按焊缝的 $W_{焊缝}$ 计算如下：

$$W_{焊缝} = \frac{I_{wx}}{y} = \frac{8541.9 \times 10^4}{500/2 - 16} = 365.0 \times 10^3 \text{mm}^3$$

27. 正确答案是 C，解答如下：

根据《钢标》4.3.3 条、4.3.4 条，应选（C）项。

【27 题评析】本题目也可按《高钢规》4.1.2 条、4.1.5 条，选（C）项。

28. 正确答案是 B，解答如下：

根据《钢标》6.3.2 条第 5 款规定，应选（B）项。

29. 正确答案是 D，解答如下：

根据《钢标》4.3.7 条规定，应选（D）项。

30. 正确答案是 C，解答如下：

根据《砌规》5.2.2 条、5.2.1 条：

$$\gamma = 1 + 0.35 \sqrt{\frac{A_0}{A_l} - 1} = 1 + 0.35 \sqrt{\frac{1200 \times 1200}{370 \times 370} - 1} = 2.08 < 2.5，故取 \gamma = 2.08。$$

$N_l \leqslant \gamma f A_l$，则：

$$f \geqslant \frac{N_l}{\gamma A_l} = \frac{170 \times 10^3}{2.08 \times 370 \times 370} = 0.597 \text{MPa}$$

查《砌规》表 3.2.1-7，应选 M5 水泥砂浆、MU30 毛石（$f = 0.61$MPa）。又由规范表 4.3.5，应取 M7.5 水泥砂浆，所以应选（C）项。

31. 正确答案是 A，解答如下：

根据《砌规》表 3.2.1-4 及注 1 的规定，独立柱，应取 $\gamma_a = 0.7$；又 $A = 0.4 \times 0.6 = 0.24 \text{m}^2 < 0.3 \text{m}^2$，根据规范 3.2.3 条，应取 $\gamma_a = A + 0.7 = 0.94$，则：$f =$

$0.7 \times 0.94 \times 2.5 = 1.645 \text{MPa}$

根据规范 3.2.1 条第 4 款：

$f_g = f + 0.6\alpha f_c = 1.645 + 0.6 \times 0.4 \times 9.6 = 3.949\text{MPa} > 2f = 2 \times 1.645 = 3.29\text{MPa}$

故取 $f_g = 3.29\text{MPa}$

32. 正确答案是 C，解答如下：

根据《砌规》5.1.3 条，构件高度 $H = 5.7 + 0.2 + 0.5 = 6.4\text{m}$

弹性方案，查规范表 5.1.3，$H_0 = 1.5H = 1.5 \times 6.4 = 9.6\text{m}$

$$\beta = \gamma_\beta \frac{H_0}{h} = 1.0 \times \frac{9.6}{0.6} = 16$$

弹性方案，不计柱本身承受的风荷载，一根柱子柱顶分配的水平力为 $\frac{1}{2}R$，故柱底弯矩为 $\frac{1}{2}RH$。

$$M = \frac{1}{2}RH = \frac{1}{2} \times 3.5 \times 6.4 = 11.2\text{kN} \cdot \text{m}$$

$$e = \frac{M}{N} = \frac{11.2}{83} = 135\text{mm}, \quad e/h = 135/600 = 0.225$$

查规范附表 D.0.1-1，取 $\varphi = 0.34$。

33. 正确答案是 D，解答如下：

根据《砌规》5.4.2 条：

$$z = \frac{2}{3}h = \frac{2}{3} \times 600 = 400\text{mm}, \quad b = 400\text{mm}$$

由规范式（3.2.2）：

$f_{vg} = 0.2f_g^{0.55} = 0.2 \times 4.0^{0.55} = 0.429\text{MPa}$

故：$V_u = 0.429 \times 400 \times 400 = 68.64\text{kN}$

34. 正确答案是 D，解答如下：

根据《砌规》9.2.2 条规定：

$$\beta = \gamma_\beta \frac{H_0}{h} = 1.0 \times \frac{6.4}{0.4} = 16$$

$$\varphi_{0g} = \frac{1}{1 + 0.001\beta^2} = \frac{1}{1 + 0.001 \times 16^2} = 0.796$$

$N_u = \varphi_{0g}(f_g A + 0.8f_y' A_s')$

$\quad = 0.796 \times (4.0 \times 400 \times 600 + 0.8 \times 300 \times 923) = 940.49\text{kN}$

【31～34 题评析】 31 题，单排孔混凝土小型空心砌块砌体的 f_g 值计算，注意《砌规》表 3.2.1-4 注 1、2 的规定。

33 题，由本题目的提示条件，不考虑 f_{vg} 的调整。实际上，本题中 $A = bh = 0.4 \times 0.6 = 0.24\text{m}^2 < 0.3\text{m}^2$，故 $\gamma_a = 0.24 + 0.7 = 0.94$。

35. 正确答案是 A，解答如下：

根据《抗规》7.2.5 条第 2 款规定：

每榀框架分担的倾覆力矩标准值 M_f：$M_f = \dfrac{K_{cf}}{\sum K_{cf} + 0.30 \times \sum K_{cw}} M_1$

$$M_f = \frac{2.5 \times 10^4 \times 3}{2.5 \times 10^4 \times 14 + 0.30 \times 330 \times 10^4 \times 2} \times 3350 = 107.8 \text{kN} \cdot \text{m}$$

KZ1 附加轴力标准值 N_k：

$$N_k = \pm \frac{x_i}{\sum x_i^2} M_f = \pm \frac{5}{5^2 + 5^2} \times 107.8 = 10.78 \text{kN}$$

36. 正确答案是 C，解答如下：

根据《抗规》7.2.5 条第 1 款规定：

一根框架柱分担的地震剪力设计值 V_c：

$$V_c = \frac{K_c \cdot V}{\sum K_{cf} + 0.3 \times \sum K_{cw}}$$

$$= \frac{2.5 \times 10^4 \times 2000}{2.5 \times 10^4 \times 14 + 0.3 \times 2 \times 330 \times 10^4}$$

$$= 21.46 \text{kN}$$

又根据《砌规》10.4.2 条：

柱顶弯矩设计值：$M_c = 0.45HV_c = 0.45 \times 4.2 \times 21.46 = 40.55 \text{kN} \cdot \text{m}$

【35、36题评析】 35 题，《抗规》7.2.5 条 2 款规定，地震抗覆力矩按底部抗震墙、框架的有效刚度的比例进行分配。

37. 正确答案是 C，解答如下：

该房屋楼盖为第 1 类，Ⓐ-Ⓓ轴线方向，横墙最大间距为 5.1m，查《砌规》表 4.2.1，属于刚性方案。

对于底层墙 A，根据规范 5.1.3 条，$H = 3.4 + 0.3 + 0.5 = 4.2 \text{m}$

墙 A 的横墙间距 $s = 5.1 \text{m}$，并且 $2H = 8.4 \text{m} > s = 5.1 \text{m} > H = 4.2 \text{m}$，查规范表 5.1.3，则：

$$H_0 = 0.4s + 0.2H = 0.4 \times 5.1 + 0.2 \times 4.2 = 2.88 \text{m}$$

$\beta = \gamma_\beta \dfrac{H_0}{h} = 1.0 \times \dfrac{2.88}{0.24} = 12$，$e = 0$，查规范附表 D.0.1-1，取 $\varphi = 0.82$。

38. 正确答案是 C，解答如下：

根据《抗规》5.2.6 条、7.2.3 条，则：

底层横墙的高宽比，①、⑩轴为：$h/b = \dfrac{3.4 + 0.3 + 0.5}{5.1 + 5.1 + 2.4 + 0.37} = 0.324 < 1$

其他轴线底层横墙的高宽比为：$h/b = \dfrac{3.4 + 0.3 + 0.5}{5.1 + 0.185 + 0.12} = 0.777 < 1$

则：

$$V_A = \frac{A_{ij}}{\sum_{j=1}^{m} A_{ij}} V_i$$

墙 A 的净截面面积：$A_A = 240 \times (5100 + 185 + 120) = 1297200 \text{mm}^2$

所有横墙的总净截面面积：

$$\sum_{j=1}^{m} A_{ij} = 8 \times 1297200 + 2 \times 370 \times (5100 + 2400 + 5100 + 370)$$

$$= 19975400 \text{mm}^2$$

$$故：\qquad V_A = \frac{1297200}{19975400} \times 3540 = 229.9\text{kN}$$

39. 正确答案是 D，解答如下：

查《砌规》表 3.2.2，取 $f_v = 0.17\text{MPa}$

由《砌规》表 10.2.1，$\sigma_0/f_v = 0.51/0.17 = 3$，故 $\xi_N = 1.25$

$$f_{vE} = \xi_N f_v = 1.25 \times 0.17 = 0.2125\text{MPa}$$

根据《抗规》7.2.9 条：

墙 A 的高宽比：$h/b = \dfrac{4.2}{5.1 + 0.12 + 0.185} = 0.777$，查《抗规》表 7.2.9，取 $\xi_s = 0.138$；墙 A 的截面面积，由上题可知，$A = 1297200\text{mm}^2$。

由《抗规》式（7.2.7-2）：

$$V_u = \frac{1}{\gamma_{RE}}(f_{vE}A + \xi_s f_{yh}A_{sh})$$

$$= \frac{1}{0.9} \times (0.2125 \times 1297200 + 0.138 \times 300 \times 1008)$$

$$= 352.7\text{kN}$$

40. 正确答案是 D，解答如下：

（1）根据《设防分类标准》6.0.8 条，该工程为乙类建筑。

（2）根据《抗规》7.1.2 条表 7.1.2，抗震设防 8 度（0.20g），多孔砖房屋、240 厚墙体，层数为 6 层，高度限值为 18m；又由表 7.1.2 注 3 的规定，该工程的房屋层数应减少 1 层，高度应降低 3m。

（3）本题大开间房间占该层总面积为：$\dfrac{7 \times 6 \times 5.1}{26.7 \times 12.6} = 63.6\% > 50\%$，为横墙很少的房屋，根据《抗规》7.1.2 条第 2 款及注的规定，该工程的房屋层数还应减少 2 层，高度还应降低 $2 \times 3 = 6\text{m}$。

所以，最终本工程的结构层数为 $n = 6 - 1 - 2 = 3$，$H = 18 - 3 - 6 = 9\text{m}$。

【37～40 题评析】 37 题，应首先判别该房屋的静力计算方案，再确定 H_0 值。

38 题，应判别各轴线上横墙的高宽比，从而计算出其侧向刚度。

40 题，应注意区分横墙较小与横墙很少，《抗规》7.1.2 条第 2 款注的规定作了明确定义。

（下午卷）

41. 正确答案是 B，解答如下：

根据《砌规》4.1.1 条、4.1.2 条的规定，应选（B）项。

42. 正确答案是 C，解答如下：

根据《木标》表 4.3.1-3，TC11A，取 $f_c = 10\text{N/mm}^2$。

25 年，查表 4.3.9-2，取 f_c 的调整系数 1.05；根据 4.3.2 条，原木，取 f_c 的调整系数为 1.15，则：

$$f_c = 1.05 \times 1.15 \times 10 = 12.075\text{N/mm}^2$$

$$\frac{\gamma_0 N}{A_n} \leqslant f_c, \ \mathsf{又}\ A_n = \frac{\pi d^2}{4}, \mathsf{则}:$$

$$d \geqslant \sqrt{\frac{4\gamma_0 N}{\pi f_c}} = \sqrt{\frac{4 \times 0.95 \times 144 \times 10^3}{\pi \times 12.075}} = 120\mathrm{mm}$$

43. 正确答案是 B，解答如下：

根据《木标》表 4.3.1-3，TC11A，取 $f_c = 10\mathrm{N/mm^2}$，$f_m = 11\mathrm{N/mm^2}$，25 年，查表 4.3.9-2，取强度设计值的调整系数为 1.05，则：

$$f_c = 1.05 \times 10 = 10.5\mathrm{N/mm^2}, \ f_m = 1.05 \times 11 = 11.55\mathrm{N/mm^2}$$

$$W = \frac{1}{6}bh^2 = \frac{1}{6} \times 120 \times 160^2 = 512000\mathrm{mm^3}$$

由《木标》5.3.2 条规定：

$$e_0 = 0.05 \times 160 = 8\mathrm{mm}$$

$$k = \frac{Ne_0 + M_0}{Wf_m\left(1 + \sqrt{\dfrac{N}{Af_c}}\right)} = \frac{100 \times 10^3 \times 8 + 3.1 \times 10^6}{512000 \times 11.55 \times \left(1 + \sqrt{\dfrac{100 \times 10^3}{120 \times 160 \times 10.5}}\right)} = 0.387$$

$$\varphi_m = (1-k)^2(1-k_0) = (1-0.387)^2 \times (1-0.08) = 0.346$$

【42、43 题评析】 42 题，当计算与外部荷载产生的内力值时，应考虑 γ_0 的影响；当仅计算构件自身承载力设计值时，不考虑 γ_0 的影响。

44. 正确答案是 A，解答如下：

根据《桩规》5.3.8 条规定：

$$d_1 = 0.4 - 2 \times 0.095 = 0.21\mathrm{m},$$

$$h_b/d_1 = 2/0.21 = 9.52 > 5, \mathsf{取}\ \lambda_p = 0.8$$

$$A_j = \frac{\pi}{4}(d^2 - d_1^2) = \frac{\pi}{4}(0.4^2 - 0.21^2) = 0.091\mathrm{m^2}$$

$$A_{p1} = \frac{\pi}{4}d_1^2 = \frac{\pi}{4} \times 0.21^2 = 0.035\mathrm{m^2}$$

由规范式（5.3.8-1）：

$$\begin{aligned}
Q_{uk} &= u\Sigma q_{sik}l_i + q_{pk}(A_j + \lambda_p A_{p1}) \\
&= \pi \times 0.4 \times (50 \times 1.5 + 30 \times 2 + 40 \times 7 + 24 \times 7 + 65 \times 4 + 90 \times 2) \\
&\quad + 9400 \times (0.091 + 0.8 \times 0.035) \\
&= \pi \times 0.4 \times 1023 + 9400 \times 0.119 = 2404\mathrm{kN}
\end{aligned}$$

由《桩规》5.2.2 条：

$$R_a = \frac{Q_{uk}}{2} = \frac{2404}{2} = 1202\mathrm{kN}$$

45. 正确答案是 B，解答如下：

极差： $2520 - 2230 = 290\mathrm{kN} < 30\% \times \dfrac{2520 + 2230 + 2390}{3} = 714\mathrm{kN}$

根据《地规》附录 Q 的规定：

$$Q_u = \frac{2520 + 2230 + 2390}{3} = 2380\mathrm{kN}$$

$$R_a = \frac{Q_u}{2} = 1190\mathrm{kN}$$

根据《桩规》5.2.5条：

$$A_c = \frac{A - nA_{ps}}{n} = \frac{2.8 \times 4.8 - 6 \times 3.14 \times \frac{1}{4} \times 0.4^2}{6} = 2.114\text{m}^2$$

承台底宽为2.8m，则$\frac{1}{2} \times 2.8 = 1.4\text{m} < 5\text{m}$，取1.4m高度计算，故取$f_{ak} = 110\text{kPa}$

$$R = R_a + \eta_c f_{ak} A_c = 1190 + 0.20 \times 110 \times 2.114 = 1236.5\text{kN}$$

46. 正确答案是B，解答如下：

根据《抗规》4.3.4条规定，7度（0.15g），查《抗规》表4.3.4，取$N_0 = 10$；设计地震分组为第一组，取$\beta = 0.80$。

$$N_{cr} = N_0\beta[\ln(0.6d_s + 1.5) - 0.1d_w]\sqrt{3/\rho_c}$$
$$= 10 \times 0.80 \times [\ln(0.6 \times 5 + 1.5) - 0.1 \times 3]\sqrt{3/3} = 9.6$$

根据《桩规》5.3.12条及表5.3.12：

$$\lambda_N = \frac{N}{N_{cr}} = \frac{6}{9.6} = 0.625 \begin{matrix} > 0.6 \\ < 0.8 \end{matrix}$$

并且$d_1 = 5\text{m} < 10\text{m}$，故取$\psi_c = 1/3$

47. 正确答案是C，解答如下：

根据《桩规》5.7.2条第2款、第7款的规定：

$$R_{ha} = 34 \times 75\% \times 1.25 = 31.875\text{kN}$$

根据《桩规》5.7.3条：

$$s_a/d = 2/0.4 = 5 < 6$$

$$\eta_i = \frac{(s_a/d)^{0.015n_2 + 0.45}}{0.15n_1 + 0.10n_2 + 1.9} = \frac{5^{0.015 \times 2 + 0.45}}{0.15 \times 3 + 0.10 \times 2 + 1.9} = 0.85$$

$$\eta_h = \eta_i\eta_r + \eta_l = 0.85 \times 2.05 + 1.35 = 3.09$$
$$R_h = \eta_h R_{ha} = 3.09 \times 31.875 = 98.49\text{kN}$$

48. 正确答案是A，解答如下：

根据《地规》8.5.4条和8.5.18条，基桩的最大竖向力（扣除承台及其上填土自重）：

$$N_{max} = \frac{F}{n} + \frac{M_y x_i}{\sum x_i^2} = \frac{4800}{6} + \frac{(704 + 60 \times 1.6) \times 2.0}{4 \times 2.0^2} = 900\text{kN}$$

$$M_{max} = \sum N_{max} x_i = 2 \times 900 \times (2 - 0.4) = 2880\text{kN} \cdot \text{m}$$

【44~48题评析】 44题，根据《桩规》勘误表，规范5.3.8条中，应取h_b/d_1进行计算。

45题，应注意的是f_{ak}的计算。

47题，应注意《桩规》5.7.2条第7款的适用范围。

49. 正确答案是D，解答如下：

根据《地规》5.2.2条，当基底反力呈矩形均匀分布时，由M_k、V_k、F_k、G_k在基底形心处产生的合弯矩$\sum M_k = 0$，则：

$$\sum M_k = M_k + V_k \cdot h - F_k \cdot \left(\frac{b_1 + 1.4}{2} - 1.4\right) + G_k \cdot 0 = 0$$

即：$141 + 32 \times 0.75 - 1100 \times \left(\dfrac{b_1 + 1.4}{2} - 1.4 \right) + 0 = 0$

解之得：$b_1 = 1.7\text{m}$

50. 正确答案是 B，解答如下：

$e = 0.64 < 0.85$，$I_L = 0.5 < 0.85$，查《地规》表 5.2.4，取 $\eta_b = 0.3$，$\eta_d = 1.6$。$b = 2.0\text{m} < 3\text{m}$，故取 $b = 3\text{m}$，仅进行深度修正。

$$f_a = f_{ak} + \eta_b \gamma (b - 3) + \eta_d \gamma_m (d - 0.5)$$

$$= 205 + 0 + 1.6 \times \frac{17.5 \times 1 + 19 \times 0.5}{1.5} \times (1.5 - 0.5) = 233.8\text{kPa}$$

51. 正确答案是 B，解答如下：

根据《地规》5.2.7 条及 5.2.2 条：

$$p_k = \frac{F_k + G_k}{A} = \frac{1120 + 2 \times 2.8 \times 20 \times 1.5}{2 \times 2.8} = 230\text{kPa}$$

$$p_c = 17.5 \times 1 + 19 \times 0.5 = 27\text{kPa}$$

$E_{s1} / E_{s2} = 9/3 = 3$，$z/b = 4.0/2.0 = 2$，查规范表 5.2.7，取 $\theta = 23°$

$$p_z = \frac{lb(p_k - p_c)}{(b + 2z\tan\theta)(c + 2z\tan\theta)} = \frac{2 \times 2.8(230 - 27)}{(2 + 2 \times 4\tan23°) \times (2.8 + 2 \times 4\tan23°)}$$

$$= \frac{1136.8}{5.396 \times 6.196} = 34.0\text{kPa}$$

52. 正确答案是 A，解答如下：

根据《地规》5.3.5 条，基底划分为 4 个小矩形，$b \times l = 1\text{m} \times 1.4\text{m}$，$l/b = 1.4/1 = 1.4$，$z/b = 4/1 = 4$，查规范附表 K.0.1-2，则：

$z_{i-1} = 0\text{m}$，$\bar{\alpha}_{i-1} = 0.2500$；$z_i = 4\text{m}$，$\bar{\alpha}_i = 0.1248$

$p_0 = 150\text{kPa} < 0.75 f_{ak} = 0.75 \times 205 = 153.75\text{kPa}$，查规范表 5.3.5，取

$$\psi_s = 0.7 - \frac{9 - 7}{15 - 7} \times (0.7 - 0.4) = 0.625$$

$$s = \psi_s \sum_{i=1}^{n} \frac{p_0}{E_{si}} (z_i \bar{\alpha}_i - z_{i-1} \bar{\alpha}_{i-1})$$

$$= 0.625 \times \frac{150}{9 \times 10^3} \times 4 \times (4 \times 0.1248 - 0 \times 0.2500) = 20.8 \times 10^{-3}\text{m} = 20.8\text{mm}$$

【49~52 题评析】 50 题，在进行宽度修正取值时，b 应取基础底面宽度，故 $b = 2\text{m}$，而不是 2.8m。

53. 正确答案是 B，解答如下：

根据《地处规》3.0.4 条：

$$f_a = f_{spk} + \eta_d \gamma_m (d - 0.5) \geqslant 430，即：$$

$$f_{spk} \geqslant 430 - 1.0 \times 18 \times (7 - 0.5) = 313\text{kPa}$$

根据规范 7.2.2 条、7.1.5 条，可得：

$$m = \frac{f_{spk} - \beta f_{sk}}{\lambda R_a / A_p - \beta f_{sk}} = \frac{313 - 0.8 \times 180}{\dfrac{0.9 \times 450}{3.14 \times 0.2^2} - 0.8 \times 180} = 0.054 = 5.4\%$$

54. 正确答案是 B，解答如下：

根据《地处规》7.1.5 条：

$$m=\frac{d^2}{d_e^2}=\frac{0.4^2}{(1.05s)^2}=6\%$$

解之得： $s=1.555\mathrm{m}$

55. 正确答案是 C，解答如下：

根据《地处规》7.7.2 条、7.1.7 条、7.1.8 条：

$\zeta=\dfrac{f_{\mathrm{spk}}}{f_{\mathrm{ak}}}=\dfrac{360}{180}=2$，则各复合土层的压缩模量 E_{si}： $E_{si\text{复}}=\zeta E_{si\text{天}}=2E_{si\text{天}}$

由《地规》5.3.5 条：

$s=\psi_s s'=\psi_s\displaystyle\sum_{i=1}^{n}\frac{p_0}{E_{si}}(z_i\bar{\alpha}_i-z_{i-1}\bar{\alpha}_{i-1})$，即当 ψ_s 一定时，s' 与 E_{si} 成反比关系。

由已知条件，天然地基与复合地基的经验系数相同，即：$\psi_{s,\text{天}}=\psi_{s,\text{复}}=\psi_s$

$$s_{\text{天}}=150=\psi_{s,\text{天}}s'=\psi_s(s_1'+s_2')=\psi_s s_1'+\psi_s s_2'=100+50$$

则： $s_{\text{复}}=\psi_{s,\text{复}}s_{\text{复}}'=\psi_s\left(\dfrac{s_1'}{2}+s_2'\right)=\psi_s\dfrac{s_1'}{2}+\psi_s s_2'=\dfrac{100}{2}+50=100\mathrm{mm}$

【53~55 题评析】 55 题，应注意的是，本题目所给条件为：$\psi_{s1\text{天}}=\psi_{s1\text{复}}=\psi_s$。当 $\psi_{s1\text{天}}$ 与 $\psi_{s1\text{复}}$ 不相等时，应根据两者的比值进行计算。

56. 正确答案是 D，解答如下：

根据《桩规》4.2.7 条，应选（D）项。

57. 正确答案是 C，解答如下：

根据《桩规》4.2.6 条，应选（C）项。

或根据《地规》8.5.23 第 4 款，也应选（C）项。

58. 正确答案是 D，解答如下：

根据《抗规》3.8.2 条条文说明，应选（D）项。

此外，根据《抗规》12.1.3 条条文说明，（A）项不正确；《抗规》12.2.1 条条文说明，（B）项不正确；《抗规》12.3.2 条条文说明，（C）项不正确。

59. 正确答案是 B，解答如下：

（1）根据《高规》5.1.12 条、5.1.13 条，可知，（A）、（C）项不正确。

（2）根据《高规》3.7.3 条注的规定，（D）项不正确。

（3）根据《抗规》3.6.6 条第 1 款，（B）项正确。

60. 正确答案是 D，解答如下：

根据《高规》4.2.2 条：

$$H=90\mathrm{m}>60\mathrm{m}，取 w_0=0.55\times1.1=0.605$$

B 类地面，根据《荷规》8.4.4 条：

$$x_1=\frac{30/1.7}{\sqrt{1.0\times0.605}}=22.688$$

$$R=\sqrt{\frac{\pi}{6\times0.05}\cdot\frac{22.688^2}{(1+22.688^2)^{4/3}}}=1.141$$

61. 正确答案是 B，解答如下：

$\beta_z = 1.36$，$w_0 = 1.1 \times 0.7 \text{kN/m}^2$，由《高规》4.2.3 条规定，$\mu_s = 0.8 + 1.2/\sqrt{n} = 0.8 + 1.2/\sqrt{6} = 1.29$

《荷规》表 8.2.1，B 类粗糙度，$z = 90\text{m}$，取 $\mu_z = 1.93$

$$w_k = \beta_z \mu_s \mu_z w_0 = 1.36 \times 1.29 \times 1.93 \times 1.1 \times 0.7 = 2.61 \text{kN/m}^2$$

62. 正确答案是 D，解答如下：

如图 15-1(a) 所示风荷载计算示意图。

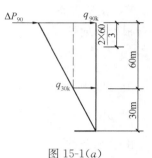

图 15-1(a)

高度 90m，$q_{90k} = w_k \cdot B = 2 \times 40 = 80\text{kN/m}$

高度 30m，$q_{30k} = \dfrac{30}{90}q_{90k} = \dfrac{1 \times 80}{3} = 26.67\text{kN/m}$

标准值：$M_{30k} = \Delta P_{90} \times 60 + \Delta M_{90} + 26.67 \times 60 \times \dfrac{60}{2}$

$$+ \frac{1}{2} \times (80 - 26.67) \times 60 \times \left(\frac{2}{3} \times 60\right)$$

$$= 200 \times 60 + 600 + 48006 + 63996 = 124602\text{kN} \cdot \text{m}$$

由《可靠性标准》8.2.4 条：

设计值：$M_{30} = 1.5 M_{30k} = 186903\text{kN} \cdot \text{m}$

63. 正确答案是 A，解答如下：

(1) 丙类建筑，Ⅲ类场地，0.15g，根据《高规》3.9.2 条，应按 8 度采取相应的抗震构造措施。

(2) A 级高层建筑，查《高规》表 3.9.3，可知，主体结构的抗震构造措施等级为一级。

(3) 根据《抗规》3.9.6 条，裙房框架的抗震构造措施等级应至少为抗震一级。

64. 正确答案是 D，解答如下：

根据《高规》3.9.5 条，可知，本题目的地下一层抗震构造措施等级同上部结构（即抗震一级），地下二层的抗震构造措施等级应按上部结构采用，即抗震一级。

【60～64 题评析】 60 题，关键是确定 w_0 值，本题目 90m 大于 60m，故取 $w_0 = 1.1 \times 0.55\text{kN/m}^2$。

62 题，计算 q_{90k} 时，按迎风面垂直投影宽度 B 进行计算。

63 题，本题目求抗震构造措施等级，故应按 8 度查《高规》表 3.9.3；若本题目求裙房框架的内力调整的抗震措施所对应的等级，此时，应按丙类建筑、7 度，查《高规》表 3.9.3。

65. 正确答案是 D，解答如下：

9 度，根据《高规》4.3.2 条第 4 款，应考虑竖向地震作用。

根据规程表 4.3.7-1，取 $\alpha_{\max} = 0.32$

根据规程 4.3.13 条，取柱子的竖向地震效应增大系数 1.5，则：

$$F_{Evk} = \alpha_{v\,\max} \cdot G_{eq} = 0.65\alpha_{\max} \cdot 0.75 G_E$$

$$= 0.65 \times 0.32 \times 0.75 \times (10 \times 6840) = 10670.4\text{kN}$$

故：

$$N_{Evk} = 1.5 \times 10670.4 \times \frac{1}{20} = 800.28\text{kN}$$

根据规程 5.6.3 条、5.6.4 条，$H=40\text{m}<60\text{m}$，不考虑风荷载参与组合。

重力荷载、竖向地震作用组合时：
$$N=1.2\times2800+1.3\times800.28=4400.364\text{kN}$$

重力荷载、水平地震及竖向地震作用组合时：
$$N=1.2\times2800+1.3\times700+0.5\times800.28=4670.1\text{kN}$$

上述值取较大值，故 $N=4670.1\text{kN}$

66. 正确答案是 D，解答如下：

根据《高规》表 3.9.3，框架抗震等级为一级。

根据规程 6.2.5 条，抗震一级，则：

9 度抗震，单排钢筋，$h_{01}=600-40=560\text{mm}$；双排钢筋，$h_{02}=600-60=540\text{mm}$，则：

顺时针：$M_{\text{bua}}^l=\dfrac{1}{\gamma_{\text{RE}}}f_{\text{yk}}A_s\ (h_{01}-a_s')=\dfrac{1}{0.75}\times400\times1964\times(560-40)=544.68\text{kN}\cdot\text{m}$

$M_{\text{bua}}^r=\dfrac{1}{\gamma_{\text{RE}}}f_{\text{yk}}A_s\ (h_{02}-a_s')=\dfrac{1}{0.75}\times400\times2945\times(540-60)=753.92\text{kN}\cdot\text{m}$

$M_{\text{bua}}^l+M_{\text{bua}}^r=544.68+753.92=1298.6\text{kN}\cdot\text{m}$

逆时针，上、下对称配筋，故：$M_{\text{bua}}^l+M_{\text{bua}}^r=753.92+544.68=1298.64\text{kN}\cdot\text{m}$

$V_b=\dfrac{1.1\times(M_{\text{bua}}^l+M_{\text{bua}}^r)}{l_n}+V_{\text{Gb}}=\dfrac{1.1\times1298.6}{5.45}+30$

$\quad=292.10\text{kN}\cdot\text{m}$

67. 正确答案是 D，解答如下：

连梁跨高比：$l_n/h=2.45/0.4=6.125>5.0$

根据《高规》7.1.3 条，按框架梁设计。

梁纵筋配筋率：$\rho=\dfrac{A_s}{bh}=\dfrac{1964}{350\times360}=1.6\%<2\%$

抗震等级一级，查高层规程表 6.3.2-2，取加密区箍筋配置为 4Φ10@100。

非加密区，由高层规程 6.3.5 条第 5 款，$s\leqslant2\times100=200\text{mm}$

由《高规》式（6.3.5-1），采用 4 肢箍，箍筋直径为 10，则：

$\rho_{\text{sv}}=\dfrac{A_{\text{sv}}}{bs}\geqslant\dfrac{0.3f_t}{f_{\text{yv}}}$

即：$s\leqslant\dfrac{A_{\text{sv}}}{b}\cdot\dfrac{f_{\text{yv}}}{0.3f_t}=\dfrac{4\times78.5}{350}\cdot\dfrac{300}{0.3\times1.71}=525\text{mm}$

故取 $s=200\text{mm}$，4Φ10@200，满足。

68. 正确答案是 C，解答如下：

根据《抗规》5.2.7 条，$H/B=40/15.55=2.6<3$。

查《抗规》表 5.2.7，9 度、Ⅲ类场地，取 $\Delta T=0.1$

$\psi=\left(\dfrac{T_1}{T_1+\Delta T}\right)^{0.9}=\left(\dfrac{0.8}{0.8+0.1}\right)^{0.9}=0.90$

故：$V=\psi\sum\limits_{i=1}^{10}F_i=0.90\times(1+0.9+0.8+0.7+0.6+0.5+0.4+0.3+0.2+0.1)F$

$\quad=4.95F$

【65～68 题评析】 65 题，抗震设防烈度 9 度，应考虑竖向地震作用；构件分配竖向

地震作用标准值时应乘以 1.5 的增大系数。

66 题，应注意 h_{01}、h_{02} 的计算，即单排、双排钢筋时 a'_s 值的不同。

67 题，连梁应首先判别其跨高比，当其跨宽比大于 5.0 时，应按框架梁设计，其配筋（纵向钢筋和箍筋）应按框架梁配筋构造要求进行设计。

69. 正确答案是 A，解答如下：

根据《高钢规》8.8.3 条、7.6.3 条，如图 15-2(a) 所示。

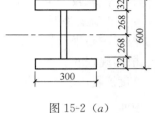

图 15-2 (a)

$$M_{lp} = fW_{np} = 295 \times 2 \times \left[300 \times 32 \times \left(268 + \frac{32}{2} \right) \right.$$

$$\left. + 268 \times 12 \times \frac{268}{2} \right]$$

$$= 1862.83 \text{kN} \cdot \text{m}$$

$$V_1 = 0.58 A_w f_y$$

$$= 0.58 \times 536 \times 12 \times 335 = 1249.7 \text{kN}$$

由规程式（8.8.3-1）：

$$a \leqslant 1.6 M_{lp}/V_1 = 1.6 \times 1862.83/1249.7 = 2.4 \text{m}$$

复核：$V_1 = 2M_{lp}/a = 2 \times 1862.83/2.4 = 1552.4 \text{kN}$

故取 $V_1 = 1249.7 \text{kN}$ 正确。

$b \geqslant 8.5 - 0.7 - 2 \times 2.4 = 3.0 \text{m}$

70. 正确答案是 D，解答如下：

丙类建筑、Ⅱ类场地，8 度抗震设防烈度，100m，查《抗规》表 8.1.3，其抗震等级为二级。

根据《抗规》8.2.3 条第 5 款，取增大系数为 1.3

$$N = N_1 \times \frac{V_c}{V} \times 1.3 = 2000 \times \frac{1105}{860} \times 1.3 = 3340.7 \text{kN}$$

71. 正确答案是 A，解答如下：

根据《高规》3.7.5 条及表 3.7.5：

底层层间弹塑性位移，$\Delta u_p \leqslant [\theta_p] h = \frac{1}{50} \times 3500 = 70 \text{mm}$。罕遇地震，由高层规程 5.5.3 条：

$$\Delta u_e = \frac{\Delta u_p}{\eta_p}，又 \xi_y = 0.4，查规程表 5.5.3，取 \eta_p = 2.0$$

故：$\Delta u_e = \frac{\Delta u_p}{\eta_p} = \frac{70}{2} = 35 \text{mm}$

$$V_{罕0} \leqslant \Delta u_e \Sigma D = 35 \times 10^{-3} \times 8 \times 10^5 = 2.8 \times 10^4 \text{kN}$$

8 度，查《高规》表 4.3.7-1，多遇地震，$\alpha_{\max,多} = 0.16$，罕遇地震，$\alpha_{\max,罕} = 0.90$。Ⅱ类场地，设计地震分组为第一组，查规程表 4.3.7-2，$T_{g,多} = 0.35 \text{s}$；罕遇地震时，$T_{g,罕} = 0.35 + 0.05 = 0.40 \text{s}$

$T_{g,多} < T_1 < 5 T_{g,多}$，$T_{g,罕} < T_1 < 5 T_{g,罕}$，则：

$$\frac{V_{多0}}{V_{罕0}} = \frac{\left(\dfrac{T_{g,多}}{T_1} \right)^\gamma \eta_2 \alpha_{\max,多}}{\left(\dfrac{T_{g,罕}}{T_1} \right)^\gamma \eta_2 \alpha_{\max,罕}} = \left(\frac{T_{g,多}}{T_{g,罕}} \right)^\gamma \cdot \frac{\alpha_{\max,多}}{\alpha_{\max,罕}}$$

即：$V_{\text{多}0} = V_{\text{罕}0} \cdot \left(\dfrac{0.35}{0.40}\right)^{0.9} \times \dfrac{0.16}{0.90} = 2.8 \times 10^4 \times 0.15765 = 4414\text{kN}$

72. 正确答案是 B，解答如下：

根据《高规》5.4.3条，首层位移增大系数 F_{11} 为：

$$F_{11} = \dfrac{1}{1 - \dfrac{\sum\limits_{j=1}^{12} G_j}{D_1 h_1}} = \dfrac{1}{1 - \dfrac{1 \times 10^5}{8 \times 10^5 \times 3.5}} = 1.037$$

$$F_{11} \Delta u_\text{p} = [\Delta u_\text{p}]，即：$$

$$1.037 \Delta u_\text{p} = [\Delta u_\text{p}]$$

又 $V_0 = [\Delta u_\text{p}] \cdot \Sigma D$，则考虑重力二阶效应影响的 V 为：

$$V \leqslant \Delta u_\text{p} \cdot \Sigma D = \dfrac{[\Delta u_\text{p}]}{1.037} \cdot \Sigma D = \dfrac{V_0}{1.037} = 0.964 V_0$$

【71、72题评析】 71题，应注意复核 $T_\text{g} < T_1 < 5T_\text{g}$，此时，$V_0 = \left(\dfrac{T_\text{g}}{T_1}\right)^\gamma \eta_2 \alpha_\text{max}$，又 $T_{\text{g},\text{多}} \neq T_{\text{g},\text{罕}}$，故 $V_{\text{多}0}$ 与 $V_{\text{罕}0}$ 之比应考虑 $(T_{\text{s},\text{多}}/T_{\text{g},\text{罕}})^\gamma$ 的影响，以及 $\alpha_{\text{max},\text{多}}/\alpha_{\text{max},\text{罕}}$ 的影响。

73. 正确答案是 A，解答如下：

根据《公桥通规》3.2.9条及表3.2.9，采用 1/300，故选（A）项。

74. 正确答案是 A，解答如下：

根据《城桥震规》3.1.1条，属于丁类桥梁。

丁类、6度区，由规范3.1.4条，按6度区采取抗震措施。

由规范11.2.1条：

$$B_\text{min} \geqslant 2 \times (40 + 0.5 \times 15.5) + 8 = 103.5\text{cm} = 1035\text{mm}$$

墩顶最小宽度 $= 1035 - 2 \times 50 = 935\text{mm}$。

75. 正确答案是 A，解答如下：

当竖向单位力 $P = 1$ 作用于支承点 a、c、d 时，支点 b 左侧的剪力影响线为零；当 P 作用在 b 点附近左侧时，剪力影响线为最大，其绝对值为1，故（C）、（D）项不对；（B）项是 b 支点右侧剪力影响线，故应选（A）项。

76. 正确答案是 D，解答如下：

根据《公桥通规》4.3.5条：

一条车道上汽车制动力为：$T_1 = 10\% \times (40 \times 10.5 + 340) = 76\text{kN}$，公路—Ⅰ级：$T_1 \geqslant 165\text{kN}$，故取 $T_1 = 165\text{kN}$

双向六车道，则三车道总汽车制动力为：$T_0 = 2.34 \times 165 = 386.1\text{kN}$

一个桥台分担的制动力为：$\dfrac{T_0}{2} = \dfrac{386.1}{2} = 193.05\text{kN}$

77. 正确答案是 B，解答如下：

根据《公桥通规》3.3.5条规定：

该桥全长：$L = 2 \times \left(\dfrac{120}{2} + 85 + 3 \times 50 + \dfrac{0.16}{2} + 3.5\right) = 597.16\text{m}$

78. 正确答案是 B，解答如下：

根据《公桥通规》4.1.5条：

安全等级为二级，取 $\gamma_0 = 1.0$，则基本组合为：
$$\gamma_0 V_{设} = 1.0 \ (1.2V_g + 1.4V_k)$$

79. 正确答案是 A，解答如下：
$$N = 0.73 f_{pk} A_p = 0.73 \times 1860 \times (140 \times 15) = 2851.38 \text{kN}$$

80. 正确答案是 A，解答如下：

16m 跨、20m 跨作用在桥墩上的恒载设计支座反力对桥墩中心线取矩，当合力矩为零时，桥墩墩身均匀受力。设 16m 跨支座中心距墩中心线的距离为 x，则：

$3000 \cdot x = 3400 \times 0.340$，解之得：$x = 0.385$m。

$\Delta x = 385 - 270 = 115$mm，即 16m 跨向跨径方向微调 115mm。

此外，由于构造要求受限制，20m 跨箱梁不能向墩中心调偏。

实战训练试题（十六）解答与评析

（上午卷）

1. 正确答案是 C，解答如下：

根据《抗规》附录 A，西藏拉萨市城关区，为 8 度（0.20g）。

根据《设防分类标准》6.0.8 条，中学楼属重点设防类，即乙类。

由《设防分类标准》3.0.3 条，乙类，Ⅱ 类场地，地震作用按 8 度计算地震作用；抗震措施应按 9 度确定。

查《抗规》表 6.1.2，9 度，高度 20.85m，框架应按一级抗震等级。

2. 正确答案是 B，解答如下：

根据《抗规》3.6.3 条条文说明：

$$\theta_{1x} = \frac{\Sigma G_i \Delta u_i}{V_i h_i} = \frac{1}{0.075} \cdot \frac{1}{650} = 0.0205$$

【1、2 题评析】 1 题，中学楼，根据《设防分类标准》6.0.8 条，为乙类建筑。

3. 正确答案是 C，解答如下：

根据《荷规》5.3.1 条，取 $q_k = 0.5 \text{kN/m}^2$，取 $\psi_q = 0.0$；由《混规》7.1.2 条、7.1.3 条：

$$M_q = \frac{1}{2} \times (20 \times 0.15 + 25 \times 0.15) \times 2.1^2 + \frac{1}{2} \times 0.5 \times 2.1^2 \times 0.0 = 14.884 \text{kN} \cdot \text{m/m}$$

$$\sigma_{sq} = \frac{M_q}{0.87 h_o A_s} = \frac{14.884 \times 10^6}{0.87 \times (150 - 26) \times \frac{1000}{150} \times 113.1} = 182.98 \text{N/mm}^2$$

$$\rho_{te} = \frac{A_s}{A_{te}} = \frac{1000/150 \times 113.1}{0.5 \times 1000 \times 150} = 0.01005 > 0.01$$

$$\psi = 1.1 - 0.65 \frac{f_{tk}}{\rho_{ta} \sigma_{sq}} = 1.1 - 0.65 \times \frac{2.01}{0.01005 \times 182.98} = 0.3895 > 0.2$$

$$w_{max} = \alpha_{cr} \psi \frac{\sigma_{sq}}{E_s} \left(1.9 c_s + 0.08 \frac{d_{eq}}{\rho_{te}}\right)$$

$$= 1.9 \times 0.3895 \times \frac{182.98}{2.0 \times 10^5} \times \left(1.9 \times 20 + 0.08 \times \frac{12}{0.01005}\right)$$

$$= 0.090 \text{mm}$$

4. 正确答案是 D，解答如下：

根据《混规》7.2.2 条：

$$B = \frac{B_s}{\theta} = \frac{2.4 \times 10^{12}}{1.2} = 2.0 \times 10^{12} \text{N} \cdot \text{mm}^2$$

$$f = \frac{q l^4}{8B} = \frac{M_q l^2}{4B} = \frac{16 \times 10^6 \times 2100^2}{4 \times 2.0 \times 10^{12}} = 8.82 \text{mm}$$

5. 正确答案是 D，解答如下：

根据《混规》6.2.10 条：

$$x = h_0 - \sqrt{h_0^2 - \frac{2\gamma_0 M}{\alpha_1 f_c b}}$$

$$= 125 - \sqrt{125^2 - \frac{2 \times 1.0 \times 23 \times 10^6}{1 \times 14.3 \times 1000}} = 13.61 \text{mm}$$

$$A_s = \frac{\alpha_1 f_c b x}{f_y} = \frac{1 \times 14.3 \times 1000 \times 13.61}{300} = 648.7 \text{mm}^2$$

复核最小配筋率：

$$\rho_{min} = \max(0.2\%, 0.45 f_t/f_y) = \max(0.2\%, 0.45 \times 1.43/300) = 0.2145\%$$

$$A_{s,min} = 0.2145\% \times 1000 \times 150 = 322 \text{mm}^2 < A_s = 648.7 \text{mm}^2，满足$$

【3～5 题评析】3 题，应注意的是，计算系数 ρ_{te}、A_{te}、α_{cr} 的取值。

5 题，应复核最小配筋率，《混规》表 8.5.1 作了规定。

6. 正确答案是 D，解答如下：

抗震四级、多层，查《混规》表 11.4.12-2；

加密区箍筋间距：$s \leqslant \min(8d, 100) = \min(8 \times 12, 100) = 96\text{mm}$；箍筋直径，$d \geqslant 8\text{mm}$。

由规范 11.4.18 条：

非加密区箍筋间距：$s \leqslant 15d = 15 \times 12 = 180\text{mm}$

故选用 φ 8@90/180。

7. 正确答案是 D，解答如下：

$$\mu_N = \frac{N}{f_c A} = \frac{300 \times 10^3}{14.3 \times 400 \times 400} = 0.131 < 0.15$$

查《混规》表 11.1.6，取 $\gamma_{RE} = 0.75$

假定大偏压：

$$x = \frac{\gamma_{RE} N}{\alpha_1 f_c b} = \frac{0.75 \times 300 \times 10^3}{1 \times 14.3 \times 400} = 39.3\text{mm} < 2a_s' = 80\text{mm}，且 < \xi_b h_0 = 186\text{mm}$$

故假定成立。

由《混规》6.2.17 条、6.2.14 条：

$$M = N e_s' = \frac{1}{\gamma_{RE}} f_y A_s (h - a_s - a_s')$$

则：

$$e_s' = \frac{1}{0.75 \times 300 \times 10^3} \times 360 \times 741.1 \times (400 - 40 - 40)$$

$$= 379.4\text{mm}$$

8. 正确答案是 C，解答如下：

根据《混规》6.2.17 条、6.2.5 条：

同上题可知，取 $\gamma_{RE} = 0.75$

假定为大偏压：

$$x = \frac{0.75 \times 225 \times 10^3}{1 \times 14.3 \times 400} = 29.5\text{mm} < \xi_b h_0 = 186\text{mm}$$

故假定成立，属于大偏压。

$$e_a = \max\left(20, \frac{400}{30}\right) = 20\text{mm}$$

$$e'_s = e_i - \frac{h}{2} + a'_s = e_0 + e_a - \frac{h}{2} + a'_s$$

$$440 = e_0 + 20 - \frac{400}{2} + 40$$

则：$e_0 = 580\text{mm}$

$$M = Ne_0 = 225 \times 0.58 = 130.5 \ (\text{kN} \cdot \text{m})$$

9. 正确答案是 D，解答如下：

根据《混规》11.4.7 条：

$N = 225\text{kN} < 0.3 f_c A = 0.3 \times 14.3 \times 400 \times 400 = 686.4\text{kN}$，故取 $N = 225\text{kN}$

$$\lambda = \frac{H_n}{2h_0} = \frac{3000}{2 \times (400 - 40)} = 4.17 > 3, \ 取 \ \lambda = 3$$

$$V_u = \frac{1}{\gamma_{RE}}\left[\frac{1.05}{\lambda + 1} f_t b h_0 + f_{yv}\frac{A_{sv}}{s}h_0 + 0.056N\right]$$

$$= \frac{1}{0.85} \times \left[\frac{1.05}{3 + 1} \times 1.43 \times 400 \times 360 + 270 \times \frac{(2 \times 28.3 + 2 \times 28.3\cos45°)}{90}\right.$$

$$\left. \times 360 + 0.056 \times 22500\right]$$

$$= 201.18\text{kN}$$

截面条件复核，由规范 11.4.6 条：

$$V_u = \frac{1}{\gamma_{RE}}(0.2\beta_c f_c b h_0) = \frac{1}{0.85} \times 0.2 \times 1.0 \times 14.3 \times 400 \times 360 = 484.5\text{kN}$$

故取 $V_u = 201.18\text{kN}$

【6～9 题评析】 6 题，底层框架柱柱根，查《混规》表 11.4.12-2，箍筋直径 $d \geqslant 8\text{mm}$。

7 题，复核轴压比 μ_N 值，从而确定 γ_{RE} 值。此外，在运用《混规》式（6.2.14）时，抗震设计，还应在公式右边乘以 $\frac{1}{\gamma_{RE}}$。

9 题，应注意的是，计算参数 λ、N 的取值。同时，应复核截面条件。

10. 正确答案是 D，解答如下：

根据《混规》6.5.1 条：

$$u_m = 4 \times \left(700 + \frac{h_0}{2} \times 2\right) = 4 \times \left(700 + \frac{140}{2} \times 2\right) = 3360\text{mm}$$

$$\eta_1 = 0.4 + \frac{1.2}{\beta_s} = 0.4 + \frac{1.2}{2.0} = 1.0$$

$$\eta_2 = 0.5 + \frac{\alpha_s h_0}{4u_m} = 0.5 + \frac{40 \times 140}{4 \times 3360} = 0.9167$$

故取 $\eta = 0.9167$；取 $\beta_h = 1.0$

$$F_0 - (700 + 2h_0)^2 \times 10^{-6} \times 12.5 \leqslant 0.7\beta_h f_t \eta u_m h_0$$
$$= 0.7 \times 1 \times 1.71 \times 0.9167 \times 3360 \times 140 \times 10^{-3}$$

即： $F_0 \leqslant 0.98^2 \times 12.5 + 516.165 = 528.17\text{kN}$

11. 正确答案是 B，解答如下：

根据《混规》6.5.3条：

$$F_u = 0.5 f_t \eta u_m h_0 + 0.8 f_{yv} A_{sbu} \sin\alpha$$
$$= 0.5 \times 1.71 \times 0.9167 \times 3360 \times 140 + 0.8 \times 300 \times (3 \times 4 \times 113.1)\sin 30°$$
$$= 531.55\text{kN}$$

截面条件： $F_u \leqslant 1.2 f_t \eta u_m h_0 = 1.2 \times 1.71 \times 0.9167 \times 3360 \times 140 = 884.85\text{kN}$ ，满足，
故取 $F_u = 531.55\text{kN}$

【10、11题评析】 10题， u_m 的取值按《混规》图6.5.1（b）；同时，中柱，取 $\alpha_s = 40$ 。

11题，计算 A_{sbu} 时，应取双向弯起钢筋的总截面面积 $4 \times 3 \times 113.1 = 1357.2\text{mm}^2$ ；同时，复核截面条件是否满足。

12. 正确答案是 A，解答如下：

根据《混规》9.3.8条：

$$A_s \leqslant \frac{0.35\beta_c f_c b_b h_0}{f_y}$$

则： $\rho = \frac{A_s}{b_b h_0} \leqslant \frac{0.35\beta_c f_c}{f_y} = \frac{0.35 \times 1 \times 14.3}{360} = 1.39\%$

13. 正确答案是 C，解答如下：

根据《可靠性标准》8.2.2条，应选（C）项。

14. 正确答案是 D，解答如下：

根据《可靠性标准》附录A.5.1条，应选（D）项。

15. 正确答案是 C，解答如下：

根据《抗规》5.1.4条和5.1.5条的条文说明，应选（C）项。

16. 正确答案是 C，解答如下：

根据《钢标》16.2.3条，重级工作制吊车梁应考虑疲劳，取 $\gamma_x = 1.0$ ；由《钢标》6.1.1条、6.1.2条：

$$\frac{b}{t} = \frac{650 - 18}{2 \times 45} = 7 < 13\sqrt{235/345} = 10.7 ，翼缘满足 S3 级$$

腹板满足 S4 级，故截面等级满足 S4 级，取全截面计算。

$$\frac{M_x}{\gamma_x W_{nx}} = \frac{14500 \times 10^6}{1.0 \times 5858 \times 10^4} = 247.5\text{N/mm}^2$$

17. 正确答案是 D，解答如下：

根据《钢标》3.3.2条：

$$H_k = \alpha P_{k.max} = 0.1 \times 360 = 36\text{kN}$$

18. 正确答案是 A，解答如下：

根据《钢标》6.1.4条：

$$l_z = a + 5h_y + 2h_R = 50 + 5 \times 45 + 2 \times 150 = 575\text{mm}$$

$\psi = 1.35$ ；由《荷规》6.1.1条条文说明、6.3.1条，取动力系数为1.1。

由《可靠性标准》8.2.4 条：

$$\sigma_c = \frac{\psi F}{t_w l_z} = \frac{1.5 \times 1.35 \times 1.1 \times 360 \times 10^3}{18 \times 575} = 77.5 \text{N/mm}^2$$

19. 正确答案是 B，解答如下：

根据《钢标》11.2.2 条条文说明，该角焊缝受力均匀分布：

$$l_w = 2425 - 2h_f = 2425 - 2 \times 10 = 2405 \text{mm}$$

$$\tau_f = \frac{N}{h_e \Sigma l_w} = \frac{3200 \times 10^3}{2 \times 0.7 \times 10 \times 2405} = 95.04 \text{N/mm}^2$$

20. 正确答案是 B，解答如下：

根据《钢标》表 16.2.4，取 $\alpha_f = 0.8$

$$\alpha_f \cdot \Delta\sigma = 0.8 \times \frac{M_{k,max}}{W_n^{\text{下}} y_1} \cdot y_{\text{腹}}$$

$$= 0.8 \times \frac{5600 \times 10^6}{5858 \times 10^4 \times 1444} \times (1444 - 30)$$

$$= 74.89 \text{N/mm}^2$$

21. 正确答案是 A，解答如下：

柱的反力影响线图，见图 16-1(a) 所示。

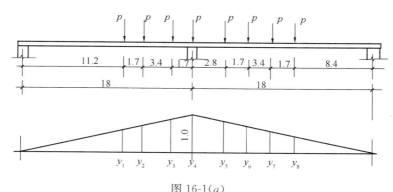

图 16-1(a)

$$y_1 = \frac{11.2}{18} \times 1 = \frac{11.2}{18}, y_2 = \frac{11.2 + 1.7}{18} \times 1 = \frac{12.9}{18}$$

$$y_3 = \frac{11.2 + 1.7 + 3.4}{18} \times 1 = \frac{16.3}{18}, y_4 = 1$$

$$y_5 = \frac{18 - 2.8}{18} \times 1 = \frac{15.2}{18}, y_6 = \frac{18 - 2.8 - 1.7}{18} \times 1 = \frac{13.5}{18}$$

$$y_7 = \frac{18 - 2.8 - 2.7 - 3.4}{18} \times 1 = \frac{10.1}{18}, y_8 = \frac{8.4}{18} \times 1 = \frac{8.4}{18}$$

则：$\sum\limits_{i=1}^{8} y_i = 5.8667$

由《荷规》6.2.2 条，取折减系数为 0.95。

$$R_{max} = 0.95 \cdot \sum_{i=1}^{8} y_i \cdot P_{k,max}$$

$$= 0.95 \times 5.8667 \times 360 = 2006.4 \text{kN}$$

【16～21题评析】 18题，重级工作制吊车，根据《荷规》6.1.1条条文说明，属于 A6、A7 工作级别，故其动力系数为 1.1。

19题，突缘支座，角焊缝的剪应力沿腹板呈均匀分布，详细讲述见《一、二级注册结构工程师专业考试应试技巧与题解》。

20题，应注意 $I_{nx}＝W_{nx}\cdot y_1$，腹板与下翼缘连接处 $y_{腹}\neq y_1$。

21题，排架分析与计算，当为多台吊车时，竖向荷载和水平荷载应乘以折减系数。

22. 正确答案是 B，解答如下：

根据《钢标》7.2.1条：

$$\lambda_x＝\frac{l_{0x}}{i_x}＝\frac{6000}{221}＝27.1$$

$$\lambda_y＝\frac{l_{0y}}{i_x}＝\frac{3000}{102}＝29.4$$

工字形截面、焊接、翼缘为剪切边，查表 7.2.1-1，对 x 轴，属 b 类；对 y 轴，属 c 类。查附录表 D.0.2，取 $\varphi_x＝0.946$；附录表 D.0.3，取 $\varphi_y＝0.906$，故取 $\varphi＝0.906$

$$\frac{N}{\varphi A}＝\frac{3200\times10^3}{0.906\times206\times10^2}＝171.46\text{N/mm}^2$$

23. 正确答案是 C，解答如下：

根据《钢标》7.3.3条：

$$\frac{b}{t}＝\frac{500－2\times20}{10}＝46>42\varepsilon_k＝42，则：$$

$$\lambda_{n,p}＝\frac{46}{56.2\varepsilon_k}＝\frac{46}{56.2\times1}＝0.819$$

$$\rho＝\frac{1}{0.819}\Big(1－\frac{0.19}{0.819}\Big)＝0.938$$

由《钢标》表 11.5.2 注 3：

$$d_c＝\max(22＋4,24)＝26\text{mm}$$

$$A_{ne}＝2\times400\times20－4\times26\times20＋0.938\times460\times10$$

$$＝18234.8\text{mm}^2$$

$$\frac{N}{A_{ne}}＝\frac{3200000}{18234.8}$$

$$＝175.5\text{N/mm}^2$$

【22、23题评析】 22题，本题目 λ_x 与 λ_y 比较接近，各自属于不同类截面，故应分别查《钢标》附录表确定 φ_x、φ_y，再取较小值；同时，稳定性计算，应取毛截面面积 A 进行计算。

24. 正确答案是 C，解答如下：

根据《钢标》表 3.5.1 注的规定：

$$h_0＝700－2\times24－2\times28＝596\text{mm}$$

$$h_0/t_w＝596/13＝45.8$$

25. 正确答案是 A，解答如下：

根据《钢标》11.2.2条：

等边角钢的分配系数：$k_1＝0.7$

$$l_w\geqslant\frac{k_1N}{2h_ef_f^w}＋2h_f＝\frac{0.7\times680\times10^3}{2\times0.7\times10\times160}＋2\times10$$

$$=232.5\text{mm} < 60h_\text{f} + 2h_\text{f} = 620\text{mm},\text{不考虑超长折减}$$

$$> 8h_\text{f} + 2h_\text{f} = 100\text{mm}$$

26. 正确答案是 B，解答如下：

倾面角焊缝：$\sin\theta = 3/5 = 0.6$，$\beta_{f\theta} = \dfrac{1}{\sqrt{1-\dfrac{\sin^2\theta}{3}}} = \dfrac{1}{\sqrt{1-\dfrac{0.6^2}{3}}} = 1.066$

根据《钢标》11.2.2 条及倾面角焊缝计算规定：

$$l_\text{w} \geq \frac{N}{2h_\text{e}\beta_{f\theta}f_\text{f}^\text{w}} + 2h_\text{f} = \frac{680\times10^3}{2\times0.7\times8\times1.066\times160} + 2\times8$$

$$= 372\text{mm} < 62h_\text{f} = 496\text{mm},\text{不考虑超长折减}$$

$$> 10h_\text{f} = 80\text{mm}$$

27. 正确答案是 D，解答如下：

对接焊缝二级，查《钢标》表 4.4.5，取 $f_\text{t}^\text{w} = 215\text{N/mm}^2$，$f_\text{v}^\text{w} = 125\text{N/mm}^2$

根据《钢标》11.2.1 条：

受拉计算：$l = \dfrac{N\sin\theta}{h_\text{e}f_\text{t}^\text{w}} + 2t = \dfrac{480\times10^3\times0.6}{12\times215} + 2\times12 = 136\text{mm}$

受剪计算：$l = \dfrac{1.5N\cos\theta}{h_\text{e}f_\text{v}^\text{w}} + 2t = \dfrac{1.5\times480\times10^3\times0.8}{12\times125} + 2\times12 = 247\text{mm}$

折算应力计算：$\sqrt{\left(\dfrac{480\times10^3\times0.6}{12l_\text{w}}\right)^2 + 3\times\left(\dfrac{1.5\times480\times10^3\times0.8}{12l_\text{w}}\right)^2} \leq 1.1\times215$

解之得：$l_\text{w} \geq 348\text{mm}$，即：$l \geq 372\text{mm}$

最终取 $l \geq 372\text{mm}$。

【25～27题评析】　26 题，也可将 N 分解为正向拉力 N_x，倾向剪力 N_y 进行计算，再由下式：

$$\sqrt{\left(\frac{\sigma_\text{f}}{\beta_\text{f}}\right)^2 + \tau_\text{f}^2} \leq f_\text{f}^\text{w}$$

求解出 l_w 值。

28. 正确答案是 A，解答如下：

根据《钢标》10.1.5 条、3.5.1 条：

$$b/t \leq 9\varepsilon_\text{k} = 9\sqrt{235/235} = 9$$

29. 正确答案是 C，解答如下：

根据《钢标》4.4.1 条条文说明，应选（C）项。

30. 正确答案是 C，解答如下：

弹性方案、无柱间支撑、考虑吊车作用，根据《砌规》表 5.1.3 及注 2 的规定：

$$H_\text{u} = 2.5\text{m}$$

$$H_0 = 1.25\times1.25H_\text{u} = 1.25\times1.25\times2.5 = 3.906\text{m}$$

$$H_0/h = 3.906/0.49 = 7.97$$

查规范表 6.1.1 及 6.1.1 条注 3 的规定：

$$[\beta] = 1.3\times17 = 22.1$$

$$\frac{H_0}{h} = 7.97 < \mu_1\mu_2[\beta] = 1 \times 1 \times 22.1 = 22.1$$

31. 正确答案是 A，解答如下：

根据《砌规》表 5.1.3：

$$H_l = 5.0\text{m}$$

$$H_0 = 1.0H_l = 5.0\text{m}, \frac{H_0}{h} = \frac{5000}{620} = 8.06$$

$$\frac{H_0}{h} = 8.06 < \mu_1\mu_2[\beta] = 1 \times 1 \times 17 = 17$$

32. 正确答案是 D，解答如下：

$$e/h = 155/620 = 0.25, \beta = 7.0$$

查《砌规》附录表 D.0.1-1，取 $\varphi = \dfrac{0.45 + 0.42}{2} = 0.435$

$$A = 0.49 \times 0.62 = 0.3038\text{m}^2 > 0.3\text{m}^2，则：$$

$$N_u = \varphi f A = 0.435 \times 2.31 \times 490 \times 620 = 305.3\text{kN}$$

【30～32 题评析】 30 题，应注意排架平面内、平面外，《砌规》表 5.1.3 及注的规定。

32 题，应注意柱截面面积等对 f 的影响。

33. 正确答案是 A，解答如下：

查《砌规》表 3.2.2，取 $f_v = 0.14\text{MPa}$

根据《抗规》表 7.2.6 注的规定：

$$\sigma_0 = 1 \times (200 + 0.5 \times 70)/0.24 = 979.2\text{kN/m}^2 = 0.979\text{N/mm}^2$$

$$\sigma_0/f_v = 0.979/0.14 = 6.99 \approx 7.0，查《抗规》表 7.2.6，取 \zeta_N = 1.65$$

$$f_{vE} = \zeta_N f_v = 1.65 \times 0.14 = 0.231\text{MPa}$$

34. 正确答案是 C，解答如下：

$$f_{vE} = \zeta_N f_v = 1.6 \times 0.14 = 0.224\text{MPa}$$

根据《抗规》7.2.7 条第 3 款：

横墙：$A = 240 \times (3600 + 3300 + 3600 + 240) = 2577600\text{mm}^2$

$\quad A_c = 2 \times 240 \times 240 = 115200\text{mm}^2$

$$A_c/A = 115200/2577600 = 0.04 < 0.15，取 A_c = 115200\text{mm}^2$$

取 $\zeta_c = 0.4$；$\eta_c = 1.0$；《抗规》表 5.4.2，取 $\gamma_{RE} = 0.90$；$A_{sh} = 0$

$$V_u = \frac{1}{\gamma_{RE}}\left[\eta_c f_{vE}(A - A_c) + \zeta_c f_t A_c + 0.08 f_{yc} A_{sc} + \zeta_s f_{yh} A_s h\right]$$

$$= \frac{1}{0.9} \times [1.0 \times 0.224 \times (2577600 - 115200) + 0.4 \times 1.1$$

$$\times 115200 + 0.08 \times 300 \times 904.8 + 0]$$

$$= 693.3\text{kN}$$

35. 正确答案是 B，解答如下：

查《抗规》表 5.4.2，取 $\gamma_{RE} = 1.0$；$f_{vE} = \zeta_N f_v = 1.6 \times 0.14 = 0.224\text{MPa}$

由《抗规》7.2.7 条第 1 款：

$$V_u = \frac{f_{vE}A}{\gamma_{RE}} = \frac{0.224 \times 2577600}{1.0} = 577.38 \text{kN}$$

【33~35题评析】 33题，在计算 σ_0 时，根据《抗规》表7.2.6注的规定，应取对应于重力荷载代表值的砌体截面平均压应力，其分项系数 $\gamma_G = 1.0$。

34、35题，γ_{RE} 的取值，应按《抗规》表5.4.2采用。

36. 正确答案是D，解答如下：

根据《砌验规》9.3.5条，(D) 项不妥，应选 (D) 项。

此外，根据《砌验规》9.1.2条，(A) 项正确；

根据《砌验规》9.3.2条，(B) 项正确；根据《砌验规》9.3.3条，(C) 项正确。

37. 正确答案是A，解答如下：

根据《砌规》7.2.2条：

$h_w = 800\text{mm} < l_n = 1500\text{mm}$，应计入楼板荷载。

$h_w = 800\text{mm} > \dfrac{l_n}{3} = 500\text{mm}$，应进入 500mm 墙体载荷。

由《可靠性标准》8.2.4条：

$$q = 1.3 \times (11 + 18 \times 0.5 \times 0.24) + 1.5 \times 6 = 26.108 \text{kN/m}$$

38. 正确答案是C，解答如下：

根据《砌规》7.2.3条第2款规定：

取 $h_0 = h - a_s = 800 - 20 = 780\text{mm}$

$$M_u = 0.85h_0 f_y A_s = 0.85 \times 780 \times 300 \times (3 \times 78.5) = 46.84 \text{kN} \cdot \text{m}$$

39. 正确答案是B，解答如下：

查《砌规》表3.2.2，取 $f_v = 0.17\text{MPa}$

由提示可知，不考虑 γ_a，取 $f_v = 0.17\text{MPa}$

由《砌规》7.2.3条第2款、5.4.2条：

$$V_u = f_v bz = f_v b \frac{2}{3}h = 0.17 \times 240 \times \frac{2}{3} \times 800 = 21.76 \text{kN}$$

【37~39题评析】 39题，当考虑 f_v 的调整时，则：

$$A = bh = 0.24 \times 0.8 = 0.192\text{m}^2, \gamma_a = A + 0.7 = 0.892$$

$$f_v = \gamma_a f_v = 0.892 \times 0.17 = 0.15164 \text{MPa}$$

40. 正确答案是D，解答如下：

对于Ⅰ：根据《砌规》表4.3.5，不正确。

对于Ⅱ：根据《砌规》6.2.5条，正确。

对于Ⅲ：根据《砌规》6.5.1条表6.5.1注1，不正确。

对于Ⅳ：根据《抗规》7.3.2条第3款，正确。

所以Ⅱ、Ⅳ正确，应选 (D) 项。

（下午卷）

41. 正确答案是D，解答如下：

根据《多孔砖砌体结构技术规范》5.3.3 条第 4 款，应选（D）项。

42. 正确答案是 C，解答如下：

根据《木标》4.3.18 条：

跨中截面：$d=120+\dfrac{3000}{1000}\times 9=147\text{mm}$

查《木标》表 4.3.1-3，TC17B，取 $f_m=17\text{N/mm}^2$，$f_v=1.6\text{N/mm}^2$

由 4.3.2 条：$f_m=1.15\times 17=19.55\text{N/mm}^2$

$$M_u=f_m W_n=19.55\times \frac{\pi}{32}d^2=19.55\times \frac{\pi}{32}\times 147^3=6.09\text{kN}\cdot\text{m}$$

43. 正确答案是 A，解答如下：

根据《木标》5.2.4 条，取小头计算：

$$V_u=\frac{Ib}{S}f_v=\frac{\dfrac{\pi d^4}{64}\cdot d}{\dfrac{\pi d^2}{8}\cdot\dfrac{2d}{3\pi}}\cdot f_v=\frac{3}{16}\pi d^2\cdot f_v=\frac{3}{16}\pi\times 120^2\times 1.6$$

$$=13.56\text{kN}$$

【42、43 题评析】 42 题，验算部位未经切削，取 $f_m=1.15\times 17=19.55\text{N/mm}^2$。

43 题，面积矩 $S=A\cdot y=\dfrac{\pi d^2}{8}\cdot\dfrac{2d}{3\pi}$，$I=\dfrac{\pi d^4}{64}$，$W=\dfrac{\pi d^3}{32}$，则：

$$\frac{Ib}{S}=\frac{3}{16}\pi d^2=\frac{3A}{4}$$

44. 正确答案是 C，解答如下：

根据《地规》表 8.1.1 注 4 规定，（C）项不妥。

45. 正确答案是 D，解答如下：

根据《地规》表 3.0.3，（D）项不正确，故应选（D）项。

46. 正确答案是 B，解答如下：

根据《抗规》4.1.4 条、4.1.5 条：

$$d_0=\min\{1.6+3.4+3+7.5,20\}=15.5\text{m}$$

$$v_{se}=\frac{d_0}{t}=\frac{15.5}{\dfrac{1.6}{135}+\dfrac{3.4}{190}+\dfrac{3}{210}+\dfrac{7.5}{165}}=173.2\text{m/s}$$

查《抗规》表 4.1.6，属于 Ⅱ 类场地。

47. 正确答案是 C，解答如下：

$e=0.60$，$I_l=0.72$，查《地规》表 5.2.4，取 $\eta_b=0.3$，$\eta_d=1.6$

$$f_a=f_{ak}+\eta_b\gamma(b-3)+\eta_d\gamma_m(d-0.5)$$

$$=180+0.3\times(18.5-10)\times(3.6-3)+1.6$$

$$\times\frac{1.6\times 18+0.6\times 8.5}{2.2}\times(2.2-0.5)$$

$$=180+1.53+41.91=223.44\text{kPa}$$

由《抗规》4.2.3条：

$$f_{aE}=\zeta_a f_a=1.3\times 223.44=290.47\text{kPa}$$

48. 正确答案是C，解答如下：

由提示条件，$e=\dfrac{M}{N}=0.873\text{m}$；当$e>\dfrac{y}{6}$时，地基反力呈三角形分布，则：

$$y<6e=6\times 0.873=5.238\text{m}$$

根据《抗规》4.2.4条：

$$p_{k,max}=\frac{2(F_k+G_k)}{3la}\leqslant\frac{2\times(1200+560)}{0.85y\times 3.6}$$

$$p_{k,max}\leqslant 1.2f_{aE}=1.2\times 245=294\text{kPa}$$

则：

$$\frac{2\times(1200+560)}{0.85y\times 3.6}\leqslant 294$$

解之得：

$$y\geqslant 3.91\text{m}$$

$$p_k=\frac{F_k+G_k}{3la}=\frac{F_k+G_k}{ya}\leqslant f_{aE}$$

则：

$$\frac{1200+560}{y\times 3.6}\leqslant 245,即：y\geqslant 2.0\text{m}$$

故最终取

$$y\geqslant 3.91\text{m}。$$

49. 正确答案是A，解答如下：

根据《地规》8.2.8条：

$$a_b=a_t+2h_0=1.2+2\times 0.75=2.7\text{m}<3.6\text{m},取\ a_b=2.7\text{m}$$

$$a_m=\frac{a_t+a_b}{2}=\frac{1.2+2.7}{2}=1.95\text{m};\beta_{hp}=1.0$$

$$0.7\beta_{hp}f_t a_m h_0=0.7\times 1.0\times 1.27\times 1.95\times 10^3\times 750=1300.16\text{kN}$$

50. 正确答案是B，解答如下：

根据《地规》8.2.11条、《可靠性标准》8.2.4条：

$$G=1.3G_k=1.3\times 710=923\text{kN};a_1=\frac{4.6}{2}-\frac{1.2}{2}=1.7\text{m}$$

$$M_I=\frac{1}{12}a_1^2\Big[(2l+a')(p_{max}+p-\frac{2G}{A})+(p_{max}-p)l\Big]$$

$$=\frac{1}{12}\times 1.7^2\times\Big[(2\times 3.6+1.2)\times(250+189-\frac{2\times 923}{3.6\times 4.6})+(250-189)\times 3.6\Big]$$

$$=715.5\text{kN}\cdot\text{m}$$

【46～50题评析】 47题，本题目中$y\geqslant 3.6\text{m}$，故基础宽度取$b=3.6\text{m}$，《地规》5.2.4条中，b应取基础宽度值，所以取$b=3.6\text{m}$。

48题，应注意的是，偏心e的计算为：

$$e=\frac{M_k}{F_k+G_k}=\frac{1536.48\times 10^3}{1200+560}=0.873\text{m}$$

由《地规》图5.2.2，可知，$3a$为基底反力三角形分布的长度；由《抗规》4.2.4条，$3a\geqslant 85\%b$。

49 题，首先应复核 a_b 是否小于 3.6m。

51. 正确答案是 C，解答如下：

根据《桩规》5.4.5 条、5.4.6 条：

$$N_k \leqslant \frac{T_{uk}}{2} + G_p; \lambda_i = 0.75$$

$$1200 \leqslant \frac{1}{2} \times 0.75 \times \pi \times 0.8 \times (70 \times 1.2 + 120 \times 4.1 + 240 \times L)$$

$$+ \frac{\pi}{4} \times 0.8^2 \times (25 - 10) \times (1.2 + 4.1 + L)$$

即：

$$1200 \leqslant 0.942 \times (576 + 240L) + 7.536 \times (5.3 + L)$$

解之得：

$$L \geqslant 2.64\text{m}$$

52. 正确答案是 A，解答如下：

根据《桩规》5.3.9 条表 5.3.9 及注的规定：

$$f_{rk} = 7.2\text{MPa} < 15\text{MPa}, h_r/d = 3.2/0.8 = 4$$

查规范表 5.3.9，取 $\zeta_r = 1.48$

$$Q_{uk} = u\Sigma q_{sik}l_i + \zeta_r f_{rk}A_p$$

$$= \pi \times 0.8 \times (70 \times 1.2 + 120 \times 4.1) + 1.48 \times 7.2 \times 10^3 \times \frac{\pi}{4} \times 0.8^2$$

$$= 6800.49\text{kN}$$

根据《桩规》5.2.2 条：

$$R_a = \frac{Q_{uk}}{2} = 3400.245\text{kN}$$

53. 正确答案是 D，解答如下：

根据《桩规》5.8.2 条，桩配筋满足该条第 1 款规定：

$$N_u = \psi_c f_c A_{ps} + 0.9 f'_y A'_s$$

$$= 0.7 \times 14.3 \times \frac{\pi}{4} \times 0.8^2 \times 10^6 + 0.9 \times 360 \times (16 \times 254.5)$$

$$= 6348\text{kN}$$

54. 正确答案是 A，解答如下：

根据《地规》附录 Q.0.11 条的规定：

$$Q_u = 7800\text{kN}; R_a = \frac{Q_u}{2} = 3900\text{kN}$$

【51~54 题评析】 51 题，由于地下水的浮力作用，故桩身自重取 $25-10=15\text{kN/m}^3$ 进行计算。

52 题，由于 $f_{rk} < 15\text{MPa}$，根据《桩规》表 5.3.9 注的规定，属于极软岩、软岩。ζ_r 为桩嵌岩段侧阻与端阻综合系数，故嵌岩段的侧阻力不重复计入 $u\Sigma q_{sik}l_i$ 中。

55. 正确答案是 B，解答如下：

根据《地处规》7.3.3 条、7.1.5 条：

$$R_a = \eta f_{cu} A_p = 0.25 \times 2400 \times \frac{\pi}{4} \times 0.55^2 = 142.5\text{kN}$$

$$R_a = u_p \sum_{i=1}^{n} q_{si} l_{pi} + \alpha_p q_p A_p$$

$$= \pi \times 0.55 \times (11 \times 5.1 + 14 \times 4.9) + 0.5 \times 120 \times \frac{\pi}{4} \times 0.55^2$$

$$= 229.6 \text{kN}$$

故取 $R_a = 142.5 \text{kN}$

56. 正确答案是 C，解答如下：

根据《地处规》3.0.4 条：

$$f_{spa} = f_{spk} + \eta_d \gamma_m (d - 0.5) \geqslant 200 \text{kPa}$$

即：$f_{spk} \geqslant 200 - \eta_d \gamma_m (d - 0.5) = 200 - 1.0 \times \dfrac{1.5 \times 18 + 0.7 \times 7.5}{2.2} \times (2.2 - 0.5)$

$$= 175.08 \text{kPa}$$

根据《地处规》7.3.3 条、7.1.5 条：

$$m = \frac{f_{spk} - \beta f_{sk}}{\dfrac{\lambda R_a}{A_p} - \beta f_{sk}}$$

$$= \frac{175.08 - 0.75 \times 100}{\dfrac{1 \times 4 \times 180}{\pi \times 0.55^2} - 0.75 \times 100} = 0.1465$$

正方形布桩：$\quad m = \dfrac{d^2}{d_e^2} = \dfrac{d^2}{(1.13s)^2}$，即：

$$s = \frac{d}{1.13 \sqrt{m}} = \frac{0.55}{1.13 \sqrt{0.1465}} = 1.27 \text{m}$$

57. 正确答案是 A，解答如下：

根据分层总和法计算原理：

$$s'_{\text{复}} = \frac{\frac{1}{2}(p_z + p_{zl})l}{E_{sp}} = \frac{\frac{1}{2}(180 + 60) \times 10}{20 \times 10^3} = 60 \text{mm} = 6 \text{cm}$$

$$s_{\text{复}} = \psi_{sl} \cdot s'_{\text{复}} = 1 \times 6 = 6 \text{cm}$$

【55~57题评析】 56题，本题目要求 $f_{spa} \geqslant 200 \text{kPa}$，为经过深度修正后的复合地基承载力特征值。正方形布桩，$d_e = 1.13s$；$m = d^2 / d_e^2$，《地处规》7.1.5 条作了相应的规定。

58. 正确答案是 C，解答如下：

根据《高规》3.2.2 条、10.2.23 条，应选（C）项。

59. 正确答案是 D，解答如下：

根据《高规》7.2.5 条，应选（D）项。

60. 正确答案是 C，解答如下：

根据《荷规》8.1.2 条条文说明，围护结构，取 $w_0 = 0.6 \text{N/mm}^2$

B 类地面，查《荷规》表 8.2.1，$\mu_z = 2.00 + \dfrac{120 - 100}{150 - 100} \times (2.25 - 2.00) = 2.10$

由《荷规》8.6.1 条，取 $\beta_{gz}=1.488$

由《高规》4.2.8 条规定，取 $\mu_{sl}=-2.0$

$$w_k=\beta_{gz}\mu_{sl}\mu_z w_0=1.488\times(-2.0)\times2.10\times0.60=-3.75\text{kN/m}^2$$

61. 正确答案是 C，解答如下：

根据《荷规》8.5.3 条：

$$v_{cr}=\frac{D}{T_iS_t}=\frac{30}{2.78\times0.2}=53.957\text{m/s}$$

B 类、$z=180\text{m}$，查《荷规》表 8.2.1，$\mu_H=2.376$；取 $w_0=1.1\times0.60=0.66\text{kN/}$
m^2；$\rho=1.25\text{kg/m}^3$

$$v_H=\sqrt{\frac{2000\mu_H w_0}{\rho}}=\sqrt{\frac{2000\times2.376\times0.66}{1.25}}=50.090\text{m/s}$$

由《荷规》附录 H.1.1 条：

起始点高度：$H_1=H\times\left(\dfrac{v_{cr}}{1.2v_H}\right)^{1/\alpha}$

$$=180\times\left(\frac{53.957}{1.2\times50.090}\right)^{1/0.15}=87.64\text{m}$$

起始点层数 i：

$$i=\frac{87.64-8\times5}{4}+8=19.9\text{层}$$

62. 正确答案是 D，解答如下：

根据《荷规》8.3.2 条条文说明：

最不利情况：$x=0\text{m}$，$y=90\text{m}$

所以应选（D）项。

63. 正确答案是 C，解答如下：

A 方案：已知 $\beta_{zA}=1.248$

B 方案：B 类地面、$z=100\text{m}$，查《荷规》表 8.2.1，取 $\mu_{zB}=2.00$

$\tan\alpha=50/100=0.5>0.3$，取 $\tan\alpha=0.3$

$z=100\text{m}<2.5H=2.5\times50=125\text{m}$，取 $z=100\text{m}$

$$\eta_B=\left[1+K\tan\alpha\left(1-\frac{z}{2.5H}\right)\right]^2$$

$$=\left[1+1.4\times0.3\times\left(1-\frac{100}{2.5\times50}\right)\right]^2=1.175$$

$$\mu_{zB}=\eta_B\times2.00=1.175\times2.00=2.35$$

根据《荷规》8.4.5 条、8.4.3 条：

$$B_{zB}=kH^{a1}\rho_x\rho_z\frac{\phi_1(z)}{\mu_{zB}}=1.0\times\frac{0.42}{2.35}=0.179$$

$$\beta_{zB}=1+2\times2.5\times0.14\times0.179\times\sqrt{1+1.36^2}=1.212$$

$$\frac{w_B}{w_A}=\frac{\beta_{zB}\mu_{sB}\mu_{zB}w_0}{\beta_{zA}\mu_{sA}\mu_{zA}w_0}=\frac{\beta_{zB}\mu_{zB}}{\beta_{zA}\mu_{zA}}=\frac{1.212\times2.35}{1.248\times2.00}=1.141$$

【60~63 题评析】 60 题，关键是确定 w_0 取值，围护结构的基本风压按 50 年重现期

的基本风压计算。

61题，本题目，取 $w_0 = 1.1 \times 0.60 = 0.66 \text{kN/m}^2$ 进行计算。

63题，应注意的是，计算参数 $\tan\alpha$、z 的取值。

64. 正确答案是 B，解答如下：

根据《高规》4.3.7条：

Ⅱ类场地，设计地震分组为第一组，取 $T_g = 0.35\text{s}$。

取 $\alpha_{\max} = 0.32$；$T_g = 0.35\text{s}$；$T_g < T_1 = 0.85\text{s} < 5T_g = 1.75\text{s}$

$$\alpha_1 = \left(\frac{T_g}{T_1}\right)^\gamma \eta_2 \alpha_{\max} = \left(\frac{0.35}{0.85}\right)^{0.9} \times 1.0 \times 0.32 = 0.14399$$

$$G_1 = 11500 + 2400 \times 0.5 = 12700\text{kN}$$

$$G_{2\sim10} = 11000 + 2400 \times 0.5 = 12200\text{kN}$$

$$G_{11} = 10500 + 0 = 10500\text{kN}$$

$T_1 = 0.85\text{s} > 1.4T_g = 0.49\text{s}$，由《高规》附录 C.0.1 条表 C.0.1，取 δ_n 为：

$$\delta_n = 0.08T_1 + 0.07 = 0.08 \times 0.85 + 0.07 = 0.138$$

$$\Delta F_n = F_{Ek}\delta_n = \alpha_1 \cdot 0.85 G_E \delta_n$$

$$= 0.14399 \times 0.85 \times (12700 + 9 \times 12200 + 10500) \times 0.138$$

$$= 2246.37\text{kN}$$

65. 正确答案是 A，解答如下：

根据《高规》3.9.1条、3.9.3条：

A 级高度、丙类建筑、Ⅱ类场地，9 度抗震设防，查规程表 3.9.3，剪力墙抗震等级为一级；又由规程 7.2.21 条条文说明，连梁抗震等级为一级。

连梁跨度比：$\dfrac{l_n}{h} = \dfrac{3}{0.3} = 10 > 5$，根据规程 7.1.3 条，应按框架梁设计。

由规程 6.2.5 条：

9 度抗震设计，上下对称配筋，则：

$$M_{bua}^l = M_{bua}^r = \frac{1}{\gamma_{RE}} f_{yk} A_s^a (h_0 - a_s')$$

$$= \frac{1}{0.75} \times 400 \times 1520 \times (300 - 35 - 35)$$

$$= 186.45\text{kN} \cdot \text{m}$$

$$V_b = 1.1 \frac{M_{bua}^l + M_{bua}^r}{l_n} + V_{Gb}$$

$$= 1.1 \times \frac{186.45 + 186.45}{3.0} + 20 = 156.73\text{kN}$$

66. 正确答案是 D，解答如下：

根据《高规》表 4.3.12：

9 度，取 $\lambda = 0.064$

由前述计算结果可知，$T_g = 0.35\text{s}$，$\alpha_{\max} = 0.32$

假定 $T_g \leqslant T_1 \leqslant 5T_g = 5 \times 0.35 = 1.75\text{s}$，则：$\alpha_1 = \left(\dfrac{T_g}{T_1}\right)^\gamma \eta_2 \alpha_{\max} = \left(\dfrac{0.35}{T_1}\right)^{0.9} \times 1 \times 0.32$

由规程式（4.3.12）：

$$\frac{V_{Eki}}{\displaystyle\sum_{i=1}^{n} G_j} \geqslant \lambda \,;\; V_{Eki}=F_{Ek}=\alpha_1 G_{eq}$$

即：

$$\frac{\alpha_1 G_{eq}}{\displaystyle\sum_{i=1}^{n} G_j}=\frac{\left(\dfrac{0.35}{T_1}\right)^{0.9}\times 1 \times 0.32 \times 0.85 \displaystyle\sum_{i=1}^{n} G_j}{\displaystyle\sum_{i=1}^{n} G_j} \geqslant \lambda=0.064$$

解之得：$T_1=1.747s$，故假定成立，所以取 $T_1 \leqslant 1.747s$

67. 正确答案是 C，解答如下：

根据《高规》12.1.7 条：

基底反力呈三角形分布的长度 L 为：$L \leqslant 0.85B$；基底反力的合力 $\Sigma p=G$

外部水平力对基底形心的力矩为 M_{ov}，基底反力的合力对基底形心的力矩为：

$$\Sigma p \cdot e_0 = G \cdot e_0 = M_{ov}\,;\; 又\; e_0=\frac{B}{2}-\frac{L}{3}=\frac{B}{2}-\frac{0.85B}{3}$$

对于倾覆点，则：

$$\frac{M_R}{M_{ov}}=\frac{G \cdot \dfrac{B}{2}}{Ge_0}=\frac{G \cdot \dfrac{B}{2}}{G \cdot \left(\dfrac{B}{2}-\dfrac{0.85B}{3}\right)}=2.308$$

【64~67 题评析】 64 题，应注意对 T_1 的校核：$T_g < T_1=0.85s<5T_g$；G_{11} 不计入屋面活荷载。

65 题，本题连梁（实质为框架梁）配筋为上、下对称配筋；当非对称配筋，$a_s \neq a'_s$ 时，逆时针（或逆时针）的 $M^l_{bua,逆} \neq M^l_{bua,顺}$，$M^r_{bua,逆} \neq M^r_{bua,顺}$，同时，$M^l_{bua,逆} \neq M^r_{bua,逆}$，$M^l_{bua,顺} \neq M^r_{bua,顺}$。

66 题，应注意的是，F_{Ek} 与 $\displaystyle\sum_{i=1}^{n} G_j$ 之间的关系，以简化计算。

68. 正确答案是 D，解答如下：

7 度（0.15g）、Ⅲ类，根据《高规》3.9.2 条，按 8 度考虑相应的抗震构造措施的抗震等级。

丙类建筑，8 度，37m，查规程表 3.9.3，框架抗震等级一级

由《高规》表 6.4.2 及注 3 的规定：

$$\lambda=\frac{H_n}{2h_0}=\frac{2.7}{2\times(0.75-0.045)}=1.91\substack{<2.0 \\ >1.5}$$

$$[\mu_N]=0.65-0.05=0.60$$

69. 正确答案是 D，解答如下：

7 度，高度 116m，查《高规》表 3.3.1-1，属于 A 级高度。

丙类建筑、7 度、Ⅱ类场地，116m，查高层规程表 3.9.3 及注 2 的规定：核心筒抗震等级为二级、转换框架抗震等级为一级；外围框架（非转换框架）抗震等级为二级。

转换层在第 3 层，由高层规程 10.2.6 条条文说明，抗震等级不提高，即：第三层核心筒（属于底部加强部，依据高层规程 10.2.2 条规定）抗震等级为二级，转换柱抗震等

级为一级。

根据《高规》3.9.5条条文说明：

无上部结构的地下室地下一层框架属于地下一层相关范围，其抗震等级应按上部结构的外围框架抗震等级，故其抗震等级为二级。

70. 正确答案是 C，解答如下：

根据《高规》10.2.11条第3款、6.2.1条：

A 节点处：$M_A = 1.5 \times 1800 = 2700 \text{kN} \cdot \text{m}$

B 节点处：$\Sigma M_B = 1.4 \Sigma M_b = 1.4 \times 520 = 728 \text{kN} \cdot \text{m}$

又　　　　$\Sigma M_B = 600 + 500 = 1100 \text{kN} \cdot \text{m} > 728 \text{kN} \cdot \text{m}$

故 B 节点处上、下柱弯矩不调整，取下柱柱顶 $M_B = 500 \text{kN} \cdot \text{m}$

C 节点处：$M_c = 400 \times 1.5 = 600 \text{kN} \cdot \text{m}$

71. 正确答案是 B，解答如下：

根据《高规》10.2.8条第7款、10.2.7条第2款：

箍筋间距为 100mm，抗震一级，$\rho_{sv} = \dfrac{A_{sv}}{bs} \geq 1.2 f_t / f_{yv} = 1.2 \times 1.71 / 300 = 0.684\%$

采用 8 肢箍，则：

$$\frac{8 A_{sv1}}{1000 \times 100} \geq 0.684\%$$

即：$A_{sv1} \geq 85.5 \text{mm}^2$，选 $\Phi 12$（113.1mm^2），配置为 $8 \Phi 12@100$。

72. 正确答案是 D，解答如下：

根据《高规》9.2.2条：

$$l_c \geq \frac{1}{4} h_w = \frac{1}{4} \times 4200 = 1050 \text{mm}$$

在 l_c 范围内应全部采用箍筋，故 $l_2 = 0$，排除（B）、（C）项。

由 69 题可知，第 4 层属于底部加强部位。

根据《抗规》6.7.2条，底部加强部位不宜改变墙厚，取 $b = 400 \text{mm}$，故（A）不正确。

对于（D）项：$l_c = 400 + 650 = 1050 \text{mm} \geq 1050 \text{mm}$，满足，故选（D）项。

【69～72题评析】　69 题，应注意的是，《高规》表 3.9.3 注的规定，《高规》10.2.6 条及其条文说明的规定。《高规》3.9.5 条及条文说明，以及《抗规》6.1.3 条及条文说明，分别对地下室抗震等级的确定进行了"相应范围"的规定。

70 题，转换构件相连的柱上端的弯矩调整应增大。

对本题目 B 节点，由于 $1.4 \Sigma M_b < \Sigma M_c = \Sigma M_B = 1100 \text{kN} \cdot \text{m}$，故不调整柱端弯矩。现假定 $\Sigma M_b = 1000 \text{kN} \cdot \text{m}$，则 $1.4 \Sigma M_b = 1.4 \times 1000 = 1400 \text{kN} \cdot \text{m} > 1100 \text{kN} \cdot \text{m}$，此时 B 节点处下柱上端弯矩 M_B 为：

$$M_B = \frac{500}{600 + 500} \times 1400 = 636.36 \text{kN} \cdot \text{m}$$

73. 正确答案是 A，解答如下：

根据《公桥通规》表 3.4.3：

梁底最小高程 $\geq 2.5 + 1.50 = 4.0 \text{m}$

74. 正确答案是 B，解答如下：

根据《城桥震规》3.1.1 条，属于丙类桥梁。

丙类、7 度，根据规范 3.1.4 条，按 8 度区采取抗震措施。

根据规范 11.4.1 条、11.3.2 条：

盖梁宽度 B：$B=2a+L\geqslant 2\times(70+0.5\times 19.5)+8=167.5\text{cm}=1675\text{mm}$

75. 正确答案是 B，解答如下：

单孔最大跨径：$L_k=75\text{m}$，查《公桥通规》表 1.0.5，属于大桥。

多孔跨径最大总长 L：$L=5\times 40=200\text{m}$，查《公桥通规》表 1.0.5，属于大桥。

故最终取为大桥。

76. 正确答案是 C，解答如下：

根据《公桥通规》4.3.5 条：

一个设计车道汽车制动力标准值 T_{0k}：$T_{0k}=(10.5\times 40+340)\times 10\%=76\text{kN}<165\text{kN}$

故取 $T_{0k}=165\text{kN}$

同向行驶，净宽 8 米，查《公桥通规》表 4.3.1-4，取设计车道数为 2。

总汽车制动力：$\Sigma T_{0k}=2\times 165=330\text{kN}$

一侧桥台分担的制动力标准值：$\dfrac{1}{2}\Sigma T_{0k}=\dfrac{1}{2}\times 330=165\text{kN}$

77. 正确答案是 B，解答如下：

根据《公桥通规》3.3.5 条：

桥梁总长 L：$L=2\times\left(\dfrac{60}{2}+45+4\times 40+\dfrac{0.16}{2}+3.0\right)=476.16\text{m}$

78. 正确答案是 A，解答如下：

根据《公桥通规》4.1.5 条，安全等级为一级，取 $\gamma_0=1.1$：
$$\gamma_0 S=1.1\times(1.2M_g+1.4M_K)$$

故应选 A 项。

79. 正确答案是 D，解答如下：

根据《公桥混规》6.1.4 条：
$$N_{\max}=0.8f_{pK}A_p$$
$$=0.8\times 1860\times 9\times 140=1874.88\text{kN}$$

80. 正确答案是 B，解答如下：

根据《城市桥规》10.0.5 条：
$$W=\left(4.5-2\times\dfrac{109-20}{80}\right)\times\dfrac{20-3}{20}$$
$$=1.933\text{kPa}<2.4\text{kPa}$$

故最终取 $W=2.4\text{kPa}$

实战训练试题（十七）解答与评析

（上午卷）

1. 正确答案是 C，解答如下：

根据《设防分类标准》3.0.3 条，重点设防类（乙类），按本地区设防烈度确定地震作用。依据《抗规》5.1.4 条，7 度（0.15g）、多遇地震，$\alpha_{max} = 0.12$；Ⅱ类场地、第二组、多遇地震，$T_g = 0.4s$。

由于 $T_g = 0.4s < T_1 = 1.08s < 5T_g = 2s$，依据《抗规》图 5.1.5，则：

$$\alpha_1 = \left(\frac{T_g}{T_1}\right)^\gamma \eta_2 \alpha_{max} = \left(\frac{0.4}{1.08}\right)^{0.9} \times 1.0 \times 0.12 = 0.049$$

《抗规》5.2.1 条：

$$G_{eq} = 0.85 \times 4 \times 12.5 \times 37.5 \times 37.5 = 59765.6 kN$$
$$F_{Ek} = \alpha_1 G_{eq} = 0.049 \times 59765.6 = 2928.5 kN$$

2. 正确答案是 B，解答如下：

$$M = \Sigma F_i H_i$$

$$= \frac{G_1 H_1^2}{\Sigma G_i H_i} F_{Ek}(1 - \delta_n) + \frac{G_2 H_2^2}{\Sigma G_i H_i} F_{Ek}(1 - \delta_n)$$

$$+ \frac{G_3 H_3^2}{\Sigma G_i H_i} F_{Ek}(1 - \delta_n) + \frac{G_4 H_4^2}{\Sigma G_i H_i} F_{Ek}(1 - \delta_n) + F_{Ek}\delta_n \times H_4$$

$$= \frac{6^2 + 12^2 + 18^2 + 24^2}{6 + 12 + 18 + 24} \times 3600 \times (1 - 0.118) + 3600 \times 0.118 \times 24$$

$$= 67348.8 kN \cdot m$$

3. 正确答案是 C，解答如下：

根据《抗规》5.4.1 条：

根据 5.2.3 条第 1 款及提示，考虑放大系数 1.15：

$$N = 1.2 \times (7400 + 0.5 \times 2000) + 1.3 \times 1.15 \times 500 = 10827.5 kN$$

根据《设防分类标准》3.0.3 条，由于是重点设防类（乙类），抗震构造措施按提高 1 度考虑，按 8 度考虑。

查《抗规》表 6.1.2，大跨度框架、8 度，取抗震等级为一级。

查《抗规》表 6.3.6，一级框架结构，取 $\mu_N = [\mu_N] = 0.65$

$$b = h = \sqrt{\frac{N}{f_c \mu_N}} = \sqrt{\frac{10827500}{23.1 \times 0.65}} = 849 mm$$

4. 正确答案是 D，解答如下：

混凝土受压区高度：

$$x = \frac{f_y A_s - f'_y A'_s}{\alpha_1 f_c b} = \frac{360 \times 7592 - 360 \times 4418}{1.0 \times 16.7 \times 600} = 114\text{mm} \quad \begin{array}{l} < \xi_b h_0 = 580\text{mm} \\ > 2a'_s = 90\text{mm} \end{array}$$

故抗震受弯承载力为：

$$M_u = \frac{1}{\gamma_{RE}} \left[\alpha_1 f_c b x \left(h_0 - \frac{x}{2} \right) + f'_y A'_s (h_0 - a'_s) \right]$$

$$= \frac{1}{0.75} \left[1.0 \times 16.7 \times 600 \times 114 \times \left(1120 - \frac{114}{2} \right) + 360 \times 4418 \times (1120 - 45) \right]$$

$$= 3899 \times 10^6 \text{N} \cdot \text{mm}$$

【1～4题评析】 3题，多层建筑结构，规则结构不进行扭转耦联计算时，其地震作用效应按《抗规》5.2.3条乘以相应的增大系数。结合题目条件，判别属于大跨度框架，再查规范表确定其抗震等级。

4题，关键是对混凝土受压区高度 x 的判别，同时，求 M_u 时应乘以 $\frac{1}{\gamma_{RE}}$。

5. 正确答案是 B，解答如下：

根据《混规》6.2.4条：

$$M = G_m \eta_{ns} M_2 = 1.22 \times 616 = 751.52\text{kN} \cdot \text{m}$$

$$e_0 = \frac{M}{N} = \frac{751.52 \times 10^3}{880} = 854\text{mm}, \quad e_a = \max\left(\frac{h}{30}, 20 \right) = 20\text{mm}$$

$$e_i = e_0 + e_a = 854 + 20 = 874\text{mm}$$

混凝土受压区高度：

$$x = \frac{\gamma_{RE} N}{\alpha_1 f_c b} = \frac{0.75 \times 880 \times 10^3}{19.1 \times 600} = 58\text{mm} < 2a'_s = 80\text{mm}$$

根据《混规》6.2.17条、6.2.14条：

$$A_s = A'_s = \frac{\gamma_{RE} N(e_i - h/2 + a'_s)}{f_y(h_0 - a'_s)} = \frac{0.75 \times 880 \times 10^3 \times (874 - 600/2 + 40)}{360 \times (600 - 40 - 40)} = 2165\text{mm}^2$$

6. 正确答案是 A，解答如下：

根据《抗规》D.1.1条：

节点左端梁逆时针弯矩组合值：$1.2 \times 142 + 1.3 \times 317 = 582.5\text{kN} \cdot \text{m}$

节点右端梁逆时针弯矩组合值：$1.2 \times (-31) + 1.3 \times 220 = 248.8\text{kN} \cdot \text{m}$

$$V_j = \frac{1.35 \times (582.5 + 248.8) \times 10^3}{600 - 35 - 35} \times \left(1 - \frac{600 - 35 - 35}{4000 - 600} \right) = 1787\text{kN}$$

7. 正确答案是 D，解答如下：

根据《混规》11.6.4条：

$$h_{b0} = \frac{700 + 500}{2} - 35 = 565\text{mm}$$

$N = 2300\text{kN} < 0.5 f_c b_c h_c = 0.5 \times 19.1 \times 600 \times 600 = 3438\text{kN}$，取 $N = 2300\text{kN}$。

$$V_u = \frac{1}{\gamma_{RE}} \left[1.1 \eta_j f_t b_j h_j + 0.05 \eta_j N \frac{b_j}{b_c} + f_{yv} A_{svj} \frac{h_{b0} - a'_s}{s} \right]$$

$$= \frac{1}{0.85} \left[1.1 \times 1.5 \times 1.71 \times 600 \times 600 + 0.05 \times 1.5 \times 2300 \times 10^3 \right.$$

$$\left. \times 1 + 300 \times 452 \times \frac{565 - 35}{100} \right]$$

$$= 2243 \times 10^3 \text{N}$$

8. 正确答案是 C，解答如下：

根据《抗规》6.3.9 条第 2 款，二级框架柱加密区肢距不宜大于 250mm，（A）项不满足。

根据《抗规》表 6.3.7-1，二级框架结构及纵筋的钢筋强度标准值为 400MPa 时，柱截面纵向钢筋的最小总配筋率为：$(0.9+0.05)\% = 0.95\%$，$A_{smin} = 0.95\% \times 600 \times 600 = 3420 \text{mm}^2$，对于（D）项，$A_s = 12 \times 254.5 = 3054 \text{mm}^2$，不满足。

根据《抗规》表 6.3.9，轴压比为 0.6 时，$\lambda_v = 0.13$。

$$\rho_v = \lambda_v \frac{f_c}{f_{yv}} = 0.13 \times 19.1/300 = 0.83\%$$

对于（B）项：$\rho_v = \dfrac{2 \times 4 \times (600 - 2 \times 24) \times 50.3}{(600 - 2 \times 28)^2 \times 100} = 0.75\%$，不满足。

对于（C）项：$\rho_v = \dfrac{2 \times 4 \times (600 - 2 \times 25) \times 78.5}{(600 - 2 \times 30)^2 \times 100} = 1.18\%$，满足。

9. 正确答案是 D，解答如下：

根据《抗规》13.2.3 条、附录表 M.2.2：

取 $\eta = 1.2$，$\gamma = 1.0$，$\zeta_1 = 2.0$，$\zeta_2 = 2.0$

$$F = \gamma \eta \zeta_1 \zeta_2 \alpha_{max} G = 1.0 \times 1.2 \times 2 \times 2 \times 0.08 \times 100 = 38.4 \text{kN}$$

【5～9 题评析】 6 题，对结构构件，对于同一荷载工况，软件计算时，永久荷载（或某一种可变荷载）的分项系数取唯一值。如：本题目的永久荷载，在梁支座左侧取 $\gamma_G = 1.2$，梁支座右侧也应取 $\gamma_G = 1.2$。

7 题，关键是 h_{b0} 值的计算，取两侧梁截面有效高度的平均值。

8 题，角柱，查《抗规》表 6.3.7-1 时，应注意其注 1、注 2、注 3 的规定。角柱、抗震二级，《抗规》6.3.9 条规定，柱的箍筋加密区取全高。

9 题，运用《抗规》式（13.2.3）时，正确确定其各项参数的取值。

10. 正确答案是 D，解答如下：

根据《荷规》4.0.1 条，土压力为永久荷载。由《可靠性标准》8.2.4 条：

$$M_B = \frac{1}{8} \gamma_G g_1 l^2 + \frac{1}{15} \gamma_G g_2 l^2 + \frac{1}{8} \gamma_Q q l^2$$

$$= \frac{1}{8} \times 1.3 \times 10 \times 3.6^2 + \frac{1}{15} \times 1.3 \times 33 \times 3.6^2 + \frac{1}{8} \times 1.5 \times 4 \times 3.6^2$$

$$= 67.85 \text{kN} \cdot \text{m}$$

11. 正确答案是 B，解答如下：

根据《混规》表 8.2.1，二 b 类环境，墙的竖向受力钢筋保护层厚度取为 25mm，则 $a_s = 25 + 8 = 33 \text{mm}$，$h_0 = h - a_s = 250 - 33 = 217 \text{mm}$。

纵筋直径 16mm，间距 100mm，每米宽度钢筋截面面积为 2011mm²。

$$x = \frac{f_y A_s}{\alpha_1 f_c b} = \frac{360 \times 2011}{1.0 \times 14.3 \times 1000} = 51 \text{mm} < \xi_b h_0 = 0.518 \times 217 = 112 \text{mm}$$

受弯承载力为：

$$M_u = \alpha_1 f_c b x \left(h_0 - \frac{x}{2} \right)$$

$$=1.0 \times 14.3 \times 1000 \times 51 \times \left(217 - \frac{51}{2}\right)$$

$$=139.7 \times 10^6 \, \text{N} \cdot \text{mm}$$

12. 正确答案是 B，解答如下：

根据《混规》表 8.2.1，二 b 类环境，梁，取其箍筋的 $c = 35\text{mm}$。

箍筋直径为 10mm，故纵筋的 $c = c_s = 45\text{mm}$。

根据《混规》7.1.2 条：

$$\rho_{te} = \frac{A_s}{A_{te}} = \frac{12 \times 380.1}{0.5 \times 400 \times 800} = 0.0285 > 0.01$$

$$\sigma_{sq} = \frac{M_q}{0.87 h_0 A_s} = \frac{600 \times 10^6}{0.87 \times (800 - 70) \times 12 \times 380.1} = 207.1 \, \text{N/mm}^2$$

$$\psi = 1.1 - 0.65 \frac{f_{tk}}{\rho_{te} \sigma_{sq}} = 1.1 - 0.65 \times \frac{2.01}{0.0285 \times 207.1} = 0.879$$

$$w_{max} = \alpha_{cr} \psi \frac{\sigma_{sq}}{E_s} \left(1.9 c_s + 0.08 \frac{d_{eq}}{\rho_{te}}\right)$$

$$=1.9 \times 0.879 \times \frac{207.1}{2.0 \times 10^5} \times \left(1.9 \times 45 + 0.08 \times \frac{22}{0.0285}\right) = 0.255 \, \text{mm}$$

13. 正确答案是 C，解答如下：

由于 $e_0 = \dfrac{M}{N} = \dfrac{880 \times 10^3}{2200} = 400\text{mm} < h/2 - a_s = 1000/2 - 70 = 430\text{mm}$，为小偏心受拉。

根据《混规》6.2.23 条：

$$A_s = \frac{N(e_0 + h/2 - a'_s)}{f_y(h'_0 - a_s)} = \frac{2200 \times 10^3 \times (400 + 1000/2 - 70)}{360 \times (1000 - 70 - 70)} = 5898 \, \text{mm}^2$$

14. 正确答案是 D，解答如下：

根据《混规》6.3.14 条：

$$V = \frac{1.75}{\lambda + 1} f_t b h_0 + f_{yv} \frac{A_{sv}}{s} h_0 - 0.2N$$

$$\frac{A_{sv}}{s} = \frac{1600 \times 10^3 + 0.2 \times 2200 \times 10^3 - \dfrac{1.75}{1.5 + 1} \times 1.43 \times 500 \times (1000 - 70)}{300 \times (1000 - 70)}$$

$$=5.64 \, \text{mm}^2/\text{mm}$$

选用 4 肢箍 Φ 14@100，则：

$$\frac{A_{sv}}{s} = \frac{4 \times 154}{100} = 6.16 \, \text{mm}^2/\text{mm} > 5.64 \, \text{mm}^2/\text{mm}$$

$$f_{yv} \frac{A_{sv}}{s} h_0 = 300 \times 6.16 \times 930 = 1718640\text{N} > 0.36 f_t b h_0$$

$$=0.36 \times 1.43 \times 500 \times 930 = 239382\text{N}$$

规范式（6.3.14）右端的计算值：

$$\frac{1.75}{1.5 + 1} \times 1.43 \times 500 \times 930 + 1718640 - 0.2 \times 2200 \times 10^3 = 1744105\text{N} > 1718640\text{N}$$

故满足要求。

【10~14题评析】 10题，对于建筑结构，根据《荷规》3.1.1条规定，土压力为永久荷载。

11题，二 b 类环境，墙体纵向受力钢筋在其外侧，故其 $a_s = c_纵 + \frac{1}{2}d_纵$。

12题，梁 L_1 处于二 b 类环境，其箍筋的混凝土保护层厚度为 35mm。《混规》7.1.2 条相关参数的取值，特别是钢筋混凝土结构，按 M_q 计算 σ_{sq}。

14题，《混规》6.3.14条，其中 N 的取值不受限制，同时复核配筋率是否满足最小配筋特征值要求，即：$\geq 0.36f_t bh$。

15. 正确答案是 D，解答如下：

8 度、丙类建筑，$H = 90m$，查《抗规》表 6.1.2，其抗震等级为一级。

剪力墙为抗震一级，根据《抗规》6.2.7条，应选（D）项。

16. 正确答案是 D，解答如下：

根据《抗规》12.2.5条第 3 款，（A）项不正确。

根据《抗规》12.2.9条，（B）项不正确。

根据《抗规》12.2.5条，（C）项不正确。

故应选（D）项。

【16题评析】 《抗规》12.2.7条及条文说明，可按 7 度（0.15g）确定抗震等级，查《抗规》表 6.1.2，框架抗震等级为三级；与抵抗竖向地震作用有关的抗震构造措施不应降低，柱轴压比限值仍按二级，查《抗规》表 6.3.6，取 0.75。所以，（D）项正确。

17. 正确答案是 B，解答如下：

根据《抗规》8.2.2条规定：

由于建筑高度 48.7m 不大于 50m，多遇地震下应取 $\xi = 0.04$。

18. 正确答案是 C，解答如下：

根据《钢标》11.4.2条：

10.9 级、M16 螺栓，预拉力 $P = 100kN$；Q235 钢材、表面喷砂，$\mu = 0.40$。

$$N_v^b = 0.9kn_f\mu P = 0.9 \times 1 \times 1 \times 0.40 \times 100 = 36kN$$

所需螺栓个数为 110.2/36 = 3.1，取 4 个。

19. 正确答案是 C，解答如下：

根据《钢标》14.1.2条：

$$b_1 = 6000/6 = 1000mm < \frac{3000 - 174}{2} = 1413mm$$

中间梁，取 $b_1 = b_2 = 1000mm$，$b_0 = 174mm$，则：

$$b_e = b_0 + b_1 + b_2 = 174 + 1000 + 1000 = 2174mm$$

20. 正确答案是 B，解答如下：

根据《钢标》附录 E.0.1条：

$$K_1 = \frac{1.5 \times 2.04 \times 10^9/12000}{2 \times 1.79 \times 10^9/4000} = 0.28$$

$$K_2 = \frac{1.5 \times 2.04 \times 10^9/12000}{1.79 \times 10^9/4000 + 1.97 \times 10^9/4000} = 0.27$$

内插法，由附录表 E.0.1，取 $\mu=0.9$

21. 正确答案是 A，解答如下：

根据《钢标》8.2.1 条：

$$\frac{b_0}{t}=\frac{500-2\times25}{25}=18<40\varepsilon_k=40\sqrt{235/345}=33$$

$$\frac{h_0}{t_w}=18<40\varepsilon_k=40\sqrt{235/345}=33$$

截面等级满足 S3 级。

c 类、$\lambda_y/\varepsilon_k=41$，查附录表 D.0.3，取 $\varphi_y=0.833$。闭口截面，$\eta=0.7$，$\varphi_b=1.0$。

$$\beta_{tx}=0.65+0.35\frac{M_2}{M_1}=0.65+0.35\times\frac{-291.2}{298.7}=0.309$$

$$\frac{N}{\varphi_y A}+\eta\frac{\beta_{tx}M_x}{\varphi_b W_{1x}}=\frac{2693.7\times10^3}{0.833\times4.75\times10^4}+0.7\times\frac{0.309\times298.7\times10^6}{1.0\times7.16\times10^6}=77\mathrm{N/mm^2}$$

22. 正确答案是 D，解答如下：

轧制 H 型钢，$b/h=250/25=1>0.8$，根据《钢标》表 7.2.1-1，截面对 x 轴，为 b 类；对 y 轴，为 c 类。$\lambda_x=5000/108.1=46.3$，$\lambda_y=5000/63.2=79$，故由 y 轴控制。查附录表 D.0.3，取 $\varphi_y=0.584$。

根据《抗规》8.2.6 条：

$$\lambda_n=\frac{\lambda}{\pi}\sqrt{\frac{f_{ay}}{E}}=\frac{79}{3.14}\sqrt{\frac{235}{2.06\times10^5}}=0.850$$

$$\psi=\frac{1}{1+0.35\lambda_n}=\frac{1}{1+0.35\times0.850}=0.771$$

$$\varphi A_{br}\psi f/\gamma_{RE}=0.584\times91.43\times10^2\times0.771\times215/0.80=1106.4\times10^3\mathrm{N}$$

23. 正确答案是 B，解答如下：

根据《钢标》6.1.1 条：

$$\frac{b}{t}=\frac{125-6}{2\times9}=6.6<13\varepsilon_k=13$$

$$\frac{h_0}{t_w}=\frac{125-9}{6}=19.3<93\varepsilon_k=93$$

截面等级满足 S3 级。

查《钢标》表 8.1.1，$\gamma_{x1}=1.05$，$\gamma_{x2}=1.2$

$$\frac{M_x}{\gamma_{x1}W_{nx1}}=\frac{4.05\times10^6}{1.05\times8.81\times10^4}=44\mathrm{N/mm^2}$$

$$\frac{M_x}{\gamma_{x2}W_{nx2}}=\frac{4.05\times10^6}{1.2\times2.52\times10^4}=134\mathrm{N/mm^2}$$

【17~23 题评析】 18 题，本题目次梁为 Q235，主梁为 Q345，故查《钢标》表 11.4.2-1 时，取 $\mu=0.40$。

20 题，本题目的解答过程为命题专家的解法。

21 题，单向弯矩计算，即有反弯点，故 M_1 和 M_2 异号。

22 题，首先确定 y 轴为弱轴，当 $l_{0x}=l_{0y}$ 时，受压承载力由 y 轴控制。本题目的提示条件，支撑构件采用 Q235 钢，取 $f_{ay}=235\mathrm{N/mm^2}$。

24. 正确答案是 D，解答如下：

CD 杆长度 $l_{cd}=6000\text{mm}$，查《钢标》表 7.4.1-1，平面内计算长度为 3000mm，平面外计算长度为 6000mm。

$$\lambda_x=\frac{3000}{43.4}=69.1\text{；}\quad\lambda_y=\frac{6000}{61.2}=98$$

根据《钢标》7.2.2 条规定：

$$\lambda_z=3.9\frac{b}{t}=3.9\times\frac{140}{10}=54.6\text{，则：}$$

$$\lambda_{yz}=98\times\left[1+0.16\times\left(\frac{54.6}{98}\right)^2\right]=102.9$$

对 x 轴和 y 轴均为 b 类，查附录表 C-2，取 $\varphi_y=0.536$

$$\frac{N}{\varphi_y A}=\frac{450\times10^3}{0.536\times5475}=153\text{N/mm}^2$$

25. 正确答案是 B，解答如下：
$$N=fA=215\times1083\times10^{-3}=232.8\text{kN}$$

由于采用等强连接，根据《钢标》11.2.2 条：

$$l_w=\frac{0.7N}{2\times0.7h_f f_f^w}=\frac{0.7\times232.8\times10^3}{2\times0.7\times5\times160}=146\text{mm}>8h_f=40\text{mm}$$

焊缝实际长度为： $l_w+2h_f=146+2\times5=156\text{mm}$

26. 正确答案是 B，解答如下：

根据《钢标》7.4.6 条：

$$i_{min}=\frac{0.9\times6000}{200}=27\text{mm}<27.3\text{mm，故选（B）项。}$$

【24～26 题评析】 24 题，结合屋面上弦平面布置，确定其平面外计算长度。双角钢丅厂形截面，应考虑扭转效应，取 λ_{yz} 计算。

25 题，关键复核焊缝长度的构造要求是否满足。

26 题，双角钢十字形截面，其计算长度取斜平面，腹杆（非支座处）的 $l_0=0.9l$。

27. 正确答案是 C，解答如下：

根据《钢标》16.4.1 条、16.4.4 条，应选（C）项。

28. 正确答案是 A，解答如下：

根据《钢标》4.4.1 条，应选（A）项。

29. 正确答案是 C，解答如下：

根据《钢标》3.1.6 条、3.1.7 条，应选（C）项。

30. 正确答案是 C，解答如下：

根据《钢标》11.2.7 条规定：

$$h_e\geqslant\frac{VS_f}{2If_f^w}=\frac{204\times10^3\times7.74\times10^5}{2\times4.43\times10^8\times160}=1.11\text{mm}$$

则： $h_f=h_e/0.7=1.11/0.7=1.6\text{mm}$。

根据 11.3.5 条：

$$h_{fmin} \geqslant 6mm$$

最终取 $h_{fmin}=6mm$。

31. 正确答案是 C，解答如下：

根据《砌规》4.2.6 条第 2 款及表 4.2.6，论点 Ⅰ 错误。

根据《砌规》表 6.1.1，论点 Ⅱ 错误。

根据《砌规》表 3.2.1-3，论点 Ⅲ 正确。

根据《砌规》6.1.3 条，用内插法，$\mu_1 = 1.2 + \dfrac{1.5-1.2}{240-90} \times (240-180) = 1.32$，故论点 Ⅳ 正确。

综上所述，论点 Ⅲ、Ⅳ 正确，故选择（C）项。

32. 正确答案是 D，解答如下：

根据《砌规》4.1.6 条，论点 Ⅰ 错误。

依据《砌规》表 3.2.5-2，论点 Ⅱ 正确。

依据《砌规》3.2.3 条，论点 Ⅲ 错误。

依据《砌规》4.1.1～4.1.5 条的条文说明，论点 Ⅳ 正确。

综上所述，Ⅱ、Ⅳ 正确，选择（D）项。

33. 正确答案是 D，解答如下：

根据《砌规》表 3.2.1-3，由 MU15 蒸压粉煤灰普通砖，M10 混合砂浆，取 $f = 2.31N/mm^2$。

根据 5.1.2 条：

$$\beta = \gamma_\beta \frac{H_0}{h} = 1.2 \times \frac{3.4}{0.24} = 17$$

查附表 D.0.1-1，取 $\varphi = \dfrac{0.72+0.67}{2} = 0.695$

$$N = \varphi f A = 0.695 \times 2.31 \times 1000 \times 240 = 385.3kN/m$$

34. 正确答案是 B，解答如下：

根据《砌规》表 3.2.2，$f_v = 0.12MPa$

$$\sigma_0 = \frac{172.8}{240} = 0.72MPa$$

根据《抗规》7.2.6 条，$\dfrac{\sigma_0}{f_v} = \dfrac{0.72}{0.12} = 6$，则 $\zeta_N = 1.56$

$$f_{vE} = \zeta_N f_v = 1.56 \times 0.12 = 0.1872MPa$$

根据《抗规》表 5.4.2，$\gamma_{RE} = 0.9$

根据《抗规》7.2.7 条，$V \leqslant \dfrac{f_{vE}A}{\gamma_{RE}} = \dfrac{0.1872 \times 240 \times 1000}{0.9} = 49.9kN$

35. 正确答案是 B，解答如下：

$f_t = 1.1N/mm^2$，$A = 240 \times 6540 = 1569600mm^2$，$A_c = 240 \times 240 = 57600mm^2$，$A_c/A = 57600/1569600 = 0.0367 < 0.15$，故取 $A_c = 57600mm^2$

$\zeta_c = 0.5$；查《砌规》表 10.1.5，$\gamma_{RE} = 0.9$

构造柱间距大于 3.0m，取 $\eta_c = 1.0$

由《砌规》式（10.2.2-3）：

$$\frac{1}{\gamma_{RE}}\left[\eta_c f_{vE}(A-A_c)+\xi_c f_t A_c+0.08 f_{yc} A_s+\xi_s f_{yh} A_{sh}\right]$$

$$=\frac{1}{0.9}\times\left[1.0\times0.22\times(1569600-57600)+0.5\times1.1\times57600\right.$$

$$\left.+0.08\times270\times615+0.0\right]$$

$$=419.56\text{kN}$$

36. 正确答案是 D，解答如下：

根据《砌规》5.1.3 条第 1 款：

$H=3.6+0.3+0.5=4.4\text{m}$，$s=3.3\times3=9.9\text{m}>2H=8.8\text{m}$，刚性方案。查表 5.1.3，$H_0=1.0H=4.4\text{m}$。

$$i=\sqrt{\frac{I}{A}}=\sqrt{\frac{5.55\times10^9}{4.9\times10^5}}=106.43\text{mm}$$

$$h_T=3.5i=3.5\times106.43=372.51\text{mm}$$

由 6.1.1 条：

$$\beta=\frac{H_0}{h_T}=\frac{4.4}{372.51}=11.81$$

37. 正确答案是 A，解答如下：

根据《砌规》5.1.2 条：

$$\beta=\gamma_\beta\frac{H_0}{h_T}=1.2\times\frac{3.6}{0.360}=12$$

$$h_T=360\text{mm},e=150-100=50\text{mm},\frac{e}{h_T}=\frac{50}{360}=0.139$$

查附录表 D.0.1-1，可得

$$\varphi=0.55-\frac{0.55-0.51}{0.15-0.125}\times(0.139-0.125)=0.5276$$

$$N=\varphi f A=0.5276\times2.31\times(240\times1800+250\times240)=599.6\text{kN}$$

38. 正确答案是 B，解答如下：

不灌孔的混凝土砌块，查《砌规》表 5.1.2，取 $\gamma_\beta=1.1$；由 5.1.2 条，$\beta=\beta_\beta\dfrac{H_0}{h}=1.1\times\dfrac{3.0}{0.19}=17.37$。

查规范附录表 D.0.1-1，并用内插法，可得：

$$\varphi=0.72-\frac{0.72-0.67}{18-16}\times(17.368-16)=0.6858$$

【33～38 题评析】 33 题，蒸压粉煤灰普通砖，故取 $\gamma_\beta=1.2$。

34 题，墙体两端设有构造柱时，取 $\gamma_{RE}=0.9$。

35 题，组合砖墙，取 $\gamma_{RE}=0.9$，同时，需判别 A_c 与 A 的比值，即：对墙 B 属于内横墙，当 $A_c>0.15A$ 时，取 $A_c=0.15A$。

36 题，墙 A 为 T 形截面，其 $s=3.3\times3=9.9\text{m}$，$h_T=3.5i$，$\beta=H_0/h_T$。

37 题，$e=50\text{mm}$，$e/h_T=50/360=0.139$，$\beta=H_0/h_T$。此外，墙 A 的截面面积为：

$0.24×1.8+0.25×0.24=0.492m^2>0.3m^2$，不考虑其对 f 的调整。

38题，关键是取 $\gamma_\beta=1.1$。

39. 正确答案是C，解答如下：

根据《砌规》7.4.2条：

$l_1=3.65m>2.2h_b=2.2×0.45=0.99m$，故 $x_0'=0.3h_b=0.3×0.45=0.135m$

有构造柱，故 $x_0=\dfrac{x_0'}{2}=\dfrac{0.135}{2}=0.0675m$

根据7.4.3条、《可靠性标准》8.2.4条：

$M_1=(1.3×27+1.5×3.5)×\dfrac{1}{2}×(1.8+0.0675)^2=70.4kN\cdot m$

40. 正确答案是D，解答如下：

$f_{vg}=0.2f_g^{0.55}=0.2×7.5^{0.55}=0.606N/mm^2$

根据《砌规》10.5.4条：

$\lambda=\dfrac{M}{Vh_0}=\dfrac{1050}{210×4.8}=1.04<1.5$，取 $\lambda=1.5$；对于矩形截面 $A_w=A$，

根据规范10.1.5条，$\gamma_{RE}=0.85$，

根据规范10.5.4条，$0.2f_gbh=0.2×7.5×190×5100=1453.5kN>N=1250kN$

故取 $N=1250kN$

$$\dfrac{1}{\gamma_{RE}}×\dfrac{1}{\lambda-0.5}\Big(0.48f_{vg}bh_0+0.10N\dfrac{A_w}{A}\Big)$$

$$=\dfrac{1}{0.85}×\dfrac{1}{1.5-0.5}×(0.48×0.606×190×4800+0.10×1250×1000×1)$$

$$=\dfrac{1}{0.85}×(265283+125000)=459.2kN>V_w=1.4V=1.4×210=294kN$$

故不需要按计算配置水平钢筋，只需按照构造要求配筋。

根据规范10.5.9条，抗震等级为二级的配筋砌块砌体抗震墙，底部加强部位水平分布钢筋的最小配筋率为 0.13%。

故应选（D）项。

【39、40题评析】 40题，抗震设计时，$\lambda=M/(Vh_0)$，式中 M、V 应取未经内力调整的计算值进行计算。

（下午卷）

41. 正确答案是B，解答如下：

根据《木标》表4.3.1-1，红松属于TC13B。查表4.3.1-3，$f_c=10N/mm^2$；查表4.3.9-1，露天环境，调整系数0.9；短暂情况，调整系数1.2；根据4.3.2条，原木，验算部位没有切削，强度提高 15%。

故调整后的抗压强度设计值为：

$$f_c=10×0.9×1.2×1.15=12.42N/mm^2$$

42. 正确答案是 C，解答如下：

根据《木标》3.1.12 条，（A）项正确；

根据《木标》表 3.1.3-1，受弯构件、压弯构件需要等级是 Ⅱa，由附录表 A.1.2 可知，Ⅱa 时对髓心无限制，故（B）项正确；

根据《木标》4.3.3 条，横纹时受压强度最低，故（C）项不正确；

根据《木标》4.3.18 条，（D）项正确。

所以，应选（C）项。

【41、42 题评析】 41 题，原木，其 f_c 值调整因素：未经切削，提高 15%；露天环境，需调整，其系数为 0.9；施工属于短暂情况，需调整，其系数 1.2。

43. 正确答案是 A，解答如下：

根据《地规》表 5.2.4，砾砂 $\eta_b=3.0$，$\eta_d=4.4$。根据 5.2.4 条，柱 A 基础是地下室中的独立基础，故取 $d=1.0$m：

$$f_a = f_{ak} + \eta_b\gamma(b-3) + \eta_d\gamma_m(d-0.5)$$
$$= 220 + 3.0 \times (19.5-10) \times (3.3-3) + 4.4 \times 19.5 \times (1-0.5)$$
$$= 271.45 \text{kPa}$$

44. 正确答案是 B，解答如下：

根据《地规》8.2.8 条：

$$a_m = (a_t + a_b)/2 = [0.5 + (0.5 + 0.75 \times 2)]/2 = 1.25\text{m} < 3.3\text{m}$$

$h=800$mm，取 $\beta_{hp}=1.0$。

$$F_1 = 0.7\beta_{hp}f_t a_m h_0 = 0.7 \times 1.0 \times 1.43 \times 10^3 \times 1.25 \times 0.75 = 938.4\text{kN}$$

45. 正确答案是 A，解答如下：

根据《地规》8.2.11 条：

$$p = 300 - \frac{300-40}{3.3} \times 1.4 = 189.7\text{kPa}$$

$$M_I = \frac{1}{12}a_1^2\left[(2l+a')\left(p_{max}+p-\frac{2G}{A}\right)+(p_{max}-p)l\right]$$
$$= \frac{1}{12} \times 1.4^2 \times \left[(2\times3.3+0.5)\times\left(300+189.7-\frac{2\times1.3\times1.0\times20A}{A}\right)\right.$$
$$\left. + (300-189.7)\times3.3\right]$$
$$= 567\text{kN}\cdot\text{m}$$

【43～45 题评析】 43 题，设有地下室，当采用独立基础（或条形基础）时，应从室内地面标高起算，确定 d 值。

46. 正确答案是 C，解答如下：

根据《地规》6.7.3 条：

$\theta=75° > (45°+\varphi/2) = (45°+30°/2) = 60°$，故可应用公式(6.7.3-2)。

$\theta=75°$，$\alpha=60°$，$\beta=0°$，$\delta_r=10°$，$\delta=10°$，

$$k_a = \frac{\sin(\alpha+\theta)\sin(\alpha+\beta)\sin(\theta-\delta_r)}{\sin^2\alpha\sin(\theta-\beta)\sin(\alpha-\delta+\theta-\delta_r)}$$
$$= \frac{\sin(60°+75°)\times\sin(60°+0°)\times\sin(75°-10°)}{\sin^260°\times\sin(75°-0°)\times\sin(60°-10°+75°-10)}$$
$$= 0.8453$$

挡土墙高度 5.2m，取 $\psi_a=1.1$

$$E_a = \psi_a \frac{1}{2} \gamma h^2 k_a = 1.1 \times \frac{1}{2} \times 19 \times (4.4+0.8)^2 \times 0.8453 = 239\text{kPa}$$

47. 正确答案是 C，解答如下：

根据《地规》5.2.2 条：

$$G_k = 220\text{kN/m}$$

$$E_{ax} = E_a \sin(\alpha-\delta) = 250\sin(60°-10°) = 191.5\text{kN/m}$$

$$E_{az} = E_a \cos(\alpha-\delta) = 250\cos(60°-10°) = 160.7\text{kN/m}$$

对基底形心取矩：

$$M_k = 220 \times \left(\frac{0.4+3.2}{2} - 1.426\right) + 191.5 \times \frac{5.2}{3} - 160.7 \times \left(\frac{3.6}{2} - \frac{5.2}{3}\cot60°\right)$$

$$= 285.8\text{kNm/m}$$

$$e = \frac{M_k}{G_k+E_{az}} = \frac{285.8}{220+160.7} = 0.75\text{m} > \frac{b}{6} = \frac{3.6}{6} = 0.6\text{m}$$

故基底反力呈三角形分布。

由《地规》式（5.2.2-4）：

$$a = \frac{b}{2} - e = \frac{3.6}{2} - 0.75 = 1.05\text{m}$$

$$p_{kmax} = \frac{2(G_k+E_{az})}{3l_a} = \frac{2 \times (220+160.7)}{3 \times 1 \times 1.05} = 241.7\text{kPa}$$

【46、47题评析】 46题，挡土墙高度为 5.2m＞5.0m，故取 $\psi_a=1.1$。

47题，挡土墙主动土压力全力 E_a 分解为竖向力和水平力；其次，判别基底反力分布形状，即：e 与 $\frac{b}{6}$ 的比较。

48. 正确答案是 A，解答如下：

根据《地处规》7.2.2 条，Ⅰ错误。

根据《地处规》7.5.2 条，Ⅱ错误。

根据《地处规》7.7.2 条，Ⅲ正确。

根据《地处规》7.8.4 条，Ⅳ错误。

综上所述，Ⅲ项正确，故选择（A）项。

49. 正确答案是 D，解答如下：

根据《地处规》5.2.7 条：

$$\alpha = \frac{8}{\pi^2} = 0.81, \quad \beta = 0.0244 \ (1/d), \quad \dot{q} = 70/7 = 10\text{kPa/d}, \quad t = 100$$

$$\overline{U}_t = \sum_i^n \frac{\dot{q}}{\sum\Delta p}\left[(T_i - T_{i-1}) - \frac{\alpha}{\beta}e^{-\beta}(e^{\beta T_i} - e^{\beta T_{i-1}})\right]$$

则：$\overline{U}_t = \frac{10}{70} \times \left[(7-0) - \frac{0.81}{0.0244}e^{-2.44} \ (e^{0.0244\times7} - e^0)\right] = 0.923$

50. 正确答案是 C，解答如下：

设题目图中 A、D 点处单桩承担的荷载标准值分别为 N_a 和 N_d，则根据题意，由三桩承担的总竖向力为 $N=745\times3=2235\text{kN}$

对 AC 轴取矩：

$(0.577+1.155+0.7)N_d-0.577\times2235=0$，故 $N_d=530.3\text{kN}$

则 $N_a=N_c=(2235-530.3)/2=852.4\text{kN}<1.2R_a=1.2\times750=900\text{kN}$

故最大竖向压力值为 852.4kN。

51. 正确答案是 A，解答如下：

根据《桩规》5.9.8 条：

$a_{12}=1.24\text{m}>h_0=1.05\text{m}$，取 $a_{12}=1.05\text{m}$

$$\lambda_{12}=1,\beta_{12}=\frac{0.56}{\lambda_{12}+0.2}=\frac{0.56}{1+0.2}=0.467$$

$$\beta_{hp}=1.0-\frac{1.0-0.9}{2000-800}\times(1100-800)=0.975$$

$$c_2=1059+183=1242\text{mm}$$

$$\beta_{12}(2c_2+a_{12})\beta_{hp}\tan\frac{\theta_2}{2}f_th_0$$

$$=0.467\times(2\times1242+1050)\times0.975\times\frac{289}{657}\times1.57\times1050$$

$$=1167\text{kN}$$

52. 正确答案是 B，解答如下：

根据《桩规》5.9.2 条：

$$s_a=\sqrt{1000^2+2432^2}=2629.6\text{mm},c_1=600\text{mm},\alpha=\frac{2000}{2629.6}=0.761$$

$$M_1=\frac{1100}{3}\times\left(2629.6-\frac{0.75}{\sqrt{4-0.761^2}}\times600\right)$$

$$=875\text{kN}\cdot\text{m}$$

【50~52 题评析】 50 题，三桩承台，按本题目的解答过程求解是一种快速简便的方法。此外，也可按《桩规》5.1.1 条规定，确定其群桩形心位置后，分别确定各桩距形心位置的距离 x_i，y_i，再按下式计算：

$$N_{ik}=\frac{F_k+G_k}{n}\pm\frac{M_{xk}y_i}{\Sigma y_j^2}\pm\frac{M_{yk}x_i}{\Sigma x_j^2}$$

53. 正确答案是 D，解答如下：

桩身配筋率 $\rho_s=\frac{12\times314}{3.14\times300^2}=1.33\%>0.65\%$

根据《桩规》5.7.2 条第 2 款：

$$R_{ha}=0.75\times120=90\text{kN}$$

54. 正确答案是 D，解答如下：

桩身下 5d 范围内的螺旋式箍筋间距不大于 100mm，根据《桩规》5.8.2 条第 1 款：

$N=\psi_cf_cA_{ps}+0.9f_y'A_s'$

$=0.7\times14.3\times\pi\times0.3^2\times10^6+0.9\times360\times(12\times314.2)=4050.4\text{kN}$

【53、54 题评析】 54 题，根据题目条件，应计入纵向主筋的受压承载力。

55. 正确答案是 A，解答如下：

根据《抗规》4.3.3 条第 2 款，粉土的黏粒含量百分率，在 8 度时不小于 13 可判为不液化土，因为本题为 14>13，故粉土层不液化。

d_b=1.5m<2m 取 2m，查表 4.3.3，d_0=8，代入《抗规》式（4.3.3-3），则：

$$d_u+d_w=7.8+5=12.8m>1.5d_0+2d_b-4.5=1.5\times8+2\times2-4.5=11.5m$$

故砂土层可不考虑液化影响。

56. 正确答案是 C，解答如下：

根据《地规》6.6.5 条，（C）项正确。

57. 正确答案是 A，解答如下：

依据《抗规》3.4.3 条、3.4.4 条条文说明，位移控制值验算时，采用 CQC 组合。扭转位移比计算时，不采用位移的 CQC 组合。

根据《高规》3.7.3 条注的规定，位移控制值验算时，位移计算不考虑偶然偏心。

综上，选择（A）项。

58. 正确答案是 C，解答如下：

依据《抗规》M.1.1-2，（C）项说法不正确，此时应取 2 倍弹性层间位移角限值。

59. 正确答案是 A，解答如下：

该烟囱为钢筋混凝土烟囱，烟囱坡度 $\dfrac{(7.6-3.6)/2}{100}=2\%$，根据《烟规》5.2.4 条，首先判断烟囱是否出现跨临界强风共振。

根据《烟规》5.2.4 条：$v_{cr}=\dfrac{d}{T_1S_t}$，$S_t=0.2$

$$d=3.6+2/3\times100\times0.02=4.933m$$

$$v=v_{cr,1}=\frac{4.933}{2.5\times0.2}=9.866m/s$$

$$Re=69000\times9.866\times4.933=3.36\times10^6$$

$$3.0\times10^5<Re<3.5\times10^6$$

发生超临界范围的风振，不出现跨临界强风共振，可不作处理。

60. 正确答案是 C，解答如下：

根据《烟规》5.5.1 条第 2 款，阻尼比取 0.05

根据《抗规》5.1.4 条及 5.1.5 条：

$$T_g=0.55s,\alpha_{max}=0.16,T_g<T<5T_g=2.75s$$

$$\gamma=0.9,\eta_2=1.00,\alpha_1=\left(\frac{0.55}{2.5}\right)^{0.9}\times0.16=0.041$$

【59、60 题评析】 59 题，运用《烟规》5.2.4 条，计算 $v_{cr,1}=d/(T_1S_t)$ 时，关键是 d 值的确定。此外，当 $Re<3\times10^5$，或 $Re\geqslant3.5\times10^6$ 时，还需进一步确定 v_H 值，才能判别横风向风振情况。

60 题，掌握《烟规》5.5.1 条规定。

61. 正确答案是 B，解答如下：

根据《高规》5.2.2 条及其条文说明：

$$i_{b边}=2i_{b0边}=2\times2.7\times10^{10}=5.4\times10^{10}N\cdot mm$$

底层边柱 $\overline{K}_边=\dfrac{i_{b边}}{i_{c边}}$ ，$\alpha_边=\dfrac{0.5+\overline{K}_边}{2+\overline{K}_边}$

$$\overline{K}_边=\frac{5.4\times10^{10}}{5.4\times10^{10}}=1,\alpha_边=\frac{0.5+1}{2+1}=0.5$$

底层中柱 $\overline{K}_中=\dfrac{i_{b边}+i_{b中}}{i_{c中}}$，$\alpha_中=\dfrac{0.5+\overline{K}_中}{2+\overline{K}_中}$，$i_{b中}=2i_{b边}$

$$\overline{K}_中=3\overline{K}_边=3\times1=3,\alpha_中=\frac{0.5+3}{2+3}=0.7$$

$$V_中=\frac{D_中}{\Sigma D}\cdot V_0=\frac{\alpha_中}{2i_c(\alpha_边+\alpha_中)}i_c\cdot V_0=\frac{0.7}{2\times(0.5+0.7)}\times12P=3.5P$$

62. 正确答案是 B，解答如下：

各层侧移值 $\delta_i=\dfrac{V_i}{\Sigma D_i}$，2～12 层各层 ΣD 相同，则：

$$\Sigma D=\frac{12}{h^2}\times2i_c(\alpha_边+\alpha_中)=\frac{12}{4000^2}\times2\times3.91\times10^{10}\times(0.56+0.76)$$

$$=7.74\times10^4N/mm$$

$$\Delta=\delta_1+\sum_{i=2}^{12}\delta_i=2.8+\frac{10\times10^3}{7.74\times10^4}\times(11+10+9+8+7+6+5+4+3+2+1)$$

$$=2.8+8.5=11.3mm$$

63. 正确答案是 C，解答如下：

根据《抗规》5.5.5 条，最大弹塑性层间位移：$\Delta u_p\leqslant[\theta_p]h$

根据《抗规》表 5.5.5，$\Delta u_p=\dfrac{1}{50}\times6000=120mm$

根据公式（5.5.4-1），$\Delta u_e=\dfrac{\Delta u_p}{\eta_p}$

查《抗规》表 5.5.4，$\eta_p=2$，$\Delta u_e=\dfrac{120}{2}=60mm$

$V_{Ek}=\Sigma D_i\cdot\Delta u_e=5.2\times10^5\times60=3.12\times10^7N=3.12\times10^4kN$

【61～63题评析】 61题、62题，掌握框架结构的 D 值法。

63题，由于按弹性分析，故 $V_{Ek}=\Sigma D_i\cdot\Delta u_e$

64. 正确答案是 C，解答如下：

根据《高规》10.6.3 条：

$e_1+(18-e_2)\leqslant20\%B=20\%\times(24+36)=12m$

对于选项（A），（B）：偏心距均大于 20%B，不满足。

对于选项（C）：0.2+18-7.2=11.0<20%B，满足。

对于选项（D）：1.0+18-8.0=11.0<20%B，满足。

偏心距相同时，e_1 对主楼抗震影响更大；当 e_1 越小对主楼抗震越有利。

故最终选（C）项。

65. 正确答案是 D，解答如下：

根据《抗规》3.3.3条，抗震构造措施按8度（0.2g）要求确定。

根据《抗规》6.1.3条第2款，框架抗震等级除按本身确定外不低于主楼抗震等级。

根据《抗规》6.1.2条，框架本身抗震等级为三级，主楼框架抗震等级为一级，该柱在主楼的相关范围内其抗震等级取一级。

根据《抗规》6.3.6条，$[\mu_N] \leqslant 0.75$

柱内力调整的抗震等级仍按7度要求确定。

根据《抗规》6.1.2条，框架本身抗震等级为四级，主楼框架抗震等级为二级，该柱在主楼的相关范围内其抗震等级取二级。

根据《抗规》6.2.5条：
$$V = 1.2 \times (320 + 350)/5.2 = 155\text{kN} > 125\text{kN}$$

故取 $V = 155\text{kN}$

【64、65题评析】 64题，本题也可以按《抗规》3.4.1条及其条文说明中表1的规定进行解答。

65题，7度，Ⅲ类（0.15g），确定内力调整采用的抗震等级时，查《抗规》表6.1.2所采用的设防烈度为7度；确定抗震构造措施采用的抗震等级时，查《抗规》表6.1.2所采用的设防烈度应为8度。因此，两者的抗震等级不相同。

66. 正确答案是B，解答如下：

根据《高规》6.3.3条第3款，中支座梁纵筋直径：

$d \leqslant \dfrac{B}{20} = \dfrac{450}{20} = 22.5$，（C）项不正确。

对于（A）：$\dfrac{x}{h_0} = \dfrac{f_y A_s - f'_y A'_s}{\alpha_1 b h_0 f_c} = \dfrac{360 \times (2 \times 1520 - 1520)}{1 \times 300 \times 440 \times 14.3} = 0.29 > 0.25$

由《高规》6.3.2条第1款，（A）项不正确。

对于（B）：$\dfrac{x}{h_0} = \dfrac{360 \times 760}{1 \times 300 \times 440 \times 14.3} = 0.15 < 0.25$，（B）项正确。

67. 正确答案是B，解答如下：

根据《抗规》6.2.2条及其条文说明，一级框架结构：

$$M_{bua} = \frac{1}{\gamma_{RE}} f_{yk} A_s^a (h_0 - a'_s)$$

$$= \frac{1}{0.75} \times 400 \times 2281 \times (560 - 40) = 6.33 \times 10^8 \text{N} \cdot \text{mm}$$

$$\Sigma M_c = 1.2 \Sigma M_{bua} = 1.2 \times 6.33 \times 10^8 = 7.59 \times 10^8 \text{N} \cdot \text{mm}$$

$$M'_{c\text{AF}} = \frac{280}{300 + 280} \times 759 = 366\text{kN} \cdot \text{m}$$

由《抗规》6.2.3条：$M_{cB} = 1.7 \times 320 = 544\text{kN} \cdot \text{m}$

取较大值，$M = M_{cB} = 544\text{kN} \cdot \text{m}$，又角柱，由规范6.2.6条：

最终取 $M = 1.1 \times 544 = 598.4\text{kN} \cdot \text{m}$

68. 正确答案是C，解答如下：

据《高规》10.2.24 条：$V_f = 2V_0$

$$V_f \leqslant \frac{1}{\gamma_{RE}}(0.1\beta_c f_c b_f t_f) = \frac{1}{0.85} \times (0.1 \times 1 \times 16.7 \times 15400 \times t_f)$$

$$t_f \geqslant \frac{0.85 \times 2 \times 3300 \times 10^3}{0.1 \times 1 \times 16.7 \times 15400} = 218mm, \text{取 } 220mm, \text{并且大于 } 180mm$$

根据《高规》10.2.23 条，$\rho \geqslant 0.25\%$。

$t_f = 220mm$ 时，间距 200mm 范围内钢筋面积 $A_s \geqslant 220 \times 200 \times 0.25\% = 110mm^2$

采用 $\Phi 12$，$A_s = 113.1mm^2$

根据《高规》10.2.24 条，$V_f \leqslant \frac{1}{\gamma_{RE}}(f_y A_s)$，$A_s \geqslant \frac{0.85 \times 2 \times 3300 \times 10^3}{360} = 15583mm^2$

穿过每片墙处的梁纵筋 $A_{s1} = 10000mm^2$

$$A_{sb} = A_s - A_{s1} = 15583 - 10000 = 5583mm^2$$

间距 200mm 范围内钢筋面积为 $\frac{5583 \times 200}{10.8 \times 1000} = 103mm^2$

上下层相同，每层为 $\frac{1}{2} \times 103 = 52mm^2 < 113.1mm^2$，满足。

69. 正确答案是 C，解答如下：

根据《高规》10.2.19 条，竖向及水平分布筋最小配筋率均为 0.3%，
$A_{sv} = 0.3\% \times 150 \times 400 = 180mm^2$，（A）项不满足。

配 $\Phi 12@150$，$A_s = 2 \times 113.1 = 226mm^2$

根据规程 7.2.6 条，$V = \eta_{vw} \cdot V_w = 1.6 \times 4100 = 6560kN$

$$\lambda = 1.2 < 2.5$$

根据《高规》式（7.2.7-3），$V = 6560kN < \frac{1}{\gamma_{RE}}(0.15\beta_c f_c b_w h_{w0}) = 8090kN$

根据《高规》式（7.2.10-2），$\lambda = 1.2 < 1.5$，取 $\lambda = 1.5$

$$0.2 f_c b_w h_w = 9780kN < N = 19000kN, \text{取 } N = 9780kN$$

$$V \leqslant \frac{1}{\gamma_{RE}}\left[\frac{1}{\lambda - 0.5} \times \left(0.4 f_t b_w h_{w0} + 0.1N\frac{A_w}{A}\right) + 0.8 f_{yh} \cdot \frac{A_{sh}}{s} h_{w0}\right]$$

$$0.85 \times 6560 \times 10^3 \leqslant \frac{1}{1.5 - 0.5} \times (0.4 \times 1.71 \times 400 \times 6000 + 0.1$$

$$\times 9.78 \times 10^6 \times 0.7) + 0.8 \times 360 \times \frac{A_{sh}}{150} \times 6000$$

$$5576 \times 10^3 \leqslant 1641.6 \times 10^3 + 684.6 \times 10^3 + 11520 A_{sh}$$

$A_{sh} \geqslant 282mm^2$，配 $\Phi 14@150$，$A_{sh} = 2 \times 153.9 = 308mm^2$，满足。

70. 正确答案是 A，解答如下：

根据《高规》表 3.9.3，剪力墙底部加强部位抗震等级为一级。

根据《高规》10.2.3 条，底部加强区高度 $H_1 = 6 + 2 \times 3 = 12m$；$H_2 = \frac{1}{10} \times 75.45 =$

7.545m，取大者 12m，第三层为底部加强部位，故抗震等级为一级。

根据规程 7.2.14 条，应设约束边缘构件。

根据规程 7.2.15 条及表 7.2.15，翼墙外伸长度＝300mm

配纵筋阴影范围面积：$A＝(200＋3×300)×200＝2.2×10^5 mm^2$

$A_s＝1.2\%A＝2640mm^2$，取 16 $\oplus$ 16，$A_s＝3218mm^2$；

$\mu_N＞0.3$，取箍筋 $\lambda_v＝0.2$，间距不大于 100mm：

$$\rho_v \geqslant \lambda_v \cdot \frac{f_c}{f_{yv}}＝0.2×\frac{16.7}{360}＝0.93\%$$

箍筋直径为 $\oplus$ 10 时，$\rho_v＝\dfrac{(3×160＋2×800＋2×470)×78.5}{(150×780＋150×310)×100}＝1.45\%＞0.93\%$，满足

71. 正确答案是 D，解答如下：

转换层在 3 层，依据《高规》10.2.2 条，第四层墙肢属于底部加强部位。依据规程 10.2.6 条以及表 3.9.3，抗震墙等级提高为特一级。

根据《高规》3.10.5 条，约束边缘构件纵筋最小构造配筋率为 1.4%，配箍特征值 λ_v＝1.2×0.2＝0.24。

【68～71 题评析】　68 题，根据《高规》10.2.24 条，V_f 取经内力调整后的值，即：$V_f＝2V_0$；楼板的纵向受力钢筋包括上、下两层。

69 题，运用《高规》式（7.2.10-2）时，正确确定 λ、N 的取值。

70 题，首先判别是否位于底部加强部位；本题目需确定翼缘的约束边缘构件沿墙肢的长度，按《高规》表 7.2.15 注 3 进行取值。此时，运用 $\rho_v \geqslant \lambda_v f_c/f_{yv}$ 时，当混凝土强度等级＜C35 时，取 C35 值代入公式计算。f_{yv} 取值不受限制。

72. 正确答案是 C，解答如下：

根据《高规》8.1.5 条，（A）项正确；根据《高规》8.1.7 条，（D）项正确；根据《高规》8.1.8 条第 2 款，（C）项不正确。

所以选（C）项。

73. 正确答案是 B，解答如下：

$L_k＝30m$，按单孔跨径查《公桥通规》表 1.0.5，属于中桥；查规范表 4.1.5-1，安全等级为一级。

根据规范 4.1.5 条：

取 $\gamma_0＝1.1$，$\psi_c＝0.75$，故应选（B）项。

74. 正确答案是 B，解答如下：

根据《公桥通规》4.3.2 条：

$$\mu＝0.1767\ln 4.5－0.0157＝0.25$$

75. 正确答案是 C，解答如下：

根据《公桥混规》8.7.3 条：

$$A_e \geqslant \frac{R_{ck}}{\sigma_c}＝\frac{950×10^3}{10}＝95000mm^2$$

对于（A）项：$A_e＝(450－10)×(200－10)＝83600mm^2$，不满足。

对于（B）项：$A_e＝(400－10)×(250－10)＝93600mm^2$，不满足。

对于(C)项：$A_e = (450-10) \times (250-10) = 105600\text{mm}^2$，满足。

76. 正确答案是 B，解答如下：

根据《公桥混规》4.3.2 条：

(1) $b_f = \dfrac{1}{3} \times 29000 = 9667\text{mm}$

(2) $b_f = 2250\text{mm}$

(3) $h_f' = 160\text{mm}$；$h_h = 250 - 160 = 90\text{mm}$，$b_h = 600\text{mm}$

$$\frac{h_h}{b_h} = \frac{90}{600} = \frac{1}{6.7} < \frac{1}{3}，\text{故取 } b_h = 3h_h = 3 \times 90 = 270\text{mm}$$

$$b_f = b + 2b_h + 12h_f' = 200 + 2 \times 270 + 12 \times 160 = 2660\text{mm}$$

上述取较小者，故取 $b_f = 2250\text{mm}$。

77. 正确答案是 D，解答如下：

查《公桥通规》表 4.3.1-3，取 $a_1 = 200\text{mm}$，$d = 1400\text{mm}$。

根据《公桥混规》4.2.3 条：

单个车轮时：

$$a = a_1 + 2h + \frac{l}{3} = 200 + 2 \times 200 + \frac{2250}{3} = 1350\text{mm} < \frac{2l}{3} = \frac{2 \times 2250}{3} = 1500\text{mm}$$

故取 $a = 1500\text{mm}$，又 $a = 1500\text{mm} > d = 1400\text{mm}$，故分布宽度有重叠。

由规范式（4.2.3-3）：

$$a = (a_1 + 2h) + d + \frac{l}{3} = (200 + 2 \times 200) + 1400 + \frac{2250}{3}$$

$$= 2750\text{mm} < \frac{2}{3}l + d = \frac{2}{3} \times 2250 + 1400 = 2900\text{mm}$$

最终取 $a = 2900\text{mm}$。

78. 正确答案是 C，解答如下：

根据《公桥通规》表 1.0.5，属于中桥。

根据《公桥震则》表 3.1.2，属于 C 类。查《公桥抗则》表 3.1.4-1，其抗震措施按 7 度。

由《公桥震则》11.3.1 条、11.2.1 条：

简支梁端部至盖梁边缘距离 a 为：

$$a \geq 70 + 0.5L = 70 + 0.5 \times 29 = 84.5\text{cm}$$

边墩盖梁最小宽度 B：$B = 400 + 60 + 845 = 1305\text{mm}$

【73～78 题评析】 73 题，查《公桥通规》表 4.1.5-1 时，应注意表 4.1.5-1 注的规定。

76 题，关键是比较 h_h/b_h 值是否大于 1/3，此外，取 $h_f' = 160\text{mm}$，偏于安全。

77 题，本题目中，因单车轮距为 1.8m 且与相邻车的轮距为 1.3m，均大于 $2250/2 = 1125\text{mm}$，故横桥向只能布置一个车轮（即：位于车行道板跨中部位）。

78 题，根据《公桥震则》表 3.1.2，首先确定桥梁抗震设防类别。

79. 正确答案是 A，解答如下：

根据影响线的知识，当单位力 $P=1$ 作用在 M 点时，M 点支反力为 1.0；本单位力 $P=1$ 作用在 N 点时，M 点支反力为零，故应选（A）项。

80. 正确答案是 C，解答如下：

根据《城市天桥》2.5.4 条，应选（C）项。

实战训练试题（十八）解答与评析

（上午卷）

1. 正确答案是 A，解答如下：

雨篷梁在两端刚接的条件下，梁的扭矩图在雨篷板范围以内为斜线，在雨篷板范围以外为直线，故（A）项正确。

2. 正确答案是 C，解答如下：

根据《混规》6.4.8 条：

抗剪箍筋：

$$\frac{A_{st1}}{s} \geq \frac{160 \times 10^3 - (1.5 - 1.0) \times 0.7 \times 1.43 \times 300 \times (650 - 40)}{300 \times (650 - 40)} = 0.374$$

$$\frac{A_{sv}/2}{s} \geq \frac{0.374}{2} = 0.187 \text{mm}^2/\text{mm}$$

抗扭箍筋：

$$A_{cor} = (300 - 60) \times (650 - 60) = 141600 \text{mm}^2$$

$$\frac{A_{sv}}{s} \geq \frac{36 \times 10^6 - 1.0 \times 0.35 \times 1.43 \times 2.475 \times 10^7}{1.2 \times \sqrt{1} \times 300 \times 141600} = 0.463 \text{mm}^2/\text{mm}$$

$$\frac{A_{sv}/2}{s} + \frac{A_{st1}}{s} \geq 0.187 + 0.463 = 0.65 \text{mm}^2/\text{mm}$$

箍筋选用 Φ 10，则：$s \leq 121$mm，故选 Φ 10@120

由规范 9.2.10 条：

$$\rho_{sv} = \frac{A_{sv}}{bs} = \frac{2 \times 78.5}{300 \times 120} = 0.44\% > 0.28 f_t / f_{yv} = 0.28 \times 1.43 / 300 = 0.13\%$$

故满足。

3. 正确答案是 B，解答如下：

根据《荷规》5.1.1 条，办公楼，取 $\psi_q = 0.4$：

$$M_q = 250 + 0.4 \times 100 = 290 \text{kN} \cdot \text{m}$$

根据《混规》7.1.4 条、7.1.2 条：

$$\sigma_{sq} = \frac{M_q}{0.87 h_0 A_s} = \frac{290 \times 10^6}{0.87 \times 755 \times 1964} = 224.8 \text{N/mm}^2$$

$$\rho_{te} = \frac{A_s}{A_{te}} = \frac{1964}{0.5 \times 300 \times 800} = 0.0164 \geq 0.01$$

$$\psi = 1.1 - 0.65 \times \frac{f_{tk}}{\rho_{te} \sigma_{sq}} = 1.1 - 0.65 \times \frac{2.01}{0.0164 \times 224.8} = 0.746 \begin{array}{l} < 1.0 \\ > 0.2 \end{array}$$

$$w_{max} = 1.9 \times 0.746 \times \frac{224.8}{2.0 \times 10^5} \times \left(1.9 \times 30 + 0.08 \times \frac{25}{0.0164}\right) = 0.285 \text{mm}$$

4. 正确答案是 A，解答如下：

同上，办公楼，取 $\psi_q = 0.4$

根据《混规》7.2.3条：

$$\alpha_E = \frac{E_s}{E_c} = \frac{2.0 \times 10^5}{3.0 \times 10^4} = 6.667, \quad \rho = \frac{1964}{300 \times 755} \times 100\% = 0.867\%, \quad \gamma_f' = 0$$

$$B_s = \frac{2.0 \times 10^5 \times 1964 \times 755^2}{1.15 \times 0.8 + 0.2 + \dfrac{6 \times 6.667 \times 0.00867}{1 + 3.5 \times 0}} = 1.526 \times 10^{14} \text{N} \cdot \text{mm}^2$$

由规范7.2.2条、7.2.5条、7.2.1条：

$$B = \frac{B_s}{\theta} = \frac{1.526 \times 10^{14}}{2} = 7.63 \times 10^{13} \text{N} \cdot \text{mm}^2$$

$$f = 0.00542 \times \frac{(30 + 0.4 \times 15) \times 9000^4}{7.63 \times 10^{13}} = 16.8 \text{mm}$$

5. 正确答案是 C，解答如下：

根据《可靠性标准》8.2.4条：

$$V = 1.3 \times \left(180 + \frac{1}{2} \times 20 \times 9\right) + 1.5 \times \left(60 + \frac{1}{2} \times 7.5 \times 9\right) = 491.625 \text{kN}$$

按非独立梁考虑，取 $\alpha_{cv} = 0.7$

根据《混规》6.3.4条：

$$\frac{A_{sv}}{s} \geqslant \frac{491.625 \times 10^3 - 0.7 \times 1.43 \times 400 \times 660}{300 \times 660} = 1.15 \text{mm}^2/\text{mm}$$

经比较：选4肢箍Φ8@200：$\dfrac{A_{sv}}{s} = \dfrac{4 \times 50.3}{200} = 1.01 \text{mm}^2/\text{mm}$，不满足

选4肢箍Φ10@200：$\dfrac{A_{sv}}{s} = \dfrac{4 \times 78.5}{200} = 1.57 \text{mm}^2/\text{mm}$

$$\rho_{sv} = \frac{A_{sv}}{bs} = \frac{4 \times 78.5}{400 \times 200} = 0.39\%$$

根据规范9.2.9条：

$$\frac{0.24 f_t}{f_{yv}} = \frac{0.24 \times 1.43}{300} = 0.11\% < 0.39\%，满足。$$

6. 正确答案是 D，解答如下：

经调幅后的弯矩设计值：

$$M = 1.2 \times 300 \times 0.8 + 1.3 \times 300 = 678 \text{kN} \cdot \text{m}$$

根据《混规》6.2.10条：

$$\alpha_1 f_c bx = f_y A_s - f_y' A_s'$$

$$x = \frac{300 \times 628 + 360 \times 2454 - 360 \times 1964}{1.0 \times 14.3 \times 400}$$

$$= 63.8 \text{mm} < 2a_s' = 2 \times 50 = 100 \text{mm}$$

根据规范6.2.14条、11.1.6条：

$$M_u = \frac{f_y A_s (h - a_s - a_s')}{\gamma_{RE}}$$

$$= \frac{(300 \times 628 + 360 \times 2454) \times (700 - 50 - 50)}{0.75}$$

$$= 857 \times 10^6 \text{N} \cdot \text{mm} = 857 \text{kN} \cdot \text{m}$$

【1～6题评析】2题～4题，其计算题较大，平时训练应熟练掌握。

5题，由题目平面图，可知，$KL3$ 不是独立梁。

6题，板纵向受力钢筋 f_y 值，与梁纵向受力钢筋 f_y 值不相等；其次，板、梁的 $a_s(a'_s)$ 也不一定相同，本题目中，假定两者的 $a_s(a'_s)$ 相同。

7. 正确答案是 B，解答如下：

Ⅰ. 根据《混规》3.6.1条第5款及条文说明，正确。

Ⅱ. 根据《混规》3.6.3条，正确。

Ⅲ. 根据《混规》3.7.2条第3、4款，正确。

Ⅳ. 根据《混规》3.7.3条第3款及条文说明，结构后加部分的材料参数应按现行规范的规定取值，故错误。

所以应选（B）项。

8. 正确答案是 A，解答如下：

Ⅰ. 根据《抗规》3.10.3条第2款，正确。

Ⅱ. 根据《抗规》3.10.3条第3款，正确。

Ⅲ. 根据《抗规》3.10.3条第1款及第5.1.4条，正确。

Ⅳ. 根据《抗规》3.10.2条及条文说明，正确。

所以应选（A）项。

【7、8题评析】复习应重视防止连续倒塌设计的内容、建筑抗震性能化设计的内容（特别是在超限高层建筑结构中的运用）。

9. 正确答案是 B，解答如下：

根据《抗规》3.4.3条的条文说明：

第二层顶的规定水平力＝6150－5370＝780kN

10. 正确答案是 B，解答如下：

Ⅰ. $\dfrac{5}{4500} = \dfrac{1}{900} < \dfrac{1}{800}$，符合《抗规》5.5.1条的要求；

Ⅱ. 重力荷载代表值 $G = 5 \times 18000 = 90000 \text{kN}$

根据《抗规》5.2.5条，$\dfrac{3000}{90000} = 0.033 < \lambda_{min} = 0.048$，不符合规范要求；

Ⅲ. 根据《抗规》3.4.3条、3.4.4条，位移比不宜大于1.5，当介于1.2～1.5之间时，属于一般不规则项，应采用空间结构计算模型进行分析计算，但不属于"不符合规范要求"。

所以应选（B）项。

11. 正确答案是 C，解答如下：

根据《混规》11.4.14条，二级框架角柱应沿全高加密箍筋，故排除（B）、（D）项。

柱轴压比 $\mu = \dfrac{3603 \times 10^3}{14.3 \times 600 \times 600} = 0.7$

查规范表11.14.17，$\lambda_v = 0.15$

$$\rho_v = 0.15 \times \dfrac{16.7}{300} \times 100\% = 0.84\%$$

（A）项：$\Phi 8@100$：$\rho_v = \dfrac{(600 - 2 \times 40 + 8) \times 8 \times 50.3}{(600 - 2 \times 40)^2 \times 100} = 0.79\%$，不满足。

（C）项：$\Phi 10@100$：$\rho_v = \dfrac{(600 - 2 \times 40 + 10) \times 8 \times 78.5}{(600 - 2 \times 40) \times (600 - 2 \times 40) \times 100} = 1.23\%$，满足。

所以应选（C）项。

12. 正确答案是 D，解答如下：

柱轴压比 $\mu = \dfrac{N}{f_c A} = \dfrac{3100 \times 10^3}{14.3 \times 700 \times 700} = 0.44 > 0.15$

根据《混规》6.2.17 条及表 11.1.6，取 $\gamma_{RE} = 0.8$。

由提示大偏压，$x = \dfrac{\gamma_{RE} N}{\alpha_1 f_c b} = \dfrac{0.8 \times 3100 \times 10^3}{1.0 \times 14.3 \times 700} = 248\text{mm} > 2a'_s = 80\text{mm}$

$$e_0 = \dfrac{M}{N} = \dfrac{1250 \times 10^6}{3100 \times 10^3} = 403.2\text{mm}, \quad e_a = \max(20, 700/30) = 23.3\text{mm}$$

$$e = e_0 + e_a + h/2 - a_s = 403.2 + 23.3 + 700/2 - 40 = 736.5\text{mm}$$

$$\gamma_{RE} N e \leqslant \alpha_1 f_c b x \left(h_0 - \dfrac{x}{2}\right) + f'_y A'_s (h_0 - a'_s)$$

$$
\begin{aligned}
A'_s &= \dfrac{\gamma_{RE} N e - \alpha_1 f_c b x \left(h_0 - \dfrac{x}{2}\right)}{f'_y (h_0 - a'_s)} \\
&= \dfrac{0.8 \times 3100 \times 10^3 \times 736.5 - 1.0 \times 14.3 \times 700 \times 248 \times \left(660 - \dfrac{248}{2}\right)}{360 \times (660 - 40)} \\
&= 2222\text{mm}^2
\end{aligned}
$$

取 $5\Phi 25$，$A_s = 2454\text{mm}^2$

单侧配筋率 $= \dfrac{2454}{700^2} = 0.5\% > 0.2\%$，满足规范 11.4.12 条。

13. 正确答案是 D，解答如下：

Ⅰ. 根据《混规》11.8.3 条，预应力混凝土结构自身的阻尼比可采用 0.03，错误。

Ⅱ. 根据《抗规》表 5.1.4-2，特征周期为 $0.55 + 0.05 = 0.6s$，错误。

Ⅲ. 根据《抗规》3.3.3 条，Ⅲ类场地，设防烈度 8 度（0.3g），宜按 9 度要求采取抗震构造措施，但抗震措施中的内力并不要求调整。查《抗规》表 6.1.2，框架应按一级采取构造措施，按二级的要求进行内力调整，故错误。

所以应选（D）项。

【9～13 题评析】9 题，"给定水平力"的计算规定，《高规》3.4.5 条的条文说明作了具体规定。

10 题，应具备对结构软件的计算结果的合理性、正确性的分析与判断。

11 题，抗震一、二级，框架角柱箍筋应沿全高加密。

12 题，抗震设计，对于框架柱的受压时 γ_{RE} 取值，应根据其轴压比进行判别。

13 题，预应力混凝土结构的抗震设计，《混规》、《抗规》分析作了相应规定，区分其异同点。

14. 正确答案是 B，解答如下：
$$V_1 = 30 + 20 + 10 = 60\text{kN}, \quad V_2 = 30 + 20 = 50\text{kN}$$

首层中柱顶节点处柱弯矩之和 $=50\times\dfrac{4}{3+4+3}\times\dfrac{4.0}{2}+60\times\dfrac{5}{4+5+4}\times\dfrac{4.8}{3}=77\mathrm{kN\cdot m}$

$$M_k=\dfrac{12}{12+15}\times 77=34.2\mathrm{kN\cdot m}$$

15. 正确答案是 A，解答如下：

根据《混规》8.3.1 条、8.3.2 条：

$$l_a=\xi_a l_{ab}=\dfrac{1}{1.2}\times 0.14\times\dfrac{360}{1.43}\times 25=734\mathrm{mm}$$

由规范 8.4.3 条、8.4.4 条：

$$l=1.3l_l=1.3\xi_l l_a=1.3\times 1.2\times 734=1145\mathrm{mm}$$

16. 正确答案是 A，解答如下：

按《混规》附录 G.0.2，$\dfrac{l_0}{h}=\dfrac{6000}{3900}=1.54<2.0$

支座截面 $a_s=0.2h=0.2\times 3900=780\mathrm{mm}$，$h_0=h-a_s=3900-780=3120\mathrm{mm}$

要求不出现斜裂缝，按规范附录式（G.0.5）：

$$V_{k,u}=0.5f_{tk}bh_0=0.5\times 2.39\times 300\times 3120\times 10^{-3}=1118.5\mathrm{kN}$$

【16 题评析】关键是判别本题目连续梁为深受弯构件。

17. 正确答案是 B，解答如下：

根据《钢标》4.3.2 条、4.3.3 条，Ⅰ正确，故排除（C）、（D）项。

根据《钢标》表 4.4.1，Ⅲ不正确，故排除（A）项。

所以应选（B）项。

【17 题解析】类似题目，用排除法解答。

18. 正确答案是 B，解答如下：

根据《钢标》10.1.1 条，不适用Ⅲ，故排除（A）、（C）项。

根据《钢标》10.1.5 条、3.5.1 条：

图示（d）为超静定梁，按受弯构件考虑，采用 Q235 钢：

$\dfrac{b}{t}=\dfrac{200-8}{2\times 12}=8<9\varepsilon_k=9$，满足

$\dfrac{h_0}{t_w}=\dfrac{300-2\times 12}{8}=34.5<65\varepsilon_k=65$，满足，故Ⅳ可采用。

图示（a）、（b），按受弯构件、压弯构件考虑，采用 Q345 钢：

$\dfrac{b}{t}=8>9\varepsilon_k=9\sqrt{235/345}=7.4$，不满足

故选（B）项。

19. 正确答案是 B，解答如下：

$$l_{0x}=l_{0y}=6000,\ \lambda_{0x}\approx\lambda_y=\dfrac{6000}{86.7}=69.2，取\ \lambda_{max}=69.2$$

根据《钢标》7.5.2 条：

$\lambda_1\leqslant 0.5\lambda_{max}=0.5\times 69.2=35<40$，取 $\lambda_1=35$

$\lambda_{0x} = \sqrt{\lambda_x^2 + \lambda_1^2} = \lambda_y$，则：

$$\frac{l_{0x}^2}{i_1^2 + \left(\frac{b_0}{2}\right)^2} + \lambda_1^2 = \lambda_y^2，即：$$

$$\frac{6000^2}{22.3 + \left(\frac{b_0}{2}\right)^2} + 35^2 = 69.2^2，解之得：b_0 = 196\text{mm}$$

$b = b_0 + 2z_1 = 196 + 2 \times 21 = 238\text{mm}$

20. 正确答案是 A，解答如下：

根据《钢标》7.2.3 条：

$$\lambda_y = \frac{l_{0y}}{i_y} = \frac{6000}{86.7} = 69.2$$

b 类截面，查附录表 D.0.2，取 $\varphi_y = 0.756$

$$\frac{N}{\varphi_y A} = \frac{1000 \times 10^3}{0.756 \times 2 \times 3180} = 208\text{N/mm}^2$$

21. 正确答案是 A，解答如下：

根据《钢标》12.7.3 条，焊脚尺寸应满足 $h_f \geqslant \dfrac{15\% \times 1000 \times 10^3}{0.7 \times 160 \times 1040} = 1.28\text{mm}$

题目提示，根据 11.3.5 条，$h_f \geqslant 6\text{mm}$

故取 $h_f \geqslant 6\text{mm}$。

【19～21 题评析】19 题，2 个槽钢组合的格构柱，对于虚轴（x-x 轴）有：

$$i_x^2 = i_1^2 + \left(\frac{b_0}{2}\right)^2，\lambda_{0x} = \sqrt{\lambda_x^2 + \lambda_1^2}，则：$$

$$\lambda_{0x}^2 = \frac{l_{0x}^2}{i_1^2 + \left(\frac{b_0}{2}\right)^2} + \lambda_1^2$$

22. 正确答案是 B，解答如下：

单个螺栓最大拉力：$N_t = \dfrac{M}{n_1 h} = \dfrac{260 \times 10^3}{4 \times 490} = 132.7\text{kN}$

根据《钢标》11.4.2 条：

$$P \geqslant \frac{132.7}{0.8} = 165.9\text{kN}$$

选 M22（$P = 190\text{kN}$），满足。

23. 正确答案是 C，解答如下：

$A_f = (240 \times 2 + 77 \times 4) \times 0.7 \times 8 + 360 \times 2 \times 0.7 \times 6 = 7436.8\text{mm}^2$

$I_f = 240 \times 0.7 \times 8 \times 250^2 \times 2 + 77 \times 0.7 \times 8 \times 240^2 \times 4 + \dfrac{1}{12} \times 0.7 \times 6 \times 360^3 \times 2$

$= 3 \times 10^8 \text{mm}^4$

$$W_f = \frac{I_f}{250} = 1.2 \times 10^6 \text{mm}^3$$

根据《钢标》11.2.2条：

$$\sigma_f = \frac{M}{W_f} + \frac{N}{A_f} = \frac{260 \times 10^6}{1.2 \times 10^6} + \frac{100 \times 10^3}{7436.8} = 216.7 + 13.4$$

$$= 230.1 \text{N/mm}^2 < \beta_f f_f^w = 1.22 \times 200 = 244 \text{N/mm}^2$$

$$\tau_f = \frac{V}{A_f} = \frac{65 \times 10^3}{7436.8} = 8.7 \text{N/mm}^2$$

$$\sqrt{\left(\frac{\sigma_f}{\beta_f}\right)^3 + \tau_f^2} = \sqrt{\left(\frac{230.1}{1.22}\right)^2 + 8.7^2} = 188.8 \text{N/mm}^2 < f_f^w = 200 \text{N/mm}^2$$

【22、23题评析】22题，端板连接接头的计算，《高强螺栓规程》5.3节作了规定。
23题，本题目未给出计算假定，故本题目的剪力由全部角焊缝平均分担。

24. 正确答案是 D，解答如下：

根据《抗规》9.2.14条第 2 规定：

柱截面：

翼缘　　　　　　$\dfrac{b}{t} = \dfrac{194}{18} = 10.8 > 12\sqrt{\dfrac{235}{345}} = 9.9$

腹板　　　　　　$\dfrac{h_0}{t_w} = \dfrac{764}{12} = 63.7 > 50\sqrt{\dfrac{235}{245}} = 41.3$

梁截面：

翼缘　　　　　　$\dfrac{b}{t} = \dfrac{194}{20} = 9.7 > 11\sqrt{\dfrac{235}{345}} = 9.1$

腹板　　　　　　$\dfrac{h_0}{t_w} = \dfrac{1260}{12} = 105 > 72\sqrt{\dfrac{235}{345}} = 59.4$

塑性耗能区板件宽厚比为 C 类。

根据《抗规》9.2.14条条文说明，板件宽厚比为 C 类，应满足高承载力 2 倍多遇地震下的要求。

25. 正确答案是 A，解答如下：

框架柱截面面积 $A = 400 \times 18 \times 2 + 764 \times 12 = 23568 \text{mm}^2$

框架柱轴压比为　　　$\dfrac{N}{Af} = \dfrac{525 \times 10^3}{23568 \times 295} = 0.08 < 0.2$

根据《抗规》9.2.13条，框架柱长细比限值为 150。

26. 正确答案是 C，解答如下：

$$\lambda_y = \frac{6000}{72} = 83$$

根据《钢标》附录 C.0.1条：

$$\varphi_b = \beta_b \cdot \frac{4320}{\lambda_y^2} \cdot \frac{Ah}{W_x} \left[\sqrt{1 + \left(\frac{\lambda_y t_1}{4.4h}\right)^2} + \eta_b\right] \cdot \varepsilon_k^2$$

$$= 0.696 \times \frac{4320}{83^2} \times \frac{17040 \times 1030}{6.82 \times 10^6} \left[\sqrt{1 + \left(\frac{83 \times 16}{4.4 \times 1030}\right)^2} + 0.631\right] \times \frac{235}{345}$$

$$= 1.28 > 0.6$$

$$\varphi_b' = 1.07 - \frac{0.282}{\varphi_b} = 1.07 - \frac{0.282}{1.28} = 0.85 < 1$$

【24～26 题评析】24 题，熟悉抗震设计时，塑性耗能区板件宽厚比限值按 A、B、C 三类划分。

26 题，非对称的截面，其截面的抵抗矩 W_x 各不相同。

27. 正确答案是 B，解答如下：

根据《钢标》6.2.2 条及附录 C.0.5 条：

$$\lambda_y = \frac{l_y}{i_y} = \frac{4000}{71.3} = 56.1$$

$$\varphi_b = 1.07 - \frac{\lambda_y^2}{44000\varepsilon_k^2} = 1.07 - \frac{56.1^2}{44000 \times 1} = 0.998$$

$$\frac{M_x}{\varphi_b W_x} = \frac{486.4 \times 10^6}{0.998 \times 2820 \times 10^3} = 1728 \text{N/mm}^2$$

28. 正确答案是 C，解答如下：

根据题目图示：柱高度取 $H=13750$mm，梁跨度 $L=8000$mm

根据《钢标》8.3.1 条及附录 E.0.1 条：

平板支座，取 $K_2=0.1$

柱上端，梁远端为铰接：

$$K_1 = \frac{1.5 I_b H}{I_c L} = \frac{1.5 \times 68900 \times 10^4 \times 13750}{21200 \times 10^4 \times 8000} = 8.4$$

查附录表 E.0.1，计算长度系数 $\mu=0.73$

29. 正确答案是 A，解答如下：

根据《钢标》8.2.1 条：

$$\frac{b}{t} \approx \frac{250-9}{2 \times 14} = 8.6 < 13\varepsilon_k = 13$$

$$\frac{h_0}{t_w} \approx \frac{340-2 \times 14}{9} = 34.7 < 40\varepsilon_k = 40$$

截面等级满足 S3 级，$\gamma_x=1.05$。

$$\lambda_x = \frac{l_{0x}}{i_x} = \frac{10100}{146} = 69.2$$

根据《钢标》表 7.2.1-1，a 类截面，查附录表 D.0.1，取 $\varphi_x=0.843$

$$\beta_{mx} = 0.6 + 0.4 \frac{M_2}{M_1} = 0.6$$

$$\frac{N}{\varphi_x A} + \frac{\beta_{mx} M_x}{\gamma_x W_{1x}\left(1-0.8\frac{N}{N'_{Ex}}\right)} = \frac{276.6 \times 10^3}{0.843 \times 99.53 \times 10^2} + \frac{0.6 \times 192.5 \times 10^6}{1.05 \times 1250 \times 10^3 \times 0.942}$$

$$= 33 + 93.4 = 126.4 \text{N/mm}^2$$

【27～29 题评析】27 题，运用《钢标》附录 C.0.5 条时，当算出的 $\varphi_b > 0.6$ 时，不需要换算为 φ'_b 值。

30. 正确答案是 C，解答如下：

根据《抗规》9.2.9 条，Ⅰ、Ⅱ、Ⅳ 正确。

根据《抗规》9.2.10 条，Ⅲ 错误。

31. 正确答案是 B，解答如下：

Ⅰ．根据《砌规》3.2.1条，正确，故排除（C）、（D）项。

Ⅳ．根据《砌规》4.1.5条及其条文说明，错误，故排除（A）项。所以应选（B）项。

【31题评析】Ⅱ，根据《建筑砂浆基本性能试验方法标准》，正确。Ⅲ，根据《砌规》4.1.5条错误。

32. 正确答案是C，解答如下：

Ⅰ．根据《砌规》3.2.3条，错误，故排除（A）、（B）项。

Ⅲ．根据《砌规》10.1.8条，正确，故排除（D）项，所以应选（C）项。

此外，Ⅳ．根据《砌规》3.2.5条，错误。

Ⅱ．根据《砌规》3.2.4条，正确。

33. 正确答案是A，解答如下：

楼盖为第1类，最大横墙间距为6.6m，根据《砌规》4.2.1条，故属于刚性方案。

根据规范5.1.3条，$H=3.6+0.3+0.5=4.4$m

刚性方案，$H=4.4$m$<s=5.7$m$<2H=8.8$m，查规范表5.1.3：

$$H_0 = 0.4s + 0.2H = 0.4 \times 5.7 + 0.2 \times 4.4 = 3.16\text{m}$$

由公式（6.1.1）：$\beta = \dfrac{H_0}{h} = \dfrac{3.16}{0.24} = 13.2$

34. 正确答案是C，解答如下：

根据《抗规》7.2.3条：

门洞：$\dfrac{2600}{3600}=0.72<0.8$，按门洞考虑；开洞率$=\dfrac{1.0}{6.6+0.24}=0.15$

查规范表，取洞口影响系数为：（0.98＋0.94）/2=0.96

洞口中线偏心：$\dfrac{6.6}{2}-\left(0.62+\dfrac{1.0}{2}\right)=2.18m>\dfrac{(6.6+0.24)}{4}=1.71$m

故考虑折减系数0.9，则：$0.96 \times 0.9 = 0.864$

墙体最大高宽比$h/b=\dfrac{3.6}{5.7+0.24}=0.606<1.0$，故只考虑剪切变形

又$K=\dfrac{EA}{3h}$，E、h均相同，故K与墙体A成正比。

$$V_K = \dfrac{0.864 \times 6.84 \times 0.24}{(0.864 \times 6.84 + 6.84 \times 2 + 5.94 \times 3 + 15.24 \times 2) \times 0.24} \times 2000$$

$$= 174.1\text{kN}$$

【33、34题评析】33题，首先确定砌体房屋的静力计算方案。其次，底层时，构件高度的取值。

34题，《抗规》7.2.3条表7.2.3适用于设置构造柱的小开口墙段，特别是表7.2.3注2的规定。

35. 正确答案是B，解答如下：

根据《砌规》8.1.2条：

$$\rho = \dfrac{(a+b)A_s}{abs_n} = \dfrac{(10+60) \times 12.6}{60 \times 60 \times 240} = 0.175\%$$

查规范表，取 $f=1.69\text{MPa}$；取 $f_y=320\text{MPa}$，$e=0.0$，则：
$$f_n=f+2\rho f_y=1.69+2\times0.175\%\times320=2.81\text{MPa}$$

36. 正确答案是C，解答如下：

根据《砌规》8.1.1条、8.1.2条，
$$\beta=\gamma_\beta\frac{H_0}{h}=1.0\times\frac{3600}{240}=15$$

由 $\rho=0.3\%$，$e/h=0$，$\beta=15$，查规范附录表 D.0.2，取 $\rho_n=0.61$
$$N_u=\varphi_n f_n A=0.61\times3.5\times240\times1000=512.4\text{kN/m}$$

【35、36题评析】35题，钢筋 f_y 取值，当 $f_y>320\text{MPa}$，取 $f_y=320\text{MPa}$。

36题，计算 β 时，按 $\beta=\gamma_\beta\dfrac{H_0}{h}$；当验算高厚比时，按 $\beta=\dfrac{H_0}{h}$。

37. 正确答案是B，解答如下：

7度（0.15g），查《抗规》表 5.1.4-1，取 $\alpha_1=\alpha_{max}=0.12$

由规范 5.1.3条、5.2.1条：

屋面质点处 $G_5=1800+0.5\times2100+0.5\times100+400=3300\text{kN}$

楼层质点处 $G_1=1600+2100+0.5\times600=4000\text{kN}$
$$G_2=G_3=G_4=4000\text{kN}$$
$$F_{Ek}=\alpha_1 G_{e2}=0.12\times0.85\times(4000\times4+3300)=1968.6\text{kN}$$

38. 正确答案是D，解答如下：

根据《抗规》5.2.1条：
$$\sum_2^5 G_iH_i=5000\times(7.2+10.8+14.4)+4000\times18=234000\text{kN·m}$$
$$\sum_1^5 G_iH_i=5000\times(3.6+7.2+10.8+14.4)+4000\times18=252000\text{kN·m}$$

第二层的水平地震剪力标准值 V_{2k} 为：
$$V_{2k}=\frac{F_{Ek}\sum_2^5 G_iH_i}{\sum_1^5 G_iH_i}=\frac{234000F_{Ek}}{252000}=0.9286F_{Ek}(\text{kN})$$
$$V_2=\gamma_{Eh}V_{2k}=1.3\times0.9286F_{Ek}=1.2F_{Ek}(\text{kN})$$

【37、38题评析】38题，应根据题目的选项内容进行楼层水平地震剪力的计算，即本题目不需要计算总水平地震作用标准值 F_{Ek}；其次，注意剪力标准值、剪力设计值的不同。

39. 正确答案是C，解答如下：

根据《砌规》表 3.2.2，取 $f_v=0.17\text{MPa}$

取池壁单位长度 1m 考虑，由规范 5.4.2条：
$$V=\frac{1}{2}\times1.5\gamma_w H^2=\frac{1}{2}\times1.5\times10\times H^2=7.5H^2(\text{kN})$$
$$V\leq f_v bz=0.17\times10^3\times\frac{2}{3}\times740=83.867\times10^3 N=83.867\text{kN}$$

则：$\qquad 7.5H^2 \leqslant 83.867,$ 故 $H \leqslant 3.34\text{m}$

【39题评析】本题目为 M10 水泥砂浆，根据《砌规》3.2.3 条，不考虑其强度设计值的调整。

40. 正确答案是 C，解答如下：

根据《砌规》表 3.2.1-3，取 $f = 2.31\text{MPa}$

由规范表 3.2.5-1，$E = 1060f = 2448.6\text{MPa}$

由规范 5.2.6 条、5.2.4 条：

$$h_0 = 2\sqrt[3]{\frac{E_c I_c}{Eh}} = 2 \times \sqrt[3]{\frac{2.55 \times 10^4 \times 1.1664 \times 10^8}{2448.6 \times 240}} = 343.4\text{mm}$$

$$\sigma_0 = \frac{360 \times 10^3}{240 \times 1500} = 1.0\text{MPa}$$

$$N_0 = \frac{\pi b_b h_0 \sigma_0}{2} = \frac{\pi \times 240 \times 343.4 \times 1.0}{2} = 129.4\text{kN}$$

$$N_l + N_0 = 110 + 129.4 = 239.4\text{kN}$$

【40题评析】本题目中正确确定 E 值，其相应的 f 值不需要进行《砌规》3.2.3 条的调整。

（下午卷）

41. 正确答案是 B，解答如下：

Ⅰ. 根据《木标》3.1.12 条，错误，故排除（A）、（C）项。

Ⅱ. 根据《木标》3.1.3，正确，故排除（D）项，应选（B）项。

此外，Ⅲ. 根据《木标》4.3.18 条，正确。

Ⅳ. 根据《木标》4.1.7 条和《可靠性标准》8.2.8 条，错误。

42. 正确答案是 D，解答如下：

根据《木标》表 4.3.1-3，北美落叶松 TC13A，顺纹抗压强度设计值 $f_c = 12\text{MPa}$

使用年限 25 年，强度设计调整系数为 1.05，$f = 1.05 f_c = 1.05 \times 12 = 12.6\text{MPa}$

$$d = 150 + \frac{3200}{2} \times \frac{9}{1000} = 164.4\text{mm}$$

根据《木标》5.1.2 条、5.1.4 条：

$$i = \frac{d}{4} = \frac{164.4}{4} = 41.1\text{mm}$$

$$\lambda = \frac{l_0}{i} = \frac{3200}{41.1} = 77.9$$

$$\lambda_c = 5.28\sqrt{1 \times 300} = 91.45 > \lambda, 则：$$

$$\varphi = \frac{1}{1 + \dfrac{77.9^2}{1.43\pi^2 \times 1 \times 300}} = 0.41$$

$$N_u = \varphi A f = 0.41 \times \frac{\pi \times 164.4^2}{4} \times 12.6 = 109.6\text{kN}$$

【42题评析】本题目求轴心受压承载力设计值，故不考虑重要性系数 γ_0；当验算稳定

时，螺栓孔不做缺口考虑。

43. 正确答案是 B，解答如下：

根据《地规》5.1.7 条：

查表得：$\psi_{zs}=1.2$，$\psi_{zw}=0.90$，$\psi_{ze}=0.95$

由题意有 $z_0=2.4$，故 $z_d=2.4624\mathrm{m}$

根据规范 5.1.8 条，规范表 G.0.2 注 4，采用基底平均压力为 $0.9\times144.5=130\mathrm{kPa}$

查规范表 G.0.2 得 $h_{\max}=0.70\mathrm{m}$

故 $d_{\min}=2.4624-0.70=1.7624\mathrm{m}$

44. 正确答案是 C，解答如下：

根据《地规》5.3.5 条，Ⅰ正确。

根据《地规》3.0.5 条第 2 款，Ⅱ错误；由 3.0.5 条第 5 款，Ⅲ正确。

根据《地处规》5.2.6 条，Ⅳ正确。

根据《桩规》5.7.5 注 1，Ⅴ错误。

所以应选（C）项。

45. 正确答案是 C，解答如下：

根据《桩规》5.3.10 条、规范 5.3.6-2，则：

桩身直径为 800mm，故侧阻和端阻尺寸效应系数均为 1.0，桩端后注浆的影响深度应按 12m 取用。

$$Q_{uk}=3.14\times0.8\times12\times14+3.14\times0.8\times(1.0\times1.2\times32\times5+1.0\times1.8\times110\times7)$$
$$+2.4\times3200\times\frac{3.14}{4}\times0.8^2$$
$$=8244.38\mathrm{kN}$$

46. 正确答案是 A，解答如下：

根据《桩规》5.8.2 条、5.8.4 条：

因为 $f_{ak}=24\mathrm{kPa}<25\mathrm{kPa}$，$l'_0=l_0+(1-\psi_l)d_l=14\mathrm{m}$，$h'=26-14=12\mathrm{m}$，$h'<\dfrac{4}{\alpha}$

$=25\mathrm{m}$

故：$l_c=0.7(l'_0+h')=0.7\times26=18.2\mathrm{m}$

$\dfrac{l_c}{\alpha}=\dfrac{18.2}{0.8}=22.75$，查规范表 5.8.4-2，则：

$$\varphi=0.56+\frac{24-22.75}{24-22.5}\times(0.6-0.56)=0.5933$$

则：$N\leqslant0.5933\times(0.7\times19.1\times3.14\times400^2+0.9\times360\times4396)=4830\mathrm{kN}$

47. 正确答案是 B，解答如下：

根据《桩规》5.4.6 条、5.4.5 条：

$$T_{uk}=\Sigma\lambda_i q_{sik}u_i l_i=3.14\times0.8\times(0.7\times12\times14+0.7\times32\times5+0.6\times110\times7)=1737.3\mathrm{kN}$$

$$G_P=\frac{\pi}{4}\times0.8^2\times26\times(25-10)=195.9\mathrm{kN}$$

$$N_k\leqslant\frac{1737.3}{2}+195.9=1064\mathrm{kN}$$

【45～47题评析】45题，正确确定后注浆的影响范围。

46题，本题目关键是 l_c 的取值。

47题，计算 G_p 时应扣除水的浮力。

48. 正确答案是 A，解答如下：

Ⅰ. 根据《桩规》7.5.4 条，正确，故应选（A）项。

此外，Ⅱ. 根据《桩规》7.5.13 条第 5 款，错误。

Ⅲ. 根据《地规》附录 Q.0.2 条，正确。

Ⅳ. 根据《桩规》3.4.8 条，错误。

49. 正确答案是 B，解答如下：

根据《地规》5.2.5 条：

$\varphi_k=15°$ 时，查规范表，则：$M_b=0.325$，$M_d=2.30$，$M_c=4.845$

$$\gamma_m = \frac{13.5 \times 1.2 + 18.5 \times 0.5 + 9.6 \times 0.7}{1.2 + 0.5 + 0.7} = 13.40 \text{kN/m}^3$$

$$f_a = 0.325 \times 9.6 \times 2.7 + 2.30 \times 13.40 \times 2.4 + 4.845 \times 24 = 198.7 \text{kPa}$$

由规范 5.2.1 条、5.2.2 条：

$$\frac{F_k + G_k}{A} \leqslant f_a，即：$$

$$\frac{1350}{2.7L} + 2.4 \times 18 \leqslant 198.7$$

可得：$L \geqslant 3.2\text{m}$

【49题评析】本题目的提示内容，加权平均重度按 18kN/m^3，其实质是：加权平均浮重度（或有效重度）按 18kN/m^3。

50. 正确答案是 B，解答如下：

根据《地规》8.4.7 条及附录 P：

$$c_1 = c_2 = 9.4 + h_0 = 11.9\text{m}，c_{AB} = c_1/2 = 5.95\text{m}$$
$$F_l = 177500 - (9.4 + 2h_0)^2 p_n = 87111.8 \text{kN}$$

由式（8.4.7-1）有：

$$\tau_{max} = \frac{F_l}{u_m h_0} + \frac{\alpha_s M_{unb} c_{AB}}{I_s} = \frac{87111800}{47.6 \times 10^3 \times 2500} + \frac{0.40 \times 151150 \times 10^6 \times 5.95 \times 10^3}{2839.59 \times 10^{12}}$$

$$= 0.732 + 0.127 = 0.859 \text{N/mm}^2$$

51. 正确答案是 B，解答如下：

(1) 抗剪要求，由《地规》8.4.9 条：

$$h_0 = 2500\text{mm} > 2000\text{mm}，故 \beta_{hs} = \left(\frac{800}{2000}\right)^{1/4} = 0.795$$

$$0.7 \times 0.795 \times 1.0 \times 2.5 \quad f_t \times 10^3 \geqslant 2400，则：f_t \geqslant 1.73 \text{N/mm}^2$$

(2) 抗冲切要求，由规范 8.4.8 条：

$$\tau_{max} \leqslant \frac{0.7\beta_{hp} f_t}{\eta}，即：$$

$$0.90 \leqslant \frac{0.7 \times 0.9 f_t}{1.25}，则：f_t \geqslant 1.79 \text{N/mm}^2$$

最终取 C45（$f_t = 1.80\text{N/mm}^2$），并且满足规范 8.4.4 条构造要求。

【50、51 题评析】50 题，题目条件是荷载的基本组合下的净反力 p_n 和竖向力 177500kN。

51 题，混凝土强度等级不仅应满足抗剪、抗冲切要求，还应满足构造要求，以及耐久性要求。

52. 正确答案是 C，解答如下：

根据《桩规》5.2.1 条：

$$N_{\text{Ekmax}} \leqslant 1.5R = 1.5 \times 700 = 1050\text{kN}$$

由规范式（5.1.1-2）：

$$N_{\text{Ekmax}} = \frac{F_{\text{Ek}}}{4} + \frac{M_{\text{Ek}}x_i}{\sum x_i^2} = \frac{3341}{4} + \frac{920 \times 0.5s}{4 \times (0.5s)^2} = 835.25 + \frac{460}{s} \leqslant 1050$$

$s \geqslant 2.142\text{m}$，故应选 2200mm。

53. 正确答案是 B，解答如下：

根据《桩规》5.9.10 条：

圆桩变为方桩 $400 \times 0.8 = 320\text{mm}$

$$\lambda_x = \frac{a_x}{h_0} = \frac{1200 - 400 - 320/2}{730} = 0.88$$

$$\alpha = \frac{1.75}{\lambda_x + 1} = \frac{1.75}{0.88 + 1} = 0.93$$

$$b_{y0} = \left[1 - 0.5 \times \frac{200}{730} \times \left(1 - \frac{800}{3200}\right)\right] \times 3200 = 2871.2\text{mm}$$

由《抗规》5.4.2 条，取 $\gamma_{\text{RE}} = 0.85$

$$V_u = \frac{\beta_{\text{hs}}\alpha f_t b_{y0} h_0}{\gamma_{\text{RE}}} = \frac{1.0 \times 0.93 \times 1.43 \times 2871.2 \times 730}{0.85}$$
$$= 3279\text{kN}$$

【52、53 题评析】52 题，也可以按力矩平衡求解 N_{Ekmax}。

53 题，锥形承台斜截面抗剪计算，其截面的有效高度、计算宽度应按《桩规》5.9.10 条第 3 款规定。

54. 正确答案是 A，解答如下：

根据《地规》4.1.10 条：

$$I_L = \frac{w - w_p}{w_L - w_p} = \frac{35 - 23}{52 - 23} = \frac{12}{29} = 0.41$$

$$0.25 < I_L < 0.75 \text{ 为可塑。}$$

$0.1\text{MPa}^{-1} < \alpha_{1\text{-}2} = 0.12\text{MPa}^{-1} < 0.5\text{MPa}^{-1}$，根据规范 4.1.5 条，为中压缩性土。

55. 正确答案是 C，解答如下：

基底净反力：$p_j = \dfrac{526.5}{1.2} = 438.75\text{kPa}$

由《地规》8.2.14 条：

砖墙放脚不大于 $\dfrac{1}{4}$ 砖长，则：$a_1 = b_1 + \dfrac{1}{4} \times 240 = \dfrac{1200 - 490}{2} + 60 = 415\text{mm}$

$$M = \frac{1}{2}a_1^2 p_j = \frac{1}{2} \times 0.415^2 \times 438.75 = 37.8 \text{kN} \cdot \text{m/m}$$

56. 正确答案是 B，解答如下：

由上一题，$p_j = 438.75 \text{kPa}$

抗剪截面取为墙边缘处：$a_1 = \dfrac{1.2 - 0.49}{2} = 0.355 \text{m}$

$$V_s = p_j \times 1 \times a_1 = 438.75 \times 1 \times 0.355 = 155.76 \text{kN/m}$$

$$V_s \leqslant 0.366 f_t A = 0.366 \times 1.1 \times 10^3 \times 1 \times h \quad (\text{kN/m})$$

解之得： $\qquad\qquad\qquad h \geqslant 0.387 \text{m}$

【55、56 题评析】55 题，砌体墙下钢筋混凝土条形基础的抗弯计算，其最不利位置按《地规》8.2.7 条规定。

56 题，砌体墙（包括钢筋混凝土墙）下条形基础的抗剪计算，其最不利位置均为墙体边缘（有放脚时为放脚边缘）截面。

57. 正确答案是 D，解答如下：

根据《抗规》3.4.1 条及条文说明，Ⅰ 符合要求。

根据《抗规》3.5.2、3.5.3 条及条文说明，Ⅱ、Ⅲ 不符合要求，Ⅳ 符合要求。

所以应选（D）项。

58. 正确答案是 C，解答如下：

根据《高规》13.9.6 条第 1 款、13.10.5 条知：Ⅱ、Ⅲ 符合要求。

根据《高规》13.5.5 条第 2 款、13.6.9 条第 1 款知：Ⅰ、Ⅳ 不符合要求。

所以应选（C）项。

59. 正确答案是 C，解答如下：

根据《高规》7.2.10 条第 2 款：

$$0.2 f_c b_w h_w = 0.2 \times 27.5 \times 800 \times 6000 = 2.64 \times 10^7 \text{N} = 2.64 \times 10^4 \text{kN} < N = 32000 \text{kN}$$

取 $\qquad\qquad N = 2.64 \times 10^4 \text{kN}, A_w = A$

查规程表 3.8.2，$\gamma_{RE} = 0.85$，则：

$$9260 \times 10^3 \leqslant \frac{1}{0.85}\left[\frac{1}{1.91 - 0.5}(0.4 \times 2.04 \times 800 \times 5400 + 0.1 \times 2.64 \times 10^7)\right.$$

$$\left. + 0.8 \times 360 \frac{A_{sh}}{s} \times 5400\right]$$

解之得： $\qquad\qquad \dfrac{A_{sh}}{s} \geqslant 2.25 \text{mm}^2/\text{mm}$

（A）、（B）、（C）、（D）项均满足计算要求。

根据规程 11.4.18 条第 1 款：

（A）项：$\rho = \dfrac{113 \times 4}{800 \times 200} = 0.283\% < 0.35\%$，不满足。

（B）项：$\rho = \dfrac{154 \times 2 + 113 \times 2}{800 \times 200} = 0.334\% < 0.35\%$，不满足。

（C）项：$\rho=\dfrac{154\times4}{800\times200}=0.385\%>0.35\%$，满足，最接近。

（D）项：$\rho=\dfrac{201\times2+154\times2}{800\times200}=0.444\%>0.35\%$，满足。

所以应选（C）项。

60. 正确答案是 C，解答如下：

根据《高规》11.1.6 条、9.1.11 条：

$$V_{\text{f,max}}=3828\text{kN}>0.1V_0=0.1\times29000=2900\text{kN}$$
$$V_{\text{f}}=3400\text{kN}<0.2V_0=5800\text{kN}$$

故该层柱内力需要调整，则：

$$V=\min\{0.2V_0,1.5V_{\text{f}_1\max}\}=\min\{5800,1.5\times3828\}$$
$$=5742\text{kN}$$

则：$M_{\text{k}}=\dfrac{5742}{3400}\times596=1007.2\text{kN}$，$V_{\text{k}}=\dfrac{5742}{3400}\times156=263.6\text{kN}$

61. 正确答案是 D，解答如下：

根据《高规》表 11.1.4，该柱抗震等级为一级。

由规程表 11.4.4 及注的规定：

$$\mu_{\text{N}}=0.7-0.05-0.05=0.60$$
$$N=\mu_{\text{N}}(f_{\text{c}}A_{\text{c}}+f_{\text{a}}A_{\text{a}})$$
$$=0.60\times[29.7\times(1100\times1100-51875)\times295\times51875]$$
$$=29819.7\text{kN}$$

【59～61 题评析】59 题，本题目为型钢混凝土框架-钢筋混凝土桩心筒结构，其框架为钢框架梁、型钢混凝土柱，且房屋高度 152m，超过钢筋混凝土框架-核心筒结构的 A 级高度，宜比《高规》9.2.2 条适当提高，宜按《高规》11.4.18 条第 1 款采用。

61 题，《高规》表 11.4.4 注 1、2、3 的规定。

62. 正确答案是 C，解答如下：

根据《高规》10.2.4 条，取增大系数 1.6。

$$M_{\text{Ehk}}=1.6\times300=480\text{kN}\cdot\text{m}$$

由规程 5.6.3 条：

$$M=1.2\times(1304+0.5\times169)+1.3\times480+1.4\times0.2\times135$$
$$=2328\text{kN}$$

63. 正确答案是 A，解答如下：

根据《高规》10.2.10 条第 3 款：

$$\mu_{\text{N}}=\frac{N}{f_{\text{c}}A}=\frac{9350\times10^3}{23.1\times900\times900}=0.5$$

查规程表 6.4.7，取 $\lambda_{\text{v}}=0.13$
故：$\lambda_{\text{v}}=0.13+0.02=0.15$

$$\rho_{\text{v}}\geqslant\lambda_{\text{v}}\frac{f_{\text{c}}}{f_{\text{yv}}}=0.15\times\frac{23.1}{300}=0.0116$$

又由规程 10.2.10 条第 3 款，知：$\rho_{\text{v}}\geqslant0.015$

最终取 $\rho_v \geqslant 0.015$

64. 正确答案是 A，解答如下：

根据《高规》10.2.11 条第 3 款：

$$M^t = 1.5 \times 580 = 870 \text{kN} \cdot \text{m}$$

节点 A 处：

$$\Sigma M_c = 1.4 \Sigma M_b = 1.4 \times 1100 = 1540 \text{kN} \cdot \text{m}$$

$$M^b = 0.5 \Sigma M_c = 0.5 \times 1540 = 770 \text{kN} \cdot \text{m}$$

65. 正确答案是 B，解答如下：

根据《高规》9.2.2 条，地面第 6 层核心筒角部宜采用约束边缘构件。

$\mu_N = 0.42$，抗震二级，查规程表 7.2.15，取 $\lambda_v = 0.20$。

$$\rho_v \geqslant \lambda_v \frac{f_c}{f_{yv}} = 0.20 \times \frac{16.7}{270} = 0.0124$$

取箍筋直径为 10mm，则：

$$A_{cor} = (250 + 300 - 30 - 5 + 300 + 30 - 5) \times (250 - 30 \times 2) = 159600 \text{mm}^2$$

$$n_i l_i = (550 - 30 + 5) \times 4 + 4 \times (250 - 2 \times 30 + 10) = 525 \times 4 + 4 \times 200 = 2900 \text{mm}$$

$$\rho_v = \frac{\Sigma n_i A_{si} l_i}{A_{cor} s} = \frac{78.5 \times 2900}{159600 s} \geqslant 0.0124$$

则：$s \leqslant 115 \text{mm}$，故选 $\Phi 10@100$。

66. 正确答案是 B，解答如下：

由提示，根据《高规》7.2.21 条：

$$V_b = \eta_{vb} \frac{M_b^l + M_b^r}{l_n} + V_{Gb} = 1.0 \times \frac{815 + 812}{1.2} + 54 = 1410 \text{kN} > 1360 \text{kN}$$

取 $V_b = 1410 \text{kN} \cdot \text{m}$

根据规程 9.3.8 条：

每根暗撑纵筋的截面积 $A_s \geqslant \dfrac{\gamma_{RE} V_b}{2 f_y \sin\alpha} = \dfrac{0.85 \times 1410 \times 10^3}{2 \times 360 \times \sin40°} = 2590 \text{mm}^2$

选 $4 \Phi 32$（$A_s = 3217 \text{mm}^2$），故选（B）项。

【62～66 题评析】62 题，转换构件的水平地震作用计算内力的增大，《高规》10.2.4 条有规定。

65 题，钢筋混凝土框架-核心筒结构，其核心筒墙体设计要求，《高规》9.2.2 条有规定，即：沿全高采用约束边缘构件。

67. 正确答案是 B，解答如下：

根据《高规》6.3.3 条：

$\rho = \dfrac{615.8 \times 8}{350 \times 490} = 2.87\% > 2.75\%$ 所以（C）、（D）项均不满足。

$$2.75\% > \rho = \frac{615.8 \times 4 + 490.9 \times 4}{350 \times 490} = 2.58\% > 2.50\%$$

当梁端纵向受拉钢筋配筋率大于 2.5% 时，受压钢筋的配筋率不应小于受拉钢筋的一半，所以（A）项不满足。

所以应选（B）项。

68. 正确答案是 C，解答如下：

根据《高规》6.4.3 条：

角柱最小配筋率为：$(0.9+0.05+0.1)\% = 1.05\%$

其最小配筋面积为：$1.05\% \times 600 \times 600 = 3780\text{mm}^2$，故（D）项不满足。

由规程 6.4.4 条，小偏拉，则：

$$A_s = 1.25 \times 3600 = 4500\text{mm}^2，故（B）项不满足。$$

（A）、（C）项满足，且（C）项最接近。

【67、68 题评析】67 题，《高规》6.3.3 条规定，$\rho_{纵} > 2.5\%$ 时，受压钢筋的配筋率不应小于受拉钢筋的一半。

69. 正确答案是 C，解答如下：

根据《高规》10.2.2 条，第三层为底部加强部位。

根据规程 3.9.2 条，按 8 度采取抗震构造措施；8 度，查规程表 3.9.3，底部加强部位剪力墙的抗震构造措施的抗震等级为一级。

由规程 7.2.1 条第 2 款，一级，底部加强部位，其剪力墙厚度不应小于 200mm。

70. 正确答案是 B，解答如下：

根据《高规》10.2.3 条、附录 E：

$$c_1 = 2.5 \times \left(\frac{0.9}{6}\right)^2 = 0.056$$

$$A_1 = A_{w1} + c_1 A_{c1} = 10b_w \times 8.2 + 0.056 \times 8 \times 0.8 \times 0.9 = 82b_w + 0.323$$

$$A_{w2} = 0.2 \times 8.2 \times 14 = 22.96\text{m}^2$$

又

$$\frac{G_1}{G_2} = 1.15，则：$$

$$\gamma_{e1} = \frac{G_1 A_1 h_2}{G_2 A_2 h_1} = \frac{1.15 \times (82b_w + 0.323) \times 3.2}{22.96 \times 6} \geq 0.5$$

解之得：$b_w \geq 0.224\text{m}$，故取 $b_w = 250\text{mm}$

71. 正确答案是 D，解答如下：

根据《高规》4.3.12 条、3.5.8 条：

$$1.25V_{Ek} = 1.25 \times 160000 = 20000\text{kN} > 1.15\lambda\Sigma G_j$$

$$= 1.15 \times 0.024 \times 246000 = 6789.6\text{kN}$$

故取 $V_0 = 20000\text{kN}$

由规程 10.2.17 条：

每根框支柱承受的地震剪力标准值 $V_{EKc} = 2\% \times 20000 = 400\text{kN}$

【69～71 题评析】71 题，有薄弱层的楼层最小地震剪力的取值，按 $1.25V_{Ek}$ 与 $1.15\lambda\sum\limits_{j=1}^{n} G_j$ 进行比较。

72. 正确答案是 D，解答如下：

根据《荷规》附录 F.1.2 条：

$$d = \frac{1}{2} \times (2.5+5.2) = 3.85\text{m}$$

$$T_1 = 0.41 + 0.10 \times 10^{-2} \times \frac{60^2}{3.85} = 1.345\text{s}$$

由《烟规》5.5.1条，阻尼比取0.05。

由《抗规》5.1.4条、5.1.5条，取 $\alpha_{max} = 0.08$，$T_g = 0.55\text{s}$。

$T_g = 0.55\text{s} < T_1 = 1.345\text{s} < 5T_g = 2.75\text{s}$，则：

$$\alpha_1 = \left(\frac{T_g}{T_1}\right)^{\gamma} \eta_2 \alpha_{max} = \left(\frac{0.55}{1.345}\right)^{0.9} \times 1 \times 0.08 = 0.358$$

【72题评析】《烟规》对地震作用计算作了较大修改。

73. 正确答案是D，解答如下：

根据《公桥通规》3.3.5条：

桥梁全长为 ΣL 为：

$$\Sigma L = 2(5 \times 40 + 70 + 100/2 + 0.16/2 + 0.4 + 3.5) = 647.96\text{m}$$

74. 正确答案是B，解答如下：

净宽为15m，单向（或双向）行驶，查《公桥通规》表4.3.1-4，取设计车道数为4。再查规范表4.3.1-5，取横向车道布载系数为0.67。

75. 正确答案是B，解答如下：

根据《公桥通规》4.3.1条规定：

（A）、（C）、（D）项三种荷载布置都不会使边跨（L_1）的跨中产生最大正弯矩，只有（B）项布置才能使要求截面的弯矩产生最不利效应。

所以应选（B）项。

【73～75题评析】75题，掌握影响线的绘制与具体运用。应注意的是，本题目中跨中弯矩影响线的＋、—符号与一般结构力学书籍中的＋、—符号刚相反，即为图18-1(a)所示。

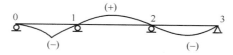

图 18-1(a)

76. 正确答案是D，解答如下：

根据《公桥通规》4.1.5条：

安全等级为一级，故取 $\gamma_0 = 1.1$。

$$\gamma_0 S_{ud} = 1.1 \times (1.2 \times 2700 + 1.4 \times 1670 + 0.75 \times 1.4 \times 140)$$
$$= 6298\text{kN} \cdot \text{m}$$

77. 正确答案是B，解答如下：

根据《公桥混规》5.2.11条：

$$650 \leqslant 0.51 \times 10^{-3} \sqrt{30}b \times 1200$$

则：
$$b \geqslant 194\text{m}$$

78. 正确答案是A，解答如下：

根据《城桥震规》3.1.1条，属于丙类桥梁。

丙类、6度、由规范 3.1.4 条，其抗震措施按 7 度考虑。

7 度，根据规范 11.3.2 条：

盖梁最小宽度≥2a+80=2×（70+0.5×15.5）×10+80=1635mm

79. 正确答案是 D，解答如下：

根据《城市天桥》2.2.2 条：

每侧楼道净宽 b 为：

$$b=\frac{1.2×5}{2}=3.0\text{m}, \ b≥1.8\text{m}$$

最终取 b=3.0m，故应选（D）项。

80. 正确答案是 C，解答如下：

根据《公桥通规》3.2.1 条，应选（C）项。

实战训练试题（十九）解答与评析

（上午卷）

1. 正确答案是 C，解答如下：

轴压比 $\mu_N = \dfrac{13130 \times 1000}{16.7 \times 1100 \times 1100} = 0.65$，查《抗规》表 6.3.9，$\lambda_v = 0.14$

$$\rho_v \geq \lambda_v \frac{f_c}{f_{yv}} = 0.14 \times \frac{16.7}{435} = 0.537\%$$

由弯矩示意图可知，剪跨比 $\lambda = \dfrac{H_n}{2h_0} = \dfrac{4000}{2 \times (1100-50)} = 1.905 < 2$

由《抗规》6.3.9 条第 3 款：$\rho_v \geq 1.2\%$，故应选（C）项。

【1题评析】 $\lambda_v f_c / f_{yv}$ 中 f_{yv} 取值不受限制；短柱（$\lambda < 2$）时，体积配箍率应严加控制。

2. 正确答案是 B，解答如下：

根据《混规》7.1.2 条：

$M_{Gk} = 0.071 \times 28 \times 8.5 \times 8.5 = 143.63 \text{kN} \cdot \text{m}$

$M_{Qk} = 0.107 \times 8 \times 8.5 \times 8.5 = 61.85 \text{kN} \cdot \text{m}$

$M_q = 143.63 + 0.4 \times 61.85 = 168.37 \text{kN} \cdot \text{m}$

$A_s = 1232 + 490.9 = 1722.9 \text{mm}^2$，$h_0 = 500 - 45 = 455 \text{mm}$

$\sigma_{sq} = \dfrac{M_q}{0.87 \cdot h_0 \cdot A_s} = \dfrac{168.37 \times 10^6}{0.87 \times 455 \times 1722.9} = 246.87 \text{N/mm}^2$

$d_{eq} = \dfrac{2 \times 28^2 + 25^2}{2 \times 28 + 25} = 27.07 \text{mm}$

$A_{te} = 0.5bh = 0.5 \times 250 \times 500 = 62500 \text{mm}^2$

$\rho_{te} = \dfrac{A_s}{A_{te}} = \dfrac{1722.9}{62500} = 0.02757 > 0.01$

$\psi = 1.1 - 0.65 \times \dfrac{f_{tk}}{\rho_{te} \cdot \sigma_s} = 1.1 - 0.65 \times \dfrac{2.2}{0.02757 \times 246.87} = 0.890 > 0.2$，且 < 1.0

$\alpha_{cr} = 1.9$，$E_s = 2 \times 10^5 \text{N/mm}^2$，$c_s = 28 \text{mm}$

$w_{max} = \alpha_{cr} \psi \dfrac{\sigma_s}{E_s} \left(1.9 c_s + 0.08 \dfrac{d_{eq}}{\rho_{te}} \right)$

$\qquad = 1.9 \times 0.890 \times \dfrac{246.87}{200000} \left(1.9 \times 28 + 0.08 \times \dfrac{27.07}{0.02757} \right) = 0.275 \text{mm}$

故应选（B）项。

3. 正确答案是 B，解答如下：

根据《混规》9.3.8 条：

$$A_s \leqslant \frac{0.35 \times 1 \times 16.7 \times 400 \times (750 - 60)}{360} = 4481 \text{mm}^2$$

故应选（B）项。

4. 正确答案是 B，解答如下：

根据《混规》11.3.2 条：

$$V_{Gb} = 1.2 \times \frac{(46 + 0.5 \times 12) \times 8.2}{2} = 255.8 \text{kN}$$

由梁端配筋，可知，按顺时针方向计算弯矩时 V_b 最大：

$$M_{bua}^l = \frac{1}{\gamma_{RE}} f_{yk} A_s^{a \cdot l} (h_0 - a_s') = \frac{400 \times 4 \times 490.9 \times (690 - 60)}{0.75} = 659769600 \text{N} \cdot \text{m}$$

$$= 659.8 \text{kN} \cdot \text{m}$$

$$M_{bua}^r = \frac{1}{\gamma_{RE}} f_{yk} A_s^{a \cdot r} (h_0 - a_s') = \frac{400 \times 8 \times 490.9 \times (690 - 60)}{0.75} = 1319539200 \text{N} \cdot \text{m}$$

$$= 1319.5 \text{kN} \cdot \text{m}$$

$$V_b = 1.1 \times \frac{659.8 + 1319.5)}{8.2} + 255.8 = 521.3 \text{kN}$$

故应选（B）项。

【3、4 题评析】 掌握结构设计施工图的平法制图规则，本题目中底部纵筋仅 4 根伸入支座。

5. 正确答案是 C，解答如下：

$$\mu = \frac{1.2 \times (3150 + 0.5 \times 750) \times 10^3}{16.7 \times 250 \times 2300}$$

$$= 0.44$$

故应选（C）项。

6. 正确答案是 B，解答如下：

房屋高度 22.3m 小于 24m，根据《抗规》6.1.10 条第 2 款，底部加强部位可取底部一层。

根据《抗规》6.4.5 条第 2 款，三层可设置构造边缘构件。

根据规范图 6.4.5-1 (a)，暗柱长度不小于 max (b_w, 400) = 400mm。

故应选（B）项。

7. 正确答案是 B，解答如下：

跨高比 = 1000/800 = 1.25 < 2.5

根据《混规》11.7.9 条：

$$V_{wb} \leqslant \frac{0.15 \times 1 \times 16.7 \times 250 \times 720}{0.85} = 530.5 \text{kN}$$

$$V_{wb} \leqslant \frac{1}{\gamma_{RE}} \left(0.38 f_t b h_0 + 0.9 \frac{A_{sv}}{s} f_{yv} h_0 \right)$$

$$= \frac{1}{0.85} \times \left(0.38 \times 1.57 \times 250 \times 720 + 0.9 \times \frac{2 \times 78.5}{100} \times 360 \times 720 \right)$$

$$= 557221 \text{N} = 557.22 \text{kN}$$

取上述小值，故 $V_{wb} = 530.5 \text{kN}$，应选（B）项。

7题，抗剪计算，f_{yv} 取值为 $360N/mm^2$。

8. 正确答案是 B，解答如下：

根据《抗规》3.9.2 条第 2 款，应选（B）项。

9. 正确答案是 B，解答如下：

$$V=\frac{\sqrt{3}}{2}F, \quad N=\frac{1}{2}F, \quad M=\frac{\sqrt{3}}{2}F\times 200$$

根据《混规》9.7.2 条：

$$\alpha_v=(4.0-0.08\times 18)\sqrt{\frac{16.7}{300}}=0.604<0.7$$

$$\alpha_r=0.9, \quad \alpha_b=1, \quad f_y=300N/mm^2, \quad A_s=1524mm^2$$

《混规》式（9.7.2-1）：$\dfrac{(\sqrt{3}/2)F}{\alpha_r\alpha_v f_y}+\dfrac{(1/2)F}{0.8\alpha_b f_y}+\dfrac{(\sqrt{3}/2)F\times 200}{1.3\alpha_r\alpha_b f_y z}\leq A_s$

求得：

$$F\leq 176.6kN$$

《混规》式（9.7.2-2）：$\dfrac{(1/2)F}{0.8\alpha_b f_y}+\dfrac{(\sqrt{3}/2)F\times 200}{0.4\alpha_r\alpha_b f_y z}\leq A_s$

求得：

$$F\leq 250.2kN$$

故最终取 $F\leq 176.6kN$，应选（B）项。

10. 正确答案是 D，解答如下：

对点 C 取矩，杆 AB 的拉力值：$N=\dfrac{350\times 6+0.5\times 25\times 6\times 6}{6}=425kN$

杆 AB 的跨中弯矩值：$M=\dfrac{1}{8}\times 25\times 6^2=112.5kN\cdot m$

故杆 AB 为偏拉构件：$e_0=\dfrac{M}{N}=\dfrac{112.5\times 10^3}{425}=264.7mm>\dfrac{h}{2}-a_s=155mm$

故为大偏拉，由《混规》6.2.23 条：

$$e'=e_0+\frac{h}{2}-a'_s=264.7+200-45=419.7mm$$

$$A_s\geq \frac{Ne'}{f_y(h'_0-a_s)}=\frac{425\times 10^3\times 419.7}{360\times(400-45-45)}=1598mm^2$$

故应选（D）项。

【10题评析】 掌握结构静力计算，求出构件的内力值。

11. 正确答案是 B，解答如下：

根据《混规》6.5.1 条：

$h_0=250-40=210mm$, $u_m=4\times(1600+210)=7240mm$

$\beta_s=1<2$，取 $\beta_s=2$，$\eta_1=0.4+\dfrac{1.2}{\beta_s}=1.0$

$\alpha_s=40$，$\eta_2=0.5+\dfrac{\alpha_s h_0}{4u_m}=0.5+\dfrac{40\times 210}{4\times 7240}=0.79<1.0$，取 $\eta=0.79$

$F_l=0.7\beta_h f_t \eta u_m h_0=0.7\times 1.0\times 1.57\times 0.79\times 7240\times 210=1320kN$

$N=F_l+qA=1320+15\times\left(\dfrac{1600+2\times 210}{1000}\right)^2=1381kN$

故应选（B）项。

12. 正确答案是 B，解答如下：

根据《设防分类标准》6.0.5 条的条文说明，本商场未达到大型商场的标准，因此划为标准设防类（丙类）。最大跨度 12m，不属于大跨度框架。

根据《抗规》表 6.1.2，抗震等级为三级。根据《抗规》表 6.3.7-1，钢筋强度标准值为 400MPa 时，角柱的最小总配筋率为 0.85%。

故应选（B）项。

13. 正确答案是 C，解答如下：

根据《混规》式（6.4.2-1）：

$$\frac{V}{bh_0} + \frac{T}{W_1} = \frac{150 \times 1000}{400 \times 550} + \frac{10 \times 10^6}{37.333 \times 10^6} = 0.95 < 0.7f_t = 0.7 \times 1.57 = 1.099 \text{N/mm}^2$$

故可不进行构件受剪扭承载力计算，但应按规定配置构造箍筋。

根据《混规》表 9.2.9，$h = 600$mm，故 $s \leqslant 350$mm，排除（D）项。

根据《混规》9.2.10 条：

$$\rho_{sv,min} = 0.28f_t/f_{yv} = 0.28 \times 1.57/270 = 0.1628\%$$

$$\Phi 6@200：\frac{A_{sv}}{bs} = \frac{4 \times 28.3}{400 \times 200} = 0.1415\% < \rho_{sv,min}$$

$$\Phi 8@350：\frac{A_{sv}}{bs} = \frac{4 \times 50.3}{400 \times 350} = 0.1437\% < \rho_{sv,min}$$

$$\Phi 10@350：\frac{A_{sv}}{bs} = \frac{4 \times 78.5}{400 \times 350} = 0.2243\% > \rho_{sv,min}$$

故应选（C）项。

14. 正确答案是 B，解答如下：

根据按《混规》式（6.4.8-2）：

$$\beta_t = \frac{1.5}{1 + 0.5\frac{VW_t}{Tbh_0}} = \frac{1.5}{1 + 0.5 \times \frac{300 \times 10^3 \times 37.333 \times 10^6}{70 \times 10^6 \times 400 \times 550}} = 1.1 > 1.0$$

故取 $\beta_t = 1.0$

根据《混规》6.4.8 条式（6.4.8-3）：

$$A_{cor} = b_{cor}h_{cor} = 320 \times 520 = 166400\text{mm}^2$$

$$A_{st1} \geqslant \frac{(70 \times 10^6 - 0.35 \times 1.0 \times 1.57 \times 37.333 \times 10^6) \times 100}{1.2 \times \sqrt{1.6} \times 270 \times 166400} = 72.56\text{mm}^2$$

故外围单肢箍筋面积不应小于 72.56mm²，所以（A）项错误。

根据《混规》6.4.13 条：

总箍筋面积 $\geqslant 1.206 \times 100 + 72.56 \times 2 = 265.72$mm²

选项（B）：总箍筋面积为 $4 \times 78.5 = 314$mm² > 265.72mm²，满足

所以应选（B）项。

【13、14 题评析】 14 题，本题已提示按一般剪扭构件计算，截面为矩形，因此，应按《混规》6.4.8 条第 1 款"一般剪扭构件"中的相关公式进行计算。计算得到的 A_{st1} 为沿截面周边配置的箍筋单肢截面面积，注意是周边单肢的面积，而 A_{sv} 为受剪所需的箍筋

截面面积，是抗剪箍筋总面积。因此，受剪扭所需的总箍筋面积为：$2A_{st1}+A_{sv}$。如果配置的箍筋肢数较多，剪扭构件中还应满足沿截面周边配置的箍筋单肢截面面积不小于 A_{st1}。

15. 正确答案是 B，解答如下：

8 度区重点设防类建筑，应按 9 度采取抗震措施。$H=20\text{m}<24\text{m}$，根据《抗规》表 6.1.2，框架的抗震等级为二级。

由《抗规》6.2.6 条：$M=700\times1.1=770\text{kN}\cdot\text{m}$

$\mu_{\text{N}}=\dfrac{2500\times10^3}{19.1\times550\times550}=0.433>0.5$，由《抗规》5.4.2 条，取 $\gamma_{\text{RE}}=0.8$

根据《混规》6.2.17 条、11.1.6 条：

假定大偏压：$x=\dfrac{0.8\times2500\times10^3}{1\times19.1\times550}=190.39\text{mm}<\xi_b h_0=259\text{mm}$

$$>2a'_s=100\text{mm}$$

故假定正确，取 $x=190.39\text{mm}$

因为不需要考虑二阶效应，所以 $e_0=\dfrac{M}{N}=\dfrac{770\times10^6}{2500\times10^3}=308\text{mm}$

$e_a=\max(20,550/30)=20\text{mm}$，$e_i=e_0+e_n=328\text{mm}$

$e=e_i+\dfrac{h}{2}-a_s=328+\dfrac{550}{2}-50=553\text{mm}$

《混规》式（6.2.17-2）：

$$A'_s=\dfrac{\gamma_{\text{RE}}Ne-\alpha_1 f_c bx(h_0-x/2)}{f'_y(h_0-a'_s)}$$

$$=\dfrac{0.8\times2500\times1000\times553-1\times19.1\times550\times190.39\times(500-190.39/2)}{360\times(500-50)}$$

$$=1829.5\text{mm}^2$$

故应选（B）项。

【15题评析】 《抗规》6.7.6 条中，框架的角柱的内力调整。该条中的框架包括：框架结构中的框架；非框架结构中的框架。

16. 正确答案是 A，解答如下：

根据《荷规》表 5.1.1，消防车的准永久值系数为 0，故（A）项正确。

【16题评析】 根据《荷规》5.3.3 条，（B）项错误；根据《荷规》3.2.4 条，（C）项错误；根据《荷规》9.3.1 条，（D）项错误。

17. 正确答案是 A，解答如下：

根据《荷规》5.4.3 条、7.1.5 条，《钢标》3.1.5 条：

$$q_k=(0.18\times3+0.56)+(1.0+0.7\times0.65)\times3=5.465\text{kN/m}$$

$$q_k=(0.18\times3+0.56)+(0.65+0.9\times1.0)\times3=5.75\text{kN/m}$$

故取 $q_k=5.75\text{kN/m}$

$$q_{ky}=5.75\times\dfrac{10}{\sqrt{10^2+1^2}}=5.72\text{kN/m}$$

$$f=\dfrac{5}{384}\cdot\dfrac{q_{ky}l^4}{EI_x}=\dfrac{5}{384}\cdot\dfrac{5.72\times12000^4}{206\times10^3\times18600\times10^4}=40.3\text{mm}$$

所以应选（A）项。

18. 正确答案是 D，解答如下：

根据《钢标》6.1.1 条：

热轧 H 型钢，Q235 钢，故取 $\gamma_x=1.05$，$\gamma_y=1.2$。

$$\frac{M_x}{\gamma_x W_{nx}}+\frac{M_y}{\gamma_y W_{ny}}=\frac{133\times10^6}{1.05\times929\times10^3}+\frac{0.3\times10^6}{1.20\times97.8\times10^3}=136.3+2.6=138.9\text{N/mm}^2$$

所以应选（D）项。

19. 正确答案是 C，解答如下：

根据《钢标》附录 C.0.1 条：

$$\varphi_b=\beta_b\frac{4320}{\lambda_y^2}\cdot\frac{Ah}{W_x}\left[\sqrt{1+\left(\frac{\lambda_y t_1}{4.4h}\right)^2}+\eta_b\right]\varepsilon_k^2$$

$$=1.20\times\frac{4320}{124.2^2}\cdot\frac{70.37\times10^2\times400}{929\times10^3}\left[\sqrt{1+\left(\frac{124.2\times13}{4.4\times400}\right)^2}+0\right]\times\frac{235}{235}$$

$$=1.20\times0.8485\times1.357=1.38>0.6$$

$$\varphi_b'=1.07-\frac{0.282}{1.38}=0.866<1.0$$

由《钢标》6.2.3 条：

$$\frac{M_x}{\varphi_b W_x}+\frac{M_y}{\gamma_y W_y}=\frac{133\times10^6}{0.866\times929\times10^3}+\frac{0.3\times10^6}{1.20\times97.8\times10^3}=165.3+2.6=167.9\text{N/mm}^2$$

所以应选（C）项。

【17～19 题评析】 19 题，对屋盖檩条来说，屋面是否能阻止屋盖檩条的扭转和受压翼缘的侧向位移取决于屋面板的安装方式：屋面板采用咬合型连接时，宜将其看成对檩条上翼缘无约束，此时应设置横向水平支撑加以约束；屋面板采用自攻螺钉与屋盖檩条连接时，可视其为檩条上翼缘的约束。

20. 正确答案是 B，解答如下：

从充分利用混凝土的抗压承载力，减少钢结构的用钢量，应选（B）项。

21. 正确答案是 D，解答如下：

根据题目条件，钢梁所有连接均为铰接，钢梁 AB 为非抗震构件，无需按《抗规》进行抗震设计，因此（A）错误。

腹板高厚比计算：$\frac{600-2\times12}{6}=98>80\varepsilon_k=80$

根据《钢标》6.3.1 条，均应计算腹板稳定性，因此，（B）、（C）错误；由于钢梁 AB 为次梁，仅承受静力荷载，可考虑腹板屈曲后强度，因此（D）正确。

22. 正确答案是 A，解答如下：

侧向支承点应设置在受压翼缘处，由于简支梁的受压翼缘为上翼缘，因此，（B）、（D）错误，而若让加劲肋作为侧向支撑点，需要满足各种条件，故（C）项错误。

所以应选（A）项。

23. 正确答案是 A，解答如下：

根据《抗规》9.2.16 条：

$$h\geqslant\max\{2.5\times1000,0.5\times(300+700)\}=2500\text{mm}$$

所以应选（A）项。

24. 正确答案是 B，解答如下：

根据《钢标》8.2.1 条：

$$\frac{b}{t}=\frac{700-20}{2\times32}=10.6<13\sqrt{235/345}=10.7$$

$$\frac{h_0}{t_w}=\frac{1200-2\times32}{20}=56.8<(40+18\times1.71^{1.5})\cdot\sqrt{235/345}=66$$

截面等级满足 S3 级，$\gamma_x=1.05$

$$\lambda_x=\frac{H_{0x}}{i_x}=\frac{30860}{512.3}=60.24$$

b 类截面，根据 $\lambda_x/\varepsilon_k=60.24/\sqrt{235/345}=73$，查附录表 D.0.2，$\varphi_x=0.732$

$$N'_{Ex}=\frac{\pi^2EA}{1.1\lambda_x^2}=\frac{\pi^2\times206\times10^3\times675.2\times10^2}{1.1\times60.24^2}\times10^{-3}=34390kN$$

$$\frac{N}{\varphi_xA}+\frac{\beta_{mx}M_x}{\gamma_xW_{1x}\left(1-0.8\frac{N}{N'_{Ex}}\right)}=\frac{2100\times10^3}{0.732\times675.2\times10^2}+\frac{1.0\times5700\times10^6}{1.05\times29544\times10^3\times\left(1-0.8\frac{2100}{34390}\right)}$$

$$=42.5+193.2=235.7N/mm^2$$

所以应选（B）项。

25. 正确答案是 C，解答如下：

根据《钢标》8.2.1 条规定：

$$\lambda_y=\frac{H_{0y}}{i_y}=\frac{12230}{164.6}=74.3$$

b 类截面，根据 $\lambda_y/\varepsilon_k=74.3/\sqrt{235/345}=90$，查附录表 D.0.2，$\varphi_y=0.621$

$$\varphi_b=1.07-\frac{\lambda_y^2}{44000\varepsilon_k^2}=1.07-\frac{74.3^2}{44000\times235/345}=0.886$$

$$\frac{N}{\varphi_yA}+\eta\frac{\beta_{tx}M_x}{\varphi_bW_{1x}}=\frac{2100\times10^3}{0.621\times675.2\times10^2}+1.0\times\frac{1.0\times5700\times10^6}{0.886\times29544\times10^3}$$

$$=50+217.8=267.8N/mm^2$$

所以应选（C）项。

【23～25 题评析】 当钢材采用 Q345 钢，查《钢标》附录表 D 时，长细比采用 λ/ε_k。

题 24，题目提示 $\alpha_0=1.71$，是如下计算得到：

由《钢标》3.5.1 条：

$$\frac{\sigma_{max}}{\sigma_{min}}=\frac{N}{A}\pm\frac{M}{I}y$$

$$=\frac{2100\times10^3}{67520}\pm\frac{5700\times10^6}{29544\times10^3\times600}\times568$$

$$=\frac{+213.74N/mm^2}{-151.54N/mm^2}$$

$$\alpha_0=\frac{213.74-(-151.54)}{213.74}=1.71$$

26. 正确答案是 A，解答如下：

根据《钢标》11.2.2条：

$$N_1 = \beta_f f_f^w h_e l_{w1} = 1.22 \times 160 \times 0.7 \times 8 \times 160 = 175\text{kN}$$

$$L \geqslant \frac{N - N_1}{2 h_e f_f^w} + h_f = \frac{360 \times 10^3 - 175 \times 10^3}{2 \times 0.7 \times 8 \times 160} + 8 = 103 + 8 = 111\text{mm}$$

所以应选（A）项。

27. 正确答案是 C，解答如下：

根据《钢标》11.4.2条：

$$P \geqslant \frac{N}{n \times 9k n_f \mu} = \frac{360}{6 \times 0.9 \times 1 \times 1 \times 0.45} = 148\text{kN}$$

选用 $M20$（$P = 155\text{kN}$），满足，故选（C）项。

28. 正确答案是 B，解答如下：

根据《钢标》7.1.1条：

$$\sigma = \left(1 - 0.5 \frac{n_1}{n}\right) \frac{N}{A_n} = \left(1 - 0.5 \times \frac{2}{6}\right) \frac{360 \times 10^3}{18.5 \times 10^2} = 162.2\text{N/mm}^2$$

$$\sigma = \frac{N}{A} = \frac{360 \times 10^3}{160 \times 16} = 140.6\text{N/mm}^2$$

上述取大值，取 $\sigma = 162.2\text{N/mm}^2$，故应选（B）项。

【26～28题评析】 26题，《钢标》11.3.6条规定，围焊的转角处必须连续施焊。

29. 正确答案是 C，解答如下：

根据《钢标》7.3.4条：

$$\frac{b}{t} = \frac{900 - 2 \times 20}{10} = 86 > 42\varepsilon_k = 42, 则:$$

$$\lambda_{n,p} = \frac{86}{56.2 \times 1} = 1.53$$

$$\rho = \frac{1}{1.53} \times \left(1 - \frac{0.19}{1.53}\right) = 0.57$$

$$A_{ne} = 2 \times 350 \times 20 + 0.57 \times 860 \times 10$$

$$= 18902$$

30. 正确答案是 D，解答如下：

根据《抗规》8.2.6条第2款，应选（D）项。

31. 正确答案是 C，解答如下：

根据《抗规》7.1.8条及条文说明，应选（C）项。

32. 正确答案是 C，解答如下：

砌体水平截面计算面积 $A_{w0} = 0.19 \times (10 - 0.5 \times 2) \times 1.25 = 2.1375\text{m}^2$，

底层框架柱计算高度 $H_0 = (5.2 - 0.6) \times \frac{2}{3} = 3.07\text{m}$，及 $5.2 - 0.6 = 4.6\text{m}$

由《抗规》式（7.2.9-3）：

$$V_u = \frac{1}{0.8} \times (2 \times 165/3.07 + 4 \times 165/4.6) + \frac{1}{0.9} \times 0.52 \times 2.1375 \times 10^3 = 1548.71\text{kN}$$

33. 正确答案是 D，解答如下：

根据《抗规》7.1.2条第2款注：

$$\frac{3\times6\times5.4}{18\times12.9}=41.86\%>40\%,\ 属于横墙较少$$

根据《抗规》表7.1.2，7度设防的普通砖房屋层数为7层，总高度限值为21m；乙类房屋的层数应减少一层且总高度降低3m。

根据《抗规》7.1.2条第2款，横墙较少的房屋，房屋的层数应比表7.1.2的规定减少一层且高度降低3m。

根据《抗规》7.1.2条第4款，蒸压灰砂砖砌体房屋，当砌体的抗剪强度仅为普通黏土砖砌体的70%时，房屋的层数应比表7.1.2的规定减少一层且高度降低3m。

故共减少三层，降低9m，所以应选（D）项。

34. 正确答案是D，解答如下：

本工程横墙较少，且房屋总高度和层数达到《抗规》表7.1.2规定的限值。

根据《抗规》7.1.2条第3款，当按规定采取加强措施后，其高度和层数应允许按表7.1.2的规定采用。

根据《抗规》7.3.1条构造柱设置部位要求及7.3.14条第5款加强措施要求，所有纵、横墙中部均应设置构造柱，且间距不宜大于3.0m，如图19-1(a)所示。

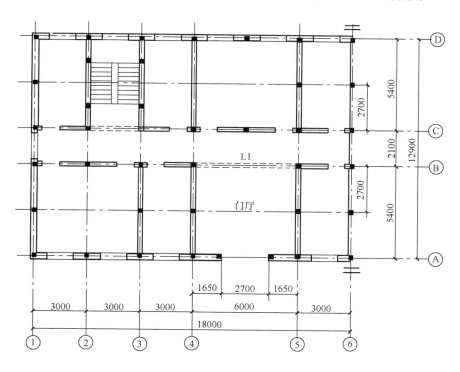

图 19-1(a)

35. 正确答案是 D，解答如下：

根据《抗规》7.3.8条，应选（D）项。

36. 正确答案是 C，解答如下：

$s=5.4$m，1类楼盖，查《砌规》表4.2.1，属于刚性方案。

$H=3.6+0.5+0.7=4.8$m，4.8m$<s=5.4$m$<2H=9.6$m，刚性方案，查《砌规》表5.1.3，则：

$$H_0=0.4\times5.4+0.2\times4.8=3.12\text{m}$$

$\beta=\gamma_\beta\dfrac{H_0}{h}=1.2\times\dfrac{3.12}{0.24}=15.6$，$e=0$，查《砌规》附录表 D.0.1-1：

$$\varphi=0.73$$

所以应选（C）项。

37. 正确答案是 B，解答如下：

$H=3+0.5+0.7=4.2$m，4.2m$<s=6$m$<2H=8.4$m，刚性方案，查《砌规》表5.1.3：

$$H_0=0.4\times6+0.2\times4.2=3.24\text{m}$$

由《砌规》6.1.1条：

$$\mu_c=1+\gamma\frac{b}{l}=1+1.5\times\frac{240}{3000}=1.12$$

$$\mu_2=1-0.4\times\frac{2\times1}{6}=0.867$$

$$\frac{H_0}{h}=\frac{3.24}{0.24}=13.50<\mu_1\mu_c\mu_2[\beta]=1\times1.12\times0.867\times26=25.24$$

【33～37题评析】 34题，根据《抗规》7.3.14条第5款，对横墙较少房屋，当其层数及总高度达到限值时，加强措施之一是所有纵横墙中部应设置构造柱且间距不宜大于3m。

37题，应计入构造柱的有利作用。

38. 正确答案是 C，解答如下：

$s=6\times4.2=25.2$m>20m，且<48m，轻钢屋盖，查《砌规》表4.2.1，属于刚弹性方案。

由《砌规》5.1.3条、5.1.4条：

$$\frac{H_u}{H}=\frac{2}{6.65}=0.3<1/3$$

则：$H_0=1.2H=1.2\times6.65=7.98$m，故应选（C）项。

39. 正确答案是 B，解答如下：

刚弹性方案，由《砌规》5.1.3：$H_{u0}=2H_u=2\times2=4$m

$$\beta=\gamma_\beta\frac{H_0}{h_T}=1.0\times\frac{4000}{3.5\times147}=7.77$$

$$e=\frac{M}{N}=\frac{19000}{85}=102.7\text{mm}，\frac{e}{h_T}=\frac{102.7}{3.5\times147}=0.2$$

查《砌规》附录表 D.0.1-1，取 $\varphi=0.50$，故应选（B）项。

40. 正确答案是 A，解答如下：

根据《砌规》8.2.2条、8.2.4条、8.2.5条：

$$\xi=\frac{x}{h_0}=\frac{315}{740-35}=0.447>\xi_b=0.44，\text{为小偏压}$$

$\sigma_s = 650 - 800 \times 0.447 = 292.4 \text{N/mm}^2 < f_y = 300 \text{N/mm}^2$

$A' = 490 \times 315 - 250 \times 120 = 124350 \text{mm}^2$, $A'_c = 250 \times 120 = 30000 \text{mm}^2$

$N_u = 1.89 \times 124350 + 9.6 \times 30000 + 1.0 \times 300 \times 763 - 292.4 \times 763 = 528.82 \text{kN}$

所以应选（A）项。

【38～40题评析】 38、39题，关键是确定房屋的静力计算方案。

40题，应复核 σ_s 值是否大于钢筋 f_y 值。

（下午卷）

41. 正确答案是 C，解答如下：

根据《木标》表 4.3.1-3，TC11A，顺纹抗拉强度 $f_t = 7.5 \text{N/mm}^2$；

根据《木标》表 4.3.9-1，露天环境，调整系数为 0.9；

根据《木标》表 4.3.9-2，设计使用年限 5 年，调整系数 1.1；

则调整后的顺纹抗拉强度 $f_t = 0.9 \times 1.1 \times 7.5 = 7.425 \text{N/mm}^2$。

D1 杆承受的轴心拉力 $N = 2 \times 3 \times 16.7 / 1.5 = 66.8 \text{kN}$

由《木标》式（5.1.1）：$A_n \geqslant \gamma_0 \dfrac{N}{f_t} = 0.9 \times \dfrac{66800}{7.425} = 8096.97 \text{mm}^2$

则：$b \times h \geqslant 90 \text{mm} \times 90 \text{mm}$，应选（C）项。

42. 正确答案是 C，解答如下：

根据《木标》4.3.17 条：

方木截面为 $a \times a$：$\qquad i = \dfrac{a}{\sqrt{12}} = \dfrac{l_0}{[\lambda]} = \dfrac{3000}{120} = 25 \text{mm}$

则：$a = 86.6 \text{mm}$，应选（C）项。

43. 正确答案是 B，解答如下：

根据《地处规》5.3.5 条：$p_0 = 18 \times 2 = 36 \text{kPa}$

$$s' = \frac{36}{4.5} \times 2 + \frac{36}{2} \times 10 + \frac{36}{5.5} \times 3 = 215.6 \text{mm}$$

$$s = \psi_s s' = 1.0 \times 215.6 = 215.6 \text{mm}$$

所以应选（B）项。

44. 正确答案是 A，解答如下：

根据《地处规》7.1.7 条、7.1.5 条：$s = 72 = \dfrac{p_0 \times 10}{E_{psi}} = \dfrac{18 \times 2 \times 10}{E_{psi}}$，则：

$$E_{psi} = 5 \text{MPa}$$

$\xi = \dfrac{f_{spk}}{f_{ak}} = \dfrac{E_{spi}}{E_s}$，则：

$$f_{spk} = \frac{5}{2} \times 100 = 250 \text{kPa}$$

由式（7.1.5-2）：$m = \dfrac{f_{spk} - \beta f_{sk}}{\dfrac{\lambda R_a}{A_p} - \beta f_{sk}} = \dfrac{250 - 0.4 \times 60}{\dfrac{1 \times 400}{\pi \times 0.25^2} - 0.4 \times 60} = 11.2\%$

桩中心距 s：$s = \dfrac{d}{\sqrt{m} \times 1.05} = \dfrac{0.5}{\sqrt{0.112} \times 1.05} = 1.42\text{m}$

45. 正确答案是 B，解答如下：

根据《桩规》5.4.4 条：

$$q_{si}^n = \xi_{ni}\sigma'_i = 0.15 \times \left(18 \times 2 + 18 \times 2 + \frac{1}{2} \times (17 - 10) \times 10\right) = 16.1\text{kPa} > 12\text{kPa}$$

故取 $q_{si}^n = 12\text{kPa}$，应选（B）项。

46. 正确答案是 C，解答如下：

根据《地规》附录 Q.0.10 条第 6 款，假设该柱下桩数≤3，对桩数为三根及三根以下的柱下承台，取最小值作为单桩竖向极限承载力。考虑长期负摩阻力的影响，只考虑嵌岩段的总极限阻力即 4600kN，中性点以下的单桩竖向承载力特征值为 2300kN。

根据《桩规》5.4.3 条第 2 款及式（5.4.3-2）：

$5500 \leqslant (2300 - 350) \times n$，则：$n \geqslant 2.8$

取 3 根，与假设相符，故应选（C）。

【43~46 题评析】 43 题、44 题，掌握土力学基本原理中单向分层压缩法原理及其运用。

45 题，负摩阻力计算公式的理解，即：土的有效应力计算，并且其取值不应超过正摩阻力标准值。

47. 正确答案是 C，解答如下：

假定 $b < 3.0\text{m}$，则 $f_a = 145 + 1.6 \times 18 \times 1.0 = 173.8\text{kPa}$

$$p_k = \frac{240}{b} + \frac{1 \times 6 \times 1.5 \times 20}{b} \leqslant 173.8，则：b \geqslant 1.67\text{m}$$

复核软弱下卧层，由《地规》5.2.7 条：

$\dfrac{E_{s1}}{E_{s2}} = 3$，3 个选项中的 $z/b > 0.5$，故取 $\theta = 23°$

$$\gamma_m = \frac{18 \times 2 + 8 \times 2}{2} = 13\text{kN/m}^3$$

$$f_a = 60 + 1.0 \times 13 \times (4 - 0.5) = 105.5\text{kPa}$$

$$\frac{b \times \left(\dfrac{240}{b} + 30 - 1.5 \times 18\right)}{b + 2 \times 2.5\tan23°} + 18 \times 2 + 8 \times 2 \leqslant 105.5$$

则：$\qquad\qquad b \geqslant 2.5\text{m}$

故取 $b \geqslant 2.6\text{m}$，应选（C）项。

48. 正确答案是 C，解答如下：

$$e_j = \frac{M}{F} = \frac{13.5}{351} = 0.038\text{m} < \frac{1.8}{6} = 0.3\text{m}$$

故地基净反力为梯形分布。

由《地规》8.2.10 条：

$$p_{j,\max} = \frac{F}{6} + \frac{M}{\frac{1}{6}b^2}$$

$$= \frac{351}{1.8} + \frac{13.5}{\frac{1}{6} \times 1.8^2} = 219.92\text{kPa}$$

$$p_{j,\min} = \frac{351}{1.8} - \frac{13.5}{\frac{1}{6} \times 1.8^2} = 169.97\text{kPa}$$

墙与基础交接处的地基净反力 p_1：

$$p_1 = 169.97 + \frac{0.9 + 0.12}{1.8} \times (219.92 - 169.97)$$

$$= 198.28\text{kPa}$$

单位长度的剪力 V_s：$V_s = \frac{219.92 + 198.28}{2} \times (0.9 - 0.12) = 163.1\text{kN/m}$

故应选（C）项。

49. 正确答案是 D，解答如下：

由《地规》8.2.10 条：

单位长度的受剪承载力 V_u：$V_u = 0.7 \times 1 \times 1.1 \times 1000 \times 600 = 462\text{kN/m}$

故应选（D）项。

50. 正确答案是 D，解答如下：

根据《地规》8.2.12 条：

$$A_s = \frac{M}{0.9 f_y h_0} = \frac{140 \times 10^6}{0.9 \times 360 \times 600} = 720\text{mm}^2/\text{m}$$

又由《地规》8.2.1 条第 3 款：

$$A_{s,\min} = 0.15\% \times 1000 \times 650 = 975\text{mm}^2/\text{m}$$

对于（D）项：Φ 14@150（$A_s = 1027\text{mm}^2$）；Φ 8@200，$A_s = 252\text{mm}^2$，并且大于 $15\% \times 975 = 146\text{mm}^2$，满足。

所以应选（D）项。

51. 正确答案是 C，解答如下：

根据《地规》5.3.5 条：

$$p_0 = 100\text{kPa} < 0.75 f_{ak} = 0.75 \times 140 = 105\text{kPa}$$

则内插法：$\psi_s = 1.033$

$$s = 1.033 \times \left[\frac{100}{6} \times 2.5 \times 0.8 + \frac{100}{2} \times (5 \times 0.6 - 2.5 \times 0.8) \right] = 86.1\text{mm}$$

由于下部基岩的坡度 $\tan 10° = 17.6\% > 10\%$，且基底下的土层厚度 $h = 5\text{m} > 1.5\text{m}$，需要考虑刚性下卧层的放大效应。

由于地基承载力特征值不满足《地规》6.2.2 条第 1 款规定，根据《地规》6.2.2 条式（6.2.2），$\frac{h}{b} = \frac{5}{2.5} = 2$，查表 6.2.2-2，得 $\beta_{gz} = 1.09$

$$s = 1.09 \times 86.1 = 93.8\text{mm}$$

所以应选（C）项。

【47～51题评析】　49题，《地规》8.2.9条中 A_0 是指：验算截面处基础的有效截面面积；50题，《地规》8.2.1条3款，复核最小配筋率应取全截面面积。

52. 正确答案是 B，解答如下：

根据《抗规》第4.3.11条，对①层土，$W_s=28\%<0.9W_L=0.9\times35.1\%=31.6\%$

对③层土，$W_s=26.4\%<0.9W_L=0.9\times34.1\%=30.7\%$

二者均不满足震陷性软土的判别条件，因此选项（A）、（C）不正确。

对②层粉砂中的 A 点，根据《抗规》式（4.3.4）：

$$N_{cr}=16\times0.8\times[\ln(0.6\times6+1.5)-0.1\times2]\times\sqrt{3/3}=18.3>N=16$$

因此，A 点处的粉砂可判为液化土，（B）为正确答案。

53. 正确答案是 A，解答如下：

将基础顶部的作用换算为作用于基础底部形心的作用：

竖向力 $=6000+10.6\times2\times20=6424$kN

力矩 $=1500+800\times1.5-6000\times\left[\left(0.8-\dfrac{1.0}{2}\right)+\dfrac{1}{3}\times1.2\tan60°\right]$

$\qquad=-3256.2$kN·m

根据《桩规》5.1.1条及式（5.1.2-2）：

$$N_1=\frac{6424}{3}-\frac{3256.2\times\left(\dfrac{2}{3}\times1.2\tan60°\right)}{\left(\dfrac{2}{3}\times1.2\tan60°\right)^2+2\times\left(\dfrac{1}{3}\times1.2\tan60°\right)^2}=574.7\text{kN}$$

所以应选（A）项。

54. 正确答案是 A，解答如下：

根据《抗规》4.4.3条，取折减系数为1/3

根据《桩规》5.3.9条：

$$Q_{sk}=0.8\times3.14\times\left(2\times25+5\times30\times\frac{1}{3}+4\times30+2\times40\right)=753.6\text{kN}$$

$$Q_{rk}=0.95\times12\times\frac{3.14}{4}\times0.64\times10^3=5727.4\text{kN}$$

$$Q_{uk}=Q_{sk}=Q_{rk}=6481\text{kN}$$

$$R_a=\frac{1}{2}\times6481=3240.5\text{kN}$$

$$R_{aE}=1.25\times3240.5=4050\text{kN}$$

所以应选（A）项。

【52～54题评析】　52题，也可采用 I_L 值进行判别。

53题，应注意力矩的作用方向。

55. 正确答案是 B，解答如下：

根据《桩规》Q.0.4条，应选（B）项。

此外，（A）项，由《桩规》3.3.2条，正确。

（C）项，由《桩规》7.2.1条，正确。

（D）项，由《桩规》7.2.4 条，正确。

56. 正确答案是 C，解答如下：

根据《桩规》5.5.9 条及条文说明，应选（C）项。

57. 正确答案是 A，解答如下：

根据《高规》式（7.2.10-2）：轴压力在一定范围内可提高墙肢的受剪承载力，轴压比过小也不经济，应取适当的轴压比，（A）不符合规程要求，故应选（A）项。

此外，根据《高规》7.1.6 条条文说明，（B）符合规程要求。

根据《高规》D.0.4 条，对剪力墙的翼缘截面高高小于截面厚度 2 倍的剪力墙，验算墙体整体稳定时，不按无翼墙考虑，（C）符合规程要求。

根据《高规》7.1.8 条注 1，墙肢厚度大于 300mm 时，可不作为短肢剪力墙考虑，（D）符合规程要求。

58. 正确答案是 D，解答如下：

根据《高规》5.4.1 条、5.4.4 条及条文说明，应选（D）项。

此外，根据《高规》5.4.1 条，重力二阶效应主要与结构的刚重比有关，结构满足规范位移要求时，结构高度较低，并不意味重力二阶效应小，（A）不准确。

根据《高规》5.4.1、5.4.4 条及条文说明，重力二阶效应影响是指水平力作用下的重力二阶效应影响，包括地震作用及风荷载作用，（B）不准确。

根据《抗规》第 3.6.3 条及条文说明，（C）不准确。

59. 正确答案是 D，解答如下：

根据《高规》9.1.5 条，核心筒与外框架中距大于 12m，宜采取增设内柱的措施，（A）不合理。

根据《高规》9.1.5 条，室内增设内柱，根据《抗规》6.1.1 条条文说明，该结构不属于板柱-剪力墙结构，（B）、（C）、（D）结构体系合理。

（B）结构布置合理，室内净高：$3.2-0.7-0.05=2.45m$，不满足净高 2.6m 要求，故（B）不合理。

（C）、（D）结构体系合理，净高满足要求，比较其混凝土用量。

（D）电梯厅两侧梁板折算厚度较大，次梁折算厚度约为：

$200×（400-100）×（10000×2+9000×2）÷（9000×10000）=25mm$，电梯厅两侧梁板折算板厚约为：$100+25=125mm$。

（C）楼板厚度约为 200mm。

故（D）相对合理，应选（D）项。

60. 正确答案是 C，解答如下：

该结构为长矩形平面，根据《高规》8.1.8 条第 2 款，X 向剪力墙不宜集中布置在房屋的两尽端，宜减 W_1 或 W_3；

根据《高规》8.1.8 条第 1 款，Y 向剪力墙间距不宜大于 $3B=45m$ 及 40m 之较小者 40m，宜减 W_4 或 W_7；

综合上述原因，同时考虑框架-剪力墙结构中剪力墙的布置原则，故应选（C）项。

61. 正确答案是 B，解答如下：

根据《高规》3.4.5 条及条文说明，应考虑偶然偏心，可不考虑双向地震作用的要求；由《抗规》3.4.3条条文说明：

扭转位移比 $=\dfrac{3.4}{(3.4+1.9)/2}=1.28$

所以应选（B）项。

62. 正确答案是 B，解答如下：

根据《高规》3.4.5条及条文说明：

取 $T_1=2.8\text{s}$；$T_t=T_4=2.3\text{s}$

则：$\dfrac{T_t}{T_1}=\dfrac{2.3}{2.8}=0.82$，应选（B）项。

63. 正确答案是 D，解答如下：

根据《高规》6.1.8条及条文说明，梁 L1 与框架柱相连的 A 端按框架梁抗震要求设计，与框架梁相连的 C 端，可按次梁非抗震要求设计，（A）不合理。

对于（B），截面 A：$\rho=\dfrac{3041}{300\times440}=2.30\%>2.0\%$

根据《高规》6.3.2条第 4 款，箍筋直径应为：12mm，（B）不合理。

对于（C），截面 A：$\dfrac{A_{s2}}{A_{s1}}=\dfrac{1017}{2644}=0.38<0.50$，

根据《高规》6.3.2条第 3 款，（C）不合理。

对于（D），截面 A：$\rho=\dfrac{2281}{300\times440}=1.73\%<2.5\%$

$\dfrac{x}{h_0}=\dfrac{f_yA_s-f'_yA'_s}{\alpha_1bh_0f_c}=\dfrac{360\times(2\times380.1)}{1\times300\times440\times14.3}=0.15<0.25$，满足。

$\dfrac{A_{s2}}{A_{s1}}=\dfrac{4}{6}=0.67>0.5$，满足。

所以应选（D）项。

64. 正确答案是 D，解答如下：

根据《高规》附录 F.1.2条：取 $[\theta]=1.00$

$$A_s=\frac{1}{4}\pi\,(D_1^2-D_2^2)=0.25\times\pi\times(1000^2-960^2)=61575\text{mm}^2$$

$$A_c=\frac{1}{4}\pi D_c^2=0.25\times\pi\times960^2=723823\text{mm}^2$$

$$\theta=\frac{A_a\cdot f_a}{A_c\cdot f_c}=\frac{61575\times300}{723823\times23.1}=1.105>[\theta]=1.0$$

根据《高规》式（F.1.2-3）：

$N_0=0.9A_cf_c(1+\sqrt{\theta}+\theta)=0.9\times723823\times23.1\times(1+\sqrt{1.105}+1.105)$

$\quad=47495228\text{N}=47500\text{kN}$

所以应选（D）项。

65. 正确答案是 C，解答如下：

根据《高规》10.2.11条，$M^t=1100\times1.5\times1.1=1815\ \text{kN}\cdot\text{m}$

$M^b = 1350 \times 1.5 \times 1.1 = 2228\text{kN} \cdot \text{m}$，取较大值 $M_2 = 2228\text{kN} \cdot \text{m}$

$$e_0 = \frac{2228 \times 1000}{25900} = 86\text{mm} \qquad \frac{e_0}{r_c} = \frac{86}{480} = 0.18 < 1.55$$

按《高规》式（F.1.3-1）：

$$\varphi_e = \frac{1}{1 + 1.85 \times \dfrac{e_0}{r_c}} = \frac{1}{1 + 1.85 \times 0.18} = 0.75$$

所以应选（C）项。

66. 正确答案是 B，解答如下：

按有侧移柱计算，根据《高规》式（F.1.6-3）：$k = 1 - 0.625 \times 0.20 = 0.875$

式（F.1.5）：$L_e = \mu k L = 1.3 \times 0.875 \times 10 = 11.375\text{m}$

$\dfrac{L_e}{D} = 11.375 > 4$，按规程式（F.1.4-1）：

$$\varphi_l = 1 - 0.115\sqrt{\frac{L_e}{D} - 4} = 1 - 0.115\sqrt{\frac{11.375}{1} - 4} = 0.688$$

按轴心受压柱，$L_e = 1.3 \times 10 = 13\text{m}$

$$\varphi_0 = 1 - 0.115\sqrt{\frac{L_e}{D} - 4} = 1 - 0.115\sqrt{\frac{13}{1} - 4} = 0.655$$

$$\varphi_e \cdot \varphi_l = 0.6 \times 0.688 = 0.413 < \varphi_0 = 0.655$$

根据规程 F.1.2 条：

$N_u/N_0 = \varphi_l \cdot \varphi_e = 0.413$，故应选（B）项。

【64～66题评析】 65 题，本题目为角柱转换柱。

66 题，必须复核 $\varphi_e \cdot \varphi_l < \varphi_0$ 的条件。

67. 正确答案是 C，解答如下：

根据《高规》表 3.3.1-2，该结构为 B 级高层，查表 3.9.4，剪力墙抗震等级为一级；

根据规程 7.1.4 条，底部加强部位高度：

$$H_1 = 2 \times 3.2 = 6.4\text{m}, \quad H_2 = \frac{1}{10} \times 134.4 = 13.44\text{m}$$

取大者 13.44m，1～5 层为底部加强部位，-1～6 层设置约束边缘构件；

根据规程 7.2.14 条，B 级高层宜设过渡层，7 层为过渡层，应设置过渡层边缘构件。

根据规程 7.2.16 条第 4 款及表 7.2.16，阴影范围竖向钢筋：

$$A_c = 300 \times 600 = 1.8 \times 10^5 \text{mm}^2, \quad A_s = 0.9\% A_c = 1620\text{mm}^2$$

$8\,\Phi\,18$，$A'_s = 2036\text{mm}^2 > A_s$

阴影范围箍筋：

按构造配Φ8@100，过渡边缘构件的箍筋配置应比构造边缘构件适当加大，配Φ10@100：

$$\rho_v \geqslant \lambda_v \frac{f_c}{f_{yv}} = 0.1 \times \frac{19.1}{300} = 0.64\%$$

$$A_{cor} = (600-30-5) \times (300-30-30) = 135600 \text{mm}^2$$

$$\sum n_i l_i = (300-30-30+10) \times 4 + (600-30+5) \times 2 = 2150 \text{mm}$$

$$\rho_v = \frac{\sum n_i l_i \times A_{si}}{A_{cor} \times s} = \frac{2150 \times 78.5}{135600 \times 100} = 1.24\% > 0.64\%$$

故（C）项满足。

68. 正确答案是 D，解答如下：

墙肢 1 反向地震作用组合时：

$$e_0 = \frac{M}{N} = \frac{3000}{1000} = 3\text{m} > \frac{h_w}{2} - a_s = \frac{2.5}{2} - 0.2 = 1.05\text{m}$$

故为大偏拉，又抗震一级，则：

根据《高规》7.2.4 条及 7.2.6 条：

$$V_w = 1.6 \times 1.25 \times V = 1.6 \times 1.25 \times 1000 = 2000\text{kN}$$
$$M_w = 1.25 \times M = 1.25 \times 5000 = 6250\text{kN} \cdot \text{m}$$

所以应选（D）项。

【67、68题评析】 67题，根据《高规》7.2.14 条，B 级高层宜设过渡层。过渡层边缘构件的箍筋配置要求可低于约束边缘构件的要求，但应高于构造边缘构件的要求。对过渡层边缘构件的竖向钢筋配置高层规程未作规定，不低于构造边缘构件的要求。

69. 正确答案是 A，解答如下：

根据《高规》3.11.3 条条文说明，（C）、（D）项不准确。

由规程 4.3.7 条，查表 4.3.7-2：

罕遇地震：$T_g = 0.40 + 0.05 = 0.455$，故（B）项不准确。

所以应选（A）项。

70. 正确答案是 B，解答如下：

根据《高规》E.0.1 条，转换层设置在 3 层时，等效剪切刚度比验算方法不是规范规定的适用于本题的方法，故（A）项不合理。

侧向刚度比验算，根据规程 E.0.2 条，按高层规程式（3.5.2-1）：

第 2、3 层，串联后的侧向刚度为：

$$K_{23} = \frac{1}{\frac{\Delta_2}{V_2} + \frac{\Delta_3}{V_3}} = \frac{1}{\frac{3.5}{900} + \frac{3}{1500}} = 170\text{kN/mm}$$

第 4 层侧向刚度为：

$$K_4 = \frac{V_4}{\Delta_4} = \frac{900}{2.1} = 428.6\text{kN/mm}$$

K_{23} 与 K_4 之比为：

$$K_{23}/K_4=\frac{170}{428.6}=0.4<0.6，不满足。$$

故选（B）项。

此外，对于（D），等效侧向刚度比，按《高规》式（E.0.3）：

$$\gamma_{e2}=\frac{6.2\times18}{7.8\times17.5}=0.82>0.8，满足。$$

【69、70题评析】 70题，等效剪切刚度比、楼层侧向刚度比、考虑层高修正的楼层侧向刚度比及等效侧向刚度比是《高规》要求侧向刚度比验算的主要方法，区分各自适用的对象。

71. 正确答案是 B，解答如下：

根据《高规》4.3.5条，每条时程曲线计算所得的结构底部剪力最小值为：
$$16000\times65\%=10400kN$$

P_3、P_6 不能选用，（D）不正确；

选用7条加速度时程曲线时，实际地震记录的加速度时程曲线数量不应少于总数量的2/3，即5条，人工加速度时程曲线只能选2条，（A）不正确；

各条时程曲线计算所得的剪力的平均值不应小于：$16000\times80\%=12800kN$

（B）项：$(14000+13000+13500+11000+12000+14500+12000)\times\frac{1}{7}=12857kN>$

$12800kN$，满足，故应选（B）项。

72. 正确答案是 B，解答如下：

根据《抗规》3.10.4条条文说明：

同一楼层弹塑性层间位移与小震弹性层间位移之比分别为：

5.8；5.8；5.82；6.0；5.91；5.82；5.8。

平均值为：5.85；最大值为：6.0；

取平均值时：$5.85\times\frac{1}{600}=\frac{1}{103}$

取最大值时：$6.0\times\frac{1}{600}=\frac{1}{100}$

所以应选（B）项。

73. 正确答案是 D，解答如下：

根据《城市桥规》（2019年局部修订）10.0.2条：
$$q_k=10.5kN/m，P_k=2(L_0+130)=2\times(29.4+130)=318.8kN$$
$$V=1.25\times2\times\left(1.2\times318.8\times1+\frac{1}{2}\times10.5\times29.7\times\frac{29.7}{29.4}\right)=1350kN$$

74. 正确答案是 C，解答如下：

根据《公桥通规》4.3.2条，取0.3，故应选（C）项。

75. 正确答案是 B，解答如下：

根据《城市桥规》10.0.2条、3.0.15条；由《公桥混规》4.2.5条：
$$a=(a_1+2h)+2l_c$$
由《城市桥规》10.0.2条及表10.0.2知，车辆4号轴的车轮的横桥面着地宽度（b_1）

为 0.6m，纵桥向着地长度（a_1）为 0.25m。

则：$l_c=1+\dfrac{0.6}{2}+0.15=1.45\text{m}$，如图 19-2(a)所示。

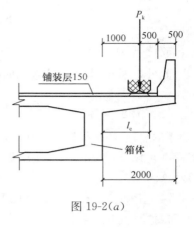

对于车辆 4 号轴：

纵桥向荷载分布宽度 $a=(0.25+2\times0.15)+2\times1.45$
$=3.45\text{m}<6\text{m}$ 或 7.2m

所以应选（B）项。

76. 正确答案是 A，解答如下：

由于各中墩截面及高度完全相同，支座尺寸也完全相同，本段桥纵桥向为对称结构，故温度位移零点必在四跨总长的中心点处，则⑫墩顶距温度位移零点距离 $L=30\text{m}$

图 19-2(a)

升温引起的⑫墩顶处水平位移 $\delta_1=L\cdot\alpha\cdot\Delta t=30\times10^{-5}\times25=0.0075\text{m}$

墩柱的抗推集成刚度：
$$\frac{1}{K_{集成}}=\frac{1}{4\times K_支}+\frac{1}{K_柱}$$

则：
$$K_{集成}=\frac{4K_支\cdot K_柱}{4K_支+K_柱}=\frac{4\times4500\times20000}{4\times4500+20000}=9474\text{kN/m}$$

⑫墩所承受的水平力：
$$P_1=\delta_1\times K_{集成}=0.0075\times9474=71.05\text{kN}\approx70\text{kN}$$

所以应选（A）项。

77. 正确答案是 A，解答如下：

根据《城桥震规》3.1.1 条，位于城市快速路上，故属于乙类；查规范表 3.3.3，7度、乙类，应选用 A 类方法。

78. 正确答案是 D，解答如下：

根据《城桥震规》8.1.1 条第 1 款：

墩柱高度与弯曲方向边长之比 $14/1.8=7.78>2.5$

该中墩为墩顶设有支座的单柱墩，在纵桥向或横桥向水平地震力作用下，其潜在塑性铰区域均在墩柱底部，当地震水平力作用于墩柱时，最大弯矩 M_{max} 在柱根截面，相应 $0.8M_{max}$ 的截面在距柱根截面 $0.2H$ 处，即 $h=0.2H=0.2\times14=2.80\text{m}>1.8\text{m}$。

最终取箍筋加密区的最小长度为 2180m，应选（D）项。

【73～78题评析】 76 题，若要计算一联桥面连续的多孔简支梁桥（或连续梁桥）的某个桥墩在均匀升温（或降温）作用下承受的温度力，首先要确定该桥墩距本联桥梁结构的温度位移零点的距离，也就是说要先确定该温度位移零点的位置。若本联桥梁各桥墩截面相同，支座类型和尺寸完全相同，各桥墩的高度及各桥墩距本联桥总长的中心点的距离是完全对称的，即各桥墩的纵桥向水平抗推刚度对于本联桥总长的中心点是完全对称的，则本联桥的温度位移零点必在本联桥总长的中心点。若某联桥各桥墩的抗推刚度各不相同，温度位移零点距该联桥①号墩中心的距离可按下式计算：

$$x = \frac{\sum\limits_{i=0}^{n} l_i k_i}{\sum\limits_{j=0}^{n} k_j}$$

其中：l_i 为各桥墩至①号墩中心线的距离，k_i 为各桥墩的纵桥向水平抗推刚度。

79. 正确答案是 C，解答如下：

根据《公桥混规》8.7.3 条第 2 款：

（A）项：$t_e = 29\text{mm} < \dfrac{l_a}{10} = \dfrac{300}{10} = 30\text{mm}$，不满足。

（B）项：$t_e = 45\text{mm} < 2\Delta_l = 2 \times 26 = 52\text{mm}$，不满足。

（C）项：$t_e = 53\text{mm} > 2\Delta_l = 2 \times 26 = 52\text{mm}$

$\dfrac{l_a}{10} = \dfrac{300}{10} = 30\text{mm} < t_e = 53\text{mm} < \dfrac{l_a}{5} = \dfrac{300}{5} = 60\text{mm}$

故（C）项满足。

80. 正确答案是 A，解答如下：

根据《公桥通规》4.3.1 条、4.3.4 条第 2 款：计算简图，如图 19-3(a) 所示。

纵桥向单轴扩散长度：$a_1 = 2.6\tan30° \times 2 + 0.2 = 1.5 \times 2 + 0.2 = 3.2\text{m} > 1.4\text{m}$，两轴压力扩散线重叠，所以应取两轴压力扩散长度：$a = 3.2 + 1.4 = 4.6\text{m}$

双车道车辆，两后轴重引起的压力：$q_{活} = \dfrac{2 \times 2 \times 140}{4.6 \times 8.5} = 14.32\text{kN/m}^2$

双车道车辆，两后轴重在盖板跨中截面每延米产生的活荷载弯矩标准值为：

$M_{活} = \dfrac{1}{8} q l^2 \times 1.0 = \dfrac{1}{8} \times 14.32 \times 3^2 \times 1.0$

$\quad = 16.11\text{kN} \cdot \text{m}$

所以应选（A）项。

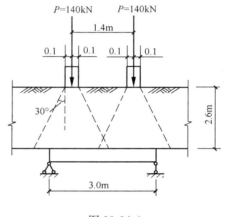

图 19-3(a)

实战训练试题（二十）解答与评析

（上午卷）

1. 正确答案是 C，解答如下：

根据《抗规》5.1.3 条和 5.4.1 条：

$$N = 1.2(N_{Gk} + 0.5N_{Qk}) + 1.3N_{Ehk} = 1.2 \times (980 + 0.5 \times 220) + 1.3 \times 280 = 1672kN$$

$$\mu_N = \frac{N}{f_c A} = \frac{1672 \times 10^3}{16.7 \times (600 \times 600 - 400 \times 400)} = 0.50$$

查《异形柱规》表 6.2.2，二级 T 形框架柱的轴压比限值为：$[\mu_N] = 0.55$

$$\mu_N / [\mu_N] = 0.50/0.55 = 0.91$$

2. 正确答案是 B，解答如下：

查《异形柱规》表 6.2.9，当轴压比为 0.5 时，二级 T 形框架柱 $\lambda_v = 0.20$

根据《异形柱规》公式（6.2.9）：

箍筋均采用 HRB400 级，$f_{yv} = 360N/mm^2$

$$\rho_v \geqslant \lambda_v \frac{f_c}{f_{yv}} = 0.20 \times \frac{16.7}{360} = 0.93\% > 0.8\%$$

取 $\Phi 8@100$，则：

$$\rho_v = \frac{4 \times [(600 - 2 \times 30 + 8) + (200 - 2 \times 30 + 8)] \times 50.3}{[(600 - 2 \times 30) \times 140 + 400 \times 140] \times 100} = 1.06\% > 0.93\%$$

箍筋最大间距为：$\min [100mm，6 \times 20 = 120mm] = 100mm$

满足《异形柱规》表 6.2.10。

3. 正确答案是 C，解答如下：

框架抗震二级，根据《异形柱规》5.1.6 条：

$$M_c^b = \eta_c M_c = 1.5 \times 320 = 480kN \cdot m$$

根据《异形柱规》5.2.3 条：

$$H_n = 3.6 + 1 - 0.45 - 0.05 = 4.1m$$

$$V_c = 1.3 \frac{M_c^t + M_c^b}{H_n} = 1.3 \times \frac{312 + 480}{4.1} = 251kN$$

4. 正确答案是 D，解答如下：

根据《混规》11.6.7 条、11.1.7 条：

$$l_{abE} = 1.15 l_{ab}$$

由《混规》8.3.1 条、8.3.2 条

$$l_{ab} = \alpha \frac{f_y}{f_t} d = 0.14 \times \frac{360}{1.43} \times 20 = 705mm$$

故：

$$l_{abE} = 1.15 \times 705 = 811mm$$

根据《异形柱规》图 6.3.2 (a)：

$$l \geqslant 1.6 l_{\mathrm{abE}} - (450 - 40) = 1.6 \times 811 - 410 = 888 \mathrm{mm}$$

$$l \geqslant 1.5 h_{\mathrm{b}} + (600 - 40) = 1.5 \times 450 + 560 = 1235 \mathrm{mm}$$

取较大值，选（D）项。

【1～4题评析】 3题，区分结构高度与建筑高度，柱的结构净高＝3.6＋1－0.45－0.05＝4.1m。

4题，区分 l_{ab} 与 l_{a} 的不同，l_{abE} 与 l_{ab} 挂钩。

5. 正确答案是 C，解答如下：

（1）KL1 中间支座配筋率 $\rho = \dfrac{A_{\mathrm{s}}}{bh_0} = \dfrac{4909}{400 \times 530} \times 100\% = 2.32\% > 2.0\%$，箍筋最小直径应为 10mm，违反《混规》11.3.6。

（2）KL1 上部纵向受力钢筋（即称为"上铁"）中通长钢筋 2Φ25，不满足支座钢筋 10Φ25 的四分之一，不符合《混规》11.3.7 条。

6. 正确答案是 C，解答如下：

（1）Q1 水平钢筋配筋率 $\rho = \dfrac{A_{\mathrm{s}}}{bh} = \dfrac{2 \times 78.5}{400 \times 200} = 0.20\% < 0.25\%$，违反《混规》11.7.14 条。

（2）根据《混规》11.7.11 条第 3 款，沿连梁全长箍筋的构造宜按本规范 11.3.6 条和 11.3.8 条框架梁梁端加密区箍筋的构造要求。

LL1 应按一级抗震等级，箍筋最小直径不应小于 10mm，违反《混规》11.3.6 条。

7. 正确答案是 C，解答如下：

（1）根据《混规》表 11.4.12-1，抗震等级为二级的 KZ1 的纵筋最小配筋百分率为 0.75%：

$$A_{\mathrm{s,min}} = 800 \times 800 \times 0.75\% = 4800 \mathrm{mm}^2$$

实配：$A_{\mathrm{s}} = 4 \times 314.2 + 12 \times 254.5 = 4311 \mathrm{mm}^2 < 4800 \mathrm{mm}^2$

违反《混规》11.4.12 条规定。

（2）KZ1 非加密区箍筋间距为 $200 \mathrm{mm} > 10d = 10 \times 18 = 180 \mathrm{mm}$，违反《混规》11.4.18 条。

8. 正确答案是 C，解答如下：

（1）YBZ1 阴影部分纵向钢筋面积：

$A_{\mathrm{s}} = 16 \times 314 = 5024 \mathrm{mm}^2 < 0.012 A_{\mathrm{c}} = 0.012 \times (800^2 - 400^2) = 5760 \mathrm{mm}^2$

不符合《混规》11.7.18 条。

（2）YBZ1 沿长向墙肢长度 $1100 \mathrm{mm} < 0.15 h_{\mathrm{w}} = 0.15 \times (7500 + 400) = 1185 \mathrm{mm}$

不符合《混规》表 11.7.18。

9. 正确答案是 B，解答如下：

根据《混规》6.2.11 条：

$\alpha_1 f_{\mathrm{c}} b_{\mathrm{f}}' h_{\mathrm{f}}' + f_{\mathrm{y}}' A_{\mathrm{s}}' = 1.0 \times 16.7 \times 2000 \times 200 + 360 \times 982 = 7033520 \mathrm{N} > f_{\mathrm{y}} A_{\mathrm{s}} = 360 \times 2945 = 1060200 \mathrm{N}$

故应按宽度为 b_{f}' 的矩形截面计算。

按《混规》公式（6.2.10-2）：

$$x = (f_y A_s - f'_y A'_s)/(\alpha_1 f_c b'_f) = (360 \times 2945 - 360 \times 982)/(1.0 \times 16.7 \times 2000) =$$
$21.2\text{mm} < 2a'_s = 90\text{mm}$

故由《混规》公式（6.2.14）：
$$M_u = f_y A_s(h - a_s - a'_s) = 360 \times 2945 \times (600 - 2 \times 45)$$
$$= 540.7 \times 10^6 \text{N} \cdot \text{mm} = 541\text{kN} \cdot \text{m}$$

10. 正确答案是 B，解答如下：

根据《混规》3.4.3 条、7.2.2 条、7.2.5 条：

由图可知，A_s 为 6 Φ 25，A'_s 为 2 Φ 25，则：$\dfrac{\rho'}{\rho} = \dfrac{2}{6}$。

$$\theta = 2.0 - (2.0 - 1.6) \times 2/6 = 1.867$$

$$B = \frac{B_s}{\theta} = \frac{1.418 \times 10^{14}}{1.867} = 7.595 \times 10^{13} \text{N} \cdot \text{mm}^2$$

$$f = 5.5 \times 10^6 \frac{M_q}{B} = 5.5 \times 10^6 \times \frac{300 \times 10^6}{7.595 \times 10^{13}} = 22\text{mm}$$

【5～10 题评析】 5 题，本题目也可以根据《抗规》进行分析、解答，其结果是相同的。

6 题，框架-剪力墙结构中连梁的抗震等级与剪力墙的抗震等级相同，见《高规》7.2.21 条条文说明。

8 题，阴影面积 $A_{阴}$ 计算：方法一：$A_{阴} = 800^2 - 400^2$；方法二：$A_{阴} = 800 \times 400 + 400 \times 400$。

9 题，由提示可知，A'_s 计算时，不考虑架立钢筋 2 Φ 12 及板内纵筋。

10 题，从平面表示法获取结构配筋信息。

11. 正确答案是 A，解答如下：

根据《混规》6.5.2 条：

$550\text{mm} < 6h_0 = 6 \times 120 = 720\text{mm}$，故 u_m 应扣除洞口长度。

$u_m = 2 \times (520 + 620) - (250 + 120/2) \times 550/800 = 2280 - 213 = 2067\text{mm}$

$F_u = 0.7\beta_h f_t \eta u_m h_0 = 0.7 \times 1.0 \times 1.43 \times 1.0 \times 2067 \times 120 = 248\text{kN}$

12. 正确答案是 B，解答如下：

洞口每侧补强钢筋面积应不小于孔洞宽度内被切断的受力钢筋面积的一半，550/100 = 5.5 根。

洞口被切断的受力钢筋数量为 6 Φ 12。

洞边每侧补强钢筋面积为：$A_s \geqslant 6 \times 113/2 = 339\text{mm}^2$

选用 2 Φ 16，$A_s = 2 \times 201 = 402\text{mm}^2 > 339\text{mm}^2$，满足。

13. 正确答案是 D，解答如下：

根据《抗规》4.1.6 条及其条文说明：

Ⅱ类场地，$v_{se} = 270\text{m/s}$，$\dfrac{270 - 250}{250} = 8\% < 15\%$

位于 Ⅱ、Ⅲ 类场地分界线附近，T_g 应允许按插值方法确定。

设计地震分组为第一组时，查《抗规》条文说明图 7，特征周期为 0.38s。

罕遇地震作用时，特征周期还应增加 0.05s，即：$T_g = 0.38 + 0.05 = 0.43s$

14. 正确答案是 A，解答如下：

根据《混验规》7.3.3条：

设：水泥＝1.0

砂子＝1.88/(1－5.3％)＝1.985

石子＝3.69/(1－1.2％)＝3.735

水＝0.57－1.985×5.3％－3.735×1.2％＝0.42

施工水胶比＝水/水泥＝0.42/1.0＝0.42

15. 正确答案是A，解答如下：

根据《混规》7.1.2条及其计算公式：

Ⅰ. 加大截面高度，可降低 σ_s，从而可减少 w_{max}，故Ⅰ正确。

Ⅳ. 增加纵向受拉钢筋数量，可提高 A_s，从而可减少 w_{max}，故Ⅳ正确。

其余措施均不能减少 w_{max}。

所以应选(A)项。

16. 正确答案是B，解答如下：

Ⅰ. 根据《抗规》12.3.8条及条文说明，正确，故排除(D)项。

Ⅱ. 根据《抗规》12.2.5条，正确，故排除(C)项。

Ⅳ. 根据《抗规》12.2.7条第2款及其注，按8度确定，框架抗震等级为一级；《抗规》6.3.6条及其注，剪跨比小于2的柱的轴压比限值降低0.05，即：0.65－0.05＝0.6，故Ⅳ错误，应选(B)项。

【16题评析】 Ⅲ，根据《抗规》12.2.7条及条文说明和表6.1.2、12.2.5条，正确。

17. 正确答案是B，解答如下：

根据《钢标》8.3.3条及附录E.0.4条：

$$K_1 = \frac{I_1}{I_2} \cdot \frac{H_2}{H_1} = \frac{279000}{0.9 \times 1202083} \times \frac{11.3}{4.7} = 0.62$$

$$\eta_1 = \frac{H_1}{H_2} \cdot \sqrt{\frac{N_1}{N_2} \cdot \frac{I_2}{I_1}} = \frac{4.7}{11.3} \times \sqrt{\frac{610}{2110} \times \frac{0.9 \times 1202083}{279000}} = 0.44$$

查《钢标》附录表E.0.4，故下柱计算长度系数 $\mu_2 = 1.72$

根据框架柱平面布置图，查《钢标》表8.3.3，得折减系数为0.9，则：

下柱段的计算长度系数为：0.9×1.72＝1.55

上柱段的计算长度系数为：$\mu_1 = \frac{\mu_2}{\eta_1} = \frac{1.55}{0.44} = 3.52$

18. 正确答案是C，解答如下：

根据《钢标》8.4.2条：

$$h_c = \frac{177.54}{177.54 - (-104.66)} \times 972 = 612mm$$

$$k_\sigma = \frac{16}{2 - 1.59 + \sqrt{(2-1.59)^2 + 0.112 \times 1.59^2}} = 14.79$$

$$\lambda_{n,p} = \frac{972/8}{28.1\sqrt{14.79}} = 1.124 > 0.75，则：$$

$$\rho = \frac{1}{1.124} \times \left(1 - \frac{0.19}{1.124}\right) = 0.74$$

$$A_{ne} = A - (1-\rho)h_c t_w$$
$$= 16740 - (1-0.74) \times 612 \times 8 = 15467 \text{mm}^2$$

（注意，本题目按《钢标》对原真题进行重新编写。）

19. 正确答案是 C，解答如下：

根据《钢标》式（8.2.2-1）：

屋盖肢受压，取图 20-5 中截面 4-4 处：

$$\frac{2110 \times 10^3}{0.916 \times 23640} + \frac{1.0 \times 1070 \times 10^6}{19295 \times 10^3 \times (1 - 2110/34476)} = 156.5 \text{N/mm}^2$$

吊车肢受压，取图 20-5 中截面 3-3 处：

$$\frac{1880 \times 10^3}{0.916 \times 23640} + \frac{1.0 \times 730 \times 10^6}{13707 \times 10^3 \times (1 - 1880/34476)} = 143.1 \text{N/mm}^2$$

20. 正确答案是 C，解答如下：

根据《钢标》7.2.7 条

$$V = 180 \text{kN} > \frac{Af}{85\varepsilon_k} = \frac{236.4 \times 10^2 \times 215}{85 \times 1} = 59.8 \text{kN}$$

缀条长度 $l_1 = \sqrt{1050^2 + 1454^2} = 1793 \text{mm}$

$$A_1 = 1063.7 \text{mm}^2, \quad i_v = 18.0 \text{mm}$$

根据《钢标》7.6.1 条：

$$\lambda_v = \frac{0.9 \times 1793}{18} = 90$$

$$\eta = 0.6 + 0.0015 \times 90 = 0.735$$

由《钢标》表 7.2.1-1 及注，为 b 类截面。

查《钢标》附录表 D.0.2，$\varphi = 0.621$

缀条压力：$N = \dfrac{V/2}{\cos\theta} = \dfrac{180/2}{1454/1793} = 111 \text{kN}$

$$\frac{N}{\eta\varphi A_1 f} = \frac{111 \times 10^3}{0.735 \times 0.621 \times 1063.7 \times 215} = 1.06$$

（**注意**：本题目对原真题进行重新编写。）

21. 正确答案是 C，解答如下：

根据《抗规》9.2.10 条及附录 K.2 规定：

由提示，交叉支撑按拉杆考虑，其平面内计算长度 l_{0x}：

$$l_{0x} = 0.5 \times \sqrt{(11300 - 300 - 70)^2 + 12000^2} = 8116 \text{mm}$$

$$\lambda = \frac{l_{0x}}{i_x} = \frac{8116}{49.8} = 163$$

查《钢标》附录表 D.0.2，取 $\varphi = 0.267$。

由《抗规》附录 K.2.2 条：

单肢轴力 $N_{br} = \dfrac{l_i}{(1 + \psi_c \varphi_i)s_c} V_{bi} = \dfrac{1}{1 + 0.3 \times 0.267} \times \dfrac{16232}{12000} \times \dfrac{400000}{2} = 2.50 \times 10^5 \text{N}$

$$= 250 \text{kN}$$

$$\frac{N_{\mathrm{br}}}{A_{\mathrm{n}}} = \frac{250000}{1569} = 159\mathrm{N/mm^2}$$

22. 正确答案是 B，解答如下：

螺栓中心与构件形心偏差产生的力矩：

$$120 \times 10^3 \times (50 - 24.4) = 120 \times 10^3 \times 25.6 = 3.07 \times 10^6 \mathrm{N \cdot mm}$$

高强螺栓承受的最大剪力：

$$\sqrt{\left(\frac{3.07 \times 10^6}{90}\right)^2 + \left(\frac{120 \times 10^3}{2}\right)^2} = 69\mathrm{kN}$$

23. 正确答案是 C，解答如下：

根据《钢标》16.3.2 条，（C）项正确，应选（C）项。

此外，（A）项，根据《钢标》16.1.3 条，错误。

（B）项，根据《钢标》6.3.2 条，错误。

（D）项，根据《钢标》3.1.2 条，错误。

【17～23 题评析】 18 题，腹板在宽厚比超限后可利用腹板屈曲后强度的规定进行计算。

20 题，应注意的是，本题目的提示是笔者增加的。本题目假定无节板，则：$l_0 = l_1 = 1793\mathrm{mm}$。

21 题，双片支撑，如图 20-1（a）所示，其平面见题目图 20-6 中Ⓐ轴或Ⓑ轴的附近两条虚线，由于连系缀条，支撑平面外的计算长度很小，故不考虑支撑平面外的稳定计算。同时，将单个槽钢强轴 x-x 放在平面内，受力合理，如图 20-1（a）所示。

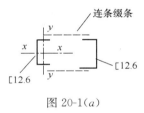

图 20-1（a）

24. 正确答案是 C，解答如下：

根据《钢标》8.3.1 条，计算长度系数 $\mu = 1$，计算长度为 5m。

25. 正确答案是 B，解答如下：

按腹板等强估算连接板厚 $t = \frac{11 \times (600 - 2 \times 17)}{2 \times 460} = 6.8\mathrm{mm}$，取 $t = 7\mathrm{mm}$。

图 20-11（a）、（b）孔中心间距分别为 120mm＞12t＝84mm，90mm＞84mm，均不符合《钢标》表 11.5.2 规定。

26. 正确答案是 D，解答如下：

根据《钢标》14.1.4 条，（A）项错误，（D）项正确，故选（D）项。

此外，（B）项，根据《钢标》14.4.1 条，错误。

（C）项，根据《钢标》14.1.6 条，错误。

27. 正确答案是 C，解答如下：

丙类建筑，8 度、$H = 20\mathrm{m}$，根据《抗规》表 8.1.3，框架抗震等级为三级。

柱板件宽厚比 $\frac{450 - 40}{20} = 20.5 < 38\sqrt{235/345} = 31.4$

梁翼缘板件宽厚比 $\frac{(200 - 8)/2}{12} = 8 < 10\sqrt{235/345} = 8.3$

梁腹板板件高厚比$\dfrac{600-2\times12}{8}=72>70\sqrt{235/345}=57.8$

因此，框架梁板件宽厚比不符合设计要求。

28. 正确答案是 D，解答如下：

单向受弯适合采用强轴承受弯矩的 H 形截面，故选（D）项。

【24～28题评析】 24题，区分一阶弹性分析和二阶弹性分析的方法。

27题，本题目条件：框架梁、柱均采用 Q345 钢。

28题，一般来说截面双向受弯时，适合采用箱型截面，轴心受压时适合采用圆管截面，单向受弯适合采用强轴承受弯矩的 H 形截面。另外，箱形截面相对于 H 形截面来说，节点构造复杂，加工费用高。

29. 正确答案是 D，解答如下：

翼缘板件宽厚比：$\dfrac{b}{t_f}=\dfrac{(250-8)/2}{12}=10.1<13\varepsilon_k=13$

腹板板件高厚比：$h_0/t_w=700/8=87.5>80\varepsilon_k=80$

根据《钢标》6.3.1条、6.4.1条规定，应选（D）项。

30. 正确答案是 A，解答如下：

根据《网格规程》4.3.1条，应选（A）项。

31. 正确答案是 D，解答如下：

最大弯矩设计值$M=\dfrac{1}{15}qH^2=\dfrac{1}{15}\times34\times3^2=20.40\text{kN}\cdot\text{m/m}$

根据《砌规》式（5.4.1）：

根据《砌规》表 3.2.2 取 $f_{tm}=0.17\text{MPa}$。

$$M\leqslant f_{tm}\cdot\frac{1}{6}bh^2，\text{则：}$$

$$h\geqslant\sqrt{\frac{6M}{f_{tm}b}}=\sqrt{\frac{6\times20.4\times10^6}{0.17\times1000}}=848.53\text{mm}$$

32. 正确答案是 B，解答如下：

最大剪力设计值$V=\dfrac{2}{5}qH=\dfrac{2}{5}\times34\times3=40.80\text{kN/m}$

根据《砌规》5.4.2条：

根据《砌规》表 3.2.2，取 $f_v=0.17\text{MPa}$。

$$V\leqslant f_v\cdot b\cdot\frac{2}{3}h，\text{则：}$$

$$h\geqslant\frac{3V}{2f_vb}=\frac{3\times40.8\times1000}{2\times0.17\times1000}=360\text{mm}$$

33. 正确答案是 D，解答如下：

根据《砌规》5.1.2条、5.1.1条：

$$\beta=\gamma_\beta\frac{H_0}{h}=1\times\frac{3000}{370}=8.11$$

墙底弯矩$M=\dfrac{1}{15}qH^2=34\times3^2/15=20.40\text{kN}\cdot\text{m}$

偏心距 $e = \dfrac{M}{N} = \dfrac{20400}{220} = 92.73\text{mm}$

$$e/h = 92.73/370 = 0.25$$

根据《砌规》附录表 D.0.1-1，得 $\varphi = 0.42$

$$\varphi fA = 0.42 \times 1.0 \times 1.89 \times 370 \times 1000 = 293.7\text{kN/m}$$

34. 正确答案是 C，解答如下：

根据《砌规》3.2.2 条、3.2.1 条：

$$f_g = f + 0.6\alpha f_c = 2.5 + 0.6 \times 0.175 \times 9.6 = 3.508\text{MPa} < 2f = 2 \times 2.5 = 5.0\text{MPa}$$

故取 $f_g = 3.508\text{MPa}$。

$$f_{vg} = 0.2 f_g^{0.55} = 0.2 \times 3.508^{0.55} = 0.40\text{MPa}$$

35. 正确答案是 A，解答如下：

根据《砌规》9.2.2 条及注的规定：

$$\beta = \gamma_\beta \frac{H_0}{h} = 1 \times \frac{3.0}{0.19} = 15.79$$

$$\varphi_{0g} = \frac{1}{1 + 0.001\beta^2} = \frac{1}{1 + 0.001 \times 15.79^2} = 0.80$$

$$F = 0.80 \times (3.6 \times 190 \times 3190 + 0.8 \times 0) = 1745.57\text{kN}$$

36. 正确答案是 D，解答如下：

根据《抗规》第 7.2.6 条，$\dfrac{\sigma_0}{f_{vg}} = \dfrac{2.0}{0.40} = 5$，取 $\xi_N = 2.15$。

$$f_{vE} = \xi_N f_{vg} = 2.15 \times 0.40 = 0.86\text{MPa}$$

根据《抗规》7.2.8 条：

填孔率 $\rho = 7/16 = 0.4375 < 0.5$，且 > 0.25，故取 $\xi_c = 1.10$

墙体截面面积 $A = 190 \times 3190 = 606100\text{mm}^2$

根据《抗规》5.4.2 条，$\gamma_{RE} = 0.9$。

$$V_u = \frac{1}{0.9} \times [0.86 \times 606100 + (0.3 \times 1.1 \times 100800 + 0.05 \times 270 \times 565) \times 1.1]$$

$$= 629.14\text{kN}$$

37. 正确答案是 C，解答如下：

根据《砌规》9.3.1 条：

$$f_{vg} = 0.2 f_g^{0.55} = 0.2 \times 4.8^{0.55} = 0.47\text{MPa}$$

$$V \leqslant 0.25 f_g bh_0 = 0.25 \times 4.8 \times 190 \times 3100 = 706.8\text{kN}$$

$$\lambda = \frac{M}{Vh_0} = \frac{560}{150 \times 3.1} = 1.20 < 1.5，取 \lambda = 1.5。$$

由规范式（9.3.1-2）：

$$N = 770\text{kN} > 0.25 f_g bh = 727.32\text{kN}, 故取 N = 727.32\text{kN}$$

$$V_u = \frac{1}{1.5 - 0.5} \times (0.6 \times 0.47 \times 190 \times 3100 + 0.12 \times 727.32 \times 10^3)$$

$$+ 0.9 \times 270 \times \frac{2 \times 78.54}{600} \times 3100$$

$$= 450.59\text{kN} < 706.8\text{kN}$$

故取 $V_u = 450.59\text{kN}$。

【34～37题评析】 37题，应复核截面条件，即：$V_u \leqslant 706.8\text{kN}$。

38. 正确答案是B，解答如下：

根据《砌规》5.1.2条，（B）项错误，应选（B）项。

【38题评析】 （A）项，根据《砌规》5.1.2条，正确。

（C）、（D）项，根据《砌规》5.1.3条表5.1.3，正确。

39. 正确答案是C，解答如下：

取单元长度2100mm进行计算，$A = (2100 - 240) \times 240 = 446400\text{mm}^2$

根据《砌规》5.1.3条、5.1.2条：

刚性方案，$s = 8.4\text{m} > 2H = 6\text{m}$，故：$H_0 = 1.0H = 3\text{m}$

$$\beta = \gamma_\beta \frac{H_0}{h} = 1 \times \frac{3.0}{0.24} = 12.5, \quad \rho = \frac{615}{240 \times 2100} = 0.12\%$$

查《砌规》表8.2.3：

$$\beta = 12, \quad \rho = 0.12\%, \quad \varphi_{com} = 0.82 + \frac{0.12 - 0}{0.2 - 0} \times (0.85 - 0.82) = 0.838$$

$$\beta = 14, \quad \rho = 0.12\%, \quad \varphi_{com} = 0.77 + \frac{0.12 - 0}{0.2 - 0} \times (0.80 - 0.77) = 0.788$$

$$\beta = 12.5, \quad \rho = 0.12\%, \quad \varphi_{com} = 0.838 - \frac{12.5 - 12}{14 - 12} \times (0.838 - 0.788) = 0.8255$$

由《砌规》8.2.7条：

$$N = 0.8255 \times [1.69 \times 446400 + 0.646 \times (9.6 \times 240^2 + 270 \times 615)]$$
$$= 1006.2\text{kN}$$

单位长度 N_0：$N_0 = 1006.2/2.1 = 479.1\text{kN/m}$

40. 正确答案是B，解答如下：

根据《砌规》8.2.8条、8.2.5条、8.2.4条：

$$\xi = \frac{x}{h_0} = \frac{120}{240 - 35} = 0.585 > \xi_s = 0.47, \text{属于小偏压。}$$

$$\sigma_s = 650 - 800\xi = 650 - 800 \times 0.585 = 182\text{N/mm}^2 < 270\text{N/mm}^2$$

$$A' = (2100 - 240) \times 120 = 223200\text{mm}^2$$

由规范式（8.2.4-1）：

$$A_s = A_s' = \frac{N - fA' - f_c A_c}{\eta_s f_y' - \sigma_s} = \frac{672000 - 1.69 \times 223200 - 9.6 \times 120 \times 240}{1.0 \times 270 - 182}$$
$$= 208\text{mm}^2$$

总计算值：$A_s + A_s' = 2 \times 208 = 416\text{mm}^2$

【39、40题评析】 39题，本题目也可以按整体墙（$l = 8.64\text{m}$）进行分析、计算，再转换为单位长度的承载力。

（下午卷）

41. 正确答案是C，解答如下：

根据《木标》4.3.18条：
$$d = 110 + 1.5 \times 9 = 123.5\text{mm}$$

由《木标》4.3.1条、4.3.2条：
$$f_m = 1.15 \times 11 = 12.65\text{N/mm}^2$$

最大弯矩 $M = \dfrac{1}{8}ql^2 = 0.125 \times 1.2 \times 3^2 = 1.35\text{kN} \cdot \text{m}$

$$W = \frac{1}{32}\pi d^3 = \frac{1}{32} \times \pi \times 123.5^3 = 184833.4\text{mm}^3$$

根据《木标》5.2.3条，$h/b = 1 < 4$，取 $\varphi_l = 1.0$，则：
$$\frac{M}{\varphi_l W} = \frac{1.35 \times 10^6}{1 \times 184833.4} = 7.30\text{N/mm}^2$$

42. 正确答案是 D，解答如下：

根据《木标》7.4.11条，（D）项错误，故应选（D）项。

【42题评析】 （A）项，根据《抗规》11.3.10条，正确。

（B）项，根据《木标》7.7.10条，正确。

（C）项，根据《木标》7.7.3条，正确。

43. 正确答案是 B，解答如下：

第①层土的主动土压力系数，$k_a = \tan^2(45° - \varphi_k/2) = \tan^2(45° - 13°) = 0.39$

根据朗肯土压力公式，水土分算：

$$\sigma_A = \Sigma(\gamma_i h_i)k_a - 2c\sqrt{k_a} + \gamma_w h_w$$
$$= (19 \times 0.5 + 9 \times 3.5) \times 0.39 - 2 \times 4.5 \times \sqrt{0.39} + 10 \times 3.5$$
$$= 16.0 - 5.6 + 35 = 45.4\text{kPa}$$

44. 正确答案是 B，解答如下：

根据《地规》5.4.3条：

设外挑长度为 x，由 $G_k = 1.05 N_{w.k}$，则：
$$280 + 60 + 2x(0.8 \times 23 + 4.7 \times 19) = 1.05 \times (7 + 2x) \times 5 \times 10$$
$$x = \frac{350 \times 1.05 - 280 - 60}{2 \times (19 \times 4.7 + 23 \times 0.8 - 5 \times 10 \times 1.05)} = \frac{27.5}{2 \times 55.2} = 0.249\text{m} = 249\text{mm}$$

45. 正确答案是 B，解答如下：

根据《地处规》7.3.3条：

$$R_a = u_P \sum_{i=1}^{n} q_{si} l_{pi} + a_p q_p A_p$$
$$= 3.14 \times 0.6 \times (11 \times 1 + 10 \times 8 + 15 \times 2) + 0.5 \times 3.14 \times 0.3^2 \times 200$$
$$= 256\text{kN}$$
$$R_a = \eta A_p f_{cu} = 0.25 \times 3.14 \times 0.3^2 \times 1900 = 134\text{kN}$$

故取 $R_a = 134\text{kN}$。

46. 正确答案是 C，解答如下：

根据《地处规》3.0.4条：

$$f_{spk} = 145 - 1 \times 18.5 \times (1.4 - 0.5) = 128.4\text{kPa}$$

根据《地处规》7.1.5条：

$$m = \frac{f_{spk} - \beta f_{sk}}{\lambda R_a/A_p - \beta f_{sk}} = \frac{128.4 - 0.8 \times 85}{1 \times 145/(3.14 \times 0.3^2) - 0.8 \times 85} = 0.136$$

取单元面积（$s \times 2$）考虑其桩截面面积为 2 个桩，则：

$$m = \frac{2 \times \frac{\pi}{4} \times 0.6^2}{s \times 2} = 0.136, \text{解之得：} s = 2.078m$$

【45、46 题评析】 46 题在实际的工程设计中，对大面积的复合地基布桩，应按《地处规》7.1.5 条的规定计算置换率或计算桩间距。对条形基础、独立基础下的复合地基，宜按《地处规》7.9.7 条的规定，应根据基础面积与该面积范围内实际布桩数量计算置换率或计算桩间距。

47. 正确答案是 B，解答如下：

根据《地规》5.2.7 条：

$E_{s1}/E_{s2} = 6.3/2.1 = 3$，$z/b = 1/17.4 = 0.06 < 0.25$，查表 5.2.7 得，$\theta = 0°$。

$$p_z = \frac{lb(p_k - p_c)}{(b + 2z\tan\theta) + (l + 2z\tan\theta)} = \frac{17.4 \times 39.2}{17.4 \times 39.2} \cdot \left(\frac{45200}{39.2 \times 17.4} - 19 \times 1 \right) = 47.3kPa$$

$$p_{cz} = 1 \times 19 + 1 \times (19 - 10) = 28kPa$$

$$p_z + p_{cz} = 47.3 + 28 = 75.3kPa$$

48. 正确答案是 B，解答如下：

根据《桩规》5.3.8 条、5.2.2 条：

$$\frac{h_b}{d_1} = \frac{2}{0.4 - 2 \times 0.095} = 9.5 > 5, \text{取} \lambda_p = 0.8$$

$$A_j = \frac{3.14}{4}(0.4^2 - 0.21^2) = 0.091m^2; \quad A_{p1} = \frac{3.14}{4} \times 0.21^2 = 0.035m^2$$

$$Q_{uk} = u\Sigma q_{sik}l_i + q_{pk}(A_j + \lambda_p A_{p1})$$

$$= 3.14 \times 0.4 \times (60 \times 1 + 20 \times 16 + 64 \times 7 + 160 \times 2)$$

$$+ 8000 \times (0.091 + 0.8 \times 0.035)$$

$$= 2394kN$$

$$R_a = Q_{uk}/2 = 1197kN$$

49. 正确答案是 B，解答如下：

根据《桩规》5.6.2 条：

$$\eta_p = 1.3, \quad F = 43750 - 39.2 \times 17.4 \times 19 = 30790kN$$

$$p_0 = \eta_p \frac{F - nR_a}{A_c} = 1.3 \times \frac{30790 - 52 \times 340}{39.2 \times 17.4 - 52 \times 0.25 \times 0.25} = 25.1kPa$$

50. 正确答案是 A，解答如下：

根据《桩规》5.6.2 条、5.5.10 条：

方桩：$s_a/d = 0.886\sqrt{A}/(\sqrt{n} \cdot b) = 0.886\sqrt{39.2 \times 17.4}/(\sqrt{52} \times 0.25) = 12.8$

$$\bar{q}_{su} = (60 + 20 \times 16 + 64)/18 = 24.7kPa$$

$$\bar{E}_s = (6.3 + 2.1 \times 16 + 10.5)/18 = 2.8MPa$$

方桩：$d = 1.27b = 1.27 \times 0.25 = 0.3175$

$$s_{sp} = 280 \frac{\overline{q}_{su}}{E_s} \cdot \frac{d}{(s_a/d)^2} = 280 \times \frac{24.7}{2.8} \times \frac{0.3175}{(12.8)^2} = 4.8\text{mm}$$

51. 正确答案是 C，解答如下：

根据《桩规》5.1.1 条、5.2.1 条：

$$N_k = \frac{F_k + G_k}{n} = \frac{5380 + 4.8 \times 2.8 \times 2.5 \times 20}{5} = 1210\text{kN}$$

$$N_{kmax} = \frac{F_k + G_k}{n} + \frac{M_{xk} y_i}{\Sigma y_i^2} = 1210 + \frac{(2900 + 200 \times 1.6) \times 2}{2^2 \times 4}$$
$$= 1210 + 402.5 = 1613\text{kN}$$

$$R_a \geqslant \frac{N_{kmax}}{1.2} = \frac{1613}{1.2} = 1344\text{kN}, \ 且 R_a \geqslant N_k = 1210\text{kN}$$

故取 $R_a \geqslant 1344\text{kN}$。

52. 正确答案是 B，解答如下：

根据《桩规》5.9.10 条

$$\beta_{hs} = \left(\frac{800}{h_0}\right)^{1/4} = \left(\frac{800}{1500}\right)^{1/4} = 0.855$$

$$b_0 = \left[1 - 0.5 \times \frac{0.75}{1.5} \times \left(1 - \frac{1.0}{2.8}\right)\right] \times 2.8 = 2.35\text{m};$$

$$\lambda = (2 - 0.4 - 0.2)/1.5 = 0.933 \begin{matrix} < 3 \\ > 0.25 \end{matrix}$$

$$\alpha = \frac{1.75}{\lambda + 1} = \frac{1.75}{0.933 + 1} = 0.905$$

$$\beta_{hs} \alpha f_t b_0 h_0 = 0.855 \times 0.905 \times 1.43 \times 2.35 \times 1500 = 3900\text{kN}$$

53. 正确答案是 A，解答如下：

根据《桩规》5.7.2 条：

$$EI = 0.85 E_c I_0 = 0.85 \times 3.6 \times 10^4 \times 213000 \times 10^{-5} = 65178\text{kN} \cdot \text{m}^2$$

$$R_{ha} = 0.75 \alpha^3 \frac{EI}{\nu_x} \chi_{0a} = 0.75 \times \frac{0.63^3 \times 65178}{2.441} \times 0.010 = 50.1\text{kN}$$

54. 正确答案是 A，解答如下：

根据《桩规》5.5.7 条：

$a/b = 2.4/1.4 = 1.71$，$z/b = 8.4/1.4 = 6$，查附录表 D.0.1-2 得：$\overline{a} = 0.0977$。

$E_s = 17.5\text{MPa}$，查规范表 5.5.11，$\psi = (0.9 + 0.65)/2 = 0.775$。

$$s = 4 \cdot \psi \cdot \psi_e \cdot p_0 \sum_{i=1}^{n} \frac{z_i \overline{a}_i - z_{i-1} \overline{a}_{i-1}}{E_{si}} = 4 \times 0.775 \times 0.17 \times 400 \times 8.4 \times 0.0977/17.5$$
$$= 9.9\text{mm}$$

【51～54 题评析】 52 题，《桩规》图 5.9.10-3 中 b_{x2}、b_{y2} 的标注是错误的，应按《地规》附录图 U.0.2 中规定。

55. 正确答案是 C，解答如下：

Ⅱ. 根据《地规》3.0.1 条、9.1.5 条，错误，故排除（A）、（D）项。

Ⅲ. 根据《地规》9.3.3 条，错误，故排除（B）项，故应选（C）项。

【55 题评析】 Ⅰ. 根据《地规》9.1.6 条，正确。

Ⅳ. 根据《地规》9.4.7 条及附录 W，正确。

56. 正确答案是 D，解答如下：

Ⅱ. 根据《地规》4.1.6 条、6.7.2 条，正确，故排除（B）项。

Ⅲ. 根据《地规》5.3.8 条、6.2.2 条，正确，故排除（C）项。

Ⅳ. 根据《地规》4.1.4 条、5.2.6 条，错误，故排除（A）项。

故应选（D）项。

【56 题评析】 Ⅰ. 根据《地规》6.4.2 条，正确。

57. 正确答案是 D，解答如下：

根据《高规》5.2.1 条及条文说明，（D）错误，应选（D）项。

【57 题评析】 （A）、（C）项，根据《高规》5.2.1 条及条文说明，正确。

（B）项，根据《高规》3.11.3 条条文说明，正确。

58. 正确答案是 C，解答如下：

根据《抗规》5.2.7 条及条文说明，（C）项正确，应选（C）项。

【58 题评析】 （A）项，根据《高规》12.1.8 条及条文说明，错误。

（B）项，根据《高规》7.1.4 条及条文说明，错误。

（D）项，根据《高规》12.1.7 条及条文说明，错误。

59. 正确答案是 D，解答如下：

根据《高规》3.7.3 条：

$$[\Delta u] = \frac{1}{800}h = \frac{1}{800} \times 400 = 5\text{mm}$$

层间位移角控制时，按刚性楼板假定，不考虑偶然偏心、应考虑扭转耦联的 Δu，故取 $\Delta u = 2.0\text{mm}$

根据《高规》3.4.5 条及注：

$$\Delta u = 2.0\text{mm} \leqslant 40\%[\Delta u] = 40\% \times 5 = 2\text{mm}$$

故最大扭转位移比可取为 1.6。

60. 正确答案是 B，解答如下：

根据《高规》4.3.3 条、4.3.10 条及条文说明：考虑双向地震作用效应计算时，不考虑偶然偏心的影响。

$$N_{\text{Ek}}^{\text{双}} = \sqrt{7500^2 + (0.85 \times 9000)^2} = 10713\text{kN}$$

$$N_{\text{Ek}}^{\text{双}} = \sqrt{9000^2 + (0.85 \times 7500)^2} = 11029\text{kN} > 10713\text{kN}$$

取较大值：$N_{\text{Ek}}^{\text{双}} = 11029\text{kN}$

单向地震考虑偶然偏心：$N_{\text{Ek}}^{\text{单}} = 12000\text{kN}$

最终取 $N_{\text{Ek}} = \max\{N_{\text{Ek}}^{\text{双}}, N_{\text{Ek}}^{\text{单}}\} = \max\{11029, 12000\} = 12000\text{kN}$。

61. 正确答案是 B，解答如下：

方案 A：$\dfrac{M_{\text{f}}}{M} = 55\% > 50\%$，根据《高规》8.1.3 条第 3 款，剪力墙较少。

方案 C：$\dfrac{T_t}{T_1}=\dfrac{1.4}{1.52}=0.92>0.9$，根据《高规》3.4.5 条及条文说明，属扭转不规则。

方案 B：$T_t/T_1=1.2/1.5=0.8$，满足；方案 D：$T_t/T_1=1.1/1.3=0.85$，满足。方案 D 刚度较大，存在优化空间；方案 B 较合理。

故选（B）项。

62. 正确答案是 C，解答如下：

根据《可靠性统一标准》8.2.4 条：

$$M_A=1.3\times(-500)+1.5\times(-100)=-800\text{kN}\cdot\text{m}$$

根据《高规》5.6.2 条：

$$M_A=1.2\times(-500-0.5\times100)+1.3\times(-260)=-998\text{kN}\cdot\text{m}$$

根据《高规》3.8.2 条：$\gamma_{RE}=0.75$

$$\gamma_{RE}M_A=0.75\times998=749<800\text{kN}\cdot\text{m}$$

故最终配筋是由非抗震设计控制，即 $M=800\text{kN}\cdot\text{m}$。

63. 正确答案是 A，解答如下：

根据《高规》6.3.3 条第 3 款：

$$d\leqslant\frac{1}{20}h=\frac{1}{20}\times600=30\text{mm}，（D）项不满足要求。$$

根据《高规》6.3.2 条第 3 款，$\dfrac{A_s^b}{A_s^t}\geqslant0.5$，则：

（C）项不满足要求；（A）项，满足；（B）项，满足。

对于（A）项：$\dfrac{x}{h_0}=\dfrac{f_yA_s-f_y'A_s'}{\alpha_1bh_0f_c}=\dfrac{360\times（3927-1964）}{1\times350\times540\times16.7}=0.22<0.25$

满足《高规》6.3.2 条第 1 款要求。

对于（B）项：跨中正弯矩钢筋（6 Φ 25）全部锚入柱内，也满足《高规》6.3.2 条第 1 款要求，但是，不经济，也不利于实现"强柱弱梁"，故不合理。

故最终选（A）项。

64. 正确答案是 B，解答如下：

（1）当 $b_w=300\text{mm}$，$\dfrac{h_f}{b_w}=\dfrac{750}{300}=2.5<3$，$\dfrac{h_w}{b_w}=\dfrac{2100}{300}=7$，根据《高规》表 7.2.15 注 2、7.1.8 条注 1，按无翼墙短肢剪力墙（短肢一字形剪力墙）考虑。

根据《高规》7.2.2 条第 2 款，$[\mu_N]\leqslant0.45-0.1=0.35$

$N\leqslant0.35b_wh_wf_c=0.35\times300\times2100\times14.3=3153150\text{N}=3153\text{kN}<3900\text{kN}$，不满足。

（2）当 $b_w=350\text{mm}$ 时，$\dfrac{h_f}{b_w}=\dfrac{750}{350}=2.14<3$，属于翼墙；但是 $b_w=350\text{mm}>300\text{mm}$，故不属于短肢剪力墙，按普通一字形剪力墙考虑，$[\mu_N]\leqslant0.5$

$N\leqslant0.5b_wh_wf_c=0.5\times350\times2100\times14.3=5255250\text{N}=5255.250\text{kN}>3900\text{kN}$，满足。

65. 正确答案是 B，解答如下：

根据《高规》3.7.7 条及附录 A：

$$[a_p]=0.22-\frac{3.5-2}{4-2}\times（0.22-0.15）=0.168\text{m/s}^2$$

$$w = \bar{w}BL = 5 \times 28B = 140B(\text{kN})$$

$$a_p = \frac{F_p}{\beta w}g = \frac{0.12}{0.02 \times 140B} \times 9.8 \leqslant [a_p] = 0.168$$

解之得：$B \geqslant 2.50\text{m}$

66. 正确答案是 C，解答如下：

根据《高规》3.3.1 条，属于 B 级高度，查《高规》表 3.9.4，筒体墙的抗震等级为一级。

由《高规》7.1.4 条：

$$H_{\text{底}} = \max\left\{5.1 + 5.1, \frac{1}{10} \times 155.4\right\} = 15.54\text{m}，故第 3 层位于底部加强部位。$$

由《高规》5.6.3 条、7.2.6 条：

$$V = \eta_{vw}V_w = 1.6 \times (1.3 \times 1900 + 1.4 \times 0.2 \times 1400) = 4579\text{kN}$$

67. 正确答案是 C，解答如下：

根据《高规》6.2.8 条：

$N = 7700\text{kN} > 0.3f_cA_c = 4641.3\text{kN}$，取 $N = 4641.3\text{kN}$。

$$1800 \times 10^3 \leqslant \frac{1}{0.85}\left(\frac{1.05}{1.8+1} \times 1.71 \times 900 \times 860 + 360 \times \frac{A_{sv}}{s} \times 860 + 0.056 \times 4641300\right)$$

解之得：$A_{sv}/s = 2.5\text{mm}^2/\text{mm}$

68. 正确答案是 A，解答如下：

根据《高规》7.2.3 条，墙厚大于 400mm、但不大于 700mm 时，宜采用 3 排分布筋，（D）项不满足。

《高规》9.2.2 条，约束边缘构件沿墙肢长度取截面高度的 1/4，取 $10000/4 = 2500\text{mm}$，（C）项不满足。

《高规》7.2.15 条，筒体墙抗震等级一级，阴影部分配筋面积不小于 $600 \times 1800 \times 1.2\% = 12960\text{mm}^2$，$28 \oplus 25$（$A_s = 13745\text{mm}^2$）可满足要求，$28 \oplus 22$（$A_s = 10643\text{mm}^2$）不满足要求。

故选（A）项。

69. 正确答案是 C，解答如下：

根据《高规》7.2.12 条：

$$A_s = 6 \times 380.1 + 6 \times 254.5 + 2 \times 78.5 \times \left(\frac{2000}{200} - 1\right) = 5217\text{mm}^2$$

$$V_{wj} \leqslant \frac{1}{\gamma_{RE}}(0.6f_yA_s + 0.8N) = \frac{1}{0.85}\left(0.6 \times 360 \times \frac{5217}{1000} + 0.8 \times 3800\right) = 4902\text{kN}$$

70. 正确答案是 B，解答如下：

根据《高规》3.11.3 条，按性能水准 2 设计：

$$A_s = \frac{M_b^{l*}}{f_{yk}(h_0 - a'_s)} = \frac{1355 \times 10^6}{400 \times (1000 - 40 - 40)} = 3682\text{mm}^2$$

选 $6 \oplus 28$（$A_s = 3695\text{mm}^2$），满足

【66～70 题评析】 66 题、68 题，确定结构的抗震等级，首先应判别是否属于 A 级高度，或 B 级高度。

70题，构件抗震性能化设计时，区分正截面、斜截面的不同性能水准要求。

71. 正确答案是 B，解答如下：

根据《烟规》3.1.8条：

$R_d \geqslant \gamma_{RE}(\gamma_{GE}S_{GE} + \gamma_{Eh}S_{Ehk} + \psi_{WE}\gamma_W S_{Wk} + \psi_{MaE}S_{MaE})$

$= 0.9 \times (1.3 \times 18000 + 0.2 \times 1.4 \times 11000 + 1.0 \times 1800) = 25452 \text{kN} \cdot \text{m}$

72. 正确答案是 D，解答如下：

根据《烟规》5.5.1条、5.5.5条：

8度（0.2g）、多遇地震，查《抗规》表5.1.4-1，取 $\alpha_{max} = 0.16$。

$$F_{Ev0} = \pm 0.75 \alpha_{vmax} G_E$$

$$= \pm 0.75 \times 0.16 \times 65\% \times 15000 = 1170 \text{kN}$$

由《烟规》3.1.8条：

小偏压：$N_1 = 1.2 \times 15000 + 1.3 \times 1170 = 19521 \text{kN}$

大偏压：$N_2 = 1.0 \times 15000 - 1.3 \times 1170 = 13479 \text{kN}$

【71、72题评析】 72题，大、小偏压钢筋混凝土结构构件，一般地，小偏压时，N 越大、M 越大，对构件越不利；在大偏压时，N 越小，M 越大，对构件越不利。其中，N 为基本组合值，或地基组合值。

73. 正确答案是 B，解答如下：

根据《公桥通规》4.3.4条、4.3.1条：

$\Sigma G = 2 \times 2 \times 140 = 560 \text{kN}$

$h_B = \dfrac{560}{18 \times 12 \times 2.31} = 1.1 \text{m}$

74. 正确答案是 D，解答如下：

根据《公桥混规》5.2.11条、5.2.12条：

$\gamma_0 V_d = 940 \text{kN} < 0.51 \times 10^{-3} \sqrt{f_{cu,k}} b h_0 = 0.51 \times 10^{-3} \times \sqrt{40} \times 540 \times 1360$

$= 2369 \text{kN}$

$\gamma_0 V_d = 940 \text{kN} > 0.5 \times 10^{-3} \alpha_2 f_{td} b h_0 = 0.5 \times 10^{-3} \times 1.25 \times 1.65 \times 540 \times 1360$

$= 757 \text{kN}$

故选（D）项。

75. 正确答案是 A，解答如下：

室内道路，由《城桥震规》3.1.1条，确定为乙类（或丙类）；由3.1.4条，按8度确定抗震措施。

根据《城桥震规》11.4.1条、11.3.2条：

$$a \geqslant 70 + 0.5L$$

$$B_{中} = 2a + b_0 \geqslant 2 \times (70 + 0.5L) + b_0 = 2 \times (70 + 0.5 \times 15.5) + 8$$

$$= 163.5 \text{cm} = 1635 \text{mm}$$

76. 正确答案是 B，解答如下：

根据《公桥混规》4.3.5条：

$$M_e = M - M'$$

$$M' = \frac{1}{8} \times q \times a^2$$

$$q = R/a = 6600/1.85 = 3567 \text{kN/m}$$

$$M' = \frac{1}{8} \times 3567 \times 1.85^2 = 1526 \text{kN} \cdot \text{m}$$

$$M_e = 15000 - 1526 = 13474 \text{kN} \cdot \text{m} < 0.9 \times 15000 = 13500 \text{kN} \cdot \text{m}$$

故取 $M_e = 13500 \text{kN} \cdot \text{m}$。

77. 正确答案是 D，解答如下：

公路-Ⅰ级、$L = 25\text{m}$，由《公桥通规》4.3.1 条：

$q_k = 10.5 \text{kN/m}$，$P_k = 2 \times (25 + 130) = 310 \text{kN}$

重力产生的反力：

$R_q = q(w_1 - w_2 + w_3) = 158 \times (0.433 - 0.05 + 0.017)l = 158 \times 0.40 \times 25 = 1580 \text{kN}$

公路-Ⅰ级，均布荷载产生的反力：

$R_{Q1} = q_k(w_1 + w_3) = 10.5 \times (0.433 + 0.017) \times 25 = 10.5 \times 0.45 \times 25 = 118 \text{kN}$

公路-Ⅰ级，集中荷载产生的反力：

$R_{Q2} = P_k \times 1.0 = 310 \times 1 = 310 \text{kN}$

$R_Q = (1 + 0.15) \times (118 + 310) = 492.2 \text{kN}$

1 条车道取 $\xi = 1.2$，$R_Q = 1.2 \times 492.2 = 590.64 \text{kN}$

安全等级为一级，取 $\gamma_0 = 1.1$，则：

$R_d = 1.1 \times (1.2 \times 1580 + 1.4 \times 590.64) = 2995.2 \text{kN}$

每个支座的平均反力组合值：

$$R_2 = \frac{1}{2} \times 2995.2 \text{kN} = 1498 \text{kN}$$

78. 正确答案是 C，解答如下：

根据《城桥震规》表 3.1.1，属于丙类桥梁。

由《城桥震规》3.1.4 条第 2 款，故按 8 度采用抗震措施。

79. 正确答案是 B，解答如下：

根据《公桥混规》9.8.2 条及条文说明：

不考虑动力系数 1.2，则：

$$N_A = \frac{13.5 \times 15.94}{3} = 71.73 \text{kN}$$

80. 正确答案是 A，解答如下：

根据《城市桥规》9.2.3 条：

（A）项：$F = 25 \times 30 \times 100 = 75000 \text{mm}^2$

$$n = \frac{75000}{\frac{1}{4} \pi \times 150^2} = 4.24$$

故（A）项基本满足，（B）、（C）、（D）项均不满足。

实战训练试题 (二十一) 解答与评析

(上午卷)

1. 正确答案是 D，解答如下：

根据《可靠性标准》8.2.4 条：

由条件求 B 支座反力：

永久荷载：$R_{Gk} = \dfrac{1}{2} \times 18 \times 9 + \dfrac{30 \times 6}{9} = 101 \text{kN}$

可变荷载：$R_{Qk} = \dfrac{1}{2} \times 6 \times 9 = 27 \text{kN}$

$$R_B = 1.3 \times 101 + 1.5 \times 27 = 171.8 \text{kN}$$

故选 (D) 项。

2. 正确答案是 A，解答如下：

根据《混规》9.2.11 条：

$$A_{sv} \geqslant \frac{F}{f_{yv} \sin\alpha} = \frac{220 \times 10^3}{360 \sin 60°} = 706 \text{mm}^2$$

选用 2 Φ 16 (左、右两侧总 $A_s = 804 \text{mm}^2$)，满足。

3. 正确答案是 C，解答如下：

根据《混规》9.2.6 条第 1 款：

$A_s \geqslant \dfrac{1}{4} \times 2480 = 620 \text{mm}^2$，且不少于 2 根。

选用 2 Φ 20 ($A_s = 628 \text{mm}^2$)，满足。

【1～3 题评析】 2 题，附加吊筋截面面积为左、右两侧弯起段截面面积之和。

4. 正确答案是 B，解答如下：

根据《混规》9.7.6 条：

$$A_s \geqslant \frac{6 \times 0.5 \times 0.3 \times 25 \times 10^3}{3 \times 2 \times 65} = 58 \text{mm}^2$$

选用 Φ 10 ($A_s = 78.5 \text{mm}^2$)，满足。

5. 正确答案是 A，解答如下：

根据《混验规》5.3.4 条：

$$\Delta = \frac{W_d - W_0}{W_0} \times 100 \geqslant -8, \quad W_d \geqslant 0.92 W_0$$

$$W_0 = 2 \times 0.222 \times 10^3 = 444 \text{g}$$

$$W_d \geqslant 0.92 \times 444 = 408.5 \text{g}$$

故选 (A) 项。

6. 正确答案是 C，解答如下：

CD 杆内力计算：$\Sigma MA=0$，则：$N_{CD}=\dfrac{160\times 2}{4}=80\text{kN}(拉力)$

CD 杆中点处弯矩：$M_中=\dfrac{1}{4}PL=\dfrac{1}{4}\times 160\times 4=160\text{kN}\cdot\text{m}$

取 CD 杆中点处为最不利截面，则：

$$e_0=\frac{M}{N}=\frac{160\times 10^6}{80\times 10^3}=2000\text{mm}>0.5h-a_s=200-40=160\text{mm}$$

为大偏心受拉。由于对称配筋，故可按《混规》式（6.2.23-2）：

$$e'=e_0+\frac{h}{2}-a'_s=2000+200-40=2160\text{mm}$$

$$h'_0=h_0=400-40=360\text{mm}$$

$$A_s\geqslant\frac{Ne'}{f_y(h'_0-a_s)}=\frac{80\times 10^3\times 2160}{360\times(360-40)}=1500\text{m}^2$$

因此选（C）项。

7. 正确答案是 C，解答如下：

根据《混规》3.4.5 条，二 a 类，$w_{lim}=0.20\text{mm}$

（1）按裂缝宽度限值计算配筋，由《混规》7.1.2 条：

$$\sigma_s=\frac{N_q}{A_s}=\frac{(400+200\times 0.5)\times 10^3}{A_s}=\frac{500\times 10^3}{A_s}$$

$\rho_{te}=\dfrac{A_s}{A_{te}}=\dfrac{A_s}{400\times 400}=\dfrac{A_s}{16\times 10^4}$，假定，$\rho_{te}>0.01$，则：

$$2.7\times 0.6029\times\frac{500\times 10^3}{2\times 10^5 A_s}\left(1.9\times 40+0.08\times\frac{25\times 16\times 10^4}{A_s}\right)=0.2$$

解之得：$A_s=3439\text{mm}^2$；复核 $\rho_{te}=\dfrac{3439}{16\times 10^4}=0.0215>0.01$，故假定正确。

（2）按承载力要求：配筋由《混规》6.2.22 条：

$$N=1.3\times 400+1.5\times 200=820\text{kN}$$

$$A_s=\frac{820\times 10^3}{360}=2278\text{mm}^2$$

故最终取 $A_s=3439\text{mm}^2$，选（C）项。

【7 题评析】 本题目也可用验证法，用选项值逐一代入计算。

8. 正确答案是 B，解答如下：

可变荷载仅布置在 AB 跨，则力学计算简图如图 21-1(a) 所示：

由《可靠性标准》8.2.4 条：

$$q_设=1.3\times 25+1.5\times 10=47.5\text{kN/m}$$

$$M_B=1.3\times\frac{1}{2}\times 25\times 3^2=146.25\text{kN}\cdot\text{m}$$

$$R_A=\frac{1}{2}\times 47.5\times 6-\frac{146.25}{6}=118.125\text{kN}$$

由梁跨中正弯矩最大处剪力为 0，即：$x=\dfrac{118.125}{47.5}$

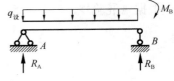

图 21-1 (a)

$=2.49\text{m}$

$$M_{max} = 118.125 \times 2.49 - \frac{1}{2} \times 47.5 \times 2.49^2 = 146.9 \text{kN} \cdot \text{m}$$

9. 正确答案是 A，解答如下：

此时，为倒 T 形梁，由《混规》6.2.10 条，$h_0 = 500 - 60 = 440 \text{mm}$，则：

$$x = h_0 - \sqrt{h_0^2 - \frac{2\gamma_0 M}{\alpha_1 f_c b}}$$

$$= 440 - \sqrt{440^2 - \frac{2 \times 1 \times 200 \times 10^6}{1 \times 19.1 \times 200}}$$

$$= 141.9 \text{mm} < \xi_b h_0 = 0.518 \times 440 = 228 \text{mm}$$

$$A_s = \frac{\alpha_1 f_c b x}{f_y} = \frac{1 \times 19.1 \times 200 \times 141.9}{360} = 1506 \text{mm}^2$$

10. 正确答案是 B，解答如下：

根据《混规》6.3.1 条：

$$\frac{h_w}{b} = \frac{500 - 60 - 125}{200} = 1.575 < 4$$

$$V_u = 0.25\beta_c f_c b h_0 = 0.25 \times 1 \times 19.1 \times 200 \times 440$$

$$= 420.2 \text{kN} > V_A = 180 \text{kN}，满足$$

由《混规》6.3.4 条，取 $s = 200 \text{mm}$，则：

$$A_{sv} \geqslant \frac{V - 0.7 f_t b h_0}{f_{yv} h_0} \cdot s = \frac{180 \times 10^3 - 0.7 \times 1.71 \times 200 \times 440}{360 \times 440} \times 200$$

$$= 94.3 \text{mm}^2$$

选用Φ 8@200（$A_{sv} = 100.6 \text{mm}^2$）

$$\rho_{sv} = \frac{A_{sv}}{bs} = \frac{100.6}{200 \times 200} = 0.25\% > \frac{0.24 f_t}{f_{yv}} = \frac{0.24 \times 1.71}{360} = 0.114\%$$

满足，故选（B）项。

11. 正确答案是 C，解答如下：

根据《混规》3.4.3 条：

$l_0 = 3 \times 2 = 6 \text{m} < 7 \text{m}$，则：$[f] = \dfrac{6000}{250} = 24 \text{mm}$

【8～11 题评析】 8 题，永久荷载的分项系数按题目提示取值。

9 题，因为计算配筋值较大，故不需要复核最小配筋面积。

12. 正确答案是 D，解答如下：

根据《抗规》6.2.3 条、6.2.6 条：$M = 900 \times 1.5 \times 1.1 = 1485 \text{kN} \cdot \text{m}$

$$\mu_N = \frac{3000 \times 10^3}{19.1 \times 700 \times 700} = 0.32 > 0.15，取 \gamma_{RE} = 0.8$$

假定大偏压，则：

$$x = \frac{\gamma_{RE} N}{\alpha_1 f_c b} = \frac{0.8 \times 3000 \times 10^3}{1 \times 19.1 \times 700} = 179.5 \text{mm} < \xi_b h_0 = 0.518 \times 650 = 337 \text{mm}$$

$$> 2a'_s = 2 \times 50 = 100 \text{mm}$$

假定正确，故为大偏压。

由《混规》6.2.17条：

$$e_0 = \frac{M}{N} = \frac{1485 \times 10^6}{3000 \times 10^3} = 495\text{mm}, \quad e_a = \max\left(20, \frac{700}{30}\right) = 23.3\text{mm}$$

$$e = e_i + \frac{h}{2} - a_s = (495 + 23.3) + \frac{700}{2} - 50 = 818.3\text{mm}$$

$$A_s' = \frac{\gamma_{RE} N e - \alpha_1 f_c b x (h_0 - x/2)}{f_y'(h_0 - a_s')}$$

$$= \frac{0.8 \times 3000 \times 10^3 \times 818.3 - 1 \times 19.1 \times 700 \times 179.5 \times (659 - 179.5/2)}{360 \times (650 - 50)}$$

$$= 2767\text{mm}^2$$

故选（D）项。

13. 正确答案是 B，解答如下：

根据《抗规》表 6.3.7-1，抗震二级：

$$\rho_{min} = (0.8 + 0.05)\% = 0.85\%$$

$$A_{s,min} = 0.85\% \times 900 \times 900 = 6885\text{mm}^2$$

14. 正确答案是 C，解答如下：

$$\lambda = \frac{H_n}{2h_0} = \frac{3500}{2 \times (650 - 50)} = 2.92 > 2$$

$$\mu_N = \frac{4840 \times 10^3}{19.1 \times 650 \times 650} = 0.6, \text{查《抗规》表 6.3.9，取} \lambda_v = 0.13$$

根据《抗规》6.3.9条：

$$\rho_{v,min} = \lambda_v \cdot f_c / f_{yv} = 0.13 \times 19.1 / 360 = 0.69\% > 0.6\%$$

$$\rho_v = \frac{78.5 \times (650 - 27 \times 2 - 10) \times 8}{(650 - 27 \times 2 - 10 \times 2)^2 \times 100} = 1.11\%$$

$$\frac{\rho_v}{\rho_{v,min}} = \frac{1.11}{0.69} = 1.6$$

故选（C）项。

【12～14题评析】 13题、14题也可按《混规》解答。

15. 正确答案是 C，解答如下：

根据《混规》附录 H.0.2 条，取 1m 宽计算：

由《可靠性标准》8.2.4 条：

$$M_{1G} = 1.3 \times \frac{1}{8} \times (3 + 1.25) \times 1 \times 4^2 = 11.05\text{kN} \cdot \text{m/m}$$

$$M_{1Q} = 1.5 \times \frac{1}{8} \times 2 \times 1 \times 4^2 = 6\text{kN} \cdot \text{m/m}$$

$$M = M_{1G} + M_{1Q} = 17.05\text{kN} \cdot \text{m/m}$$

16. 正确答案是 B，解答如下：

根据《混规》附录 H.0.2 条，取 1m 宽计算：

$$M_{2G} = 1.3 \times 0.1 \times (1.6 \times 1) \times 4^2 = 3.328\text{kN} \cdot \text{m/m}$$

$$M_{2Q} = 1.5 \times 0.1 \times (4 \times 1) \times 4^2 = 9.6\text{kN} \cdot \text{m/m}$$

$$M_B = M_{2G} + M_{2Q} = 12.93\text{kN} \cdot \text{m}$$

【15、16题评析】 叠合板，在第一阶段按简支板计算；第二阶段按连续板计算，并且第一阶段施加的荷载不会产生支座负弯矩。

17. 正确答案是 C，解答如下：

根据《钢标》16.2.4 条，重级工作制吊车梁应进行疲劳验算。

根据《钢标》4.3.3 条，应具有 0℃ 冲击韧性的合格保证，即质量等级为 C 级。故应选 (C) 项。

18. 正确答案是 D，解答如下：

三个车轮对 A、C 之间的车轮取力矩，则合力距该车轮的距离为 Δ，则：

$$\Delta = \frac{P \times 0 + P \times 2 \times 0.955 + P(2 \times 0.955 + 4.6)}{3P} = 2.8067\text{m}$$

则：

$$a = \frac{2.8067 - 2 \times 0.955}{2} = 0.448\text{m}$$

$$M_{ck} = R_A \cdot (4.5 - a) - P_{max} \times 2 \times 0.955$$

$$= \frac{3P_{k \cdot max} \cdot (4.5 - a)}{9} \cdot (4.5 - a) - P_{k \cdot max} \times 2 \times 0.955$$

$$= \frac{3 \times 178 \times (4.5 - 0.448)}{9} \cdot (4.5 - 0.448) - 178 \times 2 \times 0.955$$

$$= 634.2\text{kN} \cdot \text{m}$$

$$V_{ck}^{左} = R_A - P_{k \cdot max} = \frac{3 \times 178 \times (4.5 - 0.448)}{9} - 178 = 62.4\text{kN}$$

$$V_{ck}^{右} = 62.4 - 178 = -115.6\text{kN}$$

故取 $|V_{ck,max}| = 115.6\text{kN}$。

19. 正确答案是 C，解答如下：

由 17 题可知，考虑疲劳，由《钢标》6.1.1 条，取 $\gamma_x = 1.0$，$\gamma_y = 1.0$，则：

上翼缘正应力 $\sigma = \dfrac{M_{x \cdot max}}{1 \times W_{nx}^{上}} + \dfrac{M_{y \cdot max}}{1 \times W_{nyl}^{左}} = \dfrac{1200 \times 10^6}{1 \times 8085 \times 10^3} + \dfrac{100 \times 10^6}{1 \times 6866 \times 10^3} =$ 163N/mm²

下翼缘正应力 $\sigma = \dfrac{M_{x \cdot max}}{1 \times W_{nx}^{下}} = \dfrac{1200 \times 10^6}{1 \times 5266 \times 10^3} = 228\text{N/mm}^2$

故选 (C) 项。

20. 正确答案是 A，解答如下：

根据《钢标》6.3.1、6.3.2 条：

$$\frac{h_0}{t_w} = \frac{900}{10} = 90 > 80\varepsilon_k = 80\sqrt{\frac{235}{345}} = 66$$

$$< 170\varepsilon_k = 170\sqrt{\frac{235}{345}} = 140$$

故选 (A) 项。

21. 正确答案是 A，解答如下：

根据《抗规》9.2.9 条第 2 款，支撑交叉斜杆可按拉杆设计；查《钢标》表 7.4.7，

取 $[\lambda]=350$。

根据《钢标》7.4.2条：

单角钢斜平面内：$0.5l=0.5\times\sqrt{4.5^2+6^2}=0.5\times7.5=3.75\text{m}$

$$i_v\geqslant\frac{3750}{350}=10.7\text{mm}$$

平面外：$l=7.5\text{m}$

$$i_x=i_y\geqslant\frac{7500}{350}=21.4\text{mm}$$

故选（A）项。

22. 正确答案是 C，解答如下：

根据《抗规》9.2.11条第4款：

连接承载力 $\geqslant1.2\times2128\times235=600.096\text{kN}$

肢背：$l_w\geqslant\dfrac{0.7\times600.096\times10^3}{2\times0.7\times8\times240}=156\text{mm}$

肢尖：$l_w\geqslant\dfrac{0.3\times600.096\times10^3}{2\times0.7\times6\times240}=89\text{mm}$

故选（C）项。

23. 正确答案是 D，解答如下：

根据《抗规》9.2.14条及条文说明表6，（C）项错误，（D）项正确。

【17～23题评析】 18题，注意计算 C 点处左、右两侧剪力值，最后取绝对值较大值。另外，当合力点和题干图中 C 点之间的中点位于跨中中点时，弯矩值最大。

22题，注意角焊缝极限强度的取值。

24. 正确答案是 B，解答如下：

平面外为无侧移框架，查《钢标》附录E.0.1：

$$K_1=K_2=\frac{\Sigma i_b}{\Sigma i_c}=\frac{1.29\times10^9/10000}{2\times\dfrac{1.61\times10^9}{3800}}=0.15$$

$K_1=0.1$，$K_2=0.15$，$\mu=\dfrac{1}{2}\times(0.962+0.946)=0.954$

$K_1=0.2$，$K_2=0.15$，$\mu=\dfrac{1}{2}\times(0.946+0.930)=0.938$

$K_1=0.15$，$K_2=0.15$，$\mu=\dfrac{1}{2}\times(0.954+0.938)=0.946$

25. 正确答案是 B，解答如下：

根据《钢标》8.2.1条：

$$\lambda_x=\frac{2.4\times3800}{195}=47$$

$$N'_{Ex}=\frac{\pi^2EA}{1.1\lambda_x^2}=\frac{\pi^2\times2.06\times10^5\times42064}{1.1\times47^2}=3.52\times10^7\text{N}$$

故选（B）项。

26. 正确答案是 C，解答如下：

查《抗规》表 8.1.3，其抗震等级为三级。

由《抗规》8.2.5 条，取 $\psi = 0.6$；

由《钢标》4.4.1 条，取 $f_y = 345\text{N/mm}^2$

$$\frac{\psi(M_{p1} + M_{pb2})}{V_p} = \frac{0.6 \times (2.21 \times 10^6 \times 345 + 2.21 \times 10^6 \times 345)}{1.8 \times (500 - 16) \times (500 - 22) \times 22}$$
$$= 99.8\text{N/mm}^2$$

27. 正确答案是 B，解答如下：

根据《钢标》14.7.4 条：

(A) 项：$\dfrac{175 - a - d}{2} = \dfrac{175 - 90 - 13}{2} = 36\text{mm} > 20\text{mm}$，满足。

(B) 项：$\dfrac{175 - 90 - 16}{2} = 34.5\text{mm} > 20\text{mm}$，满足。

(C) 项：$\dfrac{175 - 125 - 16}{2} = 17\text{mm} < 20\text{mm}$，不满足。

(D) 项：$\dfrac{175 - 125 - 19}{2} = 15.5\text{mm} < 20\text{mm}$，不满足。

根据《钢标》14.7.5 条：

栓钉高度 h_d 为：$76 + 30 = 106\text{mm} \leqslant h_d$

(A) 项不满足，所以应选 (B) 项。

28. 正确答案是 A，解答如下：

根据《抗规》8.2.8 条：

连接 1 按式 (8.2.8-1)，连接 2 按式 (8.2.8-4)，其相应的连接系数按《抗规》表 8.2.8，可知，连接 1 极限承载力要求比连接 2 极限承载力要求高。

29. 正确答案是 A，解答如下：

根据《抗规》8.2.6 条第 2 款：$l = \sqrt{3.2^2 + 3.8^2} = 4.968\text{m}$

$$\lambda = \frac{4.968}{0.102} = 48.7$$

查《钢标》表 7.2.1-1，为 b 类截面；查附表 D.0.2，取 $\varphi = 0.862$

由《钢标》4.4.1 条，取 $f_y = 235\text{N/mm}^2$。

$$0.3\varphi A f_y \cdot \cos\alpha = 0.3 \times 0.862 \times 9079 \times 235 \times \frac{3.8}{4.968} = 422\text{kN}$$

30. 正确答案是 A，解答如下：

根据《高钢规》8.5.6 条，应选 (A) 项。

【24～30 题评析】 题 26、题 29，钢材屈服强度值 f_y 与钢材厚度有关，按《钢标》表 4.4.1 采用。

26 题，节点域屈服承载力验算时，参数 ψ，《抗规》与《高钢规》取值是不相同的。

31. 正确答案是 B，解答如下：

根据《砌规》5.2.5 条、5.2.2 条：

$$b + 2h = 740 + 2 \times 370 = 1480\text{mm} > 1350\text{mm}$$

故取 $A_0 = 370 \times 1350$

$$\gamma_1 = 1 + 0.35\sqrt{\frac{A_0}{A_6} - 1} = 1 + 0.35\sqrt{\frac{370 \times 1350}{370 \times 740} - 1} = 1.318 < 2$$

$$0.8\gamma_1 = 0.8 \times 1.318 = 1.054$$

32. 正确答案是 B，解答如下：

根据《砌规》4.2.5条，9.6m＞9m，则：

$$M = \frac{1}{12}ql^2 = \frac{1}{12} \times 48.9 \times 9.6^2 = 375.6 \text{kN} \cdot \text{m}$$

$$\gamma = 0.2\sqrt{\frac{a}{h}} = 0.2\sqrt{\frac{370}{370}} = 0.2$$

$$M_A = \gamma M = 0.2 \times 375.6 = 75.12 \text{kN} \cdot \text{m}$$

上、下层墙体线刚度相同，则：

下层墙上端弯矩值 $M_{\text{上}} = \frac{1}{2}M_A = 37.6 \text{kN} \cdot \text{m}$

33. 正确答案是 C，解答如下：

根据《砌规》5.2.5条：

$$A = 0.37 \times 1.35 = 0.4995 \text{m}^2 > 0.3 \text{m}^2$$

$$\sigma_0 = \frac{N_0}{A_0} = \frac{320 \times 10^3}{370 \times 1350} = 0.641 \text{MPa}, \quad \frac{\sigma_0}{f} = \frac{0.641}{2.67} = 0.24$$

查表5.2.5，$\delta_1 = 5.7 + \frac{6.0 - 5.7}{0.4 - 0.2} \times (0.24 - 0.2) = 5.76$

$$a_0 = \delta_1\sqrt{\frac{h_c}{f}} = 5.76 \times \sqrt{\frac{800}{2.67}} = 99.7 \text{mm}$$

【31～33题评析】 31题，复核计算值 $b+2h$ 与实际值的大小，避免错误。

33题，因为 $A = 0.4995 \text{m}^2$，故不需要调整 f 值。

34. 正确答案是 C，解答如下：

根据《砌规》4.2.1条注3，（C）项错误，应选（C）项。

【34题评析】 根据《砌规》4.2.1条、4.2.2条，（A）、（B）、（D）项均正确。

35. 正确答案是 B，解答如下：

根据《抗规》7.5.2条第5款，门洞两侧应设置2个构造柱。

根据《抗规》7.5.2条第2款，底部框架柱对应位置设置3个构造柱；墙体内的构造柱间距不宜大于层高，故还应设置2个构造柱。

综上，共计7个构造柱。

36. 正确答案是 D，解答如下：

根据《砌规》10.2.1条：

$A = 1.5 \times 0.24 = 0.36 \text{m}^2 > 0.3 \text{m}^2$

$$\sigma_0 = \frac{518 \times 10^3}{240 \times 1500} = 1.44, \quad \frac{\sigma_0}{f_v} = \frac{1.44}{0.17} = 8.47$$

$$\xi_N = 1.65 + \frac{1.9 - 1.65}{3} \times (8.47 - 7) = 1.773$$

$$f_{vE} = \xi_N f_v = 1.773 \times 0.17 = 0.30 \text{MPa}$$

37. 正确答案是 B，解答如下：

根据《砌规》表 5.1.3：

刚性方案，$H = 3.6\text{m}$，$s = 9\text{m} > 2H = 2 \times 3.6 = 7.2\text{m}$，故 $H_0 = 1.0H = 3.6\text{m}$

$$\beta = \frac{H_0}{h} = \frac{3600}{240} = 15$$

由《砌规》6.1.4 条：

$$\frac{2.1}{3.6} = 0.58 \begin{array}{l} < 4/5 \\ > 1/5 \end{array}，则：$$

$$\mu_2 = 1 - 0.4\frac{b_s}{s} = 1 - 0.4 \times \frac{3 \times 2}{9} = 0.733 > 0.7$$

$$\mu_1\mu_2[\beta] = 1 \times 0.733 \times 26 = 19.1 > 15，故选（B）项。$$

38. 正确答案是 B，解答如下：

根据《砌规》8.1.2 条：

$$A = 1.5 \times 0.24 = 0.36\text{m}^2 > 0.2\text{m}^2$$

$$\rho = \frac{(a+b)A_s}{abs_n} = \frac{(80+80) \times \frac{\pi}{4} \times 4^2}{80 \times 80 \times 180} = 0.174\% \begin{array}{l} < 1\% \\ > 0.1\% \end{array}$$

$$f_n = f + 2\left(1 - \frac{2e}{y}\right)\rho f_y = 1.89 + 2\left(1 - \frac{70}{120}\right) \times 0.174\% \times 320 = 2.35\text{N/mm}^2$$

【36～38 题评析】 36 题、38 题，注意砌体面积是否对 f_v、f 有影响。

39. 正确答案是 B，解答如下：

根据《砌规》9.2.2 条、5.1.2 条：

$$\beta = \gamma_B\frac{H_0}{h} = 1.0 \times \frac{3000}{190} = 15.79$$

$$\varphi_{0g} = \frac{1}{1 + 0.001\beta^2} = \frac{1}{1 + 0.001 \times 15.79^2} = 0.8$$

40. 正确答案是 B，解答如下：

根据《砌规》9.2.4 条：

$$h_0 = 1600 - 100 = 1500\text{mm}，x_b = \xi_b h_0 = 0.52 \times 1500 = 780\text{mm}$$

由《砌规》9.2.1 条，受拉钢筋的屈服范围为：

$$h_0 - 1.5x_b = 1500 - 780 \times 1.5 = 330\text{mm}$$

距墙端 $100 + 330 = 430\text{mm}$ 范围内有 2 根钢筋屈服。

（下午卷）

41. 正确答案是 D，解答如下：

根据《木标》4.3.1 条，东北落叶松 TC17B，取 $f_c = 15\text{N/mm}^2$

由《木标》4.3.2 条：$f_c = 1.15 \times 15 = 17.25\text{N/mm}^2$

由《木标》5.1.4 条、5.1.5 条：

$$\lambda = \frac{l_0}{i} = \frac{3900}{45} = 86.7$$

$$\lambda_c = 4.13\sqrt{1 \times 330} = 75 < \lambda, 则:$$

$$\varphi = \frac{0.92\pi^2 \times 1 \times 330}{86.7^2} = 0.398$$

$$A_0 = 0.9A$$

$$N_u = \varphi f_c A_0 = 0.398 \times 17.25 \times 0.9 \times \frac{\pi}{4} \times 180^2 = 157.2\text{kN}$$

42. 正确答案是 D，解答如下：

根据《木标》3.1.13 条及条文说明，（D）项正确，故选（D）项。

【42题评析】 根据《木标》3.1.10 条，（A）项错误；根据《木标》3.1.12 条，（B）项错误；根据《木标》附录表 A.1.1，（C）项错误。

43. 正确答案是 B，解答如下：

根据《地规》8.2.11 条：

$$a_1 = \frac{1}{2} \times (4 - 0.5) = 1.75\text{m}$$

$$p_n = \frac{2363}{4 \times 2.5} = 236.3\text{kN/m}^2$$

$$M_{B\text{-}B} = \frac{1}{12}a_1^2\left[(2l - a') \times 2p_n\right]$$

$$= \frac{1}{12} \times 1.75^2 \times \left[(2 \times 2.5 + 0.5) \times 2 \times 236.3\right]$$

$$= 663.4\text{kN} \cdot \text{m}$$

44. 正确答案是 A，解答如下：

$$a_m = \frac{a_t + a_b}{2} = \frac{500 + (500 + 2 \times 700)}{2} = 1200\text{mm}$$

$h_0 = 700$，取 $\beta_{hp} = 1.0$。

$$0.7\beta_{hp}f_t a_m h_0 = 0.7 \times 1 \times 1.43 \times 1200 \times 700 = 840.84\text{kN}$$

45. 正确答案是 C，解答如下：

根据《地规》5.3.5 条：

基底划分为 4 个小矩形，$l = 2\text{m}$，$b = 1.25\text{m}$，$l/b = 1.6$

$z_1 = 2\text{m}$，$z_1/b = 2/1.25 = 1.6$，$\overline{\alpha}_1 = 0.2079$

$z_2 = 6\text{m}$，$z_2/b = 6/1.25 = 4.8$，$\overline{\alpha}_2 = 0.1136$

$$s = 4\psi_s \sum_1^2 \frac{p_0}{E_{si}}(z_i\overline{\alpha}_i - z_{i-1}\overline{\alpha}_{i-1})$$

$$= 4 \times 0.58 \times \left[\frac{160}{8000} \cdot (2 \times 0.2079 - 0) + \frac{160}{9500} \cdot (6 \times 0.1136 - 2 \times 0.2079)\right]$$

$$= 0.0297\text{m} = 29.7\text{mm}$$

46. 正确答案是 C，解答如下：

根据《桩规》5.3.6 条：

由提示，取 $d = 1 + 2 \times 0.15 = 1.30\text{m}$，$\psi_{si} = \left(\frac{0.8}{1.30}\right)^{1/5} = 0.907$

$$Q_{sk} = u\Sigma\psi_{si}q_{sik}l_i$$

$$= 3.14 \times 1.30 \times 0.907 \times [40 \times 7 + 50 \times 1.7 + 70 \times 3.3 + 80 \times (4.1 - 2 \times 1.3)]$$

$$= 2650.9\text{kN}$$

47. 正确答案是 B，解答如下：

根据《桩规》5.3.6 条：

$$\psi_p = \left(\frac{0.8}{1.6}\right)^{1/4} = 0.841$$

$$Q_{pk} = \psi_p q_{pk} A_p = 0.841 \times 3800 \times \frac{\pi}{4} \times 1.6^2 = 6422.3\text{kN}$$

则：

$$\frac{Q_{pk}}{2} = 3211.15\text{kN}$$

48. 正确答案是 C，解答如下：

根据《桩规》5.5.14 条：

$$\sigma_{zl} = \frac{4000}{15^2}[\alpha_j I_{p\cdot ll} + (1 - \alpha_j)I_{s\cdot ll}] = \frac{4000}{15^2} \times [0.6 \times 15.575 + (1 - 0.6) \times 2.599]$$

$$= 184.6\text{kPa}$$

$$s = \psi\frac{\sigma_{zl}}{E_{sl}}\Delta_{zl} = 0.45 \times \frac{184.6}{16500} \times 3.0 \times 1000 = 15.1\text{mm}$$

【46～48题评析】　46题，注意本题目的提示，及大直径桩的尺寸效应系数。

47题，本题目求桩端承载力特征值而不是其承载力标准值。

49. 正确答案是 C，解答如下：

根据《地处规》7.1.7 条、7.1.6 条：

$$\xi = \frac{f_{spk}}{f_{ak}}，\text{则}：f_{spk} = \xi f_{ak} = \frac{10}{5.4} \times 120 = 222.2\text{kPa}$$

由题目条件，则：$R_a = \frac{f_{cu}A_p}{4\lambda} = \frac{5.6 \times \frac{\pi}{4} \times 600^2}{4 \times 1} = 395.64\text{kN}$

由 7.1.5 条：

$$m = \frac{f_{spk} - \beta f_{sk}}{\frac{\lambda R_a}{A_p} - \beta f_{sk}} = \frac{222.2 - 0.8 \times 120}{\frac{1 \times 395.64}{\frac{\pi}{4} \times 0.6^2} - 0.8 \times 120}$$

$$= 0.0968$$

50. 正确答案是 B，解答如下：

根据《地处规》7.1.5 条：

$$R_a = u_p\sum_1^2 q_{si}l_{pi} + \alpha_p q_p A_p$$

$$= \pi \times 0.6 \times (20 \times 4 + 50 \times 2.4) + 0.6 \times 400 \times \frac{\pi}{4} \times 0.6^2$$

$$= 444.6\text{kN}$$

51. 正确答案是 A，解答如下：

根据《地处规》7.1.5 条：

$$m = \frac{d^2}{d_e^2} = \frac{0.8^2}{(1.13 \times 2.4)^2} = 0.087$$

$$f_{spk} = [1 + m(n-1)]f_{sk} = [1 + 0.087 \times (2.8-1)] \times 170$$
$$= 196.6 \text{kPa}$$

52. 正确答案是 C，解答如下：

根据《地规》附录 J.0.4 条：

$$f_{rm} = \frac{10.7 + 11.3 + 14.8 + 10.8 + 12.4 + 14.1}{6} = 12.35 \text{MPa}$$

$$\psi = 1 - \left(\frac{1.704}{\sqrt{n}} + \frac{4.678}{n^2} \right)\delta = 1 - \left(\frac{1.704}{\sqrt{6}} + \frac{4.678}{36} \right) \times 0.142 = 0.883$$

$$f_{rk} = 0.883 \times 12.35 = 10.9 \text{MPa}$$

53. 正确答案是 D，解答如下：

根据《地规》5.2.6 条、4.1.4 条表 4.1.4 注：

岩体完整性指数 $= \left(\frac{600}{650} \right)^2 = 0.852 > 0.75$，属于完整。

$$f_a = \psi_r \cdot f_{rk} = 0.5 \times 10000 = 5000 \text{kPa}$$

54. 正确答案是 B，解答如下：
$$G_k = 1.8 \times 1.8 \times 1.5 \times 20 = 97.2 \text{kN}$$

$$e = \frac{M_{xk}}{F_k + G_k} = \frac{500}{10000 + 97.2} = 0.0495 \text{m} < \frac{a}{6} = 0.3 \text{m}$$

由《地规》5.2.2 条：

$$p_{kmax} = \frac{10000 + 97.2}{1.8 \times 1.8} + \frac{500}{\frac{1.8}{6} \times 1.8^2} = 3631 \text{kPa}$$

55. 正确答案是 C，解答如下：

根据《既有地规》附录 A.0.1 条、A.0.2 条，（C）项错误，故应选（C）项。

【55 题评析】 根据《既有地规》附录 B.0.1 和 B.0.2 条，（A）项正确。

根据《既有地规》3.0.4 条第 1 和 2 款，（B）项正确。

根据《既有地规》11.2.1 条，（D）项正确。

56. 正确答案是 A，解答如下：

根据《桩规》3.5.3 条：

由《混规》3.5.2 条，桩身处于三 a 类环境。

由《桩规》表 3.5.3，采用预应力混凝土桩作为抗拔桩时，其裂缝控制等级应为一级，故（A）项错误，应选（A）项。

57. 正确答案是 D，解答如下：

根据《抗规》6.1.15 条及其条文说明，（D）项不正确，应选（D）项。

【57 题评析】 根据《高规》表 3.3.1-1 及 5.3.3 条，（A）项正确。

根据《高规》5.1.9 条及条文说明，（B）项正确。

根据《高规》3.1.6 条及条文说明，（C）项正确。

58. 正确答案是 B，解答如下：

根据《高规》3.11.1条、3.11.3条，（B）项准确，故选（B）项。

【58题评析】《高规》3.11.3条及条文说明，第3性能水准在中震作用下竖向构件抗剪宜满足弹性设计要求，故（A）项错误。

《高规》3.7.3条第3款，高度在150～250m之间的剪力墙结构，层间位移角限值可在1/1000～1/500之间插值，故（C）项错误。

《高规》3.11.4条条文说明，高度在150～200m的基本自振周期大于4s的房屋，应采用弹塑性时程分析，故（D）项错误。

59. 正确答案是D，解答如下：

根据《高规》4.3.13条：

$$F_{Evk} = \alpha_{vmax} G_{eq} = 0.65 \alpha_{max} 0.75 G_E$$

$$= 0.65 \times 0.32 \times 0.75 \times 24 \times 27 \times 14.5 \times 10 = 14658kN$$

W_1 墙肢应考虑增大系数1.5：$N_{Evk} = 8.3\% \times 14658 \times 1.5 = 1825kN$

60. 正确答案是D，解答如下：

基本组合时：

由《可靠性标准》8.2.4条：

$$M_{A1} = 1.3 \times (-263) + 1.5 \times (-54) = -422.9kN \cdot m$$

地震组合时，由《高规》5.6.3条：

$$M_A = -[1.2 \times (263 + 0.5 \times 54) + 1.3 \times 0.2 \times (263 + 0.5 \times 54)]$$

$$= -423.4kN \cdot m$$

根据《高规》3.8.2条，仅考虑竖向地震作用组合时，$\gamma_{RE} = 1.0$

$$\gamma_{RE} M_A = 1.0 \times 423.4 = 423.4kN \cdot m > M_{A1} = 422.9kN \cdot m$$

故最终取 423.4kN·m 控制配筋。

61. 正确答案是D，解答如下：

查《高规》表3.9.3，剪力墙抗震一级。

由《高规》7.1.4条，$H_{底} = \max\left\{4 + 4, \dfrac{1}{10} \times 40.3\right\} = 8m$，故第3层非底部加强部位；由《高规》7.2.5条，剪力增大系数取1.3。

又由《高规》7.2.4条，取增大系数1.25。

$H < 60m$，不计入风荷载，及题目提示，则：

$$V = 1.3 \times 1.25 \times (0 + 1.3 \times 1400) = 2958kN$$

62. 正确答案是A，解答如下：

根据《高规》7.2.21条：

连梁纵筋顶、底面对称，则：

$$M_{bua} = f_{yk} A_s^a (h_0 - a_s') / \gamma_{RE} = 400 \times 1256 \times (965 - 35) / 0.75 = 623kN \cdot m$$

$$V = \frac{1.1 \times (623 \times 2)}{2} + 60 = 745kN$$

63. 正确答案是C，解答如下：

根据《高规》4.3.6条：$\sum\limits_{j=1}^{n} G_j = 600000 + 0.5 \times 80000 = 640000 \text{kN}$

根据《高规》4.3.12条：

Y 向：$\qquad \lambda = 0.016 - \dfrac{4-3.5}{5-3.5} \times (0.016 - 0.012) = 0.0147$

$$V_{\text{Ek}} \geqslant \lambda \sum\limits_{j=1}^{n} G_j = 0.0147 \times 640000 = 9408 \text{kN}$$

64. 正确答案是 C，解答如下：

根据《高规》3.3.1条，为 B 级高度。查《高规》表3.9.4，框架柱为抗震一级。由《高规》表6.4.2及注3、4，则：

$$[\mu_{\text{N}}] = 0.75 - 0.05 + 0.10 = 0.8$$

65. 正确答案是 B，解答如下：

由提示，根据《高规》3.11.3条：

$$V = 0 + 1.3 \times 1200 = 1560 \text{kN}$$

$\dfrac{l_{\text{n}}}{h_{\text{b}}} = 2.2$，根据《高规》7.2.23条：

$$V \leqslant \frac{1}{\gamma_{\text{RE}}} \left(0.38 f_{\text{t}} b_{\text{h}} h_{\text{b0}} + 0.9 f_{\text{yv}} \frac{A_{\text{sv}}}{s} h_{\text{b0}} \right)$$

$$1560 \times 10^3 \leqslant \frac{1}{0.85} \left(0.38 \times 1.71 \times 500 \times 850 + 0.9 \times 360 \times \frac{A_{\text{sv}}}{100} \times 850 \right)$$

解之得：$A_{\text{sv}} \geqslant 381 \text{mm}$

选用$\Phi 12@100$（4）（$A_{\text{sv}} = 452 \text{mm}^2$），满足。

66. 正确答案是 B，解答如下：

根据《高规》附录J.1.2条：

由《荷规》式（8.4.4-2）：

$$x_1 = \frac{30 f_1}{\sqrt{k_{\text{w}} w_0}} = \frac{30 \times \dfrac{1}{4.7}}{\sqrt{1.28 \times 0.65}} = 7 > 5$$

由 $\xi_1 = 0.04$，$x_1 = 7$，查表J.1.2，取 $\eta_{\text{a}} = 1.90$

67. 正确答案是 B，解答如下：

根据《荷规》8.2.2条：

$\tan\alpha = \tan30° = 0.58 > 0.3$，取 $\tan\alpha = 0.3$

$z = 150\text{m} < 2.5H = 2.5 \times 200 = 500\text{m}$

$$\eta = \left[1 + K\tan\alpha \left(1 - \frac{z}{2.5H} \right) \right]^2 = \left[1 + 1.4 \times 0.3 \times \left(1 - \frac{150}{2.5 \times 200} \right) \right]^2 = 1.67$$

查《荷规》表8.2.1，取 $\mu_z = 2.46$，则：

$$\mu_z = 1.67 \times 2.46 = 4.11$$

68. 正确答案是 B，解答如下：

根据《高规》3.5.2条：

$$\gamma = \frac{V_i \Delta_{i+1}}{V_{i+1} \Delta_i} \frac{h_i}{h_{i+1}} = \frac{4300 \times 3.32}{4000 \times 5.48} \times \frac{6000}{3900} = 1.0 < 1.1，故不满足。$$

根据《高规》3.5.3 条：

A 级高度：　　　　$\dfrac{132000}{16000}=82.5\%>80\%$，满足。

故选（B）项。

69. 正确答案是 A，解答如下：

（1）轴压比：查《高规》表 11.4.4 及注 2，取 $[\mu_N]=0.70-0.05=0.65$

$$\mu_N=\frac{N}{f_cA_c+f_aA_a}=\frac{30000\times10^3}{23.1\times(1100\times1100-61500)+61500\times295}$$

$$=0.67>0.65，不满足$$

（2）型钢含钢率 $=\dfrac{61500}{1100\times1100}=5.08\%$；

纵筋配筋率 $=\dfrac{25\times490.9}{1100\times1100}=1.01\%$

均满足《高规》11.4.5 条。

（3）ρ_v，根据《高规》11.4.6 条：

由上述，$\mu_N=0.67\approx0.7$，查表 6.4.7，取 $\lambda_v=0.17$

$$\rho_v\geqslant0.85\lambda_v\frac{f_c}{f_y}=0.85\times0.17\times\frac{23.1}{360}=0.93\%$$

$$\lambda<2，故\ \rho_v\geqslant1\%。$$

最终取 $\rho_v\geqslant1\%$。

箍筋长度 $l_1=1100-2\times(20+14)+2\times\dfrac{14}{2}=1032+14=1046\mathrm{mm}$

$$l_2=\frac{1046}{2}\cdot\sqrt{2}=740\mathrm{mm}$$

$$\rho_v=\frac{(1046\times8+740\times4)\times153.9}{1032\times1032\times100}=1.65\%>1\%，满足。$$

故选（A）项。

70. 正确答案是 C，解答如下：

$\dfrac{1900}{250}=7.6\begin{matrix}<8\\>4\end{matrix}$，由《高规》7.1.8 条，属于短肢剪力墙。

由《高规》3.9.2 条，按 8 度确定抗震构造措施的抗震等级，查《高规》表 3.9.3，其抗震等级为二级。

由《高规》7.1.4 条，$H_底=\max\left\{3+3,\dfrac{75.3}{10}\right\}=7.53\mathrm{m}$，故第 5 层为其他部位。由《高规》7.2.2 条：

$$\rho_全=\frac{2A_s+\left(\dfrac{800}{200}-1\right)\times2\times78.5}{(1900+300+300)\times250}\geqslant1\%$$

解之得：　　　　　　　　　$A_s\geqslant2890\mathrm{mm}^2$

选 12 Φ 18（$A_s=3048\mathrm{mm}^2$），满足。

71. 正确答案是 C，解答如下：

抗震一级，查《高规》表 6.4.3-2，箍筋直径 $\geqslant10$，（A）项错误。

根据《高规》3.5.9条及条文说明，（B）项错误。

$$\Delta u_{\mathrm{p}} = 120 \mathrm{mm}, \ [\Delta u_{\mathrm{p}}] = [\theta_{\mathrm{p}}]h = \frac{1}{50} \times 5000 = 100 \mathrm{mm}$$

$\frac{120-100}{100} = 20\% < 25\%$，故可通过提高柱的箍筋配置来满足要求。

查《高规》表6.4.7，$\mu_{\mathrm{N}} = 0.20$，取 $\lambda_{\mathrm{v}} = 0.10$；现提高 λ_{v} 值1.3倍，即：$\lambda_{\mathrm{v}} = 1.3 \times$ 0.10 = 0.13

$$\rho_{\mathrm{v}} = \lambda_{\mathrm{v}} \frac{f_{\mathrm{c}}}{f_{\mathrm{yv}}} = 0.13 \times \frac{16.7}{360} = 0.60\%$$

由《高规》6.4.7条，抗震一级的框架柱：$\rho_{\mathrm{v}} \geqslant 0.8\%$

最终取 $\rho_{\mathrm{v}} \geqslant 0.80\%$

（C）项：4$\oplus$10@100

$$\rho_{\mathrm{v}} = \frac{(500 - 2 \times 20 - 10) \times 8 \times 78.5}{(500 - 2 \times 30)^2 \times 100} = 1.46\% > 0.8\%，满足$$

故选（C）项。

72. 正确答案是 A，解答如下：

根据《高规》3.12.6条及条文说明，（A）项正确，应选（A）项。

【72题评析】 根据《高规》3.12.4条，（B）、（C）项错误。

根据《高规》3.12.1条，（D）项错误。

73. 正确答案是 B，解答如下：

根据《公桥混规》4.4.7条：

$$0.36L_{\mathrm{a}} = 0.36 \times 115 = 41.4 \mathrm{m}$$

74. 正确答案是 D，解答如下：

根据《公桥混规》附录C条文说明表C-2及注：

$$\phi(t_{\mathrm{u}}, t_0) = 1.25 \sqrt{\frac{32.4}{32.4}} = 1.25$$

取 $l = 100 + 70 = 170 \mathrm{m}$

$$\Delta l_{\mathrm{c}}^{-} = \frac{\sigma_{\mathrm{pc}}}{E_{\mathrm{c}}} \phi(t_{\mathrm{u}}, t_0) l = \frac{9}{3.45 \times 10^4} \times 1.25 \times 170 \times 10^3 = 55.4 \mathrm{mm}$$

75. 正确答案是 A，解答如下：

根据《公桥通规》3.5.4条：

$$l = (200 + 2000 + 200) \times 1.5 - 450 + 750 = 3900 \mathrm{mm}$$

76. 正确答案是 C，解答如下：

根据《公桥通规》4.3.4条：

$$h_0 = \frac{\Sigma G}{\gamma B L_0} = \frac{3 \times 2 \times 140}{18 \times 13 \times 3} = 1.197 \mathrm{m}$$

77. 正确答案是 A，解答如下：

根据《公桥混规》6.5.3条、6.5.5条：

$f_{\mathrm{p}} = 150 \mathrm{mm} > \eta_{\theta} f_{\mathrm{s}} = 1.45 \times 80 = 116 \mathrm{mm}$，故可不设预拱度。

78. 正确答案是 B，解答如下：

根据《公桥混规》6.1.1条，应选（B）项。

另：根据《公桥通规》4.1.6条，也应选（B）项。

79. 正确答案是 B，解答如下：

根据《公桥通规》4.3.2条，应选（B）项。

80. 正确答案是 B，解答如下：

根据《公桥通规》4.3.1条，应选（B）项。

实战训练试题（二十二）解答与评析

（上午卷）

1. 正确答案是 B，解答如下：

阻尼比，正确，排除（C）项。

由《抗规》表 6.1.1，框架抗震一级，排除（A）项。

由《抗规》表 5.1.4-1，排除（D）项，故选（B）项。

2. 正确答案是 A，解答如下：

根据《抗规》5.1.3 条、5.2.1 条：

$$G = 3000 + 0.5 \times 760 + 3 \times (3000 + 0.5 \times 680) + 3200 = 17200 \text{kN}$$

$$G_{eq} = 0.85 \times 17200 = 14620 \text{kN}$$

3. 正确答案是 C，解答如下：

根据《抗规》5.2.5 条，$\lambda = 0.032$

各层剪重比：$\lambda_5 = \dfrac{140}{3200} = 0.044, \lambda_4 = \dfrac{240}{6500} = 0.037$

$$\lambda_3 = \frac{320}{9800} = 0.037, \lambda_2 = \frac{390}{13100} = 0.03 < 0.032$$

$$\lambda_1 = \frac{450}{17000} = 0.026 < 0.032$$

故选（C）项。

4. 正确答案是 C，解答如下：

$\delta_i = \dfrac{V_i}{K_i}$，则：

$$\Delta = \Sigma \delta_i = \left(\frac{450}{6.5} + \frac{390}{7.0} + \frac{320}{7.5} + \frac{240}{7.5} + \frac{140}{7.5} \right) \times \frac{1}{10^4} \times 10^3$$

$$= 21.8 \text{mm}$$

5. 正确答案是 C，解答如下：

根据《抗规》5.1.2 条条文说明，应选（C）项。

6. 正确答案是 C，解答如下：

根据《混规》6.2.11 条 1 款：

$$f_y A_s = 360 \times 10 \times 491 = 1767600 \text{N}$$

$$\alpha_1 f_c b'_f h'_f + f'_y A'_s = 1.0 \times 14.3 \times 650 \times 120 + 4 \times 360 \times 314 = 1567560 \text{N}$$

故属于第 2 类 T 形，应按《混规》6.2.11 条第 2 款：

$$1.0 \times 14.3 \times (350x + 300 \times 120) = 360 \times (10 \times 491 - 4 \times 314)$$

解之得：$x = 160 \text{mm} > a'_s = 2 \times 40 = 80 \text{mm}$，且 $< \xi_b h_0 = 0.518 \times 530 = 275 \text{mm}$

根据《混规》公式（6.2.11-2）：

$$M \leqslant 1.0 \times 14.3 \times 350 \times 160 \times \left(600 - 70 - \frac{160}{2}\right) + 1.0 \times 14.3 \times 300$$

$$\times 120 \times \left(600 - 70 - \frac{120}{2}\right) + 360 \times 4 \times 314 \times (600 - 70 - 40)$$

$$= 823.9 \times 10^6 \, \text{N} \cdot \text{mm} = 823.9 \text{kN} \cdot \text{m}$$

7. 正确答案是 B，解答如下：

根据《可靠性标准》8.2.4 条：

$$V = 1.3 \times \frac{70 \times 3}{2} + 1.3 \times \frac{7 \times 8}{2} + 1.5 \times \left(\frac{70 \times 3}{2} + \frac{7 \times 8}{2}\right)$$

$$= 372.4 \text{kN}$$

由《混规》6.3.4 条：

独立梁，$\lambda = \dfrac{2000}{600 - 70} = 3.77 > 3$，取 $\lambda = 3$，$h_0 = 530$mm

$$372.4 \times 10^3 \leqslant \frac{1.75}{3+1} \times 1.43 \times 350 \times 530 + 270 \times \frac{A_{sv}}{150} \times 530$$

解之得：$\qquad\qquad A_{sv} \geqslant 269 \text{mm}^2$

即：$\qquad\qquad A_{sv1} \geqslant 269/4 = 67 \text{mm}^2$

8. 正确答案是 C，解答如下：

支座处，故按 $b \times h = 350 \times 600$ 矩形截面计算，$h_0 = 530$mm，由《混规》6.2.10 条：

$$x = h_0 - \sqrt{h_0^2 - \frac{2\gamma_0 M}{\alpha_1 f_c b}}$$

$$= 530 - \sqrt{530^2 - \frac{2 \times 1 \times 490 \times 10^6}{1 \times 14.3 \times 350}}$$

$$= 238.3 \text{mm} < \xi_b h_0 = 0.518 \times 530 = 275 \text{mm}$$

$$A_s = \frac{\alpha_t f_c b x}{f_y} = \frac{1 \times 14.3 \times 350 \times 238.3}{360} = 3313 \text{mm}^2$$

9. 正确答案是 B，解答如下：

根据《混规》7.1.2 条：

$$A_{te} = 0.5 \times 350 \times 600 + (650 - 350) \times 120 = 141000 \text{mm}^2$$

$$\rho_{te} = \frac{3927}{141000} = 0.0279 > 0.01$$

$$\psi = 1.1 - 0.65 \frac{f_{tk}}{\rho_{te} \sigma_s} = 1.1 - 0.65 \times \frac{2.01}{0.0279 \times 220} = 0.887$$

$$w_{max} = \alpha_{cr} \psi \frac{\sigma_s}{E_s} \left(1.9 c_s + 0.08 \frac{d_{eq}}{\rho_{te}}\right)$$

$$= 1.9 \times 0.887 \times \frac{220}{2.0 \times 10^5} \times \left(1.9 \times 30 + 0.08 \times \frac{25}{0.0279}\right) = 0.24 \text{mm}$$

10. 正确答案是 C，解答如下：

根据《混规》6.5.1 条：

$$h_0 = 400 - 45 = 355 \text{m}$$

$$F_u = [8.4 \times 8.4 - (0.6 + 2 \times 0.355)] \times 15 = 1033\text{kN}$$

11. 正确答案是 C，解答如下：

根据《混规》6.5.1 条：

$$u_m = 4 \times (600 + 355) = 3820\text{mm}$$

$$\beta_s = 1 < 2, \text{取} \beta_s = 2, \eta_1 = 0.4 + \frac{1.2}{\beta_s} = 1.0$$

$$\eta_2 = 0.5 + \frac{\alpha_s h_0}{4u_m} = 0.5 + \frac{40 \times 355}{4 \times 3820} = 1.43, \text{故取} \eta = 1.0$$

$$F_u = 0.7\beta_h f_t \eta u_m h_0 = 0.7 \times 1.0 \times 1.57 \times 1.0 \times 3820 \times 355 = 1490\text{kN}$$

12. 正确答案是 C，解答如下：

根据《混规》11.9.2 条：

$$d \leqslant \frac{h}{16} = \frac{400}{16} = 25\text{mm}$$

【10～12 题评析】 12 题，也可按《抗规》6.6.2 条解答。

13. 正确答案是 B，解答如下：

根据《混规》8.2.1 条及其条文说明，钢筋的保护层厚度不小于受力钢筋直径的要求，是为了保证握裹层混凝土对受力钢筋的锚固。它适用永久建筑、临时建筑，故选（B）项。

【13 题评析】 （C）正确，根据《设防分类标准》2.0.3 条及其条文说明，临时性建筑通常可不设防。

14. 正确答案是 B，解答如下：

根据《混规》11.3.2 条：

$$V_{Gb} = 1.2 \times (83 + 0.5 \times 55) \times 8.4 \times \frac{1}{2} = 556.9\text{kN}$$

地震作用由左至右：

$$M_b^l = -1.2 \times (468 + 0.5 \times 312) + 1.3 \times 430 = -189.8\text{kN} \cdot \text{m}(\uparrow)$$

$$M_b^r = -1.2 \times (387 + 0.5 \times 258) - 1.3 \times 470 = -1230.2\text{kN} \cdot \text{m}(\downarrow)$$

$$M_b^l + M_b^r = -1230.2 - (-189.8) = -1040.4\text{kN} \cdot \text{m}(\downarrow)$$

地震作用由右至左：

$$M_b^l = -1.2 \times (468 + 0.5 \times 312) - 1.3 \times 430 = -1307.8\text{kN} \cdot \text{m}(\uparrow)$$

$$M_b^r = -1.2 \times (387 + 0.5 \times 258) + 1.3 \times 470 = -8.2\text{kN} \cdot \text{m}(\downarrow)$$

$$M_b^l + M_b^r = -1307.8 - (-8.2) = -1299.6\text{kN} \cdot \text{m}(\uparrow)$$

最终取 $M_b^l + M_b^r = -1299.6\text{kN} \cdot \text{m}$

$$V = 1.2 \times \frac{1299.6}{8.4} + 556.9 = 742.56\text{kN}$$

15. 正确答案是 C，解答如下：

根据《混规》11.3.3 条：

$$\frac{A_{sv}}{s} \geqslant \frac{\gamma_{RE} V - 0.6\alpha_{cv} f_t b h_0}{f_{yv} h_0}$$

$$= \frac{0.85 \times 320 \times 10^3 - 0.6 \times 0.7 \times 1.57 \times 400 \times 830}{360 \times 830}$$

$$= 0.18 \text{mm}^2/\text{min}$$

按构造要求配筋即可，根据《混规》11.3.6条、11.3.8条，

二级框架，且纵筋配筋率小于2%，箍筋最小直径取8mm，

箍筋间距取 $s = \min\{900/4, 8 \times 25, 100\} = 100 \text{mm}$，

箍筋肢距不宜大于250mm，取四肢箍，选用$\Phi 8@100$（4）。

16. 正确答案是C，解答如下：

根据《混规》11.4.1条、11.4.2条：

$$M_b = 1.2 \times (387 + 0.5 \times 258) + 1.3 \times 470 = 1230.2 \text{kN} \cdot \text{m}$$

$$M_c = \left(\frac{1}{2} \times 1230.2\right) \times 1.5 \times 1.1 = 1015 \text{kN} \cdot \text{m}$$

【14~16题评析】 14题、16题均可按《抗规》解答，其结果是一致的。

17. 正确答案是C，解答如下：

$$R_A = 4 \times (55 + 15) \times \frac{1}{2} = 140 \text{kN}$$

$$M_{\max} = 140 \times 2.4 - (55 + 15) \times 1.2 = 252 \text{kN} \cdot \text{m}$$

（注意，跨中中点处的弯矩值也为252kN·m）

根据《钢标》6.1.1条、6.1.2条：

热轧H型钢，Q235钢，故取$\gamma_x = 1.05$

$$\frac{M}{\gamma_x W_x} = \frac{252 \times 10^6}{1.05 \times 1260 \times 10^3} = 190.5 \text{N/mm}^2$$

18. 正确答案是C，解答如下：

根据《钢标》7.2.1条：

$\frac{b}{h} = \frac{199}{446} = 0.446 < 0.8$，$x$轴为a类；$y$轴为b类。

$\lambda_x = \frac{15000}{184} = 82$，查附录表D.0.1，取$\varphi_x = 0.77$

$\lambda_y = \frac{5000}{43.6} = 115$，查附录表D.0.2，取$\varphi_y = 0.464$，故取$\varphi_y$计算。

$$\frac{N}{\varphi_y A} = \frac{330 \times 10^3}{0.464 \times 8297} = 85.7 \text{N/mm}^2$$

19. 正确答案是A，解答如下：

根据《钢标》8.2.1条：

$$\frac{b}{t} \approx \frac{199 - 8}{2 \times 12} = 8 < 13\varepsilon_k \approx 13$$

$$\frac{h_0}{t_w} \approx \frac{446 - 2 \times 12}{8} = 52.8 < (40 + 18 \times 1.22^{1.5}) \ \varepsilon_k \approx 66$$

截面等级满足S3级，取$\gamma_x = 1.05$

$$\frac{\beta_{mx} M_x}{\gamma_x W_x \left(1 - 0.8 \dfrac{N}{N'_{EX}}\right)} = \frac{1.0 \times 88 \times 10^6}{1.05 \times 1260 \times 10^3 (1 - 0.8 \times 0.135)} = 74.6 \text{N/mm}^2$$

20. 正确答案是B，解答如下：

根据《钢标》8.2.1条：

$$\lambda_y = \frac{5000}{43.6} = 115$$

由附录C.0.5条：

$$\varphi_b = 1.07 - \frac{\lambda_y^2}{44000\varepsilon_k^2} = 1.07 - \frac{115^2}{44000 \times 1} = 0.769$$

$$\eta \frac{\beta_{tx}M_x}{\varphi_b W_{1x}} = 1.0 \times \frac{1.0 \times 88 \times 10^6}{0.769 \times 1260 \times 10^3} = 90.8\text{N/mm}^2$$

21. 正确答案是C，解答如下：

根据《钢标》7.4.6条：

$$i \geqslant \frac{6000}{200} = 30\text{mm}$$

故选（C）项。

22. 正确答案是A，解答如下：

根据《钢标》11.4.2条：

$$N_v^b = 0.9kn_f\mu P = 0.9 \times 1 \times 1 \times 0.40 \times 80 = 28.8\text{kN}$$

$$n = \frac{44}{28.8} = 1.53，\text{取} 2 \text{个}$$

23. 正确答案是A，解答如下：

根据《钢标》附录C.0.1条：

$$\lambda_y = \frac{6000}{43.6} = 138$$

$$\varphi_b = \beta_b \frac{4320}{\lambda_y^2} \cdot \frac{Ah}{W_x}\left[\sqrt{1 + \left(\frac{\lambda_y t_1}{4.4h}\right)^2} + \eta_b\right]\varepsilon_k^2$$

$$= 0.83 \times \frac{4320}{138^2} \times \frac{8297 \times 446}{1260 \times 10^3} \times \left[\sqrt{1 + \left(\frac{138 \times 12}{4.4 \times 446}\right)^2} + 0\right] \times \frac{235}{235}$$

$$= 0.83 \times 0.227 \times 2.937 \times 1.308 = 0.72 > 0.6$$

$$\varphi_b' = 1.07 - \frac{0.282}{0.72} = 0.68$$

根据《钢标》式（6.2.2）：

$$M_x \leqslant \varphi_b W_x f = 0.68 \times 1260 \times 10^3 \times 215 \times 10^{-6} = 184\text{kN} \cdot \text{m}$$

【题17～23评析】19题，题目中 α_0（为笔者增加），是如下得到：H型钢 H446×199 ×8×12 的内圆弧半径 $r = 13\text{mm}$。

由《钢标》3.5.1条：

$$\begin{aligned}\sigma_{max} \atop \sigma_{min}\end{aligned} = \frac{N}{A} \pm \frac{M}{I} \cdot y$$

$$= \frac{330 \times 10^3}{8297} \pm \frac{88 \times 10^6}{28100 \times 10^4} \cdot \left(\frac{446}{2} - 12 - 13\right)$$

$$= 39.77 \pm 62.01$$

$$= \begin{aligned}+101.78\text{N/mm}^2 \\ -22.24\text{N/mm}^2\end{aligned}$$

$$\alpha_0 = \frac{101.78 - (-22.24)}{101.78} = 1.22$$

24. 正确答案是 A，解答如下：

根据《钢标》7.1.1 条、表 11.5.2 注 3：

$$d_c = \max(20+4, 21.5) = 24\text{mm}$$

$$N = \frac{M}{h_b} = \frac{210 \times 10^6}{450 - 12} = 479.5\text{kN}$$

$$A_n = (200 - 2 \times 24) \times 12 = 1824\text{mm}^2$$

$$\sigma = \left(1 - 0.5 \times \frac{2}{6}\right) \times \frac{479.5 \times 10^3}{1824} = 219\text{N/mm}^2$$

$$\sigma = \frac{N}{A} = \frac{479.5 \times 10^3}{200 \times 12} = 199.8\text{N/mm}^2$$

25. 正确答案是 D，解答如下：

根据《钢标》表 4.4.1 及注，应选（D）项。

26. 正确答案是 B，解答如下：

根据《钢标》13.3.3 条第 2 款，空间 KK 形，由 13.3.2 条第 4 款：

$$\beta = \frac{89}{140} = 0.636, \gamma = \frac{D}{2t} = \frac{140}{2 \times 6} = 11.67$$

$$\tau = \frac{4.5}{6} = 0.75, \eta_{ov} = 0.45(\text{已知})$$

$$\psi_q = 0.636^{0.45} \times 11.67 \times 0.75^{0.8-0.45} = 8.61$$

$$N_{tk} = \left(\frac{29}{8.61 + 25.2} - 0.074\right) \times \frac{\pi}{4}(89^2 - 80^2) \times 215 = 201.2\text{kN}$$

$$N_{ttk} = 0.9 \times 201.2 = 181.1\text{kN}$$

27. 正确答案是 A，解答如下：

根据《钢标》13.3.9 条：

$D_i/D = 89/140 = 0.64 < 0.65$，$\theta_i = 90°$，则：

由《钢标》式（13.3.9-2）：

$$l_w = (3.25 \times 89 - 0.025 \times 140) \times \left(\frac{0.534}{\sin 90°} + 0.446\right)$$

$$= 280\text{mm}$$

$$N_f = 0.7 h_f l_w f_f^w = 0.7 \times 6 \times 280 \times 160 = 188.16\text{kN}$$

【26、27 题评析】 《钢标》对空间 KK 形进一步细分为：支管为非全搭接型；支管为全搭接型。题 26、题 27 对真题进行了改编。

28. 正确答案是 D，解答如下：

根据《钢标》14.1.2 条、14.2.1 条：

$$b_2 = \min\left(\frac{7800}{6}, \frac{2500 - 200}{2}\right) = \min(1300, 1150)$$

$$= 1150\text{mm}$$

$$b_e = b_0 + 2b_2 = 200 + 2 \times 1150 = 2500\text{mm}$$

由提示，则：

$$x = \frac{Af}{b_e f_c} = \frac{8337 \times 215}{2500 \times 14.3} = 50.1\text{mm}$$

$$y = 200 + 150 - \frac{x}{2} = 350 - \frac{50.1}{2} = 325\text{mm}$$

$$M_u = b_e x f_c y = 2500 \times 50.1 \times 14.3 \times 325 = 582 \text{kN} \cdot \text{m}$$

29. 正确答案是 C，解答如下：

根据《钢标》14.3.1条：

$$0.43 A_s \sqrt{E_c f_c} = 0.43 \times 190 \times \sqrt{3 \times 10^4 \times 14.3} = 53.5 \text{kN}$$

$$0.7 A_s f_u = 0.7 \times 190 \times 360 = 47.88 \text{kN}, \text{故取} \ N_v^c = 47.88 \text{kN}$$

由《钢标》14.3.4条，及提示：

$$V_s = Af = 8337 \times 215 = 1792 \text{kN}$$

$$n_f = 2 \times V_s / N_v^c = 2 \times \frac{1792}{47.88} = 75 \ \text{个}, \text{取} \ n_f = 76 \ \text{个}$$

30. 正确答案是 D，解答如下：

根据《钢标》6.1.1条及其公式，应选（D）项。

31. 正确答案是 B，解答如下：

Ⅰ. 根据《砌规》5.1.1条、3.2.1条，正确，排除（C）、（D）项。

Ⅱ. 根据《砌规》6.1.1条，错误，故选（B）项。

【31题评析】 Ⅲ. 根据《砌规》3.2.1条，正确。

Ⅳ. 根据《砌规》3.2.4条，错误。

32. 正确答案是 C，解答如下：

查《砌规》表3.2.1-4及注2，$f = 4.02 \times 0.85$

根据《砌规》5.1.2条：

$$h_T = 3.5i = 3.5\sqrt{\frac{I}{A}} = 3.5 \times \sqrt{3.16 \times 10^9 / 3.06 \times 10^5} = 355.7 \text{mm}$$

$$\beta = \gamma_\beta \frac{H_0}{h_T} = 1.1 \times \frac{3300}{355.7} = 10.2$$

$$\frac{e}{h_T} = \frac{44.46}{355.7} = 0.125, \text{查附录表 D.0.1-1}, \varphi = 0.595$$

$$\varphi f A = 0.595 \times 4.02 \times 0.85 \times 3.06 \times 10^5 = 622 \text{kN}$$

33. 正确答案是 D，解答如下：

根据《抗规》表7.1.2，7层，$H < 21 + 1 = 22\text{m}$。

根据《抗规》表7.1.2注3，乙类，其层数应减少一层且总高度降低3m。

楼层建筑面积 $A = 17.7 \times 8 = 141.6\text{m}^2$

开间大于4.2m的房间总面积为 $A_1 = (6.6 + 4.5) \times 8 = 88.8\text{m}^2$

$\frac{A_1}{A} = \frac{88.8}{141.6} = 0.627 > 0.4$，属于横墙较少的多层砌体房屋，

根据《抗规》7.1.2条第2款，层数还应再减少一层，总高度还应再降低3m。

因此，房屋层数为：$7 - 1 - 1 = 5$ 层

房屋高度：$H < 22 - 3 - 3 = 16\text{m}$

当为5层时，$H = 3.6 + 4 \times 3.3 + 0.6 = 17.4\text{m} > 16\text{m}$，不满足

当为4层时，$H = 3.6 + 3 \times 3.3 + 0.6 = 14.1\text{m} < 16\text{m}$，满足

34. 正确答案是 B，解答如下：

横墙较少，应根据房屋增加一层的层数，即四层房屋，按《抗规》7.3.1条设置构造

柱，如图 22-1(a) 所示，应至少设 16 根。

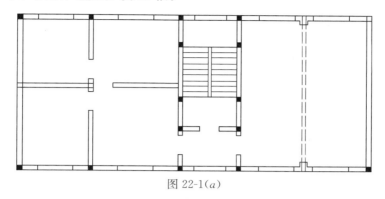

图 22-1(a)

（**注意：** 命题专家指出，本题按规范规定最少需要设置的构造柱为 16 根，考虑实际工程设计时在大跨梁下设置构造柱也具有一定的合理性，所以将正确答案设计成 18 根，这样答案能包容 16 根和 18 根。）

35. 正确答案是 C，解答如下：

根据《砌规》5.1.3 条：

$H = 3.6 + 0.3 + 0.5 = 4.4\text{m}$

$H = 4.4\text{m} < s = 8.0\text{m} < 2H = 8.8\text{m}$

$H_0 = 0.4s + 0.2H = 0.4 \times 8.0 + 0.2 \times 4.4 = 4.08\text{m}$

$$\beta = \frac{H_0}{h} = \frac{4.08}{0.19} = 21.5$$

36. 正确答案是 C，解答如下：

根据《砌规》6.4.3 条：

有效面积 $= 0.190 \times 1 = 0.19\text{m}^2/\text{m}$

有效厚度 $= \sqrt{190^2 + 90^2} = 210\text{mm}$

37. 正确答案是 D，解答如下：

查《砌规》表 3.2.1-4 及注，$f = 4.61 \times 0.85$

根据《砌规》5.2.5 条：

$\gamma = 1.0$，$\gamma_1 = 0.8\gamma = 0.8 < 1$，取 $\gamma_1 = 1.0$

$e/h_T = 0.075$，$\beta \leqslant 3$，查附录表 D.0.1-1，取 $\varphi = 0.94$

$$\varphi \gamma_1 f A_b = 0.94 \times 1.0 \times (4.61 \times 0.85) \times 390 \times 390 = 560\text{kN}$$

38. 正确答案是 A，解答如下：

根据《砌规》10.2.2 条：

查表 3.2.2 及注，取 $f_v = 0.17\text{MPa}$

$\sigma_0/f_v = 0.84/0.17 = 4.94$，由表 10.2.1，取 $\xi_N = 1.463$

$$f_{vE} = \xi_N f_v = 1.463 \times 0.17 = 0.249\text{MPa}$$

$h/b = 3.3/3.6 = 0.92$，查表 10.2.2，$\zeta_s = 0.146$

$$\rho_{sh} = \frac{691}{3300 \times 240} = 0.087\% \begin{matrix} < 0.17\% \\ > 0.07\% \end{matrix}$$

$$V_u = \frac{1}{\gamma_{RE}}(f_{vE}A + \xi_s f_{yh}A_{sh})$$

$$= \frac{1}{0.9} \times (0.249 \times 3600 \times 240 + 0.146 \times 270 \times 691) = 269.3\text{kN}$$

39. 正确答案是 A，解答如下：

根据《砌规》7.4.2 条：

$$l_1 = 4500\text{mm} > 2.2h_b = 2.2 \times 400 = 800\text{mm}$$

$$x_0 = 0.3h_b = 0.3 \times 400 = 120\text{mm} < 0.13l_1 = 0.13 \times 4500 = 585\text{mm}$$

故取 $x_0 = 120\text{mm}$

$$M_{0v} = 12 \times (2.1 + 0.12) + 21 \times 2.1 \times \left(\frac{2.1}{2} + 0.12\right) = 78.24\text{kN} \cdot \text{m}$$

$$M_r = 0.8G_r(l_2 - x_0)$$

$$= 0.8 \times \left[5.36 \times (3 - 0.4) \times 3.9 \times \left(\frac{3.9}{2} - 0.12\right) + 11.2 \times 4.5 \times \left(\frac{4.5}{2} - 0.12\right)\right]$$

$$= 165.45\text{kN} \cdot \text{m}$$

40. 正确答案是 D，解答如下：

根据《砌规》表 6.5.1，Ⅱ 正确，排除（A）、（B）项。

根据《砌规》9.4.8 条，Ⅲ 错误，故选（D）项。

【40 题评析】 Ⅰ. 根据《砌验规》5.1.3 条，错误。

Ⅳ. 根据《砌规》6.5.2 条，正确。

（下午卷）

41. 正确答案是 C，解答如下：

对称性，左边支座反力 $R = \frac{5P}{2}$；过屋架中央处取截面，对屋架上弦 C 点取力矩平

衡，则：

$$\left(\frac{5P}{2} - P\right) \times 6 = P \times 3 + N_{D1} \times 1.5, \text{即：} P = \frac{N_{D1}}{4}$$

查《木标》表 4.3.1-3，$f_t = 9.5\text{MPa}$；查表 4.3.9-1，调整系数为 0.8，即：$f_t = 0.8 \times 9.5$

由《木标》5.1.1 条：

$$N_{D1} = \frac{f_t A_n}{\gamma_0} = \frac{0.8 \times 9.5 \times \frac{\pi}{4} \times 120^2}{1.0} = 85.91\text{kN}$$

则：$P = \frac{N_{D1}}{4} = 21.48\text{kN}$

42. 正确答案是 D，解答如下：

查《木标》表 4.3.1-3，$f_c = 15\text{MPa}$；由 4.3.2 条，提高 1.15，$f_c = 1.15 \times 15$

由《木标》5.1.2 条：

$$\gamma_0 N \leqslant f_c A_n, \text{即：}$$

$$N \leqslant \frac{f_c A_n}{\gamma_0} = \frac{1.15 \times 15 \times \frac{\pi}{4} \times 100^2}{1.0} = 135.4\text{kN}$$

43. 正确答案是 B，解答如下：

（1）按持力层确定基础宽度

根据《地规》5.2.4 条：

$e=0.86$，故 $\eta_b=0$，$\eta_d=1$

$$f_a = f_{ak} + \eta_b \gamma (b-3) + \eta_d \gamma_m (d-0.5) = 130 + 1 \times 18 \times (1.2-0.5) = 142.6\text{kPa}$$
$$b = 300/142.6 = 2.10\text{m}$$

（2）按软弱下卧层确定基础宽度

根据《地规》5.2.7 条：

$$\gamma_m = (18 \times 1.2 + 8 \times 1.8)/3 = 12\text{kN/m}^3$$
$$f_{az} = 80 + 1 \times 12 \times (3-0.5) = 110\text{kPa}$$
$$p_k = 300/b, p_c = 18 \times 1.2 = 21.6\text{kPa}, p_{cz} = 18 \times 1.2 + 8 \times 1.8 = 36\text{kPa}$$
$$\frac{b(p_k - p_c)}{b + 2z\tan\theta} \leqslant f_{az} - p_{cz}，则：$$
$$b\left(\frac{300}{b} - 21.6\right) \leqslant (110-36) \times (b + 2 \times 1.8 \times \tan 14°)$$

解之得：$b \geqslant 2.44\text{m}$

最终取 $b \geqslant 2.44\text{m}$。

44. 正确答案是 C，解答如下：

$$p_j = \frac{364}{2.8} = 130\text{kPa}$$

由《地规》8.2.14 条，取 $a_1 = 1.4 - 0.12 = 1.28\text{m}$

$$M = \frac{1}{2} p_j \times 1 \times a_1^2 = \frac{1}{2} \times 130 \times 1 \times 1.28^2 = 106.5\text{kN} \cdot \text{m/m}$$

$$A_s = \frac{M}{0.9 f_y h_0} = \frac{106.54 \times 10^6}{0.9 \times 270 \times 550} = 797\text{mm}^2/\text{m}$$

由《地规》8.2.1 条：$A_s \geqslant 0.15\% \times 1000 \times 600 = 900\text{mm}^2/\text{h}$

选 Φ 14@150（$A_s = 1026\text{mm}^2$），满足。

45. 正确答案是 C，解答如下：

根据《抗规》4.1.4 条、4.1.5 条：

场地覆盖层厚度为：$3+3+12+4 = 22\text{m} > 20\text{m}$ 取 $d_0 = 20\text{m}$

$$t = \sum_{i=1}^{n} (d_i/v_{si}) = 3/150 + 3/75 + 12/180 + 2/250 = 0.135\text{s}$$

$$v_{se} = \frac{d_0}{t} = \frac{20}{0.135} = 148\text{m/s} < 150\text{m/s}，覆盖层厚度 22\text{m}$$

查《抗规》表 4.1.6，Ⅲ类场地。

46. 正确答案是 B，解答如下：

根据《抗规》4.3.4 条：

$$N_{cr} = 10 \times 1.05 \times \left[\ln(0.6 \times 6 + 1.5) - 0.1 \times 3\right]\sqrt{3/3} = 13.96$$

根据《桩规》5.3.12 条：

$$\lambda_N = \frac{N}{N_{cr}} = \frac{11}{13.96} = 0.79 \begin{array}{l} <0.8 \\ >0.6 \end{array}, d_L \leqslant 10\text{m}，取 \psi_l = \frac{1}{3}$$

$$Q_{uk} = u\Sigma q_{sik}l_i + q_{pk}A_p$$
$$= 4 \times 0.4 \times (50 \times 1.5 + 1/3 \times 39 \times 4 + 18 \times 3 + 55 \times 8 + 90 \times 1) + 9200 \times 0.4 \times 0.4$$
$$= 1.6 \times 711 + 9200 \times 0.16 = 1138 + 1472 = 2610\text{kN}$$

$$1.25R_a = 1.25 \times \frac{Q_{uk}}{2} = 1.25 \times \frac{2610}{2} = 1631\text{kN}$$

47. 正确答案是 C，解答如下：

根据《桩规》5.7.2 条：
$$R_{ha} = 32 \times 0.75 \times 1.25 = 30\text{kN}$$

由《桩规》5.7.3 条，及提示，$s_a/d = 2/0.4 = 5 < 6$：
$$\eta_i = \frac{(s_a/d)^{0.015n_2+0.45}}{0.15n_1 + 0.10n_2 + 1.9} = \frac{(2/0.4)^{0.015 \times 2+0.45}}{0.15 \times 3 + 0.10 \times 2 + 1.9} = \frac{2.165}{2.55} = 0.85$$
$$\eta_h = \eta_i\eta_r + \eta_l = 0.85 \times 2.05 + 1.27 = 3.01$$
$$R_h = \eta_h R_{ha} = 3.01 \times 30 = 90\text{kN}$$

48. 正确答案是 B，解答如下：
$$F = 3915 + 5400 = 9315\text{kN}$$

承台底面形心：$M = 276.75 + 486 + (67.5 + 108) \times 1.5 + 3915 \times 2 - 5400 \times 1$
$$= 3456\text{kN} \cdot \text{m}$$

角桩 1 的净反力：$N_1 = \dfrac{9315}{6} - \dfrac{3456 \times 2}{4 \times 2^2} = 1120.5\text{kN}$

$$M_{A-A} = 1120.5 \times 2 \times 1.3 - 5400 \times 0.3 + 486 + 108 \times 1.5$$
$$= 1941\text{kN} \cdot \text{m}$$

49. 正确答案是 A，解答如下：

根据《桩规》5.9.8 条：
$$\alpha_{1x} = \alpha_{1y} = 1 - 0.3 - 0.2 = 0.5\text{m}, \lambda_{1y} = \lambda_{1x} = \frac{0.5}{1.4} = 0.357 \begin{matrix} < 1.0 \\ > 0.25 \end{matrix}$$
$$\lambda_{1x} = \lambda_{1y} = \frac{0.56}{0.357 + 0.2} = 1.0$$
$$\beta_{hp} = 0.94$$
$$[\beta_{1x}(c_2 + a_{1y}/2) + \beta_{1y}(c_1 + a_{1x}/2)]\beta_{hp}f_t h_0$$
$$= 2 \times 1.0 \times (0.6 + 0.5/2) \times 0.94 \times 1.43 \times 1400$$
$$= 3199\text{kN}$$

50. 正确答案是 C，解答如下：

根据《地规》5.3.4 条：

A—B 跨：$\Delta s/l = (90-50)/12000 = 0.0033 > 0.003$，不满足

B—C 跨：$\Delta s/l = (120-90)/18000 = 0.0017 < 0.003$，满足

C—D 跨：$\Delta s/l = (120-85)/15000 = 0.0023 < 0.003$，满足

51. 正确答案是 C，解答如下：

根据《地规》5.3.5 条：
$$l/b = 12/12 = 1, z_1/b = 7.2/12 = 0.6, z_2/b = (7.2 + 4.8)/12 = 1$$

查《地规》附录 K 表 K.0.1-2，$\bar{a}_1 = 0.2423$，$\bar{a}_2 = 0.2252$

$$s_{M} = \psi_{s} \sum_{i=1}^{2} \frac{p_{0}}{E_{si}} (z_{i}\overline{a}_{i} - z_{i-1}\overline{a}_{i-1})$$

$$= 1 \times \left[\frac{2 \times 45}{4800} \times (7200 \times 0.2423 - 0) + \frac{2 \times 45}{7500} \times (12000 \times 0.2252 - 7200 \times 0.2423) \right]$$

$$= 44.2 \text{mm}$$

52. 正确答案是 B，解答如下：

根据《桩规》5.4.4 条：

$$\sigma'_{1} = p + \sigma'_{r1} = 45 + 17.5 \times 2 + 0.5 \times 8 \times 8 = 112 \text{kN};$$

$$q^{n}_{s1} = \xi_{1}\sigma'_{1} = 112 \times 0.27 = 30 \text{kPa} < q_{s1k} = 38 \text{kPa}$$

故取 $q^{n}_{s1} = 30 \text{kPa}$

53. 正确答案是 C，解答如下：

根据《地处规》3.0.4 条

$$f_{spk} \geqslant 300 - 1 \times 17 \times (4 - 0.5) = 240.5 \text{kPa}$$

由《地处规》7.9.6 条：

$$A_{p1} = A_{p2} = \frac{\pi}{4} \times 0.5^{2} = 0.1963 \text{m}^{2}, m_{1} = \frac{A_{p1}}{(2s)^{2}}, m_{2} = \frac{4A_{p2}}{(2s)^{2}}$$

$$240.5 = \frac{0.9 \times 680}{4s^{2}} + \frac{4 \times 1 \times 90}{4s^{2}} + 0.9 \times \left(1 - \frac{0.1963}{4s^{2}} - \frac{4 \times 0.1963}{4s^{2}}\right) \times 70$$

解之得：
$$s = 1.13 \text{m}$$

54. 正确答案是 A，解答如下：

根据《地处规》7.9.8 条、7.1.7 条：

$$\xi = f_{spk}/f_{ak} = 252/70 = 3.6$$

$$E_{s} = 3 \times 3.6 = 10.8 \text{MPa}$$

55. 正确答案是 C，解答如下：

图 C 斜裂缝的原因是右端沉降大，左端小，故选（C）项。

此外，图 A 正八字缝的产生原因是沉降中部大，两端小。

图 B 倒八字缝的产生原因是沉降中部小，两端大。

图 D 斜裂缝的原因是左端沉降大，右端小。

56. 正确答案是 B，解答如下：

Ⅱ. 根据《边坡规范》3.3.2 条，错误，故应选（B）项。

【56 题评析】 Ⅰ. 根据《边坡规范》3.1.12 条，正确。

Ⅲ. 根据《边坡规范》5.3.2 条，错误。

Ⅳ. 根据《边坡规范》11.1.2 条，正确。

57. 正确答案是 B，解答如下：

Ⅳ. 根据《高规》4.3.12 条，$\lambda \geqslant 1.15 \times 0.036 = 0.0414$，正确，排除（A）、（C）项。

Ⅱ. 根据《高规》3.4.5 条及注，正确，故选（B）项。

【57 题评析】 Ⅰ. 根据《高规》10.2.3 条及条文说明，错误。

Ⅲ. 根据《高规》3.7.3 条：

$$\frac{\Delta u}{h} = \left(\frac{1}{800} + \frac{1}{500}\right) \times \frac{1}{2} = \frac{1}{615}, \text{错误。}$$

58. 正确答案是 D，解答如下：

根据《高规》12.2.1 条，应选（D）项。

【58 题评析】 A. 根据《高规》5.3.7 条及条文说明，错误。

B. 根据《高规》3.5.2 条，错误。

C. 根据《高规》3.9.5 条，错误。

59. 正确答案是 D，解答如下：

根据《高规》4.2.2 条及条文说明，取 $w_0=1.1\times0.6=0.66\text{N/mm}^2$

根据《荷规》表 8.2.1，$\mu_z=2.0$

根据《高规》附录 B，Y 轴正方向：

$$W_k=1.5\times(0.8\times80+0.6\times20+0.5\times60)\times2.0\times0.66=210.0\text{kN/m}$$

Y 轴负方向：

$$W_k=1.5\times(0.8\times20+0.9\times60+0.5\times80)\times2.0\times0.66=217.8\text{kN/m}$$

根据《高规》5.1.10 条，$W_k=217.8\text{kN/m}$

$$M_{0k}=\frac{1}{2}\times217.8\times100\times\frac{2}{3}\times100=726000\text{kN}\cdot\text{m}$$

60. 正确答案是 B，解答如下：

根据《高规》6.3.2 条，$x=0.25h_0=0.25\times540=135\text{mm}$

由条件，$A_s=0.5A'_s$

$$\frac{x}{h_0}=\frac{f_yA_s-f'_yA'_s}{\alpha_1bh_0f_c}=\frac{360\times0.5A_s}{1\times350\times540\times14.3}=0.25$$

$$A_s=3754\text{mm}^2，A'_s=1877\text{mm}^2$$

截面抗震抗弯承载力为：

$$M=\frac{1}{\gamma_{RE}}\left[\alpha_1f_cbx\left(h_0-\frac{x}{2}\right)+f'_yA'_s(h_0-a'_s)\right]$$

$$=\frac{1}{0.75}\left[1\times14.3\times350\times135\times\left(540-\frac{135}{2}\right)+360\times1877\times(540-40)\right]$$

$$=\frac{1}{0.75}\times657\times10^6\text{N}\cdot\text{mm}$$

由《高规》5.2.3 条、5.6.3 条，调幅系数 β 为：

$$1.2\times\beta(440+0.5\times240)+1.3\times234=M=\frac{1}{0.75}\times657$$

则：$\beta=0.85$

61. 正确答案是 D，解答如下：

根据《高规》3.5.9 条及条文说明，再由《高规》4.3.5 条：

内力放大系数 $\eta=\frac{2400}{1200}=1.2$

根据《高规》6.2.1 条，顶层柱弯矩不调整，但须乘以放大系数 η

$$M_c=350\times1.2=420\text{kN}\cdot\text{m}$$

柱剪力设计值，须通过 M_{cua} 乘以放大系数 η

$$M'^{b}_{cua}=M'^{t}_{cua}=450\times1.2=540\text{kN}\cdot\text{m}$$

抗震等级一级，根据《高规》式（6.2.3-1）：

$$V=1.2(M'^{b}_{cua}+M'^{t}_{cua})/H_n=1.2\times(540+540)/4.4=295\text{kN}\cdot\text{m}$$

（**注意**：上述解答过程为命题专家的解法。）

62. 正确答案是 D，解答如下：

根据《高规》10.2.2 条，框支梁上部一层墙体位于底部加强部位。

由《高规》10.2.19 条：
$$A_{sh} = A_{sv} \geqslant 0.3\% b_w h_w = 0.3\% \times 250 \times 1200 = 900 mm^2$$

由《高规》10.2.22 条第 3 款：
$$A_{sw} = 0.2 l_n b_w (\gamma_{RE} \sigma_{02} - f_c) / f_{yw}$$
$$= 0.2 \times 6000 \times 250 \times (0.85 \times 25 - 19.1) / 360 = 1792 mm^2 > 900 mm^2$$

配 2 Φ 14@200 $A_s = 2 \times \dfrac{1200}{200} \times 153.9 = 1847 mm^2$，满足。

$$A_{sh} = 0.2 l_n b_w \gamma_{RE} \sigma_{xmax} / f_{yh}$$
$$= 0.2 \times 600 \times 250 \times 0.85 \times 2.5 / 360 = 1771 mm^2 > 900 mm^2$$

配 2 Φ 14@200 $A_s = 2 \times \dfrac{1200}{200} \times 153.9 = 1847 m^2$，满足。

63. 正确答案是 C，解答如下：

根据《高规》10.2.22 条 3 款：

$A_s = h_c b_w (\gamma_{RE} \sigma_{01} - f_c) / f_y$
$= 1000 \times 250 \times (0.85 \times 32 - 19.1) / 360 = 5625 mm^2 > 1.2\% A = 1.2\% \times 250 \times 1000$
$= 3000 mm^2$

根据《高规》10.2.11 条 9 款：

已配置 6 Φ 28，$A_s = 3695 mm^2$

剩余钢筋面积：$A_s = 5625 - 3695 = 1930 mm^2$

配置 8 Φ 18，$A_s = 2036 mm^2$

故选（C）项。

64. 正确答案是 B，解答如下：

6 度，$H = 96 + 4.7 \times 5 = 119.5 m$，由《高规》3.3.1 条，为 A 级高度。

由《高规》10.2.2 条，$119.5 \times \dfrac{1}{10} = 11.95 m$，故 1～7 层为底部加强部位。

（1）大底盘（1～5 层）为乙类，由《高规》表 3.9.3、10.2.6 条及条文说明：
剪力墙的抗震构造措施提高一级，为特一级，排除（C）项。

（2）由《高规》3.9.5 条：地下一层抗震等级同地上一层；地下二层不计算地震作用，抗震构造措施比地下一层降低一级，排除（A）项。

（3）第 7 层，丙类，由《高规》表 3.9.3、10.2.6 条及条文说明：
剪力墙的抗震构造措施提高一级，为一级，排除（D）项，选（B）项。

65. 正确答案是 B，解答如下：

主楼 1～5 层为乙类，查《高规》表 3.9.3：框支框架（框支梁、框支柱）的抗震措施为一级，其抗震构造措施为一级，故排除（A）、（C）项。

又由《高规》10.2.6 条及条文说明：框支柱的抗震构造措施提高一级，为特一级，排除（D）项，选（B）项。

【65题评析】 裙楼、乙类，查《高规》表 3.9.3：裙楼自身框架的抗震措施为二级，其抗震构造措施为二级。

主楼相关范围内框架、乙类，按框架-剪力墙结构，$H = 119.5$m，查《高规》表 3.9.3，框架（抗震措施、抗震构造措施）为二级。

由《高规》3.9.6 条，最终取：主楼相关范围内框架的抗震措施为二级，其抗震构造措施为二级。

66. 正确答案是 B，解答如下：

根据《高规》10.6.3 条、5.1.14 条，取最不利值：

由《高规》3.4.5 条条文说明，周期比计算时，不必附加偶然偏心。

分塔模型：$T_y = 2.1$s，$T_t = 1.7$s

$$\frac{T_t}{T_1} = \frac{1.7}{2.1} = 0.81$$

多塔模型：$T_1 = 1.7$s，$T_t = 1.2$s

$$\frac{T_t}{T_1} = \frac{1.2}{1.7} = 0.7$$

最终取较大值为 0.81。

67. 正确答案是 A，解答如下：

裙楼与塔楼设缝脱开后，不再属于大底盘多塔楼复杂结构，在进行控制扭转位移比计算分析时，不能按《高规》10.6.3 条第 4 款要求建模。

整体模型 4 不再适用，C、D 不准确。

非大底盘多塔楼复杂结构，裙楼的"相关范围"亦不适用，模型 2 不再适用，B 不准确。

68. 正确答案是 B，解答如下：

根据《高规》3.7.3 条，$H = 160$m 的 $[\Delta u]$ 为：

$$\left[\frac{\Delta u}{h}\right] = \frac{1}{800} + \frac{160 - 150}{250 - 150} \times \left(\frac{1}{500} - \frac{1}{800}\right) = 0.001325$$

$$[\Delta u] = 0.001325 \times 4000 = 5.3\text{mm}$$

考虑 $P\text{-}\Delta$ 的位移增大系数：$\dfrac{5.3}{5} = 1.6$

由《高规》5.4.3 条：

$$F_1 = \frac{1}{1 - 0.14 H^2 \sum\limits_{i=1}^{n} G_i / (EJ_d)} \leqslant 1.06，则：$$

$$\frac{EJ_d}{H^2 \sum\limits_{i=1}^{n} G_i} \geqslant 2.473$$

69. 正确答案是 B，解答如下：

根据《高规》4.3.12 条：

$$\lambda \geqslant 0.016 - \frac{4.3 - 3.5}{5 - 3.5} \times (0.016 - 0.012) = 0.0139$$

$$\lambda = \frac{V_{Eki}}{\sum\limits_{j=1}^{n} G_j} = \frac{12500}{1 \times 10^6} = 0.0125 < 0.0139$$

故增大系数：$\eta = \dfrac{0.0139}{0.0125} = 1.112$

由题目图示，由《高规》9.1.11条：

$$V = \min(20\% \times 12500 \times 1.112, 1.5 \times 2000 \times 1.112)$$
$$= \min(2780, 3336) = 2780\text{kN}$$

70. 正确答案是 B，解答如下：

根据《高规》9.1.11条：

由题目图示，及提示，则：

$$V_w = 1.3 \times (1.1 \times 2200) + 0.2 \times 1.4 \times 1600 = 3594\text{kN}$$

查《高规》表3.3.1-1，属于 B 级高级；查表3.9.4，筒体的抗震等级为一级，又由《高规》9.1.11条，筒体的内力调整的抗震等级为一级。

由《高规》7.1.4条、7.2.6条：

$$V = \eta_{vw} V_w = 1.6 \times 3594 = 5750\text{kN}$$

71. 正确答案是 D，解答如下：

由70题可知，查《高规》表3.9.4，筒体的抗震等级为一级，框架抗震等级为一级；由《高规》9.1.11条，筒体的抗震构造措施的抗震等级应提高一级，故为特一级。

根据《高规》3.10.5条，（A）、（B）项正确。

根据《高规》6.4.3条，（C）项正确，故选（D）项。

【71题评析】 （D）项，由《高规》3.10.5条、7.2.15条：

$$\lambda_v = 0.20 \times 1.2 = 0.24$$

$$\rho_v \geqslant \lambda_v \dfrac{f_c}{f_{yv}} = 0.24 \times \dfrac{27.5}{360} = 1.83\%$$

故（D）项错误。

72. 正确答案是 B，解答如下：

性能目标 C 级，由《高规》3.11.1条，设防烈度地震（"中震"），其对应的性能水准为3。

根据《高规》3.11.2条及条文说明：

底部加强部位：核心筒墙肢为关键构件。

一般楼层：核心筒墙肢为普通竖向构件。

核心筒连梁、外框梁为"耗能构件"。

根据《高规》3.11.3要第3款：

部分"耗能构件"，允许进入屈服阶段，即"塑性阶段"，故排除（C）、（D）项。

关键构件受剪承载力宜符合式（3.11.3-1），即"中震弹性"，故选（B）项。

73. 正确答案是 C，解答如下：

根据《公桥通规》1.0.5条，属于中桥.

由《公桥通规》1.0.4条，中桥，设计使用年限为100年。

74. 正确答案是 B，解答如下：

根据《公桥通规》1.0.5条，属于特大桥。

查《公桥通规》表3.2.9，取1/100。

75. 正确答案是 D，解答如下：

根据《公桥通规》4.3.1 条：

$$q_k = 10.5 \text{kN/m}, P_k = 2 \times (25 + 130) = 310 \text{kN}$$

查《公桥通规》表 4.3.1-4，设计车道数为 2。查表 4.1.5-1，安全等级为一级，取 $\gamma_0 = 1.10$

$$M_{Gk} = \frac{1}{8} q l_0^2 = \frac{1}{8} \times 154.3 \times 25^2 = 12055 \text{kN} \cdot \text{m}$$

$$M_{qk} = (1 + \mu) \cdot 2 \cdot \left(\frac{1}{8} q_k l_0^2 + \frac{1}{4} P_k l_0 \right)$$

$$= (1 + 0.222) \times 2 \times \left(\frac{1}{8} \times 10.5 \times 25^2 + \frac{1}{4} \times 310 \times 25 \right)$$

$$= 6740 \text{kN} \cdot \text{m}$$

$$\gamma_0 M = 1.1 \times (1.2 \times 12055 + 1.4 \times 6740) = 26292 \text{kN} \cdot \text{m}$$

76. 正确答案是 C，解答如下：

根据《公桥混规》8.7.3 条及条文说明，取 $E_b = 2000 \text{MPa}$：

$$\delta_{c,m} = \frac{2500 \times 89}{0.3036 \times 677.4 \times 10^3} + \frac{2500 \times 89}{0.3036 \times 2000 \times 10^3} = 1.448 \text{mm}$$

$$\theta \cdot \frac{l_a}{2} = 0.003 \times \frac{0.45 \times 10^3}{2} = 0.675 \text{mm} < \delta_{c,m}$$

$$0.07 t_e = 0.07 \times 89 = 6.23 \text{mm} > \delta_{c,m}$$

满足要求。

77. 正确答案是 C，解答如下：

根据《公桥混规》6.2.2 条条文说明：

$$\alpha_v = 0.0873 + 4 \times 0.2094 = 0.9249$$

$$\alpha_h = 0.2964$$

$$\theta = \sqrt{0.9249^2 + 0.2964^2} = 0.971 \text{ rad}$$

$$x = 36.442 \text{m}$$

$$\sigma_{l1} = 1302 \times \left[1 - e^{-(0.17 \times 0.971 + 0.0015 \times 36.442)} \right] = 256.84 \text{MPa}$$

78. 正确答案是 A，解答如下：

根据《公桥混规》7.1.6 条：

$$\sigma_{tp} = 1.5 \text{MPa} > 0.5 f_{tk} = 0.5 \times 2.65 = 1.325 \text{MPa}$$

故按式（7.1.6-2）考虑。

当 $s_v = 100 \text{mm}$ 时，$A_{sv} = \frac{100 \times 1.5 \times 500}{180} = 420 \text{mm}^2$

（A）项：$A_{sv} = 4 \times 113.1 = 452.4 \text{mm}^2$，满足。

（C）项：$A_{sv} = 2 \times 201 = 402 \text{mm}^2$，不满足。

当 $s_v = 150 \text{mm}$ 时，$A_{sv} = \frac{150 \times 1.5 \times 500}{180} = 625 \text{mm}^2$

（B）项：$A_{sv} = 4 \times 153.9 = 615.6 \text{mm}^2$，不满足。

（D）项 $A_{sv} = 6 \times 153.9 = 923.4 \text{mm}^2$，满足，由《公桥混规》9.3.12 条，布置不合理。

故选（A）项。

【78 题评析】 梁箍筋的构造要求，《公桥混规》9.3.12 条作了规定。

79. 正确答案是 C，解答如下：

根据《公桥震规》8.1.2 条：

$$\eta_k = \frac{P}{A f_{cd}} = \frac{9000}{\frac{\pi}{4} \times 1.5^2 \times 18.4 \times 10^3} = 0.277$$

$$\rho_{s,min} = (0.14 \times 0.277 + 0 + 0.028) \times 31.6/330 = 0.0064$$

80. 正确答案是 D，解答如下：

根据《公桥通规》3.1.3 条、3.1.4 条及其条文说明，应选（D）项。

2018 年试题解答与评析

（上午卷）

1. 正确答案是 B，解答如下：

根据《混规》表 3.4.3，$[\Delta]=10500/400=26.25$mm

$$q_q = 7 \times 2.5 + 2 \times 2.5 \times 0.6 = 20.5\text{kN/m}$$

$$\frac{5 \times 20.5 \times (10.5 \times 10^3)^4}{384B} = [\Delta] = 26.25$$

故：$B=1.236 \times 10^{14}\text{N} \cdot \text{mm}^2$

由 7.2.2 条、7.2.5 条：$\theta=2.0$

$$B_s = B\theta = 2.472 \times 10^{14}\text{N} \cdot \text{mm}^2$$

2. 正确答案是 D，解答如下：

取 $x=\xi_b h_0 = 0.518 \times (650-80) = 295.3$mm 计算：

$$M_{\max} = f'_y A'_s (h_0 - a'_s) + \alpha_1 f_c bx \left(h_0 - \frac{x}{2}\right)$$

$$= 360 \times 3 \times 490.9 \times (570-40) + 1.0 \times 16.7 \times 300 \times 295.3 \times \left(570 - \frac{295.3}{2}\right)$$

$$= 905.8 \times 10^6 \text{N} \cdot \text{mm} = 905.8 \text{kN} \cdot \text{m}$$

$$q_{设} = \frac{8M}{l^2} = \frac{8 \times 905.8}{10.5^2} = 65.727\text{kN/m}$$

$$q = 65.727/2.5 = 26.29\text{kN/m}^2$$

由《可靠性标准》8.2.4 条：

$$q = 1.3 \times 7 + 1.5 q_{QK}，则：$$

$$q_{QK} = \frac{26.29 - 1.3 \times 7}{1.5} = 11.46\text{kN/m}^2$$

3. 正确答案是 C，解答如下：

（1）根据《混规》4.2.7 条及条文说明：

$$d_{eq} = 1.41 \times 28 = 39.5\text{mm}$$

由 8.2.1 条第 1 款，等效钢筋中心至构件边的距离为：$\frac{39.5}{2} + 39.5 = 59.25$mm

梁侧面箍筋保护层厚度为：$c = 59.25 - \frac{28}{2} - 12 = 33.25\text{mm} > 20\text{mm}$

（2）由《混规》8.3.1 条：

$$l_{ab} = \alpha \frac{f_y}{f_t} d = 0.14 \times \frac{360}{1.57} \times 39.5 = 1268\text{mm}$$

由《混规》11.6.7 条、11.1.7 条，取 $\xi_{aE}=1.15$；

$$l \geqslant 0.4 l_{abE} = 0.4 \times 1.15 \times 1268 = 583\text{mm}$$

4. 正确答案是 D，解答如下：

根据《荷规》7.1.2 条及条文说明，采用 100 年重现期雪压：

查《荷规》附表 E.5，$s_0 = 1.0 \text{kN/m}^2$

查《荷规》表 7.2.1 第 8 款：

$$\mu_{r,m} = (b_1 + b_2)/h = (21.5 + 6)/(2 \times 4) = 3.44 < 4.0, \text{且} > 2.0$$

$$s_k = \mu_r s_0 = 3.44 \times 1.0 = 3.44 \text{kN/m}^2$$

5. 正确答案是 D，解答如下：

根据《荷规》8.2.1 条：

A 类，$H = 15\text{m}$，$\mu_z = 1.42$

查《荷规》表 8.3.3 第 1 项：

$$E = \min(2H, B) = \min(40, 50) = 40\text{m}, \frac{E}{5} = 8\text{m} > 6\text{m}$$

故 P 点外表面处 $\mu_{sl} = -1.4$

由 8.3.5 条：P 点内表面处 0.2。

查《荷规》表 8.6.1，$\beta_{gz} = 1.57$

$$|w_k| = |\beta_{gz}\mu_{sl}\mu_z w_0| = 1.57 \times (1.4 + 0.2) \times 1.42 \times 1.3 = 4.64 \text{kN/m}^2$$

6. 正确答案是 C，解答如下：

根据《混规》6.2.16 条：

$$d_{cor} = 600 - 2 \times 22 - 2 \times 8 = 540\text{mm}$$

$$A_{ss0} = \frac{\pi d_{cor} A_{ss1}}{s} = \frac{3.14 \times 540 \times 50.3}{70} = 1218 \text{mm}^2$$

$$\frac{A_{ss0}}{A'_s} = \frac{1218}{14 \times 380} = 0.23 < 0.25$$

由 6.2.16 条注 2，故按 6.2.15 条计算。

$l_0/d = 7.15 \times 1000/600 = 11.92 \approx 12$，查表 6.2.15，$\varphi = 0.92$。

$A = \frac{1}{4} \times 3.14 \times 600^2 = 282600 \text{mm}^2, \frac{A'_s}{A} = 1.88\% < 3\%$

$N_u = 0.9\varphi(f_c A + f'_y A'_s) = 0.0 \times 0.92 \times (16.7 \times 282600 + 360 \times 5320)$
$\quad = 5493\text{kN}$

7. 正确答案是 A，解答如下：

根据《混验规》5.5.3 条，应选（A）项。

【7 题评析】根据《混验规》3.0.8 条，（B）项错误。

根据《混验规》4.1.1 条，（C）项错误。

根据《混验规》6.3.4 条，（D）项错误。

8. 正确答案是 A，解答如下：

$\sum M_C = 0$，则：$N_{AB} = 70 \times 5 \times \left(\frac{1}{2} \times 5\right)/2.8 = 312.5\text{kN}(压力)$

A 支座处，$V_A = \frac{1}{2} \times 70 \times 5 = 175\text{kN}$

故按偏压构件计算受剪，由《混规》6.3.12 条：

$$h_0 = 400 - 40 = 360\text{mm}, \lambda = 1.5$$

$0.3 f_c A = 0.3 \times 16.7 \times 300 \times 400 = 601.2 \text{kN} > N_{AB} = 312.5 \text{kN}$

故 $N = N_{AB} = 312.5 \text{kN}$

$$\frac{A_{sv}}{s} \geqslant \frac{175 \times 10^3 - \dfrac{1.75}{1.5+1} \times 1.57 \times 300 \times 360 - 0.07 \times 312.5 \times 10^3}{360 \times 360} = 0.2657$$

单肢箍筋面积 $A_{sv1} = 0.2657 \times 200/2 = 26.57 \text{mm}^2$

单肢$\Phi 6$ （$A_{sv1} = 28.3 \text{mm}^2$），满足。

9. 正确答案是 D，解答如下：

悬挑斜梁根部内力：

由《可靠性标准》8.2.4 条：

弯矩：$M = (1.3 \times 80 + 1.5 \times 70) \times 3 = 627 \text{kN} \cdot \text{m}$

拉力：$N = (1.3 \times 80 + 1.5 \times 70)\cos 30° = 181 \text{kN}$

故按偏拉构件计算，由《混规》6.2.23 条：

$$e_0 = \frac{M}{N} = \frac{627}{181} = 3.464 \text{m} > 0.5h - a_s = 0.5 \times 600 - 70 = 230 \text{mm}$$

为大偏拉。

$$h_0 = 600 - 70 = 530 \text{mm}$$

$$e = e_0 - \frac{h}{2} + a_s = 3464 - \frac{600}{2} + 70 = 3234 \text{mm}$$

$$d_1 f_c bx \left(h_0 - \frac{x}{2} \right) = N_e - f'_y A'_s (h_0 - a'_s)$$

$$= 181000 \times 3234 - 360 \times 615 \times (530 - 40)$$

$$= 476.868 \times 10^6$$

$$x = 530 - \sqrt{530^2 - \frac{2 \times 476.868 \times 10^6}{1 \times 167.7 \times 400}} = 158.3 \text{mm} > 2a'_s = 80 \text{mm}$$

$$< \xi_b h_0 = 275 \text{mm}$$

$$A_s = \frac{N + \alpha_1 f_c b_x + f'_y A'_s}{f_y}$$

$$= \frac{181000 + 1 \times 16.7 \times 400 \times 158.3 + 360 \times 615}{360} = 4055 \text{mm}^2$$

【9题评析】笔者将题目条件"假定，永久荷载和可变荷载的分项系数分别为1.2、1.4"进行删除。

10. 正确答案是 D，解答如下：

$$M_q = (80 + 0.7 \times 70) \times 3 = 387 \text{kN} \cdot \text{m}$$

$$N_q = (80 + 0.7 \times 70) \times \cos 30° = 111.72 \text{kN}$$

$$e_0 = \frac{M_q}{N_q} = \frac{387 \times 10^6}{111.72 \times 10^3} = 3464 \text{mm} > 0.5h - a_s = 230 \text{mm}，为大偏拉}$$

$$e' = e_0 + \frac{h}{2} - a'_s = 3464 + 300 - 40 = 3724 \text{mm}$$

由《混规》公式（7.1.4-2）：

$$\sigma_s = \sigma_{sq} = \frac{N_q e'}{A_s(h_0 - a'_s)} = \frac{111.72 \times 10^3 \times 3724}{8 \times 615.8 \times (600 - 70) - 40} = 172.35 \text{N/mm}^2$$

11. 正确答案是 A，解答如下：

根据《抗规》表 6.3.6 及注 3：

$$[\mu_N] = 0.85 + 0.1 = 0.95$$

复核 λ_v 相应的柱轴压比：

$$\rho_v = \frac{113.1 \times (600 - 2 \times 22 - 12) \times 8}{(600 - 2 \times 22 - 2 \times 12)^2 \times 100} = 1.739\%$$

根据《抗规》公式（6.3.9）：

$$\lambda_v \leqslant \frac{\rho_v f_{yv}}{f_c} = \frac{0.01739 \times 270}{27.5} = 0.1707$$

查《抗规》表 6.3.9，当 $\lambda_v = 0.17$ 时，柱轴压比为 0.8。

$$[\mu_N] = \min(0.95, 0.8) = 0.8$$

$$N = 0.8 \times 27.5 \times 600 \times 600 = 7920kN$$

12. 正确答案是 C，解答如下：

求竖杆 CD 的 C 端内力，并且压力为正，拉力为负：

由《可靠性标准》8.2.4 条：

重力荷载：$N_{k1} = \frac{1}{2} \times 145 \times 6 = 435kN$，$M_{k1} = 0$；

左风：$N_{k2} = 90 \times 8/6 = 120kN$，$M_{k2} = 90 \times 8 = 720kN \cdot m$；

右风：$N_{k3} = -90 \times 8/6 = -120kN$，$M_{k3} = 90 \times 8 = 720kN \cdot m$。

由《可靠性标准》8.2.4 条：

重力荷载+左风组合：

$N_1 = 1.3 \times 435 + 1.5 \times 120 = 745.5kN$，$M_1 = 1.5 \times 720 = 1080kN \cdot m$。

重力荷载+右风组合：

$N_2 = 1.3 \times 435 - 1.5 \times 120 = 385.5kN$，$M_2 = 1.5 \times 720 = 1080kN \cdot m$。

$$x = \frac{745.5 \times 10^3}{1 \times 16.7 \times 600} = 74.4mm < \xi_b h_0 = 0.518 \times (600 - 80) = 269.36mm$$

两种组合均为大偏压。大偏压时，弯矩相同时，轴压力越小，其配筋越大。

故取　$N = 385.5kN$、$M = 1080kN \cdot m$。

【12 题评析】笔者将题目的"提示：按重力荷载分项系数 1.2，风荷载分项系数 1.4 计算"进行删除。

13. 正确答案是 D，解答如下：

假定大偏压，由《混规》6.2.17 条：

$$x = \frac{260 \times 10^3}{1 \times 16.7 \times 600} = 25.95mm < 2a'_s = 2 \times 80 = 160mm$$

$$< \xi_b h_0 = 269mm$$

故假定成立。

$$e_0 = \frac{M}{N} = \frac{800}{260} = 3.077m$$

$$e_a = \max(20.600/30) = 20mm，e_i = e_0 + e_a = 3097mm$$

$$e'_s = e_i - \frac{h}{2} + a'_s = 3097 - 300 + 80 = 2877mm$$

$$A_s = \frac{N e'_s}{f_y (h - a_s - a'_s)} = \frac{260 \times 10^3 \times 2877}{360 \times (600 - 80 - 80)} = 4722\text{mm}^2$$

14. 正确答案是 A，解答如下：

由题目图示，$V = F\cos 20° = 0.94F$，$N = F\sin 20° = 0.342F$

$M = 0.94F \times 500 + 0.342F \times 300 = 572.6F$

故为压、弯、剪预埋件，由《混规》9.7.2 条第 2 款：

$A_s = 678\text{mm}^2$，$z = 300\text{mm}$

$$\alpha_v = (4.0 - 0.08d)\sqrt{\frac{f_c}{f_y}} = (4.0 - 0.08 \times 12)\sqrt{\frac{16.7}{300}} = 0.717 > 0.7$$

故取 $\alpha_v = 0.7$

$$M = 572.6F > 0.4Nz = 0.4 \times 0.342F \times 300 = 41.04F$$

故取 $M = 572.6F$

$$678 = A_s \geqslant \frac{0.94F - 0.3 \times 0.342F}{0.9 \times 0.7 \times 300} + \frac{572.6F - 41.04F}{1.3 \times 0.9 \times 1 \times 300 \times 300}$$

解之得：
$$F \leqslant 71528\text{N} = 71.5\text{kN}$$

$$678 = A_s \geqslant \frac{572.6F - 41.04F}{0.4 \times 0.9 \times 1 \times 300 \times 300}$$

解之得：
$$F \leqslant 41326\text{N} = 41.3\text{kN}$$

故最终取
$$F \leqslant 41.3\text{kN}$$

15. 正确答案是 C，解答如下：

根据《混规》表 11.4.12-1：
$$A_{s,\min} = 800 \times 800 \times 0.75\% = 4800\text{mm}^2$$

实配：$A_s = 4 \times 314.2 + 12 \times 254.5 = 4311\text{mm}^2 < 4800\text{mm}$

违反《混规》11.4.12 条

非加密区箍筋间距为 $200\text{mm} > 10 \times 18 = 180\text{mm}$，违反《混规》11.4.18 条。

16. 正确答案是 C，解答如下：

剪力墙抗震等级为一级，由《混规》11.7.18 条：

$A_s \geqslant 1.2\% A_阴 = 1.2\% \times (400 \times 800 + 400 \times 400) = 5760\text{mm}^2$

实配：$A_s = 16 \times 314.2 = 5027.2\text{mm}^2$，违反规定。

沿墙肢长度 $= 1000\text{mm} < 0.15h_w = 0.15 \times 7900 = 1185\text{mm}$

违反《混规》表 11.7.18。

17. 正确答案是 D，解答如下：

由《可靠性标准》8.2.4 条：

集中力：$F = (1.3 \times 1 + 1.5 \times 4) \times 1 \times 6 = 43.8\text{kN}$

主梁跨中：$M = 43.8 \times \frac{3}{2} \times 2 - 43.8 \times 1 = 87.6\text{kN} \cdot \text{m}$

$$\frac{b}{t} \approx \frac{150 - 6.5}{2 \times 9} = 7.97 < 13\varepsilon_k = 13$$

$$\frac{h_0}{t_w} \approx \frac{300 - 2 \times 9}{6.5} = 43 < 93\varepsilon_k = 93$$

截面等级满足 S3 级。

由《钢标》6.1.1 条，6.1.2 条，取 $\gamma_x=1.05$：

$$\frac{M}{\gamma_x W_x}=\frac{87.6\times10^6}{1.05\times481\times10^3}=173\text{N/mm}^2$$

18. 正确答案是 C，解答如下：

有侧移框架，由《钢标》附录 E.0.2 条：

$$K_2=0$$

$$K_1=\frac{\Sigma I_b/l_b}{\Sigma I_c/l_c}=\frac{2\times7210/600}{10700/400}=0.9$$

$$\mu=2.64-\frac{2.64-2.33}{1-0.5}\times(0.9-0.5)=2.39$$

19. 正确答案是 B，解答如下：

根据《钢标》8.2.1 条：

$$\lambda_y=\frac{4000}{63.1}=63.4$$

轧制 H 形，$b/h=250/250=1$，查《钢标》表 7.2.1-1 及注 1，对 y 轴，为 c 类。

$\lambda_y/\varepsilon_k=63.4$，查附表 0.03，$\varphi_y=0.686$

$$\varphi_b=1.07-\frac{\lambda_y^2}{44000\varepsilon_k^2}=1.07-\frac{63.4^2}{44000\times1}=0.78$$

$$\beta_{tx}=0.65+0.35\times\frac{0}{M_1}=0.65$$

$$\frac{N}{\varphi_y A}+\eta\frac{\beta_{tx}M_x}{\varphi_b W_{1x}}=\frac{163.2\times1000}{0.686\times91.43\times100}+1.0\times\frac{0.65\times20.4\times10^6}{0.98\times860\times10^3}$$

$$=26.0+15.7=41.7\text{N/mm}^2$$

20. 正确答案是 D，解答如下：

根据《钢标》12.7.4 条：

$162.3\times0.4=64.92\text{kN}>30\text{kN}$，故选（D）项。

21. 正确答案是 A，解答如下：

根据《钢标》8.3.1 条：

X 方向，按整层考虑：$\eta=\sqrt{1+\dfrac{200+2\times100}{486.9+2\times243.5}}=1.19$

故选（A）项。

【21题评析】仅考虑 X 方向某一轴线Ⓐ（或Ⓑ、或Ⓒ）时：

对Ⓐ轴：

$$\eta=\sqrt{1+\frac{100}{243.5}}=1.19$$

也应选（A）项。

22. 正确答案是 B，解答如下：

铰接轴心受压柱，$l_{0x}=l_{0y}$，从用钢量考虑，$i_x\approx i_y$ 最为合理，故选（B）项。

23. 正确答案是 D，解答如下：

根据《钢标》16.2.2 条及表 16.2.1-1，应选（D）项。

24. 正确答案是 A，解答如下：

X 方向，有侧移框架柱，由《钢标》附录 E.0.2 条，可知，$l_{0x} > 5m$。

Y 方向，无侧移框架柱，由附录 E.0.1 条，可知，$l_{0y} \leqslant 5m$。

25. 正确答案是 C，解答如下：

根据《抗规》8.3.6 条，（C）项正确，应选（C）项。

【25 题评析】根据《抗规》8.3.4 条，（A）项错误。

根据《抗规》8.2.8 条，（B）项错误。

根据《抗规》8.2.5 条，（D）项错误。

26. 正确答案是 D，解答如下：

根据《钢标》14.1.6 条、10.1.5 条：

由 3.5.1 条，$\dfrac{b}{t} \leqslant 9\varepsilon_k = 9\sqrt{235/345} = 7.4$

27. 正确答案是 C，解答如下：

根据《钢标》7.4.2 条，（C）项错误，应选（C）项。

【27 题评析】对于（B）项：$\dfrac{N_0}{N} \geqslant 0$

$$l_0 = l\sqrt{\frac{1}{2}\left(1 - \frac{3}{4} \cdot \frac{N_0}{N}\right)} \leqslant \sqrt{0.5}l$$

28. 正确答案是 A，解答如下：

根据《钢标》13.3.8 条、13.4.5 条，应选（A）项。

29. 正确答案是 B，解答如下：

按拉杆设计，查《钢标》表 7.4.7，$[\lambda] = 400$

由《钢标》7.4.2 条：

$l_{0外} = 6\sqrt{2} = 8.484m$，且单角钢长细比由平面外控制。

$$i_x \geqslant \frac{8484}{400} = 21.21mm$$

选 L70×5，$i_x = 21.6mm$，满足。

30. 正确答案是 C，解答如下：

根据《钢标》8.4.1 条、8.4.2 条及 3.5.1 条：

$\dfrac{b}{t} = \dfrac{350 - 10}{2 \times 20} = 8.5 < 15\varepsilon_k = 15$，翼缘满足 S4 级

腹板：$\quad k_\sigma = \dfrac{16}{2 - 1 + \sqrt{(2-1)^2 + 0.11^2 \times 1^2}} = 7.79$

$$\lambda_{n,p} = \frac{860/10}{28.1 \times \sqrt{7.79}} \cdot \frac{1}{1} = 1.1 > 0.75$$

$\rho = \dfrac{1}{1.1}\left(1 - \dfrac{0.19}{1.1}\right) = 0.752$；$\alpha_0 = 1$，故 $h_c = h_w = 860mm$

$$A_{ne} = A_e = 350 \times 20 \times 2 + 0.752 \times 860 \times 10 = 20467.2mm^2$$

31. 正确答案是 B，解答如下：

根据《砌规》7.3.3 条及表 7.3.3：

$$l_0 = \min[1.1 \times (4500 - 240), 4500] = \min[4686, 4500] = 4500\text{mm}$$

$\frac{b}{l_0} \leqslant 0.3$，则：$b \leqslant 0.3 \times 4500 = 1350\text{mm}$

$h \leqslant \frac{5}{6}h_w = \frac{5}{6} \times 2800 = 2333\text{mm}$，且 $h \leqslant h_w - 0.4 = 2.4\text{m}$

故选（B）项。

32. 正确答案是 C，解答如下：

根据《砌规》7.3.6 条：

由上一题可知，$l_0 = 4.5\text{m}$

$$a_1 = \frac{1}{2} \times (4.5 - 1) = 1.75\text{m} > 0.35l_0 = 0.35 \times 4.5 = 1.575\text{m}$$

取 $a_1 = 1.575\text{m}$

$$\psi_M = 3.8 - 8.0 \times \frac{1.575}{4.5} = 1.0$$

$$\alpha_M = 1.0 \times \left(2.7 \times \frac{0.5}{4.5} - 0.08\right) = 0.22$$

33. 正确答案是 B，解答如下：

根据《砌规》7.3.6 条：

由引题可知，$l_0 = 4.5\text{m}$

由 7.3.3 条：$H_0 = h_w + 0.5h_b = 2800 + 0.5 \times 500 = 3050\text{mm}$

$$M_2 = 0.07Q_2 l_0^2 = 0.07 \times 90 \times 4.5^2 = 127.575\text{kN} \cdot \text{m}$$

$$\eta_N = 0.8 + 2.6 \times \frac{2.8}{4.5} = 2.42$$

$$N_{bt} = 2.42 \times \frac{127.575}{3.05} = 101.22\text{kN}$$

34. 正确答案是 B，解答如下：

根据《砌规》7.3.12 条，Ⅱ错误，应选（B）项。

【34题评析】根据《砌规》7.3.9 条、7.3.10 条，Ⅰ正确。

根据《砌规》7.3.12 条，Ⅲ、Ⅳ正确。

35. 正确答案是 D，解答如下：

根据《砌规》5.2.1 条、5.2.2 条：

$$\gamma = 1 + 0.35\sqrt{\frac{770 \times 890}{490 \times 310} - 1} = 1.58 < 2.5$$

$N_l \leqslant \gamma f A_l$，则：

$$f \geqslant \frac{N_l}{\gamma A_l} = \frac{270 \times 10^3}{1.58 \times 490 \times 370} = 0.94\text{MPa}$$

查《砌规》表 3.2.1-7，取 M7.5。

36. 正确答案是 D，解答如下：

根据《砌规》4.3.5 条第 2 款，Ⅰ错误，应选（D）项。

37. 正确答案是 B，解答如下：

根据《砌规》8.2.3 条：

$$\rho = \frac{A'_s}{bh} = \frac{730 \times 2}{490 \times 740} = 0.40\%$$

$$\beta = \gamma_\beta \frac{H_0}{h} = 1 \times \frac{6400}{490} = 13.06$$

$$\varphi_{com} = 0.88 - \frac{13.06 - 12}{14 - 12} \times (0.88 - 0.83) = 0.8535$$

$$A = 490 \times 740 - 120 \times 250 \times 2 = 302600 \text{mm}^2$$

$$f = 2.31 \text{MPa}$$

$$N_u = 0.8535 \times (2.31 \times 302600 + 9.6 \times 120 \times 250 \times 2 + 1.0 \times 270 \times 730 \times 2)$$
$$= 1424.7 \text{kN}$$

38. 正确答案是 C，解答如下：

根据《砌规》9.2.2 条：

$$\beta = \gamma_\beta \frac{H_0}{h} = 1 \times \frac{6400}{400} = 16, A'_s = 923 \text{mm}^2$$

$$\varphi_{0g} = \frac{1}{1 + 0.001 \times 16^2} = 0.796$$

$$N_u = 0.796 \times (4.0 \times 400 \times 600 + 0.8 \times 270 \times 923) = 922.9 \text{kN}$$

39. 正确答案是 B，解答如下：

根据《木标》4.3.1 条、4.3.2 条：

$$f_m = 1.1 \times 17 = 18.7 \text{N/mm}^2, f_c = 1.1 \times 15 = 16.5 \text{N/mm}^2$$

由 5.3.2 条：

$$M_0 = \frac{1}{8} \times 1.2 \times 3^2 = 1.35 \text{kN} \cdot \text{m}$$

$$e_0 = 0.05h = 0.05 \times 200 = 10 \text{mm}, W = \frac{1}{6} \times 200 \times 200^2 = \frac{4}{3} \times 10^6 \text{mm}^3$$

$$\frac{N}{A_n f_c} + \frac{M_0 + Ne_0}{W_n f_m} \leqslant 1, 则：$$

$$\frac{N}{200 \times 200 \times 16.5} + \frac{1.35 \times 10^6 + N \times 10}{\frac{4}{3} \times 10^6 \times 18.7} \leqslant 1$$

解之得：$N \leqslant 493.6 \text{kN}$

40. 正确答案是 A，解答如下：

由上一题，$f_c = 16.5 \text{N/mm}^2$

根据《木标》5.1.2 条、5.1.4 条：

$$\lambda = \frac{l_0}{i} = \frac{3000}{\frac{200}{\sqrt{12}}} = 51.96$$

$$\lambda_c = 4.13 \times \sqrt{1 \times 330} = 75.0 > \lambda$$

$$\varphi = \frac{1}{1 + \frac{51.96^2}{1.96\pi^2 \times 1 \times 330}} = 0.70$$

$$N \leqslant \varphi A_0 f_c = 0.70 \times 200 \times 200 \times 16.5 = 462 \text{kN}$$

（下午卷）

41. 正确答案是 C，解答如下：

根据《地规》9.1.6 条第 2 款：

取 $c=10\text{kPa}$，$\varphi=15°$

$$k_a = \tan^2\left(45° - \frac{15°}{2}\right) = 0.589$$

$$p_a = (20 + 17 \times 8.9 + 18 \times 3) \times 0.589 - 2 \times 10 \times \sqrt{0.589} = 117\text{kPa}$$

42. 正确答案是 B，解答如下：

根据《地规》5.3.10 条：

$$p_c = 17 \times 5.9 - 10 \times 4.4 = 56.3\text{kPa}$$

小矩形 $b \times l = 3 \times 6$，$l/b = 6/3 = 2$，$z_1/b = 3/3 = 1$

查附表 K.0.1-2，$\bar{x}_1 = 0.2340$

$$s_c = 4 \times 1.0 \times \frac{56.3}{10 \times 10^3} \times (3000 \times 0.2340 - 0) = 15.8\text{mm}$$

43. 正确答案是 C，解答如下：

根据《桩规》5.4.5 条、5.4.6 条：

$$T_{uk} = \Sigma\lambda_i q_{sik} u_i l_i = 3.14 \times 0.6 \times (0.7 \times 26 \times 3.1 + 0.7 \times 54 \times 5) = 462.4\text{kN}$$

$$G_p = 3.14 \times 0.3^2 \times 8.1 \times (25 - 10) = 34.3\text{kN}$$

单桩抗拔承载力 $=462.4/2+34.3=265.5\text{kN}$。

地下水池的浮力为 $6 \times 12 \times 4.3 \times 10 = 3096\text{kN}$。

根据《地规》5.4.3 条：

$$265n + 1600 \geqslant 1.5 \times 3096$$

$n \geqslant 6.2$，取 7 根。

44. 正确答案是 D，解答如下：

根据《地规》9.4.1 条：

$M_d = 1.25 \times 260 = 325\text{kN} \cdot \text{m}$

$N_d = 1.35 \times 2500 = 3375\text{kN}$

故选（D）项。

45. 正确答案是 D，解答如下：

根据《地规》附录 W.0.1 条，取不透水层底面分析：

$$K = \frac{17 \times 3 + 18 \times 7}{(15.9 - 4) \times 10} = 1.49$$

46. 正确答案是 C，解答如下：

由题目条件，由《地规》4.1.7 条、4.1.11 条判别，可知，填土为粉土。

查《地处规》表 6.3.3-1，加固深度 7.2m，粉土，则 E 为 5000kN·m。

47. 正确答案是 D，解答如下：

根据《抗规》4.3.4 条：

$$N_{cr} = 10 \times 1.05 \times [\ln(0.6 \times 3.6 + 1.5) - 0.1 \times 1.5] \cdot \sqrt{3/3} = 12.0 > 5$$

故为液化土。

由《地处规》6.3.3 条第 6 款：

超过基础外缘的处理宽度 $\geqslant \left(\dfrac{1}{2} \sim \dfrac{1}{3} \right) \times 7.2$，$\geqslant 3$m，并且 >5m 最终取 >5m。

48. 正确答案是 D，解答如下：

根据《地处规》6.3.14 条，为 14~28d；

根据《地处规》附录 A.0.2 条，压板面积 $\geqslant 2$m^2。

故选（D）项。

49. 正确答案是 C，解答如下：

根据《桩规》5.3.7 条：

$h_b/d = 4000/250 = 16 > 5$，取 $\lambda_p = 0.8$

$$\begin{aligned} Q_{uk} &= u\Sigma q_{sik}l_i + \lambda_p q_{pk}A_p \\ &= 3.14 \times 0.25 \times (60 \times 2.5 + 28 \times 5 + 70 \times 4) + 0.8 \times 2200 \times 3.14 \times 0.25^2/4 \\ &= 447.5 + 86.4 = 534\text{kN} \end{aligned}$$

50. 正确答案是 B，解答如下：

根据《既有地规》11.4.3 条第 7 款：

设计最终压桩力为 $300 \times 2 \times 2 = 1200$kN；

根据《既有地规》11.4.2 条第 2 款：

施工时，压桩力不得大于该加固部分的结构自重荷载，根据题目条件，4 层施工结束后，加固部位结构自重荷载为 1300kN，大于 1200kN，满足。

51. 正确答案是 C，解答如下：

根据《地规》8.5.4 条，8.5.5 条：

$$Q_k = \frac{F_k + G_k}{n} = \frac{6000 + 4 \times 4 \times 3 \times 20}{9} = 773\text{kN}$$

$$Q_{1k} = \frac{F_k + G_k}{n} + \frac{M_{xk}y_1}{\Sigma y_i^2} + \frac{M_{yk}x_1}{\Sigma x_i^2} = 773 + \frac{1000 \times 1.6}{1.6^2 \times 6} + \frac{1000 \times 1.6}{1.6^2 \times 6} = 981\text{kN}$$

$$R_a \geqslant Q_k = 773\text{kN}$$

$$R_a \geqslant \frac{Q_{1k}}{1.2} = \frac{981}{1.2} = 817\text{kN}$$

最终取 $R_a \geqslant 817$kN。

52. 正确答案是 B，解答如下：

根据《地规》8.5.19 条：

$$F_l = 8100 - 1 \times \frac{8100}{9} = 7200\text{kN}$$

【52题评析】笔者将题目条件"荷载效应基本组合由永久荷载控制"变为"荷载基本组合下柱基础竖向力为 8100kN"。

53. 正确答案是 D，解答如下：

根据《地规》8.5.19 条：

$$h_0 = 1100 - 65 = 1035\text{mm}, a_{1x} = a_{1y} = 1.6 - 0.2 - \frac{0.7}{2} = 1.05\text{m}, c_1 = c_2 = 600\text{mm}$$

$$\lambda_{1x} = \lambda_{1y} = \frac{1050}{1035} = 1.01 > 1.0, \text{取} \lambda_{1x} = \lambda_{1y} = 1.0$$

$$a_{1x} = a_{1y} = \frac{0.56}{1+0.2} = 0.467$$

$$\beta_{hp} = 1 - 0.1 \times \frac{1100-800}{2000-800} = 0.975$$

$$\left[a_{1x}\left(c_2 + \frac{a_{1y}}{2} \right) + a_{1y}\left(c_1 + \frac{a_{1x}}{2} \right) \right]\beta_{hp} \cdot f_t \cdot h_0$$

$$= 2 \times 0.467 \times \left(600 + \frac{1035}{2} \right) \times 0.975 \times 1.71 \times 1035 = 1801\text{kN}$$

54. 正确答案是 A，解答如下：

根据《桩规》表 3.1.2，桩基为甲级。

由《桩规》3.2.2 条：

四个角柱间距为：40m、36m，勘探孔≥9 个。

甲级桩基，控制性孔≥3 个，不少于 $\left(\frac{1}{3} \sim \frac{1}{2} \right)$ 勘探孔，故取 3 个。

故选（A）项。

55. 正确答案是 C，解答如下：

$f_{rk} = 10\text{MPa}$，查《地规》表 4.1.3，为软岩，属于软质岩。

根据《桩规》附录表 A.0.1，应选（C）项。

56. 正确答案是 A，解答如下：

根据《地规》附录 Q.0.10 条：

试桩 1：缓变型，$s = 40\text{mm}$ 对应的荷载 3900kN 作为 Q_{uk1}。

试桩 2：缓变型，$s = 40\text{mm}$ 对应的荷载 4000kN 作为 Q_{uk2}。

试桩 3：陡降型，$Q_{uk3} = 3500\text{kN}$

两桩或三桩承台，$Q_{uk} = \min（3900, 4000, 3500）= 3500\text{kN}$

$$R_a = \frac{Q_{uk}}{2} = 1750\text{kN}$$

57. 正确答案是 B，解答如下：

根据《分类标准》6.0.5 条条文说明，大型商场为乙类，故按 8 度确定抗震措施，按常规设计，框架抗震等级为一级。

原结构为仓库（丙类），其框架抗震等级为二级。

Ⅱ. 由《高规》8.1.3 条第 3 款，框架部分抗震等级按框架结构，其抗震等级为一级，而原结构抗震等级为二级，故Ⅱ不可行，应选（B）项。

【57 题评析】Ⅰ.《抗规》表 M.1.1-3，当构件承载力高于多遇地震提高一度的要求，构造抗震等级可降低一度，即维持二级，方案Ⅰ可行。

Ⅲ.《抗规》12.3.8 条及条文说明，当消能减震结构的地震影响系数小于原结构地震影响系数的 50% 时，构造抗震等级可降低一度，即维持二级，方案Ⅲ可行。

58. 正确答案是 A，解答如下：

Ⅰ. 根据《组合规范》4.3.4 条，正确，排除（B）、（D）项。

Ⅱ. 根据《组合规范》4.3.6 条，错误，应选（A）项。

【58 题评析】Ⅲ. 根据《组合规范》6.5.1 条，错误。

Ⅳ. 根据《组合规范》4.3.5 条，正确。

59. 正确答案是 B，解答如下：

根据《荷规》8.1.2 条条文说明，取 $w_0 = 0.80 \text{kN/m}^2$

查《荷规》表 8.2.1，$\mu_z = 1.50$；表 8.6.1，$\beta_{gz} = 1.69$

查《荷规》表 8.3.3 项次 1，外表面 $\mu_{sl} = 1.0$

由 8.3.5 条，由表面 $\mu_{sl} = 0.2$

由 8.3.4 条，取折减系数 0.8

$$w_k = 1.69 \times (0.8 \times 1.0 + 0.2) \times 1.5 \times 0.80 = 2.028 \text{kN/m}^2$$

【59 题评析】本题目仅对 1.0 乘以 0.8，依据金新阳主编《建筑结构荷载规范理解与运用》。

真题专家解答：$w_k = 1.69 \times 0.8 \times (1.0 + 0.2) \times 1.5 \times 0.80 = 1.95 \text{kN/m}^2$

60. 正确答案是 D，解答如下：

框架-核心筒结构，发挥核心筒抗侧移刚度，筒体四周墙体增厚更有效；Y 向抗侧移刚度不是，平面类似箱形或工字形，W_1 增厚即翼缘增厚，对 EI 刚度贡献较大，排除（A）、（B）项。

Y 向层受剪承载力，由《高规》7.2.10 条式（7.2.10-2），可知，W_3 增厚更有效，选（D）项。

61. 正确答案是 C，解答如下：

根据《高规》7.2.26 条条文说明：

8 度地震组合，调幅系数为 50%：

$$M = -(1.3 \times 660 + 0.2 \times 1.4 \times 400) \times 50\% = -485 \text{kN} \cdot \text{m}$$

7 度地震组合：

$$M = -(1.3 \times 330 + 0.2 \times 1.4 \times 400) = -541 \text{kN} \cdot \text{m}$$

仅风荷载作用下：

由《可靠性标准》8.2.4 条：

$$M = -1.5 \times 400 = -600 \text{kN} \cdot \text{m}$$

故最终取 $M = -600 \text{kN} \cdot \text{m}$

62. 正确答案是 B，解答如下：

$H = 120\text{m}$，根据《高规》3.3.1 条，为 B 级高度；查表 3.9.4，核心筒为特一级，故连梁为特一级。

由 3.10.5 条，特一级连梁的要求同一级。由 7.2.27 条、6.3.2 条，应选（B）项。

【62 题评析】$l_n / h_b = 3000/750 = 4 > 2.5$

由《高规》7.2.25 条，纵筋的 ρ_{max} 按框架梁，即 6.3.3 条：

$$A_s \leqslant \rho_{max} b h_0 = 2.5\% \times 350 \times (750 - 60) = 6038 \text{mm}^2$$

由 7.2.24 条，纵筋的 ρ_{min} 按框架梁，即 6.3.2 条：

$$\rho_{min} = \max\left(0.40\%, 0.80 \times \frac{1.8}{360}\right) = 0.40\%$$

$$A_s \geqslant 0.4\% \times 350 \times 750 = 1050mm^2$$

$6 \text{\Phi} 25(A_s = 2945mm^2)$，满足。

63. 正确答案是 C，解答如下：

根据《异形柱规》表 3.3.1，异形柱抗震等级二级。

由表 6.2.2 及注 1、2：

L 形柱：$[\mu_N] = 0.55 - 0.05 + 0.05 = 0.55$

T 形柱：$[\mu_N] = 0.60 - 0.05 + 0.1 = 0.65$

十字形柱：$[\mu_N] = 0.65 - 0.05 + 0.1 = 0.70$

上述 3 种柱截面面积均为：

$$A = 200 \times (500 + 500 + 200) = 240000mm^2$$

$$\mu_N = \frac{N}{f_c A} = \frac{2700 \times 10^3}{16.7 \times 240000} = 0.67$$

故仅十字形柱满足。

64. 正确答案是 A，解答如下：

根据《异形柱规》5.2.1 条：

$$V_c \leqslant \frac{1}{\gamma_{RE}}(0.2 f_c b_c h_{c0}) = \frac{1}{0.85}(0.2 \times 16.7 \times 200 \times 565) = 444000N = 444kN$$

根据《异形柱规》5.2.2 条：

$$\frac{N}{f_c A} = 0.4, 故 N > 0.3 f_c A = 0.3 \times 16.7 \times 2.2 \times 10^5 = 11.022 \times 10^5 N$$

取 $N = 11.022 \times 10N$

$$V_u = \gamma_{RE}\left(\frac{1.05}{\lambda + 1.0} f_t b_c h_{c0} + f_{yv} \frac{A_{sv}}{s} h_{c0} + 0.056N\right)$$

$$= \frac{1}{0.85}\left(\frac{1.05}{2.2 + 1.0} \times 1.57 \times 200 \times 565 + 360 \times \frac{2 \times 78}{100} \times 565 + 0.056 \times 1102200\right)$$

$$= 514kN$$

故最终取 $V_u = 444kN$

65. 正确答案是 C，解答如下：

根据《高钢规》6.1.7 条：

$$D_i \geqslant 5 \times [10 \times (1.2 \times 5300 + 1.4 \times 800)]/4 = 93500kN/m$$

$$V_1 = F_{Ek} = 0.038 \times 0.85 \times [9 \times (5300 + 0.5 \times 800) + 5700]$$

$$= 1841kN$$

$$\Delta_1 = \frac{V_1}{D_1} \leqslant \frac{1841}{93500} = 19.7mm$$

66. 正确答案是 B，解答如下：

根据《高钢规》3.7.2 条，由《抗规》表 8.1.3，框架抗震等级为四级。

由《高钢规》7.3.8 条：

$M_{pb1} = M_{pb2} = W_p f_y = 2.6 \times 10^6 \times 345$，$\psi = 0.75$

$$\frac{0.75 \times 2 \times 2.6 \times 10^6 \times 345}{(500-16) \times 580 t_p} \leqslant \frac{4}{3} f_{yv} = \frac{4}{3} \times 0.58 \times 345$$

解之得：$t_p \geqslant 17.96\text{mm}$

【66 题评析】 真题专家的解答时，采用 $M_{pb1} = W_p f$，其计算结果 $t_p \geqslant 15.9\text{mm}$。

67. 正确答案是 B，解答如下：

根据《高钢规》8.8.3 条、7.6.3 条：

$$\frac{N}{Af} = \frac{100 \times 10^3}{13808 \times 305} = 0.024 < 0.16，则：$$

$$M_{lp} = f W_{np} = 305 \times 2.6 \times 10^6 = 793 \times 10^6 \text{N} \cdot \text{mm}$$

$$V_l = 0.58 A_w f_y = 0.58 \times (500 - 2 \times 16) \times 12 \times 345$$

$$= 1123762\text{N} = 1124\text{kN}$$

$$a \leqslant 1.6 M_{lp}/V_l = 1.6 \times 793 \times 10^6 / 1123762 = 11291\text{mm}$$

复核：取 $a = 1129\text{mm}$，$V_l = 2M_{lp}/a = 2 \times 793 \times 10^6 / 1129 = 1404\text{kN} > 1124\text{kN}$

故取 $V_l = 1124\text{kN}$ 成立。

最终取 $a \leqslant 1129\text{mm}$。

68. 正确答案是 B，解答如下：

$H = 80\text{m}$，根据《高规》3.3.1 条，为 A 级高度；查表 3.9.3，底部加强区剪力墙抗震等级一级。

由 10.2.18 条、7.2.6 条：

$$V = 1.6 \times 2300 = 3680\text{kN}$$

由 7.2.7 条：

$$\lambda = \frac{1500}{2300 \times 4.2} = 1.55 < 2.5，则：$$

$$3680 \times 10^3 \leqslant \frac{1}{0.85} \times (0.15 \times 1 \times 16.7 \times b_w \times 4200)$$

可得：$b_w \geqslant 297.3\text{mm}$

69. 正确答案是 B，解答如下：

根据《高规》10.2.2 条，第 5 层为底部加强部位相邻上一层。由《高规》7.2.14 条，应设置约束边缘构件。

查表 3.9.3，非底部加强部位剪力墙为抗震二级。由表 7.2.14：

$$\mu_w > 0.4，l_c = 0.2 h_w = 0.2 \times 6500 = 1300\text{mm}$$

$$暗柱长度 = \max\left(300, 400, \frac{1300}{2}\right) = 650\text{mm}$$

$$A_s \geqslant 1.0\% A_阴 = 1.0\% \times 650 \times 300 = 1950\text{mm}^2$$

选 10 Φ 16（$A_s = 2011\text{mm}^2$），满足。

70. 正确答案是 C，解答如下：

查《高规》表 3.9.3，框支框架为抗震一级；由 6.2.3 条：

$$V = 1.4 \times \frac{1200 + 1070}{5.5 - 2} = 908\text{kN}$$

地震组合：

$$V = 1.3 \times 620 + 0.2 \times 1.4 \times 150 = 848\text{kN}$$

最终取 $V = 908\text{kN}$

71. 正确答案是 B，解答如下：

根据《分类标准》6.0.11 条：

连体结构双塔楼为同一结构单元，其经常使用人数：3700＋3900＝7600 人＜8000 人，为丙类。

$H = 130\text{m}$，由《高规》3.3.1 条，为 A 级高度；查表 3.9.3，框架抗震三级。

由《高规》10.5.6 条，KZ1 抗震等级为二级。

72. 正确答案是 C，解答如下：

根据《高规》11.4.9 条：

$$D/t \leqslant 100\sqrt{235/f_y} = 100\sqrt{235/345} = 82.5$$

（A）项：$D/t = 950/8 \approx 119$，不满足。

（B）项：$D/t = 950/10 = 95$，不满足。

由《高规》附录 F.1.1 条、F.1.2 条：

（C）项：$D = 950\text{mm}$，$t = 12\text{mm}$，$d = 950 - 2 x 12 = 926\text{mm}$

$$\theta = \frac{A_a f_a}{A_c f_c} = \frac{(950^2 - 926^2) \times 310}{926^2 \times 27.5} = 0.59 < [\theta] = 1.56$$

由《高规》表 11.1.2-1，$\gamma_{RE} = 0.8$

$0.9 A_c f_c (1 + a\theta) \cdot \varphi_l \varphi_e / \gamma_{RE}$

$$= 0.9 \times \frac{\pi}{4} \times 926^2 \times 27.5 \times (1 + 1.80 \times 0.59) \times 1 \times 0.83/0.8$$

$$= 35640\text{kN} > 34000\text{kN}$$

满足。

73. 正确答案是 C，解答如下：

① 根据《城市桥规》3.0.8 条，正确，排除（A）项。

② 根据《城市桥规》10.0.3 条，正确，排除（B）、（D）项。故选（C）项。

【73 题评析】③ 根据《城市桥规》3.0.2 条，为大桥；由 3.0.9 条，其设计使用年限为 100 年，错误。

④ 根据《城桥震规》1.0.3 条，错误。

⑤ 根据《城市桥规》3.0.19 条，错误。

注意，依据《城市桥规》（2019 年局部修订），对原真题进行修正。

74. 正确答案是 B，解答如下：

根据《公桥通规》4.3.1 条：

高速公路：公路-Ⅰ级，$q_k = 10.5\text{kN/m}$

$$q_k = 2 \times (19.4 + 130) = 298.8\text{kN}$$

查表 4.3.1-5，
$$\xi_\text{横} = 1.0$$

$$V_{Qk} = 2 \times 1.0 \times \left(\frac{1}{2} \times 10.5 \times 19.4 + 1.2 \times 298.8 \right) = 920.8\text{kN}$$

75. 正确答案是 C，解答如下：

根据《公桥通规》4.3.3条，表4.3.1-5，取 $\xi_{横}=1.2$：

汽车荷载离心力标准值 $=1.2\times550\times\dfrac{40^2}{127\times65}=128kN$

76. 正确答案是B，解答如下：

根据《公桥混规》4.5.2条，为Ⅲ类环境。

①：由《公桥混规》9.4.1条，正确。

②：由《公桥混规》6.4.2条，正确。

③：由《公桥混规》6.4.2条，错误。

④：由《公桥混规》4.5.3条，错误。

应选（B）项。

77. 正确答案是B，解答如下：

根据《公桥通规》4.1.5条：

$$M_{ud}=1.1\times(1.2\times2500+1.4\times1800+0.75\times1.4\times200)=6303kN\cdot m$$

78. 正确答案是B，解答如下：

Ⅰ. 根据《公桥混规》4.1.7条条文说明，正确。

Ⅱ. 根据《公桥混规》4.1.8条，作用标准值进行组合，错误。

Ⅲ. 根据《公桥混规》表6.1.3，正确。

Ⅳ. 根据《公桥混规》9.4.1条，错误。

应选（B）项。

【78题评析】原真题对应的规范被删除了，本题目为笔者编写的。

79. 正确答案是D，解答如下：

根据《公桥混规》6.4.3条：

$$M_s=1500+0.7\times1000=2200kN\cdot m$$

$$M_l=1500+0.4\times1000=1900kN\cdot m$$

$$C_2=1+0.5\frac{M_l}{M_s}=1+0.5\times\frac{1900}{2200}=1.432$$

$$C_1=1.0,C_3=1.0$$

$$\sigma_{ss}=\frac{M_s}{0.87A_sh_0}=\frac{2200\times10^6}{0.87\times16\times615.8\times(1800-60)}=147.5N/mm^2$$

由6.4.5条：

$$\rho_{te}=\frac{A_s}{A_{te}}=\frac{16\times615.8}{2\times60\times1600}=0.0513<0.1$$
$$>0.01$$

$$C=60-\frac{28}{2}=46mm$$

$$W_{cr}=1\times1.432\times1\times\frac{147.5}{2\times10^5}\times\frac{46+28}{0.36+1.7\times0.0513}=0.175mm$$

【79题评析】真题采用HRB335钢筋，笔者改为：HRB400钢筋。

80. 正确答案是D，解答如下：

根据《公桥抗震细则》5.2.2条：

由《公桥抗震细则》表3.1.2，为B类。查表3.1.4-2及注，取 $C_i=0.5$。

查表 5.2.2，取 $C_s=1.3$，由 5.2.4 条，$C_d=1.0$

$S_{max}=2.25C_iC_sC_dA=2.25×0.5×1.3×1.0×0.10g$

$=0.146g$

【80 题评析】笔者在 4 个选项中分别乘以 g，真题选项中无 g。

2019 年试题解答与评析

（上午卷）

1. 正确答案是 C，解答如下：

根据《分类标准》6.0.8 条，为乙类，按 8 度考虑。

$H=7\text{m}$，查《抗规》表 6.1.2，框架抗震等级为三级；

抗震墙抗震等级为二级，故选（C）项。

2. 正确答案是 D，解答如下：

由《荷规》表 5.3.1，取 $q=3\text{kN/m}^2$。

$$(7+18\times0.6)\times8.1\times12+3\times8.1\times12=2021\text{kN}$$

故选（D）项。

3. 正确答案是 C，解答如下：

$$M_{\text{中}}=670\times15\%\times\frac{1}{2}+335=385.25\text{kN}\cdot\text{m}$$

故选（C）项。

【3 题评析】本题目的所求对象针对梁 AB（或梁 BC）的跨中弯矩值。

4. 正确答案是 C，解答如下：

根据《混规》6.2.15 条。

$$\rho=\frac{A_s}{bh}=\frac{12\times314.2}{500\times500}=1.5\%<3\%$$

$$l_0/b=8000/500=16，取 \varphi=0.87$$

$$N_u=0.9\times0.87\times(19.1\times500\times500+400\times12\times314.2)$$
$$=4919.7\text{kN}$$

5. 正确答案是 B，解答如下：

根据《混规》0.5.1 条、6.6.1 条：

$$\beta_c=\sqrt{\frac{(450\times2+500)^2}{500\times500}}=2.8$$

$$\omega\beta_c f_{cc}A_l=1\times2.8\times0.85\times14.3\times500\times500=8508.5\text{kN}$$

6. 正确答案是 B，解答如下：

根据《混规》6.3.4 条：

$$V_u=0.7\times1.71\times400\times930+360\times\frac{50.3\times4}{100}\times930$$

$$=1118.9\text{kN}$$

由 6.3.1 条：

$$h_w/b=930/400=2.3<4$$

$$V_u=0.25\times1\times19.1\times400\times930=1776.3\text{kN}$$

故取 $V_u = 1118.9$kN

7. 正确答案是 A，解答如下：

根据《混规》9.2.11条：

$$A_{sv} \geqslant \frac{850 \times 10^3 - 8 \times 50.3 \times 4 \times 360}{360\sin 60°} = 868\text{mm}^2$$

$A_{sv,单侧} \geqslant 868/2 = 434\text{mm}^2$

选 2 ⌀ 18，$A_{sv} = 509\text{mm}^2$，满足。

8. 正确答案是 D，解答如下：

$$\Sigma M_A = 0, 则：$$

$$R_B = \frac{40 \times 8 \times 4 + 400 \times 2}{8} = 260\text{kN}$$

$$M_中 = 260 \times 4 - 40 \times 4 \times 2 = 720\text{kN·m}$$

9. 正确答案是 B，解答如下：

支座 B 点处：$V_B = 428\sin 60° = 370.7\text{kN}$

$$N_B = 428\cos 60° = 214\text{kN}(拉力)$$

由《混规》6.3.14条：

$\dfrac{160}{428} = 37\%$，故取 $\lambda = 1.5$

$$370.7 \times 10^3 \leqslant \frac{1.75}{1.5+1} \times 1.43 \times 300 \times 630 + 360\frac{A_{sv}}{s} \times 630 - 0.2 \times 214000$$

可得：$A_{sv}/s \geqslant 0.99\text{mm}^2/\text{mm}$

（A）项：$A_{sv}/s = 2 \times 50.3/150 = 0.67$，不满足。

（B）项：$A_{sv}/s = 2 \times 78.5/150 = 1.05$，满足，选（B）项。

10. 正确答案是 D，解答如下：

$N = 224\text{kN}$，$M = 224 \times 2 = 448\text{kN·m}$，偏压构件

由《混规》6.2.17条，假定为大偏压：

$$x = \frac{224 \times 10^3}{1 \times 19.1 \times 400} = 29.3\text{mm} < 2a_s' = 100\text{mm}$$

$$e_a = \max\left(20, \frac{600}{30}\right) = 20\text{mm}$$

$$e_s' = e_0 + e_a - \frac{h}{2} + a_s' = 2000 + 20 - \frac{600}{2} + 50$$

$$= 1770\text{mm}$$

$$A_s \geqslant \frac{224 \times 10^3 \times 1770}{360 \times (600 - 50 - 50)} = 2203\text{mm}^2$$

故选（D）项。

11. 正确答案是 D，解答如下：

根据《混验规》5.2.2条及条文说明，（D）项不正确。

【11题评析】由《混验规》3.0.8条，（A）项正确；由4.1.2条，（B）项正确；由5.4.6条，（C）项正确。

12. 正确答案是 C，解答如下：

947

根据《混加规》15.2.3 条~15.2.5 条：
$$s_1 = 150\text{mm} > 7d = 7 \times 18 = 126\text{mm}$$
$$s_2 = 100\text{mm} > 3.5d = 3.5 \times 18 = 630\text{mm}$$
查表 15.2.4，$f_{bd} = 0.8 \times 5 = 4\text{MPa}$
$$l_s = 0.2 \times 1 \times 18 \times 360/4 = 324\text{mm}$$
$$l_d \geqslant 1.265 \times 1.0 \times 324 = 410\text{mm}$$

13. 正确答案是 A，解答如下：

根据《荷规》10.3.3 条：
$$p_k = 3\sqrt{3215} = 170\text{kN}$$

由 10.1.3 条：$p = p_k = 170\text{kN}$

14. 正确答案是 C，解答如下：

根据《混规》7.1.1 条、7.1.5 条：
$$A_0 = A_n + \alpha_E A_p = 203889 - 1781 + \frac{2.05 \times 10^5}{3.6 \times 10^4} \times 1781$$
$$= 212250\text{mm}^2$$
$$\sigma_{ck} = \frac{N_k}{A_0} \leqslant \sigma'_{pc}$$
$$N_k \leqslant 212250 \times 6.84 = 1451\text{kN}$$

15. 正确答案是 B，解答如下：
$$m_0 = 1 \times 6 \times 1.5 \times \left(\frac{1.5}{2} + \frac{0.35}{2}\right) = 8.325\text{kN} \cdot \text{m/m}$$
$T = m_0 \times 3 = 24.975\text{kN} \cdot \text{m}$，扭矩图呈直线分布

故选（B）项。

16. 正确答案是 C，解答如下：

根据《混规》6.4.12 条：
$$V = 100\text{kN} < 0.35 \times 1.57 \times 350 \times 600 = 115.4\text{kN}$$

由 6.4.4 条：
$$85 \times 10^6 \leqslant 0.35 \times 1.57 \times 32.67 \times 10^6 + 1.2\sqrt{1.7} \times 270 \frac{A_{st1}}{s} \times 162.4 \times 10^3$$

可得：$A_{st1}/s \geqslant 0.98\text{mm}$

取 $s = 100$，$A_{st1} \geqslant 98\text{mm}^2$

（C）项：$\Phi 12$，$A_{st1} = 113.1\text{mm}^2$，满足。

17. 正确答案是 C，解答如下：
$$\frac{b}{t} = \frac{300 - 10}{2 \times 20} = 7.25 < 13\varepsilon_k = 13$$
$$\frac{h_0}{t_w} = \frac{1200}{10} = 120 < 124\varepsilon_k = 124$$

查《钢标》表 3.5.1，截面等级为 S4 级，取 $\gamma_x = 1.0$
$$\sigma = \frac{\frac{1}{8} \times 95 \times 12^2 \times 10^6}{1.0 \times 590560 \times 10^4/620} = 179.5\text{N/mm}^2$$

18. 正确答案是 A，解答如下：

根据《钢标》11.2.7 条：

$$\frac{\tau}{f_f^w} = \frac{\dfrac{\frac{1}{2} \times 95 \times 12 \times 10^3 \times 3660 \times 10^3}{2 \times 0.7 \times 8 \times 590560 \times 10^4}}{160} = 0.197$$

19. 正确答案是 D，解答如下：

取 $l_0 = \frac{1}{2} \times 12 = 6\text{m}$，$\lambda_y = \dfrac{6000}{61} = 98.4$

由《钢标》附录 C：

$$\varphi_b = 1.2 \times \frac{4320}{98.4^2} \cdot \frac{\dfrac{24000 \times 1240}{590560 \times 10^4}}{620} \left[\sqrt{1 + \left(\frac{98.4 \times 20}{4.4 \times 1240}\right)^2} + 0 \right] \times 1$$

$$= 1.78 > 0.6$$

$$\varphi_b' = 1.07 - \frac{0.282}{1.78} = 0.91$$

20. 正确答案是 C，解答如下：

根据《钢标》6.1.5 条，6.1.3 条：

$$\sigma = \frac{1282 \times 10^6}{590560 \times 10^4} \times 600 = 130.2\text{N/mm}^2$$

$$\tau = \frac{1296 \times 10^3 \times 3660 \times 10^3}{590560 \times 10^4 \times 10} = 80.3\text{N/mm}^2$$

$$\sigma_{折} = \sqrt{130.2^2 + 3 \times 80.3^2} = 190.5\text{N/mm}^2$$

21. 正确答案是 D，解答如下：

$$\frac{f}{l} = \frac{\dfrac{5 \times 90 \times 12^4 \times 10^{12}}{384 \times 206 \times 10^3 \times 590560 \times 10^4}}{12000} = 1/600$$

22. 正确答案是 B，解答如下：

根据《钢标》10.3.4 条：

由提示知：

$$M_u = 0.9W_{npx}f = 0.9 \times 2 \times [16 \times 250 \times 242 + 234 \times 12 \times 117] \times 215$$
$$= 501.75\text{kN} \cdot \text{m}$$

23. 正确答案是 A，解答如下：

根据《钢标》10.3.2 条：

$$\frac{\tau}{f_v} = \frac{\dfrac{650000}{468 \times 12}}{125} = 0.93$$

24. 正确答案是 B，解答如下：

根据《钢标》10.4.3 条：

最大间距 $\leqslant 2 \times 500 = 1000\text{mm}$，选（B）项。

25. 正确答案是 B，解答如下：

根据《钢标》10.4.5 条：

$$M \geqslant 1.1 \times 250 = 275 \text{kN} \cdot \text{m}$$

$$M \geqslant 0.5 \times 1.1 \times 2285 \times 215 = 270.2 \text{kN/m}$$

故取 $M \geqslant 275 \text{kN} \cdot \text{m}$，选（B）项。

26. 正确答案是 C，解答如下：

根据《钢标》17.1.5 条及条文说明：

（A）项：符合；（B）项：符合；（C）项：不符合。

故选（C）项。

（此外，（D）项：符合。）

27. 正确答案是 D，解答如下：

根据《钢标》17.2.9 条，及表 17.2.9，取 $1.2M_{pc}$，选（D）项。

28. 正确答案是 A，解答如下：

根据《钢标》17.3.9 条，Ⅰ、Ⅱ、Ⅲ均符合，选（A）项。

29. 正确答案是 C，解答如下：

$$\frac{b}{t} = \frac{400 - 12}{2 \times 24} = 8.08 < 11\varepsilon_k = 9.08$$

$$\frac{h_0}{t_w} = \frac{700 - 2 \times 24}{12} = 54.3 < 72\varepsilon_k = 59.4$$

查《钢标》表 3.5.1，截面等级满足 S2 级。

查《钢标》表 17.2.2-2，取 $W_E = W_p$

30. （缺）。

31. 正确答案是 B，解答如下：

根据《抗规》7.1.7 条：

Ⅰ. 错误；Ⅱ. 正确；Ⅲ. 错误；Ⅳ. 正确。

故选（B）项。

32. 正确答案是 D，解答如下：

根据《抗规》5.2.1 条、5.1.4 条：

$$F_{EK} = 0.16 \times 0.85 \times (5200 + 2 \times 6000 + 4500)$$
$$= 2915.2 \text{kN}$$

由 7.2.4 条：

$$V_1 = 1.5 \times 2915.2 \times 1.3 = 5754.84 \text{kN}$$

33. 正确答案是 C，解答如下：

根据《抗规》7.2.4 条：

$$V_{w1} = \frac{0.18K_1}{0.72K_1} \times 6000 = 1500 \text{kN}$$

34. 正确答案是 A，解答如下：

根据《抗规》7.2.5 条：

$$\Sigma V_c = \frac{0.28K_1}{0.72K_1 \times 0.3 + 0.28K_1} \times 6000 = 3387 \text{kN}$$

35. 正确答案是 B，解答如下：

$s = 4.5 \times 10 = 45 \text{m}$，查《砌规》表 4.2.1，为刚弹性方案。

查表 5.1.3，取 $H_0 = 1.2H$

$$\beta = \frac{1.2 \times 5600}{3.5 \times 147} = 13.06$$

36. 正确答案是 C，解答如下：

根据《砌规》5.1.1 条、5.1.2 条及 5.1.3 条：

$$\beta = \gamma_\beta \frac{H_0}{h_T} = 1.1 \times \frac{1.5 \times 5600}{3.5 \times 147} = 17.96 \approx 18$$

$$e = \frac{M}{N} = \frac{52}{404} = 0.1287\text{m} = 128.7\text{mm}$$

$$e/h_T = \frac{128.7}{3.5 \times 147} = 0.25$$

查表 D.0.H，取 $\varphi = 0.29$

$A = 0.9365 \times 10^6 \text{mm}^2 > 0.3\text{m}^2$，$f$ 不调整。

$$\varphi f A = 0.29 \times 2.67 \times 0.9365 \times 10^6 = 725.13\text{kN}$$

37. 正确答案是 A，解答如下：

根据《砌规》5.2.4 条：

$$a_0 = 10\sqrt{\frac{500}{2.31}} = 147\text{mm} < 250\text{mm}$$

由 5.2.2 条：

$$\gamma = 1 + 0.35\sqrt{\frac{(370 \times 2 + 250) \times 370}{147 \times 250} - 1} = 2.04 > 2$$

取 $\gamma = 2$。

$$\eta \gamma f A_l = 0.7 \times 2 \times 2.31 \times 147 \times 250 = 118.8\text{kN}$$

38. 正确答案是 B，解答如下：

根据《砌规》10.2.1 条：

$$\frac{\sigma_0}{f_v} = \frac{\dfrac{604000}{1600 \times 370}}{0.17} = 6$$

取 $\xi_N = (1.47 + 1.65)/2 = 1.56\text{MPa}$

$$f_{VE}A/\gamma_{RE} = \frac{0.17 \times 1.56 \times 1600 \times 370}{1.0} = 157\text{kN}$$

39. 正确答案是 B，解答如下：

支座反力均为：$2p = 2 \times 20 = 40\text{kN}$

截面法，过中点处取截面，对上弦中点处节点对力矩平衡：

$$N_{D1} = (2p \times 6 - \frac{p}{2} \times 6 - p \times 3)/2 = 3p = 60\text{kN（拉力）}$$

由《木标》4.3.9 条，取 $f_t = 8.5 \times 0.9 \times 1.1$

由《木标》5.1.1 条：

$$A_n \geqslant \frac{\gamma_0 N}{f_t} = \frac{1.0 \times 60 \times 10^3}{8.5 \times 0.9 \times 1.1} = 7130\text{mm}^2$$

方木：$a \geqslant 84.4\text{mm}$

40. 正确答案是 A，解答如下：

由受力分析可知，D2 杆为压杆。

由《木标》4.3.17 条：

$$\lambda = \frac{3000}{\dfrac{a}{\sqrt{12}}} \leqslant 120$$

可得：$a \geqslant 86.6\text{mm}$

（下午卷）

41. 正确答案是 C，解答如下：

根据《地规》6.7.5 条，6.7.3 条：

$$E_a = \frac{1}{2} \times 1.1 \times 20 \times 6.5^2 \times 0.22 = 102.245\text{kN/m}$$

$$G = \gamma A = 24 \times \frac{1}{2} \times 6.5 \times (1.5 + 3) = 351\text{kN/m}$$

$$K = \frac{351 \times 0.45}{102.245} = 1.545$$

42. 正确答案是 D，解答如下：

如图 Z19-1（a）所示，由《地规》6.7.5 条：

$$G_1 = \frac{1}{2} \times 1.5 \times 6.5 \times 24 = 117\text{kN/m}$$

$$G_2 = 1.5 \times 6.5 \times 24 = 234\text{kN/m}$$

$$G = G_1 + G_2 = 351\text{kN}$$

$$e = \frac{M}{\Sigma N} = \frac{112 \times \dfrac{6.5}{3} + 117 \times 0.5 - 234 \times 0.75}{351}$$

$$= 0.358\text{m} < \frac{3}{6} = 0.5\text{m}$$

$$p_{\max} = \frac{G}{A}\left(1 + \frac{6e}{b}\right)$$

$$= \frac{351}{3 \times 1}\left(1 + \frac{6 \times 0.358}{3}\right)$$

$$= 200.8\text{kPa}$$

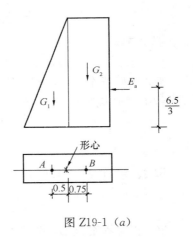

图 Z19-1（a）

43. 正确答案是 B，解答如下：

根据《地处规》5.2.3 条~5.2.5 条：

$$n = 20 = \frac{1.05l}{d_p} = \frac{1.05l}{\dfrac{2 \times (100 + 6)}{\pi}}$$

可得：$l = 1286\text{mm}$

44. 正确答案是 D，解答如下：

由提示，$F = \ln(20) - \dfrac{3}{4} = 2.25$

$$60d = 60 \times 24 \times 60 \times 60s$$

$$\overline{U}_r = 1 - e^{-\frac{8 \times 3.6 \times 10^{-3}}{2.25 \times 147^2} \times 60 \times 24 \times 60 \times 60}$$

$$= 0.954$$

45. 正确答案是 C，解答如下：

由提示，及《地处规》5.2.12 条：

$$S_f = 1.2 \times \frac{(20 \times 1 + 90) \times 1.8 \times 10^{-7} \times 10^{-2}}{3.6 \times 10^{-3} \times 10^{-4} \times 10} \times 20$$

$$= 1320 \times 10^{-3} \text{m} = 1320 \text{mm}$$

46. 正确答案是 B，解答如下：

根据《桩规》5.3.8 条：

$$A_j = \frac{z}{4} \times (500^2 - 300^2) = 125600 \text{mm}^2, A_{p1} = \frac{z}{4} \times 300^2 = 70650 \text{mm}^2$$

$$h_b / d_1 = 1950/300 = 6.5 > 5, \text{取} \lambda_p = 0.8$$

$$Q_{uk} = \pi \times 0.5 \times (2.5 \times 52 + 1.5 \times 60 + 6 \times 45 + 1.95 \times 70)$$

$$+ 6000 \times (0.1256 + 0.8 \times 0.07065)$$

$$= 983.605 + 1092.72 = 2076.325 \text{kN}$$

$$R_a = Q_{uk}/2 = 1038 \text{kN}$$

47. 正确答案是 A，解答如下：

根据《桩规》5.9.10 条，及 5.1.1 条：

$$N_i = \frac{7020}{6} + \frac{756 \times 2}{4 \times 2^2} = 1264.5 \text{kN}$$

$$V = 2N_i = 2529 \text{kN}$$

48. 正确答案是 B，解答如下：

根据《桩规》5.9.2 条：

$$N_i = 1180 - \frac{1.3 \times 5 \times 2.8 \times 2 \times 22}{6} = 1046.53 \text{kN}$$

$$M_x = 2 \times 1046.53 \times (2 - 0.35) = 3453.549 \text{kN} \cdot \text{m}$$

$$A_s = \frac{M_x}{0.9 h_0 f_y} = \frac{3453.549 \times 10^6}{0.9 \times 1000 \times 360} = 10659.1 \text{mm}^2$$

每米配筋 $A_{s,1} = A_s/2.8 = 3807 \text{mm}^2$

$\Phi 22@100$，$A_{s,1} = 10 \times 380.1 = 3801 \text{mm}^2$，基本满足，选（B）项。

49. 正确答案是 D，解答如下：

根据《桩规》5.8.6 条：

$$t \geqslant \sqrt{\frac{305}{14.5 \times 206000}} \times 950 = 9.6 \text{m}$$

故选（D）项。

50. 正确答案是 C，解答如下：

根据《桩规》5.7.2 条、5.7.5 条：

$$\alpha = \sqrt[5]{\frac{4 \times 10^3 \times 0.9 \times (1.5 \times 0.8 + 0.5)}{4.33 \times 10^5}} = 0.43 \text{m}^{-1}$$

$ah=0.43\times30=12.9>4$，取 $\nu_x=0.94$

$$R_{ha}=0.75\times\frac{0.43^3\times4.33\times10^5}{0.94}\times10\times10^{-3}=275kN$$

由 5.7.5 条第 7 款：

$$R_{ha}=275kN$$

51. 正确答案是 D，解答如下：

(1) 根据《地规》8.5.3 条第 8 款，应通长配筋，图示有误。

(2) 根据《地规》8.5.3 条第 11 款，主筋保护层厚度≥55mm，图示有误。

(3) 根据《桩规》4.1.1 条第 4 款，桩顶下 $5d$ 范围内箍筋加密，图示有误；加劲箍筋要求，图示有误。

故选（D）项。

52. 正确答案是 D，解答如下：

(1)《桩规》4.1.1 条：$\rho=\dfrac{14\times113.1}{\dfrac{\pi\times600^2}{4}}=0.56\%<0.65\%$，不满足。

(2)《桩规》4.2.3 条：

$l_{锚}=600+0.8\times600\times\dfrac{1}{2}=840mm<35d_g=35\times25=875mm$，不满足

取 1m：$A_{s,min}=0.15\%\times1000\times1500=2250mm^2$

$\Phi16@100$，$A_s=10\times201.1=2011mm^2$，不满足。

(3)《桩规》4.2.5 条：

$l_{锚,柱}=1.15\times35\times25=1006.25mm>950mm$，中部柱筋，不满足。

(4)《地规》8.5.3 条第 10 款：

$l_{锚,桩}=35\times12=420mm>360mm$，不满足。

53. 正确答案是 B，解答如下：

根据《地规》8.4.7 条、附录 P：

$c_1=0.9+1.34=2.24m$，$c_2=0.9+1.34=2.24m$

$c_{AB}=\dfrac{2.24}{2}=1.12m$

$u_m=2\times2.24+2\times2.24=8.96m$

$\tau_{max}=\dfrac{12150-(0.9+2\times1.34)^2\times182.25}{8.96\times1.34}+0.4\times\dfrac{202.5\times1.12}{11.17}$

$=825.5kPa$

54. 正确答案是 D，解答如下：

根据《地规》8.4.7 条、附录 P：

$$l_{挑}=1250-450=800mm<h_0+0.5b_c=1340+0.5\times900=1790mm$$

$$c_1=800+900+\frac{1340}{2}=2370mm$$

$$c_2=900+1340=2240mm$$

$$F_l=1.1\times(9450-2.37\times2.24\times182.25)$$

$$=9330.7kN$$

55. 正确答案是 C，解答如下：

根据《地规》8.4.2 条：

$$A = 1723.39 \text{m}^2$$

由题目形心位置，按力学知识，可得：$I_形 = 325.54 \text{m}^4$

$$e_左 \leqslant 0.1 \frac{W}{A} = 0.1 \times \frac{325054/23.57}{1723.39} = 0.800$$

$$e_右 \leqslant 0.1 \times \frac{325054/26.43}{1723.39} = 0.7136$$

56. 正确答案是 C，解答如下：

根据《地处规》7.7.4 条，应选（C）项。

57. 正确答案是 B，解答如下：

根据《抗规》8.2.3 条第 3 款，（B）项不正确，选（B）项。

【57 题评析】根据《高规》8.2.2 条，（A）项符合；《高规》3.4.3 条、3.7.3 条，（C）项符合；《分类标准》3.0.3 条，（D）项符合。

58. 正确答案是 A，解答如下：

根据《荷规》9.3.2 条条文说明，应选（A）项。

59. 正确答案是 D，解答如下：

根据《高规》3.7.3 条：

180m 框架-核心筒：$[\Delta u/h] = \frac{1}{800} + \frac{180-150}{250-150}\left(\frac{1}{500} - \frac{1}{800}\right) = 0.001475$

框架结构：$[\Delta u/h] = 1/550$

钢框架-支撑，由《高钢规》3.5.2 条：$[\Delta u/h] = 1/250$

$0.001475 : 1/550 : 1/250 = 1 : 1.23 : 2.71$

60. 正确答案是 B，解答如下：

根据《高规》10.2.24 条：

$$2 \times 1400 \times 10^3 \leqslant \frac{1}{0.85} \times (0.1 \times 1 \times 19.1 \times 6300 t_f)$$

可得：$t_f \geqslant 198 \text{mm}$

$$2 \times 1400 \times 10^3 \leqslant \frac{1}{0.85} \times (360 \times 4200 + 360 \cdot A_{s板})$$

可得：$A_{s板} \geqslant 2411 \text{mm}^2$

$A_{s板底} \geqslant 2411/2 = 1205.5 \text{mm}^2$

由 10.2.23 条：$\rho = \frac{1205.5}{200 \times 5600} = 0.108\% < 0.25\%$

故取 $\rho = 0.25\%$

（B）项：$\rho = \frac{113.1}{200 \times 200} = 0.283\% > 0.25\%$，满足。

故选（B）项。

61. 正确答案是 D，解答如下：

根据《高规》7.2.6 条：

$V = 1.6 \times 3.2 \times 10^3 = 5.12 \times 10^3 \text{kN} < 6.37 \times 10^3 \text{kN}$

由 7.2.10 条：

$N = 1.6 \times 10^4 \text{kN} > 7563.6 \text{kN}$，取 $N = 7563.6 \text{kN}$

$$5.12 \times 10^3 \times 10^3 \leqslant \frac{1}{0.85} \cdot \left[\frac{1}{1.9 - 0.5} (0.4 \times 1.71 \times 300 \times 6300 + 0.1 \times 7563600 \times 1) \right.$$
$$\left. + 0.8 \times 360 \frac{A_{sh}}{s} \times 6300 \right]$$

可得：
$$A_{sh}/s \geqslant 1.59 \text{mm}$$

取 $s = 200 \text{mm}$，$A_{sh} \geqslant 318 \text{mm}^2$

由 10.2.19 条：$A_{sh} \geqslant 0.3\% \times 200 \times 300 = 180 \text{mm}^2$

（D）项：$A_{sh} = 402 \text{mm}^2$，满足。

62. 正确答案是 B，解答如下：

根据《抗规》附录 G.1.3 条，故排除（A）、（C）项。

由 6.1.2 条：钢支撑框架部分框架的抗震等级为一级。

由《抗规》表 6.3.6，$[\mu_N] = 0.65$

（D）项：$\mu_N = \dfrac{N_G}{f_c A} = \dfrac{7600 \times 10^3}{23.1 \times 700 \times 700} = 0.67 > 0.65$，不满足。

故选（B）项。

63. 正确答案是 C，解答如下：

根据《高规》附录 C：

由《高规》4.3.8 条，假定 $T_x = 0.85$
$$\alpha = \left(\frac{0.45}{0.85} \right)^{0.9} \times 1 \times 0.16 = 0.090$$

假定 $T_x = 0.86$，$\alpha = \left(\dfrac{0.45}{0.86} \right)^{0.9} \times 1 \times 0.16 = 0.089$
$$F_{EK} = 0.09 \times 0.85 \times (146000 \sim 166000)$$
$$= 11169 \sim 12699 \text{kN}$$

或 $F_{EK} = 0.089 \times 0.85 \times (146000 \sim 166000)$
$$= 11045 \sim 12558 \text{kN}$$

故选（C）项。

64. 正确答案是 B，解答如下：

由提示，及《高规》6.3.2 条：
$$x = \frac{435 \times 4920 - 435 \times 4920/2}{1 \times 19.1 \times 350} = 160.0 \text{mm} = 0.25 h_0 = 160 \text{mm}$$

$$M = \frac{1}{0.75} \times \left[1 \times 19.1 \times 350 \times 160 \times (640 - 80) + 435 \times (640 - 40) \times 4920/2 \right]$$
$$= 1654.7 \text{kN} \cdot \text{m}$$

65. 正确答案是 A，解答如下：

根据《高规》3.7.4 条及注：
$$\xi_y = \frac{14 \times 780 + 14 \times 950}{50000} = 0.4844 < 0.5，\text{I. 错误。}$$

增加 5% 时：

$$\xi_y = \frac{14 \times 780 \times 1.05 + 14 \times 950 \times 1.05}{50000} = 0.509 > 0.5, \quad \text{II}. \text{正确}.$$

故选（A）项。

【65题评析】本题目条件中 14 根边柱，14 根中柱，与题目图示不一致，故题目有瑕疵。另外，由题目条件，Ⅲ 无法判别得到 1.83。

66. 正确答案是 B，解答如下：

查《高规》表 11.1.4：

地上核心筒的抗震等级为一级，排除（D）项。

由《高规》3.9.5 条及条文说明：

地下二层：不计算地震作用，其抗震构造措施的抗震等级可取二级（地下一层为抗震一级）。

故选（B）项。

67. 正确答案是 A，解答如下：

由《高规》表 11.1.4 注：钢框架抗震等级为三级。

根据《抗规》附录 G.2.2 条，查表 8.1.3，钢框架抗震等级为三级。

最终取钢框架的抗震等级为三级，故选（A）项。

68. 正确答案是 C，解答如下：

根据《高规》4.3.12 条：

$$\lambda = 0.016 - \frac{4 - 3.5}{5 - 3.5} \times (0.016 - 0.012) = 0.0147$$

$$V_{0k} = 12800\text{kN} < \lambda \Sigma G_j = 0.0147 \times 1 \times 10^6 = 14700\text{kN}$$

故取 $V_{0k} = 14700\text{kN}$

$$V_f = \frac{14700}{12800} \times 2000 = 2297\text{kN}$$

由《高规》11.1.6 条、9.1.11 条：

$V_{f,max} = 2297\text{kN} > 10\% V_{0k} = 1470\text{kN}$，故按 9.1.11 条第 3 款：

$$V_{min} = (20\% V_{0k}, 1.5 V_{f,max})$$
$$= \min(20\% \times 14700, 1.5 \times 2297)$$
$$= \min(2940, 3446) = 2940\text{kN}$$

故选（C）项。

69. 正确答案是 A，解答如下：

根据《抗规》表 8.1.3：

乙类，按 9 度考虑：由表 8.1.3 注 2，可按 8 度考虑，故框架抗震等级为三级。

根据《高钢规》7.3.2 条：

$$K_1 = \frac{\Sigma i_b}{i_c} = 1, \quad K_2 = 10$$

$$\mu = \sqrt{\frac{7.5 \times 1 \times 10 + 4 \times (1 + 10) + 1.6}{7.5 \times 1 \times 10 + 1 + 10}} = 1.18$$

由《高钢规》7.3.9 条：

$$\lambda = \frac{\mu H}{\gamma_c} \leqslant 80\sqrt{235/345}$$

$$\frac{1.18 \times 33000}{\gamma_c} \leqslant 80\sqrt{235/345}$$

可得：$\gamma_c \geqslant 590\text{mm}$

故选（A）项。

70. 正确答案是 D，解答如下：

根据《高钢规》7.6.5 条：

由式（7.6.3-1）计算 V_l：

$V_l = 0.58A_w f_y = 0.58 \times (600 - 2 \times 12) \times 12 \times 345 = 1345\text{kN}$

$V_l = \dfrac{2M_{lp}}{a} = \dfrac{2 \times 305 \times 4.42 \times 10^6}{1700} = 1586\text{kN}$

故取 $V_l = 1586\text{kN}$

$$N_{br} \geqslant 1.3 \times \frac{1586}{1190} \times 2000 = 3465\text{kN}$$

故选（D）项。

71. 正确答案是 B，解答如下：

根据《高钢规》7.3.3 条：

（A）项：$2 \times 9.97 \times 10^6 \times \left(345 - \dfrac{8500 \times 10^3}{50496}\right) = 3523 \times 10^6\,\text{N} \cdot \text{mm}$

$\Sigma(\eta f_{yb} W_{pb}) = 2 \times 1.15 \times 345 \times 5.21 \times 10^6 = 4134 \times 10^6\,\text{N} \cdot \text{mm}$
不满足。

（B）项：$2 \times 1.15 \times 10^7 \times \left(345 - \dfrac{8500 \times 10^3}{58464}\right) = 4591 \times 10^6\,\text{N} \cdot \text{mm}$

满足，故选（B）项。

72.（缺）

73. 正确答案是 C，解答如下：

根据《城桥震规》3.1.1 条，为丙类。

由 3.1.2 条，1. 错误。

由 3.1.4 条，2. 错误。

由 3.2.2 条，3. 错误。

由 3.3.2 条、3.3.3 条，4. 正确。

故选（C）项。

74. 正确答案是 C，解答如下：

根据《公桥通规》4.3.12 条及条文说明：

钢桥：温升＝46℃－15℃＝31℃

温降＝－21℃－20℃＝－41℃

故选（C）项。

75. 正确答案是 C，解答如下：

根据《公桥混规》9.1.1 条，9.4.9 条：

管道净距≥40mm，≥0.6×90＝54mm，取≥54mm

腹板宽度≥$\dfrac{1}{2}$×90＋90＋54＋90＋$\dfrac{1}{2}$×90＝324mm

76. 正确答案是 B，解答如下：

根据《天桥规范》2.2.2 条：

每端：$1.8+1.8+0.4\times2=4.4\text{m}$

桥面净宽 $\leqslant\dfrac{4.4}{1.2}=3.67\text{m}$，且 $\geqslant3\text{m}$

故桥面最大净宽为 3.67m。

77. 正确答案是 D，解答如下：

根据《公桥混规》4.2.5 条：

$$a=a_1+2h+2l_\text{c}=200+2\times150+2\times1250=3000\text{mm}>1400\text{mm}$$

故车轮分布重叠，则：

$$a=a_1+2h+l_\text{c}+d=3000+1400=4400\text{mm}$$

78. 正确答案是 D，解答如下：

根据《公桥通数》4.1.5 条及表 4.1.5-1，取 $\gamma_0=1.1$。

$$M_\text{d}=1.1\times(1.2\times45+1.0\times1.8\times32+0.75\times1\times1.1\times30)$$
$$=150\text{kN}\cdot\text{m}$$

79. 正确答案是 C，解答如下：

根据《公桥通规》4.1.5 条：

$$M_\text{d}=45+126+0.7\times32+0.75\times30=215.9\text{kN}\cdot\text{m}$$

80. 正确答案是 A，解答如下：

根据《公桥混规》6.4.4 条：

$$\sigma_\text{ss}=\frac{200\times10^6}{0.87\times4022\times(350-40)}=184.4\text{N/mm}^2$$

附录一：

一级注册结构工程师专业考试
各科题量、分值与时间分配

（一）一级注册结构工程师专业考试各科题量、分值

钢筋混凝土结构   16 道题左右

钢结构   14 道题左右

砌体结构与木结构   10 道题左右

地基与基础   16 道题左右

高层建筑、高耸结构与横向作用   16 道题左右

桥梁结构   8 道题左右

注意，上述各科题量、分值是自 2018 年度考试以来的情况。

每题 1 分，满分 80 分。

（二）考试时间分配

考试时间为上、下午各 4 小时，但不确定各科在上、下午的配题数量。

附录二：

一级注册结构工程师专业考试所用的规范、标准

1. 《建筑结构可靠性设计统一标准》GB 50068—2018
2. 《建筑结构荷载规范》GB 50009—2012
3. 《建筑工程抗震设防分类标准》GB 50223—2008
4. 《建筑抗震设计规范》GB 50011—2010（2016 年版）
5. 《建筑地基基础设计规范》GB 50007—2011
6. 《建筑桩基技术规范》JGJ 94—2008
7. 《建筑边坡工程技术规范》GB 50330—2013
8. 《建筑地基处理技术规范》JGJ 79—2012
9. 《建筑地基基础工程施工质量验收规范》GB 50202—2018
10. 《既有建筑地基基础加固技术规范》JGJ 123—2012
11. 《混凝土结构设计规范》GB 50010—2010（2015 年版）
12. 《混凝土结构工程施工质量验收规范》GB 50204—2015
13. 《组合结构设计规范》JGJ 138—2016
14. 《混凝土异形柱结构技术规程》JGJ 149—2017
15. 《混凝土结构加固设计规范》GB 50367—2013
16. 《钢结构设计标准》GB 50017—2017
17. 《门式刚架轻型房屋钢结构技术规范》GB 51022—2015
18. 《冷弯薄壁型钢结构技术规范》GB 50018—2002
19. 《钢结构工程施工质量验收规范》GB 50205—2001
20. 《钢结构焊接规范》GB 50661—2011
21. 《高层民用建筑钢结构技术规程》JGJ 99—2015
22. 《砌体结构设计规范》GB 50003—2011
23. 《钢结构高强度螺栓连接技术规程》JGJ 82—2011
24. 《砌体工程施工质量验收规范》GB 50203—2011
25. 《木结构设计标准》GB 50005—2017
26. 《烟囱设计规范》GB 50051—2013
27. 《高层建筑混凝土结构技术规程》JGJ 3—2010
28. 《建筑设计防火规范》GB 50016—2014（2018 年版）
29. 《空间网格结构技术规程》JGJ 7—2010
30. 《公路桥涵设计通用规范》JTG D60—2015
31. 《公路钢筋混凝土及预应力混凝土桥涵设计规范》JTG 3362—2018
32. 《城市桥梁设计规范》（2019 年局部修订）CJJ 11—2011
33. 《城市桥梁抗震设计规范》CJJ 166—2011
34. 《公路桥梁抗震设计细则》JTG/TB 02—01—2008
35. 《城市人行天桥和人行地道技术规程》CJJ69—95（含 1998 年局部修订）

常用截面的几何特性

常用截面的几何特性 附表3

截面简图	截面积 A	图示形心轴至边缘距离 (x, y)	对图示轴线的惯性矩 I、回转半径 i
矩形截面	bh	$y = \dfrac{h}{2}$	$I_x = \dfrac{bh^3}{12}, i_x = \dfrac{\sqrt{3}}{6}h = 0.289h$ $I_{x_1} = \dfrac{bh^3}{3}, i_{x_1} = \dfrac{\sqrt{3}}{3}h = 0.577h$
箱形截面	$b_1 t_1 + 2h_w t_w + b_2 t_2$	$y_1 = \dfrac{1}{2} \times \left[\dfrac{2h^2 t_w + (b_1 - 2t_w)t_1^2}{b_1 t_1 + 2h_w t_w + b_2 t_2} + \dfrac{(b_2 - 2t_w)(2h - t_2)t_2}{b_1 t_1 + 2h_w t_w + b_2 t_2} \right]$ $y_2 = h - y_1$	$I_x = \dfrac{1}{3} \big[b_1 y_1^3 + b_2 y_2^3 - (b_1 - 2t_w)$ $\times (y_1 - t_1)^3 - (b_2 - 2t_w)(y_2 - t_2)^3 \big]$ $I_y = \dfrac{1}{12} \{ t_1 b_1^3 + h_w [(b_0 + 2t_w)^3$ $- b_0^3] + t_2 b_2^3 \}$
等腰梯形截面[①]	$\dfrac{(b_1 + b)h}{2}$	$y_1 = \dfrac{h}{3} \left(\dfrac{b_1 + 2b}{b_1 + b} \right)$ $y_2 = \dfrac{h}{3} \left(\dfrac{2b_1 + b}{b_1 + b} \right)$	$I_x = \dfrac{(b_1^2 + 4b_1 b + b^2)h^3}{36(b_1 + b)},$ $I_{x_1} = \dfrac{(b + 3b_1)h^3}{12}$ $I_y = \dfrac{\tan\alpha}{96} \cdot (b^4 - b_1^4);$ 式中 $\tan\alpha = \dfrac{2h}{b - b_1}$
工字形截面	$h_w t_w + 2bt$ 或 $bh - (b - t_w)h_w$	$y = \dfrac{h}{2}$	$I_x = \dfrac{1}{12} \big[bh^3 - (b - t_w)h_w^3 \big]$ $I_y = \dfrac{1}{12} (2tb^3 - h_w t_w^3)$
T形截面	$bt + h_w t_w$	$y_1 = \dfrac{h^2 t_w + (b - t_w)t^2}{2(bt + h_w t_w)}$ $y_2 = h - y_1$	$I_x = \dfrac{1}{3} \big[by_1^3 + t_w y_2^3 - (b - t_w)$ $\times (y_1 - t)^3 \big]$ $I_y = \dfrac{1}{12} (tb^3 + h_w t_w^3)$

截面简图	截面积 A	图示形心轴至边缘距离（x，y）	对图示轴线的惯性矩 I、回转半径 i
槽形截面	$bh - (b - t_w)h_w$	$x_1 = \frac{1}{2}\left[\dfrac{2b^2t + h_w t_w^2}{bh - (b - t_w)h_w}\right]$ $x_2 = b - x_1$ $y = h/2$	$I_x = \frac{1}{12}[bh^3 - (b - t_w)h_w^3]$ $I_y = \frac{1}{3}(2tb^3 + h_w t_w^3)$ $-[bh - (b - t_w)h_w]x_1^2$
圆形截面	$\dfrac{\pi d^2}{4} = \pi R^2$	$y = \dfrac{d}{2} = R$	$I_x = \dfrac{\pi d^4}{64} = \dfrac{\pi R^4}{4}; i_x = \dfrac{1}{4}d = \dfrac{R}{2}$
圆环／管截面	$\dfrac{\pi(d^2 - d_1^2)}{4}$	$y = \dfrac{d}{2}$	$I_x = \dfrac{\pi(d^4 - d_1^4)}{64}; i_x = \dfrac{1}{4}\sqrt{d^2 + d_1^2}$
半圆形截面	$\dfrac{\pi d^2}{8}$	$y_1 = \dfrac{(3\pi - 4)d}{6\pi}, y_2 = \dfrac{2d}{3\pi}$ $x = \dfrac{d}{2}$	$I_x = \dfrac{(9\pi^2 - 64)d^4}{1152\pi}, I_y = \dfrac{\pi d^4}{128};$ $I_{x_1} = \dfrac{\pi d^4}{128}$
半圆环截面	$\dfrac{\pi(d^2 - d_1^2)}{8}$	$y_1 = \dfrac{d}{2} - y_2$ $y_2 = \dfrac{2}{3\pi}\left(\dfrac{d^3 - d_1^3}{d^2 - d_1^2}\right)$ $x = \dfrac{d}{2}$	$I_x = \dfrac{\pi(d^4 - d_1^4)}{128} - \dfrac{(d^3 - d_1^3)^2}{18\pi(d^2 - d_1^2)}$ $I_y = \dfrac{\pi(d^4 - d_1^4)}{128}; I_{x_1} = \dfrac{\pi(d^4 - d_1^4)}{128}$

注：1. 表中①，当取 $b_1 = 0$ 或 $b = 0$ 即得等腰三角形或倒等腰三角形截面的几何特性计算公式；取 $b_1 = b$ 则可得矩形截面的几何特性计算公式。

2. 引自《建筑结构静力计算实用手册》。

963

附录四：

梁的内力与变形

悬臂梁	$\alpha=a/l,\ \beta=b/l$

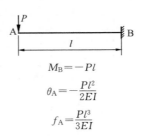

$$M_B=-Pl$$

$$\theta_A=-\frac{Pl^2}{2EI}$$

$$f_A=\frac{Pl^3}{3EI}$$

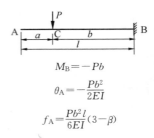

$$M_B=-Pb$$

$$\theta_A=-\frac{Pb^2}{2EI}$$

$$f_A=\frac{Pb^2l}{6EI}(3-\beta)$$

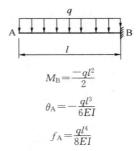

$$M_B=\frac{-ql^2}{2}$$

$$\theta_A=-\frac{ql^3}{6EI}$$

$$f_A=\frac{ql^4}{8EI}$$

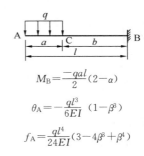

$$M_B=\frac{-qal}{2}(2-\alpha)$$

$$\theta_A=-\frac{ql^3}{6EI}(1-\beta^3)$$

$$f_A=\frac{ql^4}{24EI}(3-4\beta^3+\beta^4)$$

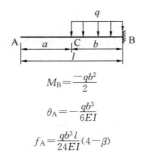

$$M_B=\frac{-qb^2}{2}$$

$$\theta_A=-\frac{qb^3}{6EI}$$

$$f_A=\frac{qb^3l}{24EI}(4-\beta)$$

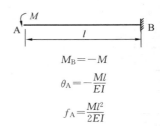

$$M_B=-M$$

$$\theta_A=-\frac{Ml}{EI}$$

$$f_A=\frac{Ml^2}{2EI}$$

简支梁

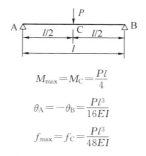

$$M_{max} = M_C = \frac{Pl}{4}$$

$$\theta_A = -\theta_B = \frac{Pl^2}{16EI}$$

$$f_{max} = f_C = \frac{Pl^3}{48EI}$$

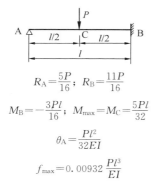

$$M_{max} = \frac{ql^2}{8}$$

$$\theta_A = -\theta_B = \frac{ql^3}{24EI}$$

$$f_{max} = \frac{5ql^4}{384EI}$$

一端简支、一端固定梁

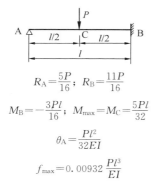

$$R_A = \frac{5P}{16}; \quad R_B = \frac{11P}{16}$$

$$M_B = -\frac{3Pl}{16}; \quad M_{max} = M_C = \frac{5Pl}{32}$$

$$\theta_A = \frac{Pl^2}{32EI}$$

$$f_{max} = 0.00932 \frac{Pl^3}{EI}$$

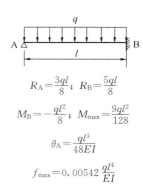

$$R_A = \frac{3ql}{8}; \quad R_B = \frac{5ql}{8}$$

$$M_B = -\frac{ql^2}{8}; \quad M_{max} = \frac{9ql^2}{128}$$

$$\theta_A = \frac{ql^3}{48EI}$$

$$f_{max} = 0.00542 \frac{ql^4}{EI}$$

两端固定梁

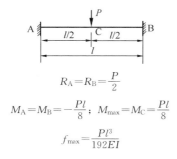

$$R_A = R_B = \frac{P}{2}$$

$$M_A = M_B = -\frac{Pl}{8}; \quad M_{max} = M_C = \frac{Pl}{8}$$

$$f_{max} = \frac{Pl^3}{192EI}$$

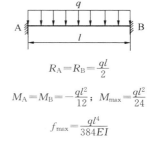

$$R_A = R_B = \frac{ql}{2}$$

$$M_A = M_B = -\frac{ql^2}{12}; \quad M_{max} = \frac{ql^2}{24}$$

$$f_{max} = \frac{ql^4}{384EI}$$

两 跨 梁 附表 4-2

荷 载 图	跨内最大弯矩		支座弯矩	剪 力			跨度中点挠度	
	M_1	M_2	M_B	V_A	$V_{B左}$ $V_{B右}$	V_C	f_1	f_2
(均布荷载 q，两跨 A l B l C)	0.070	0.070	−0.125	0.375	−0.625 0.625	−0.375	0.521	0.521
(均布荷载 q，左跨 A M_1 B M_2 C)	0.096	—	−0.063	0.437	−0.563 0.063	0.063	0.912	−0.391
(两跨三角形荷载 q，A l B l C)	0.048	0.048	−0.078	0.172	−0.328 0.328	−0.172	0.345	0.345
(左跨三角形荷载 q，A B C)	0.064	—	−0.039	0.211	−0.289 0.039	0.039	0.589	−0.244
(两跨集中荷载 F，A l B l C)	0.156	0.156	−0.188	0.312	−0.688 0.688	−0.312	0.911	0.911
(左跨集中荷载 F，A B C)	0.203	—	−0.094	0.406	−0.594 0.094	0.094	1.497	−0.586
(两跨双集中荷载 F，A l B l C)	0.222	0.222	−0.333	0.667	−1.333 1.333	−0.667	1.466	1.466
(左跨集中荷载 F，A B C)	0.278	—	−0.167	0.833	−1.167 0.167	0.167	2.508	−1.042

三 跨 梁

荷载图	跨内最大弯矩		支座弯矩		剪 力				跨度中点挠度		
	M_1	M_2	M_B	M_C	V_A	$V_{B左}$ / $V_{B右}$	$V_{C左}$ / $V_{C右}$	V_D	f_1	f_2	f_3
	0.080	0.025	−0.100	−0.100	0.400	−0.600 / 0.500	−0.500 / 0.600	−0.400	0.677	0.052	0.677
	0.101	—	−0.050	−0.050	0.450	−0.550 / 0	0 / 0.550	−0.450	0.990	−0.625	0.990
	—	0.075	−0.050	−0.050	0.050	−0.050 / 0.500	−0.500 / 0.050	0.050	−0.313	0.677	−0.313
	0.073	0.054	−0.117	−0.033	0.383	−0.617 / 0.583	−0.417 / 0.033	0.033	0.573	0.365	−0.208
	0.094	—	−0.067	0.017	0.433	−0.567 / 0.083	0.083 / −0.017	−0.017	0.885	−0.313	0.104
	0.054	0.021	−0.063	−0.063	0.183	−0.313 / 0.250	−0.250 / 0.313	−0.188	0.443	0.052	0.443
	0.068	—	−0.031	−0.031	0.219	−0.281 / 0	0 / 0.281	−0.219	0.638	−0.391	0.638
	—	0.052	−0.031	−0.031	−0.031	−0.031 / 0.250	−0.250 / 0.031	0.031	−0.195	0.443	−0.195

荷载图	跨内最大弯矩		支座弯矩		剪力				跨度中点挠度		
	M_1	M_2	M_B	M_C	V_A	$V_{B左}$ / $V_{B右}$	$V_{C左}$ / $V_{C右}$	V_D	f_1	f_2	f_3
	0.050	0.038	−0.073	−0.021	0.177	−0.323 / 0.302	−0.198 / 0.021	0.021	0.378	0.248	−0.130
	0.063	—	−0.042	0.010	0.208	−0.292 / 0.052	0.052 / −0.010	−0.010	0.573	−0.195	0.065
	0.175	0.100	−0.150	−0.150	0.350	−0.650 / 0.500	−0.500 / 0.650	−0.350	1.146	0.208	1.146
	0.213	—	−0.075	−0.075	0.425	−0.575 / 0	0 / 0.575	−0.425	1.615	−0.937	1.615
	—	0.175	−0.075	−0.075	−0.075	−0.075 / 0.500	−0.500 / 0.075	0.075	−0.469	1.146	−0.469
	0.162	0.137	−0.175	−0.050	0.325	−0.675 / 0.625	−0.375 / 0.050	0.050	0.990	0.677	−0.312
	0.200	—	−0.100	0.025	0.400	−0.600 / 0.125	0.125 / −0.025	−0.025	1.458	−0.469	0.156

荷载图	跨内最大弯矩		支座弯矩		剪力				跨度中点挠度		
	M_1	M_2	M_B	M_C	V_A	$V_{B左}$ / $V_{B右}$	$V_{C左}$ / $V_{C右}$	V_D	f_1	f_2	f_3
(梁 A M_1 B C M_2 l l l D，三跨集中荷载 F)	0.244	0.067	−0.267	−0.267	0.733	−1.267 / 1.000	−1.000 / 1.267	−0.733	1.883	0.216	1.883
(梁 A M_1 B M_2 C M_3 D，集中荷载 F)	0.289	—	−0.133	−0.133	0.866	−1.134 / 0	0 / 1.134	−0.866	2.716	−1.667	2.716
(梁 A B C D，F 作用于 B 跨)	—	0.200	−0.133	−0.133	−0.133	−0.133 / 1.000	−1.000 / 0.133	0.133	−0.833	1.883	−0.833
(梁 A B C D，F 作用)	0.229	0.170	−0.311	−0.089	0.689	−1.311 / 1.222	−0.778 / 0.089	0.089	1.605	1.049	−0.556
(梁 A B C D，F 作用)	0.274	—	−0.178	0.044	0.822	−1.178 / 0.222	0.222 / −0.044	−0.044	2.438	−0.833	0.278

附表 4-4

四 跨 梁

荷载图	跨内最大弯矩				支座弯矩			剪力					跨度中点挠度			
	M_1	M_2	M_3	M_4	M_B	M_C	M_D	V_A	$V_{B左}$ $V_{B右}$	$V_{C左}$ $V_{C右}$	$V_{D左}$ $V_{D右}$	V_E	f_1	f_2	f_3	f_4
	0.077	0.036	0.036	0.077	-0.107	-0.071	-0.107	0.393	-0.607 0.536	0.464 0.464	-0.536 0.607	-0.393	0.632	0.186	0.186	0.632
	0.100	—	0.081	0.098	-0.054	-0.036	-0.054	0.446	-0.554 0.018	0.018 0.482	0.518 0.054	0.054	0.967	-0.558	0.744	-0.335
	0.072	0.061	—	—	-0.121	-0.018	-0.058	0.380	-0.620 0.603	-0.397 -0.040	0.040 0.558	0.054	0.549	0.437	-0.474	0.939
	—	0.056	0.056	—	-0.036	-0.107	-0.036	-0.036	-0.036 0.429	-0.571 0.571	-0.429 0.036	0.036	-0.023	0.409	0.409	-0.223
	0.094	—	—	—	-0.067	0.018	-0.004	0.433	-0.567 0.085	0.085 -0.022	-0.022 0.004	0.004	0.884	-0.307	0.084	-0.028
	—	0.074	—	0.052	-0.049	-0.054	-0.067	-0.049	-0.049 0.496	-0.504 0.067	0.067 -0.013	-0.013	-0.307	0.660	-0.251	0.084
	0.052	0.028	0.028	0.052	-0.067	-0.045	-0.067	0.183	-0.317 0.272	-0.228 0.228	-0.272 0.317	-0.183	0.415	0.136	0.136	0.415
	0.067	—	0.055	—	-0.034	-0.022	-0.034	0.217	-0.284 0.011	0.011 0.239	-0.261 0.034	0.034	0.624	-0.349	0.485	-0.209

荷载图	跨内最大弯矩				支座弯矩			剪 力					跨度中点挠度			
	M_1	M_2	M_3	M_4	M_B	M_C	M_D	V_A	$V_{B左}$ $V_{B右}$	$V_{C左}$ $V_{C右}$	$V_{D左}$ $V_{D右}$	V_E	f_1	f_2	f_3	f_4
	0.049	0.042	—	0.066	−0.075	−0.011	−0.036	0.175	−0.325 0.314	−0.186 −0.025	−0.025 0.286	−0.214	0.363	0.233	−0.206	0.607
	—	0.040	0.040	—	−0.022	−0.067	−0.022	−0.022	−0.022 0.205	−0.295 0.295	−0.205 0.022	0.022	−0.140	0.275	0.275	−0.140
	0.063	0.051	—	—	−0.042	0.011	−0.003	0.208	−0.292 0.053	0.053 −0.014	−0.014 0.03	0.003	0.572	−0.192	0.052	−0.017
	—	—	—	—	−0.031	−0.034	0.008	−0.031	−0.031 0.247	−0.253 0.042	0.042 −0.008	−0.008	−0.192	0.432	−0.157	0.052
	0.169	0.116	0.116	0.169	−0.161	−0.107	−0.161	0.339	−0.661 0.554	−0.446 0.446	−0.554 0.661	−0.339	1.079	0.409	0.409	1.079
	0.210	—	0.183	—	−0.080	−0.054	−0.080	0.420	−0.580 0.027	0.027 0.473	−0.527 0.080	0.080	1.581	−0.837	1.246	−0.502
	0.159	0.146	—	0.206	−0.181	−0.027	−0.087	0.319	−0.681 0.654	−0.346 −0.060	−0.060 0.587	−0.413	0.953	0.786	−0.711	1.539
	—	0.142	0.142	—	−0.054	−0.161	−0.054	0.054	−0.054 0.393	−0.607 0.607	−0.393 0.054	0.054	−0.335	0.744	0.744	−0.335

荷载图	跨内最大弯矩				支座弯矩			剪力					跨度中点挠度			
	M_1	M_2	M_3	M_4	M_B	M_C	M_D	V_A	$V_{B左}$ / $V_{B右}$	$V_{C左}$ / $V_{C右}$	$V_{D左}$ / $V_{D右}$	V_E	f_1	f_2	f_3	f_4
荷载图（F 作用于 A）	0.200	—	—	—	-0.100	0.027	-0.007	0.400	-0.600 / 0.127	0.127 / -0.033	-0.033 / 0.007	0.007	1.456	-0.460	0.126	-0.042
荷载图（F 作用于 B）	—	0.173	—	—	-0.074	-0.080	0.020	-0.074	-0.074 / 0.493	-0.507 / 0.100	0.100 / -0.020	-0.020	-0.460	1.121	-0.377	0.126
荷载图（各跨满布 F）	0.238	0.111	0.111	0.238	-0.286	-0.191	-0.286	0.714	1.286 / 1.095	-0.905 / 0.905	-1.095 / 1.286	-0.714	1.764	0.573	0.573	1.764
荷载图（$M_1\,M_2\,M_3\,M_4$）	0.286	—	0.222	0.282	-0.143	-0.095	-0.143	0.857	-1.143 / 0.048	0.048 / 0.952	-1.048 / 0.143	0.143	2.657	-1.488	2.061	-0.892
荷载图（F 间隔布置）	0.226	0.194	—	—	-0.321	-0.048	-0.155	0.679	-1.312 / 1.274	-0.726 / -0.107	-0.107 / 1.155	-0.845	1.541	1.243	-1.265	2.582
荷载图	—	0.175	0.175	—	-0.095	-0.286	-0.095	-0.095	-0.095 / 0.810	-1.190 / 1.190	-0.810 / 0.095	0.095	-0.595	1.168	1.168	-0.595
荷载图	0.274	—	—	—	-0.178	0.048	-0.012	0.822	-1.178 / 0.226	0.226 / -0.060	-0.060 / 0.012	0.012	2.433	-0.819	0.223	-0.074
荷载图	—	0.198	—	—	-0.131	-0.143	0.036	-0.131	-0.131 / 0.988	-1.012 / 0.178	0.178 / -0.036	-0.036	-0.819	1.838	-0.670	0.223

五 跨 梁

荷载图	跨内最大弯矩			支座弯矩				剪力						跨度中点挠度				
	M_1	M_2	M_3	M_B	M_C	M_D	M_E	V_A	$V_{B左}$ / $V_{B右}$	$V_{C左}$ / $V_{C右}$	$V_{D左}$ / $V_{D右}$	$V_{E左}$ / $V_{E右}$	V_F	f_1	f_2	f_3	f_4	f_5
	0.078	0.033	0.046	−0.105	−0.079	−0.079	−0.105	0.394	−0.606 / 0.526	−0.474 / 0.500	−0.500 / 0.474	−0.526 / 0.606	−0.394	0.644	0.151	0.315	0.151	0.644
	0.100	—	0.085	−0.105	−0.040	−0.040	−0.053	0.447	−0.553 / 0.013	0.013 / 0.500	−0.500 / −0.013	−0.013 / 0.553	−0.447	0.973	−0.576	0.809	−0.576	0.973
	—	0.079	—	−0.053	−0.040	−0.040	−0.053	−0.053	−0.053 / 0.513	−0.487 / 0	0 / 0.487	−0.513 / 0.053	0.053	−0.329	0.727	−0.493	0.727	−0.329
	0.073	❷ $\dfrac{0.059}{0.078}$	—	−0.119	−0.022	−0.044	−0.051	0.380	−0.620 / 0.598	−0.402 / −0.023	−0.023 / 0.493	−0.507 / 0.052	0.052	0.555	0.420	−0.411	0.704	−0.321
	❶ $\dfrac{—}{0.098}$	0.055	0.064	−0.035	−0.111	−0.020	−0.057	−0.035	−0.035 / 0.424	−0.576 / 0.591	−0.409 / −0.037	−0.037 / 0.557	−0.443	−0.217	0.390	0.480	−0.486	0.943
	0.094	0.074	—	−0.067	0.018	−0.005	0.001	−0.433	−0.567 / 0.085	0.085 / −0.023	−0.023 / 0.006	0.006 / −0.001	−0.001	0.883	−0.307	0.082	−0.022	0.008
	—	—	—	−0.049	−0.054	0.014	−0.004	−0.049	−0.049 / 0.495	−0.505 / 0.068	0.068 / −0.018	−0.018 / 0.004	0.004	−0.307	0.659	−0.247	0.067	−0.022
	—	—	0.072	0.013	−0.053	−0.053	0.013	0.013	0.013 / −0.066	−0.066 / 0.500	−0.500 / 0.066	0.066 / −0.013	−0.013	0.082	−0.247	0.644	−0.247	0.082

荷载图	跨内最大弯矩 M_1	M_2	M_3	支座弯矩 M_B	M_C	M_D	M_E	剪力 V_A	$V_{B左}$ / $V_{B右}$	$V_{C左}$ / $V_{C右}$	$V_{D左}$ / $V_{D右}$	$V_{E左}$ / $V_{E右}$	V_F	跨度中点挠度 f_1	f_2	f_3	f_4	f_5
	0.053	0.026	0.034	−0.066	−0.049	−0.049	−0.066	0.184	−0.316 / 0.266	−0.234 / 0.250	−0.250 / 0.234	−0.266 / 0.316	−0.184	0.422	0.114	0.217	0.114	0.422
	0.067	—	0.059	−0.033	−0.025	−0.025	−0.033	0.217	−0.283 / 0.008	0.008 / 0.250	−0.250 / −0.008	−0.008 / 0.283	−0.217	0.628	−0.360	0.525	−0.360	0.628
	—	0.055	—	−0.033	−0.025	−0.025	−0.033	−0.033	−0.033 / 0.258	−0.242 / 0	0 / 0.242	−0.258 / 0.033	0.033	−0.205	0.474	−0.308	0.474	−0.205
	0.049	❷0.041 / 0.053	—	−0.075	−0.014	−0.028	−0.032	0.175	−0.325 / 0.311	−0.189 / −0.014	−0.014 / 0.246	−0.255 / 0.032	0.032	0.366	0.282	−0.257	0.460	−0.201
	❶0.066	0.039	0.044	−0.022	−0.070	−0.013	−0.036	−0.022	−0.022 / 0.202	−0.298 / 0.307	−0.193 / −0.023	−0.023 / 0.286	−0.214	−0.136	0.263	0.319	−0.304	0.609
	0.063	—	—	−0.042	0.011	−0.003	0.001	0.208	−0.292 / 0.053	0.053 / −0.014	−0.014 / 0.004	0.004 / −0.001	−0.001	0.572	−0.192	0.051	−0.014	0.005
	—	0.051	—	−0.031	−0.034	0.009	−0.002	−0.031	−0.031 / 0.247	−0.253 / 0.043	0.043 / −0.011	−0.011 / 0.002	0.002	−0.192	0.432	−0.154	0.042	−0.014
	—	—	0.050	0.008	−0.033	−0.033	0.008	0.008	0.008 / −0.041	−0.041 / 0.250	−0.250 / 0.041	0.041 / −0.008	−0.008	0.051	−0.154	0.422	−0.154	0.051

荷载图	跨内最大弯矩			支座弯矩				剪力						跨度中点挠度				
	M_1	M_2	M_3	M_B	M_C	M_D	M_E	V_A	$V_{B左}$ / $V_{B右}$	$V_{C左}$ / $V_{C右}$	$V_{D左}$ / $V_{D右}$	$V_{E左}$ / $V_{E右}$	V_F	f_1	f_2	f_3	f_4	f_5
(荷载图)	0.171	0.112	0.132	-0.158	-0.118	0.118	-0.158	0.342	-0.658 / 0.540	-0.460 / 0.500	-0.500 / 0.460	-0.540 / 0.658	-0.342	1.097	0.356	0.603	0.356	1.097
(荷载图)	0.211	—	0.191	-0.079	-0.059	-0.059	-0.079	0.421	-0.579 / 0.020	0.020 / 0.500	-0.500 / -0.020	-0.020 / 0.579	-0.421	1.590	-0.863	1.343	-0.863	1.590
(荷载图)	—	0.181	—	-0.079	-0.059	-0.059	-0.079	-0.079	-0.079 / 0.520	-0.480 / 0	0 / 0.480	-0.520 / 0.079	0.079	-0.493	1.220	-0.740	1.220	-0.493
(荷载图)	0.160	❷ 0.144 / 0.178	—	-0.179	-0.032	-0.066	-0.077	0.321	-0.679 / 0.647	-0.353 / -0.034	-0.034 / 0.489	-0.511 / 0.077	0.077	0.962	0.760	-0.617	1.186	-0.482
(荷载图)	❶ — / 0.207	0.140	0.151	-0.052	-0.167	-0.031	-0.086	-0.052	-0.052 / 0.385	-0.615 / 0.637	-0.363 / -0.056	-0.056 / 0.586	-0.414	-0.325	0.715	0.850	-0.729	1.545
(荷载图)	0.200	—	—	-0.100	0.027	-0.007	0.002	0.400	-0.600 / 0.127	0.127 / -0.034	-0.034 / 0.009	0.009 / -0.002	-0.002	1.455	-0.460	0.123	-0.034	0.011
(荷载图)	—	0.173	—	-0.073	-0.081	0.022	-0.005	-0.073	-0.073 / 0.493	-0.507 / 0.102	0.102 / -0.027	-0.027 / 0.005	0.005	-0.460	1.119	-0.370	0.101	-0.034
(荷载图)	—	—	0.171	0.020	-0.079	-0.079	0.020	0.020	0.020 / -0.099	-0.099 / 0.500	-0.500 / 0.099	0.099 / -0.020	-0.020	0.123	-0.370	1.097	-0.370	0.123

荷载图	跨内最大弯矩			支座弯矩				剪力						跨中点挠度				
	M_1	M_2	M_3	M_B	M_C	M_D	M_E	V_A	$V_{B左}$ / $V_{B右}$	$V_{C左}$ / $V_{C右}$	$V_{D左}$ / $V_{D右}$	$V_{E左}$ / $V_{E右}$	V_F	f_1	f_2	f_3	f_4	f_5
F_1 各跨满布	0.240	0.100	0.122	−0.281	−0.211	−0.211	−0.281	0.719	−1.281 / 1.070	−0.930 / 1.000	−1.000 / 0.930	−1.070 / 1.281	−0.719	1.795	0.479	0.918	0.479	1.795
F_1 奇数跨	0.287	—	0.228	−0.281	−0.105	−0.105	−0.140	0.860	−1.140 / 0.035	0.035 / 1.000	1.000 / −0.035	−0.035 / 1.140	−0.860	2.672	−1.535	2.234	−1.535	2.672
F_1 偶数跨	—	0.216	—	−0.140	−0.105	−0.105	−0.140	−0.140	−0.140 / 1.035	−0.965 / 0	0.000 / 0.965	−1.035 / 0.140	0.140	−0.877	2.014	−1.316	2.014	−0.877
F_1	0.227	❷ 0.189 / 0.209	0.198	−0.319	−0.057	−0.118	−0.137	0.681	−1.319 / 1.262	−0.738 / −0.061	−0.061 / 0.981	−1.019 / 0.137	0.137	1.556	1.197	−1.096	1.955	−0.857
F_1	❶ — / 0.282	0.172	0.198	−0.093	−0.297	−0.054	−0.153	−0.093	−0.093 / 0.796	−1.204 / 1.243	−0.757 / −0.099	−0.099 / 1.153	−0.847	−0.578	1.117	1.356	−1.296	2.592
F	0.274	—	—	−0.179	0.048	−0.013	0.003	0.821	−1.179 / 0.227	0.227 / −0.061	−0.061 / 0.016	0.016 / −0.003	−0.003	2.433	−0.817	0.219	−0.060	0.020
F	—	0.198	—	−0.131	−0.144	0.038	−0.010	−0.131	−0.131 / 0.987	−1.013 / 0.182	0.182 / −0.048	−0.048 / 0.010	0.010	−0.817	1.835	−0.658	0.179	−0.060
F	—	—	0.193	0.035	−0.140	−0.140	0.035	0.035	0.035 / −0.175	−0.175 / 1.000	−1.000 / 0.175	0.175 / −0.035	−0.035	0.219	−0.658	1.795	−0.658	0.219

注：1. 表中，❶分子及分母分别为 M_4 及 M_5 的弯矩系数；❷分子及分母分别为 M_6 及 M_4 的弯矩系数。

2. 引自《建筑结构静力计算实用手册》。

附录五：

活荷载在梁上最不利的布置方法

考虑活荷载在梁上最不利的布置方法 附表5

活 荷 载 布 置 图	最大值	
	弯 矩	剪 力
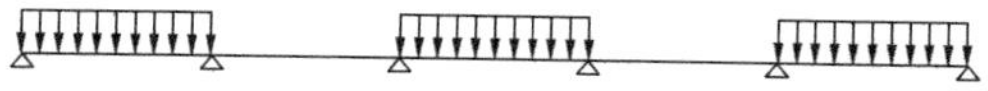	M_1、M_3、M_5	V_A、V_F
	M_2、M_4	
	M_B	$V_{B左}$、$V_{B右}$
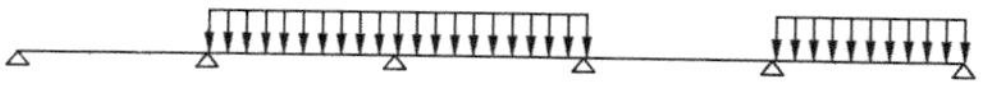	M_C	$V_{C左}$、$V_{C右}$
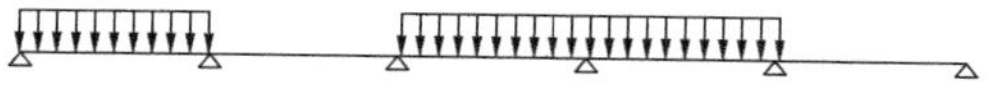	M_D	$V_{D左}$、$V_{D右}$
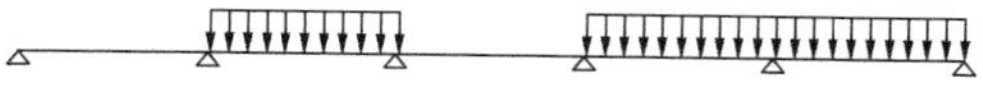	M_E	$V_{E左}$、$V_{E右}$

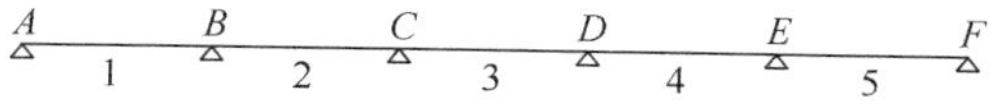

由附表5可知：当计算某跨的最大正弯矩时，该跨应布满活荷载，其余每隔一跨布满活荷载；当计算某支座的最大负弯矩及支座剪力时，该支座相邻两跨应布满活荷载，其余每隔一跨布满活荷载。

附录六：

实战训练试题与历年
真题的对应关系

实战训练试题（九）——2003 年一级真题
实战训练试题（十）——2004 年一级真题
实战训练试题（十一）——2005 年一级真题
实战训练试题（十二）——2006 年一级真题
实战训练试题（十三）——2007 年一级真题
实战训练试题（十四）——2008 年一级真题
实战训练试题（十五）——2009 年一级真题
实战训练试题（十六）——2010 年一级真题
实战训练试题（十七）——2011 年一级真题
实战训练试题（十八）——2012 年一级真题
实战训练试题（十九）——2013 年一级真题
实战训练试题（二十）——2014 年一级真题
实战训练试题（二十一）——2016 年一级真题
实战训练试题（二十二）——2017 年一级真题

注：历年真题，笔者依据新标准进行了部分题目的重新编写，并按新标准对历年真题进行解答。同时，依据考试要求新增加的《门规》《混加规》《高钢规》等，进行了补充完善。2015 年停考。

附录七：

常 用 表 格

《混规》（2015 年版）规定：

4.1.3 混凝土轴心抗压强度的标准值 f_{ck} 应按表 4.1.3-1 采用；轴心抗拉强度的标准值 f_{tk} 应按表 4.1.3-2 采用。

表 4.1.3-1　混凝土轴心抗压强度标准值（N/mm²）

强度	混凝土强度等级													
	C15	C20	C25	C30	C35	C40	C45	C50	C55	C60	C65	C70	C75	C80
f_{ck}	10.0	13.4	16.7	20.1	23.4	26.8	29.6	32.4	35.5	38.5	41.5	44.5	47.4	50.2

表 4.1.3-2　混凝土轴心抗拉强度标准值（N/mm²）

强度	混凝土强度等级													
	C15	C20	C25	C30	C35	C40	C45	C50	C55	C60	C65	C70	C75	C80
f_{tk}	1.27	1.54	1.78	2.01	2.20	2.39	2.51	2.64	2.74	2.85	2.93	2.99	3.05	3.11

4.1.4 混凝土轴心抗压强度的设计值 f_c 应按表 4.1.4-1 采用；轴心抗拉强度的设计值 f_t 应按表 4.1.4-2 采用。

表 4.1.4-1　混凝土轴心抗压强度设计值（N/mm²）

强度	混凝土强度等级													
	C15	C20	C25	C30	C35	C40	C45	C50	C55	C60	C65	C70	C75	C80
f_c	7.2	9.6	11.9	14.3	16.7	19.1	21.1	23.1	25.3	27.5	29.7	31.8	33.8	35.9

表 4.1.4-2　混凝土轴心抗拉强度设计值（N/mm²）

强度	混凝土强度等级													
	C15	C20	C25	C30	C35	C40	C45	C50	C55	C60	C65	C70	C75	C80
f_t	0.91	1.10	1.27	1.43	1.57	1.71	1.80	1.89	1.96	2.04	2.09	2.14	2.18	2.22

4.1.5 混凝土受压和受拉的弹性模量 E_c 宜按表 4.1.5 采用。

混凝土的剪切变形模量 G_c 可按相应弹性模量值的 40% 采用。

混凝土泊松比 ν_c 可按 0.2 采用。

表 4.1.5　混凝土的弹性模量（×10⁴ N/mm²）

混凝土强度等级	C15	C20	C25	C30	C35	C40	C45	C50	C55	C60	C65	C70	C75	C80
E_c	2.20	2.55	2.80	3.00	3.15	3.25	3.35	3.45	3.55	3.60	3.65	3.70	3.75	3.80

注：1 当有可靠试验依据时，弹性模量可根据实测数据确定；
　　2 当混凝土中掺有大量矿物掺合料时，弹性模量可按规定龄期根据实测数据确定。

4.2.3 普通钢筋的抗拉强度设计值 f_y、抗压强度设计值 f'_y 应按表 4.2.3-1 采用；预应力筋的抗拉强度设计值 f_{py}、抗压强度设计值 f'_{py} 应按表 4.2.3-2 采用。

当构件中配有不同种类的钢筋时，每种钢筋应采用各自的强度设计值。

对轴心受压构件，当采用 HRB500、HRBF500 钢筋时，钢筋的抗压强度设计值 f'_y 应取 400 N/mm^2。横向钢筋的抗拉强度设计值 f_{yv} 应按表中 f_y 的数值采用；但用作受剪、受扭、受冲切承载力计算时，其数值大于 360N/mm^2 时应取 360N/mm^2。

表 4.2.3-1 普通钢筋强度设计值（N/mm²）

牌 号	抗拉强度设计值 f_y	抗压强度设计值 f'_y
HPB300	270	270
HRB335	300	300
HRB400、HRBF400、RRB400	360	360
HRB500、HRBF500	435	435

表 4.2.3-2 预应力筋强度设计值（N/mm²）

种类	极限强度标准值 f_{ptk}	抗拉强度设计值 f_{py}	抗压强度设计值 f'_{py}
中强度预应力钢丝	800	510	410
	970	650	
	1270	810	
消除应力钢丝	1470	1040	410
	1570	1110	
	1860	1320	
钢绞线	1570	1110	390
	1720	1220	
	1860	1320	
	1960	1390	
预应力螺纹钢筋	980	650	400
	1080	770	
	1230	900	

注：当预应力筋的强度标准值不符合表 4.2.3-2 的规定时，其强度设计值应进行相应的比例换算。

4.2.5 普通钢筋和预应力筋的弹性模量 E_s 可按表 4.2.5 采用。

表 4.2.5 钢筋的弹性模量（×10⁵N/mm²）

牌号或种类	弹性模量 E_s
HPB300	2.10
HRB335、HRB400、HRB500 HRBF400、HRBF500、RRB400 预应力螺纹钢筋	2.00
消除应力钢丝、中强度预应力钢丝	2.05
钢绞线	1.95

表 A.0.1　钢筋的公称直径、公称截面面积及理论重量

公称直径	不同根数钢筋的公称截面面积（mm²）									单根钢筋理论重量
（mm）	1	2	3	4	5	6	7	8	9	（kg/m）
6	28.3	57	85	113	142	170	198	226	255	0.222
8	50.3	101	151	201	252	302	352	402	453	0.395
10	78.5	157	236	314	393	471	550	628	707	0.617
12	113.1	226	339	452	565	678	791	904	1017	0.888
14	153.9	308	461	615	769	923	1077	1231	1385	1.21
16	201.1	402	603	804	1005	1206	1407	1608	1809	1.58
18	254.5	509	763	1017	1272	1527	1781	2036	2290	2.00(2.11)
20	314.2	628	942	1256	1570	1884	2199	2513	2827	2.47
22	380.1	760	1140	1520	1900	2281	2661	3041	3421	2.98
25	490.9	982	1473	1964	2454	2945	3436	3927	4418	3.85(4.10)
28	615.8	1232	1847	2463	3079	3695	4310	4926	5542	4.83
32	804.2	1609	2413	3217	4021	4826	5630	6434	7238	6.31(6.65)
36	1017.9	2036	3054	4072	5089	6107	7125	8143	9161	7.99
40	1256.6	2513	3770	5027	6283	7540	8796	10053	11310	9.87(10.34)
50	1963.5	3928	5892	7856	9820	11784	13748	15712	17676	15.42(16.28)

注：括号内为预应力螺纹钢筋的数值。

钢筋混凝土构件的相对界限受压区高度 ξ_b 值，见附表 7-1。

相对界限受压区高度 ξ_b　　　　　　　　　　　　　附表 7-1

钢筋牌号	混凝土强度等级						
	≤C50	C55	C60	C65	C70	C75	C80
HPB300	0.576	0.566	0.556	0.547	0.537	0.528	0.518
HRB335	0.550	0.541	0.531	0.522	0.512	0.503	0.493
HRB400 HRBF400	0.518	0.508	0.499	0.490	0.481	0.472	0.463
HRB500 HRBF500	0.482	0.473	0.464	0.455	0.447	0.438	0.429

板一侧的受拉钢筋的最小配筋百分率（%），依据《混规》表8.5.1及注2，见附表 7-2。

板一侧的受拉钢筋的最小配筋百分率（%）　　　　　附表 7-2

钢筋牌号	混凝土强度等级							备注
	C20	C25	C30	C35	C40	C45	C50	
HPB300	0.20	0.21	0.24	0.26	0.29	0.30	0.32	包括悬臂板
HRB335	0.20	0.20	0.21	0.24	0.26	0.27	0.28	
HRB400	—	0.20	0.20	0.20	0.21	0.23	0.24	不包括悬臂板
HRB500	—	0.20	0.20	0.20	0.20	0.20	0.20	

梁、偏心受拉、轴心受拉构件一侧的受拉钢筋的最小配筋百分率（％），依据《混规》表 8.5.1，见附表 7-3。

梁、偏心受拉、轴心受拉构件一侧的受拉钢筋的最小配筋百分率（％）　　　附表 7-3

钢筋牌号	混凝土强度等级						
	C20	C25	C30	C35	C40	C45	C50
HPB300	0.20	0.21	0.24	0.26	0.29	0.30	0.32
HRB335	0.20	0.20	0.21	0.24	0.26	0.27	0.28
HRB400	—	0.16	0.18	0.20	0.21	0.23	0.24
HRB500		0.15	0.15	0.16	0.18	0.19	0.20

框架梁纵向受拉钢筋的最小配筋百分率（％），见《混规》表 11.3.6-1，或者见附表 7-4。

框架梁纵向受拉钢筋的最小配筋百分率（％）　　　表 11.3.6-1

抗震等级	梁 中 位 置	
	支　座	跨　中
一级	0.40 和 80 f_t/f_y 中的较大值	0.3 和 65 f_t/f_y 中的较大值
二级	0.30 和 65 f_t/f_y 中的较大值	0.25 和 55 f_t/f_y 中的较大值
三、四级	0.25 和 55 f_t/f_y 中的较大值	0.20 和 45 f_t/f_y 中的较大值

框架梁纵向受拉钢筋的最小配筋百分率（％）　　　附表 7-4

抗震等级	钢筋牌号	梁中位置	混凝土强度等级					
			C25	C30	C35	C40	C45	C50
一级	HRB400	支座	—	0.400	0.400	0.400	0.400	0.420
		跨中		0.300	0.300	0.309	0.325	0.341
	HRB500	支座	—	0.400	0.400	0.400	0.400	0.400
		跨中		0.300	0.300	0.300	0.300	0.300
二级	HRB400	支座	0.300	0.300	0.300	0.309	0.325	0.341
		跨中	0.250	0.250	0.250	0.261	0.275	0.289
	HRB500	支座	0.300	0.300	0.300	0.300	0.300	0.300
		跨中	0.250	0.250	0.250	0.250	0.250	0.250
三、四级	HRB400	支座	0.250	0.250	0.250	0.261	0.275	0.289
		跨中	0.200	0.200	0.200	0.214	0.225	0.236
	HRB500	支座	0.250	0.250	0.250	0.250	0.250	0.250
		跨中	0.200	0.200	0.200	0.200	0.200	0.200

注：非抗震设计，框架梁的纵向受拉钢筋的最小配筋百分率，按附表 7-3。

沿梁全长箍筋的最小面积配筋率 $\rho_{sv,min}$，依据《混规》11.3.9 条、9.2.9 条第 3 款，见附表 7-5。面积配筋率 $\rho_{sv} = A_{sv}/(bs)$。

沿梁全长箍筋的最小面积配筋百分率（％）

附表 7-5

抗震等级	钢筋牌号	混凝土强度等级					
		C25	C30	C35	C40	C45	C50
一级	HPB300	—	0.159	0.174	0.190	0.200	0.210
	HRB335	—	0.143	0.157	0.171	0.180	0.189
	HRB400	—	0.119	0.131	0.143	0.150	0.158
二级	HPB300	0.132	0.148	0.163	0.177	0.187	0.196
	HRB335	0.119	0.133	0.147	0.160	0.168	0.176
	HRB400	0.099	0.111	0.122	0.133	0.140	0.147
三、四级	HPB300	0.122	0.138	0.151	0.165	0.173	0.182
	HRB335	0.110	0.124	0.136	0.148	0.156	0.164
	HRB400	0.092	0.103	0.113	0.124	0.130	0.137
非抗震	HPB300	0.113	0.127	0.140	0.152	0.160	0.168
	HRB335	0.102	0.114	0.126	0.137	0.144	0.151
	HRB400	0.085	0.095	0.105	0.114	0.120	0.126

注：1. 表中一级按 $0.30 f_t / f_{yv}$，二级按 $0.28 f_t / f_{yv}$，三、四级按 $0.26 f_t / f_{yv}$。非抗震，按 $0.24 f_t / f_{yv}$；

2. HRB500 按表中 HRB400 采用。

梁箍筋的配筋 A_{sv}/s（mm^2/mm）的选用表，见附表 7-6。

梁箍筋的配筋 A_{sv}/s（mm^2/mm）的选用表

附表 7-6

箍筋直径与配置		箍筋间距 s（mm）					
		100	125	150	200	250	300
6 (28.3)	双肢箍	0.566	0.453	0.377	0.283	0.226	0.189
	四肢箍	1.132	0.906	0.755	0.566	0.453	0.377
8 (50.3)	双肢箍	1.006	0.805	0.671	0.503	0.402	0.335
	四肢箍	2.012	1.610	1.341	1.006	0.805	0.671
10 (78.5)	双肢箍	1.57	1.256	1.047	0.785	0.628	0.523
	四肢箍	3.14	2.512	2.093	1.570	1.256	1.047
12 (113.1)	双肢箍	2.262	1.810	1.508	1.131	0.905	0.754
	四肢箍	4.524	3.619	3.016	2.262	1.810	1.508
14 (153.9)	双肢箍	3.078	2.462	2.052	1.539	1.231	1.026
	四肢箍	6.156	4.925	4.104	3.078	2.462	2.052

每米板宽内的普通钢筋截面面积表，见附表 7-7。

每米板宽内的普通钢筋截面面积表

附表 7-7

钢筋间距 (mm)	钢筋直径（mm）											
	6	6/8	8	8/10	10	10/12	12	12/14	14	16	18	20
70	404	561	719	920	1121	1369	1616	1908	2199	2872	3636	4489
75	377	524	671	859	1047	1277	1508	1780	2053	2681	3393	4189
80	354	491	629	805	981	1198	1414	1669	1924	2513	3181	3928
85	333	462	592	758	924	1127	1331	1571	1811	2365	2994	3696
90	314	437	559	716	872	1064	1257	1484	1710	2234	2828	3491
95	298	414	529	678	826	1008	1190	1405	1620	2116	2679	3307
100	283	393	503	644	785	958	1131	1335	1539	2011	2545	3142
110	257	357	457	585	714	871	1028	1214	1399	1828	2314	2856
120	236	327	419	537	654	798	942	1112	1283	1676	2121	2618
125	226	314	402	515	628	766	905	1068	1232	1608	2036	2514
130	218	302	387	495	604	737	870	1027	1184	1547	1958	2417
140	202	281	359	460	561	684	808	954	1100	1436	1818	2244
150	189	262	335	429	523	639	754	890	1026	1340	1697	2095
160	177	246	314	403	491	599	707	834	962	1257	1591	1964
170	166	231	296	379	462	564	665	786	906	1183	1497	1848
180	157	218	279	358	436	532	628	742	855	1117	1414	1746
190	149	207	265	339	413	504	595	702	810	1058	1339	1654
200	141	196	251	322	393	479	565	668	770	1005	1273	1571
220	129	178	228	292	357	436	514	607	700	914	1157	1428
240	118	164	209	268	327	399	471	556	641	838	1060	1309
250	113	157	201	258	314	385	452	534	616	804	1018	1257

注：表中 6/8，8/10 等是指两种直径的钢筋间隔放置。

附录八：

《钢标》的见解与勘误

根据笔者对《钢准》的学习与理解，《钢标》第一次印刷本（正文部分）存在瑕疵或不足，笔者将其整理为《钢标》第一次印刷本（正方部分）的见解与勘误，见附表8.1。此外，《钢标》条文说明不具备与正方同等的效力，故不列出。

特别注意：考试时，以命题专家的定义为准。

《钢结构设计标准》第一次印刷本（正文部分）的见解与勘误　　　　附表8.1

页码	条目	原　　文	见解与勘误
15	3.5.1	σ_{max}——腹板计算边缘的最大压应力（N/mm^2）	σ_{max}——腹板计算高度边缘的最大压应力（N/mm^2）
36	5.5.9	应按不小于1/1000的出厂加工精度	应按 e_0/l 不小于1/1000的出厂加工精度
37	6.1.1	……为S5级时，应取有效截面模量	……为S5级时，应取有效净截面模量
37	6.1.1	均匀受压翼缘有效外伸宽度可取 $15\varepsilon_k$	均匀受压翼缘有效外伸宽度可取 $15\varepsilon_k$ 倍受压翼缘厚度
40	6.2.2	均匀受压翼缘有效外伸宽度可取 $15\varepsilon_k$	均匀受压翼缘有效外伸宽度可取 $15\varepsilon_k$ 倍受压翼缘厚度
47	式6.3.6-1	$b_s = h_0/30 + 40$	$b_s \geq h_0/30 + 40$
48	6.3.7-1	$15h_w\varepsilon_k$	$15t_w\varepsilon_k$
53	6.5.2	图6.5.2的标准与正文不一致	正文为准
57	7.2.1	除可考虑屈服后强度	除可考虑屈曲后强度
62	7.2.2	x_s，y_s——截面剪心的坐标（mm）；	x_s，y_s——截面形心至剪心的距离（mm）
75	7.4.4条第4款	……确定系数 φ	……确定系数 ρ
77	7.5.1条	N——被撑构件的最大轴心压力（N）	N——被撑构件的最大轴心压力设计值（N）
79	7.6.2	所有 λ_u，μ_u	均变为：λ_x，μ_x
		或者：λ_x	变为：λ_u，其他 λ_u 不变
81	8.1.1	N——同一截面处轴心压力设计值（N）	N——同一截面处轴心力设计值（N）
83	式8.2.1-2	N'_{Fx}	N'_{Ex}
83	倒数第10行	N'_{Ex}——（mm）	N'_{Ex}——（N）

页码	条目	原　文	见解与勘误
84	倒数第 5 行、第 4 行	M_{qx}——定义有误； M_1——定义有误	M_{qx}——横向荷载产生的弯矩最大值； M_1——按公式（8.2.1-5）中 M_1 采用
86	式（8.2.4-1）	N'_{Ex}	N'_E
91	式 8.3.2-1	k_b	K_b
104	式（10.3.4-3）	ω_x	W_{nx}
104	式（10.3.4-5）	W_x	W_{nx}
105	倒数第 3 行	γ'_x	γ_x
110	11.2.3	所有 15mm	1.5mm
113	11.3.3	1：25	1：2.5
114	11.3.4 条第 4 款	加强焊脚尺寸不应大于……	加强焊脚尺寸不应小于
126	式（11.6.4-3）	15	1.5
131	图 12.2.5（b）	$0.5b_{ef}$	$0.5b_e$
132	12.3.3	当 $h_c/h_b \geqslant 10$ 时	当 $h_c/h_b \geqslant 1.0$ 时
133	12.3.3	当 $h_c/h_b < 10$ 时	当 $h_c/h_b < 1.0$ 时
133	正数第 15 行	h_{c1}——柱翼缘中心线之间的宽度和梁腹板高度	h_{c1}——柱翼缘中心线之间的宽度
136	12.4.1	采取焊接、螺纹	采取焊接、螺栓
138	12.6.2	l——弧形表面或滚轴	l——弧形表面或辊轴
141	图 12.2.7	L_r 标注有误	按图 12.7.7 中 L_r 定义进行标注
150	图 13.3.2-1	D_1	D_i
156	图 13.3.2-7； 图 13.3.2-8	D_1 管的壁厚 t_1、t_2； D_2 管的壁厚 t_1、t_2	D_1 管的壁厚均为：t_1 D_2 管的壁厚均为：t_2
161	图 13.3.4-2	X 形为空间节点——有误	X 形平面节点
196	式（16.2.1-1）	$\Delta\sigma < \gamma_t [\Delta\sigma_L] 1 \times 10^8$	$\Delta\sigma \leqslant \gamma_t [\Delta\sigma_L] 1 \times 10^8$
197	式（16.2.1-4）	$\Delta\tau < [\Delta\tau_L] 1 \times 10^8$	$\Delta\tau \leqslant [\Delta\tau_L] 1 \times 10^8$
197	式（16.2.1-5）	$\Delta\tau < \tau_{max} - \tau_{min}$	$\Delta\tau = \tau_{max} - \tau_{min}$
197	式（16.2.1-6）	$\Delta\tau < \tau_{max} - 0.7\tau_{min}$	$\Delta\tau = \tau_{max} - 0.7\tau_{min}$
199	式（16.2.2-3）	$([\Delta\sigma]_{5 \times 10^6})$	$([\Delta\sigma]_{5 \times 10^6})^2$
200	16.2.3	$\Delta\sigma_i$，n_i——定义有误	$\Delta\sigma_i$，n_i——应力谱中循环次数 $n \leqslant 5 \times 10^6$ 范围内的正应力幅及其频次

页码	条目	原　文	见解与勘误
200	16.2.3	$\Delta\sigma_j$，n_j——定义有误	$\Delta\sigma_j$，n_j——应力谱中循环次数 $5\times 10^6 < n \leqslant 1\times 10^8$ 范围内的正应力幅及其频次
200	16.2.3	$\Delta\tau_i$，n_i——定义有误	$\Delta\tau_i$，n_i——应力谱中循环次数 $n \leqslant 1\times 10^8$ 范围内的剪应力幅及其频次
212	式（17.2.2-2）	M_{Ehk2}、M_{Evk2}	M_{Ekh2}、M_{Evk2} 位置交换
212	倒数第 3 行	本标准第 17.2.2-3 采用	本标准表 17.2.2-3 采用
215	17.2.3	R_k 的量纲：N/mm²	N/mm²，或 N
219	式（17.2.9-1）	W_E	W_{Eb}
219	式（17.2.9-2）	W_E	W_{Eb}
219	式（17.2.9-3）	W_{EC}	W_{Eb}
229	17.3.14 条第 1 款	不宜小于节点板的 2 倍	不宜小于节点板厚度的 2 倍
243	式 C.0.1-1	ε_k	ε_k^2
267	式 F.1.1-9	n_y	η_y
276	H.0.1-1	Nmm²/mm	N·mm²/mm

参 考 文 献

1. 中华人民共和国国家标准.建筑结构可靠性设计统一标准(GB 50068—2018).北京：中国建筑工业出版社，2019.

2. 中华人民共和国国家标准.钢结构设计标准(GB 50017—2017).北京：中国建筑工业出版社，2018.

3. 中华人民共和国国家标准：木结构设计标准(GB 50005—2017).北京：中国建筑工业出版社，2018.

4. 中华人民共和国行业标准.建筑地基处理技术规范(JGJ 79—2012).北京：中国建筑工业出版社，2013.

5. 中华人民共和国国家标准.建筑结构荷载规范(GB 50009—2012).北京：中国建筑工业出版社，2012.

6. 中华人民共和国国家标准.砌体结构设计规范(GB 50003—2011).北京：中国建筑工业出版社，2012.

7. 中华人民共和国国家标准.建筑地基基础设计规范(GB 50007—2011).北京：中国建筑工业出版社，2012.

8. 中华人民共和国国家标准.混凝土结构设计规范(GB 50010—2010)(2015年版).北京：中国建筑工业出版社，2016.

9. 中华人民共和国行业标准.高层建筑混凝土结构技术规程(JGJ 3—2010).北京：中国建筑工业出版社，2011.

10. 郭继武编著.建筑抗震疑难释义附解题指导.北京：中国建筑工业出版社，2010.

11. 陈绍蕃，顾强主编.钢结构基础.北京：中国建筑工业出版社，2003.

12. 沈祖炎，陈扬骥，陈以一编著.钢结构基本原理.北京：中国建筑工业出版社，2005.

13. 刘金砺等编著.建筑桩基技术规范应用手册.北京：中国建筑工业出版社，2010.

14. 施楚贤，施宇江编著.砌体结构疑难释义附解题指导.北京：中国建筑工业出版社，2004.

15. 东南大学、同济大学、天津大学合编.混凝土结构(上、中、下册).北京：中国建筑工业出版社，2008.

16. 滕智明，朱金铨编著.混凝土结构与砌体结构设计(上册).北京：中国建筑工业出版社，2003.

17. 华南理工大学，浙江大学，湖南大学编.基础工程.北京：中国建筑工业出版社，2003.

18. 浙江大学编.建筑结构静力计算实用手册.北京：中国建筑工业出版社，2009.

19. 范立础主编.桥梁工程.北京：人民交通出版社，2012.

20. 姚玲森主编.桥梁工程.北京：人民交通出版社，2012.

21. 中华人民共和国行业推荐性标准.公路桥梁抗震设计细则(JTG/T B02—01—2008).北京：人民交通出版社，2008.

22. 中华人民共和国行业标准.公路桥涵设计通用规范(JTG D60—2015).北京：人民交通出版社，2015.

23. 中华人民共和国行业标准.城市桥梁抗震设计规范(CJJ 166—2011).北京：中国建筑工业出版社，2011.

24. 中华人民共和国行业标准.公路钢筋混凝土及预应力混凝土设计规范(JTG 3362—2018).北京：人民交通出版社，2018.

25. 本书编委会编著.全国注册结构工程师专业考试试题解答与分析.北京：中国建筑工业出版社，2019.

增值服务说明

  读者在阅读过程中，如果碰到什么疑难问题或对书中有任何建议，可直接与作者联系，联系方式：LanDJ2020@163.com，我们将按时回答您的问题。

  本书的勘误，请见网页：兰定筠博士网（www.LanDingJun.com）；微博：兰定筠微博。